生命科学名著

森林遗传学

Forest Genetics

〔美〕 T. L. 怀特　W. T. 亚当斯　D. B. 尼尔　编著

崔建国　李火根　主译

科学出版社

北　京

图字:01-2010-1297 号

内 容 简 介

本书不仅系统介绍了森林遗传学原理与林木改良方法,同时,还吸收了林木基因组学、林木分子育种等领域的最新研究成果,充分反映学科发展的新知识、新技术与新成果。全书共20章,第1章介绍森林遗传学的概念、范畴、历史和重要性,第2~6章概括介绍森林遗传学的基本原理,第7~10章介绍林木的遗传变异和基因保存策略,第11~17章详细阐述实用林木遗传改良的理论和方法,第18~20章介绍林木基因组学、标记辅助选择和育种及林木基因工程。

本书可作为高等农林院校林学专业高年级本科生及林木遗传育种专业研究生和其他院校相关专业本科生和研究生的参考书，还可作为从事林木遗传育种研究的科技工作者的参考书，亦可供其他从事林业科学研究、除林木以外的其他生物遗传育种研究和相关研究的科技工作者参考。

图书在版编目(CIP)数据

森林遗传学/(美)怀特(White,T.L.)等编著;崔建国,李火根主译.—北京:科学出版社,2013.8

(生命科学名著)

书名原文:Forest Genetics

ISBN 978-7-03-038388-4

Ⅰ.①森… Ⅱ.①怀… ②崔… Ⅲ.①森林-植物遗传学 Ⅳ.①S718.46

中国版本图书馆CIP数据核字(2013)第193303号

责任编辑:岳漫宇 / 责任校对:邹慧卿

责任印制:赵 博/ 封面设计:北京美光制版有限公司

科学出版社出版

北京东黄城根北街16号

邮政编码:100717

http://www.sciencep.com

中煤（北京）印务有限公司印刷

科学出版社发行 各地新华书店经销

*

2013年8月第 一 版 开本:787×1092 1/16

2025年1月第十次印刷 印张:38 1/2

字数:890 000

定价:138.00元

(如有印装质量问题,我社负责调换)

献 词

献给在生活中一直激励和鼓舞我的人：母亲、父亲、Mary、Dorothy、Suzie 和 Antonio。TW

献给 Cathy、Christine、Michael、Patrick、Neal、Kenda、Halli、Jethro、Ashley、Lily 和 Clark。TA

献给我的父母：Ken 和 Jane，是他们引领我进入了美国的森林和树木领域。DN

《森林遗传学》译者名单

主　　译　崔建国　李火根

参译人员　(按姓氏汉语拼音排序)

崔建国　沈阳农业大学林学院

董京祥　东北林业大学图书馆

高彩球　东北林业大学林学院

黄少伟　华南农业大学林学院

李火根　南京林业大学森林资源与环境学院

徐刚标　中南林业科技大学生命科学与技术学院

周兰英　四川农业大学林学院

关于作者

Tim White(中间),佛罗里达大学食品和农业科学学部(学院),森林资源和保护学院院长(主任),数量遗传学家,研究兴趣为线性混合模型、育种理论、树木改良和国际林业。

Tom Adams (左),俄勒冈州立大学林学院森林科学系主任,群体遗传学家,研究兴趣为林木天然和育种群体的变异、基因保存和生态遗传学。

David Neale(右),加利福尼亚大学戴维斯分校植物科学教授,群体和分子遗传学家,研究兴趣为基因组学,适应、复杂性状和生物信息学。

致　谢

如果没有许多愿意付出他们时间的人们的慷慨帮助，本书的出版将不可能。这里有6个人值得特别感谢：①Claudia Graham，她精巧地制作了所有插图；②Jeannette Harper，她为整部手稿排版；③Rose Kimlinger，她得到了使用其他来源资料的所有许可并且为TLW管理参考文献；④Sara Lipow，她参与编写了第10章的初稿；⑤Raj Ahuja，他参与编写了第20章的初稿；⑥Greg Powell，他管理大多数照片并且审阅了很多章的稿件。

我们也真正地感激许多朋友、同事和学生，他们在许多方面给我们以帮助：群策群力、评论章节、发送照片、提供他们工作中的实例、版面设计、编辑章节草稿、给我们建议等。我们真诚地感谢他们中的每一个人，唯有希望最后出版的图书能适当地反映他们高质量的投入。他们是：Ryan Atwood、Brian Baltunis、John Barron、Gretchen Bracher、Karen Bracher、Jeremy Brawner、Garth Brown、Rowland Burdon、John Carlson、Mike Carson、Tom Conkle、John Davis、Neville Denison、Mark Dieters、Rob Doudrick、Gayle Dupper、Bill Dvorak、Sarah Dye、Ken Eldridge、Christine Gallagher、Sonali Gandhi、Salvador Gezan、Rod Griffin、Dave Harry、Gary Hodge、Vicky Hollenbeck、Dudley Huber、Bob Kellison、Eric Kietzka、Claire Kinlaw、Bohun Kinloch、Krishna Venkata Kishore、Ron Lanner、Tom Ledig、Christine Lomas、Uilson Lopes、Juan Adolfo Lopez、Pengxin Lu、Barbara McCutchan、Steve McKeand、Gavin Moran、PK Nair、John Nason、John Owens、David Remington、Don Rockwood、Rebeca Sanhueza、Ron Schmidtling、Ron Sederoff、Victor Sierra、Richard Sniezko、Frank Sorensen、Kathy Stewart、Steve Strauss、Gail Wells、Nick Wheeler、Jeff Wright 和 Alvin Yanchuk。

译 者 序

森林是极其重要的生物资源，也是陆地生态系统的主体，在生态建设、环境保护和经济建设方面具有重要作用，与人类生活息息相关。林业的一个重要特点是具有高度的资源依赖性，林业可持续发展的关键不仅依赖于森林资源数量，而且依赖于森林资源质量。在我国实施天然林保护工程后，森林资源的增加主要依靠人工林，而增加人工林资源数量，提高人工林资源质量，在很大程度上取决于森林遗传和林木改良水平。林木遗传育种已经成为林业可持续发展的重要基础技术措施，而林木遗传育种学已经成为现代林业科学中最为活跃的前沿和支柱学科之一。

我国的林木遗传育种，不论是科学研究、学科建设，还是教学工作，均取得了巨大进展，但毋庸讳言，与世界先进水平相比，仍然存在不小的差距。借鉴世界林木遗传育种的先进成果，对我国林木遗传育种建设和发展具有重要意义。《森林遗传学》一书就是由美国佛罗里达大学的 Timothy L. White 教授、俄勒冈州立大学的 W. Thomas Adams 教授和加利福尼亚大学戴维斯分校的 David B. Neale 教授共同编写的，具有很强的系统性和科学性，反映了当前世界林木遗传育种先进水平的一本经典之作。将该书翻译介绍给国内读者具有积极意义。

该书共分 20 章。第 1 章介绍了森林遗传学的概念、范畴、历史和重要性。其余 19 章组成四部分。第一部分由第 2 ~ 6 章组成，概括介绍了森林遗传学的基本原理；第二部分由第 7 ~ 10 章组成，重点介绍了林木天然群体中的遗传变异和基因保存策略；第三部分，包括第 11 ~ 17 章，详细论述了实用林木遗传改良的理论和方法；第四部分为第 18 ~ 20 章，介绍林木基因组学、标记辅助选择和育种及林木基因工程。全书内容反映了 21 世纪初林木遗传育种学的主要理论和研究成果。

早在 2002 年，崔建国教授在瑞典农业大学森林遗传和植物生理系 Dag Lindgren 教授处做访问学者时就注意到 Timothy L. White 教授等人要编写一本森林遗传学书籍，此后一直密切关注该书的出版。到 2007 年，得知本书出版并在阅读了第一章的电子版和详细目录后，感觉本书系统性、科学性、先进性俱备，很有翻译价值。随后分别与原出版社和科学出版社李悦编辑取得联系，得到积极响应，确定翻译本书并由科学出版社出版。同时，得到南京林业大学李火根教授，以及有关农林院校的同行热烈支持，确定分工，开始翻译。

本书由崔建国教授和李火根教授主译。具体分工如下：第 1、2、11、13、14、17 章由沈阳农业大学崔建国教授翻译，第 15、16 章由崔建国教授校订；第 6、8、12、19 章及专业术语由南京林业大学李火根教授翻译，第 1、5、14 章由李火根教授校订；第 5、9 章由中南林业科技大学徐刚标教授翻译，第 7、10、11 章由徐刚标教授校订；第 15、16 章由华南农业大学黄少伟教授翻译，第 6、17、19 由黄少伟教授校订；第 7、10 章由四川农业大学的周兰英教授翻译，第 8、9、12 章由周兰英教授校订；第 18、20 章由东北林业大学的高彩球副教授翻译，第 3、4、13 章由高彩球副教授校订；第 3、4 章由东北林业大学的董京祥博士翻译，第 2、18、20 章由董京祥博士校订。其余内容由崔建国教授翻译。最后由崔建国教授进行统稿，校订。在本书翻译过程中，得到科学出版社的岳漫宇编辑、李悦编辑，CAB International 的 Meredith Carroll 女士及全体译校人员的大力支持和帮助，在此深表谢意。全书翻译完成后，由崔建国教授负责统稿，虽经修改，但由于水平所限，谬误和不当之处在所难免，敬请读者批评指正。若有任何宝贵意见或建议，请随时发邮件至崔建国教授处，E-mail 地址：cjgsyau@163. com。

崔建国　李火根

2013 年 8 月

前　言

对森林遗传学的兴趣始于两个多世纪以前,当时林业工作者才刚认识到,当把采自不同地理位置的同一树种的种子一起种植在一个共同的环境中时,生长是不同的。大约50年前,先驱者启动了大规模的树木改良项目以培育一些具有重要商业价值的树种的遗传改良品种。今天,森林遗传学是一个令人激动而又充满挑战的研究领域,它包括了遗传学的所有分支学科(孟德尔遗传学、分子遗传学、群体遗传学和数量遗传学)及其在基因保存、树木改良和生物技术中的应用,其中的每一个领域都拥有自己的术语和一套概念。不过,所有森林遗传学家都应该对所有分支学科有一个基本的了解,并且能够整合它们。为此,本书将努力均衡地展示每个分支学科的知识现状,同时也整合并展现它们之间的联系。

森林遗传学研究之所以重要,不仅因为林木独特的生物学性质(高大、寿命长的多年生植物,覆盖地球陆地面积的30%),而且因为它们在世界上的社会、生态和经济重要性。树木是各种森林生态系统的关键成分,不管是以原生状态保存还是进行人工经营以获得包括林产品在内的各种资源。因此,研究森林遗传学最重要的原因是为世界上天然林和人工经营林的进化、保护、管理和可持续性提供深刻的理解。为此,本书的目的在于描述遗传学在从原始天然林到人工纯林的所有森林类型中的概念及其应用。

《森林遗传学》的重点是关于遗传学原理及其应用。只要可能,对所讨论的每一原理,将尽量追求以下一致的写作风格:①阐述原理的必要性和重要性;②利用文字、公式和插图相结合的方式描述基本概念及其应用;③利用林木的实例强化原理及其应用;④综合和总结关于原理的知识现状和主要问题。由于以原理为重点,必然对与某些技术实施有关的物种特有的细节,以及实验室和田间方法重视不够,为了克服这一潜在的局限性,本书为感兴趣的读者引用了经典的及当前的文献。

代替通常教材末尾的词汇表,重要的术语在首次用于有意义的上下文时印刷成**黑体**。每一个黑体词汇都包含在总索引中,页码与其正式定义及该词汇在本书中使用的其他地方相对应。对于普通遗传学(Ridley,1993;Miglani,1998)和森林遗传学(Snyder,1972;Wright,1976;Helms,1998)都有其他几种好的词汇表。由于俗名用法的不一致,所有物种通篇使用拉丁学名。

《森林遗传学》面向以下几类读者:①作为高年级本科生和研究生的基础教程;②作为从事森林遗传或森林经营的专业人员的参考书;③对森林遗传学的其他分支学科感兴趣的森林遗传学家(例如,对生物技术感兴趣的数量遗传学家或对树木改良感兴趣的分子遗传学家),本书可作为基础的概论;④为研究林木以外的物种的遗传学家和其他科学家提供一个综合性平台。本书假设读者不具备遗传学知识。

《森林遗传学》由四大部分组成。第1部分,包括*第2~6章*,概括介绍了基本的遗传学原理。只要可能,就利用林木的实例阐明所描述的原理,但概念广泛应用于大部分动植物物种。第2部分,包括*第7~10章*,着重介绍林木天然群体的遗传变异:描述、进化、维持、管理和保存。*第 7、8、9 章*在 3 个不同的组织水平上讨论这些概念，分别是群体内（林分内）树木间，树种内群体间（地理），以及树种间。*第 10 章*专门论述基因保存策略。

第 3 部分，包括*第 11 ~ 17 章*，凭借前几章介绍的原理，本部分讨论了这些原理在实用树木遗传改良项目中的应用。*第 11 章*是树木改良性质的一般性综述，这一部分的后续几章围绕着大多数育种项目共有的育种周期的步骤和活动进行组织：确定基本群体（*第 12 章*）、进行选择（*第 13 章*）、营造遗传测定林（*第 14 章*）、分析这些测定林的数据（*第 15 章*）、配置商业品种（*第 16 章*）、制订长期育种策略（*第 17 章*）。

第 4 部分，包括*第 18 ~ 20 章*，介绍了基因组学和 DNA 分子生物技术及其在森林遗传学和树木改良中的应用。*第 18 章*阐述了在分子水平上用于发现基因、对基因作图以理解其功能的技术。*第 19 章*介绍了树木改良计划中标记辅助选择和标记辅助育种的概念和应用。最后，*第 20 章*介绍了林木基因工程。

使用本书作为森林遗传学基础教程，可以强调、突出或者完全省略不同章节，这取决于课程的定位和目的。一门实用树木改良课程以*第 1、5 ~ 9、11 ~ 17 章*为特色。一门关于天然林群体遗传学和基因保存的课程可能主要用*第 1 ~ 10 章*。最后，如果强调分子遗传学和生物技术，可能着重*第 1 ~ 4、11 和 16 ~ 20 章*。

虽然作者在介绍《森林遗传学》中的主题时努力做到正确和完整，但不妥之处在所难免，而且所选的用以阐明原理的实例反映了作者的经验和偏爱。因此，希望读者能够告知不妥之处，提出改进建议，并分享经验。

Tim White	Tom Adams	David Neale
Gainesville, Florida	Corvallis, Oregon	Davis, California
tlwhite@ ufl. edu	w. t. adams@ oregonstate. edu	dbneale@ ucdavis. edu

目　　录

第 2 部分　林木天然群体的遗传变异

第 3 部分　树木改良

第4部分 生物技术

第1章　森林遗传学——概念、范围、历史和重要性

基因是世界上所有**遗传变异**(genetic variation)和**生物多样性**(biodiversity)的基础,而遗传学是研究基因的性质、传递和表达的生物学分支学科。**遗传学**(genetics)是研究有亲缘关系的生物间的可遗传变异及其个体间的相似性和差异性的学科。**森林遗传学**(fort genetics)是研究林木的遗传学分支学科。从某种意义上讲,林木因为体形大、寿命长,并不是研究遗传原理的模式生物。然而,研究森林遗传学却很重要,准确地讲,这不仅是因为林木具有独特的生物学性质,而且还因为世界上的森林对社会和经济的发展很重要。

树木改良(tree improvement)是指应用森林遗传学和树木生物学、森林培育学及经济学等其他学科的原理培育林木遗传改良品种。与农作物和家畜育种项目一样,树木改良的目的是培育高产优质的品种;不过,与农业品种不同,林木基本上尚未**驯化**,因为大规模的树木改良项目只是到了20世纪50年代才开始,当前的**林木育种群体**和同一树种的野生群体在遗传组成上差异不大。因此,对树木改良项目中的育种群体开展遗传学研究有助于更好地洞察天然群体的遗传,反之亦然。

本书旨在描述森林遗传学的概念及其在各种森林类型(从原始天然林至人工林)中的应用。因此,本章首先简单讨论世界上不同类型的森林及其分布范围和重要性,然后概述森林变异的原因,介绍森林遗传学简史,最后讨论森林遗传学在天然林和人工林中的重要性。

世界天然林和人工林的分布范围及重要性

世界上有34亿hm^2森林,占地球陆地总面积的近30%(Sharma,1992;FAO,1997)。森林在每个大陆都很重要,覆盖率从拉丁美洲和加勒比海地区陆地总面积的近50%,到北美洲各国、欧洲各国和前苏联的大约30%,而非洲和亚洲只有20%(FAO,1995a)。活立木的木材总蓄积量为3840亿m^3,其中前苏联和拉丁美洲各国(包括亚马孙盆地的热带森林)占了几乎一半。

世界上的森林在物种组成方面差异很大,温带和北方针叶林仅由少数几个树种组成,而热带森林则含有成百上千个树种。森林具有多种不同的功能,能够提供不同的产品和社会价值。例如,在发展中国家,80%的采伐木材用作薪材,除此之外,森林还提供各种各样的当地用途(图1.1a)。然而,在发达国家,84%的采伐木材用于工业目的(FAO,1995a)(图1.1b)。而不论在发展中国家还是在发达国家,森林都具有保护功能及观赏价值。

虽然所有的森林均可提供生物、经济和社会等多方面的效益,但有时,作如下设想是有意义的:假定有一个由不同类型的森林组成的连续体,其中每种类型的森林各具有多种价值但又不完全相同(Brown *et al.*,1997)。一种极端情况是(图1.2a),未受干扰的天然林具有突出的生物和社会价值,但其木材产量通常较低,且由于各种原因,天然林并非商业木材产品的理想来源(Hagler,1996)。另一种极端情况是,集约经营的人工林生长迅速,但生物多样性水平较低(图1.2b)。在这两种极端情况之间有许多不同类型的森林,

图 1.1 森林提供各种各样的产品,包括:a. 烹饪和取暖用的薪材,这在发展中国家尤为重要;b. 为制造实木产品和纸制品采伐的工业用材。(照片由 Gainesville 的佛罗里达大学 P. K. Nair 和 T. White 分别提供)

每一种都能提供不同的价值(图 1.3)。单一类型的森林不可能提供所有可能的效益,因此,所有类型的森林都是需要的(Kanowski *et al.* ,1992)。

森林遗传学知识对于认识图 1.3 所示的连续体中的各种类型的森林的可持续性、保存和经营管理很重要。例如,在某些国家中,因为毁林,林地数量正以每年近 1% 的速度在减少(World Resources Institute,1994),而这严重侵蚀了某些树种的遗传基础。为改善这种状况,森林遗传学家可以采用如下两种途径:①实施基因保存计划,可保护受威胁树种的遗传多样性;②实施树木改良计划,可保证使用适应性强的,甚至是遗传改良的树种对采伐迹地进行更新。

作为森林生态系统的人工林的作用

虽然树木改良原理的应用有益于采用天然更新方式经营的森林的产量提高和品质改善,但是,目前世界上大多数正规的树木改良工作主要是针对人工林,在人工更新或人工造林中应用所培育的品种。因此,在此有必要简要讨论人工林在全球林业中的作用。广

图 1.2　生长在两种不同条件下的巨桉(*Eucalyptus grandis*),表现出不同的表型变异水平:a. 在澳大利亚的一个天然林分中,巨大的变异性是由树木间的遗传和环境差异造成的;b. 在南非 Mondi Forests 公司的一片人工林中,由于立地条件一致,树木个体间的环境差异极小,且所有个体的基因型相同,因而,树木生长较整齐。[照片由澳大利亚联邦科学与工业研究组织(Commonwealth Scientific and Industrial Research Organisation,CSIRO)K. Eldridge 和 T. White 分别提供]

义的**人工林系统**(plantation system)是指任何包括林木的种植制度,包括大规模的商业(即工业)人工林、农林复合系统、小面积片林和社区森林。世界上大多数人工林是在1950 年后营造的;现在全球有近 1.35 亿 hm^2 人工林,占林地总面积的 4%(Kanowski *et al.*,1992)。与天然林一样,人工林占森林面积的比例在各个国家之间差异也很大,从巴西、加拿大、印度尼西亚和前苏联的 1%~3% 到智利、中国、新西兰、南非和美国的 15%~25%,再到日本的 45%(FAO,1995b)。人工林所占百分率低说明,要么人工林的面积小,

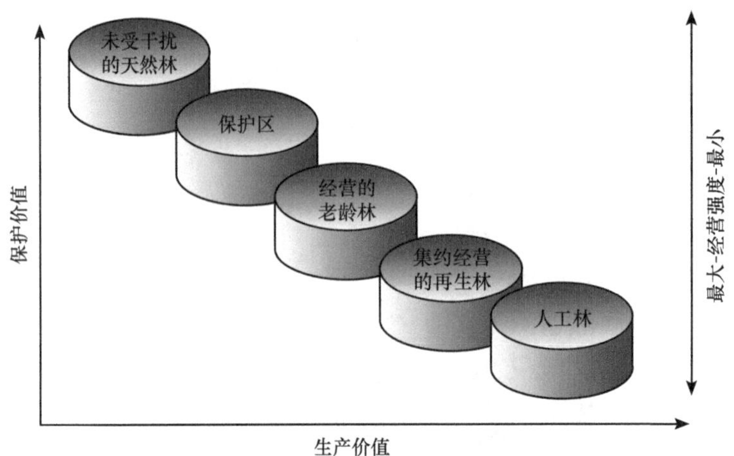

图1.3 几种不同类型的天然林和人工林的示意图。每一种类型都具有不同的经济和社会价值。一般而言,集约经营强度越高、生长越快的人工林其生产价值越高,但其基因保护价值越低。(改编自Nambiar,1996)。经美国土壤科学学会许可重印。

要么天然林的面积大。

目前,人工林提供世界木材消费量的大约10%,在今后几年内可能会增加到50%,这取决于全球的需要量和人工林的营造速度(Kanowski *et al.*,1992;Hagler,1996)。在许多国家中,人工林提供了其木材需要量的很大部分(FAO,1997)。大多数早期的人工林是为生产工业用材营造的,这在发达国家依然如此;不过,自20世纪70年代以来,热带地区的很多造林项目已转变为满足上述的当地需求(Kanowski *et al.*,1992)。例如,中国是拥有人工林最多的国家(0.36亿 hm^2),这主要归因于一项政府倡导的全民造林项目。

在满足世界木材需求方面,与未受干扰的天然林相比,人工林具有如下优点(Savill and Evans,1986;Evans,1992a)。

- 人工林比天然林生长快得多,尤其是在采用速生基因型造林并实施集约经营时。例如,热带地区人工林的生长速度平均是热带天然林的10倍(Kanowski *et al.*,1992;Hagler,1996)。这意味着,人工林可以更早收获木材(即轮伐期更短),且生产相同数量的木材需要的林地面积更少。
- 人工林中生长的树木具有更高的一致性(比较图1.2a和图1.2b),表明人工林的采伐、运输和加工成本更低,且某些产品的产量更高。
- 选择用于营造人工林的土地类型有很大的灵活性,可方便地位于劳动力和加工设备等基础设施附近。有时,废弃和退化土地(如原来的农业土地)非常适合营造人工林。
- 人工林具有多种环境功能,例如,稳定土壤以减少侵蚀、改善水质、防风、废弃工业用地的复垦及有益于减缓全球气候变暖的固碳。

综合上述人工林的所有优点,可以认为,人工林在满足全球日益增长的木制产品需求方面起着重要作用(预计在未来的20年将增长近50%),从而减轻木材生产对天然林的依赖。在合理的假设条件下,最少仅需世界林地面积5%的人工林总面积就可满足全球工业用材的需求(Sedjo and Botkin,1997)。例如,在巴西和赞比亚,人工林仅占林地面积的1%,但却提供了这些国家生产的全部工业用材的50%以上。与之类似,智利和新西兰的人工林面积占林地面积的 16%，但它们生产了 95% 的工业用材(FAO,1995b)。

人工林较高的种植效率有助于减轻林业对环境的总的影响(有时称为环境印迹)，因为只需占用较少的林地面积就可满足全球对木材的需求。因此，发展人工林是减轻天然林采伐压力和保护天然林的一条途径，而且，重要的是，还可消除人们关于营造人工林就是毁林的误解。确切地讲，在热带地区，大多数毁林土地被转变为其他用途，仅有不到 1% 被用于营造人工林(FAO,1995a)。

虽然人工林也存在一些缺点，如生物多样性较低，其基因保存价值及长期可持续性(在有些情况下)难以确定，但为了满足各种社会和经济需求，各种类型的森林都是需要的。在过去的 10 年中，人们逐渐意识到，为了保证多个轮伐期的可持续生产，必须对人工林和其他类型的森林进行合理经营。更加开放的世界贸易市场导致全球竞争加剧，使人工林经营越来越集约化，尤其是由工业组织经营的那些人工林。以培育遗传改良品种为目标的树木改良项目已经成为大多数大型人工林项目中育林过程的一部分。如果人工林营造和造林后的抚育管理两者能够良好地结合，使用改良品种将可极大地提高人工林的生产力，改善其健康状况。

林木变异的概念及来源

基因型和环境对表型变异的影响

在简单讨论了世界森林的有关特征之后，接下来阐述森林中存在哪些变异及造成这些变异的内在原因。一株树的外在表现称为表型。**表型**(phenotype)是树木个体能被测量或观察到的任何特征，即肉眼所看到的树木，受其遗传潜质和所生长的环境的双重影响。可利用一个简单的公式 P=G+E(表型=基因型+环境)来说明树木最终的表型是由基因型和环境两个内在因素共同作用的结果(图 1.4)。对表型有影响的环境因素包括所有的非遗传因素，如气候、土壤、病害、有害生物及种内和种间竞争。

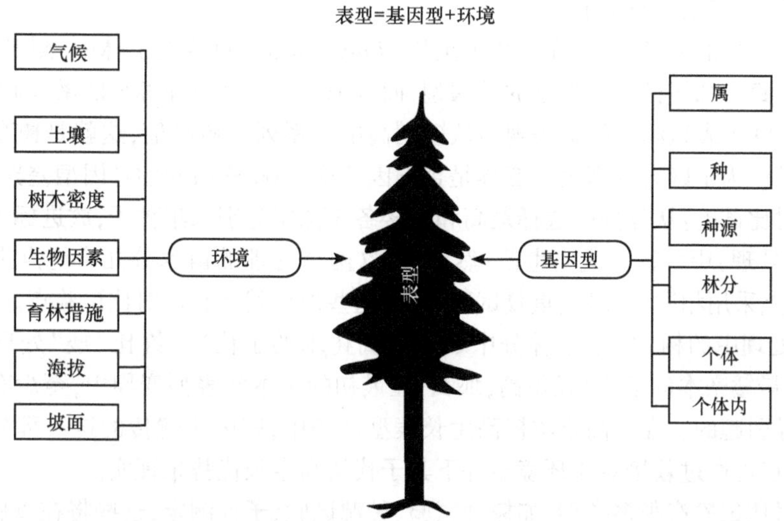

图 1.4 影响树木表型的部分环境和遗传因素。其中任何一个因素改变都会造成树木表型的差异，导致林分内个体间丰富的表型变异。

位于树木每个活细胞基因组内的基因决定其基因型。如果两株树全部数万个基因的脱氧核糖核酸(DNA)序列都完全相同,那么两者的基因型就是相同的。同一树种的两株树比不同树种的两株树的 DNA 序列更相似,而有相同亲本的两株树(即在同一个家系内)的 DNA 序列比来自不同家系的两株树更相似。

没有两株树木具有完全相同的表型。在通常情况下,森林中的树木间存在巨大的**表型变异**(phenotypic variation)(图 1.2a)。在所有性状上,包括树体大小、形态、物候和生理过程,都存在个体间的变异。只有在完全一致的立地上栽植基因型完全相同的树木[如**无性系**(clone)]时,树木个体间才几乎没有表型变异(图 1.2b);但即使那样,也可找到表型差异。森林遗传学家提出的一个很重要、同时也是本书中频繁出现的问题是:"观察到的表型变异主要是由树木间的遗传差异引起的还是环境效应差异引起的?"换言之,先天和后天哪一个更重要?

虽然不可能仅凭一株树的外在表现(其表型)就能洞察其内在的基因型,然而,可采用以下两种实验方法来区分环境效应和遗传效应:**栽培对比试验**和分子遗传学方法。

栽培对比试验

用来区分环境和遗传对表型影响的第一种方法为栽培对比试验。该方法已经应用了两个多世纪,其目的是通过保持环境不变来区分环境和遗传的影响,这样可以将影响表型变异的遗传效应分离出来。为了做到这一点,首先从生长在许多不同环境中的树木(即林分)上采集种子,然后将其子代栽植在一个至多个地点的随机、重复的田间试验林中。在这些条件下,可以认为环境影响对所有的树木都是相似的,因而来自不同树木(或来自不同林分)的子代间的任何差异主要是由遗传原因造成的。这类试验称为**栽培对比试验**(common garden test)。栽培对比试验的基本假设是:对自然生境中的树木进行测量或观察是不可能的,也不可能利用这些测量值来确定遗传与环境对观察到的表型变异性的相对重要性。为此,为了给参试的所有基因型提供共同的、可重复的生长环境,就需要建立单独的试验(栽培对比试验)。

举一个简单的例子,假定在一片火炬松(*Pinus taeda*)同龄人工林中,测量了 1000 株树的树高。每一株树都有它自己的基因型,而且都经历了其所在林分的微气候和微立地。因此,这 1000 个表型测量值就表现为从矮到高的一系列的树高值,这就是树高生长性状的表型变异。为了确定树高表型变异是否归因于这 1000 株树间的基因型差异,可实施如下的栽培对比试验:从林分中选择最高和最矮各 5 株树分别采集种子,放进标为高和矮的两个口袋(处理)中并繁育成实生苗;然后,将这两个处理的苗木分几个地点进行田间试验,每个地点采用相同的随机、重复试验设计,这些地点就是栽培对比试验点。几年之后,如果"高"处理中的树木(亲本林分中 5 株最高树木的子代)始终比"矮"处理中的树木(来自 5 株最矮亲本的子代)长得高,那么,在最初的亲本间表型变异中,至少有一部分是由遗传差异引起的。在较高亲本树高生长表型优势中,归因于遗传的这一部分传递给了子代,这一点可通过栽培对比环境条件下其子代树高生长优势来证实。

栽培对比试验有很多类型,如树种试验、种源试验、子代测定,这些将在以后的章节中详细讨论。这些试验的具体目的不同,因此名称也各不相同;不过,它们都是栽培对比试验的实例,都是为了剖析遗传和环境因素对自然变异的影响。

分子遗传学方法

区分遗传和环境对树木表型影响的第二种方法是利用分子遗传学技术直接测量基因型,这可以消除混淆在表型变异中的环境效应。例如,可确定一株树的很多基因的 DNA 序列(*第 2 章*),也可构建几种类型的基于 DNA 的遗传图(*第 18 章*),还可测定几乎不受环境影响的某些类型的基因产物(如萜类和蛋白质)。近年来,这些技术发展很快,后面几章介绍了分子遗传学技术应用于天然群体遗传变异研究及树木间遗传差异检测等领域。

在正常情况下,目前还无法将基因的 DNA 序列直接与树木的整个表型或者复杂性状的表型联系起来。例如,两株树在几个性状(如生长速率、冠形等)上表型不同,虽然可以检测出这两株树木的 DNA 序列,但还无法断定其表型差异是否源于基因序列的差异。这是因为:①在生化和生理水平上,对基因表达的认知尚不足;②环境和基因型的相互作用相当复杂,且在树木一生中都起作用。令人振奋的是,功能基因组学(*第 18 章*)这一新的研究领域进展迅速,为逐步认识基因的功能与表达带来了希望。分子遗传学家、生理学家和森林遗传学家正在从几个重要的基因系统上开展紧密协作,共同探索林木个体发育过程中复杂的基因与环境的相互作用。

将来,测量、理解、管理和操纵树木间遗传差异的分子方法将会变得越来越重要,不过,就目前而言,栽培对比试验仍是区分遗传和环境对树木表型影响的主要方法。

变异的环境来源

环境变异的很多来源(图 1.4)为林业工作者所广泛认识,并在森林生态学和森林培育学中得到了广泛研究。环境差异引起一系列不同尺度上的表型变异。在小的尺度上,同一林分内相邻树木间的表型变异是由微气候、微地点、竞争(同一树种不同树木间、与其他树种及林下植物间)及病虫侵害的差异引起的。对表型表达有影响的大尺度环境包括海拔、降水、温度状况及土壤间的差异,这些环境差异导致同一树种不同地点的森林在生长速度、树形和形态方面产生巨大差异。例如,花旗松(*Pseudotsuga menziesii*)自然分布于从加拿大不列颠哥伦比亚省南部穿越美国西部直到墨西哥的广大区域,横跨北纬 19°~55°、海拔 0~3300m。不同地点的花旗松(*P. menziesii*)林差异巨大也就不足为奇了。

在人工林中,有些环境因素可通过育林措施加以改变,例如,施肥可增加土壤养分,造林前整地可改善土壤水分条件,除草和间伐可减轻树木间的竞争,但其他一些环境因素,即使并非不可能,也相当难以操控,如雨型、冰冻天气和流行性病害。所有的环境变异来源导致了在天然林和人工林中所观察到的丰富的表型变异模式。

变异的遗传来源

与环境变异一样,遗传变异也发生在一系列不同的尺度上。图 1.4 显示出 6 个遗传变异的来源,从下往上自然递进,每一个较低级的来源嵌套在其上一级来源之内(例如,种在属内,个体在林分内),从这个意义上说,它们是嵌套的或者分等级的。一般情况下,当从下往上递进时伴随着基因组间更大的差异。例如,两个属要比同属内的两个种间具有更大的遗传差异。

下一段中描述的遗传变异的来源(种、属、科)为林业工作者所熟知,也是为不同分类单元命名(拉丁名)的基础。林业工作者不太熟悉种以下水平的4种变异来源,但它们却造成了同一树种内个体间的巨大遗传差异。了解不同来源的遗传变异模式及其重要性是森林遗传学的主要目标。

属和种

在大的分类尺度上,不同科或不同属内的树木通常在遗传上极为不同。在较小的尺度上,同属内的不同树种在遗传上也不相同。以美国东南部有亲缘关系的两种松树,湿地松(*Pinus elliottii*)和火炬松(*P. taeda*)为例,虽然它们在有些方面彼此相似,但在生长习性、形态和生殖方式上也存在显著差异[如湿地松(*P. elliottii*)在春季大约早一个月开花]。这些差异在一系列环境(即对比试验点)中都始终表现出来,表明该差异是由遗传决定的。在人工林项目中,选择合适的树种常是林业工作者要做出的最重要的遗传学决策。用错树种会导致生产力或健康丧失,而且如果树种对栽植环境适应不良,有时会导致人工林计划完全失败。如果最佳造林树种尚不清楚,就需要开展树种试验(在各种人工林环境中,对多种候选树种进行栽培对比试验)(*第12章*)。

种源和林分

种源(provenance)一词是指一个树种自然分布区内的某一地理位置。与不同种源相关的变异[也称为**地理变异**(geographic variation)]将在*第8章*和*第12章*中详细讨论,此处仅简单提及。种源间的遗传差异常相当大,尤其是那些占据多种不同气候带、分布广的树种。经过多个世代的进化,种源能很好地适应当地的生长环境,这种适应模式很常见。例如,欧洲云杉(*Picea abies*)在欧洲和亚洲具有非常广泛的自然分布区,跨越很多不同的海拔、气候带和土壤类型。在其进化过程中,自然选择导致种源间显著的遗传差异。与起源于较温暖地区的种源相比,起源于较寒冷地区的种源(更靠北部或海拔更高)生长慢、春季抽梢早、秋季封顶早、树冠窄及树枝扁平(Morgenstern,1996)。起源于较寒冷地区的种源的这些特征是对较寒冷气候条件(干雪、生长季较短和霜冻较频繁)的适应。这些差异是遗传起源的,这已被**种源试验**(provenance test)所证实。种源试验是栽培对比试验的一种类型,是将同一树种的若干种源在设置有随机、重复的试验林中进行比较。

栽培对比试验可用来分析引起林木地理变异的环境因素和遗传因素的相对重要性,为了说明这一点,以火炬松(*P. taeda*)木材密度为例(Zobel and van Buijtenen,1989;Zobel and Jett,1995)。火炬松(*P. taeda*)的自然分布区非常大,其中一部分,从分布区北部马里兰非常寒冷的温带气候向南一直延伸至佛罗里达的较温暖的亚热带气候,该样带南北跨越约1300km。沿着该样带,火炬松(*P. taeda*)天然林分的木材密度呈现从北向南逐渐增加的趋势(在南部的木材密度更大),但当将该样带上许多采样林分的种子栽植在随机、重复的田间试验林中时,却发现了相反的趋势,即南部种源的木材密度小于北部种源。在这个例子中,环境和遗传差异共同造成了观察到的木材密度的自然变异模式,且环境影响与遗传趋势相反。因此,需要栽培对比试验来恰当地描述遗传因素引起的地理变异特征。

了解地理变异的意义与模式对于树木改良及基因资源保存都有重要意义。在树木改良项目中,适应性最好、可获得期望产量与品质的种源是育种工作者的首选(*第12章*)。在基因保存项目中,了解地理变异有助于制订合理的保存方案,使来自所有遗传上不同的种源的基因得到保存(*第10章*)。

同一种源内相邻林分间也可能存在差异。这些差异通常要比刚刚讨论的种源间的差异小得多,且林分间的差异通常是由立地质量、坡位等环境差异引起的。不过,相邻林分之间也可能存在中等水平的遗传差异(*第5章*和*第8章*)。

个体间和个体内

同一林分内同一树种不同个体间的遗传差异常很大。与人类群体一样,在天然林中,没有两株树木具有完全相同的基因型(除非它们来自于同一个无性系)。对于同一林分内个体间的表型变异,其遗传原因和环境原因的相对重要性依性状而异。例如,木材密度受遗传控制更强而受环境影响较小,而生长速率受较弱的遗传控制并且受环境影响较大(*第6章*)。个体间的遗传变异是树种遗传多样性的组成部分之一,了解这一变异对于基因保存项目至关重要。同时,个体间的遗传变异还构筑了实用树木改良项目的主要基础。这些项目通过选择和育种寻找现有的自然变异并将其重新包装到改良的基因型内。个体间遗传变异研究是森林遗传学的核心。

最后,有些性状甚至表现出个体内的变异。例如,针叶树的木材密度,通常越靠近树木的髓心越小,而在越靠近树木外部的年轮中越大(Megraw,1985;Zobel and Jett,1995)。即使在一个特定的年轮内,在生长季早期形成的木材的密度通常比晚期形成的木材的密度小。这些差异是由环境引起的还是由遗传引起的呢?答案是与两者都有关。树木的基因型与环境的相互作用贯穿于树木的整个发育过程中。一株树的基因型(即它的一套基因)在整个生命过程中基本上保持不变;然而,在不同季节和不同年龄表达的基因却不同。针叶树在髓心附近形成密度较小的木材,这是与环境相互作用的一套特定基因表达的结果。而靠近树木外部的木材,是另外一组不同的基因表达(一些新的基因开启,另一些基因关闭)的结果,即一组不同的有效基因在影响着木材密度。随着分子遗传学中新技术的出现,近年来,森林遗传学家对发育的基因表达调控的重要性有了进一步的认识(*第2章*)。具体实例将在*第18章*中介绍。

森林遗传学的过去与未来

普通遗传学

最早的动植物驯化发生在大约10 000年前的石器时代晚期世界上的几个地区,且动植物驯化的成就引领了其他技术的发展,如烹饪、制陶及纺织技术(Allard,1960;Briggs and Knowles,1967)(表 1.1)。几处早期文明的证据表明,古代人们已经知道将表型优良的种子保存下来作为翌年庄稼的良种,事实证明这一做法在培育改良品种方面一直是有效的。至公元前 1000 年(约 3000 年前,仍然处于史前),大部分重要的粮食作物已被驯化,而且在表型上与现在的作物非常相似。令人惊奇的是,这些成功的农作物改良工作发生在人们对遗传学一无所知的时代。

表 1.1　截至 1990 年,普通遗传学(G)和森林遗传学(F)的一些重要进展年表

在表的下边没有注明参考文献的所有进展,都列于书末的参考文献列表中。

时间	发现或进展	参考文献
公元前	G:早期农作物和动物驯化	许多[a,d]
18 世纪	F:种子起源的重要性	许多[b]
19 世纪	F:杂交、营养繁殖	许多[c]
1856	G:植物子代测定	Vilmorin[d]
1859	G:自然选择、物种进化	Darwin(1859)
1866	G:经典遗传定律	Mendel(1866)
1908	G:群体的基因频率平衡	Hardy[b],Weinberg[b]
1916	G:数量性状的遗传	Yule *et al.*[a]
1925	G:现代统计学,随机性、方差分析	Fisher(1925)
20 世纪 30 年代	G:选择的数学原理	Fisher(1930),Haldane[e]
20 世纪 30 年代	G:群体的遗传学、近交	Wright(1931)
20 世纪 30 年代	G:动物育种理论和策略	Wright(1931),Lush(1935)
1942	G:达尔文进化论和孟德尔定律的统一	Huxley[e]
1944	G:发现 DNA 是遗传物质	Avery *et al.* (1944)
20 世纪 50 年代	F:大规模的树木改良项目	许多[c]
1953	G:DNA 双螺旋结构	Watson and Crick(1953)
20 世纪 60 年代	G:用于群体遗传研究的同工酶	Soltis and Soltis(1989)
1961	G:破解遗传密码	Nirenberg and Matthai(1961)
20 世纪 70 年代	G:数量遗传学的混合模型分析	Henderson(1975,1976)
1971	F:同工酶应用于林木	Conkle(1971)
1977	G:DNA 的化学测序	Sanger *et al.* (1977)
1980	G:RFLP 作图技术	Botstein *et al.* (1980)
1980	F:CAMCORE 基因保存协作组	Zobel and Dvorak[f]
1981	G:农杆菌的转化	Matzke and Chilton(1981)
1985	G:聚合酶链反应	Sakai *et al.* (1985)
1986	F:针叶树叶绿体 DNA 的父系遗传	Neale *et al.* (1986)
1987	F:第一个转基因林木	Fillatti *et al.* (1987)

[a]Allard 1960;[b]Morgenstern 1996;[c]Zobel and Talbert 1984;[d]Briggs and Knowles 1967;[e]Ridley 1993;[f]Dvorak and Donahue 1992。

在1944年发现DNA是遗传物质(表1.1)之前,普通遗传学已经取得了很多重要进展。1856年,Louis de Vilmorin提出采用子代测定对亲本进行评价(Briggs and Knowles,1967)。1859年,达尔文在《物种起源》一书中提出了自然选择假说。1866年,孟德尔研究豌豆近交系并提出了二倍体生物遗传的经典定律。1908年,Godfrey Hardy和Wilhelm Weinberg揭示了**随机交配群体**中**等位基因频率**和**基因型频率**两者之间的关系,奠定了**群体遗传学**基础。在20世纪的头20年,Yule、Nilson-Ehle和East提出了数量性状遗传的微效多基因假说。在20世纪20年代和30年代,Ronald Fisher发展了随机、试验设计及方差分析等统计学概念与方法,这已成为所有现代实验方法的基础。还是在20世纪30年代,Fisher、Haldane和其他人开辟了数量遗传学领域并且引入了遗传率的概念;Jay Lush出版了《动物育种计划》一书,其中包含的动物育种的一些理论和方法,在今天的动物、农作物和树木改良项目中仍在使用。Sewall Wright也在群体遗传学领域从事了多年研究,提出了通径系数、近交和动物育种策略的概念。

在20世纪下半叶,分子遗传学领域逐渐发展起来并且开始对生物学的所有领域产生重大影响(Lewin,1997)(表1.1)。沃森和克里克在1953年发现了DNA的双螺旋结构,开启了在DNA水平上研究遗传学的时代。此后不久,又发现了三联体遗传密码及编码在DNA中的遗传信息如何指导蛋白质的合成(*第2章*)。20世纪70年代及80年代早期,分子生物学技术蓬勃发展,并构筑了当前仍在应用的许多分子技术的基础。这一时期的进展包括**限制酶**的发现、DNA克隆及DNA化学测序方法的开发(*第4章*),这些基本方法构成了重组DNA技术。这些技术还被用于开发新的遗传标记,并已在林木中得到广泛应用(*第4章*)。

20世纪80年代,一项非常重要的发现是**聚合酶链反应**(*第4章*),现已用于生物学研究的几乎所有领域。这一技术使DNA的研究变得简单,成为一项常规研究,这是因为不再需要预先克隆DNA,省去了这一困难环节。生物技术这门学科也在这个时期发展起来(*第20章*)。在广义上,**生物技术**(biotechnology)可以定义为应用于动植物研究和改良的一系列技术,包括**重组DNA**、**基因转移**和**组织培养**等。林木生物技术研究始于20世纪80年代后期,重点是松树和杨树的**遗传转化**和**植株再生**。1987年报道了第一个转基因林木(Fillatti *et al.*,1987)。这一时期的另一项重要突破是首次成功实现了针叶树**体细胞胚胎发生**(Haknan and von Arnold,1985)。

森林遗传学

在森林遗传学中,早期的先驱者也取得了很多成就。在1700~1850年,欧洲的科学家就认识到种源变异的重要性,培育了一批林木种间杂种,并且总结出一些树种的营养繁殖方法(Zobel and Talbert,1984)。这些早期的先驱者大都具有非常敏锐的观察力,充满了好奇心,富有远见,并且坚持不懈。他们成功地为后来的森林遗传学家创造了有利条件。

20世纪上半叶,树木改良工作仅为零星开展,主要是对各种有重要商业价值的树种开展种源试验和种源选择。大规模的树木改良项目始于20世纪50年代,超过14个国家启动了树木改良项目(Zobel and Talbert,1984)。当时,育种工作者对林木性状的遗传控制还知之甚少；启动这些项目的先驱者依靠的是他们的农作物育种知识及林木也能驯化成功的信念。早期林木育种项目的一项重要目标是发展田间试验方法，如选择、嫁接、花粉提取、**控制授粉**及子代测定林的建立，这些方法对于树木改良项目成功与否至关重要。

世界人口增加及由此产生的对现存天然林利用的压力，大大增强了保护林木遗传资源的意识及必要性。对于具有重要商业价值的树种，树木改良项目通常起到了这样的作用，且在几个国家中，有一些国际援助机构帮助它们开展探索性的基因资源保护工作。在正式从事基因资源保护的国际组织中，成立于 1980 年的中美洲各国和墨西哥针叶树种质资源合作组织（Central American and Mexican Coniferous Resources Cooperative，CAMCORE）即为其中突出的一个例子（Dvorak and Donahue，1992）。

至于遗传学研究，由于缺乏单基因性状（即在*第 4 章*中描述的遗传标记），事实上，群体遗传学研究直到近年才成为可能。20 世纪 60 年代，称为**等位酶**的生化标记才首次应用于群体遗传学研究。等位酶技术很快被森林遗传学家所借鉴，并开展了大量旨在描述林木天然群体和人工群体遗传多样性模式的工作。通过这些研究，人们对树种间和树种内遗传变异的分布，以及导致所观察到的林木遗传多样性模式的进化动力有了更多的认识（*第 7～9 章*）。

20 世纪 90 年代早期，林木分子遗传技术平台已经很好地建立。**限制性片段长度多态性**（restriction fragment length polymorphism，RFLP）遗传标记被应用于**细胞器基因组**的遗传学研究、**遗传图构建**及遗传多样性度量。Neale 等（1986）利用 RFLP 标记得出针叶树的叶绿体基因组是通过父本遗传的；后来又发现北美红杉（*Sequoia sempervirens*）的线粒体基因组也是通过父本遗传的。这些全新的细胞器遗传模式为利用母系和父系的遗传标记数据研究针叶树的遗传多样性和**系统发生生物地理学**（*第 8 章*和*第 9 章*）提供了独特的机会。在这一时期，还开发出了许多核基因组遗传标记（*第 4 章*），并被用于构建林木遗传图（*第 18 章*）。

20 世纪 90 年代后期，森林遗传学进入了**基因组学**时代。DNA 测序技术被用于建立几个树种的基因数据库（*第 18 章*），并且首次引入了林木基因功能的分析方法。这些技术将被用于研究林木基因的调控和表达，并将有助于旨在满足全球对林产品的需求及保持宝贵的遗传资源的林木新品种的培育。对于包括森林遗传学在内的所有遗传学而言，21 世纪将会是一个令人激动、成果丰硕的时期。

为什么要学习森林遗传学？

学习森林遗传学的主要目的是为了深入了解世界森林的演化、保护、经营管理和可持续性。更详细地讲，学习森林遗传学的具体的生态、科学及实际应用方面的原因包括以下几点。

- 林木为研究独特的生命形式的遗传原理创造了条件。与其他生物相比，大多数森林树种寿命很长、高度异交、高度杂合、树种内个体间变异丰富（Conkle，1992；Hamrick *et al.*，1992）。
- 森林遗传学使得在大尺度上研究自然进化成为可能。有些树种的自然分布区跨越数百万平方千米，呈现出极为错综复杂的对过去和当前环境的适应模式。

- 为了制订合理的基因保存策略,需要了解森林遗传的一般原理和树种遗传结构。
- 森林遗传学能帮助理解森林更新作业的意义并指导具体操作,如在天然更新经营的森林中采用的留种母树法和渐伐法。
- 树木改良项目为世界范围的人工林系统培育遗传改良品种,而森林遗传学原理是树木改良项目的核心。开展林木产量、健康状况及品质性状的遗传改良可以提高人工林的经济与社会价值。
- 生物技术,包括林木基因工程和分子标记辅助育种与选择,将有望大大促进未来林木新品种的培育。
- 在基因和基因组水平上,林木与其他遗传研究中常用的生物有本质区别,从而为相关基础理论研究提供了便利条件。例如,林木为多年生植物,产生大量的次生木质部,具有独特的基因和代谢途径;而且,针叶树为裸子植物,在进化上比被子植物古老得多。因此,一般来说,针叶树中更古老的基因将为植物进化提供有用的信息,更具体地讲,将为植物基因功能的进化提供有用的信息。

森林遗传学的分支学科(分子遗传学、传递遗传学、群体和数量遗传学)将在*第2~6章*介绍。这些领域的工作已经使作者对森林群体内所蕴含的重要的森林遗传原理有了深刻的理解。不管是现在还是将来,需要解答的问题总是相当复杂的。各分支领域的科学家必须更加团结合作,同时,还需要与社会学家和其他生物科学家一起协作,从而实现对世界森林资源的认知、保护与可持续利用。

第1部分　基本原理

第 2 章　遗传的分子基础——基因组组织、基因结构和调控

像大多数生物一样，树木也是从一个单细胞开始的，该细胞含有树木的整个生命过程所需要的全部遗传信息。这些信息遗传自该树木的亲本。本章的目的在于进一步了解遗传物质。虽然孟德尔用其经典的豌豆实验为遗传物质的存在建立了理论框架(*第 3 章*)，但他对遗传的生化基础仍一无所知。直到 1944 年，Oswald Avery 和他的合作者才发现遗传物质是脱氧核糖核酸(DNA)。本章重点讨论以下两方面内容：①DNA 的分子结构及其在细胞中的组织；②基因的结构及其表达调控。这些内容涉及遗传学的两个主要分支学科：细胞遗传学和分子遗传学。进一步了解这两个分支学科可参考 Stebbins(1971)和 Lewin(1997)撰写的优秀的教科书。

基因组组成

DNA 分子

在 1944 年 Avery 证明 DNA 是遗传物质之前，人们就已知细胞核内的染色体是由 DNA 组成的，但对 DNA 的化学组成和结构并不很清楚。到 20 世纪 50 年代早期，生化学家已经清楚 DNA 是一种生物大分子，由 4 种化学上彼此连接的**核苷酸碱基**(nucleotide base)组成：A 为腺嘌呤、T 为胸腺嘧啶、G 为鸟嘌呤、C 为胞嘧啶(图 2.1)。核苷酸碱基通过糖-磷酸骨架相互连接形成一条多核苷酸链。在松属(*Pinus*)中，整个核**基因组**(genome)至少由 1×10^{10} 个核苷酸碱基组成。基因组是一个细胞的细胞核内所有染色体上全部基因的总和。

DNA 分子以双螺旋存在，这是 DNA 分子最重要也是最基本的特征，是由沃森和克里克于 1953 年发现的(Watson and Crick，1953)。他们认为，DNA 分子是由与糖-磷酸骨架方向相反(反向平行)的两条多核苷酸链通过氢键配对彼此连接起来的。具体而言，腺嘌呤总是通过两个氢键和胸腺嘧啶配对，而鸟嘌呤总是通过 3 个氢键和胞嘧啶配对。DNA 分子的这种化学结构被称为**碱基互补配对**(complementary base pairing)。

遗传信息的忠实性在 DNA 复制过程中得到保持，这是因为两条 DNA 链的每一条都作为合成一条新的互补链的模板，这被称为**半保留复制**(semiconservative replication)(图 2.2)，因为每个子细胞都获得了一条原始的链和一条新合成的链。这一概念在*第 3 章*中会再次讨论，因为它与有丝分裂和减数分裂有关。

基因组的细胞组织

在树木和所有高等植物中，DNA 存在于细胞内的**细胞核**，以及**叶绿体**和**线粒体**这两类细胞器内(图 2.3)。细胞中的大多数 DNA 位于细胞核内，这些 DNA 含有绝大多数基

因。核 DNA 分布在一组染色体上,其组织和结构稍后在本节讨论。叶绿体和线粒体也含有 DNA,编码与其各自的功能,即光合作用和呼吸作用有关的少量基因。植物叶绿体和线粒体被认为分别起源于蓝细菌和好氧细菌,而它们的环状 DNA 基因组反映了它们的原核起源(Gray,1989)。根据内共生假说,自生细菌定植在原始植物细胞中并与其寄主形成了一种共生关系,但随着进化时间的推移,许多细菌基因转移到了植物的核基因组中。每个叶绿体和线粒体都含有环状 DNA 分子的许多拷贝,而每个细胞中有若干个叶绿体和线粒体。因此,细胞内这些基因组的拷贝数非常多。

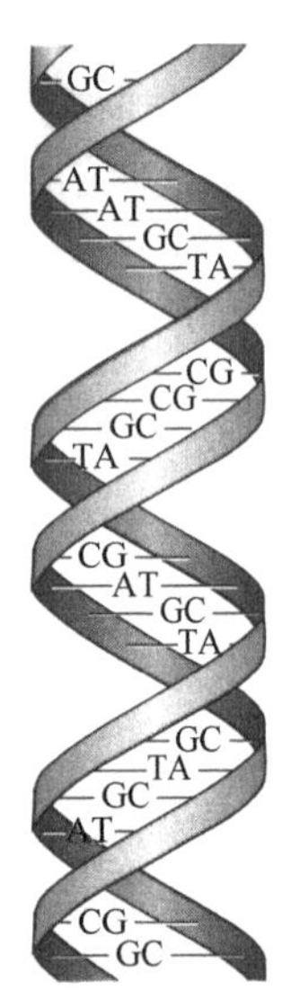

图 2.1 脱氧核糖核酸(DNA)是由 4 种不同的核苷酸碱基(A 为腺嘌呤、T 为胸腺嘧啶、G 为鸟嘌呤、C 为胞嘧啶)组成的双链大分子。这两条链是反向平行的(意思是这两条链的糖-磷酸骨架方向相反),核苷酸通过氢键连接在一起。DNA 分子结构是由沃森和克里克在 1953 年提出的。

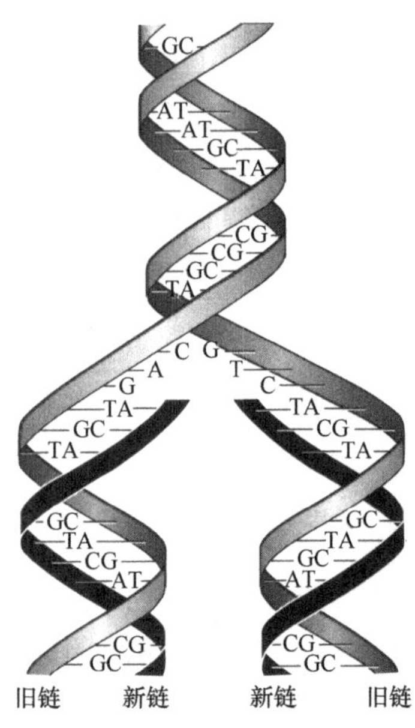

图 2.2 DNA 分子以其两条链中的每一条都作为合成新链时的模板进行复制,这被称为半保留复制,因为在细胞分裂时每个子细胞获得一条新链和一条旧链。A 和 T 互补配对,G 和 C 互补配对,保证了遗传密码的忠实性。

基因组大小

细胞核内 DNA 的总量决定一个物种基因组的大小。基因组大小通常被称为 **C 值**,以每个单倍体细胞核内的 DNA 量(pg)表示。基因组大小在植物种间差异极大(表 2.1),这种差异的进化意义和现实意义是人们非常感兴趣的话题(Price *et al.*,1973)。被子植物树种,如杨属(*Populus*)和桉属(*Eucalyptus*)树种,其基因组比裸子植物树种小得多。在比较真核基因组大小时,可观察到:基因组大小并不随着生物的进化复杂性呈线性增加(图 2.4),从而提出了 **C 值悖理**的概念。两栖动物似乎不可能比人类和其他哺乳动物有更多基因;植物也似乎不可能比大多数动物有更多基因,但所观察到的确实如此。这一悖理也明显存在于被子植物和裸子植物树种间,即后者虽然在进化上更原始但却含有更多的 DNA。为什么植物,尤其是裸子植物,含有如此多的 DNA? 本章后面将对其可能的原因进行讨论。

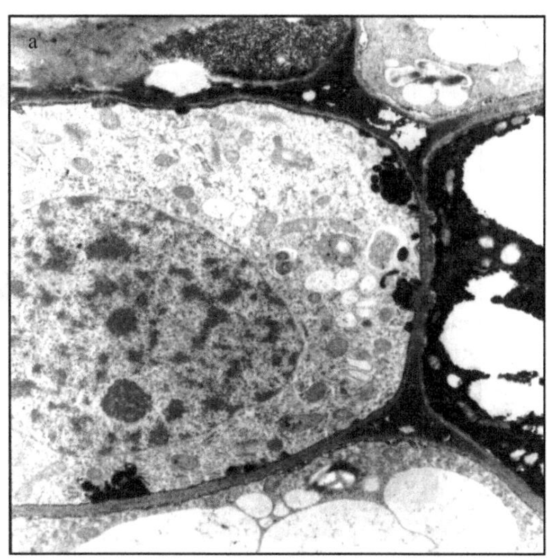

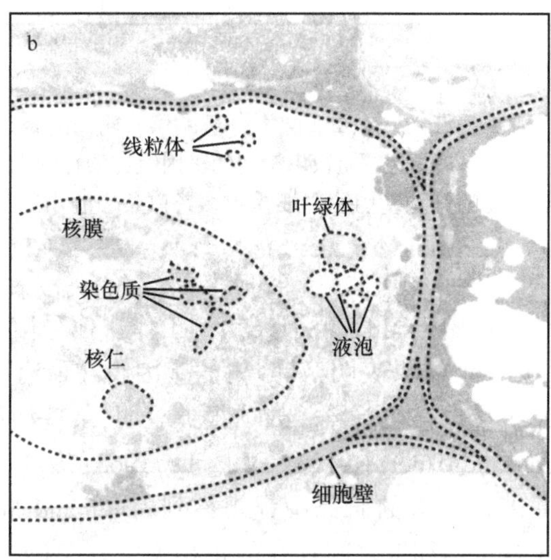

图 2.3　DNA 存在于植物细胞的细胞核、叶绿体和线粒体中。大部分遗传信息编码在染色体(统称为染色质)上的核 DNA(nDNA)内;然而,在叶绿体 DNA(cpDNA)和线粒体 DNA(mtDNA)内,也有与其各自功能(光合作用和呼吸作用)有关的基因:a. 花旗松(*Pseudotsuga menziesii*)胚珠的珠心组织中的一个细胞的照片;b. 虚线和标记是人为添加的,以突出细胞中的重要结构。(照片由加拿大不列颠哥伦比亚省维多利亚大学 J. Owens 提供)

表 2.1　部分树种的染色体数目、倍性水平和 DNA 含量(C 值)

树种	染色体数目(N)	倍性水平[a]	C 值
火炬松(*Pinus taeda*)	12	$2X$	22.0
辐射松(*Pinus radiata*)	12	$2X$	23.0
糖松(*Pinus lambertiana*)	12	$2X$	32.0
花旗松(*Pseudotsuga menziesii*)	13	$2X$	38.0
欧洲云杉(*Picea abies*)	12	$2X$	30.0
北美红杉(*Sequoia sempervirens*)	11	$6X$	12.0
大桉(*Eucalyptus grandis*)	11	$2X$	1.3

[a] 除北美红杉的染色体总数是 $6N=66$(六倍体)外,其他树种的染色体总数都是 N 的 2 倍(即二倍体)。

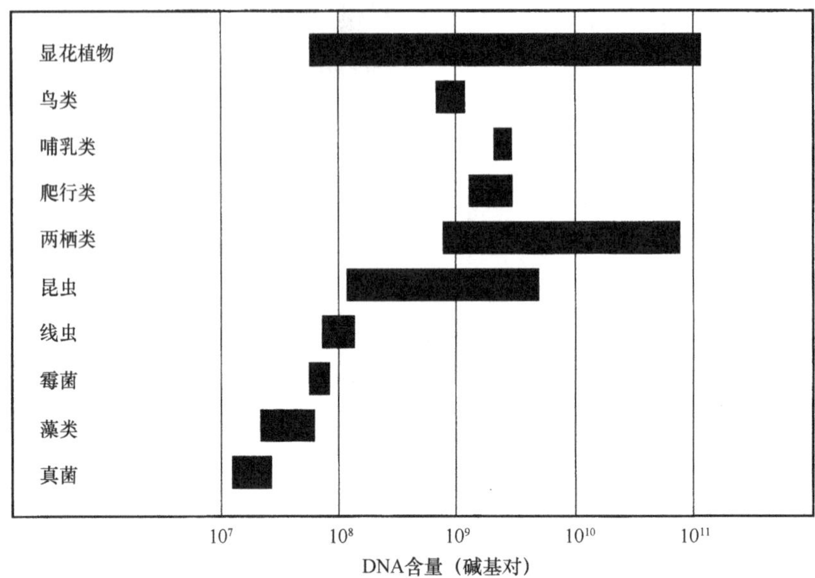

图 2.4 一种生物的 DNA 含量与进化复杂性之间不存在简单的线性关系，这被称为 C 值悖理。例如，两栖动物的基因组常比哺乳动物的大，而很多植物的基因组比动物的大。显然，很多生物含有的 DNA 比编码其发育和功能必需的结构基因位点要多得多。黑条表明不同类群内物种间 DNA 碱基对含量大小的范围。

针叶树 DNA 含量的测定始于 Miksche(1967)的工作。他采用"福尔根细胞光度测定法"对 DNA 含量进行了测定。结果表明，针叶树的基因组在所有高等植物中是最大的。同一树种树木间的 DNA 含量也存在差异。数项报道表明，某些树种的 DNA 含量随着纬度的增加而增加(Mergen and Thielges, 1967; Miksche, 1968; 1971; El-Lakany and Sziklai, 1971)，尽管这一趋势并未在所有的研究中都观察到(Dhir and Miksche, 1974; Teoh and Rees, 1976)。基于 DNA 含量与纬度之间存在的正相关关系，有人提出了一种假说，即针叶树 DNA 含量的增加是对环境胁迫的一种适应。

Newton 等(1993)和 Wakamiya 等(1993, 1996) 的研究结果表明，松属(*Pinus*)不同树种的基因组大小与其自然分布区内的温度和降水等环境指标呈正相关关系，从而扩展了这一假说。他们认为，DNA 含量增加使细胞体积增大[这一关系更早是由 Dhillon(1980)提出的]，进而增加管胞体积，导致水分传导度增大。基因组大小是植物进化的一个重要方面，而且基因组大小的差异至少部分是适应性的(Stebbins, 1950)。

染色体和多倍体

细胞核内的 DNA 组织成为一组离散的单位，称为**染色体**(chromosome)(图 2.5)。染色体通常与称为组蛋白的 DNA 结合蛋白复合形成一种致密的物质，称为**染色质**(chromatin)。在很多生物中，如人类和很多树种，染色体成对存在，几乎完全相同的一对染色体称为**同源染色体**(homologous chromosomes)或者**同源对**(homologous pairs)，这样的生物称为二倍体。染色体的数目可以用**二倍体**(diploid, $2N$)数目表示，即所有体细胞中染色体的数目，或者可以用**单倍体**（haploid，1*N*）数目表示，即配子细胞中染色体的数目。例如，松属（*Pinus*）的所有树种都是二倍体，每个树种都有 2*N*＝24 条染色体。单倍体数目是 1*N*＝12，代表同源对的数目。

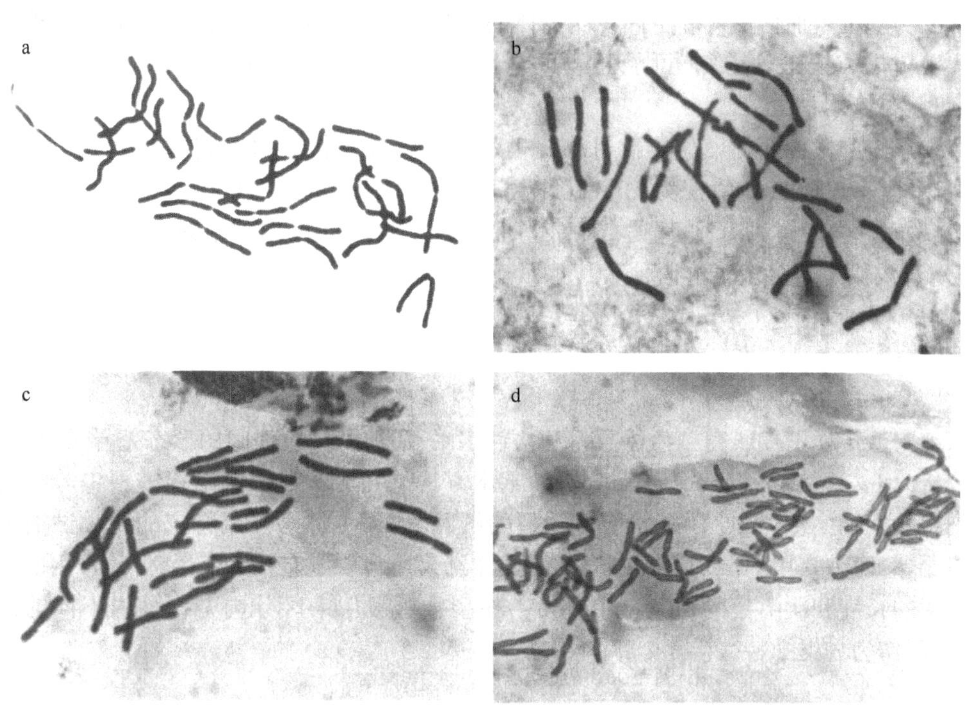

图 2.5　用根尖细胞制备的针叶树染色体的光学显微镜照片（×1200）：a. 黑材松（*Pinus jefferyi*）2*N*＝24；b. 水杉（*Metasequoia glyptostoboides*）2*N*＝22；c. 花旗松（*Pseudotsuga menziesii*）2*N*＝26；d. 北美红杉（*Sequoia sempervirens*）2*N*＝66。［照片由德国 Grosshansdorf 的森林遗传学研究所 R. Ahuja（已退休）提供］

裸子植物染色体数目种间变异很小（Sax and Sax，1933；Khoshoo，1959，1961；Santamour，1960）（表 2.1）。大多数树种是二倍体，有 22 或 24 条染色体。松科（Pinaceae）的所有成员，除了已知有两个树种例外，其余的都有 24 条染色体。第一个例外是花旗松（*P. menziesii*），有 2*N*＝26 条染色体，而该属中所有其他树种都有 2*N*＝24 条染色体（Silen，1978）。导致花旗松（*P. menziesii*）中的额外染色体的染色体重排类型还不清楚，但有假设认为，一个有 2*N*＝24 条染色体的祖先的一条染色体一分为二，由于某种原因形成了一个额外的染色体对（Silen，1978）。

第二个例外是单种属金钱松属（*Pseudolarix*）的金钱松（*P. amabilis*），共有 44 条染色体（Sax and Sax，1933），它肯定是一个多倍体树种。**多倍体**（polyploid）是指染色体数目是单倍体染色体数目的 4 倍、6 倍、8 倍甚至更高倍数的物种（Stebbins，1950）。符号 *X* 表示染色体基数，如在松属（*Pinus*）中 *X*＝12。有 4*X* 条染色体的物种是四倍体，6*X* 是六倍体等。金钱松（*P. amabilis*）很可能是一个四倍体，起源于一个 *X*＝12 的祖先，虽然还不清楚它如何产生了 44 条染色体，而不是预期的 48 条。

针叶树中两个亲缘关系很近的科，即杉科（*Taxodiaceae*）和柏科（*Cupressaceae*），除了两个例外，其余树种都有 2*N*＝22 条染色体。第一个是鹿角柏（*Juniperus chinesis* pfitzeriana)，有 44 条染色体，很可能是四倍体。第二个著名的例外是北美红杉（*S. sempervirens*），有 66 条染色体（Hirayoshi and Nakamura，1943；Stebbins，1948），是唯一已知的六倍体针叶树。Stebbins（1948）认为北美红杉（*S. sempervirens*）是同源异源六倍体，意思是有一个常见的基因组加倍形成一个同源四倍体的树种，随后与另一个不同的二倍体树种杂交形成六倍体。祖先种未知，可能已经灭绝，尽管水杉（*Metasequoia glyptostoboides*）（$2N=22$）可能是亲本种之一。

被子植物树种间的染色体数目和倍性水平要比裸子植物树种间的差异大得多。不过，几乎所有树种的 X 值都为 10 ~ 20。树木改良中常用的属，如杨属（*Populus*）和桉属（*Eucalyptus*）内的树种几乎都是二倍体，而柳属（*Salix*）、桦木属（*Betula*）及金合欢属（*Acacia*）内则有很多多倍体树种。

核型分析

细胞遗传学不仅研究染色体数目和倍性水平，还涉及染色体间的形态差异，这称为**核型分析**（karyotype analysis）。核型分析的基本方法是在光学显微镜下检查根尖等旺盛分裂细胞的中期染色体（见*第 3 章*有丝分裂的解释）。染色体必须用特定的化学试剂染色才能看到，两种常用的试剂是福尔根和醋酸洋红。通常要测定几个变量，但最常用的是染色体臂的长度和次缢痕的位置（图 2.6）。核型分析被用来区分同一物种内不同的染色体，并可作为分类学特征（*第 9 章*）。

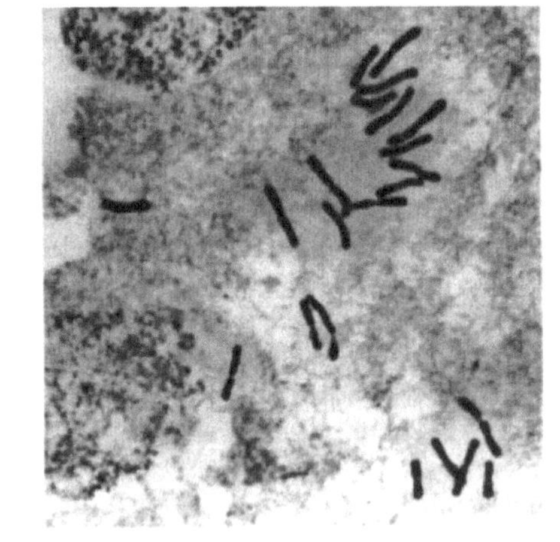

图 2.6 水杉（*M. glyptostoboides*）的光学显微镜照片（×1200）：a. 体细胞中的全套染色体（$2N=22$）；b. 核型，表明 11 对中间着丝点染色体。［照片由德国 Grosshansdorf 的森林遗传学研究所 R. Ahuja（已退休）提供］

次缢痕（secondary constriction）是染色体上的缢缩区，与核仁形成有关，又称为**核仁组织区**（nucleolus organizer region，**NOR**）。NOR 含有核糖核酸（rRNA）基因，指导核糖体的合成；核糖体是将编码在 DNA 序列上的遗传信息翻译成结构蛋白质的重要结构。核型分析已被广泛用于果蝇（*Drosophila*）和小麦等生物中，但在林木中的应用相对较少。大部分工作是在松属(*Pinus*)(Natarajan *et al.*,1961;Saylor,1961,1964,1972;Yim,1963;Pedrick,1967,1968,1970;Borzan and Papes,1978;MacPherson and Filion,1981;Kaya *et al.*,1985)、云杉属(*Picea*)(Morgenstern,1962;Pravdin *et al.*,1976)、花旗松(*P. menzesii*)(Thomas and Ching,1968;Doerksen and Ching,1972;De-Vescovi and Sziklai,1975;Hizume and Akiyama,1992)、巨杉(*Sequoiadendron giganteum*)和北美翠柏(*Calocedrus decurrens*)(Schlarbum and Tsuchiya,1975a,b)中进行的。在针叶树中报道的核型分析的数量有限,可能是因为使用常规方法难以区分针叶树的染色体。由于被子植物的染色体小,在被子植物树种中所做的核型分析工作也很少。随着更先进的细胞遗传学分析技术(如荧光原位杂交和共聚焦显微技术)的问世,林木细胞遗传学研究再上一个新台阶(Brown *et al.*,1993;Doudrick *et al.*,1995;Lubaretz *et al.*,1996)。

重复 DNA

高等真核生物中的蛋白质编码基因和调控基因只占基因组中全部 DNA 的很少一部分。这部分 DNA 通常被认为是单拷贝或者低拷贝 DNA。基因组的大部分是由非蛋白质编码 DNA 或者其他类型的**重复 DNA**(repetitive DNA)组成,之所以叫做重复 DNA 是因为 DNA 序列在基因组内是重复的(Briten and Kohne,1968)。**DNA 复性动力学分析**(deoxyribonucleic acid reassociation kinetics)是一种广泛用于估计单拷贝或者低拷贝 DNA 与重复 DNA 比例的技术(专栏 2.1)。Miksche 和 Hotta(1973)首次将该技术用于针叶树中,其研究表明,松树中重复 DNA 的含量通常要比其他植物多得多。他们还提出,在针叶树中,重复 DNA 含量可能和基因组大小呈正相关。Kriebel(1985)确定了北美乔松(*Pinus strobus*)基因组的 25% 是单拷贝或低拷贝 DNA,其余的 75% 差不多都是连续分布的不同类型的重复 DNA,而不仅仅是早期报道的一些散在重复 DNA。Kriebel(1985)还估计,松树基因组只有 0.1% 是编码表达基因的,因此,松树的大部分 DNA 具有编码蛋白质以外的某些功能。

植物的重复 DNA 由许多类型的 DNA 序列组成,但并非所有类型都已知。不过,在林木中,以下 4 种类型的重复 DNA 得到了某种程度的研究:①**核糖体 DNA**;②**小卫星和微卫星 DNA**;③**反转录转座子**;④**假基因**。

专栏 2.1　利用复性动力学分析技术估计重复 DNA 的比例

DNA 复性动力学分析是用于估计基因组中不同拷贝数 DNA 比例的一种技术(图 1)。双链 DNA(第 1 步)首先被降解为大约几百个碱基对的片段(第 2 步)。然后,通过加热使这些较短的片段变性成为单链(第 3 步)。最后,单链 DNA 通过碱基互补配对进行复性(第 4 步)。

用复性速率绘制 Cot 曲线,其中 Cot 是 DNA 浓度(C_0)和培养时间(t)的乘积的缩写(图 2)。高度重复 DNA 序列的 Cot 值较低,而单拷贝 DNA 序列的 Cot 值较高。样本中一半 DNA 复性时的点($Cot_{1/2}$)用作重复 DNA 比例的标准度量值。

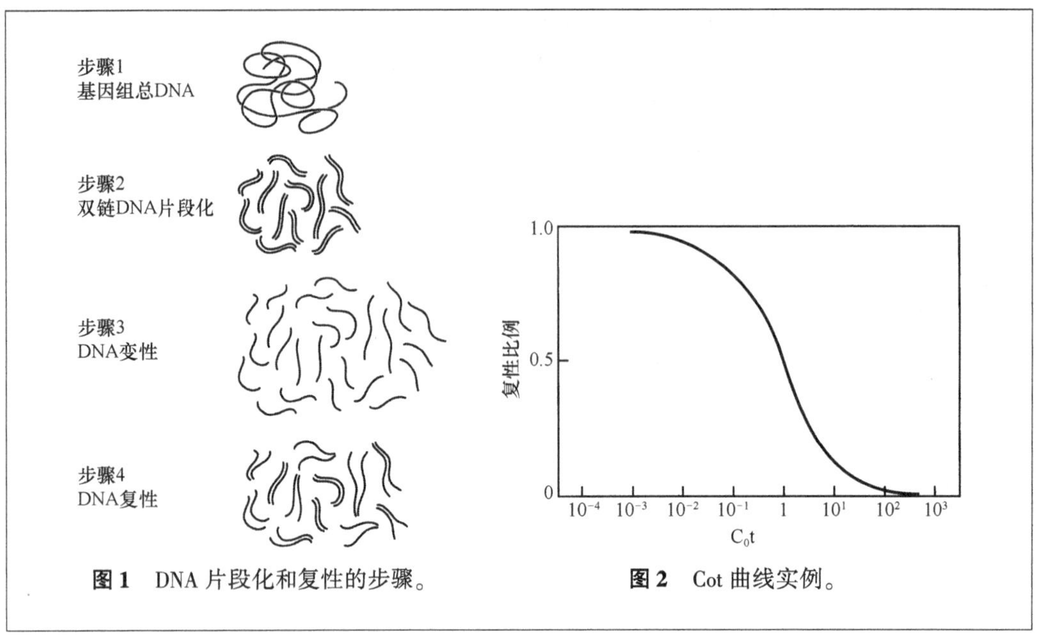

图 1　DNA 片段化和复性的步骤。

图 2　Cot 曲线实例。

核糖体 DNA

有两类核糖体 RNA 基因，叫做 rDNA，编码形成成熟核糖体的两种亚基的 RNA：①18S-5. 8S-26S rRNA 基因(18S-26S rDNA)；②5S rRNA 基因(5S rDNA)。这些基因在染色体上高度重复，在植物基因组中有成千上万份拷贝(Flavell *et al.* ,1986；Rogers and Bendich,1987)。Hotta 和 Miksche(1974)估计松属(*Pinus*)中 18S-5. 8S-26S rRNA 基因的拷贝数为 10 000 ~ 30 000。目前已经研究了几种针叶树种内和种间 rRNA 基因拷贝数的变化(Strauss and Tsai,1988；Strauss and Howe,1990；Bobola *et al.* ,1992；Govindaraju and Cullis,1992)；然而，就技术上而言，还难以得到拷贝数的精确估计值。在基因组内的 10 个或更多个位置发现了 18S-5. 8S-26S rRNA 基因，它们通常与 NOR 相对应(图 2. 7)；然而仅在一个或者可能两个位置发现了 5S rRNA 基因(Cullis *et al.* ,1988a；Hizume *et al.* ,1992；Brown *et al.* ,1993；Doudrick *et al.* ,1995；Lubaretz *et al.* ,1996；Brown and Carlson,1997)。Bobola 等(1992)估计 rRNA 基因可能占到整个云杉(*Picea*)属基因组的 4%，该比例相当大，但也只是基因组中重复 DNA 总量的一小部分。

小卫星和微卫星 DNA

小卫星 DNA(minisatellite DNA)是一类重复 DNA，其中一个 10 ~ 60 个碱基对的核心序列重复很多次，并散布于整个基因组。不同长度的小卫星，叫做**可变数目串联重复**(variable number tandem repeat，**VNTR**)，最早是在人类中发现的，一直被用于 **DNA 指纹图谱分析**(DNA fingerprinting)(Jeffreys *et al.* ,1985a,b)。在被子植物和裸子植物树种中都曾检测到多态性小卫星序列(Rogstad *et al.* ,1988,1991；Kvarnheden and Engstrom,1992)。

微卫星(microsatellite)，或者**简单序列重复**(simple sequence repeat，**SSR**)，除核心重

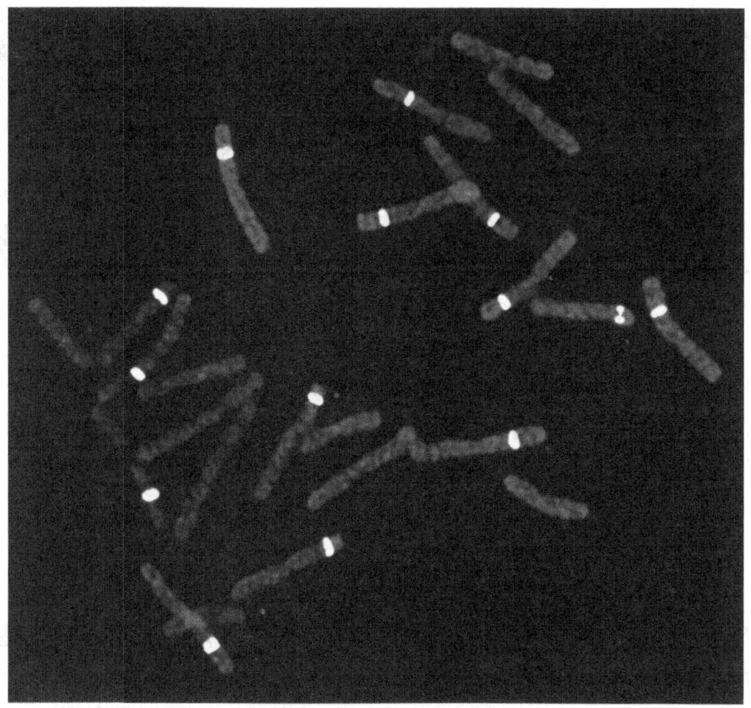

图 2.7　白云杉 (*Picea glauca*) (2*N*=24) 的荧光原位杂交 (FISH)。编码大豆 18S-5. 8S-26S 核糖体 DNA (rDNA) 基因的 DNA 探针用一种荧光标签 (异硫氰酸荧光素) 进行标记，并且与白云杉 (*P. glauca*) 染色体杂交。在白云杉 (*P. glauca*) 中发现了 14 个明亮区域，这与其 7 个 rDNA 位点的同源对相对应。每个区域含有 rDNA 基因的许多拷贝。(照片由加拿大不列颠哥伦比亚大学 G. Brown 和 J. Carlson 提供)

复序列只有 1 ~ 5 个碱基对外，其他特点与小卫星 DNA 类似。例如，二核苷酸序列 AC 重复 10 次用 $(AC)_{10}$ 表示。微卫星序列遍布整个基因组，而且个体间的重复次数可能差异非常大 (Litt and Luty, 1989; Weber and May, 1989)。在森林树种内也发现了微卫星，正被开发用作遗传标记 (*第 4 章*)。一项研究估计，欧洲云杉 (*P. abies*) 中有 40 000 份 $(AC)_N$ 微卫星序列的拷贝 (Pfeiffer *et al.*, 1997)。

转座子和反转录转座子

在林木中发现的另一类高度重复 DNA 是**转座 DNA** (transposable DNA)。转座子是能够从基因组内的一个位置切离下来并且重新插入另一个位置的可移动的 DNA 元件。**转座子** (transposon) 是通过 Barbara McClintock 的开创性工作最先在玉米中发现的。**反转录转座子** (retrotransposon) 是在所有真核基因组中发现的一种特殊类型的转座子。这些 DNA 元件是根据信使 RNA 分子合成的 (见本章*基因结构和调控*一节)，然后整合到染色体 DNA 中。辐射松 (*Pinus radiata*) 中的一个反转录转座子有 10 000 多份拷贝 (Kossack and Kinlaw, 1999)。同样，湿地松 (*P. elliottii*) 中的一个反转录转座子也有大量的拷贝，并且散布在整个基因组中 (Kamm *et al.*, 1996) (图 2. 8)。在松属 (*Pinus*) 和其他针叶树中有大量普遍存在的反转录转座子，尽管目前认为这些 DNA 序列并无功能和适应性意义。

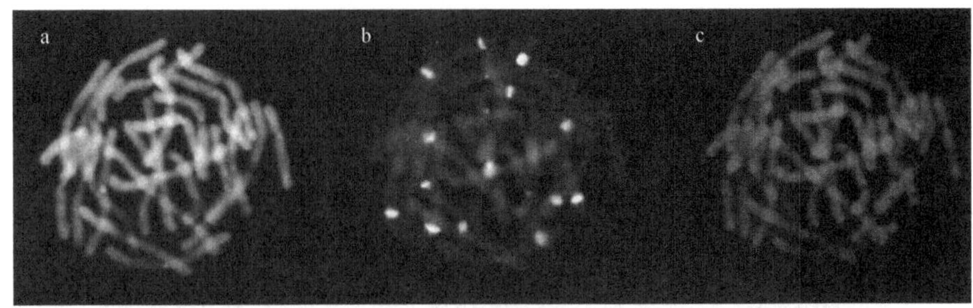

图 2.8 湿地松(*Pinus elliottii*)中一个 Tyl-copia 反转录转座子家族和 18S-5.8S-26S 核糖体 DNA 基因的荧光原位杂交(FISH)定位:a. 用 DAPI(4′,6-二脒基-2-苯基吲哚)染色的中期染色体;b. 用 18S-5.8S-26S 核糖体 DNA 探针染色的相同的中期染色体(亮点表示的是 rDNA 的分散的位置);c. 相同的中期染色体与湿地松(*P. elliottii*)的 Tyl-copia DNA 探针杂交,染色发生在所有染色体上,表明 Tyl 元件的广泛分布。(照片由美国密西西比州 Saucier 的南方森林遗传学研究所 R. Doudrick 提供)

假基因

造成针叶树庞大基因组的那些已知的重复 DNA 序列中,最后一类是**假基因**(pseudogene),或者顾名思义,称为假的基因。假基因是基因的非功能性拷贝,通过以下两种方式产生:①在染色体复制期间结构基因 DNA 序列的直接复制;②根据信使 RNA 分子合成,这类假基因叫做加工假基因(见本章*基因结构和调控*一节)。根据松属(*Pinus*)限制性片段长度多态性(RFLP,*第 4 章*)的数据首次提出了针叶树中可能存在大量假基因。限制性片段长度多态性分析表明,针叶树基因的拷贝数要比根据被子植物中基因的拷贝数所预计的多得多(Devey *et al.*,1991;Ahuja *et al.*,1994;Kinlaw and Neale,1997)。所有这些额外拷贝可能是这些基因的功能性拷贝,但是也不一定,大多数更有可能是假基因拷贝。

在班克松(北美短叶松,*Pinus banksiana*)乙醇脱氢酶(ADH)基因家族中,Perry 和 Furnier(1996)发现了 7 个有功能的 AHD 基因,而在被子植物中发现的为 2 ~ 3 个甚至更少。对 ADH 基因家族的进一步分析表明,松属基因组中存在额外的 ADH 的假基因拷贝。Kvarnheden 等(1995)在云杉属(*Picea*)中也发现了 $p34^{cdc2}$ 蛋白激酶基因的假基因的直接证据,该基因参与控制细胞周期。因此,假基因组成了针叶树基因组相当大的部分,这可能部分地解释这些基因组为什么如此之大。

基因结构和调控

在描述基因的结构和调控之前,首先要清晰了解基因是什么,这点很重要。**基因**(gene)的经典(孟德尔)定义是:基因是位于染色体特定位置上的遗传单位,该位置叫做**位点**(locus)。一个位点上的基因可能有不同的形式,叫做**等位基因**(alleles);等位基因造成了个体间的表型差异。在一个二倍体生物中,在配对的一对染色体上的任一特定位点最多有两个等位基因。如果这两个等位基因等同(意思是它们有相同的 DNA 序列),那么就说明该个体在该位点是**纯合的**(homozygous)。同样的,如果两个等位基因不同,该个体在该位点就是**杂合的**(heterozygous)。在由个体组成的群体中,每个位点可能有很多等位基因，而且对于这些等位基因的不同组合，个体要么是纯合的，要么是杂合的(*第5章*)。

George Beadle 和 Edward Tatum 在 1941 年首次从生化角度对基因进行了描述，他们提出了**一个基因一种酶**(one gene-one enzyme)的假说(Beadle and Tatum，1941)。最近，有3 类基因被确认：①编码蛋白质的结构基因；②编码 rRNA 和转移 RNA(tRNA)的结构基因；③作为基因组中控制基因表达的各种因子的识别位点的调控基因。

中心法则和遗传密码

将 DNA 分子上的核苷酸碱基(A、G、C、T)的线性序列翻译并加工成蛋白质及其他基因产物，该机制被称为**中心法则**(central dogma)(图 2.9)。这是生物学的伟大发现之一。在该过程中，最重要的当属**遗传密码**(genetic code)(图 2.10)。每一个核苷酸碱基三联体称为一个**密码子**(codon)，编码一种氨基酸。例如，序列 AAA 编码赖氨酸。因为有 20 种氨基酸，为了保证每一个独特的密码子编码一种氨基酸，每个密码子必须由至少 3 个核苷酸组成。两个核苷酸组成一个密码子只有 16(4^2)种可能的碱基组合，然而，如果是三联体密码子序列，就有 64(4^3)种组合，这导致所谓的遗传密码的**简并性**(degeneracy)，这是因为几乎所有的 20 种氨基酸都可被一个以上的密码子确定。通常由前两个核苷酸确定氨基酸，而第三个核苷酸可以是 4 种核苷酸中的任意一个。第三个核苷酸缺乏特异性被称为**摆动假说**(wobble hypothesis)。接下来，简要介绍从 DNA 序列上的信息至合成多肽的各个环节。

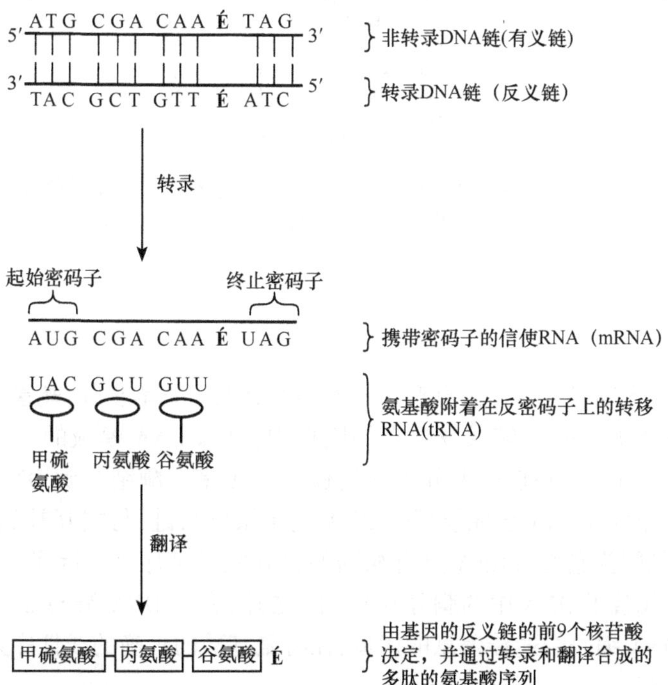

图 2.9　中心法则是指根据 DNA 蓝图合成多肽的两个过程。在称为“转录”的第一个过程中，RNA 聚合酶根据反义 DNA 模板链合成一个称为信使 RNA(mRNA)的单链 RNA 分子。DNA 中的核苷酸碱基 T 被 RNA 中的核苷酸碱基 U 代替。在称为“翻译”的第二个过程中，mRNA 与核糖体和携带氨基酸的转移 RNA(tRNA)结合在一起合成多肽。一条多肽由许多氨基酸组成，氨基酸之间通过翻译过程中形成的肽键连接。É 代表其余未显示的 DNA 及相应的多肽序列。

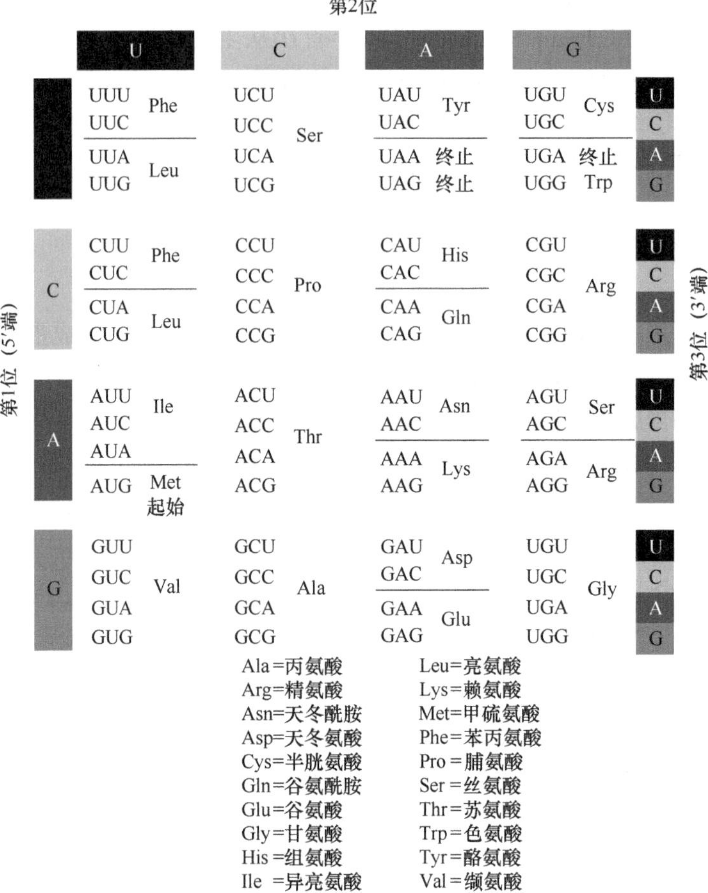

图 2.10 20 种氨基酸(下部的名录)中的每一种都由一个或多个称为密码子的核苷酸三联体所决定(上部的阵列)。此外,有一个密码子(AUG)启动多肽的合成,3 个密码子(UAA、UGA、UAG)终止合成。

转录和翻译

根据 DNA 分子编码的遗传信息产生一条多肽有两个基本步骤:**转录**(transcription)和**翻译**(translation)(图 2.9)。转录发生在细胞核中,是以 DNA 模板的一条链合成一个称为**信使 RNA**(mRNA)的单链 RNA 分子的过程。RNA 聚合酶结合到 DNA 模板上并控制 mRNA 的合成。作为 mRNA 合成模板的 DNA 链叫做反义链,与之互补的非转录 DNA 链叫做有义链,这是因为它与 mRNA 具有相同的核苷酸碱基序列。除了 RNA 含有核苷酸碱基尿嘧啶(U)代替了 DNA 中的胸腺嘧啶(T)之外,有义 DNA 链与 mRNA 是完全相同的。mRNA 是 DNA 编码的遗传信息的拷贝,在将氨基酸的正确的线性序列装配成多肽链的过程中作为模板。

转录之后,mRNA 从细胞核转移到细胞质中,**翻译**在细胞质中进行(图 2.9)。翻译是将 mRNA 中编码的信息翻译合成多肽(由肽键连接的氨基酸组成的聚合物)的过程。翻译从核糖体结合到 mRNA 上开始,然后携带着第一个氨基酸的 tRNA 与 mRNA 配对。tRNA 是一种小的 RNA 分子,具有一个称为反密码子的三核苷酸序列,这是 mRNA 上特定密码子的互补序列。只有携带正确反密码子的 tRNA 才能和 mRNA 上的每个密码子配对，因为每个特定的氨基酸与每个 tRNA 上的反密码子相对应。mRNA 上密码子的顺序决定相互连接形成多肽的氨基酸的顺序。多肽合成过程中每次向前移动一个氨基酸，直到多肽完全形成。一条或多条多肽结合在一起形成蛋白质。蛋白质有很多类型，但其中最重要的是酶，它们催化细胞中的生化反应。

基因的结构

一般概念

基因结构的最简单模型是 3*X* 个核苷酸的线性排列编码一条由 *X* 个氨基酸组成的多肽。事实上，真核基因的结构组织（图 2.11）要复杂得多。真核基因的结构很少是连续的线性序列，相反，它们是被一个或者多个称为**内含子**（intron）的非编码区所分隔，编码区叫做**外显子**（exon）。

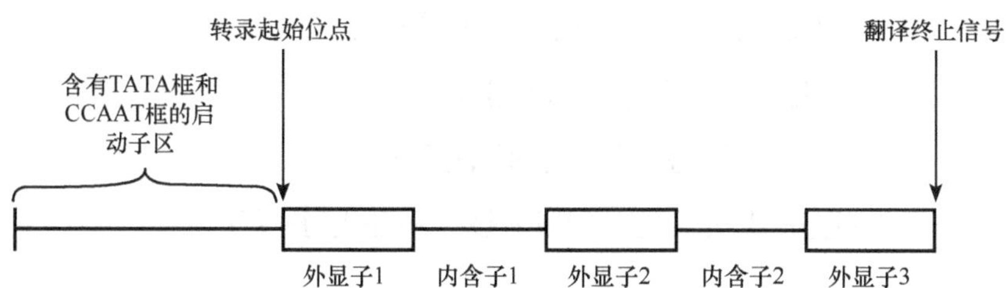

图 2.11　基因的结构可能非常复杂。大多数基因由编码区（外显子）和非编码区（内含子）组成。外显子和内含子均被转录，但内含子片段在翻译之前要被剪切掉。启动子序列，如 TATA 框和 CCAAT 框，位于基因 5′端的非转录区，参与基因表达调控。

动物基因的内含子非常大（有时有成千上万个碱基对）；在植物基因中，内含子的长度通常不超过几百个碱基对。在转录过程中，外显子和内含子均被拷贝；因此，内含子序列随后必须被切除，该过程称为 **RNA 剪接**（RNA splicing），最终形成用于翻译的成熟 mRNA。在 RNA 剪接过程中，还有可能发生**可变剪接**（alternative splicing），即一个基因中的一组外显子装配合成一条多肽，另一组不同的外显子装配合成另一种多肽。

DNA 模板上转录启动的起点叫做启动子区（图 2.11）。在真核基因启动子中发现了两个 DNA 序列基序：**TATA 框**（TATA box）和 **CCAAT 框**（CCAAT box）（图 2.11）。TATA 框的功能是通过促进双螺旋变性识别转录起点的位置。CCAAT 框参与 RNA 聚合酶的最初识别。在一些真核基因中还有**增强子**（enhancer）元件，其作用是增加启动子的效率。

如果要正确读取模板从而合成目标多肽，mRNA 模板的翻译就必须从一个精确的位置开始。这是由起**始密码子**（initiation codon）AUG 决定的，AUG 也是甲硫氨酸的密码子。因此，所有多肽都以甲硫氨酸开始。同样，翻译完成是由 3 个**终止密码子**（termination codon）UAG、UAA 或 UGA 之一决定的（图 2.10）。

林木基因结构

林木基因结构尚未得到充分研究，大多数基因结构研究只是根据基因编码区的 DNA

序列进行的,这是因为这可以从互补 DNA(cDNA)序列推断出来(*第4章*,见专栏4.2)。cDNA 序列提供了外显子的 DNA 序列,但没有提供内含子或者编码区上游或下游的非转录区的 DNA 序列。虽然有一些关于林木基因结构的报道,但直接从全基因组 DNA 序列水平来分析基因结构的报道非常少。火炬松(*P. taeda*)ADH 基因的结构与其他植物的 ADH 基因的结构非常相似(图2.12)。尽管不同生物间内含子的长度有差异且内含子的 DNA 序列差异显著,但内含子的数目和位置则高度保守。启动子序列,如 TATA 框和 CCAAT 框,也发现位于预测所在的位置。远离编码区上游的增强子序列的区域很少被测序;测过序的,与其他植物基因的对应序列也几乎没有相似性。这可能意味着树种间和树种内的大部分表型差异是由基因调控决定的,而不是由基因结构或者基因编码区的 DNA 序列的差异造成的。

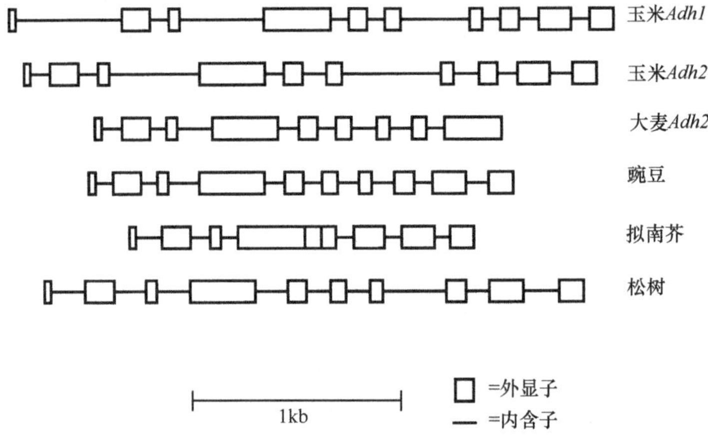

图2.12 火炬松(*Pinus taeda*)乙醇脱氢酶(ADH)基因的结构与其他植物中的 ADH 结构非常相似。所有的 ADH 基因都有9~10个外显子,但被不同长度的内含子所分隔。(承蒙美国俄勒冈州立大学的 D. Harry 提供该图)

基因表达调控

一般概念

从转录开始到成熟蛋白质结束的整个过程中均可发生基因表达调控。调控常发生在以下几个阶段:①转录;②mRNA 加工;③mRNA 转移到细胞质中;④mRNA 的稳定性;⑤用于翻译的 mRNA 的选择;⑥翻译后修饰。虽然基因表达调控可以发生在上述任一阶段或者整个过程,但转录调控是了解得最透彻,并且也可能是最重要的。

调控转录的因子有两类:①**顺式作用元件**(*cis* element);②**反式作用因子**(*trans*-acting factor)。顺式作用元件,如启动子和增强子,与基因毗邻;而反式作用因子,如 DNA 结合蛋白,其编码位点并不与其调控的基因毗邻。**转录因子**(transcription factor)是众所周知的反式作用因子,它与启动子和增强子结合,调控基因表达的速率、发育时间和细胞特异性。在决定生物表型方面,基因表达调控如果不比基因结构更重要,也与基因结构同等重要。

林木基因调控

与林木基因结构研究相比,对林木基因表达调控的研究要广泛得多。开展基因表达调控研究的目的是为了更好地了解林木生长发育的遗传控制,包括:①生理和代谢过程,如光合作用、氮代谢、胚胎发生、开花及木质素的生物合成;②对非生物胁迫的反应,如极端干旱和极端温度;③对生物胁迫的反应,如昆虫和病害。在此,本文不打算对这些研究结果进行概述,而着重讨论在林木中发现的两项特有的基因调控模式。

针叶树种不需要光的基因表达。在植物中,光能是通过绿色色素——叶绿素捕获的。在大多数植物中,叶绿素的生物合成需要光;完全在黑暗中生长的植物是黄色的,或者是黄化的,这是因为它们缺乏叶绿素;不过,完全在黑暗中萌发和生长的针叶树实生苗却是绿色的,因此,叶绿素的生物合成一定不需要光。

分子遗传学家最近在基因表达水平上研究了针叶树生物学的这一独特特性。研究表明,在黑暗中生长的针叶树实生苗编码光捕获复合蛋白(LHCP)的一个基因家族发生转录,并在细胞中发现了 LHCP(Alosi *et al.*,1990;Yamamoto *et al.*,1991;Mukai *et al.*,1992;Canovas *et al.*,1993)。针叶树的 LHCP 基因已被克隆和测序,其结构和序列与其被子植物的 LHCP 基因非常相似(Jansson and Gustafsson,1990,1991,1994;Kojima *et al.*,1992)。由于某些原因,这些基因在黑暗中生长的被子植物中不表达,这支持前边的假设:即在不改变基因编码的多肽的氨基酸序列的情况下,表型差异可能是由基因表达差异引起的。

最近,在黑松(*Pinus thunbergii*)的一项研究中发现,一个 LHCP 基因的启动子区的 DNA 序列可使该基因在黑暗中生长的植株中表达(Yamamoto *et al.*,1994),这是采用**报道基因分析**(reporter gene assay)技术测定的。首先克隆黑松(*P. thunbergii*)的一个 LHCP 基因,然后切除编码区,只保留启动子区。然后将黑松(*P. thunbergii*)的启动子与 GUS(β-葡糖醛酸糖苷酸酶)报道基因融合。GUS 是一种酶,该酶与底物结合可产生一种蓝色的产物。Yamamoto 等(1994)得到了含有与报道基因融合的黑松(*P. thunbergii*)启动子的转基因(*第 20 章*)水稻植株。这些转基因水稻植株在完全黑暗的条件下能正常生长。细胞染成蓝色证明了黑松(*P. thunbergii*)启动子在黑暗中启动了基因表达。虽然需要进一步的研究才能鉴定出使该基因在黑暗中表达的启动子的精确位置和 DNA 序列,但是这些调控元件的发现对于植物基因工程的实施和了解光合作用的分子调控机制等方面均具有实际价值。

控制木质素生物合成基因的调控。树木生产大量木材。木材,或者次生木质部的 3 种主要化学成分是纤维素、半纤维素和木质素。木质素是将纤维素的纤维连接在一起的胶黏剂。为了得到造纸用的纯净纤维,木材制浆需要去除木质素。因此,林业上对木质素的生物化学和遗传学有浓厚的兴趣也就不足为奇了。降低纸浆材中木质素的数量或者改变木质素的质量可以显著提高纸浆产量。

木质素生物合成的生化途径已经众所周知(图 2.13)。最近,从松属(*Pinus*)和杨属(*Populus*)中克隆了多个编码该生化途径中的酶的基因,包括编码苯丙氨酸解氨酶(PAL)(Whetten and Sederoff,1992;Subramaniam *et al.*,1993)、*O*-甲基转移酶(OMT)(Bugos *et al.*,1991;Li *et al.*,1997)、4-香豆酸辅酶-A-连接酶(4CL)(Voo *et al.*,1995;Zhang and

Chiang,1997;Allina *et al.* ,1998)和肉桂醇脱氢酶的基因(CAD)(O'Malley *et al.* ,1992;van Doorsselaere *et al.* ,1995)。这些基因的克隆将有助于了解其表达、自然变异及其与木材中木质素含量变异的关系。

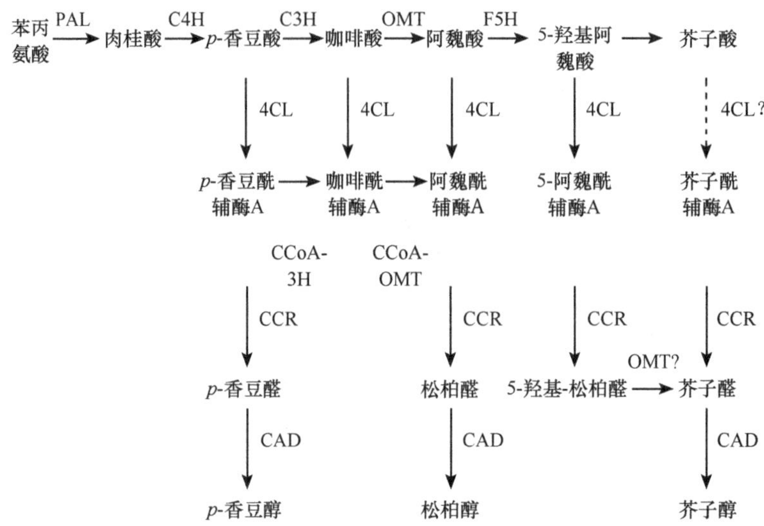

图 2.13 由苯丙氨酸到 3 种不同木质素单体的生物合成途径包括几个酶促反应步骤。已从林木中克隆了编码该途径中的酶(PAL、C4H 等)的大多数基因,正在积极探索其结构及表达模式。PAL:苯丙氨酸解氨酶;C4H:肉桂酸 4-羟基化酶;C3H:肉桂酸 3-羟基化酶;OMT:*O*-甲基转移酶;F5H:阿魏酸 5-羟基化酶;CCoA3H:香豆酰辅酶 A-3 羟基化酶;CCoAOMT:咖啡酰辅酶-*O*-甲基转移酶;CCR:肉桂酰辅酶 A 还原酶;CAD:肉桂醇脱氢酶;4CL:4-香豆酸辅酶-A-连接酶。(图片由 Raleigh 的美国北卡罗来纳州立大学 R. Sederoff 提供)

杨属(*Populus*)OMT 和 4CL 基因的基因工程(*第 20 章*)研究表明,这些基因的遗传操控能够影响木质素的数量和质量。Hu 等(1998)报道,4CL 反义表达的转基因美洲山杨(*Populus tremuloides*)植株的木质素含量减少了 40% ~45% 。之所以发生基因表达**反义抑制**,(anti-sense suppression),是因为基因的反义拷贝产生的 mRNA,在利用基因工程转入植株后,通过碱基互补配对与内源有义 mRNA 结合,从而有效地降低了细胞内 mRNA 的浓度。除了 4CL 表达降低、木质素含量减少外,还观察到了纤维素含量和生长速度的增加。

木质素单体生物合成酶促反应的最后一个步骤是由 CAD 控制的。Mackay 等(1997)发现了火炬松(*P. taeda*)的一株天然突变体,其 CAD 表达显著降低,并且产生了不正常的木质素。虽然木质素生物合成途径的基因工程仍然处于起始阶段,但是这些研究结果表明,纸浆林木质素含量的改良具有较大的潜力。

本章提要和结论

遗传物质是 DNA。DNA 是由 4 种核苷酸碱基:腺嘌呤(A)、鸟嘌呤(G)、胞嘧啶(C)、胸腺嘧啶(T)组成的双链分子。腺嘌呤通过氢键与 T 配对,G 与 C 配对,这称为碱基互补配对,是 DNA 复制和 mRNA 合成的基础。

DNA 存在于植物细胞内的 3 种分区内：①细胞核；②叶绿体；③线粒体。细胞核内的 DNA 总量叫做基因组，基因组大小差异很大，在所有植物中针叶树的基因组最大。

细胞核内的 DNA 以染色体的形式存在。二倍体（$2N$）物种的染色体成对存在，叫做同源对。有些物种有两套以上的染色体，称为多倍体。可以利用各种细胞遗传学技术将染色体彼此区分开，这些技术统称为核型分析。

基因组由各种类型的 DNA 组成，最少的一部分是那些编码结构基因位点的 DNA，如编码蛋白质和核糖体 RNA 基因。基因组中最多的部分是各种类型的重复 DNA，其功能大多不清楚。

基因组内的遗传单位称为基因，其位于基因组内的位置称为位点。一个特定位点上的基因的不同形式称为等位基因。基因的分子结构很复杂。基因由称为外显子的编码区组成，被称为内含子的非编码区所分隔。基因还有非编码区，参与基因的表达调控，如启动子和增强子序列。

4 种核苷酸碱基的线性序列中的遗传信息指导合成蛋白质和其他基因产物的过程称为中心法则。每一个核苷酸碱基三联体称为一个密码子，编码一种氨基酸。RNA 聚合酶根据 DNA 模板合成 RNA 分子（称为 mRNA），该过程称为转录。转录以后，mRNA 分子从细胞核转移到细胞质中，与核糖体和 tRNA 结合，按照编码在 mRNA 转录物中遗传信息将单个氨基酸连接起来合成多肽链，该过程称为翻译。基因表达调控发生在转录和翻译过程中的许多阶段。基因调控在决定生物表型和引起表型变异方面非常重要。

第 3 章　传递遗传学——染色体、重组和连锁

在*第 2 章*中，介绍了遗传物质主要位于细胞核中，并以染色体的形式存在。本章将探讨遗传物质如何从上一代遗传给下一代，以及代与代之间遗传物质结构的变化。遗传学的这一分支学科称为**传递遗传学**(transmission genetics)；孟德尔通过豌豆杂交试验揭示了遗传规律，为了纪念他，又称为**孟德尔遗传学**(Mendelian genetics)。本章分为 3 节：①孟德尔遗传学；②染色体的传递与遗传；③孟德尔定律的扩展。

孟德尔遗传学

孟德尔的豌豆杂交试验

1865 年，奥地利修道士孟德尔进行了一系列豌豆杂交试验。无论按照何种标准，孟德尔都是一位天才科学家，认识到精心设计和诠释试验的重要性。孟德尔通过具有一种特定性状的可鉴别表型的豌豆植株的杂交试验试图理解 7 种不同性状的遗传模式。孟德尔研究的性状都是形态性状，包括种子形状、豆荚形态、花色和株高。目前孟德尔式杂交试验仍然在遗传学中被广泛应用。然而，遗憾的是，孟德尔的发现在其一生中很大程度上都被忽视，直到 1900 年其工作才被重新发现，其重要性也终于被认识。

单因子杂交

孟德尔的第一个杂交试验是在一对相对性状真实遗传的豌豆近交系间进行的。例如，高×矮、黄色种子×绿色种子、圆种皮×皱种皮等。这些杂交被称为**单因子杂交**(monohybrid cross)，这是因为进行杂交的豌豆材料是只有单一性状存在差异的近交系(图 3.1)。杂交子代称为 **F_1 代**(F_1 generation)。他发现所有子代都只表现双亲两种性状中的一种，如性状高，从未发现表现两种性状或者某些中间性状的子代。

之后，孟德尔又对 F_1 子代进行自花授粉产生 **F_2 代**(F_2 generation)。F_2 子代发生分离，近交亲本中的两种性状均出现(图 3.1)。此时，孟德尔正处于其科学事业的巅峰。他不仅观察了子代的性状类型，而且对每种类型进行计数并计算了每种类型的比例。在他研究的所有 7 种性状的 F_2 中，孟德尔观察到一种性状的植株数量大约为另一种性状植株数量的 3 倍，而且，在 F_1 中观察到的性状是 F_2 中数量较多的那种性状。

孟德尔对其单因子杂交试验结果进行了阐释，提出了 3 个遗传定律。他推测一定有一个高因子和一个矮因子，而且这些因子是以某种方式成对出现的(定律 1，表 3.1)。后来，这成为**同源染色体对**(homologous chromosomes)概念的基础，决定一个特定性状的基因位于每条同源染色体上的相同位置(即位点)。一个位点可有基因的不同形式，称为等位基因。例如，在孟德尔研究的豌豆中，有一个编码植株高性状的等位基因(D)，一个编

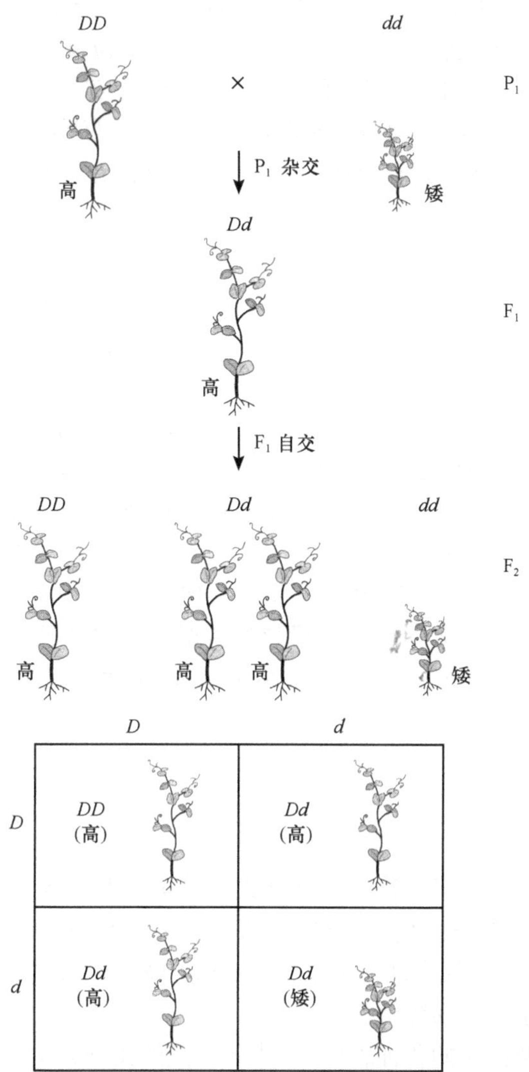

图 3.1　孟德尔单因子豌豆杂交试验的一个例子。该试验包括 3 代植株。首先,真实遗传的高、矮亲本植株(P_1)杂交产生 F_1,F_1 植株全部是高的。然后,F_1 植株自交得到 F_2。Punnett 方格显示的是 F_1 自交得到的 F_2 子代。有 3 种可能的基因型(*DD*、*Dd* 和 *dd*),但只有两种表现型(高和矮),以 3∶1 的比例分离。

码植株矮性状的等位基因(*d*),这两个等位基因在子代中发生分离。一对同源染色体上相同位点上等位基因相同的植株是纯合的(如 *DD* 和 *dd*)。反之,一对同源染色体上相同位点上等位基因不同的植株是杂合的(如 *Dd*)。

表 3.1　孟德尔的分离定律和独立分配定律

定律 1	每个遗传性状都是由单位因子控制的,单位因子在生物体内成对存在,这些单位因子现在被称为等位基因
定律 2	控制某一性状的成对的单位因子彼此互为显、隐性
定律 3	控制同一性状的单位因子在配子形成过程中彼此独立分离
定律 4	控制两个不同性状的成对单位因子在配子形成过程中也彼此独立分离

基于 F_1 和 F_2 中发现的表型，孟德尔进一步假设，一个单位因子（即等位基因）对另一个**隐性的**（dominant）因子是**显性的**（recessive）（即显性等位基因掩盖了隐性等位基因的效应）（定律 2，表 3.1）。例如，控制高的等位基因（*D*）是显性的，而控制矮的等位基因（*d*）是隐性的。这产生了基因型和表型的重要差别。3 种可能的基因型为：*DD*、*Dd* 和 *dd*，但由于 *D* 对 *d* 是显性的，因此只有两种表型。基因型 *DD* 和 *Dd* 的表型都为高，而基因型 *dd* 的表型为矮。

解释单因子杂交结果的一个简单方法是利用 Punnett 方格。该方法是以其发明者 Reginald Punnett 的名字命名的（图 3.1）。可以看出，当杂合的 F_1 与其自身交配（或与另一个相同的 F_1 杂交）时，3 种基因型（*DD*、*Dd* 和 *dd*）的比例为 1∶2∶1。不过只有两种表型：高和矮，比例为 3∶1。

最后，孟德尔提出，如果等位基因 *D* 和 *d* 是随机地从亲本传递给子代的，那么就可以预期 F_1 自交子代植株的比例是 3∶1（定律 3，表 3.1）。子代基因型频率是从亲本传递到子代的等位基因频率的乘积。基因型 *DD* 的频率为 $1/2\times1/2=1/4$；杂合基因型 *Dd* 的频率为 $2\times(1/2\times1/2)=1/2$；*dd* 的频率为 $1/2\times1/2=1/4$。由于 *D* 对于 *d* 是显性，因此 *DD* 和 *Dd* 的表型相同，子代中高植株的期望比例为 3/4，矮植株的比例为 1/4（或者高与矮的比例为 3∶1）。通过另一类杂交试验，称为**测交**，孟德尔证实了独立分配。他把基因型为 *Dd* 的植株与基因型为 *dd* 的植株进行杂交，结果发现，子代中有大约一半的植株是高的，一半的植株是矮的。

双因子杂交

孟德尔进行的第二种杂交试验是**双因子杂交**（dihybrid cross）。双因子杂交是将单因子杂交扩展到两种性状（图 3.2）。孟德尔的两个杂交亲本，一个是黄色、圆粒种子，另一个是绿色、皱粒种子。F_1 子代全部为黄色、圆粒，F_2 中每个性状两种类型的比例均为 3∶1，与同一性状单因子杂交中的比例相同。

孟德尔还统计了两性状的各种表型，F_2 中各表型的比例为 9∶3∶3∶1。假定两对性状随机分离且相互完全独立，那么这就是两性状表型的期望比例（定律 4，表 3.1）。在独立分配条件下，任一两性状表型的期望频率是每个性状频率的乘积。因此，黄圆子代的频率为 $f(\text{黄})\times f(\text{圆})=3/4\times3/4=9/16$；黄皱的频率为 $3/4\times1/4=3/16$。在这种情况下，控制种皮颜色和光滑度的基因位于不同的染色体上。在本章后面将会看到，当控制不同性状的基因位于同一染色体上并彼此邻近时，它们并不独立分配（称为连锁）。

林木性状的孟德尔遗传

在林木中很少观察到形态性状的简单孟德尔遗传，其原因在于森林遗传学家和树木育种工作者主要关心林木经济性状的遗传改良，如材积和材质，这些性状都是由许多基因控制的（*第 6 章*）。不过，观察力敏锐的遗传学家在控制杂交子代中也鉴定出了少量表现孟德尔遗传的性状。树木中形态性状表现孟德尔遗传的一些有趣的例子包括：加州山松（*Pinus monticola*）的球果颜色（Steinhoff，1974）、欧洲云杉（*P. abies*）实生苗的叶色

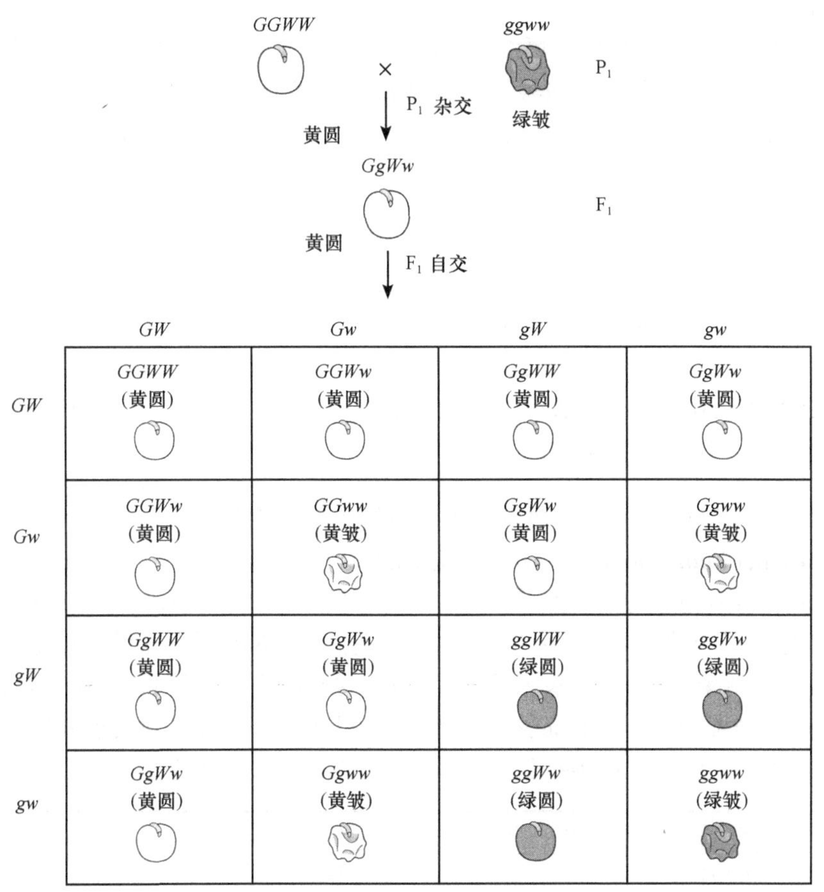

图 3.2 孟德尔双因子豌豆杂交的一个例子。Punnett 方格显示的是 F_1 自交子代。有 9 种可能的基因型,但只有 4 种表现型(黄圆、黄皱、绿圆、绿皱),以 9 : 3 : 3 : 1 的比例分离。

(Langner,1953)、火炬松(*P. taeda*)的叶绿素缺失及其他形态变异体(Franklin,1969a)、展叶松(*Pinus patula*)的直径生长(Barnes *et al.* ,1987)、糖松(*Pinus lambertiana*)的疱锈病抗性(Kinloch *et al.* ,1970)及欧洲云杉(*P. abies*)的窄冠表型(Lepisto,1985)。当然,如果遗传学家投入更多时间在分离群体中观察此类性状,还会鉴定出更多受简单遗传控制的形态性状。

另一类表现孟德尔遗传的性状是生化性状,如萜烯、同工酶和分子标记。这类性状如此之多,因而用了一整章(*第 4 章*)来描述各种类型及其作为遗传标记的应用。

孟德尔遗传的统计检验

如果孟德尔只观察少量而不是数百甚至数千个 F_2 子代将会得到什么样的结果呢?他会观察到 3 : 1 和 9 : 3 : 3 : 1 的分离比例,从而提出遗传定律吗?遗传分离是一个易受波动影响的随机过程。如果观察的子代数量过少,会导致观测值与期望值存在显著差异。如果孟德尔在进行了高、矮品种的豌豆杂交试验之后,只观察了 10 株 F_2 植株,那么由于偶然性,他很可能观察到高、矮植株各 5 株。

自 20 世纪初以来,遗传学家已经利用统计学方法来检验遗传分离比例是否符合预期的孟德尔比例。应用最普遍的检验方法是**适合度检验**(goodness-of-fit test),用于检验观测值与期望值是否存在显著差异。适合度检验是通过计算卡方(χ^2)统计量来进行的:

$$\chi^2 = \sum (o - e)^2/e \qquad \text{公式 3.1}$$

式中,o 代表每种类型的观测值;e 代表每种类型的期望值,并对所有子代类型求和。观测值与期望值的偏差越大,χ^2 就越大。然后必须查卡方表[例如,Snedecor 和 Cochran(1967)文章中的表 A5]来确定计算值的统计概率。该概率取决于数据中的自由度(df),在检验孟德尔分离比例时,自由度就是子代类型数减 1。通常的做法是,当计算的χ^2 值的概率等于或小于 0.05 时,拒绝假设。专栏 3.1 中描述了松属(*Pinus*)性状孟德尔分离的两个例子,以及χ^2 统计量的计算。

专栏 3.1　松属(*Pinus*)中形态性状孟德尔分离的统计检验

加州山松(*Pinus monticola*)球果颜色的遗传

Steinhoff(1974)进行了一系列杂交试验研究加州山松(*P. monticola*)球果颜色的遗传。观察到了两种球果颜色表型:紫色和绿色。Steinhoff 假设球果颜色是由单基因控制的,且控制紫色的等位基因为显性(P)、控制绿色的等位基因为隐性(p)。Steinhoff 对两株杂合树木进行杂交($Pp\times Pp$),期望在子代中观察到紫色和绿色球果的比例为 3∶1。一共观察了 109 株子代,其中 83 株的球果为紫色,26 株为绿色。

表型	基因型	期望比例	观察值(o)	期望值(e)	$o-e$	$(o-e)2/e$
紫色	PP,Pp	3/4	83	81.75	1.25	0.02
绿色	pp	1/4	26	27.25	-1.25	0.06
总计			109	109.00		0.08

然后,Steinhoff 进行了χ^2 适合度检验来确定子代观测数是否与基于孟德尔比例的期望值相符。将总观察数乘以每一类的期望频率得到每一类的期望值。因此,紫色球果子代的期望值是 $109\times0.75=81.75$,而绿色球果子代的期望值为 $109\times0.25=27.25$。χ^2 值计算如下:$\chi^2=(83-81.75)^2/81.75+(26-27.25)^2/27.25=0.08$。当自由度为 1 时,$\chi^2=0.08$ 的概率大于 $P=0.75$[Snedecor 和 Cochran(1967)文章中的表 A5]。这意味着,如果紫色球果和绿色球果的真实分离比为 3∶1,那么在由 109 株子代组成的样本中,有 75% 或更多导致了观察值的偏差。由于偶然因素造成适合度χ^2 产生 75% 的偏差当然是可以接受的,因此观察到的分离比支持紫色对绿色为显性的单位点遗传。

火炬松(*P. taeda*)子叶数与致死性的遗传

在本例中,检验了实生苗两个性状的联合分离(即正常胚轴与鲜绿色胚轴、子叶期正常与子叶期致死)(Franklin,1969a)。Franklin 假设,这两个性状是由两个不同位点控制的,每个位点都有显、隐性等位基因。两株双杂合树木杂交后,子代中两位点表型的期望比例为 9∶3∶3∶1。

表型	基因型	期望比例	观察值(o)	期望值(e)	$o-e$	$(o-e)2/e$
正常胚轴，非致死	*GGLL*, *GgLL*, *GGLl*, *GgLl*	9/16	54	60.19	−6.19	0.64
正常胚轴，致死	*GGll*, *Ggll*	3/16	22	20.06	1.94	0.19
绿色胚轴，非致死	*ggLL*, *ggLl*	3/16	22	20.06	1.94	0.19
绿色胚轴，致死	*ggll*	1/16	9	6.69	2.31	0.80
总计			107	107.00		1.82

Franklin 通过确定每种类型的子代期望值和计算χ^2 适合度统计量验证了该假设。$\chi^2=1.82$(df = 3)，远低于 5% 概率水平的临界值($\chi^2=7.815$)[Snedecor 和 Cochran(1967)文章中的表 A5]，支持每个性状由单位点控制，且每个位点有显性和隐性等位基因的两个独立性状的孟德尔遗传。

染色体的传递与遗传

在*第 2 章*中，介绍了二倍体(2*N*)生物的每个细胞核内都有两组染色体，即同源对。受精时，一组同源染色体由雌配子(1*N*)提供，另一组由雄配子(1*N*)提供。这两种配子结合形成二倍体合子。单细胞合子经过细胞分裂，最终生长成为一个发育完全的生物体。通过分生组织区的细胞分裂，树木从一个单细胞成为庞大的多细胞生物体。为了使每个细胞都有相同的染色体组成，在生长过程中必须有一种机制，保证染色体能够被准确复制。该机制发生在有丝分裂过程中。在配子形成过程中，也必须存在一种机制，保证每个配子得到一组完整的单倍染色体，该过程称为减数分裂。

有丝分裂和细胞分裂

有丝分裂(mitosis)是细胞核分裂的过程，染色体复制后彼此分开，因而每个子细胞核得到母细胞中染色体的一份拷贝。在描述有丝分裂的各个步骤之前，重要的是先回顾一下细胞周期(图 3.3)。细胞大部分时间处于一个不分裂的时期，称为**间期**(interphase)。间期又分为 3 个阶段：G_1 期、S 期和 G_2 期。在间期，染色体呈丝状，在显微镜下不可见。正是在间期 DNA 被转录并随之被翻译成基因产物，调控和指导细胞的功能和生长。S 期尤为重要，因为这是 DNA 复制发生的时期。

有丝分裂的第一个时期是**前期**(prophase)(图 3.4)。前期开始的标志是细胞核内的染色体浓缩(即缩短变粗)，形成明显不同的细丝。每条染色体纵向分开形成两条完全相同的**姐妹染色单体**(sister chromatids)，这是间期的 S 期染色体复制的结果。两条姐妹染色单体由一个共同的着丝粒连接。在前期末，核膜解体，开始形成椭圆形的纺锤体，两极位于细胞两端，纺锤丝附着在着丝粒上。

下一个时期是**中期**(metaphase)，此时所有的染色体移向细胞中央，直到各个染色体的着丝粒排列在与纺锤体的两极等距离的赤道板上。此时，染色单体准备向两极移动。在**后期**(anaphase)，每条染色体的姐妹染色单体在着丝粒处分开，开始移向纺锤体相反的

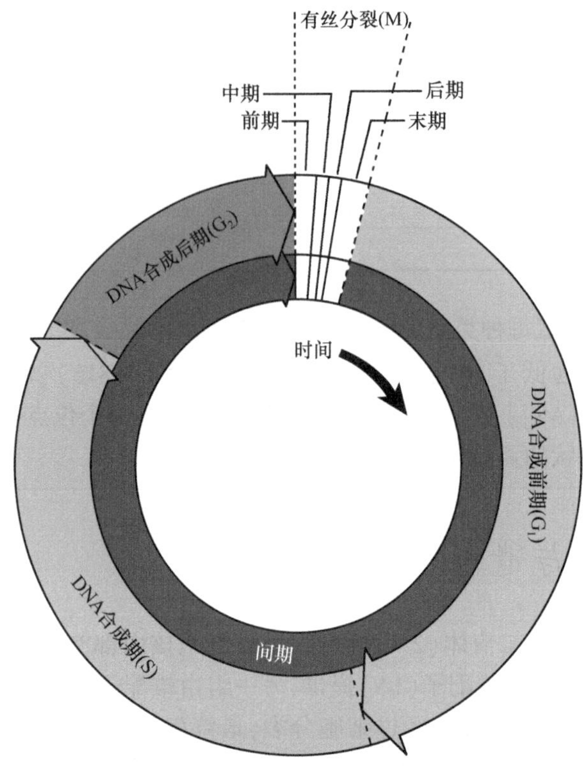

图 3.3 细胞周期。DNA 合成发生在间期。有丝分裂阶段较短;在此阶段,复制后的染色体分开形成两个子细胞核和子细胞,每个子细胞都含有一套完整的染色体。

两极。此时,每条姐妹染色单体已成为一条独立的染色体。该阶段结束后,染色体分两组聚集在纺锤体的两极,每组含有与处在间期的母细胞核内相同数目的染色体。最后,在**末期**(telophase),核分裂完成。纺锤体消失,每组染色体周围出现新的核膜,染色体恢复到最初细长、松散的状态。到**胞质分裂**(cytokinesis)过程,即细胞质分配到两个子细胞中去,细胞分裂完成。**胞间层**(middle lamella)形成,最终成为细胞壁的一部分,两个子细胞分开。有丝分裂过程周而复始地在植物活跃的分生组织区进行。事实上,一株树木的所有细胞都起源于单细胞的合子。

减数分裂和有性生殖

减数分裂(meiosis)只发生在树木形成配子的细胞中,具体而言,是发生在卵母细胞和花粉母细胞的细胞核内。减数分裂对于遗传至关重要(专栏 3.2)。减数分裂与有丝分裂的区别在于:染色体只复制一次,但细胞连续分裂两次(Ⅰ和Ⅱ),形成 4 个单倍体子细胞。使用与有丝分裂中相同的几个阶段来描述减数分裂(图 3.5)。间期Ⅰ与有丝分裂间期基本相同,即 DNA 复制,DNA 含量加倍。与有丝分裂一样,染色体前期Ⅰ缩短变粗,因而姐妹染色单体可见。不过,与有丝分裂不同的是,成对的同源染色体在此阶段点对点配对(联会)。每一对联会的染色体称为**二价体**(bivalent,或**四分体**)。在联会过程中,染色体紧密缠绕在一起,姐妹染色单体与非姐妹染色单体(即两条染色体间的染色单体)的 DNA 发生互换[**交换**

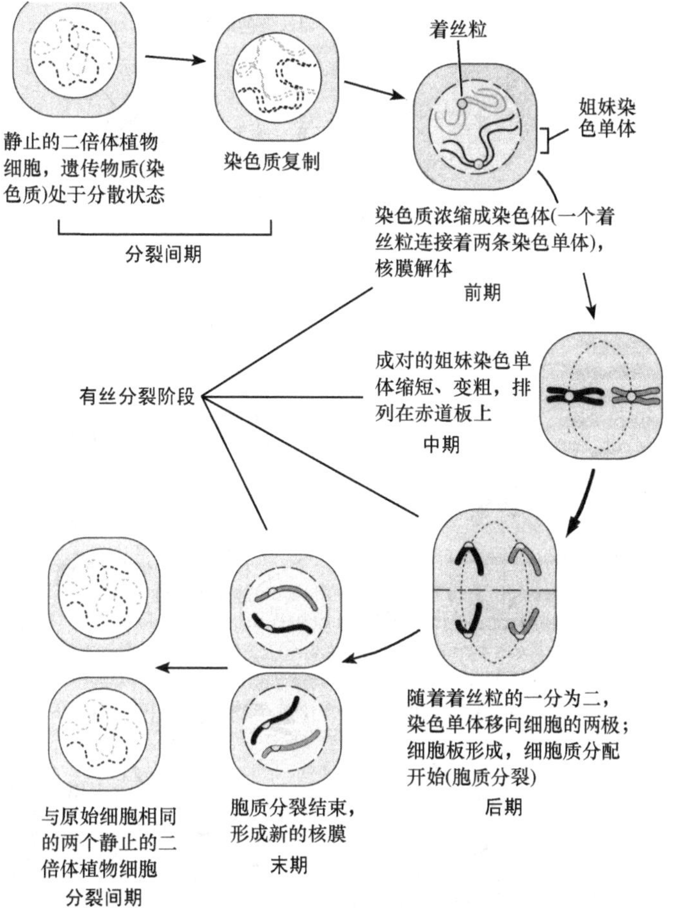

图3.4 有丝分裂是复制后的染色体缩短变粗、细胞核分裂形成两个新细胞核的过程。图示的是一个只有一对染色体($2N=2$)的假想细胞有丝分裂中的不同步骤。注意：在间期，单条DNA链实际并不可见，此处显示只是便于说明染色体对的变化。

(crossing over)]。交换的可见证据是典型的X型构型，称为**交叉**(chiasmata)。

专栏3.2 减数分裂的遗传学意义

1. 减数分裂保证了每个配子含有一套完整的单倍数的染色体。

2. 减数分裂导致了亲本的染色体随机分配到配子中。因此，对于每对同源染色体，一半配子得到同源染色体中的父本染色体，一半配子得到同源染色体中的母本染色体。

3. 减数分裂导致来自不同染色体对的染色体独立分配。这意味着来自亲本的染色体随机分配到配子中，每个配子中的染色体可能是来自亲本双方。因此，位于非同源染色体上的基因独立分离。

4. 通过交换，位于同一染色体不同位点的等位基因可以重组，进一步增加了树木和其他具有有性生殖生物子代的遗传多样性。

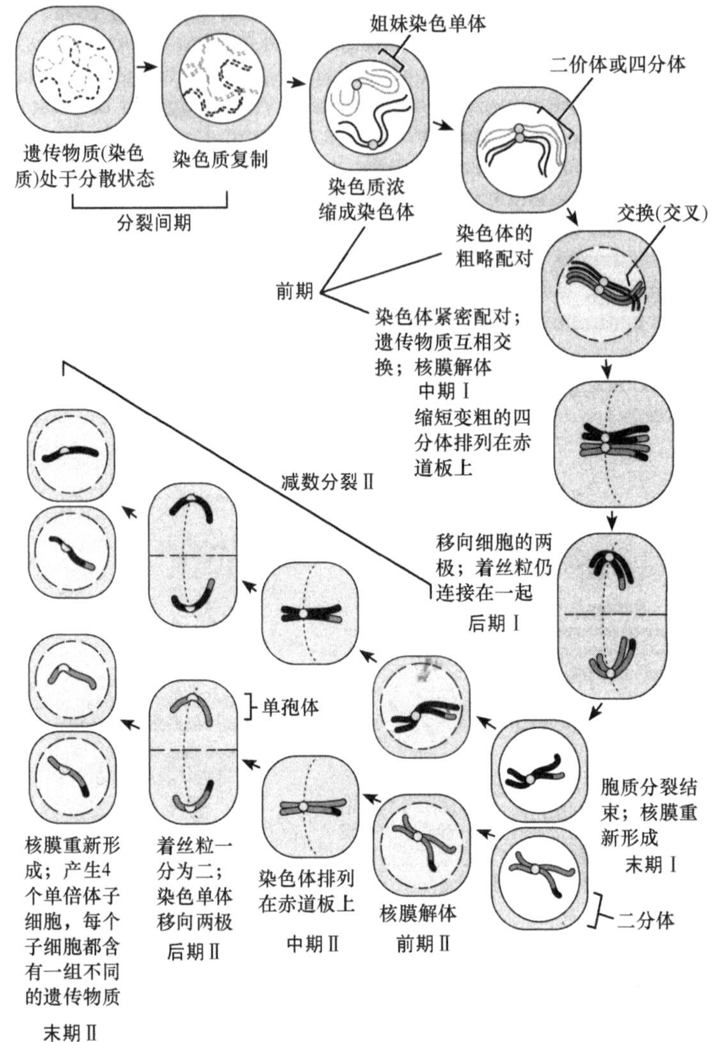

图 3.5 减数分裂是有性生殖中发生的两次连续分裂过程,由一个花粉母细胞或卵母细胞(二倍体)形成4个单倍体配子。图示的是一个只有一对染色体($2N=2$)的假想细胞减数分裂中的一系列步骤。只有一个二价体或四分体,表明同源染色体在中期Ⅰ的配对。如图所示的减数分裂的过程,假设细胞只有一对同源染色体($2N=2$)。注意:在间期,单条DNA链实际并不可见,此处显示只是便于说明染色体对的变化。

非姐妹染色单体间的交换非常重要,因为它使位于一对同源染色体的不同染色体上的基因能重新组合。因此,交换打破了同一染色体上位点间的连锁,是保持遗传变异的一种重要机制(专栏3.2)。

在中期Ⅰ,四分体排列在中央面上,一对同源染色体中的两条染色体的着丝粒分别指向相反的两极。在末期Ⅰ,同源染色体分开,每条完整的染色体移向细胞的一极。这称为**减数分裂**(reduction division),保证了每个子核含有一套单倍体染色体。每对染色体中的两条染色体不考虑其亲本来源,随机分配到两极。这是孟德尔遗传随机分离与独立分配的基础(表3.1)。

间期Ⅱ和前期Ⅱ共同组成第一次和第二次分裂之间很短暂的一个阶段。在此期间，染色体可能分散并重新形成，也可能不分散和重新形成。到第二次分裂开始，染色体与第一次分裂结束时完全相同。在中期Ⅱ，每个细胞核内的一组单倍体染色体排列在中央面上，通常指向与第一次分裂呈直角的方向。在后期Ⅱ，姐妹染色单体移向相反的两极。在末期Ⅱ，单倍数目的子染色体（染色单体）到达两极，染色体恢复到分散状态，核膜出现，细胞壁形成，分离出 4 个单倍体子细胞，这些子细胞称为配子。雌配子即卵细胞，雄配子即花粉。

孟德尔定律的扩展

孟德尔定律准确地描述了豌豆多个性状的遗传现象，为真核生物性状的遗传规律提供了基本框架。然而，如同生物学中的大多数事情一样，基本规则总有例外。本节将介绍这些例外，并说明这些例外只不过是孟德尔定律的扩展。

部分显性

孟德尔的试验表明，每个位点上有两个等位基因，一个显性，一个隐性。当只考虑一个位点时，F_2 中显隐表型的比例为 3 : 1。自孟德尔的豌豆试验之后，在许多不同生物的杂交试验中研究了性状的遗传。结果发现，F_2 并不总是按照 3 : 1 的比例分离。对于偏离 3 : 1 比例的一种解释是**不完全显性**(incomplete dominance)或**部分显性**(partial dominance)。

Langner(1953)研究了控制欧洲云杉(*P. abies*)针叶颜色的一个基因。欧洲云杉(*P. abies*)中有一种突变型，即金黄株(aurea-form)。aurea 等位基因纯合(*gg*)的实生苗针叶为白色。aurea 等位基因和野生型等位基因杂合(*Gg*)的树木针叶为浅绿色或金黄色，而野生型树木(*GG*)，其针叶为正常的深绿色。在本例中，野生型等位基因对 aurea 等位基因似乎并不是显性，否则，*Gg* 型植株的针叶应为正常的绿色。相反，这些植株的针叶为金黄色，介于白色和绿色之间，即所谓的混合表达。

Langner 进行了 3 个不同组合的杂交试验，并计算了各种针叶颜色表型的比例，明确了控制欧洲云杉(*P. abies*)针叶颜色位点的遗传规律。3 种杂交组合为：*GG*×*GG*、*GG*×*Gg* 和 *Gg*×*Gg*。与预期结果一致，在 *GG*×*GG* 组合中，子代的针叶全部是绿色。然而，在 *GG*×*Gg* 和 *Gg*×*Gg* 两种杂交组合中，前者绿色与金黄色针叶的比例为 1 : 1，而后者绿色、金黄色与白色针叶的比例为 1 : 2 : 1(图 3.6)。这些表型比例只与部分显性一致而与完全显性不一致。

共显性

前面的例子描述了欧洲云杉(*P. abies*)针叶颜色位点的部分显性遗传。野生型(*G*)和突变型(aurea)(*g*)等位基因的作用是积加的，因为杂合体(*Gg*)的表型是其独立表达混合的结果。此外，也可能观察到在一个杂合位点的两个等位基因彼此具有独立的表型，称为共显性。一个很好的共显性的例子是等位酶遗传标记(*第 4 章*)。在杂合的等位酶位

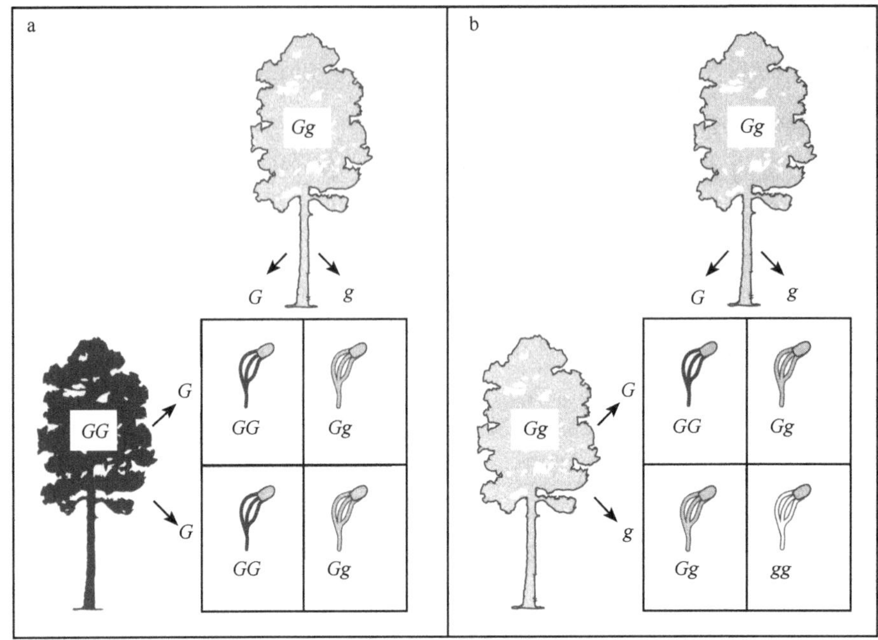

图 3.6 欧洲云杉(*Picea abies*)针叶颜色的部分显性(Langner,1953)。野生型等位基因 *G* 纯合的树木,其针叶颜色为绿色,而突变型 aurea 等位基因纯合的树木,其针叶为白色。不过,杂合树木(*Gg*)的针叶并不表现 G 对 g 显性时的绿色,而是表现出一种中间颜色,浅绿色或金黄色:a. *GG*×*Gg* 杂交在子代中得到了预期的比例,即绿色∶金黄色=1∶1;b. 两个杂合体杂交在子代中得到的针叶颜色比例为正常∶金黄色∶白色=1∶2∶1,与预期一致。

点的电泳试验中,在凝胶上观察到的两条不同谱带,分别来自两个等位基因可见的但不相同的表达。共显性对于遗传标记的重要性将在*第 4 章*中详细讨论。

上位性

位于不同位点的等位基因间的相互作用也会使孟德尔比例发生偏离,这被称为**上位性**(epistasis)。位于两个位点的等位基因间的相互作用表现为拮抗或互补,对表型进行修饰。当存在上位作用时,两个位点的表型比例与独立分配时预期的标准表型比例不符。专栏 3.3 中的例子,说明了控制豌豆花色的两个位点间的上位互作。此外,还存在着许多其他类型的上位互作。当性状遗传由许多基因控制时,上位作用的影响更重要,这将在*第 6 章*中进行讨论。

专栏 3.3　豌豆花色的上位作用

豌豆花色是一个说明位于两个位点的等位基因间通过上位互作控制一个性状的经典例子(图 1)。有两个位点控制花色,*C* 位点和 *P* 位点,每个位点有一个显性等位基因和一个隐性等位基因。如果一个双杂合个体 *CcPp*,像正常的孟德尔双因子杂交那样自交时,期望的两位点基因型如下面的 Punnett 方格所示。然而,有色花与白色花的表型比例为 9∶7 而不是双因子杂交中根据孟德尔定律所预测的 9∶3∶3∶1,这是因为每个位点上至少存在一个显性等位基因才会开有色花。两个位点的 *C* 和 *P* 等位基因并不是独立起作用，而是互相依赖决定花的颜色。

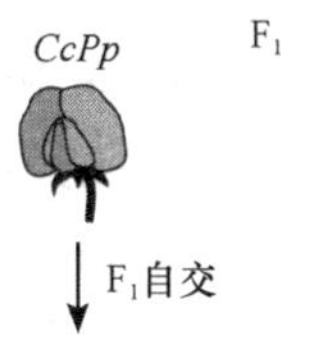

	CP	Cp	cP	cp
CP	CCPP（有色花）	CCPp（有色花）	CcPP（有色花）	CcPp（有色花）
Cp	CCPp（有色花）	CCpp（白色花）	CCPp（有色花）	Ccpp（白色花）
cP	CcPP（有色花）	CcPp（有色花）	ccPP（白色花）	ccPp（白色花）
cp	CcPp（有色花）	Ccpp（白色花）	ccPp（白色花）	ccpp（白色花）

图 1 豌豆花色的双因子分离。

有一个可能的模型来解释在 *C* 和 *P* 位点之间的上位互作。假设紫花色素的产生需要两步酶促反应，分别由 *C* 位点和 *P* 位点控制。此外，假设每一步酶促反应的成功催化都需要显性等位基因产物。那么，只有当每个位点至少有一个显性等位基因时才会形成有色花，这是因为色素的生物合成需要两种酶促反应必须都发生才能完成。

遗传连锁

在对豌豆的研究中，孟德尔观察了 7 个性状的独立分配现象，证明所有基因在由亲代向子代的传递过程中都是独立分配的。然而，从前面关于减数分裂的讨论中认识到，如果染色体是遗传单位，那么位于一条染色体上的所有基因将作为一个单位遗传，而不会独立分配。这被称为**遗传连锁**（genetic linkage），这意味着两个或多个非等位基因比独立分配被期望具有更多的关联。如果在减数分裂过程中没有发生交换，同源染色体上的基因间没有发生重组,连锁为完全连锁。如果发生了交换和重组,则为不完全连锁,连锁强度是两个基因间发生交换的概率的函数。此概率随着位于同一染色体上的两个基因间物理(即物理图)距离的增加而增大。

20 世纪初,英国遗传学家 William Bateson 和 Reginald Punnett 首次在豌豆中发现了控制花色的两个基因间的遗传连锁现象;但对遗传连锁的解释主要是由 Thomas Morgan 和 Alfred Sturtevant 在研究果蝇(*Drosophila melanogaster*)性状遗传时提出的。专栏 3. 4 中的例子,描述了刚松(*Pinus rigida*)等位酶位点间的遗传连锁。

专栏 3. 4　刚松(*P. rigida*)两个等位酶位点间遗传连锁的估算

林木中的遗传连锁可用 Guries 等(1978)进行的一项等位酶研究的例子来阐明。等位酶是共显性遗传标记(*第 4 章*),基于它们在凝胶电泳上迁移率的差异,分别用快(*F*)和慢(*S*)来表示一个杂合位点的两个等位基因。Guries 等(1978)分析了大量针叶树种子大配子体组织的等位酶位点。针叶树的大配子体为单倍体,其遗传组成与雌配子相同(*第 4 章*)。因此,通过分析来自母树种子样本的大配子体能直接观察到减数分裂中等位基因产物的分离。

为了阐释遗传连锁的概念,本例只考虑两个位点:*Got-1* 和 *Gpi-2*;在母树中,这两个位点的等位基因 *F* 和 *S* 都是杂合的(图 1)。在母树中,如果 *Got-1* 和 *Gpi-2* 位于同一条染色体上,那么在两个位点上等位基因 *F* 和 *S* 可能形成两种构型(即连锁相),存在两种可能。在下面的例子中,每个位点的等位基因 *F* 位于母本的一条染色体上,而等位基因 *S* 则位于与之同源的另一条染色体上,也就是相引连锁相(即 *FF/SS*)。与之相对的构型(*FS/SF*)称为相斥连锁相。

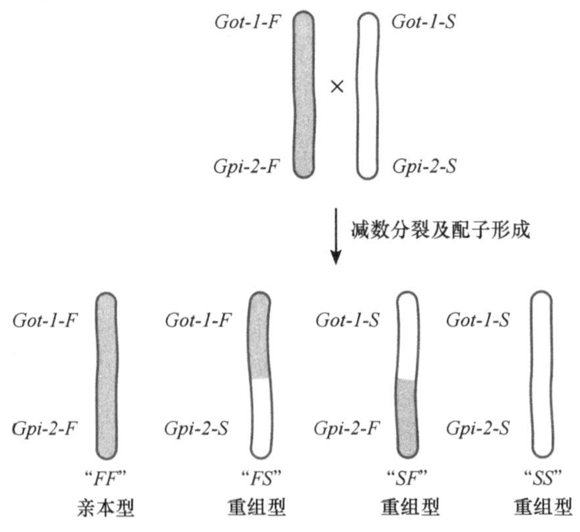

图 1　两个等位酶位点的遗传连锁。

一株双杂合母树经过减数分裂,在大配子体中预计可能产生 4 种类型的快和慢等位基因的两位点组合的配子(*FF*、*FS*、*SF* 和 *SS*)。当等位基因在母树中为相引连锁相时,如果 *Got-1* 和 *Gpi-2* 两个位点之间没有发生交换,那么产生的配子为 *FF* 和 *SS*,称为亲本型或者非交换型配子。如果发生一次单交换，那么产生的配子为 *FS* 和 *SF*，称为交换型或者重组型配子。

Guries 等（1978）分析了 160 个大配子体的 *Got-1* 和 *Gpi-2* 位点，并计算了 4 种配子的数量。如果 *Got-1* 和 *Gpi-2* 位于不同的染色体上，按照孟德尔独立分配定律，4 种等位基因组合的频率相等（即比例为 1 ∶ 1 ∶ 1 ∶ 1，或者每种类型的配子均为 40 个）。两种亲本型配子（*FF* 和 *SS*）的数量过多，而两种重组型配子（*FS* 和 *SF*）的数量相应不足。

基因型	观察值(o)	期望值(e)	$(o-e)^2/e$
FF	90	40	62.5
FS	3	40	34.2
SF	4	40	32.4
SS	63	40	31.2
总计	160	160	142.3

Guries 等（1978）针对 1 ∶ 1 ∶ 1 ∶ 1 比例进行了 χ^2 适合度检验，计算得到的 χ^2 = 142.3（df = 1），P<0.001，支持这些位点并非独立分配而是连锁的假设。一共有 160 个配子，其中只有 7 个重组型配子，重组率 r = 7/160 = 0.043。重组率×100（厘摩，cM）是衡量基因在染色体上相对距离（图距）的度量。两个基因间的距离越近（即连锁越紧密），则 cM 越小。本例中，*Got-1* 和 *Gpi-2* 间的连锁距离为 4.3cM。图距为 0（两个基因紧密连锁，无重组）~50（一条染色体上的位点相距过远从而独立分配）。

衡量两个基因间连锁程度的标准方法是估算**重组率**（recombination fraction，r）。

$$r = R/N \qquad \text{公式 3.2}$$

式中，R 表示减数分裂中形成的重组型配子数；N 表示配子总数。可以区别两种类型的配子：**亲本型配子**（parental gamete）和**重组型配子**（recombinant gamete）。在配子分类前，必须首先确定位于一条染色体上的两个基因的**连锁相**（linkage phase）。例如，有两个位点，其等位基因分别为 *A* 和 *a* 与 *B* 和 *b*，当 *A* 和 *B* 位于一条同源染色体上，而 *a* 和 *b* 位于另一条同源染色体上时，称为**相引连锁相**（coupling linkage）。而当 *A* 和 *b* 与 *a* 和 *B* 分别位于相对的同源染色体上时，则称为**相斥连锁相**（repulsion linkage）。对于相引连锁相，*AB* 和 *ab* 为亲本型配子，*Ab* 和 *aB* 为重组型配子；对于相斥连锁相则正相反，*Ab* 和 *aB* 为亲本型配子，*AB* 和 *ab* 为重组型配子。专栏 3.4 中解释了相斥相和相斥相的概念，以及重组率的估算方法。关于连锁估算的更多细节，可参见 Bailey（1961）的论著。

细胞器基因组遗传

大部分遗传物质位于细胞核内的染色体上（即 nDNA，*第 2 章*）。然而，在叶绿体和线粒体中也存在着小的基因组，编码与其各自功能相关的基因。植物的叶绿体 DNA（cpDNA）和线粒体 DNA（mtDNA）是环状的 DNA 分子，与细菌等的原核基因组相似。那么这些基因组是如何遗传的呢？根据惯例，植物细胞器 DNA 遗传的研究是通过追踪一些突变表型的传递进行的，这些突变假定是由 cpDNA 或者 mtDNA 编码的，如叶绿素缺失突变体。此类研究表明，植物的 cpDNA 和 mtDNA 通常只遗传自一个亲本，并不像核染色体那样遗传自双亲。在被子植物中，尽管有 cpDNA 遗传自双亲的情况，但 cpDNA 和 mtDNA 几乎总是遗传自母本(图 3.7)。

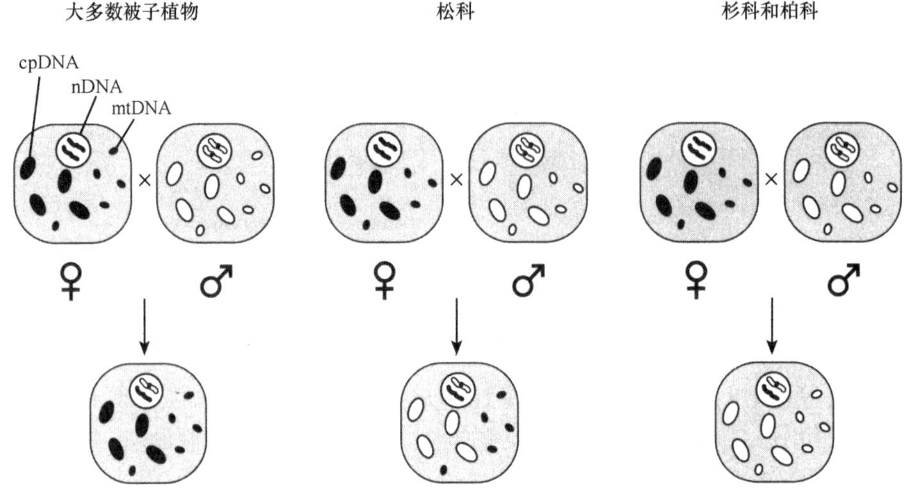

图 3.7 叶绿体(cpDNA)和线粒体(mtDNA)基因组遗传自双亲之一，而不是像核基因组(nDNA)那样遗传自双亲。被子植物的 cpDNA 和 mtDNA 都是通过母本遗传，不过，所有针叶树，以及杉科和柏科的 cpDNA 是父系遗传。杉科和柏科的 mtDNA 也是父系遗传，但在针叶树中是母系遗传。

近来，基于 DNA 的遗传标记(*第 4 章*)已用于研究包括树木在内的各种植物细胞器 DNA 的遗传。尽管在少数树种中观察到 cpDNA 的遗传来自母本和父本(Sewell *et al.*, 1993)，但在对杨属(*Populus*)、桉属(*Eucalyptus*)、栎属(*Quercus*)、鹅掌楸属(*Liriodendron*)和木兰属(*Magnolia*)等被子植物树种进行的遗传研究表明，cpDNA 和 mtDNA 均遗传自母本(Radetzky, 1990; Mejnartowicz, 1991; Rajora and Dancik, 1992; Byrne *et al.*, 1993; Sewell *et al.*, 1993; Dumolin *et al.*, 1995)，这与在非木本被子植物中观察到的结果相同。

然而，在针叶树中，发现了一些令人非常惊奇的不同现象(图 3.7)。早期关于针叶树细胞器 DNA 遗传可能不同于其他物种的报道来自对一个日本柳杉(*Cryptomeria japonica*)园艺品种，即金黄柳杉(*Wogon-sugi*)枝条颜色突变体遗传的研究(Ohba *et al.*, 1971)。一系列正反交试验表明，突变表型只通过父本传递，揭示该突变体是由 cpDNA 突变引起的，且 cpDNA 只遗传自父本。针叶树中 cpDNA 严格的父系遗传已被基于 DNA 的遗传标记所做的大量研究所证实(Neale *et al.*, 1986; *Szmidt et al.*, 1987; Wagner *et al.*, 1987; Neale and Sederoff, 1989)。

基于 DNA 的遗传标记也已用于针叶树 mtDNA 遗传的研究。与被子植物一样，松科植物的 mtDNA 似乎严格遗传自母本(Neale and Sederoff, 1989; Sutton *et al.*, 1991; DeVerno *et al.*, 1993; David and Keathley, 1996)(图 3.7)，尽管有证据表明，mtDNA 偶尔也遗传自父本(Wagner *et al.*, 1991a)。非常惊奇的是，在杉科和柏科中，mtDNA 严格遗传自父本(Neale *et al.*, 1989, 1991; Kondo *et al.*, 1998)(图 3.7)，而在其他植物或动物中，均未发现

mtDNA 严格遗传自父本。

本章提要和结论

19 世纪中叶，奥地利修道士孟德尔通过一系列豌豆杂交试验，发现了核内遗传物质的遗传规律。通过对单一性状表型不同的豌豆品种进行的单因子杂交试验，孟德尔提出了他最初的 3 个定律：①单位因子成对存在；②单位因子互为显隐性；③单位因子随机分配。孟德尔还研究了成对因子的遗传，提出了第四个定律，即独立分配定律。孟德尔的发现在其一生中都被忽视了，直到 1900 年才被重新发现。孟德尔遗传定律与达尔文的进化论奠定了遗传学的基础。

染色体在细胞分裂和上下代间的有序传递对遗传物质的遗传非常重要。有丝分裂和减数分裂分别是细胞分裂和配子形成过程中控制染色体传递的细胞学机制。植物营养细胞正常生长时进行有丝分裂。有丝分裂包括几个步骤，首先染色体进行复制，然后细胞核和细胞分裂形成两个子细胞，每个子细胞均含有一套完整的染色体。

除发生在花粉母细胞和卵母细胞形成配子过程中外，减数分裂与有丝分裂相似。染色体复制以后，连续分裂两次。产生 4 个配子，每个配子只含有一对同源染色体中的一条。此外，在非姐妹染色单体间可能发生重组，与突变一起，是产生遗传变异的机制。

在孟德尔的 4 个基本遗传定律被重新发现以后，发现了一些例外。孟德尔研究的控制豌豆性状的等位基因具有显隐性。不完全显性或者部分显性是孟德尔第二个定律的例外，等位基因的效应混合产生一种中间表型。第二个定律的另一个例外是共显性，表型显示的是两个等位基因的同时表达，如等位酶。

同一条染色体上的两个性状（位点），并不总是独立分配，这与孟德尔的第四个定律相背离，这是由遗传连锁引起的。染色体上两个位点间的遗传距离可以通过计算重组配子的数量来估计。重组型配子占配子总数的比值称为重组率，这是遗传连锁程度（紧密度）的标准估计量。两位点表型比例也可能因为上位性而改变，此时一个位点等位基因的表达被另外一个位点的等位基因修饰。

在叶绿体和线粒体基因组编码的遗传物质中发现了更多关于孟德尔遗传定律的例外。这些基因组通常为单亲遗传，要么是母系遗传，要么是父系遗传。在针叶树中，叶绿体 DNA 都遗传自父本，线粒体 DNA 遗传自母本，而杉科和柏科的线粒体 DNA 也是父本遗传。

第 4 章　遗传标记——形态、生化和分子标记

遗传标记(genetic marker)是指任何可见的特征或可以鉴定的表型,其单个位点上的等位基因以孟德尔方式发生分离。遗传标记能用于在单基因水平上研究包括树木在内的生物的遗传学。如果没有遗传标记,如豌豆和果蝇的可见性状,就不可能有遗传学科的发展。遗憾的是,树木中并没有大量的可见的孟德尔性状(*第 3 章*),而这多年来一直制约着林木遗传学研究。直到 20 世纪 70 年代初,才开发出了林木的生化遗传标记,如萜烯类和等位酶。这些生化标记用于解决一系列研究问题,特别是用于研究林木天然群体遗传变异的数量、模式及确定交配系统的特征(*第 7～10 章*)。

然而,**生化标记**存在一个重要的局限,即只有少量的不同标记位点,因此通过这些标记获得的遗传信息可能不能充分代表整个基因组中的基因。在 20 世纪 80 年代初,随着分子或基于 DNA 的遗传标记的发展,标记数量的局限性得到了克服。不论是在基础研究中还是在实用树木改良项目中,分子标记都有广泛的应用。本章的目的在于简单介绍遗传标记的基本特点及在林木业上的应用。其他关于遗传标记的读物可参阅 Adams 等(1992a)、Mandal 和 Gibson(1998)、Glaubitz 和 Moran(2000),以及 Jain 和 Minocha(2000)的论著。

遗传标记的应用及特点

在阐述林木上可以应用的多种遗传标记之前,有必要首先介绍一下遗传标记的各种应用及这些应用应该具备的特点。遗传标记用于研究林木天然群体和人工群体的遗传学,以及引起这些群体变化的动力。遗传标记中一些比较重要的应用包括:①描述林分内的**交配系统**、近交水平及遗传变异的时空模式(*第 7 章*);②描述遗传变异的地理模式(*第 8 章*);③推测种间的分类和系统发育关系(*第 9 章*);④评价驯化实践,包括森林经营和树木改良,对遗传多样性的影响(*第 10 章*);⑤在育种及繁殖群体内进行指纹识别和种质鉴定(*第 16 章、第 17 章、第 19 章*);⑥构建**遗传连锁图**(*第 18 章*);⑦**标记辅助育种**(*第 19 章*)。

本章介绍几种不同类型的遗传标记,每种标记的特点各有不同,使其更适合或更不适合于某种应用。某种类型的分子遗传标记应该具备的理想特点包括:①开发和使用成本低廉;②不受环境和发育变异的影响;③高度稳健,在不同组织类型和不同实验室间可以重复;④多态性,即能够揭示高水平的等位基因变异;⑤表达为共显性。

形态标记

在*第 3 章*中讨论过,在林木中发现的可用作遗传标记的简单孟德尔形态性状非常少。许多已识别的形态标记都是在实生苗中观察到的突变,如针叶白化、矮化和其他畸变(Franklin,1970;Sorensen,1973)(参见图 5.2)。这些突变体曾经用来估计针叶树的自交率(*第 7 章*)。然而,由于形态突变体很少发生,而且对树木常高度有害甚至致死,其应用有限。

生化标记

单萜

单萜(monoterpene)是松脂和植物精油中存在的一组萜类物质(Kozlowski and Pallardy,1979)。尽管对其代谢功能尚未完全了解,但它可能在病虫害的防御中起重要作用(Hanover,1992)。不同的单萜,例如,α-蒎烯、β-蒎烯、月桂烯、3-蒈烯和柠檬烯等都可通过气相色谱测定其浓度,并作为遗传标记使用(Hanover,1966a,b,1992;Squillace,1971;Strauss and Critchfield,1982)。

单萜遗传标记主要应用于分类和进化研究(*第 9 章*),但在一定程度上也用于估计种内地理变异的遗传模式(*第 8 章*)。虽然在 20 世纪 60 年代和 20 世纪 70 年代初期,单萜是林木上可以利用的最佳遗传标记,但其分析却需要专业、昂贵的设备。另外,可用的单萜标记位点较少,且大多数表型表现某种形式的显性。显性遗传标记有一个缺点,即不能把显性纯合基因型与携带有显性基因的杂合体区分开。单萜逐渐被等位酶遗传标记所取代,因为等位酶成本低廉,是一种共显性标记,可以分析更多的标记位点。

等位酶

等位酶(allozyme)是林木上最重要的一种遗传标记,用于许多树种的很多不同用途(Conkle,1981a;Adams *et al.*,1992a)。等位酶是同一基因位点的不同等位基因编码的不同形式的酶,能够通过电泳区分。对于等位酶,更一般的术语是同工酶,是指一种酶的任何一种变异形式,但等位酶则表明了这些变异形式的遗传基础。大多数等位酶遗传标记都来源于中间代谢的酶类,如糖代谢途径中的酶,然而,根据任何一种酶都可以开发等位酶遗传标记。

等位酶分析相当容易(图 4.1),在林木上有标准的实验方案可以使用(Conkle *et al.*,1982;Cheliak and Pitel,1984;Soltis and Soltis,1989;Kephart,1990)。粗蛋白质提取物几乎可以从任何组织中分离得到,然后通过淀粉凝胶电泳分离。蛋白质提取物中的同工酶根据其携带的电荷及大小迁移到凝胶上的不同位置。氨基酸组成不同的同工酶通常带有不同的电荷和(或)大小,所以可以通过在凝胶中迁移率的不同揭示这些遗传差异。电泳后将凝胶置于含有酶底物、合适的辅因子和染料的溶液中,就可以看到同工酶在凝胶上的位置。凝胶上的色带就是酶和染料反应的产物。

在用等位酶进行遗传研究之前,必须确定等位酶的孟德尔遗传。可以通过树木间的杂交确定等位酶遗传,这与孟德尔使用的豌豆杂交类型相似,如杂交和测交。然而,在针叶树中,最常用的是独特的种子遗传系统。针叶树的**大配子体**(megagametophyte)(即包被胚的营养组织)是单倍体,在遗传学上与卵细胞相同,都是同一减数分裂的产物(图 4.2)。因此,来自单株树木上的种子大配子体样品能够代表母本减数分裂群体。这是一个非常便捷的系统,因为仅利用母树的自由授粉种子就可以进行分离分析,而不必通过控制杂交建立等位酶变异的孟德尔遗传(图 4.2)。

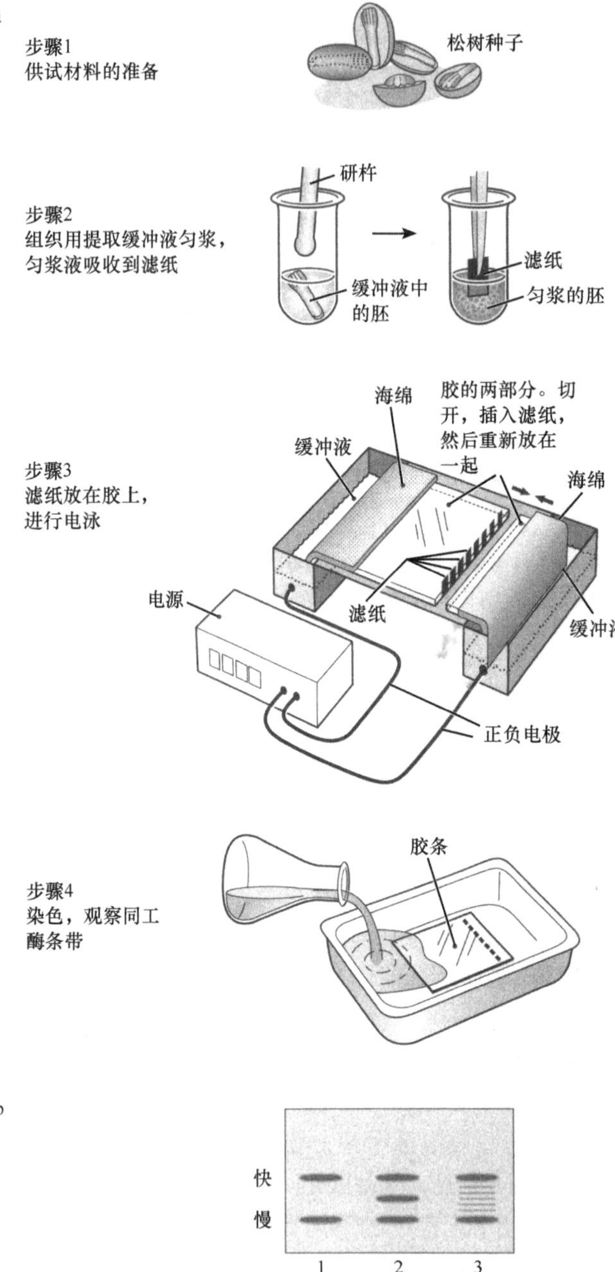

图 4.1 林木等位酶分析：a. 第一步，供试材料的准备，例如，松树种子的大配子体和胚；第二步，组织用提取缓冲液匀浆，匀浆液吸收到滤纸；第三步，滤纸放在胶上，进行电泳；第四步，染色，观察同工酶条带；b. 含有不同迁移率的杂合体产生的 3 种常见的同工酶类型，这几种类型的产生取决于酶是否作为单体（泳道 1）、二聚体（泳道 2）或多聚体（泳道 3）行使功能。注：在这 3 种情况中，杂合体中的两个等位基因共同表达（也就是共显性）。

目前已经建立了许多酶的测定方法，在不同的树种和组织类型中能够检测到 25～40 种不同的等位酶位点。因其共显性表达和较高的多态性水平，等位酶已被广泛用于估计树种的遗传变异（*第 7～8 章*），在进化研究中也有一定的应用（*第 9 章*），同时用于检测各种基因保存（*第 10 章*）和树木改良活动（Adams，1983；Wheeler and Jech，1992）。

其他蛋白质标记

另一类基于蛋白质的遗传标记使用 **2-D 聚丙烯酰胺凝胶电泳**（two-dimensional polyac-

a

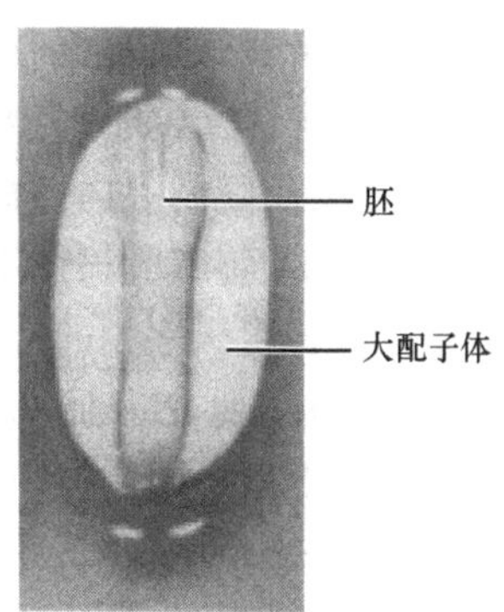

b

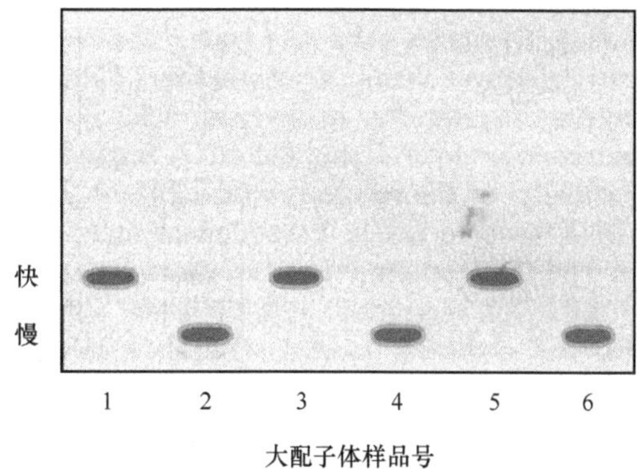

图 4.2　针叶树大配子体和胚遗传体系：a. 在针叶树种子中，胚是二倍体（2*N*），而大配子体是单倍体（1*N*），在遗传上与卵细胞相同；b. 来自大配子体的等位酶显示的仅是一个等位基因的产物。来自同一母树，等位酶位点为杂合体大配子体，会分离出快和慢两条等位酶条带（等位基因）。图示的是来自同一杂合母树的 6 个大配子体。（照片由美国加利福尼亚州普莱瑟维尔林木遗传学院 G. Dupper 提供）

rylamide gelectorphoresis，**2-D PAGE**）技术。不像等位酶每次只能检测到单一的已知酶，2-D PAGE 技术能够同时揭示所制备的样品中所有的酶和其他蛋白质。蛋白质在凝胶上显示为点，并通过点的有无检测标记的多态性。该技术广泛地应用于构建海岸松（*Pinus pinaster*）的连锁图，主要是检测种子和松针的蛋白质多态性（Bahrman and Damerval，1989；Gerber *et al.*，1993；Plomion *et al.*，1997）。虽然 2-D PAGE 技术具有能在一块凝胶上同时检测许多标记位点的潜在优点，但其检测比等位酶困难，而且标记常是显性的。

分子标记

自 1980 年以来，已经发现了一大批基于 DNA 的遗传标记，而且每年都有新的标记类型被开发出来。DNA 标记通常分为两类：①基于 DNA-DNA 杂交的分子标记；②基于利用聚合酶链反应（PCR）扩增 DNA 序列的分子标记。有关这两类方法的重要技术问题将在后面的部分详细讨论。在林业中，有更加综合性的关于分子标记的评述可供参考（Neale and Williams，1991；Neale and Harry，1994；Echt，1997），因此，在此仅讨论林木中最常用的标记类型。

DNA-DNA 杂交：限制性片段长度多态性

基于 **DNA-DNA 杂交**（DNA-DNA hybridization）的遗传标记是在 20 世纪 70 年代开发出来的。真核基因组非常大，没有一种简单的方法可以研究单个基因或序列的遗传多态性。利用 DNA 的碱基互补配对特性，建立了利用 DNA 小片段作为探针来检测与探针同源序列多态性的方法。通过该方法衍生出来的遗传体系称为限制性片段长度多态性。

限制性片段长度多态性(restriction fragment length polymorphism, **RFLP**)标记是开发的第一个基于 DNA 的遗传标记(Botstein *et al.* ,1980)。RFLP 方法的简要描述如图 4.3 所示。首先,用**限制性内切核酸酶**(restriction endonuclease)消化细胞总 DNA(专栏 4.1),将基因组 DNA 酶解成长短不一的片段。目前已发现的限制性内切核酸酶有几百种,这些酶能在不同长度和序列的特异性识别位点上剪切 DNA。然而,日常使用的限制性内切核酸酶只有几种(如 *Hind*Ⅲ、*Eco*RⅠ、*Bam*HⅠ),因为经这些酶消化的 DNA 片段大小分布最佳而且价格低廉。限制性内切核酸酶的识别位点遍布整个基因组,包括编码区和非编码区,是研究基因组中 DNA 序列变异的有力工具。

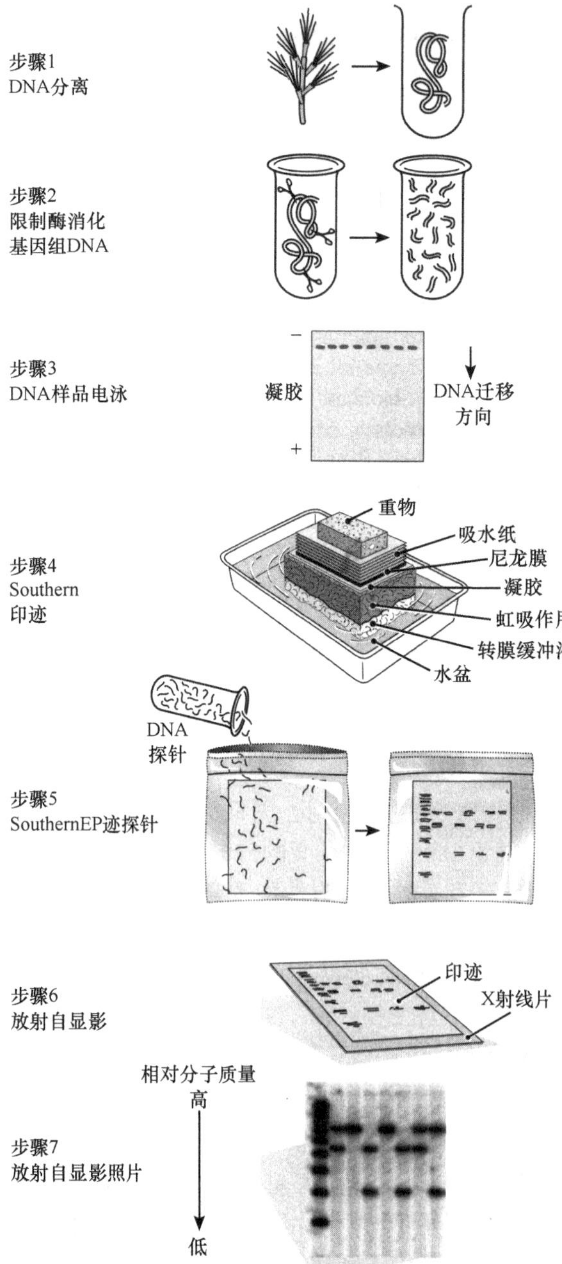

图 4.3 限制性片段长度多态性(RFLP)分析。步骤 1. 树木组织 DNA 的分离;步骤 2. 限制性内切核酸酶消化 DNA 成小片段;步骤 3. 通过凝胶电泳分离 DNA 片段;步骤 4. 通过 Southern 印迹技术将 DNA 片段转移到尼龙膜上;步骤 5. 使用特异性的放射性标记的 DNA 探针进行杂交;步骤 6. 放射自显影;步骤 7. 放射自显影后的 RFLP 条带。

专栏 4.1　限制酶和 DNA 克隆

研究单个基因的结构和表达的实验方法是在 20 世纪 70 年代建立的，这些方法统称为**重组 DNA 技术**（recombinant DNA technology）。重组 DNA 技术的实质是从基因组中分离一段特异的 DNA 片段（通常是整个基因），然后将其转入外源宿主基因组中（通常是细菌或病毒），在宿主体内能够扩增和分离得到大量重组 DNA 片段。细菌体内能够在特定位置剪切 DNA 的酶的发现使重组 DNA 技术成为可能。这类酶被称为**限制酶**（restriction enzyme）或**限制性内切核酸酶**，因为其在细菌体内的功能是识别、剪切和破坏侵入细菌细胞中的外源 DNA。发现的第一种内切酶称为 *Eco*R Ⅰ，因其是从大肠杆菌（*E. coli*）中分离得到的。现在可以利用的限制酶有几百种。大部分限制酶能够识别它们剪切的 DNA 所在位置的一段特异 DNA 序列，这段序列被称为识别序列，*Eco*R Ⅰ 的识别序列是 GAATTC（图 1）。该序列被称为回文序列，这是因为在按照相同方向阅读时（5′→3′或 3′→5′），两条 DNA 互补链的序列完全一致。大多数限制酶还能够在识别序列内的特定位置剪切 DNA。*Eco*R Ⅰ 在 G 和 A 之间剪切。

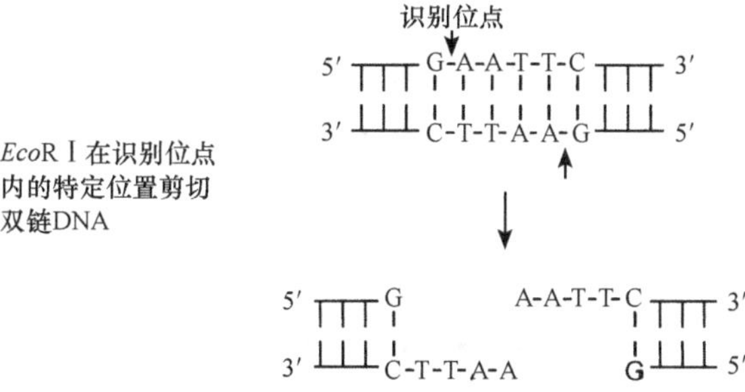

图 1　*Eco*R Ⅰ 剪切 DNA 的示意图。

分子生物学家发现限制酶不仅是把大的 DNA 分子剪切成小片段的有用工具，而且还可用于 DNA 克隆。DNA 克隆最简单的形式是将一个外源 DNA 片段插入大肠杆菌**质粒载体**（plasmid vector）中，然后再将重组质粒转入细菌宿主中[称为**转化**（transformation）]，接下来对转化后的细菌进行培养，产生大量含有拟研究的外源 DNA 片段的质粒。

整个克隆过程如图 2 所示。步骤 1，从细菌中分离质粒 DNA。实际上，很少有研究人员这么做，因为质粒 DNA 可从供应商处购买。步骤 2，利用一种限制酶剪切环状质粒使其线性化。利用基因工程构建的质粒载体含有一些限制位点，可用于克隆。步骤 3，使用与剪切质粒载体相同的限制酶剪切拟克隆的外源 DNA 片段。步骤 4，通常通过电泳和凝胶纯化将拟克隆的外源 DNA 片段与其余 DNA 分离。

此时（步骤 5），可将外源 DNA 片段与线性化的质粒进行连接。*Eco*R Ⅰ 剪切后的两个 DNA 都留下一个 4 个碱基（AATT）的单链末端，被称为“黏端”。通过碱基互补配对，两个 DNA 片段完美地连接在一起。重新形成环状、双链 DNA 分子需要的全部工作就是在被限制酶剪切分离的核苷酸碱基之间形成氢键，这是由 DNA 连接酶完成的，该过程称为连接反应。最后，通过转化将重组质粒重新转入细菌宿主中（步骤 6）。

转化后的大肠杆菌能够培养生长，产生大量质粒 DNA。DNA 片段的克隆使研究 DNA 片段的许多方面成为可能，例如，测定其核苷酸序列。如果没有克隆技术，这将不可能实现，因为这类分析通常都需要大量 DNA。

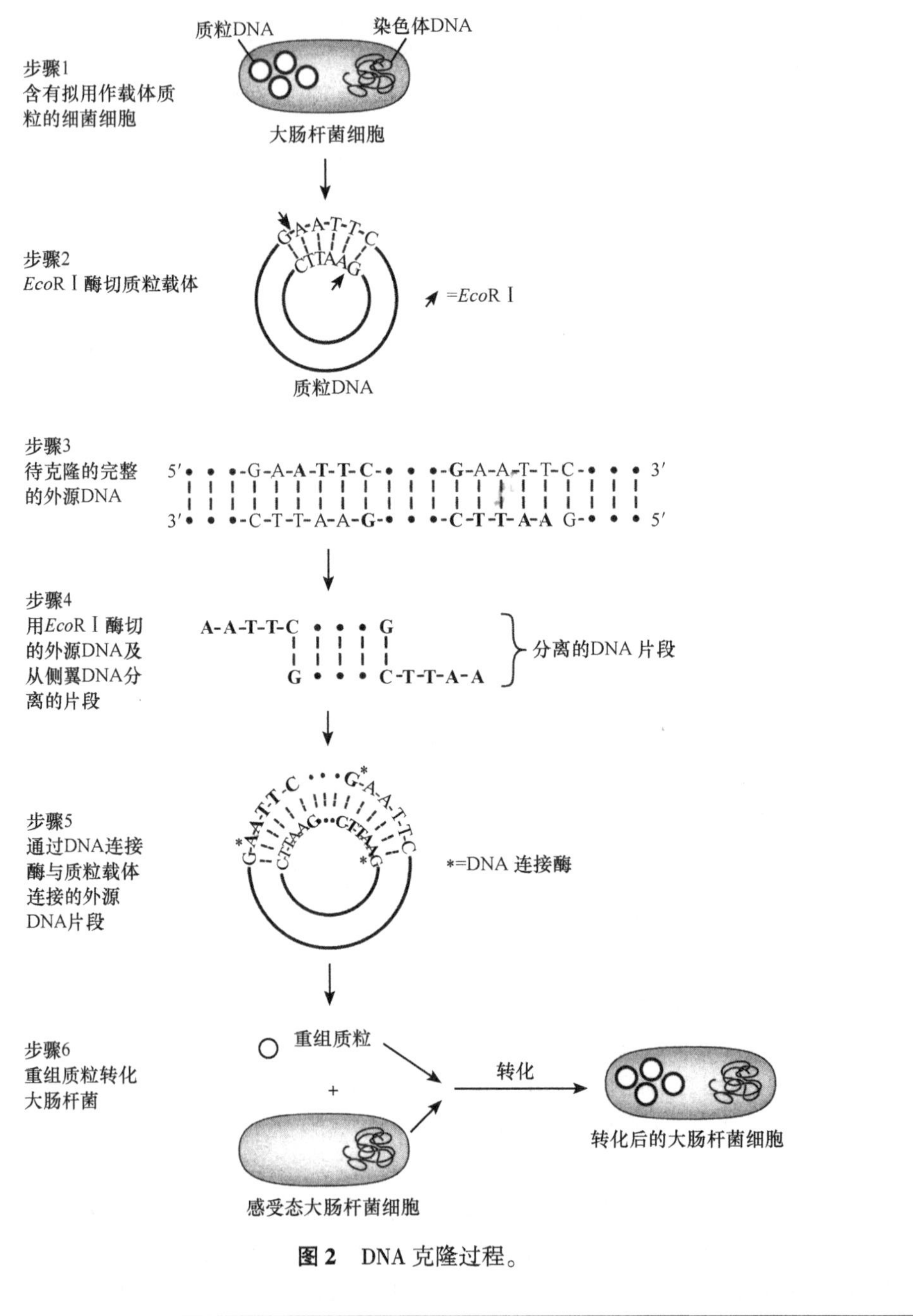

图 2 DNA 克隆过程。

然后，通过琼脂糖凝胶电泳，根据限制性片段的大小进行分离。利用溴化乙啶染色可在凝胶上看到 DNA，但因为通常会产生大量长短不一的限制性片段，离散的片段并不能看到。为了解决这一问题，将酶解后的 DNA 转移并结合到尼龙膜上，该过

程被称为 **Southern 印迹**(Southern blotting),这是根据其发明人 E. M. Southern 的名字命名的(1975)。通过将结合在尼龙膜上的 DNA 片段与放射性或荧光标记的 DNA 探针杂交,就能显示特异的 DNA 片段。**DNA 探针**(DNA probe)就是一小段 DNA,用于揭示结合在膜上的 DNA 的互补序列。DNA 探针检测依赖于碱基互补配对;结合在尼龙膜上的 DNA 片段和探针都要首先变性,形成单链,便于同与其互补的 DNA 序列配对。

用于植物 3 种基因组,即 nDNA、cpDNA 和 mtDNA 遗传标记分析的 DNA 探针均已建立。由于叶绿体和线粒体基因组相对较小,用限制性内切核酸酶消化整个基因组并应用标准质粒克隆技术克隆基因组的某一部分是可行的(专栏 4.1)。通过从叶绿体和线粒体基因组中克隆 DNA 片段已经开发了一些树种的 cpDNA 和 mtDNA 探针 (Strauss *et al.*, 1988;Lidholm and Gustafsson,1991;Wakasugi *et al.*,1994a,b)。克隆获得的每一个片段包含几个不同的基因,因此,当一个克隆被用作 RFLP 分析的探针时,可能马上就会揭示许多细胞器编码基因发生的遗传变异。

由于核基因组中存在大量的重复 DNA,因此开发用于 nDNA RFLP 分析的探针比较困难。常用的探针有两种类型:基因组 DNA(gDNA) 探针和互补 DNA(cDNA)探针。DNA 文库含有大量的克隆片段,这些片段来自一个克隆实验,探针是从 DNA 文库中分离得到的。树木中 cDNA 和 gDNA 探针都很容易使用,并且都能揭示丰富的遗传变异(Devey *et al.*, 1991; Liu and Furnier, 1993; Bradshaw *et al.*, 1994; Byrne *et al.*, 1994; Jermstad *et al.*,1994),但是,相对于 cDNA 探针文库,gDNA 探针文库更容易构建,这是因为不需要分离 mRNA,而 mRNA 的分离是非常困难的。由于 cDNA 由 mRNA 反转录产生,cDNA 探针来源于表达基因(专栏 4.2),而 gDNA 探针通常不是来源于表达基因,因此在林木上会优先选择 cDNA 探针用于 RFLP 分析。

专栏 4.2 互补 DNA(cDNA)克隆

能够获得单个基因的数百万份拷贝对于分子遗传学研究非常重要。分子生物学家开发了一种非常聪明的方法,称为互补 DNA(cDNA)克隆,用以获得表达基因的克隆拷贝。互补 DNA 克隆一次通常能够克隆很多基因,这些克隆的集合形成 cDNA 文库(图 1)。步骤 1,从一种或多种组织中分离 mRNA。以树木为例,从木质部中分离 mRNA 建立了在木质部中表达的基因的 cDNA 文库。mRNA 含有一个由许多 A 组成的尾巴(称为多腺苷酸尾),为引物提供了便利的结合位点。步骤 2,polyT 引物与 polyA 尾发生退火。步骤 3,加入反转录酶和游离的 A、T、C、G 核苷酸,合成与 mRNA 链互补的 DNA 链。步骤 4,加入 RNaseH 酶消化掉原始的 mRNA 模板,只保留新合成的单链 DNA 拷贝。步骤 5,由 DNA 聚合酶 I 合成与第一条 DNA 链互补的 DNA 链。最后,步骤 6,通过 DNA 连接酶将双链 DNA 分子插入到质粒或病毒载体中(专栏 4.1)。

cDNA 一旦与载体连接就可以转入能被培养的细菌宿主中产生大量的 cDNA。

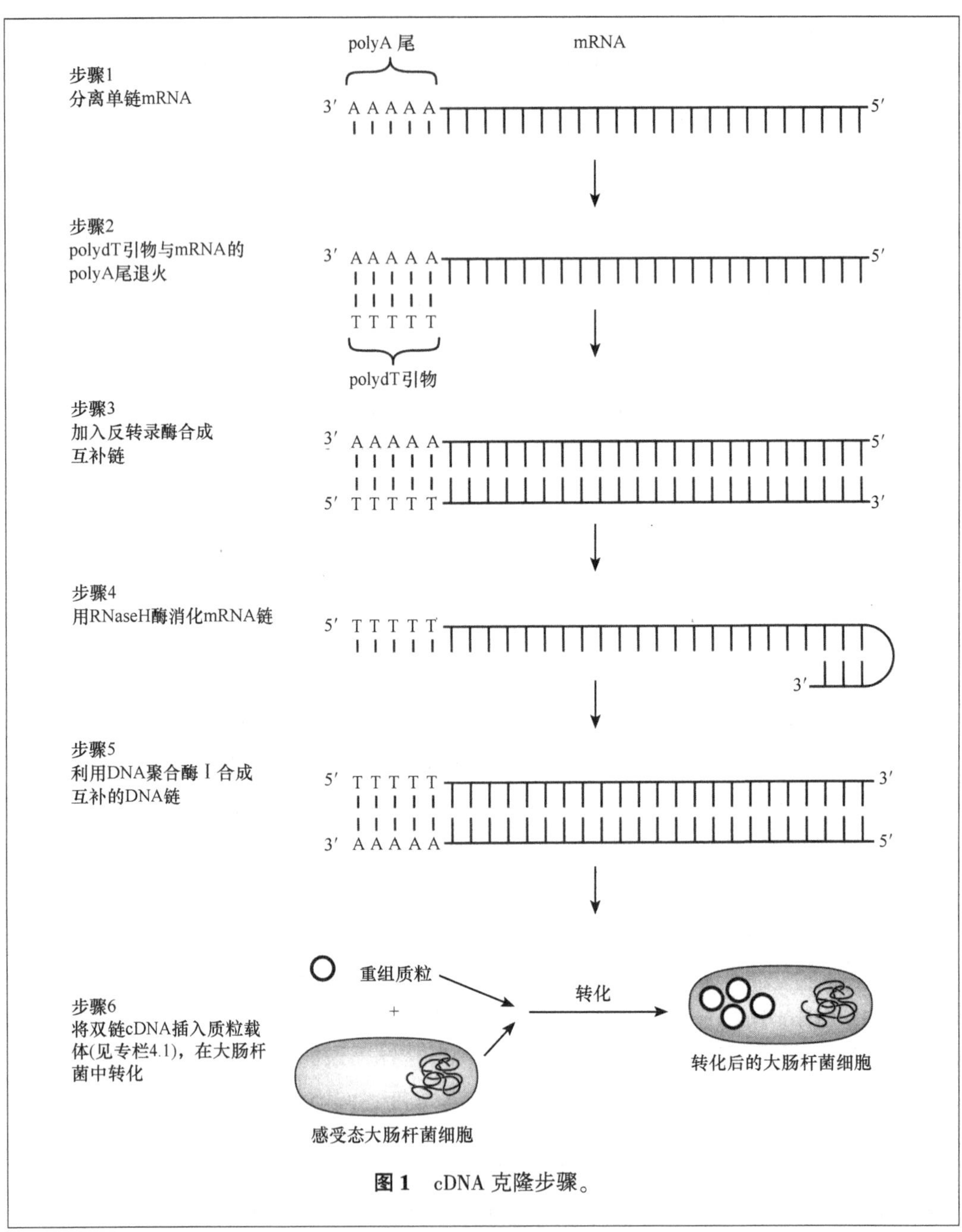

图 1 cDNA 克隆步骤。

RFLP 带型的遗传解释比较困难,特别是针叶树,因为其基因组大,所以单一探针就会揭示大量片段。图 4.4 中举例说明了几种 RFLP 带型的分子基础,并对这些带型进行了孟德尔遗传学阐释。

限制性片段长度多态性分析已被用于叶绿体和线粒体基因组,这是为了研究:①系统发育关系(Wagner *et al.* ,1991b,1992;Tsumura *et al.* ,1995)(*第 9 章*);②种内遗传变异(Ali *et al.* ,1991;Strauss *et al.* ,1993;Ponoy *et al.* ,1994);③细胞器 DNA 的遗传模式(*第 3 章*)。由于进行 Southern 印迹分析存在的技术困难,限制性片段长度多态性分析在林木

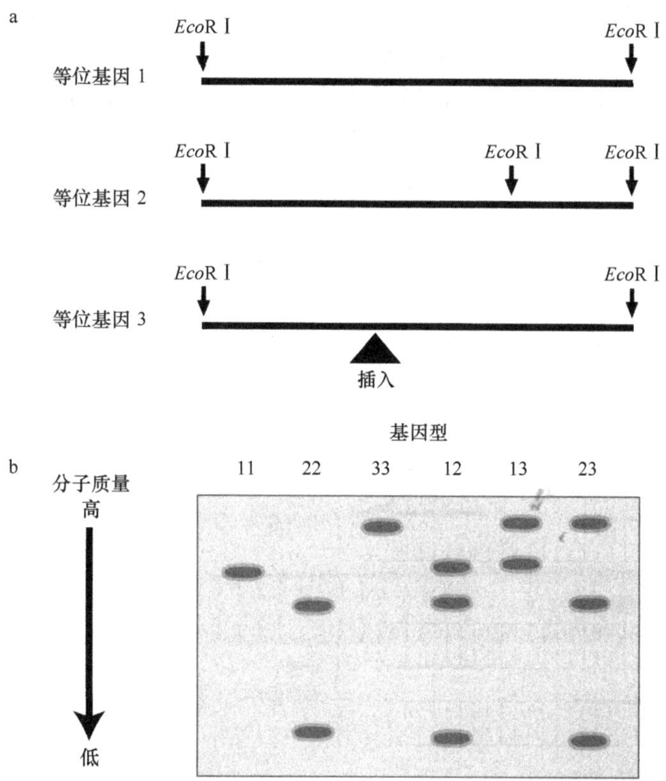

图 4.4 在单一标记位点 3 个不同等位基因所有可能的纯合和杂合组合形成的 RFLP 的分子阐释：a. 等位基因 1 是野生型，等位基因 2 有一个突变，其形成了一个新的 *Eco*R Ⅰ 酶切位点，等位基因 3 是野生型片段中插入了一段 DNA；b. 等位基因 1、2、3 所有纯合和杂合组合形成的 RFLP 条带。11 纯合体基因型只有一条带，而 22 纯合体基因型有两条带，因为第三个 *Eco*R Ⅰ 位点从以前的一个片段变成了两个片段。33 纯合体的条带稍大于 11 纯合体条带，反映了有片段的插入。

核基因组上尚未得到广泛应用，特别是对于基因组大的针叶树更是如此。只在少数针叶树、杨属（*Populus*）和桉属（*Eucalyptus*）树种有可用的核 DNA RFLP 探针，这些探针用于构建一些树种遗传图，有关讨论详见*第 18 章*。

基于聚合酶链反应的分子标记

聚合酶链反应（polymerase chain reaction，**PCR**）是 20 世纪最重要的生物学发现之一，其发明人 Kerry Mullis 因此获得了诺贝尔奖（Mullis，1990）。在此之前，特定 DNA 片段的分析通常需要在质粒载体或相应载体内对该片段进行克隆并扩增（专栏 4.1）。利用聚合酶链反应不需要进行克隆，而且开始仅需要少量目标序列分子就能获得大量的特异 DNA 序列。与 DNA-DNA 杂交标记方法相比，基于 PCR 的标记方法的一个优点是无需提取大量 DNA。

聚合酶链反应包括 3 个基本步骤：①双链 DNA 模板的变性；②一对引物与待扩增区域发生退火；③使用耐热的 DNA 聚合酶（Taq 聚合酶）进行扩增（图 4.5）。这 3 个完整步骤称为一个循环；在第一个循环结束后，由原始模板合成两个新的双链分子。这些分子在后边的循环中都作为模板,因此分子扩增就以几何级数增加。已经开发出专门的仪器,称为热循环仪,来实施 PCR 过程。耐热 DNA 聚合酶的发现是自动方法发展的关键,因为在此之前,由于变性时的高温会破坏 DNA 聚合酶,每个循环都必须加入新的 DNA 聚合酶。聚合酶链反应不仅用于 DNA 标记技术,而且还用于各种重组 DNA 实验中。分子生物学原先需要克隆 DNA 的许多方法现在都可以通过 PCR 来进行。

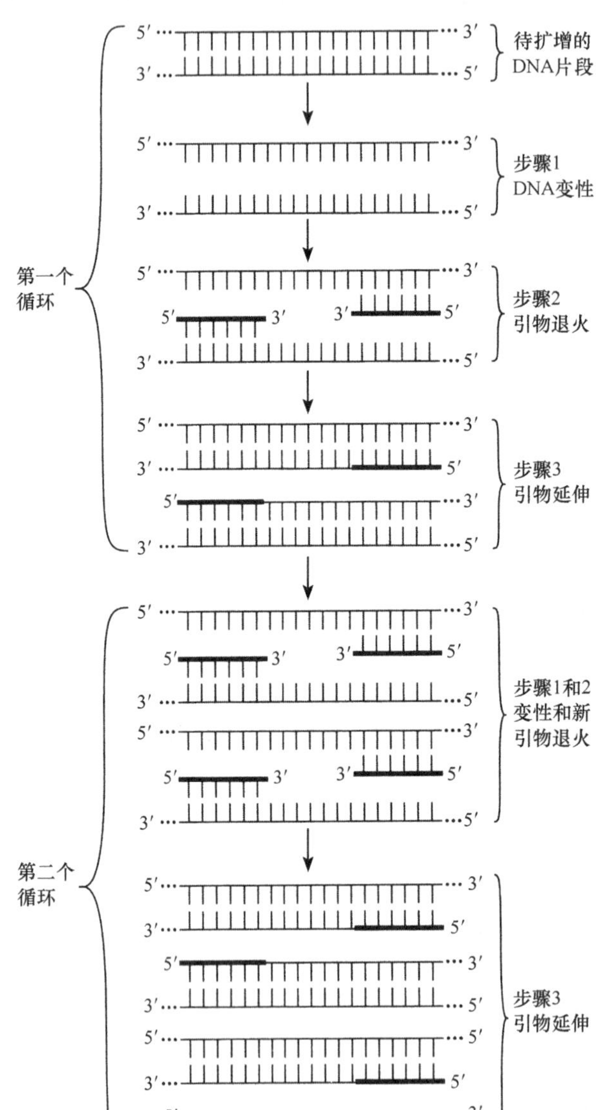

图 4.5 聚合酶链反应(PCR)用来扩增复杂的基因组中的特异 DNA 片段。PCR 包括 3 个基本步骤:第 1 步,DNA 模板变性;第 2 步,引物退火;第 3 步,在耐热性的 DNA 聚合酶作用下合成互补的 DNA 链。这 3 步重复许多循环后产生大量的特异的 DNA 片段。这个例子中只显示了两个循环。

随机扩增多态性 DNA

随机扩增多态性 DNA(random amplified polymorphic DNA,**RAPD**)标记是迄今为止在林木中应用最普遍的分子标记。这是第一个基于 PCR 的标记,是由 Welsh 和 McClelland (1990)与 Williams 等(1990)独立开发出来的。RAPD 标记应用方便,设计 PCR 引物不需要事先知道DNA序列的信息，而其他基于PCR的遗传标记则需要。

在RAPD标记体系中（图4.6），PCR反应只需要极少量的模板DNA（通常少于10ng）和一条RAPD引物。引物长度通常只有10个碱基对，而且是随机序列。可用的商品引物有数千个，所有引物都含有不同的10个碱基序列，理论上都能扩增目标基因组的不同区段。因此，RAPD标记可能随机检测大部分基因组中多态性的存在。DNA用量少是RAPD技术相对于RFLP的一大优势，因为RAPD标记可以像讨论的等位酶标记一样用于针叶树的单倍体大配子体分析（图4.2）。

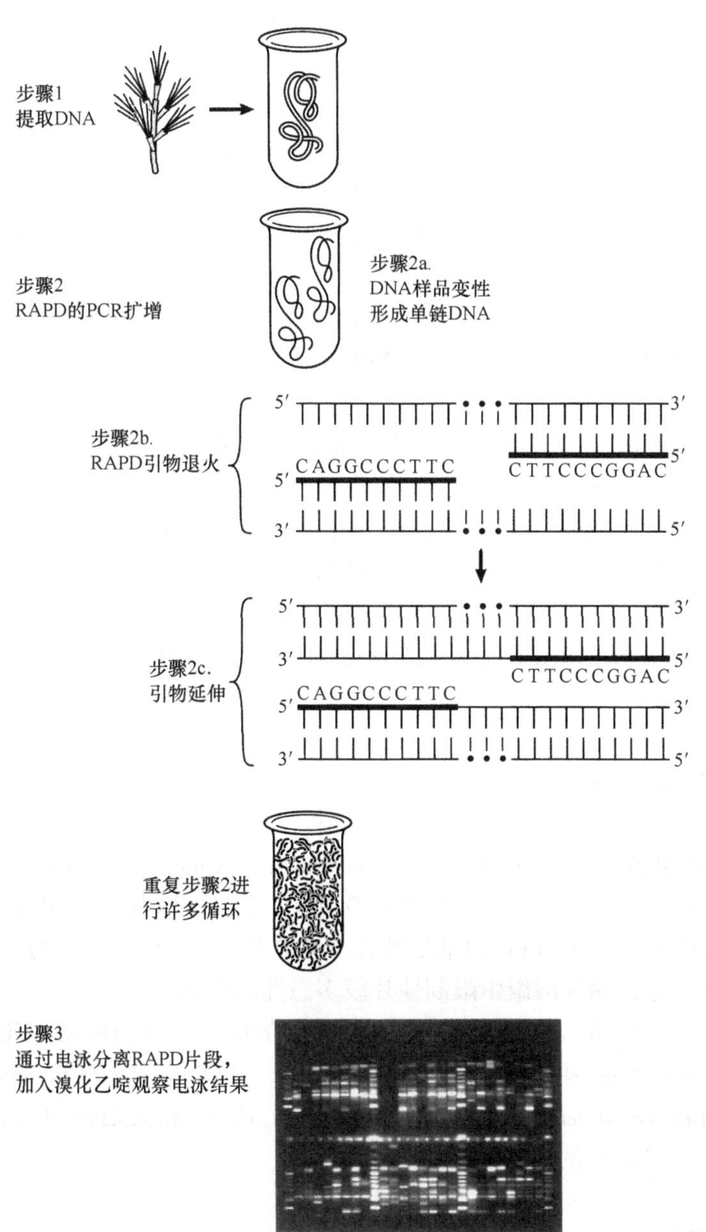

图4.6　随机扩增片段多态性标记体系包括很少的几步，而且在林木上通常都很容易操作：步骤1，提取DNA；步骤2，使用一条10碱基的引物扩增DNA；步骤3，RAPD产物进行电泳并通过溴化乙锭可以检测到条带。

如果 RAPD 引物在基因组中的某个位置找到与其互补的序列，在其附近的某个位置找到另一个与其互补的序列，但与第一个引物位点的方向相反，这时就会扩增出基因组 DNA 的这一特异片段。如果一对同源染色体的两条染色体都含有正向和反向引物位点（纯合的+/+），就会从两条同源染色体上合成相同长度的 PCR 扩增产物，通过电泳就会在凝胶上出现一条 RAPD 谱带（图 4.6）。同样的，如果两条同源染色体同时缺失了一个或两个引物位点（纯合的-/-），就不会合成扩增产物，电泳后也不会在凝胶上看到谱带。如果一条同源染色体含有这两个引物位点，而另一条同源染色体缺失了至少一个引物位点（杂合的+/-），那么扩增产物来源于第一条同源染色体。杂合的（+/-）带型表型不能与纯合体（+/+）区分开；因此，RAPD 标记是显性的、二等位基因［即一个位点只有两个等位基因（+和-）表达］遗传标记。

+（有带）和-（无带）表型在单倍体大配子体中可以区分。因此，RAPD 标记杂合的针叶树在其种子大配子体中将会分离为+和-表型，而在纯合体（+/+）大配子体中只能检测到+表型。通过这种方式，就能将针叶树母树的杂合体+/-区和纯合体+/+区分开。

因为单一的一条 RAPD 引物能与基因组中的很多位置发生退火，所以一条单一引物就能揭示多个基因位点。因此，就可能在短时间内以较低的成本获得大量的 RAPD 遗传标记。

Carlson 等（1991）研究了花旗松（*P. menziesii*）和白云杉（*Picea glauca*）F_1 家系的 RAPD 标记遗传，这是 RAPD 标记首次在林木中应用。随后，Tulsieram 等（1992）使用 RAPD 标记和大配子体分离分析构建了白云杉（*P. glauca*）的部分遗传连锁图。此后，随机扩增多态性 DNA 标记用于几十个树种的连锁图构建和标记分析（Cervera *et al.*，2000）。然而，随着 RAPD 标记应用得越来越普遍，其在不同实验室间难以重复的问题慢慢显现出来。因此，虽然 RAPD 标记操作便捷，但由于存在重复性的问题，其总体价值要低于更早的等位酶和 RFLP 标记。

扩增片段长度多态性

扩增片段长度多态性（amplified fragment length polymorphism，**AFLP**）标记是最近开发出来的（Vos *et al.*，1995）。AFLP 与 RAPD 相似，不仅可以利用 PCR 快速分析许多标记，而且通常是显性的，但 AFLP 的重复性比 RAPD 好。AFLP 标记也与 RFLP 有相似之处，因为 AFLP 也是检测基因组中限制性片段多态性的存在。

Cervera 等（1996）首次报道了 AFLP 在林木上的应用。他们应用 AFLP 标记对一个杨属（*Populus*）的抗病基因进行了遗传作图，还基于 AFLP 构建了蓝桉（*Eucalyptus globulus*）、细叶桉（*Eucalyptus tereticornis*）（Marques *et al.*，1998）和火炬松（*P. taeda*）（图 4.7）（Remington *et al.*，1998）的遗传连锁图。

简单序列重复

简单序列重复（simple sequence repeat，**SSR**）标记，最初开发用于人类遗传图的构建

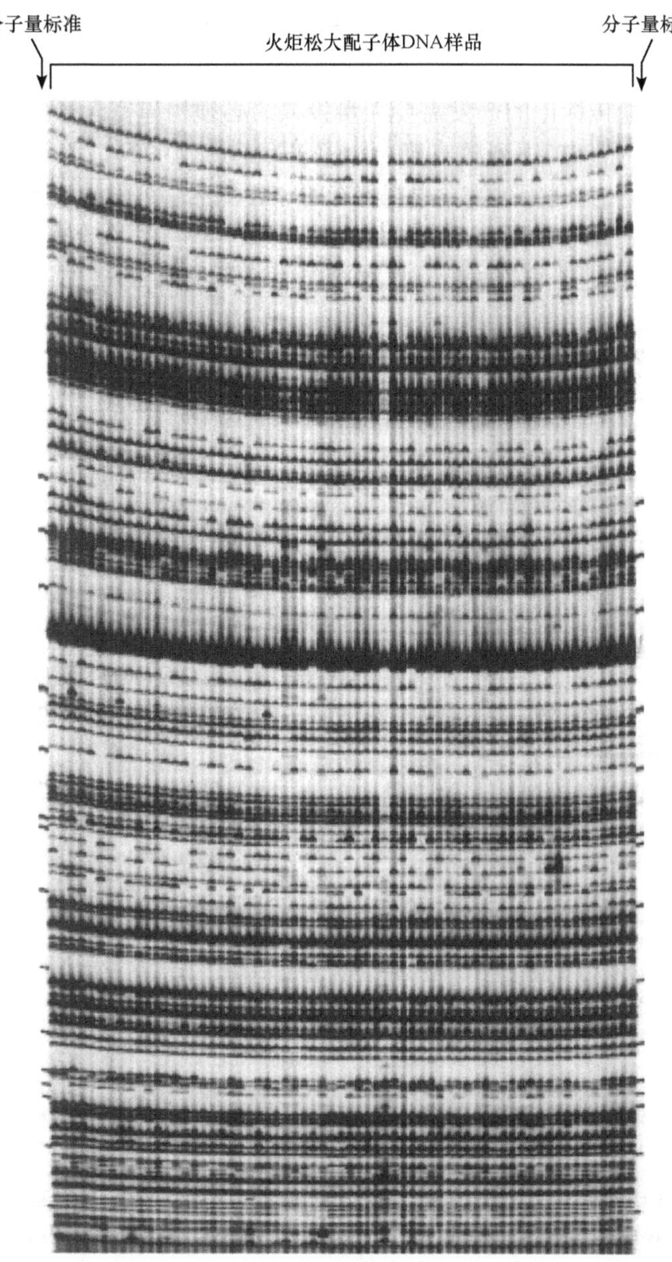

图 4.7　火炬松(*Pinus taeda*)大配子体 DNA 样品的扩增片段长度多态性(AFLP)放射自显影图。第一和最后一条泳道是已知相对分子质量的 DNA 样品,用来估计松树 DNA 样品的相对分子质量。其他所有泳道为来自同一个火炬松(*P. teade*)母树的 64 个大配子体 DNA 样品。电泳图谱中每一个水平位置的条带都代表一个不同的遗传位点。多态性位点在电泳中是通过具有相同迁移的条带的有无体现的。而其他非多态性位点在这个母树中产生的条带是单态的。(照片由美国北卡罗来纳州立大学 D. Remington 提供)

(Litt and Luty,1989;Weber and May,1989),又称为微卫星 DNA(*第 2 章*)。在整个基因组中分布着由 2、3 或 4 个核苷酸组成的短的串联重复序列。例如,在松属(*Pinus*)基因组中经常发现由 AC 两个核苷酸组成的重复序列。由于一个位点上串联重复序列的数量变化很大,SSR 标记是多态性最高的遗传标记之一。例如,一个等位基因可能有 AC 串联重复的 10 个拷贝$(AC)_{10}$，而另一个等位基因可能有 11 个拷贝$(AC)_{11}$，再一个有 12 个拷贝$(AC)_{12}$等。

简单序列重复遗传标记的开发需要大量投入。必须构建富含微卫星序列的基因组 DNA 文库并筛选含有 SSR 序列的克隆（Ostrander *et al.*，1992）。必须测定这些克隆的 DNA 序列（专栏4.3），这是因为需要根据特有的 SSR 侧翼序列设计 PCR 引物来扩增样品的 SSR 序列。开发出用于扩增 SSR 区域的一对引物后，还必须检验这个 SSR 是否具有多态性，对凝胶上的带型是否可以进行简单的遗传学阐释（图 4.8）。

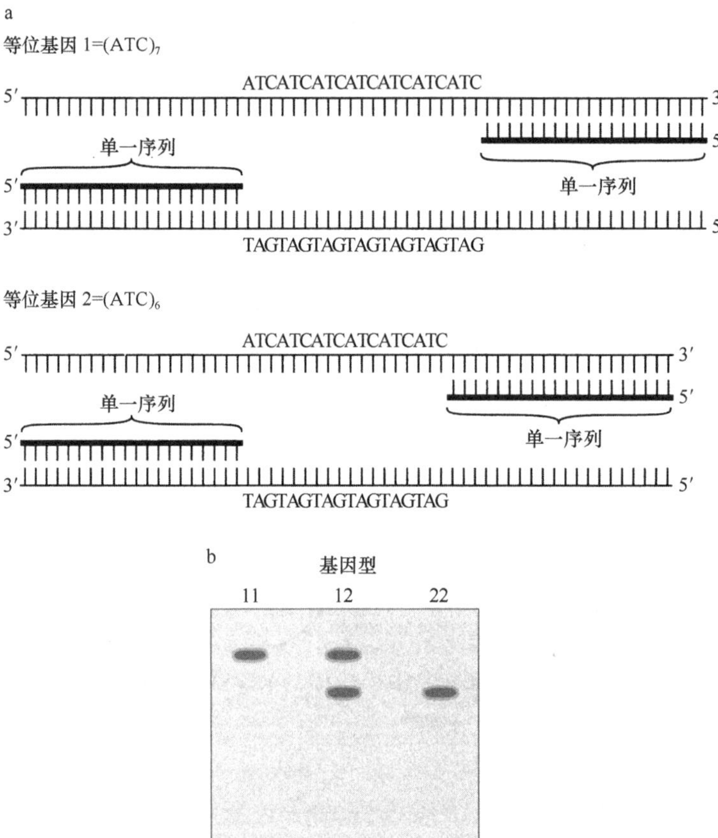

图 4.8 建立简单序列重复或微卫星标记需要大量时间和成本；然而一旦建立应用起来相对容易。a. SSR 侧翼单一序列区互补的引物在 PCR 中用于扩增 SSR 序列：等位基因 1 有 ATC 重复的 7 个拷贝，等位基因 2 有 6 个拷贝；b. 两个纯合体（11 和 22）和杂合体（12）SSR 基因型的简化电泳图谱。因为 3 个基因型都是可以区分的，所以是共显性标记。

专栏 4.3　DNA 片段核苷酸序列的测定方法

测定一个基因或任何一段 DNA 的核苷酸序列，对于了解该基因如何作用及 DNA 序列水平上的遗传变异极为重要。在 20 世纪 70 年代，首创了化学方法测定 DNA 片段的核苷酸序列。在早些年中，仅测定一小段 DNA 的序列就需要几个月的时间。20 世纪 90 年代，建立了 DNA 自动测序技术，使单个实验室在一天内就能完成数百万个碱基的测序(*第 18 章*)。通过这一技术完成了人类、果蝇、小鼠、家鸡、拟南芥(*Arabidopsis thaliana*)及其他物种基因组全部 DNA 序列的测定。第一个完成全基因组测序的树种是毛果杨(*Populus trichocarpa*),其他一些树种基因组的测序可能会在不久的将来进行。虽然现在 DNA 测序均采用自动方法,但理解自动测序技术出现前的手动测序的基本化学过程是重要的。

有几种不同的测定 DNA 分子核苷酸序列的手动方法,最常用的方法是 Sanger 等(1977)提出的链终止法。DNA 序列是通过合成 DNA 的部分互补链测定的。在该例中,想测定一小段 DNA 的未知序列,其实际序列是 ATGCATGC(图 1)。第一步,一条

步骤1
测序引物与单链DNA模板退火

5′ ATGCATGC 3′
5′

步骤2
加入DNA聚合酶、标记的脱氧-XTP和双脱氧-XTP，建立每个碱基的链终止反应

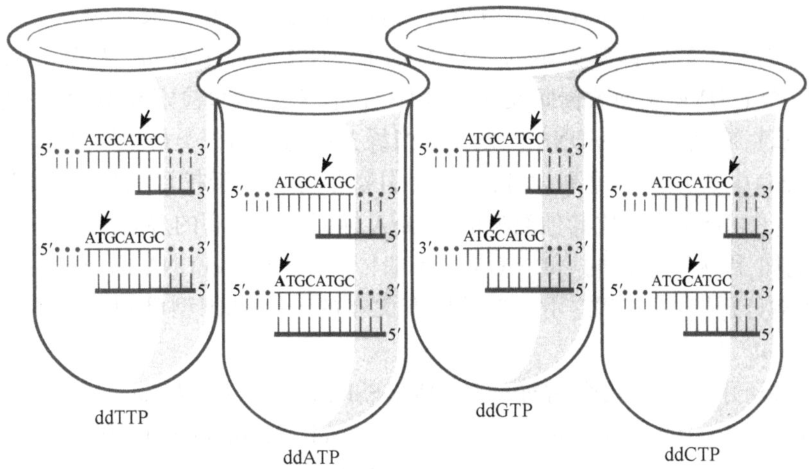

步骤3
将链终止反应后的DNA分子进行聚丙烯酰胺凝胶电泳。DNA片段按分子质量大小排序。
直接从底部往顶部读取DNA核酸顺序

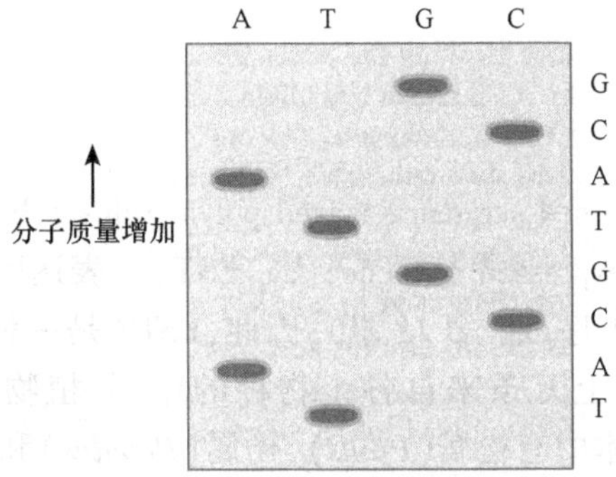

图 1　DNA 片段的序列测定步骤。

引物与单链 DNA 分子发生退火。要测序的 DNA 通常已被克隆,其单链拷贝来自于重组质粒克隆载体(专栏 4.1),引物与载体上的克隆位点互补。第二步,建立 4 个不同的测序反应。在每个反应中,加入不同的双脱氧 XTP(ddXTP)(ddATP、ddTTP、ddGTP、ddCTP)。在互补链的合成中,如果 DNA 聚合酶将一个 ddXTP 而不是正常的脱氧-XTP(dXTP)加到互补链的末端,测序反应终止,这是因为 ddXTP 不能与互补的 dXTP 发生化学连接。在反应混合物中,ddXTP 浓度很低,所以在链的合成中加入 ddXTP 也仅是偶然和随机的事件。在该例中,每个反应合成两种不同的链终止产物,每一种对应于反应中与 ddXTP 互补的碱基。第三步,对反应混合物进行聚丙烯酰胺凝胶电泳,每个泳道对应一种反应混合物。链终止反应得到的 DNA 链按大小进行分离。从凝胶底部向上读取互补链的 DNA 序列,在该例中,读取的序列是 TACGTACG。最后,确定该序列的互补序列,就得到原始单链拷贝的序列,即 ATGCATGC。

树木上最早开发的是叶绿体基因组 SSR 标记(Powell *et al.*, 1995; Cato and Richardson, 1996; Vendramin *et al.*, 1996)。这些标记的开发比较容易,因为已知黑松(*P. thunbergii*)整个叶绿体基因组的完整 DNA 序列(Wakasugi *et al.*, 1994a, b)。通过计算机检索整个 cpDNA 序列数据库发现 SSR 序列(有关数据库检索和 DNA 序列比较的讨论见*第 18 章*),而且,由于 cpDNA 序列在有亲缘关系的植物分类群中高度保守,根据黑松(*P. thunbergii*)中 SSR 侧翼序列设计的 PCR 引物很容易用于扩增其他松属(*Pinus*)树种的同源序列。cpDNA SSR 比其他类型的 cpDNA 标记具有更高的多态性,可用于多种类型的研究。例如,因为针叶树的 cpDNA 是父系遗传(*第 3 章*),cpDNA 标记可用于鉴定子代的父本(父本分析)(*第 7 章*),用于追踪所有父本的 SSR 基因型已知的群体内花粉的传播(Stoehr *et al.*, 1998)。

目前,已经开发出了几个树种的核 DNA SSR,包括松属(*Pinus*)(Smith and Devey, 1994; Kostia *et al.*, 1995; Echt *et al.*, 1996; Echt and MayMarquardt, 1997; Pfeiffer *et al.*, 1997; Fisher *et al.*, 1998)、云杉属(*Picea*)(van de Ven and McNicol, 1996)、栎属(*Quercus*)(Dow *et al.*, 1995)及杨属(*Populus*)(Dayanandan *et al.*, 1998)的树种。每项研究都阐述了少量 SSR 的分离、克隆、遗传模式及其在有亲缘关系的树种中的用途。

表达序列标签多态性

表达序列标签多态性(expressed sequence tagged polymorphism, **ESTP**)是基于 PCR 的遗传标记,源自**表达序列标签**(expressed sequence tag, **EST**)。表达序列标签是通过 DNA 自动测序方法得到的部分 cDNA 序列(*第 18 章*);因此,ESTP 是一种结构基因位点的遗传标记。EST 数据库包含成千上万条来自各个物种的序列,植物中最多的是拟南芥(*A. thaliana*)、水稻和玉米。林木中有松属(*Pinus*)、杨属(*Populus*)和桉属(*Eucalyptus*)的 EST 数据库。EST 通常要与 DNA 序列数据库比较以确定其生化功能。用 EST 构建遗传连锁图,也是大多数基因组计划的一个目标。可以通过多种方法对 EST 进行遗传作图,所有这些方法都依赖于检测 EST 多态性,因此将这种遗传标记命名为 ESTP。

所有检测 ESTP 的方法都需要根据 EST 序列设计一对引物,然后利用这对引物通过

PCR 扩增基因组 DNA 片段。下一步是揭示扩增产物间的多态性，这可以使用许多方法。Perry 和 Bousquet（1998）在对黑云杉（*Picea mariana*）的扩增产物进行标准的琼脂糖凝胶电泳分析时，检测到了 ESTP 等位基因间的长度变异。尽管不太可能在大多数 EST 中发现这样的长度变异，但这却是揭示 ESTP 变异的最快、最简单的方法。等位基因间碱基替换这样的多态性确实存在，但这些多态性更难检测。

在日本柳杉（*C. japonica*）（Tsumura *et al.*，1997）和火炬松（*P. taeda*）（Harry *et al.*，1998）中，研究人员利用限制酶消化扩增产物来揭示多态性。该方法与 RFLP 分析相似，这种标记有时被称为 PCR-RFLP 或**酶切扩增多态性**（cleaved amplified polymorphism，**CAP**）。可以利用的揭示多态性的更灵敏的技术有**简单序列构象多态性**（simple sequence conformational polymorphism，**SSCP**）或者**密度梯度凝胶电泳**（density gradient gel electrophoresis，**DGGE**）（图 4.9）。Temesgen 等（2000，2001）使用 DGGE 技术在火炬松（*P. taeda*）中开发了大量共显性标记。Cato 等（2000）开发了一种不同的 EST 作图方法，与 AFLP 法相似，除了不像 AFLP 使用两个随机引物外，一个引物与 EST 序列互补。

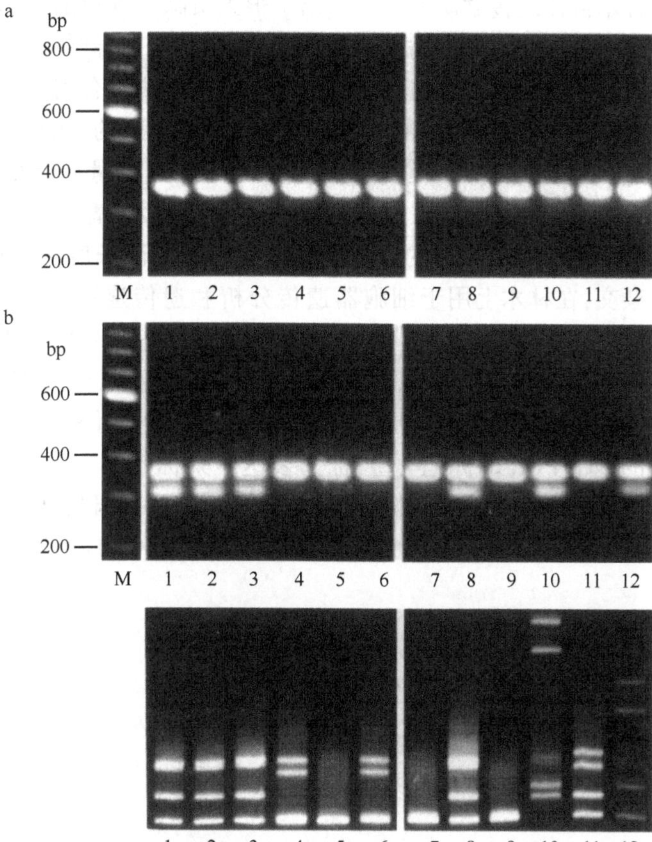

图 4.9 几种揭示表达序列标签多态性（ESTP）标记的多态性检测方法。使用 3 种方法研究来自相同的 12 个个体的 EST（1～4 和 7～10 泳道是两个火炬松（*Pinus taeda*）谱系的祖父母本；5～6 和 11～12 泳道是该谱系亲本）：a. 在琼脂糖凝胶中进行 PCR 扩增产物分离没有显示多态性；b. 通过一种限制酶酶切消化后，检测到两个不同的等位基因；c. 通过变性梯度凝胶电泳（DGGE）检测 ESTP 扩增产物，揭示了多个共显性等位基因。

与大多数其他基于 PCR 的遗传标记相比，如 RAPD、AFLP 和 SSR，ESTP 标记的一个重要优点是其最有可能揭示结构基因位点内的变异，而其他遗传标记通常只能揭示基因组非编码区的变异。为了与非基因标记区分开，这种结构基因标记称为**基因标记**。这种区别对于遗传标记分析的某些应用非常重要，如候选基因图谱作图和候选基因内**单核苷**

酸多态性(single nucleotide polymorphisms,**SNP**)的发掘。SNP 是最新开发的一种标记,将在*第 18 章*中详细介绍。

本章提要和结论

遗传标记是大量各种类型的遗传研究所必需的。遗传标记常用于研究林木天然群体内遗传变异的数量和模式、理解交配系统和近交、研究物种间的分类和系统发育关系。遗传标记通常用于检测林木改良效率,以及构建遗传图和标记辅助育种。

林木中可以利用形态学遗传标记,但这类标记的数量有限,而且经常伴随着有害表型。不过,一些针叶树实生苗突变性状已用于研究交配系统。

在林木中有几种类型的生化标记,其在林木遗传研究中具有极其重要的价值。单萜是第一个在林木上应用的生化标记,主要用于松树的分类学研究。单萜标记位点量少,显性表达,这限制了它们在其他方面的应用。等位酶是迄今为止应用最广泛的遗传标记,在林木群体遗传学研究方面做出了很大贡献。等位酶分析和应用相当容易,具有高度多态性和共显性。等位酶可用来描述林木群体内和群体间遗传变异模式、评价交配系统和基因流。等位酶对于遗传指纹和父本分析也非常有用。

分子或基于 DNA 的标记是最新发展起来的,相对于形态学和生化标记,具有许多优点。主要的优点是:①可以利用的分子标记数量可能是无限的;②DNA 标记通常不受发育差异或环境影响。分子标记通常分为两类:基于 DNA-DNA 杂交的分子标记和基于聚合酶链反应(PCR)的分子标记。限制性片段长度多态性(RFLP)标记依赖于 DNA-DNA 杂交,在林木上用于细胞器遗传分析和遗传连锁作图。在林木上广泛应用的 3 种基于 PCR 的分子标记类型为:①随机扩增多态性 DNA(RAPD);②扩增片段长度多态性(AFLP);③简单序列重复(SSR)。这 3 种标记类型通常都是揭示基因组非编码区的多态性。RAPD 和 AFLP 是双等位基因显性标记,而 SSR 是复等位基因共显性标记。一种新的基于 PCR 的标记类型,称为表达序列标签多态性(ESTP),可能会克服其他基于 PCR 的标记类型的许多局限性。ESTP 是复等位基因共显性标记,揭示表达的结构基因或其侧翼序列的多态性。因此,ESTP 具有研究林木适应性遗传变异的重大潜力。

第5章　群体遗传学——基因频率、近交及进化动力

大多数树种具有较高的遗传多样性。树种间的差异很大,不仅体现在遗传变异程度上,而且还体现在群体内和群体间的变异模式上。**群体遗传学**(population genetics)的最终目标是描述遗传多样性模式,了解遗传多样性的起源、维持机制及进化意义。简言之,群体遗传学是孟德尔遗传原理在生物群体水平上的具体应用。

林木群体可以自然产生,也可以由林业或育种工作者人工栽植形成。因此,群体遗传学不仅是了解林木在其自然生境中的适应与进化的基础,同时,也是了解由森林经营(包括育种)而引起的林木群体遗传结构改变的基础。虽然群体遗传学着重于单基因(孟德尔)控制的性状,但大多数具有进化意义的性状(如树体大小、生长速率、繁殖能力)都是由多基因控制的,这些多基因性状或称为数量性状将是下一章重点讨论的内容。群体遗传原理同样适用于多基因控制的性状,因为数量性状表达是多个基因效应的累加结果。

本章第一节首先利用基因型频率与等位基因频率定量描述群体单基因座的遗传组成,进而给出群体遗传学中最经典的模型(称为哈迪-温伯格法则):即在一个大的完全随机交配群体中,如果没有发生基因突变、基因型间不存在差异性选择、也没有基因迁入,则群体的基因型频率与等位基因频率在世代相传中将保持不变。然后,探讨在不满足哈迪-温伯格群体的条件下,群体遗传组成的变化趋势。本章第二节重点阐述一种重要的非随机交配,即近交,如何影响群体中基因型频率。第三节主要介绍4种进化动力(即突变、迁移、选择和遗传漂变)对群体中基因型频率的影响。最后一节分析在自然群体中,4种进化动力间的相互作用及其相对重要性。以上这些群体遗传学的基本概念在以下教科书中有更深入的阐述:Hedrick(1985)、Hartl 和 Clark(1989)、Falconer 和 Mackay(1996),以及 Hartl(2000)。

群体遗传组成的量化

基因型频率和等位基因频率

群体(population)是指居住在特定区域内同一物种的个体组合。如果群体分布区域足够小,那么,群体内所有个体均有机会与其他个体交配。然而,大多数林木分布范围很大,且或多或少呈现连续分布,因而,在分布区中,相隔遥远的个体间几乎不可能交配。实际上,这些广布种或多或少地可区分为若干个繁育群,称为亚群体,亚群体分布区较小。在本章中,"群体"一般指当地的繁育群。

基因型频率和等位基因频率是定量分析群体遗传组成的两个关键参数,在此,通过分析美国科罗拉多州 Boulder 附近落基山脉东坡西黄松(*Pinus ponderosa*)的等位酶数据来阐述这两个概念(Mitton *et al.*,1980)。从64株成年树木上采集针叶用于电泳分析(*第4*

章)。观察到了3种编码谷氨酸脱氢酶(Gdh)同工酶基因的表型(表5.1)。

表5.1 从落基山脉西黄松(*Pinus ponderosa*)群体中抽取的一个64株树木的样本中,观察到的谷氨酸脱氢酶(*Gdh*)等位酶位点上的基因型频率(Mitton *et al.*,1980)。

基因型	数目	频率
Gdh-11	21	0.328
Gdh-12	36	0.563
Gdh-22	7	0.109
总计	64	1.000

基因型频率(genotype frequency,即群体中每种基因型的比例),是将观察到的每种基因型数目除以抽样个体总数进行估算[例如,*Gdh-1*的频率,记为f(*Gdh-1*),为21/64 = 0.328]。在计算**等位基因频率**(allele frequency)时,需要注意的是,二倍体树木的每个基因型携带两个等位基因。因此,等位基因总数是抽样个体数目的两倍,而等位基因频率指该等位基因占群体中所有等位基因的比例。本例中,等位基因*Gdh-1*的频率,记为f(*Gdh-1*),为[2×(21)+36]/[2×(64)]=0.609,等位基因*Gdh-2*的频率为f(*Gdh-2*)=[2×(7)+36]/[2×(64)]=0.391。如果基因座上超过两个等位基因,计算过程也相同,即对群体中某一特定等位基因数目求和,然后除以观察到的所有等位基因的总数。

另外,等位基因频率还可从基因型频率直接推导而得,即通过计算携带该等位基因的纯合体频率加上所有杂合体频率一半之和获得。对于等位基因i:

$$f(i) = X_{ii} + \frac{1}{2}\sum X_{ij} \qquad \text{公式 5.1}$$

式中,X_{ii}是等位基因i纯合体的频率;X_{ij}为杂合体频率[例如,f(*Gdh-1*)= 0.328+1/2×(0.563)= 0.609]。注意,在所有情况下,基因型频率和等位基因频率都为0~1,并且所有基因型频率或等位基因频率总和必须为1。当等位基因频率为1时,该等位基因在群体中被固定,这意味着这是某基因座上唯一的一个等位基因,该基因座称为**单态**(monomorphic)。

通过抽样计算的等位基因频率仅是群体中真实等位基因频率的估计值。因此,如果要求估计值能够准确地反映真实值,那么,样本大小一定要足够大。等位基因i频率的方差估计值(σ^2)为

$$\sigma^2_{f(i)} = \{f(i)[1-f(i)]\}/(2N) \qquad \text{公式 5.2}$$

式中,N是抽样个体总数。在上例中,$\sigma^2_{f(Gdh\text{-}1)}$ = [(0.609)×(0.391)]/[2×(64)] = 0.00186。$\sigma^2_{f(i)}$的平方根是估计值的标准误,因此,$\sigma_{f(Gdh\text{-}1)} = \sqrt{0.00186} = 0.043$。一般情况下,样本大小至少要有50个个体,等位基因频率的估计值才可靠。可能情况下,推荐的样本大小为$N \geqslant 100$(Hartl,2000)。

在林木和其他生物的自然群体中,许多基因是**多态的**(polymorphic),意味着同一基因座上存在两个或多个等位基因,每个基因以一定的频率出现。这里,一定的频率是多少,尚无统一规定,但在群体遗传学研究文献中,一般约定为:群体中同一基因座上,最常见的等位基因频率应小于0.95(有时为0.99),该基因座才被称为多态性基因座。

哈迪-温伯格法则

各种进化力量均可改变上下代群体的遗传组成。然而,世代之间的链接是等位基因而不是基因型,这是因为在减数分裂期间,基因会分离与重组,基因型不能完整地遗传到

下一世代。因此，需要了解上一世代群体的等位基因频率与下一世代群体基因型频率和等位基因频率之间的关系。早在 20 世纪初，在一系列假定前提下，哈迪和温伯格就各自独立地发现了一系列简化条件下基因型频率与等位基因频率在上下代之间的关系（*第 1 章*）（表 1.1）。一系列简化条件如下：①生物体为有性繁殖的二倍体；②世代不重叠；③随机交配；④所有基因型的生存力和能育性相同（没有选择）；⑤突变可忽略不计；⑥没有群体外个体迁入（迁移）；⑦群体非常大。

单个基因座，两个等位基因的情形

假定某基因座上有两个等位基因 A_1 和 A_2，其频率分别为 $f(A_1)=p$ 和 $f(A_2)=q$，在满足上述条件时，根据哈迪-温伯格法则，可以得出以下结论：①等位基因频率在未来世代保持不变；②基因型频率到达恒定的相对比例；③上述恒定的基因型频率在群体随机交配一代后即可达到，且与群体初始等位基因频率和基因型频率无关。

$$F(A_1A_1)=p^2$$
$$F(A_1A_2)=2pq \qquad \text{公式 5.3}$$
$$F(A_2A_2)=q^2$$

为了证明上述结论，首先要定义随机交配的含义。在随机交配情形下，个体间交配是完全随机的，不存在基因型间选配，这意味着群体中的合子仅来自于上代群体中配子的随机组合。因此，在随机交配群体中，基因型频率是相应的配子的等位基因频率乘积。假设亲代群体中 3 种基因型的频率分别为 $f(A_1A_1)=X_{11}$，$f(A_1A_2)=X_{12}$ 和 $f(A_2A_2)=X_{22}$（这完全是任意给定值，不一定符合哈迪-温伯格法则的基因型频率期望值），等位基因频率分别为 $f(A_1)=p$ 和 $f(A_2)=q$（图 5.1）。

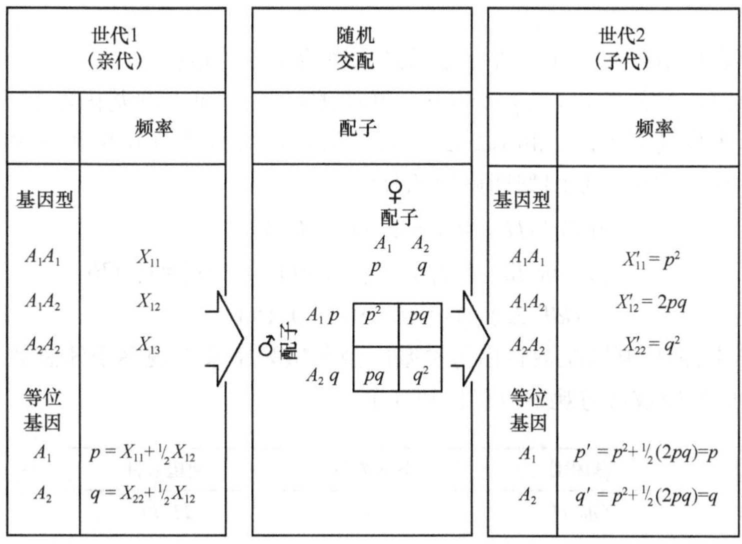

图 5.1　单个基因座两个等位基因情形下的哈迪-温伯格法则。等位基因 A_1 和 A_2 的频率分别为 p 和 q。世代 1 中基因型频率为任意值（标为 X_{11}、X_{12}、X_{22}）。经过一代的随机交配后，群体中基因型频率为 p^2、$2pq$、q^2，等位基因频率依然是 p 和 q。

在子代群体中，纯合体 A_1A_1 和 A_2A_2 的频率分别为 X'_{11} 和 X'_{22}，分别为其对应的配子等位基因频率的平方：$X'_{11}=p^2$ 和 $X'_{22}=q^2$。然而，需要注意的是，子代基因型 A_1A_2 可以以两种配子结合方式形成：A_1(♀)与 A_2(♂)或 A_2(♀)与 A_1(♂)，每种组合的频率为 pq。综合这两种可能性，可得 $f(A_1A_2)=X'_{12}=2pq$。因此，子代群体中等位基因 A_1 的频率(p')(根据公式 5.1)为：

$$\begin{aligned} p' &= X'_{11}+1/2X'_{12} \\ &= p^2+pq \\ &= p(p+q)=p(\text{因为 } p+q=1) \end{aligned}$$

由哈迪-温伯格法则可得出一个惊奇的结论，如果在没有引起等位基因频率变化的特定进化力量作用下，那么仅由孟德尔遗传机制本身，就能使群体遗传变异在世代相传中保持不变。此外，在随机交配情形下，基因型比例可以利用公式 5.3 由等位基因频率估算。

在现实群体中，要确切度量基因型频率是不可能的，但可根据抽取的代表整个群体的个体样本估计。可以利用统计学中的适合度卡方(χ^2)检验来检验估计的基因型频率是否与根据哈迪-温伯格法则由公式 5.3 预测的基因频率发生显著偏离。专栏 5.1 对此有详细说明。

林木(以及许多其他生物)自然群体中基因型比例通常大体接近哈迪-温伯格法则期望值(专栏 5.1)，这是因为林木和其他高等植物(以自花授粉为主的植物例外)的交配系统一般常近似于随机交配。另外，哈迪-温伯格法则对假定条件的细微改变不敏感。因此，如果基因型频率的观察值与哈迪-温伯格法则期望值之间差异不显著，并不能说明哈迪-温伯格法则所有假定条件都已满足。由于哈迪-温伯格法则对假定条件的细微改变的敏感性较低，意味着在异交生物群体中，哈迪-温伯格法则期望值通常大体接近实际基因型比例。

专栏 5.1　哈迪-温伯格平衡条件下基因型频率期望值的检验

现以落基山脉西黄松(*P. ponderosa*)群体编码 *Gdh* 同工酶基因座的多态性为例(表 5.1)。等位基因 *Gdh-1* 和 *Gdh-2* 的频率估计值分别为 0.609 和 0.391。由公式 5.3 计算的哈迪-温伯格基因型期望比例分别为：

$$f(Gdh\text{-}11) = p^2 = 0.609^2 = 0.371$$

$$f(Gdh\text{-}12) = 2pq = 2(0.609)(0.391) = 0.476$$

$$f(Gdh\text{-}22) = q^2 = 0.391^2 = 0.153$$

在群体中，期望基因型数目由每种基因型期望频率乘以观察个体总数(64)而得，3 种基因型的期望数目与观察数目比较如下：

基因型	观察数目	期望数目
Gdh-11	21	23.75
Gdh-12	36	30.46
Gdh-22	7	9.79

基因型观察数目似乎非常接近期望值,这需要利用*第 3 章*介绍的适合度卡方(χ^2)检验(公式 3.1)来进行统计学验证。这里,$\chi^2=(21-23.75)^2/23.75+(36-30.46)^2/30.46+(7-9.79)^2/9.79=2.12$。回顾*第 3 章*,$\chi^2$ 自由度一般为变量数目(本例中为 3)减 1。本例中,由于计算期望基因型频率所必需的等位基因频率可以从数据资料中获得,还需减去一个额外自由度(Snedecor and Cochran,1967),因此,本例中适合的χ^2 自由度为 3-1-1=1。特定的χ^2 概率值可从χ^2 分布表中查得,$\chi^2=2.12$(自由度为 1)的概率为 0.15 ~0.25。这意味着,如果基因型频率的实际观察值是群体真实值,那么,在 64 株树木组成的样本中,有 15%~25% 或更多导致了观察值的偏差。由于偶然因素造成χ^2 计算值产生 15%~25% 的偏差是可以接受的,因此确定样本中观察到的基因型频率符合哈迪-温伯格期望值。只有当计算的χ^2 概率≤0.05 时才拒绝上述假设,这意味着,对于单个基因位点上的两个等位基因及 3 个基因型,计算的χ^2 值必须大于χ^2 表中查得的相应值 3.84,才可断言观察值与期望值在 5% 水平上存在显著差异。

尽管基因型频率的观察值与哈迪-温伯格期望值相当吻合,但也不能依此断定该基因座不受各种进化力量的影响。观察值与期望值没有显著偏差,或许仅表明这些进化力量效应微弱或者其效应在进化力量组合中相互抵消。因此,需要更多的信息来评价各种进化力量效应的有无和大小。通常特别需要分析不同世代,或者同一世代生活周期中不同阶段的等位基因频率(如配子、合子、成年个体)。另外,自然群体中等位基因频率的空间分布模式对评价各种进化力量的效应大小通常是十分有用的(*第 8 章*)。

对公式 5.3 的某些数学结果进行剖析很有意义,专栏 5.2 对此进行了总结。尽管哈迪-温伯格法则仅严格限定于处于哈迪-温伯格平衡的群体,但其概念具有广泛应用价值,这是因为在许多异交物种的自然群体中,其基因型频率与公式 5.3 的基因型频率预期值近似。由专栏 5.2 容易得出,当 q 很小时,等位基因 A_2 大多数以杂合体形式存在。例如,当 $p=0.9$ 和 $q=0.1$ 时,$f(A_1A_2)=2pq=0.18$,$f(A_2A_2)=q^2=0.01$,其比例为 18∶1(杂合体数目是隐性纯合体的 18 倍)。当 q 值减少一半($p=0.95$,$q=0.05$,$2pq=0.095$ 和 $q^2=0.0025$)时,杂合体与隐性纯合体比例激增至 38∶1,这意味着绝大部分等位基因 A_2 是由杂合体携带的。当 $q=0.001$ 时,杂合体与隐性纯合体比例为 1998∶1。

专栏 5.2　哈迪-温伯格法则在现实群体中的意义

1. *遗传变异的保护和恢复*。一旦获得哈迪-温伯格平衡基因型频率,只要满足哈迪-温伯格基本条件,这些基因型频率在未来世代群体中一直保持不变。因此,大群体内的随机交配起着维持群体中现有遗传变异的作用。即使高度近交群体,只需经过一代的随机交配就可恢复哈迪-温伯格平衡频率。

2. *杂合体携带者*。尽管群体中表现出由隐性有害等位基因引起自然疾病的纯合体很少,但疾病的杂合体携带者却非常普遍,这是因为稀有等位基因主要存在于杂合体内。正文中描述了一个这样的例子:25 个白种人中 1 人是囊性纤维化等位基因的载体,但在 2500 人当中仅 1 人患病。

3. *维持遗传负荷*。具有有害效应的稀有隐性等位基因能够在自然群体中维持许多世代，尽管这些基因会降低群体适合度（称为**遗传负荷**）。这对群体而言几乎没有什么代价，这是因为大多数有害等位基因存在于杂合体中，其有害效应被显性等位基因效应所掩盖。因此，许多基因座上突变产生的有害等位基因可在随机交配大群体中维持。最终，在当前环境条件下，中性或轻度有害等位基因形成的遗传多样性使物种适应变化的环境。

4. *从育种群体中剔除隐性等位基因*。在育种项目中，很难通过混合选择固定理想的显性等位基因，这是因为随着期望的显性等位基因频率的增加，不需要的隐性等位基因频率降低，并主要存在于杂合体中，其表型效应被掩盖。

同样有意义的是，即使等位基因 A_2 很稀少，杂合体也很普遍。人类群体中一个真正的例子是囊性纤维化（Hartl，2000），这是一种只有隐性纯合体才表达的疾病。2500 个白种人新生儿中有 1 人患病。假定处于哈迪-温伯格平衡，利用公式 5.3 可算得 $q^2=1/2500$，$q=0.02$，$p=0.98$ 和 $2pq=0.0392$。杂合体频率意味着 25 个白种人中有 1 人（$1/25=0.04$）是该病的杂合体携带者，但在 2500 人中仅有 1 人患病。

当由于完全显性而不能通过表型区分显性纯合体与杂合体时，哈迪-温伯格法则的一个重要用途是估算等位基因频率。如果假设基因型频率符合哈迪-温伯格比例，那么就可以估算隐性等位基因频率，即隐性纯合体频率（X_{22}）的平方根为

$$q=(X_{11})^{1/2} \quad \text{公式 5.4}$$

$$\sigma_q^2=(1-X_{11})/(4N) \quad \text{公式 5.5}$$

现举例加以说明。在商业苗圃里经常会在数以万计幼苗中观察到突变表型（如白化针叶、矮小、子叶合并）（Franklin，1969b；Sorensen，1987，1994）。假设在一个西黄松（*P. ponderosa*）苗圃中，一个苗床上有 120 000 株幼苗，其中发现了 20 株白化突变苗，这是由单基因座上的一个隐性等位基因突变引起的（图 5.2）。该苗床群体中突变基因频率（q）是多少呢？白化突变体频率为 $X_{22}=q^2=20/120\ 000=0.000\ 166\ 7$，而 $q=(0.000\ 166\ 7)^{1/2}=0.013$。据此，所有基因型频率可以根据公式 5.3 估计，但这些估计值的准确性依赖于该群体是否处于先前假定的哈迪-温伯格平衡。

图 5.2 林木苗圃中经常发现白化苗，如该图中的西黄松（*Pinus ponderosa*）。叶绿素缺乏可能是由于叶绿素生物合成的一个重要基因发生突变引起的。如果幼苗因为不能进行光合作用而死亡，那么，这种突变是致死的。（照片由美国林业局太平洋西北研究站的 F. Sorensen 提供）

扩展到复等位基因和多个基因座

上述有关哈迪-温伯格法则的讨论假设只有一个基因座,携带有两个等位基因。将哈迪-温伯格法则扩展到一个基因座携带有两个以上等位基因非常简单。对于任何数目的等位基因,只要满足所有其他哈迪-温伯格条件,经过一代的随机交配后,纯合体 A_iA_i 和杂合体 A_iA_j 的期望基因型频率分别为 p_i^2 和 $2p_ip_j$,而等位基因频率与上一世代相同。因此,上述哈迪-温伯格法则的意义和应用适用于复等位基因的情况。

多个基因座的情况比较复杂。虽然对于一个基因座,经过一代的随机交配后,基因型频率达到平衡,但同时考虑两个或多个基因座时,基因型组合却并非如此。最好在单倍体配子水平上研究多基因座平衡,这是因为比较简单,而且在满足哈迪-温伯格条件情况下,如果配子中的等位基因组合处于平衡状态,那么在由配子形成的二倍体基因型中也处于平衡状态。假设有两个基因座,每个基因座上有两个等位基因 A_1、A_2 和 B_1、B_2,其频率分别为 p、q 和 r、s。每个二基因座配子型(即 A_1B_1、A_1B_2、A_2B_1、A_2B_2)的频率就是其含有的等位基因频率的乘积[如 $f(A_1B_1)=pr$,$f(A_2B_1)=qr$]。如果任何一种配子型的频率不等于其平衡值,那么就说这些基因座处于**配子不平衡**[gametic disequilibrium,也称为**连锁不平衡**(linkage disequlibrium)]。

配子不平衡是由多种机制引起的,包括只有少量亲本为下一世代贡献子代产生的偶然性、具有不同等位基因频率的群体混合、有利于某些等位基因组合而不利于另一些等位基因组合的选择(有时称为共适应基因复合体)。然而,除非基因座紧密连锁,否则经过少数世代的随机交配,配子不平衡预计就会消失(Falconer and Mackay,1996)。因此,像在其他以异交为主的植物中一样,在林木自然群体中并不常观察到配子不平衡(Muona and Schmidt,1985;Epperson and Allard,1987;Muona,1990)。

林木中的配子不平衡是基于等位酶进行研究的。一般而言,可以利用的等位酶位点较少(通常 20~30 或更少),连锁信息不完全。对自然或人工群体内配子不平衡的兴趣可能会随着通过分子 DNA 方法获得大量遗传标记位点而增加。标记基因位点和控制多基因经济性状位点上紧密连锁的基因[即**数量性状基因位点**(quantitative trait loci,**QTL**)]间的配子不平衡具有特别实用的意义(*第 18 章*)。例如,一个 DNA 标记位点与一个涉及生长、抗病性或材质的 QTL 紧密连锁。如果配子不平衡强度非常高,那么这样的标记将会大大促进选择和育种,从而通过标记辅助选择对这些性状进行改良(*第 19 章*)。

交配系统和近交

哈迪-温伯格法则的一项重要假设是随机交配。本节将阐述偏离随机交配的情况。就其本身而言,交配系统(个体间的交配方式)并不改变等位基因频率,但却改变群体中不同基因型的相对比例,这在某些情况下会严重影响子代的生存力和活性。尽管林木自然群体的基因型频率常近似于随机交配下的期望频率,偏离随机交配的交配系统确实发生并具有重要意义。大多数温带树种的个体是雌雄同体,能够自体受精。此外,邻近的树木之间可能存在亲缘关系(如来源于同一株母树的种子形成的同胞),为亲属间的交配提供了机会。因此,林木的交配系统通常是混合型的(*第7章*),由此,许多或大多数配偶基本上是随机交配的(群体中所有可能的生殖成年个体间)。这也是遗传上有亲缘关系的个体间的某种交配,比随机交配发生得更频繁[称为**近交**(inbreeding)]。

其他偏离随机交配的情况包括相似表型间优先交配,称为**表型选型交配**(phenotypic assortative mating,**PAM**),这种交配可能发生在开花物候相似的个体间(如林分中早花个体或晚花个体间);还有**非表型选型交配**(phenotypic disassortative mating),雌雄同株的树种可能发生这种交配,当以雌花为主的树木与雄花在数量上占优势的树木交配时。由于表型至少部分受遗传控制,选型和非选型交配均具有遗传意义。例如,当交配的相似表型同时又是亲属时,PAM 会导致微弱的近交,因此,后面讨论的近交的后果也适用于 PAM。

由于近交对林木自然群体和育种群体遗传组成的极端重要性,本节其余部分重点讨论近交。近交具有两大后果:①与随机交配相比,近交以牺牲杂合体为代价增加纯合子代的频率;②近亲交配通常对子代的存活和生长有害[称为**近交衰退**(inbreeding depression)]。因此,生产造林用种的母树间的近交程度,比如母树林或种子园内的母树间,具有重要的现实意义(*第16章*)。

近交对基因型频率的影响

当所有交配都是自体受精时,在许多一年生农作物(如燕麦、大麦和小麦)和某些一年生禾本科杂草的自然群体中几乎都是如此,近交对基因型频率的影响非常大(Schemske and Lande,1985)。大多数林木产生的自交子代很少,但有些具有混合型交配系统的树种能够产生可观数量的自交子代(*第7章*)。一个极端但罕见的例子是大红树(*Rhizophora mangle*),在美国佛罗里达州和巴哈马的圣萨尔瓦多岛的群体中,曾经报道过超过95%的自交率(Lowenfeld and klekowski,1992)。

为了说明自交对基因型频率的影响,假设一个群体内有两个等位基因 A_1 和 A_2,频率分别为 $p=0.40$,$q=0.60$,在0世代时,3种基因型符合哈迪-温伯格比例:纯合体为 $p^2=0.16$,$q^2=0.36$,杂合体为 $2pq=0.48$(图5.3)。在完全自交情况下,纯合体 A_1A_1 和 A_2A_2 分别只产生 A_1A_1 和 A_2A_2 子代,如图5.3中的箭头所示。杂合体 A_1A_2 也进行自交,产生3种基因型的子代,其频率分别为 $1/4(A_1A_1)$、$1/2(A_1A_2)$、$1/4(A_2A_2)$。因为只有杂合的成年个体产生杂合子代,而且产生的子代中只有1/2是杂合体,所以杂合体的频率在经过一代的自交后减半[图5.3中1世代中 $f(A_1A_2)=0.24$]。经过第二轮的自交,杂合体的频率又减半,因此在2世代中,$f(A_1A_2)=0.12$。随着连续自交,群体中杂合体的频率在每一世代都持续减半。

尽管在杂合体频率逐渐减少,但等位基因 A_1 和 A_2 的频率在各世代依然保持在 $p=0.4$ 和 $q=0.6$。利用公式5.1,可以根据各代的基因型频率计算等位基因频率。在本例中,等位基因频率在各世代保持不变说明了对所有形式和强度的近交完全一般化的一个关键概念:即近交仅改变群体中基因型相对比例而不改变等位基因频率。只有当群体受到下节描述的4种进化力量(突变、迁移、选择或遗传漂变)之一影响时,等位基因频率才会改变。

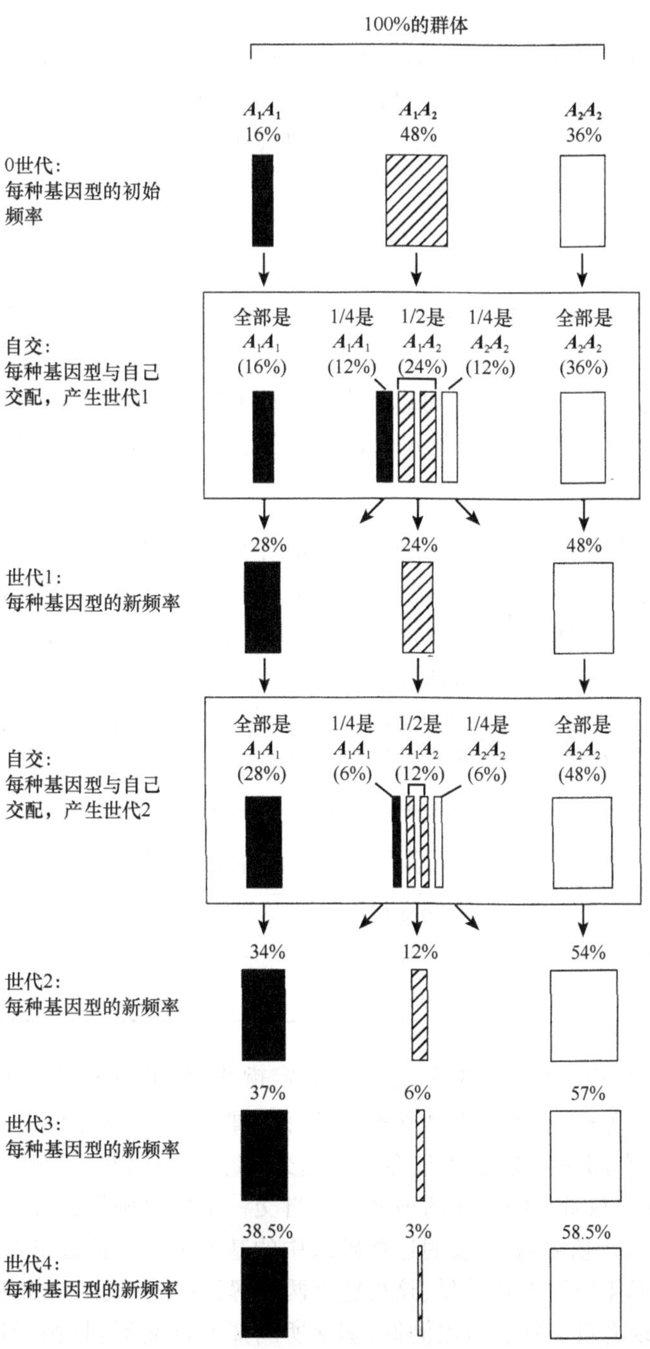

图 5.3　连续 4 代完全自交对单基因座上基因型频率的影响。在 0 世代,群体中基因型频率符合哈迪-温伯格平衡。所有基因型只与相同的基因型交配(自交),每种类型交配对后代基因型的相对贡献用箭头表示。注意,3 个世代群体中等位基因频率保持不变,仍为 $p=0.6$ 和 $q=0.4$,这些数值可根据公式 5.1 计算获得。

尽管上述例子是关于自交的,但程度较弱的近交形式(如同胞之间、表兄妹之间交配)也导致杂合度降低,而且在自然群体中,可能存在着几种近交形式。另外,近交的效应在世代间积累,导致杂合体频率越来越低,在这种意义上,近交效应是累计的。量化近交对群体遗传结构影响的累积效应的一种方便方法是采用杂合度的减少。近交程度大小可以通过比较群体中杂合基因型的实际比例(H)与随机交配的理想哈迪-温伯格群体的杂合基因型比例(H_e)来度量。该度量值,称为**近交系数**(inbreeding coefficient),用符号 F 表示,定义为

$$F=(H_e-H)/H_e \qquad \text{公式 5.6}$$

因此,F 值度量的是,与具有相同等位基因频率的随机交配群体相比,杂合度降低的比例。值得注意的是,公式 5.6 中,H 是杂合体频率观测值。当仅考虑单个基因座上一对等位基因时,前面已用符号 X_{12} 和 $f(A_1A_2)$ 表示。这里用 H 表示的目的是为了与有关文献相一致,而且是为了说明基因座上可以存在复等位基因(在这种情况下,H 是所有杂合体频率之和)。事实上,也可以利用公式 5.6 合并多个基因座上的信息得到一个单一 F 估计值,具体说明见专栏 5.3。

专栏 5.3 欧洲赤松(*Pinus sylvestris*)母树林中的近交效应

利用等位酶标记研究了瑞典欧洲赤松(*P. sylvestris*)母树林中共存的 3 个龄级的遗传组成:种子、10 ~ 20 年(a)生幼树和约 100 年生的成年树(Yazdani *et al.*, 1985)。共抽样分析了 122 粒种子(从每株成年树采集 1 粒)、785 株幼树和 122 株成年树的 10 个等位酶基因座。根据所有龄级中的 4 个多态性基因座数据,估算了杂合体频率观测值和预期值,并估算了相应的近交系数或固定指数(F)。

龄级	平均杂合度		F 值
	观测值(H)	期望值(H_e)	
种子	0.295	0.349	0.155
幼树	0.441	0.450	0.020
成年树	0.469	0.451	-0.040

根据 $F=(H_e-H)/H_e$(公式 5.6)计算固定指数,对于种子,$F=(0.349-0.295)/0.349=0.155$。该 F 估计值(相对于哈迪-温伯格期望值)表明,种子中杂合体适度缺乏,这与至少存在部分自交,也许还存在其他类型近交的以异交为主的交配系统一致。实际上,在一项单独研究中估计的该林分中自交种子的比例约为 0.12。幼树和成年树的固定指数估计值接近 0,表明这些龄级中的基因型频率接近哈迪-温伯格平衡期望值。幼树和成年树的 F 值较低,这可能有两种解释:①形成这些幼树和成年树的自交种子比例比现有自交种子的比例低;②众所周知的近交不利(由于近交衰退)导致大量自交种子实生苗死亡,从而在树木达到较大龄级时剔除由于自交产生的过多的纯合体。后一种解释与许多林木等位酶研究结果相一致(Muona, 1990),这也就是说,天然林中的大多数自交后代在达到生殖年龄前已经死亡。

当单基因座上有一对等位基因时,$H_e=2pq$, $F=(2pq-H)/2pq$。通过重排,杂合体频率定义为

$$H=2pq(1-F) \qquad \text{公式 5.7}$$

在近交群体中，纯合体 A_1A_1 的频率（X_{11}）也可以用 F 来表示。假定 $p=X_{11}+H/2$（公式 5.1），并代替公式 5.7 中的 H，得到 $p=X_{11}+pq(1-F)$，经重排可得

$$X_{11}=p-pq(1-F)=p-p(1-p)(1-F)=p^2(1-F)+pF$$

为了对近交进行总结，哈迪-温伯格基因型频率期望值可修饰如下：

$$
\begin{aligned}
f(A_1A_1)&=p^2+(1-F)+pF=p^2+Fpq\\
f(A_1A_2)&=2pq(1-F)=2pq-2Fpq\\
f(A_2A_2)&=q^2(1-F)+qF=q^2+Fpq
\end{aligned}
\qquad \text{公式 5.8}
$$

上述公式是一般表达式，适用于经过一代或多代各种形式近交的自然或人工育种群体。唯一需要说明的是，这些公式仅严格适用于没有进化力量影响基因和基因型频率的大群体。需要注意的是，当 $F=0$ 时，不存在近交，基因型频率与哈迪-温伯格法则给出的频率相同；当 $F=1$ 时（如经过多代完全自交），存在完全近交，近交群体全部由 A_1A_1 和 A_2A_2 组成，其频率分别为 p 和 q。这里再一次强调的是，近交对基因型频率产生严重影响而不影响等位基因频率。

分析现实群体遗传组成常用的一种方法是根据基因型频率估计值计算 F 值（专栏 5.3），但是，必须认识到，除了近交外，其他因素，如选择或随机遗传漂变，也造成杂合体频率偏离哈迪-温伯格期望值。因此，在这种情况下，F 通常作为**固定指数**（fixation index）。

近交系数与规则近交系统

还有一种根据概率推导近交系数的方法，对于根据已完成或计划进行的杂交的谱系计算 F 非常有用。于是，在任何现实育种方案实施之前，可以利用近交系数评价另一种交配方案的近交后果。为了用概率表示近交系数，考虑一个近交个体特定纯合基因座上的两个等位基因。这两个等位基因可能由一个共同祖先携带的一个等位基因复制产生，也就是它们是血缘等同的，或称为**同源的**（autozygous）。与之相对应，两个等位基因，尽管化学组成相同，但来源于没有亲缘关系的祖先[**异源的**（allozygous）]，则不是血缘等同的。由于近交之后同源纯合子导致纯合体频率增加，因此，F 定义为一个基因座上两个等位基因同源的概率。很显然，以这种形式计算的 F 值是近交程度的相对度量值，相对于某个指定的或隐含的基本群体，其 F 值假定为 0。如果回溯足够多的世代，一个基因座上所有等位基因都是同源的，但由于突变产生了分化。因此，从实用角度来看，基本群体一般是指感兴趣的群体之前几个世代的群体。

为了证实基于同源纯合子概率的 F 值与基于基因型频率的 F 值相等，考虑平均同源纯合子概率为 F 的群体中一对等位基因 A_1 和 A_2，其频率分别为 p 和 q。从群体中抽取等位基因 A_1 的概率为 p，根据定义，抽取另一个等位基因 A_1 是血缘等同的概率为 F，因此，基因型 A_1A_1 是同源的概率为 pF。也有可能抽取的两个等位基因不是血缘等同的，其概率为 $p^2(1-F)$，其中 p^2 为抽取两个等位基因为 A_1 的概率，而 $1-F$ 是它们为异源的概率。因此，该群体中基因型 A_1A_1 总频率为 $X_{11}=p^2(1-F)+pF$，这正是前面推导的结论（公式 5.8）。该公式明显地区分出纯合体的两个来源：完全随机交配形成的异源部分[$p^2(1-F)$]和由近交导致的同源部分（同源纯合子 pF）。

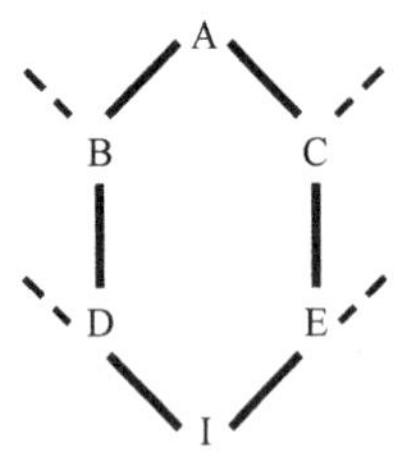

图 5.4 堂兄妹交配简化谱系。性别差异没有特别注明，因为性别与计算个体 I 的近交系数无关。图中未显示没有亲缘关系的祖先，但用虚线表示。

为了确定个体近交系数(I)，需要计算特定基因座上等位基因是同源的概率。这种计算方法首先画出如图 5.4 所示的谱系图，图中仅显示共同祖先联结个体的亲本。本例中仅一个共同祖先(A)。假定 γ_1 和 γ_2 表示祖先 A 在任何基因座上的一对等位基因，那么个体 I 基因型为 $\gamma_1\gamma_1$ 的概率为 1/64，因为联结 A 和 I 的 6 个亲子对(即 AB、BD、DI、EI、CE、AC)中，每一个携带 γ_1 的亲本将该等位基因传递给其子代的概率是 1/2。等位基因 γ_1 通过 6 个亲子对传递给个体 I 的概率是 $(1/2)^6=1/64$。同样的，个体 I 基因型是 $\gamma_2\gamma_2$ 的概率也是 $(1/2)^6$。因此，个体 I 基因型是 $\gamma_1\gamma_1$ 或 $\gamma_2\gamma_2$ 的概率是 $2\times(1/2)^6$ 或 $(1/2)^5$。

共同祖先 A 本身由于先前的近交，也可能是同源的；在这种情况下，如果个体 I 的基因型为 $\gamma_1\gamma_2$ 或 $\gamma_2\gamma_1$，也有可能是同源的。A 是同源的概率是其近交系数(F_A)。因此，同源纯合的额外概率为 $(1/2)^5 F_A$，个体 I 总的近交系数为 $F_I=(1/2)^5+(1/2)^5F_A=(1/2)^5\times(1+F_A)$。注意，指数 5 是在联结 I 与其共同祖先的路径中的亲本数目。如果原始亲本 A 没有近交，则 $F_A=0$，$F_I=(1/2)^5=1/32$。

在更复杂的谱系中，亲本可能通过一个以上祖先彼此存在亲缘关系，或者由同一个祖先经过不同路径而彼此存在亲缘关系。每个共同祖先或路径贡献额外的同源纯合子概率，使得近交系数是每个路径的同源纯合子概率之和(Hedrick, 1985; Falconer and Mackay, 1996)。下面说明了两个全同胞(即具有共同亲本的个体)交配的情况(图 5.5)。这里有两个共同祖先，每个路径中有 3 个亲本将 I 与共同祖先联结，因此，$F_I=(1/2)^3\times(1+F_A)+(1/2)^3\times(1+F_B)$。如果 F_A 和 F_B 均为 0，则 $F_I=2\times(1/2)^3=1/4$。根据谱系计算 F 的一般表达式为：

$$F_I=\sum_{i=1}^{m}\left(\frac{1}{2}\right)^{n_i}(1+F_i) \qquad \text{公式 5.9}$$

式中，m 是所有路径的总数；F_i 是近交系数第 i 个路径共同祖先的近交系数；n_i 是第 i 个路径的亲本数目。

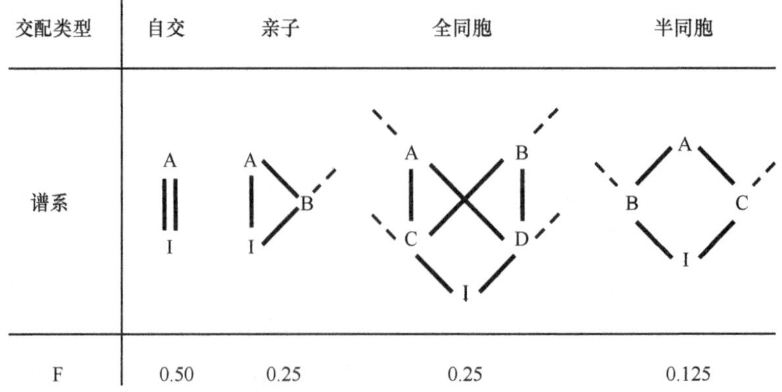

图 5.5 林木自然群体和人工育种群体中常见的亲属间交配谱系和子代(I)的近交系数(F)，假定共同祖先中不存在近交。

人们常感兴趣的是,在育种项目中,多代连续应用规则近交系统,如自交、同胞交配或与一个特定亲本回交,近交系数是如何快速增加的。F 的增加可以根据谱系计算,但是随着世代增加计算将变得十分繁琐。根据递推公式计算 F 比根据谱系计算简单,这是因为递推公式将某一世代的近交系数与先前世代的近交系数联系起来(Falconer and Mackay, 1996)。例如,在自交情况下,每代杂合度减少 1/2,因此 k 代杂合度为 $H_k = 1/2H_{k-1}$(图 5.3)。利用公式 5.7 替代 H,则 $1-F_k=(1-F_{k-1})/2$,$F_k=(1+F_{k-1})/2$。在图 5.6 种绘出了林木育种中可能感兴趣的 4 种交配系统的 F_k 值随世代的变化。

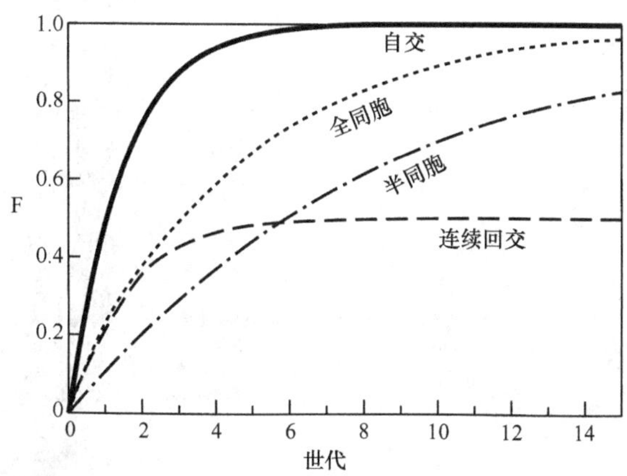

图 5.6　4 种规则近交系统的近交系数(F)值随世代的变化[Falconer and Mackay(1996)文章中的表 5.1]。

每代的近交系数有两种解释:①单个近交系多个基因座平均杂合度的减少;②同一群体内交配状况相同的多个近交系单个基因座杂合度的减少。公式 5.8 是所有近交系的平均基因型频率。如果多代连续近交,F 接近 1,而且任何近交系所有基因座上一个或另一个等位基因固定(纯合)。在所有近交系的单个基因座上,等位基因 A_1 和 A_2 固定的近交系比例分别为 p 和 q,p 和 q 为等位基因频率(切记近交自身并不改变等位基因频率)。但是,没有亲缘关系的近交系间只要经过一代的随机交配,F 将变为 0。对于任何一个假定的基因座,基因型频率将恢复到用公式 5.3 预测的基因型频率(哈迪-温伯格平衡)。

近交衰退

近交衰退的原因

同大多数异交生物一样,近交引起的纯合度增加对林木产生不利后果。近交的有害影响在近亲近交的子代中最明显;可以发生在树木发育的任何阶段,降低胚的生活力、实生苗存活率、树势及种子产量(Charlesworth and Charlesworth, 1987; Williams and Savolainen, 1996)。自交产生的近交衰退如此严重,以致其影响如图 5.7 所示那样直观明显。

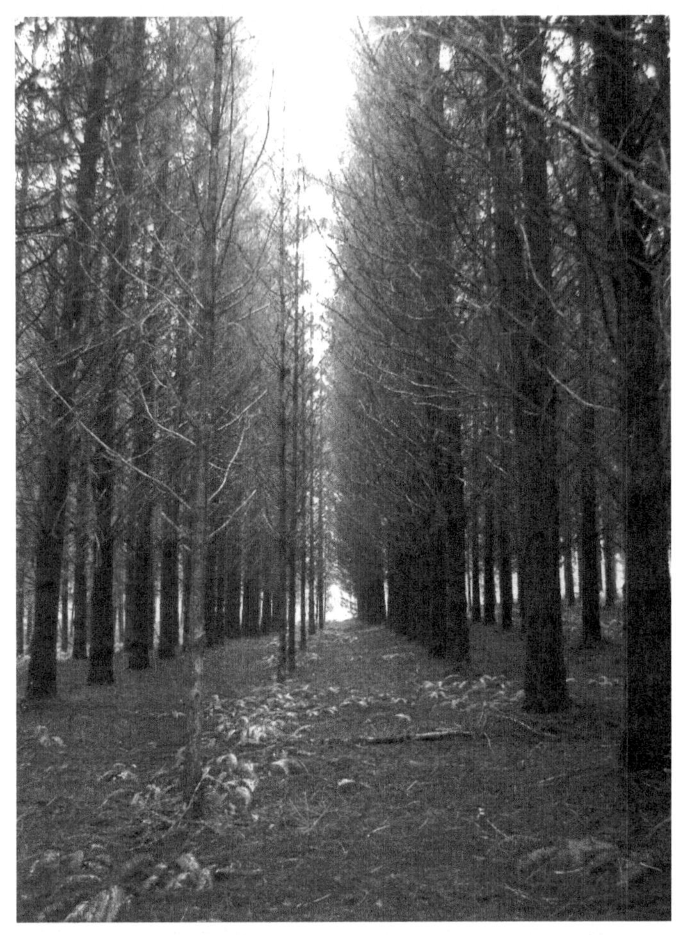

图 5.7 自交引起的近交衰退常导致树木生长和树势明显下降。该照片显示了自交对 34 年生花旗松(*Pseudotsuga menziesii*)存活率和树体大小的影响。中间一行矮小的树木是自交子代,与之紧挨的左右两行树木分别是同一母树(与没有亲缘关系的父本计划杂交)的异交子代(OC)和自由授粉子代(种子来源于自由授粉)。在该试验中,33 年生的自交子代平均存活率仅为异交子代的 39%(共有 19 对自交-异交家系),成活的自交子代的平均胸径为存活的异交半同胞的 59%。(照片由美国林业局太平洋西北地区研究站的 F. Sorense 提供)

提出了两种假说阐述近交衰退及与之相反的**杂种优势**(hybrid vigor)现象:显性假说和超显性假说。根据**显性假说**(dominance hypothesis),近交衰退是由稀有有害隐性等位基因纯合体频率的增加引起的。在随机交配群体中,稀有隐性等位基因主要存在于杂合体中,很少表达。例如,群体中等位基因频率为 $q=0.01$,亲本随机交配产生的子代隐性纯合体频率为 $q^2=0.0001$,但在亲本完全自交情况下,子代隐性纯合体频率将增加 50 倍[即 $q^2(1-F)+qF=0.0001\times0.50+0.01\times0.50=0.005$,公式 5.8]。如果大量基因座携带稀有隐性等位基因,近交时,在许多个体中一个或多个这些隐性有害等位基因得以表达,而在随机交配情况下,这些隐性等位基因主要由杂合体携带而被掩盖。如果两个没有亲缘关系的高度近交(即高度纯合)个体杂交,某个纯合亲本中隐性有害等位基因将被另一个纯合亲本中正常等位基因掩盖,结果后代优于任何亲本,这就是近交衰退的相反说法,称为杂种优势。

超显性假说(overdominance hypothesis)认为,每个基因座杂合优于任何纯合,因为互补等位基因的存在导致最优功能表达。换句话说,A_1A_2 既优于 A_1A_1 也优于 A_2A_2,即两种等位基因优于任何单等位基因的两份拷贝(参见后节,平衡选择)。如果超显性假说是正确的,这将不可能开展超级纯系(即完全纯合的)育种,因为杂合体表现最优。但是,在显性假说中,超级纯系在理论上是存立的,有害等位基因在近亲繁殖后会被发现从而从育种群体中剔除。

尽管相当多的研究旨在检验这两种假说的正确性,但区别这两种假说已被证明是困难的。虽然在有些情况下不能排除超显性,但一般认为,近交衰退主要是隐性有害基因表达引起的(Charlesworth and Charlesworth,1987;Husband and Shemske,1996;Williams and Savolainen,1996)。显性假说的有力证据是植物中自交率与近交衰退呈负相关。以自交为主的物种的近交衰退比以异交为主的物种的近交衰退少 50%,然而,自交物种对其生存环境十分适应,这就是说,纯合度高并没有导致超显性假说所预测的适应性下降(Husband and Shemske,1996)。有害隐性等位基因在以自交为主的物种群体中容易暴露而被清除。

林木中的近交衰退

与在许多其他植物中一样,常通过比较自交子代与没有亲缘关系的亲本的计划杂交子代的表现来评价林木近交衰退。自交在林业生产中具有重要的实际意义,因为自交是许多树种交配系统的组成部分。另外,自交是研究近交的一种便利手段,因为自交容易实施,而且在此高水平近交程度($F=0.50$)上的近交衰退非常明显。尽管有一些例外(Andersson *et al.*,1974;Griffin and Lindgren,1985),但在其他水平上的近交产生的衰退大体与 F 成比例。例如,当 $F=0.25$ 时,近交衰退大约为 $F=0.50$ 时的一半(Sniezko and Zobel,1988;Woods and Heaman,1989;Matheson *et al.*,1995;Durel *et al.*,1996;Sorensen,1997)。这里主要强调自交研究的结果。

有关种子产量的近交衰退已进行全面调查,**自交可育性**(R)以自交产生的饱满种子与异交产生的饱满种子的比例表示。许多树种,如美洲落叶松(*Larix laricina*)和花旗松(*P. menziesii*),自交产生的有生活力的种子很少(表 5.2)。也许,空粒种子是引起胚败育的致死或半致死等位基因表达的结果。多个基因座上存在多个致死等位基因的树种会遭受更多胚败育和更高比例的空粒种子,这可用专栏 5.4 中解释的致死当量的概念来定量表示。如果一个树种有很大的致死当量,那么就表明有很高的遗传负荷。

专栏 5.4　根据自交可育率估算致死当量

致死当量(ethal equivalent),是指纯合时平均导致一个个体死亡的一组基因(Morton *et al.*,1956)。可能是一个致死突变等位基因,也可能是不同基因座上两个突变等位基因,导致死亡的概率各为 50% 等。根据自交可育率(R)估算致死当量(α)大小的一个简单关系式(Sorensen,1969)是

$$\alpha=-4\ln R \qquad \text{公式 5.10}$$

对于该关系式,假定致死等位基因是完全隐性的,相互独立作用,而且每粒空种子对应于一个死胚(Savolainen *et al.* ,1992)。因此,在挪威开展的一项育种项目中,欧洲云杉(P. abies)母树的 R 平均值估计为 0.283(表 5.2),与该 R 值对应的致死当量为 5.0。换言之,如果一株母树在 5 个独立基因座上的致死隐性等位基因是杂合的,那么,预计自交可育性约为 0.28,意即自交产生的饱满种子只有异交产生的饱满种子的 28%。

包括林木在内的多年生植物,比一年生植物或动物具有更大的致死当量(Ledig,1986;Williams and Savolainen,1996)。林木的 α 值经常大于 5.0(Williams and Savolainen,1996)(表 5.2),而报道的农作物和动物(人类和昆虫)的 α 值分别为 1.2 ~5.2 和 1.0 ~4.0(Levin,1984)。林木中观察到的大量致死当量,可能部分是由林木寿命长,累计突变率较高引起的(*第 7 章*)。

致死当量大小在种间和种内个体间差异很大。已报道的致死当量最小的树种是脂松(*Pinus resinosa*),α 估计值接近于 0。该树种也非比寻常,因为种内几乎不存在遗传变异(Fowler and Lester,1970;Fowler and Morris,1977;Mosseler *et al.* ,1992)。树木个体之间的致死当量大小也存在明显差异。例如,在花旗松(*P. menziesii*)(Sorensen,1971)和美洲落叶松(*L. laricina*)(Park and Fowler,1982)单个林分中,母树间的致死当量为 3.0 ~19.0,甚至更高。携带少量致死等位基因或其他有害隐性等位基因的亲本树木,如果重要的经济性状表现十分优良,在高世代育种中可能具有重要利用价值(Williams and Savolainen,1996)。

还对自交引起的实生苗和年龄较大树木的各种性状的近交衰退开展过研究。在这些情况下,近交衰退常被量化为

$$\delta = 1 - W_s/W_c \qquad \text{公式 5.11}$$

式中,W_s 和 W_c 分别表示自交和异交后的性状平均值(Williams and Savolainen,1996)。作为公式 5.11 的一个例子,$\delta = 0.25$ 反映近交衰退达 25%,因此,自交个体的平均值是异交树木平均值的 75%。需要注意的是,用近交子代的平均值代替 W_s,公式 5.11 可用于除自交以外的其他近交形式。

在最近有关针叶树的评述中,根据不同树种及年龄,自交子代的存活率和树高的 δ 值大致分布于 0.10 ~0.60(Sorensen and Miles,1982;Williams and Savolainen,1996;Sorensen,1999)。这表明,自交子代的存活率和树高生长下降了 10% ~60%(图 5.7)。两种造林 3.5 年后的桉属(*Eucalyptus*)树高的近交衰退接近观察到的针叶树的下限(0.11 和 0.26)(Griffin and Cotterill,1988;Hardner and Potts,1995)。植物对竞争的反应是以牺牲直径和根生长为代价而又利于高生长。因此,可以预计,生长缓慢的近交个体表现的直径近交衰退比树高近交衰退严重,而材积近交衰退更严重(Matheson *et al*,1995;Sorensen,1999)。

随着树龄增长,在树体大小方面表现的近交衰退趋势会因树木死亡而混淆不清,因为弱小(即近交)树木存活率低,因此,早期与晚期所做的测量并不是基于同一组树木个体(Williams and Savolainen,1996)。在一项比较 3 种针叶树从定植到 25 ~26 年生的研究中,Sorensen(1999)发现,定植大约 6 年后,花旗松(*P. menziesii*)高近交衰退逐渐下降,而定植后头几年,存活率近交衰退最明显。壮丽冷杉(*Abies procera*)定植后,存活率近交衰

退最不明显，但树高近交衰退随着树龄增加越来越显著。第三个树种是西黄松（*P. ponderosa*），相对于另两个树种，其存活率和树高近交衰退的树龄趋势介于中间。不管近交衰退的年龄趋势如何，在 3 个树种中，近交衰退对林木生产力的影响类似，都是灾难性的，单位面积树干总材积的 δ 平均值为 0.80（介于 0.74 ~ 0.83），这意味着自交子代产量下降 80%。这些结果表明，林业工作者为什么必须慎重，不利用近亲近交生产的种子造林（*第 16 章*）。

表 5.2　几个针叶树种和被子植物树种自交和异交后的种子饱满率、自交可育率（R）及致死当量（α）估计值。

树种	种子饱满率/%		R^{a}	α^{b}	资料来源
	自交	异交			
壮丽冷杉（*Abies procera*）	36.0	51.0	0.706	1.4	Sorensen *et al.*，1976
美洲落叶松（*Larix laricina*）	1.6	21.6	0.074	10.4	Park and Fowler，1982
欧洲云杉（*Picea abies*）	13.0	45.9	0.283	5.0	SkrØppa and Tho，1990
脂松（*Pinus resinosa*）	71.0	72.0	0.986	0.1	Fowler，1965a
花旗松（*Pseudotsuga menzesii*）	7.9	69.2	0.114	8.7	Sorensen，1971
蓝桉（*Eucalyptus globulus*）	60.0	80.0	0.750	1.2	Hardner and Potts，1995
糖槭（*Acer saccharum*）	17.4	35.1	0.496	2.8	Gabriel，1967

[a] 自交饱满种子百分率除以异交饱满种子百分率。

[b] $\alpha = -4\ln R$，专栏 5.4 中的公式 5.10（Sorensen，1969）。

除了种子阶段，近交对林木影响的研究主要集中在存活率和径生长性状，其他性状的研究报道极少。在针叶树中，自交子代个体的性成熟似乎被延迟，而且种子产量降低（Durel *et al.*，1996；Williams and Savolainen，1996）。某些性状很少受近交的影响，包括湿地松（*P. elliottii*）（Matheson *et al.*，1995）和海岸松（*P. pinaster*）（Durel *et al.*，1996）的径生长，湿地松（*P. elliottii*）抗锈病（Matheson *et al.*，1995）及花旗松（*P. menziesii*）春季的抗寒性（Shortt *et al.*，1996）。在林木上，还需进一步了解近交对适合度及重要经济性状的影响。对被子植物树种尤其如此，因为迄今为止着重研究的是针叶树的近交。

改变等位基因频率的动力

本节中，为了评价**突变**、**迁移**、**选择**和**遗传漂变**这 4 种进化力量的影响，放宽哈迪-温伯格法则的假设条件。**进化**（evolution）可被定义为"群体遗传组成变化的积累"（Hartl，2000）。这种积累最初主要是通过等位基因频率在时间和空间上的变化表现的。在这些改变等位基因频率的进化动力中，突变和迁移将新的等位基因引入群体，尽管突变仅微弱地改变等位基因频率。选择和遗传漂变也改变等位基因频率，前者改变等位基因频率是有方向性的，而后者是随机的。为简单起见，在本节中，将分别讨论每种进化动力，但是，这些进化动力是同时发生作用，是其联合效应最终形成群体遗传结构。本章末，简要讨论这些进化力量的联合作用对群体遗传结构的影响。

突变

最广义的**突变**(mutation)是指生物体遗传组成上任何可遗传的改变。突变的类型包括:DNA 单个碱基的替换、染色体结构的重排、部分或整条染色体甚至染色体组的重复或缺失。虽然多倍体在高等植物新物种起源方面具有特别重要的作用(Stebbins,1971)(*第9章*),但某个特定物种群体内的大多数遗传变异源自单个基因的突变(Hartl and Clark,1989)。因此,下面重点讨论单基因突变。

尽管突变是群体中遗传变异的根本来源,也是进化中的必要过程,但突变对两代间等位基因频率的影响十分微弱。由于自发突变率非常低,短期内突变对等位基因频率缺乏明显的影响。一系列动植物单基因控制性状变异类型的研究表明,每代单基因可检测的突变率一般仅为 $10^{-6} \sim 10^{-5}$(Hartl and Clark,1989;Charlesworth *et al.* ,1990;Lande,1995)。对于任何单基因座,每世代 100 000 ~ 1 000 000 个配子中仅有 1 个配子由一种等位基因自发突变为另一种可检测的不同的等位基因(如 $A_1 \rightarrow A_2$ 或 $A_2 \rightarrow A_3$)。这里引用的突变率仅适用于可检测的突变,因为 DNA 序列的某些改变是不可检测的(如非编码区突变和不改变蛋白质功能的突变)。

大多数新突变对生物表型有害,因为假定野生型等位基因能很好地行使其功能。因此,仅有少量单基因座上发生的突变可能对生物及其进化有利。图 5.2 是一个有害(实际上致死)突变的例子。在该例中,突变阻止了叶绿素的生物合成,导致西黄松(*P. ponderosa*)白化苗最终死亡。

较之单基因性状,多基因性状更易受突变影响而改变,因为多基因座上任何一个基因发生突变都会对其产生影响。据估计,每代中每个配子决定某一特定数量性状的所有基因座产生的累积突变率在 0.01 左右(Lande,1995)。既然这些控制数量性状的基因突变大约 50% 是高度有害的,那么,大约每 200 个配子中有 1 个配子携带 1 个中性或轻度有害突变。

为了检测突变对等位基因频率的影响,假定有两种等位基因:野生型等位基因(编码正常表型)和有害等位基因,而且突变是可逆的。野生型等位基因可突变成为有害等位基因(正向突变),有害等位基因也可突变为野生型等位基因(回复突变)。正突变可望比回复突变更频繁,因为生物体中导致基因功能失常的途径要比基因功能修复的途径多(Hedrick,1985;Hartl and Clark,1989)。

假定从野生型等位基因(A_1)突变为有害等位基因(A_2)的正突变率为 u,而回复突变率为 v,那么,每代仅由突变引起的等位基因 A_2 的频率(q)变化为

$$\Delta q = u(1-q) - vq = u - q(u+v) \qquad \text{公式 5.12}$$

当 $q=0$ 时,Δq 为最大正值,等于 u;当 $q=1$ 时,Δq 为最大负值,等于 v。因此,Δq 是非常小的,这再一次证实了前面提及的突变对任何单个世代中某特定基因座上等位基因频率的影响很微弱的论点。

尽管在任何单个世代中突变的影响很小,但突变是自然群体中遗传变异的根本来源。林木树种内大量的遗传变异是在进化过程中经过无数世代积累起来的(*第7章*)。这强调了对丰富的遗传多样性进行保护的重要性,因为一旦丢失,在短期内不可能再产生如此丰富的遗传多样性。

迁移

迁移(migration),又称为**基因流**(gene flow),是群体间等位基因的交流。迁移对群体遗传结构主要有两个方面的影响:①引入新的等位基因从而增加群体遗传变异(与突变非常相似);②连续多代迁移引起群体间遗传分化减少。

为了量化迁移的影响,假定群体足够大,可以忽略遗传漂变的影响。假定每代迁移进入群体中的迁入者的比例为 m,那么非迁入者(土著)的比例为 $1-m$。如果迁入者中等位基因 A_2 的频率为 q_m,且迁移之前土著群体中等位基因 A_2 的频率为 q_0,那么,迁移后等位基因频率为

$$q=(1-m)q_0+mq_0=q_0-m(q_0-q_m)\qquad\text{公式 5. 13}$$

经过一代的迁移后,等位基因频率的变化为 $\Delta q=q-q_0=-m(q_0-q_m)$。因此,等位基因频率的变化率取决于迁移率及迁移群体与土著群体间等位基因频率之差。专栏 5. 5 是利用公式 5. 13 估算现实群体中迁移率 m 的具体例子。

专栏 5. 5　利用遗传标记估算花粉基因流水平

自杀树(*Tachigali versicolor*)是一个以蜜蜂为媒介传播花粉的热带林冠树种。借助于一个等位酶基因座上的等位基因,研究了一组 5 株自杀树(*T. versicolor*)孤立木的花粉基因流(Hamrick and Murawski,1990)。这 5 株树,位于巴拿马共和国 Barro Colorado 岛上,彼此相距 500m,该等位酶基因座上一个常见等位基因是单态的。在这 5 株树的子代中,另一个杂合等位基因的频率为 0. 04,而周围群体中该等位基因频率为 0. 16。因为另一个等位基因在这些孤立木中不存在,所以该等位基因杂合的子代必定是由该组树木以外的父本授精所致,这种确认花粉迁移的方法称为**亲本排除法**(paternity exclusion)。由于来自周围群体的雄配子携带有常见等位基因,而且携带有该等位基因的雄配子不能与组内树木产生的雄配子区别,因此,并不是所有的迁入者都能被检测到。为了估计花粉基因流(m),可以利用公式 5. 13。另一个等位基因用 A_2 表示,且只考虑雄配子频率,则 $q_0=0$,$q=0.04$,$q_m=0.16$。当 $q_0=0$ 时,公式 5. 13 简化为 $q=mq_m$,因而 $m=q/q_m=0.04/0.16=0.25$。因此,据估计,该组 5 株孤立木产生的种子中有 25% 是组外父本花粉授精的结果。

迁移总是缩小迁移群体与迁入群体之间的等位基因频率差异,因为当 $q_0<q_m$ 时,Δq 为正,当 $q_0>q_m$ 时,Δq 为负。如果迁移是单向的(也就是,迁移总是从迁出群体中迁移到迁入群体中),而且 q_m 在各世代间保持不变,那么,Δq 最终为 0,这时,$q=q_m$。这就是说,这时迁入群体与迁出群体中等位基因频率相等。当两个或更多群体间相互迁移时,基因流最终导致等位基因频率在所有群体中都相等,为这些初始群体中等位基因频率的中间值(Hartl and Clark,1989)。以这种方式,迁移可能成为阻止群体间遗传分化和群体遗传多样性丢失的重要力量(*第 7 章和第 8 章*),而群体间遗传分化和群体遗传多样性丢失可能在遗传漂变或选择情况下产生。

不管是以风还是动物作为媒介(*第 7 章*),林木中广泛存在花粉和种子散布。另外,当利用等位酶标记技术研究遗传变异的地理模式时,林木区域遗传多样性通常仅有少部

分(常小于 10%)是由群体间遗传分化引起的(Hamrick et al. ,1992)(*第 7 章*)。综上所述,这些研究结果表明,林木树种中存在大量基因流(Ellstrand,1992;Ledig,1998)。

选择

自然选择是进化的主要动力,因为自然选择是生物对其生存环境的适应机制。**自然选择**(natural selection)的概念是由达尔文(Darwin,1859)提出的,它基于以下 3 个假设:①生物体产生的子代一般比其能生存与繁殖的子代数目要多;②生物个体在生存与繁殖能力方面存在差异,而且部分差异是受遗传控制的;③生存或繁殖能力强的基因型对下代的贡献要大,以至于这些基因型以牺牲适应性低的基因型携带的等位基因为代价而增加其自身携带的等位基因频率。采用这种方式,群体适应性逐代增加。除了自然选择外,**人工选择**(artificial selection)是育种工作者在林木育种项目中对感兴趣的性状开展遗传改良的主要工具(*第 13 章*)。自然选择和人工选择对群体遗传结构影响遵循同样的法则,这里一并讨论。

尽管选择对由多个基因决定的性状产生影响,但是,通过讨论选择对单基因座上等位基因频率的影响,能很好地理解选择后果。如果没有其他进化力量克服不利等位基因逐代稳定地丢失,**定向选择**(directional selection)的最终结果则是最适等位基因在群体中固定。定向选择是造成生物群体通过自然选择对新环境积极适应的原因,育种工作者在大多数遗传改良项目中采用的人工选择就是定向选择的一种类型。**平衡选择**(balancing selection)是通过选择,增进同一基因座上各种不同等位基因的多态性。因此,平衡选择可能是维持群体遗传变异的重要力量,当环境因子发生变化时,群体中遗传变异对适应性进化是至关重要的。

定向选择

作为定向选择的一个例子,假定表 5. 3 是森林火灾后天然更然林分中的基因型频率。每个基因型的**生存力**(viability)是其生存下来直至生殖年龄时的概率。绝对生存力分别为 0. 80、0. 80 和 0. 20,表明 3 种基因型没有一个有 100% 机会成活到生殖年龄,但基因型 A_2A_2 成活率最低。

在这种情况下,选择仅取决于存活率的相对大小,而每个基因型的存活率是以其绝对成活率除以存活率最高基因型的绝对成活率的相对值表示。因此,基因型 A_2A_2 相对存活率为 0. 20/0. 80 = 0. 25,或者说,相对于群体中其他两个基因型而言,存活率为 25% 。一旦达到生殖年龄[即**能育性**(fertility)],基因型交配与产生子代能力的差异也影响到它们对下代的贡献[即**适合度**(fitness)或**适应值**(adaptive value)]。为简单起见,假定所有基因型具有同等繁殖能力,在这种情况下,相对存活率是由相对适合度决定的。

群体中每个基因型对下代贡献的比例是各自选择前的初始频率与其相对适合度之积。注意,所有基因型对下代贡献的比例之和(0. 36+0. 48+0. 04 = 0. 88)小于 1,因为选择清除了部分个体。为了计算选择后每种基因型比例,必须将其比例除以所有比例之和。因此,下代群体中基因型 A_2A_2 的频率为 0. 04/0. 88 = 0. 045。选择对等位基因 A_2 频率(q)

的影响能够通过上、下代群体等位基因频率 q 值的变化来量化。假定等位基因的初始频率 q 为 0.40，而选择后为 0.318（表 5.3），那么，$\Delta q=0.318-0.400=-0.082$。选择后等位基因 A_2 频率减少，因为选择降低了基因型 A_2A_2 的相对存活率。

表 5.3　经过一代定向选择后等位基因频率变化的假想例子。假定初始基因型频率为一场野火后天然更新实生苗群体中的基因型频率（等位基因频率分别为 $p=0.6$、$q=0.4$）。由于存活到生殖年龄的能力存在差异，基因型 A_2A_2 的存活率较低。结果表明，生殖年龄的基因型频率和等位基因频率（即选择后；$p=0.682$，$q=0.318$）与实生苗群体中的不同。

项目	基因型			总计
	A_1A_1	A_1A_2	A_2A_2	
初始频率	0.360	0.480	0.160	1.000
绝对生存力（适合度）	0.80	0.80	0.20	
相对生存力（适合度）[a]	1	1	0.25	
选择后比例[b]	0.360	0.480	0.040	0.880
选择后频率[c]	0.409	0.546	0.045	1.000

注：A_2 的初始频率（q）= 0.160+0.480/2 = 0.400。

选择后 A_2 的频率（q_1）= 0.045+0.546/2 = 0.318。

$\Delta q=q_1-q=0.318-0.400=-0.082$。

[a] 相对生存力是绝对生存力除以 0.8 得到的，0.8 是生存力最高的基因型的绝对生存力。

[b] 选择后比例等于初始频率乘以相对生存力。

[c] 选择后频率等于选择后比例除以选择后所有基因型比例之和（即除以 0.88）。

为了推导定向选择导致基因型频率和等位基因频率变化的一般表达式，改进哈迪-温伯格模型以允许基因型适合度存在差异（表 5.4）。基因型适合度以两个参数定义：**选择系数**（selection coefficient，s）和**显性度**（degree of dominance，h）。选择系数是度量不适等位基因的选择劣势，其度量值为 1 减去该不适等位基因纯合体的相对适合度。在本例中，等位基因 A_2 的选择系数为 $s=1-0.25=0.75$。由于选择是作用于表型的，因此需要计算适合度的显性水平。当 $h=0$ 时，基因型 A_1A_1、A_1A_2 和 A_2A_2 的相对适合度分别为 1、1 和 $1-s$，因此等位基因 A_2 对 A_1 在适合度方面是隐性的（表 5.4）。当 $h=1$ 时，相对适合度分别为 1、$1-s$ 和 $1-s$，且 A_2 对 A_1 是隐性的。当 $h=1/2$ 时，等位基因在适合度方面不存在显隐性关系。注意，适合度显性不一定与相同基因造成可见表型效应的显性相一致。

表 5.4　定向选择情况下等位基因频率变化的一般模型

	基因型			总计
	A_1A_1	A_1A_2	A_2A_2	
初始频率	P^2	$2pq$	q^2	1.0
相对适合度	1	$1-hs$	$1-s$	
选择后比例	P^2	$2pq(1-hs)$	$q^2(1-s)$	$T=1-2pqhs-sq^2$
选择后频率	P^2/T	$2pq(1-hs)/T$	$q^2(1-s)/T$	1.0

注：s 为不利于 A_2 的选择系数。

h 为 A_2 的显性度（0＝无显性，1＝完全显性）。

选择后 A_2 的频率（q_1）= $(q-hspq-sq^2)/(1-2hspq-sq^2)$。

$\Delta q=q_1-q=-spq[q+h(p-q)]/(1-2hspq-sq^2)$。

按照与数值例子中概述的同样方法,推导出了一个看起来相当复杂的经过一代选择后 Δq 的表达式(表 5.4)。该表达式可简化为

$$\Delta q=-sq^2(1-q)/(1-sq^2)\text{(当 }A_2\text{ 为隐性时)} \quad \text{公式 5.14}$$

$$\Delta q=-sq(1-q)^2/[1-sq(2-q)]\text{(当 }A_2\text{ 为显性时)} \quad \text{公式 5.15}$$

$$\Delta q=-\frac{1}{2}sq(1-q)/(1-sq)\text{(当无显性时)} \quad \text{公式 5.16}$$

不考虑显性度,不利于 A_2 的定向选择的结果是其在群体中的频率降低。等位基因频率变化的大小取决于选择系数(s)和等位基因初始频率(q)。

图 5.8 显示的是当 $s=0.20$ 时,在上述 3 种显性情况下,等位基因频率和显性对定向选择有效性的影响程度。例如,假定有害等位基因是隐性的,但几乎在群体中固定(即 q 接近于 1)。该图显示大约需要定向选择 22 代,有害等位基因频率降低为 0.50,还将需要 15 代才降低为 0.25。然而,当等位基因为稀有等位基因时,有利于或不利于隐性等位基因的选择效果均非常不明显(即等位基因频率变化很小,如从 $q=0.05$ 到 $q=0.025$ 将大约需要 100 代)。正如本章前面所述,稀有隐性等位基因主要存在于杂合体内,因此,不易遭受选择淘汰。另外,当显性等位基因频率较高时,不利于显性等位基因的选择,其选择效果很差(即选择有利于稀有隐性等位基因)。

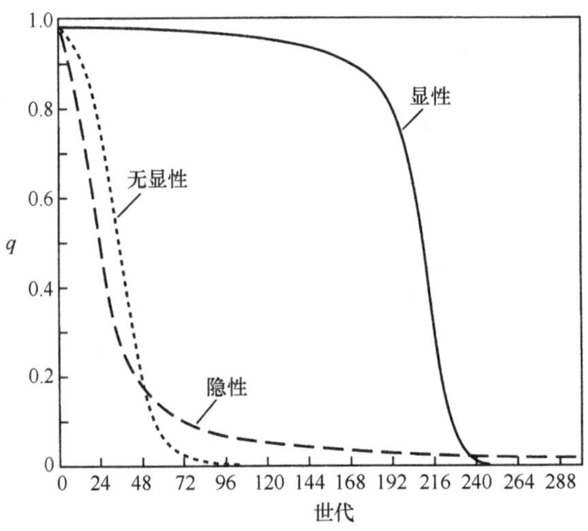

图 5.8 在有害等位基因对适合度的影响为显性、隐性和无显性情况下,随机交配大群体中经历定向选择后的有害等位基因频率(q)。所有曲线都假定有害等位基因在 0 世代群体中几乎固定(即 q 接近 0),而且不利于该等位基因的选择系数为 0.2。数值计算利用 *Populus* 计算机程序(Alstad,2000)。

如果 $s=1$,也就是说,在自然群体中存在致死等位基因或在育种项目中选择性剔除表达某等位基因的全部个体的情况下,对不利等位基因的选择效果如何呢?如果致死等位基因是显性的,仅需一代选择就可以清除,但如果是隐性的,随着其变得越来越稀少,选择清除也将越来越难。将 $s=1$ 代入公式 5.14,$\Delta q=-q^2/(1+q)$,当 $q=0.01$ 时,清除所有隐性纯合体,q 的变化只有 0.0001。因此,对于随机交配群体,增大选择强度,甚至到最大值,对通过选择清除稀有隐性等位基因的影响很小。

通过子代测定能够加速育种群体中有害等位基因的清除(Falconer and Mackay, 1996)。通过将表现隐性表型的亲本与育种群体中所有个体杂交,根据子代隐性纯合体的表现,就可确认携带有害等位基因的杂合体。利用子代测定资料,清除杂合体;根据亲本表型,清除隐性纯合体,隐性等位基因可能在一代中被清除(除非存在基因型分类错误)。

选择与突变平衡

如前所述,近交衰退在很大程度上是由于稀有有害等位基因在有亲缘关系个体的后代纯合体中表达的结果。在随机交配情况下,通过选择从群体中清除这些稀有有害等位基因十分缓慢,但是永远不可能全部清除这些有害等位基因,因为正常等位基因的频发突变持续产生新的突变基因。选择清除的稀有隐性等位基因与突变产生的有害等位基因相抵消,群体最终达到平衡,使突变引起的等位基因频率变化与选择引起的等位基因频率变化相等并求解 q,可以推导出平衡状态下的隐性等位基因频率(q_e)(Falconer and Mackay, 1996)。隐性等位基因频率平衡值大约为

$$q_e = (u/s)^{1/2} \qquad \text{公式 5.17}$$

式中,u 为正常等位基因突变为有害等位基因的突变率;s 为不利于有害等位基因的选择的选择系数。

对于通常观察到的突变率,只需要十分温和的选择情况下,就能使 q_e 保持在相当低的水平。例如,如果 $u = 10^{-5}$,选择系数只需要 0.10 就能使 $q_e = 0.01$。当有害等位基因为显性或半显性时,甚至需要更低的选择强度就能维持较小的 q_e 值,因为杂合体也倾向于被选择清除。选择与突变联合作用,很容易用来解释自然群体中有害等位基因频率低的现象。

平衡选择

选择与突变联合作用解释了有害等位基因以低频形式存在的现象,但不能说明异交生物,包括林木群体中经常观察到的遗传变异。例如,在基于等位酶研究的代表性林木群体中,至少 40% 的基因座存在两个或两个以上常见的等位基因,其频率太高,以至于不能用突变-选择平衡来进行解释(Ledig, 1986; Hamrick *et al.*, 1992)。尽管除了平衡选择以外的其他因素可以解释大多数等位酶或其他分子标记变异(专栏 5.6),但平衡选择对维持影响多基因决定的适应性性状的遗传多样性肯定起着关键性作用(*第 7 章*)。

专栏 5.6　等位酶多态性:选择与中性

近 20 年,有关自然群体中,尤其是林木群体中高水平多态性等位酶或其他分子标记的适应性意义存在着广泛争议(Hamrick *et al.*, 1992)。目前还不清楚林木的特定分子标记等位基因与表型效应间的相关性,但有两项研究结果已作为支持分子标记变异具有适应性功能的证据。第一项研究成果是在一系列研究中发现,随着杂合等位酶基因座增加,树干生长速率增加。据此,一些作者认为,至少部分基因座表达超显性(Bush and Smouse, 1992; Mitton, 1998a, b)。然而,在这些研究中,等位酶杂合度只能解释一小部分树干生长变异,甚至大量研究报道认为树干生长与等位酶杂合度之间不

存在关联(Savolainen and Hedrick,1995)。其他研究结论是,等位酶杂合度与树干生长正相关,这很可能是由于群体中存在部分近交(Ledig,1986;Bush and Smouse,1992;Savolainen,1994;Savolainen and Hedrick,1995)。这就是说,等位酶杂合度变异仅说明了群体中的近交水平,而杂合度低的林木个体生长慢通常是由于近交导致有害隐性等位基因的表达。

另一项支持林木等位酶具有适应功能的证据是,等位酶基因频率一再与地理调查中相同的环境变量相关。这是等位酶基因对定向选择的响应,但是,这种相关性在文献中极少报道(Grant and Mitton,1977;Bergmann,1978;Furnier and Adams,1986a)。相反,即使在地理或地形环境梯度内环境变化相对剧烈,大多数等位酶也最多与环境呈弱相关(Muona,1990)。

对于观察到的分子标记高度多态性的另一种解释是,这些分子标记对适合度影响很小或者没有影响,标记多态性主要是由突变产生的新的等位基因和通过遗传漂变丢失的等位基因之间的平衡引起的,即**中性假说**(neutrality hypothesis)(Falconer and Mackay,1996;Kreitman,1996;Ohta,1996;Hartl,2000)。中性假说没有提出这些基因座缺乏重要的适应性功能,只是认为大多数编码分子标记的等位基因在功能上相同或相近。观察到的多态性水平一般与基于中性假说的期望值相一致。然而,取决于假定的突变率和有效群体大小,期望多态性水平可能存在很大差异。因此,中性假说能在多大程度上解释分子多态性仍不明确。实际上,可能几乎没有差异,因为即使对等位酶或其他分子标记进行选择,选择强度也太小,从而很难实验检测单个基因座。因此,分子多态性通常不能提供群体的适应性信息,但是,这些分子标记是研究交配系统,以及基因流和遗传漂变效应的出色工具。

杂合体优势是平衡选择的具体例子。在定向选择中,杂合体的适合度位于两纯合体适合度之间或等于其中之一的适合度。**杂合体优势**[heterozygote superiority 或称为**超显性**(overdominance)],是指杂合体适合度比任何一个纯合体的适合度要大且没有等位基因通过选择被清除。假定 A_1A_1、A_1A_2 和 A_2A_2 的相对适合度分别为 $1-s_1$、1 和 $1-s_2$,那么,

$$\Delta q = pq(s_1p - s_2q)/(1 - s_1p^2 - s_2q^2) \quad \text{公式 5.18}$$

当 $s_1p = s_2q$ 时,达到平衡(即 $\Delta q = 0$),两个等位基因都保留在群体中。达到平衡时,等位基因 A_2 的频率为

$$q_e = s_1/(s_1 + s_2) \quad \text{公式 5.19}$$

只要群体中等位基因不固定,选择将使等位基因频率向平衡值接近(图 5.9)。即使只有轻微的杂合体优势,只要群体保持足够大,也能导致平衡多态性(意思是两个等位基因保持适度的频率)。

有多种机制可以解释超显性(Ledig,1986;Savolainen and Hedrick,1995;Falconer and Mackay,1996)。例如,在分子水平上,与一个结构基因的纯合体只产生一种形式的酶相比,一个结构基因的杂合体可产生两种或更多形式的酶。如果这些形式的酶具有不同的功能属性,包括不同的最适环境因子,如 pH 和温度,杂合体可能更好地适应一系列生存环境条件。如果同一基因座上另一等位基因在不同发育阶段、不同季节或相同地点的不同微环境更有利,也可能产生超显性[也称为**边缘超显性**(marginal overdominance)]。例

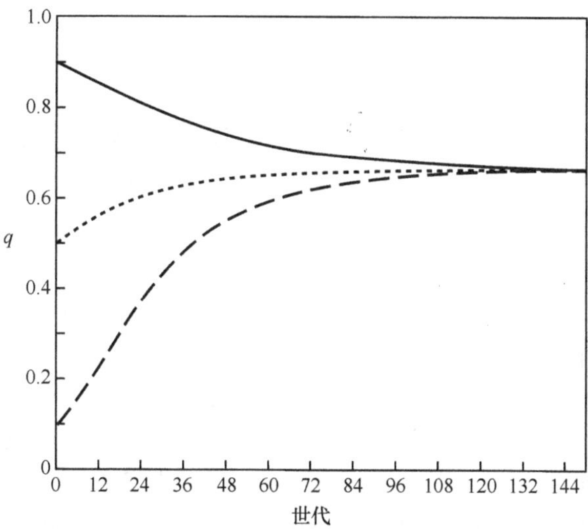

图 5.9　选择有利于杂合体（超显性）情况下，随机交配大群体中等位基因 A_2 频率（q）随世代的变化。3 条曲线分别假定 0 世代群体中 3 种不同初始 q 值（0.10、0.50、0.90），且不利于等位基因 A_1 和 A_2 的选择系数分别为 $s=0.1$ 和 $s=0.2$。只要 q 值为 0 ~ 1，超显性最终会导致 q 值达到平衡值。在本例中，$q=0.66$（根据公式 5.19 计算）。q 值是利用 *Populus* 计算机程序产生的（Alstad，2000）。

如，如果在幼苗和早期竞争阶段，一个等位基因对生长有利，但在林分郁闭后另一个等位基因对生长有利，那么总体而言，杂合体可能最适应。尽管杂合体优势在维持遗传多样性方面具有潜在作用，但是，真正证实超显性的例子很少（专栏 5.6）。

两种其他类型的平衡选择是**依频选择**（frequency-dependent selection）和**歧化选择**（diversifying selection）（Dobzhansky，1970；Hedrick，1985）。如果稀有表型具有选择优势，选择可能依赖于基因频率，因而当等位基因频率较低时，选择对其有利；当等位基因频率较高时，选择对其不利。最著名的通过依频选择保持平衡多态性的例子是显花植物的自交不育等位基因（Briggs and Walters，1997）。因为携带有某个自交不育等位基因的花粉粒不能在携带有相同等位基因植株的柱头上萌发和生长，所以携带有低频等位基因的花粉粒在交配方面具有优势。这种交配系统导致群体中维持着大量自交不育的等位基因。同种植物不同基因型间对生长空间的株间竞争也可能导致依频选择。在一些作物和林木中研究发现，基因型收获量（如作物种子产量和林木径生长）可能受邻近植株基因型影响［称为**基因型间竞争**（intergenotypic competition）］（Allard and Adams，1969；Adams *et al.*，1973；Tauer，1975）。如果两个或多个基因型混栽，每个基因型的产量均比单一基因型纯林高，那么，有可能产生多基因型（和复等位基因）稳定平衡的林分。

林木生长环境由于土壤类型的斑块状分布、水分有效性、竞争等而存在很大的空间异质性，由于气候变化和林分发育而随时间变化有很大不同。如果某个等位基因适宜于一种微环境而另一个等位基因适宜于另一种微环境，也可能产生稳定的多态性，即使不同微环境中基因型间随机交配时也会如此（Hedrick，1985；Falconer and Mackay，1996）。这种歧化选择的实际效果可能是杂合体是总体上最适合的，但是，如果不存在边缘超显性时，稳定多态性也可能来自于歧化选择（Hedrick，1985）。

遗传漂变

任何世代群体产生的子代都是对上一世代亲本产生的配子进行抽样的结果。假定亲本育性相等(没有选择)且子代数目很大,那么子代等位基因频率与亲代十分接近(即前面描述的无限群体的哈迪-温伯格法则的结果)。如果子代数目很小,子代等位基因频率很可能与上一世代不同,这是因为随机抽取少量配子与抽取大量配子相比,很难代表亲代的基因。因此,仅由于随机抽样,小群体中等位基因频率就会一代一代地以不可预测的方式随机改变,称为**遗传漂变**(genetic drift)。

下面的模拟例子说明了遗传漂变的主要特征(表 5.5)。有 20 个重复群体,意思是由计算机模拟产生 20 个完全相同的初始群体,从而可以追踪遗传漂变过程。每个群体包含 20 个二倍体个体,0 世代群体中等位基因 A_1 和 A_2 数目相等(20)。所有重复群体都以哈迪-温伯格平衡频率($p^2=q^2=0.25$、$2pq=0.50$)开始,因此,每个初始群体中,每种纯合体各有 5 个,杂合体有 10 个。利用计算机程序模拟每个重复群体内配子的随机抽样,连续进行 20 代,重复群体大小恒定($N=20$),随机交配并遵从孟德尔分离(Alstad,2000)。

仅在几代之内,重复群体中等位基因 A_1 的数目就开始不同。单个群体中等位基因 A_1 数目的变化是不确定的;一些群体中 A_1 的数目增加,而另一些群体中则减少。随着世代增加,群体间遗传分化(即遗传漂变)程度增加。到第 20 代,等位基因 A_1 从一个群体中完全丢失(群体 1),而在另一个群体中固定(群体 4)。虽然单个群体中等位基因频率发生变化,但在所有世代所有重复群体中 A_1 的平均频率($\bar{p}$)大体为 0.5。如果重复群体数目足够大,$\bar{p}$ 有望在各世代保持不变,因为一些重复群体中等位基因频率随机增加,而另一些重复群体中等位基因频率减少,彼此相互平衡。另外,当群体中等位基因频率接近于 0 或 1 时,平均杂合度有望随着世代增加而稳定地下降。经过 20 代(表 5.5),H 从 0.5 下降到 0.32。因为小群体中亲属之间的交配比大群体中频繁,即使是随机交配时也是如此,所以小群体的另一个内涵是近交。伴随着遗传漂变的杂合度下降也可以用近交系数 F 表示(Hedrick,1985;Hartl and Clark,1989)。最终,所有小群体中要么 A_1 固定,要么 A_2 固定,但由于 $\bar{p}$ 保持不变,A_1 固定的群体比例为 p,A_2 固定的群体比例为 $1-p$。虽然本例中仅讨论单基因座,但遗传漂变对小群体基因组中所有基因座的影响相似。

表 5.5　经过 20 个世代,20 个群体中等位基因 A_1 数目遗传漂变的 Monte-Carlo 模拟。每个群体大小恒为 20,0 世代群体中等位基因 A_1 和 A_2 初始频率均为 0.5。给出了每个世代所有群体的等位基因 A_1 的平均频率($\bar{p}$)和平均杂合度(H)。利用 *Populus* 计算机程序模拟(Alstad,2000)。

世代	群体																				平均	
	1	2	3	4	5	6	7	8	9	10	11	12	13	14	15	16	17	18	19	20	p	H
0	20	20	20	20	20	20	20	20	20	20	20	20	20	20	20	20	20	20	20	20	0.50	0.50
1	13	26	16	25	18	19	9	16	20	24	16	22	21	19	20	24	23	13	22	21	0.49	0.48
2	8	26	17	24	18	18	7	18	21	22	17	16	23	19	19	29	31	13	18	23	0.48	0.46
3	8	33	15	29	21	18	7	18	26	20	17	19	26	19	20	26	35	18	19	21	0.52	0.44
4	5	33	11	26	18	20	8	15	24	21	20	15	27	14	18	25	33	19	22	19	0.49	0.44

续表

世代	群体																				平均	
	1	2	3	4	5	6	7	8	9	10	11	12	13	14	15	16	17	18	19	20	p	H
5	4	32	15	23	20	22	12	18	26	20	18	22	18	13	17	26	31	15	28	17	0.50	0.45
6	5	35	18	28	22	27	10	21	17	23	16	21	16	17	17	25	33	16	27	13	0.51	0.43
7	4	37	20	31	26	28	11	19	18	24	21	17	15	16	18	25	30	13	28	9	0.51	0.42
8	7	39	21	28	26	33	9	18	19	22	20	16	12	14	19	25	28	8	30	10	0.51	0.41
9	9	35	28	32	26	30	7	19	17	21	27	18	7	15	15	24	31	5	35	9	0.51	0.38
10	5	35	27	33	19	30	9	23	22	22	33	19	5	18	15	28	32	8	36	7	0.53	0.37
11	4	38	24	35	17	28	12	26	22	24	30	21	4	19	20	29	29	7	37	8	0.54	0.37
12	3	39	24	38	13	22	11	27	23	26	30	21	5	15	20	28	30	6	35	5	0.53	0.35
13	2	38	23	38	13	22	10	24	24	26	29	27	6	15	17	32	25	8	30	9	0.52	0.37
14	4	39	20	37	15	24	11	18	26	22	24	26	5	17	17	29	31	10	29	12	0.52	0.39
15	3	37	22	37	15	26	16	15	28	18	24	25	5	16	17	27	34	12	32	12	0.53	0.38
16	2	36	16	37	14	25	13	16	28	16	19	29	6	27	15	30	32	11	37	10	0.52	0.37
17	1	37	15	40	17	25	11	18	29	12	24	30	8	29	8	34	34	8	36	12	0.54	0.33
18	1	35	16	40	20	18	13	23	28	15	26	30	8	28	7	35	36	9	37	11	0.55	0.34
19	0	36	16	40	20	16	11	16	26	10	28	33	13	24	7	35	35	9	38	9	0.53	0.32
20	0	36	16	40	20	16	11	16	26	10	28	33	13	24	7	35	35	9	38	9	0.53	0.32

总而言之,遗传漂变对群体遗传组成有3个方面的影响:①降低遗传多样性(由于等位基因丢失);②减小群体中的平均杂合度(即近交增加);③增加群体间的遗传分化。这些影响的程度取决于群体大小,当群体非常小时,影响特别大。图5.10说明了这一情况。图中3条曲线分别为不同大小(N=12、24、48)的模拟群体(在0世代时p=0.50)在各世代等位基因A_1或A_2固定的比例。当N=12,到50代时,一个或另一个等位基因在80%以上的群体中固定,但是,当N是其4倍大时,经历同样多的世代,只有不到20%的群体固定。任何群体中基因座固定时间还依赖于等位基因初始频率。当p=0.1时,平均固定时间为1.3 N代,而当p=0.5时,平均固定时间为2.8 N代(Hartl and Clark,1989)。因此,当等位基因初始频率中等时,平均需要经历更长时期,群体中等位基因才会丢失。

尽管林木通常以很大的连续群体分布,但也存在很多情况,遗传漂变可能是影响群体遗传组成的主要因子。位于物种分布区生态或地理边缘的群体常很小,并与同一物种的其他群体相隔离。由于遗传漂变,这些群体特别容易发生等位基因频率的随机改变(*第8章*)。另外,当一个地点被一个分布区在扩张的物种占据时,只有少数个体负责建立新的群体。这些个体组成了奠基者群体,由有限数目的奠基者引起的遗传改变(相对于祖先群体),称为**建立者效应**(founder effect)。最后,由于自然或人为引起的灾难,如冰川、火灾、飓风或大型购物中心,通常大群体也可能急剧减小。这些严重的群体**瓶颈**具有显著的长期效应,即使群体在一个或多个世代之内恢复其原始大小。

在不久之前发生的极端瓶颈可能解释在一些群体或个体数量很少的某地特有树种中报道的遗传多样性水平极低的现象。属于此类树种的两个例子是美国加利福尼亚州南部

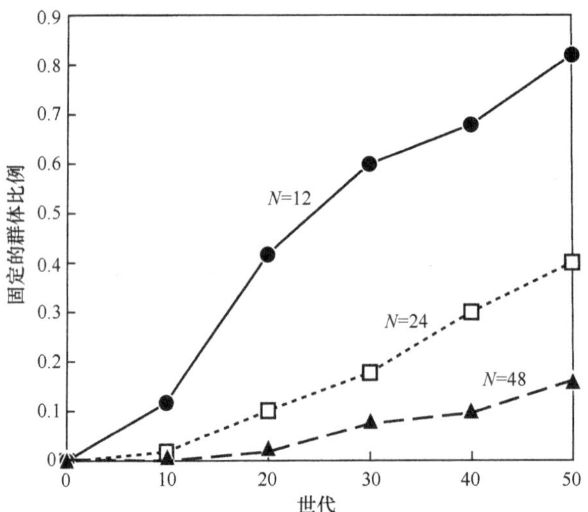

图 5.10 3 个不同大小群体(N=12、24 或 48)遗传漂变的 Monte-Carlo 模拟研究中,以 10 代为间隔(到 50 代)的等位基因 A_1 或 A_2 固定的群体比例。在 0 世代,A_1 和 A_2 的初始频率都为 0.50。

的托雷松(*Pinus torreyana*)(Ledig and Conkle,1983)和澳大利亚西南部的圆叶桉(*Eucalyptus pulverulenta*)(*Peters et al.*,1990)。虽然并不普遍,但有些地理分布范围非常广的树种的遗传多样性也很有限。曾经提到过的脂松(*P. resinosa*),其分布区在北美洲东部沿加拿大-美国边界绵延 2400km,但其遗传变异却极低。曾有假设认为,在大约 10 000 年前,该树种现在的分布区大部分为冰川所覆盖,群体大小经历了一次或多次严重的瓶颈(Fowler and Morris,1977)。北美乔柏(*Thuja plicata*)广泛分布于北美洲西北太平洋地区,遗传多样性也很低,也可能是由历史瓶颈引起的,尽管产生瓶颈的原因并不清楚(Copes,1981;Yeh,1988)。

因为任何一个群体内等位基因频率变化的方向是不能预测的,所以,通常是根据同等大小的许多重复群体(或单个群体内的许多重复基因座)的平均杂合度或等位基因频率方差来定量表示随机遗传漂变的效应。在推导平均杂合度或等位基因方差与群体大小的关系时,需要进行一系列简化假设,也就是满足哈迪-温伯格条件,即群体内随机交配,没有突变、选择和迁移,而且父本和母本的数目相等。

现实群体不满足以下假设条件。首先,为了评价小群体的进化结果,重要的是繁育个体数而不是个体统计总数。林木群体中的繁育个体数通常少于个体总数。其次,即使繁育个体数也不能很好地反映理想群体意义上的群体大小,因为并未说明父本和母本数目不等、亲本的配子或子代数目不同、繁育个体数目随世代波动等因素。为了更有效准确地评价现实群体在遗传漂变的潜在程度,需要估计和使用繁育个体的有效数目或群体的有效大小(Hedrick,1985;Falconer and Mackay,1996)。**有效群体大小**(effective population size),N_e,是与所考虑的现实群体遗传漂变大小相同的理想群体的大小。有效大小几乎总是小于繁育个体的数目,而且有时要小得多(Frankam,1995)。Frankel 等(1995)指出,林木群体的 N_e 通常只有成年个体数目的 10%~20%(专栏 5.7)。

专栏 5.7　美国皂荚(*Gleditsia triacanthos*)的群体有效大小(N_e)

美国皂荚(*G. triacanthos*)是一种雌雄异株的被子植物树种。1983 年,在美国堪萨斯州一个含有 914 株该树种的群体中抽样进行了等位酶分析(Schnabel and Hamrick,1995),其中只有 249 株成年树木,雄株和雌株分别为 174 株和 75 株。当雌雄个体数目不相等时,有效群体大小 N_e 减小,因为每个性别必须给下一世代贡献一半基因。假定每种性别的所有树木为子代贡献同等数目标基因,那么 N_e 等于两种性别树木株数调和平均数的两倍(Crow and Kimura,1970)。在本例中,$N_e=210$,调和平均数为 105 $\{[(1/174)+(1/75)]/2\}^{-1}$。因此,$N_e$ 为群体中成年树木株数的 84%,为群体中树木总株数的 23%。如果成年树木贡献给下一世代的配子数目不等,或者交配在空间上受限,如同一群体中邻近树木间交配比远距离树木间交配机会多,那么有效群体大小将进一步减小(Crow and Kimura,1970;Frankel *et al.*,1995)。

进化力量的联合效应

除突变与选择平衡外,前面讨论了每种进化力量各自对群体结构产生的独立影响。虽然这种简化处理便于描述这些进化力量,但是,现实群体的遗传组成是所有进化力量同时作用的结果。相对于其他进化力量,每种进化力量的大小最终决定其对群体遗传组成的影响。各种进化力量间的相互作用非常复杂,其相对大小随空间和时间而变化。尽管如此,研究一些简单情况仍然具有指导意义。在此,阐述选择、迁移与遗传漂变对等位基因频率的联合作用。由于相对于其他进化力量,突变对等位基因频率改变几乎没有多大影响,因而可以忽略。

当有效群体大小非常小时,相对于选择和迁移,遗传漂变对等位基因频率的影响是主要的。例如,如果不利于一个突变基因的选择系数为 s(而且不存在显隐性),选择与随机遗传漂变影响突变等位基因频率的相对作用为 $4N_es$ 的函数,其中 N_e 为有效群体大小(Hartl,2000)。当 $4N_es>10$ 时,选择占优势,也就是说,选择倾向于降低等位基因频率,只有频发突变维持着群体中的突变等位基因。当 $4N_es<0.1$ 时,突变基因频率主要由随机抽样决定。当 $0.1<4N_es<10$ 时,选择与遗传漂变共同影响等位基因频率。除非群体极小,弱度选择能抵消遗传漂变的影响。例如,如果 N_e 为 25,仅当 $s<0.001$ 时,遗传漂变才是影响突变等位基因频率的主导力量。

群体间极微弱的迁移会削弱遗传漂变的离散作用。例如,假定大量岛屿群体(有效群体大小为 N_e)间的等位基因频率分化被来自单个非常大的大陆群体的基因流(m)所抵消,最终,这些相反的进化力量导致群体平衡,平衡群体间扩散数目是 $1/N_em$ 的函数。其中 N_em 为每个世代迁入每个岛屿群体的迁入者的数目(Hedrick,1985)。因此,维持较大群体特定水平离散需要的迁移率要比小群体小,这是有意义的,因为大群体与小群体相比,不易受遗传漂变影响。当 N_em 小于 0.5(即每两代迁移个体数为 1)时,平衡时的群体间等位基因频率分化很大,在很多基因座上的不同等位基因在不同岛屿群体中固定或接近固定(Wright,1969)。然而,随着 N_em 增大,离散大小迅速下降,当 $N_em>1$ 时,离散作用将被大大削弱。

迁移也是阻止由于选择造成群体间分化的强大进化力量(Hedrick,1985;Hartl,2000)。假定上述例子中某个岛屿群体足够大,遗传漂变可以忽略,同时假定选择对群体中的等位基因 A_2 不利,但选择性清除 A_2 的作用被来自等位基因 A_2 固定的大陆群体的迁移所抵消。对于两个水平迁移率(0.02、m=0.002)和两个水平选择系数(0.2、s=0.02),A_2 频率(q)的期望变化如图 5.11 所示。当从大陆群体中迁入极少量等位基因 A_2(无显性)时,较强的选择期望很快将岛屿群体中 A_2 的频率降到非常低(如 s=0.2、m=0.002 的曲线)。然而,即使很低的迁移率也足够有效维持较大的 A_2 频率(如 s=0.2、m=0.02 的曲线)。当 m 大于或等于 s 时,迁移起主导作用。因此,当基因流存在时,选择很难导致群体间等位基因频率分化,除非 s 远大于 m。

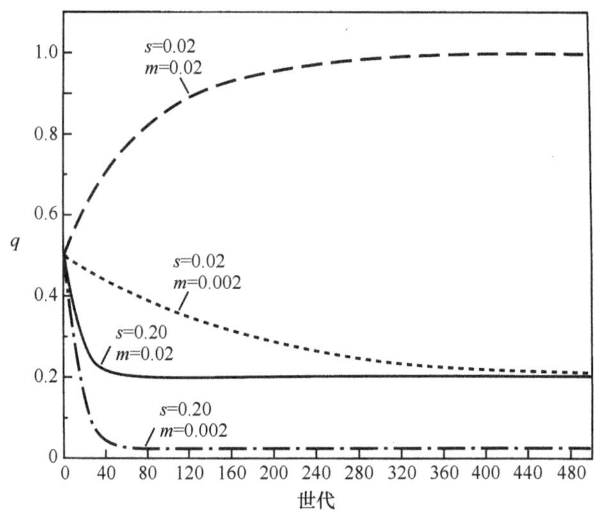

图 5.11 当选择不利于等位基因 A_2 时(无显性)(s=0.2 或 s=0.02),一个岛屿群体中等位基因 A_2 的频率随世代的变化被来自 A_2 固定的大陆群体的迁移(m=0.2 或 m=0.02)所抵消。假定 0 世代时 q=0.5,其他世代的 q 值利用 *Populus* 计算机程序计算(Alstad,2000)。

本章提要和结论

总结本章,考虑 5 种进化力量对两个群体遗传分化的影响(图 5.12)。为了便于说明,假设这是生长在不同地点的两个自然群体,尽管也可以用一个自然群体或人工育种群体多代的遗传分化来说明。假定两个起始群体遗传结构完全一样,根据哈迪-温伯格法则,只要群体很大,随机交配,没有突变、选择、遗传漂变或来自同一地区其他群体的迁移,两个群体将保持相同,而且,任何基因座的基因型频率都符合公式 5.3 的哈迪-温伯格期望值。

虽然群体交配模式(即交配系统)不影响等位基因频率,但确实改变基因型间等位基因分布。尽管大多数林木以异交为主,但也存在一些亲属间的交配(称为混合交配),其交配率高于随机交配下的期望值(近交)。相对于哈迪-温伯格期望值,近交增加群体中纯合体频率,降低杂合体频率。近亲近交(如自交、同胞交配)的后果常是有害的(称为近

群体趋异

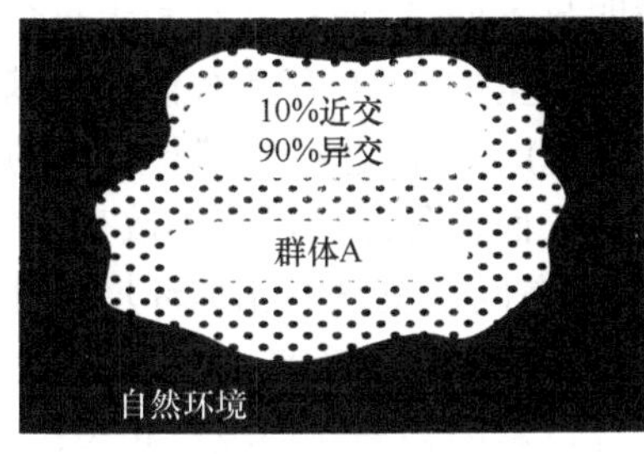

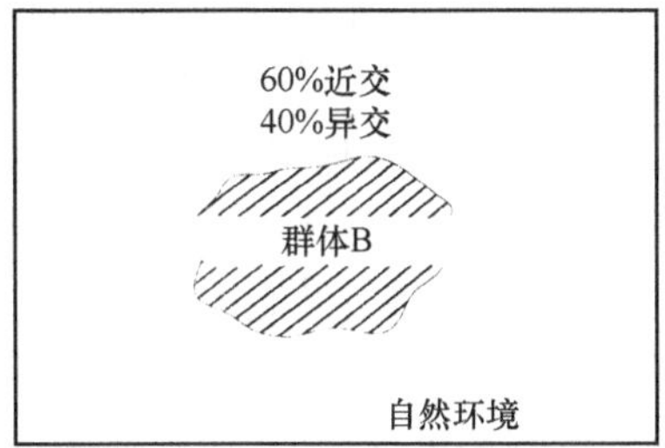

如果:

-两个群体间的近交水平(交配系统)不同，导致基因型频率(即杂合体和纯合体的比例)不同，而且也许导致存活率和生长速率不同。

-环境存在一定差异，因而在一个群体中最有利的基因型在另一个群体中并不是最有利的(即发生差异选择)，导致等位基因频率分化和适应性变化。

-群体很小。任何一个群体大小严重减小都会导致遗传漂变，即等位基因频率的随机分化。

-没有迁移。完全不存在迁移促进定向选择和遗传漂变引起的等位基因频率分化。

-一个或两个群体内的突变率增加。虽然突变是所有遗传多样性的根本来源，但在短期内突变率不同引起的等位基因频率分化预计可以忽略不计，因为突变率通常非常低。

群体趋同

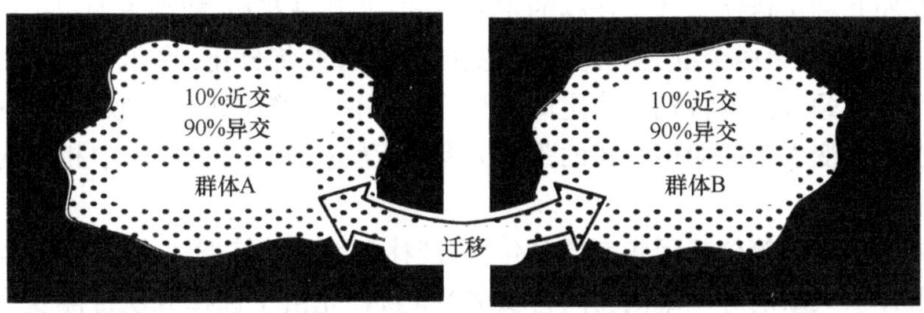

如果:

-两个群体中的交配系统相似。

-环境相似。

-群体保持很大。

-两个群体之间发生迁移。群体间即使有少量的基因流也会减弱定向选择或遗传漂变的影响。

图 5.12　四大进化动力(突变、选择、迁移、遗传漂变)和交配系统对两个群体遗传组成影响的总结示意图,包括趋同和趋异。

交衰退),这是因为通常只存在于杂合体内的稀有有害隐性等位基因在近交的纯合体内表达,要么导致胚败育,要么导致存活子代生长衰弱。因此,两个近交水平不同的群体间的巨大差异,不仅反映在杂合体(和纯合体)频率不同,而且也反映在存活率和生长率方面的不同,但是,大多数高度近交个体,可能在幼年时即死亡,几乎对成年群体的遗传组成没有贡献。

由于 DNA 复制过程不能免于错误,子代中会发生突变,但一般情况下,任何基因座上的突变率都极低。因此,通常不认为突变是引起群体间分化的力量,特别是在短期内(即经过几个世代)。然而,突变是遗传多样性的根本来源,如果没有突变,进化就不可能进行,积累大多数林木树种内普遍存在的丰富的遗传多样性水平需要非常长的时间。

定向选择和遗传漂变都会导致群体间等位基因频率分化，减小群体内遗传变异，但其遗传后果各不相同。如果两个群体所处的环境明显不同，定向选择有利于每个群体中不同的等位基因。如果两个群体或其中之一经历了严重的瓶颈，存活个体等位基因抽样将导致两个群体间等位基因频率随机分化（遗传漂变）。定向选择和遗传漂变的后果主要有 3 个方面的差别：①定向选择使群体适应性更强，而遗传漂变可能不改变群体适应性，甚至导致群体适应性降低；②定向选择对在时间或空间上重复的相似环境条件下相同的等位基因都是有利的（即等位基因频率与环境相关），从这个意义上来说，定向选择对等位基因频率的影响是可预测的，而对遗传漂变，等位基因频率与环境不相关；③选择只对影响适合度的基因座（或与之紧密连锁基因座）上的等位基因频率有影响，而遗传漂变同时影响基因组中所有基因座。

如果定向选择和遗传漂变同时起作用，那么只有当选择系数和（或）群体很小时，遗传漂变对等位基因频率分化模式的影响才起主导作用。林木群体一般很大，但是有效群体大小（相当于哈迪-温伯格条件下繁育个体的数目）而不是实际群体大小决定着遗传漂变的程度。例如，在幼林（即仅有少数开花的成年树木）中或种子歉年，有效群体大小可能比林分中的树木株数少得多。

甚至群体间少量迁移也足以能够降低或防止定向选择或遗传漂变造成的等位基因频率分化。花粉和种子传播是林木迁移的主要方式，尤其是花粉，能在长距离范围内大量广泛的传播。因此，如果两个群体彼此邻近，就可能没有遗传分化，除非一个或两个群体最近经历了重大瓶颈或强度特别高的定向选择。如果两个群体处于相似的环境中，定向选择是防止遗传漂变引起的遗传分化的强大力量，因为选择对两个群体中相同的等位基因都是有利的。

除了减小群体间等位基因频率的分化外，迁移有助于维持群体内的遗传变异，这是因为迁移为群体引入新的等位基因，并且（或者）重新补充由于选择或遗传漂变丢失的等位基因。几种形式的选择，称为平衡选择（即杂合体优势、歧化选择、依频选择），也能增加群体多态性。在缺少其他进化力量时，定向选择最终导致某一基因座上一个等位基因的固定，与之不同，平衡选择同时有利于两个或多个等位基因。对适合度影响很小或没有影响的等位基因也能在群体中长期保持，因为每个世代都会通过突变重新产生这样的等位基因，而这些基因只有通过遗传漂变才会丢失，但如果群体很大，这将需要很长时期。这种机制，称为中性假说，大体能够说明林木和其他异交生物群体中经常观察到的等位酶和其他分子遗传标记的广泛多态性。

第 6 章　数量遗传——多基因性状、遗传率与遗传相关

前述各章重点讨论了**质量性状**(简单遗传性状)的遗传特点与本质,质量性状受单基因或者多基因控制,不同基因型彼此容易区分,因而可明确分组归类。然而,林木中有许多重要性状(如树高)表现出连续的变异,难以依其基因型进行分组归类。这些性状的表现既受多基因控制,同时也受环境效应的影响,将这类性状称为**多基因性状**或**数量性状**。

数量遗传学是研究多基因性状的遗传学分支,其研究目标是将林木自然群体或育种群体的表型变异分解为遗传效应与环境效应。本章介绍数量遗传学有关内容,重点阐述多基因性状的遗传机制。

本章包含 5 个章节。第一节概要介绍多基因性状的特点与研究方法。第二节讨论如何构建表型模型及如何将表型方差分解为遗传方差与环境方差。该节还将引入几个重要概念:**育种值**(breeding value)、**无性系值**(clonal value)、**遗传率**(heritability)等。考虑到遗传学家通常对多个数量性状间的相互关系感兴趣,第三节介绍遗传相关,包括相同性状不同年龄间的相关,又称为**年年**(age-age)相关或**幼成**(juvenile-mature)相关,这是本章的主要内容之一。第四节也是本章主要内容之一,关于基因型与环境相互作用(genotype×environment interaction)及其在林木遗传改良中的意义。最后一节简要介绍利用遗传试验,尤其是**无性系测定**(clonal test)和**子代测定**(progeny test),估算各种遗传参数。

本章引入的几个概念将在后续各章中经常提及,尤其在林木改良计划的设计、实施及增益估算等各环节(*第 13~17 章*)。有关数量遗传学的详细信息,感兴趣的读者可进一步阅读下列参考书(由易到难排列):Bourdon(1997),Fins *et al.*,(1992),Falconer 和 Mackay(1996),Bulmer(1985),以及 Lynch 和 Walsh(1998)。

多基因性状的特点与研究方法

多基因性状的特点

多基因性状(polygenic trait)受多基因控制,且每个基因对该性状的效应微小。生物大多数复杂形态性状为多基因性状。在林木中,一些性状如生长速率(树高、胸径、材积)、物候性状(萌芽期、伸长期、开花期)、木材密度、干形(通直度、分枝粗、分叉)、插穗的生根能力、始花年龄(flowering precocity)及结实量(seed fecundity)等都为多基因性状。在多数情况下,一个多基因性状受几个关联性状影响。例如,生长速率受诸多生理指标(如光合速率与呼吸速率)、物候期(萌芽期、伸长期、顶芽生长)、器官生长速率(根生长模式、展叶时间)等因素的影响。

与一或两个主基因控制的性状(见*第 3 章和第 5 章*)不同,多基因性状表现为:①每个基因位点对性状的效应微小;②对于某一基因位点,每个等位基因对表型的效应微小

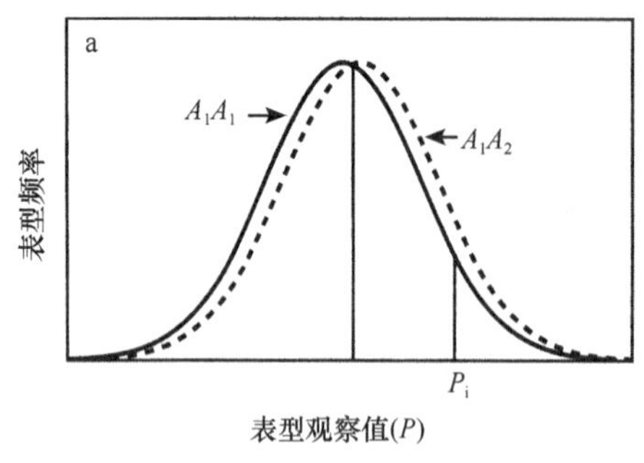

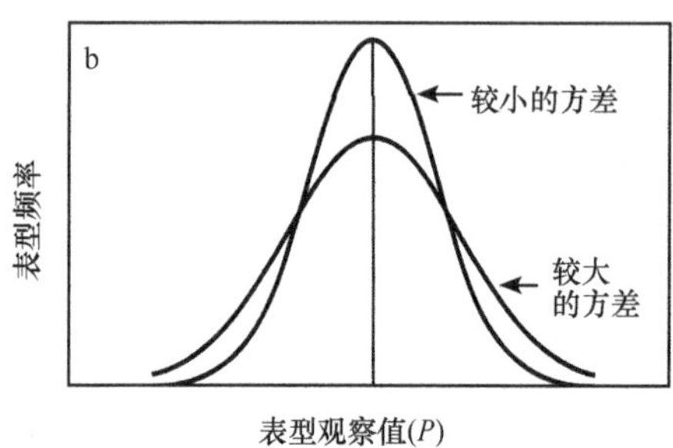

图 6.1 a. 多基因性状(如树高)的表型频率分布,群体平均为 20m,表型方差为 $25m^2$,可以看出:①表型分布是连续的,接近群体平均数的中间类型个体比例多;②任意单个等位基因对群体平均值的效应微小,(曲线 A_1A_1、A_1A_2 表示两个群体,该两个群体仅一个等位基因不同,即 A_2 替换 A_1);③具有相同表型的个体,如 P_i,几乎总是有不同的基因型和环境影响。b. 两个不同频率分布的群体,平均数相同,但方差不同。

(图 6.1a);③树木个体所处的环境对表型影响较大,环境效应与遗传效应混淆在一起,从而更难以直接检测遗传差异;④由上述①~③可知,多基因性状的表型变异通常为连续性变异(因而,多基因性状有时又称为计量性状或数量性状);⑤表型相同的个体其基因型却几乎总是不同,可能在于多个基因位点上的某些特定等位基因不同;⑥至于每个多基因性状受多少个基因位点控制,每一位点的等位基因频率是多少,对此仍一无所知。

对于有些数量性状,多数情况下表现为不连续分布,少数为连续分布,出现这种情形有自然的原因,也有人为的原因。传统上,将一些性状如干形、分枝特性、冠形视为不连续分布性状(如评分为 1、2、3、4),即使这些性状实际上为连续变异。而有些其他性状,自然形成了不连续分布,那些以"无计为 0,有计为 1"计测的性状,如抗病性(健康或感病)、成活率(成活或死亡)或冻害(是与否)。这些性状只分为两种类别,因而常呈二项式分布或伯努利分布。当这些性状为多基因控制时,则称为**阈值性状**(threshold trait)(Falconer and Mackay,1996)。

尽管控制同一数量性状的基因位点有许多,每个位点的等位基因频率有大有小,但这些基因位点同样遵循*第 3 章*论述的质量性状遗传规律。而且,*第 5 章*论述的有关质量性状的选择、突变、迁移、遗传漂变的概念及其效应同样适用于数量性状。例如,人工选择与自然选择将改变控制某一数量性状的多个或所有基因的频率(但在单一世代中,单一位点频率的变化非常小)。

数量性状的研究方法

对于数量性状,由于既无法区分特定的基因型,也不能将其分组,因此,必须采用统计分析方法:①对测定的性状表型变异进行定量分析;②对观察的表型变异分解为不同类型的遗传效应与环境效应;③对测定的个体、家系、无性系进行多位点遗传效应值的估计。本节介绍基本概念,本章后续几节及*第 13~15 章*将对此进行详细论述。

表型变异的定量分析

假定,在某一树种的同龄纯林中,调查了 1000 株树的树高,其树高表型值分布可能与

图6.1a中某一条曲线相似。在该林木群体中,共有 $N=1000$ 个表型观察值(P_i),可采用公式6.1计算**群体平均值**(population mean,μ),应用公式6.2计算**表型方差**(population mean,σ^2)。

$$\mu = \sum (P_i)/N \qquad \text{公式 6.1}$$

$$\sigma^2 = [\sum (P_i - \mu)^2]/N \qquad \text{公式 6.2}$$

群体平均值描述的是表型值分布在 X 轴上的相对位置,其单位与测定性状的单位相同。例如,上述林木群体的平均树高为20m。群体表型方差度量个体表现值与群体平均值的离散程度或者变异程度,其单位为测量值单位的平方。在上例中,表型方差 $\sigma^2 = 25m^2$。方差的平方根称为**标准差**(standard deviation,σ),也是变异幅度的度量值,但其单位与度量值单位相同。变异大的群体具有较大的方差(标准差)。在图6.1a中,两个群体的平均数有微小的差异,而方差相同。在图6.1b中,两个群体的平均数相同,但方差不同,一个群体的方差(或变异幅度)较大,另一群体较小。

估算遗传效应与环境效应

对于任何性状,从表型测量值(表型值及表型方差)中不可能推断出其遗传与环境的相对贡献大小。为了说明这个问题,以上述1000株树群体(图6.1a)为例,该群体树高表型观察值可用以下简单**线性模型**(linear model)来描述:

$$P_i = \mu + G_i + E_i \qquad \text{公式 6.3}$$

式中,P_i 为第 i 株树的表型值(如树高),i 取值1 ~ 1000;$\mu = 20m$,利用公式6.1计算的群体平均数;G_i 为第 i 株树固有的遗传效应值;E_i 为第 i 株树的累加环境效应值。G_i、E_i 分别定义为个体效应值与群体平均的离差值,可为正也可为负,且 $\sum E_i = 0$,$\sum G_i = 0$。在某一特定个体中,其基因型值(或环境效应值)可使其表型值在群体平均值基础上增加或减少。上例中,G_i、E_i 可视为高于或低于平均值20m的离差值。因此,对于某一特定个体,其树高表型值是群体平均数、基因型离差与环境离差三者之和。

由于群体平均数 μ 为常量,在公式6.3中,个体的表型度量值实际决定于两个固有变量(G_i、E_i),且这两个变量常混淆在一起,难以区分。也就是说,在公式6.3的模型中,不管已知变量的数目(即测定的表型观察值数目)有多少,未知变量(G_i、E_i)的数量永远是其两倍,因此,不可能解出 G_i、E_i(进一步的解释参阅专栏6.1)。据此,森林遗传学家需通过后代(有性或无性后代)测定,采用随机、重复试验设计将表型观察值分解为遗传效应值与环境效应值(参阅本章最后一节)。该类测定称为栽培对比试验(common garden test)、子代测定或遗传测定。与遗传测定相关的交配设计(mating design)及田间试验设计(field design)将在*第14章*讲述。交配设计决定了谱系与家系结构,而田间试验设计保障了试验的随机性、重复性及土壤气候条件的代表性。

专栏6.1　遗传与环境效应共同影响表型度量值

考察图6.1a中3株生长较好的树,编号分别为 i、j 和 k,树高均为30m(超过群体平均树高10m)。表型相同的个体,其基因型效应与环境效应有多种组合,下面为其中可能的3种:

$$30 = P_i = \mu + G_i + E_i = 20+6+4$$
$$30 = P_j = \mu + G_j + E_j = 20+12-2 \quad （根据公式 6.3）$$
$$30 = P_k = \mu + G_k + E_k = 20+0+10$$

上例中，个体 i 树体高有两方面原因，一是源于其固有的基因型值 G_i［比平均遗传型值（0m）高 6m］，二是由于该树木生长的微环境有利，比林分平均环境效应高 4m。树木 j 的基因型优异，但生长于稍差的微环境中；树木 k 具有平均基因型效应，但生长于优异的微环境中。

从中可以看出，仅度量表型值难以将基因型效应与环境效应区分。遗传效应与环境效应混淆在表型度量值中。因此，必须利用子代测定信息才能将遗传效应与环境效应区分（*第 14 章*）。

即使获得了原始亲本群体的子代，并按照田间试验设计要求在几个不同环境中进行子代测定，仍然不可能准确地获知控制某一数量性状的亲本基因型。例如，就树高生长而言，树木 j 的基因型优良，但影响树高生长的基因位点可能有很多，其树高生长的优势可能源自等位基因的任意组合。遗传效应值均为 12 的树木间基因型也各不相同（即在其他位点上含有与个体 j 不同的优良等位基因）。

在数量遗传学中，将遗传与环境效应的相对重要性量化为两者分别对表型方差的贡献大小。在一些合理假设前提下（例如，由于群体平均数为常量，可设其方差为 0），可从公式 6.3 推导出：

$$\mathrm{Var}(P_i) = \mathrm{Var}(\mu + G_i + E_i) = \mathrm{Var}(\mu) + \mathrm{Var}(G_i) + \mathrm{Var}(E_i) \quad 公式 6.4$$

$$\sigma_P^2 = \sigma_G^2 + \sigma_E^2 \quad 公式 6.5$$

即表型方差为基因型方差（σ_G^2）与环境方差（σ_E^2）之和。为说明公式 6.5，考察以下两个极端例子。如果所有的 1000 株树来自同一个无性系（基因型相同），那么，$\sigma_G^2 = 0$（由于基因型相同，个体间无遗传差异），则 $\sigma_P^2 = \sigma_E^2$。与此相反，如果环境完全一致（实际上不可能发生），所有的树木所处的微环境相同，个体间遗传上有差异，$\sigma_E^2 = 0$，$\sigma_P^2 = \sigma_G^2$。由此可以看出，表型方差的贡献大小可作为定量遗传与环境效应的相对重要性的指标。本章后续章节将在此基础上引入遗传率概念。

亲本及后代的表型模型

无性系值与育种值

在将数量性状的表型方差进一步分解为遗传与环境两者相对贡献大小之前，有必要深入了解基因型值及亲子间的关系。如果从同一优树上采集无性繁殖材料通过扦插或组织培养途径获得无性繁殖**植株**（plantlet）用于造林，那么，所有植株基因型完全相同，因而具有相同的基因型值 G_i，而且也与母树基因型值完全相同。选择的母树称为**无性系原株**（ortet），而源自同一母树的无性繁殖再生植株称为**无性系分株**（ramet）。原株与分株两者共同构成一个**无性系**（clone），同一无性系所有成员具有相同的 G_i。由此，基因型值 G_i 又称为某一个体的**无性系值**(clonal value),因为它是同一无性系所有植株的基因型值。对某一特定性状,某一个体的无性系值可用于预测该个体无性繁殖植株的平均表现。例如,如采用两个不同的无性系造林,那么,无性系值高的林分生长更快。利用估算的无性系值[以 G_i 表示,为**基因型值**(genotypic value)的同义词]对无性系进行排序,选择最优无性系进行造林,这是无性系造林的基本策略(参阅*第 16 章*、*第 17 章*),如许多国家的巨桉(*Eucalyptus grandis*)造林计划。

预测亲本有性繁殖后代的性状表现也有重要意义。例如,当采用不同亲本的子代实生苗造林时,事先获知某个亲本的子代苗木将有优异表现是非常有价值的。同样,当某选中的树木作为育种亲本时,育种学家最感兴趣的是该亲本子代(与其他亲本交配)的平均表现如何。采用公式 6.3 的表型模型不能预估出有性繁殖后代的表现,必须对该模型进行拓展,还需要引入**育种值**(breeding value)的概念。

$$P_i=\mu+A_i+I_i+E_i \qquad \text{公式 6.6}$$

式中, A_i 是个体的育种值[也称为**加性效应值**(additive value)]; I_i 为**相互作用**(interaction)或**非加性效应值**(non-additive portion)。有 $G_i=A_i+I_i$, A_i、I_i 分别为个体与群体平均数的离差值,因而,群体中所有个体的 A_i 或 I_i 之和为 0。在随机交配情况下,个体的育种值为亲本遗传方差中可传递给子代的那部分。例如,某一亲本的子代树高生长高于群体中所有交配组合子代的平均树高,则可以认为该亲本的树高性状育种值为正值。

要完全理解育种值概念,还需了解**平均等位基因效应**(average allele effect)的概念(专栏 6.2)(Cockerham,1954;Falconer and Mackay,1996)。在植物的有性繁殖中,亲本贡献给后代的是配子,而不是基因型。因此,亲本传递给子代的是其等位基因的一半(单倍型,译者),每一个子代得到亲本等位基因单倍型的一个样本,亲本传递给子代的并不是同一位点的两个等位基因,也不是传递不同位点等位基因的组合。根据孟德尔的独立分离定律、自由组合定律及连锁互换规律,在每一世代的交配子代群体中会出现大量的等位基因组合(包括同一位点不同等位基因及不同位点的基因)(参阅*第 3 章*)。因此,每一基因均具有特定的平均等位基因效应,可增加或降低子代群体的表现,且每个基因独立起作用。个体的育种值 A_i 与特定性状有关,为影响该性状所有等位基因($2n$)平均效应的总和(n 个位点,每位点两个等位基因)。

专栏 6.2　育种值与基因型值的比较

考察单位点模型。假定,影响树高生长有多个基因位点,位点 L 是其中之一。假定在该位点上有两个等位基因,L、l,其等位基因的平均效应分别为:L 提高树高生长 0.1m,l 降低树高 0.1m。如果能区分这两个基因的显性效应(同一位点等位基因间相互作用)和上位性效应(不同位点间基因相互作用),则该位点的平均效应就为这两个等位基因效应值。

对于该位点,个体的育种值(A_L)定义为两个等位基因平均效应之和。共有 3 种可能的基因组合或基因型(LL、Ll、ll):$A_{LL}=0.1+0.1=0.2\text{m}$;$A_{Ll}=0.1-0.1=0.0\text{m}$;$A_{ll}=-0.1-0.1=-0.2\text{m}$。该个体树高性状总的育种值是影响树高生长所有 n 个位点育种值之和(即 n 个位点,每位点两个等位基因,共 $2n$ 个等位基因效应之和)。需要注意的是,任意特定位点对育种值的贡献可以为正,也可以为负,或者为 0,决定于该位点两个等位基因效应之和。

如果不考虑其他位点对树高生长的影响,则基因型 *LL* 的个体具有最高的育种值,因该个体总是贡献一个正向效应的等位基因给后代,而基因型 *Ll* 的个体有一半的概率向后代传递有利基因,因此,其育种值处于中等(育种值=0.0m)。如果等位基因 *L* 对隐性基因 *l* 完全显性,那么,*LL* 与 *Ll* 的基因型值一定相同。这是无性系值与育种值两者不同的一个例证。如果栽植的是无性繁殖植株,则无性系 *LL* 或 *Ll* 有望表现相同,因等位基因 *L* 完全显性(显性度为 1)。这就是为什么这两个基因型的无性系值相同的原因。然而,当基因型 *LL* 作为亲本,其随机交配子代平均生长高于亲本 *Ll* 子代,因为在 *Ll* 的子代中,部分子代为生长较慢的基因型 *ll*。因此当无性系值相同($G_{LL}=G_{Ll}$)时,纯合显性亲本的育种值大于杂合体亲本的育种值($A_{LL}>A_{Ll}$)。

由于个体的育种值仅决定于该个体拥有的每个等位基因的平均效应,无性系值 G_i 中,源于等位基因间相互作用(例如,显性效应或上位性效应)的那部分效应并不会影响随机交配子代的平均表现。将这部分效应定义为非加性效应或者相互作用效应 I_i,以强调该效应来自于等位基因间特定的相互作用,且并不能传递给后代。因此,对于每一个性状,尽管每个亲本均有一个无性系值 G_i 和一个育种值 A_i,但两者并不相同。无性系值是总的基因型值,可完全传递给无性繁殖后代(无性系分株),而亲本的育种值是指在随机交配状况下,亲本传递给有性繁殖后代的优势(或劣势)部分(参阅专栏 6.2)。

正如基因型值不能直接测定,育种值也不能直接获知。育种值可通过子代测定来估算(参阅*第 14 章*、*第 15 章*)。将多个亲本的子代按照随机、重复的田间试验设计栽植在一起进行性状测定。有些亲本的子代生长快、但高感病,这些亲本的育种值有利于生长而不利用抗病。利用子代测定数据仅能估算育种值,因为调查的仅是从每个亲本子代群体中抽取的有限样本的表型数据。

估算后代的平均表现

上节从概念上介绍了个体育种值的含义及组成。本节将给出利用半同胞家系和全同胞家系子代测定数据估算子代平均值的数学方法。*第 13 章*将利用该方法来估算不同选择方法及选用不同改良材料造林所获得的遗传增益。

根据定义,两个亲本间交配可获得一个全同胞家系,如两个亲本的育种值都为正,即可提高树高生长,则其交配子代的平均树高比育种值小的亲本交配的子代高,但在子代群体中,每一个子代的基因型各不相同,如在同一个家庭中,兄弟姐妹的基因型各不相同。亲本在产生配子时,每个配子得到其等位基因一半的一个随机样本,而且,由于非同源染色体之间的基因重组[有时称为**孟德尔抽样**(Mendelian sampling)],理论上,每个亲本可以产生无数个基因型不同的配子(单倍体)。配子间所携带的基因有差异,有些配子有利基因多,有些少或含有有害基因,这样,由雌雄配子(来自于一个或两个亲本)结合发育而来的子代基因型也各不相同,有些子代表现高于子代群体平均值,而有些子代却低于群体平均值。不可能估算出每一个子代的基因型值或育种值,因此,必须从估算家系平均值入手。

半同胞家系的平均表现

某一亲本与群体中所有其他亲本随机交配获得的子代称为一个**半同胞家系**(half-sib family)。在林木中,母本为共同的亲本,父本为群体中随机提供花粉的个体。每一个配子携带有亲本 n 个等位基因的一个随机样本,该 n 个基因影响某个性状,且每一个基因对该性状有正向或负向作用。与亲本情形相同,在子代群体中,平均等位基因效应可累加,则对于某一性状,每个子代的育种值为 $2n$ 个等位基因平均效应之和。由于每个子代从其亲本中继承了一半的基因(及相应的平均效应),子代育种值的一半来自于其亲本。对于半同胞家系子代,当雄配子(即花粉粒)随机来自于群体,且父本数量很大时,则父本平均等位基因效应为0,这是由于育种值定义为与群体平均数的离差,因而,对于任何性状,群体所有父本的平均育种值一定为0。对于某一性状,半同胞家系平均育种值 $\bar{A}_{O,HS}$,用公式表示为:

$\bar{A}_{O,HS} = \left[\sum (A_F + A_M/2)\right]/m$ 　(A_M、A_F 分别为父本、母本平均育种值,m 为子代数目)

$= \sum (A_F)/2m + \sum (A_M)/2m$ 　(拆分)

$= 1/2\bar{A}_F + 1/2\bar{A}_M$ 　(写成平均育种值形式)

$= 1/2\bar{A}_F$ 　(由于父本的平均育种值为0)

$= 1/2A_F$ 　(对于某一家系,其母本育种值为常量)

$= GCA_F$ 　公式6.7

式中,GCA_F 称为母本(所有子代的共同亲本)的**一般配合力**(general combining ability)。换句话说,半同胞家系中,某一子代的平均或期望育种值是其母本育种值的一半,也等同于母本的一般配合力($1/2A_F = GCA_F$)。这意味着,平均来说,某一亲本将其育种值的一半传递给子代。这可以从以下来理解,亲本的育种值是 $2n$ 个等位基因的平均效应之和,而亲本传递给子代的仅为 $2n$ 基因的一半。

也可通过建立线性模型来分析半同胞家系子代的平均**表型值**(phenotypic value),$\bar{P}_{O,HS}$。

$\bar{P}_{O,HS} = \mu_O + \bar{G}_{O,HS} + \bar{E}_{O,HS}$

$= \mu_O + \bar{A}_{O,HS} + \bar{I}_{O,HS} + \bar{E}_{O,HS}$ 　(由于 $G=A+I$)

$= \mu_O + \bar{A}_{O,HS}$ 　(由于 $\bar{I}_{O,HS} = \bar{E}_{O,HS} = 0$)

$= \mu_O + 1/2A_F$ 　(推导自公式6.7)

$= \mu_O + GCA_F$ 　公式6.8

式中,μ_O 为所有可能交配子代的群体平均值;$\bar{G}_{O,HS}$ 为半同胞家系所有子代的表型平均值;$\bar{E}_{O,HS}$、$\bar{I}_{O,HS}$ 分别为平均环境效应与平均非加性效应。其他术语参见公式6.3、公式6.6、公式6.7。下标O、HS表示来自母本F的半同胞家系子代。

为更好地理解公式6.8,假定半同胞家系中每一个子代的表型值是唯一的,由于每个子代有其独特的基因型且所处的微环境不同,家系内个体间存在丰富的变异。然而,如果测定的半同胞家系子代数目非常多，那么，依此估算出的家系表型平均值将降低至近似等于群体平均与母本育种值一半之和。这是由于：①当该半同胞家系大量子代个体栽种在随机、重复的田间试验环境时，子代个体所处的环境有好有坏，因而环境平均效应$\overline{E}_{O,HS}$等于0；②显性与上位性引起的相互作用效应$\overline{I}_{O,HS}$的平均值也等于0；③如公式6.7所推导，半同胞家系个体的育种值$\overline{A}_{O,HS}$等于其共同亲本育种值的一半（$1/2A_F$）。

公式6.7与公式6.8引出了本章一个最重要的概念。两者不仅说明了半同胞家系的育种值等于共同亲本育种值的一半（从公式6.7可知$\overline{A}_{O,HS}=1/2A_F$），而且子代的平均育种值是家系表现的预估值，高于或者低于随机交配子代群体平均值（μ_O）（专栏6.3）。因此，通过对群体中所有亲本育种值的估算（如某个林木改良计划中的育种群体），则可预测由这些亲本随机交配产生的半同胞子代的表现。如果将排名靠前的多个亲本相互间交配产生的种子应用于生产造林（如种子园，参阅*第16章*），那么，这批子代苗木预计将比排名靠后的亲本子代有更好的表现，而且可以从中选择亲本的平均育种值作为子代遗传增益预估值（*第13章*、*第15章*）。利用半同胞家系来估算遗传参数（如遗传率）及育种值将在本章最后一节及*第15章*介绍。

专栏6.3　全同胞家系与半同胞家系的平均表型值

1. *半同胞家系*。为说明公式6.8，考察某一亲本F（来自图6.1a中的群体）的半同胞子代的平均表现。假定亲本F的育种值为6m（$A_F=6$m，$GCA_F=3$m），表明该亲本比林分平均树高（20m）高6m。亲本F的半同胞子代家系的期望平均值可依公式6.8计算为：$\overline{P}_O=\mu_O+1/2A_F=20+3=23$m。

需要说明的是，半同胞家系的期望平均值=群体平均值+亲本育种值的一半。在概念上，群体平均值可表示为以下两种方式：①群体中所有亲本随机交配后产生的所有可能的半同胞家系的平均数；②从亲本群体中随机收集种子繁育成子代群体，从子代群体中抽取样本群体，估算样本群体的平均数。因此，如果两者栽植的环境一致且林龄相同，则亲本F的半同胞子代可望比亲本群体的随机子代高3m。

2. *全同胞家系*。为说明公式6.9，假定从含有1000株树的群体（图6.1a）中选出两个亲本F、M并使其杂交，F、M的育种值分别为6m，12m（其GCA值分别为3m、6m）。将该杂交组合中产生的大量子代与1000个亲本所有可能成对交配（pair-wise mating）的全同胞子代栽植在相同环境中，那么，如果全同胞家系树高的平均值为25m，则SCA必定为−4m（根据公式6.9：$SCA_{FM}=\overline{P}_{O,FS}-\mu_O-GCA_F-GCA_M=25-20-3-6=-4$）。基于某种原因，该家系子代树高比基于亲本育种值（或亲本的GCA）估算出的期望树高低4m，这是由子代群体中等位基因特定的显性效应引起的，而平均等位基因效应并没有包含基因的显性效应。

全同胞家系的平均表现

特定的父本（F）与母本（M）杂交可获得一个**全同胞家系**（full-sib family）。为了预估全同胞家系的平均表现$\overline{P}_{O,FS}$，前已述及，每一个亲本将其一半的育种值传递给子代。据此，与公式 6.8 推导过程相似有：

$$\begin{aligned}\overline{P}_{O,FS} &= \mu_O + \overline{G}_{O,FS} + \overline{E}_{O,FS} \\ &= \mu_O + \overline{A}_{O,FS} + \overline{I}_{O,FS} + \overline{E}_{O,FS} \\ &= \mu_O + 1/2A_F + 1/2A_M + SCA_{FM} \\ &= \mu_O + GCA_F + GCA_M + SCA_{FM}\end{aligned}$$ 公式 6.9

式中各参数定义与公式 6.8 相似；下标 FS 表示为全同胞家系，SCA_{FM} 为组合 F×M 的**特殊配合力**(specific combining ability)。与公式 6.8(半同胞家系)相似：①由于在田间试验时，大量的全同胞家系子代个体随机栽植，有些个体所处的微环境较好，而有些较差，因此，平均环境效应$\overline{E}_{O,FS}$近似为 0；②鉴于每个亲本将其一半的基因传递给子代，则全同胞家系子代的平均育种值$\overline{A}_{O,FS}$可表示为每个亲本育种值一半之和。因此，全同胞家系所有子代的平均育种值等于两亲本的平均育种值，或者等于两个亲本的一般配合力之和，即$\overline{A}_{O,FS} = 1/2(A_F + A_M) = GCA_F + GCA_M$。

特殊配合力 SCA 为一小部分相互作用效应$\overline{I}_{O,FS}$，其家系平均值不为 0，这比一般配合力稍有些复杂。尽管每个世代的非加性效应、相互作用是全新的，但在全同胞家系中，子代独特的基因型组合取决于交配亲本所含有的特定基因，这与半同胞家系情形不同，半同胞家系子代群体的基因主要来自母本。在全同胞家系中，对于任意位点，有 1/4 的子代共享相同的基因型(即遗传同质，参考*第 15 章*)，而且，如果在这个位点上，一个等位基因对另一等位基因为显性，则基因型相同的所有个体共享同一基因型值。该值并不仅仅依赖于平均等位基因效应，还依赖于显性基因的行为。这就是引入 SCA 概念的初衷，并用以说明如下事实，即全同胞家系的平均表现值可能与两个亲本平均育种值不相同。例如，所有的基因位点仅为加性效应(无显性或上位性)，那么，SCA 对家系平均值的贡献为 0。

GCA 为单个亲本的特质，而 SCA 特定于双亲交配子代。SCA 反映了某一家系某一性状的实际平均值与基于亲本育种值的期望值之间差异(专栏 6.3)。因而，SCA 为离差值，群体中所有交配亲本对的 SCA 之和为 0，而且，GCA 与 SCA 两者不相关。换句话说，如果某一母本分别与 100 个父本交配，产生 100 个全同胞家系，可以期望其中一半家系的 SCA 为正值，另一半家系的 SCA 为负值；这 100 个 SCA 值与 100 个父本的 GCA 值不相关。

遗传方差与遗传率

定义与概念

在某群体中，考察某一特定性状，树木个体间的表型方差 σ_P^2 表示为(推导自公式 6.6)

$$Var(P_i) = Var(\mu) + Var(A_i) + Var(I_i) + Var(E_i)$$

$$\sigma_P^2 = \sigma_A^2 + \sigma_I^2 + \sigma_E^2$$ 公式 6.10

式中，由于群体平均数为常量，因而 $Var(\mu) = 0$；σ_A^2 为**加性方差**(additive variance)(群体

内个体间育种值的方差）；σ_I^2 为相互作用方差或**非加性方差**（non-additive variance）（由个体间等位基因相互作用差异引起的方差）；σ_E^2 为个体间所处的微环境不同引起的方差，且假定模型中所有的效应彼此之间不相关。公式 6.10 的意义在于将表型方差表示为 3 个内在的组分（σ_A^2、σ_I^2、σ_E^2）之和（图 6.2）。永远无法知道公式 6.10 中 3 个方差的真实值是多少，但可以通过子代遗传测定获得这些方差的估计值（参考本章最后一节及*第 15 章*）。有时，还有必要将相互作用方差 σ_I^2 分解为，$\sigma_I^2=\sigma_D^2+\sigma_\varepsilon^2$，式中，$\sigma_D^2$ 为**显性方差**（dominance variance），源于同一位点内的基因相互作用；σ_ε^2 为**上位性方差**（epistatic variance），源于不同位点间的基因相互作用。

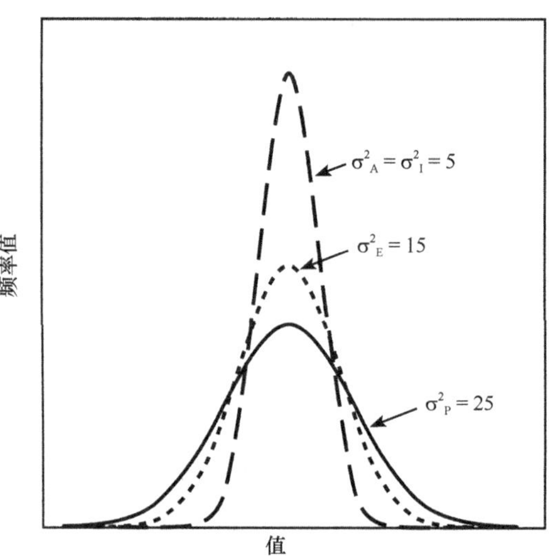

图 6.2 表型方差及其内在的组分：加性方差，非加性方差和微环境效应方差。对假定的目标性状，$\sigma_P^2=25$，$\sigma_A^2=5$，$\sigma_I^2=5$，$\sigma_E^2=15$，$h^2=0.20$，$H^2=0.40$。

由于育种值代表了基因型值中亲本通过随机交配传递给子代的那部分，因而，育种值间的方差只能通过有性繁殖的子代试验来估算。假如试验结束后，表型方差中仅有一小部分源于育种值间的方差（图 6.2），那么，表型方差主要来自环境效应或者相互作用。换句话说，若加性方差小，意味着每一个表型度量值主要受环境效应及相互作用影响而不是育种值影响。图 6.2 给出了最好的例证：在该群体中，树木个体间育种值方差（$\sigma_A^2=5\text{m}^2$）远小于表型值的方差（$\sigma_P^2=25\text{m}^2$）。

在群体中，某一性状遗传控制的相对程度常用**广义遗传率**（broad-sense heritability）和**狭义遗传率**（narrow-sense heritability）来度量。广义遗传率，以 H^2 表示，指遗传方差占总表型方差的比值：

$$H^2=\sigma_G^2/\sigma_P^2=(\sigma_A^2+\sigma_I^2)/(\sigma_A^2+\sigma_I^2+\sigma_E^2) \qquad \text{公式 6.11}$$

狭义遗传率，以 h^2 表示，指加性遗传方差占总表型方差的比值：

$$h^2=\sigma_A^2/(\sigma_A^2+\sigma_I^2+\sigma_E^2) \qquad \text{公式 6.12}$$

狭义遗传率有 3 种相近的释义（Falconer and Mackay，1996；Bourdon，1997）。第一种释义，h^2 为加性遗传方差占总表型方差的比值，可解释为表型方差中育种值方差所占的那部分。第二种释义，h^2 为育种值对表型值的回归系数 b（图 6.3），它度量的是单位表型值改变量所对应的育种值改变量（斜率 = $b = h^2 = \sigma_A^2/\sigma_P^2$）。例如，如果 $h^2 = 0.20$，那么，某一个体比其他个体高 1m，则可以预计其育种值比其他个体高 0.2 m。第三种释义，可能也是信息最丰富的，h^2 度量了有性繁殖后代与其亲本相似的程度。如果某性状 $h^2 = 1.0$，那么，每一个表型度量值完全反映该个体固有的育种值。如果将该个体用作亲本，其半同胞子代的平均表现值与该个体相似（高于或低于群体平均值），这是由于育种值代表了随机交配状况下传递给子代的那部分表型值。广义遗传率也有 3 种相似的释义，只是将上述释义的加性方差、育种值及有性繁殖后代分别替代为总遗传方差、无性系值及无性繁殖后代。

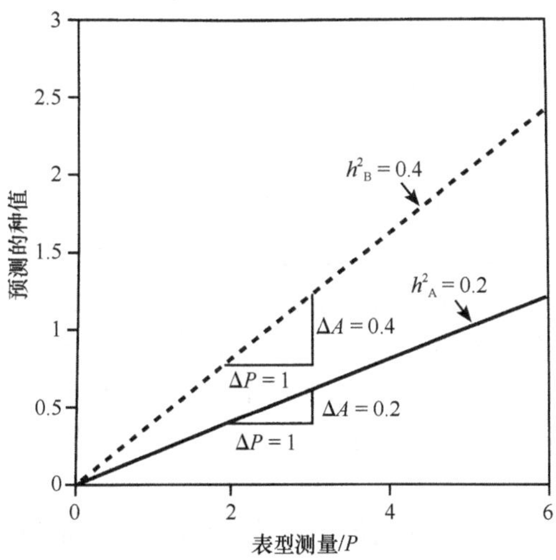

图 6.3　育种值对表型值的回归直线。假定两个性状 A、B，$h_A^2 = 0.2$，$h_B^2 = 0.4$。需注意的是，性状 B 的遗传率较高，其表型值更接近于预估的育种值。如果两株树的表现值均相差一个单位，则其期望育种值将分别有 0.2 单位、0.4 单位。对于性状 B，开展优良表型选择有可能获得较好的效果。

不管是广义遗传率还是狭义遗传率，两者均与测定的性状、试验群体，以及遗传测定时的环境条件一致性有关（专栏 6.4），而且，真实的遗传率是永远无法获知的，必须借助于后代测验来估算（利用无性系后代估算 H^2，有性后代估算 h^2）。本章最后一节简单介绍了两种试验方法，更详细的方法将在*第 15 章*阐述。总体来说，遗传率难以估算，需要大量的无性系和（或）家系才能精确估算。小规模试验估算出来的遗传率很不精确，且估算的标准差与置信区间均很大。

专栏 6.4　遗传率的特点

1. 遗传率与特定的性状有关，表明如果两个数量性状受不同的基因位点控制，则其遗传率明显不同。

2. 任意性状的广义遗传率（H^2）与狭义遗传率（h^2）取值均为 0 ~ 1，且若存在非加性方差，则 $H^2 > h^2$。

3. 遗传率为群体遗传组成的函数。当影响某一数量性状的所有位点的等位基因频率均为中等（0.25 ~ 0.75），则遗传率（H^2、h^2）较高。如果选择（自然或人工）的结果使某一等位基因完全固定(其基因频率接近1.0)而几乎消除其他可能(频率接近0),将降低该性状的遗传变异及遗传率。

4. 遗传率也是林木群体所处环境因子的函数。如果田间试验的环境条件均一,试验操作与管理细致以降低试验的环境效应与测量误差,那么,估算的遗传率较高,因为试验环境方差较小(即公式6.11和公式6.12内分母中较小的σ_E^2值),这表明估算的遗传率仅应用于特定的环境和试验条件。

5. 任何抗逆性状(如抗病、抗干旱或抗寒)的遗传率必须在逆境的环境条件下估算。群体中可能蕴含有抗性遗传变异,但只有在逆境中才能表现出来。

6. 对于未进行数据转换的二项式分布性状,其遗传率是群体中该性状平均发生次数的二次函数。当群体平均数非常高或低时,则群体表型变异小,遗传率较低(Sohn and Goddard,1979)。

一个有趣的悖论是,不能直接利用自然群体(如图6.1与图6.2中含有1000株树木的群体)来估算遗传率。这是因为只有通过重复、随机设计的田间试验,才能将表型方差分解为遗传方差与环境方差。而采用自然群体来估算遗传率,试验材料仅包括从原始天然群体中抽取的一个样本群体的有性或无性后代,试验也没有经历与原始亲本群体所经历的完全相同的环境因子与气候条件,则遗传率估算的准确性肯定不高。对于任意性状,其遗传率估算的准确性有赖于遗传测定所用样本大小及遗传测定环境与亲本群体环境的相似程度。

根据单个地点试验结果估算的遗传率总是偏高(即过高估值)。这将在本章的"基因型与环境相互作用"一节中介绍。为了获得遗传率的无偏估计值,应在不同地理区域或不同的土壤气候条件进行多地点的重复试验。

即使试验测定的基因型数目多,且为多个地点试验,也必须要满足遗传率估算的几个假设条件(Cockerham,1954),便于遗传率的应用及解释。在林木中,存在以下3个严重影响狭义遗传率的估算或释义的问题:①树种为多倍体;②试验群体包含部分或全部为自交或近交子代(Griffin and Cotterill,1988;Sorensen and White,1988;Hardner and Potts,1995;Hodge *et al.*,1996);③试验群体处于严重的连锁不平衡状态。例如,当两个地理相隔遥远的群体发生融合,或者两个树种发生种间杂交时,就易出现连锁不平衡。为了有效解释估算的广义遗传率,需要给定另外一个重要假设:无性繁殖(如组织培养或根插)时,无性系间不存在无性繁殖体系的差异。由无性繁殖方法引起的非遗传效应称为**C效应**(C-effect),如在无性系间存在C效应,将使估算的遗传率偏高(Libby and Jund,1962;Burdon and Shelboune,1974;Foster *et al.*,1984)(参阅*第16章*)。

除本章介绍的以上两种遗传率之外,还有其他类型的遗传率(Hanson,1963;Hodge and White,1992a;Falconer and Mackay,1996)。本章讨论的广义遗传率及狭义遗传率都是以树木个体为单位进行度量、分析及选择,因而有时称其为单株遗传率。单株遗传率在定量分析数量性状遗传控制程度时最有价值,不能将其与家系遗传率、小区平均遗传率及无性系重复率混淆。后面3种遗传率在某些特定的林木选择育种计划中最有价值,对此,本书将不进行深入讨论。

林木遗传率估算

在林木中，已估算了很多性状的遗传率，如反映林木生理过程、年生长与开花等物候、花成熟、材积生长及木材品质等性状。Cornelius（1994）总结了67篇有关狭义遗传率估算的文献，包含有500多个狭义遗传率（h^2）估算值，涉及不同的树种、不同的性状及不同的林龄，得出以下4点结论：①对于任何性状，遗传率估算值的变动范围主要依赖于试验规模及试验环境条件的一致性；②除木材密度外，其他大多数经济性状（如树高、树径、材积、通直度及某些分枝特性等）的 h^2 为0.19～0.26；③木材密度的 h^2 为0.48，表明与其他性状相比，木材密度受更强的遗传控制；④h^2 与试验树种及林龄之间并未发现有任何规律性。其他几篇综述文章，如 Eldridge 等（1994）对桉属（*Eucalyptus*），Cotterill 和 Dean（1990）对辐射松（*P. radiata*），总体上与上述结论基本相符。

需要注意的是，许多有关遗传率估算的报道仅基于单个地点的试验结果，表明估算的遗传率偏高（参阅"基因型与环境相互作用"一节），但是，可以确认的是，大多数材积生长及干形性状的狭义遗传率为0.1～0.3，而木材密度的狭义遗传率为0.3～0.6（详情请参考"木材品质遗传"，见 Zobel and Jett，1995）。

许多研究者比较了同一树种不同林龄的生长性状狭义遗传率，而一些研究者通过建立模型来分析遗传率随林龄（或称林分发育阶段）的变化趋势（Namkoong *et al.*，1972；Namkoong and Conkle，1976；Franklin，1979）。然而研究结论不尽一致，既有遗传率随林龄变化而改变的报道，也有遗传率随林龄变化而保持相对不变的报道（Cotterill and Dean，1988；King and Burdon，1991；Balocchi *et al.*，1993；St. Clair，1994；Johnson *et al.*，1997；Osorio，1999）。同时，不能用单一的林分发育模型来解释所有树种的遗传率与林龄之间的变化趋势，不同树种可能要采用不同的模型（参考 Hodge and White，1992；Dieters *et al.*，1995）。

由于通过无性繁殖途径进行商业化造林的树种相对较少，有关林木广义遗传率估算的报道非常少（Shelourne and Thulin，1974；Foster *et al.*，1984；Foster，1990；Borralho *et al.*，1992a；Farmer *et al.*，1993；Lambeth and Lopez，1994；Osorio，1999）。甚至，也很少有同时对同一林木群体的广义遗传率和狭义遗传率进行估算的报道（表6.1），虽然这样的研究特别有价值。因为利用相同的试验材料（基因型）与试验环境估算出的广义遗传率与狭义遗传率，就可用比率 h^2/H^2 来度量 σ^2_A/σ^2_G。h^2/H^2 值接近1.0，表明非加性方差非常小，无性系值近似于育种值，同时，也意味着无性系造林比实生苗造林几乎无任何优势（对此，本书*第16章*进行了较详尽的阐述）。

表6.1列出了几个树种的生长性状 h^2/H^2 值，从中可以看出：①无论是广义遗传率还是狭义遗传率，不同试验估算的结果常变化很大；②广义遗传率总是大于狭义遗传率；③比率 h^2/H^2 为0.18～0.84，平均值为0.49。有时，C效应很大，当无性系间C效应方差与遗传方差混淆在一起时，将使估算的广义遗传率偏大。目前的结果表明，生长性状的非加性遗传方差相当大，且可大至近似等于加性方差，也就是说，在试验数据缺失的情况下，h^2/H^2 很有可能等于0.5。非加性方差的大小、C效应的影响及比率 h^2/H^2 是数量遗传学需进一步研究的课题。

表 6.1 6 种针叶树种生长性状的狭义遗传率(h^2)与广义遗传率(H^2)。3 个性状分别为胸径(DBH)、树高(HT)、材积(VOL)。表中还列出了每个试验所含有的家系及无性系数目。

树种	家系,无性系(#,#)	性状,林龄(年)	狭义遗传率 h_2	广义遗传率 H^2	h^2/H^2 比值	文献出处
黑云杉(*Picea mariana*)	40,240	HT,5	0.08	0.11	0.73	Mullin and Park,1994
		HT,10	0.05	0.13	0.38	
辐射松(*Pinus radiata*)	16,160	DBH,7	0.08	0.32	0.25	Carson *et al.*,1991
		DBH,10	0.10	0.35	0.29	
辐射松(*Pinus radiata*)	60,120	DBH,8	0.16	0.38	0.42	Burton and Bannister,1992
		HT,8	0.20	0.30	0.67	
火炬松(*Pinus taeda*)	30,514	DBH,5	0.10	0.13	0.76	Paul *et al.*,1997
		HT,5	0.21	0.25	0.84	
美洲黑杨(*Populus deltoides*)	32,252	HT,4	0.16	0.32	0.50	Foster,1985
		VOL,4	0.07	0.39	0.18	
花旗松(*Pseudotsuga menziesii*)	60,240	DBH,6	0.15	0.38	0.39	Stonecypher and McCullough,1986
		HT,6	0.19	0.34	0.56	

林木遗传率估算的应用与重要性

遗传率估算对于了解林木自然群体及林木育种群体的遗传结构具有重要意义。在自然群体中,微进化是一个长期缓慢的过程。微进化影响群体遗传结构,进而使不同环境的林木群体发生遗传分化。只有当某一性状表现出差异,性状可遗传(即 $h^2>0$),且在分化自然选择作用下,大群体才会发生遗传分化(Lande,1988a;Barton and Turelli,1989)。因此,当群体间环境差异明显,自然选择压不同时,可应用表型方差、遗传方差及两者的比值遗传率来定量分析某一性状是否会发生潜在的遗传分化(参考*第 5 章,第 8 章,第 9 章*)。

森林树种受瓶颈效应影响也很大。在地质历史上,冰河时期和其他重大事件使林木种群大小急剧减小。瓶颈效应引起等位基因频率的遗传漂变(*第 5 章*)。如果某一性状的非加性方差很大,有证据表明该性状更易受选择影响,随后将出现瓶颈效应(Goodnight,1988,1995;Bryant and Meffert,1996),而这超出了本书讨论的范围。近年来,与此相关的进化数量遗传学受到越来越多的关注(Roff,1997)。

在自然群体中,遗传率的另一个含义与 Fisher 的自然选择法则有关(Fisher,1930)。依据该法则,与适合度密切相关的性状的遗传变异程度较低,因而性状遗传率较低(Falconer and Mackay,1996,p339)。该法则建立在以下论点基础之上:与适合度密切相关的性状处于强度选择压之下,经过多代的自然选择,最终,选择压将导致控制该性状的多个位点的等位基因被固定(Barton and Turelli,1989)。与此相反,与适合度不相关的性状遗传率较高,这是因为自然选择对该性状不起作用,从而不降低其已有的遗传变异。在林木中,这方面的研究尚无实例报道;然而,在动物中,Mousseau 和 Roff (1987)总结了 75 种动物中 1120 个遗传率估算值,Roff 和 Mousseau (1987)深入分析了果蝇中多个遗传率估算值,两者结果均支持 Fisher 假说。除了 Fisher 法则外,关于适合度与遗传率两者之间的关系也有另外一些观点(Roff,1997,p64);然而,试验结果表明,在很多树种中,与适合度有关的性状其遗传率较低。当然,这仅仅为一般性趋势,毫无疑问会有例外情形。

遗传方差与遗传率在林木改良计划中具有多方面的应用价值,本书*第 13 ~16 章*将对此进行深入讨论。本章仅从遗传率的本质特性角度来突出其应用前景:①在林木改良计划中,当其他条件相同时,应优先考虑遗传率较高的性状,因其潜在的改良效果较好(遗传率低的性状,其表型度量值不能有效地预估其内在的基因型值,因而选择响应较低);②在林木改良计划中,可根据最重要性状遗传率的大小决定田间试验的类型与规模,以及适宜采用的选择策略(也就是说,遗传率低的性状,需要测定的子代数目更多,而且需多地点、多次重复试验,以获得较准确的亲本育种值的估计值);③可以利用估算的遗传方差与遗传率预测该性状的期望遗传增益大小(参考*第 13 章*);④进一步可利用试验数据的混合模型分析方法预估育种值和无性系值,或通过构建选择指数尽可能提高遗传增益(参考*第 15 章*);⑤h^2/H^2 值小,表明非加性方差所占的比率大。在这种情形下,通过无性系育种可以获得额外的遗传增益。利用无性系测定结果选择优良无性系应用于商业造林,可获得较好的改良效果(*第 16 章*)。

遗传相关

定义与概念

在林木群体中,当同时测量两个性状时,两个性状度量值之间可能有关联或者存在相关性。例如,假定在图 6.1a 所示的林木群体中,分别测量 1000 个个体的树高与胸径。可能期待有如下趋势:树高超过群体平均值的个体,其胸径也超过群体平均值。在这种情况下,两个性状之间隐含着一种表型关联,其关联程度可用**表型相关**(phenotypic correlation)系数 r_p 来度量。

这里,不列出计算表型相关系数 r_p 的公式(具体公式可参考 Falconer and Mackey,1996;Bourdon,1997),而是突出表型相关系数的本质特性:①与所有的相关系数一样,表型相关系数是度量两个性状之间关联程度的标准化的、无单位的系数;②表型相关系数取值为-1 ~1;③如果表型相关系数为正值,表明一个性状值大于群体平均则另一个性状值也大于群体平均,同理,一个性状值小于群体平均则另一个性状值也小于群体平均;④如果表型相关系数为负值,表示一个性状值大于(或小于)群体平均则另一个性状正好相反,其值小于(或大于)群体平均;⑤相关系数接近于 0,表明两个性状度量值之间关联程度很低;⑥当 $r_p=1$ 或 $r_p=-1$,两个性状之间存在完美的线性相关,即已知某一性状,则可以完全预测另一性状的表现。

与表型方差相同,两个数量性状之间的表型相关可能来自遗传或者环境两个因素,因此,了解遗传与环境两个因素在表型相关中所占比例就显得很有必要。两个性状之间存在**遗传相关**(genetic correlation)的主要内在机制为**一因多效**(pleiotropy),即同一个基因位点影响多个性状的表达(Mode and Robinson,1959)。考察两个数量性状,每个性状受多个基因位点控制(图 6.4),如果多数基因位点为一因多效,且都影响这两个性状的表达,那么,两个性状之间的表型相关实际上是由内在的遗传相关所引起。

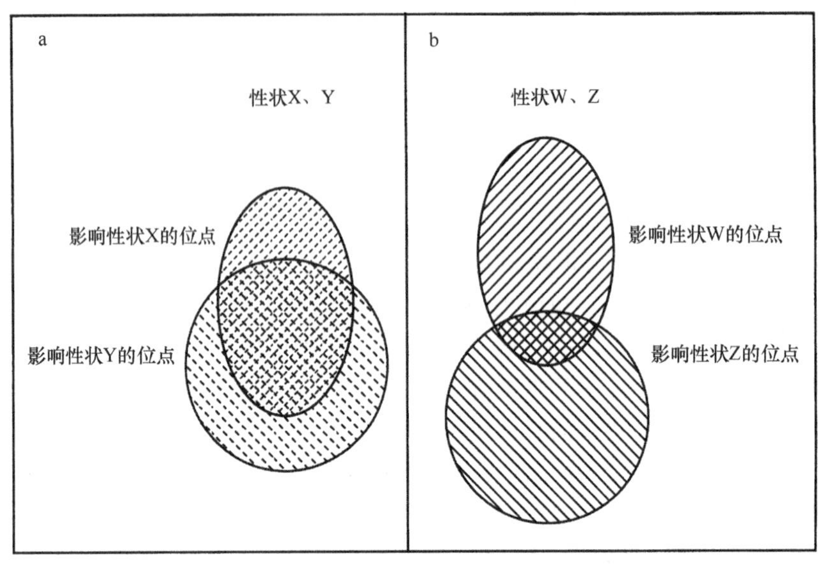

图 6.4 两对不同性状的一因多效示意图:a. 性状 X、Y 共享许多一因多效基因位点,两性状间存在较强的遗传相关(正相关或负相关);b. 性状 W、Z 共享的一因多效基因位点较少,两者遗传相关较弱。

与遗传率的定义类似,遗传相关也可以区分为广义遗传相关(r_G)与狭义遗传相关(r_A)。为更好地理解这两个概念,考察以下情形。假定已知林木群体中所有个体的真实的无性系值及育种值(事实上,永远无法获知内在的遗传型值,而是通过田间试验来估算)。**广义遗传相关**(broad-sense genetic correlation)指两个性状 X、Y 真实的无性系值之间的相关:$r_G = \text{Corr}(G_{Xi}, G_{Yi})$,其中,$G_{Xi}$、$G_{Yi}$ 分别为性状 X、Y 在所有个体中的真实的无性系值,$i = 1, 2, \cdots, N$,N 为群体中的个体数。**狭义遗传相关**(narrow-sense genetic correlation)指两个性状 X、Y 真实的育种值之间的相关,$r_A = \text{Corr}(A_{Xi}, A_{Yi})$,其中,$A_{Xi}$、$A_{Yi}$ 分别为性状 X、Y 在所有个体中的真实的育种值。两者分别度量了考察群体中两个性状的无性系值(r_G)之间和育种值(r_A)之间的关联性。因此,r_A 接近于-1,说明某一性状高于平均育种值则另一性状一定低于平均育种值,两者的关联性很强。

如果影响某一性状的环境效应也影响另一性状,则两个性状之间的表型相关也可能由**环境相关**(environmental correlation)r_E 所引起。例如,假定在某一针叶林分中,由于环境条件(如土壤深厚、湿润)适宜,春材生长较快,这就是说,在好的立地条件下春材生长量增加,但对后期生长影响不大(因而,所有立地条件下的秋材生长量差异不大)。在该立地条件下培育的木材,由于春材比例高,而春材的木材密度比秋材小,因此,在好的立地条件下,树木生长快,但木材密度小。在这种情况下,胸径生长与木材密度间的环境相关为负值(胸径生长快则木材密度小)。这与影响两个性状的基因位点没有任何关系,两者之间或者存在遗传相关,或者不相关。

将表型相关按其内在机制进行分解是数量遗传学所面临的挑战。两个性状之间的表型相关是遗传率、遗传相关与环境相关的复合函数(Hohenboken,1985;Falconer and Mackay,1996)。因此,从表型相关中不太可能推导出内在的遗传相关与环境相关的大小或符号(正值或负值)。它有两层含义:①在进行遗传推断时,表型相关的作用不大(参考以下章节及*第 13 章*),因此,必须估算遗传相关;②需要设置包含多个亲本子代材料的随机、重复的田间试验才能估算出遗传相关与环境相关。关于第二点，需要强调的是，精确估算遗传相关甚至比遗传率估算还要困难，需要更大规模的田间试验。

此外，还必须提到其他两个与此有关的观念。第一，相关系数的符号（正或负）具有随意性（或不确定性），它反映的是度量尺度。对于任一性状，如果度量值乘以-1，则相关系数的符号相反。因此，获知两个性状的精确尺度是最重要的，有时，多采用有利的相关或不利的相关来描述相关系数，很少采用正相关或负相关。第二，所有类型的相关系数反映的是群体水平的趋势，而不是特指某一个体。因此，即使两个性状之间为负相关，在两个性状上均高于群体平均数的个体也是存在的［这些个体被称为**相关破坏者**（correlation breaker）］。

在林木遗传改良中，常用的遗传相关有 3 类：①两个不同性状间的遗传相关，如生长与木材密度；②相同性状在两个不同年龄之间的遗传相关，称为**年年相关**（age-age correlation）或**幼成相关**（juvenile-mature correlation）；③相同性状在两个不同小环境之间的遗传相关。下面介绍第一类与第二类遗传相关，第三类在本章“基因型与环境相互作用”一节中介绍。

性状-性状相关

性状与性状之间的遗传相关在动物（Falconer and Mackay，1996；Bourdon，1997）、植物（Hallauer and Miranda，1981；Bos and Caligari，1995）和林木（Cotterill and Zed，1980；Dean *et al.*，1983；Van Wyk，1985a；Dean *et al.*，1986；King and Wilcox，1988；Volker *et al.*，1990；Woolaston *et al.*，1990）中均有报道。几乎所有估算的遗传相关均为狭义遗传相关（r_A），通常指简单遗传相关。随着更多的无性系育种计划的实施，越来越多的广义遗传相关被报道（例如 Osorio，1999）。清晰区分这两类遗传相关有重要意义。

在动植物研究中得到如下一致的结论：动物的体形、作物与林木植株大小等性状之间呈强度正遗传相关，如在林木中，树高、树径与材积三者之间呈强度遗传相关，r_A 为 0.7～1.0。由于这几个性状的功能有关联，三者之间呈强度遗传相关是必然的结果。林木木材密度与材积生长量之间的遗传相关一直是关注的重点，Zobel 和 Jett（1995）对此进行了总结。他们认为，对于许多树种（特别是大多数针叶树和桉树），两者相关性不强；但是，也有许多研究结果认为两者为正相关或负相关。一般仅从文献中很难得出性状间相关程度的结论，因此，在正常情况下，性状与性状之间相关必须分别从树种、性状方面进行估算，做到具体问题具体分析。

无论是研究林木自然群体还是实施林木改良计划，了解性状与性状之间遗传相关的信息是非常重要的。假如两个性状之间存在强度的正或负相关，那么，对第一个性状的选择（无论是人工选择还是自然选择）必然会引起第二个性状的改变。这称为**相关选择响应**（correlated response to selection）或**间接选择**（indirect selection）（参考*第 13 章*）。考察狭义遗传相关，前已述及，只有加性等位基因效应才能经随机交配后传递给后代。如果两个性状间为强度正遗传相关，某一亲本在第一个性状上具有高的育种值，则第二个性状的育种值也必定高，这意味着该亲本产生的后代在两个性状上均有优良的表现。

在林木改良计划中，性状间遗传相关的重要性体现在以下几方面：①如果两个性状存在强度的有利相关,那么,对第一个性状的选育将使两个性状都获得遗传增益;②如果两个性状存在强度的不利相关,则要同时改良两个性状就更加困难;③如果性状间的遗传相关未知,对于某个选择育种计划,有可能得到出乎预料的结果。最后一种情形称为**无意选择响应**(inadvertent selection response),指在育种计划中,当对某一目标性状进行选择时,性状间的遗传相关,导致另一个非目标性状发生(有利或不利)改变。

年年相关

在林木改良计划中,很少有育种工作者会等到轮伐期结束后才开展优良个体选择。虽然育种目标是提高轮伐期的材积生长量,但一般在幼林期就对目标性状进行选择。显然,这可能为两个不同的数量性状(幼年期生长与成年期生长)。如果影响材积生长的基因位点在林木不同发育阶段(林龄)几乎相同,则两个性状间的遗传相关较高。如果在幼林期起作用的大多数基因位点到成年期(如林分郁闭期或始花期)作用变小或者有新的基因位点起作用,那么,两个性状间的遗传相关就较小。可以肯定的是,早期选择效率至少部分与两个性状的年年相关系数有关(进一步讨论参阅*第 13 章*)。

基于年年相关对于林木改良计划的重要性,年年相关系数已被广泛应用于许多树种中。Lambeth (1980)通过总结已发表的针叶树种树高生长在不同林龄间的表型相关系数,提出以下经验公式:

$$r_P = 1.02 + 0.308(\mathrm{LAR}) \qquad \text{公式 6.13}$$

式中,r_P 为表型相关系数的估算值;LAR 为幼龄与成龄之比率的自然对数。例如,第 5 年与第 20 年的表型相关为 $r_P = 1.02+0.308\times\ln(5/20) = 0.593$。该经验公式仅与幼龄与成龄的比值有关,而与实际年龄无关。因此,不管任何实际年龄,只要幼成年龄比率为 25%,其预估的表型相关系数均为 0.593。相应的,当幼成年龄比率分别为 0.5、0.75 时,估算的表型相关系数分别为 0.81、0.93。

如同 Lambeth (1980)所认为,如果生长性状的年年相关可近似等于年年表型相关,那么,在生长早期进行选择后,可利用经验公式 6.13 来估算生长晚期树高的遗传响应。基于此,许多研究者利用公式 6.13 估算了几个树种树高、树径、材积生长的遗传相关并进行比较,得出如下 5 点结论:①大多数情况下,任意生长性状(树高、树径、材积)的年年遗传相关稍高于利用公式 6.13 估算的表型相关(Lambeth *et al.*, 1984; Cotterill and Dean, 1988; Riemenschneider, 1988; Hodge and White, 1992b; Dieters *et al.*, 1995);②遗传相关并不总是与 LAR 呈线性关系,可能随土壤、气候条件而改变,因而,对有些树种需要建立新的更复杂的模型(King and Burdon, 1991; Matheson *et al.*, 1994; Johnson *et al.*, 1997);③与树高相比,胸径与材积更需要建立不同的模型,因为胸径、材积生长对株行距、竞争差异等林分特征更加敏感,这在成龄期尤为明显(Lambeth *et al.*, 1983a; King and Burdon, 1991; Johnson *et al.*, 1997);④用公式 6.13 估算的第 1 ~ 2 年的早晚相关系数常偏大(Lambeth *et al.*, 1984; Riemenschneider, 1988; Matheson *et al.*, 1994);⑤不管用公式 6.13 估算的是遗传相关还是表型相关,对于该估算方法的理论依据已备受质疑,因为生长晚期的树干大小是生长早期的树干大小的函数,两者存在自相关(Riemenschneider, 1988; Kang, 1991)。

基于以上结果,理论上,总是期望分别从性状、树种、年龄组合及环境条件估算出年年遗传相关。然而,这需要大规模的田间试验(几百个家系在几个环境下进行试验,试验期限较长)。在缺乏上述试验条件情况下,公式6.13提供了树干生长性状年年遗传相关的保守估计值。

研究表明,在相同的林龄情况下,木材密度的年年遗传相关高于树干生长性状(Loo, *et al.*, 1984; Burdon and Bannister, 1992; Vargas-Hernandez and Adams, 1992)。例如,在火炬松(*P. taeda*)中(Loo, *et al.*, 1984),第2年与第22年的木材密度的遗传相关系数为0.73,而用公式6.13估算相同林龄组合的生长性状的相关系数仅为0.28。

基因型与环境相互作用

定义与概念

基因型与环境相互作用(以下称为G×E相互作用)的实质为,当多个基因型种植在不同的环境时,基因型的相对表现缺乏稳定性。或者,基因型的相对排名在不同环境中发生改变[称为**秩次改变**(rank change interaction)],甚至在不改变基因型排名情况下,基因型间差别在所有环境中并不总是恒定的[这称为**尺度效应**(scale effect interaction)]。例如,某一树种的树高生长高于其他树种,但树种间差异程度在不同环境中有波动,栽植在某一土壤类型时,种间差异很大,而另一个土壤类型差异就小。图6.5为秩次改变的一个实例,两种南方松在不同的栽培技术措施下树高早期生长排名发生改变(Colbert *et al.*, 1990)。

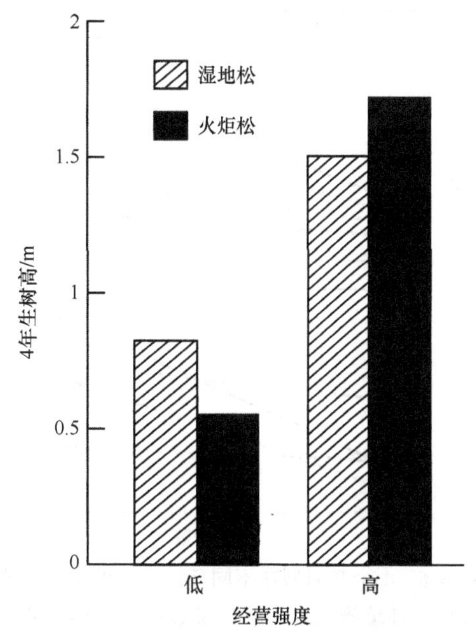

图6.5　在相同地点,不同经营强度下的湿地松(*Pinus elliottii*)与火炬松(*Pinus taeda*)4年生树高生长表现。两个不同经营强度分别为低强度(不施肥、不除草)、高强度(施肥、除草)。统计分析结果表明存在显著的树种与处理的相互作用效应,导致两个树种在不同处理中排名发生改变[版权归美国森林工作者协会所有(1990);图片经作者允许,翻印自Colbert *et al.*, 1990]。

在讨论G×E相互作用时,术语"基因型"与"环境"的含义非常宽泛。用于对比的基因型可为不同的种,或者同一树种不同的种子产地、种源、家系或无性系。栽植的环境可以为不同的土壤类型、海拔、气候、施肥处理、栽植密度或者以上因素的任意组合,以及其他环境与栽培因子。

在所有栽植环境中,如基因型间性状差异并不保持恒定,将产生G×E相互作用。从统计角度来看,G×E相互作用为双向的。在这种情况下,公式6.3所定义的描述表型方差组成的线性模型不再适合,应对该公式进行修订,应包含G×E相互作用。

$$P_{ij}=\mu+E_i+G_j+GE_{ij}$$ 公式 6.14

式中，P_{ij} 为第 j 个基因型生长在第 i 个小环境中的表型值；μ 为所有基因型在所有环境中的群体平均值；E_i 为特定的环境效应值；G_j 为基因型 j 在所有环境的平均值；GE_{ij} 为 $G\times E$ 相互作用效应值，它度量了基因型 j 在第 i 个环境的表现与基于所有环境平均表现的期望值之间差异程度（或好或差）。公式 6.14 仅为概念性模型，在实际试验中，该线性模型还应包括试验设计因子（如区组）及随机误差项（参照*第 15 章*）。公式 6.14 表明在第 i 个环境，任意一对基因型 j、j' 之间的差异不仅依赖于两个基因型在所有环境的平均表现（G_j、$G_{j'}$），而且与两个基因型与环境相互作用有关：

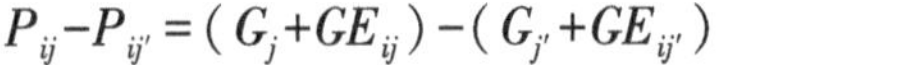

$$P_{ij}-P_{ij'}=(G_j+GE_{ij})-(G_{j'}+GE_{ij'})$$ 公式 6.15

式中，$P_{ij}-P_{ij'}$ 为基因型 j 与 j' 某一性状的表型值差异；G_j+GE_{ij} 为基因型 j 在第 i 个环境的表现；$G_{j'}+GE_{ij'}$ 而为基因型 j' 在第 i 个环境的表现。

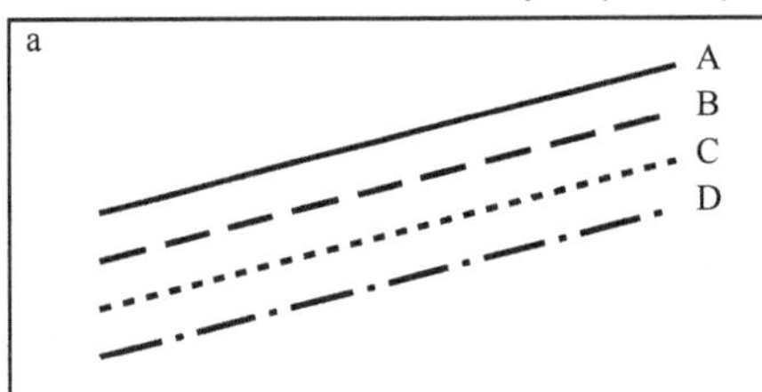

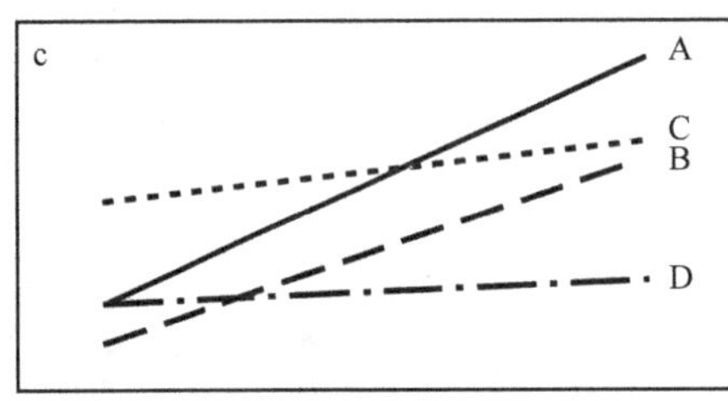

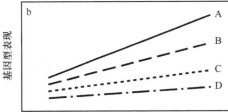

图 6.6 4 个基因型在不同环境指数的平均表现示意图。环境指数以 4 个基因型在每一环境的平均值表示。a. 不存在 G×E 相互作用；b. 存在尺度效应；c. 存在秩次改变相互作用。

在公式 6.15 中，如果所有基因型在所有环境的 G×E 相互作用项为 0，那么，在某个任意环境中，任意两个基因型之间的差异仅与两者的平均基因型值有关（即 $P_{ij}-P_{ij'}=G_j-G_{j'}$）；因而，任意两个基因型之间的差异在所有环境中保持恒定。这表明，当用图 6.6 中的坐标表示时，可用平行线来表示不同基因型在不同环境中的表现。当然，在实际情况下，即使不考虑公式 6.14 和公式 6.15，由于存在随机误差，不同基因型的表现不可能出现完美的平行线。因此，需要对 G×E 相互作用的显著性进行统计检验。如果 G×E 相互作用效应不显著，则说明：①公式 6.14 中所有 GE 项为 0（或更确切地说，GE 项与 0 的差值不显著）；②在如图 6.6 的二维坐标中，不同基因型（表型值）直线是平行的。

当统计分析显示 G×E 相互作用显著时，表明在公式 6.14 中，至少部分 GE 项不为 0。每个基因型对某一环境可能有正向或负向特殊反应，从而使其表现值超出或低于期望平均表现值（G_j）。在 G×E 相互作用显著情况下：①任意两个基因型在某一环境的表型差异依赖于两个交互项的大小与符号［如图 6.5 中湿地松（*P. elliottii*）与火炬松（*P. taeda*）树高生长的差异在低强度经营下为 0.27m，而在高强度经营下为 −0.15m］；②任意一对基因型之间的差异在不同环境中的差异大；③用如图 6.6 的直线图可准确描述所有可能的 G×E 相互作用类型。专栏 6.5 描述了几个与 G×E 相互作用有关的概念，专栏 6.6 概要介绍了 3 种主要的定量分析 G×E 相互作用的方法。

专栏 6.5　G×E 相互作用的概念

1. 在实际的试验数据中，基因型间差异不可能在所有的环境中保持一致。利用方差分析（ANOVA，在许多统计教科书中有详细介绍）可确定 GE 项是否统计意义显著，或者主要来自于试验的随机误差。对每个性状都应进行方差分析，因为有可能出现某一性状的 G×E 相互作用效应显著，而另一性状则不显著。

2. 即使当某一性状的 G×E 相互作用效应统计意义显著，但该结论可能有生物学意义，也可能无。这就是说，统计显著可能是因为与平均遗传型值（公式 6.14 和公式 6.15 中的 G 项）相比相互作用项（GE 项）相对较小。在此情况下，不同环境中的基因型差异仍然保持恒定，这表明如果某一基因型在某一环境中表现好，则在另一环境表现也不错。

3. 如果 G×E 相互作用不仅统计显著，而且有生物学意义，则某一基因型的相对优势完全依赖于其生长环境。那么，必须在所有环境中对各基因型进行测定，以便估算各基因型在每一环境的相对表现（等级）。

4. 当为单个地点试验，这时，G 与 GE 效应完全混淆在一起，无法区分。因而，单个地点的基因型方差（$\sigma_G^2+\sigma_{GE}^2$）高于多个地点试验时的基因型方差（σ_G^2），这意味着，单点试验时，由于在计算遗传率的公式 6.11 和公式 6.12 中，遗传方差与 G×E 相互作用方差混淆在一起，估算的狭义遗传率与广义遗传率偏高。

5. 如果某一特定的性状存在 G×E 相互作用，则表明不同的基因位点组合在不同环境中起作用。从这个意义上说，可以将在不同环境中的同一性状视为两个不同的性状，但两者遗传上相关（Burdon，1977）。

专栏 6.6　定量分析 G×E 相互作用的 3 种方法

1. *单个基因型与单个环境的贡献*。确定大部分的 G×E 相互作用效应是由基因型引起还是由环境因素引起，常用的方法是利用方差分析估算 G×E 相互作用大小，然后计算每一基因型、每一个环境对总的相互作用方差的贡献大小（Shukla，1972；Fernandez，1991）。假如，一个或少数几个基因型或环境引起了大部分的 G×E 相互作用，那么，这就为相互作用产生的原因找到一种生物学解释。例如，在某一包含 20 个地点的试验中，其中，最寒冷的试验点引起了 60% 的相互作用（而如果每个试验点的效应相同，则每个试验点仅引起 5% 的相互作用）。从生物学意义推断，基因型间耐寒性的分化有可能是引起相互作用的原因。或许，更多的抗寒基因型在较寒冷的环境下表现更好，进而引起基因型排名有很大改变（与温暖环境相比）。

2. *稳定性分析*。在稳定性分析方法中（Finlay and Wilkinson，1963；Mandel，1971；White *et al.*，1981；Li and McKeand，1989），在每一环境中，所有基因型的平均值用来表示该地点的环境指数；然后，以基因型表现作为 Y 变量，环境指数为 X 变量，对每一个基因型作如图 6.6 的回归直线。如果不存在 G×E 相互作用，那么，不同基因型的回归直线的斜率彼此间差别不大（即为近似平行的直线，表明在不同的环境中所有基因型组合对之间的差异大致恒定，参照图 6.6a）。稳定性分析方法可清晰地区分两种类型的相互作用(尺度效应与秩次改变,分别对应图6.6b,c)。当尺度效应为G×E相互作用的主要形式时,那么,在一些环境中,基因型分化更明显,但基因型秩次并没有明显改变。这可能是有些基因型能更好地利用较好的环境条件,其相对优势扩大(Li and McKeand,1989)。另外,秩次改变是G×E相互作用中较不利的一种类型,在此情况下,很难选择最佳的基因型,因为在不同的环境中,基因型排名变动很大。

3. *B型遗传相关*。该方法假定每一性状(如树干材积)在不同环境的表型值可视为不同的性状。这样,可估算性状在任意两个环境之间的遗传相关(Dickerson,1962;Yamada,1962;Burdon,1977,1991)。当遗传相关系数接近1.0时,表明基因型在两个环境中的性状表现几乎相同,相互作用小,生物学意义不大。两个环境间性状的遗传相关小,表明基因型在两个环境中的排名不同,性状的表达受不同位点(不重叠)的基因组合影响。在这种情况下,某一基因型因在某一位点上具有特定的有利等位基因,因而在某一环境表现优异,如果这些位点对性状的表现影响较小,则在另一环境中表现并不好。

林木G×E相互作用的意义

G×E相互作用可发生于多种层次(种、种源、家系和无性系),对此,依次简要陈述如下。许多树种栽培范围广,其栽培区跨越不同的气候与土壤类型[如美国西北部及加拿大的花旗松(*P. menziesii*);美国东南部的火炬松(*P. taeda*);欧洲的欧洲赤松(*Pinus sylvestris*)及扭叶松(*Pinus contorta*);南半球温带地区的辐射松(*P. radiata*),以及热带与亚热带大部分地区的巨桉(*E. grandis*)]。事实上,单一树种适生于如此大的范围,说明在这些地区,**树种与环境的相互作用**非常小(即选择的树种在大多数地点都有优异表现)。对于这类树种,只有当气候或土壤条件发生巨大改变时,才会出现强的树种与环境相互作用。例如,当巨桉(*E. grandis*)北移至亚热带较冷地区时,由于不适应寒冷气候而表现很差,其他树种表现更好,表现出较强的树种与环境相互作用。同样,当辐射松(*P. radiata*)种植在夏雨型的亚热带地区,它可能会遭受疾病的危害,而对于其他树种,可能更加适合在这种气候条件生长。

上述树种适应性很广,在广阔的区域均有好的生长表现,其他树种适应性较窄。例如,一球悬铃木(*Platanus occidentalis*)和几种桉属(*Eucalyptus*)树种对立地条件非常敏感,仅适应特定的土壤立地。在这种情况下,树种排名在不同立地或者不同经营强度下会发生改变(Khasa *et al.*,1995;Butterfield,1996)。因此,有些树种有潜在应用价值,但对其适应性及表现一无所知。在此情况下,必须将这些树种在拟种植区域内所有的土壤气候类型中进行测定(Saville and Evans,1986;Evans,1992b)(*第12章*)。

在一篇非常全面的关于**种源与环境相互作用**(provenance×environment interaction)的综述中,Matheson和Raymond(1986)得出结论:在通常情况下,种源间排序不太可能有较大的改变,除非气候或者土壤条件变化很大(这与树种与环境相互作用类似)。例如,扭叶松(*P. contorta*)是美国与加拿大的乡土树种,在欧洲也广泛种植。原产于美国俄勒冈州、华盛顿州及加拿大不列颠哥伦比亚省沿海地区的扭叶松(*P. contorta*)种源比较适宜于海洋性气候,并已在爱尔兰、英国及挪威西部等地广泛种植。相反,原产于较寒冷的不列颠哥伦比亚内陆地区的种源在较寒冷大陆性气候区如斯堪的纳维亚北部表现更好。在一些树种中,有些种源可能对当地的土壤、气候条件有较强的适应性(Campbell,1979;Adams and Campbell,1981)。在此情况下,将该树种栽植于不同的地点,种源间排序可能有大的改变,但也可能没有,因而,种源测定需要在多个试验点进行。

环境条件剧烈改变常引起显著的 G×E 相互作用,但环境的细微改变可能也会引起家系、无性系与环境的相互作用。如果在同一地区不同地点种植多个家系,其生长速率在家系间存在显著的 G×E 相互作用,可能的原因有:①在多数情况下,G×E 相互作用主要源于尺度效应,而非源于秩次改变(Li and MacKeand,1989;Adams *et al.*,1994;Dieters *et al.*,1995;Johnson,1997);②如果在不同地点的家系间发生秩次改变,**家系与环境的相互作用**(family×environment interaction)可能由一小部分家系引起(Matheson and Raymond,1984a;Li and McKeand,1989;Dvorak,1996;Stonecypher *et al.*,1996);③有时,一或两个地点的差异非常大,从而导致明显的 G×E 相互作用(Woolaston *et al.*,1991)。

在林木育种中,通常采用 B 型遗传相关(定义见专栏 6.6)来定量分析家系、无性系与地点的相互作用(Johnson and Burdon,1990;Hodge and White,1992b;Dieters *et al.*,1995;Haapanen,1996;Johnson,1997;Osorio,1999;Atwood,2000;Sierra-Lucero,*et al.*,2002)。利用 B 型遗传相关作为 G×E 相互作用的度量指标,一个典型的例子来自中美洲各国与墨西哥针叶树种质资源合作组织(CAMCORE),该合作组织收集了中美洲各国与墨西哥 3 种乡土松树[加勒比松(*Pinus caribaea*)、展叶松(*Pinus patula*)及另外一种松(*Pinus tecunumannii*)]的自由授粉种子,将这些自由授粉子代家系引种栽培至其他许多国家,如南美、中非及印度尼西亚,测定每个家系 5 年生的材积生长量(CAMCORE,1996,1997)。发现 3 个树种有相同的趋势,即在同一个国家两两试验点之间,种源内家系的 B 型遗传相关非常高(3 个种相关系数平均分别为 0.67、0.60、0.66),而不同国家的两两试验点之间,则相关系数小很多(3 个树种分别为 0.50、0.39、0.33)。如果将这 3 种松树种植在不同的国家,或者种植在同一国家不同地点,两种情况的家系排名差别较大。

有一些证据表明,具有较高遗传率的性状表现出较低的家系与环境相互作用。例如,在几个树种中,发现木材密度的家系与地点相互作用似乎很小甚至没有(参照下一节的两个例子,以及 Byram and Lowe,1988;Zobel and Van Buijtenen,1989;Barnes *et al.*,1992)。

家系、无性系与环境相互作用的实践意义及含义将在*第 12 章*、*第 14 章*、*第 16 章*讨论;在此,以下 4 点需引起重视:①在优良家系或无性系推广种植前,最好在所有潜在种植区进行家系或无性系测定;②有时,在某些特定的地点,有利于某些特殊性状的表达,也有利于基因型鉴定;③如前文所述,如果仅在单一环境进行基因型测定,估算的遗传率及遗传增益偏高;④如果在不同地点,基因型间秩次改变较大,则在制订林木改良策略时,应采取相应的策略。例如,可将整个种植区域分解为多个育种单元或配置区(具体参考*第 12 章*)。

遗传参数估算

对任何自然群体或育种群体,遗传参数的估算必须基于随机、重复的遗传测定结果,试验材料可以是无性繁殖后代也可以是有性繁殖后代。专栏 6.7 概括了遗传参数估算的各步骤，包括试验设计、试验的实施、试验结果的分析及解释等。本节仅引出几个关键的概念，对试验设计、实施、结果分析等具体过程不作介绍，这些将在*第 14 章*和*第 15 章*详细介绍。

专栏 6.7　遗传参数估算的试验程序

1. *交配设计*。所有用来估算遗传参数（如遗传率与遗传相关）的试验包含多群基因型，可以为不同的无性系、半同胞家系、全同胞家系或者其他类型的亲属材料。交配设计决定了试验材料组合（*第 14 章*）。

2. *田间试验*。为了获得无偏的、精确的遗传参数估算值，遗传群应按照随机、重复的田间设计原则栽植在大田（或者其他地点，如温室），以满足统计学要求。

3. *试验实施*。研究计划实施后还需细心做好栽植、除草、管理及数据测量等环节工作，以确保获取的试验数据精确有效。

4. *数据整理与标准化转换*。当目标性状调查完成后，应对原始数据进行整理，以确保所有无效的数据被清除（图 15.1）。在有些情况下，还需对特定性状数据进行标准化转换，将个体的度量值除以一个合适的标准差，使所有环境的方差同质，以消除尺度效应，降低基因型与环境相互作用。

5. *数据分析*。不同的线性统计模型（参阅*第 15 章*）针对不同的效应，有的为随机效应模型，有的为固定效应模型，有的为混合模型。遗传群必须为随机效应，这样才能分析其“方差”。对每一个测定性状的数据进行分析，将总表型变异（即表现方差）分解为各方差组分，包含模型中所有的随机效应（各遗传群之间的方差，例如，半同胞家系间方差）。有时，还需要将两个性状的表型协方差分解。

6. *参数估算*。通过构建方差分量函数来估算遗传参数。在该步骤中，还需要在统计模型基础上叠加一个遗传模型。例如，每个性状的狭义遗传率为一个比率，其分子为加性方差，分母为表型方差。假如遗传群是一些无亲缘关系的半同胞家系，那么，遗传模型定义家系间方差为加性方差的 1/4，因此，估算狭义遗传率时，分子（加性方差）为家系方差的 4 倍。

7. *置信区间*。确定遗传率和其他遗传参数估计值的置信区间的方法有多种（Becker，1975；Bulmer，1985；Searle *et al.*，1992；Hallauer and Miranda，1981；Huber，1993）。一般估算的遗传参数置信度不高（置信区间范围宽），除非试验规模非常大，包含几百个遗传群（无性系或家系）。

本节，以两个实例来说明遗传率及 B 型遗传相关的原理（B 型遗传相关度量了基因型与环境相互作用，参阅专栏 6.6）。虽然这两个试验还估算了其他参数，但主要关注上述两个参数。第一个试验包括 65 个巨桉（*E. grandis*）无性系，在 5 个试验点用扦插苗造林，5 个试验点代表了哥伦比亚典型的土壤与气候类型（Osorio，1999）。第二个试验包括 113 个火炬松（*P. taeda*）自由授粉家系，13 个试验地点，位于美国东南部沿海平原的佛罗里达州、亚拉巴马州、佐治亚州等地区（Atwood，2000）。专栏 6.7 列出了遗传参数估算的 7 个步骤，以下各小节对其中的前 6 个步骤进行概要介绍，步骤 7（关于参数估算的置信区间）将在*第 15 章*论述。以上两个试验实例也包含了其中前 6 个步骤，试验分析结果列于

表6.2。

表6.2　两个试验的材积、木材密度的方差组分、遗传率和B型遗传相关的估算结果：①巨桉(*Eucalyptus grandis*)无性系试验林，5个试验点，代表了哥伦比亚巨桉(*E. grandis*)主要栽培区的土壤、气候条件，林龄3年(Osorio，1999)；②火炬松(*Pinus taeda*)113个自由授粉家系，13个试验点，代表了美国东南部低海拔沿海平原地区的土壤、气候条件，林龄17年(Atwood，2000)。

1：巨桉(*Eucalyptus grandis*)无性系			2：火炬松(*Pinus taeda*)自由授粉家系		
参数	材积	木材密度	参数	材积	木材密度
方差组分估算值[a]			方差组分估算值[b]		
σ^2_c	0.1503	0.5385	σ^2_f	0.0307	0.1110
σ^2_{cs}	0.1007	0.0558	σ^2_{fs}	0.0393	0.0117
σ^2_{cb}	0.1428	0.2777	σ^2_{fb}	0.1333	0.0197
σ^2_e	0.6169	0.1489	σ^2_e	0.8120	0.8586
估算的参数[c]			估算的参数[d]		
σ^2_P	1.0107	1.0209	σ^2_P	1.0153	1.0010
σ^2_G	0.1503	0.5385	σ^2_A	0.0921	0.2937
H^2	0.150	0.527	h^2	0.091	0.333
r_{Bc}	0.599	0.906	r_{Bf}	0.439	0.905

[a] 对于巨桉(*Eucalyptus grandis*)无性系试验，统计线性模型中的4个随机效应分别为无性系、无性系×地点、无性系×地点内区组及小区内机误；其相应的方差组成分别为σ^2_c、σ^2_{cs}、σ_{cb}、σ^2_e；材积与木材密度数据已进行标准化转换，因而，总表型方差近似等于1。

[b] 对于火炬松(*P. taeda*)自由授粉家系试验，线性模型中的4个随机效应分别为家系、家系×地点、家系×地点内区组以及小区内机误，其相应的方差组成分别为σ^2_f、σ^2_{fs}、σ_{fb}、σ^2_e。材积与木材密度数据已进行标准化转换，因而，总表型方差近似等于1。

[c] 对于巨桉(*Eucalyptus grandis*)无性系试验，总表型方差(σ^2_P)等于4个方差组分估算值之和；总遗传方差可用$\sigma^2_G=\sigma^2_c$估算；广义遗传率可用$H^2=\sigma^2_G/\sigma^2_P$估算；B型遗传相关可用$r_{Bc}=\sigma^2_c/(\sigma^2_c+\sigma^2_{cs})$估算。

[d] 对于火炬松(*P. taeda*)自由授粉家系试验，总表型方差(σ^2_P)等于4个方差组分估算值之和；加性遗传方差可用$\sigma^2_A=3\sigma^2_f$估算；狭义遗传率可用$h^2=\sigma^2_A/\sigma^2_P$估算；B型遗传相关可用$r_{Bf}=\sigma^2_f/(\sigma^2_f+\sigma^2_{fs})$估算。

交配设计

在第一个实例中，交配设计包括了65个巨桉(*E. grandis*)无性系，来自65个彼此无亲缘关系的第一代优树，选择于哥伦比亚人工林，这些人工林是Smurfit Carton de Colombia公司第一代林木改良计划的一部分(Lambeth and Lopez，1994)。65个优树为400个优树的一个随机样本，因而，从65个无性系试验中估算的遗传参数可应用于全部400个优树。

第二个实例，从113个火炬松(*P. taeda*)优树上采集自由授粉种子，得到113个半同胞家系(OP)。这批优树来自佛罗里达火炬松(*P. taeda*)第一代改良群体。采集优树顶梢作为接穗建立无性系种子园(参照*第16章*)，从该种子园中采集自由授粉种子。因此，113个自由授粉家系的母本与113个第一代优树为遗传同质。种子园花粉来源有两方面，即种子园内无性系的花粉，以及种子园外部的花粉。优树仅来自美国佛罗里达州[仅为火炬松(*P. taeda*)分布范围的一小部分](参阅*第8章*)，因而，估算的遗传参数的应用范围仅严格限定于该种源与该育种群体。

田间试验设计

巨桉(*E. grandis*)无性系试验设计:在每个试验点,采用**随机完全区组**(randomized complete block,**RCB**)设计,区组数2~8个。在每一区组内,每一无性系单行6株小区(即同一无性系6个分株栽植成1行),随机排列在各无性系行。在哥伦比亚巨桉(*E. gradis*)的主要栽培区域,共有5个试验地点。每个地点的参试无性系数目为29~65,其中,5个试验点相同的无性系有27个。所有65个无性系至少包含在3个地点的试验中。由于各无性系繁殖的分株数目有差异,采用不平衡的试验设计(即每个地点的区组数及无性系数目不同)。

火炬松(*P. taeda*)113个自由授粉家系的试验设计:采用随机完全区组设计,设11个试验点,每个试验点6个区组,另外2个试验点为3个区组。每一区组内,每一自由授粉家系为一小区,6~10株小区,单行种植;家系随机排列。每试验点的家系数目为32~72。并不是所有家系均包含在所有试验点中,但大多数家系至少包含在8个试验点中。同样,育苗时每个家系得到的子代苗木数有差异,因而也采用了**不平衡试验设计**。

试验实施、数据整理与标准化转化

以上两例试验,试验地点的选择代表了两个树种的主要栽培区。造林前细致整地,以减少杂灌竞争等引起的环境偏差。在苗圃培育试验苗木(无性系苗木或实生苗),并作好标志,以区分无性系/家系。按照随机、重复的试验设计进行定植,所有试验小区依区组号、无性系/家系号作好标志。在每一区组的4个角均立有固定桩碑,区组边界种植保护行,以降低边缘效应引起的偏差。造林后,作好杂草控制。

对于巨桉(*E. grandis*)无性系试验,3年生时(半个轮伐期)进行生长量调查。此时,平均树高超过15m,不同试验点间有些差异。利用树高、树径计算单株材积,钻取每株树的木芯,利用排水法(volumetric displacement method)(American Society for Testing and Materials,2000)测定木材密度。全试验区(包含5个试验点所有区组)总共测定了8000株树。

对于火炬松(*P. taeda*)自由授粉家系试验,在17年生时(超过半个轮伐期)进行性状测定。在每个试验点,从6~10株小区中抽取2株调查,且仅调查5~6个区组。利用树高、树径计算单株材积,钻取每株树的木芯,利用排水法测定木材密度,总共测定了3000多株树。

数据获取后,仔细检查每一个试验数据,以剔除记录错误。然后,分别对不同地点试验数据进行分析,以检测数据质量或方差结构在地点间是否存在巨大差异。最后,对两类性状(材积、木材密度)的数据进行标准化转化(每个性状测量值除以该区组的表型标准差),数据标准化使每个试验点的误差均方同质,因而可用于全试验区数据分析。

数据分析

在巨桉(*E. grandis*)无性系试验的方差分析的线性模型中,地点、地点内区组为固定效应,因而地点与区组的方差为 0(*第 15 章*);无性系、无性系×地点、无性系×地点内区组及小区内机误为随机效应,其相应的方差组成分别为 σ_c^2、σ_{cs}^2、σ_{cb}、σ_e^2。而在火炬松(*P. taeda*)自由授粉家系试验的方差分析的线性模型中,地点、地点内区组为固定效应,家系、家系×地点、家系×地点内区组及小区内机误为随机效应,其相应的方差组成分别为 σ_f^2、σ_{fs}^2、σ_{fb} 和 σ_e^2。利用 SAS 软件对材积、木材密度两个性状进行方差分析,采用 SAS 程序中的限制性最大似然法(REML)进行方差组分估算。

为解释每个估算的方差组分的含义(表 6.2),先假定每个性状的总表型方差(σ_P^2)等于 4 个方差分估算值之和[例如,对于巨桉(*E. grandis*)无性系试验,有 $\sigma_P^2=\sigma_c^2+\sigma_{cs}^2+\sigma_{cb}^2+\sigma_e^2$]。可将表型方差估算步骤分解成两步,先估算每一区组内个体间的方差(利用与公式 6.2 相似的公式估算),然后,计算所有地点所有区组个体间方差的平均值,就得到每个性状的表型方差。"区组内"的表型方差排除了区组、地点间的变异,因在线性模型中,区组、地点效应被认为是固定效应。由于在计算平均值之前,数据已进行标准化转换,因此,总表型方差近似为 1(表 6.2)。如果不进行标准化转换,那么,表型方差单位为测量性状值单位的平方(例如,材积方差的单位为立方米的平方)。如下文所述,数据标准化后,每个估算的方差分量可以看作为总表型变异的一部分。

对于无性系试验,以下分别对 4 个方差组分进行诠释:①无性系方差 σ_c^2,度量了在所有试验点 65 个无性系平均值之间的方差占总表型方差的比率(例如,对于树干材积,无性系平均值之间的方差估算值大约占总表型方差的 15%,100×0.1503/1.0107);②无性系与地点相互作用的方差组分 σ_{cs}^2,度量了与无性系相对表现相关联的变异或者无性系在 5 个试验点排名的改变(例如,对于树干材积,该方差组分的估算值为 0.1007,与无性系方差大小差不多,表明存在适度的无性系与地点相互作用);③无性系与区组相互作用方差组分 σ_{cb}^2,度量了在地点内区组间无性系平均值排名改变的变异程度;④小区内机误 σ_e^2,度量了同一小区内树木个体间的方差,由于小区内个体来自同一无性系,σ_e^2 度量的是相邻个体间小环境方差大小(即由于小区内来自同一无性系的植株遗传同质,小区内个体间不存在遗传方差)。

对于火炬松(*P. taeda*)自由授粉家系试验,有关估算的 4 个方差分量的解释与上述无性系试验类似(将"无性系"替换为"自由授粉家系"即可)。例如,家系方差 σ_f^2,度量了 5 个试验点 113 个自由授粉家系平均值之间的方差。对于研究的两个目标性状,家系方差组分仅为无性系试验相应值的 1/4;对于树干材积,无性系方差占总表型方差的 15%,而自由授粉家系间的方差组分占总表型方差的 3%(100×0.0307/1.0153)。对于两个性状,家系的剩余方差 σ_e^2 大于无性系。对于树干材积与木材密度,小区内个体间的方差在自由授粉家系试验中均占 80%,而在无性系试验中,则分别占 62% 和 15%。因为在自由授粉家系相邻个体间基因型不同,所以其方差包含了遗传方差与微环境方差。

参数估算与诠释

遗传率与 B 型遗传相关估算的公式

当利用计算机程序（如上例中的 SAS 系统 Proc Mixed）估算各方差组分后，还需解释这些方差组分的遗传学意义，并以此来估算遗传参数。这需要对考察的群体及基因型材料进行一定的遗传假设。本书不对这些遗传假设进行详细描述（有兴趣的读者可参阅 Falconer and Mackay，1996）；在此，仅概要介绍遗传率（H^2 或 h^2）和 B 型遗传相关（r_{Bc}，r_{Bf}）两个遗传参数估算的基本原理，实例见表 6.2。

在巨桉（*E. grandis*）无性系试验中，从桉树育种群体中随机抽取 65 个无亲缘关系的无性系进行测定，据此估算出的无性系方差（σ_c^2）可视为第一代育种群体的总表型方差（从考察群体估算的遗传参数也仅限于应用于该群体）。每一无性系具有不同的基因型，有各自的无性系值或基因型值（即公式 6.3 中的 G_i 值），σ_c^2 代表了无性系值之间的方差。因此，该方差组分的估算值就为总遗传方差的估算值，即公式 6.5 中的 σ_G^2，也是公式 6.11 的 H^2 分子。如果试验的无性系间有亲缘关系，则需要对此加以考虑。

如上节所述，总表型方差等于 4 个方差组分之和，在计算 H^2 的公式 6.11 中，总表型方差为分母，以 σ_c^2 替换 σ_G^2，公式 6.11 变为

$$H^2 = \sigma_G^2/\sigma_P^2 \qquad \text{（重述公式 6.11）}$$

$$= \sigma_c^2/(\sigma_c^2+\sigma_{cs}^2+\sigma_{cb}^2+\sigma_e^2) \qquad \text{公式 6.16}$$

式中，第一行各项在公式 6.11 中定义，第二行各项在表 6.2 中定义。注意的是，公式 6.11 关于广义遗传率的概念性描述已被重新表述，以无性系方差替代遗传方差，以 4 个方差组分之和替代表型方差。

在火炬松（*P. taeda*）自由授粉家系试验中，家系间方差 σ_f^2，度量了育种群体中某些（并非全部的）遗传方差。作为诠释这个概念的一种方式，注意到自由授粉家系内不同个体其遗传组成不同，甚至具有不同的父本，因此，可以将火炬松（*P. taeda*）育种群体总的遗传方差分解为两部分：家系间方差及家系内个体间方差。理论上，半同胞家系间方差是加性方差的 1/4（即 $\sigma_f^2=0.25\sigma_A^2$，其中，$\sigma_A^2$ 为公式 6.10 定义的加性方差）（Falconer and Mackay，1996）。假如自由授粉家系是真实的半同胞家系，则加性方差可以用 $4\sigma_f^2$ 估算。基于几种原因，自由授粉家系间变异比半同胞家系间（Squillace，1974；Sorensen and White，1988）变异大（因而，具有较大的家系间方差），$4\sigma_f^2$ 比实际的加性方差要高（即 $4\sigma_f^2>\sigma_A^2$）。因此，许多研究者在估算加性方差时，采用小于 4 的乘数（Griffin and Cotterill，1988；Hardner and Potts，1995；Hodge *et al.*，1996）；在表 6.2 所示的实例中乘数为 3：

$$h^2 = \sigma_A^2/\sigma_P^2 \qquad \text{（重述公式 6.11）}$$

$$= 3\sigma_f^2/(\sigma_f^2+\sigma_{fs}^2+\sigma_{fb}^2+\sigma_e^2) \qquad \text{公式 6.17}$$

式中，第二行的各项在表 6.2 中定义。公式 6.17 是火炬松（*P. taeda*）试验实际采用地用来估算公式 6.12 定义的几个概念性参数的公式。

B 型遗传相关（Burdon，1977）（专栏 6.6）采用以下公式计算：

$$r_{Bc}=\sigma_c^2/(\sigma_c^2+\sigma_{cs}^2)$$ 公式 6.18

和

$$r_{Bf}=\sigma_f^2/(\sigma_f^2+\sigma_{fs}^2)$$ 公式 6.19

式中,各项的定义见表 6.2。这两个参数度量了无性系与地点相互作用(公式 6.18)及家系与地点相互作用(公式 6.19)的大小。例如,如果在 5 个试验点 65 个无性系相对表现相同,那么,就不存在相互作用,则相互作用方差为 0($\sigma_{cs}^2=0$)。在这种情况下,$r_{Bc}=1$,可以解释为,在任意地点,任意无性系组合之间的秩次相关系数为 1.0。相反,如果 r_{Bc} 近似等于 0,那么,相互作用方差比无性系方差大很多,等同于不同地点的无性系间秩次不相关(即无性系排名在不同地点差异大)。r_{Bf} 的含义与 r_{Bc} 相似,只是用家系替换无性系而已。

遗传参数估计值的解释

在文献中,常发现估算的遗传参数变动很大,甚至同一树种不同试验估算的结果差异也很大,究其原因有以下两方面。第一,估算的遗传参数与试验的性状、群体、环境条件有关,甚至,在测定同一树种相同性状时,如果①家系或无性系样本来自不同的群体(这将影响遗传方差估算值);②试验环境不同(特别的,环境变异越大,环境方差就越大,则降低遗传率估算值),那么,不同的调查人员也可以得出差异巨大的遗传参数估计值。

第二,各方差组分及遗传参数的估计值取决于环境方差,因此,大规模试验(很多无性系或家系在多个地点试验)比小范围试验估算的遗传参数精度高、置信区间小。大规模试验估算的结果也并非完美的,因此,研究者们从来没有获得完全一致的估算结果。

为此,比较不同试验估算的结果仍然是有价值的。在上述两个研究实例中,木材密度的遗传率高于树干材积的遗传率(表 6.2),这也与其他研究结果一致[参考本章前面的讨论部分及 Cornelius(1994)的综述文章]。

与树干材积相比,木材密度的 B 型遗传相关系数较高(接近 0.9)(参考表 6.2)。在火炬松(*P. taeda*)家系试验中,B 型遗传相关系数特别小($r_{Bf}=0.439$),这表明对于树干材积存在显著的家系与地点相互作用。即 113 个火炬松(*P. taeda*)自由授粉家系在 13 个试验点的材积生长量排名不一致;这在另一个佛罗里达火炬松(*P. taeda*)试验中发现有相似的趋势(Sierra-Lucero *et al.*,2002)。与种植于其他地区的其他种源火炬松(*P. taeda*)家系相比,种植于沿海低海拔地区的佛罗里达种源火炬松(*P. taeda*)的家系与地点间相互作用要大得多(Li and McKeand,1989;McKeand and Bridgwater,1998)。这进一步强调了在进行家系测定时,必须测定所有感兴趣的种源,且应在拟应用推广的地区布置试验。

本章提要和结论

多基因性状的表型表达受许多基因位点及环境效应的影响。每一基因位点对表型表达的影响微小,且不能确定特定等位基因的效应。通过对栽植于不同环境、按照随机、重复的田间试验设计的多个基因型材料(例如,不同家系或不同无性系)的测定值进行分析(*第 15 章*),进而估算:①每个性状的遗传率,表示总表型方差中归因于遗传因素的部分;

②每个性状的育种值与(或)无性系值,分别定量表示某一亲本或某一无性系分株能够传递给后代的那部分表型优势;③性状间遗传相关用以了解某两个性状是否受许多相同基因位点影响;④不同林龄间的遗传相关用以了解性状的早期表型与晚期表型是否相似;⑤G×E 效应的拓展。以下为本章的主要结论。

- 某一亲本特定性状的育种值度量的是,在群体随机交配情况下,该亲本表型优势(或劣势)中传递给后代的那部分。亲本仅将其平均等位基因效应传递给后代,且平均每个亲本育种值的一半贡献给了后代。

- 在林木中,大多数数量性状的狭义遗传率(h^2)为 0.1 ~ 0.3。多数树种中,估算的木材密度的 h^2 较高(0.3 ~ 0.6)。对于林木大多数数量性状,其非加性方差的重要性了解不多。然而,作为初步近似值,生长性状的非加性方差近似等于或小于加性方差(因而,狭义遗传率与广义遗传率的比值近似等于或大于 0.5)。

- 所有估算的性状遗传率仅适用于测定该性状所在的特定环境与特定群体。可以通过合理的试验设计、细致的操作来减少试验误差,以提高性状遗传率估算值(从而提高遗传增益)。在单个地点试验时,由于无法将 G×E 相互作用从遗传方差中分开,估算的广义遗传率与狭义遗传率总是偏高,因此,应开展多地点试验。

- 遗传相关的估算非常困难,需要大规模的试验才能保证遗传相关估计值的精度。因此,从单个地点、中等规模的试验中估算的遗传相关值应谨慎对待。生长性状间(树径、树高、与材积)通常呈较强的正遗传相关,而对于其他性状,则很难得出明确的结论。

- 年年相关对于确定最合适的早期选择年龄是非常有价值的。对于生长性状,当早期年龄分别为轮伐期的 25% 、50% 及 75% 时,早晚性状相关分别为 0.60、0.81 和 0.93。木材密度的早晚相关高于生长性状。

- 当试验地点间的土壤、气候条件差异较大时,基因型与环境的相互作用更为重要。在一个地区内,树种、种源与环境的相互作用通常很小,但当土壤、气候条件差异很大时,相互作用也很大。在一个地区内,家系、无性系与地点的相互作用可能较明显,因此,为了精确度量基因型在整个栽培区的相对表现,应在全区选择有代表性的地点进行试验。

第 2 部分　林木天然群体的遗传变异

第 7 章　居群内变异——遗传多样性、交配系统和林分结构

在这一章和其后两章，将阐述天然林遗传多样性和遗传变异模式。林木遗传变异可以简单地从 3 个层次上理解：①同一树种单个居群或林分内不同植株间变异；②同一树种不同地理种源变异；③种间变异。本章阐述居群内遗传变异，*第 8 章*介绍种内地理变异模式，*第 9 章*主要内容是种间变异、物种形成及天然杂种。

遗传多样性对物种长期生存必不可少。缺乏遗传多样性，物种将不能适应环境的变化而更容易灭绝。有效的种内遗传变异量也决定了物种在育种过程中的改良潜力。陆地景观中遗传变异模式反映了当前和过去的生存环境中，进化动力对物种的影响，并能揭示物种已发生的及未来会发生的许多演化。此外，在采伐、更新及其他营林活动中，林业工作者所决定的可以改变进化动力的相对值，从而影响遗传变异的历史模式。因此，有关遗传变异自然模式及其进化机制的知识也具有十分重要的实际意义，例如，居群内遗传变异量、基因型空间分布、交配模式等都会影响森林遗传结构，进而影响到造林用种的质量、林木改良和基因保存目的等。

大多数森林树种拥有相当可观的遗传变异，其间有许多能在各居群中观察到。本章内容：①遗传变异的量化；②概述林木观测到的遗传变异量和遗传变异在居群间及居群内的分布；③讨论能够显著提高林木居群内遗传多样性水平的特征及居群多样性可能受到限制的条件；④描述林木交配系统在种内和种间的变化动态；⑤探讨居群内个体间的异交模式；⑥检测居群内遗传变异的时间和空间结构；⑦讨论遗传变异在造林，尤其是天然更新状况下遗传改良、天然林采种等方面的实际意义。其他评述包括 Ledig (1986)、Adams 等 (1992b)、Mandal 和 Gibson (1998)、Young 等(2000)的概念。

遗传变异的量化

测定居群间和居群内的遗传变异水平，是评价物种进化和树种改良潜力极为重要的第一步。有两类基本性状用于遗传变异评价：①由多基因位点控制的数量性状（基因性状，*第 6 章*）；②单基因控制性状（遗传标记，*第 4 章*）。一般而言，数量性状在适应性和实际应用上的价值，最能引起进化生物学家和森林遗传学家的兴趣，如发芽率、树高、材积、根茎比、萌芽期、展叶期、抗寒性等。然而，因为数量性状的单个基因效应难以确定或量化（见*第 18 章*中的数量性状基因位点分析，QTL 部分），而且一般的田间试验仅评估遗传基础对表现型的影响，所以，对数量进行性状详尽的遗传分析十分困难（*第 1 章*和*第 8 章*）。

一些生化标记（如同工酶、单萜）和 DNA 分子标记（如 RFLP、RAPD、SSR）可在单基因水平上鉴别特定基因位点的变异（*第 4 章*）。对这些标记基因座进行遗传多样性估算可能比直接对数量性状估算更准确。不过这些标记对表型的影响（如果存在）通常是未知的，所以其表述的含义尚不清楚。

由于每株树拥有数以千计的基因,任何特定的遗传标记或数量性状仅能部分体现其基因型,因此估算遗传多样性水平和建立其模型依赖于对样本基因型特定标记和数量性状的选择。与标记位点基因频率差异相比,居群间数量性状变异比较容易测算,也经常出现更大差异(Lewontin,1984;Muona,1990)。当经历居群瓶颈期后(如居群极度缩小),数量性状的遗传变异,可望较单个的标记定位更迅速地恢复,因为在数量性状中突变明显更快(*第5章*)。最终,数量性状变异地理模型经常与环境变异的空间模型相关联,这揭示这些模型的形成主要取决于选择(*第8章*)。相反,变异的地理模型在遗传标记中经常相互独立,或最多与环境变异表现为弱相关,这揭示这些标记与选择压之间主要呈现独立关系。(*第5章*,专栏5.4)。因此,遗传标记是研究遗传漂变和基因时空迁移中变异模型及评估交配系统的理想方法。对数量性状田间研究通常更注重描述其适应性变化模型,因此,要全面描述物种遗传变异层次、模型及其进化原因,对质量性状和数量性状都进行研究是完全必要的。

基于遗传标记的遗传变异测定

从遗传标记的研究中通常可获得3个统计数据用来量化居群内的遗传变异:①多态基因座比例(P);②每基因座等位基因的平均数(A);③平均期望杂合度($\overline{H}_e$)(Hedrick,1985;Nei,1987)。**多态基因座比例**(proportion of polymorphic loci)P 的估算式为 N_p/r,这里 N_p 为多态基因座的数量,r 是样本基因座的总数量。通常等位基因频率低于0.95或0.99(多态性标准分别为95%和99%)被认为具有多态性(*第5章*)。所有带两个或更多等位基因的基因座,无论频率如何,都计为多态性。每个基因座的**平均等位基因数**(mean number of alleles per locus)A 是以 $\sum m_j/r$ 估算的,这里 m_j 是指在第 j 个基因座上等位基因的数量。P 和 A 对居群内样本个体数都很敏感,因为随着样本数量的增加,低频率的等位基因被检测的数量也会增加。除非样本大小一致,否则居群间难以进行有效的比较。

任何已知基因座的**期望杂合度**[expected heterozygosity,H_e,也被称为**基因多样性**(gene diversity)基因多样性]是从同一居群个体中,随机抽取任何两个等位基因不相同的概率,与杂合度(一个基因座上全部杂合子频率之和)相等,并期望其与哈迪-温伯格平衡相一致(*第5章*)。期望杂合度用 $1-\sum x_i^2$ 估算,其中 x_i 表示在该基因座的第 i 个等位基因观测频率,并且该基因座的所有等位基因频率可以被累加。例如,当只有两个等位基因时,H_e 可以选择 $1-p^2-q^2$ 进行计算,或者用 $2pq$ 计算,p 和 q 表示的是等位基因的频率。

平均期望杂合度(mean expected heterozygosity)$\overline{H}_e$,表示抽样的所有基因座期望杂合度的平均值,也是使用遗传标记计算遗传变异的最广泛的方法,因为低频的等位基因对于 H_e 的贡献较少,它对于样本的大小也相对不敏感(相对于 A 和 P)。观测杂合子的平均比例($\overline{H}_o$)也可以用来衡量遗传变异,但 $\overline{H}_o$ 的大小还依靠近亲交配水平(*第5章*)。因此,$\overline{H}_e$ 更有利于比较不同物种或者同一物种不同居群间的遗传变异性,而其中的交配系统可能是不同的。

通常各林木居群的等位基因频率不同(尤其是存在地理隔离时,*第8章*),这会影响一个区域里居群内和居群之间遗传变异的分布[即**居群遗传结构**(population genetic structure)]。该信息对于理解迁移消减因自然选择和遗传漂变导致居群分化的程度是有用的(*第 5 章*),对于在育种或基因保存中指导采种也具有实际意义(*第 10 章*)。

通常用于量化居群内或居群间等位基因频率变化的途径可进行**基因多样性分析**(gene diversity analysis)(Nei,1987)。对于单基因座,可回顾*第 5 章*遗传漂变中进行的说明。漂变导致同类居群间发生分化,其结果是同类居群内平均杂合度降低,并且低于根据所有居群平均等位基因频率计算出的杂合度(表 5.6)。事实上,无论任何时候居群等位基因频率都不相同,在不考虑居群分化原因(**Wahlund 效应**)时,居群内的平均杂合度(H_S)都低于所有居群等位基因频率(H_T,总基因多样性)的平均杂合度 (Hedrick,1985)。这个概念是基因多样性分析的基础。在任何一个位点,总基因多样性都可以分为两部分:$H_T=H_S+D_{ST}$,H_S 代表的是由于居群内的变异引起的基因多样性;$D_{ST}=H_T-H_S$,是由居群间差异引起的基因多样性,D_{ST} 对 H_T 的比例,就是 G_{ST},即由于居群间等位基因频率差异引起的多样性与总基因多样性的比值。然而在居群内发现的 H_T 的比例通常是 $1-G_{ST}$。基因多样性分析一般适合于整个基因组,因此,对于 G_{ST} 一个更适用的定义为

$$G_{ST}=\overline{D}_{ST}/\overline{H}_T \qquad \text{公式 7.1}$$

$\overline{D}_{ST}$ 和 $\overline{H}_T$ 是所有样品(通常 20 个或者更多)基因座的 D_{ST} 和 H_T 的平均值。要注意,在一个基因多样性分析的所有基因座的平均 H_S(即 $\overline{H}_S$)与所有居群样本的平均 $\overline{H}_e$ 是等价的。然而,基因多样性分析通常只受多态基因座的控制,因为单态基因座对于 G_{ST} 没有影响。在这种情况下,$\overline{H}_S$ 高估了居群内实际的平均杂合度,所以 $\overline{H}_S>\overline{H}_e$。基因多样性分析的原则在专栏 7.1 中举例说明。

专栏 7.1　辐射松(*P. radiata*)居群结构的基因多样性分析

虽然辐射松(*P. radiata*)是世界上一个极其重要的具有很高经济价值的造林树种(Balocchi,1997),但其原生范围仅限于 5 个小的、孤立的居群:有 3 个居群分布在加利福尼亚旧金山南部的大陆海岸,还有 2 个居群分布在远离加利福尼亚半岛的太平洋岛屿(Cedrus 和 Guadalupe)上。有 31 个等位酶位点被用于检测居群内和 5 个居群之间遗传变异的分布(Moran *et al.* ,1988)。对每个居群中 50 个或更多个亲本植株通过风媒传粉形成的 6 批后代(种子或幼苗)进行电泳检测,估算单基因座即 *Pgi-2* 的等位基因频率及其期望杂合度(H_e),*Pgi-2* 在下面还将要出现。注意等位基因 2 在其中 4 个居群中普遍存在,而等位基因 3 最常出现在 Cedrus 岛的居群中($x_3=0.74$,x_i 表示的是等位基因频率,$i=1$、2 或 3)。

等位基因	AñoNuevo	Monterey	Cambria	Cedros	Guadalupe	平均值
1	0.01	—	—	—	—	0.002
2	0.81	0.76	0.80	0.26	0.88	0.702
3	0.18	0.24	0.20	0.74	0.12	0.296
H_e	0.311	0.365	0.320	0.385	0.211	0.318

H_S 等价于居群内的平均 $H_e(0.318)$，$H_T = 1 - \sum \bar{x}_i^2$，$\bar{x}_i$代表所有亚居群的第 i 个等位基因的平均频率：$H_T = 1-(0.002)^2-(0.702)^2-(0.296)^2 = 0.420$。在居群间该基因座上，由等位基因频率差异引起的基因多样性为 $D_{ST} = H_T - H_S = 0.420 - 0.318 = 0.102$。因此，由居群间差异导致的基因座 *Pgi-2* 占总基因多样性的比例，可估算为 $G_{ST} = D_{ST}/H_T = 0.102/0.420 = 0.243$。

该研究涵盖了样品的 31 个基因座，计算出平均数$\overline{H}_S = 0.098$，$\overline{H}_T = 0.117$，$\overline{D}_{ST} = 0.019$。因此，对所有的基因座的 G_{ST} 的平均估计值为 $G_{ST} = \overline{D}_{ST}/\overline{H}_T = 0.019/0.117 = 0.162$，也就意味着在总基因多样性中，有 16.2% 存在于不同的辐射松（*P. radiata*）（用等位基因酶测定）居群之间。同理可得，居群内林木间的多样性测定值为 83.8% 。

要注意，当从每个居群中抽取的样本数量少于 50 个时，基因多样性的计算需要矫正因小样本引起的偏差（Nei，1987）。通常调查人员只使用一个样本的多态基因座来计算基因多样性的统计数[在辐射松（*P. radiata*）研究中，31 个基因座中的 27 个呈现多态性]，这种方式增加了$\overline{H}_S$ 和$\overline{H}_T$ 的值，但是对 G_{ST}值应该没有影响（除了相对误差）。

辐射松（*P. radiata*）的 G_{ST} 值比其他针叶树的值要相对大一些（表 7.1）。发生在居群建群期（建立者效应）或居群瓶颈期的遗传漂变，是居群之间等位基因频率存在巨大差异的最可能的解释。居群间的相互隔离限制了迁移，而迁移则是减少居群差异性的一个因素。由于多数遗传变异分布在居群之间，该物种的基因保护策略需要考虑对全部 5 个居群进行遗传多样性保护（Moran *et al.*，1988）。

表 7.1　5 类植物居群内和居群间的等位酶多样性[a]

种类	P^b	A^b	$\overline{H}_S{}^b$	$G_{ST}{}^c$
一年生植物	0.29d	1.45d	0.101d	0.355d
短暂多年生	0.29d	1.40de	0.098d	0.245e
长寿的多年生				
草本植物	0.22e	1.32e	0.082d	0.278e
木本[h]				
裸子植物	0.53f	1.83f	0.151e	0.073f
被子植物	0.45g	1.68g	0.143e	0.102f

[a] 源于 Hamrick 等（1992）的表 1、3 和 4。如果每一列中不同种类的值由不同的字母组成，则说明各值之间存在显著差异（$P<0.05$）。

[b] 居群内的遗传多样性：P = 多态位点（一个样本中出现两个或两个以上的等位基因）平均比例；A = 每个位点等位基因平均数；$\overline{H}_S$ = 平均期望杂合度（包含单态位点）。在每类植物中，计算结果源于 96～226 个研究数据的平均值（长寿草本植物源于 24 个研究数据均值除外）。

[c] 居群间变异占总基因多样性的平均比例。计算结果仅源于多态位点和各类植物 73～186 个研究数据平均值（长寿草本植物例外，基于 25 个研究数据均值）。

[h] 乔木、一些长寿灌木和小树。

基因多样性分析能够轻易地扩展到包括更高水平的居群层次（Nei，1987）。例如，如果一个物种被细分为不同区域及区域内的亚居群，总基因多样性可划分如下：$H_T = H_S +$

$D_{RT}+D_{SR}$，H_S 表示的是居群内的基因多样性，D_{RT} 和 D_{SR} 分别表示的是区域之间和区域内亚居群间的多样性。

在*第 5 章*中，近交系数 F 被定义为：与随机交配居群相比，近亲交配导致杂合度较期望杂合度下降的部分。另一种量化居群之间等位基因频率差异的方法是与所有居群的总期望杂合度相比，将居群内期望杂合度的下降程度作为近交效应（Wright，1969，1978）。Wright 将两个等位基因上的单基因座居群分化引起的“近交系数”定义为 $F_{ST}=(H_T-H_S)/H_T$。Nei（1987）随后将 F_{ST} 的公式扩大到多于两个等位基因位点的计算，当计算单基因位点时 F_{ST} 与 G_{ST} 在本质上是相同的。

基于数量性状的遗传变异测定

对林木自然居群内及居群间数量遗传变异，大多数研究是在家系分析的基础上进行。从许多地点逐一采集自然居群中以风和动物作为媒介而产生的林木种子，采种母树多少不等。这些采样点覆盖所关注的整个区域，在这些地点，产生了与母本植株一样多的自由授粉家系，将这些种子播种到苗圃或温室环境中。培育的幼苗可以被栽种到一个或多个地点进行长期的观察评估。不管这些研究是在幼苗期还是树木在野外生长多年后结束，森林遗传学家均将此类试验称为产地研究或种源试验（*第 8 章*）。类似的试验还被广泛用于林木改良工程中的子代测定（*第 12 章*和*第 14 章*）。

对于每一个性状的测量，在试验中的所有家系间的变异都被分割成该地区居群间的差异和该居群内家系间的差异（专栏 7.2）。居群间变异模式的测定方法常被用于检测居群的遗传性是否与地理或环境相关（暗示该模式可能是适应性结果）。在同一区域内家系间的变异据估计只占居群内所有遗传变异的一部分，这是因为在家系内个体间和个体内的遗传变异（嵌合体）未估算在内。

专栏 7.2　长叶松（*Pinus palustris*）居群内和居群间的树高的遗传变异

从美国东南部 4 个州（大部分位于佐治亚州）的长叶松（*P. palustris*）的 24 个居群中，每居群抽取 3 个植株采收自由授粉种子，总共 72 个家系（Wells and Snyder，1976），幼苗采用完全随机区组设计，定植在美国密西西比州的 Gulfport，3 次重复，5 株小区，各家系成行定植。12 年生时，存活率和平均树高分别为 55% 和 9.2m。以小区平均值进行方差分析，结果显示在居群间及居群内家系间，12 年生树高生长均存在显著差异（$P<0.05$）。

变异来源	自由度（df）	均方	
		观测值	期望值[a]
区组间	2	0.42	
居群间	23	3.72[b]	$\sigma_e^2+3\sigma_{f/p}^2+8.64\sigma_p^2$
家系/居群	46	2.11[b]	$\sigma_e^2+3\sigma_{f/p}^2$
误差	124	1.21	σ_e^2

[a] σ_p^2 = 居群间差异引起的变异，$\sigma_{f/p}^2$ = 居群内各家系间差异引起的变异，σ_e^2 = 变异误差。

[b] 显著性在 0.05 水平。

由于不同居群之间和同一居群内不同家系之间的差异，可以把 72 个高度变异的家系分割开来，Wells 和 Snyder（1976）认为观测到的均方与其理论预期值（即预期均方）是等价的。例如，观测到的居群内家系均方由两部分组成，即居群内各家系间均方（$\sigma^2_{f/p}$）和小区内的实验误差（σ^2_e）。因为 σ^2_e 是从表（1.21）底行估算的，$\sigma^2_{f/p}$ 值的估算可以等价于家系/居群的观测值和通过用表 1.21 的值来替代 σ^2_e 的期望均方，求出 $\sigma^2_{f/p}=(2.11-1.21)/3=0.30$。以下经过同样的程序，$\sigma^2_p$ 的估算值为 0.19。因此，家系间总变异为 0.30+0.19=0.49，居群内各家系间变异占其中的比例为 0.30/0.49=0.61。对其余的 3 个性状（胸径、存活率、材积）也使用类似的计算方法，Wells 和 Snyder（1976）估算出由居群内（包括 4 个全部性状）各家系间的变异占家系总变异的平均比例为 66%。这表明，在整个分布区域中，平均一个居群内就有一半以上的变异来自家系间。此外，居群内 3 个家系之间平均数的范围常超过 24 个居群的平均数的范围。因此，在这项研究中估算的各个居群内的家系间的遗传变异相当可观。

林木的遗传多样性

从遗传标记估算遗传多样性

过去二三十年基于等位酶标记的研究，使林木遗传变异水平及其分布取得大量进展。近几年等位酶测定结果有 Hamrick 和 Godt（1990）（所有植物）、Hamrick 等（1992）（木本植物）、Loveless（1992）（热带树种）、Moran（1992）（澳大利亚树种）、Muller-Starck 等（1992）（欧洲树种）、Ledig 等（1997）（云杉）及 Ledig（1998）（松树）的论著。一般来说，林木群体拥有的遗传多样性比例远高于动物（Hamrick and Godt，1990；Hamrick *et al.*，1992）和其他类型的植物（表 7.1）。在林木群体内，平均约有 50% 的等位酶位点为多态型（被检测到的等位基因至少有两个），每个位点具有 1.75 个等位基因，平均期望杂合度为 15%。典型的林木居群期望杂合度，比一年生和短期多年生植物居群的平均水平高出近 50%。

当所有的基因座，包括单态基因座，被用于基因多样性分析时，居群内的遗传多样性（$\overline{H}_S$）与物种的总遗传多样性（$\overline{H}_T$）高度相关（Hamrick *et al.*，1992）。因此，林木总的多样性，普遍高于其他植物。然而，林木的总基因多样性中只有小部分是由居群间的差异引起的（表 7.1）；林木的 G_{ST} 值通常为 10% 或者更低，这个值只有典型的一年生或其他的草本植物值的 1/4～1/2。林木较低的 G_{ST} 值极可能是因为大多数树种异花授粉，而在一年生植物和其他草本植物居群交配系统中，要么自花授粉，要么以自花授粉为主，高水平的自花授粉不仅能够促进近亲繁殖（*第 5 章*），还能够限制居群间的花粉迁移。在林木居群之间，花粉和种子两者的迁移广泛存在（见本章“居群间的强烈迁移”一节）。

虽然林木居群内等位酶多样性很高，但是物种间的范围是明显的。表 7.2 列出了 20 个物种的等位酶估算值，其居群内基因多样性平均值从极高值（$\overline{H}_S>0.20$）到极低值（$\overline{H}_S<0.05$）形成 4 个等级。这里，如同表 7.1 一样，单态基因座和多态基因座都被用于计算 $\overline{H}_S$。

表 7.2 20 种森林树种自然居群内和居群间等位酶分析:居群内平均期望杂合度($\overline{H}_S$)的分布范围很大。

种	地理范围[a]	居群分布[b]	居群样本			遗传多样性[d]						参考文献
			覆盖范围[c]	数量	基因座	P	A	$\overline{H}_s$	$\overline{H}_T$	G_{ST}	N_em[e]	
高$\overline{H}_s$(>0.2)												
欧洲赤松(*Pinus sylvestris*)	W	C	苏格兰	36	16	0.84	2.6	0.303	0.311	0.026	8.8	Kinloch *et al.*,1986
刺槐(*Robinia pseudoacacia*)	W	C	大范围	23	40	0.71^{+}	2.6	0.291	0.333	0.125	1.6	Surles *et al.*,1989
栎(*Quercus petrae*)	W	C	法国	32	15	—	2.4	0.277	0.282	0.017	13.6	Kremer *et al.*,1991
欧洲栗(*Castanea sativa*)	W	C	意大利	18	15	0.60	1.7	0.231	0.255	0.097	2.1	Pigliucci *et al.*,1990
美洲落叶松(*Larix laricina*)	W	C	大范围	36	19	0.50^{+}	1.8	0.220	0.233	0.055	4.1	Cheliak *et al.*,1988
中度$\overline{H}_S$(0.1~0.2 甚至以上)												
美国皂荚(*Gleditsia triacanthos*)	W	C	大范围	8	27	0.62	2.2	0.198	0.210	0.059	3.0	Schnabel and Hamrick,1990
互生叶白千层(*Melaleuca alternifolia*)	L	C	大范围	10	17	0.64^{+}	2.0	0.164	0.186	0.119	1.5	Butcher *et al.*,1992
长叶松(*Pinus palustris*)	W	C	亚拉巴马西部到佛罗里达	24	19	0.54	2.9	0.150	0.160	0.062	3.5	Hamrick *et al.*,1993b
短叶红豆杉(*Taxus brevifolia*)	W	D	俄勒冈,华盛顿,北加州	17	17	0.15	1.5	0.124	0.138	0.104	1.9	Wheeler *et al.*,1995
欧洲云杉(*Picea abies*)	W	C	大范围	70	22	0.73	1.6	0.115	0.121	0.050	4.6	Lagercrantz and Ryman,1990
低$\overline{H}_S$(0.05~0.10 甚至以上)												
辐射松(*Picea radiata*)	L	D	大范围	5	31	0.46^{+}	1.8	0.098	0.117	0.162	0.8	Moran *et al.*,1988
Picea chihuahuana	R	D	大范围	10	24	0.27	1.4	0.093	0.124	0.248	0.6	Ledig *et al.*,1997
毛果杨(*Populus trichocarpa*)	W	C	西华盛顿	10	18	0.32	1.5	0.090	0.096	0.062	3.1	Weber and Stettler,1981
Pentaclethra macroloba	W	C	哥斯达黎加	12	14	0.31	1.4	0.074	0.095	0.219	0.8	Hall *et al.*,1994
蓝灰桉(*Eucalyptus caesia*)	L	D	大范围	13	18	0.29^{+}	1.3	0.068	0.176	0.614	0.1	Moran and Hopper,1983

续表

种	地理范围[a]	居群分布[b]	居群样本			遗传多样性[d]						参考文献
			覆盖范围[c]	数量	基因座	P	A	$\overline{H}_s$	$\overline{H}_T$	G_{ST}	$N_e m$[e]	
极低 $\overline{H}_S$(<0.05)												
北美乔柏(*Thuja plicate*)	W	C	加拿大南不列颠哥伦比亚省	8	19	0.16	1.2	0.039	0.040	0.033	5.6	Yeh, 1988
美国大叶玉兰(*Magnolia tripetala*)	W	D	大范围	15	17	0.11[+]	1.1	0.033	0.052	0.371	0.4	Qiu and Parks, 1944
马占相思(*Acacia mangium*)	W	D	大范围	11	30	0.13	1.1	0.017	0.025	0.311	0.5	Moran *et al.*, 1989
托雷松(*Pinus torregana*)	L	D	大范围	2	59	0	1.0	0	0.017	1.0	0	Ledig and Conkle, 1983
脂松(*Pinus resinosa*)	W	C	加拿大东北	5~11	9~20	0	1.0	0	0	0	—	Fowler and Morris, 1977; Simon *et al.*, 1986; Mosseler *et al.*, 1991

[a] 地理范围——种分布范围内，隔离居群间的最大距离(即不包括种外居群)：W>1000km，R 为 200~1000km，L<300km。

[b] 居群分布：C 居群相当大并且在种群范围内呈连续分布；D 居群相当小，呈间断分布。

[c] 大范围意味着采样居群分布在整个种群范围内，其余的为采样地理位置。

[d] P=居群内多态位点的平均比例([+]普通等位基因频率在 0.99 以下作为多态位点统计；其他样本中某位点有两个或更多个等位基因才被认为具有多态性。

A=居群内每位点等位基因的平均数。

$\overline{H}_s$=居群内平均期望杂合度。

$\overline{H}_T$=所有居群平均期望杂合度(基因多样性)。

G_{ST}=居群间基因多样性与总基因多样性之比。

[e] $N_e m$=每一世代居群迁入数量的估算值(Slatkin, 1987)。

所有的 $\overline{H}_S$ 的 4 个等级都包含裸子植物和被子植物，变异幅度很大的各个属的代表种贯穿于整个表格中，表中列出了 5 种松树中报道过的最高水平的 $\overline{H}_S$［欧洲赤松（*P. sylvestris*），$\overline{H}_S = 0.303$］到最低值之间的范围［托雷松（*P. torreyana*）和脂松（*P. resinosa*），$\overline{H}_S = 0$］。在松树中，托雷松（*P. torreyana*）的分布范围最小（两个小林分在南加利福尼亚，一林分在圣迭戈大陆附近，还有一个林分在圣塔巴巴拉以北 280km 的太平洋岛上），居群内遗传多样性的缺乏也许并不令人惊奇。相反，欧洲赤松（*P. sylvestris*）和脂松（*P. resinosa*），具有广泛的范围，一种穿越北欧和亚洲［欧洲赤松（*P. sylvestris*）］，另一种穿越北美东部［脂松（*P. resinosa*）］。正如本章后面所提到的，有时遗传变异的水平通常与现有居群的大小和物种的分布范围呈正相关，过去的极端瓶颈效应也可能对现有的多样性水平有重要影响。

林木居群间的遗传分化（G_{ST}）在树种间的变化也很大（表 7.2），G_{ST} 值较低的物种内或多或少呈连续分布；而 G_{ST} 值高的物种居群则呈间断分布。在托雷松（*P. torreyana*）中基因多样性百分之百由居群间的分化引起（即 $G_{ST} = 1.0$）；在抽样的 59 个基因座中，只发现两个多态基因座，在种内两个相距甚远的隔离居群的等位基因上可以互换。

直接比较等位酶与近年来基于核基因组 DNA 的遗传标记，结果显示在遗传多样性的水平和分布上，两种方法的结论在相当大程度上一致（Mosseler *et al.*，1992；Isabel *et al.*，1995；Szmidt *et al.*，1996；LeCorre *et al.*，1997；Aagaard *et al.*，1998）。这就意味着，等位酶测定的结果可以大致代表基因组中的大多数基因，至少这些基因在面临自然选择时机会是均等的。

根据数量性状估算遗传多样性

即使是随机观测同龄的天然林分和人工林分，也显示出个体间在大小、干形、物候、叶面颜色、抗虫性等方面的巨大差异。哪怕这些差异只有小部分是由基因控制的，对于大多数森林树种来说，也必须考虑单个林分内数量性状的遗传变异程度（Zobel and Talbert，1984）。对 3 个森林树种自由授粉家系间数量性状变异的剖分结果显示在图 7.1 中，对其各地理分布区的基因多样性在表 7.2 中进行了统计。这些研究中各居群有广泛的地理分布，可望在居群间存在大量变异。然而，在这些研究中，显示总变异中有 1/2 ~ 2/3 由居群内家系间的变异引起（各性状平均值）。虽然在家系水平上居群内的多样性是巨大的，但是由居群间的差异引起的总家系变异比通过等位酶基因座发现的基因多样性比例更大（表 7.2）。

在自由授粉的家系间的遗传变异只占居群内总遗传变异的一部分。许多遗传变异也存在于同一个家系的不同个体间。不幸的是，家系内个体间的遗传变异通常不能通过家系研究来估算，因为这些遗传差异容易与环境的影响相混淆（*第 6 章*）。然而，在毛果杨（*P. trichocarpa*）的例子里，家系内的个体通过根无性繁殖，这使得估算单个树种的基因型值成为可能，也使得将单个树种遗传总变异剖分为不同部分成为可能（Rogers *et al.*，1989）。该项研究显示，在总遗传变异中仅有 9% 来自于同一树种的不同样本间，而剩余 91% 是在居群内发现，其中 12% 源于家系与居群相互作用，79% 源于家系内个体间的变

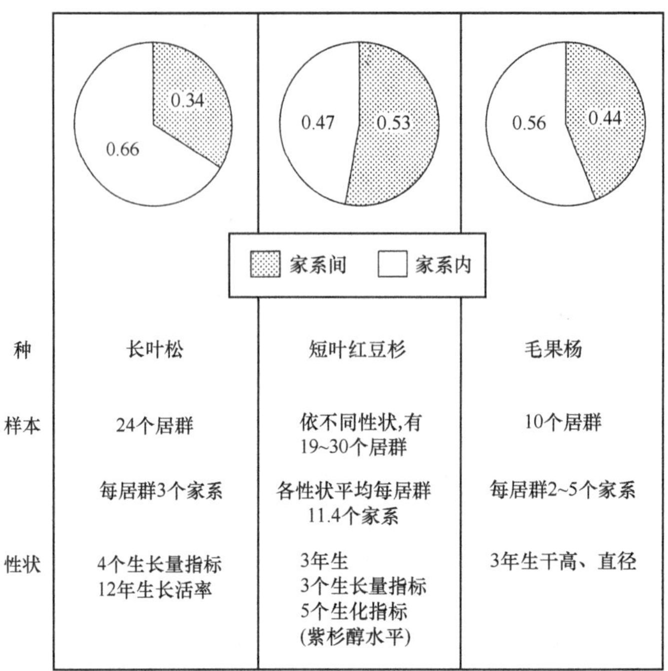

图 7.1 对长叶松(*Pinus palustris*)(Wells and Snyder,1976)、短叶红豆杉(*Taxus brevifolia*)(Wheeler *et al.* ,1995)和毛果杨(*Populus trichocarpa*)(Rogers *et al.* ,1989)3 个树种而言,自由授粉家系间总变异平均比例意味着数量性状差异源于居群差异和居群内家系间的差异。虽然居群分布跨越很宽的地理区域,但是在各居群内,家系间总变异占相当大的比例(约 50%)。

异。因此,在这个例子中,居群间和居群内个体水平上遗传变异的量化结果与在等位酶基因座上观察到的等位基因频率的变化是类似的(表 7.2)。

促进居群内遗传多样性的因素

在林木居群内通常能发现许多提高遗传多样性的因素:①大规模居群;②长寿;③高水平异交;④强烈的居群间迁移;⑤平衡选择 (Ledig,1986,1998;Hamrick *et al.* ,1992)。下一节将对这些因素进行简要阐述。

大规模居群

许多林木组成相当大的林分,在很大范围内或多或少呈现连续分布。大规模的居群会降低居群对随机遗传漂变的敏感性,而遗传漂变会降低居群内遗传多样性,并增加居群间的多样性(*第 5 章*)。在林木等位酶变异测定中,Hamrick 等(1992)发现一个种地理分布范围的大小,能很好地预测居群内遗传变异水平。平均而言,分布区域广泛的物种($\overline{H}_s=0.228$,$G_{ST}=0.033$),较分布范围狭小的地方性物种($\overline{H}_s=0.056$,$G_{ST}=0.141$)拥有 4 倍的居群内基因多样性和 1/4 的居群间多样性,后者如托雷松(*P. torreyana*)和蓝灰桉(*Eu-*

calyptus caesia),发生在相互隔离的小林分中。

一些分布区狭小的地方性树种,居群内拥有的基因多样性水平与分布范围广泛的树种相当。例如,*Abies equitrojani* 冷杉分布范围限制在土耳其 Anatolia 东北的 4 个小而分离的林分中(总共约 3600hm²),$\overline{H}_s$ = 0. 121(Gulbaba *et al.* ,1998);分布在塞尔维亚和波斯尼亚边界地区的塞尔维亚云杉(*Picea omorika*),是一个总面积只有 60hm² 的种,其最大的林分中(11hm²)$\overline{H}_s$ = 0. 130(Kuittinen *et al.* ,1991)。虽然目前这些种的分布十分狭窄,但单个居群可能还没有小到大量发生遗传漂变的程度。在没有突变或选择的情况下,假设有效居群规模(N_e, *第5章*)恒定,经过 t 个世代,遗传多样性可望按下式速率下降:

$$H_{et} = [1-1/2N_e]^t H_{e0} \qquad \text{公式 7. 2}$$

H_{e0} 为原始基因多样性(Hedrick,1985)。若 N_e = 50,要使 H_e 从 0. 150 下降到 0. 075,需要近 70 代,而一般的森林树种一个世代需 20 ~ 100 年。当一个由 50 个个体组成的有效居群的遗传多样性从开始下降到减半,需要 1400 ~ 7000 年。因此,居群大小会因漂移对居群内遗传多样性水平的强烈影响而显著下降。

相反,一些地理分布广泛的种在种内作为一个整体,具有相当低的居群内遗传多样性水平[如脂松(*P. resinosa*)、马占相思(*Acacia mangium*)、美国大叶玉兰(*Magnolia tripetala*)](表 7. 2)。这些物种低水平遗传变异被归因于极度的居群瓶颈,由于被一个或多个更新世冰川覆盖或在温暖时期被上升的水面淹没,这些树种分布区被替代并限制在狭小范围内时,这个瓶颈被假定是存在的(*第5章*)。一个种进化历史中极度的瓶颈会在其后很多世代影响其遗传多样性,因为只有突变(仅极少发生,*第5章*)或在近缘种间杂交,才能弥补其失去的多样性。

只要居群开始相对较小,随着居群的减小,居群内遗传多样性预期也随之下降,例如,Ledig 等 (1997)在 *Picea chihuahuana*(一种云杉属濒危物种)上的研究,这是一个小居群且呈完全间断分布的墨西哥针叶树(图 7. 2a),在抽样居群中单株数量为 15 ~2441 株。他们发现随着居群减小,$\overline{H}_e$ 呈直线下降(图 7. 3)。类似的倾向在澳大利亚的一些分布狭窄的地方性桉属(*Eucalyptus*)树种中也被观察到(图 7. 2b)(Moran,1992),但是,在其他分布区狭小且小居群呈间断分布的桉树种(如 *E. pendens*)中,就没有出现居群大小和$\overline{H}_e$ 之间的联系(Moran,1992)(图 7. 3)。在后一种情况下,居群间的迁移可能抵消了由漂移导致的遗传多样性缺失,或者现在的小居群与新近的起源有关(如毁林开荒),所以还没有足够的时间让遗传漂变发生。因此预测居群规模和居群内遗传多样性间的关系还不大可能,除非居群很小或在漫长的进化周期中相互隔离。

总之,在绝大多数树种中,不管其地理分布范围大还是小,平均遗传多样性($\overline{H}_e$)都高,仅在一些居群很小且呈间断分布的种中,$\overline{H}_e$ 才可能显著下降。在有着广泛地理分布和大居群的种中,有极少的例子$\overline{H}_e$ 值很小,这是因为一个或多个有广泛地理分布的大居群,其瓶颈事件发生在最近的地史时期。

图 7.2 在森林树种隔离状态下的小居群中，遗传漂变能导致居群内遗传多样性水平显著下降，并导致居群间多样性水平的上升：a. 墨西哥的 *Picea chihuahuana*；b. 澳大利亚西部的蓝灰桉（*Eucalyptus caesia*）（照片由美国农业部林业局森林遗传研究所的 F. T. Ledig 和澳大利亚联邦科学与工业研究组织的 CA 和 G. Moran 分别提供）

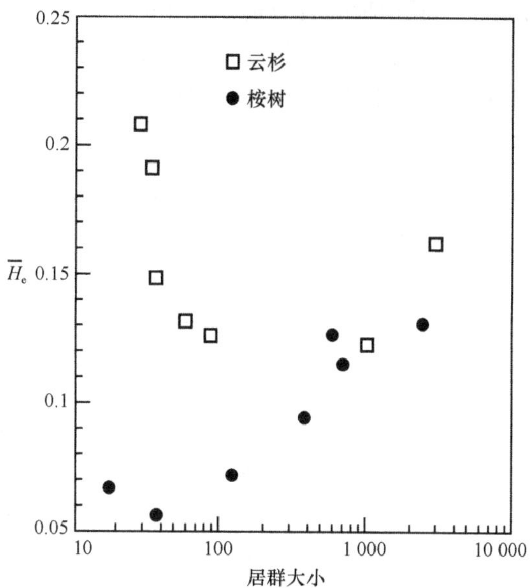

图 7.3　两地方性树种居群呈间断分布，等位酶位点平均基因多样性（$\overline{H}_e$）和居群大小的关系。图中云杉（*Picea chihuahuana*）模型（Ledig *et al.*，1997）的遗传漂变对较小的居群有很大的影响，因为这些居群有较低的平均遗传多样性（$\overline{H}_e$）。一个具有类似模型的桉（*Eucalyptus pendens*）（Moran，1992）可能是因为居群间迁移抵消了因漂移而导致的遗传变异丢失，或者因为居群最近才变小，以至于没有足够的时间发生遗传漂变而产生影响。

长寿

与短生命周期物种相比，世代间隔期长意味着林木繁殖期间较少受到潜在的居群瓶颈的影响（由于亲缘关系的限制或子代很低的成活率）。另外，由于个体寿命很长，林分中可以存在不同龄级的植株。龄级较高的植株与较年轻植株在遗传基础上可能不同，因为在它们各自的建群期环境、选择机制或是机遇不同（Roberds and Conkle，1984）。因此，在这样的群体中进行估算，会使总的遗传多样性升高。

另一个与长寿有关的变异来源是突变。从*第 5 章*可知，与短生命周期植物相比，树木有大量的致命物（有害突变）。由于林木植株既长寿又体积庞大，与短寿命植物相比每一世代会积累更多的突变（Ledig，1986；Klekowski and Godfrey，1989）。在植物中，孢原细胞由植物组织分化而来。因此，植株年龄越大，就会发生越多的细胞分裂而产生更多的合子和配子，在有丝分裂期间 DNA 复制错误和突变积累的机会也越大。由于分生组织分化产生配子，这些突变体会传递给后代。与之相反，动物有胚系，在胚系中合子和配子间的分化极少。例如，人类合子和配子间的分化可以少到 50 个细胞代，而一株高 12m 的松树顶部的球果可能是多达 1500 个细胞代的结果（Ledig，1986）。

林木较高的突变可从世代积累的苗期基因组（二倍体）叶绿素突变（叶白化或黄化）总频率的估算中得到支持（表 7.3）。这些突变几乎都是致命性的，它们由很多基因座控制。因为在较高等的植物（约 300 种）间，影响叶绿素产生的基因座数量大致相似，所以每一世代总突变的估算值在不同物种间具有可比性（Klekowski,1992）。与一年生植物相比,林木叶绿素的缺失每代大约能积累10倍以上的突变。而近年基于核苷酸水平多样性测定的研究,暗示针叶树突变率并不比一般植物更高(*第9章*)。当然对这一问题尚需进一步研究。

表7.3 林木和一年生植物每代基因组(二倍体)叶绿素缺乏致命突变的总频率估计[a,b]。

树种	估计数	文献来源
欧洲云杉(*Picea abies*)	$2\times10^{-3}\sim5\times10^{-3}$	Koski and Malmivaara, 1974[c]
欧洲赤松(*Pinus sylvestris*)	$1\times10^{-3}\sim2\times10^{-3}$	Koski and Malmivaara, 1974[c]
	$1\times10^{-2}\sim3\times10^{-2}$	Kakkanen *et al.* ,1996
扭叶松(*Pinus contorta*)	2.2×10^{-3}	Sorensen, unpublished[c, d]
西黄松(*Pinus ponderosa*)	3.5×10^{-3}	Sorensen, unpublished[c, d]
大红树(*Rhizophora mangle*)	1.1×10^{-2}	Lowenfeld and Klekowski, 1992
	1.2×10^{-2}	Lowenfeld and Klekowski, 1992
	4.1×10^{-3}	Klekowski *et al.* , 1994
一年生植物		
近交植物(9种)	$1.5^{-4}\sim5.0\times10^{-4}$ 甚至更低	Klekowski,1992
异交植物		
玉蜀黍(*Zea mays*)	4.0×10^{-3}	Crumpacker, 1967
荞麦(*Fagopyrum exculentum*)	2.3×10^{-4}	Klekowski,1992
猴面花(*Mimulus guttatus*)	9.7×10^{-4}	Willis, 1992

[a] 每个体每代叶绿素缺乏突变总和。

[b] 大多数估算基于居群中等位基因频率面临突变选择时处于平衡状态的假设(Ohta and Cockerham,1974;Charlesworth *et al.* ,1990)。

[c] 估算值根据文献数据计算而来。

[d] Sorensen FC,美国农业部林业局,太平洋西北研究站,俄勒冈州Corvallis。

高水平异交

高水平**异交**(outcrossing,即无亲缘关系的个体间交配)对维持居群内遗传多样性特别重要。异交提高杂合度,使可能因表达而遭淘汰的不良基因被保留下来(*第5章*)。进一步,杂合个体间的交配会导致遗传重组和在后代中创造大量不同的基因型。相反,近亲繁殖会导致重组降低和纯合基因型增加,这不仅引起变异缺失,而且会使有害的隐性基因得到表达,降低后代的平均生存能力(近交衰退)。

居群中近交与异交之比[称为**交配系统**(mating system)],以及影响该比例的因素,是树木生物学十分重要的内容,因为近交导致有害结果。交配系统受异交促进机制、居群结构、树木密度、亲缘个体的空间分布等因素影响。正如将看到的那样,大多数森林树种以异交为主,而且不同授粉机制在热带、温带和北方物种中真实存在,但自花授粉,即最极端的近交形式,至少在一些森林树种中发生。因此,在交配系统研究中,对自交程度往往特别感兴趣。

尽管自交会产生一些有害结果,但保留了自我受精的能力就意味着生殖总是可能的。在一些特定时期,自交对居群的重建十分重要:①在如山火一类的大灾后,只有一个或很少的、分散的个体存活下来;②当某物种少量个体入侵新的栖息地时(Ledig,1998)。

交配系统评估通常基于**混合交配模型**(mixed mating model),这种模型是假设所有的交配都是自交(概率为 s)或居群内无亲缘关系个体间的随机远交(概率 $t=1-s$)(Fyfe and Bailey,1951)。有两种一般的评价程序已经被使用:①将自由授粉饱满种子比例与人工控制下自花授粉、异花授粉饱满种子比例进行比较(Franklin,1971;Sorensen and Adams,1993);②用从混合交配模型到隔离条件下自由授粉子代的遗传标记所获的期望值来评价(专栏 7.3)。重要的是要认识到,在这两种程序中,自交和异交被用于对结实阶段或幼苗期间的评估,其间反映了正常的自交子代所占比例(如因胚败育而损失部分)而不是自交本身的频率。因为 $s+t=1$,根据自交后代比率(s)、随机异交后代比率(t)来划分交配系统。在本章余下部分,统一用 t 来评估交配系统。

专栏 7.3　用遗传标记估算自交和异交后代所占比例

通常使用混合交配模型(Fyfe and Bailey,1951),通过母本植株子代基因型标记频率(Ritland and Jain,1981;Shaw *et al.*,1981)来获得对交配系统的评价。混合交配模型表明,所有的交配要么源于自交(概率为 s),要么与居群内其他个体随机异交(概率 $t=1-s$),所以,观察到特殊基因型标记的概率 $P(g_i)$ 在母树(M)后代中有

$$P(g_i)=tp(g_i|\mathrm{O})+sP(g_i|\mathrm{M})$$

其中 $P(g_i|\mathrm{O})$ 是异交时基因 g_i 出现的概率;$P(g_i|\mathrm{M})$ 是自交时基因 g_i 出现的概率。在针叶树中,通过比较二倍体胚与雌配子体的单倍体基因型,能够推测出参与授粉的配子的基因型(*第 4 章*),$P(g_i)$ 是母树 M 子代中基因 g_i 出现在花粉配子中的概率;$P(g_i|\mathrm{M})$ 是母树 M 产生配子带 g_i 基因的概率;$P(g_i|\mathrm{O})$ 是在随机异交花粉池中带 g_i 基因花粉的概率。

混合交配模型用于估算 s(或 t)时,最简单的莫过于母树带有居群内其他植株上未发现的特定基因标记,这样,$P(g_i|\mathrm{O})=0$,s 就可以下式估算:

$$s=P(g_i)/P(g_i|\mathrm{M})$$

对森林树木的交配系统评估,有一个最早利用等位酶标记的例子(Muller,1976)。在这项研究中,在德国一个 91 年生的欧洲云杉(*P. abies*)林分中,从 86 株母树上采集自由授粉产生的球果,在 *LapB* 基因座上,有一株母树是杂合的,并具有 *LapB-2/LapB-3* 的基因型,在这个居群中没有在其他植株上发现等位基因 *LapB-3*。由这株母树的 *987* 粒种子构成的样品中,有 *57* 粒的父本配子带有等位基因 *LapB-3*,因此,估计 $P(g_i)$ 为 57/987=0.058。假设按孟德尔式分离,这株母树有一半的配子带有 *LapB-3*,即 $P(g_i|\mathrm{M})$ 为 0.50。因此,这株母树自交后代的比例可估算为:$s=0.058/0.50=0.116$,$t=1-s=0.884$。

当单株母树标记基因不是唯一时,可以按最大似然法合并多个母树子代的资料,用混合交配模型单个基因座标记来估算居群的 t 或 s 值。(Brown and Allard,1970;Shaw and Allard,1982;Neale and Adams,1985a)。此外,还需假设在这些方法中满足:

①子代异交概率与母本基因型无关；②母本植株所在的整个居群中，异交花粉池中等位基因频率相同。

更好的方法是，在交配系统的评估中，同时使用多个多态标记基因座（Shaw *et al.*，1981；Ritland and Jain，1981；Cheliak *et al.*，1983；Neale and Adams，1985a；Ritland and El-Kassaby，1985）。用多基因座评估比基于单一基因座的评估更精确，并且对混合交配模型所需假设的敏感性更低（Ritland and Jain，1981；Shaw *et al.*，1981）。在特殊情况下，对于单个标记基因座，当存在近亲交配而不是自花授粉（自交）产生的子代时，可能难以从遗传型上区分真实的自交后代，这会导致 t 的估算值偏小而 s 估算值偏大。因此，基于多基因座的标记用于评估，更易区分自交和其他形式的近亲交配，且偏差更小。此外，当许多标记基因座被利用时，t 值的多基因座估算值（t_m）能与以单基因座 t 的平均估算值（t_s）相比较。如果发生过自交，可以预期 t_m 值较 t_s 值要大。

一般而言，在大多数森林树种中，t 的估算值较高，超过 75%（表 7.4）。正如在松属（*Pinus*）和云杉属（*Picea*）树种上那样，针叶树异交概率接近或超过 0.90，这些树种由风媒授粉。然而，似乎没有这样一个趋势，即通过动物授粉的树种异交率低于风媒树种，或被子植物的异交率低于裸子植物。例如，热带被子植物以动物传粉，但 t 的估算值通常也超过了 0.90（Nason and Hamrick，1997）（表 7.4）。

表 7.4　4 组森林树种异交值（t）的估计[a]。

类型	种数	t		参考文献
		中值	范围	
松属（*Pinus*）	17	0.90	0.47 ~ 1.12[b]	Changtragoon and Finkeldey，1995；Mitton *et al.*，1997；Ledig，1998
云杉属（*Picea*）	7	0.84	0.08 ~ 0.91	Ledig *et al.*，1997
桉属（*Eucalyptus*）	12	0.77	0.59 ~ 0.84	Eldridge *et al.*，1994
热带被子植物	13	0.94	0.46 ~ 1.08[b]	Hamrick and Murawski，1990；Murawski and Hamrick，1991；Murawski *et al.*，1994；Boshier *et al.*，1995a；Hall *et al.*，1996；Kertadikara and Prat，1995

[a] 随机异交子代与自交子代之比。

[b] 由于估计错误，t 值的估计可能超过 1.0，特别是当 t 真正的值接近 1 时。

虽然大多数树种以异交为主，t 值在不同种间也表现出很宽的范围。例如，桉属（Eucalyptus）的 t 的平均值为 0.75，但属内不同种间，t 值为 0.59 ~ 0.84（表 7.4）。文献中报道的具有最高自交水平的物种（没有包括在表 7.4 内）是大红树（R. mangle）（*Lowenfeld and Klekowski*，1992；*Klekowski* et al.，1994）。这种小树在新大陆热带潮间带生态系统中形成浓密的森林，它具有两性花，花药在花蕾开放前便开始授粉脱落，其结果就是在有些居群中几乎完全实现自交（95%），虽然也观察到高达 29% 的异交率。

在大多数的交配系统研究中强调自交概率估算的同时，近亲之间发生交配（即同胞兄妹、父女间交配)在林分中也是明显的。当 t 值的多基因座估算值(t_m)与单基因座平均估算值(t_s)相比较时,常检测到近亲繁殖。因为自交以外的近亲繁殖导致 t_s 估算值偏小,而 t_m 估算值却很少受这种误差影响,t_m 和 t_s 之间的差异可作为近亲繁殖率的一个尺度(专栏7.3)。例如,在表7.4中的松树种间,有15例表明将多基因座和单基因座 t 的估算值进行比较是可能的。在这些研究中 t_m 均值为0.86,t_s 均值为0.84,表明14%的子代来源于自交,相当于因亲属间的近亲繁殖,使自交率偏大了2%。t_m 和 t_s 的估算值通常相差很小,这表明在大多数情况下,自交以外的近交对林木交配系统的影响相当有限。

在森林树种中观测到提高异交的种种机制,这些机制即因素,影响到种间及种内 t 值的变化,对此,将在本章"交配系统动态"一节中加以讨论。

强烈的居群间迁移

迁移(或基因流),即居群间等位基因的运动,从以下两方面有助于维持居群遗传多样性:①提供新的遗传变异;②抵消因遗传漂变或定向选择造成的变异流失(*第5章*)。林木间的基因流主要由花粉、种子从一个居群迁移到另一个居群来完成,尽管因江河、沟溪或洪水导致部分传播中断;也有的种通过茎干生根来产生基因流[如杨属(*Populus*)、柳属(*Salix*)的一些种]。

花粉扩散迁移

一般从风媒树种林分中输出的花粉总量相当大。很大的花粉团可以上升到林分高度以上,并随风传播很远。例如,在加拿大安大略省北部的一个种子园边缘距地面300m的高空,发现高密度的班克松(*P. banksiana*)和黑云杉(*P. mariana*)花粉(Di-Giovanni *et al.*, 1996)。基于这些花粉沉降率的估计,作者推测在稳定的微风(5m/s)作用下,花粉可以飘到50~60km以外。还曾报道,从产生花粉的林分,花粉团可以被风传播到数百千米以外的地方(Lanner,1966;Koski,1970)。

风媒树种中观察到花粉大范围传播,任一林分内有相当大比例的花粉可能来自不同林分(背景)。就目标林分的花粉密度而言,对附近同一树种林分产生的花粉一般未考虑在内。Koski(1970)通过芬兰的几个种估算参与授粉的花粉背景水平,结果表明在这一区域中,估算结果分布于15%~60%甚至更大的范围内,有的种花粉丰度值相当低,如灰赤杨(*Alnus incana*),而另一些种丰度值很高,如欧洲赤松(*P. sylvestris*)和欧洲云杉(*P. abies*)。

花粉团虽可以传播很远的距离,但只有花粉在到达目的林分仍保持生活力且与雌配子结合而完成授精才是有效的迁移。因此,上述对花粉传播和花粉相对密度的观察,仅表明在居群间花粉形成基因流的潜在能力。通过花粉估算实际基因流[又称为**花粉流**(pollen flow)]可以采用遗传标记的方法来进行研究(专栏5.5)。对天然风媒树种林分,这样的研究并不多,但估算表明,花粉流可能广泛存在。据计算,林分内至少因此产生了25%~50%的有生活力的后代(表7.5)。遗传标记也被用于调查花粉流进入针叶树种子园的水平(称花粉污染,*第16章*),据估算往往超过40%(Adams and Burczyk,2000)。在天然林分和种子园观察花粉流，尚不清楚的是，花粉是从邻近还是遥远的林分传播而来。在6个针叶树种子园中，最近的花粉源相距0.5～2km，估计花粉污染率差异很大，为1%～48%（Adams and Burczyk，2000）。

表7.5 研究点外未知来源林木花粉有效传播量（迁入率）基于对母树子代的父系遗传标记分析

种	研究点				花粉传播		
	位置	规模/hm^2	成年株数[a]	平均间距/m[b]	点内平均/m	最远[c]/m	迁入率/%[d]
风传粉							
花旗松[e]（*Pseudotsuga menziesii*）	美国南俄勒冈	2.4	84	17	55	—	27
		2.4	36	26	81	—	20
窄果松[f]（*Pinus attenuata*）	美国北加利福尼亚州	0.04	44	3	5.3	11	**56**
无梗花栎[g]（*Quercus petraea*）	法国西北	5.8	124	22	42	165	69
夏栎[g]（*Quercus robur*）	法国西北	5.8	167	19	45	140	65
动物授粉							
美国皂荚[h]（*Gleditsia triacanthos*）	美国东堪萨斯州	3.2	61[d]	18	22	240	22
		4.2	124[d]	15	24	120	24
Pithecellobium elegans[i]	哥斯达黎加	19	28	82	29	350	29
Calophyllum longifolium[J]	巴拿马	14	4	183	—	382	62
Platypodium elegans[k]	巴拿马	84	59	119	388	1000+	31
Spondias mombin[l]	巴拿马	3	10	55	—	200+	44
		4	22	43	—	100+	**60**

[a] 雌雄异株的美国皂荚（*G. triacanthos*）为雄株数量，其他种均雌雄同株，是标准地成年植株的总数。

[b] 从标准地大小和其中成年植株数量来计算植株间的平均距离。

[c] 检测到标准地中花粉传播的最大距离或从标准地母树以外最远距离获取的样品。

[d] 估算粗体字［窄果松（*P. attenziesii*）和 *S. mombin*］是实际花粉流，即由外来花粉授粉产生子代的总比例。在其他种中，是观察到的标准地以外的父本配子（表现花粉流）所产生子代的频率，这是对花粉流估算的最低值。当可计算时，实际的花粉流估计一般是表现花粉流的2～3倍（Nason and Hamrick，1997；Adamsand and Burczyk，2000）。

[e] Adams，1992. [f] Burczyk *et al.*，1996. [g] Streiff *et al.*，1999. [h] Schnabel and Hamrick，1995. [i] Chase *et al.*，1996. [j] Stacy *et al.*，1996. [k] Hamrick and Murawski，1990. [l] Nason and Hamrick，1997

花粉通过动物携带者进行迁移的距离也是相当可观的。动物传播花粉的途径主要取决于其觅食行为（Levin and Kerster，1974）。尽管动物传播花粉的距离不像在风媒授粉树种中观察到的那么远，但动物个体拥有在远距离的树木之间觅食的能力（Janzen，1971；Nason and Hamrick，1997；Nason *et al.*，1997）。尤其令人印象深刻的是更多的来自热带雨林的报道，那里的授粉媒介主要是昆虫，一般成年树的密度每公顷不到一株，花粉有效传播距离为300～500m（表7.5）。因此，这些物种中极低的居群密度表明传粉者广阔的取食范围与花粉远距离传播间的联系（Nason and Hamrick，1997；Nason *et al.*，1997）。在森林树种中，花粉有效传播距离的记录由勒颈榕（*Ficus columbiana*）保持，其访花昆虫是体形微小（1～2mm）、寿命很短（2～3d）的一种黄蜂，这些授粉者在这种榕树的每一个果内活动（图7.4）。在巴拿马3种榕树后代遗传标记的研究中，估算出花粉有效传播距离在相距甚远的植株间可达 5.8 ~ 14.2km（Nason *et al.*，1996，1998）。

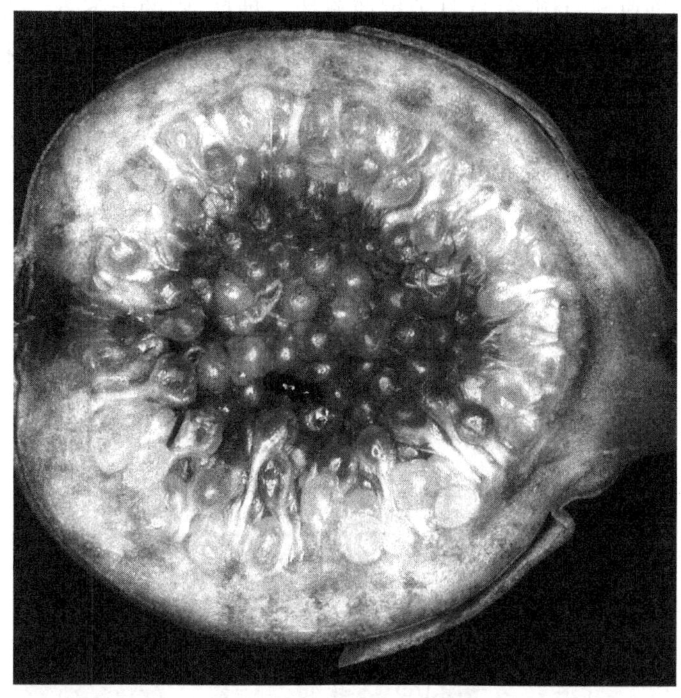

图 7.4　巴拿马的勒颈榕（*Ficus columbiana*）的果实内部含有死的雌黄蜂（*Pegoscapus* 属）。这些微小的黄蜂（约 2mm 长）通常可在相距 5km 甚至更远的植株间搬运花粉，因而极为有效地促进了远距离基因流。（照片由爱荷华州立大学的 J. Nason 提供）

经估算，花粉流进入虫媒树种林分的量与观察到的风媒树种相近似（表 7.5）。因此，基于实际有效基因流的一些估算，不能假设在形成的花粉流中，动物媒介较风媒效率要低。

种子扩散迁移

大部分有关林木种子传播的信息来自源点研究，在孤立的或事先对种子进行了标记的植株上，按不同距离用特定容器收集种子（Issac，1930；Boyer，1958；Boshier *et al.*，1995b）。这些研究通常显示，种子传播呈现很高的峰值，即绝大部分种子散布在母树附近（主要在 50m 以内），仅有少量种子传播到更远处。这表明由种子形成基因流（种子流）的潜力远低于花粉流。

然而，从源点的分布来看，可能有两方面原因会低估种子流的重要性：首先，每粒种子带有源居群中亲本双方的基因，与只带父本基因的花粉相比，每粒输入的种子对基因流的影响是双倍的（Nason *et al.*，1997）；其次，因为采样距离的限制，在源点研究中，最大的种子传播的距离会被压缩，因此种子传播距离可能比源点研究显示的结果要远得多，种子随风远距离传播的潜力，由外来松树在新西兰开拓出新栖息地的例子中得到了证明。作为先行者，辐射松（*P. radiata*）和扭叶松（*P. contorta*）通过种子传播，分别在距种植地 3km 和 18km 的空旷地带显然已完成了建群（Bannister，1965）。

动物对种子的搬运甚至更为有效，克拉克星鸦（*Nucifraga columbiana* Wilson）（图7.5）就是一个特别典型的例子，这是美国西部的一种鸟，它的舌下囊一次可以携带多达95粒食松（*Pinus edulis*）种子（Vander Wall and Balda，1977），已观察到这种鸟可从22 km以外的区域搬运种子，在那里它们收集并将种子集中埋起来，但是最高效的种子传播者是人类，在古代一些游牧民收集大粒松树种子作为食物进行贸易活动（Ledig，1998），也有利于种子传播。后来，因为迹地更新和在远离原产地的大陆营造速生林，林木种子的传播已在广阔范围内进行。通过风和动物远距离传播种子，无疑对树种占领新栖息地十分重要，但是种子远距离的零星扩散对居群间基因流的影响还不是很清楚。

图7.5 克拉克星鸦（*Nucifraga columbiana*）从柔枝松（*pinus flexilis*）松塔中收获种子。这种鸟从美国西部许多高海拔的松树上收获种子并将其埋入“粮仓”，通常这些种子的保存地距离采种地有数千米之遥。（照片由美国农业部林业局森林遗传研究所的 R. Lanner 提供）

用遗传标记追踪花粉和种子的扩散，需要估算目前树种基因流的水平和模型。然而，另一种调查迁移的方法是估算过去的基因流对居群遗传结构的影响（专栏7.4）。只有当基因流受到限制时，居群在等位基因频率上的分化才是可能的（*第5章*）。在大多数树种上观察到了较低的 G_{ST} 值（表7.2）表明过去基因流一定是广泛存在的。将居群间母系遗传与双亲遗传或者花粉遗传（*第4章*）的等位基因频率差异进行比较，结果表明，历史上在限制居群分化上，花粉流的影响远比种子流的影响大（专栏7.4）。

专栏7.4　林木基因流的历史水平

回顾*第5章*阐述的基因面临选择时相对的中立性（等位酶和分子标记）。等位基因频率在居群内和居群间的差异，主要揭示了居群内遗传漂变和居群间基因流两者间的平衡功能。Wright (1931) 展示了在许多规模相当的居群间一个简单的迁移模式，即 $F_{ST}=1/(1+4N_em)$，其中 N_e 是指有效居群规模；m 是每一世代各居群的平均输入率。对一系列抽样居群，可以考虑用 G_{ST} 来估计 F_{ST}，每一世代迁移量都可以用下面的方法估计出来：把 G_{ST} 的值代入到上面的等式中，求得 N_em 的值：$N_em=1/4(1/G_{ST}-1)$。

Slatkin (1987)、Slatkin 和 Barton (1989) 认为，这个等式即使在没有完全满足假设的情况下，也对能基因流的平均水平进行相当精确的估计。N_em 可间接衡量历史上发生的基因流的量，而正是它导致了当前的居群结构。只有当 $N_em<1$ 时，遗传漂变才会导致居群间等位基因频率发生实质性的变化(Slatkin, 1987; Slatkin and Barton, 1989)(*第 5 章*)。

森林系统中 N_em 的估算值通常大于 1，这表明基因流足以阻止遗传漂变带来的实质性变化(表 7.2)。而且，这些估算值和基因扩散研究中观察到的高水平的基因流是一致的。然而，有时 N_em 的估算值也会小于 1(表 7.2)，说明在居群之间没有基因流，或者受到严格限制[如 *P. chihuahuana*、蓝灰桉(*E. caesia*)、美国大叶玉兰(*M. tripetala*)]。这些特例涉及的树种都由或多或少相互隔离的小居群组成。

花粉和种子扩散对居群间基因频率差异的影响，可以用遗传标记测定不同植物基因组的 G_{ST} 值来进行比较(*第 4 章*)。对于细胞核和父系遗传标记(如针叶树叶绿体)来说，基因流通过花粉和种子发生；对于母系遗传标记(如被子植物叶绿体和针叶树线粒体)而言，基因流只通过种子产生。花粉迁移率与种子迁移率之比，可以通过比较核基因和母系遗传基因的频率变化来估算(Ennos, 1994)。已报道有关树木的几个比值都大于 1，表明了正如预期的一样，由花粉形成的基因流比率高于由种子形成的比率(Ennos, 1994; E1 Mousadik and Petit, 1996)。在 3 种大坚果被子植物[无梗花栎(*Quercus petraea*)、夏栎(*Querus robur*)、欧洲山毛榉(欧洲水青冈)(*Fagus sylvatica*)]中，花粉基因流与种子基因流之比非常高(84～500)，而在种子较小的针叶树中，该比值较低(7～44)。比值相当低(<3)的两个种是亮果桉(*Eucalyptus nitens*)和刺阿干树(*Argania spinosa*)。因为自花授粉，通过昆虫传播花粉很有限，所以花粉流在亮果桉(*E. nitens*)中可能受到限制。刺阿干树(*A. spinosa*)产于摩洛哥，是一种濒危的阔叶树，也通过昆虫传粉，但种子扩散在这个种中可能相当高，因为山羊和骆驼取食其肉质果，随后，会在白天或夜间反刍时被排出体外，也许此时动物已转移到距取食地数千米以外了。

平衡选择

选择的不同形式使居群内遗传多样性得以维持或平衡，包括杂合优势或超显性效应及多样性选择(*第 5 章*)。居群等位基因的多样性，包括杂合体的优势、过度支配和多样性选择(*第 5 章*)。少数杂合优势的例子已被证明，也许它能解释在单个基因座上偶然出现的多态性，但是不能解释在居群内发现的大部分遗传变异(Powell and Taylor, 1979)(*第 5 章*)。

森林树种所处环境在时间和空间上都极为不同。例如，土壤湿度和肥力、地面粗糙度和遮阴度，加之疾病、取食的动物和竞争者都在某一区域近距离出现，这对幸存的苗木和其后的树木具有深远的影响（Campbell，1979）。如果不同的基因型都适宜居群在不同的小环境，从理论上来看，随着时间的推移，多样性选择的结果可以导致居群内遗传多样性的稳定性，哪怕来自不同小环境的各基因型间存在广泛的相互交配（Dickerson and Antonovics，1973；Hedrick *et al.*，1976；Powell and Taylor，1979）。

在同一林分内，年度间气候波动和生长环境的改变可能在不同时期有利于不同的基因型，从而导致不同龄级间遗传背景的差异。因此，不同时期的环境也可导致选择的多样化，但环境在空间上的差异比时间上的差异更有可能导致林木稳定的多态性（Hedrick *et al.*，1976）。

平衡选择有助于林木居群内总遗传多样性的程度是难以量化的，因为无法从其他有利于多样性的因素中区分出平衡选择，如居群间的迁移、异交交配系统等。然而，3 方面的观察支持平衡选择在维持居群内遗传变异中具有重要意义。首先，森林树种强大的繁殖力能在世代更替中承受严酷的选择。Campbell（1979）根据统计资料估计，在衰老的花旗松（*P. menziesii*）林分中，每公顷需要超过 350 000 株幼苗来取代 74 株 450 年生老树。图 7.6 中是替代幸存了 450 年生老树的 5200 株苗木。同样，Barber（1965）估计，一场荒火过后，在 400 年生的王桉（*Eucalyptus regnans*）更新林分中，每一株老树需要 20 000 株幼苗来替代，即使幼苗死亡率很高（假设 50%），在剩余的个体间还有相当大的选择机会。

图 7.6 激烈竞争在数以千计的花旗松（*Pseudotsuga menziesii*）苗木间展开，通过自然繁殖和随后的林分重建以取代衰老植株。这种竞争为自然选择影响成熟林分的遗传结构提供了充足的机会。（由 W. T. Adams 拍摄）

其次，当林分在某区域内占领的立地环境差异极大时，适应性的遗传变异在林分间应该广泛存在，即使林分间有强烈的基因流。这已在大量研究中被观察到，这些研究的林木居群分布在陡峭山地或在小小的几千米范围内,土壤表现明显的间断性（*第8章*）。如果适应变异能够存在于区域内不同林分间,在面临广泛的基因流时,更小范围(如林分内小环境间)实现多样化选择的假设是合理的,也有助于居群内的遗传多样性。

最后支持居群内遗传多样性对适应性意义的是,人工栽培的遗传基础一致的作物和林木对病虫害与极端天气日益增强的敏感性(Kleinschmit,1979;Ledig,1988a)。19世纪40年代爱尔兰马铃薯饥荒和20世纪70年代的美国玉米枯萎病都是大面积种植高度一致的作物品种引发传染病的结果。无性繁殖的树木园也容易受到病虫害的侵袭(Libby,1982;Kleinschmit *et al.*,1993)。居群内遗传多样性的出现增加了这样一种可能性,至少有一些个体对病虫害侵袭或极端天气的破坏具有抵抗力,否则仅有一个或少数基因型的居群就可能被完全毁灭。然而,遗传多样性对居群甚至物种的生存不一定是必不可少的。表7.2中列举的许多种遗传变异非常有限[例如,马占相思(*A. mangium*)和脂松(*P. resinosa*)],它们有着广大的地理分布,显然是成功的物种。不过,这些树种极低的多样性是特例,尽管这些树种目前生长旺盛,但是它们适应未来环境变化的能力可能会因它们有限的遗传变异而受到极大影响。

林木交配系统动态

之前看到,在多数树种中,高异交率普遍存在,与表7.1中的一年生植物相比,这是导致多数树种高水平遗传多样性的一个重要因素。在这部分,就之前讨论过的交配系统作进一步探讨:①林木中导致高异交率的生物学机制;②在某些情形下,导致极低 t 值的因素(如高度自交);③发生在林分内植株间的异交模式。

促进高水平异交的机制

林木生殖生物学中各种各样的因素,阻止或限制了自花授粉和自交后代的生存能力,而优先选择杂交。热带低地雨林由许多树种构成,导致同一树种中任意两个体间存在较远的空间隔离,早期的调查者推测热带树种一定以自交占优势(Loveless,1992)。然而,后来的研究表明大约25%的热带阔叶树种**雌雄异株**(dioecious,雌花和雄花生长在分隔的个体上),因此,自花授粉是不可能的(Bawa,1974;Bawa and Opler,1975;Bawa *et al.*,1985)。另外,虽然大多数(约占65%)的热带被子植物有两性花,但是这些植物中更多的种(约占80%)**自交不亲和**(self-incompatibility)。在被子植物中很普遍的自交不亲和性是由于自身的花粉粒和雌花生殖组织间的化学干扰:①阻止花粉进入柱头或者抑制花粉管向下生长(早期的自交不亲和性);②抑制胚珠或者胚芽的生长发育(后期自交不亲和性)(Owens and Blake,1985;Seavey and Bawa,1986;Radhamani *et al.*,1998)。

其余的热带阔叶树种(约占10%),以及大部分针叶树和温带阔叶树是**雌雄同株**(monoecious)的,也就是说,雌雄性器官发生在同一个体植株上但花器结构不同(Krugman *et al.*,1974;Owens and Blake,1985;Ledig,1986)。雌雄同株的林木更加适合杂交。在一些针叶树中[如冷杉属(*Abies*)、黄杉属(*Pseudotsuga*)、松属(*Pinus*)],由于雌球花倾向于生长在枝条的末端和树冠顶部,雄球花却着生在树冠中下部内部嫩枝上,有性生殖的物理隔离得到加强。另外,雄花可能在雌花器能够接受花粉之前或者之后散粉。然而,针叶树雌雄花之间,无论是空间隔离还是时间隔离都不能完全防止自花授粉,何况这两种形式的隔离常弱到微乎其微的程度。两性的时间隔离也发生在具有两性花的物种中。例如,**雄蕊先熟**(protandry,即同一朵花花粉散出几天后,柱头才能接受花粉)有助于提高桉属(*Eucalyptus*)异花授粉率,这些树种以昆虫和鸟类作为传粉媒介来完成授粉(Eldridge *et al.*,1994)。**雌蕊先熟**(protogyny)是指同一朵花上柱头在成熟时尚未散粉。

在自交率低的树种中(如针叶树和很多阔叶树),提高异交最重要的机制是自交胚败育,这种败育是由于等位基因纯合子致死性表达而形成的(Orr-Ewing,1957;Hagman,1967;Sorensen,1969;Franklin,1972;Owens and Blake,1985;Ledig,1986;Muona,1990)。由于自交胚的败育,与异花授粉相比,自花授粉产生饱满种子的比率通常较小(表5.3)。因此,即使当在一棵母树周围有很大比率的自体花粉时,自交产生正常后代的频率仍可能非常低(Franklin,1971;Sorensen,1982)。Sorensen 和 Adams (1993)估计俄勒冈州的扭叶松(*P. contorta*)林分中,通过自花授粉形成的胚占1/10,但是这些胚中仅有1/3 能形成有生活力的后代。

当自花授粉和异花授粉同时存在时,降低败育(空粒)种子率的一个重要现象是**多胚**(polyembryony)。在针叶树中,几个颈卵器常在一个胚珠内发育(图7.7),每个都有一个卵细胞(Krugman *et al.*,1974;Owens and Blake,1985)。每个胚珠中的颈卵器数量不同,在松科植物中的数量为1~10,但是大多数胚珠有3~5个颈卵器(Owens and Blake,1985)。虽然不止一个卵细胞可以受精,但通常只有一个能发育成胚,这说明,在同一个胚珠内胚间存在竞争。一般来说,异交胚在与自交胚的竞争中占有优势,如果只有单个卵细胞受精,自交种子产生会很少,远没有期望中那么多(Barnes *et al.*,1962;Franklin,1974;Smith *et al.*,1988;Yazdani and Lindgren,1991)。被子植物树种中同样存在类似的多胚机制(Owens and Blake,1985)。例如,在栎属(*Quercus*)中,子房最初有6个胚珠,但其种子中通常只包含一个成熟的胚(Mogensen,1975)。

导致异交水平极低的因素

尽管高异交率在林木中很常见,但当植株的雌花(或雌球花)与异交花粉源间存在物理或时间隔离时,也发现了极低的异交率。随着林分间距离和林分内植株间的距离的增加,雌雄同株或同花的树种植株周围将有更高比例的自体花粉参与授精,而导致自花授粉率升高。例如,*P. chihuahuana*,一种云杉属(*Picea*)濒危物种(图7.2a),呈极小的居群高度分散在墨西哥中部的高山之上,在两个小居群中(每个混交林分内,*P. chihuahuana* 不到40株),估算的 t 值分别为0和0.15,这表明其中自交后代分别占100%和85%(Ledig *et al.*,1997)。南亚松(*Pinus merkusii*)是自然分布在南半球范围内唯一的松树。泰国的11个南亚松(*P. merkusii*)居群,分散生长于其他树种采伐区的残林中或以硬阔叶树为主的混交林中。t 值为0.02~0.84,平均为0.47(Changtragoon and Finkeldey,1995)。在这两个树种中,从异交率极低的居群中所采的种子,也有很高比例的空粒,这说明高度的近交可能会对这些居群的生殖产生威胁。

在种内居群间,林木密度也是一个影响异交水平的因素(Farris and Mitton,1984;

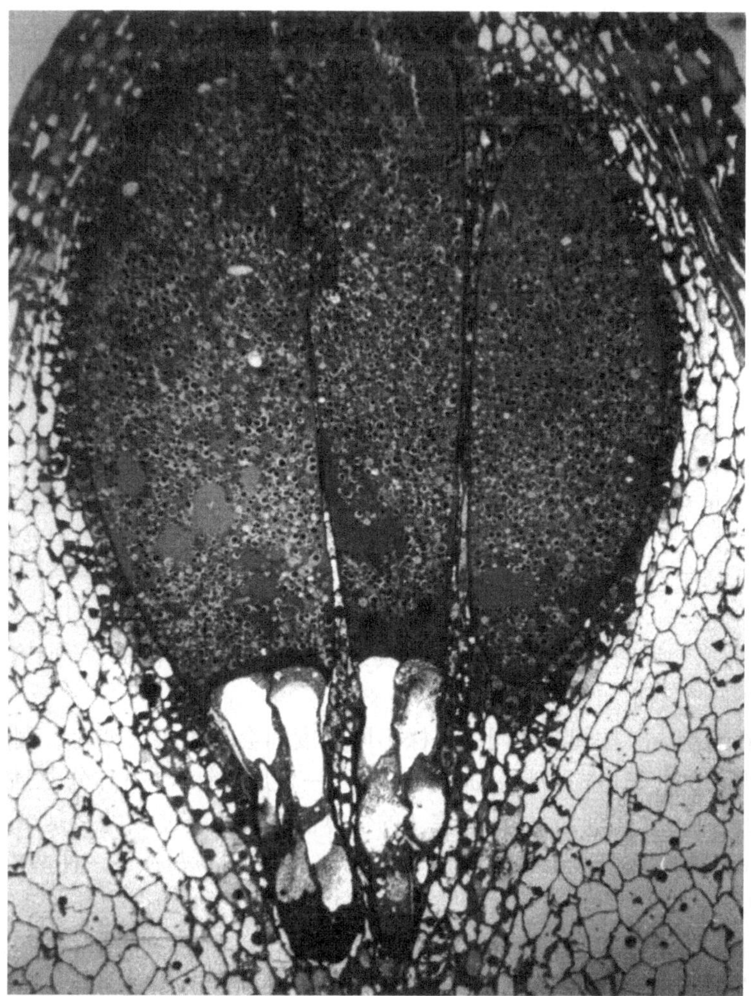

图7.7　花旗松(*Pseudotsuga menziesii*)胚珠中央纵切面(石蜡切片)显微照片,图片显示3个颈卵器、2个有幼胚,第3个(右)没有受精。虽然该树种的胚珠一般含有3~4个颈卵器,也有2个或多个受精(产了多胚),但是成熟的种子中很少有超过一个有生活力的胚。[经 Owens 等(1991)允许引用]

Knowles *et al.*,1987;Murawski and Hamrick,1992a;Sorensen and Adams,1993;Hardner *et al.*,1996)。例如,Murawski 和 Hamrick(1992a)对 *Cavanillesia plantanifolia* 交配系统进行了研究,这是一种有两性花的居上层林冠的热带树种,它的授粉是通过昆虫、蜂鸟也许还有猴子来完成的(Murawski *et al.*,1990)。而在巴拿马共和国的 Barro Colorado 岛的两个居群,在不同位置和不同年度,开花植株的密度相差可达5倍。估计 t 值随着开花植株密度的减小而直线减少(图7.8)。估计这种树是自花授粉的,因为大约每 $10hm^2$ 才有一株开花植株,其密度如此之低,很难想象会有异交种子产生。

虽然异交率被期望随着开花植株密度的降低而减少,但这并不常被观察到(Furnier and Adams,1986b;Morgante *et al.*,1991;El-Kassaby and Jaquish,1996),它和林分中其他树种的存在、密度、外源花粉参与授粉的程度等因素相混淆。另外,当自交率低时,即使自交率变化相当大,通过苗期观察,对自交后代比率的影响可能也很有限(Sorensen,1982)。

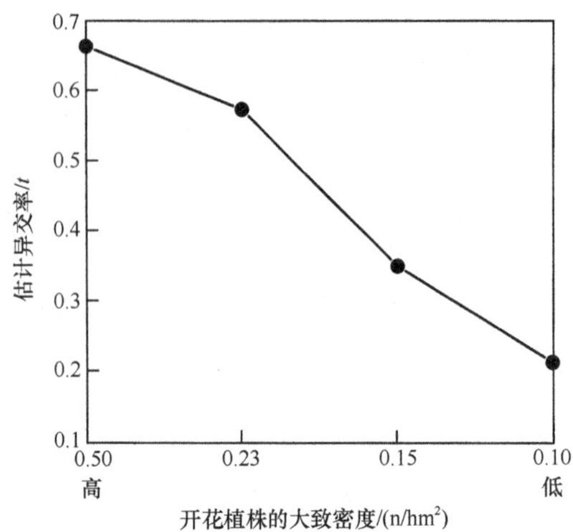

图 7.8 巴拿马共和国科罗拉多岛上 *Cavanillesia plantanifolia* 的开花植株的大致密度和异交率估算值(t)之间的关系(Murawski and Hamrick,1992a)。很明显,在这个自花授粉物种中,高密度的开花植株意味着高水平的异交率。

这很好地解释了热带阔叶树种有时每公顷只有一个或少量植株,却拥有很高的异交率——发达的自交不亲和系统。

异交率在居群内单株间或在同一植株不同年度间会发生很大变化。例如,在加拿大安大略湖东北部的北美崖柏(*Thuja occidentalis*)(一种风媒针叶树)林分中,估算 9 个植株的 t 值为 0.25 ~ 1.02(注意:因估算误差,t 的估算值有时会超过 1,特别是当真实的 t 值接近 1 时)(Perry and Knowles,1990)。爪哇木棉(*Ceiba pentandra*)是一种两性花的热带阔叶树,在巴拿马一居群中,11 个植株 t 值为 0 ~ 1.34(Murawski and Hamrick,1992b)。*C. plantanifolia* 的一株母树,有一年和另外 6 株树同时开花,t 的估算值为 0.79;第二年它是那里唯一开花的植株,此时 t 值为 0(Murawski *et al.*,1990)。

引种树种个体间和种内林分间异交率 t 变异的因素基本相同。被空间隔离的植株,尤其是雌花可授期特别早或特别晚而发生物候隔离的植株,与周围植株相比有高水平的花粉生产能力,或者高度自花授粉,这就可能导致较低的异交水平(Sorensen,1982;Shea,1987;El-Kassaby *et al.*,1988;Erickson and Adams,1990;Murawski and Hamrick,1992a;Sorensen and Adams,1993;Hardmr *et al.*,1996)。

最后,一些针叶树中雌球花倾向于着生在树冠顶端部分的枝条上,而雄球花多着生在较低部位,生长在顶部的雌球花可望比生长在中下部的异交机会多,因为中下部位的雌球花更靠近自己的花粉源。这种期望在很多实例中已被证明。例如,在北美云杉(*Picea sitchensis*)中树冠上部和下部 t 的估值分别是 0.90 和 0.76(Chaisurisri *et al.*,1994),在花旗松(*P. menziesii*)中分别是 0.93 和 0.86(Shaw and Allard,1982),在班克松(*P. banksiana*)中分别是 0.87 和 0.74(Fowler,1965b)。而在其他一些实例中(有些涉及上述树种),发现树冠不同部位对 t 影响很小或者没有影响(Cheliak *et al.*,1985;El-Kassaby *et al.*,1986;Perry and Dancik,1986;Sorensen,1994)。树木的年龄、大小和密度影响雌球花和雄球花的分布、花粉产量和扩散特性,因此,这些都是影响树冠不同部位异交率的因素。尤其是冠高越大、花粉越多的情况下,树冠上部的异交率比下部的异交率高

(Sorensen, 1994)。

居群内异花授粉的模式

本章前面已经指出，林分中自花授粉通常有 10% ~ 20% 的生活后代，而来自附近或远处林分的花粉流可产生另 25% ~ 50% 的生活后代。现在，将简要讨论森林树种生育结构剩余的部分：居群内个体间异交的模式和影响这些模式的因素。

风媒传粉和动物传粉的两类物种中，来自单株的花粉扩散呈尖峰态分布，这与种子源点扩散布曲线相似，但是多了一个长尾巴（即总的传播距离更大）(Wright, 1952; Wang *et al.*, 1960; Levin and Kerster, 1974)。这种分布曲线在欧洲赤松(*P. sylvestris*)和破布木(*Cordia alliodora*)基因扩散观察中反映出来，前者为风媒花，后者是虫媒花。该研究利用等位基因的稀有等位酶标记跟踪来自处于距离递增的母树后代的父本花粉(图 7.9)。在两个实例中，花粉源植株处于成熟的、树种相对单一的林分内。

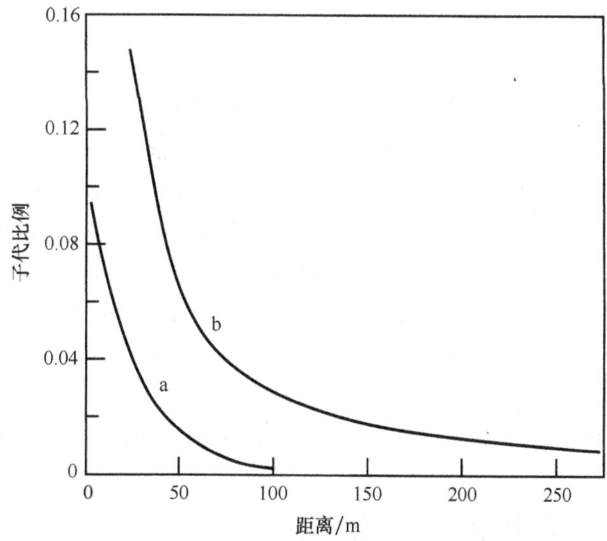

图 7.9　在母树子代中，标记的父本植株产生子代比例与双亲距离间的关系。a 为德国 120 年生欧洲赤松(*Pinus sylvestris*)林分，风媒花(Muller, 1977)；b 为哥斯达黎加破布木(*Cordia alliodora*)林分，虫媒花(Boshier *et al.*, 1995b)。这两个种，标记植株授粉成功率随与母本植株距离的增加而迅速减少。

随着标记的父本植株与母树距离的增加，有效授粉（有效花粉扩散）迅速降低。这说明，与其他较远的父本植株相比，附近的父本植株有更大机会与特定母本植株完成授粉(Hamrick and Murawski, 1990; Burzcyk *et al.*, 1996; Streiff *et al.*, 1999)。在交配成功与交配距离间，这是预期的关系，只要树与树之间在开花时间或花粉产量上的差异不是很大（见下文）。然而，在上述两例中，即使离母本植株最近的父本植株，其产生的后代数量也从未超过 15%（图 7.9）。因此，最近的父本植株提供的花粉比例被居群内其他较远距离的植株集体产生的花粉和外居群输入的花粉降低了(Bannister, 1965; Adams, 1992)。

通过对研究点特定母株自由授粉子代父本植株的推测，遗传标记也可以用来研究异交模式（父系分析；见表 7.5 参考文献）。这些研究表明，在完成授精产生子代的有效花粉配子中，许多来自远距离植株。花粉有效扩散的平均距离经常被估计为树木间平均距离的 2～3 倍，有的花粉来自平均距离 8 倍以外的植株（表 7.5）。因此，与母本植株交配所需父本数是值得考虑的。例如，Burczyk 等（1996）估计在窄果松（*Pinus attenuata*）林分内存在广泛的异交（由于林分内互交和外源花粉流），其中每个母植株与 59 个父本植株有相同的随机交配概率（对每个母本植株，有效的父本植株为 59 株）。Nason 等（1996，1998）估计，在 7 种榕属（*Ficus*）植物中，每一株结果母树有效的授粉植株数为 11～54 株（平均 24 株），并且，由于一个地区每年只有少部分榕树开花，多年来，为每个母本植株有效授粉的父本植株至少是上述数字的 10 倍。

交配的成功与否和雄性植株间距的关系。例如，在松柏类植物中，雄株生殖成功率随着花粉产量、散粉期与母树雌球花可授期重叠天数的增加而增大（Shen *et al.*，1981；Schoen and Stewart，1986；Erickson and Adams，1989；Burczyk *et al.*，1996）。因此，当雄性植株的花期完全与邻近母树同步，尤其如果该雄株花粉产量很高，其邻近的母树产生的多数后代可能都是这株雄株的。相反，如果附近的雄株与邻近母树可授期不同步，不管它产多少花粉，可能对该母树产生后代贡献很小。

在低密度、虫媒授粉的热带被子植物中，林木的空间布置对异交模式有深远影响。表 7.5 中的热带树种，在研究区域中观察到林木个体分布很远而花粉有效扩散范围很宽。在其他两个空间分布高度聚集的树种（*S. mombin*）和（*Turpinia occidentalis*）中，虽然很少量的有效花粉来自于 200～300m 甚至更远，但由相邻的 2～3 株成丛分布的父本植株繁育了绝大部分（72%～99%）子代（Stacy *et al.*，1996）。

显然，在风媒和动物媒介树种中，由花粉导致的基因扩散广泛存在。同样显而易见，传粉昆虫在促进异交方面效率很高，即使是热带阔叶林中，最近的植株也可能相距数百米。然而正如 *S. mombin* 和 *T. occidentalis* 观察到的那样，尚不清楚的是，在什么情况下异交会强烈减少这种情况发生的频率，所以对林木生殖结构尚需进行更多的研究。

居群内遗传的空间和时间结构

林分内的基因型在空间（遗传结构的空间分布）和各龄级（遗传结构的时间分布）上的分布会影响交配系统及区分因遗传漂变和选择对居群的影响趋势（Levin and Kerster，1974；Epperson，1992）。基因扩散受限、营养繁殖、历史干扰及有利于林分内不同部分不同基因型的微环境差异等能使基因型空间聚集增加（Epperson and Allard，1989；Schnabel and Hamrick，1990；Epperson，1992；Streiff *et al.*，1998）。林分内龄级间的遗传变异可由交配模式的年度差异、参与交配的亲本丛的变化或针对不同龄级的选择等引起（Schnabel and Hamrick，1990）。

遗传结构的空间分布

有 3 方面证据已用于推测林木居群中遗传结构的空间分布模型：①双亲自交检测；②通过控制邻近植株交配，检测后代自交衰退程度；③观测林分内的基因型的聚集（Epperson,1992)。本章“高水平异交”一节和表7.3曾指出,以单态基因座估算的平均异交值常比用标记的多态基因座估算的略小,这暗示在林木居群内至少有一些近交发生。如果有亲缘关系的个体在空间上集中分布,这种近交很有可能发生(Ledig,1998),但是如果亲缘个体在同一时期集中开花,这种现象也可能发生(Epperson,1992)。

在大多数树种中,近亲之间受精会导致近交衰退(*第5章*)。因此,如果林分由近亲聚集组成,可以期望邻近植株间的授粉会导致结实量和苗木生长量的下降,至少与远距离植株授粉的后代相比是这样。这种期望在加拿大两种北方针叶树白云杉(*P. glauca*)和美洲落叶松(*L. laricina*)的研究中被观测到(表7.6)。对邻近植株子代近交衰退程度与自交子代和远距离(假设不存在亲缘关系)植株异交子代相比较,可以估算相邻植株间的平均相关系数(r)。**相关系数**(coefficient of relatedness)代表了从两个同血统个体中随概抽取相同等位基因的概率(Falconer and Mackay,1996),其值相当于子代近亲繁殖系数的两倍(*第5章*)。若两亲本无亲缘关系时系数为0,亲本为表(堂)亲时系数是0.125,亲本为半同胞时系数是0.25,为全同胞时系数是0.5,两亲本是同一无性系不同个体,系数为1。白云杉(*P. glauca*)r平均估算值为0.26,这与有邻近植株是同一母树自由授粉子代(半同胞)相一致,但美洲落叶松(*L. laricina*)的相关系数r却为0.17。与这两个北方阔叶树形相反的是,在俄勒冈的花旗松(*P. menziesii*)林分中,邻近植株子代中很少或没有观测到近交衰退现象,说明在这一实例中,没有近亲个体的空间聚集(Sorenson and Campbell,1997)。

表7.6　两北方针叶树种自交、相邻植株交配和远距离(无亲缘关系)交配子代种苗平均状况[a]。

花粉类型	白云杉(*Picea glauca*)[b]		美洲落叶松(*Larix laricina*)[c]	
	饱满种子率/%	上胚轴长/mm	饱满种子率/%	2年生苗高/cm
自体	6.1	51.1	1.6	72.0
近邻	31.2	69.0	18.4	85.2
远距离	43.3	73.8	21.5	87.6

[a]远距离花粉混合采自至少距母本植株1000m以外的林分。

[b]近邻距母本植株在100m以内。(Coles and Fowler,1976)。

[c]近邻的平均距离为22m。(Park and Fowler,1982)。

许多方法已被用于评估林分内基因型的空间聚集。最简单的方法是在一地图上标出基因型的位置并从视觉上估计聚集的程度(Knowles,1991;Furnier and Adams,1986b)。第二种方法是将林分进一步划分成大小不等的小区,使用基因多样性分析的方法来检测小区间等位基因频率的差异(G_{ST}或F_{ST})(Hamrick *et al.*, 1993a,b;Streiff *et al.*,1998)。然而,最普遍的方式是根据等位基因频率,量化成对基因型或小区的相似度,在一定的距离和估算值中,分析成对数据相似度是否高于空间随机排列的相似度(空间自相关分析)(Epperson,1992)。由不同距离分隔开的成对数据是重复性的,如果呈块状分布,可以预期分布在近距离的成对数据更加相似,而在远距离分布中却相反。

虽然空间聚集分析有时几乎无法揭示遗传结构的空间分布(Roberds and Conkle,1984;Epperson and Allard,1989;Knowles,1991;Leonardi *et al.*,1996),但是至少一些基因型的聚集已被证实。不过近期涉及的所有实例中,聚集规模相当小(5~50m),表明是种子传播受限的结果，也表明聚集是由近亲个体簇生形成，这与树种广泛的异交和种子大小相一致，在针叶树种（Linhart *et al.*，1981；Knowles *et al.*，1992；Hamrick *et al.*，1993b）、温带阔叶树种（Schnabel and Hamrick，1990；Berg and Hamrick，1995；Shapcott，1995；Dow and Ashley，1996；Streiff *et al.*，1998）和热带被子植物中（Hamrick *et al.*，1993a）都有所发现。由微环境差异造成的区别选择通常不能解释观察到的遗传标记空间聚集，这是因为：①标记的基因型和微环境间关联不明显；②通常认为遗传标记对选择压是中性或基本中性的（专栏5.6）。

当种子集中传播时也能发现基因型的空间聚集（Furnier *et al.*，1987；Schuster and Mitton，1991；Schnabel *et al.*，1991；Vander Wall，1992，1994）。例如，美国北部的两种亚高山松树美国白皮松（*Pinus albicaulis*）和柔枝松（*Pinus flexilis*），常发现它们的几个单株密集生长在一起，这是因一种叫克拉克星鸦（*N. columbiana*）的鸟采收其种子后集中埋藏的结果（表7.5），也许这些种子距母树有数千米之遥。与不同簇的植株相比，簇内的植株有更高的遗传相似性。例如，在柔枝松（*P. flexilis*）中，估计成簇的植株具有亲缘关系，平均相关系数略低于半同胞（$r=0.19$）（Schuster and Mitton，1991）。

如果限制种子扩散是提高基因型空间聚集的主要机制，那么可以预期聚集区规模会在以后的连续世代中增大，尤其是当簇内亲缘植株间交配时，聚集会被增强（Levin and Kerster，1974；Streiff *et al.*，1998）。3个因素有助于限制聚集的规模：①大范围的花粉扩散抵消有限的种子传播距离；②由于林分年龄和聚集区内的竞争淘汰部分个体，聚集区会显著减小；③再生干扰。

种子和花粉传播对遗传的空间结构影响不同，这在位于科罗拉多的1.5hm^{2}的西黄松（*P. ponderosa*）纯林林分的研究中得到证明（Latta *et al.*，1998）。用两个单倍体细胞器基因组控制的遗传标记来研究空间结构：松属（*Pinus*）线粒体DNA（mtDNA）由母本遗传，而叶绿体DNA（cpDNA）通过花粉遗传。因此，mtDNA标记的空间结构完全由种子传播决定，而cpDNA标记的空间结构标记是共同传播的结果，即首先由花粉传播，其次由种子传播，但主要由花粉传播决定。绘制每一个单倍基因组的稀有标记，会看到单倍型mtDNA呈明显聚集（圈内），而cpDNA标记在整个范围内随机分布（图7.10）。根据等位酶基因型分析，估计在单倍型mtDNA标记聚集区的平均相关系数$r=0.27$，说明聚集代表了通过母本联系的半同胞类群。从图7.10中明显可以看出，为什么用二倍体基因型的空间分布来探究林木遗传的空间聚集很困难，因为二倍体基因型是种子和花粉两种传播模式的共同体现。

在同一林分内将遗传的空间结构与龄级结构进行比较时，会明显发现在苗木或幼树中聚集很少，而常出现在成年个体上（Schnabel and Hamrick，1990；Hamrick *et al.*，1993b；Dow and Ashley，1996；Streiff *et al.*，1998）。这可能是差异性选择抗拒聚集体内的近亲繁殖，或是因为其中大部分植株在林分发展时期由于激烈竞争而消失。

以前繁殖受到干扰（林分历史）的量和模式也对以后遗传的空间结构产生很大的影响。例如，Knowles等（1992）比较了加拿大安大略省两个林分的美洲落叶松（*L. laricina*）遗传的空间聚集情况。在一次皆伐后，林地自然更新，更新大概是由分散在这一区域的残存个体实现的，该林分中出现了明显的基因型空间聚集。生长在附近旧耕地上的林分是由树木沿耕地边缘扩张形成，却没有观察到聚集现象。同样Boyle等（1990）在低洼地带

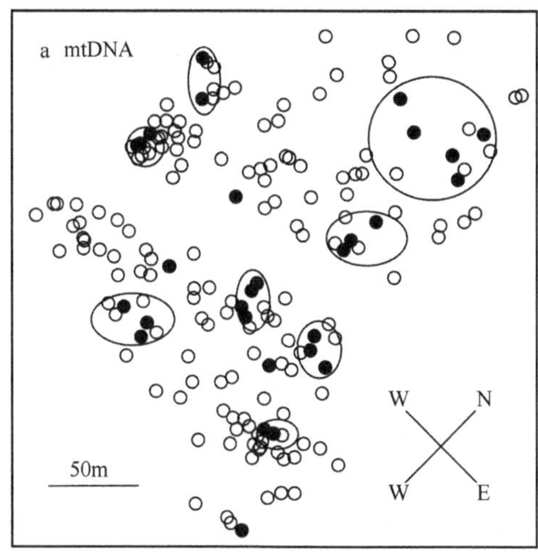

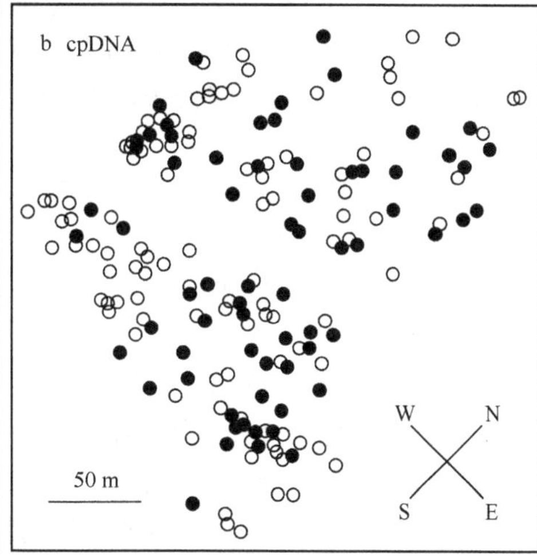

○常见单倍型 ● 稀有单倍型

图 7.10 科罗拉多西黄松(*Pinus ponderosa*)林分内个体间单倍体细胞器空间分布图:a. 稀有 mtDNA 单倍体型的空间排列,圈内的聚集反映了该树种线粒体的母系遗传和种子传播受到限制;b. 相反,在稀有 cpDNA 单倍体型上缺乏聚集,反映了叶绿体的父系遗传和较宽的花粉传播。[经 Lattaef 等(1998)允许引用]

的黑云杉(*P. mariana*)林中发现了明显的遗传聚集,这一地点几乎没有重大干扰的证据。而在另一地点,没有观察到遗传聚集,这里植株密度很高且大小整齐一致,暗示这一区域在火灾后已完成更新。

总之在林木居群中,至少一些遗传的空间结构是相对常见的,虽然母本植株周围同胞个体高度聚集和较年幼的龄级可能是主要的限制因素。聚集的存在高度依赖于林分历史,尤其是恢复期间的干扰模式。

遗传结构的时间分布

林分内不同龄级间基因频率差异一般很小(Linhart *et al.*,1981;Knowles and Grant,1985;Plessas and Strauss,1986;Schnabel and Hamrick,1990;Leonardi *et al.*,1996),此时可以期望有很强的基因流和大规模居群。对于这种趋势的一个例外是北卡罗来纳州一个退耕地上的火炬松(*P. taeda*)林分,通过对 8 个等位酶基因座的检测,观察到 4 个龄级植株间的基因型频率差异很大(Roberds and Conkle,1984)。因为该林分很可能是通过附近一些分散的植株或小的林木组再生形成,所以以亲本的不同小样本推测每一小类群的结论是不合理的。因此,遗传漂变(建群者原理,*第 5 章*)可能是龄级间等位基因频率差异的主要来源。

虽然基因频率在龄级间差异很小,但是共同的观察结果是随着林分年龄的增加,纯合体会减少(Shaw and Allard,1982;Muona,1990;Morgante *et al.*,1993;Ledig,1998)。量化纯合体频率的固定指数(F)通常与预期的哈迪-温伯格平衡相关(*第 5 章*),这在苗期是确定的(过度纯合),但是在成年个体中却接近于 0。苗期过度纯合最大的可能性是:①亲本间的近亲繁殖(主要是自交);②由于种子传播受到限制导致子代基因型空间聚集(Wahlund效应),但是随着树木年龄的增加,近亲后代中会发生选择淘汰,尤其是在幼年阶段(表5.2),竞争引起的死亡使空间遗传聚集下降(见前一部分)。

群落内遗传多样性的实际意义

自然再生系统下的遗传改良

通常在林木居群内观察到大量的遗传多样性,其中包括如材积、干形、材质、耐旱性和抗病性等具有重要经济意义的各种性状。因此,可以通过选择并繁育最好的基因型(能在子代表优良性状的基因型,*第13章*)来实现林木经济价值的重大改良。这对林木改良尤其重要,改良程序涉及入选亲本的子代测定和改良子代的部署与运作(*第13~17章*)。

在自然更新系统中,林分也能通过留下最具有亲本植株优良性状的子代而获得遗传改良。正如*第3章*描述的那样,获得子代的显著改良,主要依赖于所选亲本植株的两个因素:①所选性状的遗传率(*第6章*);②选择强度。遗传率越高、选择前不理想表型去除越多(即选择强度越大),子代期望的改良程度越高。因此,在庇护木和采种母树系统中,改良潜能是巨大的,因为仅有相当少的亲本植株被保留下来用于更新。

在大多数情况下,通过自然更新进行遗传改良被看成最佳的方法,与更高强度林木改良程序的收获相比较,这一点尤为突出,这是因为:①重要经济性状(如树干生长率)通常遗传率低,因此,仅通过表型来判断更好的基因型比较困难;②为了实现种子在某区域均匀扩散,亲本植株必须有均等的空间分布,这样多少会限制一些个体的选择,从而限制选择强度;③通过选择更好的基因型在后代获得的遗传改良会降低,这是因为这些种子的父本基因可能大多从附近林分中未经改良的植株上继承(通过花粉流)。

尽管有这些警示,已经证实速生的亲本植株自然更新的子代生长更具优势(Wilusz and Giertych,1974;Ledig and Smith,1981),在入选抗病亲本的子代中甚至有更大的改良(Zobel and Talbert,1984),与生长性状相比,抗病性具有更高的遗传率。因此,林业工作者不应该忽视通过亲本植株的正向选择和自然更新,从遗传上提高林分价值的潜力。尽管只是一定程度的改良,但是这是一种廉价而迅速同时确保子代有很好适应性的方法。

林木居群内的大量遗传变异也为负向选择(退行性选择)或称为"拔大毛"提供了"机遇",那里最好的树遭到采伐而最差的树被保留下来进行林分重建,这种活动从伐木中增加了收益,但是降低了林分及其后代的遗传品质和价值。如果只有很少的劣株保留下来,那么问题将会恶化,因为除了负向选择,近交水平也可能会上升。"拔大毛"是一种短视和浪费行为,应该严格避免。

尽管林分密度严重降低才可能会出现问题,但是自然更新的另一个潜在的负面结果是,选择性疏伐或采伐造成林分密度降低而导致自交子代的比例上升。例如,在俄勒冈西南的两对邻近的花旗松(*P. menziesii*)成熟林分中,一个林分未砍伐(约100株/hm^2),而另一林分进行了疏伐(15~35株/hm^2)。多基因座估算的异交率(t_m)显示疏伐几乎没有或完全没有影响自交后代的比例(在未采伐林分中t_m为0.98,疏伐林分中是0.95)(Neale and Adams,1985a)。同样,加勒比松本种变种(*P. caribaea* var. *caribaea*)在古巴经疏伐的采种林分和附近的野生林分中，有几乎完全相同的异交水平，两林分的 t_m 值分别为 1.01 和 0.98（Zheng and Ennos，1997）。然而在斯里兰卡，一个由蜜蜂传粉的林冠层树种（*Shorea megistophylla*），经疏伐到 2 株/hm^2 的林分异交后代的比例（t_m=0.71）显著低于邻近未受干扰的林分（10 株/hm^2，t_m=0.87）（Murawski *et al.*，1994）。

在自然居群中采收种子

不管从野生林分中收集种子是为了更新造林，还是异地保存基因（*第 10 章*），或者对入选亲本进行子代测定（*第 14 章*），都希望避免近交，特别是自交（Sorensen and White，1988；Sorensen，1994；Hardner *et al.*，1996）。大多数情况下，人们希望源于同一母本的后代拥有多数父本。基于目前有关交配系统的知识和花粉在林木中的扩散，为从野生林分中采集种子提出以下几点建议。

- 只在大型林分中采收种子，这些地方的个体密度对于物种而言是正常的，同时，还只能在正常开花年度采种。避免在既小又孤立，特别是开花植株密度极低的林分中采种，除非这些林分是所关注的区域内仅有的。
- 避免从自交子代比例可能更高的孤立的树丛内采种。
- 只采树冠上部 1/3 的球果或果实，尽量获取这一部位的异交潜能。
- 如果目标是减少从不同母树采收的种子间的亲缘关系，只从相距 50～100m 甚至更远的分隔母树上采种（记住相邻的植株间可能有很近的亲缘关系）。

本章提要和结论

在所观察过的生物体中，林木通常拥有遗传变异的水平最高。在单基因水平，大多数差异是在单个的居群内发现的（经常占一个物种总变异的 90% 或以上），仅有限的等位基因频率差异出现在居群间（即 G_{st}<10%）。尽管在居群间观察到更多的数量性状遗传差异，居群内的遗传变异仍然相当可观。林木特性造就了居群内高水平的遗传多样性，不过其间也存在一些差异，包括以下几点。

- *居群规模大*。大居群更少因随机遗传漂变而导致遗传多样性丧失。
- *长寿*。长时间的世代间隔意味着：①瓶颈期丢失遗传多样性的机会很小，而瓶颈可能发生在生殖期，至少与短寿命物种相关；②与短寿命植物相比，林木每代都积累更多的变异。
- *高水平异交*。异交子代的存活比例通常大于 75% 甚至常超过 90%，这在针叶树和阔叶树都真实存在，无论是通过风媒还是动物媒介授粉。
- *强烈的居群间迁移*。由花粉形成的基因流是广泛的，并且认为林分内由此产生的生活后代可以达 25%～50%。多数种子仅在母树周围近距离扩散（通常在 50m 以内），与花粉扩散相比，种子扩散对基因流的影响小得多。
- *平衡选择*。森林立地环境高度的异质性，无疑会对林分内控制不同微环境适应性的基因进行平衡选择，因此，居群内的一些遗传多样性具有适应性意义。

与分布范围大的种和大居群相比，分布范围受限的种和小居群遗传多样性水平明显较低，但也存在值得注意的例外。例如，如果在相当近的时期缩小一个物种分布范围，很少发生因遗传漂变引起变异的丢失[如 *A. equitrojani* 和塞尔维亚云杉(*P. omorika*)]。相反，当前分布广泛的种，在较近的地史时期，经历了一个或多个极端的瓶颈，其多样性可能受到严重限制[如脂松(*P. resinosa*)和马占相思(*A. mangium*)]。

在种内，与没有隔离的大居群相比，受到隔离的小居群可能具有较低的遗传多样性，特别是既小又多代隔离的居群，这种现象更明显。

在不同树种中，防止或限制自交子代产生的机制，在提高效果方面包括，物理或时间隔离同一植株不同性别的花器、自交胚败育、自交不亲和及雌雄异株等。当母本植株与异源花粉存在物理或时间隔离时，异常高水平的自交子代会发生在自交兼容物种中。同一树种个体间处于相对隔离状态时(如非常低的密度)，这种情况很可能发生，特别是在开花很少的年份。

由于树种间居群内高水平的花粉基因流和广泛的异交，与每一株母本植株发生有效异交的父本植株数量可望相当大。只有在特殊情况下，少数父本植株才可能占据主导交配地位，例如，当一株母树紧邻着一两株花粉量很大的植株，且花期完全同步时。

不稳固的遗传结构来源于种子扩散受限和其后同胞子代的空间聚集，这在林木居群内相当常见，特别在低龄级阶段。然而，由于受到林分历史的影响(如过去对繁殖干扰的程度)，预测任一特定林分遗传的空间结构都很困难。近亲的空间聚集很可能源于双亲近交(如同胞交配)，这在林分中经常观测到。

关于依赖于自然更新的造林系统，在大多数林分内发现高水平遗传多样性的实际结果是：①选择最好的植株留作更新亲本或采种母树可以获得一定的遗传增益；②相反，将表现型不好的植株留作亲本(所谓"拔大毛"或劣生性选择)会降低再生和未来林分的遗传价值。

第8章　地理变异——小种、渐变群及生态型

当前，对林木遗传信息了解最清楚的莫过于种内的地理遗传变异模式。据史料记载，早在18世纪中叶，人们从斯堪的纳维亚和欧洲各国的天然林中采集欧洲赤松(*P. sylvestris*)优树种子，在法国建立比较试验林，以确定木材产量最高的种子产地(Turnbull and Griffin，1986)。系统开展林木种源试验始于20世纪初，在欧洲和北美分别开展了几个树种的种源试验。目前，有关地理变异模式的文献非常丰富，涉及几百种树种，包含被子植物和裸子植物。

对于林木遗传研究及(或)驯化，首要的一步就是了解其自然分布范围内的地理变异，这是因为了解地理变异幅度和模式对以下6个方面有重要意义：①了解各种进化因素的相互影响及重要性(如自然选择、迁移和遗传漂变，*第5章和第7章*)；②为造林用种作抉择。在保证有充足适应性前提下，确定种子安全调运的距离；③兼顾遗传品质与实用性两方面因素，为林木遗传改良计划划分科学合理的育种区与配置区(*第12章*)；④为某特定的造林区选择产量最高的种子产地(*第12章*)；⑤为适宜的土壤气候区域制订选择与遗传测定方案(*第14章*)；⑥为保存种内所有自然遗传变异制订基因资源保存策略(*第10章*)。

本章介绍林木地理变异的概念、研究概况及意义。重点针对乡土树种，而关于外来树种的种源试验将在*第12章*阐述。第一节介绍与地理变异研究有关的术语与概念。第二节概要介绍林木地理变异模式的试验研究方法。第三节总结现有的林木地理变异模式，并探讨其内在进化因素。最后一节讨论地理变异模式在种子调拨中的作用。由于地理变异几乎影响了林木改良计划的所有阶段，本章的一些概念将在*第12～17章*中重复出现。进一步了解林木地理变异的概念与应用概况可参阅Wright(1976)、Zobel和Talbert(1984)、Turnbull和Griffin(1986)、Morgenstern(1996)和Ladrach(1998)的论著。

与地理变异有关的概念与定义

种源、种子产地和小种

为定量分析与描述地理变异模式，应对不同产地的植物材料进行对比试验。描述植物材料产地的术语主要有以下两个：①**种源**(provenance)指原产地，指来源于天然群体的植物材料(种子或其他繁殖材料，译者)的采集地；②**种子产地**(seed source)是种子的采集地，不考虑采种母树是否位于自然分布区内。例如，采自美国俄勒冈库斯贝的异叶铁杉(*Tsuga heterophylla*)天然林母树的种子可以标注为"库斯贝"种源或者"库斯贝"种子产地(专栏8.1)。如果从"库斯贝"采种在英格兰(England)营建异叶铁杉(*T. heterophylla*)人工林，从该人工林中采集的种子，其种子产地为"英格兰"，指采种母树所在的地区；其种源仍为"库斯贝"，反映其自然分布区内的最初来源地。

专栏 8.1　异叶铁杉(*T. heterophylla*)的种源、小种、渐变群和生态型

异叶铁杉(*T. heterophylla*)广泛分布于美国西北部,Kuser 和 Ching(1980)利用种群生态学研究结果揭示了异叶铁杉(*T. heterophylla*)的地理变异模式。参试种源 20 个:①14 个太平洋沿海种源,从北阿拉斯加州(北纬 58°)至北加利福尼亚州(北纬 38°),呈现连续的南北分布;②3 个喀斯喀达山种源,来自俄勒冈和华盛顿;③3 个落基山种源,来自爱达荷和加拿大不列颠哥伦比亚省。喀斯喀达山种源和落基山种源与沿海种源彼此隔离。在相同纬度上,沿海气候较温和,而山地气候较严酷。

在整个试验中,区分种源,即每个种源为一个处理。试验地点为俄勒冈卡瓦雷斯(北纬 44°),利用室外大棚培育实生苗,采用随机、重复的试验设计,测定以下两个性状:①生长停止日期(从 1 月 1 号至生长停止日期的累积天数),在第一个生长季的秋天,以某个种源 50% 的苗木高生长停止为标准(根据顶芽的形成来判断)作为生长停止的日期;②成活率。各种源在冬天寒冷气候下的生存率。

研究结果表明,该树种在自然分布区内的种群变异相当大。对于调查的所有性状,在 14 个沿海种源间呈现由南至北连续变异的趋势(称为渐变群变异或渐变群)。图 8.1 显示出了其中的两个渐变群,分别为休眠期和生存率(14 个沿海种源的回归直线也证明每个性状呈渐变群变异)。从南到北,存在以下变异趋势:北方种源在第一个生长季高生长停止较早,并且在随后到来的寒冬中成活率更高。据此,Kuser 和 Ching(1980)总结如下,“可以认为,随着纬度逐渐变化,环境因素逐渐改变,适应性进化的结果形成渐变群。导致南北种源间歧化选择压的因素可能是寒冷季节的冰冻天数及隆冬的严寒程度”。

同时,将异叶铁杉(*T. heterophylla*)划分为 3 个不同的生态型:沿海、喀斯喀达山和落基山(图 8.1)生态型。由于长期适应沿海温和气候与山地严酷的气候,导致许多性状在 3 个生态型间明显不同。这是由于三者之间存在很强的地理隔离,几乎没有基因交流,进而使自然选择所造成的适应性差异得以保存下来。

总结该研究中所涉及的术语:①参试种源 20 个,术语“种源”仅明确了 20 个种子收集区域,并非表明它们之间存在遗传差异;②种源之间存在明显的遗传差异,称为种群差异;③种群差异有两种不同类型:在两个适应性性状上,沿海种源表现出渐变群变异;而沿海、喀斯喀达山和落基山 3 个种群又表现为生态型变异。

区分种源与种子产地的目的为,在试验、种子运输和种子采购过程中,用以区分不同种批和其他繁殖材料。从概念上来看,不同种源间或者不同产地间并不隐含有遗传差异。如果试验证明种源间确实存在遗传差异,则应将种源或产地分为不同的**小种**(race)。例如,假设从俄勒冈沿海两个邻近地点(库斯贝和沃尔德波特)采集异叶铁杉(*T. heterophylla*)种子,两个种源的比较试验表明,在调查的所有性状上种源间存在遗传差异,则应将这两个种源划分为不同的小种(专栏 8.1)。如果种源间不存在遗传差异,则仍为两个种源,代表两个采种地,而不能称为两个不同的小种。

地理小种(geographic race)为种内亚分类单位,指经自然选择适应于某一特殊生境的种内所有遗传相似个体的总称(Zobel and Talbert,1984,p81)。该定义并非表明在一个地理小种内不存在遗传差异,而是指地理小种内个体的遗传相似度远大于地理小种之间的个体。通过种源试验可揭示不同地理小种间的遗传差异，这将在本章“研究地理变异的试验方法”一节中具体阐述。当试验结果表明地理小种的演化与海拔、气候及土壤因子有关时，则它们又可分别称为海拔小种、气候小种和土壤小种。总之，地理小种间存在遗传差异，而这种差异与不同环境中的分化的自然选择导致的适应性差异有关。

本章重点讨论树种自然分布区内的自然地理变异，但为了叙述的完整性，对于自然分布区外的树种（外来树种），在此先引入一个与外来树种适应性有关的概念：**地域小种**（local land race），更多解释将在*第 12 章*论述。当一个树种引入至自然分布区外种植并通过自然选择（有时为人工选择）使其适应了种植区域的土壤气候条件，就形成一个地域小种。自然主义者与种子经销商非常乐于从事林木种子调运及引种工作，将树种引入新的国家或地区。北美西部的一些树种，如花旗松（*P. menziesii*）、北美云杉（*P. sitchensis*）和扭叶松（*P. contorta*）早在 250 年前就引种至欧洲，如今作为外来树种广泛种植（Morgenstern，1996，p154）。辐射松（*P. radiata*）原产于美国加利福尼亚州沿海极端狭窄的区域，于 19 世纪从其自然分布区内引种至其他一些国家，并由此奠定了澳大利亚、智利和新西兰等国的人工造林和林木改良计划的基础（Balocchi，1997）。关于地域小种的例子还有许多，在此不一一列举。树种一旦引入，自然选择立刻起作用。有时，人类的经营活动也会改变林木遗传结构，如在森林采伐时，选留用于自然更新的母树就会改变随后种群的遗传结构。因此，在新的土壤、气候条件和栽培措施条件下，地域小种发生新的演化。

对于上述 3 个术语，原产地、种源和小种，有时很难对其进行精确的界定。举例来说，“库斯贝”种源是否仅限于该范围内采集的种子？为此，对采集种子和其他繁殖材料的母树进行精确定位就显得非常重要（参阅“用于研究地理变异的试验方法”一节），而且，原产地、种源、小种三者包含的地域范围分别有多大，对此也没有统一的标准，或多或少存在些差别。通常，这些细微的差别对上述概念的理解与实际应用影响并不大。

渐变群和生态型

描述地理遗传变异模式的术语有很多，但其中两个尤为重要。某一性状呈现出与环境梯度相关联的连续性的梯度遗传变异，即为一个**渐变群**（cline）（Langlet，1959；Zobel and Talbert，1984，p84；Morgenstern，1996，p70）。渐变群是一种特定的种群连续变异，特定于某一性状，由此类推，多个性状对应多个渐变群。当这种连续的遗传变异（渐变群变异）与相应的逐渐变化的环境条件（如海拔、纬度、降雨、昼长和每年冬季最低温度）相关联时，即为生物通过自然选择适应梯度环境的明显例证之一（*第 5 章*）。在 Morgenstern（1996）的表 3.3 中列举了多个树种、多个性状的渐变群，专栏 8.1 显示出异叶铁杉（*T. heterophylla*）中的两个渐变群（停止生长期、成活率对纬度梯度的回归）。

关于渐变群变异的内在遗传机制，一种最有可能的解释为：随着连续的环境梯度改变，分化的自然选择以一种连续的方式改变特定位点的等位基因频率，而这些位点控制与适应性和适合度有关的性状。因此，在异叶铁杉（*T. heterophylla*）的例子中（专栏 8.1，图 8.1），控制高生长和抗寒性位点上的等位基因频率沿太平洋海岸由北向南逐渐变化。当种群遗传变异呈现为渐变群时，地理小种的划分在某种意义上是随意的。最北和最南的两个种源可明显划分为两个不同的小种，但两个纬度相差仅 1°的群体就很难明显区分。

渐变群变异为种群变异的一种类型,是解释变异的内在进化因素一个合适的例子。

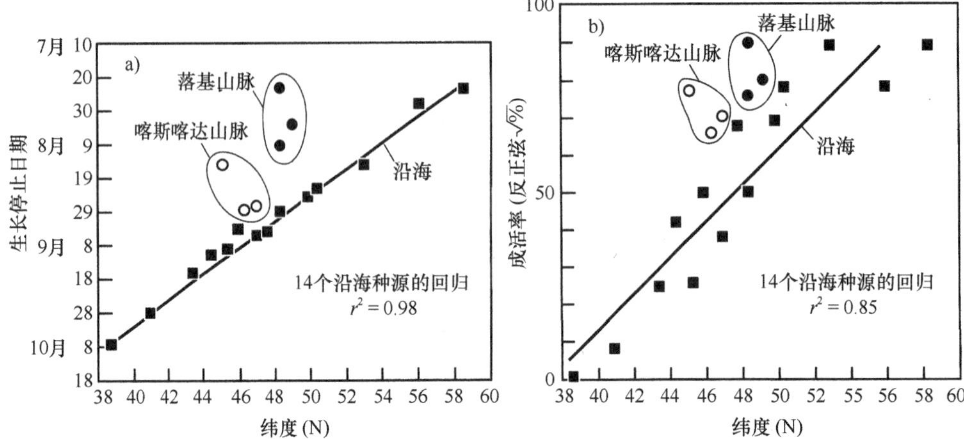

图 8.1 异叶铁杉(*Tsuga heterophylla*)种源的纬度与成活率及生长停止期的相关。20 个异叶铁杉(*T. heterophylla*)种源的实生苗在俄勒冈卡瓦雷斯(北纬 44°)室外遮阴棚中进行测定,研究以下性状和纬度的关系:a. 在第一个生长季生长停止日期,以 Julian date 指标度量(从 1 月 1 号至生长停止日期的累积天数),依据 50% 的种苗高停止生长来衡量;b. 在随后冬季的成活率。20 个种源来自 3 个生态型:①14 个太平洋沿海种源,从美国北阿拉斯加州(北纬 58°)至北加利福尼亚州(北纬 38°),呈现连续的南北分布;②3 个喀斯喀达山种源,来自美国俄勒冈州和华盛顿;③3 个落基山种源,来自美国爱达荷州和加拿大不列颠哥伦比亚省。[版权归美国森林工作者协会所有(1980);图片经作者同意翻印自 Kuser and Ching,1980]

生态型(ecotype)指适应于某一特殊生境的种内所有个体组合,通常又称为地理小种。前述的渐变群仅针对单一性状,而生态型针对多个性状和特征,且在这些性状上各生态型之间明显不同。与渐变群一样,导致生态型间遗传差异的原因也为自然选择。当环境急剧改变且种群之间存在隔离时(即种群间基因流动受阻),就很有可能形成生态型。专栏 8.1 中列举了异叶铁杉(*T. heterophylla*)的 3 种生态型(沿海、喀斯喀达山和落基山),本章还将在“林木的地理变异模式”一节中列举其他生态型变异的例子。

变种和亚种

对于森林遗传学家来说,术语“variety”包含两层含义,一个指**品种**,另一个指**变种**,两者均指种内遗传差异。①在植物育种与林木改良计划中,品种指遗传改良的品种或品系,用于经营性造林;品种可由单一无性系、单一家系和许多家系组成;②树木分类学家将变种作为种内亚分类单位,种内不同的变种有不同的形态特征、不同的生境及不同的拉丁名。本节主要采用后一种含义——变种,变种和**亚种**(subspecies)的概念相似,亚种也为种内亚分类单位。

例如,前面提到的扭叶松(*P. contorta*),在北美分布极为广泛。在北美和欧洲开展了扭叶松(*P. contorta*)种源试验,并对其地理变异(Morgenstern,1996)有较清楚的了解。该树种有 4 个亚种(图 8.2):①太平洋沿岸的 *contorta* 亚种;②加利福尼亚的 *bolanderi* 亚种;

③俄勒冈、加利福尼亚和墨西哥山区的 *murrayana* 亚种；④美国犹他州与加拿大之间，以及落基山的 *latifolia* 亚种。在生长模式、抗寒性和形态特征上，均存在亚种间遗传差异；同时，在亚种内也存在大量的遗传变异（Savill and Evans，1986，p69；Rehfeldt，1988；Morgenstern，1996，p124）。

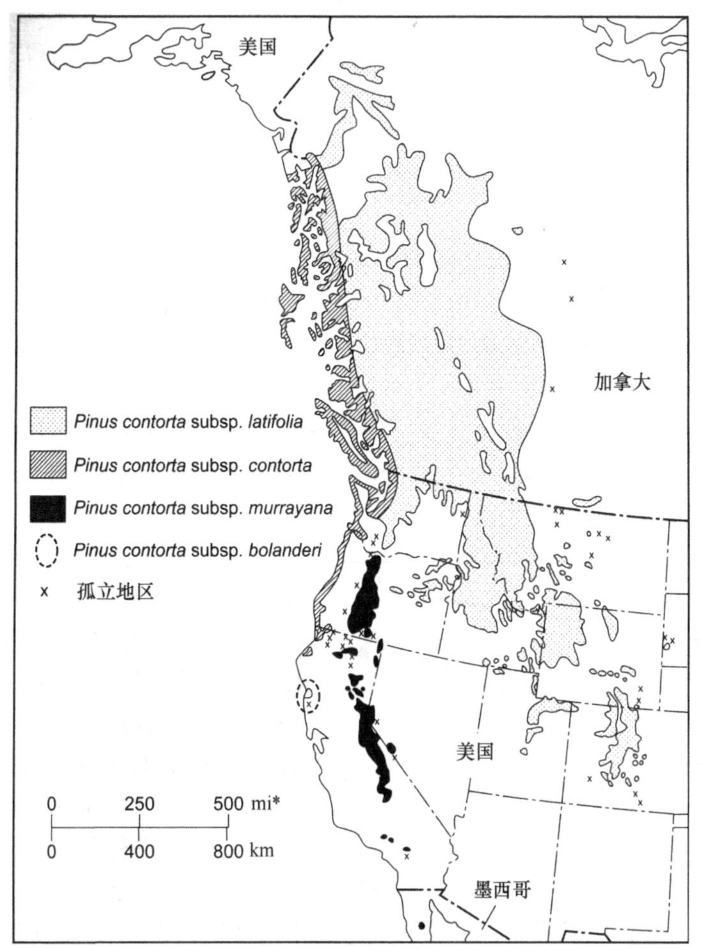

图 8.2　扭叶松（*Pinus contorta*）4 个亚种（*P. contorta* subsp. *contorta*，*murrayana*，*latifolia*，*bolanderi*）的自然分布。* mi 为英里，1mi = 1. 609 344km，全书同。（Wheeler and Guries，1982）

另一个例子为加勒比松（*P. caribaea*），有 3 个已知的变种：加勒比变种 *caribaea*、洪都拉斯变种 *hondurensis* 和巴哈马变种 *bahamensis*，变种间存在较大的差异。在亚热带，洪都拉斯变种生长最快、但通直度较低、且易受风害（Gibson *et al.*，1998；Evans，1992a；Nikles，1992；Dieters and Nikles，1997）。

需要强调的是，分类学家往往依据天然林的表型观察来鉴别种内不同亚种或变种（即不进行比较试验以确定亚种或品种间是否存在遗传差异）。大多数情况下，亚种或品种之间的遗传差异确实很大，如扭叶松（*P. contorta*）与加勒比松（*P. caribaea*），但是，仅根据表型而不进行遗传测定所进行的亚种或变种分类，有时会导致以下后果：①所划分的变种间不存在明显的遗传差异；②在有些种内，存在巨大的种群差异，但却没有划分亚种或变种[如火炬松(*P. taeda*)]。因此,需要采用完善的试验设计以分析不同亚种(或变种)间(或内)的差异大小与变异模式。

在大多数区分亚种(或变种)的树种中,在亚种(或变种)内也存在很大的遗传差异。例如,上述两个例子,在变种内不同种源间,以及种源内不同个体之间都存在遗传差异。与其他变异等级(如种、种源、家系、个体等,译者)间的差异相比,变种间的差异大小及其相对重要性有多大？要对此进行恰当地度量,离不开遗传测定数据,这也是需要开展遗传测定的另一个原因。

种源与环境相互作用

种源与环境相互作用是基因型与环境相互作用的一种类型(*第6章*)。对于某一特定的性状,当种源在不同的试验环境中的表现不一致时,表现出种源与环境相互作用。环境因素可以为不同的试验地点,或者为试验中人为施加的不同处理(不同的施肥方案、不同的昼长和不同的水分管理措施等)。与其他类型的基因型与环境相互作用一样,种源与环境相互作用也有两种:①秩次改变。就某一特定性状而言,各种源在不同环境中的表现不一,种源间的秩次(或排名)发生改变。②尺度效应。在不同的环境中,种源间排名不变,但种源间差异的幅度发生改变。

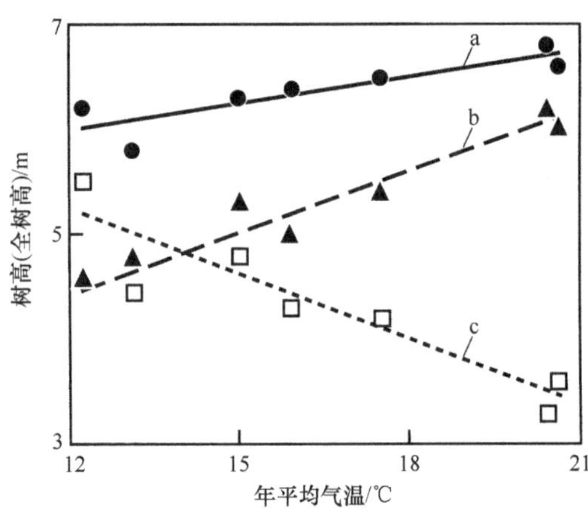

图 8.3 萌芽松(*Pinus echinata*)10 年树高的种源与环境相互作用。种源间平均树高与采种地年均温的散点图,共 3 类不同的试验环境:a. 密西西比州、田纳西州和卡罗来纳州的 5 个中纬度试验点;b. 路易斯安那、密西西比、格鲁吉亚南部地区的 3 个南部试验点;c. 密苏里州和新泽西州的两个北方试验点。(改编自 Morgenstern, 1996, 基于 Wells, 1969 数据)(翻印自《林木地理变异:遗传基础与培育技术应用》,作者 Morgenstern, UBC 出版社, 1996; 版权归 UBC 出版社所有,并得到出版社允许)

对于某一特定性状,种源间秩次发生显著改变,种源间对不同环境的这种差别响应常可解释为,在不同环境中控制性状表现的基因位点不同。例如,萌芽松(*Pinus echinata*)(Morgenstern, 1996, p86; Wells, 1969)(图 8.3),来自美国东南部 7 个种源的苗木按照随机、重复的试验设计在 10 个地点进行种源试验。参试种源及试验点的分布范围均较广,从路易斯安那南部及密西西比南部较温和的气候至密苏里北部、田纳西北部和新泽西的较寒冷气候。萌芽松(*P. echinata*)10 年生树高生长存在明显的种源与环境相互作用,从图 8.3 中可清楚地看出依赖于栽植地点环境的不同渐变群模式。

在南部中纬度试验点,来自较温暖气候区的种源(即南部种源)长得较快,这从渐变群的上升直线(斜率为正)可以看出(直线 a、b,图 8.3)。相反,在北部试验点,渐变群下降(斜率为负)直线(直线 c,图 8.3)表明种源越北、生长越快。这可能是由于北方种源更耐寒,因而在北方试验点表现更好。相反,南方种源对寒冷环境的适应性差，南方种源在南部环境中生长更快可能是由于与较长生长季有关的基因频率增加。

尽管还有其他有关种源与环境相互作用的例子（Morgenstern and Teich，1969；Conkle，1973；Campbell and Sorensen，1978），但是涉及秩次变化的相互作用并不多见，这必须建立在种源间遗传变异大且各试验点的环境条件差异大的基础上。如果试验点或种源地环境相似，就不大可能出现大的种源与环境相互作用（Matheson and Raymond，1984a）。

研究地理变异的试验方法

早期的地理变异研究是建立在树种自然分布范围内天然林树木调查的基础上。然而，正如*第 1 章*所述，对自然种群的表型度量很难揭示地理变异的内在遗传模式，因为不同林分的表现受林分间环境差异与遗传差异双重影响。换句话说，来自天然群体的表型数据将遗传和环境的效应混淆在一起。因此，当研究种源间遗传差异时，就不宜采用这种方法。

为了揭示种源间遗传差异，探究地理变异的遗传模式，通常可采用以下 3 种研究方法：①遗传标记。从天然林采集植物材料，然后利用遗传标记（*第 4 章*）对这些材料进行直接鉴定。②短期苗期试验。从不同种源采集种子，在培养室、温室、苗圃或者其他人工环境中播种育苗，对各种源的苗期性状进行测定，试验期限为几个月或者几年。③长期田间试验。从不同种源采集种子，建立一个或多个田间种源试验，试验测定期限较长（一个轮伐期或更长）。遗传标记可对采集的试验材料所含的遗传信息直接进行检测，不受采集地点环境的影响；后两种试验方法为通用比较试验，利用随机、重复的田间试验设计对所有参试种源进行比较测定（*第 1 章*）。

以上 3 种试验方法常应用于以下 4 个方面研究：①揭示林木地理变异的遗传模式；②分析该变异模式与分布区内地理、土壤与气候变异模式的关联性；③了解导致该变异模式的各种进化因素及其相对重要性；④根据树种适应性遗传变异模式，制订林木种子调拨准则。以下将对此进行详细介绍，相关的讨论请参阅*第 12 章*为远距离种子调拨进行种源试验，以及种植异地种源以增加产量的相关内容。

以上 3 种方法在试验目的、取样策略与试验方法上各有不同。然而，无论采用哪种方法，均应妥善保存好采种点及采种母树的原始记录，这一点至关重要。可采用全球定位系统（GPS）对每个采种母树的纬度、经度和海拔进行定位。在试验过程中，有时需要测定各种源试验点的土壤特性（每个土层的深度与质地、土壤保水能力和阳离子交换能力）。此外，气象数据可从离试验点最近的气象站采集，也可以从该地区预报的降雨（雨量和雨季）和温度（夏季最高温、冬季最低温和全年平均温度）的数据中获得。随后，利用土壤、气候信息作为预测变量建立回归模型。如果种源间的遗传差异与上述土壤、气候条件有关（例如，来自较寒冷气候地区种源生长较慢），那么，可将其作为分化的自然选择导致种源间适应性差异的证据之一。

地理变异研究所用的遗传标记

从概念上来说,任何形式的遗传标记(*第4章*)都可用于种内地理变异的研究。从自然分布区的多个种源中采集植物样本,在实验室利用遗传标记对其进行分析,检测种源间遗传差异,研究其地理变异模式。在以往的林木种群变异研究中,所用的遗传标记大多为等位酶标记,因而,这里主要介绍等位酶标记技术(Moran and Hopper,1983;Li and Adams,1989;Surles *et al.*,1989;Pigliucci *et al.*,1990;Westfall and Conkle *et al.*,1992;Rajora *et al.*,1998)。

基于等位酶标记的地理遗传变异研究方法

采用等位酶标记研究的种源数量变化较大,从不足10个至100个以上。参试种源覆盖该树种整个或部分的自然分布区。一般每个地点采样株树20~30。在每个种源内,采集所有采样母树的种子或其他营养繁殖材料(通常为叶或休眠芽)。利用电泳技术检测这些植物样品的等位酶基因型(20个左右位点)(*第4章*)。如果分析的样品为营养繁殖材料,则检测样品的基因型即为采样母树的基因型。另外还可以从母树子代群体中抽取5~12个样本(芽或幼苗,或针叶树的大配子体),根据子代样本的遗传组成来推断母树的基因型。有些情况下,将每一种源所有母树上采集的种子混合起来,对该混合样本进行基因型分析,以此代表该种源的遗传组成。

就数据分析与结果解释而言,用于比较不同种源遗传差异的基本信息为相同位点的基因型频率和等位基因频率(*第5章*)。第一步,通常采用基因多样度或 F 统计量对平均等位基因频率的变异进行分解(*第7章*)。其目的是将总遗传多样性按各变异层次进行剖分(如地区内种源间及地区间)。

第二步,揭示种源间单个位点的等位基因频率变异模式,或采用多元统计分析方法(如主成分分析或判别分析)分析多位点的等位基因频率变异模式(例如 Westfall and Conkle,1992)。另一个比较常用的方法是通过一个或多个遗传距离的测量来评估每两个种源等位基因频率差异的大小和方向(例如 Wright,1978;Gregorius and Roberd,1986;Nei,1987)。**遗传距离**(genetic distance)是度量两个种源间等位基因频率分化程度与模式的常用指标。应用最多的为 Nei 标准遗传距离 D(Nei,1987),可计算单个位点的遗传距离及多位点平均遗传距离。如果两个种源有相同的等位基因频率,则 $D=0$;理论上,当两个种源的等位基因完全不同时,D 为无穷大。D 值也可以解释每个位点上所含的不同等位基因的平均数量。因此,如果 D 为0.05,那么在两个种源中随机选取20对配子,平均每个位点就有一个等位基因不同。

一旦计算出所有种源对之间的遗传距离[如有25个种源,则有(25×24)/2=300对遗传距离],就可以利用遗传距离矩阵通过统计软件对所有种源进行聚类,绘制聚类图(Hedrick,1985;Nei,1987)。采用最小距离法聚类,即先将遗传距离最小的两个种源聚为一类,依次类推,最后将 D 值最大的聚为一类。根据不同地点、不同环境下的聚类结果,推断种源间遗传相似性(参阅专栏8.2)。

专栏 8.2　黑材松(*Pinus jeffreyi*)的等位酶地理变异的模式

估算了黑材松(*P. jeffreyi*)14 个种源的 20 个等位酶位点的等位基因频率(Furnier and Adams,1986a)。其中,7 个种源来自于俄勒冈南部和加利福尼亚北部的克拉玛斯山,地理纬度从北纬 41°至北纬 43°,标为 K1 ~ K7;另 7 个种源来自于从塞拉内华达山和南至墨西哥北部的地区,地理纬度从北纬 31°至北纬 40°,标为 S1 ~ S7。克拉玛斯种群与其他种群存在地理隔离,生长于独特的贫瘠的蛇纹石土壤中,其土壤富含铬、镁、镍。该种其他分布范围内的土壤都相对肥沃。

数据分析分 3 步进行。第一步,根据 Nei (1987)方法,利用每个位点的等位基因频率估算两种源间的遗传距离。共计算了 20 个等位酶位点×182 个种源对 = 3640 个 *D* 值,其中 182 = (14×13)/2。第二步,对 182 个种源对,计算每个种源对在 20 个位点上的平均 *D* 值。第三步,利用 182 个平均遗传距离信息采用 UPGMA 软件 (Sneath and Sokal,1973)进行聚类,将 14 个种源按遗传相似度进行分组归类。

研究结果表明,克拉马斯山脉的 7 个种源在遗传上不同于其他 7 个种源(图 1)。由于平均 *D* 值比较小,将 7 个克拉玛斯山种源(K1 ~ K7)聚为一类;而剩余的 7 个种源被聚为另一类。此外,克拉玛斯山种源的平均期望杂合度($\overline{H}_e$ = 0.185, *第 7 章*)显著小于其他种源(0.255),两个类群之间存在明显的遗传分化。克拉玛斯山脉种源较低的 $\overline{H}_e$ 或许反映了该种群发生了适应于严酷土壤条件的选择,以及因种群规模迅速下降引起的遗传漂变(即瓶颈效应),或者两者都有。

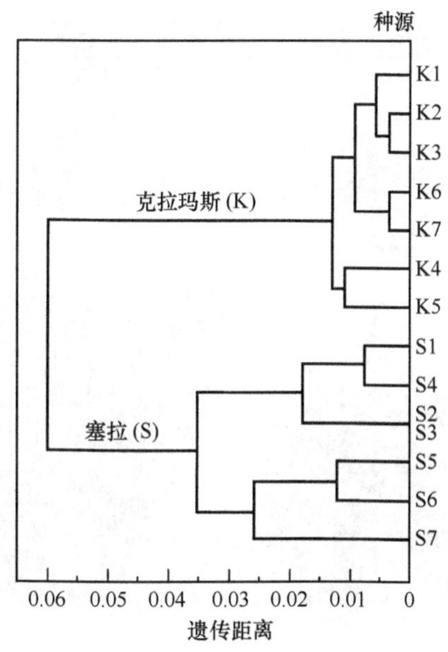

图 1　黑材松(*Pinus jeffreyi*)14 个种源的聚类分析结果。7 个种源(K1 ~ K7)来自克拉玛斯山,其余种源(S1 ~ S7)来自于从塞拉内华达山及南部地区。(改编自 Furnier and Adams,1986a)

地理变异的等位酶研究的优缺点

与通用比较试验相比,遗传标记最大的优点是可直接测定天然群体样本的基因型,省去了费时的子代遗传测定环节。这意味着遗传标记常可以在一两年内完成,花费也比通用比较试验少得多。用遗传标记研究地理变异的另一个优点是可以从基因组水平推断遗传差异(如种源间等位基因频率差异或杂合度差异)。如果这些遗传差异与引起遗传差异的进化因素有关,则可对该树种的种群生态学有更多的了解[如专栏 8.2 的黑材松(*P. jeffreyi*)]。由于等位酶标记(和其他分子标记)为选择中性(参阅专栏 5.6),因而,通过等位酶标记检测的地理变异模式主要决定于进化因素,而不是选择,即遗传漂变之间的相互作用导致种群分化,而基因流限制了种群遗传分化。因此,应用等位酶标记研究地理变异模式的一个缺点为,其研究结果不能对种群的适应性做出合理的解释,尽管也有例外(参阅本章后面“林木的地理变异模式”一节)。

人工控制环境下的短期苗期试验

为揭示自然地理变异及制订种子调拨准则,常采用在人工控制环境下的短期比较试验(图 8.4)。其中心目标是研究种源适应性的差异,即种源各性状平均值的差异是否与环境差异相关。具体的参试种源、试验实施及数据分析方法在不同的短期苗期试验有所不同,以下有关短期苗期试验的文献包含不同树种、不同试验环境及不同性状:Fryer 和 Ledig,1972;Campbell 和 Sorensen,1973,1978;Kleinschmit,1978(图 8.5);Kuser 和 Ching,1980(图 8.1);Ledig 和 Korbobo,1983;Rehfeldt,1983a,b;Rehfeldt 等,1984;Campbell,1986;White,1987a;Ager 等,1993;Kundo 和 Tigerstedt,1997。

图 8.4 两个花旗松(*Pseudotsuga menziesii*)种源的短期苗期试验,试验材料为 2 年生实生苗,试验点位于美国俄勒冈州威廉米特山谷的苗圃。图中,右边的苗木来自俄勒冈州加德纳种源(海岸雾带,年降雨量达 2100mm);左边的苗木来自俄勒冈州埃尔克种源,约 50km 的内陆(干燥的山谷,年降雨量 1300mm)。(由 T. White 拍摄)

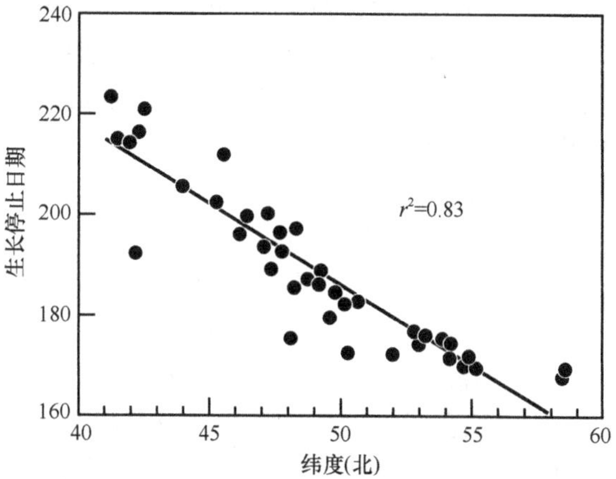

图 8.5　北美云杉(*Picea sitchensis*)停止生长天数与种源纬度的回归分析。43 个来自不同纬度的种源,3 年生苗期试验结果,试验地点为德国,停止生长天数以 Julian date 为指标度量,即 1 月 1 日以后停止生长的天数。(引自 Morgenstern,1996,p77;基于 Kleinschmit,1978 数据)(翻印自《林木地理变异:遗传基础与培育技术应用》,作者 Morgenstern,UBC 出版社,1996;版权归 UBC 出版社所有,并得到出版社允许)。

短期苗期试验研究地理变异模式的方法

短期苗期试验的参试种源数目变动较大,从不足 10 个至 100 个以上。参试种源通常覆盖该树种自然分布区内所有土壤气候条件类型,最合适的方法是在该树种分布区依环境梯度绘制抽样网格。或者,布置采样点时,可仅局限于某一特定环境梯度[如图 8.1 中,14 个异叶铁杉(*T. heterophylla*)种源的纬度梯度]。在每个种源内随机选取采种母树,采集自由授粉种子;每个种源应采集 10 株以上的母树,以使其有充分的代表性(获得可靠的种源平均值)。通常分单株采种。虽然混合采种可减少试验处理的数量,但其代价是不能区分种源变异和种源内家系变异。如果试验的目的是探究渐变群模式,那么,最好多地点采种(尤其在涉及多个环境梯度情况下),如采集 100 个以上种源,每个种源仅采 1 ~2 株母树(Campbell,1986);尽量不要采取采种点少,每个采种点的采种母树多的采样方案。尽管实际的种源平均值无法准确计算,但是多个采种点有助于建立种源差异对环境的紧密回归模型,有助于制订种子调拨准则。

在整个研究过程中,区分种源、种源内家系对每个母树的种子进行标志。标志好的种批都统一在一个随机、重复的环境中进行遗传测定(*第 14 章*)。这种情况下,试验处理数较大,可能达 200 个以上(来自不同种源的自由授粉家系数目)。种子发芽后,采用容器育苗或在人工控制环境下(培养室、温室和苗圃)的土壤中进行育苗。除了遗传上的处理(种源、家系)外,也可施加一些栽培技术处理,如施肥方案、光周期和逆境胁迫(寒冷、干旱或疾病)。在实生苗培育的几个月至几年之内,均可进行性状测定。测定的指标包括生长速率、物候(生长起始期、生长停止期)、形态特征(叶片大小、气孔密度和根干比)、生理过程(光合、蒸腾作用、养分吸收)、逆境生存概率(干旱生存率)和其他逆境响应(抗寒性和抗病性)等。

数据采集与编辑(*第 15 章*)结束后,对每个性状进行方差分析,以检测试验因素(环境、区组及栽培措施)、遗传因素(种源间及种源内自由授粉家系间),以及所有可能的相互作用的差异显著性及相对重要性大小。方差组分常用来定量估计种源间遗传变异与种源内家系间遗传变异的相对大小(参阅专栏 7.2)。

为了检测适应性差异的渐变群模式,应对每个性状进行回归分析。在每一个多变量回归模型中,因变量为每一个测定的性状,而自变量包含每个地点的环境变量(如纬度、海拔、年最高温度、年最低温度、年降雨量、生长季降雨量、土壤特性等),以及这些变量的平方和两两相互作用。其目的是建立一个科学合理的回归模型,在这个模型中,所有回归变量均达统计显著性水平、是种源间差异的重要组成部分,且具有生物学含义(如图 8.1 和图 8.5)。在回归分析时,当综合所有性状特征的主分量作为回归的因变量时,就可采用多变量回归分析方法(Campbell,1979)。多变量回归分析方法在制订种子调拨准则时特别有用,但多变量回归分析结果难以解释其内在生物学意义。

尽管统计分析很重要,采用不太正式的方法处理数据也是有价值的,例如,①每个性状的种源平均数、最小值和最大值;②按地区或更小的单元为单位对种源平均数进行列表(如比较不同地点不同种群的平均数);③以环境变异为 x 轴,性状为 y 轴绘制二维曲线图;④开展性状间相关分析或作图,以分析研究性状间的关联性。最后一点相当重要,例如,可检测来自较寒冷气候的种源是否具有较高的抗寒性、缓慢的生长速率及较短的生长周期。

利用短期苗期试验研究地理变异的优缺点

在人工环境条件下,短期苗期试验具体有以下几个特定的优点:①由于在幼苗期进行研究,参试的种源数量较多;②可在短期内获得大量的数据,包括形态、物候和生理特征,这些性状在种源间差异明显;③具有非常强的试验功效,能够获得准确的结果(由于为人工控制环境,条件一致,环境误差很小),因而,可非常有效地检测和描述种源间的适应性差异;④试验环境可控,并由此可检测种源对不同逆境(霜冻、干旱和疾病)的响应差异。

正因为有这些优点,短期苗期试验特别适用于以下几个方面:①研究自然地理变异模式(渐变群、生态型或者两者均有)(如图 8.1 和图 8.5);②了解导致适应性差异的分化选择因素(如在高海拔地区,对较早的停止生长期的选择);③在某一区域内制订初步的种子调拨准则,以后根据长期田间试验结果进行修订(Rehfeldt,1983a,b;Campbell,1986,1991;Westfall,1992)④通过短期苗期试验,可为随后的长期田间试验缩减种源数量。

短期苗期试验的不足之处在于:①试验环境是人为控制的,因此,所观察到的变异模式可能与大田环境下的试验结果不相似;②只能测定林木生长周期中的很短的一个阶段;③要确定经营性造林情况下(一个轮伐期内,在土壤、气候条件和栽培措施)哪个种源产量大、林产品质量高,通过短期苗期试验不太可能实现。为此,需要采用长期的田间试验对种源进行测定,以制订种子调拨准则,为人工造林选择最佳种源。

长期的种源试验

如上所述,需要实施长期的田间试验(常称为种源试验)以便为种子调拨准则的制订及人工造林种源选择做出最终的决策。如果试验的最主要目标是确定在人工造林计划规定的土壤气候条件和栽培环境中哪个种源表现最佳,必须开展长期的种源试验。在文献中,实施长期种源试验的树种数以百计。Morgenstern(1996)和 Ladrach(1998)列出了许多著名的例子;其他树种研究参阅 Squillace 和 Silen,1962;Squillace,1966;Callaham,1964;Wells 和 Wakeley,1966,1970;Wells,1969;Conkle,1973;Teich 和 Holst,1974;Morgenstern,1976,1978;Kleinschmit,1978;Morgenstern 等,1981;Park 和 Fowler,1981;White 和 Ching,1985;Stonecypher 等,1996。

长期种源试验有两个主要目标:①与大多数短期苗期试验一样,长期种源试验的目标之一为研究自然地理变异模式;②为经营性造林选择一个或几个最佳种源。第二个目标可为随后进行的林木改良计划实施优良遗传型选择。依据试验目标的不同,参试的种源和田间试验设计方法可能会有很大的不同,这将在以下的试验方法中加以说明。

有时,种源试验在树种自然分布区以外实施,例如,①北美几种针叶树在欧洲进行种源试验(Morgenstern,1996);②几种桉属(*Eucalyptus*)树种在几个用于商业造林的国家中进行种源试验(Eldridge *et al.*,1994);③中美洲各国和墨西哥针叶树种资源合作组织(CAMCORE)(Dvorak and Donahue,1992)在南美和南非对墨西哥和中美洲各国的松树进行种源试验。尽管这些试验在自然分布区以外,但在研究树种地理变异模式上还是非常有效的。换句话说,在分布区以外观察到的变异模式与分布区内试验结果很相似。

长期种源试验的方法

理论上,长期种源试验可以选择很少的种源(10 个以下),也可以选择很多的种源(100 个以上),但是由于试验点规模大,花费多,参试种源数量应尽可能少。如果试验的主要目标是研究地理变异模式(上述目标①),短期苗期试验的取样原则也同样适用长期种源试验,即采用多个地点,每个地点内采样母树较少的取样方案。若目标是为经营性造林选取比较好的候选种源,通常参试种源数少,且应选取最有希望用于经营性造林的种源(既不是随机选取,也不是按环境梯度选择)。如果种源平均数用来对种源进行评价,则每个种源应至少采 20 株母树,以精确估计种源平均值。若计划从种源试验中选择用于林木改良计划的材料,那么母树就不能随机选取,而要选择优树(混合选择,*第 13 章*)。无论采用哪种采样策略,均应对采种母树进行标志并保存好原始记录。采样母树之间至少间隔 50m,以避免母树间有亲缘关系(*第 7 章*)。如果随后的林木改良计划要利用种源内选择的材料,上述考虑尤其重要。

一旦从各个种源地的天然林分中采集种子后,一般在温室或苗圃进行播种育苗,培育 1~2 年后,再进行田间试验。在苗圃或每个田间试验点,确定符合统计学要求的试验设计方案(*第 14 章*)。常用随机完全区组(RCB)设计,但在 RCB 设计中,当单个区组的面积大于 0.1hm^2,或区组内的环境异质性比较大时,则应考虑不完全区组设计。在田间试验中,通常在重复内设立矩形小区(图 14.9c),每个种源为一个小区。小区株树 25 ~ 100,即每个小区内栽植有 25 ~ 100 株来自同一种源的树木。在可区分每个母树的子代(半同胞家系)的情况下,应采用裂区试验设计,在每个种源小区内划分更小的单位以安排种源内各家系,这实际上为巢式(嵌套)设计(种源内嵌套家系)。对于每个家系,推荐采用非连续小区或者单株树小区(参阅*第 14 章*),以取代单行小区。

当种源间存在很大的遗传差异时,采用大的、矩形小区就显得尤其重要,这可以减少可能引起的偏差。如果各种源混种在同一小区内就会造成偏差(如初期生长慢的种源早期表现差且可能永远赶不上);而且,这种试验设计可允许同一种源内不同个体之间进行竞争,而这种个体间竞争在经营性造林中是有可能发生的。例如,假定每个种源小区包含 49 株树(7 行×7 列)。如果种源间的竞争变得重要,可将每个小区的最外面一行视为保护行,这样,小区内部的 25 株树(5 行×5 列)就为真正的试验小区。

长期的种源试验应重复在几个地点进行(至少 6 个)。如果试验的主要目标为揭示自然地理变异模式,那么,种源试验地点应覆盖该树种自然分布区内所有土壤气候条件类型。如果试验目标是为经营性造林选择最佳种源,则田间试验地点必须能够代表造林地点的环境条件。在每个试验点,可设计不同的栽培措施(如施肥方案或不同的育林措施)以测定是否存在种源与栽培措施的相互作用。为了消除植株生长环境的异质性,确保估算的种源平均值的准确性,应选择一致的立地条件、做好细致的整地工作。一般在试验区周围种植两行保护行,以消除边缘效应,使所有参试树木享有一致的光照和竞争条件(*第 14 章*)。

与适应性有关的性状(如早期生长、抽梢物候、霜冻、旱害及成活率)常在早期就可以鉴定,而树干材积与质量性状(如树干通直度、木材品质)必须在生长后期进行评价。通常,试验期至少为半个轮伐期(Zobel and Talbert,1984;Morgenstern,1996),以保证在生长、产量、成活率及其他性状上表现最好的种源真正能适应造林地区的环境条件。幼龄期的试验结果有时会误导,即使在半个轮伐期内,也不能保证在试验期内能经历该地区所有的极端气候。因而,最恰当的评估期需要试验者自己去判断。

数据获取和编辑之后(*第 15 章*),如何进行数据分析和解释取决于试验目的。如果试验目标是揭示自然地理变异模式,那么,分析的方法大致和前面短期试验相似。若目标是为经营性造林计划选择最佳种源,则可采用方差分析以检测种源间差异的显著性,对平均值进行多重比较或对比以区分种源或对种源进行排序。如果试验结论仅应用于试验所含的种源中,则应将种源视为固定效应(*第 14 章*);然而,如果推论出的结果将应用于一个大的种源群体中,参试的种源仅为该种源群体的一个样本,则应将种源视为随机效应。在任何情形下,不完全区组、种源内家系效应和它们之间相互作用都应视为随机效应,以充分利用不完全区组的优点,并确保试验获得的结论具有广阔应用前景(*第 15 章*)。

长期种源试验的优缺点

大田环境下的长期种源试验是为经营性造林选择最佳种源的唯一权威性的方法,也是研究地理变异模式的最有效的方法。长期种源试验的主要缺点为花费高、试验周期长、且可测定的种源数量有限。特别当试验小区设置为矩形小区时,即使试验规模相对适中,整个试验区所占用的土地面积也非常大。例如,包含仅 10 个种源、6 个重复、每小区株树 49,株行距 3m×3m 的田间试验就需要 2.5hm^2 以上的土地,这还不包括保护行。由此可见,如果采用矩形小区,则测定的种源和家系的总的数量将受到严重限制。当需要测定的种源数量非常多时,采用单株小区更为恰当(*第 14 章*),这样,一个区组能容纳所有种源;当目标是研究自然变异时,这种小区设计尤其有效。例如,在包含 1100 个种源的云杉种源试验中,采用单株小区,使所有种源都容纳于一个适度大小的区组中(krutzsch,1992)。

遗传标记(如等位酶)及短期苗期试验可为有效的长期田间试验设计、种子调拨准则的初步制订提供有价值的信息,但不能用来确定种源的优劣,如在各种气候、土壤及经营措施条件下,哪些种源表现最好。由此可见,长期试验是不可或缺的。例如,对花旗松(*P. menziesii*)曾开展了几个短期试验,试验种源来自美国俄勒冈州与华盛顿州的喀斯喀达山西麓。短期试验结果表明,花旗松(*P. menziesii*)表现为急剧的渐变群模式,且对当地的环境适应性强(Campbell and Soensen,1978;Campbell,1979;Campbell and Sugano,1979;Sorensen,1983)。然而,长期的田间试验显示,花旗松(*P. menziesii*)的地理变异模式多样,当地种源并不总是最好的(White and Ching,1985;Stonecypher *et al.*,1996)。这进一步说明了长期种源试验数据对于制订种子调拨准则的必要性,同时,也说明了为什么大多数人工造林计划均需要开展长期的种源试验。

林木地理变异模式

尽管对温带树种的地理变异模式了解较多,但对于热带树种却知之甚少,这方面研究有待加强(Ladrach,1998)。迄今为止,大多数树种表现出非常明显的地理遗传变异,换句话说,种源间存在显著的遗传差异,这意味着种内地理小种已分化形成(Zobel and Talbert,1984,p82)。树种表现出的地理遗传变异模式不仅反映了该树种过去的进化历史,而且还反映了当前环境中正在发生的进化事件。更确切地说,树种的遗传结构并不是静态的,而是处于不断变化中。

现今的地理变异模式是由以下 3 种主要的进化动力相互作用而形成的(参阅*第 5 章*):①自然选择。在地质历史上,环境不断变化,通过自然选择使物种适应不断变化的环境。②遗传漂变。在特定条件下,物种的种群大小急剧下降(瓶颈效应),随后通过重新定居的方式扩大种群数量,进而导致遗传漂变。遗传漂变影响种源间及种源内的遗传变异。③基因迁移。指群体间的基因迁移(或者在隔离群体间缺乏基因迁移)。专栏 8.3 总结了以上因素对地理变异的影响,同时,Gould 和 Johnson (1972)、Turnbull 和 Griffin (1986)、Morgenstern (1996)和 Ledig(1998)也对此展开了讨论。

专栏 8.3　决定地理变异模式的进化动力

自然选择。决定林木地理变异模式的最重要动力为自然选择。在任何林木群体中存在一种趋势:适合度最大的个体成活率最高、繁殖的子代数目最多。因此,多个世代之后,某一群体在遗传上适应当地的土壤气候条件,也就是说,对适应性有利的等位基因频率增加,而不利的等位基因频率降低(参阅*第 5 章*)。如果存在环境梯度,那么,不同地区(如高海拔与低海拔)的群体存在不同的选择压,由于各群体适应其所处

的环境，造成群体间分化。如果环境梯度逐渐变化，则最常见的地理变异模式为渐变群。急剧变化的环境梯度（如大的海拔差异）趋向于形成急剧的渐变群（cline）（即种源间差异巨大）。如果环境差异为不连续的（如波动的土壤类型），那么，就有可能形成不同的生态型（ecotype）。在树种分布范围内，由于大多数环境因子是逐渐变化的，因而，渐变群比生态型更常见。

迁移。又称为基因流（gene flow），以种子或花粉形式迁移。基因流可降低群体间遗传差异（参阅*第5章和第7章*）。如果相邻群体间存在连续的、自由的基因交流，则群体间遗传分化速度将大大减缓。相反，如果不存在基因交流，原本是重叠分布的群体也有可能以更快的速度发生遗传分化，且遗传分化一旦发生，就能完整保持下来。选择与迁移两者能否达到平衡依赖于迁移率及分化选择强度。

杂交与渐渗导致种间基因流，种间基因流同样也会影响种内地理变异模式（参阅*第9章*）。当树种分布范围内某些种源与另一树种发生了杂交（或渐渗），那么，这些种源与其他未发生渐渗杂交的种源在遗传组成上明显不同。

遗传漂变。当种群规模严重减少时，遗传漂变随之发生，进而导致种群遗传多样性丧失（杂合度降低、等位基因丧失，参阅*第5章*）。例如，在更新世（Pleistocene）冰河时期，北半球许多树种的种群数目大大减少，并通过以下两条途径影响了此后的地理变异模式。第一条途径，在更新世冰期，许多树种的分布范围往南推移，其中一些树种最后仅幸存几个小的、彼此重叠的群体，称为避难所。由于遗传漂变的随机性（参阅*第5章*），由不同避难所繁衍而来的现存种群间可能存在遗传差异，而且这种差异与各种群现在所处的环境差异没有关联。第二条途径，在温暖的冰期间隙，树种再次向北扩张其分布范围（称为重新定居）。在重新定居过程中，当少数种子零星传播至该树种以往没有分布的区域（称为跳跃演化），新种群的奠基者携带的仅为其亲本群体所含遗传变异的一个样本。跳跃演化导致以下两个潜在的结果：①由于建立者原理（the founder principle，参阅*第5章*），源于不同跳跃事件繁衍而来的现存各种群间存在遗传差异；②从南至北，种群杂合度逐渐减少，呈现出渐变群模式，反映出在重新定居过程中发生了多次有序的跳跃事件（越向北扩散，种群遗传多样性越低）。

在地质历史上及当代的适应过程中不同物种有差异，因而表现出明显不同的地理变异模式，这使地理变异研究成为一个既令人兴奋又极具挑战性的研究领域。科学家们利用经典的遗传标记信息、短期比较试验、长期的种源试验，以及基于生物、地理、历史知识（如化石记录）的推论，以解释某一特定物种的地理变异模式。然而，对于某一特定树种，通常存在多种可能的解释，这说明对形成该树种地理变异模式的内在原因尚不完全清楚。特别对于自然分布范围广的树种，其地理变异模式可能非常复杂，在不同地区表现出不同的模式，如花旗松（*P. menziesii*，专栏 8.4）、火炬松（*P. taeda*，专栏 8.5）和赤桉（*Eucalyptus camaldulensis*）等（专栏 8.6）。

本节，将介绍林木中常见的地理变异模式，并在专栏 8.4 ~ 专栏 8.7 中给出了一些范例。之所以没有对有关树种一一列举，是因为最近发表了大量与此相关的综述文章（Turnbull and Griffin，1986；Zobel *et al.*，1987；Eldridge *et al.*，1994；Morgenstern，1996；Ladach，1998；Ledig，1998）。相反，试图尽可能概括各种地理变异模式，并探索引起以上地理变异模式的各种进化因素间的相互作用。

专栏 8.4　花旗松(*P. menziesii*)地理变异模式

花旗松(*P. menziesii*)为世界著名的重要用材树种,广泛分布于美国西部。自然分布于西部沿海森林(沿海地区及喀斯喀特山、塞拉内华达山的西麓),东至落基山(图 8.6)。在其分布区内,环境差异极大,从太平洋沿海森林的湿润、温和气候至落基山严酷(较寒冷、较干旱)的气候。此外,花旗松(*P. menziesii*)分布的海拔从沿海地区的海平面至落基山南部 3500m。对该树种的地理变异已进行了详细的研究,包括常规的数量性状分析及等位酶研究。

数量性状。太平洋沿海与落基山两类种群之间生态型分化非常大,以至于树木分类学家将其归为两个变种,将沿海生态型定义为海岸花旗松(var. *menziesii*),而将落基山生态型(或内陆生态型)定义为落基山花旗松或蓝色花旗松(var. *glauca*)(图 8.6)。落基山花旗松(*P. menziesii* var. *glauca*)比海岸花旗松(*P. menziesii* var. *menziesii*)生长慢,但对落基山较严酷的气候(寒冷、干旱)适应性较好(Silen,1978;Kleinschmit and Bastien,1992)。依据纬度(约在北纬 44°)可将内陆变种进一步分为两个亚类或称小种(图 8.6),与南方小种的种源相比,北方小种的种源生长较慢、耐旱性较差、但耐寒性较强。在以上这些变种及亚类内,呈现出强的渐变群变异模式。例如,在一个包含爱达荷北部及邻近地区大量种源[均为落基山花旗松(var. *glauca*)北方小种]的苗期试验中,发现其地理变异模式为海拔渐变群:随着海拔升高,其苗期生长量降低(Rehfeldt,1989)。在一个包含俄勒冈及华盛顿两个州、位于太平洋沿海与喀斯喀特山之间的 40 个种源[海岸花旗松变种(var. *menziesii*)]的苗期试验中,也发现呈现渐变群的地理变异模式:随着纬度、海拔及离海岸线距离增加,其生长期与 2 年生苗高生长量逐渐降低(Campbell and Sorensen,1978),而且,海拔及离海岸线距离对两个性状的影响比纬度的影响要大得多。

等位酶。Li 和 Adams(1989)利用 20 个等位酶对花旗松(*P. menziesii*)的地理变异模式进行了研究。种群样本来自全分区范围内 104 个地点,排除一个可能来自于黄杉属(*Pseudotsuga*)另一个种的墨西哥群体,根据遗传距离(*D*)(Nei,1987)对其余种群进行遗传聚类分析。结果表明可将花旗松(*P. menziesii*)分为三大类,这与该种三个亚类相对应(即海岸变种,以及内陆变种的北方小种与南方小种)。群体间等位基因频率分化系数(G_{st})(参阅*第 7 章*)为 23.1%,意味着群体间变异占总变异的 23.1%,其中,50% 存在于变种间,25% 源于内陆变种内的北方小种与南方小种间差异,剩余的源于 3 个类群间的差异。在内陆变种中,南方小种的平均基因多样度($\overline{H}_S = 0.08$)仅为北方小种及海岸变种的 1/2,但南方小种内群体间的遗传多样性($G_{ST} = 0.12$)为其他亚类的 2 ~ 3 倍。

综合考虑以上结果及树种的生物地理学信息,推测该两个变种的分歧至少在 150 万年前。在更新世随后的冰河周期,冰川从北向南推移,导致变种周期性的分离,从而促进其独立进化。由于两个变种最近一次的自然分布相遇发生在约 7000 年前的加拿大不列颠哥伦比亚省南部,两者之间发生基因交流的机会很有限。在冰川退却后,3 个亚类似乎经历了从不同的避难所往外重新定居的历程。高的总遗传多样性,以及海岸亚种内及内陆北方小种内有限的群体间分化,表明每一个亚类可能是从一个或多个避难所往外重新定居。然而,南方内陆小种的基因多样度较低,似乎繁衍自较小的避难所。小种内群体间遗传分化大,表明有可能在许多隔离的群体间发生了遗传漂变。根据以上结果可清楚地看出,花旗松(*P. menziesii*)复杂的地理变异模式是该树种过去的进化历史及对现在环境新适应的双重产物。

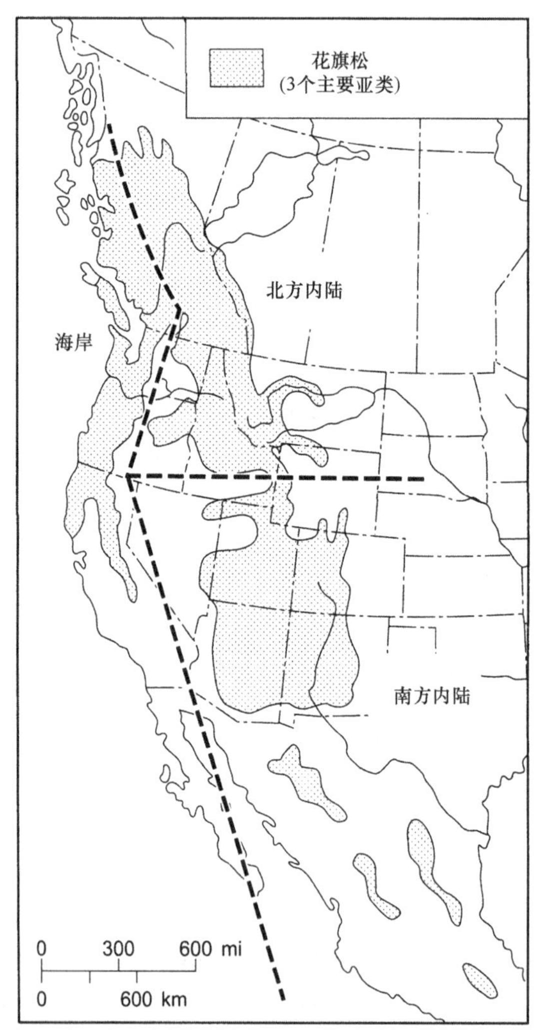

图 8.6 花旗松(*Pseudotsuga menziesii*)的自然分布区域及其 3 个亚类的大致范围:海岸变种(var. *menziesii*)与内陆变种(var. *glauca*)的北方、南方小种。(改编于 Little,1971;Li and Adams,1989)

专栏 8.5 火炬松(*P. taeda*)与湿地松(*P. elliottii*)的地理变异模式

火炬松(*P. taeda*)与湿地松(*P. elliottii*)是美国东南部两个最重要的商业用材树种,同域分布(即重叠分布)于亚拉巴马、佐治亚、佛罗里达沿海低海拔平原地区

(图1)。火炬松(*P. taeda*)分布范围极大,跨越许多不同的环境。在其自然分布范围内,种群间差异大,地理变异模式多样,既有渐变群变异又有生态型变异。火炬松(*P. taeda*)种源试验结果表明,种源间生长量差异达30%或更高,一般,夏季降雨量大的南部沿海地区种源生长最快(Wells and Wakeley,1966;Wells,1969;Dorman,1976,图70)。同时,还发现存在显著的种源与地点相互作用。在最北的试验点(位于马里兰),火炬松(*P. taeda*)的生长量并不呈现出与夏季降雨量变化梯度相关联的渐变群模式;相反,在该试验点,北部的种源成活率最高、生长最快。

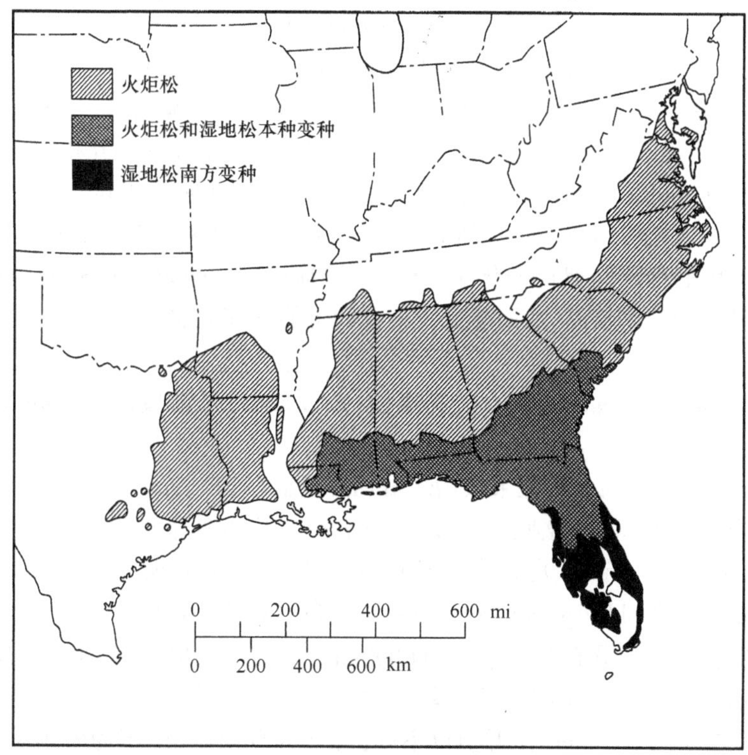

图1　美国东南部火炬松(*Pinus taeda*)与湿地松(*Pinus elliottii*)的自然分布范围(Little,1971)。

在火炬松(*P. taeda*)整个分布范围内或局部区域内,均发现存在不连续的生态型变异。在整个分布范围内,火炬松(*P. taeda*)表现为生态型变异。与来自相同纬度的东部种源相比,西部种源(种子采自密西西比河西部,图1)生长较慢、抗旱性及抗锈病[纺锤瘤锈病菌 *Cronartium fusiforme*]较好(Dorman,1976;Schmidtling,1999)。导致火炬松(*P. taeda*)生态型变异可能与以下进化因素有关:①有利于耐干旱的自然选择,从而使西部干旱地区的种源生长较慢;②现在的东、西部种源的演化源自更新世两个不同的避难所(或许,一个位于美国德克萨斯州南部,另一个位于佛罗里达州南部),在重新定居之前,该两个避难所彼此隔离多至100 000年(Schmidtling *et al.*,1999);③在很久以前,由于火炬松(*P. taeda*)与萌芽松(*P. echinata*)发生种间杂交(*第9章*),导致萌芽松(*P. echinata*)的基因渐渗至火炬松(*P. taeda*)西部种源内,而萌芽松(*P. ehinata*)具有生长较慢但抗锈病较强的特点(Hare and Switzer,1969;Dorman,1976);

④相隔较远的东、西部种源间基因交流很少。

在局部区域内,火炬松(*P. taeda*)也存在生态型变异。在距其自然分布区西部边缘以西大约 75km 的区域内还零星分布着几个小的、不连续分布的火炬松(*P. taeda*)群体(图 1),人们将这些火炬松(*P. taeda*)群体俗称为拉斯特松(Lost Pine)。通过与邻近种源进行比较试验,发现拉斯特松生长较慢、耐旱性较强、且具有与耐旱性相关的针叶形态(Dorman,1976;van Buijtenen,1978;Wells and Lambeth,1983)。造成两者间差异的进化因素与前段所述相似,只不过作用的地理区域更小。

与火炬松(*P. taeda*)相比,湿地松(*P. elliottii*)的自然分布范围则小得多(图 1)。两个树种的自然分布区有相似的降雨和温度模式(这里,主要考察湿地松的本种变种 *Pinus elliottii* var. *elliottii*,而非南方的变种 var. *densa*),发现湿地松(*P. elliottii*)种源间的遗传差异不明显。事实上,对于大多数性状,与种源内个体间差异相比,种群间的差异可忽略不计(Squillace,1966)。关于湿地松(*P. elliottii*)种群变异的进化因素,提出以下假说:①湿地松(*P. elliottii*)自然分布区的环境条件相对一致,意味着很少发生分化自然选择,因而种源间遗传分化小;②由于湿地松(*P. elliottii*)花粉传播距离远,分布区连续,基因迁移率较高,从而降低了种群间可能存在的遗传差异。

专栏 8.6　赤桉(*E. camaldulensis*)、亮果桉(*E. nitens*)及蓝桉(*E. globulus*)的地理变异模式

赤桉(*E. camaldulensis*)、亮果桉(*E. nitens*)及蓝桉(*E. globulus*)原产于澳大利亚(图 1),属同一亚属[双蒴盖亚属(*Symphomyrtus*)],均以外来种的形式在澳大利亚以外地区引种栽培。本节有关上述树种田间种源试验结果概括自文献 Turnbull 和 Griffin(1986),以及 Eldridge 等(1994)。在所有的桉树中,赤桉(*E. camaldulensis*)是分布最广的树种,其自然分布范围达 5 000 000km^2,从北部领地(南纬 12°)湿润、无霜冻的亚热带气候至维多利亚南部温和、季节性霜冻的温带气候。更为惊奇的是其分布区的年降雨量,200 ~ 1200 mm;且雨型也不同,北部为夏雨型,南部为冬雨型。在炎热、干燥的内陆地区,该树种限分布于河床及其他水道。

赤桉(*E. camaldulensis*)遗传变异巨大,表现为种群遗传分化大且形式多样。有关赤桉(*E. camaldulensis*)遗传变异的报道有很多,涉及多个性状(如生长速率、木材品质、叶片中油含量、萌芽能力,以及耐旱、盐碱、耐酸能力);研究结果概括如下:①北方种源与南方种源间存在极大的生态型变异。北方种源适应于热带生长环境,而南方种源适应于温带环境(例如,在尼日利亚的一个试验点,北方生长最快种源的树干材积产量是南方生长最慢种源的 3 倍以上。②南、北方种源间存在大的种源与地点的相互作用。在不同试验点,种源的排名发生改变。北方种源在非洲、亚洲及南美洲等较热带的环境表现较好;而南方种源在暖温带气候、地中海及加利福尼亚等地表现较好。③从沿海种源至内陆种源,存在与降雨量相关联的渐变群模式。④小范围的种源间也存在遗传差异。例如,在不同河流水系的种源间、甚至同一地区不同林分之间也存在明显的遗传差异。⑤在其自然分布范围的某些地区,有证据表明赤桉(*E. camaldulensis*)与其他桉树种发生了杂交渐渗[如来自于昆士兰北部被广泛种植的

Petford 种源与细叶桉(*E. tereticornis*)发生了自然杂交]。显然,不同的进化因素(专栏 8.3)在赤桉(*E. camaldulensis*)地理变异模式的形成过程中发挥了重要作用,但是,这些进化因素是如何相互作用及其相对重要性大小,对此仍不很清楚。

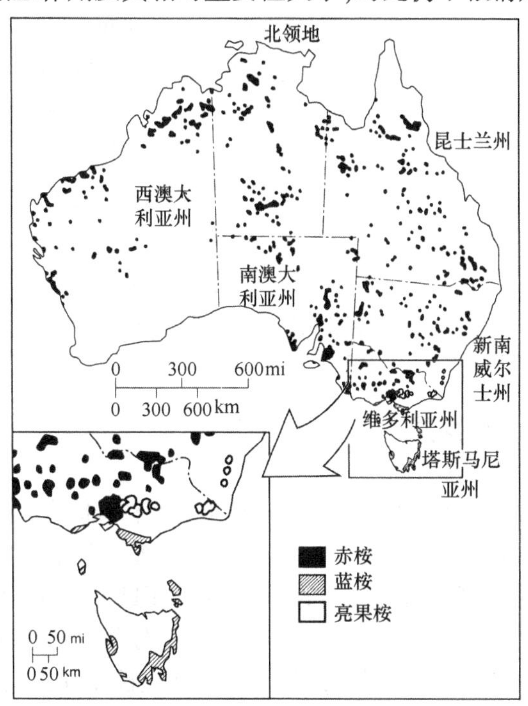

图 1　赤桉(*Eucalyptus camaldulensis*)、亮果桉(*Eucalyptus nitens*)及蓝桉(*Eucalyptus globulus*)在澳大利亚的分布范围(Eldridge *et al.*,1994)。

亮果桉(*E. nitesn*)自然分布范围相当小,仅分布于澳大利亚东南部山区几个隔离群体中,地理纬度从南纬 30° ~ 南纬 38°(图 1)。该树种自然分布区被划分为 4 个区 6 个种源,从南至北依次为:①维多利亚中部高地山区含 3 个种源,分别为 Toorongo、Rubicon 和 Macalister;②维多利亚与新南威尔士交界的 Errinundra 种源;③新南威尔士南部种源;④新南威尔士北部种源,位于新南威尔士南部种源以北大约 400km。即使在该树种主要分布区维多利亚,林分之间也彼此隔离。

亮果桉(*E. nitens*)自然分布范围很小,但种源间遗传分化极大。有关亮果桉(*E. nitens*)的研究结果总结如下:①对于研究的几个性状(包括生长、耐霜冻能力及其他性状),在 4 个分布区之间均存在显著的遗传分化,在某些性状上还存在明显的种源与地点相互作用;②在各个国家的许多试验点,来自维多利亚中部种源的生长速率最快;③Errinundra 种源的嫩叶形态及叶片的幼成过渡年龄与所有其他种源明显不同(有时,将该种源称为亮果桉变种 *E. nitens* var. *errinundra*)。小的隔离群体保持了遗传多样性,但是,分布范围如此小的树种却具有如此大的遗传差异,对其内在机制仍一无所知。可能与种间杂交有关,即不同区域的亮果桉(*E. nitens*)与其他桉树可能发生了自然种间杂交。

对于蓝桉(*E. globulus*),采用 Eldridge 等(1994)的分类等级,将其视为一个单一的种而不再区分亚种(但确实没有考虑其他 4 个与其密切相关的树种,可能形态上难以区分,译者)。蓝桉(*E. globulus*)的分布范围与亮果桉(*E. nitens*)相当,其分布区比亮果桉(*E. nitens*)更靠南些,位于维多利亚南部、巴士海峡诸岛及塔斯马尼亚(图 1)。其自然分布区的气候条件比亮果桉(*E. nitens*)分布范围内的气候条件更相似,同时,蓝桉(*E. globulus*)的海拔分布广,从海平面至 500 m 甚至以上,年降雨量 500 ~ 1000mm 甚至以上。

在蓝桉(*E. globulus*)的自然分布区内,邻近的林分之间存在遗传隔离。与上述其他两个桉树种相比,蓝桉(*E. globulus*)的种群分化不太明显。对于生长、成活率、耐寒性等性状,并未发现明显的种源差异,但不同种源的抗虫性有差异(Rapley *et al.*, 2004a,b)。然而,所有试验结果表明种源内个体间存在非常大的遗传差异。蓝桉(*E. globulus*)的地理变异低,这与亮果桉形成鲜明的对比,这或许与蓝桉(*E. globulus*)自然分布区内的气候条件变异小或者其地质历史不同有关(但不清楚)。

与环境差异有关的种群变异

如果短期的苗期试验或者长期的田间试验结果表明种源间存在差异,通常情况下,种群变异模式与环境差异有关。如果为连续的环境梯度,则渐变群为最常见的地理变异模式;在自然分布区内,如果环境因子表现为急剧的、不连续的改变,则有可能形成生态型变异,但这种情况少见。与此相关的观点有以下 4 种:①种源通过分化自然选择以适应不断变化的环境,从这个意义上来说,以上两种变异模式被认为是适应性变异模式(参阅专栏 8.3);②与来自较严酷环境的种源相比,来自较温和环境(较低纬度、较低海拔、较湿润地区)的种源生长较快,但对严酷环境的忍耐性较差;③生态型与渐变群两种变异模式既可出现在大的地理区域,也可发生于较细小的地域;④分布区广的树种呈现出很复杂的种群变异模式,在一定尺度范围内,生态型与渐变群均会发生。以 4 个树种为例证:美国西部的异叶铁杉(*T. heterophylla*)(图 8.1)和花旗松(*P. menziesii*,专栏 8.4),美国东部的火炬松(*P. taeda*)(专栏 8.5)及澳大利亚的赤桉(*E. camaldulensis*)(专栏 8.6)。上述 4 个树种中,每个树种均同时表现出生态型与渐变群变异,种源间大多数遗传变异被认为是适应性的变异,而且,不管是大的地理范围,还是小的地理区域均可见到这种遗传差异。在这些树种中,还发现来自较温和地区的种源生长较快,除非将其种植于对其适应性带来极大挑战的极端环境中(寒冷、干旱或其他胁迫条件)。另外,有时还能观察到种源与环境相互作用。对此,专栏 8.5 的火炬松(*P. taeda*)及图 8.3 的萌芽松(*P. echinata*)给出了例证;在大多数试验点,南方种源的表现明显超过北方种源,但在最北的试验点却得出与此完全相反的结果。

在一些分布范围大的树种中,基于等位酶频率揭示的地理变异模式与通用比较试验获得的数量性状分析结果相似,特别是亚种间或品种间的差异。例如,扭叶松(*P. contorta*)(Wheeler and Guries,1982)、加州山松(*P. monticola*)(专栏 8.7)、花旗松(*P. menziesii*)(专栏 8.4)、欧洲云杉(*P. abies*)(Lagercrantz and Ryman,1990)等。虽然种源间的等位基因频率差异与大的环境差异有关,但从适应性角度可能意义不大;相反,这很有可能反映了该树种的地质历史,尤其是与群体瓶颈效应相关联的遗传漂变,以及随后的重新定居(Lagercrantz and Ryman,1990)(专栏 8.2,专栏 8.4,专栏 8.7)。

专栏 8.7　加州山松(*P. monticola*)与短叶红豆杉(*Taxus brevifolia*)的地理变异模式

在地理分布范围广的树种中,通常,其数量性状遗传变异与分布区内的环境异质性相关,或者为渐变群变异,或者为生态型变异[如花旗松(*P. menziesii*)],(专栏 8.4)。在此介绍美国西部两个针叶树种的地理变异模式。这两个树种与花旗松(*P. menziesii*)主要分布区大部分相重叠,但表现出完全不同的地理变异模式。

加州山松(*P. monticola*)为美国西部一个重要的用材树种,其分布区与花旗松(*P. menziesii*)大致相似,不同的是,向南没有延伸至落基山(图 8.7)。在其自然分布的大部分地区,加州山松(*P. monticola*)仅见于海拔 1800m 以下,但在塞拉内华达山可分布于海拔 1800 ~ 2300 m 的区域(Graham,1990)。Rehfeldt 等(1984)采集了遍布整个分布区的 59 个种源,于温室和苗圃中育苗。通过种源平均值与环境因子之间回归分析,发现可依纬度将该树种分为两个生态型,两个生态型之间为过渡区(图 8.7)。北方生态型包括落基山和沿海森林,南至北纬 44°左右。南方生态型仅限于北纬 40°以南的塞拉内华达山。与南方(海拔较高)生态型相比,北方生态型苗木生长较快、生长季较长、耐寒性较差。在两个生态型之间的过渡区,上述性状表现出急剧的纬度渐变群模式。在每一个生态型内,群体间遗传差异小,且苗木性状的平均值与环境因子(包括海拔)之间不相关。也就是说,在加州山松(*P. monticola*)的生态型内,不表现出适应性变异,这与花旗松(*P. menziesii*)(专栏 8.4)、异叶铁杉(*T. heterophylla*)(专栏 8.1)和该地区其他许多针叶树种表现出明显的渐变群变异模式不同。

利用等位酶技术研究了加州山松(*P. monticola*)等位基因频率分化的地理变异,发现其变异模式与苗期数量性状观察结果几乎相同;此外还发现,北方生态型的总基因多样度($\overline{H}_T$ = 0.14)仅为南方生态型的 1/2,而过渡区的 $\overline{H}_e$ 介于两者之间(Steinhoff *et al.*,1983)。这表明,一个祖先种分裂为两个隔离的群体,在隔离期(或许在晚更新世),冰川覆盖了加州山松(*P. monticola*)大部分自然分布区,导致北方生态型的祖先种群规模急剧减少。很显然,冰川退却后,两个群体通过重新定居在过渡区域相遇,两个生态型在该区域混生,或者发生自然杂交。

短叶红豆杉(*T. brevifolia*)为树体较小、耐阴性的针叶树种,风媒传粉、雌雄异花,其自然分布范围与加州山松(*P. monticola*)相似(图 8.7),但沿着太平洋海岸延伸到更远的阿拉斯加东南部。该树种通常分布于小的隔离群体,林分密度低(Bolsinger and Jaramillo,1990)。近年来,由于该树种的树皮含有紫杉醇,可用来治疗卵巢癌,因而备受关注。曾开展了该树种全分布区种群变异试验,同时采用苗期数量性状测定与等位酶分析两种方法。研究结果发现不同地理区域间的遗传分化小(甚至在喀斯喀达山与落基山种群间);但在地区内相邻群体间却存在很强的遗传分化(Wheeler *et al.*,1995)。尽管群体间等位基因频率分化系数(G_{ST})占该树种总遗传变异的 10.4%,但在 G_{ST} 中,地区间变异不足 10%,而 90% 的变异源于地区内不同群体间,而且,群体间的变异,无论是数量性状变异还是等位酶基因频率变异,均与地理因子或环境因子完全不相关。因此,在该树种中,不存在与适应性相关的地理变异模式,其变异模式主要源自随机性过程。短叶红豆杉(*T. brevifolia*)群体可能对遗传漂变特别敏感,因其种群小且相互隔离,且由于树体矮小、处于林下,妨碍了花粉传播,使基因交流受限(Wheeler *et al.*,1995)。

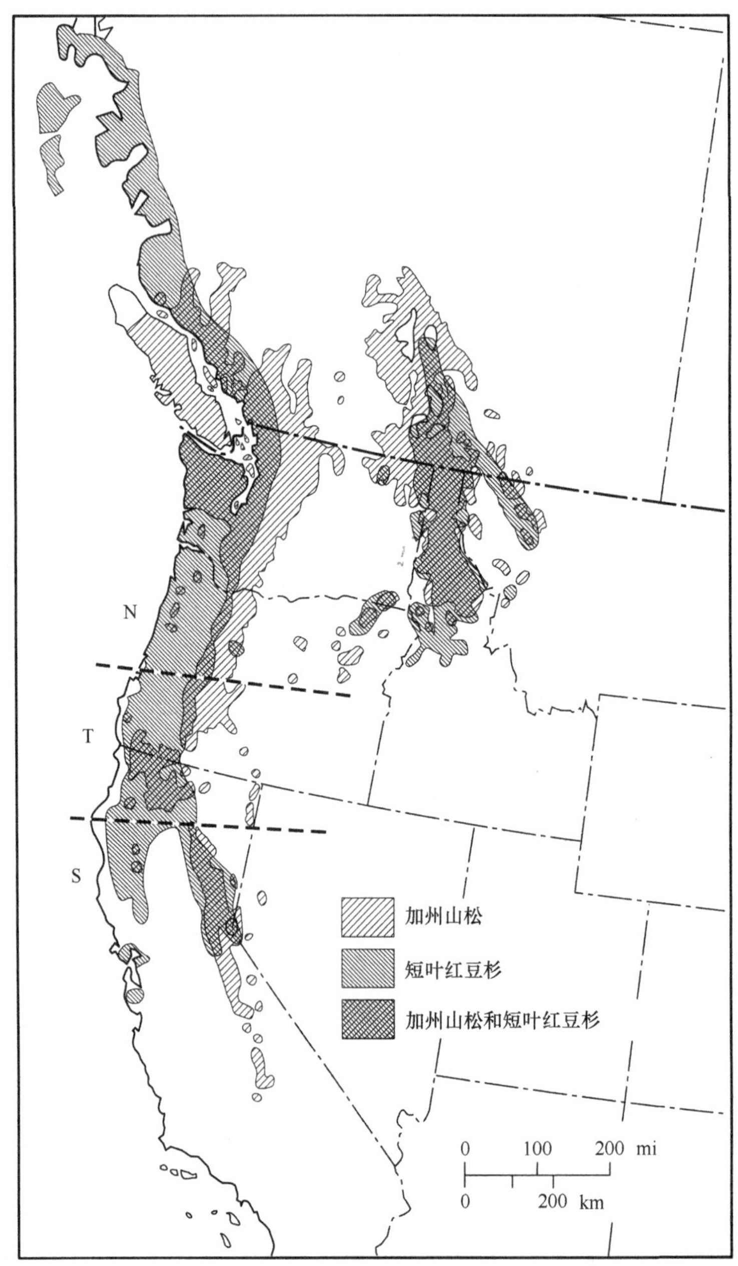

图 8.7 加州山松(*Pinus monticola*)与短叶红豆杉(*Taxus brevifolia*)的自然分布范围。图示加州山松(*P. monticola*)北方(N)、南方(S)生态型,以及两个生态型之间的过渡区(T)(Steinhoff *et al.*,1983)。

在范围较小的地理区域内,通用比较试验结果表明,有时,分化自然选择对于地理变异模式的影响在急剧变化的地域渐变群(即相距较近的群体间差异很大)或相距较近群体形成的生态型中更加明显。专栏 8.8 列出了两个急剧变化的地域渐变群的例子:①香脂冷杉(*Abies balsamea*)海拔渐变群,其 CO_2 同化速率在最远相隔 3.2km 的采种点之间存在强遗传分化;②花旗松(*P. menziesii*)海拔渐变群,其几个性状在 10km×24km 范围内的种源间存在强遗传分化。在花旗松(*P. menziesii*)中也有地域生态型的典型范例:花旗松

(*P. menziesii*)从北至南呈现间断分布,群体间相隔至少 1.6km,研究发现花旗松(*P. menziesii*)群体间存在明显的遗传分化(专栏 8.8)。在以上两个树种中,不同地域性种源之间的等位酶频率变异均较小,表明不同采种点(种群)之间一定通过花粉与种子传播途径发生了基因迁移。因此,当环境差异非常大时,分化选择可消除迁移引起的不平衡效应。

专栏 8.8　林木群体内林分间发生适应性分化的例子

当树种分布区内环境梯度急剧变化时,相邻林分(亚群体)间的遗传分化或许反映了林分对所处环境的适应,尽管群体间基因交流频繁。下面以 3 个北美针叶树种为例加以说明。

Fryer 和 Ledig(1972)研究了香脂冷杉(*A. balsamea*)实生苗在 CO_2 呼吸速率上的变异。苗木生长条件一致,种子采自美国新罕布什尔州单一坡向某一连续分布群体中,采样林分的海拔跨度为 731 ~ 1463m。尽管采样林分间距离短(其水平距离最大仅为 3.2km),但其光合 CO_2 固定的最适温度随着海拔升高呈线性减少(海拔升高350m,温度降低 2.7℃),表明自然选择使该树种的光合系统完全适应了该地域的温度变化规律。

Hermann 和 Lavender(1968)调查了花旗松(*P. menziesii*)对海拔、坡向的适应性。以俄勒冈南部喀斯喀达山西麓一个面积为 10km×24km 的区域为研究对象。在该区域内,沿海拔梯度采样,海拔每隔 152m 设置采样点,分别在阳坡(南坡)、阴坡(北坡)选 2 ~ 4 棵母树采种,阳坡与阴坡两个采种林分最小相距 1.6km,整个采样区域海拔跨度为 457 ~ 1524m。采用苗圃和生长室两种方式进行苗期测定。结果表明,生长期长度与生长量随着采种母树的海拔升高而呈线性降低,这与预期的结果相符。甚至,在相同海拔、不同坡向的林分间差异更加明显。与来自阴坡的苗木相比,来自阳坡的苗木发芽较早、生长较小、根干比较大,反映出该树种对阳坡较热、较干旱生长环境的适应。

Millar(1983,1989)研究了加利福尼亚北部沿海的加州沼松(*Pinus muricata*)叶色与土壤类型之间的关联性,发现两者显著相关。其叶片颜色由气孔上部细胞的形状与蜡质决定,两种极端的叶色为蓝色与绿色(Millar,1983)。通用比较试验结果证实了不同类型间叶色的差异,表明叶色受遗传控制,或许仅受几个基因位点控制。此外,通过改变木质部树脂中单萜比例也可使叶色发生改变。生长于极度贫瘠、低 pH、含有毒矿物质的土壤(在这类土壤上,树木生长矮小,因而称为矮林土壤)上的树木,其叶色表现为蓝色,但该地区大多数生长于肥沃深厚土壤上的林分(有些与蓝叶林分相距仅 0.5km),其叶色为绿色。虽然,关于蓝叶形成机制,以及蓝叶是否有助于其在矮林土壤中成活等方面尚不清楚,但是,毫无疑问,这种叶色与土壤环境紧密相关又为树木对环境适应的一个典型的例子。

在上述所有例子中,均同时采用了等位酶技术研究林分间的遗传变异(Neale and Adams,1985b;Millar,1989;Moran and Adams,1989)。研究结果发现,在所有研究的树种中,林分间等位酶多样性均极低,表明在树种演化史上,林分间的基因迁移一直很强。因此,必定存在足够强的选择压以抵消基因迁移效应,从而导致相邻林分间的适应性分化。

虽然,单个等位酶位点上的等位基因频率与地理区域内的环境梯度两者之间相关性微弱或不相关,但也有一些例外(Bergmann,1978;Furnier and Adams,1986a;Mitton,1998b)。例如,在欧洲云杉(*P. abies*)中,发现在酸性磷酸酶位点上的等位基因频率呈现出与纬度、海拔梯度相一致的渐变群变异模式(Bergmann,1978)。这些等位酶位点并非选择中性(参阅专栏5.6),而是在这些特定的等位酶位点上,等位基因替换将影响其适合度。

有时,可采用多元统计分析方法(如主分量分析或判别分析)来研究多个等位酶位点的地理变异模式(Guries,1984;Yeh *et al.*,1985;Merkle and Adams,1988;Westfall and Conkle,1992)。这些方法可增强等位酶变异模式与地理因子两者之间的相关性,甚至在某一区域内。Westfall 和 Conkle(1992)认为,多位点变量可度量共适应基因复合体,并可同时从多个位点揭示变异的适应性模式。多个位点间的关联性也有可能反映了物种的地质历史,因此,可能与适应性关系不大。

与环境差异不相关的种群变异

虽然不常见,有时,种源间遗传差异与环境因素变化相关性不明显。有两个例子:一个为澳大利亚的被子植物亮果桉(*E. nitens*)(专栏8.6),另一个为美国西北部的短叶红豆杉(*T. brevifolia*)(专栏8.7)。这两个树种的种源间差异大,且种源间差异与任何气候或土壤因子不相关。根据定义,生态型为适应某一特定生境的小种,因而,在上述两个树种中,不同的小种就不能视为不同的生态型。关于这类种群变异模式形成的原因,目前有以下两种可能的解释:①在树种以往的进化历程中,自然选择导致适应性分化,但随后的环境发生了改变,因而,树种表现出的变异模式与现在的气候、土壤条件不相关;②种群变异模式源自于进化因素而非自然选择(专栏8.3),因而,种源间的差异现在(将来也永远)与自然适应性无关。后者可能与树种进化历程中因种群规模严重减小而发生的遗传漂变有关。例如,不同的种源可能起源于不同的避难所,在不同避难所中发生了不同的遗传漂变。种源间遗传分化一旦发生,有限的种源间基因交流将有利于遗传分化的保持,尽管与种群隔离的最初原因无关。例如,亮果桉(*E. nitens*)与短叶红豆杉(*T. brevifolia*)均为彼此有效隔离的小群体,因此,种源间遗传分化一旦发生,种源间缺乏基因交流将有助于遗传分化的保持。

种群分化小或无分化的树种

种源间遗传分化小的树种有两类。第一,一些树种几乎或完全没有遗传变异,如马占相思(*A. mangium*)(Moran *et al.*,1988)、脂松(*P. resinosa*)(Fowler and Morris,1977;Mosseller *et al.*,1991,1992)、托雷松(*P. torreyana*)(Ledig and Conkle,1983)和丝葵(*Washing-*

tonia filifera)(McClenaghan and Beauchamp,1986)等。现存的群体可能源自于某一遗传多样性低的很小群体,如源自于单个冰期避难所。这些树种可能没有充足的时间以恢复其遗传多样性,可能需要经历 10 000 个世代(100 000 年以上,Nei *et al.*,1975;*第 7 章*)。除托雷松(*P. torreyana*)外,其他树种的自然分布范围广,跨越的土壤气候类型多样。理论上,通过分化自然选择应导致种源间产生与适应性相关的遗传分化,但是,选择仅能对已有的遗传变异进行重塑,而不能创造遗传变异。因这些遗传上退化的树种含有的遗传多样性太低,以至于难以进行自然选择。

第二类树种,种内个体间遗传变异丰富,但种群变异小或者没有变异,如湿地松(*P. elliottii*)(专栏 8.5)和蓝桉(*E. globulus*)(专栏 8.6)。对于这两个树种,尽管在一些实际的改良计划中,通过优树选择利用个体之间的变异(Lowe and Van Buijtenen,1981;White *et al.*,1993;Tibbits *et al.*,1997),但种源之间的变异却非常小,甚至没有。归纳两个树种的共同特性,分析种群变异小的原因可能为:①自然分布范围小,分布区内土壤气候条件相对一致,意味着种源间的分化自然选择可能不强;②在树种自然分布范围的主要区域,群体分布近乎连续,群体间基因交流频繁,进而限制了种源间遗传分化。

本类中最后一个例子为加州山松(*P. monticola*)(Steinhoff *et al.*,1983;Rehfeldt *et al.*,1984;专栏 8.7)。该树种又可进一步区分为两个明显不同的生态型,而且,虽然生态型间遗传变异巨大,但是,大多数的变异存在于群体内个体间,而不是存在于群体间。加州山松(*P. monticola*)种群间遗传多样性低,这在北方生态型中尤为突出。北方生态型跨越的经纬度较大,超过 10°(图 8.7)。花旗松(*P. menziesii*)的分布区域与此相似,但表现出较大的与适应性相关的种群遗传分化(专栏 8.4)。由于加州山松(*P. monticola*)北方生态型的自然分布区在晚更新世被冰川所覆盖,且其重新定居过程很快,可能没有足够的时间发生种群遗传分化(Steinhoff *et al.*,1983)。反而,种内个体间对环境的异质性具有宽广的适应性,因而就不可能发生种源间适应性分化。诸如此类的个体**表型可塑性**(phenotypic plasticity)可能源于杂合体选择(*第 5 章*),或经选择有利于适应性广的等位基因演化而来(Rehfeldt *et al.*,1984)。

遗传多样性的地理模式

上节讨论的种群地理变异模式均与种源平均遗传分化有关,如生长、物候或等位酶基因频率的种源间平均差异。种源间差异也可以表现在遗传多样性水平。遗传多样性度量变异水平而非平均值。一直以来,等位酶技术在林木遗传多样性研究中被广泛应用。应用最广的遗传多样性度量参数为平均期望杂合度($\overline{H}_e$),也称为基因多样度。每一位点的期望杂合度等于 1 减去纯合子频率,然后计算所有位点平均期望杂合度(*第 7 章*);期望杂合度随着每个位点的等位基因数目增多而增大;当所有的等位基因频率相等时,期望杂合度最大(例如,每个位点有两个等位基因,当所有位点的 $p = q = 0.5$ 时,期望杂合度最大,为 0.5)。有时,森林遗传学家可赋予 $\overline{H}_e$ 值生物学意义。通常,遗传漂变被认为是引起种源间遗传多样性差异的进化因素之一。

黑材松(*P. jeffreyi*)为种源间遗传多样性差异的一个实例(专栏 8.2)。来自克拉马斯山的 7 个黑材松（*P. jeffreyi*）群体的 $\overline{H}_e$ 低于来自塞拉内华达山的群体。种源间遗传多样性差异另一个例子为花旗松（*P. menziesii*）（专栏 8.4），来自内陆变种南方小种的 24 个种源（图 8.6），其平均 $\overline{H}_e$=0.077，而来自该变种北方小种 36 个种源的平均 $\overline{H}_e$=0.15。来自海岸花旗松变种（*P. menziesii* var. *menziesii*）43 个种源的平均 $\overline{H}_e$=0.16。有趣的是，与北方内陆小种的种源间或海岸变种的种源间差异相比，内陆变种南方种源间的等位基因频率差异更大。这种变异模式与遗传漂变效应一致（种源内遗传多样性较低、而种源间较高，*第 5 章*）。遗传漂变对内陆变种南方种源影响更大，因为南方种源由许多小的隔离群体组成（Li and Adams，1989）（专栏 8.4）。

在美国西部针叶树种中，另一个常见的变异模式为：遗传多样性水平从南至北逐渐减少（Ledig，1998）。一个特别有趣的例子为大果松（*Pinus coulteri*），来自墨西哥下加利福尼亚的南方种源的 $\overline{H}_e$ 值将近两倍于来自加州旧金山附近的北方种源（图 8.8）。除此之外，在下加利福尼亚群体中出现的一些等位基因，在各个试验地点中似乎消失了，从南至北的各试验点均检测不出来。关于此，一个可能的解释为：所有现存的群体均源自于下加利福尼亚祖先群体，在晚冰河时期，冰川向北退却后，经过逐步向北长距离的扩散而成（专栏 8.3）。在重新定居过程中，如果有一些种子零星传播至该树种以前未曾居住过的领地（称为跳跃演化），新群体的建立者仅携带有其亲本群体遗传变异的一个样本。因此，每一次随后的向北扩散导致遗传多样性越来越低。这种模式在大果松（*P. coulteri*）中特别明显，因其自然分布片段化，且种子非常大，不利于群体间基因交流。

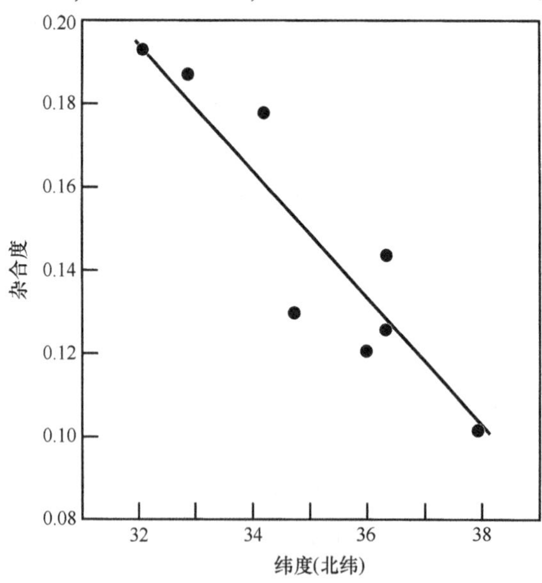

图 8.8 基于等位酶位点的 8 个大果松（*Pinus coulteri*）种源的期望杂合度（$\overline{H}_e$）。沿着从南至北的纬度梯度采样，南至墨西哥的下加利福尼亚（北纬 32°），北至美国的旧金山（北纬 38°）。南方种源其 $\overline{H}_e$ 值近乎两倍于北方种源，表明该树种在晚更新世，在由南方的避难所向北扩张过程中（通过长距离的种子传播），有可能发生了遗传漂变（参阅专栏 8.3）。（改编自 Ledig，1998，并得到剑桥出版社许可）

在美国东南部的长叶松（*P. palustris*）中也发现有类似的变异模式，其遗传多样性水平沿着单一的地理梯度逐渐减少（Schmidtling and Hipkins，1998）。来自德克萨斯的西部种源的期望杂合度 $\overline{H}_e=0.14$，从西向东 $\overline{H}_e$ 值逐渐呈线性减小，最东的佛罗里达种源的 $\overline{H}_e$ 为 0.07。对上述结果研究者进行了如下解释：①在更新世，该树种的单一避难所位于德克萨斯南部或墨西哥北部；②从该单一避难所向东逐渐重新定居形成了现在的自然分布（在此过程中，遗传多样性不断丧失）。有趣的是，在路易斯安那南部有一片林分，其遗传多样性比期望值（根据 $\overline{H}_e$ 与经度的回归直线估算）还要低很多。调查发现，该林分起源于两株母树，为 20 世纪 20 年代对原有林分皆伐后余留下的种子树。遗传多样性降低程度与遗传漂变引起的建立者效应是一致的（*第 5 章*）。

地理变异对种子调拨的启示

在世界上许多地区，森林培育的重点在于自然更新或人工造林，实现了从无节制的天然林开发至可持续性林业的转变。在人工造林计划中，通常要将同一树种栽培于不同的土壤气候区，其栽培区域在海拔、气候、土壤及地形地貌等方面或多或少存在差异。在上一节了解到，种源间的差异可能很大，且通常这些遗传差异对其适应性是有意义的。这意味着，通过合适的种源选择有助于提高造林成活率、产量及抗性。因而，种内地理变异研究结果的主要应用之一就是为人工造林选择合适的种源。

在讨论下一节之前，有必要引入两个概念。一个为**采种区**（seed collection zone），即种子的采集地。一些作者又称其为种源（provenance）、种子收集区（seed procurement）或**供种区**（donor zone）（van Buijtenen，1992；Morgenstern，1996）。另一个为**种植区**（planting zone），即种子的种植地区，又称为栽培区（plantation zone）、受种区（receptor zone）和配置区（deployment zone）。当采种区与种植区的生态条件相似、地理区域相近时，则为当地种源造林。如果采种区与种植区被某些地理或生态距离所分隔，则为异地种源造林。有时，将采种区与种植区合并为单一的地理或生态单位，称为**种子区**（seed zone）或**种子调拨区**（seed transfer zone），这意味着在同一个种子区，种子采集与种植均可视为“当地”种子。

对于尚未开展遗传改良的树种（或者虽然已开展遗传改良但尚不能生产遗传改良的种子），如果要在其自然分布区内实施经营性造林，如何进行种源选择？这是本节的重点议题，其最终目的在于制订种子调拨准则，规定调运的种子类群及调运距离。本节包含以下几部分内容：①确定种源选择的目标，以满足造林需求；②从以往种源试验结果中获得的经验与教训；③为种源选择与种子调拨制订决策树；④制订各种类型的种子调拨准则并合理执行。关于外来树种的树种选择与产地选择，以及林木改良计划基本群体的确定将在*第 12 章*中讨论。

制订明确的种源选择目标

为人工造林选择合适的种源，首要的一步就是制订具体的选择目标，即如何判定什么是一个合适的种源？该步骤常被忽略，或者隐含选择目标。以下为 3 个可能的目标：①在种植区保持自然遗传变异模式,为基因资源保护服务;②在营养体优势和繁殖适合度方面保障长期的适应性;③尽可能提高人工林的生长、产量和林产品质量。

如果目标①为首选,那么,最佳的方案为:首先,利用短期苗期试验或长期田间试验结果对该树种内种群变异模式进行分析,然后,确定合理的种子调拨准则使现有的自然变异模式得以延续。假如基因资源的原址保存是经营性造林计划中的一个重要组成部分,那么,上述方案可使现存的自然变异模式通过人工造林方式保存下来。换句话说,如果目标①是最重要的,那么,仅应用当地种源造林,此时,种子区相对较小。

大多数造林计划将目标②作为首选,这是基于以下推论:现存的种群变异模式源于自然选择,因而是最适应的,因此,"当地的就是最好的"。确定种子调拨准则最常用的途径是利用短期苗期试验数据,一般性的准则包括:①在确保长期适应性的条件下,划分尽可能大的种子调拨区;②确定种子调拨的距离(以千米为单位,或者沿着生态梯度如海拔),即确定在最小的风险(不适应)情况下,种子从采种点(即当地种源区)调运至种植区的距离。为了尽可能提高长期营养优势与繁殖适应性,种子调拨通常是保守的。通过短距离(地理或生态距离)的种子调拨,以保持邻域种子区。

如果获得最大的产量与质量是首选(目标③),且基因资源保护不包含在造林计划中,而是在其他计划中实施,那么,种源选择的目标就是制订合理的原则,如在可接受的风险范围内,为每一个种植点选择最好种源(目标②与目标③的调和)。这几乎总是在风险与回报两者之间寻求平衡:即选择的种源产量最高(回报),适应性又强,使其在整个轮伐期内表现优异(尽可能降低不适应的风险)。要对产量潜力(回报)及适应性(风险)做出合适的评价,唯一的途径就是在种植区内开展长期的田间试验。试验结束后,以获得最大的产量与质量为目标确定相应的用种原则,为不同的土壤气候区域造林选择合适的种源。有时,也可长距离(地理或生态距离)调运种子。

以往种源试验取得的经验与教训

在为人工造林选择合适种源时,有时由于缺乏足够的完整信息(如缺乏来自于种植区内具有严格试验设计的长期试验数据)导致无法做出科学合理的决断,这时,造林工作者良好的判断就显得很重要。如果借助于以往其他树种的试验结果信息,其效率可进一步提高。

当地种源与异地种源

当在种植区内缺乏长期的种源试验数据时,通常,当地种源就是最好的选择。尽管从长期的适应性来看,采用当地种源造林是最安全的,但从产量与品质来看,当地种源未必是最好的。有两方面的证据支持上述观点:田间试验的经验证据及理论上的论点。

一些长期的种源试验研究结果表明当地种源比异地种源表现更好。以 3 种松树为例(参阅 Ledig,1998 的综述):①在 12 年生时,刚松(*P. rigida*)的树干材积与采种地至种植点之间的距离呈负相关(Kuser and Ledig,1998);②在 29 年生时,当种植在与原产地海拔相似的地区时,来自加利福尼亚州塞拉内华达山的西黄松(*P. ponderosa*)种源表现最好

(Conkle,1973);③10 年生时,萌芽松(*P. echinata*)北方当地种源在最北的种植区生长最快(图 8.3 中的直线 c)。

当然,也有一些例子表明当地种源并非生长最好,而来自于较温和环境的另一种源表现最佳。Ledig(1998)和 Schmidtling(1999)列举几个例子以说明来自纬度更南或海拔较低的种源比当地种源表现更好。例如,在跨越 1000mi* 的所有的试验点中,萌芽松(*P. echinata*)较南的种源几乎总是表现最好的(图 8.3);仅在最北方的试验点,抗性最好的为当地种源,且大多数北方种源的抗性较好。

理论上的论点也表明当地种源可能不是最佳的人工造林用种(Namkoong,1969;Mangold and Libby,1978;Eriksson and Lundkvist,1986)。首先,自然选择导致适应性增强,以满足整个生活周期的需求:增加营养体适合度(成活能力及生长至繁殖年龄的能力)和繁殖适合度(产种量与后代数量)。在人工造林计划中,树木生活周期的一些重要阶段有时被回避了,在这种情况下,与自然繁殖适合度有关的特性就显得无足轻重。①在人工林计划中,开花与繁殖能力并不是必需的,因为种子可以从其他地方生产或采集;②在人工林计划中,常在苗圃地育苗,这样,就避开了自然条件下种子发芽与出苗两个关键的阶段;③在人工林计划中,由于采用培育措施、施肥等技术,环境条件与竞争状况与天然林情况有很大的不同。Eriksson 和 Lundkvist(1986)区分训育适合度(domestic fitness)与达尔文自然适合度(natural Darwinian fitness),用以说明即使当地种源对自然环境的适应性最强,但在人工栽培环境中,其适应性可能不一定最好。因此,经常有可能发现,在人工栽培环境中,异地种源具有更好的营养体优势(生长优势),即使它们可能没有完全适应人工栽培环境(就繁殖适合度而言)。或者,对人工林发展而言,在人工栽培条件下,其生活周期的某些阶段并不重要。

在人工栽培环境下,当地种源可能并不是最好的,另一个理由是:进化是保守的,以至于自然选择使当地种源适应了最极端的气候条件,而这些极端气候条件在人工林生活周期中是无法经历的(Ledig,1998)。另外,也有一些例子表明自然选择并没有产生完全适应的当地群体。许多例子说明,现在的地理变异模式主要反映了群体严重的瓶颈效应,而不是适应性变异。例如,Morgenstern(1996,p143)认为,由于冰川期之后的适应性延迟效应,抑或是由于进化的保守性,几个北方树种并没有利用整个生长季生长。

最后,有时,其他进化因素(如遗传漂变)对种群遗传变异模式也有显著影响。当选择与适应并不是种源间遗传分化的主要原因时,在这种情况下,没有理由期望当地种源应该具有更好的适应性。

上述观点并不表明异地种源总是最好的,事实上,在缺乏其他信息的情况下,当地种源是最安全的。然而,如果生长与产量是选择合适种源的主要指标,采用异地种源或许能获得快速而廉价的遗传增益,这是下一节将要讨论的内容。

种源选择的一般原则

当缺乏长期的种源试验数据时,以往其他树种研究中获得的一些一般性原则是有价

* mi 为英里,1mi = 1.609 344km。全书同。

值的(Zobel *et al.* ,1987,p79)。在为某一人工林计划开展种源试验时,可借鉴这些原则确定试验的种源及采样策略。最重要的实用原则是:在某一树种内,与来自分布范围内较温和地区的种源相比,来自较严酷(较寒冷、较干旱等)地区的种源生长慢、但抗性较强。因此,从较严酷地区(如高海拔)调运种子至较温和地区(如低海拔),其生长与产量可能低于当地种源。

相反,从较温和地区调运种子至较严酷地区有望提高生长及产量。例如,可将某一海拔较低种源种植于海拔稍高地区。潜在的生长增益伴随着风险,如果种子调运距离太远,调运的种源可能要经受生长量降低或者由于不能忍受较严酷的环境导致成活率下降等风险。对风险/回报进行决策永远是不容易的,易犯两类错误:①做出保守的决策(采用当地的种源)。这可能会丧失廉价而快速的遗传增益,例如,采用某一稍温和环境的异地种源造林很容易获得生长增益。②做出激进的决策。如果种子调运太远,有可能导致不适应。

均衡以上因素,在缺乏合适的田间试验数据情况下,应遵循以下一般性原则(Zobel *et al.* ,1987,p79):①不要将较严酷环境下的种子调运至较温和环境,以免降低生长量;②不要将酸性土壤的种子调运至碱性土壤中,反之亦然;③不要将夏雨型气候区种子调运至冬雨型地区,反之亦然;④如要提高生长量,可考虑从较温和环境调运至稍严酷环境;⑤当轮伐期较短,且种子调运的生态距离小时(即使种子调运的物理距离大),可考虑采用较为激进的种子调运方式。

指导种子调拨的决策树

如果目标①(在种植区保持自然遗传变异模式)与目标②(在营养体优势和繁殖适合度方面保障长期的适应性)为首选,那么,种子区与种子调拨准则通常强调采用当地种源或邻近种源造林。本节,假定制订种子调拨准则的主要目标是从人工林中获得最大的期望产量(目标③),与此同时,也要保证对栽培环境有足够的适应性。在这种情况下,图8.9的决策树可用来指导人工造林的合适种源选择。如前所述,本章主要论述在树种自然分布区内的人工造林,有关外来树种的人工造林将在*第12章*讨论。

最理想的情形是,造林工作者已获得大量的建立在种植区内的长期种源试验数据。然而,通常的情况并非如此,但仍然需要做出决策以确定采用哪一个种源造林。最极端的情形是:没有现成的种子调拨准则,或者没有任何有关种源试验的数据。在这种情况下,通常谨慎地采用当地种源造林,或者设法选择那些与种植区的土壤气候条件相似的种源(图8.9a)。保守的方案则选择那些最有可能具有长期的适应性及合适的产量的种源。如前所述,较为激进的方案会将种子从较温和的产地调运至稍严酷的种植区。

即使没有可利用的长期种源试验信息,仍然可以利用气候资料、短期苗期试验或者遗传标记信息来制订种子调拨准则。通常,首先利用气候、地形及土壤信息从生态角度划分小的种子调拨区。在小的种子区内,气候、土壤与海拔的变异幅度可任意小。有几个树种最初的种子区就是这样划分的。例如,在加拿大不列颠哥伦比亚省,根据土壤气候类型,为所有的树种划分了最初的15个海岸种子区(Morgenstern,1996,p38)。随后,应用种源试验的遗传信息将每个种子区范围扩大、而种子区数目也从15个减少为4个。与此相

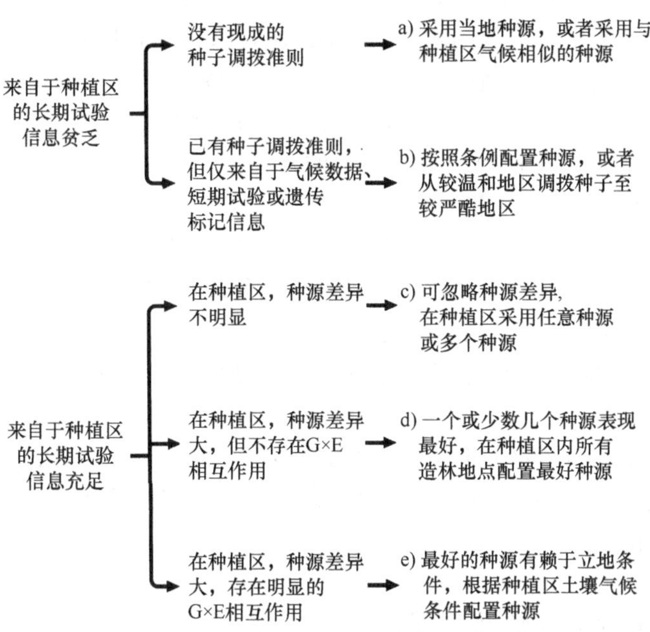

图 8.9　制订种子调拨准则的决策树示意图，其目标为获得最大的产量与质量。决策依据为是否已有来自于长期田间试验的充足信息，以及从长期田间试验中获得的种源变异信息。

似，在俄勒冈及华盛顿，最初利用气候与海拔信息进行种子区划，随后，依据短期苗期试验对最初的种子区划进行修订（Randall，1996）。

通常，利用人工栽培环境中的短期苗期试验信息来制订种子调拨准则（Campbell and Sorensen，1978；Rehfeldt，1983a，b，1988；Campbell，1986；Westfall，1992），但也可根据等位酶变异信息来制订种子调拨准则（Westfall and Conkle，1992）（图 8.9b）。在温室、生长室及苗床上表现出来的苗期性状的渐变群变异模式是林木对环境梯度分化适应的直接证据。渐变群越急剧，沿着环境梯度进行种子调拨的风险（对异地种植环境不适应）很可能越大。因此，制订的种子调拨准则就是尽可能降低不适应的风险，通常建议种植当地或邻近种源。尽管这类种子调拨准则为降低风险提供了保障，但也可能忽视了种子调拨可能带来的增益，因为当地种源的产量并不总是最高，这在本节“当地与异地种源”中已说明。较为激进的决策是将种子从其产地调运至稍严酷的地区种植。

当有充足的田间试验数据可以利用时，如在种植区内已建立了几个中等轮伐期或者更长的种源试验，那么，可以根据种源试验数据获得的主要结论来进行种源配置（图 8.9c，d，e）。假如在种源试验中发现种源间差异不明显，则可将所有种源划为同一个大的种子区，来自任意种源的种子可种植于树种分布范围内的任意地区（因为所有种源的表现几乎相同），如种源间变异小的湿地松（*P. elliottii*）。

如果在一些重要性状中，种源间差异大，但不存在种源与地点的相互作用，那么，在整个种植区最好采用同一个种源或少数几个种源造林。当某个地区的土壤与气候条件变化不剧烈时，常出现这种情形（Matheson and Raymond，1984a；Zobel *et al.*，1987，p37）。在这种情况下,应将所有的地区划分为同一个种子区,并在整个地区种植最佳的种源。例如,火炬松(*P. taeda*),来自路易斯安那 Livingston Parish 种源在美国东南部沿海低海拔平原地区广泛种植,并且有稳定一致的表现(Wells,1985;Lantz and Kraus,1987)。

最后,如果种源的生长或适应性性状在种植区内各土壤气候环境中的排名发生剧烈变化(种源与地点相互作用大),那么,应划分多个种子调拨区。根据长期试验获得的产量、质量及适应性等信息将种源配置至合适的种植区。例如,威尔豪斯公司关于火炬松(*P. taeda*)的种子区划,将一个北卡种源(温和的海滨气候)于相隔 1500km 的阿肯色(更温和的内陆气候)的多个不同地点进行测定(Lambeth *et al.*,1984)。在土壤较深厚、地下水位较高的立地,北卡种源的表现总是超过阿肯色种源,但在土层较薄(推测存在干旱胁迫)的立地,北卡种源死亡率较高。据此,威尔豪斯公司将阿肯色划分为两个种子区。将相距 1500km 的北卡种源种植于土壤含水量高的立地(种子区 1),而阿肯色种源配置在种子区 2(土层较薄立地)。

如前所述,在制订种子区划时,可借助的遗传信息非常少。因此,造林工作者的经验判断是非常重要的。图 8.9 所列的决策树旨在通过对现有的遗传信息进行分析和推断,为用种决策提供指导。

各种类型的种子调拨准则及合理执行

制订种子调拨准则的依据,不管是来自土壤气候信息、短期苗期试验数据、遗传标记信息,还是来自长期的种源试验结果,其最终目标是将种源匹配至合适的种植区。可以采用以下 3 种形式(Morgenstern,1996,p143):①在地图上划分种子区,在同一种子区内,种子可安全调运;②印制种子条例文件,规定某一种源的最远调运距离,或者说明某一种源在哪一种土壤气候环境下表现最好;③利用回归或其他方法建立公式,为按照一定的环境梯度(纬度、海拔或降雨量)调运种子提供指导。以上所有的方法均具有重要应用价值,而且,可将其综合起来,为某一种植区提供一系列详细的种子区划图、准则或公式。Westfall(1992)综述了用于制订种子调拨准则的各种统计方法。

在许多例子中,其种子调拨准则来自于种子区划图与条例文件两者的调和(Lantz and Krans,1987;Morgenstern,1996;Randall,1996)。在此,给出最近的一个在所有南方松中通用的例子(Schmidtling,1999)(图 8.10)。利用美国南部不同松树树种[萌芽松(*P. echinata*)、湿地松(*P. elliottii*)、长叶松(*P. palustris*)及火炬松(*P. taeda*)]的长期试验数据,提出了多变量回归分析方法,对种植区内种源的表现与采种区的气候因子进行相关分析。发现最重要的信息变量为采种地的平均年最低温度。分析结果表明,由南往北调运种子时,如采种地的年最低温度比种植地区高 2.3~3.9℃(5~7 ℉),那么,与当地种源相比,其产量增益最大。往北调运种子,年最低温度超过 5.5℃(10 ℉),则生长低于当地种源。由于美国农业部划定的植物忍耐区(plant hardiness zone)是基于平均年最低温度 2.8℃(5 ℉)的等温线(图 8.10),Schmidtling(1999)建议种子可安全地往北调运一个忍耐区,但不能跨越两个区。在区内用种是安全的,但往北跨区调运种子会导致生长量降低。

另一个例子为爱达荷北部的扭叶松(*P. contorta*)(Rehfeldt,1983c)(图 8.11)。在爱达荷某一小范围地区,采集 28 个种源的种子,其海拔分布为 650~1500m,将该批种源在 3

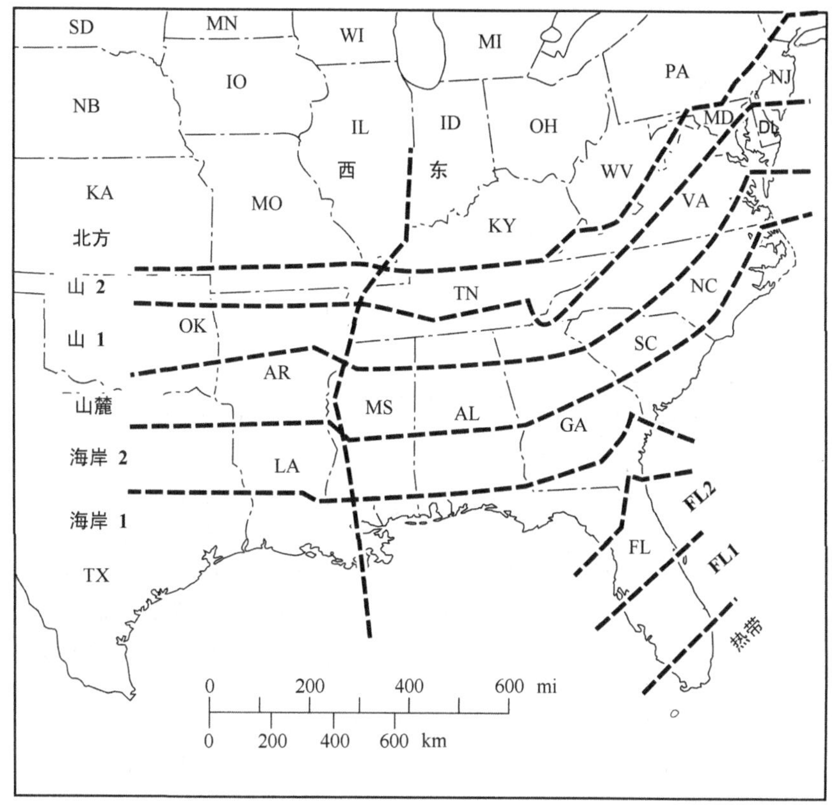

图 8.10　美国东南部松树的通用种子区划，基于萌芽松(*Pinus echinata*)、湿地松(*Pinus elliottii*)、长叶松(*Pinus palustris*)及火炬松(*Pinus taeda*)的长期种源试验结果。该种子区与美国农业部基于平均年最低温度 2.8℃(5 ℉)的等温线规划的植物忍耐区(plant hardiness zone)一致。在区内用种是安全的，种子往北调运一个区将比当地种源生长量高。不鼓励跨越一个以上种子区调种。同样也不鼓励跨越密西西比河的东西向的种子调拨。(改编自 Schmidtling,1999)

个地点建立试验林，试验点的海拔分别为 670m、1200m、1500m。调查了试验林 4 年生树高，同时在实验室测定针叶的抗冻性，Rehfeldt 提出了多变量回归公式，分析不同海拔种源在这两个性状(响应变量)上的表现及采种点海拔(回归变量或预测变量)之间的相关性。回归分析结果表明，树高与冻害两性状与采种点海拔之间存在强度相关：来自较高海拔的种源比当地种源(即来自与种植点海拔相同的种源)生长较慢，但抗冻性较强。有趣的是，随着海拔的增加，当地种源与来自固定海拔差的异地种源间的差异也增大。因此，当种子调拨距离相同时，较高海拔地区比低海拔要承担更多的风险。例如，假如将某个海拔 1200m 种源的种子向上调运 250m(在图 8.11 中，$\Delta E = +250$m)，与当地种源相比，调拨的种源其树高可望生长增加 10%，但冻害也增加 7%。相似地，从海拔 1500m 往上调运 250m，树高可望生长增加 18%，但冻害也增加 13%。因此，造林工作者必须要在增加生长量与冻害风险两者之间进行权衡。如果要将苗期试验结果推论到长期的情形，需要借助于以前的试验数据，以便进行合理评价。

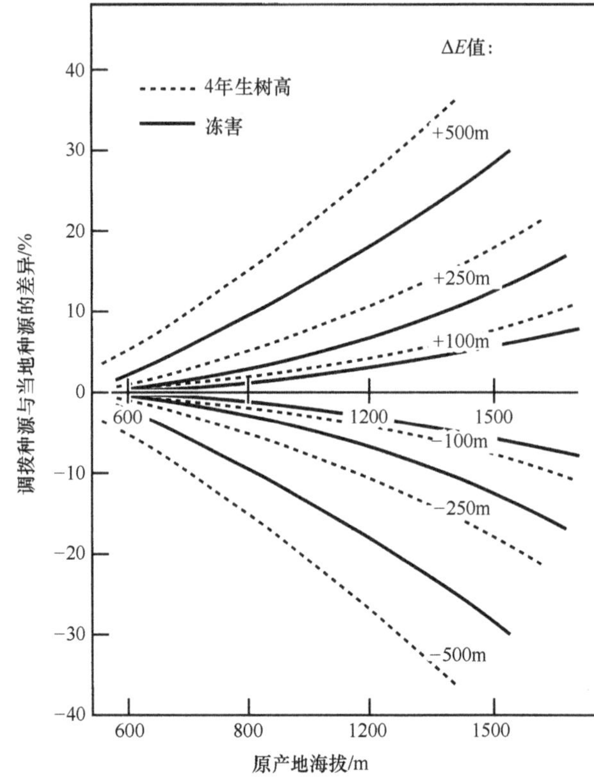

图 8.11 利用回归分析模型估算的扭叶松(*Pinus contorta*)当地种源与来自于不同海拔差(Δ*E*)的调拨种源之间在 4 年生生长量及冻害等性状上的期望差异。例如，标记为 Δ*E* = +500m 的两条曲线显示了当地种源与调运 500m 的种源之间在树高及冻害性状上的差异。(Copyright 1983, NRC Research Press, Canada. 复制并得到许可自 Rehfeldt, 1983c)

在采用任何种子调拨准则之前，造林工作者必需清楚地了解这些准则是如何制订的。特别的：①制订种子区划的主要目标是什么(保持变异的地域模式、保障长期的适应性或者保障产量)；②采用的是哪一类数据；③采用数据的数量与质量如何。如果制订条例者的目标与用户的目标不一致，或者数据的质量不能令人满意，那么，造林工作者必须依靠经验判断，或者依据相同树种或近缘树种的附加信息。

在为树种分布范围内的种植区进行种源配置时，应重视以下几种合理的考虑：①为了确保每个种源具有广泛的代表性，在每个种源区内，应从不同地点的多个林分采集种子，且每个林分采集几棵树；②利用 GPS 对采种林分与采种母树进行精确定位；③有时必须遵守有关条例及论证程序；④当某个造林单元种植完成后，种子产地的身份信息(包括种源、采种年份、种批号等)应该制作永久的标志。尽管这些步骤看起来为普通的常识，但是，在整个环节中一个小的疏忽就会酿成非常严重的后果，如造成种源身份不明、已大面积应用造林的种子来源不清等，这方面的教训实在是太多了。

本章提要和结论

目前，关于树种自然分布范围内地理遗传变异模式的信息非常多。种源间遗传分化信息不能通过调查天然林的表型而获得，因为表型混合了遗传与环境效应，而应采取以下 3 种方法：遗传标记研究，短期苗期试验及长期种源试验。3 种方法各有优缺点，且信息互补。特别是可综合应用 3 种方法对引起地理变异的各种进化动力之间复杂的相互作用进行逐一分解。

虽然少数几个树种表现出较小的种源间遗传分化，对于大多数树种，其种源间遗传分化非常明显。在种源间遗传变异中，大部分为自然适应性变异，即在树种自然分布范围内的不同地区，通过分化自然选择，各种源适应了当地的土壤气候环境。最常见的适应性变异模式为渐变群，表现为随环境梯度(如降雨量、海拔与纬度等)改变，其性状随之呈连续性的改变。当环境差异大且为不连续时，会形成适应性变异的生态型模式。

大多数广布型的树种表现出复杂的地理变异模式，在同一树种的广大地区或者细小的区域内，会形成渐变群、生态型或其他类型的地理变异模式(专栏 8.4，专栏 8.5，专栏 8.6)。这些变异模式反映了树种对现在和过去环境条件的适应，如土壤气候条件、导致遗传漂变的生物地质异常事件，以及减缓基因迁移的非连续分布等。

假如树种之间的遗传变异模式非常复杂且是可变的，那么，开展合适的遗传研究是必要的。从短期苗期试验及遗传标记研究得到的结果可用于了解进化动力、制订基因资源保护策略，以及制订初步的种子调拨准则。然而，权威性的种子调拨准则应该基于种植区内长期种源试验林的数据。当缺乏长期试验数据时，也可借助于以往的试验结果。从以往的试验结果中得出：①种植当地种源是最安全的选择，但当地种源的生长量或产量可能不是最大；②将种子从较温和的种子产地调拨至稍严酷的种植区造林，可能比当地种源生长快，且发生不适应的风险较低。

如果制订种子区划的目标为尽可能提高产量，且已有长期的种源试验数据，那么，根据试验结果，可选择以下 3 种种子调拨方式：①如果在种植区，种源间不存在明显的差异，造林工作者可为任意造林地点配置任意种源(图 8.9c)；②如果种源间差异显著，但不存在种源与地点的相互作用，可将最好的种源配置给所有的造林点(图 8.9d)；③如果存在强的种源与地点的相互作用，需根据特定的地点配置最佳的种源(图 8.9e)。

第 9 章　进化遗传学——趋异、物种形成和杂交

大约 36 亿年前，随着最早的活细胞的出现，地球上开始有了生命，但直到泥盆纪或者石炭纪，才进化产生了裸子植物，地球上出现了最早的林木(3 亿～4 亿年)。在此期间，进化产生了未知数量的树种。虽然其中很大一部分已经灭绝，但仍有数千种存活于世。1859 年，达尔文出版了《物种起源》(Darwin，1859)一书，奠定了进化论的基础。达尔文的进化论也和孟德尔的遗传定律(*第 2 章*)一起构成了遗传学的基础。在*第 5 章*，介绍了主要的进化力量(突变、选择、迁移和遗传漂变)，这些力量导致新物种的形成，并决定着单个物种的遗传组成。本章的目的在于理解：①物种形成和杂交的过程；②物种间的分类关系和系统发育关系；③基因组进化的分子机制；④物种间的互利共生如何影响其进化(即协同进化)。关于植物进化部分的出色参考文献包括 Stebbins(1950)、Grant(1971)、Briggs 和 Walters(1997)，以及 Niklas(1997)。

趋异、物种形成和杂交

林木分布在地球上除南极洲外的每一个大陆。**植物地理学**(plant geography)是一门描述和理解植物分类群的历史分布和当今分布，以及其起源地点和迁移历史的学科。多种分类系统用于描述植物分布的地理模式，包括描述森林类型的那些分类系统。气候(主要是水分)和土壤条件通常决定森林分类的主要类型。此外，林貌特征(密林或疏林)和结构特征(常绿林对落叶林，或针叶林对阔叶林)也用于分类系统。

一个常用的森林一般分类方法包括了 4 个主要林带(Kummerly，1973)：①热带低地森林；②热带季雨林、热带稀树草原和干燥林；③亚热带和温带林；④亚寒带针叶林(图 9.1)。根据这一粗略的分类方法，提出了更多更细分的分类方法。例如，一个分类方法将北美洲的森林分为 8 种主要类型(Duffield，1990)(图 9.2)。这一分类法包含了森林的结构特征，如针叶和阔叶。

在任意分类单元中，**物种多样性**(species diversity)(Gurevitch *et al.*，2002)都对森林类型进行了进一步的描述。物种多样性可以通过不同物种的数量[**物种丰富度**(species richness)]或者不同物种的比例[**物种均匀度**(species evenness)]来衡量。一般而言，位于赤道和热带地区的林型内的物种多样性最高，并向两极递减。被子植物树种要比裸子植物树种多得多(表 9.1)。例如，仅在桉属(*Eucalyptus*)内就有 700 多种，而总共却只有大约 600 种针叶树(Judd *et al.*，1999)。本节讨论决定物种多样性的两个重要话题：①趋异和物种形成；②杂交和渐渗。先从定义物种开始。

物种概念

物种的定义是理解进化的基础。物种的经典定义是**生物学物种概念**(biological species

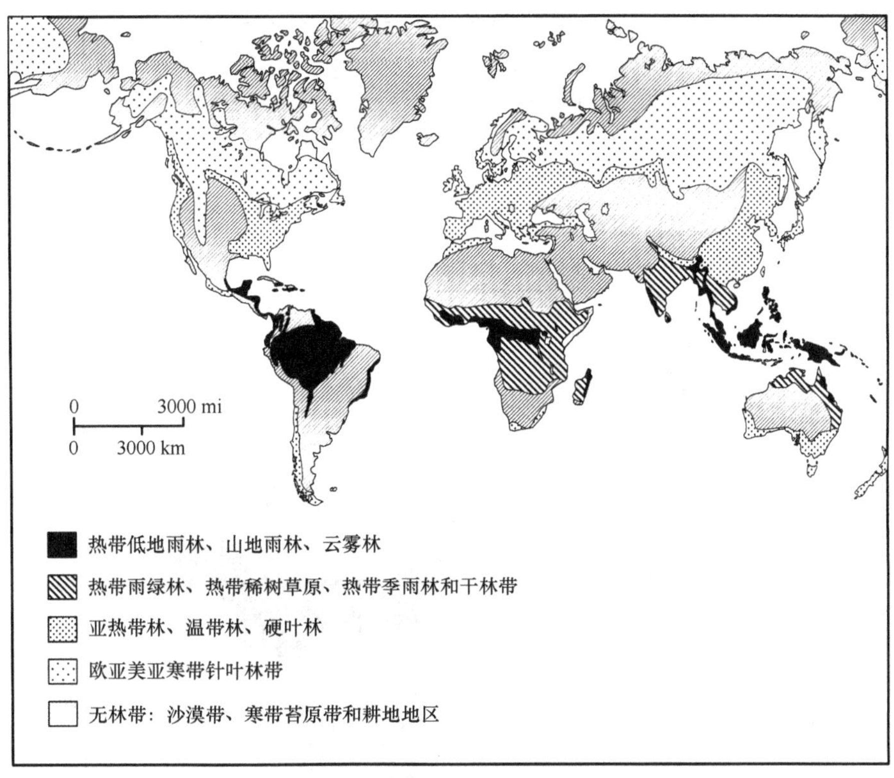

图 9.1 世界上森林带的地理分布(Kummerly,1973)。

表 9.1 林木有代表性的科中属和种的数目

科	属的数目	种的数目	科	属的数目	种的数目
裸子植物			**被子植物**		
南洋杉科(Araucariaceae)	2	32	桦木科(Betulaceae)	6	157
柏科(Cupressaceae)	29	110 ~ 130	木麻黄科(Casuarinceae)	1	70
松科(Pinaceae)	10	220	山毛榉科(Pagaceae)	9	900
罗汉松科(Podocarpaceae)	17	170	胡桃科(Juglanaceae)	8	59
红豆杉科(Taxaceae)	5	20	桃金娘科(Myrtaceae)	144	3100
杉科(Taxodiaceae)	9	13	蔷薇科(Posaceae)	85	3000
			杨柳科(Salicaceae)	3	386
			榆科(Ulmaceae)	6	40

concept,**BSC**)。根据BSC,物种被定义为可相互交配并产生有生活力和可育后代但不能与另一个物种的成员交配的个体的集合(Niklas,1997)。该定义看起来更像是来自对动物的研究,而非植物。因为植物不像动物可以自由移动,同一物种的个体彼此之间无法自由相互交配。在植物中还存在着这样的情况:两组植物相互隔离,并存在巨大的形态学差异,但当两者之间建立联系之后,它们却可以自由交配。对于严格的BSC,植物中存在相当多的例外,因此,进化植物生物学家提出了其他适用于植物物种的定义。

Niklas(1997,70 ~ p74)提出了一些其他物种的定义,包括:①配偶识别概念;②形态

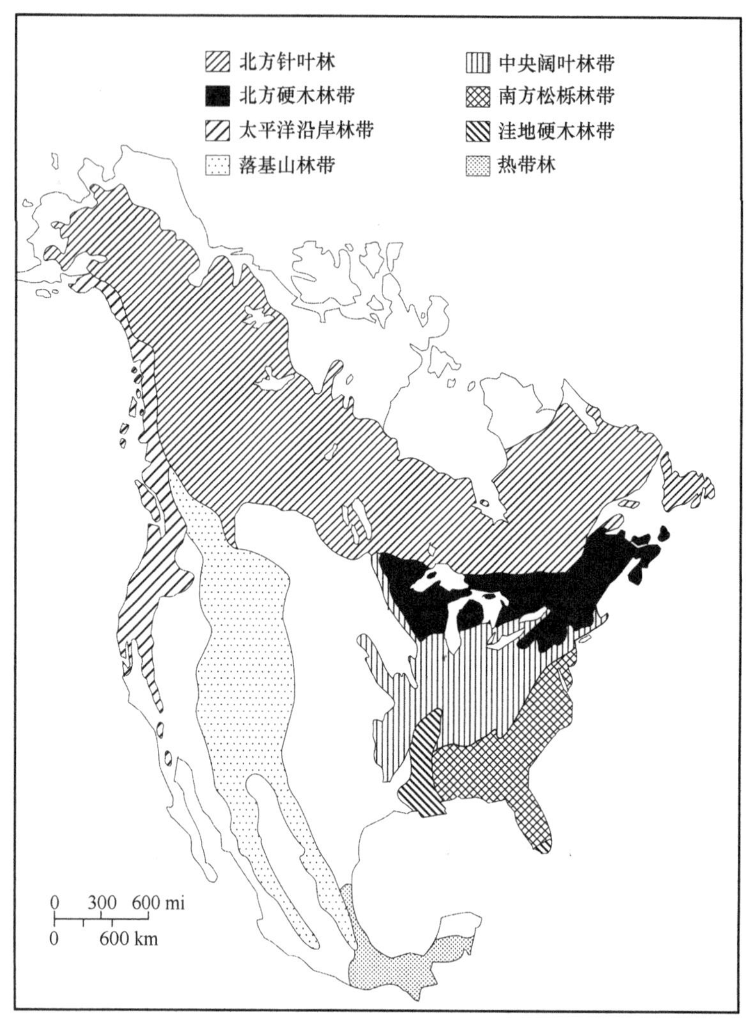

图 9.2 北美洲林区的地理分布。(经 John Wiley and Sons 股份有限公司许可,翻印自 Duffield,1999)

种概念;③进化种概念;④系统发育种概念。配偶识别概念主要通过物种的交配能力来定义物种;这样一来,根据该定义,那些能够产生杂种的类群,即使物理隔离阻止其交配,也将归属同一物种。形态种概念中最重视的是物种独特的、可遗传的表型特征,因此该定义包含了那些进行无性繁殖的物种。因为 BSC 将物种定义为"可相互交配的个体的集合",所以,进行无性繁殖的物种并不适合该定义。进化种概念根据一个单一进化谱系上的各种分歧方向来定义物种。系统发育种概念则强调固定性状状态(见*系统发生学*部分),这可能会高估物种的数量。此外还有"分裂"和"集合"的问题,分别指分类学家高估或低估真实物种数目的趋势。最主要的一点是:没有任何一个单独的物种的定义是恰当而令人满意的,尤其对植物而言,因此,物种的定义仍然是一门不精确的学科。

物种形成的机制

不管物种的定义如何不精确,但很显然,新物种产生(即**物种形成**)的两个主要特征是遗传(而且通常是形态学上的)分化和生殖隔离的获得。有两种一般形式的物种形成类型得到认可:异域物种形成和同域物种形成。在这两种物种形成类型中,导致群体间产生遗传分歧的进化力量是自然选择和遗传漂变,而基因流则会延缓分歧的产生(*第5章*)。

异域物种形成

异域物种形成(allopatric speciation),又称为**渐变式物种形成**,发生在长期的进化时期内,主要依靠自然选择的力量从现存物种中产生新物种。异域群体在物理上相互分离,且其分布范围不重叠。异域物种形成有 3 个主要阶段(图 9.3)。首先,亚群体在空间上与主群体分离。例如,大陆、海洋、山脉及河流的形成等正常地质事件都可以导致亚群体的分离。其次,通过遗传漂变和自然选择过程,亚群体与主群体发生遗传分化。由于亚群体和主群体之间存在着阻碍种子和花粉进行迁移的障碍,从而确保了基因流不会阻止遗传分歧的产生。最后,分化导致了生殖隔离,使得亚群体和主群体之间无法再进行交配,从而产生新的物种。异域物种形成可能是最重要的林木物种形成类型。在本章后面的"进化史和系统发育"一节继续讨论这一话题。

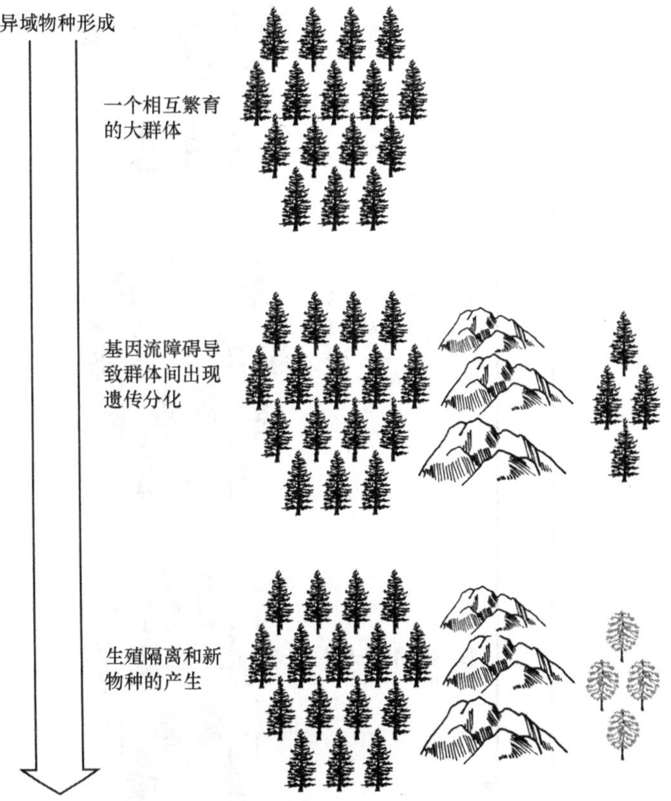

图 9.3　当一个可互交的大群体分成两个或更多空间上隔离的群组,并出现了阻止基因流产生的壁垒(如上升的山脉和海平面)时,异域物种形成便发生了。随后亚群逐步产生遗传分歧,最后形成生殖隔离,成为独立的物种。

同域物种形成

同域物种形成(sympatric speciation),又称为**爆发式物种形成**,发生在相对较短的进化时期内,常伴随着一些重要的遗传变化,会使得群体中的一些个体与主群体之间产生生殖隔离(图 9.4)。同域群体有重叠的分布范围。导致同域物种形成的重要遗传变化的类型有:单基因突变[**单基因物种形成**(monogenic speciation)]、整条染色体加倍或缺失[**非整倍体**(aneuploidy)]及整个基因组倍增[**多倍体**(aneuploidy)]。多倍体是高等植物爆发式物种形成的最普遍的原因,普遍存在于被子植物树种分类群中,但在裸子植物树种中非常罕见。在本章后面的"基因组进化的分子机制"一节将对多倍体进行详细讨论。另一个同域物种形成的可能机制[称为**边域物种形成**(peripatric speciation)],是指地理分布外围的小亚群体内发生遗传漂变,使其基因库发生重要的遗传修饰,随后与原物种主体之间迅速产生生殖隔离。在林木中,这种物种形成方式可能比在其他植物中更普遍,因为林木具有远距离传播种子的潜力,从而使物种分布区的边缘形成小的建立者群体。

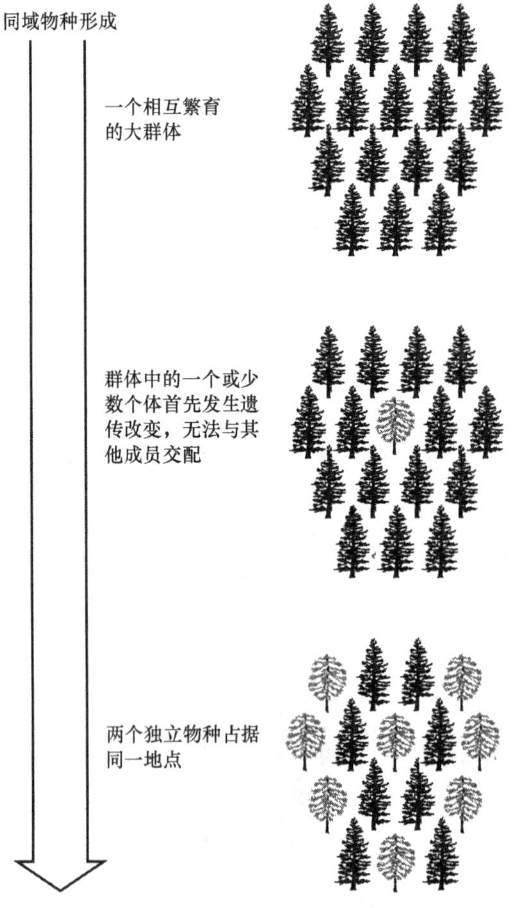

图 9.4 同域物种形成通常与一些主要遗传变化联系在一起,这些变化会使处于一个可互交的群体中的一个或一些个体与其他个体之间突然产生生殖隔离。这些个体与主群产生遗传分歧,最终形成一个新的物种。

杂交和渐渗

杂交(hybridization)可被定义为“分属于具有不同适应规范的群体的个体间的交配”(Stebbins,1959)。尽管杂交通常指不同物种的个体之间的成功交配,但该术语也可用于描述不同亚种之间、同一物种的不同生态型之间,甚至同一物种的不同群体之间的个体的交配。杂交几乎存在于所有植物群组及许多林木分类群中(Wright,1976)。鉴定杂种的传统方法是利用解剖学和形态学特征,如球果或叶片的形状。近来,分子标记也被用于杂交研究中。杂交一般被视为逆转物种之间进化分歧的机制;然而,杂交也可以导致新物种的产生[称为**网状进化**(reticulate evolution)](专栏9.1)。所谓网状进化,即指两个不同物种通过杂交产生一个杂种群体,该群体最终与两个亲本种产生生殖隔离,成为一个新的物种。本章只讨论自然杂交的作用,人工杂交在林木改良和人工林业中的作用将在*第12章*讨论。

专栏9.1　松属(*Pinus*)的杂交和渐渗

松属(*Pinus*)包括100多个种,其分布区常是同域的。分类学家将松属(*Pinus*)分为2个亚属、4个组和17个亚组(Price *et al.*,1998)。亚组内存在种间自然杂交(Critchfield,1975),这并不令人惊奇,因为系统分类部分基于杂交数据(Duffield,1952)。与其他植物类群的杂种不同的是,松树杂种常是可育的;因此,渐渗和杂交物种形成是松树进化史的一部分。

在美国东南部,在澳大利亚亚组内的几对松树中发现了自然杂种。重要的例子包括:火炬松×长叶松(*P. taeda*×*P. palustris*)(Namkoong,1966a)、火炬松×萌芽松(*P. taeda*×*P. echinata*)(Zobel,1953)。在西黄松(*P. ponderosa*)亚组内,在美国西部的西黄松(*P. ponderosa*)和黑材松(*P. jeffreyi*)之间(Conkle and Critchfield,1988),以及在墨西哥和中美洲的山松(*Pinus montezumae*)和灰叶山松(*Pinus hartwegii*)之间均存在自然杂交(Matos and Schaal,2000)。

松属(*Pinus*)内研究的最充分的杂种之一是加拿大西部的扭叶松(*P. contorta*)和班克松(*P. banksiana*)之间的杂种。这两个种在北美洲有广泛的分布区(图1)。扭叶松(*P. contorta*)分布从墨西哥Baja California到加拿大育空地区,遍布美国西部和加拿大西部的大部分区域;班克松(*P. banksiana*)分布则从加拿大新斯科舍省到育空地区和美国中北部。在加拿大艾伯塔省中部和育空地区南部,这两个树种有大面积的同域分布区。

已知扭叶松(*P. contorta*)和班克松(*P. banksiana*)在其同域区域形成扭叶松×班克松(*P. contorta*×*P. banksiana*)杂种,直接证据来自对形态和生化性状的研究(Moss,1949; Mirov,1956; Zavarin *et al.*,1969; Pollack and Dancik,1985)。然而,很难根据这些研究估计进入异域群体的渐渗程度或者推断进化史(Critchfield,1985)。根据16个形态(大多数是种子和球果)性状和35个等位酶位点数据,Wheeler和Guries(1987)认为,在同域区域,存在古老而广泛的渐渗。他们计算了Anderson杂种指数(1949)(图2)。

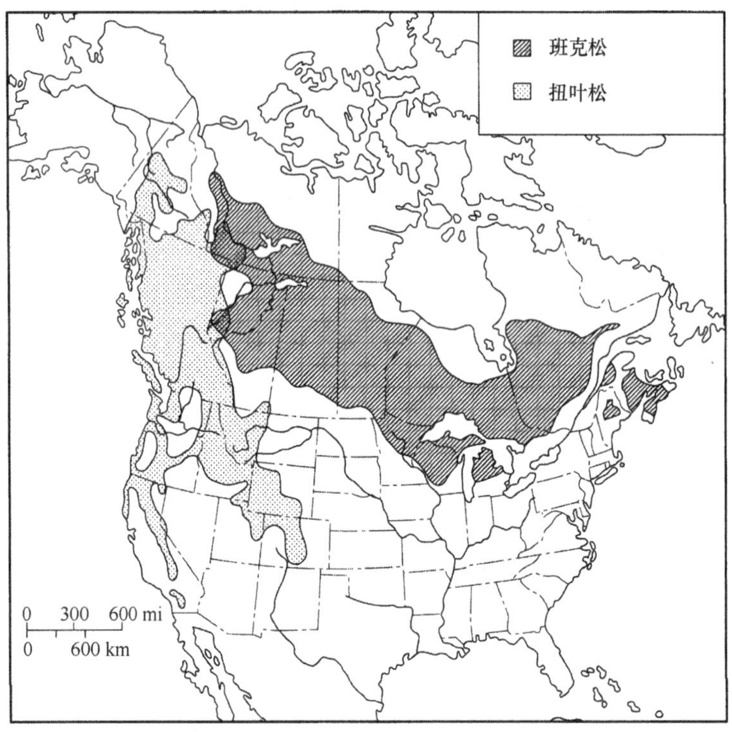

图 1 班克松(*Pinus banksiana*)和扭叶松(*Pinus contorta*)在北美洲的地理分布,显示其在加拿大西部的同域分布区。

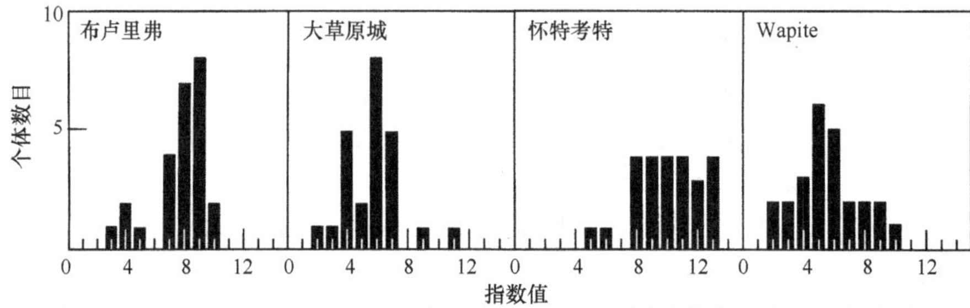

图 2 在班克松(*Pinus banksiana*)和扭叶松(*Pinus contorta*)同域分布区内 4 个推定存在的杂种群体内对树木抽样得到的杂种指数柱状图。指数值是 7 个诊断性状的总和。纯扭叶松(*P. contorta*)群体的指数值为 0 ~ 3,而纯班克松(*P. banksiana*)群体的指数值为 8 ~ 14。这些群体内高频率的中间指数值支持这样一种结论:即这些树种之间存在广泛的杂交和渐渗。(经加拿大国家研究理事会 NRC 研究出版社许可,翻印自 Wheeler and Guries,1987)

Wagner 等(1987)研究了扭叶松(*P. contorta*)和班克松(*P. banksiana*)异域和同域群体的 cpDNA 多态性,在异域群体内没有发现存在渐渗的证据,但在同域群体内发现了存在渐渗证据。这些数据表明,这两个树种最近才发生接触,渐渗还未超出同域区域。

在包括松树在内的许多植物类群中报道过杂种可以进化形成新物种(在其稳定并与亲本种隔离以后,即网状进化)的证据(Niklas,1997)。在中国松属(*Pinus*)的几个种里,油松(*Pinus tabuliformis*)分布在中国北部和中部,云南松(*Pinus yunnanensis*)分布在中国西南部。有人认为,第三个种,即高山松(*Pinus densata*),是第三纪时期油松(*P. tabulifermis*)和云南松(*P. yunnanensis*)之间形成的古老的杂种(Mirov,1967)。高山松(*P. densata*)占据了其他两个种没有占据的高海拔地区。Wang 等(1990),以及 Wang 和 Szmidt(1994)利用同工酶和 cpDNA 标记研究表明,高山松(*P. densata*)群体的基因频率和单倍型频率分别介于两亲本之间。这可能是松属(*Pinus*)中杂种物种形成的一个明确的例子。

种间 F_1 杂种是由两个不同物种杂交产生的。在许多情况下,这样的杂种是不育的,因此,除非它可以进行无性繁殖,否则将走入进化的死胡同。可育杂种则可能与其他杂种或亲本种进行交配。一个包含了亲本种及各种程度杂种的群体称为**杂种群**(hybrid sworm)。杂种与一个亲本种连续回交,可将一个亲本种的基因转移至另一个亲本种,这称为**渐渗杂交**(introgressive hybridization),或简称**渐渗**(introgression)。在专栏 9.1 和专栏 9.2 中分别列举了一些松属(*Pinus*)和被子植物林木树种中自然杂交和渐渗的例子。

专栏 9.2　被子植物树种的杂交和渐渗

被子植物树种的自然杂交非常普遍。栎属(*Quercus*)内的自然杂交如此普遍以至于生物学物种概念难以用于该属。栎属(*Quercus*)包括 450 多个乔灌木树种,有关其杂种的大量文献超出本书范围(Palmer,1948; Rushton,1993)。栎属(*Quercus*)的自然杂种常在两个亲本种的同域分布区以孤立木形式存在。因为每个种内存在大量形态性状(如叶片形状)变异,所以很难根据形态数据评价种间的渐渗程度及杂交在栎属(*Quercus*)进化中的重要性。

最近,利用叶绿体 DNA 标记进行的研究为上述问题提供了新的见解。Whittemore 和 Schaal(1991)利用母系遗传的 cpDNA 多态性研究了美国东部 5 种同域分布的白橡树间的渐渗。根据这些 cpDNA 数据构建的进化树表明,cpDNA 单倍型是按照地理区域而不是按照树种聚类(即同一地区不同树种间比不同地区同一树种间的代表性树木间更相似)(图 1)。

这些数据表明,即使单个树种的表型保持不同,cpDNA 基因组仍可在树种间自由交换。尽管存在大量基因流,对核基因组进行强度选择将有助于维持树种属性。Dumolin-Lepegue 等(1999)用法国同域分布的 4 种栎树做了一项类似研究。该研究中的广泛取样及所用的基因流定量测量都表明当前存在高水平的基因流和渐渗,这表明细胞器 DNA 变异模式不可能简单地源于古老的杂交事件和冰期后定居的物种相似模式。

杨属(*Populus*)包括 29 个种,其中许多种属同域分布(图 2)。该属派内和不同派间同域分布种间的自然杂交非常普遍(Eckenwalder,1984)(图3),例如,在黑杨派(Aigeiros)和青杨派(Tacamahaca)中存在派内及派间的种间自然杂种;然而,白杨派(Populus)内的种似乎与其他派内的种存在生殖隔离,即使其分布是同域的(Eckenwalder,1984)。一般来说,杂种发生在同域分布区的狭窄区域，但更广泛的杂种群和渐渗也发生在某些杂种复合体内。

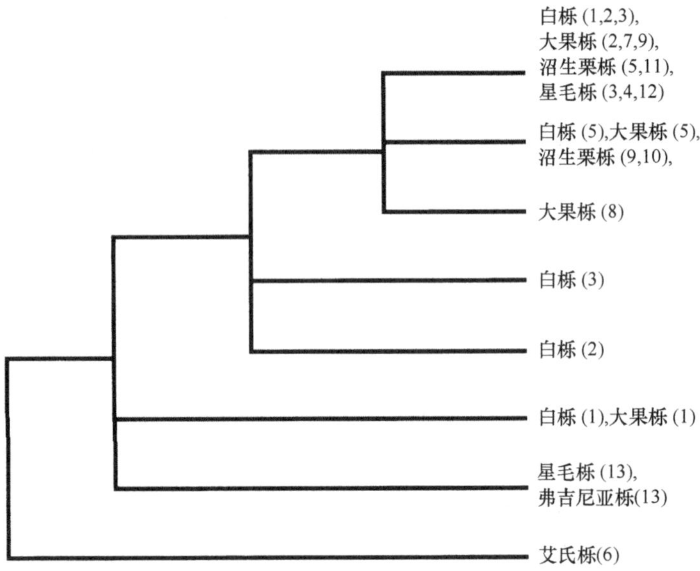

图1 5种栎树[（美洲）白栎（*Quercus alba*）、大果栎（*Quercus macrocarpa*）、沼生栗栎（*Quercus michauxii*）、星毛栎（*Quercus stellata*）和弗吉尼亚栎（*Quercus virginiana*）]8个不同cpDNA基因型的进化树。艾氏栎（*Quercus emoryi*）作为外类群。括号中的数字为采样地点的数量。[经许可翻印自Whittemore and Schaal，1991；版权归美国国家科学院所有（1991）]

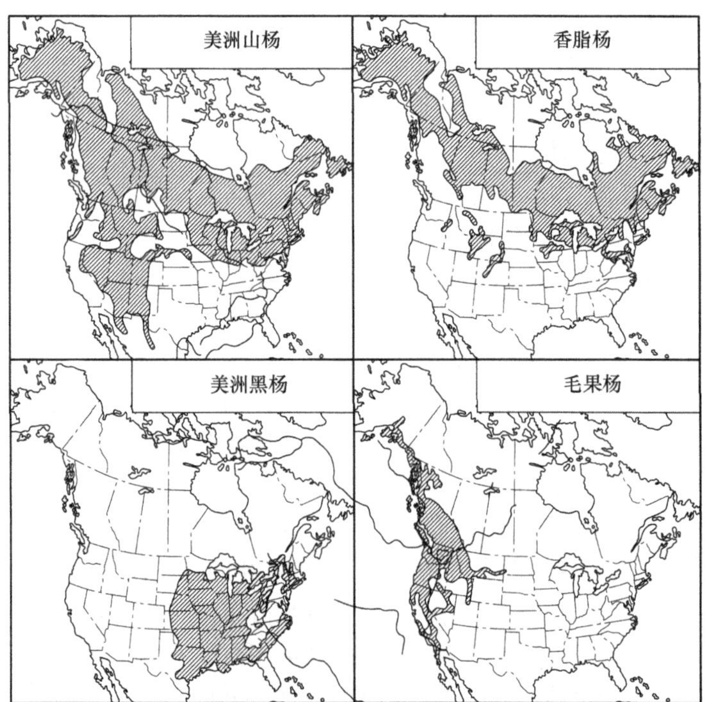

图2 4种杨树[美洲山杨（*Populus tremuloides*）、香脂杨（*Populus balsamifera*）、美洲黑杨（*Populus deltoides*）、毛果杨（*Populus trichocarpa*）]的自然分布区。

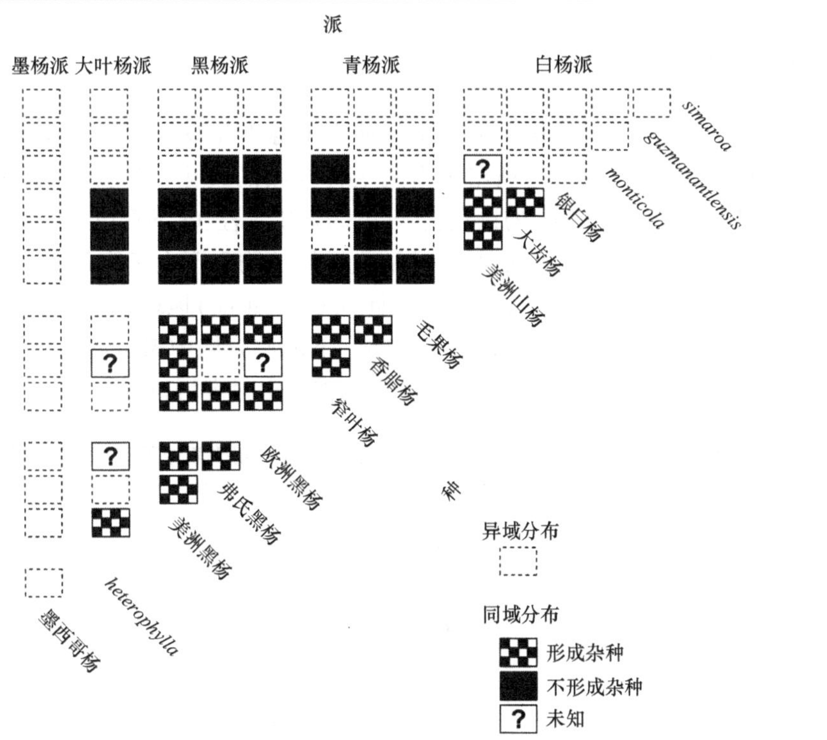

图3　杨属(*Populus*)内种间自然杂交观察。自然杂交只可能发生在不同种的同域分布区内。(基于 Eckenwalder,1984 的数据)

分子标记已被用于研究杨属(*Populus*)的杂交和渐渗模式。Keim 等(1989)利用核 DNA RFLP 标记研究表明,弗氏黑杨(*Populus fremontii*)和窄叶扬(*Populus angustifolia*)在犹他州(美国西部)同域分布的高海拔区域形成 F_1 杂种,但在杂种群内并无 F_1 间交配的证据,而且杂种只与窄叶杨回交。这种单向渐渗的意义在于,杂种群将不会自我维持,因为杂种只有与窄叶杨交配时才能繁殖。弗氏黑杨(*P. frementii*)适应于低海拔环境,而窄叶杨适应于高海拔环境。然而,如果渐渗种内的弗氏黑杨(*P. frementii*)基因使之能与在其自身环境下的弗氏黑杨(*P. frementii*)进行有效竞争,那么弗氏黑杨可能会被渐渗的窄叶杨逐渐取代。

桉属(*Evcalyptus*)包括 700 多个种,在大洋洲大陆,许多种的分布区是同域的(Pryor and Johnson,1981)。一项针对 528 个种的调查显示,这些种的 55% 都有潜在的杂交能力,尽管观察到的自然杂种的数目要少得多(Griffin *et al.*,1988)。然而,杂交似乎是桉属(*Evcalyptus*)中一个非常重要的进化因素。McKinnon 等(2001)广泛研究了澳大利亚塔斯马尼亚省双蒴盖亚属(*Symphomyrtus*)12 个种的种内和种间 cpDNA 单倍型多样性。正如在栎属(*Quercus*)中一样,地理位置近的个体的单倍型相似性比同一树种的个体高。另外,双蒴盖亚属(*Symphomyrtus*)的种包括可能存在网状进化的例子。

进化史和系统发育

大约 6.5 亿年前，一系列重大进化事件使得地球上出现了第一个多细胞光合生物(表 9.2)。Niklas(1997)按时间列出了下列 7 件连续的进化事件：①光合细胞的进化；②细胞器的进化；③多细胞结构的进化；④转变为陆生习性；⑤维管组织的进化；⑥种子的进化；⑦花的进化。化石证据表明，最早的陆生维管植物出现在奥陶纪(5.1 亿年前)，但直到泥盆纪晚期(4.09 亿年前)或石炭纪早期(3.63 亿年前)地球上才出现裸子植物和最早的树木。在接下来的两部分中，将简单回顾一下地质时期中树木的进化史。作者随意将早期进化史限定为古生代和中生代，而将近期进化史限定为新生代。

表 9.2　地质年代表。地球上最早的林木可能出现在泥盆纪晚期或石炭纪早期的某个时期

宙	代	纪	世	距今(百万年)
显生宙	新生代	第四纪	全新世	0.01
			更新世	2.5
		第三纪	上新世	7
			中新世	26
		老第三纪	渐新世	34
			始新世	54
			古新世	65
	中生代	白垩纪	—	136
		侏罗纪	—	190
		三叠纪	—	225
	古生代	二叠纪	—	290
		石炭纪	—	363
		泥盆纪	—	409
		志留纪	—	439
		奥陶纪	—	510
		寒武纪	—	570
前寒武纪	前寒武纪	—	—	4570

进化史

早期的陆生森林为裸子植物所统治，直到白垩纪晚期，在最早的裸子植物出现大约 1.5 亿年后，才进化产生最早的被子植物。在中生代(2.25 亿年前)期间，植物群由针叶树所统治，同时，这也是针叶树种多样性最大的时期。Miller(1997，1982)通过研究化石记录，证实了 Florin(1951)的假说，即现代针叶树各科是由古生代晚期的莱巴赫杉科(Lebachiaceae)经中生代的沃尔茨杉科(Voltzlaceae)进化而来的。莱巴赫杉科和沃尔茨杉科被认为是过渡期的针叶树。最早出现的现代针叶树科是出现在三叠纪的罗汉松科(Podocarpaceae),随后是南洋杉科(Araucariaceae)、柏科、杉科及红豆杉科(Taxaceae),它们均出现于三叠纪晚期或侏罗纪早期(图 9.5)。三尖杉科(Cephalotaxaceae)出现于侏罗纪中期。而松科直到白垩纪才出现,尽管可能进化得更早(图 9.5)。专栏 9.3 中描述了松科的进化史。

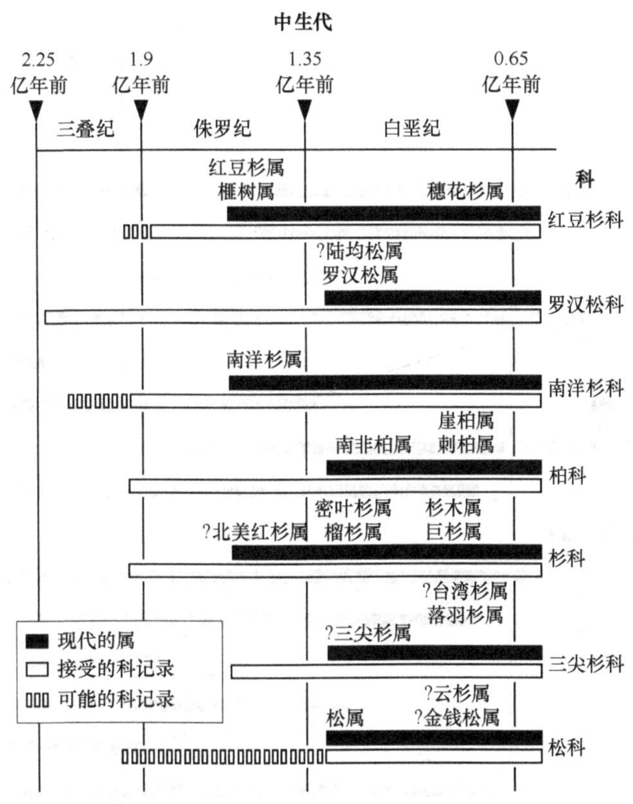

图 9.5　中生代时期最早出现的针叶树的几个科的出现顺序。问号(?)表示出现时间不确定。[经许可翻印自 Miller,1997;版权归美国纽约州 Bronx 的纽约植物园所有(1977)]

专栏 9.3　松科的进化史

松科最早在三叠纪和侏罗纪时期进化产生,在白垩纪时期发生辐射进化(Miller,1976)(图 9.5)。球果化石分析表明,松属(*Pinus*)可能是松科的祖先分类群,松科的其他属[现在包括冷杉属(*Abies*)、银杉属(*Cathaya*)、雪松属(*Cedrus*)、油杉属(*Keteleeria*)、落叶松属(*Larix*)、云杉属(*Picea*)、松属(*Pinus*)、黄杉属(*Pseudotsuga*)和铁杉属(*Tsuga*)]在第三纪时期由松属(*Pinus*)辐射进化而来(Miller,1976)。基于目前对板块构造学的理解,Millar(1993)提出,松科的起源中心在北美洲东部和欧洲西部,两者当时形成劳亚古大陆。

松属(*Pinus*)中已知最早的种是比利时松(*Pinus belgica*),是从中生代的化石沉积物中发现的。松属(*Pinus*)可能是从松科中已经灭绝的松型球果属(*Pitystrobus*)进化而来,松型球果属在新生代早期即已灭绝(图 1)。白垩纪是松属(*Pinus*)辐射进化的主要时期。单维管束亚属(*Strobus*)和双维管束亚属(*Pinus*)都是在第一次辐射进化中形成的,但尚不清楚首先形成的是哪个亚属。到白垩纪末期,大部分组和亚组都已形成。一般来说,白垩纪时期既温暖又干燥,有利于松树在北半球中纬度地区扩张。

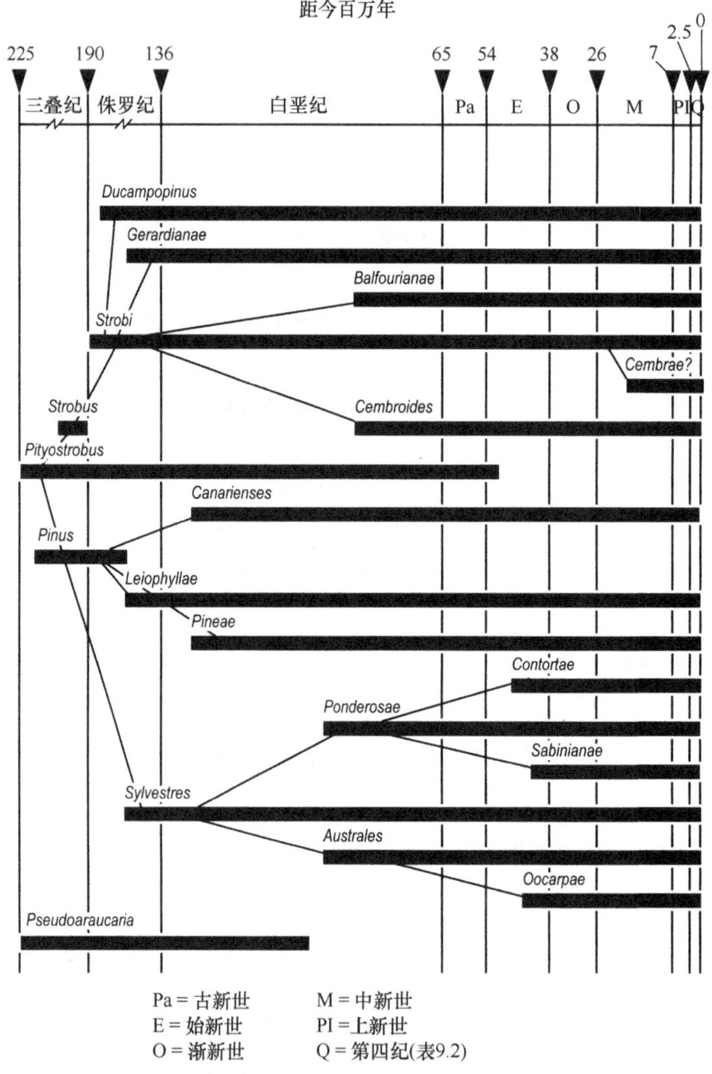

图 1 中生代和新生代时期松属(*Pinus*)各亚属的出现顺序。(经作者同意,翻印自 Millar and Kinloch,1991)

松属(*Pinus*)在新生代的进化史甚为明了(Axelrod, 1986; Critchfield, 1984; Millar, 1993, 1998; Millar and Kinloch, 1991)。在古新世和始新世早期,气候条件具有高度的热带特征,有利于被子植物种的形成和扩张,将松树和其他不适应于热带气候的针叶树挤到高纬度和低纬度,以及中纬度温暖干燥地区的避难所,这导致松树在全球尺度上严重的片段化。片段化的一个次生结果是次级多样性中心和次级辐射中心的形成, 如在墨西哥。

始新世末期以全球平均气温的显著下降为标志，导致热带被子植物种的广泛灭绝和来自各个避难所的松树在中纬度地区重新定居。在第三纪的其余时期，松树的分布遍及整个北半球，松属（*Piuns*）的辐射进化可能已经大致完成。

第四纪的松树进化史以树种分布和群体遗传结构的快速变化为特征。更新世是冰河扩张和收缩交替的时期，导致一些分类群的灭绝和许多其他分类群遗传多样性的严重损失（Critchfield，1984）。冰河引起的片段化和群体大小严重减小，为通过随机遗传漂变（*第 5 章*）使群体间出现遗传分化和群体内遗传多样性减小提供了机会。

大部分森林树种，主要是被子植物，在近 1.3 亿年（新生代）才完成进化。炎热潮湿的古新世和始新世十分有利于被子植物的进化；然而，有关新生代期间松属（*Piuns*）植物的进化要比被子植物树种的进化了解得多。

系统发育学

系统发育（phylogeny）是基于一组分类群的进化史对其进行分类。林木进化史研究与其系统发育关系密不可分。虽然对现代系统发育分析基本细节的描述超出了本书的范围，但近年有几部教科书对这一专题进行了全面分析（Judd *et al.*，1999）。下面定义了一些基本术语，并简要介绍了一些用于构建林木系统发育的方法。

在构建系统发育树之前，必须对所有分类单位的特征加以测量。这些特征被称为**性状**（character），性状的观测值称为**性状状态**（character state）。传统上，一直使用形态性状，如叶片形状（被子植物）和球果特征（裸子植物）。最近，生化和分子性状，如同工酶、免疫分析和 DNA 序列分析，应用更普遍。对所研究群体（内类群）的所有成员进行测量，同时还要测量不属于内类群但与之有亲缘关系的一个或两个分类群，这些分类群称为**外类群**（outgroup）。引入外类群很重要，因外类群可以使系统发育树是**有根的**（rooted）。进化树生根才有可能表明进化的方向。例如，在 Liston 等（1999）构建的松属（*Piuns*）系统发育树中，将姐妹分类群云杉属（*Picea*）和银杉属（*Cathaya*）选作外类群。

基于不同性状的系统发育树经常产生几组不同的关系。一个可能的原因是存在**同塑**（homoplasy），即在没有亲缘关系的生物中出现相似的性状状态。很容易想象，同一性状如何在没有亲缘关系的谱系中进化产生一次以上。由一个祖先及其所有后代组成的类群称为**单系类群**（monophyletic group），而由两个或多个有亲缘关系的类群组成的类群（由于同塑）称为**多系类群**（polyphyletic group）。**进化枝**（clade）是系统发育树的树枝，包括从一个共同祖先产生的分类群的一个单系类群。

已有很多分析方法用于建立系统进化树，并以此在不同可能性之间选择出最可能的关系。应用最广泛的方法是最大简约法，该方法旨在确定性状状态变化数目最少的系统发育树。该方法常使用形态数据。其他的统计方法，如最小距离法和最大似然法，普遍使用分子数据。分析软件程序如 PHYLIP（Felsenstein，1989）和 PAUP（Swofford，1993）可以进行上述几种方法的运算。

利用 PCR 技术和自动测序仪技术很容易获得大量 DNA 序列数据，这激起了人们对包括树木在内的各种生物有机体进行系统发育学分析的巨大兴趣。3 种基因组(叶绿体基因组、线粒体基因组和核基因组)的 DNA 序列都曾用于系统发育分析。选择哪一种基因组取决于期望的分类水平。叶绿体基因组进化较慢,最好用于较高水平的区分,如种和种以上水平。一般而言,核 DNA 序列进化较快,最适合于物种水平和较低水平的区分。专栏 9.4 ~ 专栏 9.7 中分别描述了松杉目、松科、松属(*Pinus*)(表 9.3)和杨属(*Populus*)的系统发育关系。

表 9.3　Price 等(1998)提出的松属(*Pinus*)内种(共 111 种)的分类。分类群按等级分为 2 个亚属[双维管束亚属(*Piuns*)和单维管束亚属(*Strobus*)]、组(每个亚种有 2 个组)、亚组(每个组有 2 ~ 6 个亚组)、群(每个亚组有 0 ~ 3 个群)和种(每个群或亚组内有 1 ~ 19 个种)。群或亚组内的种亲缘关系最近,随着分类水平的增加亲缘关系降低。

组	**双维管束亚属(*Piuns*)**			
亚组	***Pinus***		亚组	***Canarienses***
种	高山松(*densata*)	海岸松(*pinaster*)	种	加那利松(*canariensis*)
	赤松(*densiflora*)	脂松(*resinosa*)		西藏长叶松(*roxburghii*)
	波士尼亚松(*heldreichii*)	欧洲赤松(*sylvestris*)	亚组	***Halepensis***
	黄山松(*hwangshanensis*)	油松(*tabuliformis*)	种	土耳其松(*brutia*)
	卡西亚松(*kesiya*)	台湾松(*taiwanensis*)		地中海松(*halepensis*)
	琉球松(*luchuensis*)	黑松(*thunbergii*)	亚组	***Pineae***
	马尾松(*massoniana*)	热带松(*tropicalis*)	种	意大利石松(*pinea*)
	南亚松(*merkusii*)	大果山松(*uncinata*)		
	欧洲山松(*mugo*)	云南松(*yunnanensis*)		
	欧洲黑松(*nigra*)			

组	**新大陆双维管束松**		
亚组	***Contortae***	亚组	***Ponderosae***
种	班克松(*banksiana*)	种	*cooperi*
	美国沙松(*clausa*)		杜兰戈松(*durangensis*)
	扭叶松(*contorta*)		大针松(*engelmannii*)
	矮松(*virginlana*)		黑材松(*jeffreyi*)
亚组	***Australes***		西黄松(*ponderosa*)
种	加勒比松(*caribaea*)		华疏松(*washoensis*)
	古巴松(*cubensis*)		***Montezumae* 组**
	萌芽松(*echinata*)		*devoniana*
	湿地松(*elliottii*)		*donnell-smithii*
	光松(*glabra*)		灰叶山松(*hartwegii*)
	occidentalis		山松(*montezumae*)
	长叶松(*palustris*)		***Pseudostrobus* 组**
	pungens		道格拉斯松(*douglasiana*)
	刺针松(*rigida*)		马克西姆松(*maximinoi*)
	晚果松(*serotina*)		*nubicola*
	火炬松(*taeda*)		拟北美洲乔松(*pseudostrobus*)

续表

组	**新大陆双维管束松(续)**			
亚组	闭果松亚组(*Oocarpae*)		亚组	*Ponderosae*(续)
种	***Oocarpa* 组**		种	***Sabinianae* 组**
	硬枝展松(*greggii*)			大果松(*coulteri*)
	jaliscana			沙滨松(*sabiniana*)
	卵果松(*oocarpa*)			托雷松(*torreyana*)
	展叶松(*patula*)		亚组	***Attentuatae***
	praetermissa		种	瘤果松(*attenuate*)
	普林松(*pringlei*)			重阳木松(*muricata*)
	台库努曼松(*tecunumanii*)			辐射松(*radiata*)
	***Teocote* 组**		亚组	***Attentuatea***
	herrerae		种	光叶松(*leiophylla*)
	劳森松(*lawsonii*)			垂枝松(*lumholtzii*)
	卷叶松(*teocote*)			
亚属	**单维管束亚属(*Strobus*)**			
组	**白皮松组(*Parrya Mayr*)**			
亚组	**狐尾松亚组(*Balfourianae*)**		亚组	***Cembroides***
种	*aristata*		种	墨西哥果松(*cembroides*)
	狐尾松(*balfouriana*)			*culminicola*
	刺果松(*longaeva*)			*discolor*
亚组	***Krempfianae***			食松(*edulis*)
种	越南松(*krempfii*)			乔赫松(*johannis*)
亚组	***Rzedowskianae***			*juarezensis*
种	*rzedowskii*			*maximartinezii*
亚组	***Gerardianae***			单叶松(*monophylla*)
种	白皮松(*bungeana*)			连叶松(*nelsonii*)
	西藏白皮松(*gerardiana*)			比塞那松(*pinceana*)
	五针白皮松(*squamata*)			列莫塔松(*remota*)
组	***Strobus***			
亚组	***Strobi***		亚组	***Cembrae***
种	华山松(*armandii*)	糖松(*lambertiana*)	种	美国白皮松(*albicaulis*)
	墨西哥白松(*ayacahuite*)	加州山松(*monticola*)		欧洲五针松(*cembra*)
	不丹松(*bhutanica*)	台湾五叶松(*morrisonicola*)		红松(*koraiensis*)
	恰帕松(*chiapensis*)	日本五针松(*parviflora*)		偃松(*pumila*)
	大别山五针松(*dabeshanensis*)	马其顿松(*peuce*)		西伯利亚红松(*sibirica*)
	dalatensis	北美乔松(*strobus*)		
	海南五针松(*fenzeliana*)	乔松(*wallichiana*)		
	柔枝松(*flexilis*)	毛枝五针松(*wangii*)		

专栏 9.4　松杉目(Conifeiales)的系统发育关系

松杉目(针叶树)包含 8 科,63 属,500 ~ 600 种。Hart(1987)为确定松杉目各科之间的系统发育关系进行了最为广泛的研究(图 1)。

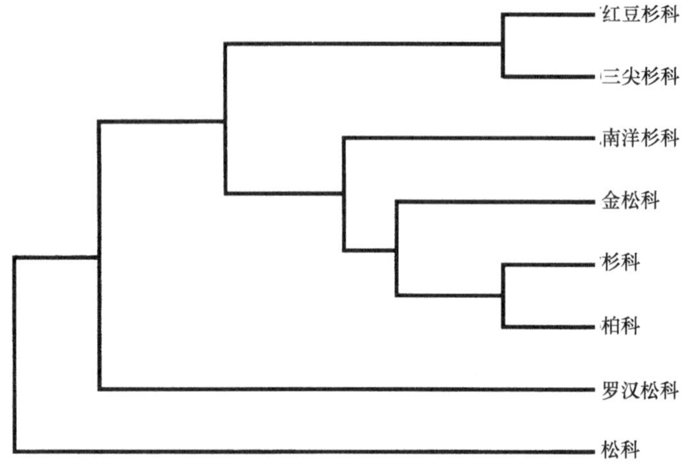

图 1　松杉目 8 个科的系统发育关系。(经哈佛大学 Arnold 树木园许可,翻印自 Hart,1987)

他使用了松杉目已知的全部 63 个属的从标本馆标本及活标本上测量的 123 种性状,还包括了几个证实松杉目单系起源的外类群。Hart 将红豆杉科作为这个单系类群的一部分,而有些分类学家则将其排除在外。他还将金松科与红豆杉科和柏科区分,单独作为一科。红豆杉科和柏科亲缘关系很近,共同组成一个单系类群。Eckenwalder(1976)建议将红豆杉科和柏科合并。Tsumara 等(1995)还基于 cpDNA RFLP 数据建立了松杉目部分科的系统发育关系。他们的数据也支持将金松科、红豆杉科和柏科组成的单系类群归为松科,但他们的研究未包括南洋杉科和罗汉松科。

专栏 9.5　松科的系统发育关系

松科包括 10 个属:冷杉属(*Abies*)、银杉属(*Cathaya*)、雪松属(*Cedrus*)、油杉属(*Keteleeria*)、落叶松属(*Larix*)、云杉属(*Picea*)、松属(*Pinus*)、金钱松属(*Pseudolarix*)、黄杉属(*Pseudotsuga*)和铁杉属(*Tsuga*)。Hart(1987)主要依据形态性状构建了松科的系统发育树(图 1a)。

将该系统发育树与 Price 等(1987)基于免疫学性状构建的系统发育树(图 1b)比较可以发现,Price 等的系统发育树中的铁杉属(*Tsuga*)、云杉属(*Picea*)和松属(*Pinus*),每个属均包括两个种。除雪松属(*Cedrus*)的位置,以及包括落叶松属(*Larix*)和黄杉属(*Pseudotsuga*)的进化枝的位置不同外,其他都基本一致。Liston 等(2003)基于 cpDNA 的 *rbcL* 基因序列,以及 nDNA 和 rDNA 序列构建了系统发育树(图 1c),发现除雪松属(*Cedrus*)位于底部的位置外,其他系统发育关系基本相似。这些例子突出显示了以单一种类的性状构建的系统发育树之间的对比结果,同时体现了使用多种性状类型对系统发育关系进行综合分析的必要性。

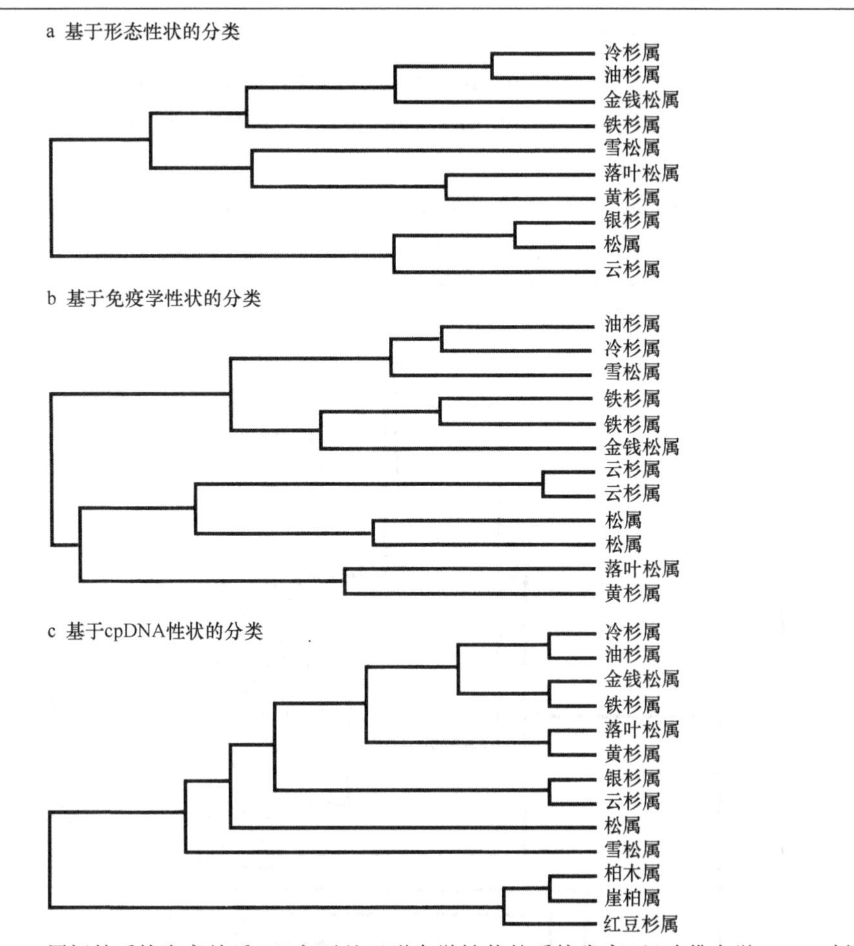

图1　松科9~10属间的系统发育关系：a. 主要基于形态学性状的系统发育（经哈佛大学 Arnold 树木园许可，翻印自 Hart，1987）；b. 基于免疫学性状的系统发育（经美国社会植物分类学家许可，翻印自 Price *et al.*，1987）；c. 基于 DNA 序列的系统发育［注意，在该进化树中，柏木属（*Cupressus*）、崖柏属（*Thuja*）和红豆杉属（*Taxus*）组成一个外类群］。（经国际园艺学会许可，翻印自 Liston *et al.*，2003）

专栏9.6　松科的系统发育关系

松属（*Pinus*）的传统分类是依据形态性状，主要是叶和生殖（种子和球果）性状。松属（*Pinus*）最早的两个现代分类系统是由 Shaw（1914）和 Pulger（1926）提出的。这两种分类系统都认同2个亚属，即单维管束亚属（*Strobus*）和双维管束亚属（*Pinus*）。利用可交配性、细胞遗传和生化性状，人们对这一分类系统进行了大量改进（见综述，Price *et al.*，1998）。Duffield（1952）基于可交配性数据对这些分类系统进行了评价，认为 Shaw 的分类系统与杂交结果更吻合。Little 和 Crichfield（1969）的分类系统将松属（*Pinus*）分为2个亚属，4个组和14个亚组。Price 等（1998）最近提出的分类系统保留了2个亚属和4个组。然而，目前松属（*Pinus*）包括17个亚组，而且双维管束亚属中的很多种被重新分到不同的组和亚组中。

直到可以使用基于 DNA 的方法，在松属(*Pinus*)系统发育分析中才能够包括大量的种。最早的这类研究是由 Strauss 和 Doerksen(1990)，以及 Govindaraju 等(1992)进行的。他们分别使用 19 个种和 30 个种的 cpDNA、mtDNA 或 nDNA RFLP 建立了松属(*Pinus*)内系统发育关系。这两项研究结果都证实了基于形态或解剖性状的传统分类。有关松属(*Pinus*)的最新的系统发育分析是由 Liston 等(1999)进行的。该研究包括了 47 个种，并且是基于从 rDNA 内转录间隔区得到的 DNA 序列数据进行的(图 1)。

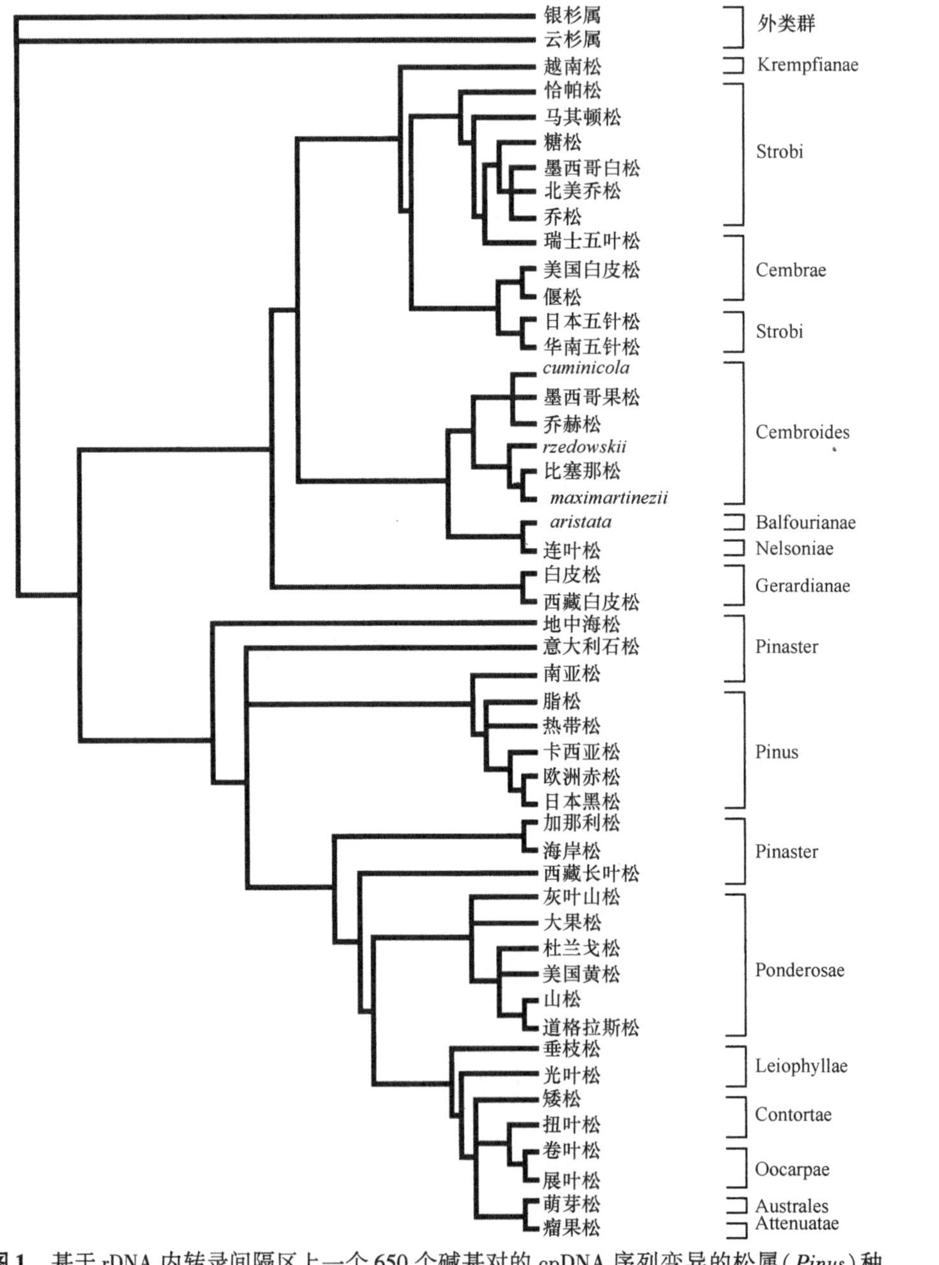

图 1 基于 rDNA 内转录间隔区上一个 650 个碱基对的 cpDNA 序列变异的松属(*Pinus*)种间系统发育关系。右侧一列为亚组名称。(经 Elsevier 许可，翻印自 Listen *et al.*，1999)

分子系统发育只与松属(*Pinus*)内部分(如单维管束亚属)传统分类一致,而与其他部分不一致。这再次强调了建立系统发育关系时需要以各种类型的性状数据为基础,包括化石记录数据。

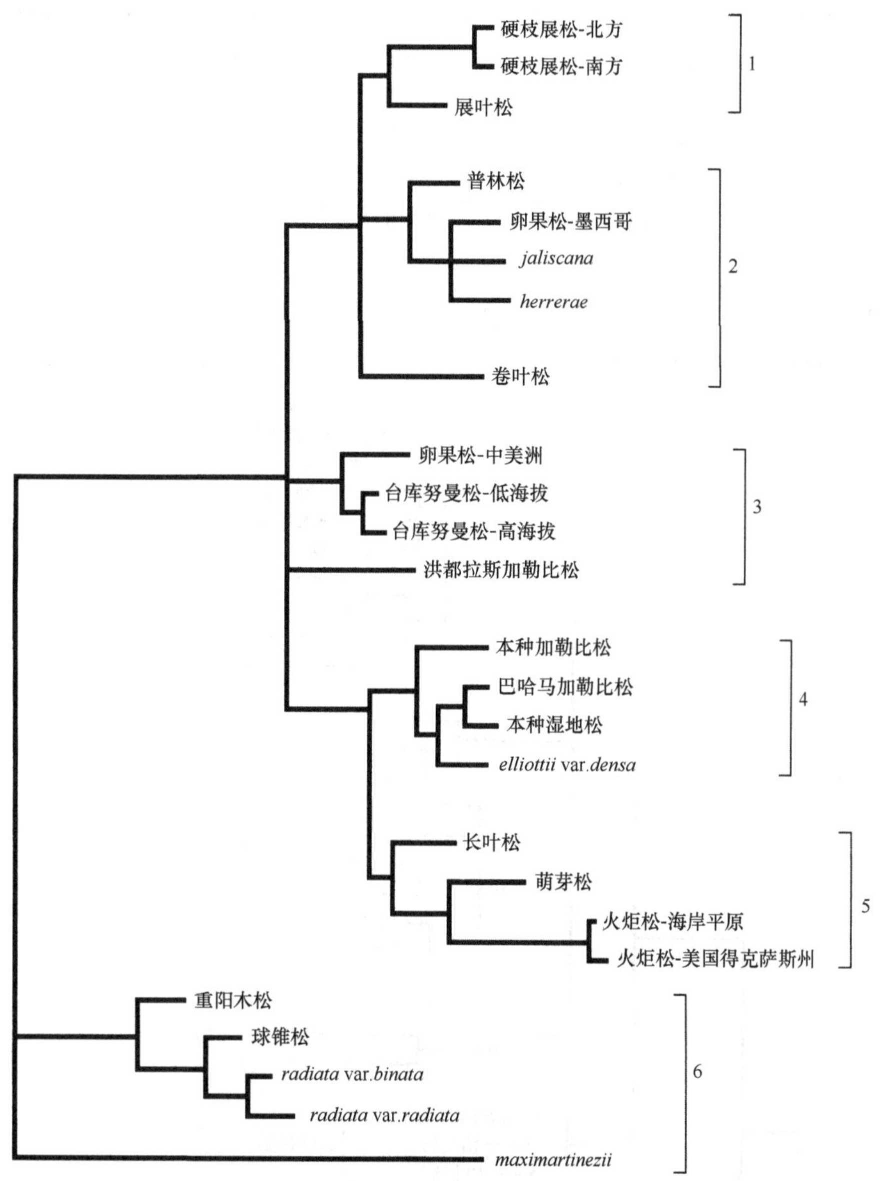

图 2　基于 RAPD 标记数据的几种墨西哥松树间的系统发育关系。数字 1 ~ 6 表示 6 个主要的进化枝。(经 Springer Science and Business Media 许可,翻印自 Dvorak *et al.* ,1999)

大量研究试图阐明松属(*Pinus*)各亚组内的分类和系统发育关系(Krupdin *et al.* ,1996,Wu *et al.* ,1999)。一个有趣的例子是北美洲和中美洲加州闭果松亚组(*Oocarpae*)和 *Australes* 亚组内的种(Dvorak *et al.* ,2000)。这些种具有重要的经济价值,但其种间进化关系存在很多争论(Little and Critchfield,1969; Farjonand and Styles,

1997；Price *et al.*，1998）。早期的分类将美国加利福尼亚州和中美洲的种归为同一类。Dvorak 等（2000）使用 RAPD 标记重新分析了加州闭果松亚组和 *Australes* 亚组内的种间关系（图 2）。他们发现 *Australes* 亚组内的种（进化枝 4 和 5）与中美洲加州闭果松亚组内的种（进化枝 1 和 3）的亲缘关系比与加州闭果松亚组内的加利福尼亚种（进化枝 6）的亲缘关系更近。他们还推测，中美洲加州闭果松亚组和美国东南部的 *Australes* 亚组来自一个共同祖先，可能是卵果松（*Pinus oocarpa*）。他们还提出，加州闭果松亚组的祖先从北墨西哥的某一点向两个方向迁移，一是进一步向南进入墨西哥和中美洲［此即中美洲卵果松（*P. oocarpa*）进化的地方］，二是向东进入美国东南部（此即中美洲加州闭果松亚组进化的地方），这些迁移路径在美国佛罗里达州或加勒比海地区汇合。

专栏 9.7　杨属（*Populus*）的系统发育关系

Eckenwalder（1996）识别出了杨属（*Populus*）中分属于 6 个派的 29 个不同的种，并

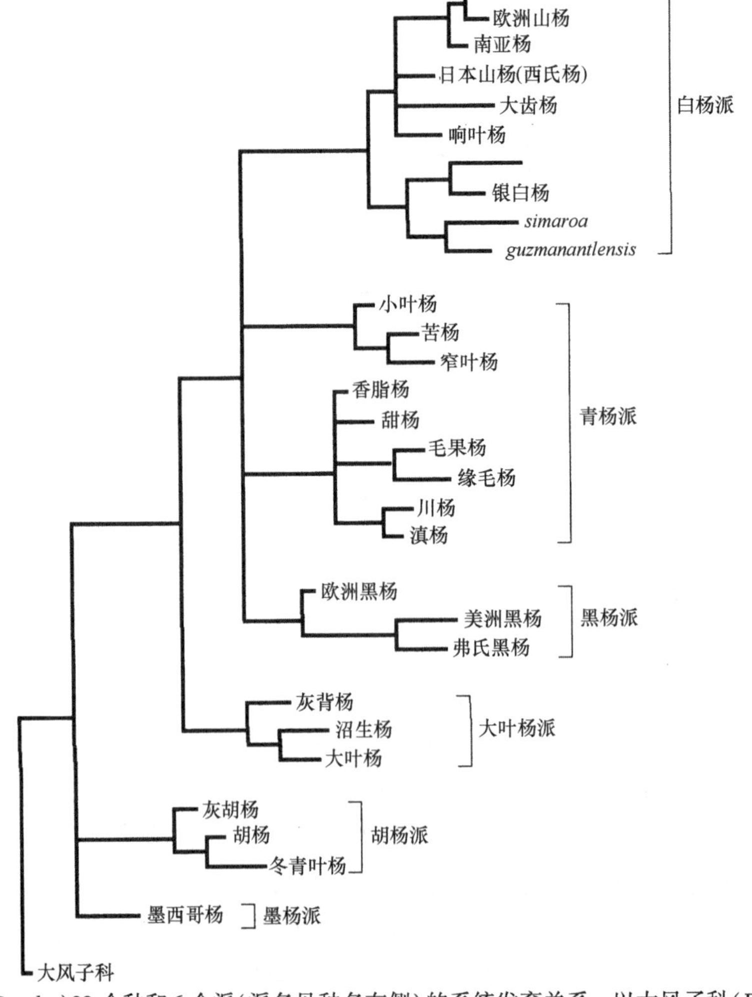

图 1　杨属（*Populus*）29 个种和 6 个派（派名见种名右侧）的系统发育关系。以大风子科（Flacourtiaceae）为该分析的外类群。（经加拿大国家研究理事会 NRC 研究出版社许可，翻印自 Eckenwalder，1996）

基于在全部29个种上测定的形态性状进行了系统发育分析(图1)。结果发现,除青杨派外的其他5派均形成单源类群。

派的进化地位[墨杨派(*Albaso*)位于基部],反映了化石记录中种的出现顺序,也为派水平上的系统发生提供了支持;而在派内种间关系上,化石资料所提供的支持就没那么明显。

基因组进化的分子机制

本节简要讨论一些进化力量对其产生作用的遗传变异的发生机制。在单个核苷酸、基因、染色体,甚至基因组水平上,都可以产生新的变异。关于分子进化的深入讨论可参见 Li(1997),以及 Nei 和 Kumar(2000)的教科书。

突变和核苷酸多样性

在*第5章*中介绍了作为进化力量之一的突变的概念。在 DNA 序列水平上,可能有3种基本的突变类型:**替换**、**插入**和**缺失**(图9.6)。替换可以是**转换**(transition,嘌呤代替嘌呤或者嘧啶代替嘧啶的突变),也可以是**颠换**(tranversion,嘌呤代替嘧啶或者嘧啶代替嘌呤的突变)。不改变多肽链中氨基酸的替换,称为沉默替换或**同义替换**(synonymous substitution),而改变了氨基酸组成的替换称为非同义替换或**异类置换**(nonsynonymous substitution)。例如,由于遗传密码的冗余(见图2.10),4个不同的三联体密码编码丙氨酸;因此,在三联体密码第三位上可以是4种碱基中的任何一种而不会将密码子改变为另一种氨基酸的密码子。

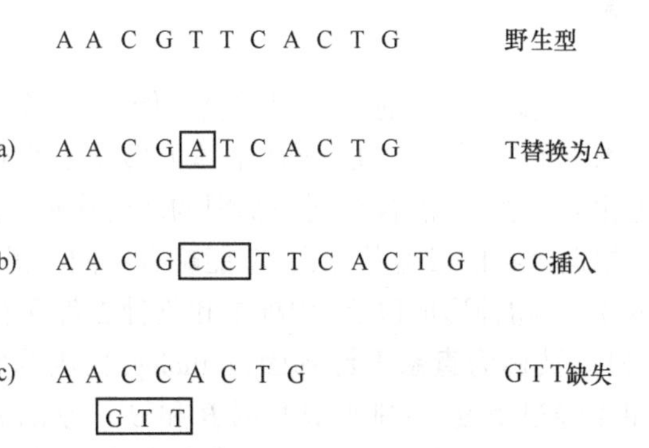

图9.6　DNA 序列突变的3种基本类型:a)替换、b)插入、c)缺失。

尽管一般认为单个基因座上每代的突变率(μ)为10^{-6}~10^{-5},但林木中实际推算出的μ的估计值很小。Dvornyk 等(2002)估计,欧洲赤松(*P. sylvestris*)一个苯丙氨酸解氨酶基因每年的突变率为0.15×10^{-9},而一个乙醇脱氢酶基因每年的突变率为0.05×10^{-9}。这些估计值远低于其他植物种中已报道的突变率估计值,而且与根据叶绿素缺乏每代累积突变得到的估计值不一致(*第7章*)。

核苷酸多样性(nucleotide diversity,Φ)是从群体中抽取的一个个体样本的 DNA 序列多态性大小的度量,是突变率的函数。

$$\Phi = 4N_e\mu \qquad \text{公式 9.1}$$

式中 N_e 是有效群体大小。可用下式计算 Φ 的估计值

$$\Phi = P_s/\alpha 1 \qquad \text{公式 9.2}$$

式中,$P_s = S/n$(S=核苷酸分离位点的数量,n=核苷酸总数);$\alpha 1 = 1 + 2^{-1} + 3^{-1} \cdots\cdots + (m+1)^{-1}$($m$=序列的数量)(Nei and Kumar,2000)。该核苷酸多样性估计值与样本大小无关。

在*第 7 章*中,介绍了估计基因多样性的统计分析方法(P、A 和 H_e)。通常使用遗传标记数据(*第 4 章*)计算这些度量值。对大多数森林树种,特别是针叶树,其度量值一般都高于其他植物种。然而,已报道的松树的核苷酸多样性估计值比玉米的低(Neale and Savolainen,2004)(表 9.4)。

表 9.4 3 种针叶树的核苷酸多样性(Φ)估计值。$\Phi_{平均}$是根据基因编码区和非编码区得到的估计值。$\Phi_{非同义}$和 $\Phi_{沉默}$分别是氨基酸水平上表达和不表达的核苷酸多样性估计值(即核苷酸替换导致 $\Phi_{非同义}$和不导致 $\Phi_{沉默}$氨基酸的改变)。(经 Elsevier 许可,翻印自 Neale and Savolainen,2004)

树种	基因数目(类型)	Φ(平均)	Φ(非同义)	Φ(沉默)
火炬松(*Pinus taead*)	19	0.004 07	0.001 08	0.006 58
火炬松(*Pinus taead*)	28	0.004 89	0.001 83	0.005 88
火炬松(*Pinus taead*)	16	0.004 60	0.001 87	0.007 00
欧洲赤松(*Pinus sylvestris*)	1	—[a]	0.000 30	0.004 90
欧洲赤松(*Pinus sylvestris*)	2	—[a]	0.000 50	0.003 00
花旗松(*Pseudotsuga menziesii*)	12	0.008 53	0.004 63	0.012 56

[a] 未报道。

基因重复和基因家族

基因组进化的另一个重要途径是通过基因重复。例如,一个原始种可能仅含有一个基因的一份拷贝,该基因编码一种蛋白质,而在个体的整个发育过程中都使用这种蛋白质。然而,一种高度进化的生物,可能含有同一基因的多份拷贝,这些拷贝由重复产生,在进化过程中发生突变,根据生物的发育状态,其功能略有不同。另一个祖先种可能只有基因 A 的单一拷贝(图 9.7)。物种形成以后,物种 1 和物种 2 都含有基因 A 的单一拷贝,分别用 A 和 A'表示。A 和 A'被称为**直系同源基因**(orthologs),因为它们因血缘而存在亲缘关系。接着,基因 A 和 A'经过重复,分别形成基因 B 和 B'。基因 B 和 B'被称为**旁系同源基因**(paralogs),因为它们不是因血缘而存在直接亲缘关系,即使它们的功能及 DNA 序列水平均非常相似。很显然,系统发育需要以直系同源基因为基础,包含旁系同源基因将会在进化关系的估算中引入错误,因为有可能在序列相似但不是因血缘而存在亲缘关系的基因之间进行比较。

大多数真核生物经历了不同程度的基因重复。*第 2 章*已经指出,针叶树似乎含有大量假基因,如没有功能的重复基因的拷贝。此外,还有一些例子表明,针叶树基因家族比被子植物有更多的功能拷贝[即班克松(*P. banksiana*)的 ADH 基因家族(Perry and

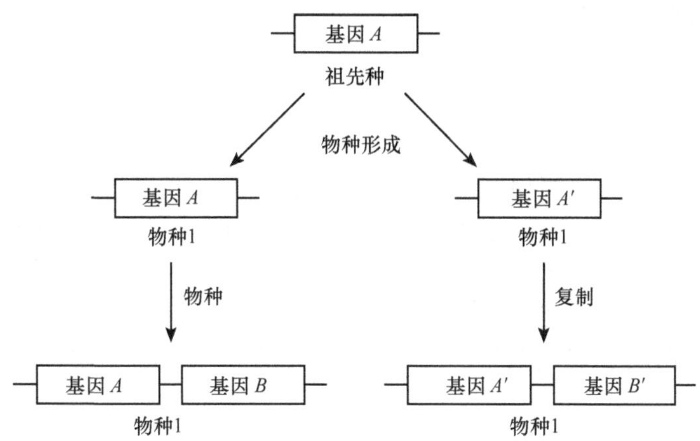

图 9.7 基因重复。A 和 A′是直系同源基因,因为它们因血缘而存在亲缘关系,而基因 B 和 B′是旁系同源基因,因为它们不因血缘而存在亲缘关系而是在物种形成后由同一物种的单个基因重复制形成。

Furnier,1996)和 PAL 基因家族(Butland *et al.* ,1998)]。然而,在最近一项关于参与木质素和细胞壁生物合成基因的分析中,Kirst 等(2003)发现,火炬松(*P. taeda*)的基因家族并不比拟南芥(*A. thaliana*)明显大多少(表 9.5)。很显然,基因重复在林木基因组进化中频繁发生,但尚不清楚针叶树基因组中的基因重复是否比其他植物分类群更为普遍。

表 9.5 松属(*Pinus*)和拟南芥(*Arabidopsis thaliana*)基因家族大小的估计值(即功能基因拷贝的数量)(Sederoff,未发表)。一个基因家族的成员在功能上相似,但可能分散在不同的染色体上,在不同的细胞类型、组织和发育阶段具有活性。

基因家族	拟南芥(*Arabidopsis thaliana*)	松属(*Pinus*)
纤维素合酶	10	6 ~ 10
肌动蛋白	5+	4 ~ 8
α-微管蛋白	5	2 ~ 6
β-微管蛋白	9	3 ~ 8
cad/eli3 基因超家族	8	2
CCR	10	2 ~ 8
C4H	1	2
4CL(1、2、3)	3	2 ~ 4

多倍体

整条染色体重复或缺失(非整倍体)或者整个基因组重复或缺失(多倍体)普遍存在于高等植物分类群中,是一种重要的进化机制(Wendel,2000)。公认的多倍体的两种基本类型是:**同源多倍体**(autopolyploidy,源自同一亲本种基因组的重复)和**异源多倍体**(allopolyploidy,源自杂交的不同亲本种的基因组的重复)。多倍体在针叶树中极为罕见(*第 2 章*),但在被子植物树种的一些类群中却非常普遍(Wright,1976)。存在多倍体种的林木的属包括:金合欢属(*Acacia*)、桤木属(*Alnus*)、桦木属(*Betula*)、李属(*Prunus*)和柳属(*Salix*)(Wright,1976,pp 406 ~ 409)(表 19.1)。多倍体对这些属的进化和物种形成无疑是重要的。

协同进化

互利共生，即两种生物间相互作用而彼此受益的现象，在自然界中普遍存在。如果互利共生能直接影响各个物种的进化，那么这些物种可能一直在**协同进化**（coevolution）。Futuyma（1998）将协同进化定义为：相互影响的物种因彼此施加的自然选择而引起的相互遗传改变。在林木中，研究的相当充分的两个互利共生而且可能是协同进化的例子，是松树-锈菌共生和白皮松-乌鸦共生。关于协同进化的进一步的内容参见 Tompson（1994）。

松树和锈菌

锈菌是一个非常大的科［锈菌目（Uredinales）］，由 6000 多个种和 100 多个属组成，可以追溯到石炭纪。蕨类植物、裸子植物和被子植物都是各类锈菌的寄主。经典理论认为，锈菌与其寄主植物一直协同进化，因而原始的锈菌寄生在更原始的寄主植物上，更高等的锈菌寄生在更高等的寄主植物上（Leppik，1953，1967；Millar and Kinloch，1991）。与松属（*Pinus*）相关的锈菌的两个属是：柱锈菌属（*Cronartium*）（11 个种）和被孢锈菌属（*Peridermium*）（4 个种）。在前一节，讨论了松属（*Pinus*）的进化史和系统发育关系（专栏 9.3 和专栏 9.6）。Hart（1988）研究了锈菌的 30 个属间的系统发育关系，其中包括很多寄主在松属（*Pinus*）上的种。他发现，看起来更原始的锈菌能在不久前进化的被子植物上寄生，并且更高等的锈菌能在进化的更早的针叶树和蕨类植物上寄生。Hart 断言，锈菌和植物的共同物种形成（协同进化），也许没有通常认为的那么重要。

白皮松和乌鸦

在松属（*Pinus*）单维管束亚属种子无翅的松树和一群乌鸦之间有一个非常有趣的共生关系（Tomback and Linhart，1990）。在这些共生关系中，研究最清楚的莫过于美国白皮松（*P. albicaulis*）和克拉克星鸦（*N. columbiana*）之间的共生（图 7.5）（Lanner，1980，1982，1996）。大多数松树的种子具翅，靠风传播，但有 20 种松树的种子不具翅（除一种外均为单维管束亚属的成员）。这些松树的种子是星鸦和松鸦等鸦科鸟类的食物来源。这些乌鸦从正在成熟的球果中采集种子，将其储藏在土壤中，并终年以之为食。因为仅有一部分储藏的种子最终会被吃掉，这些乌鸦将种子传播到新的区域，并长成幼苗。另外，这些乌鸦也进化产生了特殊的特征，有利于完成这一任务，如打开球果的专门的喙和携带种子的嗉囊。松树种子的无翅和乌鸦喙的形态似乎是协同进化的。这些互利共生可能要追溯到第三纪，而且很可能是依靠相互适应而不是遗传漂移来进化的。

本章提要和结论

林木存在于地球上除南极洲外的所有大陆。森林类型从赤道热带林变化到北方林。

林木分属于被子植物和裸子植物两大植物类群，尽管现存的被子植物树种更多。

物种的经典定义是生物学物种的概念(BSC)。生物学物种被定义为可相互交配并产生有生活力和可育后代但不能与另一个物种的成员交配的个体的集合。不论是对裸子植物树种还是被子植物树种，BSC 并不完全适用，因为许多树种可以杂交。

一般公认的两种物种形成方式是：异域物种形成和同域物种形成。异域物种形成是一种渐进式物种形成方式，由于遗传漂移和自然选择的力量，亚群体产生物理隔离并出现分歧。同域物种形成是一种爆发式物种形成方式，某些类型的重要遗传改变使得群体中的部分成员与群体中的其他成员产生生殖隔离。

杂交是分属不同群体的个体间的交配。杂交能阻碍物种形成，但也能导致新物种的产生。当杂种和亲本种之间连续回交时，发生渐渗，导致基因在亲本种间发生转移。

3 亿～4 亿年前，在泥盆纪或石炭纪，进化了形成最早的树木。在中生代，针叶树统治着所有森林，直到白垩纪晚期被子植物才出现。松树也可能最早在白垩纪才出现。

系统发育是基于进化史对一组分类群进行的分类。系统发育基于性状测量值，如形态特征和 DNA 序列。根据系统发育的分类水平，如科、属或种，不同的性状状态信息会更加丰富。

协同进化被定义为相互影响的物种因彼此施加的自然选择而引起的相互遗传改变。松树和锈菌，以及松树和乌鸦是林木中协同进化的例子。

第10章 基因保护——现地、异地和取样策略

基因保护(gene conservation),定义为通过政策和管理措施,以确保遗传变异的持续存在和有效性(FAO,2001),它是可持续林业必不可少的组成部分。遗传多样性允许物种发展其独特的适应性,并确保物种在变化的环境下持续进化,是物种适应性价值的核心。大部分森林树种本质上具有高水平的遗传变异(*第7章*)。结果是在面对不同的选择压时,树种起源过程中可发生遗传分化,并在极其不同的环境中蓬勃发展(*第8章*)。在当地条件下居群内的遗传变异,对于居群长时间的生存能力是必需的。当物种和居群面临如栖息地丧失、外来病虫害、污染和气候变化等新压力时,适应能力会得到体现,特别是在充满危机的未来,在不断变化的世界里,居群和物种进化的潜力取决于是否拥有适应新环境所必需的遗传变异。

遗传多样性的保护有许多不同的动机,包括生态、经济、社会和美学的。首先,种内和种间遗传变异使森林执行多种生态功能,最终影响森林生产力和生态恢复。在森林生态系统中,树木往往是**关键物种**(keystone species),因为许多其他植物和动物物种依靠其生存。即使是一个小树种的消失,由于生态相互作用可能会破坏群落,并导致当地一些附属物种的灭绝(Ehrlich and Ehrlich,1981;Soule,1986;Terborgh,1986)。因此,保持树种的遗传多样性对森林生态系统的长期健康至关重要。

树种的遗传变异也有助于经济利益和维持森林生产木材及其他产品的能力。当树种遭遇新的压力时,如病虫害和气候变化,其产品的市场供给也会受影响。遗传变异使树种面对新压力时能够进化(通过自然或人工选择),这也将在森林工业持续发展中得到证明。当面临新产品需求挑战时,通过林木育种,还可以利用遗传变异,开发如化学衍生物、制浆原料和各种纤维、特定密度的木材或粮食等产品(*第11章*)。

最后,许多人感到保护生物多样性是一种道德和美学上的责任,尤其是保护那些因人类开发或忽视而陷入濒危的物种(Ledig,1988a)。一个多样化的世界比单调的世界更有趣,每一类群的生物具有独一无二的性状和生活史,这些增加了这个星球的美丽。更重要的是,人类遗传学的知识还不完整,物种遗传多样性可能在未来有着当前难以想象的利益,如果不采取多样性保护,这将可能永远不会实现。

基于上述所有原因,基因保护是全球性的任务。因此,本章首先讨论林木居群及其遗传多样性面临的主要威胁,然后阐述基因保存的策略和方法,包括保存在保护区的原始天然林遗传资源、森林管理、遗传测定、育种园和种子库(或其他存储形式),探讨基因保存居群的所需规模、适当的数量和位置等。最后讨论木材采伐和迹地更新活动对遗传多样性的影响。这些主题还在其他书籍中进行过探讨,包括 National Research Council (1991)、Mátyás (1999)、Young 等 (2000)。

遗传多样性面临的威胁

在当今世界,许多动植物的遗传完整性处于危险之中,森林树木也不能幸免于这一威

胁。全球有超过7300个树种受到威胁,濒临灭绝,还有许多亚种、品种处于危险之中(表10.1)。没有人确切知道目前物种灭绝的速率,但许多人认为,与过去地史时期的五大生物类群灭绝速率相当,其中包括恐龙的灭绝(Wilson,1992; Pimm *et al.*,1995)。在类群之中,居群与其所特有的等位基因正在一同消失。即使居群未完全消失,可能通过极端的瓶颈,也会导致部分等位基因丢失,尤其是那些在瓶颈前出现频率低的基因(*第5章*)。如果居群在经历瓶颈后几个世代仍然很小,随机发生的遗传漂变将持续削弱其遗传变异及对未来的适应能力。另外居群规模下降的后果是近交的增加。当近交衰退变得更强时,森林生产力下降,居群生存能力下降,居群在育种和更新作为种子生产源的价值也会缩减(*第5章和第7章*)。此外,因交配系统和基因流模式被破坏而导致居群消失或规模急剧减小,许多物种的长期进化潜力会受到损害(Young *et al.*,2000)。

表10.1 面临灭绝威胁的部分树种,世界自然保护联盟(IUCN)红色清单及生存的主要威胁。改编自Oldfield *et al.*,1998。

物种(科)	范围	IUCN类别[a]	主要威胁
巴西苏枋木(*Caesalpinia echinata*) 豆科(Fabaceae)	巴西(9个州)	濒危	曾经广泛分布。在1501~1920年作为染料材开采而急剧减少,目前遭到更严重砍伐
Cercocarpus traskiae 蔷薇科(Rosaceae)	美国(加利福尼亚州)	极度濒危	特有种,分布在Santa Catalina Island的山谷中;居群成年树从1897年的40株降到1996年的6株,原因是放牧、食草动物的引进、大量同属的*Cercocarpus betuloides* spp. *Blanchea*与之杂交
美国扁柏(*Chamaecyparis lawsoniana*) 柏科(Cupressaceae)	美国(加利福尼亚州、俄勒冈州)	脆弱	因木材珍贵遭砍伐;引入疫霉病原(*Phytophthora lateralis*)致成熟植株死亡并妨碍其更新
Dahlgrenodendron natalense 樟科(Lauraceae)	南非(东开普,夸祖卢-纳塔尔)	濒危	稀有的古老物种,有不到200个植株分布在残存的森林中;果稀少,也许是因为雌雄异熟,雌雄花产生的时间不同;残余个体相互隔离,很少有授粉机会
Dalbergia tsiandalana 豆科(Fabaceae)	马达加斯加	濒危	特有种,作为高品质紫檀木而被选择性采伐
Dendrosicyos socotrana 葫芦科(Cucurbitaceae)	也门(索科特拉岛)	脆弱	整株树被砍伐,粉碎后作为家畜饲料,是葫芦科中很少的乔木种
Magifera casturi 漆树科(Anacardiaceae)	印度尼西亚(加里曼丹岛)	野生灭绝	特有种,芒果属的美味水果,仅存栽培种
圣赫勒拿橄榄(*Nesiota elliptica*) 鼠李科(Rhamnaceae)	圣赫勒拿岛	野生灭绝	最初在一小范围居群中发现,野生的最后1株死于1994年,它的一株扦插后代幸存在苏格兰,单种属
Norhea hornei 山榄科(Sapotaceae)	非洲塞舌尔群岛	脆弱	特有珍贵用材树种,分布在5个岛屿上,主要威胁是外来植物,单种属
Northofagus allessandri 壳斗科(Fagaceae)	智利(马乌莱)	濒危	特有种,曾经分布更广泛,现分布在8个分散的地点,减少原因是森林砍伐和辐射松(*P. radiata*)人工林的替代

续表

物种(科)	范围	IUCN 类别[a]	主要威胁
Ormocarpum dhofarense 豆科(Fabaceae)	也门,Orman	脆弱	区域分布,砍伐木材为本地使用,还受到放牧和牲畜威胁
Psidium dumetorum 桃金娘科(Myrtaceae)	牙买加	灭绝	区域内唯一已知的居群已毁灭
Quercus dumosa 豆科(Fagaceae)	墨西哥(下加利福尼亚),美国(加利福尼亚州)	濒危	因污染、城市化、工业化而衰退
Scalesia crockery 菊科(Asteraceae)	厄瓜多尔(加拉帕戈斯群岛)	濒危	以前组成山脊两侧广泛的林地,因草食动物的引进和杂草的入侵而减少,不断喷发的火山也构成威胁
Shorea blumutensis 龙脑香科(Dipterocarpaceae)	印度尼西亚(苏门答腊) 马来西亚半岛	极度濒危	因贵重的黄色梅兰蒂木材而被采伐。伐木周期短于树木达到生殖成熟所需的时间
Torreya tasifolia 红豆杉科(Taxaceae)	美国(佛罗里达州,佐治亚州)	极度濒危	3 种病原真菌使未达到生殖成熟的植株死亡,栖息地丧失、地下水位降低也是影响因素
Warburgia salutaris (Cannellaceae)	莫桑比克、南非、斯威士兰、津巴布韦	濒危	分布广但分散,采伐用于传统医药,用于治疗头、胸部疾病和所谓"着魔"的人
Widdringtonia cedarbergensis 柏科(Cupressaceae)	南非(西开普)	濒危	受威胁于木材采伐和不适当的火灾管理。自然火灾发生的间隔期短于树种的成熟速率
瓦勒迈杉(*Wollemia nobilis*) 南洋杉科(Araucariaceae)	澳大利亚(新南威尔士)	极度濒危	1994 年发现一个居群,不到 50 个成熟个体。归入新属,但认为已从中生代化石记录发现过

[a]自然保护联盟定义的类别:灭绝——在没有合理怀疑情况下,最后个体已经死亡的类群。极度濒危——在野外马上面临极高灭绝风险的类群。濒危——类群陷于危险之中,野外类群不久将面临高灭绝风险。脆弱——脆弱的类群,在一定时期之后,野外类群面临高灭绝风险。

栖息地丧失、森林砍伐和破碎

栖息地丧失和森林砍伐对森林遗传资源是最普遍的威胁(National Research Council,1991)。威胁来自城市化、林地转化成农场和牧场、过度放牧、对薪柴过度采伐、工业用材、自然干扰,以及林业生产的管理不善。人口增长、贫穷和森林采伐往往是基本因素,尤其是在发展中国家。仅 1990 ~ 2000 年,全球森林面积估计以每年 940 万 hm^2 的速度减少(FAO,2001),最大的减少发生在物种丰富的热带地区和发展中国家。栖息地丧失和砍伐森林,对遗传资源的破坏特别严重,因为一般是较低海拔和较平缓地带的森林可能首先被砍伐。由于森林树种中适应性遗传变异往往呈渐变分布并与地形有关(*第 8 章*),在面临自然选择时,与控制中性性状的基因丢失率(在一定地区居群间往往很小;*第 7 章*)相比,控制适应性性状的基因丢失率更高。伐木对适应遗传变异会形成相似的误区:如果生长最快、抗虫最强的植株被选择性采伐后,可留下少数理想个体为更新提供种子,而这种做法却可能导致劣生性选择

(*第 7 章*)(Ledig,1992)。

由于陆地景观中植被的破碎、栖息地丧失和滥伐森林等,极大地改变了生态关联和遗传进程(*第 5 章*、*第 7 章*、*第 8 章*)(Nason *et al.* ,1997;Young and Boyle,2000)。残留森林碎片组成的群落被扭曲,导致森林密度、数量等的极大改变,随后还引发树种遗传结构的变化。单个居群对植株数量和环境的随机变化更加敏感(Lande,1988b),其结果是加速当地物种灭绝和其他物种重新建群,建立者效应再次产生遗传漂变和近亲交配。

破碎也改变了基因流模式。无论是直接造成植株空间的隔离,还是间接影响动物数量和行为,两者都会影响林木授粉和种子扩散。基因流受到妨碍,会增加居群分化,而且往往并发繁殖成功率下降而近亲交配增加。此外,由于迁移常受到限制,居群很少能够通过分散迁移到更适宜的环境中,追踪环境的变化。然而,破碎对基因流的影响是复杂的,有实例表明破碎实际上造成更多的花粉和种子运动(*第 7 章*)(Nason and Hamrick,1997;Aldrich and Hamrick,1998)。

病原体、昆虫、外来物种和遗传物质运动

森林树种遗传变异另一个主要威胁由病原体造成。当地的病原体有时会引起宿主大量死亡,但更多的时候,经协同进化(*第 9 章*)达到平衡,使病原体和宿主双方都能生存下来。平衡源于病原体毒性基因与宿主抗性基因的匹配(Burdon,2001)。在缺乏病原体的情况下,宿主抗性基因表达适度下降,而这有助于维持居群中病原体的存在(Burdon,1987,2001)。

新的病原体出现时,这种宿主与病原体之间的平衡并不存在,因此,外来病原体更可能引起流行病,使居群中大部分个体被毁灭并削弱其遗传多样性(Byrne,2000)。例如,外来根病——樟疫(*Phytophthora cinnamomi*)已造成澳大利亚桉(*Eucalyptus marginata*)和相同森林生态系统其他几个树种的大量死亡(Shearer and Dillon,1995)。不过,即使是外来病原体,具有抗性的常是低频率的等位基因,它可能出现在林木居群中(专栏 10.1)。因此,合理的基因保护策略旨在防止丢失(即维持)低频率的等位基因,这些可能是保护居群,抵抗病原体的基因。

外来昆虫的意外引进也能影响居群规模和遗传多样性。例如,铁杉球蚜(*Adelges tsugae*)引进到美国东部森林,对卡罗莱纳铁杉(*Tsuga carolina*)和加拿大铁杉(*Tsuga canadensis*)造成了灾难性后果((McClure *et al.* ,2001),自然资源保护论者相信,卡罗莱纳铁杉可能最终会被彻底摧毁,弗吉尼亚和北卡罗来纳的加拿大铁杉的许多居群也面临高度威胁。

专栏 10.1　遗传变异对抗病性的重要性

易感病树种承受病原物侵袭的能力,往往取决于产生抗性的遗传变异的存在。抗病性可以由一个或少数主效基因控制,就像带主效基因的糖松(*P. lambertiana*)抵抗白松松疱锈病(疱锈菌)那样(Kinloch *et al.* ,1970)。更多情况下,抗性是数量遗传,由多基因效应累加而来,每个基因的作用很小(Burdon,1987)。这两种机制中,对于外来病原物有抗性的等位基因通常发生的频率很低并且其分布是不确定的。它们可能均匀分布,也可能存在于物种分布区边缘或分布区中心(Burdon,2001)。有价值的抗性等位基因呈现低频率和分布的不确定性,这在基因保护策略中应给予高度重视。

对于树种受到疾病的严重影响，自然居群的成功再生可能需要培育抗病苗木进行人工更新。这种苗木可以通过树种改良来获得，改良的第一步是在自然或人工接种病原物后，从中筛选抗性个体，然后在种子园集中抗性最强的亲本繁殖产生种子（*第 11 章*）。这些程序通常旨在鉴定抗性的多种形式和来源，以及抗病基因的多样性，所以，尽管病原物面临选择压力，抗性也增加了病原物的致病性。抗病育种作为基因保护组成部分的树种有：①澳大利亚桉（*Eucalyptus marginata*）被樟疫霉（*Phytophthora cinnamomi*）侵袭（Stukely and Crane，1994）；②欧洲和北美榆树（榆属）被荷兰榆树病（*Ophistoma ulmi*）侵袭（Smalley and Guries，1993）；③北美白松［松属（*Pinus*）］被白松松疱锈病侵袭（图 1）（Sniezko，1996）；④北美南部的松树受梭锈病侵袭（*Cronartium quercum* f. sp.

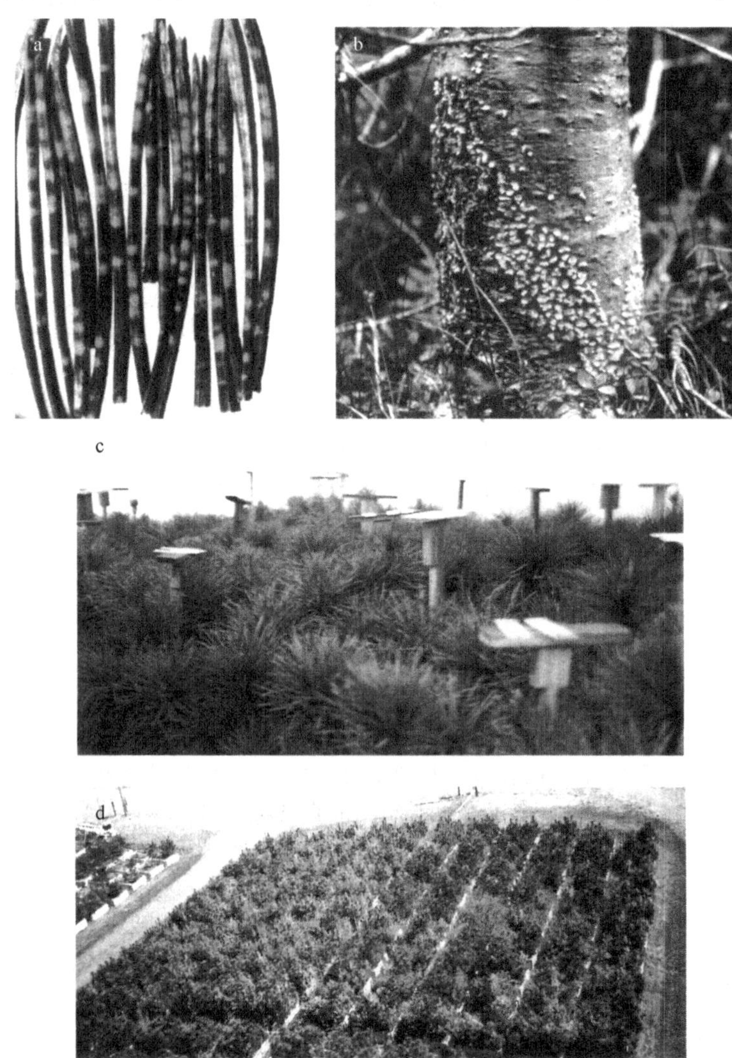

图 1　加州山松（*Pinus monticola*）上的针病变（a）和茎干溃疡病（b）是由白松松疱锈病造成的。作为抗性筛选程序的一部分，苗木用锈病孢子接种（c），然后对苗床上苗木疾病症状的发展进行筛选（如幼苗死亡），在这幅黑白照片上死去的植株呈浅色（d）。（照片由美国国家林业局 Dorena 树木改良中心的 R. Sniezko 提供）

fusiforme)(Cubbage *et al.* ,2000)。育种和种子园居群对于这些物种是至关重要的遗传资源。另外,更多的传统树木改良方法、分子标记辅助选择(*第 19 章*)和基因工程(*第 20 章*)也开始在抗病育种中发挥作用。

另外一个对本地物种遗传多样性的威胁来自外来树种的引入。外来物种可能会取代乡土树种,特别是岛屿植物区系物种相对于入侵物种缺乏竞争力。例如,在加拉帕戈斯群岛的圣克里斯托瓦尔,其原生常绿阔叶林已基本被两个引进的外来树种消灭了:番石榴(*Psidium guajava*)和奎宁(*Cinchona succirubra*)(Schofield,1989)。在马达加斯加和太平洋群岛的许多森林都面临类似的命运。此外,外来物种可能与本土近缘物种杂交,并通过基因渗入(*第 9 章*)压制乡土物种的遗传变异(Geburek,1997; Carney *et al.* ,2000)。例如,在塔斯马尼亚、澳大利亚,已发现引进的亮果桉(*E. nitens*)与本地桉(*Eucalyptus ovata*)杂交(Barbour *et al.* ,2002)。并且,这种现象最有可能损害稀有的或缺乏完善再生机制的岛屿物种。

一定区域内的天然林有时被外来物种或用于造林的驯化物种取代。例如,①在几个欧洲国家最重要的造林树种是北美乡土树种,而不是本土植物的一部分;②原产于北美西部的辐射松(*P. radiata*)被广泛种植于澳大利亚、智利和新西兰;③原产于澳大利亚东部的巨桉(*E. grandis*),已被种植于 20 多个南半球国家(*第 12 章*)。重要的是,这些外来物种的种植不一定直接取代本地物种。在许多情况下,为其他目的清除天然林,在树木园建立前数十年就已经发生,树木园直接取代的是牧草地、热带草原、灌丛或次生林。

种子在物种分布范围内广泛运动,有时会发生在森林更新阶段,也有可能对自然居群遗传变异和结构造成潜在危害。如果使用当地遗传变异的种子,林地更新后对遗传多样性的影响应该很小,但是,若使用非本地的适应性很低的种子重建森林,可能形成蓄积量低下的非生产性森林,而其花粉、种子的传播还会影响未受破坏的居群(Adams and Burczyk,2000)。这种污染后果尚不很清楚,但如果自然居群的适应性和遗传结构受到不利影响,后果可能是严重的(Ledig,1992; Adams and Burczyk,2000)。在许多情况下,非本地种生长比本地种更好,而未表现出不适应,其理论原因及其实际意义在*第 8 章*和*第 12 章*讨论。

污染和全球气候变化

在世界许多地方,污染是另一个影响森林树种遗传结构的因素,在工业发达国家影响最为强烈。对大气损害严重的污染物包括二氧化硫和臭氧,而重金属和酸沉降导致一些最严重的土壤退化。值得强调的是,这些污染物对生物体可能带来很高的死亡率。因为物种对污染的反应不同,污染往往导致森林群落中物种结构变化(Geburek,2000)。物种内部,当种内的遗传变异性选择在种源、家系和个体(或克隆)水平上存在偏差时,遗传结构可能改变。被污染物施加的选择压很大,并考虑到遗传变异的可遗传性,预期树种在这种情况下会发生演化(Karnosky,1977; Scholz *et al.* ,1989)。

在 21 世纪,因为全球气候预计将继续以前所未有的速度迅速变化,对遗传多样性的威胁可能会加剧。气候变化的范围和变化原因是有争议的。自然气候变化也称为大气改变，化石燃料燃烧和森林砍伐被认为是促成因素（IPCC，2001）。预计地球的平均气温将上升，温度和降水可能会在一些地区增加，在另外一些地区减少，气候起伏常变得很极端。这些变化对森林生态系统的所有生物多样性水平可能具有深远的影响（Ledig and Kitzmiller，1992；Rehfeldt，2000）。

根据目前的气候变化模型和树种分布预测，跨纬度和海拔梯度的树种将被大批取代（Thompson *et al.*，1999）。树种的迁移可能会因景观破碎、很长的繁殖周期和传播种子的动物居群的中断而受到限制，在其压力下会减少树木繁殖数量。不具备快速迁移能力的物种可能面临灭绝，但遗传变异有助于确保迁移率足够的物种能适应新的环境。此外，与当前相比，遗传变异使居群在一定程度上能忍受更宽范围的环境条件，如果改变不是太严重，可以确保其生存（Rehfeldt，2000）。这是保护计划的另一个理由，旨在维持当今的遗传多样性。

维护遗传多样性的策略

随着世界大部分地区遗传变异受到威胁程度不断增强，越来越多的国际组织承诺，保护包括种内遗传变异在内的各层次的生物多样性（National Research Council，1991；Kanjorski，2000）。这项承诺明显体现在许多国际和国家的规程之中，其目的是保护森林树种遗传多样性（专栏 10.2 和表 10.2）。许多树种已经成为基因保护活动的目标，包括濒危、重点、经济价值高、分布区和多度大幅缩减，以及栖息地狭窄或需要特殊生境的树种（Eriksson *et al.*，1993；Dvorak，1996；Namkoong，1997）。将来最可能受到威胁的将仅限于那些缩减不严重、几乎没有或当前没有经济价值，以及对保存群体没多大用途的树种。

专栏 10.2　林木基因保存项目举例

下面是世界不同地区的 5 个林木基因保存机构的简要说明。表 10.2 包含了更具综合性的项目列表，包括各项目基因保存的尝试实例及可获得额外信息的网站。

中美洲各国和墨西哥针叶树种属资源合作组织（CAMCORE）：一个国际林木保存与驯化合作机构，始于 1980 年，依托于北卡罗来纳州立大学，是最初的最成功的林木基因保存项目之一。合作机构由政府及 14 个工业成员国支持，其任务是“为造福人类而保存、测试并改良热带及亚热带树种”。为了完成这项任务，从天然居群中收集遗传材料，定植于种源测定和子代测定区，根据测试结果为育种评定有前景的家系。项目策略要满足育种和保存双重目标。采用异地保存，包括设计与维持遗传测定林，以实现自然分布范围以外的长期种植保存。从天然林分中采集种子，按不同的母树家系冷藏。从异地遗传测定林采集的种子现在正被重新引入当初的援助国。这个机构试图将发生频率达 5% 或更高的全部等位基因样本和所有天然居群收集起来异地保存。到目前为止，该合作机构已经建立了 36 个树种遗传资源保存的项目。

国际农业研究磋商组织（CGIAR）：是一个大型研究组织，创建于 1971 年，目标是增加农业生产率、保护环境、维护生物多样性、改进策略和增进国内研究。通过 16 个国际研究中心多种多样的活动来完成这些目标，其中的 3 个研究中心致力于森林基因保护。国际林业研究中心（CIFOR）的一个项目研究生物多样性和遗传资源问题。国际混农林研究中心（ICRAF）有一个农林树种驯化的项目，集中研究遗传资源、改良策略、繁殖和田间试验。国际植物遗传资源研究协会（IPGRI）的森林遗传资源项目为“通过物种就地或异地保存方法，确保当前和未来林木基因资源的可持续利用”而设立。

丹麦国际开发署（DANIDA）林木种子中心（DFSC）：自 1969 年开始运营，为发展中国家基因保存，尤其是与种子采集和储存有关的工作提供技术支持。其任务是“提高产量、满足供给、保存和正确利用健全且适应性强的遗传变异、为区域或国家植树活动改良苗木品质”。这项工作在与国家协会、国际植物遗传资源研究协会（IGPRI）、联合国粮食及农业组织（FAO）及其他几个机构合作的情况下已经开展，例如，项目包括改善生产和处理热带与亚热带物种种子及顽拗性种子的方法；涉及就地基因保存，以及赞比亚的多小叶红苏木（*Baikiaea plurijuga*）与泰国的柚木（*Tectona grandis*）和南亚松（*P. merkusii*）的改良；印度楝（*Azadirachta indica*）国际种源试评定，以及松树和桉树异地基因保存林分的国际工作网络评估。

欧洲森林遗传资源计划（EUFORGEN）：始于 1995 年，是一个在 30 个欧洲国家之间的合作项目，其宗旨是确保资源保存有效及欧洲森林资源的可持续利用。该计划由国际植物遗传资源研究协会和联合国粮农组织共同协调并且由成员国出资。为满足森林遗传学家的分析需要、经验交流，以及所选物种就地和异地保存的发展计划，创立了一个论坛。这项计划也有助于生态系统和系统中物种保存策略的发展。这项计划分为 5 个运营组织，分别以针叶树、地中海橡树、欧洲黑杨（*Populus nigra*）、温带橡树、山毛榉及其他的阔叶树为研究中心。各个组织制订的工作计划由成员国来执行。

联合国粮食与农业组织（FAO）：为各国森林基因保存的各个方面提供科学与技术支持。该组织的活动由专家组及相关的许多合作机构来策划，这些策划者包括丹麦国际开发署林木种子中心、国际植物遗传资源研究协会（IGPRI）、国际林业研究机构联盟（IUFRO）和世界自然保护联盟（IUCN）。联合国粮农组织为踏勘、保存及物种跨境起源的测试提供支持。正在进行的项目包括对 12 个发展中国家异地保存林分、3 个国家就地保存林分进行的协调与评估。此外，该组织出台了大量有关基因保存策略的纲领性文件，并以英语、法语和西班牙语出版年度公报——《森林遗传资源》。该组织还维护数据库（粮农组织全球森林遗传资源信息系统，REFORGEN），使之能在互联网上（表 10.2）使用，为国家、地区，以及国际层次计划和决策的制订提供森林遗传资源活动方面的可靠而且最新的信息。

表 10.2　基因保存项目涉及的林木举例

项目	区域	涉及树种	网页或参考
中美洲各国和墨西哥针叶树种属资源合作组织（CAMCORE）	中美洲各国、墨西哥、南美、东南亚	针叶树和部分阔叶树种	http://www.camcore.org/

续表

项目	区域	涉及树种	网页或参考
国际林业研究中心(CIFOR)	世界范围,侧重热带森林	许多	http://www.cifor.cgiar.org/
国际农业研究磋商组织(CGIAR)	世界范围	所有植物	http://www.cgiar.org
丹麦国际开发署林木种子中心(DFSC)	发展中国家	热带和亚热带森林树种	http://www.dfsc.dk/
欧洲森林遗传资源计划(EUFORGEN)	欧洲	针叶树、黑杨、橡树、滩涂树种等	http://www.ipgri.cgiar.org/networks/euforgen/euf_home.htm
联合国粮食与农业组织(FAO)	世界范围内	许多	http://www.fao.org/forestry/
世界混农林研究中心(ICRAF)	世界范围内	混农林树种	http://www.icraf.cgiar.org/
国际竹藤组织(INBAR)	盛产竹藤的22个国家	竹、藤	http://www.inbar.int/
国际楝树组织	印度半岛、东南亚、非洲、拉丁美洲、加勒比海	印度楝(*Azadirachtaindica*)	http://www.fao.org/forestry/site/5307/
国际植物遗传资源研究协会(IPGRI)	世界范围内	许多	http://www.ipgri.cgiar.org/
国际林业研究机构联盟(IUFRO)	世界范围内	许多	http://www.iufro.org
太平洋西北地区林木基因保存组织	美国(俄勒冈州和华盛顿)	针叶树种	Lipow *et al.*,2001,Lipow *et al.*,2003
Sprig(南太平洋区域林木遗传资源计划)	10个太平洋岛国	包括檀香木,红木和malili在内的本土种和外来种	http://www.ffp.csiro.au/tigr/atscmain/whatwedo/projects/sprig/
不列颠哥伦比亚大学林木基因保存中心	加拿大(不列颠哥伦比亚省)	乔木和灌木树种	http://www.genetics.forestry.ubc.ca/cfgc/

最适合每个物种的基因保护策略依地理分布范围大小、居群遗传结构和分布地点而定。对于多数树种而言,采用**就地保存**(*in situ*)的方法,可实现基因保存,也使生长在原产地的居群遗传变异得以维持(National Research Council,1991)。就地保存一般涉及自然保护区天然林的管理,尽管由当地种子或残留林分形成的次生林也用于就地保存遗传资源。就地保存方法的尝试已经在一些国家获得成功,但在另一些国家由于一些社会和经济上的问题,对将进一步开发的储备资源进行保存十分困难,导致就地保存完全失败。就地基因保存被认为是动态的保存,因为其中的居群可能持续受到正常进化压力的影响(Eriksson *et al.*,1993)。

与就地基因保存相反,基因**异地保存**(*ex situ*)涉及在冷藏库里保存种质(种子、花粉或植物组织),或者将树种迁移到原产地外的区域种植生长。异地保存是农业上基因保存的基本方法(Kannenberg,1983),但对于林木的保存,仅在天然居群处于危险状态得不到切实保护或树种通过改良被成功驯化后应用。基因异地保存成本很高,在发展中国家中,只有储备区或保护区自然居群遭受持续威胁时,才采用异地保存方法。

随着基因保存策略的发展,就地保存和异地保存主要围绕以下内容开展:①基因保存居群或样品的类型和经营;②居群规模能够充分保存物种多样性;③保存或抽样居群的数量及地点。

就地基因保存

大多数就地基因保存居群生存在严格意义的自然保护区或者其他类型的保护区(专栏10.3)。由于精心规划,保护区发挥了许多功能,包括生态系统维护、各物种保护、自然与人文和谐等方面。在一些保护区几乎不施加任何人为干预,而在另一些保护区,对生境进行了积极调控。

专栏10.3　就地基因保存项目的保护区类型

世界自然保护联盟(IUCN)给保护区下的定义是:“保护区是指用于保护和维持生态多样性、自然及相关文化资源的特定陆地/海洋区域,并通过法律及其他有效手段对其进行管理”(IUCN,1994)。根据IUCN受理的保护目的及经营类型,在特定保护区设定了6个管理类别。

1. *严格自然保护区/荒野保护区*主要为科研和荒野保护而设。

1a. *严格自然保护区*:以科研为主要目的,指具有显著的或有代表性的陆地/海洋生态系统、地质学或生理学特征和(或)物种,主要用于科学研究和(或)环境监测的特定保护区。

1b. *荒野保护区*:以荒野保护为主要目的,是未经改造或轻微改造的大面积陆地和(或)海洋,保留其自然特征和影响,不是永久的或重要的生物聚居地,是为维持其自然条件而进行保护管理。

2. *国家公园*:为生态系统保护与公众游憩而经营的保护区,是天然的陆地或海洋区域。特指:①为当代和未来世代保护一个或多个生态系统的完整性;②杜绝开采或恶意侵占的特殊区域;③为精神、科学、教育、旅游度假等活动提供基础设施并向游客开放,以上这些活动必须是环保的并且与文化相兼容。

3. *自然遗产保护区*:以保护特殊自然地物为主要管理目标,包含一个或多个特殊自然地物或自然/文化地物,因其稀缺性、典型性、感官质量或文化意义而具有突出优势或唯一价值的自然特征。

4. *栖息地/物种管理区*主要是为了通过管理干预进行保护的区域:指根据管理目的,进行积极干预,以确保栖息地维护和(或)满足特殊物种需求的陆地或海洋区域。

5. *陆地景观/海洋景观保护区*:主要为陆地景观/海洋景观保护与游憩而设的保护区,是指带有海岸或海域的陆地,随着时间的推移,人与自然相互影响,已经形成的具有审美意义、生态和(或)文化价值及通常具有较高生物多样性的独特区域。

6. *资源管理保护区*:为自然生态系统的永续利用而设的保护区,包括明显未经改造的自然系统,确保长期保护并维持生物多样性,同时为自然产品的永续利用提供保障,并为适合社团提供所需服务。

树种遗传多样性几乎不影响保护区选择与经营决策。因此,现有保护区的覆盖范围能够充分满足任何林木变异的基因保存目标(维持适度的居群规模及恰当的居群位置)。占据有利生境,以及集中在保护区的物种和居群,比那些遭受更多人为干扰或受到较少保护的区域,其遗传资源更有可能被保存在原产地。

一些低密度物种,包括许多异交的热带树种需要相当大的区域来维持遗传多样性和有生活力的居群,而多数树种在一个很小的保护区就能产生数以千计的个体,与低密度物种相比,就地基因保存更加容易完成(National Research Council,1991)。此外,一些干扰因素,如火灾,是一些树种更新和生长所需(如山杨,一些松树)。对于由同龄林组成的或依赖于干扰因素的树种,如果经营者预先排除这些灾难性的干扰事件,这些树种长时期处于保护区内很可能失去其代表性。为了保存这些树种,管理者有必要进行计划火烧或疏伐。

当现有的保护区不足以充分保存林木遗传资源时,有必要对就地保存林分进行一些与基因保存目标一致的辅助管理。为促进基因长期保存而专门设计和管理的不同林分,分别被称为**基因资源管理单元**(gene resource management unit)(Ledig,1998b; Millar and Libby,1991)、**基因管理地带**(gene management zone)(Gulbaba *et al.* ,1998)和**基因管理区域**(genetic resource area)(Tsai and Yuan,1995)。当这样的基因管理单元较完整地包含了目标居群遗传多样性的代表性样本时,经常可以设计其同时完成多个不同的目标(Wilson,1990),如用于种子生产区或育种活动的参考居群、在自然更新时还可收获木材、或仅用于保持遗传多样性、满足当地用种及不影响今后基因保存目标的其他活动。

异地基因保存

异地遗传资源包括种子和花粉的储藏,以及育种群体、遗传测定、野外基因库和种子园中的林木。城市中被保护的活立木及植物园也体现了异地保存,但通常遗传基础较窄。其他种类的遗传档案,包括组织培养和 DNA 基因组文库,很少用于林木保存,但随着其技术发展,这些遗传档案的用途可能会变得更加广泛。

种子和花粉储藏

种子储藏是异地基因保存中一种广泛的实用方法,它既适用于濒危物种,又适用于育种计划中的物种。对于前者,储藏种子可能是唯一被保存的遗传资源。理想的种子储藏由核心种质和保留种质构成。**核心种质**(core collection)指有限且能代表整个种质遗传谱系的遗传材料;**保留种质**(reserve collection)则可以提供用于造林、育种和资源评价的遗传材料(Frankel,1986; Brown,1989)。许多居群内的种子可以很低的成本大批量获得,还可以根据家系分别保存,因而可用于建立谱系清楚的育种群体并避免近亲繁殖。

种子储藏具有几个优点和缺点。主要的优点是它仅需要较少的初期投资和维护费用,尤其是与建立生活林木的种植园相比。如果在冰点以下温度及低湿度条件下保存,从许多林木(大多数是温带林木)上采集的种子在数年或数十年后仍具有活性(National Research Council,1991)。超低温储藏就是把种子保存在-196℃的液氮里,这比传统的冷藏法大大延长了种子保持活性的时间，但是费用也要比传统方法的高。然而，部分类群的种子被称为**顽拗性种子**（recalcitrant seed），包括温带橡树、桉树和许多热带树种，无论储藏条件如何，都不能被长期储藏。

对于可储藏树种，需要定期再采收所需种子替换储藏种子以保持其生活力（时间间隔依储藏条件和种子耐储性差异而定）。大田移栽通常需要大量劳力，费用昂贵，因为树体庞大，且一般需要数年甚至很多年才能达到生殖成熟。种子储藏的其他缺点是需要移栽以鉴定其适应性方面的遗传变异（*第 8 章*），而作为静止种质，种子对于正常的进化压力不能做出响应。种子储存也有产生遗传退化的倾向，导致对储藏条件选择的遗传变异基础变窄（El-Kassaby，1922；Chaisurisri *et al.*，1993）。

在林木基因保存中一般不强调花粉储藏。育种过程中有时储藏花粉用于控制杂交，但是因为花粉的遗传变异仅在植株受精后能表现出来，所以从保存目的上讲，花粉储藏不如种子储藏常用。然而，对于顽拗性种子的树种而言，花粉储藏可能是保存大量遗传材料的唯一途径。

遗传测定及基因保存的育种园

对于经过驯化的林木，有价值的异地遗传资源保存在特定居群之中，这种居群由育种程序内的育种居群（通常嫁接在育种园，也叫无性系库）及相关遗传测定居群构成（*第 11 章*）。由于育种中强烈的定向选择，在每一世代的轮回选择中等位基因可能在育种群体中丢失，使其基因频率发生改变。然而，如果运用合理设计的育种程序（*第 14 章*和*第 17 章*）（Namkoong，1976；Eriksson *et al.*，1993），较高水平的遗传变异能够保存在甚至是相对较小的育种群体（50～100 个个体）内。在多世代选择和育种中，这个遗传变异的水平足以维持多世代性状选择的响应（改良）而不过度丢失遗传多样性（见本章后面的"居群规模与基因保存"一节）。

遗传测定包括子代测定和种源测定两部分，测定林具有满足基因保存目的的特征。种源测定提供有关遗传变异所适应地理模式的信息（*第 8 章*；也可见本章后面的"居群数量和位置与基因保存"一节），它有助于决定就地基因保存中居群适宜的数量和分布，或异地保存地点的选择。种源测定还可以指导种子区划分和制订种子调拨准则，该准则可为适应性较好的基因型用于人工造林提供保证（*第 8 章*和*第 12 章*）。

子代测定的林木均经过单亲或双亲鉴定，子代测定林可以适合于异地基因保存，尤其是子代测定的家系数量大且来源于适宜的本地居群时。子代测定林的另一优点是家系已知并且双亲具有理想的表现型。此外子代被栽植在多个地点，以使家系在测定期间（通常是十年到数十年）展现出面对不同环境的适应能力。因此，如果树种面临如疾病流行或气候变化导致的新压力时，测试就能用于快速选择，可以加快新性状的育种进程。然而，遗传测定受林木寿命的限制，在林木保存的工作中，最大的需要之一是在周期性遗传测定中发展高世代育种策略，并形成异地基因保存圃。

一个成功的例子，是国际林木保存与驯化合作机构（CAMCORE）（专栏 10.2 和表 10.2）用遗传测定实现异地基因保存，该机构从原产地超过 35 个热带树种上收集种子，种植在成员国的种源——子代测定区。对热带树种做出的努力包括为获得出现频率大于

0.05 的等位基因而设计的抽样方案,这通常意味着在这项计划中要从当地居群收集大约 1000 株母树。从各种源和已鉴定母树采种培育的幼苗定植于整个南半球的 75 ~ 100 个栽植区内。例如,20 万株台库努曼松(*Pinus tecunumanii*)被分别种植在 150 个遗传测定区,这些树木的基因型能代表松 99% 的天然遗传多样性。

居群规模与基因保存

一些基因保存策略重点对低频率($p< 0.05$)等位基因进行保存,然而其他的策略更注重维持数量遗传变异(Brown and Hardner,2000; Yanchuk,2001)。当建立就地基因保存居群,或为异地保存从本地居群中抽样时,与中等或高频率的等位基因相比,低频率等位基因更容易丢失。为了种子储藏和其他静态的异地收集,已制订的基因保存目标(基准条件)是,在一个大的目标居群中,对频率大于 0.05 的基因至少获取一个拷贝的概率达 95% (Marshall and Brown,1975)。数学模型表明在容量为 50 ~ 160 个个体的相对小的样本规模中,这个目标就可以实现,精确的样本数目由模型假设决定(Kang,1979a; Namkoong *et al.*,1988; Frankel *et al.*,1995)。这些基准条件是主观且有争议的(Marshall,1990; Krusche and Geburek,1991)。然而,如果把等位基因临界频率降低到 0.05 以下或把置信度提高到 95% 以上,将会导致样本容量极度加大和其后的工作中样本收集与储藏的费用大大增加(Brown and Hardner,2000)。

如果目标是获得并利用低频率等位基因以"拯救"目标居群,或在育种程序中需要结合这些等位基因的多拷贝,就需要很大的居群规模。对于育种有用的低频率等位基因,例如,表现抗病能力的等位基因,需要其多拷贝来避免单系和近交带来的问题(Yanchuk,2001)。此外,隐性等位基因的单拷贝不能被检测到,因为这种鉴定需要通过纯合子的表达。因此,当通过抽样获取有益且能表达的重要基因时,隐性基因比显性基因的获取困难得多。例如,在目标居群中隐性基因的频率为 0.05,为了使目标居群出现 20 个隐性纯合个体的概率达到 95%,则必须获得一个大样本(大概包含 10 000 个个体)(Yanchuk,2001)。然而,如果以同样的基因频率和概率获得 20 个表达显性等位基因的个体,基因型为杂合子或纯合子都可以,则只需大约 250 个个体的样本就够了。计算表明保存有用的低频率显性基因,在中等大小的就地基因保存居群或异地收集群体(例如 $N_e< 250$)中就可能实现,与保存中等频率的隐性等位基因($p>0.25$)所需居群规模相当。因为保存多个表达的低频率拷贝,隐性等位基因需要很大的样本规模,所以通常仅在保护区内建立就地居群时可以采用(Yanchuk,2001)。

一个交替的基因保存目标强调通过保存数量性状总遗传变异中有益部分,来维持居群受到干扰前原有的正常适应性潜力(Eriksson *et al.*,1993)。这个目标旨在创造条件,使自然再生居群对未来可能遭遇的选择压能够响应。有效群体规模的估计因考虑的因素不同而存在差异。例如,Lande(1995)在估计了因突变创造的遗传变异和因遗传漂变引起的等位基因缺失的平衡关系后,推荐的目标居群的有效规模为 5000 个个体。Lynch(1996)基于他的模型建议目标有效居群大小以 1000 为宜,该模型包含了自然选择、遗传漂变和突变的影响。该模型预测了一旦有效群体规模超过 1000,平均遗传变异几乎完全受控于选择-突变平衡并且本质上独立于群体规模和遗传漂变。把这些结论与其他分析

(Soulé,1980;Franklin,1980)综合起来,表明经过许多世代后,要保存正常的适应潜力,有效居群规模为一千到几千。数千个体的居群也保存大部分低频率等位基因的多个拷贝,因此这样的居群可以是就地基因保存策略的明智的目标。

然而,仅从遗传角度考虑,就地基因保存中有效居群最小规模的估计需要谨慎进行(Lande,1988b,1995)。与遗传因素相比,人口和环境的变化可能给小居群带来更大的威胁。就地基因保存居群必须足够大以至于可以承受如由火灾、虫害和极端气候引起的居群规模波动,还要允许生态系统中关键要素的持续存在,包括对于授粉和传播种子至关重要的动物居群在内。不幸的是,要解决人口的、环境的和遗传进程方面的相关风险极为困难,尤其是针对寿命长的树种(Millar and Westfall,1992)。

群体数量和位置与基因保存

由于遗传变异存在于居群之间和居群之内(*第7章*和*第8章*),基因保存工作必须保护多个居群。在保护中,需要大量工作来防止火灾之类的灾难性事件。在就地或异地进行基因保存时,居群的最佳数量和位置依整个分布区内遗传变异的范围和模式而定,而在同一区域内,不同树种间差异极大(*第7章*和*第8章*)。居群遗传结构的相关信息可以通过专栏10.4所描述的等位酶或DNA标记研究获得,或者通过种源测定和产地测试获得(*第8章*和*第12章*)。

专栏10.4　分子标记在基因保存中的应用

分子标记在林木的基因保存中被广泛应用。从广义上来讲,它们有助于界定物种和亚种(Strauss *et al.*,1992a),这对分类群中基因资源地位的准确评估至关重要,这也可能是生物多样性法规应用的必要阶段。例如,等位酶和随机扩增多态DNA(RAPD)标记被用于确认有争议的分类群:西西里岛冷杉(*Abies nebrodensis*)。西西里岛冷杉(*A. netrodensis*)仅在一个小居群中被发现,从遗传上不同于比较常见的欧洲冷杉(*Abies alba*)(Vicario *et al.*,1995),现已被世界自然保护联盟(IUCN)列为极度濒危物种(Oldfield *et al.*,1998)。

在物种内,分子标记(和特异性等位酶)被广泛地用于描述遗传变异模式的特征(*第7章*和*第8章*)。当确定保存居群的适当数量及分布时,这些模式常被看做基准信息。例如,对美国扁柏(*Chamaecyparis lawsoniana*)的等位酶分析表明,与生长在沿海地区的林分相比,生长在加利福尼亚州的美国扁柏(*C. lawsoniana*)内部相互间存在更大的差异(Millar and Marshall,1991)。Millar和Marshall(1991)根据研究结果提出建议,虽然在沿海居群中几个大的保护区能够有效地保存遗传多样性,但还需要在内地确定大量就地基因保存居群,并对它们进行单独管理。

以等位酶和其他分子标记研究为基础,根据地理变异的遗传模式来完善基因保存方案是普遍而有争议的。分子标记常常不能反映出适应性状变异模式(Karhu *et al.*,1996; Yang *et al.*,1996; Reed and Frankham,2001)(专栏5.6)。的确,71项研究(既包括植物,又包括动物)的摘要分析表明分子标记多样性与数量性状变异间仅存在弱相关,这使得 Reed 和 Frankham (2001) 得出结论:"单独的分子评估不能可靠地反映居群的进化潜能"。仅依据分子标记分析制订保存计划时一定要牢记这一局限性。

尽管分子标记反映适应性状变异信息的可靠性受到质疑,但仍然对基因保存策略有影响。分子标记能够描述大量的影响维持遗传多样性的进化动力,这些动力包括交配系统、基因流及遗传漂变(*第5章、第7章、第8章*)。例如,在小群体中是否能够增加近亲繁殖或在不连续分布时基因流是否下降等问题上,应用分子标记能得到很好的回答。分子标记也可以揭示一个小居群是否正在经历最新的瓶颈(Ledig *et al.*,2000),还能分析居群规模是因近交压力而加速下降,还是这个居群在历史上本来就小(已排除以前近交影响)。此外,以分子标记为基础的研究有助于鉴定冰河时期避难所的位置。这种历经磨难的居群有望保留高水平的遗传多样性,因此,特别应该作为基因保存的目标居群。

通过种源和产地测试获得的适应性性状变异的知识,尤其适用于基因保存评估(Namkoong,1997)。适应性性状的重要性包括茎干生长、环境容忍度和抗病虫能力,了解这些性状的遗传变异在陆地景观中的分布十分重要,因为获得树种遗传变异的典型部分需要保存更多的种内居群,种内是在居群间而不是居群内集中了更多遗传变异。对适应性状变异的分析也可揭示一个物种是否具有独特的生态型、每个基因保存的价值,并且揭示物种变异与物种覆盖范围内生态条件差异可能存在的联系。此外,育种区和种子区的划分通常反映适应性状遗传变异的模式(*第8章*和*第12章*)。考虑到人工更新期间,育种区和种子区被作为育种居群和种质移动范围的指导方针,分别在每一个育种区和种子区至少就地保存一个居群,或在每一育种区和种子区内收集繁殖材料异地保存是明智的。(Millar and Westfall,1992; Lipow *et al.*,2003)。种源测定和产地测定也能够突显某些居群的价值,如一些居群展现出高度的抗病性或忍受极端天气的能力,就有理由作为高度适应价值的居群予以优先保存。

从理论上来看,用适应性性状变异指导保存决策的缺点是,种源测试通常只能检测到少数性状,这些性状也许能反映将来所需性状的遗传变异模式,但也许不能。相反,从实践上来讲,大多数政府机构、小土地拥有者和当地农民,尤其是在发展中国家,只有能从中获取经济利益时,才对保存区进行长期维护,所以,以种源测试结果指导保存决策时,要考虑相关人群应该从保存工作中获取的利益。

并不是永远都能获得足够完整的遗传变异模式信息,当确定基因保存目标居群时,应该全面考虑地理、生态和政治上的条件:①应该从物种起源中心收集一个或更多居群,一般预计这里有最高的遗传多样性(Yanchuk and Lester,1996),虽然也有例外(*第8章*);②因为可能具有独特的适应性,生长在特异环境中的居群应该被保存;③孤立的或分布区边缘的居群对物种未来进化可能尤其重要,因为建立者效应、遗传漂变和(或)极端环境条件常促成它们的遗传特异性(Lesica and Allendorf,1995);④鉴于遗传变异往往与环境或生态变异有关(*第7章*和*第8章*),区域共享的气候、地理、地质、土壤和(或)动植物群体能够共同形成一个基因保存生态区(Bailey,1989);⑤区域内受土地使用变化影响最大的残余或濒危居群或许值得保存(Morgenstern,1996);⑥如果可能，就地基因保存居群应该被安置在政治上可望长期稳定的区域，以确信在可预见的未来这里能得到保护。

对于许多林木而言，至少有些居群被纳入现有的保护区网络和基因资源管理单元，得到就地保护或异地保存。一种叫做**缺口分析**(gap analysis)的普通方法被用于评估保存工作中需要增加的居群数量。缺口分析通过以下几点开展：①根据物种居群遗传结构、地理和生态因素，建立现有被保存基因资源分布范围的档案；②应用地理信息系统覆盖居群分布区、保护区、抽样居群及其他信息，以寻找现有保存工作中存在的疏漏；③识别新区域和新居群，以保证新增居群纳入现有的保存工作之中(专栏 10.5)(Dinerstein *et al.*, 1995; Yanchuk and Lester, 1996; Lipow *et al.*, 2003)。

专栏 10.5　用缺口分析评估保护区遗传资源

Lipow 等(2004)使用缺口分析方法来评估现存的法定保护区(如国家公园、荒野保护区等)网络是否能够充分地保护俄勒冈西部和华盛顿的针叶树种遗传资源。缺口分析是一种生物多样性规划的方法，即使用地理信息系统(GIS)在保护区数码地图上显现树种分布。为了将树种分布区进一步划分成居群或者是确保基因保存的单元，在每一树种占据的地理区域中，根据环境特征的相似性再划分成不同生态区或种子区(*第 8 章*)。如果在某一区域或地带至少有一个保护区包含 5000 株或者更多有价值树种的成年植株，该特定生态区或种子区内的遗传资源就应该就地得到充分保护。

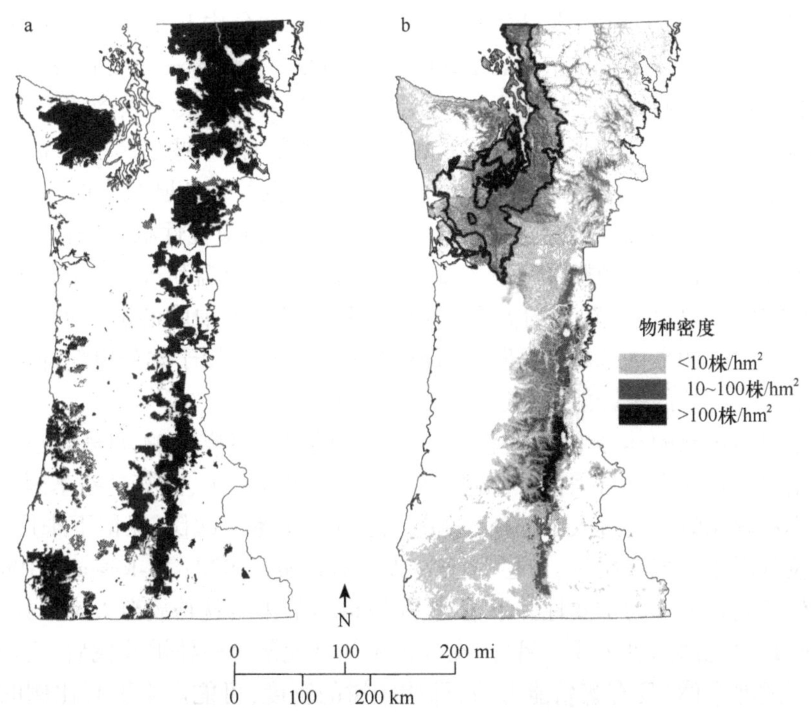

图 1　研究地区(俄勒冈州西部和从太平洋到 Cascade 山东部丘陵的华盛顿)地图显示：a. 保护区(黑色)；b. 加州山松(*Pinus monticola*)的分布和估计密度，在这些生态区中建议增加基因保护的区域被用黑线标注出来。

缺口分析显示在大多数生态区或种子区内的大多数被调查树种的遗传资源在现有保护区网络下被充分地保护起来，部分种和区域显示出了额外的基因保护。例如，在环绕华盛顿的普吉特海湾低地和毗邻的部分海岸区，有少量的加州山松（*P. monticola*）存在于保护区的几个生态区里（图 1）。在这些生态区，林地转化为农耕地，农业和人类发展毁灭了很多加州山松（*P. monticola*）野生居群，美国五针松疱锈病由一种外来的病原体引起，导致了大范围的死亡，严重限制了自然更新。为了获得松疱锈病抗性，在就地保存的情况下，建议进行异地基因保存，包括从该区域非保护居群中收集种子培育后代在异地种植。

森林管理活动及基因多样性驯化的效果

加强森林管理，可在积极或者消极的方面对树种遗传组成有很大改变。如果能够坚持合理的遗传原则，可以实施一个大范围的管理方案而不显著地影响遗传多样性。在这部分中，探讨在被管理的森林里，不同的木材收获和人工造林怎样影响遗传多样性水平。

对温带森林树种调查的几项研究表明，采伐木材时提供充足的种子供给和维持合适的林分重建条件，遗传变异在木材采伐后自然更新的林分中几乎不会受到影响（专栏 10.6）（Neale，1985；Savolainen and Kärkkäinen，1992；Adams *et al.*，1998；El-Kassaby，1999）。对一些热带树种的测定显示，采伐后在一些树种中遗传多样性并没有发生不利变化；但是在另一些种中，尤其是常处于低密度状态下的种，一些遗传变异在采伐以后消失了（Ratnam *et al.*，1999）。对于所标记的基因座多样性并未急剧减少的树种，即使进行了人工选择，也可期望其适应性变异改变很小，这是因为适应性性状如生长与干形一般呈弱遗传。因此当优良基因型被保留下来重建林分时，发生的温和选择对性状变异影响更小，这就是为什么在自然更新后的温和选择，最多只能产生中度的遗传增益（*第 7 章*）。不管是仅保留顶级的最优基因型，还是仅保留少量最差植株用于林分更新都必须要避免，因为这可能降低林分的生产能力和适应能力（*第 7 章*）。

在一个自然更新的林分中，即使保持着高水平的遗传多样性，木材采伐也可能带来其他的遗传结果。在部分木材采伐中，低频率等位基因可能丢失，尤其这些基因对树木生长和干形有不利影响时。通过人工选择，对最强健的个体免于砍伐，保留下来用于更新，低频率的等位基因也可能会丢失（专栏 10.6）（Adams *et al.*，1998；El-Kassaby，1999）。因为低频率等位基因在未来的重要性并不清楚，所以谨慎的策略就是放弃人工选择，而在特定的基因源管理单元内随机采伐。另外，在庇护木和其他部分植株被砍伐后，更新中的林分由于降低了成熟个体（具有繁殖能力的）即成年树的密度，可能产生更高比例的自交种子（*第 7 章*）。然而，在种子生产阶段，减少的近交对遗传多样性的影响从长远来看可能很小。由于林分建立的初期阶段，衰弱的近亲繁殖后代在竞争中处于不利地位而且经常存活不到成年（*第 5 章*和*第 7 章*）。

专栏 10.6　海岸花旗松(*P. menziesii* var. *menaesii*)遗传变异对产量的影响

与未砍伐的林分相比,Adams 等(1998) 调查了 3 种采伐方式对花旗松(*P. menziesii*)天然和人工更新林分遗传组成的影响。群伐:在整个林分中分散布设面积为 0.20hm^2 的地块,在各地块内进行皆伐,林分中总共约有 1/3 的植株被伐除。庇护木方法:有 15 ~30 株/hm^2 最大的树木被留下来相当均匀地分布在整个区域内。皆伐:所有的树木被清除。每种采伐方式和对照分别在 3 个伐区设置重复。在所有采伐地点,都用该区域野生林分中采集的种子育苗(共有 7 个不同类型)重新定植。然而,自然更新只在 3 个庇护木重复和 1 个皆伐点上充分实现。

等位酶被用于对照林分成年植株与群伐、庇护木法林分中成年植株,以及人工和天然更新苗木的基因多样性比较(图 1)。基因多样性通过每基因座等位基因数量(A)、多态基因座百分率(P)和预期杂合度(H_e)估算值来描述(*第 5 章*)。固定指数(F_{is})也被用来计算评价近交在每个居群中发生的程度(*第 5 章*)。

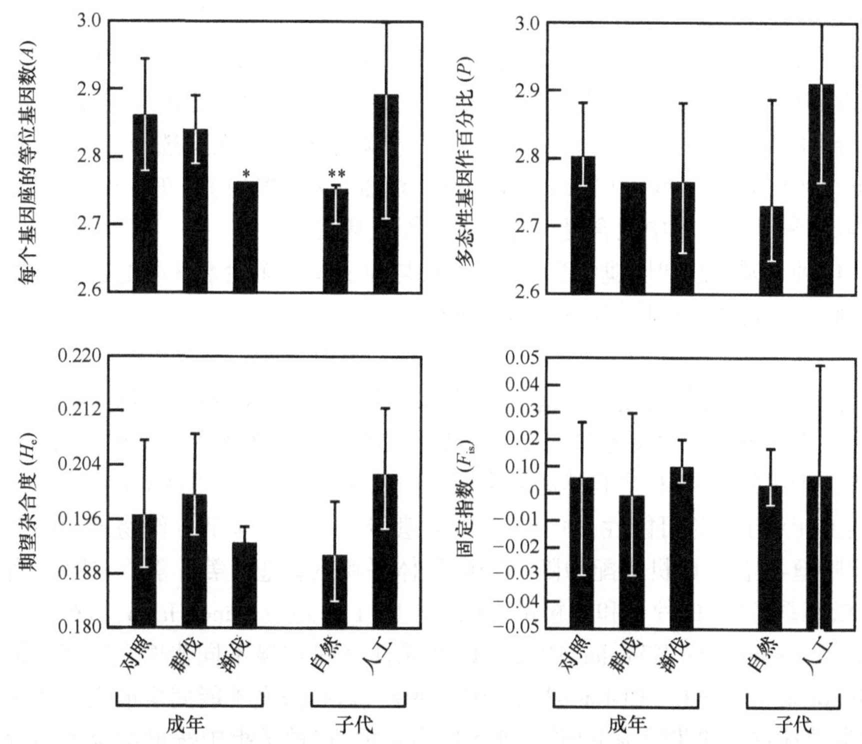

图 1　生长在同一地点附近的花旗松(*Pseudotsuga menziesii*),3 种成年植株(对照、群伐、庇护木)和两个子代(自然和人工)居群类型平均基因多样性参数估算值和固定指数。柱状图上的误差线表示重复(每成年居群种类 3 次,自然子代 4 次, 人工更新子代 7 次)间的变动范围。基于 17 个等位酶基因多样性统计的基因座和 9 ~11 个基因座的固定指数(n=120,每居群重复)。* 和 * * 分别表示在 P<0. 10 和 P<0. 05 水平时达显著差异。(根据 Adams *et al.* ,1998,重新制作,经过美国林业者协会允许)

结果表明,采伐后无论自然更新还是人工更新,产生的子代居群与附近的未砍伐林分的成年居群几乎没有差异。然而,当林分内最小的植株被砍伐后形成庇护木,一些稀少的、假定有害的等位基因丢失，导致在剩余植株和自然更新林分中比未砍伐林分中每基因座的等位基因略有减少。由于这个原因，Adams 等(1998)建议，当在基因资源管理单元内通过庇护木法更新林分时，应该保留各种大小的亲本植株，以实现自然更新子代中最大的等位基因多样性。此外，还发现在人工培育的苗木中平均遗传多样性比自然更新的要高。据推测，这是因为人工培育的苗木来自于很多野生林分内采集的种子，所以与单个居群相比，发现了更高的遗传多样性。

通过人工更新的林分也可能展现出高水平的遗传多样性。在一个种子批内，决定决定遗传多样性水平的主要因素是亲本植株的数量。因此，如果目标是建成高水平林分内遗传多样性的林地，用于人工造林的、采自天然林分的种子应该来自分布相当均匀的15 ~20(最好更多)个天然植株(Adams *et al.* ,1992b)。与自然更新一样，从表现良好性状的天然植株上采种进行人工造林，有获得遗传增益的潜力，而不会损害适应性性状中的遗传多样性(*第7章*)。

为了通过选择获得遗传增益，种子园中基因型的数量一般受到限制(10 ~100 甚至以上)(*第16章*)。然而，将第一代种子园和来自同一种子区的天然居群的比较，结果表明目前种子园中的遗传多样性(等位酶)几乎未受到对亲本有利性状选择的影响(Bergmann and Ruetz,1991; Kjær,1996; El-Kassaby,1999; Godt *et al.* ,2001)。正如预期的那样，与天然林分相比，种子园亲本中包含更少的低频率等位基因。

第一代种子园中总加性遗传变异(V_A%)，与种子园中无性系来源的自然居群加性遗传变异的相关性可用下式估算(Johnson,1998)：

$$V_A\% = [1-(1/N)]\times 100 \qquad \text{公式 10.1}$$

式中，N 为种子园中无性系数目。这个公式假定不相关的无性系间随机交配，没有自交，每一个无性系贡献相等的花粉和雌配子形成采收的种子。这个公式预计，一个由 20 个无性系组成的种子园，拥有相应自然居群中发现的总加性遗传变异的 95%。

事实上相对于理论可能性，种子园林木的遗传变异有所降低。作物最大的遗传变异要求满足哈迪-温伯格随机交配和随机交配群体平衡的设想(*第5章*)。然而，当种子园无性系(或家系)产生的种子和花粉量不同(图 10.1)(Muona and Harju,1989; Roberds *et al.* ,1991; Nakamura and Wheeler,1992)，以及无性系间物候不同步时(会导致非随机交配)(Roberds *et al.* ,1991; El-Kassaby,1992,1999)，这些假设不能完全成立。通过花粉管理，使父本植株贡献的花粉基本相等、分无性系采种，在种子批中按母本家系等量混合等措施，上述影响可以被削弱(El-Kassaby,1989)。可是，这些措施会导致额外的开销，并且相对于当前成熟的种子园植株(全部或绝大部分植株进入盛花期)的大量变异而言，可能只会少量增加遗传多样性。花粉污染可能增加种子园下一代的遗传多样性，但是这些多样性通常是不想要的，因为会降低遗传增益(*第16章*)。未成熟种子园(只有少量无性系开花)的种子不能使用，不但因为遗传多样性下降，更重要的是花粉污染很可能相当大。

使用种子园种子和野外各批次种子进行的各种各样的储存和育苗活动用于人工造林时，均会导致部分遗传变异的损失(图 10.1)。首先，各批次种子会随储存时间逐渐丧失生活力。如果在基因型间生活力丧失比率不同，正如经常发生的一样，那么在采种到播种期间，很大的一批种子内，基因变异会下降（Chaisurisri *et al.*，1993）。其次，基因型差异导致种子大小不同是可遗传的，所以常见的对种子按大小选用和处理的方法可能减弱种子批的遗传变异（Silen and Osterhaus，1979；Friedman and Adams，1982；Chaisurisri *et al.*，1992）。最后，发芽参数和种子休眠有关，发芽率也是由基因控制的（El-Kassaby，1992；Edwards and El-Kassaby，1995）。因此，通常的做法就是大量播种，然后在苗床或容器中间苗，留下最大的，出圃前还要淘汰较小的苗木，这种做法仅有利于一定的亲本（Edwards and El-Kassaby，1996）。在种子储藏和苗木培育的不同阶段，通过不同家系的种子单独储藏和播种，就可能避免遗传变异的损失。如果确实需要，可等苗木长到更大再出圃，通过混合家系播种导致的遗传多样性损失可能不是太大。然而，一些机构分家系在苗圃播种育苗，是为了针对不同家系采用差别管理，通过创造理想的生长条件、施肥方式、适时起苗等来提高苗木生产效率。

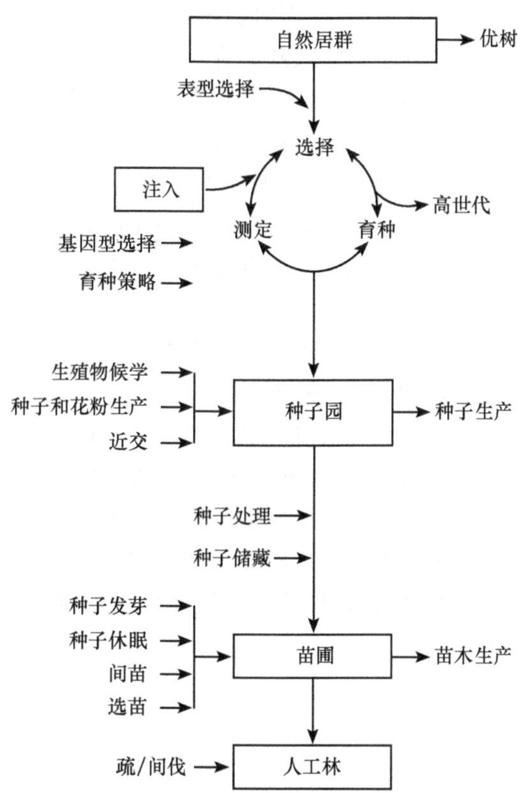

图 10.1　图示林木改良系统的步骤及可能丢失遗传变异的系列活动（El-Kassaby，2000，p199）。（根据 Young *et al.*，2000，重新制作，经过澳大利亚联邦科学与工业研究组织的出版允许）

本章提要和结论

全球有超过 7300 个树种受到灭绝威胁，还有更多的亚种、变种和品种处于危险之中。在这些种内，一些居群正与它们可能是独一无二的等位基因一道面临灭绝。遗传多样性是物种适应价值的核心，使物种在变化的环境中持续进化，而今正被自然和人为因素影响，因此，开展基因保存，包括所有的政策和管理行动，确保遗传变异的存在和可持续利用是全球性的迫切需求。

保存遗传多样性的两种方法是就地保存和异地保存,任一种或两种方法都能被有效用于基因保护程序。就地保存方法包括建立森林保护区如荒野保护区、保存区和公园,以维持居群在其原产地生长。就地基因保存的优越性是,能相当廉价地对大量物种和每一树种的植株进行保护。

当保护区疏于管理时,自然选择和进化过程,以及物种结构会发生改变,有时会失去一些物种,积极的管理对于维持早期的演替种可能是需要的。在一些国家对保护地入侵、破坏、偷猎等未能进行有效控制,而使基因就地保存遭到失败。

物种居群的基因就地保存根据保存计划、已收集用于冷藏的种质(种子和花粉)、育种居群(嫁接无性系收集圃或育种园的接穗材料)、遗传测定(种源-子代测定)等确定抽样方案。异地保存方法可能费用昂贵,但在下列状况时可优先使用:①通过能积极管理基因资源的改良程序正进行驯化的树种;②面对威胁难以开展就地基因保存。

就地保存和异地保存两种方法均要求基因保存策略长期、持续和有效地指导保护工作,制订策略应该考虑:①需要维持适当遗传多样性水平的居群规模;②就地保存居群的数量、位置及异地保存采集适当的反映树种多样性的样本;③威胁或有利于保存工作的环境、政治、经济条件;④保存程序确保多世代循环中保存工作持续进行。

只需要相当小的个体数(据说 50 株)来确保持续的选择响应和在保存居群中维持高频率的等位基因。相反,由数千个个体构成的大居群来维持低频率等位基因的多拷贝。通过分子标记或种源-子代测定理解树种遗传结构,对决定保护区数量和地理分布,以及抽样居群有很大帮助。由于大多数树种种源间拥有大量遗传变异,在策略定位上,必须加大保护居群的数量,并确保抽样能覆盖整个区域。

采用了适宜的更新方法,一般可以开展采伐和其他经营活动,而不会对森林遗传多样性造成大的影响。已有研究表明,与亲本林分相比,大多数庇护木和采种母树的砍伐在新林分中并不明显降低遗传变异,虽然新林分中一些稀有等位基因可能缺失。留下优良基因型个体为更新提供种子以避免劣向选择是十分重要的。在皆伐迹地人工植苗更新时,如果种子采自不同林分的许多母树,新种植园可能比伐前的森林具有更高水平的遗传多样性。

第3部分　树木改良

第 11 章　树木改良项目——结构、概念和重要性

树木改良项目是为培育用于造林的遗传改良品种以增加人工林的经济或社会价值而设计的。树木改良是世界上大多数人工林项目的有机组成部分，包括如选择、入选树木的相互交配和遗传测定等活动的重复循环。以未驯化树种中存在的大量自然遗传变异开始，一个树木改良项目的目的在于改变该树种少数几个重要性状的基因频率。最终目标可能变化很大，包括为工业人工林项目培育高产品种，为边际立地的复垦培育抗胁迫品种，为农用林业系统培育改良的固氮树种，或者为社区造林项目中薪材或生物能源的生产培育改良品种。

树种的生物学特性、育林、产品目标和经济方面的变异使得树木改良项目的设计和强度都有显著差异。这些差异，与作为任何项目的一部分所实施的大量活动一起，可能使之很难理解任一项活动及所有这些操作如何组合以实现项目目标的原因。然而，有一些基本概念和活动对大多数项目是共同的。本章的目的在于描述这些共同的活动并概括世界上树木改良项目的范围、结构、遗传进展和经济重要性。在此，强调一般概念，关于每一项活动如何实施的细节和实施树木改良项目可以利用的许多选择将在随后的*第 12 章～第 17 章*中阐述。

树木改良项目的范围和结构

树木改良（tree improvement）包括应用森林遗传原理和良好的育林措施培育高产、健康和可持续的人工林。树木改良项目在全球尺度上的总体影响是增加人工林的产量和价值以满足日益增长的对林产品的需求，同时降低利用天然林满足这一需求的必要性（*第 1 章*）。每一个树木改良项目都旨在通过一种以最低的可能成本使单位时间的遗传增益最大的经济高效的方式培育遗传改良品种。

大规模的树木改良项目在 20 世纪 50 年代才开始认真开展。Zobel 和 Talbert（1984，p5）引用了 20 世纪 50 年代发表的来自 14 个国家的倡导或描述树木改良项目的 23 篇论文。今天，树木改良在世界上如此普遍以至于列举这些项目就需要花费许多篇幅，并将包括拥有大量人工林项目的所有国家和以任一数量栽植的所有树种。非洲、亚洲、澳大拉西亚、欧洲、北美洲和南美洲的许多国家，对栽植的许多重要树种都有几个不同的项目。因此，很明显，树木改良是大多数大型人工林项目的正常组成部分。另外，在为农林业系统、公众倡导的社区造林项目及其他非工业用途培育改良品种方面人们也存在浓厚的兴趣（Burley，1980；Brewbaker and Sun，1996；Kanowski，1996；Simmons，1996）。

在大多数树木改良项目中，选择、育种和测定活动是由一个单独部门（被称为研究部门、树木改良部门或森林遗传部门）的人员实施的。一旦培育出一个新品种，通常是造林部门（名称不同，可被称为经营部门、育林部门或人工林部门等）的责任来保证正确地营造和良好地经营人工林。为了使树木改良成功实施，关键是两个部门很好地合作。人工林育林不良会掩盖选择和育种所获得的增益，而遗传不良的苗木会降低森林集约经营的

作用,因此,良好的树木改良和良好的育林协同互作才能培育出高产健康的人工林。

在人工林项目中选用适宜的树种是最重要的遗传决定(*第12章*)。在确定了一个或多个树种之后,树木改良项目就利用每一个树种内存在的自然遗传变异将其重新包装到令人满意的个体内并最终出圃栽植成为改良的人工林。根据树种的生物学特性和轮伐期的长短,每一个选择、测定和相互交配周期可能需要许多年。事实上,没有几个行业像树木改良一样有如此长的时间范围,工作人员要提前为人工林的几个轮伐期进行规划。

时间范围长意味着,为使遗传增益最大,同时使每一个育种循环的时间最短,树木改良项目需要特别精心组织和建构。鉴于此,有些方面对于一项成功的树木改良项目的结构和有效实施是必不可少的(专栏 11.1)。一个机构可能有为不同的立地类型和不同的产品目的培育多个树种的项目。因此,专栏 11.1 中所描述的关键要素在这些项目中的正确组织对其高效实施是必要的。

专栏 11.1　树木改良项目的基本特点

1. 需要明确预测树木改良项目的目的、育种目的、组织能力和造林需求以保证树木改良项目满足机构的需要。这些需要定期审查。

2. 为了实施一项成功的树木改良项目,需要扎实的关于改良树种的育林、生物学和遗传学知识。例如,下面几项对项目的设计和强度可能具有重大影响:①对于育林,要栽植的立地类型范围和规划的不同栽培处理;②对于树种生物学,生殖生物学知识,以及嫁接、扦插和控制授粉是否容易;③对于遗传学,重要性状关键遗传参数的估计值,如遗传率、遗传相关和基因型与环境相互作用(*第6章*)。

3. 需要一个合理的育种策略来指导项目的短期(5 年)和更长期(15 年)的顺利实施。一个证据充分的策略有利于预算编制,年度工作计划的制订并为所有假设提供证据。

4. 策略的高效实施需要训练有素的专职人员和稳定的预算。对改良树种有经验的经过培训的林业工作者和生物学家是项目成功的关键。一年过高而下一年又过低的不稳定的预算可能会严重破坏树木改良项目。尽管林产品商业本质上是周期性的,树木改良是一项需要从这些经济周期中得到缓冲的长期承诺。

5. 高质量更新造林植株的高效繁殖和出色的人工林育林是实现树木改良获得的遗传增益所必不可少的。在选择、相互交配和测定阶段之后,每一个新品种必须以生产性规模繁殖才能满足土地所有者或者政府机构的造林需求,直到这些用遗传改良品种营造的人工林被采伐,其社会或经济增益才会实现。根据树种的生物学特性,大量繁殖可以生产更新造林用的实生苗、扦插苗或组培苗。

6. 保持广泛的遗传基础是树木改良项目的一项重要功能。形成这些新品种的灵活性依赖于在树木改良项目中维持足够的遗传多样性。这是几乎所有的树木改良项目所起的基因保护功能。

7. 最后,树木改良项目得益于支持性研究。不同项目的优先研究内容各不相同,可能既包括基础研究又包括应用研究,目的在于开发与增加树木改良增益或者降低树木改良成本有关的新技术。

一个成功的树木改良项目可由一家大型私有企业、一个政府机构或者一个由数家私有企业和公共部门组成的协作组织来实施。由于其独特性，协作类型的结构需要特别指出。树木改良项目很费钱，因而较小的机构在经济上难以承担。然而，通过合出资源，即使较小的机构也能加入美国、澳大利亚、新西兰、智利、阿根廷和其他国家中所存在的协作组。虽然这些协作组由在所有其他业务部门都是竞争者的成员企业组成，但它们在树木改良领域却集中力量、相互配合。Bruce Zobel 博士等先驱者在 20 世纪 50 年代就认识到，如果管理妥当，**树木改良协作组**(tree improvement cooperative)是提高增益，降低每家成员的成本及共同使用由所有成员资助的专家的一种有效途径(Zobel and Talbert，1984)。大多数协作组在选择、相互交配、遗传测定和研究活动中协同工作，而商业品种的生产性大量繁殖和人工林经营活动则由各个成员独立执行。

树木改良项目的育种周期

杂交繁育动植物的大多数改良项目的选择、相互交配和其他活动可以用一个概念模型概括，称为**育种循环**(breeding cycle)。此处的描述(White，1987b)强调了可以发生在一个特定改良周期中的潜在的一组活动和群体类型(图 11.1)。不同项目在这些活动中如何实施、各种类型群体的大小及项目强度方面差异很大。不过，就育种循环而言，每一项活动的基本理由很容易理解。

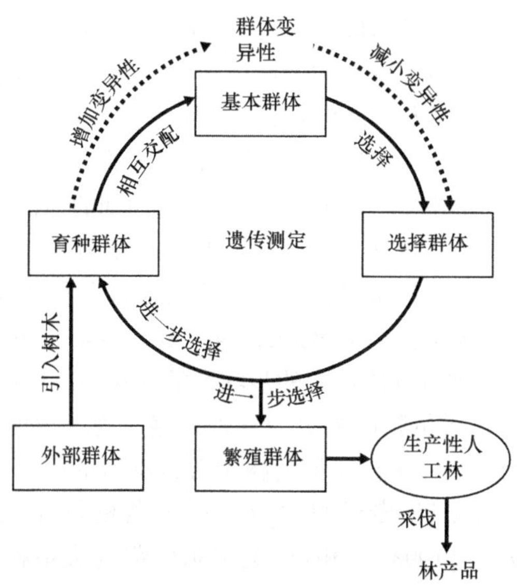

图 11.1　树木改良项目的育种循环。内圈所示的每一种核心群体类型(基本群体、选择群体和育种群体)按所示顺序在每一改良循环中形成一次，而其他群体类型可能形成也可能不形成。(重印自 White，1987，经 Springer Science and Business Media 许可)

遗传改良项目常采用具有不同功能的几种不同类型的群体。例如，可能有一个为了保持广泛的遗传基础而含有数千个基因型的较大群体和一个生产造林用的生产性品种的含有很少经过高度选择的基因型的群体。这些群体类型是有用的概念构想，因为每一个不同类型的群体都是由改良项目的一部分的一种活动形成的。例如，选择群体是通过选择基本群体中的优良个体形成的(图 11.1)。有时不同的概念群体类型彼此之间在物理上并无不同;即在一个地点栽植的一个特定的树木的物理群体可能在育种循环中具有几种功能。这种在每一个改良周期中形成一个、两个或者几个物理上(完全)不同的群体类型的灵活性导致育种策略的多样性。在本章中,为了强调每一种类型下的概念,解释每一种群体类型时,好像它们在物理上是不同的。在*第 17* 章中,讨论不同的育种策略如何将群体类型结合在一起及使单一树木群体具有几种功能的许多实例。

育种循环的核心活动是选择和相互交配(图 11.1 内圈所示)。这些活动在每一个改良周期中按顺序进行;入选树木形成选择群体,然后这些入选树木的部分或全部形成育种群体并相互交配(杂交)诱导等位基因重组。相互交配产生的子代栽植形成下一循环的基本群体,然后再次挑选优良个体。如果能有效实施,第二个选择循环就会产生额外的遗传改良,因为第一世代的优良亲本相互交配,而许多第二循环的入选树木含有这些优良亲本的有利等位基因。因此,每一个选择和相互交配周期就完成一个育种循环。后一个循环在前一个周期结束之后开始,从这个意义上来讲,育种循环是轮回的。每一个循环产生更多的遗传增益。在两个连续循环中选择事件之间的年数称为**周期间隔**(cycle interval)或**世代间隔**(generation interval)。在下面的部分,描述形成一个树木改良周期的活动和群体类型。

虽然周期和世代这两个术语常互换使用,有时区别它们还是有用的。**周期**(cycle)指的是一个树木改良项目的阶段,因此,完成了第三个周期的一个项目已经经历了 3 个完整的选择、相互交配和遗传测定循环。虽然**世代**(generation)经常与周期作为同义语使用,但它还用作遗传学术语,指的是一个特定选择的世代。例如,在一个树木改良项目的第一个周期中,通常只有第一世代的入选树木。它们相互交配,而从第一世代亲本的子代中挑选出的树木称为第二世代入选树木。如果保留了前面周期的出色的入选树木(如通过嫁接)并在后续周期的育种中被重新使用的话,一个处于第三个改良周期的项目可能包括第一、第二和第三世代的入选树木。这导致在任一特定改良周期中存在的**重叠世代**(overlapping generation)的概念和前滚式育种策略,其中的所有活动(如选择和相互交配)每年在连续基础上进行,而不是在离散的基础上进行(Borralho and Dutkowski,1996;Hodge,1997)。

为方便起见,在本章中把育种周期中的步骤和活动作为离散的阶段进行讨论,然后在*第 17 章*中阐述这些步骤如何包装成有效的育种策略。为了说明所描述的概念,在专栏 11.2 和专栏 11.3 中总结了两个截然不同的树木改良项目的第一个周期。哥斯达黎加的云南石梓(*Gmelina arborea*)项目(专栏 11.2)是一个小规模栽植一种热带外来被子树种的低强度项目(Hamilton *et al.*,1998)。相反,美国东南部的火炬松(*P. taeda*)项目(专栏 11.3)是一个大规模栽植一种温带乡土针叶树种的高强度项目(Weir and Zobel,1975;Li *et al.*,1999)。通过这些及育种循环描述中包括的其他例子,希望既巩固概念又传达不同树种项目间的丰富度和多样性。

专栏 11.2　哥斯达黎加云南石梓(*G. arborea*)的第一个周期的树木改良项目

1. *目的和范围*:是为哥斯达黎加尼科亚半岛上的农民和其他的小土地所有者培育云南石梓(*G. arborea*)改良品种。这是一个低强度项目,因为农民在这一地区每年只栽植 50 ~ 100hm^2 人工林,而这就是育种区(Hamilton *et al.* ,1998)。

2. *第一个周期的基本群体*:由云南石梓(*G. arborea*)地域小种的育种区内的林分组成,在哥斯达黎加这是一个外来树种。云南石梓(*G. arborea*)原产南亚(印度、云南和缅甸),最初是从西非和伯利兹外来的树种人工林引种到哥斯达黎加。亚洲的种源,即在非洲和伯利兹营造外来树种林分采集种子的地方,在很大程度上不清楚。

3. *第一个周期的选择群体*:包括在基本群体中选择的 70 株速生和树干通直的树木。

4. *第一个周期的育种和测定*:由在育种区内 3 个地点栽植的随机、重复的测定林中的 50 ~ 70 个自由授粉(OP)家系(每 1 株产生有活力种子的入选树木上采集的种子形成一个家系)组成。在第一个周期没有采用控制授粉。测定林在 3 年生时进行测定(15 年轮伐期的 20%)。

5. *第一个周期的繁殖群体*:由 3 个通过间伐去除低劣家系和树木转变成实生苗种子园的遗传测定林组成。从这些种子园采集的种子形成了在育种区(即 Nicoya 半岛)内用于生产性造林的第一个周期的改良品种。

6. *高世代树木改良*:由于该项目最近才开始,高世代树木改良尚未开始。但是,为使这一小规模的造林项目产生正的经济效益,育种策略必须是成本效益高的。

7. *引入树木*:在高世代项目中可能要引入树木,因为每个育种区 70 株入选树木还不足以从轮回育种项目中获得大量的遗传增益。可能性包括:①与哥斯达黎加的其他树木改良项目分享最好的第一个周期的入选树木;②从其他国家的云南石梓(*G. arborea*)育种项目得到已经证明的入选树木;③回到南亚自然分布区的天然林中选择新的入选树木。

专栏 11.3　美国东南部火炬松(*P. taeda*)的第一个周期的树木改良项目

1. *目标和范围*:为美国东南部密西西比河以东 9 个州的工业林产品企业和非工业土地所有者培育火炬松(*P. taeda*)改良品种。这一高强度项目,开始于 20 世纪 50 年代,是由大约 20 家私有企业和州的行政机构协作成立的,它们都在来自北卡罗来纳州立大学协作组成员的指导下参加选择、育种和测定活动(Weir and Zobel,1975;Talbert,1979;Li *et al.* ,2000)。这些机构合在一起,每年要栽植超过 350 000hm^2 的人工林(Li *et al.* ,1999)。

2. *第一个周期的基本群体*:由火炬松(*P. taeda*)天然林组成,划分成 30 多个育种区。每一个育种区是一个或几个协作组成员在当地的作业区。许多成员参与在多个育种区的不同项目。

3. *第一个周期的选择群体*:每一个育种区的选择群体包括从该区生长的天然林中选择出来的不同数目的入选树木。混合选择优良基因型的强度非常高,寻找那些生长快、干形通直、无病害且具有适宜的树枝、树冠和木材特征的树木。每一个协作组成员在一个或多个育种区选择 25 ~ 35 株第一个周期的入选树木;整个协作组在所有的育种区共选择 1050 株入选树木。

4. *第一个周期的繁殖群体*：每一个育种区有两种类型的繁殖群体。①在 20 世纪 60 年代营建的最初的无性系种子园，每一个协作组成员总是在选择后立即将它们的 25 ~ 35 株入选树木进行嫁接；②在 20 世纪 70 年代用协作组成员间交换的最好的经过测定的无性系（见步骤 5）建立的 1.5 代无性系种子园。从这些种子园采集的种子形成了用于生产性造林的第一个周期的改良品种。

5. *第一个周期的育种和测定*：由叫做测交系法（*第 14 章*）的控制授粉（CP）不完全析因交配设计组成，其中每一个协作组成员将它们的 30 株入选树木分成两组，大约 5 株入选树木用作父本，与另外用作母本的 25 株入选树木进行交配。这样，每个协作组成员最多创造 125 个 CP 家系，在 6 个立地上建立随机、重复的遗传测定林（分 3 年建立，每年在两个立地上建立）。这些测定林在 4 年生、8 年生时，有些在 12 年生时（大约分别是 24 年轮伐期的 17%、33% 和 50%）进行测定。

6. *高世代树木改良*：现已进入第三个育种周期，具有各种类型的交配设计和测定设计的丰富历史，已经演化到利用新技术及满足协作组成员的变化的需求。值得特别注意的是育种区的演化，从 30 多个第一个周期的育种区演化为第二个周期的 8 个测定区，反映了从遗传测定中获得的基因型与环境相互作用的知识。现在在第三个周期，协作组正在使用 4 个主要的育种区，育种群体互相重叠，本地育种项目与邻近的项目分享共同的入选树木。

7. *引入树木*：该项目已经并入了两次。①为了扩大第一个周期的遗传基础，从未改良的人工林中选出了 3000 多株入选树木；②已知在广泛的地理范围内一直表现良好的入选树木在多个育种区中应用。

基本群体

一个特定改良周期的**基本群体**（base population）由所有可以利用的树木组成，这些树木如果需要的话都可被选择（Zobel and Talbert，1984）。这是通过选择和相互交配将要改良的树木群体，也叫做**基础群体**（foundation population）。基本群体非常大，由成千上万个遗传上彼此不同的个体组成。

在一个乡土树种项目的一开始，基本群体由确定的育种区内生长在天然林及可能在人工林中的可供选择的所有树木组成［如专栏 11.3 中的火炬松（*P. taeda*）］。**育种区**（breeding zone）是为其培育改良品种的一组环境。通常，这是一个不同的地理区域，特别是在一个树木改良项目的第一个世代。外来（即非乡土）树种的第一世代基本群体常常包括下面的可供选择的树木：①树种的自然分布区内的；②发生在项目所在国［如专栏 11.2 中的云南石梓（*G. arborea*）］或其他国家内的地域小种内的；③项目所在国或其他国家内的遗传测定人工林内的。

确定育种区边界是树木改良项目中的一项重要决定，因为每一个育种区都有一个不同的改良项目，有其不同的基本群体、选择群体和育种群体（*第 12 章*）。考虑美国乡土树种的两个例子：花旗松（*P. menziesii*）和湿地松（*P. elliottii*）。西北树木改良协作组为俄勒冈和华盛顿的花旗松(*P. menziesii*)建立了 72 个第一周期育种区(Lipow *et al.* ,2003)。这些育种区非常小,大小为 12 000 ~ 50 000hm^2 林地,每一个育种区的第一周期基本群体由这些林地上生长的树木组成,所以,有 72 个不同的改良项目,每一个有自己的育种循环、一组不同类型的群体及要培育的良种。

与此相反,美国东南部的湿地松(*P. elliottii*)项目确定了一个单一的育种区,由该树种的整个分布区组成(大约 4 000 000hm^2 林地)(White *et al.* ,1993)。正在为这一育种区构建一个具有自己的基本群体、选择群体和育种群体的单一项目。这两个乡土树种育种区大小和数目的不同既反映了美国东南部较一致的气候,又反映了育种理念的不同。

高世代基本群体(即在完成第一个完整的育种循环之后)由育种群体的成员相互交配并将其子代栽植在遗传测定人工林内形成的遗传改良树木组成。这些遗传测定人工林内的所有树木都可供高世代选择群体选择。

选择群体

育种循环的每一个周期都是从基本群体中选择优良个体开始的。中选个体形成**选择群体**(selected population),对于大多数项目,一个单一育种区的选择群体含有 100 ~ 1000 株中选树木(例如,比较专栏 11.2 和专栏 11.3 中两个项目的选择群体)。在第一个改良周期中,基本群体中的树木只根据其优良的表型表现而被选中[称为**混合选择**(mass selection),图 13.1]。不过,高世代基本群体由谱系化群体组成,选择效率因为使用可以利用的候选树的子代、亲属和祖先的所有信息而得到提高。虽然在项目发展的不同阶段和不同周期有许多不同类型的选择在使用(例如,混合选择、家系选择、配合选择、间接选择、顺序选择)(*第 13 ~ 15 章*),但所有类型的选择都有一个目的,即增加影响被选择性状的位点的有利等位基因的频率。

只有当选择群体的有利等位基因频率比基本群体高时,一个特定性状才能获得遗传增益。不同性状的遗传增益不同,而且如果选择强度非常高(只有最佳个体被选中)、性状受到很强的遗传控制(即具有高的遗传率),遗传增益会更大。最佳选择年龄、项目中包括的适宜性状及最佳选择方法都是森林遗传学研究和任何树种育种策略制订中的重要话题(*第 13 章*)。

每一个循环中的选择群体(如几百个)总比基本群体(数千个)含有更少的个体。由于故意和偶然的因素,这两个群体间的等位基因频率不同。育种工作者选择优良个体,因而有意改变包含在选择标准中的少数性状的等位基因频率。另外,所有性状(不仅是包含在选择标准中的那些)的等位基因频率可能由于抽样(从较大的基本群体中选择一部分树木)而发生随机改变。事实上,基本群体中的一些非常稀有的等位基因可能从选择群体中丧失(Kang,1979a,b)。不过,当选择群体中包含数百个个体时,等位基因的丧失或者等位基因频率的大的随机改变预计极为有限。

被选中形成选择群体的优良树木总是用清晰的身份标记,以将其与生长在天然林、人工林或遗传测定林中的基本群体中的其他树木相区别。分散在几个地点的中选树木常通过扦插或者嫁接进行无性繁殖,并栽植在叫做**无性系库**(clone bank)的一个单一地点。这么做的好处是,把所有的入选树木集中在一个受到良好保护的地点,在其中可以经济地开展育种工作(因为选择群体中的部分或全部树木将形成育种群体)。

育种群体

选择群体中的部分或全部个体包含在那一个周期的**育种群体**(breeding population)中,并且相互交配(杂交),通过有性生殖过程中等位基因的重组产生遗传变异性。使用多种不同的交配设计对育种群体成员进行相互交配(*第 14 章*),这些相互交配产生的子代种植在遗传测定林中,形成下一周期的育种群体(图 11.1,以及专栏 11.2 和 11.3 中的例子)。这完成了育种循环中核心活动的一个周期,下一周期从这些遗传测定林中选出的新的入选林木开始(即从新的基本群体开始)。

当两个优良亲本交配时,并不是它们所有的子代都是优良的。一个特定树木家系中个体间的变异就像一个人类家庭中的兄弟姐妹间的变异一样多。有性生殖过程中重组的随机性(*第 3 章*)保证了一个家系中的某些子代比另外一些子代从其亲本得到更多的有利等位基因。因此,相互交配产生大量的家系间和家系内遗传变异,这些家系栽植在遗传测定林中,形成新的基本群体。育种工作者通过选择优良家系中的优良个体形成下一周期的选择群体来利用这一变异。

如果选择群体的所有成员都用作相互交配方案中的亲本产生用于下一周期基本群体的子代,那么,选择群体和育种群体是等同的。在这种情况下,选择之后很快即可开始相互交配。不过,有时进一步的选择[称为**两阶段选择**(two-stage selection)]通过排除不良个体使得育种群体的遗传品质得以增加并超过选择群体的遗传品质。因此,在第一阶段,育种工作者可能根据生长速度形成一个由 1000 株树木组成的选择群体;然后,在第二阶段,根据其他性状(如材质、抗病性和耐寒性),只保留育种群体中那 1000 株树木中最好的 300 株。

形成全同胞家系的控制授粉交配设计(专栏 11.3)和只控制谱系母本的自由授粉交配设计(专栏 11.2)都在不同的项目中应用,实现育种群体中树木的相互交配。事实上,在某些项目中,两种类型的交配都使用,这使得育种策略的制订具有极大的灵活性(*第 14 章*和*第 17 章*)。在这里,重要的概念是相互交配,它是任何改良项目的重要活动,在形成下一世代基本群体的子代中创造新的遗传组合。从这些新创造的子代中选择优良树木是从轮回选择周期和相互交配持续获得遗传进展的基础。

繁殖群体

在每一个改良周期中,**繁殖群体**(propagation population)[有时称为**生产群体**(production population)或**配置群体**(deployment population)]都由选择群体的部分或全体成员组成,其功能是生产足够数量的遗传改良植株以满足生产性造林项目每年的需求(图 11.1)。这些植株有时统称为一个**遗传改良品种**(genetically improued variety),而大量繁殖和栽植一个改良品种的活动称为**配置**(deployment)。大多数树木改良项目的主要现实效益是用改良品种营造的人工林的产量增加、健康改善。

将繁殖群体与育种循环的主要核心(即基本群体、选择群体和育种群体)区分开的作用在于核心活动集中于经过许多个世代的改良后仍能保持广泛的遗传基础并获得遗传增益。另外，繁殖群体的目的是配置良种，使一个特定改良周期的生产性人工林的遗传增益最大。

种子园(seed orchard)，是最普遍的繁殖群体类型(专栏 11.2 和专栏 11.3)，通常是在一个地点将选择群体中的最佳成员嫁接到砧木上形成的，为了生产种子进行集约经营(见专栏 16.1)。然后，嫁接的树木间通过自由授粉形成的遗传改良种子由苗圃管理人员育苗，培育的苗木用于造林。还有许多其他类型的繁殖方法，最佳选择取决于许多因素(*第 16 章*)。

繁殖群体中通常只包含最好的入选树木。例如，选择群体可能含有几百个基因型，而繁殖群体则由最好的 20 ~ 50 个基因型组成。这虽然增加了从栽植的生产性品种期望得到的遗传增益，但也降低了其遗传多样性。甚至在一个改良周期内，也常持续地提高繁殖群体的遗传品质。随着遗传测定信息的获得，遗传低劣的入选树木可能要从繁殖群体中剔除，而原先没有包括的优良的入选树木可能会加入。这意味着栽植的改良品种的遗传组成和一个改良周期内的期望增益可能改变。

大多数树木改良项目将选择局限在少数几个(2 ~ 6 个)重要性状，因为难以同时从许多性状获得增益。与感兴趣的性状不相关的其他性状几乎不受影响。这一点，连同大部分项目与未驯化的天然群体只有一个或两个世代的间隔的事实，意味着树木改良项目尚未彻底改变树种的遗传结构。将来，经过几个育种周期并且使用标记辅助选择和基因工程等(*第 19 章*和*第 20 章*)新技术之后，选择群体和育种群体的遗传结构可能开始与自然界中该树种的遗传结构显著地趋异。然而，今天的林木改良品种仍然与未驯化的树种极为相似，这与许多农作物完全不同。

来自外部群体的引入树木

在选出最初的入选树木后若干年，许多树木改良项目都在育种群体中引入新的入选树木，而这些并不是原来的选择群体或育种群体的组成部分。这些**引入树木**(infusion)的目的可以是改良一个特定的性状或者一般而言是为了扩大项目中现有的遗传多样性。这样的例子包括：①在原生林和(或)人工林中选出新的入选树木以扩大遗传基础。例如，美国东南部的火炬松(*P. taeda*)项目选出了 3300 株新的入选树木(专栏 11.3)。②选出新的入选树木以增加一个特定性状的等位基因频率。例如，美国东南部的湿地松(*P. elliottii*)项目在高度感染梭锈病(*Cronartium quercuum* f. sp. *fusiforme*)的林分中选择了近 500 株未感病的树木以增加育种群体中抗病等位基因的频率(White *et al.*，1993)。③从同一树种的其他育种区得到经过证明的入选树木。例如，Weyerhaeuser 公司在为大约 2000km 以外的阿肯色州的林地培育改良品种的育种群体中使用来自北卡罗来纳州的火炬松(*P. teada*)入选树木(Lambeth *et al.*，1984)。④从改良同一树种的其他机构得到经过证明的入选树木。例如，许多不同国家的巨桉(*E. grandis*)育种项目有时互相交换材料。⑤培育种内或种间杂种增加遗传多样性或者改良一个特定性状。例如，南非 Mondi Forests 公司的改良项目将巨桉(*E. grandis*)与其他桉树杂交为巨桉(*E. grandis*)作为纯种不能很好地适应不同类型的土地(更寒冷、更接近亚热带气候等)培育育种群体。

对所有引入树木的情况,新材料都应该通过遗传测定对所有性状进行评价,以保证不能在某些性状获得增益而在另一些性状导致无意损失。新的入选树木在包含生产性品种的繁殖群体之前可以在育种群体内交配一个或多个世代,这使得在育种群体内能保持广泛的遗传基础而不会牺牲生产性人工林的增益。

遗传测定

遗传测定(genetic test)林是所有树木改良项目的核心,是用育种循环中任意群体类型产生的标记清楚的谱系化子代或无性系植株建立的。测定林通常栽植在野外的森林立地上(图 14.11),但是也可能栽植在苗圃、温室或者生长室内。在通常情况下,一个单一测定系列有好几个目的;根据主要目的可以叫做子代测定、基本群体、产量试验或研究试验。

在*第 1 章*和*第 6 章*中介绍了栽培对比试验的概念,许多入选树木或其子代栽植在一个或多个地点的随机、重复的试验中相互测定。栽培对比试验的思想是在重复试验中生长基因型,因而对表型的遗传效应可以从混淆的环境效应中分离出来。

树木改良项目依靠遗传测定:①评价在任何选择周期选出来的入选树木的相对遗传质量;②估计重要性状的遗传参数,如遗传率、遗传相关和基因型与环境相互作用;③提供一个由新的基因型组成的基本群体,从中进行下一周期的选择;④量化或者展示项目的遗传增益。这些目的连同适宜的交配设计和田间设计将在*第 14 章*中讨论。

树木改良项目的遗传增益和经济评价

遗传增益的概念和增益估计值的类型

量化树木改良项目不同阶段过去和(或)潜在的遗传增益对以下几个方面很重要:①在不同的遗传测定的交配设计和试验设计之间进行选择;②评价不同的育种策略;③决定突出哪些性状;④证明项目的有效性(例如,通过比较改良和未改良人工林的增益和经济效益);⑤制订采伐时间表并估计来自由许多不同改良水平的改良品种组成的人工林产业的木材流动。

所有树木改良项目的目标是增加影响被选择性状的有利等位基因的频率。然而,对于多基因性状,不可能测定等位基因频率的改变。事实上,一个选择循环引起的影响任何特定性状的许多位点中的每一个的频率改变是很小的。由于这一原因,树木改良项目的有效性,称为**遗传增益**(genetic gain)或**遗传进展**(genetic progress),是通过每一性状群体平均值的变化测定的,定量表示为两个群体的平均遗传值(或育种值)的增加。

在*第 6 章*中,定义了两种不同类型的遗传值:总基因型值 G,也称为无性系值;育种值 A,是无性系值中传递给有性生殖产生的子代的那一部分。遗憾的是,符号 ΔG 用于表示两种情况中得到的遗传增益:

$$\Delta G = \overline{G}_2 - \overline{G}_1 \qquad \text{公式 11.1}$$

或者

$$\Delta G = \overline{A}_2 - \overline{A}_1 \qquad \text{公式 11.2}$$

式中,公式 11.1 是根据两组或两个群体树木的平均基因型值表示的任何性状的遗传增益,而公式 11.2 是以两组树木的平均育种值之差表示的遗传增益。对于比较栽植经过测定的无性系的项目的选择群体和繁殖群体,公式 11.1 更适合,而公式 11.2 适合于大多数其他类型遗传增益的比较(即对于有性繁殖的群体类型)(*第 13 章*和*第 16 章*)。比较的两组或两个群体可以是:①同一改良周期的育种循环中的两个群体(例如,比较同一周期中的基本群体和选择群体以测定选择增益);②两个连续改良循环中的同一群体(例如,比较第一个循环和第二个循环的繁殖群体以测定一个来自额外改良循环的商业品种的增益);③有兴趣比较其平均遗传值差异的任意两组树木。

遗传增益估计值常针对不同阶段的树木改良项目和不同群体类型。在任何特定的改良循环中,基本群体的遗传进展预计最低,选择群体的较高,繁殖群体的最高(图 11.2)。具有较多树木和更多遗传多样性的基本群体必然比从该基本群体中挑选出来的优良个体形成的较小的选择群体具有更低的平均遗传值。繁殖群体,包括少数用于生产造林用植株的最佳个体,其多样性更低,遗传增益更高。

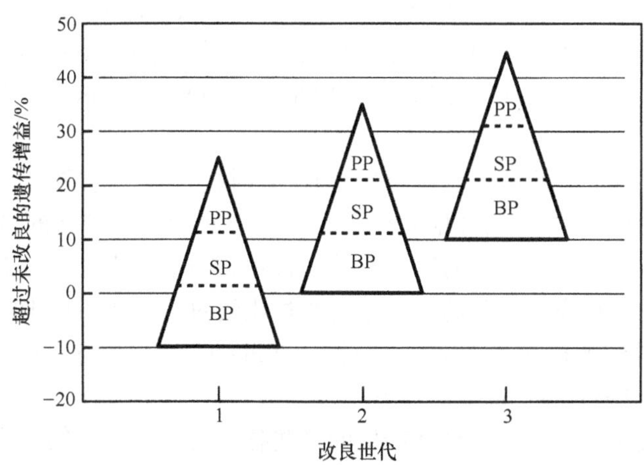

图 11.2　表明三个不同改良周期中的每一个的三个群体类型的遗传增益的示意图。整个三角形代表的是每一世代的基本群体(BP)。稍小的三角形代表的是 BP 中的一部分,即选择群体(SP),上边的三角形是繁殖群体(PP)。遗传增益表示为超出未改良树种的起点 0(即世代 1 中的 BP)。三角形内每一群体类型的面积与其大小(个体数)和多样性呈正比,而其 y 轴上的高度表示了该群体类型的平均遗传值。

这种反比关系(遗传增益越高伴随着遗传多样性越低)是使用具有不同功能的不同群体类型的主要原因。虽然在任一个改良循环中,选择群体越大遗传增益越小,但它保留了足够的遗传多样性以保证许多改良循环都获得出色的遗传增益。相反,繁殖群体的目的是使当前循环的生产性人工林的遗传增益最大。不过,在每一个循环中,繁殖群体是用新的基因型重新形成,因此不需要那么多的遗传多样性。注意,繁殖群体在图 11.1 中位于育种周期的外侧,这表明它是一个“死胡同”群体,它的基因型对未来世代的遗传增益没有直接贡献。

每一循环的增益建立在前一循环的增益之上(图 11.2),从这一意义来看,遗传增益是连续的和累积的。当一个树木改良项目进入第三个循环时,所有群体类型期望得到的增益都得益于前两个选择、相互交配和测定循环。仍然是在第三个循环,有不同层次的群体类型,它们的平均遗传值和遗传多样性是不同的。因此,可能有许多与任何树木改良项目相关的不同类型的遗传增益估计值(几个循环中每一个类型内不同群体类型的比较)。由于可以单独估计改良的每一个性状的增益,这一问题又进一步复杂化。另一个常见的问题是增益估计值来自幼龄遗传测定林,而真正的兴趣是在轮伐期获得的增益。为了把从较幼龄估计的增益转化成较老龄的增益,必须做出假设,如*第 6 章*中讨论的年龄-年龄遗传相关。

有两种估计遗传增益的方法:①**预测增益**(predicted gain),是根据从数量遗传学理论推导出的公式计算的(*第 13 章*和*第 16 章*);②**现实增益**(realized gain),是从几个立地的随机、有重复的产量试验中在未改良品种(或者与具有不同改良水平的品种)附近栽植改良品种的试验得到的。预测增益(类型 1)总是前瞻性的增益期望值,能够从使用新品种或一种类型的选择中实现;文献中有数以千计的预测增益。现实增益(类型 2)是回溯性的,因为在试验林栽植数年后才会得到结果。到那时,被测定的品种常常已经不再使用,已经被更新、更好的品种所代替。因为得到可靠结果需要时间和成本,现实增益在文献中较少见;不过,这些类型的试验很重要,因为它们提供了一个树木改良项目所获得的增益的直接经验证据(Eldridge,1982;Lowerts,1986,1987;Shelbourne *et al.*,1989;LaFarge,1993;Carson *et al.*,1999;Cotterill,2001)。

当估计的是幼龄的预测或现实遗传增益时,有时把估计值包含进已有的生长和产量计算机模型估计轮伐期的产量,并根据林产品的生产估计遗传增益的最终影响。**模拟增益**(simulated gain)是第三种类型的遗传增益估计值,是通过把有关改良和未改良品种的各种假设包含进计算机模型得到的。增益是通过比较对由这些假设确定的不同改良水平进行计算机运算得到的模拟产量进行估计的(Talbert *et al.*,1985;Buford and Burkhart,1987;Hodge *et al.*,1989;Carson *et al.*,1999)。

由不同群体类型和不同改良循环产生的这些各种类型的增益估计值使得比较即使由一个树木改良项目培育的不同品种期望获得的相对增益也成为一项挑战。考虑一个想购买改良植株用于更新造林并且有多种选择的非工业土地所有者的境况,清楚地指定每一个可以利用的品种不同性状预期的相对改良水平的一种有效的标记方法可能是最有用的比较方法。虽然这样的标记方法还很罕见,但是在新西兰已经为辐射松(*P. radiata*)开发了一种,其中为每一个可供利用的品种分配 GF(生长和干形)等级(Shelbourne *et al.*,1989;Carson *et al.*,1999);GF1 是未改良品种,GF 数字越大表明改良程度越高(图 11.3)。

不同性状获得的遗传增益

在 20 世纪 50 年代,早期的树木育种先驱者依靠他们的直觉,以及农作物和家畜育种项目成功的知识证明他们的努力的合理性,现在则有坚实的证据证明许多树种的树木改良项目已经培育出获得了显著遗传增益的改良品种。在这一部分,将简单强调在各种各样的树木改良项目的第一世代的不同性状中获得的一些增益。

图 11.3　新西兰 Kaingoroa Forest 公司现实增益试验中栽植的 8 年生辐射松(*Pinus radiata*),显示的是森林研究所(FRI)培育的两个不同品种。在这一有良好重复的试验中 17 年时:a. GF2,一个未改良品种,平均高 30.7m,商品树干 50%,年平均生长量(MAI)19.9$m^3 \cdot hm^{-2} \cdot a^{-1}$;b. GF22,一个改良品种,平均高 32.1m,商品树干 80%,MAI 24.9。(照片由新西兰森林研究所的 J. Barren 提供)

因为经济价值高,大多数树木改良项目都花费相当大的努力改良生长速度,所以,即使只有低到中等的遗传率(h^2 为 0.10 ~ 0.30;*第 6 章*),由于高强度努力,在第一世代也已经取得了显著的增益。已报道的生长速度的增益超过未改良的原生树种或地域小种

5% ~25%，这在针叶树和被子植物树种中都很常见(Pederick and Griffin,1977;Eldridge,1982;Talbert *et al.*,1985;Nikles,1986;Shelbourne *et al.*,1989;Rehfeldt *et al.*,1991;McKeand and Svensson,1997;Carson *et al.*,1999)。栽植经过测定的无性系的第一世代项目甚至报道过更高的增益(Franklin,1989;Lambeth and Lopez,1994)。

树干通直度(Goddard and Stickland,1964;Campbell,1965;Ehrenberg,1970;Talbert *et al.*,1985;LaFarge,1993;Nikles,1986)和树枝质量性状(Shelbourne *et al.*,1989)也获得了相当可观的增益。Zobel 和 Talbert(1984)声称在第一世代中对于通直树木进行强度选择常会产生出色的效果,可能会使得在随后的改良循环中放松对这一性状的选择。木材密度等一些与材质相关的性状的遗传率高,这意味着对于这些性状当然可能获得遗传增益,而且已有报道(Jett and Talbert,1982;Shelbourne *et al.*,1986)。

还报道了一系列树种对于各种真菌病害抗性的遗传增益,而且在高度感染的林分中选择未染病树木可能是培育抗性品种特别有效的第一步(Bjorkman,1964;Zobel and Talbert,1984;Shelbourne *et al.*,1986,p71;Hodge *et al.*,1990;Wu and Ying,1997),不过,这不应该解释为抗性品种对一种病害是完全免疫的,或者对可能遇到的所有真菌病害在寄主树种内很容易发现抗性遗传变异。榆树荷兰病(*Ophiostoma ulmi*)和板栗疫病(*Cryphonectria parasitica*)只是真菌病害的两个例子。毫不夸张地讲,它们使美国数百万株树木受损害或者死亡,但却几乎没有证据表明检测到了抗性。病原菌和树木没有经过许多个树木世代的协同进化(*第 9 章*),从某种意义上来说,这些病原菌是寄主树种新遇到的。因此,外来树种上的新病原菌和在自然分布区内的树木上的外来病原菌可能特别麻烦(*第 10 章*)。

毫不夸张地讲,还有成千上万个不同类型的其他性状遗传增益的例子。一些例子包括,茎段的生根能力、嫁接亲和性、抗旱性、抗寒性、单萜含量和种子生产。从理论上来讲,几乎所有的性状都表现出遗传变异(即使相当低),如果在选择、育种和测定方面花费足够的努力,它们都可以得到改良。

常常希望以整合所有选择性状的形式表示遗传增益,并且容易转化成价值或者总产品增益。虽然这并不总是可能的,但一个特别好的例子是葡萄牙蓝桉(*E. globulus*)的 Celbi 项目(Cotterill,2001)。第一个树木改良循环在每年每公顷漂白牛皮纸浆生产上获得了超过未改良品种 60% 的遗传改良。这一遗传增益值包括了 3 个不同性状选择、测定和育种的增益:树木生长速度、木材密度和纸浆产量。

树木改良项目的经济分析

大规模的树木改良项目在 20 世纪 50 年代开始后不久,企业管理人员就开始询问所需要的大量支出是否代表了一项明智的商业决定。几项早期的研究概述了应该用于正确评价树木改良相对于其他可能的投资的适当的贴现现金流分析这样的经济方法(Davis,1967;Carlisle and Teich,1978)。采用这些方法,许多具体的树木改良项目的分析表明在合理的遗传和经济假设下投资会得到良好的效益(Danbury,1971;Dutrow and Row,1976;Porterfield and Ledig,1977;Reilly and Nikles,1977;Ledig and Porterfield,1982;Fins and Moore,1984;Talbert *et al.*,1985;Thomson *et al.*,1989;McKenney *et al.*,1989;Hamilton *et al.*，1998）。由于这些发现，树木改良在大多数大型的人工林项目中已经成为被接受的育林投资。

由于树木改良的经济价值已经广泛确定，最近的分析已经不再着眼于证明整个项目的合理性，而是着眼于利用经济工具评价具体的决策。例如，使用无性系或者实生苗是否更好，或者一个种子园应该何时被替换（McKeand and Bridgwater，1986；Thomson *et al.*，1987；McKenney *et al.*，1989；Williams and de Steiguer，1990；Balocchi，1996）。大量的经济分析已经得出普遍应用于许多树种改良项目的几项结论，能够帮助指导项目的发展和实施（专栏 11.4）。

专栏 11.4　树木改良项目经济分析的一般结论

1. 资金成本（有时称为贴现率或复合利率）低总会增加一个树木改良项目相对于较短期投资的经济有利度。树木改良是一项长期投资，经济效益直到项目启动多年后才会实现。资金成本高意味着货币的时间价值高，也就暗示着投资者不是那么愿意等待更长期的效益。

2. 相对于其他产品和服务，木质产品价格的正的实际通货膨胀率增加树木改良的经济价值。在这种情况下，产量或产品质量的遗传增益被未来木质产品的价格进一步扩大，该价格即使在对通货膨胀调整以后也要高于当前的价格。

3. 造林比率越高（每年栽植更多的公顷数）的人工林项目从树木改良中获益越多。虽然其他育林措施，如整地和施肥的成本发生在处理的每一公顷上，但树木改良的大多数成本是与选择、育种和测定相关的，并不直接取决于栽植的公顷数。因此，随着造林面积的增加，项目成本几乎没有什么增加，但预期效益却有巨大增加。换言之，越大的人工林项目，因为将成本分散在更多的栽植面积上而获益。

4. 增加遗传增益或者降低项目成本直接增加一个树木改良项目的经济效益和必要性。这是许多机构合出资源的协作组长期以来一直如此有效稳定的一个原因。

5. 树木改良在生产力在越高的林地上是一项越有利的投资，这是因为比在生产力低的林地上效益通常更高（预计产量增加更多）而且实现得更早（由于轮伐期更短）。

6. 树木改良增益在世代间是累积的，这在考虑几个人工林轮伐期的分析中显得在经济上更可取。大多数育林措施，在每一个轮伐期必须重复；与之不同，前几个树木改良循环的效益在随后的世代积累时不需要附加成本。因此，效益在多个改良循环中叠加，为了适当地实现这一特性，必须考虑人工林的多个轮伐期。

7. 在一个特定的改良循环中，以相对较低的成本增加期望增益的任何选择都具有巨大的积极的经济影响。例如，一旦遗传测定的成本已经发生（被视为沉没成本），疏伐一个种子园或营建一个 1.5 代种子园（*第 16 章*）的附加成本几乎总是产生出色的经济效益。

本章提要和结论

大规模的树木改良项目在 20 世纪 50 年代才开始认真开展，而今天以任何数量栽植的所有树种都存在树木改良项目。此外,在农用林业、大众倡导的社区造林项目和其他非工业用途方面对树木改良也有浓厚的兴趣。下面的组成部分是一个成功的树木改良项目的关键:①明确的项目和产品目标;②扎实的树种生物学、育林和遗传学知识;③由稳定的预算支持的训练有素的人员实施的合理的育种策略;④高效的大量繁殖、苗圃和人工林经营方法以优化产量和产品质量;⑤维持广泛的遗传基础;⑥存在一个支撑研究项目。

树木改良项目的活动可以很方便地用一个称为育种循环的概念模型进行概括,该模型描绘了在一个特定的改良循环中可能发生的一组潜在的活动和群体类型(图 11.1)。育种循环的核心活动是选择和相互交配,从基本群体挑选出来的入选树木形成选择群体,然后,这些入选树木的部分或全部(即育种群体)相互交配诱导等位基因重组。将相互交配产生的子代栽植形成下一循环的基本群体,再次实施选择挑选优良个体。育种循环每世代或者每一个选择和相互交配周期完成一次。两个连续循环的两个选择事件之间的年数称为世代间隔。

每一个改良循环的繁殖群体一般由选择群体中的最佳成员组成,其功能是生产足够数量的遗传改良植株以满足生产性造林项目每年的需求。这些树木统称为一个遗传改良品种,而大量繁殖和栽植一个改良品种的活动称为配置。大多数树木改良项目的主要目的是实现利益,用改良品种营造的人工林的产量提高、健康改善、产品质量提高。将繁殖群体与育种循环的主要核心(基本群体、选择群体和育种群体)分开的作用在于,核心活动集中于经过许多个改良周期后仍能获得遗传增益并保持广泛的遗传基础,而繁殖群体则着眼于在特定周期中配置一个品种以使遗传增益最大。

常为不同阶段的树木改良项目和不同的群体类型估计遗传增益估计值。在任何给定的周期,基本群体的遗传进展预计最低,选择群体的较高,繁殖群体的最高(图 11.2)。基本群体树木的数量最多,遗传多样性最高,必然比从基本群体中选择优良个体形成的较小的基本群体具有较低的平均遗传均值。繁殖群体包括一周期中的少数最佳个体,用于生产造林用植株,其多样性最低,遗传增益最高。每一世代的遗传增益都建立在前一世代的增益基础上,从这一意义上来看,遗传增益是连续的和累积的。

采用贴现现金流法进行的经济分析已经表明树木改良是一项明智的商业决策,在多种经济方案下大量的树种都会产生良好的经济效益。对于投资产生大的正的效益的重要因素是:①良好的经济假设(资金成本低和正的实际林产品价格增长速度);②分散项目成本的大的土地基础;③在短轮伐期获得良好产量的生产力高的土地;④增加期望遗传增益或降低项目成本的创新。

第 12 章　基本群体——种、杂种、种子产地与育种区

种间遗传分化及种内不同种源间遗传分化已分别在*第 9 章*及*第 8 章*中介绍。本章将介绍几个常用的分类等级概念。在人工造林计划中，常需要进行以下两个重要的决定：①为经营性造林选择合适的树种及合适的种子产地；②确定林木改良的基本群体。在所有人工造林计划的初始阶段，基本群体的确定就是造林树种的选择。因此，当开始着手林木改良计划时，确定基本群体就是决定用哪一个树种、从哪些种子产地采种。基本群体一旦确定，其所包含的个体就构成育种计划的组成部分，其他种子产地的树木就不会考虑(参阅*第 11 章*)。

从遗传学角度来看，在人工造林计划中，选择合适的树种及合适的种子产地是最重要的决策。Zobel 和 Talbert (1984，p76)非常恰当地指出，“在大多数林木改良中，最大、最廉价、最快捷的遗传增益是通过选择合适的树种及种子产地而获得的”。选择错误的树种或种子产地将使人工林产量降低，甚至导致整个造林计划完全失败。相似的，在一个林木改良计划中，如果构成基本群体的个体不是最好的，那么，据此培育出的商用品种必定为表现出适应性差、生长差及(或)经济价值不高。不管是经营性造林还是林木改良，两者的目标是一致的，就是选择适应性广、生长快、产量高的树种与种子产地。

本章首先简单描述几个常用的分类等级(种、杂种与种子产地)，重点介绍一些与人工造林计划相关的特点。接下来，将讨论如何为人工造林选择树种、杂种及种子产地，包括对候选树种所开展的田间试验。*第 8 章*讨论了在树种自然分布区内选择合适的种源进行人工造林，这与本章内容相关，但本章着重于分布区外的人工造林。在概念上有较多的重叠之处，希望读者在阅读时同时参考两章的内容。本章最后给出了基本群体的定义，该定义适用于第一代林木改良计划的情形，也适应于多个树种。高世代的基本群体将在*第 17 章*讨论。

分类等级及其与人工造林有关的特点

种及种间杂种

对于有些人工造林计划，树种选择，甚至种子产地选择是预先定好的，或者说是一本道式(straightforward)的，例如，当某一外来树种在某一地区已成功栽培了几十年，在这种情况下，树种选择与产地选择就很容易确定。这尤其适用于有些特殊的造林计划，有时，森林经营者在不清楚用什么树种造林的情况下，就需要在短时间内营造几千公顷的人工林。Pancel (1993) 分析了 42 个热带地区的经营性造林计划，发现所有的造林计划都是在没有任何关于树种选择试验信息情况下就已启动；在获得田间试验信息后，有 60% 的造林计划更换了造林树种，而且，据一篇 CABI 数据库 1987 ~ 1997 的综述文章报道，与田间试验与树种选择有关的文章将近 800 篇。这些文章涉及的试验地点非常广，遍及全球，覆盖不同的气候条件，涉及的树种非常广泛，研究目标多样。该领域研究非常宽广，可试

验的因素非常多,也非常复杂。在此,仅简单介绍树种及杂种两个分类等级,更详细的信息请读者参阅文献(Zobel and Talbert,1984; Savill and Evans,1986; Zobel *et al.*, 1987; Evans,1992a; Hattemer and Melchior,1993)。

乡土树种与外来树种

当各种因素(生物、社会或政治等因素)无法预先确定造林树种时,一个重要的抉择就是采用乡土树种还是**外来**(exotic)**树种**(在这,外来树种指栽植于其自然分布区外的任意树种)。美国、加拿大优先选用乡土树种进行人工造林,而在整个欧洲,乡土树种与外来树种均大面积种植。在南半球,大部分人工林为外来树种。不同国家、不同地区之间树种选择的差异源于多种考虑。

选用乡土树种造林具有以下三大优点(Zobel *et al.*,1987;Evans,1992a):①采用当地种源造林,其适应性(气候、土壤条件)可得到保证(参阅*第 8 章*);②可获得预期的生长量,尽管乡土树种的生长量有可能不是最突出的;③环境顾虑最小、而社会认同感高。世界上有很多成功采用乡土树种营建大面积人工林的实例,如美国西部及加拿大的花旗松(*P. menziesii*)、美国南部的火炬松(*P. taeda*)与湿地松(*P. elliottii*)、欧洲的欧洲赤松(*P. sylvestris*)与欧洲云杉(*P. abies*),以及印度的柚木(*T. grandis*)。总之,一般应先考虑乡土树种,除非经过长期的田间试验结果表明外来树种具有更大的优势。

在南半球,首选外来树种造林的原因有以下 5 个方面:①对乡土树种的生物学特性及用途尚缺乏足够的了解,无法立即进行人工林培育;②许多外来树种的适应性(气候、土壤条件)及经济价值已很清楚,通常,其中某一外来树种比乡土树种生长快、品质高;③很容易获得外来树种的种子;④外来树种具有更好的木材品质;⑤至少在一定时期内,外来树种具有较强的抗虫性(Zobel *et al.*,1987;Evans,1992a;Kanowski *et al.*,1992;Pancel,1993; Boyle *et al.*,1997)。

成功应用外来树种造林的突出例子很多,不胜枚举,在此仅列举一二。在北半球,北美云杉(*P. sitchensis*)、扭叶松(*P. contorta*)、花旗松(*P. menziesii*)及蓝桉(*E. globulus*)在欧洲不同地区均广泛引种栽培(Savill and Evans,1986; morgenstern,1996; Tibbits *et al.*,1997),火炬松(*P. taeda*)与湿地松(*P. elliottii*)在中国南方广泛引种栽培(Bridgwater *et al.*,1997)。松属(*Pinus*)仅自然分布于北半球,但在南半球也被广泛栽培,这是由于松树生长较快、纤维长,是生产某些特定纸张的优良原材料;尽管几个速生性的桉树种(其自然分布主要在澳大利亚)通常用来生产工业用材及纤维材,但桉树纤维较短。专栏 12.1 总结了世界上栽培最广泛的两个树种的人工造林计划,一个为被子植物的蓝桉(*E. globulus*),另一个为针叶树种辐射松(*P. radiata*),是外来树种引种栽培最成功的两个例子。

专栏 12.1 两个广泛种植的树种:巨桉(*E. grandis*)与辐射松(*P. radiata*)的人工林计划

1. 巨桉(*E. grandis*)原产于澳大利亚东海岸,是世界上栽培面积最大的外来树种,在南美洲各国、非洲各国、中国及其他地区营建了近 1100 万 hm^2 的人工林(Eldridgee*t al.*,1994;Wright,1997)(图 1a)。巴西与南非拥有面积最大的巨桉(*E. grandis*)

人工林，并由此奠定了两国充满活力的工业基础。巨桉(*E. grandis*)的生长速率非常快，根据立地条件不同，年树高生长达3～7m，木材蓄积年平均增量(MAI)为30～70$m^3 \cdot hm^{-2} \cdot a^{-1}$。轮伐期大多为6～10年，其木材主要用于生产纸浆(虽然有些用于生产高附加值的木制品)。巨桉(*E. grandis*)对立地条件有些特殊的要求，且容易感染某些真菌病害；因此，常将其与其他桉树种[如尾叶桉(*Eucalyptus urophylla*)、亮果桉(*E. nitens*)与赤桉(*E. camaldulensis*)]进行种间杂交，以改善其生态适应性与抗病性。

2. 辐射松(*P. radiata*)自然分布于美国加利福尼亚沿海及墨西哥两个岛，其自然分布范围相当狭窄，不足7000hm^2。在其自然分布范围内，辐射松(*P. radiata*)生长慢且偏冠，但作为外来树种，辐射松(*P. radiata*)却获得了巨大成功，这是人们始料未及的。现在，辐射松(*P. radiata*)人工林面积达400万hm^2(主要在智利、新西兰与澳大利亚)，使其成为世界上栽培面积最广的外来针叶树种(Balocchi，1997)(图1b)。同时，还证实了辐射松(*P. radiata*)其实是一个可塑性非常大的树种，能适应不同的气候(如在澳大利亚，年降雨量为500～2500mm的地区均能适应)与土壤条件；其用途多样，可生产高档实木或纸产品(Balocchi，1997)。其年生长量：树高达1～3m/a，年平均材积增量(MAI)达15～30$m^3 \cdot hm^{-2} \cdot a^{-1}$。如果经营目标是生产纸浆材，采用初植密

图1　南半球两个栽培最广的外来树种人工林：a. 3.5年巨桉(*Eucalyptus grandis*)纸浆人工林，轮伐期6年，由Smurfit Carton de Colombia公司营建；b. 11年火炬松(*Pinus taeda*)林，经多次疏伐，轮伐期25年，培育目标为高档实木用材，由Forestal Mininco in Chile公司营建。(由T. White拍摄)

度大、短轮伐期(低于 20 年)、不进行疏伐的经营措施;如果经营目标是实木制品,采用初植密度小、在 25 ~30 年的轮伐期内进行多次疏伐的经营措施(图 1b)。

图 1(续)

正如作者所见,许多重要的乡土树种与外来树种均能营建出优异的人工林、获得高质量的林产品。因而,造林树种选择有时很简单,但有时却很难。当难以抉择时,可以参考本章后面简要概括的候选树种田间试验方法,以帮助做出正确的树种选择。

种间杂种

迄今为止,在世界上约 1.5 亿 hm^2 的人工林中,绝大部分(超过 95%)为单一树种的纯林。然而,种间杂种在自然界早已存在(*第 9 章*),且作为商业用材树种的重要性越来越突出(Zobel and Talbert, 1984; Namkoong and Kang, 1990; Nikles, 1992, 2000; Khurana and Khosla, 1998; de Assis, 2000; Retief and Clarke, 2000; Potts and Dungey, 2001)。尽管种间杂种必须通过控制授粉才能获得,但采用无性繁殖(如根插)方式利用优良杂种却非常容易。在林木许多属中,采用优良杂种无性系大面积营建经营性人工林,如杨属(*Populus*)和桉属(专栏 12.2)。虽然**杂种 F_1**(hybrid F_1,来自于两个不同种的个体间杂交)是最常见的商用杂种类型，但其他类型杂种也逐渐应用，如**杂种 F_2**（hybrid F_2，来自于 F_1 个体间杂交），杂种 F_1 与一个或两个亲本的**回交**（backcross）、**三交**（three-way）和**四交**（four-way）杂种涉及 3 或 4 个树种及其他杂种类型（Nikles，1992，2000；de Assis，2000；Verryn，2000）。

杂种优势有两个英文术语，hybrid vigor 与 heterosis，两者可相互通用，都可用来定义超中亲优势[杂种与中亲值（mid-parent value）比较]及超高亲优势[杂种与较好亲本（better parent value）比较]。例如，对于加勒比松洪都拉斯变种（*P. caribaea* var. *hondurensis*，PCH）与湿地松本种变种（*P. elliottii* var. *elliottii*，PEE）的杂种 F_1，考察材积与通直度两个性状（图 12.1）。杂种 F_1 在材积生长量上具有超亲优势，因为杂种 F_1 的材积生长量为 31dm^3，而较好亲本（PEE）的材积生长量为 28dm^3；对于通直度，杂种 F_1 具有超中亲优势而不具超高亲优势，因为杂种 F_1 的通直度为 5.3（评分等级 1～8），显著高于中亲值[5.1＝(5.6+4.6)/2]，接近于通直度较好的亲本（PEE）。在某种情况下，杂种在某一个或多个性状上具有负向杂种优势，即杂种接近或低于较差的亲本（如图 12.1 中杂种 F_2 的通直度）。

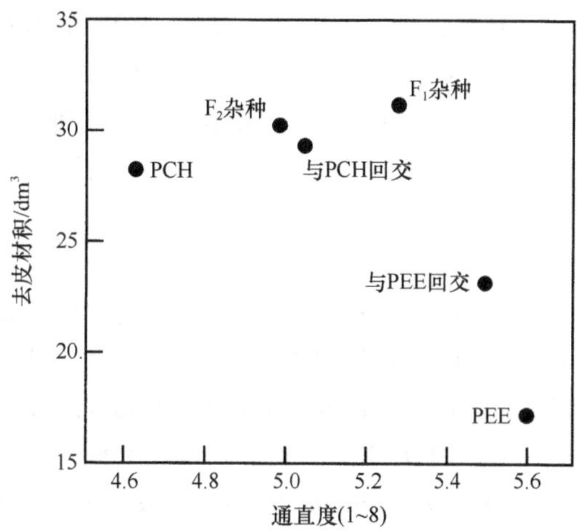

图 12.1　加勒比松洪都拉斯变种（*Pinus caribaea* var. *hondurensis*，PCH）、湿地松本种变种（*Pinus elliottii* var. *elliottii*，PEE）及其各种类型的杂种 6 年生时的净材积生长（单位为 dm^3）与通直度（分 1～8 个等级）的平均表现，试验数据来自 4 个试验地点，位于澳大利亚昆士兰南部至中部地区。杂种 F_1 来自于两个纯种的不同个体间杂交，杂种 F_2 来自于 F_1 个体间杂交，回交来自于杂种 F_1 与亲本 PEE 或亲本 PCH 的杂交。

有关杂种优势内在的遗传与生理机制仍然不太清楚（Falconer and Mackay，1996；Li *et al.*，1998；Cooper and Merrill，2000；Kinghorn，2000）（参阅*第 5 章*），而且，杂种优势的有无及大小依赖于杂种所处的土壤、气候条件（Potts and Dungey，2001）。在这种情况下，可能存在明显的类群与环境相互作用：在有些环境中，纯种表现好，而在另一些环境中，杂种表现好。关于杂种优势机制有待于进一步探索，最新的分子遗传学技术或许会带来较大帮助（参阅*第 18 章*）。

尽管对杂种优势机制不甚了解，但杂种优势利用在提高生物产量、改善品质方面发挥了重要作用,这在农作物(Cooper and Merrill,2000)、动物(Kinghorn,2000)及林木(专栏12.2)中均有报道。在林木中,与单一纯种相比,种间杂种具有如下优点:①生长快(图12.1);②对气候、土壤条件的适应性广,可扩大单一纯种的栽培范围(图12.2);③抗虫性、抗病性强;④用途更广(图12.3);⑤促进人工林培育与林木改良(例如,可提高插穗生根能力)。

专栏12.2 种间杂种应用于人工林计划的3个范例

1. 在欧洲一些国家和北美,一直采用杨属(*Populus*)种间杂种进行人工造林与育种(Zobel *et al.*, 1987,p303;Stettler *et al.*,1988;Bjorkman and Gullberg,1996;Morgenstern,1996,p100)。杂种杨树具有生长快、表现好等优点,在人工林培育中发挥了重要作用。同时,杨树易进行种间杂交、无性繁殖容易,这为杨树遗传改良与经营性繁育推广提供了有利条件。

2. 另一个范例源于澳大利亚Garth Nikles博士的开创性的工作,他在20世纪60年代开始进行加勒比松洪都拉斯变种(*P. caribaea* var. *hondurensis*,PCH)与湿地松本种变种(*P. elliottii* var. *elliottii*,PEE)的种间杂交并对杂种进行测定(Nikles,1992,2000; Dieters and Nikles,1997)。两个纯种都各有其优点,但杂种在有些方面比两个纯种表现更好(图12.1)。PCH在亚热带温和气候下生长快,但与PEE相比,其木材密度较低,抗寒性、抗水涝、抗虫性(蛾类)、抗风性较差。杂种综合了两个纯种的优点(来自PCH的生长与分枝特性与来自PEE的木材密度和抗性)。杂种松表现出强杂种优势,已在澳大利亚广泛、商业化种植,同时,在南美和非洲其他一些国家也正进行试种。

3. 第三个范例为杂种桉树。巨桉(*E. grandis*)与其他桉树的杂种在世界很多国家的林业生产中发挥了巨大的作用,如巴西、中国、哥伦比亚、刚果、南非及委内瑞拉(Denison and Kietza,1992; Endo and Lambeth,1992; Nikles,1992; Ferreira and Santos,1997; Wright,1997; De Assis,2000; Retisf and Clarke,2000; Verryn,2000)。正如前文所述(参阅专栏12.1),巨桉(*E. grandis*)是栽培最广泛的外来纯种。巨桉(*E. grandis*)与其他桉树的杂种,尤其是与尾叶桉(*E. urophylla*)、赤桉(*E. camaldulensis*)、细叶桉(*E. tereticornis*)、亮果桉(*E. nitens*)的杂种,在提高产量、拓宽桉树在较干旱、较寒冷地区的适应性、增强抗病性等方面发挥着越来越重要的作用(图12.2)。此外,杂种桉树还具有木材密度大、纸浆得率高等特点。

陈述上述观点及罗列专栏12.2的几个实例,并非以此说明杂种优势总是会发生,或者说杂种对于所有类型的造林计划都是合适的,但是,对于有些人工造林计划,从商业角度来看,杂种确实已经发挥了重要作用,且随着无性繁殖技术难关的攻克,以及无性繁殖费用的降低,杂种的商业重要性将不断增长。当然,在选用何种类群的材料进行造林时,应根据杂种优势的内在机制、产品目标、栽培区域内的土壤、气候条件、培育措施等因素进行综合考虑,任意杂种类型(如F1、回交、三交等)或者纯种都有可能是最合适的。总之,选择合适的树种离不开科学合理的田间试验设计。

图 12.2　在南非，Mondi Forests 公司在温带湿润地区广泛种植巨桉（*Eucalyptus grandis*）无性系；但是，杂种巨桉（*E. grandis*）具有强的杂种优势，拓宽了巨桉（*E. grandis*）的栽培范围：a. 种植于 Zululand 亚热带高温干旱地区的子代测定林，图中右边一行为巨桉（*E. grandis*）无性系，左边一行为巨桉（*E. grandis*）与赤桉（*Eucalyptus camaldulensis*）的种间杂种 F_1；b. 高纬度寒冷地区的子代测定林，左边一行为巨桉（*E. grandis*）无性系，右边一行为巨桉（*E. grandis*）与亮果桉（*Eucalyptus nitens*）的种间杂种 F_1。（由 T. White 拍摄）

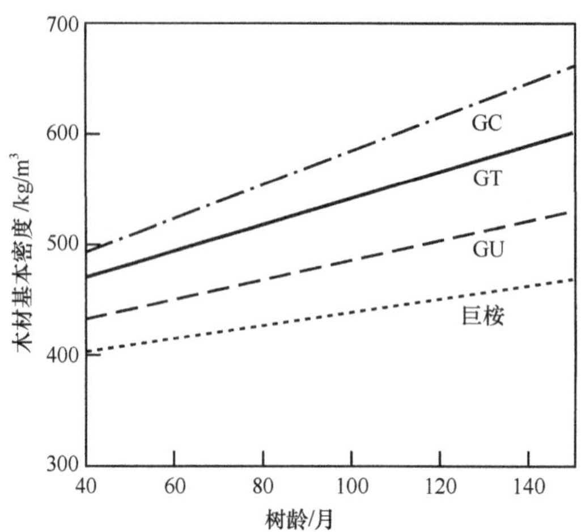

图 12.3 南非巨桉(*Eucalyptus grandis*)及其 3 个杂种的平均木材密度与树龄之间的函数关系。GU = *E. grandis* × *E. urophylla*; GT = *E. grandis* × *E. tereticornis*; GC = *E. grandis* × *E. camaldulensis*。图中没有显示出其他桉树纯种的木材密度,杂种桉树的木材密度介于两个亲本种之间且接近于中亲值。(经作者许可,复制自 Arbuthnot,2002)

亚种、变种、种源及地域小种

在树木种内,有几种类型的种子产地可用来建立基本群体,为经营性造林及林木改良服务。回顾一下*第 8 章*介绍的有关术语,种源是指在该树种自然分布区内种子的原产地。种子产地是一个更宽泛的概念,指种子采集地,可以为树种自然分布区外的种子采集地,如原产于美国东南部的火炬松(*P. taeda*)引种至南非,从其外来树种人工林中采集火炬松(*P. taeda*)种子。在这种情况下,种子产地(南非)就不能称为种源,其原产地可能清楚也有可能不清楚。种子产地也可以指林木育种计划获得的改良品种,还可为某一家系或者经不同程度改良的材料。

种源与种子产地两者均仅指种子采集的地区,并不包含任何有关遗传差异的信息。当比较试验证实种源间存在遗传分化时,可将种源称为小种(race)。种群变异(racial variation)泛指种内种群间的遗传分化(参阅*第 8 章*)。种群变异模式可以为渐变群(clinal),随着环境梯度如海拔、纬度等的变化而呈现连续性的变异;或者可能是生态型(ecotypic)变异,种源间呈现不连续的变异。对于一个特定的树种,两种变异模式均有可能发生。地域小种(参见下一节)是指对引进的外来树种培育的地理小种。

变种与亚种

分类学家将变种与亚种两个术语等同看待,定义该两个术语为种内亚分类单元。他们认为种内不同的变种或亚种具有不同的形态特征,分布于明显不同的区域,并以不同的拉丁名命名(参阅*第 8 章*)。需要强调的是,分类学家对种内亚种或变种的命名是根据对天然林的观察(即没有通过田间试验来测定种群遗传分化)。遗传分化程度还需要田间试验来证实。

一般，在变种或亚种间可望观察到较大的遗传分化［如*第 8 章*描述的扭叶松（*P. contorta*）与加勒比松（*P. caribaea*）的变种］，因此，有必要将这些类群区分开，以便于对种子产地进行测定与选择，进而为人工林营建服务。事实上，通过以前的工作，或许已了解到变种间或亚种间存在很大的差异，甚至认为某一变种或亚种仅适应于某个特定的栽培区域，而且，变种内或亚种内的遗传分化也可能很大，因此，对每一个亚群内的各种源或产地均有必要进行田间试验。

来自自然分布区内的种源

*第 8 章*对种内有关种源间变异的大量信息进行了综述。简要地说，对于自然分布区广的树种，种群变异是普遍的；而且，这种变异几乎总是在人工林中表现，不管该人工林是建立在自然分布区内还是在分布区外，尽管变异的程度与趋势可能依种植区的土壤、气候条件而改变。当为某一造林计划选择最佳种源时，发现存在明显的种群变异，这说明要正确评价一个树种需要对很多种源进行田间测定。

确定最合适的种源是困难的。当树种的遗传分化呈现为渐变群时就更为复杂，因为难以确定种源间的分界。从*第 8 章*已知，种源试验的主要目标是揭示某个树种在其整个（或部分）自然分布范围内的种群变异特征。当种源试验目标是为某一造林计划选择最合适的种子产地时，就没有必要在整个分布区采样。根据已有的田间试验信息，结合生物学判断结果，可以得出一些有意义的推断，如有些区域应该布置更多的采样点，而其他地区的种子可能不适合于该区域种植等。

如果造林区域位于树种自然分布范围之内，建议采用当地种源，尽可能就近采种，除非长期的田间试验结果表明有更好的种源（参阅*第 8 章*）。一般，当地种源的适应性最强，尽管在人工栽培环境中，其他地区种源可能生长更快。*第 8 章*对此进行了详细讨论。

地域小种

当某一树种引种至分布区外栽植，经过自然适应，有时还需人工驯化，在新种植区域内的土壤气候条件下选育的品种就称为**地域小种**（local land race）（参阅*第 8 章*）。如果地域小种在种植区域或相似的环境条件中表现好且具备采种条件，则地域小种可为外来树种造林提供合适的种子产地。表 3.4（Zobel *et al.*，1987）列出了 20 多个有关针、阔叶树种的研究结果，发现从地域小种中采集的种子，其表现与从其他国家进口的种子表现相当甚至更好。他们得出以下结论："对于表中所列的大多数（不是全部）树种，地域小种要好于原产地新的种源（未经引种试验）"。然而，根据经验，也存在很多实例显示地域小种劣于从其他种子产区进口的种子（图 12.4）。因此，重要的是，需要了解哪些生物学因素决定地域小种适应性。

以下因素可使地域小种具有较好的适应性，按顺序列为：①引进的种子采自大量的母树，遗传多样性丰富；②引进的种子来自合适的种源，在引种区域有好的表现；③在新的外来环境中，选择强度大；④该地域小种经历了两代或更多代的适应；⑤该地域小种在引种

图 12.4 种植于阿根廷北部(科连特斯省)的2年生火炬松(*Pinus taeda*)人工林,生长慢的林分其种子采自当地林分(即地域小种),生长快的林分其种子来源于火炬松(*P. taeda*)自然分布区内的美国佛罗里达州马里昂县。(由 T. White 拍摄)

国家栽培面积较大,足以避免发生瓶颈(遗传漂变)效应,以减少遗传多样性非适应性减少的概率。以上5个因素很少会同时出现,然而,不管怎样,对于某一经营性造林计划的启动,地域小种仍然是一个不错的起点。

地域小种的适应性强弱与两个关键限制因子有关:有限的遗传多样性及不合适的种子原产地。如果引进的种子来自于少数几株树,这将导致外来树种的人工群体遗传多样性低,适应性窄,同时,还可能导致后代产生近交衰退(参阅*第5章*和*第8章*,以及专栏12.3)。如果第一次引进的种子来自错误的种源,那么,从更能适应引种地区环境的种源区新引进的种子可能好于第一次引种培育的地域小种。例如,将美国东南部的火炬松(*P. taeda*)引种栽培于阿根廷东北部(Baez and White,1997),第一次引种的种源不清,有可能引自北方温带区域的种源;新引进的种子来自南部亚热带种源(尤其是佛罗里达种源),根据阿根廷的引种试验结果,其生长明显高于地域小种(图12.4和图14.2a)。可通过从原产地合适的种源区进口种子以提高人工林产量,而不是仅依赖于地域小种。

专栏12.3 树种与种子产地的精选试验:马来西亚金合欢属(*Acacia*)

金合欢属(*Acacia*)树种已成为东南亚、南美、非洲及中东地区越来越重要的造林树种。在以上地区,金合欢属(*Acacia*)的栽培面积在1996年达200万 hm^2,到2010年可望翻番(Matheson and Harwood,1997)。其用途多样,从纸浆材、实木用材等工业用材到动物饲料用材。其豆荚可食用,可作为食物来源;固氮能力强、是贫瘠土壤及农林复合经营的理想造林树种。在马来西亚萨巴建立了一批金合欢属(*Acacia*)试验林,试验林建立在两个立地条件完全不同的地点,包含两个树种 6 个种子产地,其中 4 个来自大叶相思(*Acacia auriculiformis*),两个来自马占相思(*A. mangium*)。两个树种原产于澳大利亚、巴布亚新几内亚及印度尼西亚,在马来西亚作为外来树种引种栽培。两个树种第一批引种均采自原产地中少数树木,这些构成了当地的地域小种(Evans,1992a)。地域小种作为本试验的种子产地之一,与从巴布亚新几内亚采集的其他种子产地一起进行测定。

树种	种子产地	4 年生树高/m	
		地点 1	地点 2
大叶相思(*Acacia auriculiformis*)	地域小种	9.87	11.51
	Balamuk,PNG	12.1	13.99
	Lowka,PNG	14.91	13.07
	Bula,PNG	11.59	12.27
马占相思(*Acacia mangium*)	地域小种	11.48	9.56
	未知产地,PNG	15.61	13.04

假如表中每个地点的平均值是从具有严格试验设计(从而确保差异的真实性)的试验中精确估计得来的,从中可以获得以下几方面信息:①生长速率在种间及种内不同产地间存在巨大的差异;②存在明显的树种与地点的相互作用,大叶相思(*A. auriculiformis*)在地点 2 表现好,而马占相思(*A. mangium*)在地点 1 表现突出;③种源与地点相互作用不明显,这与其他试验结果类似(Matheson and Hartwood,1997);④地域小种在两个树种中均表现最差,这可能源于最初的引种仅来自于少数树木、遗传基础窄,从而导致近交衰退。当然,最终的结论还应考察其他性状如通直度、分枝特性及木材品质等,因为这两个种在上述性状上差异很大;此外,本试验结果显示种内不同产地间差异大,进一步证实了开展多地点试验的必要性。

即使在一个新的经营性造林计划中,多数情况下地域小种可能是合适的,但作为该外来树种的育种群体,地域小种不应该是唯一的来源。随着新的试验结果信息的获得,可能有更多、更好的选择,从而可更换人工造林的种子产地。为此,基本群体的构成应可确保该树种遗传改良具有可持续性,以满足多世代的选择、繁育及测定的需要。第一代基本育种群体应具有较高的遗传多样性,可从原产地选择适应于引种栽培区的合适种源组成。对于大多数林木改良计划,第一代基本群体应包含地域小种及其他材料,如从自然分布区收集的种子。

其他类型的种子产地

对于许多乡土和外来树种的人工林计划,还存在其他类型的种子产地,既不是来自于天然林,也不是来自于地域小种。许多树种已被引种至很多国家,并应用于人工造林及林木改良。假如:①另一国家最初引进的材料来自于合适的种源,且遗传基础宽广;②拟引种栽培地区的土壤、气候条件与外来树种原产地相似;③在原产地对该树种的改良已取得了较大的遗传增益。那么,对于某一国家而言,另一国家的外来树种人工林有可能是优良的种子产地。

其中一个突出的例子为巨桉(*E. grandis*)。巨桉(*E. grandis*)广泛种植于几个国家(专栏 12.1)。如前所述,几乎所有国家都启动了巨桉(*E. grandis*)的改良计划,一些国家还将巨桉(*E. grandis*)与其他桉树进行杂交以获得种间杂种(专栏 12.2)。对其他国家或地区而言,这些改良的品种都是优良的种子来源。例如,在美国佛罗里达南部,巨桉(*E. grandis*)需忍受其自然分布区所不遇的周期性寒冷。在南佛罗里达开展的巨桉(*E. grandis*)改良计划,将生长与抗寒性列为选育目标,通过自然选择与人工选择,最终培育出能适应较寒冷气候的地域小种(Meskimen *et al.*,1987;Rockwood *et al.*,1993)。从中选择的家系表现特别突出,明显优于来自乌拉圭的种子,乌拉圭低海拔地区常有霜冻和寒冷(个人通信,A. Rod Griffin,2000,澳大利亚塔斯马尼亚大学合作研究中心)。与此相反,上述佛罗里达家系在生长量上却低于哥伦比亚选育的品种,哥伦比亚具有较温和的热带气候,没有霜冻(个人通信,Luis F. Osorio,2001; Cartón de Colombia,Cali Colombia)。就树种和种子产地调拨而言,最重要的是考察原产地与拟引种地的土壤、气候条件是否相似。

为人工林计划选择树种、杂种和种子产地

大多数人工林计划常涉及几个大小不同的土壤气候区,在海拔、气候、土壤及地形地貌等方面的差异或大或小。最紧迫的事项就是确定在哪一地区应该种植哪一树种,以及采用哪个产地的种子。如果人工林的培育目标是在最短时间内获得最大的产量,在此情形下,如何进行树种、杂种及种源的选择,这是本节着重讨论的问题。本节有关类群选择与种源选择的观点可应用于公众和社会林业(如尽可能提高薪炭材产量)、农林复合经营及工业人工林。*第 8 章*论述了选择合适种源及制订树种分布范围内种子调拨的条例。本节将其拓展至乡土树种及外来树种,以及研究背景不清树种的人工林计划中。

确定采用哪一类群材料造林通常要在风险与收益两者之间权衡,即选择具有最佳生产潜力(使收益最大化)的树种和产地,同时还需具有充足的适应性,使其在整个轮伐期内成活率高、生长快(不适应的风险最低)。什么样的风险等级是可以接受的?若以适应性衡量,就是选择的种源(或其他栽培类群)在人工林条件下能正常成活生长。这里,"人工林"适合度并没有涉及繁殖适合度(除非种子或果实是目标产品),但涉及人工林所采取的特定栽培措施(参照*第 8 章*,"当地种源对比异地种源"一节)。为了对潜在的产量(收益)与适应性(风险)两者进行合理评价,最好的策略就是利用长期的田间试验数据。

基于上述考虑,为某一人工造林计划确定最适合的树种、杂种及种子产地,应采取的一般程序为:①制订产品目标,如纸浆材、实木用材、薪炭材、动物饲料用材;②确定拟种植区域内的土壤气候范围,以及每一地区的土壤、气候及虫害发生情况;③确定人工林的经营管理强度;④根据产品目标、土壤、气候条件及经营管理水平,拟定一份可能适合的树种、杂种、种子产地的候选名单;⑤确定候选树种可能的种子产地范围,确认种子能否采集

到；⑥布置一批田间比较试验以确定哪些是最好的(Savill and Evans，1986；Evans，1992a)。前 5 项将在下一节详细讨论，并紧接着介绍田间试验程序。本节最后一单元讨论如何利用田间试验信息为人工造林计划选择最佳的树种、杂种及种子产地。

为人工造林计划确定候选树种、杂种及种子产地

在无法确定人工造林所用类群(种、杂种及种子产地)的情况下，合理的第一步就是启用决策过程，拟定一个候选名单(图 12.5)。根据已有的信息及种植区内的土壤气候条件，所列的名单可包含少数一些类群(如少数树种中一些公认的种子产地)或包含 50 个或更多的类群。候选名单一旦确定，就可马上应用于以下两方面：①确定种植区域内田间试验所包含的类群(见下节)；②选择一或两个最有可能的候选类群以启动人工林计划。在利用一或两个最有可能的候选类群进行经营性造林的同时，建立包含更多类群的田间试验林，以对最初的决定进一步论证或精炼。

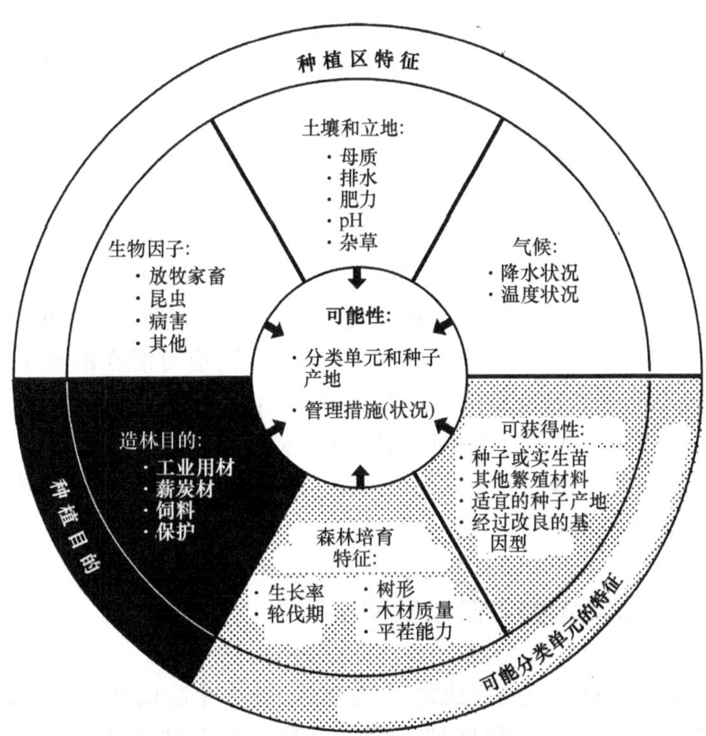

图 12.5　为人工造林计划确定潜在的树种、杂种及种子产地需要考虑的因素的示意图。(重印自 Savill and Evans，1986，得到牛津大学出版社许可)

决策过程的第一步确定候选类群，实际上确定了产品目标(如图 12.5 中的纸浆材、实木用材、薪炭材或饲用材)，不同树种的培育目标不同。针叶树种适合于实木用材及长纤维的纸浆用材；而有些阔叶树种可能更适合于作为高档书写纸的原材料。有些树种用途多样，如银合欢属树种(*Leucaena* spp.)，可固氮、提供薪炭材及其他产品。在选择候选树种时必须考虑产品目标。

第二步,需要确定并了解种植区内的土壤、气候条件(图 12.5)。如果土壤、气候条件在如海拔、土壤、气候或虫害等方面有明显的差别,那么,选择两个或更多的类群有可能获得最大的产量,且应在所有区域开展田间试验。

第三步,确定应采用的一般栽培技术措施。是否采取集约经营措施如细致整地、施肥、间伐等,或者采用粗放经营,让其自然发展。具体的经营措施因树种而异,而这又会影响到树种选择。例如,在美国东南部,在其他条件都相同,仅经营强度不同的情况下,发现火炬松(*P. taeda*)随着经营强度的提高表现越好,而湿地松(*P. elliottii*)在有些立地上,经营强度较低反而表现更好。

第四步,准备一份候选树种、杂种及其种子产地的名单,这些候选类群应具有目标性状典型且适应于拟栽培地区种植。经营目标的制订应与候选类群的生物学特性及种植区特点相匹配。候选树种的选择通常先要了解哪些树种是否已在附近的林分、树木园、植物园、小片林或行道树中成功种植。通过观察或询问附近的农场主,或许能获得意想不到的信息。另外,考察树种是否已成功种植于世界其他具有类似气候、土壤条件的地区,从中也能获得重要的信息。可借助于计算机程序进行树种与气候、土壤条件匹配分析,如 WORLD(booth,1990; Booth and Pryor,1991)和 INSPIRE(Webb *et al.*,1984),或者利用生物学特性已知的树种名录(Webb *et al.*,1984;Pancel,1993)。尽管可利用的信息很多,但实践是不可或缺的,因为在世界上有些地区情况可能变得非常复杂;因此,应寻求在相似领域有丰富实践经验的造林学家的指导。

最后,需要考察每个候选树种的地理变异幅度及合适种子产地的结实状况。如果在树种内,存在亚种或变种,必须对此加以鉴别,在下一阶段的田间试验中作为不同的类群加以考察。自然分布区大的树种,或者种源变异大的树种,在田间试验中必须包含多个产地。在确定了每个候选树种可能的地理变异幅度之后,应对潜在的种子产地进行定位(图 12.5)。潜在的种子产地包括从其自然分布范围内或地域小种内采集、或者购买其他国家人工林或改良林分的种子。参加田间试验的候选树种、杂种及种子产地的最终名单由所有能收集到的各种材料组成。在许多国家,有一些种子商或政府机构专门从事于这一类的种子的采集、标志与调运工作。

种、杂种与种子产地测定的多阶段田间试验

在候选类群确定及种子收集完成之后,接下来,分 3 个阶段开展田间试验,以缩小试验规模并最终为每一个土壤气候区域确定一个最佳的类群(Zobel *et al.*,1987;Evans,1992a):①阶段 1,树种排除试验,其目的为减少候选树种、杂种及产地数目,从多至 50 缩小至 5 个以下;②阶段 2,种子产地精选试验,为最有希望的候选类群进行适应性与产量更精确的评价;③阶段 3,大规模试验,以测定最好类群的产量及产品质量,为产量预测及采伐策略的制订服务。有时,上述阶段按时间先后顺序实施,待第 1 阶段试验结果出来后再进行第 2 阶段试验等。然而,在有些情况下,可省略某个完整的阶段(如当候选类群很少时,阶段 1 可省略),或者同时开展两个阶段试验(如在第 2 阶段的精选试验中测定的类群很多,与此同时,另外建立一系列的第 3 阶段试验林,测定其中少数几个有希望的类群)。

阶段 1：树种排除试验

树种排除试验(species elimination trail)为短期试验，用以排除那些明显不能适应栽培环境的树种，并确定能适应的树种(图 12.6)。在多地点试验中，在每一试验点设置二至多次重复，试验的类群(不同种与杂种的种子产地)可多达 50 个，每一类群栽植于一个方形小区(图 14.9c)，小区株树 25、36 或 49。在每个主要的土壤气候区内必须至少设置一个试验点，大的土壤气候区应设置 1 个以上的试验点。几年之后，通常会有几个类群全部死亡或者生长很差，这将降低该试验的功效，因为在相邻的小区之间会形成有差别的竞争。据此，同时也由于试验的最初目标是测定早期的适应性，因此，该阶段的田间试验设计并不很严格，通常采用随机完全区组设计，区组数少(每个地点的区组数甚至少至仅两个)，但也有采用较复杂的不完全区组设计(Williams *et al.*，2002)。

有时，由于来自不同类群的种子和植株数量不相同，导致在树种排除试验时，难以采用平衡的试验设计。重要的是，应将所有参试的类群种植于各种土壤、气候条件下观察其表现，试验期为 1/4 ~ 1/2 轮伐期。由于该阶段试验的目的是排除适应性差的树种，确定最适合的树种，因此，测定的性状包括生长速率、成活率、抗虫性、抗逆性如寒冷(图 12.6)、高温、干旱、水涝等适应性性状。通常，树种排除试验完成后，为造林区确定的适应性最好的树种或杂种数目不超过 5 个(在每一个类群内可能有几个产地)。

图 12.6　位于智利安第斯山脚下的蓝桉(*Eucalyptus globulus*)(左)与亮果桉(*Eucalyptus nitens*)(右)的树种排除试验，蓝桉(*E. globulus*)在智利较温和的沿海地区表现好，但在如图中所示的较寒冷地区会遭受冻害。(由 T. White 拍摄)

阶段 2:产地精选试验

田间试验的第 2 阶段,有各种称谓:**产地精选试验**(seed source refinement trail),**种源试验**(provenance trail)或**小区试验**(plot performance trail),用以测定最有希望的类群、尤其是测定各类群的遗传变异程度,进而为种植区选择最佳的种子产地。通常,只有最有希望的少数几个种或杂种才进行产地精选试验,在某特定的土壤气候区选择 3 ~4 个地点进行试验。试验观察的重点为较长时期的成活率、适应性及生长量,因而,试验期比阶段 1(约 1/2 轮伐期)长。乡土树种的产地精选试验与*第 8 章*讨论的种源试验相似。在这种情况下,除了该树种自然分布区外的种子产地之外,其他种子来源如地域小种,以及其他国家引种后经改良的遗传材料均可作为试验的种源。第 2 阶段试验可观察到几种不同层次的遗传变异:种或杂种间、种内不同产地间、同一种子产地内不同家系间。

在产地精选试验阶段,如有可能,每个种批最好区分母本采集,同时,在每个产地内对每个母本做好定位。这种情况下的产地试验可称为**母本试验**(mother tree test),在一个产地内采集的母本数量为 2 ~50 个,具体数目依种群变异模式及取样策略而定。一般采集自由授粉种子,采种母树应具有干形好、生长势旺盛、没有明显的缺陷、不感病等优点。在整个试验过程中,分母本采种(子代的母本相同)具有以下优点:①对于每个测定的性状,可分析出种子产地与产地内家系两者在总遗传变异中的相对大小;②如果在产地内还存在渐变型的地理变异,可对其进行定量分析(如果测定的母本数量大)(参阅*第 8 章*);③第 2 阶段试验中,通过在合适的产地内最好的家系中选择最优良的单株,用来构建林木改良计划的部分基本群体。如果不能区分母本采种,那么,每一个产地至少应采集 20 个不同的母树,以使其具有代表性。在这种情况下,将不同母树上采集的种子混合在一起,单一种批(bulked lot)可代表该种子产地(参阅专栏 12. 3)。

产地精选试验的田间设计灵活性很大,随试验材料的数量及类型而改变(参阅*第 8 章*,"长期的种源试验"一节)。在此,仅给出两种极端情形下所采用的试验设计:①参试的类群少且为不连续的(即种、杂种或者种子产地);②在树种自然分布区内,产地间呈现出渐变群的地理变异模式。

第一种情形,参试的类群少,且类群间差异非常大,在这种情况下,应将相同类群的个体栽植在同一小区内,采用方形或矩形小区(图 14. 9c)。这种设计使试验区中相同类群不同个体之间的竞争状况与实际经营的人工林情形完全相似。如果不同类群间竞争性强,那么,每一个类群所在小区的边行就成为小区间的缓冲带,性状测定时边行个体不调查,仅测定小区内部的个体。专栏 12. 3 为产地精选试验的一个范例,试验树种为金合欢属(*Acacia*),包括全部 6 个产地。

对于呈现渐变群地理变异模式的树种(参阅*第 8 章*),难以界定不同产地,更多情况下,沿着一个或多个与种植区域相关的环境梯度(如海拔、纬度、降雨量)采集母树种子。需要采集几百个母树的种子才能代表某一树种。这种情形下,参试材料不是种源或类群,而是自由授粉家系,可采用区组内家系完全随机排列的试验设计,这与*第 8 章*讨论的情形很相似。其他情形,如存在类群与类群内家系两种变异水平的试验材料,则可采用巢式试验设计,相同的类群栽植于同一矩形小区,小区内家系随机排列。为尽可能提高统计的准确性，通常采用单株小区设计（在每个区组每个家系植苗一株，参阅*第 14 章*），这是最佳的小区设计方案。

在产地精选试验中，尽管试验的材料与试验设计变动很大，但共同的目标都是为经营性造林确定少数几个最好的产地。甚至，第 2 阶段获得的早期试验结果常用于初步的确定哪一个树种、哪一个产地是最合适的。到 1/2 轮伐期，试验结果可用来排除所有适应性差的类群，留下少数类群作进一步考察。

阶段 3：大规模产量试验

树种与产地试验的第 3 个阶段，也是最后一个阶段，称为**大规模产量试验**（large-scale yield trail）。其目的是评价长期的适应性与生长，定量林产品的产量，以及研发栽培技术措施。该阶段试验一般仅包含少数几个正在应用的或即将应用于经营性造林的类群，而且，参试类群的遗传组成应与经营性造林所用类群相似。因此，依据经营性造林推广的材料类型，产量试验材料可为单一无性系、单个家系或者多个家系的组合。

相同类群材料栽植于矩形小区内（图 14.9c）。为模拟整个轮伐期的经营性林分状况，设置面积足够大的小区，因为试验必须经历如此长的时间以评价该类群的产量。由于小区面积较大，相应的一个重复所占的面积也大，在传统的随机完全区组设计情况下，可比较的类群就较少（通常少于 8 个）；如果采用不完全区组设计，比较的类群可多些（Williams *et al.*，2002）。有时，也可不单独进行产量试验，而是将产量试验与经营性造林相结合，将永久性的试验小区设置在经营性林分中，且试验数据还可作为经营性调查的一部分。不管采用哪一种方法，由于阶段 3 的试验周期长，应尽早建立试验林，即使尚未最终确定最佳的树种或类群。有时，可依据该产量试验结果决定是否启动某个完整的人工造林项目。

利用现有的信息为人工林计划选择合适的类群

虽然最理想的情形是利用长期田间试验的信息来确定品种配置，但有时需要在长期试验结果获得之前做出决断。在这种情形下，没有可供参考的试验数据，或者试验结果不理想，或者仅有早期的试验结果（参阅图 8.9a，b 及*第 8 章*相关内容）。这时，要确定推广种植哪一类群必须利用其他方面的信息（参见本章，为人工林林业确定候选树种、杂种及种子产地），例如，①基于其他树种或类群的实用法则（如将自然分布区气候较温和地区的种子调运至气候较严酷地区种植，可提高生长量，参见*第 8 章*）；②其他国家或地区已颁布的该候选树种的种子调拨规程；③其他国家或地区已公布的关于该候选类群的长期试验结果、短期的苗期试验结果及遗传标记研究结果；④来自从事该候选类群研究工作的森林培育学家的建议；⑤利用计算机程序（如 WORLD、INSPIRE），根据候选树种已知的生物学信息进行树种与气候、土壤因子的匹配分析。通常将各种信息综合起来分析，初步选定拟推广种植的类群，随后，当田间试验结束后，进一步对该抉择进行论证。

科学合理的长期试验应采用合理的田间设计与重复次数，且试验地点应覆盖栽培区域内各种土壤气候环境。在获得长期试验结果后，就可为推广种植哪一类群进行相应的抉择。有 3 种可能的抉择:第一,如果在栽培区域内任意土壤、气候条件下,各类群之间差异不大(图 8.9c),那么,就不用考虑类群之间差异,而选用任意参试的类群造林。虽然这种情形不太可能在不同种、杂种间发生,但同一树种不同产地有可能表现相似。若如此,那么,该树种所有产地均适合于经营性造林。

第二,如果类群间差异大,但类群与地点相互作用不显著(图 8.9d),那么,可选择一个或少数几个适应性最好的类群种植于所有的栽培地点。如果栽培区域内土壤、气候条件变化不明显,这种情形最有可能发生。在这种情况下,最合理的方案就是选择最好的类群种植于所有地区,如新西兰的辐射松(*P. radiata*)就是一个典型的例子,在大多数试验点,辐射松(*P. radiata*)为表现最好的树种,其中有两个种源(Cambria 和 Monterey)在所有地点都是最好的。

第三,如果类群表现在不同地点差异很大,即存在显著的类群与地点相互作用(图 8.9e),那么,需要划分不同的栽培区域(即配置区,参阅下一节内容),并确定每个栽培区的种植类群。在每一个类群配置区使用最好的类群。这方面的例子很多,如南非 Mondi Forests 公司的多树种造林计划(专栏 12.4)及美国阿肯色州威尔豪斯公司的火炬松(*P. taeda*)造林计划(参阅*第 8 章*,专栏 12.5 中的例 4)。

专栏 12.4　南非 Mondi Forests 公司的类群布局区、育种区及基本群体

Mondi Forests 公司在南非拥有 40 万 hm^2 以上的林地,其土壤、气候条件差异很大,从 Zululand 的亚热带气候至高纬度地区及 Eastern Cape 的寒冷温带气候(私人通信, Neville Denison and Eric Kietzka, 1999, Mondi Forests, Pietermaritzburg, South Africa)。该公司生产多种林产品,因而,公司采用多种类群造林。具体配置如下:①在温带大部分地区广泛种植纯种巨桉(*E. grandis*);②在较温暖的亚热带地区种植桉树种间杂种,巨尾桉(*E. grandis*×*E. urophylla*, GU)和巨赤桉(*E. grandis*×*E. camaldulensis*, GC);③在高海拔较寒冷地区配置桉树种间杂种巨亮桉(*E. grandis*×*E. nitens*, GN)及纯种毛皮桉(*Eucalyptus macarthurii*);④作为特用产品树种,展叶松(*P. patula*)种植于南非很多地区。

该公司开展的林木改良计划中包含桉树与松树两个树种。为每个类群划分一个大的育种区[共 5 个育种区,分别为纯种巨桉(*E. grandis*)、GN、GU、GC 和纯种展叶松(*P. patula*)]。为每个类群制订了单一改良计划(single-tree improvement program)(单个基本群体、单个选择群体及单个育种群体)。对于纯种巨桉(*E. grandis*),通过从地域小种及澳大利亚几个天然林种源中选择优良个体组成其育种基本群体,从而保持了非常宽广的遗传基础。对于杂种桉树的育种计划,在其基本群体中,巨桉(*E. grandis*)主要来自那些具有较好适应性的种源或产地(即选用耐寒性较好的巨桉(*E. grandis*)种源或产地构建 GN 育种基本群体,对于 GU 和 GC,则选用更温暖地区的巨桉(*E. grandis*)种源。杂种桉树育种的基本群体的另一个亲本种则选用南非当地的种质。该实例说明,在育种计划跨越多个土壤、气候区的情况下,育种区与基本群体的定义较为复杂,可能涉及多个树种、杂种及种子产地。

以上观点和范例充分说明了选择树种、杂种及种子产地的复杂性。关键要有田间试验结果,从中获得尽可能多的有价值的信息。如果缺乏这些信息,不可能知道,选择错误的造林材料将造成多大的损失(指木材产量与品质)。

为林木改良计划定义基本群体

必要时,某一特定改良世代的**基本群体**(base population)由所有可能选择到的个体组成(Zobel and Talbert,1984,p417)。每一个基本群体为该树种自身改良计划的奠基群体(有各自不同的选择群体、育种群体及繁育群体,参阅*第 11 章*)。在讨论影响基本群体的生物、遗传及经济因素之前,先对几个术语进行辨析。基本群体特定于某一**育种单元**(breeding unit)[又称为**育种区**(breeding zone)],限定于某一类土壤气候区(如在特定的海拔与降雨量区域内,该育种单元可能由该区域内所有的栽培立地类型组成,包括不同土壤类型、不同的立地质量)。每一个育种单元均有自己单独的改良计划,且拥有不同的基本群体、选择群体及繁育群体。一个**多产地的基本群体**(multi-source base population)意味着其中的个体来自多个产地,且个体间可相互交配。例如,某一育种单元的基本群体或许由几个本地的种源、一个或多个国家的地域小种,以及来自其他林木改良计划的改良材料。从以上这些来源中选择,将可能应用于某一育种单元。一个**多树种的基本群体**(multi-species base population)存在于所有的种间杂交育种计划中,因为在这样的育种计划中包含多个树种的选择(如专栏 12.4)。

最后两个术语,募集区(recruitment zone)和配置区(deployment zone)。对于多个产地的基本群体,有必要考察哪些产地构成基本群体,从而引出"募集区"这个概念。**募集区**(recruitment zone)是指构成基本群体的所有种子产地及其土壤、气候区域。换句话说,优良单株的所有来源地点构成了募集区,可能包含多个地区或多个国家。当一个大的育种单元确定后,且育种目标是培育适应性广的品种,通常应在该育种单元内划分不同的配置区。**配置区**(deployment zone)为育种单元内较小的土壤、气候区域,每一配置区均有其自己的繁育群体。对于整个人工造林计划,选择、育种及测定(图 11.1 的中心事项)均作为单一的计划实施(即为单一的育种单元),但对于任意某个育种世代,可能存在多个繁育群体(每一配置区有一个繁育群体)。例如,对于两个配置区,可能存在两个完全不同的种子园,一个含有更适应于较干旱的立地的优良个体,另一个含有更适应于潮湿的立地的优良个体。

在为某一林木改良计划确定基本群体时,需考虑以下两个问题:①对于一个特定的人工栽培区域,其合适的育种单元数目;②对于每一个育种单元,其基本群体的组成。下面依次对这两个问题展开讨论,并在专栏 12.5 中列出了一些实例。

育种单元数目与大小

在树种适应性范围内,每一个育种单元应尽可能大。对于某一特定的栽培区域(即种植区域),较大的育种单元(即跨越大面积)意味着育种单元数少,因而需要采用的林木改良计划数目较少。具有两个主要优点:①较少、较大的育种计划操作较容易,花费较低,因在整个区域内的选择、育种与测定的总花费较低;②在每一个基本群体中,可包含更多的个体(因为基本群体较少),由于基本群体的遗传基础广,且选择强度大,有可能增加遗传增益。但以上优点被有限的种源适应性所减弱[如火炬松(*P. taeda*)北卡种源在美国阿肯色州干旱立地适应性差;参阅*第 8 章*,专栏 12.5],基本群体如包含适应性差的种源可降低改良品种的总体适应性。正如 Namkoong 等(1988,p53)所言,“如果适应性极大丧失了,单个基本群体培育的子代其遗传基础能有多宽?”。

专栏 12.5　基本群体、育种单元、募集区及配置区的实例

例 1:多个育种单元与地域基本群体。在俄勒冈及华盛顿开展的美国西北花旗松(*P. menziesii*)改良计划中,起初将全区划分为 72 个育种单元(Silen and White,1979; Lipow *et al.*,2003)。育种单元的划分是基于该地区陡峭的环境梯度,以及对各种源的环境梯度适应性测定的短期苗期试验结果(Campbell and Sorensen,1978; Campbell,1986)。每一个育种单元的基本群体由当地种源的天然林构成(即对于每一育种单元,仅利用当地的优良单株构成单一产地的基本群体)。每个育种单元的募集区与配置区相同,且仅限定于该育种单元的土壤、气候条件。

在随后的第二轮林木改良周期中,最初的许多育种单元被合并,单元数目减少,单元范围扩大(Randall,1996; Lipow *et al.*,2003),这是因为:①在随后的长期田间试验发现,种源与环境的相互作用低于预期(White and Ching,1985; Stonecypher *et al.*,1996);②大的初始育种单元数目降低了经济效益。在加拿大与欧洲开展的几个树种的育种计划中,也是划分几个与土壤、气候条件相关的育种单元(Morgenstern,1996,p141)。

例 2:单个育种单元与小的种子产地差异。Forestal Monteaguila 公司在智利 3 个不同的土壤气候区(沿海、中部峡谷及安第斯山脚)种植了约 25 000hm^2 的蓝桉(*E. globulus*)。田间试验测定了共 650 个自由授粉家系,其中,300 个家系来自地域小种的优良单株,350 个家系来自澳大利亚天然林(Vergara and Griffin,1997)。

田间试验结果表明:①两批家系(地域小种与天然林)的平均表现没有明显差异;②天然林种源间差异较小(这与其他国家报道的田间试验结果一致,专栏 8.6);③在 3 个土壤、气候区域间,存在较小的家系与地区相互作用。基于以上结果,在整个栽培区域内采用单个育种单元,其育种的基本群体包含来自多个种子产地的遗传测定材料(地域小种与天然林种源)(Vergara and Griffin,1997)。其募集区包含基本群体中所有的产地。如果某些优良单株只在单个地区表现非常突出,可为每个大的区域(沿海、中部峡谷及安第斯山脚)划分不同的配置区(以及相应的商用繁殖群体)。大规模人工林计划设立单个育种单元的其他例子有:①自然分布区内的湿地松(*P. elliottii*)(White *et al.*,1993);②澳大利亚(White *et al.*,1999)及新西兰(Shelbourne *et al.*,1986)的辐射松(*P. radiata*)。

例 3:单个育种单元与大的种子产地差异。1984 年,CIEF (一合作育种组织)启动了阿根廷西北部的火炬松(*P. taeda*)改良计划(Baez and White,1997)。该地区的土壤、气候条件完全一致,因而决定将该地区作为单个育种区。火炬松(*P. taeda*)在美国东南部分布广,且不管是在本土(Wells,1983; Lantz and Kraus,1987)还是外来环

境(Zobel *et al.* ,1987),均表现出强的种源差异。在大多数亚热带气候区,包括阿根廷,南方种源(如来自佛罗里达的种源)生长更快(Bridgwater *et al.* ,1997)。

对于第一轮林木改良,CIEF 从以下 3 类产地中收集材料组成火炬松(*P. taeda*)育种的基本群体:①自然分布范围内南方种源的树木(即从美国天然林中选择优良单株并采种);②在阿根廷建立的美国南方种源试验林;③阿根廷地域小种人工林。从该基本群体中共选择了 600 多个优良单株构成第一代育种群体。较多的优良单株选自在阿根廷表现较好的种源(如佛罗里达),目标是建立一个遗传多样性丰富的选择群体,以培育出能适应阿根廷环境且表现好的品种。由于在阿根廷,火炬松(*P. taeda*)为外来树种,较广的遗传基础也有利于基因资源保护(参阅*第 10 章*)。

例 4:可预测的相互作用及多个育种单元。如*第 8 章*所述,根据许多长期的火炬松(*P. taeda*)田间试验结果,Weyerhaeuser 公司获知:在潮湿的土壤条件下,来自北卡罗来纳州的种源比美国阿肯色州当地种源表现好;但在较干旱的土壤条件下,当地种源表现好(存在明显的种源与立地相互作用)(Lambeth *et al.* ,1984)。基于这些信息,Weyerhaeuser 公司为美国阿肯色州第一轮火炬松(*P. taeda*)改良确定了两个育种单元(或称育种区):湿润立地与干旱立地。对于干旱立地育种单元,其第一代基本群体仅由美国阿肯色州当地种源构成(单一产地的基本群体);而对于湿润立地育种单元,其第一代基本群体仅由北卡罗来纳州种源构成。在随后进行的第一轮田间试验中,来自许多其他种源(如美国亚拉巴马与密西西比州)的家系在美国阿肯色州进行田间测定。从中选择优良的家系构成湿润育种单元高世代改良的基本群体(私人通信,Clements Lambeth,1999,Weyerhaeuser Company,Hot Spring,Arkansas)。

在很大程度上,育种单元的数目依赖于基因型与环境(G×E)相互作用大小(参阅*第 6 章*)。假如,在栽培区域内的不同土壤、气候条件下,种子产地(或种源)的秩次改变非常大,这是由于基因型对环境梯度响应存在差别,也就是说,在某些环境中适应性较好的种子产地,但不能适应其他环境。一种选择为,对于主要的土壤、气候条件,确定几个相应的育种单元,在每一个育种单元内选择最合适的产地构成基本群体(参阅专栏 12.4 及专栏 12.5 中的例 3、例 4)。在不同的土壤、气候条件下,即使种子产地有相似的排名,但产地内家系间或无性系间的排名可能会发生可预计的显著改变。在这种情况下,也需要设定一个以上的育种单元。

假如 G×E 相互作用仅为中等水平或者是不可预测的(即在整个栽培区域内,种源表现与气候梯度、土壤差异或其他可确定的变异模式等因子相关性不明显),划分单一育种单元可能更好些。这样,仅需要建立一个基本群体,在整个栽培区范围内选择已测定培育的最优良的单株组成基本群体。在单一育种单元的情形下,有两种选择:①假如部分 G×E 是可预测的,那么,可以确定多个配置区,并确定每个配置区的经营性造林的优良子代(或无性系);②如果有些优良单株在大多数地点表现好,可将其广泛配置(如可将这些优良单株用来建立单一种子园,该种子园服务于整个栽培区域)。

后一种选择提出了广适应性育种的概念;为实现培育适应性广的育种目标,选择表现优良与稳定性好的个体构建育种的基本群体。即使 G×E 相互作用效应中等,这也是大多数林木改良计划的首选，由于它同时兼顾了经济花费（育种计划、育种单元均仅为一个，花费较低）与遗传增益（基本群体来自多个产地、遗传基础广，可望获得较高的遗传增益）。例如，在澳大利亚与新西兰两国开展的辐射松（*P. radiata*）合作改良计划中，在两个国家，G×E 相互作用（Matheson and Raymond，1984a；Johnson and Burdon，1990）中等，没有必要设立多个育种单元，仅采用单个基本群体。设立的单一育种单元覆盖了两个国家所有辐射松（*P. radiata*）栽培区域（年降雨量 500～2000mm），目标为这两个国家培育适应性广的品种。

当 G×E 相互作用效应大且为可预测的，决定采用几个育种区还是采用具有多个配置区的单个育种区，但事情远不止如此简单。做出何种抉择取决于期望的遗传增益大小、对未来技术更新与气候变化的预测、经济上考虑及育种理念。然而，可以肯定的是，如果长期的产地精选试验结果表明，在不同的土壤、气候条件下，各产地的表现非常稳定，而且，没有足够证据表明存在大的 G×E 相互作用，那么，就完全没有必要建立一个以上的基本群体（假定存在一个单独的基因资源保护计划，以保存现存的产地间遗传多样性形式）。需要知道的是，在不存在 G×E 相互作用的情况下，产地间的遗传差异仍有可能很大（事实上这是很普遍的，参阅*第 8 章*）。对于多个育种单元，产地或家系间秩次发生改变是否意味着不同产地或家系对环境梯度的适应性有差异，关于此，目前尚存在争议。

基本群体的组成

每一个育种单元内的基本群体应该由含有潜在有利等位基因的所有产地组成，从中选育出改良品种用于该育种单元造林。因此，合适的基本群体组成有赖于产地适应性的信息，对于该育种单元的土壤、气候条件，哪些产地适应性最好。例如，对于跨越多个环境梯度的乡土树种，可能存在许多小的育种单元（如存在大的 G×E 相互作用），同时需要建立许多基本群体；然而，每一个基本群体可由在育种单元内表现优良的当地和异地种源构成（假定存在一个独自的基因资源保存计划，以保存种源间自然的遗传多样性）。

对于某一特定的育种单元，基本群体由所有有希望的产地组成，在大多数场合，这将导致具有宽广遗传多样性的多产地基本群体的建立（甚至建立多树种基本群体，以培育种间杂种）。从某种意义上来说，可称为林木育种中的“宇宙大爆炸（big bang）”理论——将多个产地材料集中于单个基本群体，然后，经过林木改良计划中的选择、育种与测定等环节，最终培育出最能适应于育种单元内不同土壤、气候与栽培环境的品种。实际上，在育种单元内，可根据产地间的相对表现，与之呈比例地选择优良单株。这样构建的基本群体，每个产地的优良单株数量与其潜在价值相关。例如，阿根廷火炬松（*P. taeda*）改良计划（专栏 12.5 中例 3）中的优良单株更多地选自南方有希望的种源，较少选自地域小种。

最后一个概念为不分离、重叠的基本群体，募集区由不同的育种单位共享。这意味着选择的优良产地用于建立一个以上育种单元的基本群体。例如，在美国东南部火炬松（*P. taeda*）合作改良计划的第三代改良策略中，选择划分小的地域性育种单元，从每个育种单元及其邻近的育种单元中募集优良单株，以构建该育种单元的基本群体（McKeand and Bridgwater，1998）。重要的是，每一个育种单元内的基本群体可由多个产地组成（假定所有的产地均具有很强的适应性），且可将不同产地以各种比例混合而成。

本章提要和结论

本章讨论了 3 个主要议题:①为人工造林计划选择一个合适的种或杂种等类群;②为人工造林确定该树种最佳的种子产地;③为林木改良确定育种单元及基本群体。所有 3 个议题均涉及以下几个相似的因素:①在栽培区域内的田间试验中,类群间表现出来的差异大小;②基因型×环境(G×E)相互作用的大小,在栽培区域内不同的土壤、气候条件下,类群、家系或无性系秩次发生改变;③为了在生长速率或林产品质量上得到遗传改良,尽可能降低风险等级。纵观全章,如果在主要的人工造林与林木改良计划之外,同时还存在另一个单独的基因资源保存计划,那么,所谓的风险实际上就是,要么是种植不适应的类群(在人工造林计划中),要么就是培育出的品种对栽培环境及栽培措施的适应性差。

一般,在林木改良与经营性造林计划中,采用多个类群造林,还是采用多个育种单元,唯一要考虑的遗传因素就是 G×E 互作用。在长期的田间试验中,在主要目标性状上是否呈现出较大的可预见的 G×E 相互作用。在对经营性类群进行抉择时,如果在所有的土壤、气候条件下,表现优秀的类群总是相同,那么,配置多个类群的唯一理由可能是出于林产品多样性的考虑或者其他情有可原的场合。大的类群与环境相互作用是采用多类群造林的唯一的理由;根据试验结果可确定每一个类群适合的土壤、气候生境,从这点来说,类群与环境相互作用是可预测的。

相似的,仅当存在大的且可预测的相互作用时,才采用多个育种单元。如果在栽培区域内所有的试验点,表现好的为相同的产地、家系和无性系(不存在 G×E 相互作用),那么,整个区域宜采用单一的育种单元(除非该育种计划还包含有基因资源保护目标,在此情况下,需要维持多个育种单元)。如果为单个育种单元,基本群体可包含多个产地的遗传资源,从而使改良培育的品种适应性广,能适应于栽培区域内各种培育、气候及土壤条件。

第13章　表型混合选择——遗传增益、性状选择和间接反应

在确定了一个特定育种单元(*第12章*)的基本群体之后,该基本群体中的所有树木就都成为候选树,因此也就成为包含在那个育种世代的树木改良项目中的候选树。中选个体形成选择群体,对于一个育种单元,育种群体通常包括100～1000株中选树木;基本群体中的所有其他候选树都被排除,在那一世代不再继续考虑。形成选择群体的部分或全部入选树木随后用于两种不同的用途(图11.1):①包含在繁殖群体内,生产用于生产性造林的树木;②包含在育种群体内,从而用于长期育种项目。这两种用途的目标是通过选择有限数目的重要性状平均而言都优良的个体尽可能快地获得遗传增益。此外,为长期育种和基因保存维持足够的遗传基础也很重要。

选择过程中出现的问题有:①选择哪些性状,选择性状的个数;②每个性状的相对重要性;③适宜的选择年龄;④选择群体内包含的入选树木的株数;⑤将优良候选树选为入选树木的最佳方法;⑥每个性状期望的遗传增益量。本章阐述第一代树木改良项目中选择最初的入选树木时的这些问题,其中树木只是根据它们的优良表型表现而被选中(称为混合选择)。在高世代中,选择效果通过使用生长在遗传测定林中的候选树的子代、亲属和祖先的所有可以利用的信息而得到提高,这些话题涵盖在*第15章*和*第17章*中。

一般概念及其在混合选择中的应用

选择过程

在阐述第一世代项目中的选择之前,先讨论一些应用更广泛的一般概念。在项目发展的不同阶段和不同世代使用许多不同类型的选择(如**混合选择**、**亲本选择**、**家系选择**、**配合选择**、间接选择和**顺序选择**),但是,所有的选择都有相同的目的:增加影响被选择性状位点的有利等位基因频率。只有当选择群体的有利等位基因频率比基本群体的高时,一个特定性状才会获得遗传增益。选择不会创造新的等位基因,相反,其目的是找到并且保留已经拥有优良等位基因组合的个体。

选择优良基因型的任务因为不能直接测量基因型而变得困难;相反,测量可能生长在遗传测定林中的个体,以及它们的无性系、后代、亲属或者祖先的表型。分析这些测量值并利用它们对候选树进行排序。然后最好的候选树保留在选择群体中。因此,对于所有的选择情况来说,选出入选树木的基本方法是相同的。这在专栏13.1中进行描述。

专栏13.1　选择的一般过程

1. *确定要测量哪些性状*。最多确定3～5个高优先级性状,也许还要确定少数几个优先级较低的性状。高优先级性状是那些与育种目标高度相关、有很高的经济重要

性并且可高度遗传的性状（见“多性状选择方法”一节）。

2. *测量生长在基本群体中的树木的表型性状*。在第一世代树木改良项目中，性状是在生长在由天然林或非谱系化的人工林组成的基本群体中的候选树上测量的，而在高世代中，基本群体是由包括无性系、全同胞家系、半同胞家系和（或）自由授粉家系（*第 14 章*）的遗传测定林组成的。

3. *分析数据*。使用最佳线性无偏预测（BLUP，*第 15 章*）预测所有候选树每个性状的内在遗传值。对于混合选择，每株树的表型测量值是用于预测该树每个性状遗传值的唯一数据。在高世代中，常把不同测定地点和不同类型亲属的测量数据结合起来。

4. *计算每株树的选择指数值*。基于经济和遗传方面的考虑，把一株特定的候选树不同性状的 BLUP 预测遗传值聚合成为该候选树的一个单一预测值（该预测遗传值有时被称为选择标准或选择指数，见指数选择部分）。

5. *排序并选择最优候选树*。预测遗传值最高的树木被选中并形成选择群体。为了保持足够的遗传基础并把未来的潜在近交减到最小，通常要限制有亲缘关系的入选树木的株数（即来自一个家系的入选树木的数目）。

6. *计算每个性状的期望遗传增益*。对于每个性状，选择群体的平均预测遗传值和基本群体的平均预测遗传值之差就是选择的预测遗传增益（如混合选择公式 13.2 和公式 13.3）。

7. *标记并保存所有入选树木*。清楚标记每一株中选树木，并用全球定位系统（GPS）注明其准确位置。为了保护并在未来的长期育种项目和生产性繁殖项目中利用所有中选树木做好安排。

在每一个改良周期中，中选群体包含的个体数（100 ~ 1000）总是少于基本群体（几千到几百万）。由于有意或偶然的原因，这两个群体间的等位基因频率是不同的。育种工作者选择优良个体，因而有意地改变了包含在选择标准中的少数性状的等位基因频率。另外，所有性状的等位基因频率由于抽样（从一个较大的基本群体中选择一组树木）而发生随机改变；事实上，基本群体中某些非常稀有的等位基因可能会从选择群体中丧失掉（Kang，1997a，b）。然而，当选择群体中包含几百个个体时，等位基因频率的随机改变和稀有等位基因的丧失预计都会很小（*第 10 章*和*第 17 章*）。

不同的选择阶段可能会在一个改良世代中应用，而每个阶段都使用专栏 13.1 中概述的选择过程。举一个 3 个阶段的例子，假设：①500 个个体根据 4 个被测量性状综合的预测遗传值的优势包含在选择群体中；②在测量了第五个花费太多不能在基本群体中的所有树木上测量的性状（如木材密度）之后，这 500 个个体中最好的 250 个包括在该世代的育种群体中；③这 500 个个体中最好的 50 个被选中形成繁殖群体，其功能是为生产性造林生产植株。与育种群体相比，繁殖群体的期望遗传增益更大（由于选择强度更高，选择最好的 50 个个体），但遗传多样性更少（图 11.2）。在这个例子中选择的 3 个阶段都是在受到在一个特定的树木群体（分别是选择群体、育种群体和繁殖群体）中保持适当的遗传基础的限制的条件下试图使该群体的遗传值最大。

第一代树木改良项目中的混合选择

混合选择(mass selection)[也称为**表型选择**(phenotypic selection)]是指只根据个体的表型而不知道其无性系、祖先、子代或其他亲属的表现的情况下对个体进行的选择。通常,这是在一个树木改良项目开始时唯一可能的选择类型,因为在由天然林或者人造林组成的基本群体中没有可以利用的关于这些树木的谱系信息。因此,育种工作者根据在个体树木上测量或观察到的表型特征挑选入选树木。例如,为了选择材积速生的树木,育种工作者就要挑选在一特定年龄长得较高而且直径较粗的树木(图 13.1)。材积生长、树干通直度、冠形,以及无病害、无缺陷很容易在很多候选树上观察,因此常包括在第一世代项目的选择性状中。

图 13.1 混合选择:a. 由 Weyerhaeuser 公司在生长在美国佛罗里达州 Alachua 县的天然林分中选中的火炬松(*Pinus taeda*)(75 年生、高 38m、DBH 72cm);b. 由 Instituto Nacional de Techología Agropecuaria(INTA)(联邦研究组)在生长在阿根廷 Corrientes 的地域小种人工林中选中的巨桉(*Eucalyptus grandis*)(27 年生,高 52m、DBH 59cm)。(照片由佛罗里达大学的 G. Powell 和 INTA 的 J. A. Lopez 分别提供)

一旦被选中,重要的是开始对所有入选树木进行遗传测定来证明它们是否具有遗传优势。因为混合选择只是根据表型进行选择,环境影响导致某些树木表现优良而事实上它们遗传上是低劣的。因此,有些入选树木根据栽植在多个测定地点的它们的子代的出色表现证明其在遗传上是优良的,而另一些则不能(*第 14 章*)。遗传上优良的入选树木在项目中保留下来并得到重视,而不良的入选树木则被淘汰或不再予以重视。

Zobel 和 Talbert(1984,p145)提出了下列术语,清楚地区分混合选择的阶段和时间序列:①**候选树**(candidate tree),是考虑要选择的树木,可以进行深入细致的测量或者只是简单地目测;②**优树**(plus tree 或 select tree),是根据优良的表型特征被选中包含进选择群体但还没有对其遗传价值进行测定的树木；③**精选树**（elite tree 或 proven select tree），是指通过遗传测定林中它的无性系或实生后代的出色表现证明遗传上优良的树木。精选树是混合选择项目中的优胜者，应该在繁殖群体中利用，以保证人工林是用那一世代中遗传质量可能最高的材料营造的。

混合选择方法

几种混合选择方法可在天然林和人工林中应用，方法的选择取决于物种的生物学特性、选择成本、林分的历史及重要性状的遗传率等因素。一旦确定了拟测量的性状（专栏 13.1 中的第一步），为了找到好的入选树木，育种工作者必须决定如何及在哪里评价候选树。例如，基本群体可能由生长在分散在几千平方千米的天然林中的几百万株树木组成。因为不可能测量所有这些树木，所以第一步是要确定理想林分，在其中进行集中选择（Zobel and Talbert，1984，p152）：①林分应该很好地分布在该树种的自然分布区或外来分布区的适当的部分以保证选择群体内有广泛的遗传多样性；②林分应该是天然林或者是用适合的种子产地营造的；③对于生长性状，与栽培区的那些立地相比，入选树木应该来自在平均立地以上生长的林分；④对于与胁迫有关的性状，如抗病性和抗寒性，最好是找到曾经受到胁迫严重挑战的林分，从中选择那些表现出抗胁迫的树木；⑤就被选择树种的组成而言，林分应该尽可能是纯林；⑥林分应该尽可能是同龄林，林龄从半个轮伐期到接近轮伐期；⑦林分应该在一致的立地上，几乎没有被干扰的历史，尤其是没有遭受“拔大毛”，较好的树木已经被砍伐；⑧应该避免非常小的林分以使建立者效应和近交问题减到最小（*第 5 章*和*第 8 章*）。注意，标准①、②和⑧保证来自适合的种子产地的广泛的遗传多样性，而其他标准的目的是增加混合选择的遗传增益。

理想林分选定之后，下一步是决定适当的混合选择方法，概述了 3 种这样的方法。当林分具有许多上面列出的理想特征时，通常优先选用**对比树法**（comparison tree method）。该方法已在世界上的同龄纯林内得到了广泛的应用（Brown and Goddard，1961；Ledig，1974；Zobel and Talbert，1984，p153）。并不是每一林分中的所有树木都要测量；相反，育种工作者通过在林分内检查所有的优势木来目测选择候选树。当找到一株出色的候选树时，给它做上标记，并在其附近找 4～6 株对比树。对比树应该是与候选树生长在相似微立地上的同龄优势木。然后深入细致地测量候选树木及其对比树的所有性状。接下来，为每个被测量性状分配相对重要性，再利用加权法为每株树计算一个单一的综合得分（这是每株树的预测遗传值或选择标准）。在过去，通常是凭直觉为每个测量性状分配权重，然后利用评分表来计算综合得分（Zobel and Talbert，1984，p158）。不过，现在推荐的方法是利用遗传和（或）经济信息，当可以利用时，把测量值合并成一个选择指数（见“指数选择”一节）。

只有当一株候选树的综合得分优于对比树平均值事先确定的一定量时才被选中成为优树。当候选树与其对比树相比，并不特别优良时，就在那一林分中继续寻找其他候选树。当发现一株新的候选树时，要找到新的对比树并且重复上述过程。一种罕见的情况是，一株对比树的预测遗传值最高从而代替原来的候选树被选中。

对比树法的目的是减少环境噪声，从而通过将候选树与其附近的同龄树木进行比较来增加选择增益。也就是说,对比树的平均值意在作为立地潜力的度量,而优树必须比生长在同一立地上的其他树木表现出优势。为了避免不同入选树木间存在亲缘关系,在同一林分中选中的优树间需要保持一定的最小距离(如 500 ~ 1000m)。为每一林分设定一个入选树木的最大数目,这取决于林分的大小(林分越大允许从中选择越多的入选树木)。

在有些情况下,不可能找到合适的对比树,如在异龄林中,在含有多个树种的林分中(在混交林中),或者在地形、树木密度或微立地异质性非常高的林分中。这样的例子有温带和热带气候条件下的阔叶混交林。在这样的情况下,两种其他选择方法更可取。**回归法**(regression method)或**基准线法**(baseline method),在较旧的文献中也称为单株选择法(Brown and Goddard,1961;Ledig,1974),目的是通过拟合将树木的表现(因变量)表示为一个或多个这些自变量的多元回归函数来调整由于年龄、竞争和(或)环境梯度的差异间的树木的评分。对比树法只比较林分内的树木,与之不同,多元回归法是拟合全部林分内所有被测量的树木,因此所有被测量的树木都是候选树。拟合的多元回归方程为被测量的每株树提供一个预测值(称为基准线)。当一株候选树的一个或多个性状的实际表现超过其基准线预测值一定量时就被选中。也就是说,当一株树的测量表现优于根据包含在回归模型内的树木年龄、竞争和(或)其他环境参数预测的表现时就被选中。

下面是回归法的一个例子。假设有 80 块不同的异龄林,在每一林分内测量 10 株优势木的树干材积(总共 800 株);与此同时,测定树木的年龄和林分的立地指数。如果测量的 800 株树的材积称为 $\hat{y}_i$,那么多元回归函数(也称为基准线)就是 $\hat{y}_i=f($年龄、立地指数$)$,其中 $\hat{y}_i$ 是根据函数计算的第 i 株树的预测材积。一株树与基准线的离差($y_i-\hat{y}_i$)超过某个事先确定的值就被选中。值得注意的是,大约有一半的树木(400 株)的离差是正的,有一半是负的。

混合选择的最后一种方法称为**主观法**(subjective method)。这种方法在当育种工作者认为环境噪声太大不能用回归法克服或者当育种工作者认为目测能有效找到优良树木时使用。利用这种方法,育种工作者驱车或者步行通过指定的林分,主要根据目测评价选择树木。没有对比树,如果有的话只有很少的正式测量。当检查许多候选树才选中一株优树时,选择强度可能相当高。如果育种工作者能够有效地目测评价树木的综合遗传值,对于中等遗传率性状,强度非常高的主观选择也会产生可观的遗传增益。当选择强度不高时(如当驾车穿过林分透过挡风玻璃目视选择优良表型而选出路边的入选树木时),主观法有时又叫做**母树法**(mother tree method)。顾名思义,中选树木立刻作为随后开展的子代测定中的母树。在这种情况下,最初的选择得不到多少增益,重点是在以后根据测定结果淘汰被证明低劣的入选树木而获得增益。

无论使用哪一种混合选择方法,育种工作者都必须非常谨慎和勤奋,给每株优树做上适当的标记,并且记录下所有的观测值。分配给每一株优树的标志伴随该树很多年,应该在树上和记录中标记清楚。可以利用全球定位系统(GPS)记录每株中选树木的准确位置。需要一个有效、可靠的数据管理系统保证所有信息很多年的完整性。

入选树木分散在基本群体的若干林分内,常通过扦插或嫁接到砧木上进行营养繁殖,坐落于称为**无性系库**(clone bank)或**育种树木园**(breeding arboretum)的单一立地上。无性系库具有以下功能:①把选择群体中的所有基因型保存在一个受到良好保护的地点,目的是为了保存基因;②将所有入选树木集中在一个方便的地点,从而可在其中经济地开展育种工作(因为选择群体中的部分或全部树木形成育种群体)。

预测混合选择的遗传增益

在*第 11 章*中介绍了估计遗传增益(预测、现实和模拟)的 3 种方法,所有方法的目的都是量化选择效率和遗传进展。在这里只讨论预测遗传增益,这是用根据数量遗传学理论推导出的公式计算的。这种方法不仅可以获得选择的遗传增益的数量估计值(对项目论证和经济分析有用),而且还有利于从直觉上深入理解不同类型选择的期望增益(对项目规划和育种策略制订有用)。

为了使预测遗传增益概念化,考虑一个假想的基本群体,其中最高的 5% 的树木被挑选出来形成选择群体(图 13.2a)。有 3 个群体平均值与遗传增益有关:①亲本的原始基本群体,具有某一表型平均值(对于图 13.2a 上边所示的假想群体 $\mu_P=25$m);②随机抽取一个基本群体中亲本的子代的大样本形成的树木群体(该子代群体在图 13.2 中未显示,但是从概念上来讲,如果子代与亲本栽植在相同的环境中并且在相同的年龄测定,那么将与亲本基本群体具有相同的平均值);③只允许中选亲本随机相互交配,然后将其子代栽植在相同环境中形成的群体(图 13.2 的下部,$\mu_0=27$ m)。选择增益(ΔG)是选择群体的子代群体平均值(上面第三个)减去另外两个群体中的任何一个的群体平均值(上面第一或第二个):在图 13.2 中的例子中,$\Delta G=\mu_0-\mu_p=27\text{m}-25\text{m}=2\text{m}$。

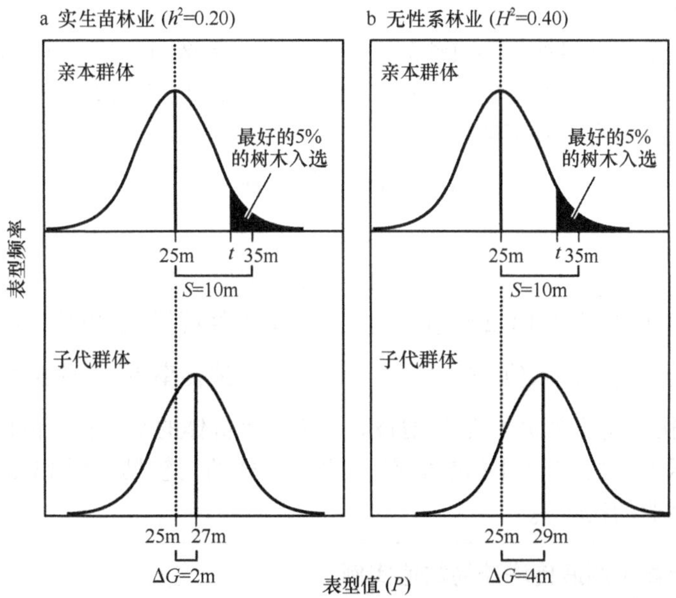

图 13.2　在一个平均值$\mu_p=25$m、表型方差 $\sigma_p^2=25\text{m}^2$ 的假想的亲本基本群体(另见图 6.1 和图 6.2)中选择树高的预测遗传增益(ΔG)。基本群体中最好的 5% 的树木入选,其子代栽植在与亲本相同的环境中并生长到 25 年。所有中选树木的树高都大于截点 t 且平均值为 35m,所以选择差 $S=35\text{m}-25\text{m}=10\text{m}$。在 a 中,栽植的是实生苗,因此利用狭义遗传率(0.20)和公式 13.3 计算增益。在 b 中,栽植的是无性系后代,因此利用广义遗传率(0.40)和公式 13.2 计算增益。无性系林业的遗传增益比实生苗林业的高(4m 对 2m)。

一种不同而等价的表达方式是,每一性状的遗传增益是中选亲本的平均遗传值减去整个基本群体的平均遗传值。就这一讨论而言,"遗传值"既可以是无性系值,也可以是育种值,分别取决于子代是营养繁殖产生的还是有性繁殖产生的(*第6章*)。只有遗传值才能传递给子代,因为影响表型的环境效应在每一世代重新形成。因此,如果中选树木作为亲本形成新一代的子代,那么只有当选择群体的平均遗传值优于基本群体的平均遗传值时,那些子代才会比从基本群体中随机抽取的亲本的子代好。为了预测图13.2所示的两个世代间群体平均值的变化,预测入选亲本的平均遗传值,并且将其与基本群体中所有亲本的平均遗传值进行比较。对测量的每个性状都要分别这么做。

预测遗传增益的公式

数量遗传理论的难题是根据容易测量的中选亲本和整个基本群体的表型平均值之差预测它们的平均遗传(无性系或育种)值之差(即遗传增益)。这是作为一个线性回归问题来处理的,即:

$$\Delta G = b(\bar{y}_s - \mu_p) = bS \qquad \text{公式 13.1}$$

式中,ΔG 是预测遗传增益;b 是回归系数;$\bar{y}_s$ 是中选树木的表型平均值(在图13.2中是35m);μ_p 是整个基本群体的表型平均值(在图13.2中是25m);S 是**选择差**,$\bar{y}_s - \mu_P$(在图13.2中是10m)。该公式适用于几种类型的选择(如亲本选择和家系选择),但是,在这里只对混合选择进行解释(公式13.1的推导和除混合选择之外的更高级的应用见 Falconer and Mackay,1996)。

需要的是一个能够根据表型值预测遗传值的回归系数,这已在*第6章*中表明就是遗传率(图6.3)。取决于预测的是无性系值(ΔG_C)还是育种值(ΔG_A),通用预测公式13.1用于混合选择时可以有两种可能的形式:

$$\Delta G_C = \overline{G}_S - \overline{G}_P = H^2 S \qquad \text{公式 13.2}$$

和

$$\Delta G_A = \overline{A}_S - \overline{A}_P = h^2 S \qquad \text{公式 13.3}$$

对于测量的任何性状,公式13.2将遗传增益表示为选择群体(上边的下标S)和基本群体(带有下标P)的平均无性系值($\overline{G}$)之差,表示为广义遗传率 H^2 和选择差 S 的函数;而公式13.3则利用狭义遗传率 h^2 将遗传增益表示为两个群体的平均育种值($\overline{A}$)之差。这些公式的应用展示见专栏13.2中的数值实例,两个公式的比较见专栏13.3(也就是无性系林业和实生苗林业的比较)。

专栏 13.2　计算预测遗传增益的数值实例

图13.2所示是一个假想的基本群体25年生时树高的频率分布,其有关参数如下:$\mu_p = 25m$,$\sigma_p^2 = 25m^2$,$\sigma_A^2 = 5m^2$,$\sigma_I^2 = 5m^2$,$\sigma_E^2 = 15m^2$。其中 μ_p 是树高的群体平均值,σ_p^2 是表型总方差,σ_A^2 是加性方差,σ_I^2 是非加性方差,σ_E^2 是微环境效应方差。广义和狭义遗传率分别利用公式6.11和公式6.12计算,得到 $H^2 = 0.40$,$h^2 = 0.20$。

可以使用公式 13. 2 和公式 13. 3 预测单株树木,以及一组中选树木的潜在无性系值 G_i 和育种值 G_A(见下)。例如,对于假想的基本群体中表型测量值为 31m 的一株树木:

$$G_i = \Delta G_C = H^2 S = 0.40 \times (31\text{m} - 25\text{m}) = 2.4\text{m}$$

$$A_i = \Delta G_A = h^2 S = 0.20 \times (31\text{m} - 25\text{m}) = 1.2\text{m}$$

式中,预测无性系值和育种值都表示为与基本群体平均值的离差。该树的表型值是 31m,或者说比基本群体的平均值高出 6m,那么,预测其无性系值和育种值分别比平均值高出 2. 4m 和 1. 2m。预测一株 15m 高的树的无性系值和育种值分别是-4m 和-2m,表明两者都低于平均值。

与本章原来定义的一样,这些公式也应用于由中选树木组成的任何群体。为了说明这一点,下表显示了从基本群体中选出的 5 株可能的入选树木的预测遗传值(G 和 A)。

树木	表型测量值(P_i)	表型值-平均值(P_i-μ_p)	预测无性系值(G_i)	预测育种值(A_i)
1	31	6	2. 4	1. 2
2	33	8	3. 2	1. 6
3	35	10	4. 0	2. 0
4	37	12	4. 8	2. 4
5	39	14	5. 6	2. 8
平均值	35	10	4. 0	2. 0

这些入选树木的预测遗传增益可以用两种等价的方法计算(*第 15 章*):①计算每株入选树木的无性系值和育种值,然后取其平均值(这些平均值分别为 4m 和 2m,如表中最后两栏所示);②首先计算选择差(S=10m),即用表型测量值的平均值(35m)减去群体平均值(25m),然后再应用公式 13. 2 和公式 13. 3。

$$\Delta G_C = H^2 S = 0.40 \times (35\text{m} - 25\text{m}) = 4\text{m}$$

$$\Delta G_A = h^2 S = 0.20 \times (35\text{m} - 25\text{m}) = 2\text{m}$$

因此,4m 和 2m 适用于表型测量值为 35m 的任一株树木,也是 S=10m 的任何一组中选树木的平均预测无性系值和平均预测育种值(如图 13. 2 中所描绘的那些)。

当使用这些入选树木营造生产性人工林时,预测的遗传值就是遗传增益的预测值。当把入选树木繁殖成无性系时,营造的人工林预计要比从基本群体的树木中随机选取的无性系营造的人工林高 4m(图 13. 2b 和专栏 13. 3);当用入选树木随机交配生产的种子营造人工林时,预测增益要比从基本群体随机采集的种子营造的人工林得到的增益高 2m(图 13. 2a)。用百分数表示,这些增益分别比基本群体平均值高出:4/25×100=16% 和 2/25×100=8% 。

专栏 13.3 公式 13.2 和公式 13.3 的比较——无性系林业和实生苗林业

尽管直到*第 16 章*才详细描述繁殖群体,但是通过比较基于对选择群体内的无性系或实生苗进行生产性配置的混合选择的两种选择的遗传增益,可以事先了解一下实现无性系林业的必要性。

无性系林业。如果使用入选树木没有经过有性重组而是通过营养繁殖得到的无性系栽植生产性人工林(*第 16 章*中的无性系林业),那么根据表型选择的每一株入选树木的全部无性系值都会在那些人工林中表达,而且公式 13.2 适合于预测混合选择的遗传增益。

实生苗林业。如果生产性人工林是用入选树木间随机交配产生的实生苗营造的(如来自种子园,*第 16 章*),那么只有每一个表型值的育种值部分传递给那些人工林中的子代。这时公式 13.3 适用于预测混合选择的遗传增益,因为遗传增益将在生产性人工林中得以实现。

遗传增益的比较。对于同一组入选树木,无性系林业的遗传增益总是大于实生苗林业。两者遗传增益之比是广义遗传率和狭义遗传率的比值:$\Delta G_C/\Delta G_A = H^2S/h^2S = H^2/h^2$,选择差相等,如果考虑同一组入选树木,则选择差相等。这可以通过比较图 13.2a 和图 13.2b 说明,其中 $\Delta G_C/\Delta G_A = H^2S/\ h^2S = H^2/h^2 = 4\text{m}/2\text{m} = 2$。无性系林业具有额外的遗传增益,这是因为营养繁殖能够捕获每株入选树木的全部无性系值 G,而实生苗林业只能捕获育种值 A。虽然从理论上说无性系林业是可取的,但是因为很难对选择年龄的树木进行营养繁殖,无性系林业常难以实现(*第 16 章*)。

育种的遗传增益。前边的评论都是关于生产性人工林中的遗传增益的,但是预测一个育种项目的几个周期的育种群体中积累的长期遗传增益也很重要。公式 13.3 适用于计算在育种环节中与核心工作(选择和相互交配)(图 11.1)有关的长期改良项目中进行轮回混合选择获得的遗传增益。在相互交配阶段,发生有性重组而且只有育种值传递给子代。因此,无性系林业获得的额外增益在任一特定的改良世代营造的生产性人工林中实现,但是不能在育种群体中积累。育种的累积增益依赖于选择群体和育种群体平均育种值的持续改良。

从概念上来讲,选择差对这两个公式是相同的,是中选个体的表型平均值与基本群体的表型平均值之差(公式 13.1)(图 13.2)。选择差的单位是被测量性状的单位(如图 13.2 中的 m)。由于遗传率没有单位(*第 6 章*),因此公式 13.2 和公式 13.3 预测的增益的单位也是被测量性状的单位。预测增益除以从中挑选出入选树木的基本群体的表型平均值就转换成一个百分数(专栏 13.2)。选择差有时称为**范围**(reach),因为它是遗传增益的最大上限。遗传率总是小于或等于 1,所以利用这两个公式中的任何一个预测的增益总是小于或等于范围(间接选择是个例外,这将在本章的后面讨论)。

公式 13.2 和公式 13.3 适用于截断选择(如图 13.2 中所描述的),也适用于入选树木分布在整个群体中的情况。也就是说,入选树木不一定是最好的;有些入选树木甚至低于基本群体的平均值。上述公式仍然适用,如专栏 13.2 中所展示的那样,并在*第 15 章*中进一步发展。公式 13.2 和公式 13.3 也不依赖于表型测量值呈正态分布。不管潜在的分布如何,这些公式提供了遗传增益的最佳线性预测值,意思是这些预测值在表型测量值的所有可能的线性组合间的误差方差最小(White and Hodge,1989)。当一个特定性状的表型测量值呈正态分布时,这些预测值就是最佳预测量,意思是在表型测量值的所有可能的线性和非线性组合中,这些公式的预测值具有最小的误差方差并且使选择增益最大。

公式 13.2 和公式 13.3 适用于一个具体性状和特定环境。因此,如果选择的性状多于 1 个,就需要每个性状的遗传率和选择差来估计那个性状的增益,而且,假设子代与其亲本栽植在相似的环境中,或者基因型与环境相互作用可以忽略不计(*第 6 章*)。在间接选择部分进一步阐述这一问题。不论使用哪一个公式,必须使用估计遗传率,因为真实遗传率永远不会知道。遗传率估计值可能相当不精确,因此,大多数预测遗传增益都是粗略的估计值。

如果已知前一个选择世代的遗传增益和选择差,这两个公式的倒数用于估计所谓的**现实遗传率**(realized heritability)。例如,对公式 13.3,$h_R^2=\Delta G_A/S$。只有栽植了中选树木的子代并且估计了其实际增益后才能计算现实遗传率。

选择强度

常用下面的等式替换选择差 S 而对公式 13.2 和公式 13.3 稍加改变:

$$i=S/\sigma_p \qquad \text{公式 13.4}$$

式中,i 是一个无单位值,称为**选择强度**(selection intensity);S 是以被测量性状的单位为单位的选择差;σ_p 是**表型标准差**(phenotypic standard deviation,被测量性状表型方差的平方根),也采用度量单位的单位。因此,选择强度就是以表型标准差为单位表示的选择差。在图 13.2 的例子中,选择强度是$(35\text{m}-25\text{m})/\sqrt{25\text{m}^2}=10\text{m}/5\text{m}=2$,意思是图中所示的选择群体的表型平均值比基本群体的表型平均值高出 2 个标准差。当用 $i\sigma_p$ 替换公式 13.2 和公式 13.3 中的 S 时,得到下面两个常用的公式:

$$\Delta G_C=H^2S=iH^2\sigma_p \qquad \text{公式 13.5}$$

$$\Delta G_A=h^2S=ih^2\sigma_p \qquad \text{公式 13.6}$$

其中的所有项前面已经定义了。如果有一个特定性状,这 3 个参数的估计值都存在,那么就可以使用这些公式预测该性状混合选择的遗传增益。例如,在专栏 13.2 中,$\Delta G_C=iH^2\sigma_p=2\times0.4\times5\text{m}=4\text{m}$;$\Delta G_A=ih^2\sigma_p=2\times0.2\times5\text{m}=2\text{m}$,这与前面得到的结果一样。选择强度和遗传率都没有单位,而表型标准差的单位是被测量性状的单位,因此预测增益也是以度量单位的单位为单位。

有时在实际做出选择之前预测选择增益是有用的。例如,这对决定在选择过程中投入多大努力和评价不同的选择策略可能很重要。在进行选择之前,选择差和选择强度都是未知的(因为尚未测量树木),但当满足以下 4 个条件时,仍然可以做出预测(Falconer and Mackay,1996):①基本群体中的表型值服从称为正态分布的钟形曲线(图 13.2);②采用截断选择,即只有超过某一截点值 t 的表型才能入选;③入选率已知;④存在基本群体的遗传率和表型标准差的估计值。

当这 4 个条件都满足时,人们绘制了选择强度的表(Becker,1975)和图(Falconer and Mackay,1996)(图 13.3),其中的选择强度表示为入选率的函数。当群体的最好的 5% 被选中时(图 13.2 中的阴影部分),选择强度大约是 2(实际上当一个无穷大的基本群体中最好的 5% 被选中时 $i=2.06$)。作为参照点,当群体中下列比例,即 0.50、0.25、0.10、0.01、0.001 和 0.0001 的最好个体入选时,相应的选择强度分别是 0.80、1.27、1.76、2.66、3.37 和 3.96。因此,当入选率是 0.0001(即每测量 10 000 株树从中选出最好的 1 株)时,选择群体的平均值比整个基本群体的平均值超出近 4 个标准差。

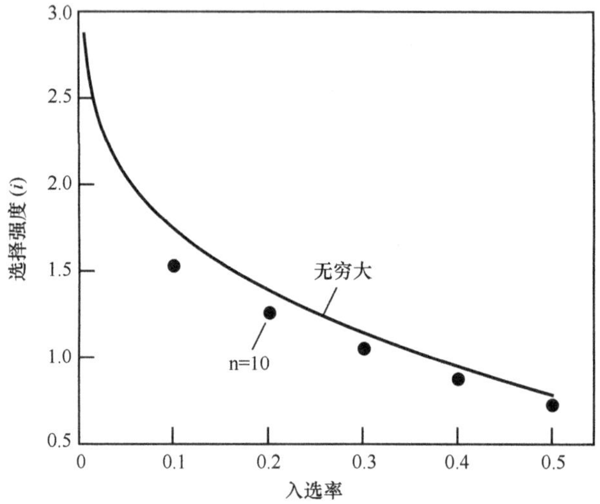

图 13.3　把选择强度 i 作为入选率的函数绘制成图。选择强度没有单位,表示为超过群体平均值的标准差。选择强度随着选出入选树木的基本群体的大小略有变化。图中所示的是两个群体大小:无穷大和 $n=10$。实例:如果从大小为 10 的群体中选择出 1 株最优树木,那么入选率为 0.10,$i=1.54$;而从一个无限大的群体中按相同的入选率进行选择,$i=1.76$。实际上,当 $n<50$ 时,对于小的基本群体,需要查阅表格得到精确预测值。(根据 Becker,1975 中的表格绘图)

对于大多数多基因性状,基本群体中表型测量值的频率分布近似于正态,而且偏离正态通常只对利用公式 13.5 和公式 13.6 计算的预测增益有相对较小的影响。因此,这两个公式通常用于预测对呈连续分布的各种性状进行混合选择时的遗传增益。对于测量值为 0 和 1 的二项性状(如病害的有或无),必须对利用这些公式得到的预测值进行调整(Derpster and Lerner,1950;Lopes *et al.* ,2000)。

影响混合选择遗传增益的因素

公式 13.5 和公式 13.6 有利于从直觉上理解增加混合选择增益的可能途径。因为增益与公式右侧的所有 3 个参数都形成正比,这 3 个因子中的任何一个加倍都会使期望增益加倍。在这里依次检测这 3 个参数,考虑育种工作者可以操纵什么参数来增加混合选择增益。

选择强度

选择强度是最容易受育种工作者控制的因子。选择强度越大遗传增益越大。换言之，入选率越小，选择强度就越大，期望遗传增益也越大，但是，在花费一定的努力测量候选树去选择最好的树木之后会出现一个报酬递减点（图 13.4）。考虑下面的 i 值，它们是被测量的候选树株数的函数：当从 2.62、20 和 10 000 株被测量的树木中选出一株时，i 分别大约是 1、2 和 4（前两个值来自图 13.4，第三个值来自 Becker，1975 中的表格）。因此，如果一个树木改良项目的选择群体的目标是选择 100 株入树树木，为了使选择强度达到 1、2 和 4，那么分别需要测量 262、2000 和 1 000 000 株树。把选择强度从 1 增加到 2 使增益加倍（需要测定的树木的比例为 2000/262 = 7.6 倍）要比把选择强度从 2 增加到 4 使增益加倍容易得多（需要测定的树木的比例为 1 000 000/2000 = 500 倍）

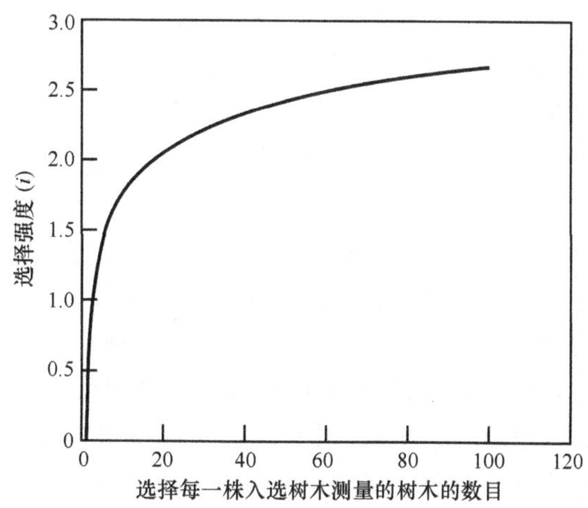

图 13.4　把选择强度 i 绘制成在无穷大的群体中每选中一株树所要测量的树木的株数的函数。注意，随着测量树木株数的增加，选择强度的增加减慢。（根据 Cotterill and Dean，1990 中的表格绘制）

如果选择成本主要与测量候选树的成本有关，那么报酬递减就可以解释为每株入选树木成本的增加；随着图 13.4 中的曲线趋平，期望遗传增益只有相对较小的增加但成本却增加很快。选择强度越高，会花费额外成本，但这可能仍然是合理的（因为选择强度每次增加都预计会增加增益），不过，需要全面的经济分析才能做出决定。

当同时选择多个性状时，对于单独考虑的每个性状选择强度都减小。假设育种工作者决定每测量 100 株候选树从中选出 1 株最好的。对于一个性状，选择强度是 2.66（图 13.4）。如果反过来，根据两个不相关的性状选择 1 株最好的，那么平均来讲，预计被选中的该株树木的每个性状都只能在最好的 10 株之内，这意味着 $i = 1.76$。对此可以用概率的乘法定律说明（Bayes 定理）。该定律认为，如果对于第 1 个性状 10 株树中有 1 株（即 0.10）超过截点值，对于第 2 个独立的性状也有相同比例（即 10%）的数目超过截点值，那么 1 株树木的两个性状都超过截点值的概率为单个概率的乘积（即 0.10×0.10 = 0.01）。也就是说，选择强度从一个性状时的 2.66 下降到了两个性状时每个性状的选择强度为 1.76（假设两个性状选择强度相等）。因此，当第一个性状是唯一被选择的性状时，该性状的预测遗传增益要多出 50%：$\Delta G_1/\Delta G_2 = ih^2\sigma_p/ih^2\sigma_p = i_1/i_2 = 2.66/1.76 = 1.51$。

随着选择性状数目的增加，对于一定数目的被测量的候选树而言，每个性状的选择强度都会持续减小。在每测量 100 株树木从中选出 1 株的例子中，包含 6 个不相关的性状意味着中选树木的这 6 个性状的每一个都只能在分布的最好的一半内（即使用概率的乘法定律：$0.46^6=0.01$ 或者 $\sqrt[6]{0.01}=0.46$)。这使选择强度下降到 $i=0.87$，也就是说，只选择一个性状时的增益是该性状被包含在一组6个不相关的性状中时的三倍多(2.66/0.87=3.05)。这个例子说明，要使最重要性状的遗传增益最大，就要使树木改良项目中被选择性状的数目最小。通常，在选择过程中受到重视的高优先级性状为3～5个甚至更少(见“确定育种目标”一节)。

遗传率和表型标准差

育种工作者对遗传率的影响比对选择强度小。不过，遗传率(广义或狭义)会随着分母中环境误差方差的减小或者分子中遗传方差的增大而增大(公式6.11和公式6.12)。在前面的混合选择方法部分给出了很多建议，其目的都是为了减小由于环境因素引起的方差。这些建议包括，无论何时，只要有可能，就要在人工同龄纯林中和均一的立地上进行选择。

当一个性状在不同的环境中差异表达时，增加观察到的遗传率的分子是可能的。所有有害生物和胁迫抗性性状都需要在胁迫达到足够程度的环境中才能使抗性的遗传差异得以表达。例如，除非有低温事件使基本群体中的树木出现差异反应，否则抗寒性不能表达。除了抗胁迫性状，其他一些性状也在某些环境中才能更好地表达。树木生长越快，树木间的遗传差异才能更清楚地表达出来，根据这一点，人们常说对于生长速度的选择应该在超过平均立地质量的林分中进行。最后一个例子是树干通直度，该性状在某些树种中的变异在具有某些土壤或生长特征的立地上能更清楚地表现出来。在所有这些例子中，都是通过在树木间的遗传差异能够充分表达的环境中进行选择以增加遗传率，进而增加遗传增益。

在其他因子相等的情况下，表型标准差越大的性状也期望获得更大的增益。表型变异性低意味着找到比基本群体平均值大得多的树木的希望很小。当两个性状的选择强度和遗传率相同时，群体中变异性更大的性状期望获得更大的增益。同样，当不同的性状具有不同的遗传率时，着重于遗传率越大的性状能够获得更大的遗传增益(所有的其他因子都相等)。

间接混合选择

间接选择的定义和应用

前一部分论述了直接混合选择。**间接混合选择**(indirect mass selection)是指根据一个性状(称为被测量性状)选择个体而预测第二个性状[称为**目标性状**(target trait)]的遗传增益。下面的预测公式(推导见 Falconer and Mackay，1996)需要被选择性状(y)和目标性状(t)的遗传相关估计值(*第6章*)。

$$\Delta G_{C,t}=i_y r_{G,ty} H_y H_t \sigma_{P,t} \quad \text{公式 13.7}$$

和

$$\Delta G_{A,t}=i_y r_{A,ty} h_y h_t \sigma_{P,t} \quad \text{公式 13.8}$$

式中，$\Delta G_{C,t}$ 和 $\Delta G_{A,t}$ 是对性状 y 进行间接选择所获得的性状 t 的遗传增益，分别取决于是无性系值还是育种值。i_y 是被测量性状 y 的选择强度；$r_{G,ty}$ 是性状 y 和 t 的真实无性系值的遗传相关；H_y 和 H_t 分别是被测量性状和目标性状广义遗传率的平方根；$\sigma_{p,t}$ 是目标性状的表型标准差；$r_{A,ty}$ 是性状 y 和 t 真实育种值的遗传相关；h_y 和 h_t 分别是被测量性状和目标性状狭义遗传率的平方根。两个公式中的相关必须是遗传相关而不能是表型相关（关于遗传相关类型的区别和深入讨论见*第 6 章*）。公式 13.8 的数值应用见专栏 13.4 中的实例说明。

专栏 13.4　预测间接选择遗传增益的数值实例

在本例中，目标性状是 25 年生的树高，也是在专栏 13.2 和图 13.2 中描述的假想群体的相同性状。利用公式 13.8 预测对 8 年生的幼树树高进行混合选择得到的 25 年生时的加性遗传增益（未说明用于预测无性系值遗传增益的公式 13.7）。假设两个性状的遗传参数如下。

目标性状（$t=25$ 年生树高：$\mu_t=25\text{m}$，$\sigma^2_{p,t}=25\text{m}^2$，$\sigma^2_{A,t}=5\text{m}^2$，$\sigma^2_{I,t}=5\text{m}^2$，$\sigma^2_{E,t}=15\text{m}^2$。

测量性状（y=8 年生树高）：$\mu_y=12\text{m}$，$\sigma^2_{p,y}=10\text{m}^2$，$\sigma^2_{A,y}=2\text{m}^2$，$\sigma^2_{I,y}=2\text{m}^2$，$\sigma^2_{E,y}=6\text{m}^2$。

其中所有项都已在专栏 13.2 中定义过。在缺乏根据真实数据估计的遗传相关的情况下，利用公式 6.13 得到 $r_{A,ty}=0.67$。值得注意的是，假定 8 年生树高的狭义遗传率和 25 年生的树高遗传率相等（$h^2_8=h^2_{25}=0.20$）。假定两个年龄的选择强度也相等：$i_8=i_{25}=2$。

比较两个遗传增益：①根据公式 13.6 计算的在 25 年生时进行直接选择得到的 25 年生树高的增益是 $\Delta G_{A,25,25}=2\times0.20\times\sqrt{25}=2\text{m}$，是 25 年生的基本群体平均高的 8%；②根据公式 13.8 计算的在 8 年生时进行间接选择得到的 25 年生树高的增益是 $\Delta G_{A,8,25}=i_8 r_{A,25,8} h_8 h_{25} \sigma_{p,25}=2\times0.67\times\sqrt{0.2}\times\sqrt{0.2}\times\sqrt{25}=1.34\text{m}$，是 25 年时的平均高 25m 的 5.36%。

虽然 8 年和 25 年时的树高遗传率相等，但是在 8 年生时选择的亲本的子代 25 年生树高的预测增益小于延迟到 25 年生进行选择得到的预测遗传增益，这是因为在这两个年龄对树高的遗传控制只有部分重叠（即假设 8 年生和 25 年生的树高只有中等的遗传相关，为 0.67）。

上面两个公式中的前 4 项都没有单位，最后一项 $\sigma_{p,t}$ 的单位是目标性状的单位，因而预测增益也具有目标性状的单位。因此，上述公式采用被测量性状的数据并重新调节这些数据，因而预测增益采取目标性状适当比例的形式。例如，如果基于树高测量值进行选择，而目标性状是树干材积，那么预测增益就有材积单位（m^3）。

间接选择在树木改良项目中非常普遍，下面的例子说明了其应用的广泛性：①在田间对树干材积或树高进行早期选择而真正的兴趣是采伐龄的材积（Lambeth *et al.*，1983a；Mackeand，1988；Burdon，1989；Magnussen，1989；White and Hodge，1992；Balocchi *et al.*，1994）；②根据在温室、生长室或其他人工环境中表达的各种幼苗性状进行早期选择而目标性状是采伐龄的田间表现［例如，仅在火炬松（*P. taeda*）中就有］（Lambeth，1983；Bridgwater *et al.* ,1985;Talbert and Lambeth,1986;Willians,1988;Li *et al.* ,1989;Lowe and van Buijtener,1989);③为了预测田间的抗病性,在温室中进行人工接种后对幼苗进行筛选(Anderson and Powers,1985;Redmond and Anderson,1986;Oak *et al.* ,1987;de Sovza *et al.* ,1992);④为了预测田间条件下的抗寒性,在实验室中对冷冻后的叶片组织的受损害状况进行目测评分或者测量其细胞内电解质的渗漏(Tibbits *et al.* ,1991;Raymond *et al.* ,1992;Aitken and Adams,1996);⑤用弹簧负荷式探针插入树木外部木材的深度(使用一种称为 **pilodyn** 的手持仪器)预测整株树的木材密度(Cown,1978;Taylor,1981;Sprayue *et al.* ,1983;Watt *et al.* ,1996);⑥在一种田间环境中选择感兴趣的性状,如树干材积,是为了在不同的田间环境中营造的人工林中配置,而该田间环境与选择环境具有不同的气候、土壤条件。

需要的遗传相关的类型取决于间接选择的类型。对于上面的第一个例子,需要幼-成相关来指定同一性状在两个年龄间的相关(专栏 13.4,*第 6 章*)。在第 3 ~5 个例子中,是两个性状间的遗传相关(如例 3 中的温室症状和田间抗病性)。在例 6 中,B 型遗传相关指定的是在两种不同环境中表达的同一性状间的相关(*第 6 章*)。

无意选择(inadvertent selection)是一种间接选择,当育种工作者通过选择第一个性状而不知不觉地影响到第二个性状时就会发生无意选择。例如,如果树干生长速度和抗寒性之间存在不利遗传相关,育种工作者在选择生长速度大时就可能无意降低选择群体的抗寒性。在这种情况下,被测量性状(公式 13.7 和公式 13.8 中的 y)是生长速度,而目标性状 t 是抗寒性。为了避免对育种群体产生无计划的影响,育种工作者明智的做法就是估计被测量性状和育种项目中日常并不测量的其他重要性状间的遗传相关,然后育种工作者就可以采取措施保证无意选择不会对未测量的性状产生不想要的遗传改变,或者至少将不利反应减到最小。

间接选择和直接选择的比较

为了比较直接选择和间接选择的相对效率,将间接选择公式 13.8 除以直接选择公式 13.6(或者将公式 13.7 除以 13.5)得:

$$\begin{aligned}\Delta G_{A,t}/\Delta G_A &= (\text{增益,间接选择})/(\text{增益,直接选择})\\ &= (i_y r_{A,ty} h_y h_t \sigma_{P,t})/(i_t h_t^2 \sigma_{P,t})\\ &= r_{A,ty}(i_y/i_t)(h_y/h_t)\end{aligned} \qquad \text{公式 13.9}$$

式中,所有项已在前面定义过,给直接选择公式增加下标 t 是为了强调所有的测量值、数值和预测值都应用于目标性状。注意所有项都没有单位,且在一定条件下该比值可能会大于 1(即间接选择比直接选择产生更大的遗传增益)。

为了从直觉上理解有利于间接选择的那些情况,考虑公式 13.9 中的每个分量。遗传相关的值域为 1 ~1,决定着被测量性状提供的关于目标性状的遗传信息量。当遗传相关接近 1 时,存在高度的一因多效,意思是有许多共同基因位点影响着两个性状;因此,对被测量性状进行间接选择会改变很多共同基因位点的等位基因频率从而使两个性状都产生增益。例如,在所有树种中,DBH 和树干材积都存在大的正遗传相关,选择 DBH 大的树木在 DBH 和材积上都会产生遗传增益。

当遗传相关接近 0 时,存在很少基因位点(如果有的话),影响两个性状,因而对被测量性状的选择对控制目标性状的位点的等位基因频率几乎没有什么影响。当两个性状之间存在负的不利相关时,对一个性状进行选择改良会使另一个性状产生负反应。例如,在树干生长速度和木材密度呈负相关的树种中,选择生长较快的树木将会无意地导致入选树木的子代有较小的木材密度(用公式 13.8 或公式 13.9 计算为负增益)。因此,目标性状的增益或损耗的大小直接取决于遗传相关的大小和符号。

公式 13.9 中的第二个分量是被测量性状和目标性状选择强度之比:i_y/i_t。该值大于 1 的情况并非不常见,当对被测量性状实施更高强度的选择时就可能大于 1。当被测量性状的测量比真正感兴趣的性状的测量更快速或者不那么费钱时就会出现这种情况。例如,当用手持 pilodyn 作为快速评价木材密度的方法就是这样。能够测量更多的树木可以增加代理变量(如 pilodyn 探针插入的深度)的选择强度,使之超过更难测量的目标性状的可能选择强度(如在实验室中用木材样本评价的整株树的木材密度)。

公式 13.9 中的最后一个分量是性状遗传率的平方根之比:h_y/h_t。有时一个相关性状可能比目标性状有更高的遗传率,使之更有利于选择。有两个例子:①在一个地区发现环境方差较小的更均一的立地,在那里选择入选树木,然后在位于不同栽培区的目标立地上应用;②在温室或生长室环境中测量的性状由于环境条件一致而有较高的遗传率,当目标性状是田间表现时它可以作为代理性状。

当公式 13.9 中的所有 3 个分量都有利时,间接选择能够比直接选择产生更多的遗传增益。有时,即使获得较少的增益,间接选择也是一种可行的选择。当考虑节省时间进行早期选择时就常出现这种情况。在一个特定的树木改良周期中对树干生长进行早期、间接选择获得的增益常小于在轮伐期对树干材积进行直接选择可能获得的增益。然而,早期选择的单位时间增益(每年的增益)通常更大,这就使得可以更早开始一个新的改良周期,从而可以完成更多改良周期。为了确定最佳选择年龄,育种工作者可以利用公式 13.8 和公式 13.9 那样的公式,但是也要考虑成本因素和金钱的时间价值;采伐年龄的 25% ~ 50% 常被引用作为最佳选择年龄(McKeand, 1988; Magnussen, 1989; White and Hodge, 1992; Balocchi *et al.*, 1994)。

多性状选择方法

确定育种目标

所有树木改良项目的目的都是同时改良一个以上的性状,有两种不同类型的性状需要考虑:目标性状(在此处进行讨论)和被测量性状,也称为选择性状(在接下来的三部分讨论)。第一步就是要明确地确定育种目标,它是育种工作者希望改良的目标性状的组合(Borralho *et al.*, 1993; Woolaston and Jarvis, 1995; Bourdon, 1997, p281)。一株特定树木的**育种目标**(breeding objective)用 T_i 表示,有时称为综合育种值或经济遗传值(van Vleck *et al.*, 1987),定义如下:

$$T_i = w_1A_{1i} + w_2A_{2i} + \cdots + w_mA_{mi} \qquad \text{公式 13.10}$$

式中,W_1、W_2,…,W_m 是育种目标中包括的 m 个目标性状的经济(或社会)权重;A_{1i}、

$A_{2i}, \cdots, A_{mi}$ 是树木 i 的 m 个性状的育种值。

有些作者用符号 H 表示育种目标，但是此处倾向于用 T 表示，因为从各种意义上说，育种目标都是育种工作者试图改良的最终目标。事实上，T 可以认为是根据原始性状的相对重要性对育种值加权得到的新的综合育种值。当树木改良项目的目标是经济增益时，T 最好以美元为单位表示，并且用货币单位度量树木的育种值。没有经济重要性的性状其权重为 0，将从育种目标中剔除。所有重要的经济性状都应该包括在育种目标中，但是，由于在前边选择强度部分已经讨论过的原因，这些高优先级性状的数目应该为 5 个或更少。

性状包括在育种目标中只因为它们的重要性，可能在田间的树木上测量也可能不测量。例如，采伐龄的树干材积和纸浆产量可能是 T 中的两个性状，而幼年的树高、pilodyn 评价的木材密度及通直度可能是选择所基于的被测量性状。因此，明确确定育种目标，清楚地将目标综合遗传值（即改良目标）和试图达到该目标所用的被测量的选择标准区分开。

树木改良项目不像动物育种项目那样费尽心血地明确确定育种目标（Woolaston and Jarvis，1995），这部分是因为：①难以确定精确的经济权重；②树木改良的复杂性和长期性；③重点在于项目的实施。树木改良项目中对于总体目标的普遍想法是构建高优先级性状的一个清单。虽然育种目标没有明确确定，但项目中的性状仍然有一组未确定的、隐含的权重；这一组事实上的权重不可能达到预期的结果。

总之，使用正式的经济权重创建育种目标：①暴露了与不同性状的相对重要性有关的知识中的薄弱环节（所以使得这些不足得以阐述）；②引导选择决定的连贯性；③为评价应该测量哪些性状及应该怎样将它们合并到最后的选择标准中提供了一种强大的工具（Woolaston and Jarvis，1995）。

在一项为花旗松（*P. menziesii*）的树木改良项目制订育种目标的研究中，一个含有 3 个自变量（树干材积、树枝直径和木材密度）的多元回归方程有效地预测了锯开用于实木产品的树木的价值（Aubry *et al.*，1998）（专栏 13.5）。方程中每个自变量的偏回归系数就是其经济权重。树木改良中育种目标的另一个出色例子是生长在葡萄牙的蓝桉（*E. globulus*）的纸浆生产中制订的育种目标（Borralho *et al.*，1993）。该研究的多项重要结果之一是明确为了做出选择决定测量木材性状的经济重要性，尽管这些性状长期以来被认为测量成本太高而不测量。

尽管有前面的两个例子，但是缺乏可靠的经济权重估计值一直是制订完整的育种目标和树木改良项目中应用指数选择的主要障碍（Bridgwater *et al.*，1983；Zobel and Talbert，1984；Cotterill and Jackson，1985）。由于树木改良项目是为未来市场培育改良品种，经济权重应该反映将来的产品需求和定价结构。由于木制品市场是周期性的而且新的加工技术总是在发展，预测未来的价值也是一项巨大的挑战。有时制订与若干未来的经济方案相关的几组经济权重是有用的。如果一组权重对于几种不同的方案是稳定的（即稳健的），那么选择这组权重用在育种目标中就是适当的。在将来，更多的育种项目应该明确确定育种目标以使项目的遗传增益最大。

选择测量哪些性状

育种工作者选择测量哪些性状是为了使育种目标 T 的单位时间遗传进展达到最大。

最普遍的错误是在一个树木改良项目中包含太多的被测量性状。正如在选择强度部分所说明的那样，包含一个额外性状会减小改良项目中已有性状的增益（假定同等的努力）。因此，关键是要限制性状的数目，使之尽可能地少，并且根据性状的优先级将其分到重要性不同的组内，如高、中等、低优先级。受重视程度最高的高优先级性状为 3 ~ 5 个甚至更少，中等优先级和低优先级性状各有 1 个或 2 个。

高优先级性状的理想特征包括：①与育种目标 T 密切相关；②遗传率高；③测量成本低、精度高；④能在早期可靠地评价；⑤与其他高优先级性状没有不利遗传相关。对于所有可能感兴趣的性状而言，所有这些因子很少一致，而在大多数树木改良项目中经济重要性（与 T 密切相关）是最重要的要考虑的因素。这就是为什么尽管树干生长速度只有中等大小的遗传率（*第 6 章*）而且在幼年时不易评价但却成为许多树种项目中优先级最高的被测量性状。

由于经济重要性、良好的增益潜力、能在早年进行评价，以及与生长速度之间不存在不利相关，抗病性在很多项目中也很重要。最后一个例子是，虽然木材密度对于某些产品从经济上来讲相当重要而且有较高的遗传率，但是测量很费钱，而且可能具有相对有限的表型变异性（从而会减少潜在增益）。因此，在一些项目中受到了重视，但在另一些项目中却没有受到重视。

优先级较低的性状最好用作辅助信息指导根据优先级较高的性状的测量值处于临界点的树木的选择决定。重要的概念是把重点放在高优先级性状的测量值上，而不要使优先级较低的性状在选择决定中起到大的作用。来自某些树木改良项目的一个例子是，在对冠形的经济重要性和遗传率都不甚了解时，却给予其相对较高的重视。这只能降低高优先级性状并且减少育种目标的期望遗传进展。例如，根据其他性状非常出色的一株候选树可能因为冠形不良而不能入选。

指数选择

多性状选择的最佳方法就是把高优先级性状合并成一个单一**选择指数**（selection index），I：

$$I_i = b_a(y_{ai} - \overline{y}_a) + b_b(y_{bi} - \overline{y}_b) + \cdots + b_p(y_{pi} - \overline{y}_p) \qquad \text{公式 13.11}$$

式中，I_i 是为树 i 计算的选择指数；b_a、b_b，…，b_p 是应用于每株树上测定的 p 个性状的表型测量值的数值权重；y_{ai}、y_{bi}，…，y_{pi} 是树木 i 的性状 a、b，…，p 的表型测量值；$\overline{y}_a$、$\overline{y}_b$，…，$\overline{y}_p$ 是基本群体中 p 个性状的表型平均值。注意 $y_{ai} - \overline{y}_a$、$y_{ai} - \overline{y}_a$ 等是选择差，用一株树的测量值高于或低于基本群体每个性状的表型平均值来表示。用字母 a、b，…，p 代替数字 1、2，…，m，表明被测量性状不一定是公式 13.10 中的育种目标中的那些性状。

作者只是简单强调指数选择的概念。请读者参阅以下资料更深的内容、其推导和理论（Henderson，1963；White and Hodge，1989；van Vleck，1993；Bourdon，1997）、其在林业中的应用（Shelbourne and Low，1980；Bridgwater *et al.*，1983a；Christophe and Birot，1983；Dean *et al.*，1983；Burdon，1989；Cotterill and Dean，1990；Borralho *et al.*，1992b，1993；Aubry *et al.*，1998）。选择指数也用于合并来自不同亲属，如亲本和子代的数据；这种应用将在*第 15 章*讨论。在这里着重于混合选择。

专栏 13.5 花旗松（*P. menziesii*）育种目标的制订和经济权重的确定。

背景。美国俄勒冈州西部和华盛顿州的一个树木改良项目是进行花旗松（*P. menziesii*）实木产品育种，已知有 3 个性状影响木材的产量和质量：树干材积、木材密度和节子大小。为了增加把树木锯成木板的价值，目标是增大每株树的材积，同时保持木材密度和限制节子大小。为了可靠地估计育种目标中这些性状的经济权重，Aubry 等（1998）进行了产品回收研究。该研究概括如下。

田间和实验室方法。①测量来自美国俄勒冈州西部和华盛顿州的跨越一系列立地质量、生长条件和年龄（33～36 年）的 11 块集约经营林分中的 164 株树木的树干高度、DBH 和最低原木上的最大树枝的直径；②提取 92 株树木的生长芯（在胸高处 9mm 的生长芯），然后带入实验室用 X 射线密度仪测定木材密度；③伐倒田间的所有树木，锯成木材加工厂所需长度的木段（4～8m），并以所有木段的去皮材积之和作为树木的总材积；④将每株树的所有木段运到一个现代化的木材加工厂并且锯成标准尺寸的板材；⑤通过机械应力分等把所有板材分级并确定每块板材的美元价值；⑥把一株特定树木所有圆木锯成的板材的美元价值求和估计该株树木的总价值。

数据分析。采用多元线性回归技术预测整株树的价值，也就是通过上面的第 6 步得到的，是几个可能的回归自变量的函数。这些自变量包括树高、DBH、树枝直径、树干材积、木材密度和所有它们的两两相互作用。最后得到的方程如下，其调整决定系数 $r^2=0.89$。

$$T_i=-14.557+0.058(\mathrm{VOL})-6.669(\mathrm{BD})+0.065(\mathrm{WD})$$

其中 T_i 是一株树的预测总价值；-14.557 是 y 轴上的截距；VOL 是树木的树干材积，单位是 cm^3；BD 是最低原木上的最大树枝的直径，单位是 cm；WD 是胸高处的木材密度，单位是 $\mathrm{kg \cdot m^{-3}}$；3 个自变量前面的数字是偏回归系数。

解释。育种目标 T_i 的单位是美元，它用于根据 3 个测量性状对一株树的产品总价值的影响把它们的相对重要性整合在一起。上述公式中的 3 个偏回归系数可以直接用作育种目标中的 3 个性状的经济权重。每个系数用于估计当某个性状改变一个单位而另两个性状保持不变时一株树木的美元值的改变量。

例如，0.058 的单位是 MYM dm^{-3}，它估计的是某株树的材积每增加 $1\mathrm{dm}^3$，其总价值就增加 0.058 美元（当 BD 和 WD 保持不变时）。BD 的系数的负号表明，树枝直径增加会降低树木的价值。公式中的系数取决于被测量性状的尺度。因此，不可能看到系数的相对大小就推断它们的相对经济重要性。有时，它形成不依赖于尺度的标准化系数。

值得注意的是，该公式只指定育种目标，而没有指定实现这一目标在田间要测量哪些性状。这一点很重要。例如，这些数据是在年龄 33～36 年的树木上采集的，使用非常精心的实验室方法得到木材密度的精确度量。对于选择目的，在幼树上测量并用 pilodyn 快速估计木材密度可能更可取。为选择要测量的确切性状取决于遗传率、遗传相关和其他参数（见“指数选择”一节）；然而，为选择而测量的所有性状都应该与育种目标中的性状有紧密的遗传相关。

在对基本群体中的树木测量之后，就利用遗传理论估计公式 13. 11 中的权重，该公式为每株树木计算一个单一数字，即将所有性状的数据聚合成那株树的 I_i。两个性状的指数可能简单如 $I_i=0.3\times HT_i+2.4\times PILO_i$，其中 HT_i 和 $PILO_i$ 是树高和 pilodyn 测量值，用于计算每株被测量树木的单一指数。然后根据计算的指数对这些树木进行排序，I_i 值最高的树木入选(图 13. 5)。值得注意的是，如果一株树一个性状的测量值较低，但是如果其他性状的测量值足够高，该株树木仍有可能入选(如图 13. 5 中树木 A、B、X 和 W 的两个性状中都有一个性状的测量值较低)。同样需要注意，当两个性状呈负相关时，很难找到两个性状都突出的树木(图 13. 5b)，而两个性状都突出的树木称为**相关破坏者**(correlation breaker)。

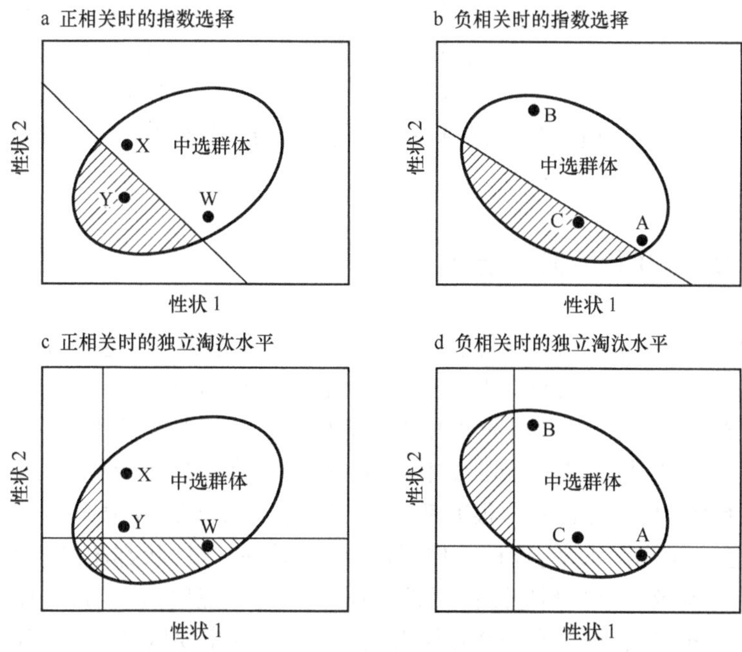

图 13. 5　呈正相关(a 和 c)和负相关(b 和 d)的两个假想性状的示意图。基本群体的测量值都落在椭圆内，该群体未入选的部分用阴影表示。在每种情况下显示 3 株有代表性的树木的测量值(树木 A、B 和 C 表示呈负相关的性状，而树木 X、Y 和 Z 表示呈正相关的性状)。指数选择(a 和 b)把两个性状的数据加权从而使每株树形成一个单一数字(指数值 *I*)。向下倾斜的直线代表指数值(即该直线上的所有点都有相同的 *I* 值)，在这条线以下的树木被淘汰而不会包括在选择群体内。独立淘汰(c 和 d)分别考虑每个性状，任何一个性状的测量值不良都会导致被淘汰；因此，树木 W 和 A 由于性状 2 的测量值较低而未能入选。(复制自 van Vleck *et al.*，1987，经 W. H. Freeman 和 Company/Worth Publishers 许可)

为了使计算的指数 I_i 和育种目标 T_i 之间的相关最大，公式 13. 11 中的系数是根据理论关系估算的(Henderson，1963；White and Hodge，1989；Borralho *et al.*，1993)。这意味着如果测量 1000 株树木，计算得到的 1000 个指数(每株树 1 个)与这 1000 株树的真实但未知的综合遗传值有最大可能的期望相关。其他任何一组权重都不会产生更高的相关。当性状呈正态分布时，使用选择指数能使根据被测量性状进行选择的育种目标得到最大的遗传增益。

为了把所有性状的测量值有效地聚合成一个单一的指数值，权重 $b_a, b_b, \cdots, b_p$ 必须包含经济信息（因为权重使得与 T，即育种的经济目标的相关最大）和遗传信息（即被测量性状的遗传率、它们自身间的相关及其与育种目标中的性状之间的相关）。总之，较大的权重分配给那些与育种目标高度相关、遗传率高及与其他性状的不利相关最小的性状。

对选择指数的一种批判是，由于缺少经济信息、未来条件不稳定、经济关系的非线性及遗传参数估计值不精确，很难精确地估计权重。为了把需要估计的相关和其他遗传参数的数目减到最少，在一个选择指数中只包含少数几个高优先级性状是很重要的。然后从由大量遗传单位（即至少 100 个家系或无性系）营造的遗传测定林得到那些性状的参数的精确估计值。在这些条件下，选择指数是特别有效的选择方法。

当不容易得到经济信息时，可以根据其他方法确定公式 13.11 中的指数权重。例如，可以采取使单个性状获得想要的增益或者在限制其他性状改变的同时使一个性状的增益最大等方法（Cotterill and Dean，1990，p37）。这些蒙特卡罗（Monte Carlo）方法，将在*第 15 章*中用一个实例充分地解释。这些方法涉及尝试很多组权重（即随机或系统产生的公式 13.11 中很多组不同的 b 值），然后选择一组特定的权重。该组权重会得到被认为是最令人满意的所有性状的遗传增益的组合。

独立淘汰、顺序选择和两阶段选择

独立淘汰（independent culling）是另一种多性状选择方法。在这种方法中，分别为每个性状设定选择的截断水平，只有当所有被测量性状都超过这些最低标准的树木才能入选（图 13.5c、d）。因此，一个性状真正特别优秀的一株树木如果不能超过所有其他性状的最低标准也不能入选（如图 13.5c、d 中的 W 和 A）。在动植物育种项目利用独立淘汰水平进行选择中，从直觉上来看很有吸引力，因为该法在实践中简单易行（Bourdon，1997）。一旦设立了淘汰水平，育种工作者简单地选择所有性状都超过最低标准的个体就可以。难点是确定每个被测量性状的那些标准水平（截点阈值）应该是什么，在这方面通常没有什么理论可用，淘汰水平常是凭直觉设定的。这主要依靠育种工作者的经验，以及育种工作者对与被测量性状和育种目标中的目标性状有关的所有遗传和经济因素的理解。

利用独立淘汰水平选择很适合与选择指数结合起来应用。高优先级性状包含在选择指数中，而为优先级较低的性状设定独立淘汰水平。通常最好为这些优先级较低的性状设定相对较低的最低标准，从而使大部分根据指数入选的树木根据淘汰水平也是可以接受的。例如，假设被测量性状是树高（作为树干材积的代理）、pilodyn（作为木材密度的代理）和树干通直度。假定对于纸浆产量这一最终育种目标，树高和 pilodyn 的经济重要性很高并且得到了很好的估计，而树干通直度的经济重要性未知但猜想很小。一种适当的选择策略是，首先将前两个性状（树高和 pilodyn）合并，为每株树计算一个选择指数，然后选择既有较大的指数值而树干通直度又超过了设立的淘汰水平的树木。通过为树干通直度设定一个较低的淘汰水平（即只有弯曲得不能接受的树木才被淘汰），育种工作者可以达到两个期望的结果：①弯曲得不能接受的树木不能入选，因此在树干通直度上期望获得的增益很小；②更重要的是，只有非常少的包含经济重要性高的性状的指数突出的树木因为其树干通直度得分低而被淘汰。

另一种多性状选择方法称为**顺序选择**(tandem selection),是指在每一个育种和测定周期只选择一个性状。一旦通过若干个选择、测定和育种周期第一个性状已经被改良到了足够的水平,注意力就转移到第二个性状,该性状此时又成为若干周期的选择、育种和测定的重点。虽然用于世代间隔短的农作物,但由于林木育种和测定周期长,改良少数几个性状可能需要几个世纪,因此顺序选择在树木改良项目中没有得到应用。不过,如果将来在着重对其他性状经过若干个周期的育种之后一个新性状变得重要,顺序选择可能会无意发生。关于顺序选择的进一步讨论,参阅 van Vleck 等(1987,p338)和 Bourdon(1997,p278)。

两阶段选择(two-stage selection)是首先对一个性状进行选择,然后再对另一个性状进行选择。从这个意义上来讲,两阶段选择与顺序选择相关,不过,它是在同一个育种和测定周期中对两个性状进行选择(Namkoong,1970;Talbert,1985;Lowe and van Buijtenen,1989)。在树木改良项目中两阶段选择的应用常按如下的顺序进行:①对一些性状,如在田间、温室或生长室环境中的生长速度进行早期选择(第一阶段选择);②随后只测量选择群体的另一个性状,如成熟期的生长速度或木材密度;③在先前根据第一个性状入选的群体中根据第二个性状选择(第二阶段选择)。当第一阶段是根据 DNA 标记进行标记辅助选择(*第19章*),而第二阶段是根据先前入选的那些树木的田间表现进行选择时,两阶段选择在将来可能会很重要。与之前描述的其他方法不同,第二个性状只在根据第一个性状选中的那组树木上测量。由于这一原因,期望遗传增益在很大程度上取决于选择顺序(即先选择哪个性状)和两个性状之间的相关。

本章提要和结论

选择的一般方法是:①用目标性状的经济或社会重要性对其加权制订育种目标 T;②根据能否快速获得 T 的增益决定选择测量哪些性状;③测量生长在基本群体中的树木的表型;④分析数据并用遗传理论预测所有候选树每个性状的潜在遗传值;⑤根据经济和遗传方面的考虑,把一株特定候选树的不同性状的预测遗传值综合成该候选树的单一选择指数;⑥把计算指数最高的那些树木保留在选择群体中;⑦计算每个性状的期望遗传增益,即选择群体的平均遗传值和基本群体的平均遗传值之差;⑧标记所有的入选树木(即选择群体的成员)并且为它们的保护,以及在将来的长期育种和生产性繁殖项目中的应用做出安排。

混合选择,在树木改良项目开始时很普遍,只根据树木的表型进行选择,而对其祖先、亲属或子代的表现的额外信息一无所知。在直接混合选择中,被测量性状和目标性状是相同的,而间接混合选择是试图根据一个被测量的代理性状进行选择而在目标性状获得增益。当一个性状的遗传率很高且育种工作者实施高强度选择时,直接选择期望获得更多的遗传增益。间接选择在树木改良中非常普遍,而且在当被测量性状和目标性状有紧密的遗传相关、高度可遗传、有利于进行强度选择并且容易在早期评价时,间接选择是非常有效的。

最重要的选择决定之一是决定树木改良项目中包括哪些性状,而区分育种目标 T 中的目标性状和做出选择决定所依据的被测量性状非常重要。目标性状是最终的育种目标,是根据其总的经济或社会重要性选择的。被测量性状是根据其能够在育种目标中获得最大的单位时间增益进而在目标性状中获得增益而选择的。在树木改良中,目标性状几乎总是采伐龄的性状,因为这些是最终的育种目标,而被测量性状通常是轮伐期早期被测量的代理性状。根据最少数目的被测量性状做出选择决定并且在育种目标中只包含对获得遗传增益有贡献的那些性状很重要。在选择指数中最好确定并包括 3 ~5 个高优先级性状。形成选择指数 I 的过程,其目的是使 T 的增益最大,并且有效地决定哪些被测量性状应该包含在指数中。优先级较低的性状可以用作辅助信息帮助指导决定那些根据选择指数处在入选边缘的树木是否能入选。重要的概念是只着重于指数中的关键性状,而不能使优先级较低的性状在选择决定中起大的作用。

第 14 章　遗传测定——交配设计、田间设计和测定的实施

在前几章中，描述了为确定地理变异模式（*第 8 章*），以及为评价树种、种源和种子产地间的选择（*第 12 章*）而进行的遗传测定。在本章中，主要着眼于单个育种项目内伴随育种工作的遗传测定。遗传测定是大多数树木改良工作的核心，既可以用育种周期内 5 种群体类型的任何一种的亲本产生的实生苗建立，也可以用其无性繁殖苗建立（图 14.1）。测定林通常栽植在森林立地的野外地点，但是也可以栽植在农田、苗圃、温室或生长室内。这些栽培对比试验（*第 6 章*）可以把混淆在亲本表型中的遗传效应与环境效应区分开。通常一个单一系列的测定有几个目的，但是根据其主要目的可以分别叫做子代测定、基本群体、现实增益试验、研究试验、无性系试验或示范栽植。

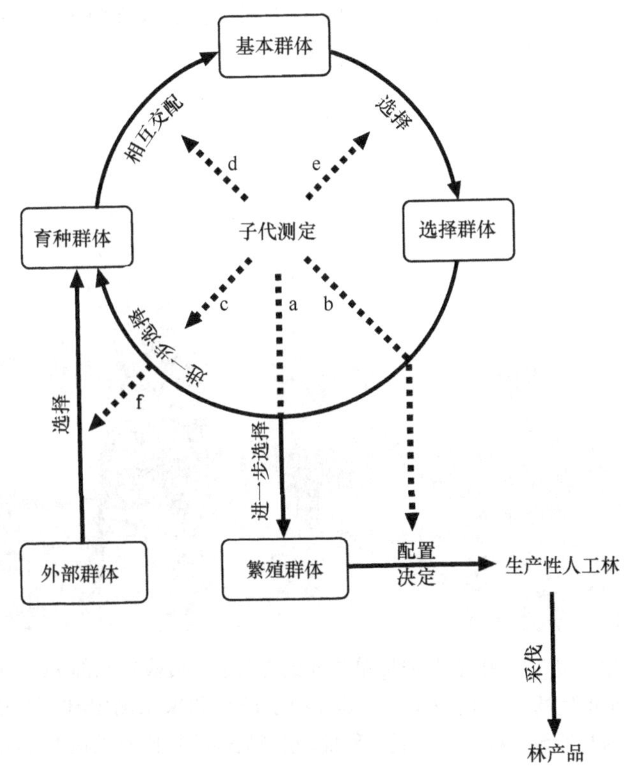

图 14.1　育种周期的示意图，表明使用子代测定信息（虚线）增加遗传增益的多种途径。测定亲本的预测育种值（即排序）对下述方面很重要：a. 提高繁殖群体的遗传品质；b. 通过把基因型与适宜的土壤、气候相匹配（通过适土壤、气候适基因型）使配置的增益最大；c. 在相互交配开始前提高育种群体的遗传品质；d. 通过优良入选树木或者互补入选树木的交配优化交配设计；e. 通过为选择指数的制订提供亲本信息增加下一个世代选择的增益；f. 在补充之前通过子代测定提高从外部群体补充进育种群体的入选树木的遗传品质。在育种周期中通常出现的 5 种群体类型用方框标记。在树木改良各个阶段涉及的活动（包括育种周期）写在实线箭头的一侧。

当一个单一测定系列有许多目的时，首先要为各种目的划分并分配优先级，然后选择最能实现最重要目的的交配设计和田间设计，这一点极为重要。因此，本章第一节介绍各种类型遗传测定的功能和目的，以及为什么它们在树木改良中很重要。此后的两大节分别描述树种遗传测定中常用的交配设计和田间设计。每一节讨论哪些设计最适于实现不同目的。最后一大节“测定的实施”阐述遗传测定林的建立、管护和测量中要考虑的重要问题。有关这些话题的其他综述可以参照：Libby（1973），McKinley（1983），Zobel 和 Talbert（1984，*第 8 章*），van Buijtenen 和 Bridgwater（1986），Bridgwater（1992），Loo-Dinkins（1992）及 White（1996）。

遗传测定的类型、目的和功能

遗传测定林既可以用实生苗建立（图 14.2a），也可以用营养繁殖苗建立，如扦插苗（图 14.2b）或者组培苗。本章中的许多评论适用于这两种类型的测定（实生苗测定和无性系测定），因此，为了便于讨论，使用**遗传单位**（genetic entry）这个一般性的术语。该术语是指在一系列的遗传测定林中栽植和比较的种批、家系或无性系。与用实生苗营造的测定林相比，在必要时注明无性系试验的特点。

a

图 14.2 遗传测定实例，表明遗传单位间的差异：a. 阿根廷北部 Perez Companc 公司的 2.5 年生的火炬松（*Pinus taeda*）种子产地和家系测定林（用实生苗建立），显示的是地域小种的一个混合种批（左侧最矮的）、佛罗里达 Marion 县种子产地的一个混合种批（中间）及来自 Marion 县的最好的自由授粉家系（右）的单行小区；b. 哥伦比亚 Cartón de Colombia 公司的 11 年生的巨桉（*Eucalyptus grandis*）无性系测定林（用扦插苗建立），显示的是一个速生无性系（右）和一个慢生无性系（左）的 6 株单行小区；（每行的第一株树是一株边行树，不是无性系单行小区的一部分）。注意，像这些单行小区测定适合于示范，但对统计精度而言单株小区更好。（由 T. White 拍摄）

图 14.2(续)

无论是用实生苗栽植还是用营养繁殖苗栽植,建立遗传测定林是为了推动树木改良项目,而这是通过加强育种周期中的步骤实现的。就这一点而言,遗传测定的功能分成与育种周期内的活动和群体类型相关的四大类(White,1987b):① *确定遗传结构*,是为了理解一个群体的数量遗传组成;② *子代测定*,是为了评价一个群体内特定亲本的遗传价值;③ *建立一个高世代基本群体*,是为了从中为下一世代的选择群体选择最好的树木;④ *量化现实增益*,是为了估计在树木改良项目的连续步骤或周期内所取得的进展。单独描述每一项功能,尽管一个单一系列的遗传测定的目的常是实现一项以上的功能。

确定遗传结构

遗传测定的一项重要功能是确定育种周期内一个或多个群体的**遗传结构**(genetic architecture)(即感兴趣的性状的变异量、它们的遗传控制及性状间的遗传关系)。对于该功能,兴趣集中在群体水平的参数估计值而不是关于具体树木的信息或其选择。需要的遗传信息类型(括号中是参数实例;定义见*第 6 章*)包括:①种源和种子产地差异的重要性和模式;②单个被测量性状的表型(σ_P^2)和遗传(σ_G^2 或 σ_A^2)变异量;③每个性状遗传率(h^2或 H^2)的估计值;④种植区内基因型与环境相互作用的大小(r_B);⑤每个被测量性状的年年遗传相关,也叫做幼成相关($r_{A,年龄1,年龄2}$);⑥成对性状的遗传相关($r_{A,性状1,性状2}$)。在专栏 14.1 总结了确定遗传结构的无性系测定的具体特点。

专栏 14.1　无性系遗传测定的功能和特点

无性系遗传测定的特点是每个基因型都复制成同一无性系的多个分株。当把这些分株栽植在不同的大环境和微环境中时,无性系遗传测定能够非常高效地把遗传效应和环境效应区分开,因此可以成功用于实现遗传测定的 4 项功能中的每一项(在下面进行概述)。不过,必须小心使 C 效应(即在繁殖系统中由类似的处理引起的一个无性系的分株共有的效应)减到最小,否则,C 效应会增大无性系间的变异并且表现为遗传差异(*第 16 章*)。

1. *遗传结构*:当把没有亲缘关系的无性系栽植在遗传测定林中时,无性系间的真实差异代表的是它们的总遗传值间的差异(假设不存在 C 效应)。利用这些测定数据,可以估计基于总遗传值的广义遗传率(公式 6.11 中的 H^2;林木 H^2 的估计值见表 6.1 和表 6.2)和几种类型的遗传相关。当把恰当构建的来自全同胞家系的无性系群体栽植在设计良好的遗传测定林中时,把总的遗传方差和协方差分剖成不同的组分(加性、显性和上位方差,有时还有 C 效应;*第 6 章*)是可能的(Burdon and Shelbourne, 1974;Foster and Shaw,1988;Bentzer *et al.*,1989;Paul *et al.*,1997)。

2. *无性系测定*:对无性系进行排序的遗传测定与对亲本进行排序的实生苗子代测定类似。无性系排序可用于选择最好的无性系,在育种群体或繁殖群体内使用。在对没有亲缘关系的无性系进行测定时(例如,在一个树木改良项目的开始,当通过混合选择被选中的许多优树中的每一株都形成一个无性系时),无性系是按照它们的总遗传值,即公式 6.3 中的 G_i,进行排序(Ikemori,1990;Osorio,1999)。如果许多亲本交配产生许多由无性系组成的全同胞家系,那么设计恰当的遗传测定会产生几种不同的排序,所有这些排序对于不同的目的是有用的。例如,假设育种群体中的 50 个亲本都与另外 4 个亲本交配产生 200 个全同胞(FS)家系,每个家系中的 5 个子代通过扦插繁殖一共产生 1000 个无性系。一个基于该抽样方案实施的良好的测定将会产生:①基于加性遗传效应的 50 个亲本预测育种值,这对选择最好的亲本用于育种或生产性种子的生产是有用的;②200 个 FS 家系的排序,每一个都是基于两个亲本的平均育种值和它们的特殊配合力(公式 6.9),这对选择最好的 FS 家系用于生产性造林是有用的(见*第 16 章*“家系林业”一节);③1000 个无性系的总的预测遗传值(即无性系值),这对选择最好的无性系用于生产性造林是有用的;④1000 个无性系的预测育种值,这是只根据加性遗传效应预测的,对于选择哪些无性系在育种项目中应用是有用的(因为在育种项目中只有加性遗传效应才传递给实生苗子代)。

3. *无性系化基本群体*:在已知优良的家系中前向选择最好的个体在育种项目中应用获得的遗传增益可以通过创造每个家系的实生苗的无性系而得到加强(Shelbourne,1991,1992)。育种产生的每个基因型不是作为一株实生苗生长在一个微立地上,像用实生苗栽植的基本群体那样,而是繁殖成无性系,其分株栽植在几种环境中。然后,使用无性系平均值对基因型进行排序,从最好的家系内选择最佳个体,将其包含在下一世代的选择群体内(见*第 17 章*“无性系化基本群体”一节)。

4. *现实增益*:当利用无性系量化现实增益时,遗传测定常比较建立在矩形小区内的生产性无性系。也就是说,每个小区含有一个无性系的许多分株。有些小区也可以含有实生苗。例如,比较来自种子园种子的实生苗与生产性无性系的现实增益。现实增益无性系测定的试验设计、实施和分析与实生苗测定类似。

在树木改良项目的设计和实施过程中,使用遗传测定的这一群体水平的信息是为了:

①确定育种区的适宜大小和地点（*第 12 章*）；②决定测量哪些性状及其在选择过程中的优先级（*第 13 章*）；③决定最优选择年龄和选择方法（*第 13 章*）；④为遗传测定选择最佳的交配设计和田间设计（本章）；⑤计算单个亲本及其子代的选择指数并预测其育种值（*第 6 章*、*第 13 章*、*第 15 章*）。将这些不同类型的信息整合进一个长期育种策略是*第 17 章*的主题。任何特定育种策略的效率及其有效实施依赖于许多不同的遗传参数的精确估计值，而得到这些估计值需要设计适当的遗传测定。

子代测定

子代测定（progeny test）的目标是根据子代的表现估计亲本的相对遗传值。假设有一个由 300 株优树组成的第一世代选择群体。由于这些优树只是根据它们的表型表现选中的，因此子代测定是评价这些入选树木的相对遗传价值的最好方法。子代测定林可能由 300 个自由授粉家系（每个亲本一个）组成，以随机、重复的测定林栽植在种植区内一系列的野外地点。子代表现一贯良好的优树一定有优良的育种值，因而受到青睐包含在育种群体和繁殖群体内（图 14.2）。因此，子代测定的重点是对一组亲本进行排序；这与遗传结构的重点不同，其目的是估计群体水平的参数。

从子代测定得到的排序在育种周期的几个阶段都很有用（图 14.1，专栏 14.2），而且排序越精确意味着每个阶段的遗传增益越大。精度高意味着亲本几乎是按照它们的真实育种值排序的，几乎没有受到变异的环境来源的影响。每个阶段的亲本选择叫做**后向选择**（backward selection），意思是使用子代数据对亲本进行排序并重新选择最佳亲本，这与从家系内选择个体子代树木［称为**前向选择**（forward selection）］相反。

专栏 14.2　利用子代测定得到的亲本排序增加后向选择的遗传增益

1. *增加繁殖群体的增益*（图 14.1a）。排序较低的入选树木可从当前的繁殖群体中排除（例如，将其从种子园中去劣疏伐，或者不采集其种子用于生产性造林）。另外，还可以只利用排序最高的后向选择入选树木营建新的半代繁殖群体（叫做 1.5 代种子园）（*第 16 章*）。

2. *通过适地适基因型使配置增益最大*（图 14.1b）。在美国东南部，把抗梭锈病的亲本（根据子代测定数据）的种子配置在位于高锈病风险区的生产性人工林中，而把速生但不太抗锈病的家系配置在立地质量高且锈病风险低的人工林中。如果存在基因型与环境相互作用，可以把已知其子代在某些环境中表现良好的亲本配置在那些环境中。

3. *提高育种群体的遗传品质*（图 14.1c）。如果育种群体的相互交配延迟到直到得到子代测定数据才进行，那么选择群体的排序较低的成员就可以从育种群体中排除，因而它们的等位基因也将从以后的基本群体中排除。这将增加育种周期的所有后续周期的增益，但却有两个潜在的缺点：①如果大量的入选树木从育种群体中被淘汰，那么遗传多样性就会降低；②如果需要许多年才能得到可靠的子代测定信息，那么单位时间增益将会减小。

4. *通过优良或者互补入选树木间的相互交配优化交配设计*(图 14.1d)。为了增加遗传增益,至少有 3 种方式在交配设计中使用亲本排序:①在更多交配组合中使用优良亲本,因而在随后的基本群体中有更多家系携带其等位基因(Lindgren, 1986);②将优良亲本与其他的优良亲本相互交配(正向选型交配(正向同型交配),产生接受双亲突出等位基因的家系(Cotterill, 1984; Foster, 1986; Mahalovich and Bridgwater, 1989; Bridgwater, 1992);③将一个性状(如生长速度)优良的亲本与另一个性状(如抗病性)优良的亲本相互交配,产生综合两个性状的子代[称为**互补育种**(complementary breeding)]。

5. *增加下一世代选择的增益*(图 14.1e)。从高世代基本群体中选择入选树木时,把亲本遗传价值的信息(子代测定数据)和个体表现结合起来从突出家系中选择突出树木。通过使用两个层次的信息:亲本育种值和单个树木表型的测量值(*第 15 章*),遗传增益得以增加,超过从基本群体中对树木进行简单混合选择所期望的遗传增益。

建立高世代基本群体

遗传测定的第三大功能是建立一个基本群体,从中选出高世代的入选树木。育种群体内优良亲本的相互交配导致由于有性重组引起的遗传多样性的再现。交配完成之后,子代作为被识别的家系栽植在测定林中。这些测定林形成下一世代的基本群体,在适宜的年龄从最优家系中选择最优树木形成下一世代的选择群体。

前面提及的两项功能(确定遗传结构和子代测定)的目标是提供信息(分别是群体水平的参数估计值和亲本排序)而不是提供遗传材料。对于基本群体功能,重点是提供遗传材料,从中进行前向选择。一个基本群体的两个理想特点是:①足够的遗传多样性,暗示产生许多不同的家系;②最大数目的没有亲缘关系的家系(没有共同亲本),这设定了能够通过前向选择选出形成下一世代选择群体的没有亲缘关系的入选树木的数目的上限(*第 17 章*)。

前向选择过程包括两部分:挑选要从中进行选择的最优家系,然后从那些优良家系中选择最优个体。只有很少入选树木(如果有的话),是从不太优良的家系中选出来的,这是根据其亲本的预测育种值判断的,更多的入选树木是从优良家系中选出来的。在一些树木改良项目中,同一系列的遗传测定林既用于亲本排序又用于形成进行前向选择的基本群体。其他项目则将这两项功能区分开(见本章后边的"互补交配设计"一节)。

现实增益的量化

估计一个树木改良项目所取得的进展涉及对不同遗传改良水平的材料进行田间测定:改良的与未改良的、第一世代的繁殖群体与第二世代的繁殖群体、商业用无性系与未改良的实生苗等。与遗传结构和子代测定一样,该项功能的重点也是信息,即比较两个或多个遗传单位的平均值。这些遗传单位可以是育种周期中的各种群体，也可以是改良品种。通常，**现实增益测定**（realized gain test）［也称为**产量试验**（yield trial）］的交配设计和田间设计力图模拟生产性人工林的遗传和林分水平的生长条件，因而增益估计值适合于以后的采伐时间表的制订和经济分析。因此，这些测定的特点是：①测定材料的遗传组成常与生产性品种接近；②包含未改良的种批或未改良的无性系作为比较进展的基准常是明智的（图 11.3 和图 14.2a）；③需要每个遗传单位的大小区模拟竞争条件，好像它们在生产性人工林中那样；④量化采伐产量和产品质量增益的测定时间很长（半个到整个轮伐期）。现实增益试验还用于建立遗传改良苗木的林分生长、直径分布、树干尖削度和材积模型。如果对试验林进行定期测定一直到接近轮伐期，那么这一点可以得到最好实现。

现实增益测定的结果适用于测定林建立时生产上使用的品种，从这个意义上讲，现实增益测定本质上是回溯性的。在得到试验结果时，这些品种可能已被更新、更好的品种所取代。尽管如此，产量试验仍然具有重要的功能，因为它能证实根据数量遗传学理论（*第 13 章*和*第 15 章*）预测的增益并能提供以单位面积为基础的增益估计值。

交配设计

遗传测定的试验设计包括两部分：交配设计和田间设计。交配设计明确指定亲本如何相互交配产生用于栽植的子代。下面分 3 类描述常用的交配设计：①**不完全谱系设计**（incomplete-pedigree design），在该类设计中，最多只知道栽植的每个子代的一个亲本；②**完全谱系设计**（complete-pedigree design），在该类设计中，栽植的每株树的两个亲本都可以识别；③不连续和互补交配设计，在这类设计中，为了更有效地实现多个目的，要应用不完全和完全谱系交配设计的变化和组合。在描述完每种设计之后，再根据实现前述的遗传测定目标来描述它们各自的优缺点。大多数交配设计都能有效估计现实增益，因此并不总是明确提及这一功能的效率。

不完全谱系交配设计

无谱系控制（单一混合采种）

如果允许亲本相互交配而不对谱系进行控制，并且从整个群体采集一个单一的混合种批时，那么就不了解亲本的身份。栽植在任何由此产生的遗传测定林中的任何子代树木的母本和父本都不能识别。例如，从一个含有 30 株入选树木的无性系种子园的所有结实分株上不考虑亲本的身份而采集种子并且混合在一起，或者从 30 个无性系上采集种子然后将来自每个亲本的种子等量混合成一个单一的混合种批，这能保证每个母本有相等的代表性，但在这两种情况下所有的谱系信息都丧失掉了。

混合采种对于比较不同群体的平均值非常有用，如在现实增益试验中。例如，假设在一个入选群体中有 200 株入选树木，其中最好的 20 株在繁殖群体中被用于为生产性人工林生产种子。两个遗传单位（从每个群体采集混合种子）可以用于有效地比较这两个群体的遗传增益。对于这一功能，了解栽植的每株树的出身并不重要，只知道它来自哪个群体就可以。该种交配设计的一个主要优点是为了实现上述目的只需要两个遗传单位。

混合采种一直在一年生作物中使用,在简单轮回混合选择方案中用于形成基本群体(*第17章*)(Allard,1960)。在该育种方法中,育种群体的成员随机相互交配;种子混合成一个单一种批,用于栽植一个基本群体,只根据表型从中选出高世代的入选树木(不知道被选中树木的出身)。这一过程在每一世代重复进行:混合选择、入选树木间随机交配、栽植非谱系化的基本群体。这种育种方法简单、花钱少,而且对具有中等到较高遗传率的性状在长期内有效。实际上,混合选择育种方法实质上就是在利用天然更新的育林方法中实施正向选择时所使用的,如留种母树法和渐伐法(*第7章*)。然而这一方法从未在强度树木改良项目中使用过,因为每一世代只能期望获得很小的增益,还因为担心高世代的入选树木间不断增长的不受控制的亲缘关系可能导致近交衰退(*第17章*)。

自由授粉交配设计

在**自由授粉**(open-pollinated,**OP**)设计中,从群体内的亲本上采集种子,分亲本单独保存,作为OP家系栽植。对栽植的每株树,母本已知,但父本未知。如果选择群体内有200株优树,那么测定所有亲本就要栽植200个遗传单位(即200个自由授粉家系)。在野外的每株子代树木用其母本的识别号码进行标记。

OP交配设计对于所有4种功能(遗传结构、子代测定、基本群体和现实增益)的成功在不同程度上依赖于OP家系与半同胞(HS)家系的近似程度。在一个真正的HS家系中,母本与群体中的所有父本随机交配。对于OP家系,永远不会如此完美;因此,因为各种原因,OP家系可能与HS家系不同(Namkoong,1966b;Squillace,1974;Sorensen and White,1988;White,1996)。也许最严重的问题发生在高频率地遭受近交衰退的自花授粉子代与同一OP家系内的非自交子代无意中栽植在一起的时候。与含有较少自交子代的家系相比,这些家系的表现不公正地处于不利地位,而这既影响到群体水平的参数估计值(如使遗传率估计值增大)也影响到亲本排序(由于近交衰退,含有较多自交子代的OP家系的排序下降)。该问题在从分散的虫媒授粉树种的树木上采集OP种子(Hodge *et al.*,1996)及在从孤立的风媒授粉树种的个体上采集OP种子时可能非常普遍(*第7章*)。

有许多例子,OP家系可以非常有效地用于确定遗传结构和子代测定(Burdon and van Buijtenen,1990;van Buijtenen and Burdon,1990;Huber *et al.*,1992)。回顾一下,一个亲本的育种值被定义为其HS子代的真实平均值的两倍(公式6.7),而加性方差(狭义遗传率的分子)是真实育种值的方差。因此,当OP家系近似于HS家系时,它们对于预测亲本的育种值,以及估计含有加性方差和协方差的几种类型的遗传参数(如h^2、r_B、$r_{A,年龄1,年龄2}$、$r_{A,性状1,性状2}$)极为有效。为了得到这些参数的精确估计值,需要100多个OP家系,不过,OP设计不能提供非加性类型的方差或协方差的估计值。

在第一世代树木改良项目中,当从位于基本群体的非常分散的林分中利用混合选择选中的树木上采集OP种子时,利用OP交配设计创造一个从中进行选择的基本群体非常有效。在这种情况下,如果家系的亲本起源于不同的林分,那么就假定从不同家系中选出来的入选树木间没有亲缘关系。另外,在高世代中应用OP基本群体却一直遭受批评,因为来自生长在同一遗传测定林中的不同 OP 家系的两株入选树木说不定就拥有同一个父本。除了在以后的基本群体内导致近交外，这些入选树木在一个繁殖群体内相互交配（例如，如果两株入选树木都嫁接到同一个种子园内）还可能导致近交衰退，进而减小生产性人工林中的增益。尽管如此，根据理论增益计算（Cotterill，1986）、获得显著遗传增益的经验证据（Franklin，1986；Rockwood *et al.*，1989）、后勤保障容易及成本低廉（Griffin，1982），许多树木育种工作者都曾建议使用 OP 交配设计创造高世代基本群体。这将在*第 17 章*中进一步讨论。

多系（混合花粉）设计

多系设计（polycross design），也叫**混合花粉**（pollen mix，**PM**）设计或**多父本设计**（polymix design）。在该种设计中，利用人工**控制授粉**（controlled pollination）用许多父本的混合花粉对每个母本进行授粉。在雌花进入可授期前要套上授粉袋将其与其他花粉源隔离。从群体中大量父本上提取的花粉充分混合成一个单一混合花粉，在可授期注射进授粉袋，可以注射一次或多次。与 OP 设计一样，测定的每个亲本有一个家系（即对于选择群体内的 200 个亲本有 200 个 PM 家系），每个 PM 家系中的子代树木用其母本的编码进行标记。

与 OP 设计相比，PM 设计有些优点，因为一个 PM 家系中的树木更接近一个半同胞家系。当使用大量父本的混合花粉时（最好是使用 25 ~ 50 个与母本及彼此之间没有亲缘关系的不同的父本），不存在自交，只有少数父本参与的差异授精也减到最少；而且，当使用相同的父本对所有母本进行授粉时，共同父本的出身能够排除对母本排序进行比较时的潜在偏差。事实上，对于估计许多遗传参数（h^2、r_B、$r_{A,年龄1,年龄2}$、$r_{A,性状1,性状2}$）和预测亲本育种值，PM 设计与本章中讨论的任何一种其他交配设计一样好或者优于它们（Burdon and van Buijtenen，1990；van Buijtenen and Burdon，1990；Huber *et al.*，1992）。像 OP 设计一样：①对于群体水平参数的精确估计值需要 100 多个 PM 家系；②PM 家系不能提供非加性类型的遗传方差的估计值（也不能估计无性系遗传值），除非在每个 PM 家系内形成无性系。

与 OP 设计相比，PM 的主要缺点是与控制授粉（花粉提取，多次到访每株母本树木进行套袋、授粉、去袋等）有关的成本增加。不过，对许多树种而言这种附加成本是微不足道的，而且 PM 设计也比大多数完全谱系设计花钱少，因为对于一定数目的亲本需要更少的家系。

利用 PM 设计创造基本群体遭受与 OP 设计同样的限制：仅知道从 PM 家系选出的每株入选树木一半的谱系。因为这一原因，在历史上，在希望保持完全谱系控制的强度树木改良项目中一直未曾将 PM 家系用于这一目的。然而，对于改进的 PM 设计的创造性使用（Burdon and Shelbourne，1971），或者将其与管理近交的方法（如亚系化，*第 17 章*）或分子标记（*第 19 章*）（Lambeth *et al.*，2001）配合起来应用使其有理由在将来得到应用。后勤保障容易、成本低、能够有效估计遗传参数和预测亲本育种值确实使 PM 设计在某些情况下具有吸引力。

完全谱系(全同胞家系)交配设计

本节中的交配设计使用全同胞(FS)家系,因而保持栽植的所有子代的完全谱系。这些设计具有以下特点:①使用人工控制授粉得到的种子培育实生苗;②识别每个家系内的子代树木需要给出双亲的名称,按照惯例,母本写在前面(例如,A × B 表示一个全同胞家系,A 为母本,B 为父本);③如果亲本之间没有亲缘关系,那么通过前向选择选出来的没有亲缘关系的入选树木的最大数目是亲本数目的 1/2;④只有某些类型的 FS 设计才可能产生这一最大数目的没有亲缘关系的入选树木;⑤使用所有连通的 FS 家系的数据预测亲本育种值(White and Hodge,1989)(*第 6 章*和*第 15 章*),而且为了精确估计每个亲本的育种值通常需要 4 个或更多个 FS 家系(即共同亲本与 4 个没有亲缘关系的亲本交配);⑥为了精确估计遗传率,必须使用大量亲本(可能的时候大于 100 个);⑦每个亲本有多个 FS 家系的设计可以估计每个 FS 家系的特殊配合力(SCA)(公式 6.9)及由 SCA 效应产生的显性方差;⑧假定 C 效应不重要(*第 16 章*),那么每个亲本有多个家系且每个家系内有多个无性系的 FS 设计非常适合估计所有类型的加性和非加性遗传方差(Foster and Shaw,1988),以及对这些无性系进行排序(专栏 14.1)。

由于要进行大量的控制交配,有些 FS 设计可能花钱非常多,而且在后勤保障方面也难以实施。下面每种设计产生的 FS 家系的数目都以 $N=20$ 和 $N=200$ 个亲本为例进行说明。这可以与不完全谱系设计中测定 $N=200$ 个亲本所需要的 200 个 OP 家系和 200 个 PM 家系相比较。即使大型树木改良项目也限制一个特定育种区的交配组合总数,而即使对于非常容易实施控制授粉的树种,几百个家系也接近最大可行的数目。

单对交配

单对交配(single-pair mating),是最简单和花钱最少的 FS 设计,包括将每个亲本与群体内的另外一个亲本进行交配(图 14.3)。首先将亲本分成两组(父本组和母本组),然后成对进行交配,因此每个亲本只使用一次。对于 $N=20$ 个亲本,有 10 个交配组合(即 10 个 FS 家系),对 200 个亲本则有 100 个交配组合。在所有的 FS 设计中,单对交配(SPM)以最少数目的交配组合产生最大数目的没有亲缘关系的家系。例如,如果 200 个没有亲缘关系的亲本按 SPM 进行交配,得到的所有 100 个家系都没有亲缘关系。如果从这些家系中的每一个都选出一株入选树木,那么将会有 100 株没有亲缘关系的入选树木,这是任何一种全同胞设计所能产生的最大数目。

当把这些家系按照适宜的田间设计进行栽植时,单对交配设计能够提供测定的全同胞家系的精确排序;不过,组成每个 FS 家系表现的 3 种组分(即双亲的育种值和 SCA,公式 6.9)不能区分开(因为每个亲本只交配一次)。SPM 设计的这一特点意味着它对子代测定(即对用于产生 FS 家系的亲本进行排序)没有用,因为不可能确定任何一个 FS 家系的两个亲本中的哪一个对其表现的贡献更大。不过,单对交配有时用于:①测定可能在生产性人工林中配置的 FS 家系(见*第 16 章*的"家系林业"一节);②假定 SCA 效应很小时确定遗传结构;③为没有条件为每个亲本产生和栽植多个 FS 家系的

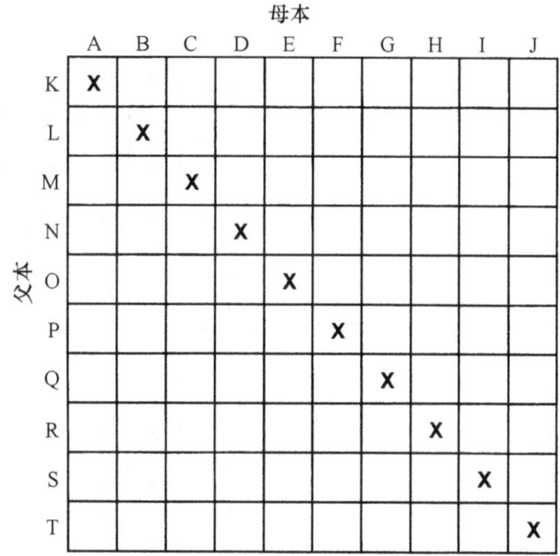

图 14.3　单对交配设计,其中每个亲本只与另外一个亲本交配。对于图示的 $N=20$ 个亲本,首先将亲本分成相等的两组(在本例中分别为 A ~ J 和 K ~ T),然后从上部开始成对交配,每个亲本只使用一次,产生亲本数目一半的 FS 家系(此处是 10 个 FS 家系)。对于 $N=200$ 个亲本,一共要进行 100 次交配组合,可能产生 100 个没有亲缘关系的家系。

小型树木改良项目创造基本群体。虽然在以最少的交配组合产生最大数目的没有亲缘关系的家系方面效率很高,但在 SPM 产生的基本群体中进行选择获得遗传增益的潜力却由于每个亲本缺少多次交配组合而受损,因为两个出色亲本在一起交配的机会随着每个亲本交配次数的增多而增加。由于这个原因,单对交配并未在强度树木改良项目中得到普遍应用。

析因交配设计

在**析因交配设计**(factorial mating design)中,把亲本分为两组,然后进行所有可能的交配组合。有许多类型的析因交配设计,其中的两种是:①正方形析因交配设计,其中的亲本分成相等的两组(图 14.4a);②测交系设计,其中 4 ~5 个父本(叫做测交系)与作为母本的其他亲本交配(图 14.4b)。对于大量亲本,正方形析因交配设计比测交系设计需要更多的交配组合(例如,对于 $N=200$ 个亲本,两者的交配组合数分别为 10 000 和 975)。

如果使用足够多的亲本,所有的析因设计对于遗传结构研究都是有用的。可以得到两种加性方差估计值,一种来自母本平均值的变异性,一种来自父本平均值的变异性。亲本越多的那组的估计值越精确(如图 14.4 所示的测交系设计中的母本组)。

析因交配设计还可用于子代测定。对于使用相对较少的交配组合对大量亲本进行排序(即子代测定),测交系设计特别有用。例如,在新西兰,200 多株新的辐射松(*P. radiata*)入选树木与 5 个母本测交系进行交配产生了将近 1000 个 FS 家系,栽植在子代测定林中对入选树木进行排序(Jayawickrama *et al.*,1997)。对于所有的析因设计,母本和父本在遗传上不连通,因为每一组亲本与另一性别的一组不同的亲本进行交配。由于这一原因,父本排序不能直接与母本排序比较(在没有假设的情况下)。析因交配设计特别

a 正方形析因设计

母本

父本	A	B	C	D	E	F	G	H	I	J
K	X	X	X	X	X	X	X	X	X	X
L	X	X	X	X	X	X	X	X	X	X
M	X	X	X	X	X	X	X	X	X	X
N	X	X	X	X	X	X	X	X	X	X
O	X	X	X	X	X	X	X	X	X	X
P	X	X	X	X	X	X	X	X	X	X
Q	X	X	X	X	X	X	X	X	X	X
R	X	X	X	X	X	X	X	X	X	X
S	X	X	X	X	X	X	X	X	X	X
T	X	X	X	X	X	X	X	X	X	X

b 测交系设计

母本

父本	A	B	C	D	E	F	G	H	I	J	K	L	M	N	O
P	X	X	X	X	X	X	X	X	X	X	X	X	X	X	X
Q	X	X	X	X	X	X	X	X	X	X	X	X	X	X	X
R	X	X	X	X	X	X	X	X	X	X	X	X	X	X	X
S	X	X	X	X	X	X	X	X	X	X	X	X	X	X	X
T	X	X	X	X	X	X	X	X	X	X	X	X	X	X	X

图 14.4 析因交配设计,其中亲本分成两组(母本组和父本组),然后进行所有可能的交配组合:a. 正方形析因交配设计,其中的亲本分成相等数目的两组;b. 测交系设计,其中 5 个父本被指定为测交系,所有其他的亲本用作母本。对于 $N=20$ 个亲本(A ~ T),正方形析因设计和测交系设计分别有 100(10×10)和 75(15×5)个交配组合。对于 $N=200$ 个亲本,分别有 10 000(100×100)和 975(195×5)个交配组合。

适用于雌雄异株树种,因为父本和母本自然分为两组。

析因交配设计还可用于创造基本群体,但是必须特别注意产生的没有亲缘关系的家系的最大数目(因为这为下一世代可能没有亲缘关系的入选树木的最大数目设立了上限)。只有正方形析因交配设计产生最大数目的没有亲缘关系的家系,因而可能使选择群体内的遗传多样性最大。测交系设计特别不适于创造基本群体,因为没有亲缘关系的入选树木的最大数目被限制为测交系的数目(如图 14.4b 中显示为 5 个)。

巢式(分级)交配设计

在**巢式交配设计**(nested mating design)[也称为**分级交配设计**(hierarchical mating design)]中,亲本分为两组:共同性别组,仅与相反性别的一个亲本进行交配;稀有性别组,与一个以上的其他亲本进行交配;稀有性别组的每个亲本与共同性别组的一组不同的亲本进行交配(图 14.5)。在林业中,从许多树上采集花粉要比对许多树进行授粉简单,因此父本通常是共同性别组(在图 14.5 中,有 16 个不同的父本,但只有 4 个不同的母本)。稀有性别组的每个亲本的交配组合数叫做巢的大小,通常为 2 ~ 8(图 14.5 所示的是由 4 株树组成的巢)。巢式设计的唯一优点是,相对于其他 FS 设计,需要较少的交配组合对许多亲本相互交配(例如,如图 14.5 中,对于由 4 株树组成的巢,在 $N=20$ 时有 16 个交配组合,而当有 $N=200$ 个亲本时有 160 个交配组合)。

母本 \ 父本	E	F	G	H	I	J	K	L	M	N	O	P	Q	R	S	T
A	X	X	X	X												
B					X	X	X	X								
C									X	X	X	X				
D													X	X	X	X

图 14.5　巢式或分级交配设计,其中一种性别的每个亲本与另一性别的一组不同的亲本进行交配。在 $N=20$ 个亲本(A ~ T)和巢的大小为 4 株树时,有 16 个交配组合,最多有 4 个没有亲缘关系的家系。对于 $N=200$ 个亲本按照巢的大小为 4 株树进行交配,有 160 个交配组合(40 个母本×每个母本 4 个不同的父本)和 40 个可能没有亲缘关系的家系。

巢式设计没有在树木改良项目中得到广泛应用,因为对于遗传测定的一项或多项功能,另一种交配设计通常更可取。对于遗传结构,为了增加稀有性别组亲本的数目,巢的大小越小越好(两个最好);这是因为加性方差估计值(进而遗传率的估计值)来自稀有性别组的亲本平均值间的变异性(如图 14.5 中的 4 个母本间)。共同性别组亲本平均值间的变异性包括加性和非加性方差。对于子代测定,巢式设计不是最好的,因为:①共同性别组的预测亲本育种值不精确,每个亲本只参与 1 个 FS 家系;②稀有性别组亲本的预测育种值也不精确,每个亲本与共同性别组的一组不同的亲本进行交配。

对于创造基本群体,巢式设计的用途也有限,因为:①前向选择的期望遗传增益减小,每个共同亲本只交配一次,因此与一个突出亲本交配的概率很小;②遗传多样性比其他设计低,无亲缘关系的家系数目没有最大化。实际上,没有亲缘关系的家系数目限制为稀有性别组的亲本的数目并取决于巢的大小。对于 $N=20$ 和 $N=200$ 个没有亲缘关系的亲本和由 4 株树组成的巢,可能有 4 个和 40 个没有亲缘关系的家系,而有些 FS 设计的最大数目分别为 10 个和 100 个。在巢的大小为 2 时,巢式设计产生的没有亲缘关系的家系的数目最多,因此对于 $N=200$,有 67 个没有亲缘关系的家系,仍然少于最多的 100 个。巢式设计的所有这些缺点使其在林木改良中的应用有限。

双列交配设计

完全双列(full diallel)交配设计是最综合、也可能是花钱最多的交配设计,因为每个亲本与包括其自己的所有其他亲本进行交配(图 14.6)。亲本不像析因交配设计和巢式交配设计那样分成两组;相反,每个亲本既用作母本又用作父本。交配组合可以细分为 3 类:①将一个亲本的花粉授在其自己的雌花上形成的自交(在对角线上);②表中上半部分中的交配组合(图 14.6 中标记为 U 的单元格);③表中下半部分中的交配组合(L),这些是上半部分的交配组合的互交(如下半部分的 A×B 和上半部分的 B×A)。比任何其他 FS 设计所需要的交配组合都多(N 个亲本需要 N^2 个交配组合,如,对于 $N=20$ 和 $N=200$,分别有 400 和 40 000 个交配组合),这使完全双列交配设计即使对于中等大小的群体也是不可行的。

母本

父本	A	B	C	D	E	F	G	H	I	J	K	L	M	N	O	P	Q	R	S	T
A	S	U	U	U	U	U	U	U	U	U	U	U	U	U	U	U	U	U	U	U
B	L	S	U	U	U	U	U	U	U	U	U	U	U	U	U	U	U	U	U	U
C	L	L	S	U	U	U	U	U	U	U	U	U	U	U	U	U	U	U	U	U
D	L	L	L	S	U	U	U	U	U	U	U	U	U	U	U	U	U	U	U	U
E	L	L	L	L	S	U	U	U	U	U	U	U	U	U	U	U	U	U	U	U
F	L	L	L	L	L	S	U	U	U	U	U	U	U	U	U	U	U	U	U	U
G	L	L	L	L	L	L	S	U	U	U	U	U	U	U	U	U	U	U	U	U
H	L	L	L	L	L	L	L	S	U	U	U	U	U	U	U	U	U	U	U	U
I	L	L	L	L	L	L	L	L	S	U	U	U	U	U	U	U	U	U	U	U
J	L	L	L	L	L	L	L	L	L	S	U	U	U	U	U	U	U	U	U	U
K	L	L	L	L	L	L	L	L	L	L	S	U	U	U	U	U	U	U	U	U
L	L	L	L	L	L	L	L	L	L	L	L	S	U	U	U	U	U	U	U	U
M	L	L	L	L	L	L	L	L	L	L	L	L	S	U	U	U	U	U	U	U
N	L	L	L	L	L	L	L	L	L	L	L	L	L	S	U	U	U	U	U	U
O	L	L	L	L	L	L	L	L	L	L	L	L	L	L	S	U	U	U	U	U
P	L	L	L	L	L	L	L	L	L	L	L	L	L	L	L	S	U	U	U	U
Q	L	L	L	L	L	L	L	L	L	L	L	L	L	L	L	L	S	U	U	U
R	L	L	L	L	L	L	L	L	L	L	L	L	L	L	L	L	L	S	U	U
S	L	L	L	L	L	L	L	L	L	L	L	L	L	L	L	L	L	L	S	U
T	L	L	L	L	L	L	L	L	L	L	L	L	L	L	L	L	L	L	L	S

图 14.6 双列交配设计,其中的 20 个亲本(A ~ T)中的每一个都与所有其他亲本进行交配。完全双列交配包括图示的所有交配组合(U=上半部分,L=下半部分,S=自交),上半部分的每一个交配组合在下半部分都有一个与之对应的互交(如 A×B 和 B×A 就是互交)。半双列交配只包括上半部分或者下半部分的交配组合。对于 $N=20$ 个亲本,完全双列交配和半双列交配分别有 400 和 190 个交配组合,这比任何其他的交配设计都多。对于 $N=200$,完全双列和半双列分别有 40 000 和 19 900 个交配组合。半双列和完全双列都产生最大数目的没有亲缘关系的家系(对于 $N=20$ 和 $N=200$ 分别是 10 个和 100 个)。

完全双列的一种常见的改进,叫做改进的**半双列**(half diallel),去除了自交和互交,将需要的交配组合数减少了一半多(只产生图 14.6 中标记为 U 或 L 的交配组合而不是两者都产生)。对于 N 个亲本,半双列有 $(N^2-N)/2=N(N-1)/2$ 个交配组合,因此对于 $N=20$ 和 $N=200$,这意味着分别有 190 和 19 900 个交配组合。这仍然比其他 FS 设计的交配组合数多很多。由于这一原因,半双列更常见的是在由 5 个或 6 个亲本组成的不连续的组内进行(见不连续交配设计)。使用半双列交配时,育种工作者通常先验地假设互交效应不重要(即一个亲本的子代的表现不受其作为母本还是作为父本的影响)。由于这一原因,常以最方便的方向进行交配和(或者)在两个方向上进行交配,并把互交的种子合在一起作为一个单一的 FS 家系栽植(如把 A×B 和 B×A 合在一起并作为一个遗传单位栽植)。

另一种类型的双列交配叫做**部分双列**(partial diallel)交配,其中只进行半双列交配的上半部分中的部分交配。有许多部分双列交配的变形,进行更多或更少的交配组合。一种特别有用的部分双列交配设计是**循环交配设计**(circular mating design),是向下沿着特定的非对角线进行交配形成的(图 14.7)。每个亲本参与的交配组合数相等,然而交配组合总数大大减少(比较图 14.6 和图 14.7)。至于指定哪些非对角线,这存在很大的灵活性,因此对于一定数目的亲本需要多少交配组合也存在很大的灵活性。每个亲本参与的交配次数越多意味着估计群体水平的遗传参数和预测育种值的精度越高,但是也意味着需要更多的工作量。假设要做的所有交配都能成功,那么每个亲本进行 4 次或者 5 次交配(如图 14.7 中的 5 次)对于大多数似乎都是最佳的。对于 N 个亲本,没有亲缘关系的家系的最大数目是 $1/2N$,是沿着任何一条非对角线所做的 N 个交配组合产生的(如图 14.7 中标记为 1 的那些)。

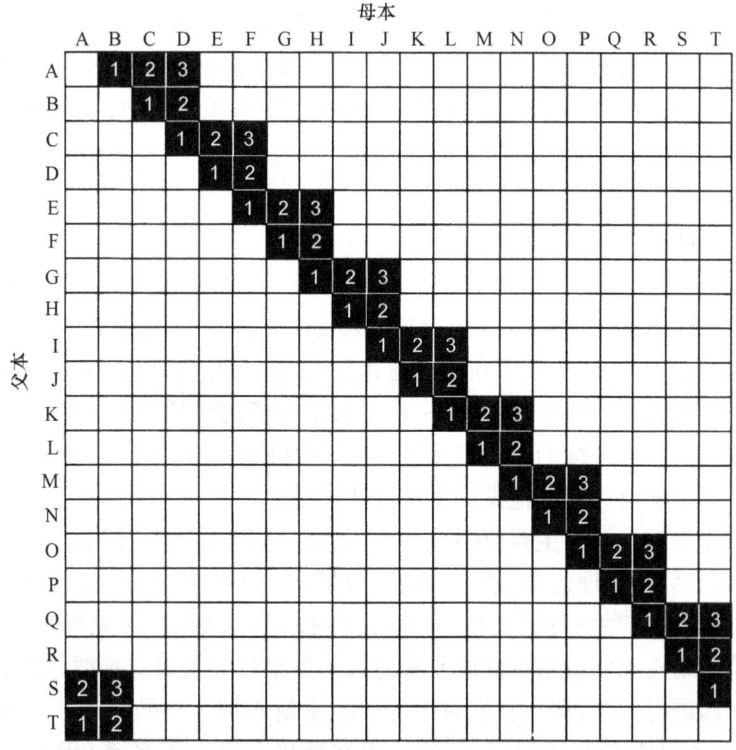

图 14.7　系统部分双列交配设计,叫做循环交配设计,其中沿着指定的非对角线进行交配,每个亲本参与一定次数的交配。对于每条用交配组合完全填充满的非对角线,有 N 个交配组合,而且每个亲本与两个其他亲本进行交配。对于上边所示的 $N=20$ 个亲本,在标记为 1 和 2 的每条非对角线上有指定的 20 个交配组合。当沿着一条非对角线(3)进行所有其他的交配时,每个亲本与另外一个亲本进行交配。对于上面指定的 3 条非对角线(标记为 1、2、3),对于 20 个亲本一共有 50 个交配组合,每个亲本与 5 个其他的亲本进行交配。对于 200 个亲本,同样的设计(2-1/2 条非对角线)产生 500 个 FS 家系,每个亲本与 5 个其他的亲本进行交配。

如果不考虑栽植如此多的 FS 家系所需要的工作量和后勤保障问题,完全双列和半双列交配设计对于所有的测定功能而言都是最有效的交配设计。遗憾的是,完全双列和半双列交配即使对于中等数量的亲本(对于大多数树种即使超过 20 个)也不可行。另外,被称为循环交配设计的部分双列交配对于实现遗传测定的全部功能而言可能是最好的单一交配设计。也就是说,如果必须选择一种单一交配设计(而不是后边描述的互补交配设计),每个亲本参与 5 个交配组合的循环部分双列交配将会:①使得在一种单一的设计中许多亲本全部连通在一起相互交配(这有利于亲本间的直接比较);②创造并栽植容易管理的数目的 FS 家系;③提供遗传参数和亲本育种值的精确估计值;④创造一个基本群体,能提供最大数目的没有亲缘关系的家系和良好的选择增益潜力。

经典交配设计的变化

现代树木改良项目常采用前面描述的交配设计的变形,这是为了:①对于一个大的育种群体(如 $N=300$),减少所需要的交配组合数;②同时实现多个目的;③有利于优良入选树木比其他树木交配更频繁;④将交配和测定成本分散在几年内;⑤管理育种群体内的近交。

不连续交配设计

在**不连续交配设计**(disconnected mating design)中,将亲本分为几个亚组,因而交配只在同一亚组内的亲本间进行,但不在不同亚组间的亲本间进行。前面讨论的所有交配设计都可能以不连续的亲本组进行,因为一旦对亲本分组,交配设计就在一个组内的亲本间以正常的方式实施。不连续的半双列交配设计(图 14.8)在树木改良项目中曾经最流行,但不连续的析因交配设计和其他设计也曾经使用过。

使用不连续交配设计的主要原因有两个:①减少所需要的交配组合总数,从而降低遗传测定的成本;②为了管理近交,禁止不同组内的亲本间相互交配(在这种意义上这些组被称为亚系,如*第 17 章*中所描述的)。当有足够的亲本并形成 FS 家系时,不连续交配设计对于确定遗传结构和创造基本群体非常有效。如果目标是对育种群体内的所有亲本在同一尺度上一起进行排序,那么它们对于子代测定就不那么有效。由于亲本分成不同的组,得到的是每个组内亲本的排序,而这些组在遗传上没有无联系(因而叫做不连续设计)。

对于相互连通的全同胞设计,如循环交配设计,所有亲本间存在遗传联系,而这一联系导致产生了一个协方差结构,因而所有的亲本对都具有非零协方差。即使同一对中的两个亲本也从未直接一起进行交配,它们仍然具有一个通过设计提供的连通性诱导产生的非零协方差(如交配 A×B、B×C、C×D 将 A 与 C 和 D 连通起来)。以这种方式,所有交配组合都在一个连通设计中提供关于所有亲本的信息,所以,对于亲本排序而言,不连续设计不是那么高效。

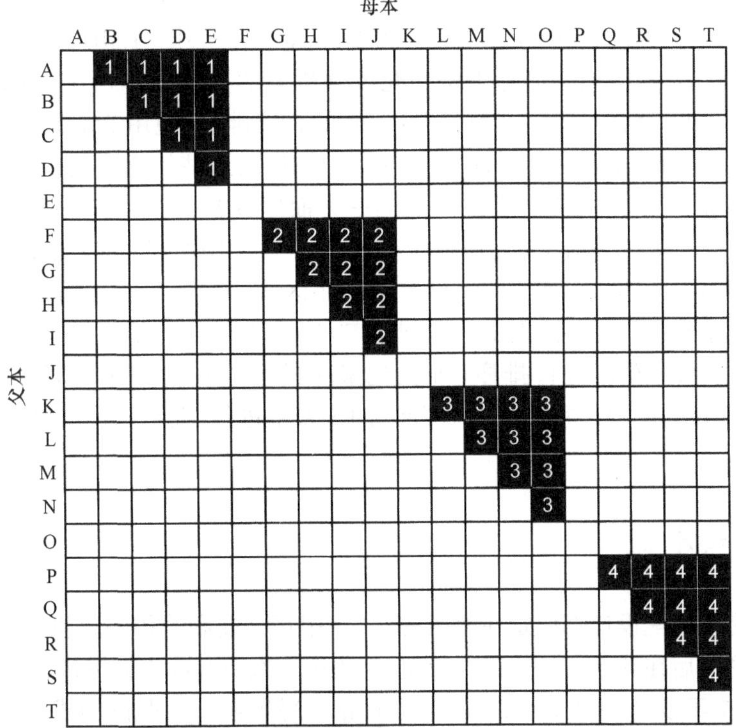

图 14.8　4 个不连续的半双列交配(标记为 1、2、3、4),其中的 20 个亲本再分成不连续的 4 组,每组有 5 个亲本。对于这 4 个组进行由 10 个交配组合组成的半双列交配,一共有 50 个交配组合(注意:该数目与图 14.7 中的循环交配设计中的相同)。对于 $N=200$ 个亲本,该设计产生 500 个 FS 家系。对于 $N=20$ 和 $N=200$,每个亲本与 4 个其他的亲本进行交配,产生最大数目的没有亲缘关系的家系。

互补交配设计

互补交配设计(complementary mating design, **CMD**)是为了更好地实现遗传测定的多种目的而使用一种以上的交配设计对同一个群体的亲本相互交配(Burdon and Shelbourne, 1971; van Buijtenen, 1976)。最常见的例子是,利用混合花粉交配设计(PM)进行子代测定和确定遗传结构,与许多 FS 设计(通常是利用不连续的亲本组)之一相结合创造一个基本群体(van Buijtenen and Lowe, 1979; McKeand and Bridgwater, 1992; White *et al.*, 1993)。利用这种方案,每个亲本用于两种交配设计,并栽植在两种类型的遗传测定林中。PM 交配组合栽植在最适合为了后向选择而对亲本排序及估计遗传参数的田间设计中(单株小区并以多次重复进行随机化),而为了使在家系内对优良树木进行前向选择的增益最大把 FS 家系栽植在较大的小区内(见"田间设计"一节)。为了避免灾难造成的损失,后者的家系选择小区应该重复一次,但不是为了统计目的而进行重复和随机化。然后,按照下面的方式进行前向选择:①测量并分析 PM 测定林,预测亲本育种值,进而选择最好的 FS 家系,再从中进行选择(根据中亲值);②只到访被选中的家系的非重复家系选择小区寻找最佳单株入选树木。

CMD 的目标是通过选择彼此互补的交配设计并将其栽植在可能最好的互补田间

设计中而使不同目的效率最高。根据定义,CMD 对多种目的都应该效率最高,但它们却涉及实施两组单独的遗传测定所额外需要的成本和工作。CMD,如此处所概述的,一直遭受批评,因为:①用于创造 PM 交配组合所做的交配工作可用于创造更多的 FS 家系,从中可以进行前向选择;②没有 FS 家系的直接排序(使用 PM 测定对亲本进行排序,使用中亲值对 FS 家系进行排序)。可以对 CMD 的这些缺点进行反驳,一方面通过有效利用 PM 家系对亲本进行间接排序;另一方面通过 FS 交配设计和田间设计的灵活性,这包括可以使用不平衡交配、在多个交配组合中使用优良亲本、使用非重复 FS 家系小区及生产不同数量 FS 种子的不同的家系小区大小。正反两个方面都需要更多的研究。然而,对于以在生产性人工林中栽植 FS 家系为目的的项目,重要的是要创造尽可能多的 FS 家系并对其进行排序(即找到最好的家系;见*第 16 章*的"家系林业"一节)。这是 CMD 的一项严重缺陷,即不能对 FS 家系进行直接排序,其中只产生几个直接排序。

渐进式交配设计

前边所有的交配设计都假定在离散的选择、相互交配和遗传测定世代中进行,其中:①育种群体形成后在几年内尽快进行交配;②集中一次或几次力量尽快建立遗传测定林。相反,**渐进式交配设计**(rolling-front mating design)每年在育种群体的成员间进行一组计划的交配组合,从而将育种和测定的工作量分散到几年中(Borralho,1995;Borralho and Dutkowski,1996;Araujo *et al.* ,1997)。这种交配设计很灵活,每年根据几项标准对亲本进行交配,这要考虑:①有没有花可用;②开花亲本的育种值(亲本排序越高交配越频繁);③一个亲本在前些年参与交配的次数。

此外,每年用能够获得种子的 FS 家系栽植遗传测定林。并不是所有的交配组合都栽植在一个特定的测定林中,从这种意义上来说,这些测定是不平衡的。尽管如此,在所有年份栽植的不同的测定林都是相互连通的,从而使其可以利用最佳线性无偏预测(BLUP,*第 15 章*)进行分析。可以通过下面两种途径实现连通性,一是在所有的测定林中栽植一组共同家系;二是使用更复杂的统计方法,保证每一测定林中的亲本直接或间接与所有其他亲本相互连通(如上面所描述的循环交配设计)。

对有些项目,如果每个亲本参与足够多的交配组合且 FS 家系栽植在适当的相互连通的遗传测定林中,那么渐进式交配设计能有效地实现所有 3 项功能(遗传结构、子代测定、基本群体),阐明渐进式设计相对于前面描述的更传统的 FS 设计的相对效率仍然需要研究。

田间设计

遗传测定的田间设计指定子代实生苗(或无性系分株)在野外(田间)地点的安排,包括:①小区构造(小区形状和每个小区的实生苗或无性系分株的数目);②每个地点的统计设计(设计选择、区组化类型和重复次数);③立地选择(野外立地的数目和地点);④包括其他实生苗或无性系,作为对照、边行或填充行。指定一项最优田间设计很复杂,需要考虑统计因素(在专栏 14.3 中概述的),以及遗传、后勤保障和经济因素。考虑测定的目的很重要,正如交配设计一样,有些田间设计比其他一些能更好地实现某些目的。因此,下面的讨论强调不同的设计如何实现不同的测定目的(总结在表 14.1 中)。这些话题在这里是为在野外地点栽植的遗传测定林讨论的,但这些原理也适用于温室、生长室、苗圃或其他条件下的遗传测定。

专栏 14.3　影响遗传测定田间设计的统计因素

1. *无偏性——减小定向不准确性*:家系或无性系在区组内位置的**随机化**(randomization)能够保证所有的遗传单位具有相等的表达其遗传潜力的机会,并能消除可能的偏差。当一个遗传单位表现的表达受到不适当的优待或者阻碍时(例如,家系 A 总是栽植在每个区组内最肥沃的区域),遗传单位间的比较就会由于这种外源变异而发生偏差(例如,由于非遗传原因家系 A 显得更好)。

2. *精确性——得到置信区间小的估计值*:不论测定目的是估计遗传率还是对亲本进行排序,总是希望**统计精度**(statistical precision)高一些(意味着误差方差小且估计值的置信区间小)。精度高是通过下列措施得到的:选择适当的试验设计[如随机完全区组(RCB)或不完全区组(IBD)设计]、增加**重复**(replication)次数、使用边行和填充行减小环境噪声、保证试验的所有阶段都仔细实施从而把环境误差减到最小、进行恰当的数据分析(*第 15 章*)。

3. *代表性——扩大推断范围*:为了保证估计值适用于栽植环境中的预期群体,野外地点应该占据种植区内有代表性的多种土壤、气候、管理条件和栽植年份。扩大强调范围还包括在多个苗圃培育苗木及在多个年份建立测定林。

4. *误差控制——提高特定比较的精度*:提高部分或全部遗传单位间比较精度的田间设计包括:①区组设计(如 RCB 或 IBD),即把野外地点划分成均一的区组以增加遗传单位间比较的精度;②将家系分成组(例如,在每个区组内把来自同一种源的家系栽植在一起),这样可以使同组内遗传单位间比较的精度较高而组间比较的精度较低;③裂区设计(Cochran and Cox,1957),是为了提高亚小区处理(通常是遗传单位)间比较的精度,而牺牲整个小区处理(通常是育林措施)间平均值比较的精度。

表 14.1　不同目的的遗传测定的田间设计要求小结

设计特点	测定目的			
	遗传结构:参数估计值	子代测定:后向选择	基本群体:前向选择[a]	产量试验:现实增益
随机化?	是	是	否	是
重复?	是	是	否[b]	是
遗传单位数目[c]	许多	许多	许多	少
最佳小区类型	STP、NCP[d]	STP、NCP[d]	矩形	矩形
包括对照?	否	否[e]	否	是

续表

设计特点	测定目的			
	遗传结构:参数估计值	子代测定:后向选择	基本群体:前向选择[a]	产量试验:现实增益
包括填充行?	是	是	否	否

[a] 如果是根据一种互补交配设计的单独的子代测定得到亲本排序,那么基本群体的功能就是使从已知优良的家系中对最优个体进行前向选择的遗传增益最大。因此,每个家系含有 49 ~ 100 株树木的大矩形小区最适于前向选择。如果一种单一设计既用于子代测定又用于前向选择,那么应该优先选择能最好地实现这两个目的的子代测定设计。

[b] 对于来自子代测定林的现有的亲本或家系排序,为了使家系内选择的增益最大,从统计上来说并不需要重复;不过,为了防止意外损失,在两个测定地点设立家系小区的重复是防止意外损失的慎重的做法。

[c] 遗传单位(种批、家系或无性系)的数目取决于项目的规模,但为了有效地满足前三个目的,大量的遗传单位是必要的。

[d] STP =单株小区;NCP =非邻接小区。

[e] 严格地说,如果使用遗传上连通的交配设计并不需要对照,不过,为了把不连续的亲本组联系起来则需要对照。

小区构造

小区是田间试验内的最小区域,含有来自同一遗传单位的树木(如来自同一家系的实生苗或者来自同一无性系的分株)。通常在每个完全区组中都有每个遗传单位的一个小区。小区构造包括小区形状(图 14.9)和小区大小(每个小区树木的株数)。遗传测定中使用的小区形状有 4 种类型:①**矩形小区**(rectangular plot),来自同一遗传单位的许多树木呈正方形或长方形栽植(图 14.9c);②**单行小区**(row plot),来自同一遗传单位的两株或多株树木栽植成一行(图 14.9b);③**单株小区**(single-tree plot,**STP**),每株树就是一个小区,因此每个遗传单位在每个完全区组中被一株树木所代表(图 14.9a);④**非邻接小区**(noncontiguous plot,**NCP**),来自同一家系或无性系的许多树木在每个区组内随机排列而不是成行或按矩形小区栽植。把图 14.9b 中的 4 个区组内每个遗传单位的 5 株树随机排列就得到一种 NCP 排列;仍然有 4 个完全区组,但来自每个遗传单位的 5 株树的位置占据每个区组内 5 个不同的微立地。

小小区,特别是 STP,统计精度总是较高(即更好的群体参数估计值和更好的亲本、家系和无性系排序)。这是由于两个原因:①对于一定水平的工作重复次数更多,因此每个遗传单位能体验更多的微立地变异性(如在图 14.9 中,栽植同样数目的树木,STP 有 20 次重复,单行小区有 4 次重复,而矩形小区只有 1 次重复);②对于一定数目的遗传单位,区组大小更小,因此区组更加均匀一致(如在图 14.9 中,STP、单行小区和矩形小区的区组大小分别为 0.005hm^2、0.025hm^2 和 0.1hm^2)。由于这一原因,从统计学上来讲,对于根据遗传结构测定估计遗传参数,以及根据子代测定和无性系测定对亲本、家系和无性系进行排序,STP 都是最优的(表 14.1)(Lambeth *et al.*,1983b;Loo-Dinkins and Tauer,1987;Loo-Dinkins *et al.*,1990;Burdon,1990;Loo-Dinkins,1992;White and Hodge,1992)。这种小区类型有利于利用许多次重复测定大量家系或无性系。因为每株树占据一个不同的小区,在利用 STP 或 NCP 的测定中,在设立标桩、贴标签和保持数据完整性方面通常需要更小心,花费也更多(与单行小区或矩形小区相比);不过,STP 在统计上的优点超过这些缺点。

a 20个区组以单株小区栽植的RCB设计

C	B	A	G	G	H	A	C	A	C	E	G	C	D	E	G	A	B	C	E
F	D	E	H	B	E	F	D	H	D	B	F	A	F	B	H	D	F	G	H
H	G	F	E	B	C	D	F	A	F	G	H	D	C	B	A	H	F	D	B
D	C	B	A	G	H	A	E	E	B	C	D	H	G	F	E	G	E	C	A
B	D	F	G	E	F	A	B	C	B	E	H	G	A	B	H	F	E	G	A
A	C	E	H	G	H	C	D	G	F	A	D	C	E	F	D	B	D	C	H
E	F	G	H	G	H	A	C	F	A	C	E	D	C	H	G	D	C	B	A
B	C	D	A	F	E	D	B	D	B	G	H	A	E	F	B	H	G	F	E

b 4个区组以5株单行小区栽植的RCB设计

C	A	F	E	E	A	G	C	H	D	G	C	D	H	A	F
C	A	F	E	E	A	G	C	H	D	G	C	D	H	A	F
C	A	F	E	E	A	G	C	H	D	G	C	D	H	A	F
C	A	F	E	E	A	G	C	H	D	G	C	D	H	A	F
C	A	F	E	E	A	G	C	H	D	G	C	D	H	A	F
B	G	D	H	F	B	H	D	F	B	E	A	C	G	E	B
B	G	D	H	F	B	H	D	F	B	E	A	C	G	E	B
B	G	D	H	F	B	H	D	F	B	E	A	C	G	E	B
B	G	D	H	F	B	H	D	F	B	E	A	C	G	E	B
B	G	D	H	F	B	H	D	F	B	E	A	C	G	E	B

c 1个区组以20株长方形小区栽植的RCB设计

B	B	B	B	B	G	G	G	G	G	E	E	E	E	E	A	A	A	A	A
B	B	B	B	B	G	G	G	G	G	E	E	E	E	E	A	A	A	A	A
B	B	B	B	B	G	G	G	G	G	E	E	E	E	E	A	A	A	A	A
B	B	B	B	B	G	G	G	G	G	E	E	E	E	E	A	A	A	A	A
D	D	D	D	D	F	F	F	F	F	H	H	H	H	H	C	C	C	C	C
D	D	D	D	D	F	F	F	F	F	H	H	H	H	H	C	C	C	C	C
D	D	D	D	D	F	F	F	F	F	H	H	H	H	H	C	C	C	C	C
D	D	D	D	D	F	F	F	F	F	H	H	H	H	H	C	C	C	C	C

图 14.9　一个有 8 个遗传单位(A、B……H),每个遗传单位有 20 株树的随机完全区组(RCB)试验的 3 种不同的小区构造,栽植密度为 2.5m×2.5m,对 160 株树(不包括边行和填充树)面积一共是 0.10hm^2:a. 采用单株小区,有 20 个区组(区组大小=0.05hm^2);b. 采用 5 株单行小区,有 4 个区组(区组大小=0.025hm^2);c. 采用 20 株长方形小区,有 1 个区组(区组大小=0.1hm^2)。遗传单位可以是 8 个种源、家系、无性系或其他种批。内部的实线表示完全区组间的分界线。

关于 STP 与 NCP 的相对优点一直存在某些争论。与 STP 一样,在 NCP 设计中,每株树也是占据一个不同的微立地,所以,对于不计划进行间伐的遗传测定,两者在统计精度方面非常相似。实际上,一个有 20 个完全区组的 STP 设计,通过合并区组 1~4、5~8、9~12、13~16 和 17~20 的数据,可以按照一个有 5 个区组和 4 株树的非邻接家系小区的 NCP 设计进行分析。如果不计划对遗传测定林进行间伐,那么支持 STP,因为它们容易适应更复杂的统计设计,如后面将要描述的不完全区组设计。

如果计划进行一次或多次间伐,NCP 可以按照一种**连锁区组设计**(interlocking block design)进行栽植。在假设没有死亡的情况下,该种设计能够保持间伐后的每个亚区组内所有遗传单位的平衡代表性(图 14.10)。可以为计划进行的一次或多次间伐设计相互连锁的亚区组,也可以为保持每次间伐后所有树木间距离相等按照相互连锁的亚区组进行栽植(Libby and Cockerham,1980)。每次间伐必然减少每个遗传单位被测量树木的株数,从而降低所有估计值的精度。因此,常恰好在每次间伐前对所有的测定林进行一次重要评价。

a 间伐前

1	2	3	1	2	3	1	2	3	1	2	3
2	3	1	2	3	1	2	3	1	2	3	1
3	1	2	3	1	2	3	1	2	3	1	2
1	2	3	1	2	3	1	2	3	1	2	3
2	3	1	2	3	1	2	3	1	2	3	1
3	1	2	3	1	2	3	1	2	3	1	2
1	2	3	1	2	3	1	2	3	1	2	3
2	3	1	2	3	1	2	3	1	2	3	1
3	1	2	3	1	2	3	1	2	3	1	2

b 第一次间伐后

1	2		1	2		1	2		1	2	
2		1	2		1	2		1	2		1
	1	2		1	2		1	2		1	2
1	2		1	2		1	2		1	2	
2		1	2		1	2		1	2		1
	1	2		1	2		1	2		1	2
1	2		1	2		1	2		1	2	
2		1	2		1	2		1	2		1
	1	2		1	2		1	2		1	2

图 14.10 由 3 个相互连锁的亚区组(编号为 1、2、3)组成的一个 RCB 设计中的一个完全区组的实例。间伐前(a)和第一次间伐后,亚区组 3 中的树木已被伐掉(b)。第二次间伐将伐掉亚区组 2。该例中一共容纳 36 个遗传单位(有 36 个用每个编号标记的栽植位置),每个遗传单位的一株实生苗随机分配到每个相互连锁的亚区组内的一个位置,所以,在间伐前,在每个完全区组内间植每个遗传单位的 3 株实生苗(每个相互连锁的亚区组内一株)。每次间伐从每个遗传单位伐掉一株。如果希望间伐后树木间的距离相等,可以采用 Libby 和 Cockerham(1980)中所示的带交错箭头的几何设计。

对遗传测定的 4 项功能的任何一项,单行小区都不是最优的(表 14.1),但却在过去得到应用。这是因为:①在排列和设立标桩方面单行小区比 STP 或 NCP 方便;②在 STP 设计中担心由于树木死亡造成的有缺失数据的数据分析问题。利用遗传测定中使用的现代制图、测量和数据分析方法,这些问题已经不再支持单行小区设计。如果必须使用单行小区,为了尽可能减小区组大小并允许使用许多区组,应该把每个小区的树木株数减到最少(2 ~ 4 株)。

对于采伐产量的现实增益测定和在某些情况下从基本群体中进行前向选择(表 14.1),矩形小区(图 14.9c)要优于单行小区、STP 和 NCP。在现实增益测定中优先选用矩形小区,因为它们能提供一种模拟生产性人工林中林分条件的环境,从此得到以单位面积为基础的产量的无偏估计值(Foster,1992)。

大多数子代测定林和基本群体遗传测定林都在早期进行测量(如采伐龄的 25% ~ 50%),然而现实增益试验林的产品产量和质量最好在较大的年龄进行评定。树木间的竞争随着树龄的增大而加剧,因而一开始生长慢的基因型就可能处于不利地位。因此,小小区(单行小区、STP 和 NCP)的平均值可能会有偏差,结果有利于那些是强烈竞争者的基因型,尤其有利于在早期是强烈竞争者的基因型。每个小区有 50 ~ 100 株树木的大的正方形或长方形小区能够避免这些偏差,因为树木间的竞争主要发生在同一遗传单位的树木间(如同一混合种批、家系或无性系)。矩形小区的缺点是重复大,因此,不同遗传单位的数目必须保持最少(通常少于 10 个不同的遗传单位),而且重复次数也受到限制。

矩形小区有时也优先用于从基本群体中进行前向选择。例如,当使用互补交配设计时,常从以 STP 栽植的多系混合授粉家系得到亲本排序(van Buijtenen and Lowe,1979;McKeand and Bridgwater,1992;White *et al.*,1993)。此时,基本群体的功能就是尽可能增加从优良家系中对最优树木进行前向选择得到的增益。在一个大的矩形小区内栽植同一家系的许多树木(如 60~100 株),从而使所有树木都在一个一致的环境中进行比较,这样就可以增加增益。从随机、重复的 STP 测定得到的亲本排序能够确定哪些家系优良,所以也确定应该从哪些矩形小区内进行前向选择选出更多的入选树木。当一种设计必须既要满足子代测定(后向选择)又要满足基本群体(前向选择)功能时,STP 和 NCP 优于矩形小区。

每个地点的统计设计(田间排列)

假设遗传单位的数目已经预先确定,那么指定每个地点的田间排列就包括做出如下决定:①适当的统计设计;②区组数目或者重复次数。在这里只考虑两种最常用的统计设计,即随机完全区组设计和不完全区组设计。在这两种设计之间做出选择取决于想要的区组大小,而区组大小又取决于遗传单位的数目和栽植密度。每个区组应该足够小,从而使同一区组内栽植点间的一致性最大。这样,栽植在同一区组内的所有遗传单位生长在相似的微环境中,因此遗传单位间的差异就主要是由遗传差异引起的。一般来说,区组大小小于 0.1hm^2 对于大多数森林情况是适宜的(Matheson,1989),但是对于非常一致的农田更大的区组也可以接受,而对异质性高的山地环境则需要更小的区组。常见的栽植密度在每公顷 1000~2000 株树木,在一个 0.1hm^2 的区组内可以栽植 100~200 株树木。

区组结构

随机完全区组(randomized complete block,**RCB**)**设计**是迄今为止在林业遗传测定中应用最普遍的统计设计。假设有 150 个不同的 PM 家系,按照 RCB 设计栽植,采用单株小区,密度为 2m×3m(每公顷 1667 株)。每个区组有 150 株实生苗(每个 PM 家系 1 株),随机分配到区组大小为 0.09hm^2(2×3×150/10 000)的区组中的栽植点。RCB 设计的田间排列和分析简单易行,且能提供无偏、精确的遗传参数和育种值估计值(当区组大小小时)。这些特点解释了 RCB 设计受欢迎的原因。

有时,不可能把所有遗传单位的树木都安排在一个完全区组内而仍然保持每个区组小于期望的大小。根据栽植密度,当遗传单位的数目为 100~200 甚至更多,或者根据立地均一性甚至更少的时候,对于 STP 设计就会发生这种情况。而对于矩形小区,在遗传单位的数目比这少得多时就会出现这种问题。例如,只有 6 个遗传单位,按照矩形小区栽植,每个小区 100 株树,栽植密度为 2m×3m,则每个区组占据 0.36hm^2(2×3×100×6/10 000),这比期望的区组大小大 3 倍。

当区组大小大时,一种选择是合理地把遗传单位分成组,然后把一组内的遗传单位栽植在每个完全区组中的邻接小区内。例如,可以按照种子产地把家系分组。如果有,如 30 个产地,每个产地有 20 个家系(一共有 600 个家系),那么就可以分成 30 组,每组有 20 个家系。每个完全区组再分成 30 个更小的单元,从而有两个阶段的随机化:①将 30 组随机分配到田间的每个区组内的30个单元;②每组20个家系各有1株实生苗随机分配到该组所在单元的一个位置。这仍然是一种RCB设计(每个完全区组含有600株树,因为每个家系1株);不过,同一组内的家系总是出现在每个区组内由20株树组成的相同的邻接单元。这意味着有两个水平的精度:同一组内的家系比不同组内的家系的比较更精确。这种**重复内分组**(set-within-rep)设计在过去很受欢迎,当希望得到组内更精确的排序而分配到不同组内的遗传单位的排序不那么精确时仍然有用。

对上面的重复内分组设计的一种替代方法是**不完全区组设计**(incomplete block design,**IBD**)。不论何时,只要区组大小大就可以使用(或者不论何时,只要在田间、温室、苗圃或生长室情况下区组内的微环境存在异质性)。对于IBD,每个完全区组(有时叫做一个可分解重复)可以再分为更小的单元,叫做不完全区组,或者简称为区组(Cochran and Cox,1957;Williams and Matheson,1994;John and Williams 1995)。每个不完全区组含有部分遗传单位,栽植在比所有的遗传单位都栽植在一个完全区组内更一致的微环境内。不完全区组增加了另一个区组化因子,用于因为微立地之间的差异而对遗传单位平均值进行调整。IBD通过消除不完全区组间的变异及区组间的变异减小试验误差而增加遗传单位比较的精度。已经证明,IBD在许多林业情况下对遗传测定都是有用的(Williams and Matheson,1994;Fu *et al.*,1998,1999a,b)。

α-格子设计(Patterson and Williams,1976;Patterson *et al.*,1978)是一种特别有用和灵活的IBD,广泛用于有大量遗传单位的遗传测定。需要一种专门的计算机程序安排田间的设计,该程序最初叫做ALPHA+或ALPHAGEN(Williams and Talbot,1993);不过,稍加实践,该设计和分析就变得很简单。该程序的最新版本,叫做CycDesigN(Whitaker *et al.*,2002),还使其他类型的计算机产生的设计的使用变得更容易,这包括行-列设计和拉丁方设计(专栏14.4)。所有这些现代试验设计的要点都是减小试验误差,通过消除遗传单位间比较的环境噪声来源,从而提高遗传单位排序的精度。

专栏14.4　计算机产生的遗传测定的试验设计

交互式软件CycDesigN(Whitaker *et al.*,2002)可以产生各种试验设计的随机田间排列。John和Williams(1995)提出了这些设计的统计原理,而Williams等(2002)则描述了它们在林木遗传测定中的应用。在此总结了有关概念,相关说明见图1。

不完全区组。一个**不完全区组**(incomplete block),或者简称区组,是田间、苗圃或温室遗传测定中的一个小的均一的区域,含有的遗传单位数少于遗传单位总数。使用Whitaker等的表示法,图1中的例子含有$v=24$个遗传单位,栽植在$r=3$个可分解重复内,每个重复有$s=6$个区组(一共有18个区组),每个区组含有$k=4$个遗传单位。

并发。CycDesigN将不同重复间成对遗传单位的**并发**(concurrence)减到最小。目标是使每个遗传单位得到与其他遗传单位一样多的区组内比较。因此,一旦一个遗传单位与一组遗传单位同时出现在一个区组内,该遗传单位就不太可能再与那些遗传单位中的任何一个出现在其他区组内(在另一次重复中)。在该例中,对所有成对的遗传单位并发正好为1,意思是所有的遗传单位在一个区组内正好与所有其他的遗传单位出现一次。例如,遗传单位23、11、7和14在重复1的区组1内,但却不在任何其

	区组	1	2	3	4	5	6
		23	18	24	19	20	12
重复1		11	17	10	21	6	4
		7	22	9	1	5	8
		14	16	3	13	2	15
	区组	1	2	3	4	5	6
		19	15	4	8	14	16
		9	2	6	18	3	10
重复2		5	21	22	20	17	7
		12	24	23	11	1	13
	区组	1	2	3	4	5	5
		13	4	12	7	24	21
		3	10	2	15	18	11
重复3		6	20	16	17	23	9
		8	1	14	5	19	22

图 1　CycDesigN 产生的一个不完全区组设计的随机田间排列的示意图。(复制自 Whitaker *et al.*, 2002,经作者许可)

他区组内一起出现;它们分别单独位于重复 2 的区组 3、4、6 和 5,以及重复 3 的区组 5、6、4 和 3 中。对于重复次数、遗传单位和区组大小的大多数组合,对所有成对的遗传单位不可能只有一种单一水平的并发,有些设计可能有不同的成对的数字,在不同重复的区组内一起出现 1、2 或 3 次。

可分解设计。作者建议只使用**可分解设计**(resolvable design)。在该设计中,对区组和遗传单位进行分组,因此完全重复含有每个遗传单位一个小区。这样,通过忽略嵌套在每个完全重复内的不完全区组,就可以把试验作为 RCB 进行分析。在该例中,有 r=3 次可分解的完全重复(有时叫做完全区组),每次重复有 24 个遗传单位,每个遗传单位有 1 个小区。

行-列设计。有可能在两个方向(行和列)上把并发减到最小。这需要充分了解重复的田间走向,该问题在这里不再进一步讨论,但这些设计都非常好。

拉丁方设计。当田间的重复相互邻接时,可以使用一种对随机化的进一步限制,叫做拉丁方化,以保证一个特定遗传单位的 r 个小区分散在整个立地上。在该例中,24 个遗传单位中的 12 个在扩展到重复 1、2、3 的区组 1 的长列上出现 1 次。另外 12 个遗传单位出现在长列 2 上。这叫做 t=2 的 t-拉丁方设计,因为该设计需要两个长列容纳所有的遗传单位。利用这种拉丁方化,每个遗传单位在每对长列(1 和 2、3 和 4、5 和 6)上正好出现一次,因而当立地按长度划分时,每个遗传单位也正好在田间排列的每个三分之一上出现。如果这 3 部分有 3 条单独的灌溉线,或者在田间从左到右存在明显的梯度,这对于说明变异可能是有用的。

区组数目

影响任一地点适宜的完全区组(也叫可分解重复)数目的因素包括:①要估计哪些参数(例如,是遗传率、遗传相关、亲本育种值,还是现实增益);②想达到的估计值的精度水平;③小区类型(例如,是 STP 还是单行小区);④试验设计类型(RCB 还是不完全区组);⑤计划的立地地点总数;⑥实际和后勤保障对每一测定林大小的限制及建立多个测定地点的困难。各种各样的统计方法曾用于研究这些因子如何相互作用影响每个立地完全区组的最佳数目(Bridgwater *et al.*,1983b;Cotterill and James,1984;Lindgren,1985;White and Hodge,1992;Byram *et al.*,1997;Osorio,1999)。在下列条件下,在一个立地需要更多区组:①要估计的参数的误差方差大;②需要的精度高;③用 STP 代替单行小区;④计划少数立地地点,因为实际方面的考虑需要在一个立地建立更多的区组而不是建立更多的立地。

专栏 14.5 讨论了决定实生苗和无性系测定中每个立地需要的区组数目的因素,下面是一组经验法则。对于以 STP 栽植的实生苗遗传测定林,所有立地需要的一个特定家系实生苗的总数为 50(对于愿意接受统计精度较低,但立地一致且选择少数遗传率中等到较高的性状的小型项目)~150(对于需要精度高并选择许多遗传率较低到中等的性状的较大的项目)。在后勤保障可行的情况下,每个家系的这 50~150 株实生苗应该分散到尽可能多的大环境(即立地地点)和微环境(即立地内的区组)内。在无性系测定中,每个无性系需要较少的分株。对于随后要对有希望的无性系进行测定的初步筛选试验,每个立地每个无性系有 3~6 个分株,以 STP 栽植在几个立地(如在所有立地上每个无性系一共有 30 个分株)上就足够了。

专栏 14.5　确定实生苗和无性系测定每个立地的区组数目

1. 从纯统计的角度来看,把一个特定遗传单位的树木分散到尽可能多的不同的微环境和大环境中总是更好。这支持在每个地点有少数区组但有多个地点的 STP(White and Hodge,1992;Byram *et al.*,1997;Osorio,1999),因为通过将每个遗传单位的表现平均到各种不同的变异的环境来源中而使家系或无性系平均值(以及其他估计参数)的精度最高。在对每个立地的区组数和立地数进行平衡时,必须同时考虑潜在的基因型与环境相互作用大小和在额外立地建立测定林的成本(Lindgren,1985)。

2. 对于使用实生苗,以 STP 栽植,以 3 个主要功能(遗传结构、子代测定和从基本群体中进行前向选择)为目的的遗传测定,每个地点的最佳区组数目为 10~30。在一项关于火炬松(*P. taeda*)的 STP 设计的研究中(Byram *et al.*,1997),当只计划两个测定地点时,有理由在每个地点设置 30 个区组(在两个地点每个家系 60 株树木),而当计划 4 个测定地点时,每个地点 10 个区组提供了相同的家系平均值的精度(在所有的立地每个家系有 40 株树木)。在其他研究中也得到了类似的结果(Lindgren,1985;White and Hodge,1992)。对于 STP,一条基本经验是,当有 4 个或更多的立地地点时,在每个立地使用 15~20 个完全区组。

3. 对于以单行小区栽植的实生苗遗传测定,每个地点区组的最佳数目更少,但是为了达到与 STP 相同的精度,每个家系需要更多的树木。例如,根据误差方差,需要 6 个 6 株单行小区的区组(在每个地点每个家系有 36 株树),或者需要 20 个以 STP 栽植的区组(每个家系有 20 株树),才有可能达到家系平均值的相同精度。这只不过再次说明了 STP 的统计效率更高。

4. 对于无性系遗传测定,不论是对无性系进行排序还是估计遗传参数,每个立地每个无性系需要的分株数都少于上面提到的每个家系的实生苗数,这是因为一个无性系内的分株的基因型相同,因此精确估计无性系平均值需要的分株数较少。作为一条经验,需要 3 ~ 10 个以 STP 栽植的完全区组(每个地点每个无性系有 3 ~ 10 个分株),栽植在足够数目的立地上(5 个或更多个地点)(Russell and Libby,1986;Russell and Loo-Dinkins,1993;Osorio,1999)。在这个范围内,当测定是进行初步筛选,随后要对有希望的无性系进行进一步测定时,每个立地需要较少的无性系。相反,如果要将排序高的无性系立即配置到生产性人工林中,那么为了增加无性系平均值的精度,就有理由需要在每个立地有更多的分株并需要更多的立地。

立地选择

立地选择包括确定立地的数目及其地点。所有的立地都应该:①尽可能一致(尤其是在区组内),通过尽可能减小环境噪声来保证估计值的最大可能精度;②在计划的测定期限内所有权稳定;③机械和劳力能够进入,以便于建立、管护和数据采集;④大到足以容纳整个测定林和所有的边行、防火带和道路;⑤能够代表种植区内的土地;⑥有助于促进重要性状的遗传表达。

选择的大多数立地通常高于平均立地质量并且分散在主要的种植区内,与每个种植区内计划的造林面积近似呈比例(例如,假如计划在海滨造林面积更大,那么就选择三处海滨立地和两处内陆立地)。质量越高的立地常常越一致,具有良好的保存率的概率越高,还促进更快生长,从而促进家系或无性系间生长的遗传差异的早期表达。

除了这些质量较高的立地外,有些测定林可能位于计划造林的高风险土地上(非常寒冷的立地,易于罹患病害的立地等)。如果某些地区容易受到生物或非生物胁迫而又计划进行抗胁迫选择,那么一块或多块立地应该位于这些高风险地区以诱导抗性遗传差异的表达。

确定适宜的立地数目取决于实际和统计方面的考虑,包括分配到每块立地的区组数目(Lindgren,1985;White and Hodge,1992;Byram *et al.*,1997)。从统计上来讲,有尽可能多的立地,每个立地有较少的区组总是最好的;当基因型与环境相互作用(G×E)显著时,这一点尤为重要。有许多立地可以扩大推论范围,因而遗传排序和参数估计值能更好地适用于种植区内的所有土地,不过,对与额外的立地有关的实际限制和成本常需要做出妥协。

在 G×E 相互作用极小的更一致的环境中实施的较小的树木改良项目可能只选择两个立地地点,这使每个地点必须有更多区组,可能意味着在将结果外推到整个人工林地时精度会受到牺牲。希望精度高并跨越各种各样土壤、气候条件的较大的项目需要大量立地。某些类型的遗传测定林可能有 10 个或更多个立地地点,其中有些分散在各种各样的土壤气候区,另外一些则栽植在高风险立地上或者已知能诱导遗传差异的立地上。

包括额外的树木(边行、填充行和对照)

所有遗传测定林周围都应该栽植两行或多行**边行树木**(border tree),间距与测定林内的树木相同。如果所有区组是邻接的,边行树木就围绕着整个测定林的外侧栽植。如果一些区组与另一些区组分隔开,那么也要围绕这些区组栽植边行树木。栽植边行树木的目标是防止边际效应,这是通过保证所有被测量树木生长在相似的竞争条件下而实现的。通常,有些遗传单位产生的实生苗比测定需要的多,这些实生苗就作为边行树木栽植。

如果预计遗传单位间的表现差异很大,在长期现实增益测定林或者以矩形小区栽植的其他遗传测定林中就采用另一种类型的边行树木(Loo-Dinkins,1992)。在这种情况下,每个矩形小区由两部分组成:①内部的测量小区(如一个6 株×6 株小区内的36 株树木);②边行小区(如围绕测量小区的两行树木),用与测量小区内相同的遗传单位的树木栽植。在该例中,每个总的矩形小区,有时叫做总小区,一共由10(2 株边行树木+6 株被测量树木+2 株边行树木)×10=100 株树木组成。其目标是防止小区间的干扰影响内部测量小区内的树木。不管测定的是哪种类型的遗传单位(即不同的树种、种源、家系或无性系),有些遗传单位可能比另一些长得快得多,保存率也更高。当出现这种情况时,不好的遗传单位的边行树木的发育可能会因庇荫或其他竞争效应受到阻碍,但内部的树木却受到缓冲而免受这些影响。因此,内部测量小区的测量值应该反映那个遗传单位在纯林中的表现。

为给相邻的测定树木提供一致的竞争环境,要在测定林内栽植两种类型的**填充树木**(filler tree):①在测定林建立之前或者在测定林建立过程中栽植到异常栽植点(如低洼的栽植点或者伐桩附近)的填充树;②为了替换死亡的树木,在测定林建立后不久栽植的填充树。对第一种类型,填充树栽植在测定林内被认为异常因而其表现可能与区组内其他地点明显不同的地点。如果栽植的是一株测量树木,得到的数据可能会增加试验误差;因此,要在这些不正常的微立地上栽植不测量的填充树。例如,有一个 RCB 设计,采用 STP 栽植,有150 个家系。每个区组有150 株测量树木(每个家系1 株),有可能在每个区组内为填充树指定几个额外的栽植点(如10 个)。如果栽植前在每个区组内标出160 个栽植位置(图14. 1),那么可以在测定树木还有剩余前在最糟糕的10 个栽植点栽植填充树。通常,为了保持区组大小尽可能小,只有5% ~10% 的栽植点应该被指定为栽植前填充树。有些树木通常在测定林建立之后不久死亡(根据生长速度在3 个月到2 年)。这些空出来的栽植点可用填充树或者其他类似的苗木填充,从而为林木提供相同的竞争条件。这两种类型的填充树都应该标记清楚,它们的测量值通常也被排除在外不进行分析。

有时进行栽植**对照**(Control、checklot 或 reference),这是为了:①为测量遗传增益提供参照或基准;②将在不连续的组内或在不同地点测定的遗传单位的排序联系起来从而使所有的遗传单位都在同一尺度上进行比较。第一种用途非常重要,而且所有的树木改良项目都应该培育一组代表不同遗传改良阶段的参照群体。当包含在遗传测定林内作为对照时,这些参照群体为测量进展提供基准。例如,未改良材料的标准商业化采集和未疏伐的第一代种子园种子的混合种批就是可以包含在高世代遗传测定林中的两个参照群体。

对照的第二种应用有很多问题。在为以估计遗传参数为主要目的而设计的测定林中不需要对照，而且应用对照会增加每个区组的大小。对于预测育种值，最好选择一种将所有亲本在遗传上相互连通起来的交配设计（如循环交配设计）。有时必须应用对照将含有来自不同组亲本的家系的不相连的测定林连通起来；然而，用于这一目的时，对照的统计效率还需要进行更多的研究。当使用对照把一组不连续的遗传单位的数据连接起来时，为了提高把所有的组与对照衡量的精度，在每个区组内对照常有必要比其他遗传单位重复更多次。

测定的实施

测定实施中的看护和正确的技术对于遗传测定的成功正如交配设计和田间设计一样重要。实际上，因为不正确的看护或者未预见到的灾难导致必须放弃整个测定的情况并非不常见。就其本质而言，林业中的遗传测定具有长期性（5～50 年），而且在其持续过程中常遭受许多不利影响（所有权变化、人员更替、自然灾难等）。测定实施的总目标是以一种减小试验噪声（为了提高估计值的精度）并保证测定林的长期生存能力和数据的完整性的方式建立测定林，为测定林设立标桩并且维护和测量测定林。在所有阶段正确地建立健全档案的重要性怎么强调也不过分。

测定实施的育种和苗圃阶段

在育种阶段，保证获得高质量结果的重要措施有：①正确标记所有花粉和种批；②在加工不同的花粉和种批之间仔细清洁设备；③恰当地储藏和处理花粉和种子以保证它们有最大的生活力和活力。令人吃惊的是，在某些树种育种项目中曾经报道过由控制授粉造成的很高的全同胞家系亲本组成方面的错误（Adams *et al.*，1988）。必须把这样的错误减到最少，否则遗传测定的可信度可能会受到严重损害。

在苗圃阶段，对于室外的苗圃、温室和其他类型的设施，测定遗传单位的随机化和重复很重要。所有设施都存在与庇荫、灌溉系统、工作台或苗床边缘等有关的梯度或斑块变异性。如果在苗圃阶段，遗传单位（如种源、家系或无性系）不进行随机化和重复，那么有些遗传单位就可能比其他遗传单位生长在更适宜或更不适宜的地点，这些影响会使苗圃和以后的田间试验结果发生偏差。

在实生苗将要栽植时，应该把质量明显不良的实生苗淘汰掉（不栽植）。有时希望只栽植每个遗传单位的最好的实生苗（如在苗圃中实施家系内选择），但这也会引起偏差。因此应该模仿为生产性人工林使用的淘汰方法。

整地和测定林的建立

一般而言，遗传测定的整地强度比生产性人工林的整地强度更高、更细心（图 14.11）。这么做的目标是：①提高立地一致性以减小微环境噪声从而提高遗传率；②保证良好的保存率从而保证树木间的竞争相同和最小的数据损失；③通过促进早期快速生长促进遗传差异的早期表达；④模拟得到测定结果时可能在生产上使用的未来的整地技术。特别的,杂草竞争可能很严重并呈斑块状,造成区组内高水平的环境噪声,所以,减小木本植物和非木本植物竞争的栽植前技术非常重要。在有些地方,可能需要控制昆虫和动物(如设立围栏)以减小来自有害生物造成的损害。为保存、测定质量和早期生长速度设定指定的目标水平可为田间工作人员提供有效动力。

a

b

图 14.11 在佛罗里达湿地松(*Pinus elliottii*)遗传测定的实施:a. 一个多系混合授粉测定的栽植,表明强度整地、白色塑料管标记区组的四角、带旗杆的小旗标记栽植位置、按照单株小区随机化方案在栽植前摆开的白色容器内的实生苗;b. 1 年生测定林的测量,表明持续的杂草控制、良好的生长和电子数据记录仪的使用。(照片由佛罗里达大学的 G. Powell 提供)

还是在栽植之前,要决定适宜的区组布局和排列。区组不一定是正方形的;选择其形状和走向是为了创造区组内最大的立地一致性,而允许区组间存在立地变异性。当环境梯度变化幅度较大时,每个区组的长轴应该与环境梯度垂直。例如,在山坡上,把长方形区组的长轴放置在等高线上,因而一个区组内所有的实生苗都几乎处在相同的海拔上(Zobel and Talbert,1984 中的图 8. 11)。

如果一个区组内的一小块区域明显不同(如一块低洼的区域或者整地不那么有效的区域),这一区域可以包括在区组内,但要用填充树木栽植。如果存在大的异常区域,最好将它们从试验中排除。然后在这些区域栽植非测定实生苗,并在确定区组走向时完全避开它们。这可能意味着有些区组在空间上与其他区组分隔开,但每个完整区组应该保持完整。应该围绕不邻接区组的所有边缘栽植两行边行树木。

在可行的时候(即当一块立地不存在大的异常区域时),理想的情况是将所有区组邻接起来栽植并记录每株树的行、列位置。此时,整个测定林看起来像方格状,可以把每株树的 x、y 坐标输入一个工作表。这使得将环境面与遗传单位数据进行拟合或者以其他方式说明局部微立地(近邻)效应的叫做近邻分析或空间分析(*第 15 章*)的某些类型的分析成为可能。这些分析能减小环境误差,提高统计精度;因此,在可能的时候保留每株树的行列坐标是绝对值得的。

对于适宜的栽植密度是有争议的,但一般而言,应该按照生产上的密度栽植或者比生产上的密度稍微大一些。密度越大(树木间的间距越小)意味着区组大小越小(因而区组越均一),从而促进树木间更早出现竞争(根据生产性育林这是可取的也可能是不可取的)。间伐计划也会影响初始栽植密度。

正确设立标桩和建立健全档案对遗传测定林的长期完整性很重要。林木遗传测定持续很多年,在这期间人员更替、景观变化及许多其他因素都可能造成整个测定林、测定林中遗传单位的身份和过去数据的丢失。在专栏 14. 6 中描述了如何正确设立标桩和建立健全档案,这些包括:①绘制确定每一测定林位置和每一测定林内树木位置的图;②在测定林的四角和每一测定林内区组的四角设立标桩;③利用耐久性标签清楚地确认所有树木;④建立健全的从育种直到最后测量的所有活动的档案;⑤保持一个包括所有数据和其他记录的适当的数据库。

专栏 14. 6　为遗传测定林设立标桩和建立健全档案

为了确保数据的长期完整性,所有的林木遗传测定林都需要清楚地设立标桩并仔细地建立健全档案。一些准则如下。

绘制两种或多种比例尺的图:在比例尺较大的图上,遗传测定林的确切位置应该以永久性地标作为参照(测量基准、主要道路、地产边界等),而不是以随时间改变的景观的临时特征为参照。在比例尺较小的图上,在测定图上用每株树的识别标记(家系号码或种批代码)标明其栽植位置。在可能的时候,树木要按照一个方格系统栽植,并且把行、列识别标记都包括在图上。区组的四角要清楚地标在图上。同样重要的是,要标明测量的起点和方向;这应该与电子数据记录仪或者数据表中树木的顺序相对应。测定图应该在栽植时绘制,以保证把所有的树木都标在正确的位置,然后在大约一个星期以后,由一组不同的人员重新核实。如果田间标签丢失或毁坏,该图就

可能是识别树木的唯一方法。

在测定林和区组的四角设立标桩:在所有测定林和区组的四角都应该设立永久性的大型标桩。这些标桩上应该清楚地标上测定林和区组组成的信息。

树木识别标签:没有必要在每株树上都贴上标签,但在固定间隔的树木(如每第 10 株树)上应该用半永久性的标签进行标记。在整个测定期间,必要时都应该检查和更换标签。用于每个遗传单位的识别代码应该尽可能短(几位数字),而且对那个遗传单位来说是独一无二的。一个特定单位在所有的测定地点应该使用相同的代码,有亲缘关系的家系需要识别出来从而在数据分析时能够认识到这些关系。在通常情况下,使用每个家系的亲本的独特代码对其进行标记要比在田间为其重新编码更可取(如 A01 × B03),

建立健全档案:在测定林建立时,要完成一份详细的"测定林建立报告",其中含有 3 种信息:①测定林信息(如测定林的识别号码、地点、目的、遗传单位的数目、遗传单位的类型和对照、与具有类似遗传单位的相关测定林作参照);②立地信息(如原先的用途、土壤、海拔、气候);③所用的措施(如整地技术、除草剂、农药、栽植时的施肥);④栽植时的条件(如栽植日期、参加人员、天气条件、实生苗质量)。不同阶段的照片提供了另一种形式的宝贵的档案。

数据库管理:应该在所有遗传测定林的整个过程中保留一个完整的数据库系统,应该包括所有的测定信息(如所有遗传单位和对照的确切性质和组成、统计设计、测量数据、管护记录和照片)。数据库系统应该至少由两部分组成:①含有数据和数字信息的计算机记录;②含有信函和其他印刷信息的办公文件。计算机记录应该备份并保存在两个或多个地点以防止火灾、洪水等造成的灾难性损失。

测定林的管护和测量

为了保证得到高质量的结果,需要定期对测定林进行恰当的管护。这可能包括竞争控制、有害生物控制、为方便进入而割草、施肥、去除可能混淆测量结果的非测定的野生实生苗、在区组四角重新设立标桩及树木标签。考虑到育种和一开始建立时高昂的成本,恰当的看护不仅相对便宜而且非常必要。

大多数遗传测定林在第一年内进行首次评价。为了使得可以用填充树木替换并建立测定质量的基准,通常只记录保存率和有害生物造成的损害。在初次测量之后,通常要么对测定林进行定期测量,在需要做出关键决定时(如种子园疏伐)测量,恰好在间伐前测量,要么在出现特殊情况时(如霜冻或病害流行可为测定耐性或抗性提供机会)测量。为了成功测量要考虑的问题很多,其中一些建议是:①使用定期重新培训的有经验的人员;②确保在改变任务之前一组特定的工作人员彻底完成一个完全区组或重复;③由一组监督人员在每一测定林中抽取百分之几的树木作为子样本并重新测量作为标准的质量控制方法;④尽量减少主观评分的性状的数目(如目测树干通直度、分枝习性、冠形),因为这些性状会大大增加测量时间和成本;⑤对于主观评分采用偶数类别(如分四类,评分分别为 1、2、3、4）以避免过度利用中间类别；⑥当测定林为幼龄林且树木为 8 ~ 10m 甚至更矮时采用皮数杆，之后采用精确的电子设备（如测高器）；⑦将以前评价的关键数据（如区组、家系和小区的识别，以及树木保存率和树高）带到现场（这可以证实以前的测量值，减少测量时间，并且消除重新输入关键信息时的错误）；⑧使用电子数据记录仪，确定在现场测量前下载以前的数据并使用软件的现场查错能力（如检查所有被测量性状的容许值）。

在对每块测定林进行测量之后，都要对数据进行清洗和编辑（*第 15 章*）。这包括许多步骤，例如，为了保证所有的测量值都落在一个合理的范围之内要对每个被测量性状的最小值和最大值进行检查。绘制所有树木的树高和直径的散点图对于确定异常测量值也特别有用。清洗以后，数据要储存在一个数据管理系统内直到需要进行分析的时候。应该为每个测定林的数据文件和测定日期起一个独一无二的文件名，数据前面应该有一个表头，完整地描述测量值及其格式。为了避免在灾难中丢失，这些文件应该最少储存在单独的建筑物内的两个地点。

本章提要和结论

遗传测定具有 4 项主要功能：确定遗传结构、子代测定、创造基本群体、量化现实增益。对于任何单一目的，都可以制订交配设计和田间设计以获得最大效率。在较小的树木改良项目中，考虑的实际问题常意味着一个单一系列的测定具有数项功能，因此必须有所取舍。通过明确地决定最重要的测定目的，为了保证优先级最高的目的获得最大效率，就可以做出取舍。有时在较大的项目中，采用互补交配设计和田间设计，即为了更好地使多个目的中的每一个都获得最大效率，要建立两个系列的测定林。

交配设计（mating design）——对于各种各样的遗传和环境条件，多系混合花粉和自由授粉交配设计（当 OP 家系接近半同胞家系时）对于下述目的是最优的或者接近最优的：①估计包含加性遗传方差和协方差的遗传参数（遗传率、基因型与环境相互作用和遗传相关）；②预测亲本育种值，从而使后向选择的增益最大。许多全同胞设计（如析因交配设计、双列交配设计及结构化不强的渐进式设计）对于遗传结构和子代测定也都有用；每个亲本 4 个或者 5 个交配组合对大多数用途已经足够。对于估计遗传参数，拥有大量亲本或无性系（可能的时候>100 个）非常重要。

在全同胞设计中，亲本间的交配可以安排在不连续的组内进行，也可以安排成连续设计进行，这些设计得到统计精度相似的参数估计值。在预测育种值时，所有的亲本最好在一种单一的遗传上连通的交配设计中进行排序。这样就可以不需要把不连续的组联系起来对照。系统部分双列交配，叫做循环交配设计，特别适用于预测育种值。渐进式交配设计，每年在确定交配模式前都要检查连通性，也是适合预测育种植的。

对于在组成基本群体的家系内进行前向选择挑选最好的树木，许多交配设计都是适合的，但是如果希望保持完全谱系控制则需要全同胞设计。如果要利用互补交配设计实现其他测定目的，那么创造基本群体的交配设计可以非常灵活并富有创造性（*第 17 章*）：①亲本越好，参与越多的交配组合；②包含最好亲本的正向选型交配；③不同性状良好的亲本相互交配（称为互补育种）；④将早期开花的树木交配以尽可能减少完成育种活动所需要的时间。

田间设计和测定的实施(field design and test implementation)——随机完全区组(RCB)和不完全区组设计(IBD)是林业遗传测定中两种最常用的统计设计。在区组内栽植点间的变异性相对较大时(作为一条经验,当每个完全区组的大小超过 0. 1hm^2 时),有理由采用 IBD,如 α-格子设计和行-列设计。对于获得精确的参数估计值和家系排序,单株小区(STP)在统计上是最优的。不过,如果为了在测定过程中保持所有遗传单位具有相等的代表性而计划进行间伐时,优先选用以相互连锁的区组栽植的非邻接小区。对于现实增益测定和在一个特定家系内对个体进行前向选择,矩形小区可以满足要求。

在区组总数固定的情况下,在越多的测试地点栽植,而每个地点的区组越少,从统计上来讲越好,尤其是当基因型与环境相互作用重要时。统计效率的这种提高必须与在更多的测定地点建立和维护增加的成本达成平衡。在 G×E 相互作用极小的一致环境中实施的较小的树木改良项目可以只选择两个地点。这将意味着每个地点有更多的区组(如以单株小区栽植的 30 个区组),还可能意味着在把结果外推到所有人工林时会牺牲精度。希望精度高并且在不同的土壤气候区造林的较大的项目可能在 10 个地点栽植,但每个地点有较少区组(如以 STP 栽植的 15 个区组)。其中部分立地分散在不同的土壤气候区,另一些则栽植在高风险立地上,或者栽植在已知能诱导遗传差异的立地上。所有立地都应该一致,在整个测定过程中能够进入且所有权稳定。

测定实施中的看护和正确的技术对于遗传测定的成功正如交配设计和田间设计一样重要。测定实施的总目标是以一种减小试验噪声(为了提高估计值的精度)并保证测定林的长期生存能力和数据的完整性的方式建立测定林,为测定林设立标桩并且维护和测量测定林。

第 15 章　数据分析——混合模型、方差分量和育种值

一个成功的遗传测定计划的最后阶段,是有效的数据分析和解释。在遗传测定林的营造、管护和调查上投入大量的资金之后,在正确的数据分析上投入资金也是同样重要的。在林木改良计划中,遗传测定分析有两个主要的目标:①估计遗传参数(如遗传率,遗传相关等),它们在林木改良中对制订策略和做出决策有多方面的指导作用(见*第 14 章*之“定义遗传结构”)。②预测遗传值(如单株育种值和无性系值),这些可用于确定最佳候选亲本(见*第 14 章*之“子代测定”)。就这两个目标而言,要求有高质量的数据分析,以确保林木改良计划在单位时间内获得最大的遗传增益。

*第 6 章*介绍了如何通过遗传测定估计和解释方差分量及遗传参数,本章的重点是介绍一种基于**混合模型**(mixed model,**MM**)的现代数据分析方法,这种方法包括一套估计方差分量,预测基础遗传值等遗传参数的分析过程。MM 方法由 C. R. Henderson 博士(1949,1950)于 20 世纪 50 年代早期首次开发,如今广泛应用于动物育种计划的数据分析(Mrode,1996)。由于其理论和计算的复杂性,这种分析方法在林木改良中应用较为缓慢(White and Hodge,1988,1989)。然而,随着计算机技术的发展和对这种技术优势认知程度的提高,MM 方法正在成为很多先进的林木改良计划选用的方法。

MM 数据分析的理论发展在数学上相当复杂,超出了本书的范围(Henderson,1984; White and Hodge,1989; Mrode,1996)。作者更愿意把笔墨集中在解释这些方法的概念及阐述它们在遗传测定的数据分析中的作用。本章一开始就讨论了对分析任何数据都很重要的基本步骤,并对线性统计模型进行一个概念性的概括。其次是 MM 方法,以及选择指数的概念和应用,最后部分是以减少试验误差为目的的空间分析。以生长在阿根廷的巨桉(*E. grandis*)遗传测定的案例贯穿全章,说明 MM 方法的一些概念、潜力和应用。专栏 15.1 介绍了这个例子。其他关于 MM 方法在数量遗传学上应用的探讨,按数学复杂性的顺序,依次有:Borralho(1995),Bourdon(1997), White 和 Hodge (1989), Mrode (1996), Lynch 和 Walsh(1998)。

专栏 15.1　来自阿根廷的巨桉(*E. grandis*)研究案例:概况和研究目标

数据来自阿根廷美索不达米亚地区,由 INTA(联邦研究机构)执行的桉树改良计划(Marcó and White,2002)。这些数据来自 INTA 于 1982 ~ 1992 年建立的 6 个巨桉(*E. grandis*)子代试验地(表 15.1),这些试验包含 203 个自由授粉家系,它们来自 14 个不同的种子产地,其中 12 个为来自澳大利亚天然分布区的种源(标记为 N01,N02,……,N12),其余 2 个为来自阿根廷本土的地方小种[1 个标记为“选择”(selected),另一个“未选择”(unselected)以表示它们来自人工林的亲本分别经过和未经过高强度的选择]。这些试验点有不同的试验设计,但在所有的试验点中,家系在区组内是完全随机排列的,即没有巢式结构或者按种子产地分组。

在所有的试验点内，实测每株树的树高、胸径和干形。干形按 1 ~ 4 级评分，1 代表通直，干形优良；4 代表弯曲，或者多主干。根据每木树高和胸径估计单株带皮树干材积。然后对树干材积和干形两个性状进行分析。

数据在很多方面是不平衡的（表 15.1）：①某些试验点采用单株小区而另一些为行式小区；②区组数目为 3 ~ 20；③每个试验点参试的种子产地数量为 2 ~ 13；④每个试验点参试的家系数量为 31 ~ 179；⑤每个种子产地的家系数量为 8 ~ 27；⑥各试验点的测量树龄 4 ~ 16 年；⑦试验规模不等，从 6 号试验的 0.4m^2 349 株树到 1 号试验的 3.2hm^2 3332 株树；⑧成活率为 62% ~95%；⑨试验点的环境和土壤有显著的差异，导致生产力有差异，以年均蓄积增长（mean annual increment，MAI）表示，为 25$m^3 \cdot hm^{-2} \cdot a^{-1}$ ~50 $m^3 \cdot hm^{-2} \cdot a^{-1}$。

混合模型分析的难点是要合并所有试验点的全部数据，妥善地给不同数据赋予权重，以及考虑多种不同类型的数据不平衡。需要特别说明的是研究目标，包括：①确定不同种子产地的重要性及估计其相对排名（专栏 15.8）；②估计遗传参数（如遗传率和基因型与环境的相互作用）（专栏 15.9）；③预测所有 203 个亲本和 11 217 棵活立木的树干材积和干形的育种值（专栏 15.10）；④将两个性状的育种值综合成一个选择指数，以便进行后向选择和前后选择（专栏 15.12）。

表 15.1 来自阿根廷的 6 个巨桉子代测定的试验设计单点分析结果摘要（Marcó and White，2002）。分析了两个性状：树干材积，单位为 m^3；树干通直度，按 1 ~ 4 级评分，1 为通直的干形。在这些逐个点的分析中既没有对变量进行标准化处理也没有进行数据的转换。详情见专栏 15.1。

	试验 1	试验 2	试验 3	试验 4	试验 5	试验 6
			试验设计			
试验设计[a]	STP	STP	STP	STP	RP	RP
种子产地数/个	13	13	13	13	2	2
家系数/个	179	120	164	169	31	31
区组数/个	20	17	20	20	5	3
株数/小区	1	1	1	1	9	5
			基本信息			
年龄/a	5	5	5	4	16	16
成活率/%	95	91	62	81	78	77
立木数/个	3332	1794	1971	2690	1087	349
MAI/($m^3 \cdot hm^2 \cdot a^{-1}$)[b]	25	28	35	51	31	36
			材积的参数估计			
平均值/m^3	0.11	0.13	0.26	0.21	0.56	0.65
σ_P^2 $(m^3)^2$[c]	0.18	0.43	1.20	0.93	6.72	8.66
h^2[d]	0.25	0.36	0.24	0.24	0.05	0.11
			干形的参数估计			
平均值	2.41	3.04	2.28	2.43	2.88	3.02

续表

	试验 1	试验 2	试验 3	试验 4	试验 5	试验 6
σ_P^2 [c]	0.43	0.67	0.43	0.53	1.02	0.88
h^2 [d]	0.11	0.35	0.20	0.31	0.21	0.41

[a] STP = 随机完全区组设计,单株小区。

RP = 随机完全区组设计,行式小区。

[b] MAI = 根据树干材积和成活率估计的年均蓄积增长量。

[c] 总的表型方差。

[d] 狭义遗传率。

数据分析前的基本步骤

数据的编辑和整理

在进行分析之前,必须对数据进行彻底的整理和编辑。清理掉无效的数据点是非常重要的,一些无效的数据点显示为**异常值**(outlier),即明显超出了那个变量的正常测量范围的数据点(Mosteller and Tukey,1977),而另一些可能在测量的正常范围内。无效的异常值是相当麻烦的,因为它们可能深切地影响所在家系的平均值的估计值。而它们对方差分量估计值的影响可能更大,因为方差是数据点与平均值的离差的二次函数。另一个可能导致在数据分析之前删除数据的因素是来自自由授粉家系内的近亲或自交子代,有些近交子代个体可能很小,可能在数据分析时产生一些问题(Sorensen and White,1988; Hardner and Potts,1995;Hodge *et al.* ,1996)。整理数据的难点是找到并删除无效的数据点而不删除合理的测量数据。

有很考究的统计方法能够帮助寻找可疑的数据,但是,常识和经验相结合的较简单的方法同样有效(专栏 15.2)。当在任何变量中发现可疑的值时,有 4 种选择:①设置该变量的值为缺失,但保留这株树的其他变量的值;②删除这株树的整个记录;③判别并修正可疑数据,使其成为更合理的值;④返回到试验点检查那株树的观测值。

适当的方法在很大程度上取决于现状,但是,通常情况下,当异常值较少时就没有必要返回到原地重新测量。相反,其他 3 个选项的组合应优先考虑。例如,当录入观测值时发现一列数字有明显的异常(如树高 10.0m 记录为 100m),可以进行合理的修正并应用到分析中。其他没有明显规律的异常值应予以删除。当有大量的异常值时(超过 1% 的观测值),数据收集的整个过程应加以审查和改变以保证质量。

有时因不利因素的严重影响而造成区组内成活率低或出现极端的变异,需要删除一个或多个区组的数据。例如,一些区组遭受严重的虫害或位于低洼地遭受水浸。当一些区组的主要指标明显不同于同一试验点其他区组时,应适当删除一个或多个区组(专栏 15.2 中的步骤 6),但是,必须进行合理的判断以确保只删除有严重问题的数据。

如果试验点由于营建不当、管护不善、家系标志不清、火灾、道路建设或自然灾害而退化,那么有理由删除整个试验点的数据。然而,气候和生物引起的灾害(如干旱、霜冻、冰雹、洪水和病害)为衡量林木对胁迫的遗传抗性提供了机会,如果其他试验点没有遭受同样的灾害，这些试验点的数据可能需要进行单独分析。

举一个数据编辑的简单例子，对表 15.1 描述的 6 个试验点的巨桉（*E. grandis*）数据按专栏 15.2 列举的步骤进行整理。将每个试验点每区组内所有单株的胸径对树高绘制成散点图（共有 85 个图，其中之一如图 15.1 所示）。这些图一共显示出 26 个异常值，相信是在数据采集过程中的记录错误，这仅占所调查的 11 501 株树的 0.23%，这些异常数据在分析之前就被删除。此外，检查了每个区组的散点图，查找特别矮小的树（即发育不全的弱小植株），这些小植株被认为是自交或其他形式的近亲繁殖造成的。总共确定了 258 个弱小植株并将它们的数据删除（占 11 501 株树的 2.2%），整理之后，共有 11 217 株树用于分析。

专栏 15.2　识别遗传测定中的可疑数据值

1. *审查每个试验点的书面资料*：开始编辑数据前，首先应该审查文件包含的有关不寻常问题的信息，或者试验林营造前后出现的特殊影响因子，如苗木质量差，某些区组在整地方面的问题，自然灾害等。这样就可以突出有问题的区域，以便在数据整理时查找。

2. *验证标志变量*：每株树由若干个标志变量确定，例如，处理、试验点、区组和家系，针对每个观察值都必须检查这些信息。有两种方法检查错误的家系标志：（a）使用计算机程序统计试验点每个家系的观察值数量，并且寻找株数过多或过少的家系（这可能表明记录有误）；（b）将包含已知家系标志的单独的计算机文件合并到数据集中，并寻找不配对的记录。

3. *计算每个连续变量的平均值、最小值、最大值和频数分布*：这些简单的统计对寻找明显的异常值（如一个没有生物学根据的树高的值）非常有用。通常，分别对每个试验点的每个区组做简单统计是有益的（即把给定区组中所有家系的数据合在一起，每个变量求一个平均值、最小值和最大值）。

4. *检查离散变量的不可靠观测值*：离散变量的可行的值是有限的。对于二项式变量，只有两种可能性（如 0 和 1，或者是和否），而对干形和其他的主观评分性状，它们可能有 4 或 6 个类别。计算机程序能检查每个离散变量的每个值并打印出包含不可靠变量的个体的数据以供日后核查。

5. *绘制具有显著表型相关的连续变量的散点图*：这是确认一个或两个变量的不合理值的非常有效的方法（图 15.1）。正确的做法是把给定区组的所有个体的数据描绘在一个图上。

6. *计算区组的关键统计量以发现一个试验点内区组间的不一致性*：用给定区组的所有数据计算关键变量的统计量能鉴别出那些明显有异常的区组，可能是删除的对象。关键的变量包括：平均成活率，虫害或其他的危害因素的平均受害率，以及树干生长的变异。对于后者，变异系数（同一区组内所有个体的表型标准差除以区组平均值）可以突出具有极端变异水平的区组。

7. *比较不同年龄的观测值*：当一个特定的试验点已经进行了两年或两年以上的观测时，比较每株树的连续年龄的观测值，能从中发现记录错误的迹象，包括负生长，树体上不合理的或大或小的变化，死树复活，分叉者不再分叉，病树不再有病。

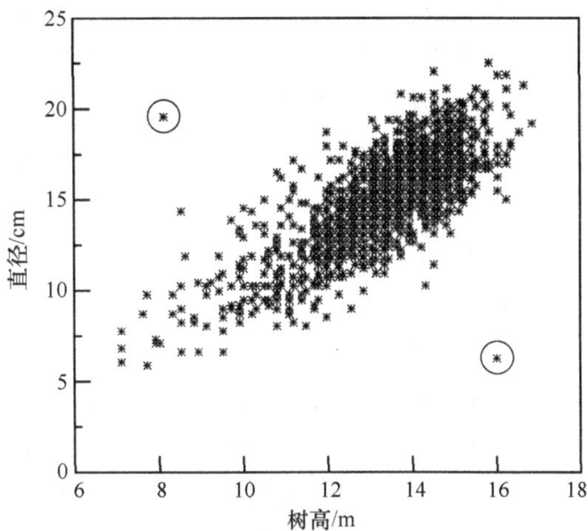

图 15.1　专栏 15.1 和表 15.1 描述的 6 个巨桉(*Eucalyptus grandis*)试验点之一的单区组胸径对树高的散点图。每个点代表一株树的数据,区组内所有植株出现在图中。注意两个带圈的点为异常值,因此,这两个点是随后修正或删除的对象。

数据的转换和标准化处理

一些类型的变量在分析之前需要转换。例如,反正弦和逻辑斯谛(logistic)转换通常用于二项式数据,对数**转换**(transformation)有时应用在生长变量中(Snedecor and Cochran,1967;Anderson and McLean,1974)。然而,重要的是必须记住,在以比较处理间平均值为目的的固定效应模型(见后文)中,这些数据转换的理论和实践价值已经得到证实,而在以预测随机的育种值为目的的 MM 分析(参见本章“线性统计模型”一节)中,数据转换的价值并不确定。

例如,以上提到的针对二项式数据的转换不能用在单株树上,而应该应用在单元或小区平均值中。单株树的育种值不能通过转换的小区平均值来预测,因而,转换二项式数据的价值是有疑问的。此外,有一些信息表明,在某些情况下用没有转换的 0,1 二项式数据作 MM 分析是合适的(Foulley and Im,1989;Mantysaari *et al.*,1991;Lopes *et al.*,2000)。对于连续变量,对数转换的数据在换算成原始单位时,会产生偏态的平均值。基于这些原因,所有数据转换方法都必须在使用前对其价值和理论依据作认真的考量。很多情况下,在进行 MM 分析时使用未转换的数据是合适的。

有一个例外,就是有时被称为**标准化**(standardization)的特殊的数据转换方法,很多情况下,在进行 MM 分析之前都必须进行这种转换,原因有 3 个(Hill,1984;Visscher *et al.*,1991;Jarvis *et al.*,1995):①使线性模型中单个效应各水平被合并在一起的方差均质化;②消除仅由尺度效应引起的基因型与环境相互作用的单纯统计学意义上的显著性(如导致排名的变化,*第 6 章*);③为简单起见,做无偏复原转换以便在不同环境中以测量单位预测遗传增益。关于第一点,许多转换的目的是使得在同一试验点的区组之间和不同的试验点之间的区组内方差均质化。如果把一个效应内(如线性模型中的区组项)各水平(如所有试验点的所有区组)的方差汇集到一个方差(如区组方差),则方差的均一性就是这种统计分析的一个基本假设。既然将所有试验点的区组方差合并在一起，那么在试验点之间进行标准化处理是非常重要的。区组和试验点水平的标准化改变了所有的方差估计值，消除了基因型与环境相互作用的规模效应。

在区组和试验点水平上进行标准化的一个有效方法是对每株树每个性状的观测值都进行标准化处理：①计算每个区组的表型标准差（用区组内某性状所有数据计算方差然后开方根）；②区组内每株树的观测值除以该区组的标准差。有时，这种转换应用在试验点水平而不是区组水平上（Jarvis *et al.*，1995）。

以巨桉（*E. grandis*）的树干材积为例（表 15.1），6 个试验点的总表型方差（σ_P^2）的估计值有很大不同，为 0.18 ~ 8.66（m^3）^{2}，相差 50 倍，这种差异与试验点之间平均树干材积差异大很有关系。标准化的过程就是用每个单株的材积除以该单株所在区组的表型标准差。然后，在合并所有试验点的统计分析中采用每个单株的标准化材积。试验点间干形的表型方差（表 15.1）仅相差 2.5 倍（0.43 ~ 1.02），这种差异与试验点之间干形的平均值没有关系。因此，接下来所有关于干形的分析都使用原始数据，即没有经过标准化的数据。

标准化处理后，值得注意的是，每个区组的表型方差和标准差都是 1：$\mathrm{Var}(y/\sigma_y) = \mathrm{Var}(y)/\sigma_y^2 = \sigma_y^2/\sigma_y^2 = 1$（White and Hodge，1989，p46）。这确保了区组间和试验点间测量尺度的一致性，并消除了由于尺度效应引起的数据间的相互作用（如基因型与环境相互作用）。而由于同一区组内的观测值都除以同一个值，那么基因型间和处理间比较的相对大小没有改变。

当使用标准化数据预测育种值时，预测值相当于表型标准差的若干个单位，是一个相对值。因此，为了使育种值显示为绝对值，有必要把育种值乘以一个合适的标准差（如合并了所有试验点的标准差，或者，对某个特定试验环境上的表现最感兴趣时，用单点标准差），从而转化成原始的测量单位。另一种方法，不是转化成原始测量单位，而是把育种值表达为高于或者低于标准化平均值的百分率。这种方法的结果，和那种先把育种值转化成原始测量单位，然后再表达为高于或者低于非标准化平均值的百分率的结果是一样的。

探索性数据分析

混合模型（MM）通常将所有试验点和所有试验年份某一特定性状的所有数据合并起来分析，分析者对数以百万计的算术运算所知甚少，从这一意义上讲，这种分析本身就是一个“黑箱”。因而，进行初步分析以便对数据和 MM 分析的向导性公式有所了解是非常重要的。这些可以包括图形分析、年龄趋势、变量间的简单表型相关、逐个试验点的分析及试验点间配对分析。

尤其重要的是估计每个性状在各试验点的遗传率，以及每对试验点的 B 型遗传相关（专栏 6.6）。性状遗传率的估计可揭示一些试验点是否有显著不同的方差结构，是否应该在 MM 分析时作为单独的性状来处理（即后文描述的多元混合模型）。遗传相关可评估基因型与环境相互作用的重要性，为参数层面上的策略制订和 MM 分析时线性模型公式的取舍提供指导。例如，如果家系与地点相互作用效应大，那么根据环境的相似性将试验点分组，每个组单独进行数据分析可能是明智的。另外还可能意味着需要多个育种单位（*第 12 章*）和（或）有目的地为特定的立地推广特定的家系（*第 16 章*）。

对于巨桉（*E. grandis*）的案例（专栏 15.1），按照*第 6 章*所介绍的火炬松（*P. taeda*）自由授粉子代测定的例子（表 6.2）逐点估计了方差分量和遗传率。这些分析，采用 SAS 软件系统的 Mixed 过程，逐个试验点和逐个变量（非标准化的树干材积和干形）进行（SAS Institute，1996）。线性模型包括两个固定效应（区组和种子产地）和两个或三个随机效应（种子产地内的家系，区组与家系相互作用和小区内误差）：只有在采用行式小区（RP）的试验点才列出小区内误差项。按公式 6.17 估计单点遗传率。

单点遗传率是偏高的，因为在计算公式中家系与地点相互作用方差与家系方差混淆在一起作为分子（*第 6 章*）；然而，这些估计值对比较不同试验环境中特定性状的遗传表达是有用的。这是常见的现象，即遗传率估计值在试验点间的差异非常大，本例亦然：树干材积为 0.05 ~ 0.36，干形为 0.11 ~ 0.41（表 15.1）。这些估计值的变动可能有两个原因：一是在不同的试验环境有不同的遗传表达（影响 h^2 的分子），二是更常见的试验点内环境异质性的差异［影响公式 6.17 的分母（$\hat{\sigma}^2_{fb}$ 和 $\hat{\sigma}^2_e$）］。对于这些数据，没有迹象表明任何试验点有严重退化的数据，家系间的差异几乎总是高度显著。因而，在接下来的 MM 分析中所有的试验点都包含在其中。

在 MM 合并分析之前的探索性分析的最后阶段，是对每个变量（标准化的材积和干形），按所有可能的 15 对试验点（6 个试验点的所有一一配对）估计 B 型遗传相关 r_B（*第 6 章*）。对于每对试验点，每个变量的 B 型遗传相关通过公式 6.19 估计，即 $\hat{r}_B = \hat{\sigma}^2_f/(\hat{\sigma}^2_f + \hat{\sigma}^2_{fs})$，其中，$\hat{\sigma}^2_f$ 是源于家系间差异所估计的方差分量，$\hat{\sigma}^2_{fs}$ 是由于家系与试验点相互作用的方差分量，请记住 $\hat{r}_B$ 的值接近 1 表示在特定的一对试验点中家系与试验点的相互作用小（家系排列稳定），而 $\hat{r}_B$ 的值接近零时表明在试验点间家系排列有较大的变化。

对于树干材积和干形这两个性状，$\hat{r}_B$ 值为 0 ~ 1（数据未列出）。当一对试验点中有一个方差分量估计值为零时，极端值出现最为频繁。所有极端值都出现在试验 5 或试验 6 组成的对子中。这两个试验都只有 31 个家系（表 15.1），这更强化了家系数少难以获得好的遗传参数估计结果这样一个观点。15 对试验点估计结果，树干材积和干形的 B 型遗传相关平均值分别是 0.54 和 0.68，表明干形的家系排名受试验点之间环境差异的影响小于材积所受的影响。

仔细检查每个变量的 15 个相关系数，以便找出可能在逻辑上导致试验点需要分组的变异模式。对于这些数据，特地做了如下假设：①生产力水平（MAI，表 15.1）相似的试验点组成的对，可能比生产力水平有差别的试验点组成的对具有较高的相关系数；②位于相似纬度的试验点，家系与试验点相互作用可能比较小；③年龄相仿的试验点，按相互作用关系的表达可能在逻辑分组时聚在一起。结果，无论是树干材积还是干形，都没有发现任何明确的模式，使得采用一元混合模型进行合并 MM 分析，这种方法将所有试验点的数据当作单一性状对待（见下一节）。

线性统计模型

线性统计模型形成了数量遗传学的数据分析基础，任何分析的第一步是为待分析的数据定义一个或多个适当的模型。*第6章*已经介绍了几个简单的线性模型，这些模型将表型观察值表示为潜在的遗传和环境因素的线性函数（如公式 6.3，$P_i=\mu+G_i+E_i$）。不幸的是，除了最简单的情况，这些模型并不适合分析来自遗传测定的真实数据，因为它们是按潜在**构成效应**（causal effect）设置参数的概念性模型。

用于数据分析的线性模型是根据**可观测效应**（observable effect）设定的，而可观测效应可以通过数据进行估计。根据交配设计和田间试验设计不同，模型的具体形式有很大的差异，而且事实上，同一个数据集能写出不同的模型（比较专栏 15.3、专栏 15.4 和专栏 15.6 的例子就知道了）。然而，所有的模型都具有相同的基本结构，每株树的表型观察值都是固定和随机主效应，以及它们的相互作用的一个线性函数。

表型值＝固定效应＋随机效应＋互作效应＋剩余误差　　　　公式 15.1

若某个因素的具体水平是兴趣中心，则该因素在模型中可视为**固定效应**（fixed effect）。该因素的所有水平被视为常量，既没有方差，与其他因素之间也没有协方差。例如，假设在试验中使用了 3 种类型的肥料，那么肥料这个因子就被视为固定效应，因为分析结果仅就试验中包括的这 3 种具体的肥料类型做出推断。在本书中，固定效应如群体均值、地点效应和区组效应，用希腊字母表示，如 μ、α 和 β（专栏 15.3，专栏 15.4 和专栏 15.6）。

专栏 15.3　种植在几个地点的半同胞家系的亲本线性模型

假定自由授粉家系（为简单起见，假设为半同胞家系）种植在几个试验点，每个点的试验设计为随机完全区组，单株小区（如表 15.1 的试验 1～4，但忽略种子产地的差异）。某一性状单株观测值（y_{ijk}）的线性模型为

$$y_{ijk}=\mu+\alpha_i+\beta_{ij}+f_k+fs_{ik}+e_{ijk} \qquad \text{公式 15.2}$$

其中

μ＝以所有试验所有区组所有单株求算的群体固定平均值；

α_i＝第 i 试验点固定的环境效应，$i=1,2,\cdots,t$；

β_{ij}＝第 i 试验点内第 j 区组的固定效应，$j=1,2,\cdots,b_i$；

f_k＝第 k 半同胞家系的随机效应，$k=1,2,\cdots,s$，$E(f_k)=0$，$Var(f_k)=\sigma_f^2$；

fs_{ik}＝第 k 家系和第 i 试验点的随机互作效应，$E(fs_{ik})=0$，$Var(fs_{ik})=\sigma_{fs}^2$；

e_{ijk}＝位于第 i 试验点，第 j 区组的第 k 家系一个单株的随机剩余误差（即区组与家系相互作用），$E(e_{ijk})=0$，$Var(e_{ijk})=\sigma_e^2$；

并假定所有两因素间的协方差为零。

固定效应 μ、α 和 β 分别对应于群体平均值、试验点和试验内区组。共有 t 个 α_i 效应，分别对应于 t 个试验点的每一个 α_i（$\alpha_1,\alpha_2,\cdots,\alpha_t$），每个 α_i 都表达了与群体平均值 μ 的离差。举例来说，如果试验点 3 的平均值比群体均值低 5 个单位，则记为 $\hat{\alpha}_3=5$。每个试验点有不同的区组数量（如 $b_1=4$ 和 $b_2=10$ 分别代表试验 1 有 4 个区组，试验 2 有 10 个区组）。每一个区组都有自己的固定效应 β_{ij}，对应于那个区组的环境对表型值的平均影响。每个区组效应都表达了高于或低于所在试验点平均值的离差。

模型中有 3 个随机效应 f_k、fs_{ik} 和 e_{ijk}，假定每个随机效应的平均值都是 0（在上述模型中以期望值的运算符 E 表示），都有自己的方差（以方差的运算符 Var 表示）。例如，f_k 有 s 个随机效应，对应于参试的 s 个半同胞家系。这些家系效应是相对于平均值为 0 的中心的离差，方差为 σ_f^2。参试家系间遗传差异大，则 σ_f^2 也大。基因型与环境效应以 σ_{fs}^2 来度量，如果在不同试验点间的家系的相对表现（等级）变化大，那么这个方差也大。所有剩余的遗传的和微环境来源的变异都一起合并到误差项，每株树都有不同的 e_{ijk}。通常剩余方差 σ_e^2 比其他两个方差要大得多。

以上的线性模型称为**亲本模型**（parental model），因为对每个家系而言，f_k 是亲本 k 的一般配合力，且等于亲本 k 的育种值的一半（公式 6.7 和公式 6.8）。因此，建立模型是要对参试的 s 个亲本进行排名，这是遗传测定的一个重要目的（*第 14 章*）。

此外，这个模型适合于估计作为样本的参试亲本所属群体其性状的加性遗传方差 σ_A^2 和遗传率 h^2。半同胞家系效应间的方差等于 1/4 加性方差（Falconer and MacKay，1996，p157）。另外，单株观测值间方差 σ_y^2 等于表型方差。事实上，表型观测值间的方差 σ_P^2 的估计值总是等于模型中的随机效应方差分量的总和，因为根据定义，固定效应没有方差。因此，根据下列模型中的可观测方差分量估计狭义遗传率（不妨与公式 6.12 作一比较，在那里是通过方差的构成分量估计的）：

$$\hat{h}^2 = \hat{\sigma}_A^2/\hat{\sigma}_P^2 = 4\hat{\sigma}_f^2/\hat{\sigma}_P^2 = 4\hat{\sigma}_f^2/(\hat{\sigma}_f^2 + \hat{\sigma}_{fs}^2 + \hat{\sigma}_e^2) \qquad \text{公式 15.3}$$

在 MM 分析中，有 3 种类型的因素被当成固定效应：①处理效应（如肥料、灌溉水平、种植密度和其他造林措施）；②与试验设计有关的环境效应（如地点、年份和区组效应）；③固定的遗传效应，有时称为分组效应（如种源、种子产地和选择世代）。有时，将分组效应视为随机效应而非固定效应可能更合适，但本书不考虑这些情况。

若某个因素参试的水平是一个较大群体的样本，研究的目的是对整个群体或对该因素各水平在未来的表现做出推断，则认为该因素是**随机效应**（random effect）（即方差和协方差的随机变量）。例如，当遗传测定中种植了 50 个半同胞家系，用来估计遗传率时，研究者将估计出来的遗传率应用到包含这 50 个家系的更大群体中。此外，可能对这 50 个家系的未来表现感兴趣。因此，认为线性模型中的家系效应是一个随机变量。线性模型中的随机变量用小写的拉丁字母表示，如在专栏 15.3、专栏 15.4 和专栏 15.6 中，“f”表示家系效应，“a”表示育种值。遗传效应如家系、育种值和无性系值在 MM 分析方法中始终被视为随机效应。

当固定效应和随机效应两者都包含在线性统计模型时，这个模型被称为混合线性模型或更经常地称为**混合模型**（mixed model）。随机和固定效应间的互作被认为是随机的（见专栏 15.3，专栏 15.4 和专栏 15.6 的例子）。如需进一步讨论线性模型中的固定效应、随机效应及其规范性，可参阅 Henderson（1984），Searle（1987）和 Searle 等（1992）。

进一步详细描述混合模型前，区分真正的参数和从试验中获得的它们的估计值是非常重要的，在任何线性模型中，任何群体的参数或效应的真实值永远是不可知的，而只能从试验数据中估计。从现在起，用加帽的方法把一个估计值和它的真实值区分开来，例如,①在专栏 15.3 中,$\hat{\alpha}_3$ 是试验点 3 的真实效应值 α_3 的一个估计值;② $\hat{h}^2$ 是真实遗传率 h^2 的一个估计值。在 MM 分析中,"**估计**(estimation)"一词指向固定效应,"**预测**(prediction)"用于随机效应(Searle,1974;Henderson,1984)。这主要是从语义学角度而言,而作者还是沿用这种习惯的说法,例如,说 $\hat{\alpha}_3$ 是 α_3 的一个估计值,而说育种值和其他随机效应是预测值。

亲本模型对单株模型

从历史角度来看,林业和作物育种的数量遗传数据是通过**亲本模型**(parental model)进行分析的,模型中的遗传效应根据亲本对参试家系的影响加以界定(Shelbourne,1969;Namkoong,1979;Hallauer and Miranda,1981;White and Hodge,1989)。针对半同胞和全同胞家系书写的模型都有家系效应,如公式 6.8 和公式 6.9 所示。这些家系效应对应于传递给了参试子代的亲本的影响,与双亲影响有关的家系效应通过子代传承下来。例如,一个亲本把自己育种值的一半传递给了子代。此信息对预测亲本育种值和估计遗传方差都是有用的(专栏 15.3)。

亲本模型在林业上是非常有用的,它出现在当今林木数量遗传文献的几乎所有报道中。不过,作为一般应用,这些模型依赖于对亲本的一系列假设:①亲本间没有遗传关系,没有近交;②亲本是从群体中未经选择而随机抽取的样本;③亲本必须来自同代或同一选择周期;④亲本经随机交配产生参试家系[即没有最优亲本之间的**正向同型配偶**(assortative mating)];⑤所有的亲本通过单一交配设计进行交配(即不能将几种不同交配设计的数据合并在一起)。此外,还有关于常规二倍体遗传的假设(Falconer and Mackay,1996)。

随着林木改良计划的推进,由于使用了不同世代之间以各种交配设计产生的、经过高强度选择的具有遗传关系和可能是近交的亲本,上述假设的大部分都不能得到满足。MM 方法方便了这种类型数据的分析,并且,只要正确地定义模型并把所有数据都纳入分析,就能得到无偏的育种值的预测值和方差分量的估计值(Kennedy and Sorensen,1988)。

所有的亲本模型都在一个方面受到局限:只能预测亲本的育种值,不能预测参试林木单株的育种值。这个限制引起动物育种者开发动物模型,应用在林业上就称为**单株树模型**(individual tree model)(Borralho,1995)。在单株树模型中,每株参试林木的育种值被定义为随机效应(专栏 15.4)。这样一来,分析的规模和运算的复杂性大大增加了,因为有很多育种值要预测(每个试验点的每株树都有一个预测值,而不光是这些树的亲本)。然而,随着计算机和软件的发展,即使面对非常庞大的数据集,这些分析也是可能的。参见专栏 15.5,来自阿根廷的巨桉(*E. grandis*)研究案例所采用的单株树模型的例子。

专栏 15.4　种植在几个试验点的半同胞家系的单株树模型

对于专栏 15.3 中相同的半同胞遗传测定,其单株树模型如下:

$$y_{ijk} = \mu + \alpha_i + \beta_{ij} + a_{ijk} + fs_{ik} + e_{ijk} \qquad \text{公式 15.4}$$

其中

μ、α_i、β_{ij}、fs_{ik} 和 e_{ijk} 的含义与公式 15.2 同一符号的含义相同，a_{ijk} = 第 ijk 单株的随机育种值，$E(a_{ijk}) = 0$，$Var(a_{ijk}) = \sigma_a^2$。

公式 15.4 的模型与公式 15.2 的模型最重要的差别是前者确定了育种值。公式 15.2 有 s 个家系效应（如果有 100 个参试家系，$s = 100$），这个模型适合预测 s 个参试亲本的育种值。公式 15.4 定义了更多的遗传效应，每个参试单株有一个育种值，而且这些育种值是为子代，而不是为亲代预测的。使用 MM 分析，通过系谱文件和明确单株之间，以及它们与亲本之间遗传关系的关系矩阵（此处未列出），从这个单株水平的模型也能预测亲本的育种值。

要想从模型中估计遗传率，请回忆*第 6 章*，加性遗传方差 σ_A^2 是群体内真实育种值的方差。因为公式 15.4 模型中的 a_{ijk} 是参试单株的育种值，所以从试验中估计的育种值的方差 $\hat{\sigma}_a^2$ 就是 σ_A^2 的一个估计值。像往常一样，表型方差 σ_P^2 的估计值等于模型中的随机效应方差分量的总和。因此：

$$\hat{h}^2 = \hat{\sigma}_A^2/\hat{\sigma}_P^2 = \hat{\sigma}_a^2/\hat{\sigma}_y^2 = \hat{\sigma}_a^2/(\hat{\sigma}_a^2 + \hat{\sigma}_{fs}^2 + \hat{\sigma}_e^2) \qquad \text{公式 15.5}$$

专栏 15.5　来自阿根廷的巨桉（*E. grandis*）研究案例：线性模型和混合模型统计方法

混合模型对专栏 15.1 描写的所有 6 个试验点的合并数据进行分析，对每个变量（标准化的树干材积和未经转化的干形）估计固定效应值和方差分量，以及预测育种值。每个变量的单株树模型与专栏 15.4 的公式 15.4 相似。该模型包含了种子产地、试验点、种子产地与试验点相互作用、试验点内区组这些固定效应，以及单株育种值（a_{ijk}）、家系与试验点相互作用（fs_{ik}）和剩余项（e_{ijk}）这些随机效应。为方便起见，模型中没有包括小区项，尽管有两个试验点采用行式小区设计。由于试验点间遗传率的估计值差异明显，有理由采用多元线性模型，把每个试验点的数据当成一个独立的变量来处理，作者还是选择了较为简单的单变量模型。

利用计算机程序 MTDFREML（Boldman *et al.*，1993）运行两个 MM 分析（每个变量一个）。

这个程序需要一个系谱文件。在这种情况下，意味着定义每个参试单株的母本，而父本是未知的，全部定义为零。MTDFREML 使用限制性最大似然法（REML）来估计方差分量，使用最佳线性无偏预测（BLUP）来预测所有亲本和子代的育种值。所有的 REML 程序是迭代的，并需要一种计算机算法去发现使给定数据的最大似然函数的值最大化的方差分量估计值。MTDFREML 使用单纯算法（Nelder and Mead，1965），这种算法有时在一个局部最大值，而不是全局最大值上收敛（意味着估计的方差分量可能不是最佳的）。

为了确保获得可能的最佳估计值，MTDFREML 作者建议：①一开始所有分量都用好的先验估计值进入程序，作为迭代的起点（用 SAS 的 Mixed 过程获得先验估计值）

(SAS Institute,1996);②使用不同的先验估计值重复运行 MTDFREML 若干次,确保每次运算都收敛到相同的估计值(用不同的先验估计值和略微不同的线性模型重复运行这个程序 4 ~ 8 次)。MTDFREML 每次运行都成功收敛,无论是以哪一个先验值作为起点,在迭代 8 ~ 50 次之后都能够获得几乎一致的固定效应估计值和随机效应预测值。

根据 MM 分析每个变量获得了 3 类有用的结果:①种子产地、试验点和区组固定效应的估计值(专栏 15. 8 的摘要);②用于估计遗传率和 B 型遗传相关的方差分量估计值(专栏 15. 9);③所有 11 420 个候选者(203 个亲本和 11 217 株参试子代)的育种值的预测值(专栏 15. 10)。

利用单株树模型可同时预测亲本和祖先,以及子代的育种值,即使没有在模型中明确规定双亲和祖先效应也无妨。它通过使用一个系谱文件和**加性遗传关系矩阵**(additive genetic relationship matrix)来完成这些分析(Lynch and Walsh,1998,p750),在矩阵中,所有子代单株、亲本和祖先之间一一配对的加性遗传关系都得以明确。同一个家系的植株是同胞,它们彼此之间,与亲本及其他祖先之间都有一定的遗传关系。如果亲本不相关,那么不相关的家系间的植株就没有关系。通过明确这些关系,所有参试植株的数据都被用在祖先、亲本和子代的育种值的预测上。这意味着所有育种值(祖先的、双亲的和子代的)都以相同的尺度进行预测,并产生单一的一套排名集。这大大便利了选择,而不必理会候选者来自哪个世代,如后文所示(“选择指数:合并所有近亲和性状的信息”一节)。

关系矩阵也包含了不同世代之间以各种交配设计产生的、具有遗传关系和可能是近交的入选亲本的子代数据。无性系遗传测定的数据也可用单株树混合模型进行分析。此外,数量性状和数量性状位点(*第 18 章*的 QTL)的数据可以合并在一起(Hofer and Kennedy,1993)。考虑到所有这些原因,单株树混合模型毫无疑问在未来林木遗传测定的数据分析中将更加常用。然而,许多这些应用并不简单,需要进一步研究以排除隐患,并找到最好的方法解决具体问题。

多元线性模型

有时,一个**多元线性模型**(multivariate linear model)更加适用。当测量的性状有多个时,这就更加明显(如树干材积和通直度),但是当在不同试验点测量的同一性状在混合模型中被当做不同的变量时,多元线性模型也是有用的(Jarvis *et al.* ,1995)。当有迹象表明一个性状在不同环境中所受的遗传控制不同时,采用多元线性模型是最合适的,这些迹象包括:①在试验点间遗传率有很大的差异;②试验点在不同的时间测量;③基因型与环境相互作用水平在不同的试验点组合间发生变化(一些组合的相互作用比其他的大)。

上述多元混合线性模型的后一种应用的本质,是来自每个试验点的数据被当作完全不同的变量(即使所有试验点测量的是单一性状)。例如,在专栏 15. 6 中,有 3 个试验点和 3 个变量,这意味着在每个试验点可估计出不同的方差结构(如不同的遗传率)。而当来自所有试验点所有植株的数据同时合并在一个 MM 分析时,所有数据都被用于预测所有性状(即所有试验点)的育种值。也就是说,由于来自其他试验点的数据的加入,对每个试验点的育种值预测的精确度和准确性都提高了。又一次,因为有了在模型中定义的变量间的遗传关系(公式 15.6 的遗传相关)及在关系矩阵中定义的植株间的遗传关系,育种值预测的精确度和准确性得到提高。例如,一个试验点的植株胸径为估计它在另一个试验点的同胞的树高育种值贡献了信息。

专栏 15.6　种植在几个试验点内的半同胞家系的多元单株线性模型

当来自每个试验点的表型观测值被视为不同的性状时,多元线性模型是合适的。为了便于说明,考察 3 个试验点的半同胞家系数据,3 个试验点同一性状的观测值分别记为 x_{ij}、y_{ij} 和 z_{ij},以表示它们被假定为不同的变量。在单株树水平上,3 个试验点的模型是

$$x_{ij}=\mu_x+\beta_{x,i}+a_{x,ij}+e_{x,ij} \quad \text{公式 15.6}$$

$$y_{ij}=\mu_y+\beta_{y,i}+a_{y,ij}+e_{y,ij}$$

$$z_{ij}=\mu_z+\beta_{z,i}+a_{z,ij}+e_{z,ij}$$

其中

μ_x、μ_y 和 μ_z 是 3 个变量之一的群体平均值;

$\beta_{x,i}$、$\beta_{y,i}$ 和 $\beta_{z,i}$ 是 3 个变量的区组固定效应;

$a_{x,ij}$、$a_{y,ij}$ 和 $a_{z,ij}$ 是每个参试单株的随机育种值,$\mathrm{E}(a_{x,ij})=\mathrm{E}(a_{y,ij})=\mathrm{E}(a_{z,ij})=0$;$\mathrm{Var}(a_{x,j})=\sigma^2_{x,a}$,$\mathrm{Var}(a_{y,ij})=\sigma^2_{y,a}$,$\mathrm{Var}(a_{z,ij})=\sigma^2_{z,a}$;

$e_{x,ij}$、$e_{y,ij}$ 和 $e_{z,ij}$ 是每个变量的剩余方差,$\mathrm{E}(e_{x,ij})=\mathrm{E}(e_{y,ij})=\mathrm{E}(e_{z,ij})=0$;$\mathrm{Var}(e_{x,ij})=\sigma^2_{x,e}$,$\mathrm{Var}(e_{y,ij})=\sigma^2_{y,e}$,$\mathrm{Var}(e_{z,ij})=\sigma^2_{z,e}$;

3 个变量育种值间的遗传相关:$\mathrm{Corr}(a_{x,ij},a_{y,ij})=r_{\mathrm{A},xy}$,$\mathrm{Corr}(a_{x,ij},a_{z,ij})=r_{\mathrm{A},xz}$,$\mathrm{Corr}(a_{y,ij},a_{z,ij})=r_{\mathrm{A},yz}$。

每个试验点的模型包含的项比公式 15.4 少,因为删除了试验点效应及它们的互作效应。反而在这个模型中,估计了 3 个不同的群体平均值,每试验点一个。不同试验点不同变量的育种值也进入模型中。然而,MM 分析使用所有试验点的所有数据并利用不同试验点育种值间的遗传相关,这就需要方差-协方差矩阵及相关矩阵,此处未列出。

有 3 个遗传率需要估计,每性状一个,公式如下:

$$\hat{h}^2_x=\hat{\sigma}^2_{x,a}/(\hat{\sigma}^2_{x,a}+\hat{\sigma}^2_{x,e}) \quad \text{公式 15.7}$$

$$\hat{h}^2_y=\hat{\sigma}^2_{y,a}/(\hat{\sigma}^2_{y,a}+\hat{\sigma}^2_{y,e})$$

$$\hat{h}^2_z=\hat{\sigma}^2_{z,a}/(\hat{\sigma}^2_{z,a}+\hat{\sigma}^2_{z,e})$$

有时,将土壤、气候资料与探索性数据分析结果结合起来,可以对试验点进行逻辑分组。在这种情况下,可将同一组试验点任何性状的数据视为单一变量,而把来自不同组试验点的数据当作不同的变量。当不同组的试验点之间基因型与环境相互作用较大,而同一组内试验点之间相互作用较小时,适合用这种方法。

对于遗传测定的分析,多元单株混合模型是最灵活和最强大的;然而,它们也是最难确定、最难计算和最难解释的,只是在近几年,才编写了分析大数据集的计算机软件(Boldman *et al.*,1993;Mrode;1996)。将来,这些模型可能最为普遍地应用于:①田间试验数据的数量遗传分析;②遗传标记和 QTL 数据的分析(*第 19 章*);③数量性状与 QTL 和标记数据的合并分析。

混合模型方法的概念及应用

和以前用于分析遗传测定数据的经典线性模型相比,MM 分析最主要的区别是把育种值和无性系值作为随机变量。虽然这看起来是一个微不足道的区别,但以前将这些因素假定为固定效应,却衍生出一种称为**普通最小二乘法**(ordinary least square,**OLS**)的分析方法。这些经典的方法仍然在统计学课程中讲授,在那里,采用平均值分组技术如最小显著差、Duncan、Tukey 或 Scheffe 等方法进行处理间平均值的多重比较(Neter and Wasserman,1974)。

当遗传效应在线性模型中被假定为是随机效应时,所有分析方法的衍生过程完全不同,因为在模型中这些因素有方差,也有与其他随机变量的协方差。取代 OLS 的是,这个假定产生了 3 种不同的预测育种值和无性系值的方法(因而也是排列候选者以供选择的方法):选择指数(SI)法,最佳线性预测(BLP)法和最佳线性无偏预测(BLUP)法。前两个是 BLUP 法的特例,所以,在这里专注于 BLUP 法,不过,下面描述的许多概念也适用于 SI 法和 BLP 法。White 和 Hodge(1989)提出了 SI 法、BLP 法和 BLUP 法三者之间的详细比较,与 OLS 法相比的 BLUP 法的性能摘录在专栏 15.7 中。第二个主要部分为“选择指数:多个近亲和多性状的数据合并”一节,描述每个性状进行 BLUP 分析后的多性状综合信息。

专栏 15.7　混合模型具有的普通最小二乘法不具备的性能

1. *来自若干交配设计的数据*:如果遗传单元在不同的试验点间有关联,那么来自半同胞、双列、析因和无结构的交配设计的所有数据都能用单一的合并分析进行分析(*第 14 章*)。

2. *跨越若干世代*:倘若数据具有适当的关联,那么来自若干世代的亲本、子代、同胞和其他近亲的育种值都能通过单一的合并分析进行预测。育种值和所有候选者的排名都能用单一尺度产生,以便于比较和选择具有最优遗传特性的候选者,不管它来自哪个世代。

3. *有亲缘关系的亲本和非随机交配*:有亲缘关系的亲本可能用于同一交配设计,也可能进行同型配偶(如最好亲本与最好亲本的交配)。优良亲本可能有更多的交配机会。

4. *选择的效果*:如果来自所有世代的所有数据都包含在分析中,以前的选择或淘汰的效果都能够在产生育种值的无偏预测值时发挥作用(Kennedy and Sorensen,1988)。

5. *不在线性模型的性状*：如果有目标性状与被测性状之间的相关系数的估计值，那么就可以预测未测定的目标性状的育种值（如通过幼年试验林的测定值预测成熟树干材积的育种值）。

6. *遗传增益预测*：通过 BLUP 法预测的育种值或无性系值可直接用于估计一个品种在商业化造林和育种实践中的遗传增益。

7. *多元线性模型*：来自若干试验点的单一性状的数据可以按不同性状对待，以便弄清不同试验点的不同遗传率，和（或）基因与环境相互作用的复杂模式（专栏 15.6）。另外，几个不同性状（如树高、胸径和材积）的数据能通过多元线性模型同时进行分析。

8. *主效基因和微效基因*：MM 方法可用于从表型数据中筛选主基因效应，也可以将主基因效应（如*第 18 章*的 QTL）和多基因效应引起的育种值合并到同一个模型中（Kennedy *et al.*，1992；Hofer and Kennedy，1993；Kinghorn *et al.*，1993；Cameron，1997，p150）。

当使用 BLUP 法预测随机遗传值时，一般最小二乘法（generalized least square，GLS）用于估计线性模型中的固定效应。在通常情况下，GLS 法和 BLUP 法也是在估计线性模型中的随机效应的方差分量的计算机软件包中一起出现，估计的方法称为限制性最大似然法（REML）。GLS、REML 和 BLUP 这 3 种方法都在下文中逐一进行简单描述，它们一起组成了**混合模型分析**（mixed model analysis，**MM**）。目前大多数可得到的 MM 分析软件包是由动物育种者编写，例如，ASREML（Gilmour *et al.*，1997）、DFREML（Meyer，1985，1989）、PEST（Groeneveld *et al.*，1990）和 MTDFREML（Boldman *et al.*，1993）。然而，也有一些专门针对林木遗传数据进行 MM 分析的比较新的软件包：GAREML（Huber，1993）和 TREEPLAN（Kerr *et al.*，2001）。

在合适的计算机软件可用之前，林木改良计划采用经典的 OLS 数据分析方法排列亲本、家系和无性系。当一系列假设得到满足时，这些方法与 MM 法排列的结果非常相似：①数据是平衡的（即所有基因型在所有试验点所有区组内的株数相同，并且每个试验点的区组数相同）；②亲本未经选择，没有亲缘关系，随机交配；③所有的数据来自同一个年龄和相同的交配设计。

当以上假设得不到满足时，MM 法比 OLS 法具有明显的优势（专栏 15.7），而在很多林木改良计划中，随着育种世代的提高，这种情况变得很普遍。例如，在高世代中，更频繁地优先交配更多优良入选亲本和使用无结构交配设计是有优势的（*第 17 章*）。另外，高世代育种计划将从合并多世代遗传测定的数据中获益，这些遗传测定具有多种不同的交配设计和田间设计。这些需求，加上计算机软件的可用性，暗示了 MM 分析方法在将来会成为林木改良计划选用的方法，正如它目前在动物育种计划中的地位一样（Mrode，1996）。

MM 方法的有效使用不依赖于平衡数据，也不依赖于有结构的交配设计。然而，MM 分析要求一起分析的各试验点之间在遗传上有关联。试验点间的**关联性**（connectedness）意味着一些家系、亲本和其他的近亲以一种连接所有试验点的方式出现在一个以上的试验点（Foulley *et al.*，1992）。这个关联性建立了试验点间的遗传联系，结果产生一个协方差结构，其中每对亲本都有一个非零协方差。例如，组合 A×B、B×C 和 C×D 将 A、C 和 D

联系起来,即使没有组合 A×C 和 A×D 也无妨。这里又一次假设遗传效应是随机变量,由此产生了关联性概念。当育种值是随机变量时,一个家系在一个试验点的表现提供了关于它和与它有关联的组合在具有相同或不同交配设计的其他试验点的表现的信息。这就提供了试验点间的统计联系。有了试验点间的适当的关联性,不需要公共对照也能有效地预测育种值(*第 14 章*)。

固定效应的估计

在上一节的线性模型中,固定效应被分成 3 种类型,分别对应于处理、环境影响和固定的遗传组。在遗传测定数据的 MM 分析中,这些固定效应的准确估计是很重要的,原因有两个:首先,人们可能对固定效应本身感兴趣,例如,施肥处理或种子产地间是否有显著差异。其次,固定效应的准确估计对育种值的无偏预测也是必要的,也就是说,估计的固定效应被合理地用于校正预测的育种值,确保它们没有因为处理、设计因素或其他虚假的"麻烦"效应的影响而产生偏态。作为一个例子,设想一些家系在区组、试验点或处理间株数不等,这是一种普遍现象。如果没有对这些固定效应进行合理的估计和校正,在生长较快的区组、较好的试验点或条件优越的处理下,有较多植株的家系,将出现比它们实际生长更大的遗传上的优势。

MM 分析使用一种巧妙的方法估计固定效应,这种方法称为**一般最小二乘法**(generalized least sguare,**GLS**)。OLS 和 GLS 估计的不同再次与 GLS 的假设相联系,即育种值和它们与固定效应间的相互作用是随机变量。在 GLS 分析中,关于家系或无性系在所有区组、处理和试验点的表现的信息都用于提高估计固定效应的精确度。例如,假设一个试验点包含一些生长特别好的家系,它们表现优异只是由于种植时间对它们有利。OLS 不考虑这些家系在所有试验点普遍表现良好的事实,因而高估了感兴趣的试验点的环境效应。从根本上讲,优良家系的较好表现被试验点较高的立地质量所混淆,或者换句话说,公式 15.2 中 $\hat{\alpha}_i$ 在该试验点的估计值是偏高的。不像 OLS,GLS 利用这些家系在其他试验点表现良好的信息,产生该试点效应的一个无偏估计值。

从 GLS 中得到的固定效应的估计值叫做**最佳线性无偏估计值**(best linear unbiased estimate,**BLUE**),因为在数据的所有其他可能的无偏线性函数中,GLS 估计值有最小的误差方差(即在最小误差方差这个意义上它们是最佳的)。因此,在数据允许的范围内,GLS 估计值既是无偏的,也是精确的,没有其他线性函数能产生更精确(即更低的误差方差)的无偏估计值。要保持 GLS 的这些最佳性能(也就是要让 GLS 的估计值成为 BLUE),必须准确无误地了解与随机效应相关联的方差和协方差分量。在实践中,这些基本的方差和协方差是不可知的,必须从数据中估计。因此,想高质量地估计固定效应值,就需要高质量的方差分量估计值,这是下一节的主题。

在巨桉(*E. grandis*)数据的例子中,计算机软件程序 MTDFREML 用来计算在线性模型中定义的 4 个固定效应所有水平的 GLS 估计值(专栏 15.8)。试验点效应和试验点内区组效应的估计值本来不是作者感兴趣的,只是用来适当地校正育种值的预测值。相反,种子产地效应和种子产地与试验点相互作用的 GLS 估计值是作者直接感兴趣的,种子产地效应的估计值用来推断各产地在未来育种工作中的相对重要性。

专栏 15.8　来自阿根廷巨桉(*E. grandis*)研究案例:固定效应的估计

在专栏 15.1 中描述的对应于巨桉(*E. grandis*)数据的线性模型(专栏 15.5),共定义了 4 个固定效应:试验点、试验点内区组、种子产地和产地与试验点相互作用。用计算机软件 MTDFREML 对每个性状(干形和标准化的材积)进行混合模型分析,得到:①4 个效应中每一个效应的所有水平的一般最小二乘法估计值;②203 个亲本和 11 217 个子代单株育种值的预测值,针对它们所出现的试验点、区组和种子产地进行适当的校正。

由于试验点和试验点内区组这两个效应的水平数差别很大,因此没能引起多大的兴趣,从这个意义上讲,这两个效应是"麻烦"效应。然而,对于这些如此不平衡的数据,在估计种子产地效应值和预测育种值时,绝对有必要适当考虑到种子产地和家系并没有种植在所有试验点和所有区组这样一个事实,因此,当预测生长在特定试验点内某一区组的特定植株的育种值时,需要通过该试验点和区组的水平数作适当的校正。

不像对试验点和区组,作者对了解哪个种子产地表现较好饶有兴趣。对于材积和干形这两个性状,在合并 MM 分析中,种子产地效应非常显著,但种子产地与试验点相互作用不显著。比较来自阿根廷当地小种的两个种子产地(即"selected"和"unselected")(图 1),发现经选择的 16 个亲本产生的子代,无论是生长还是干形都明显优于未

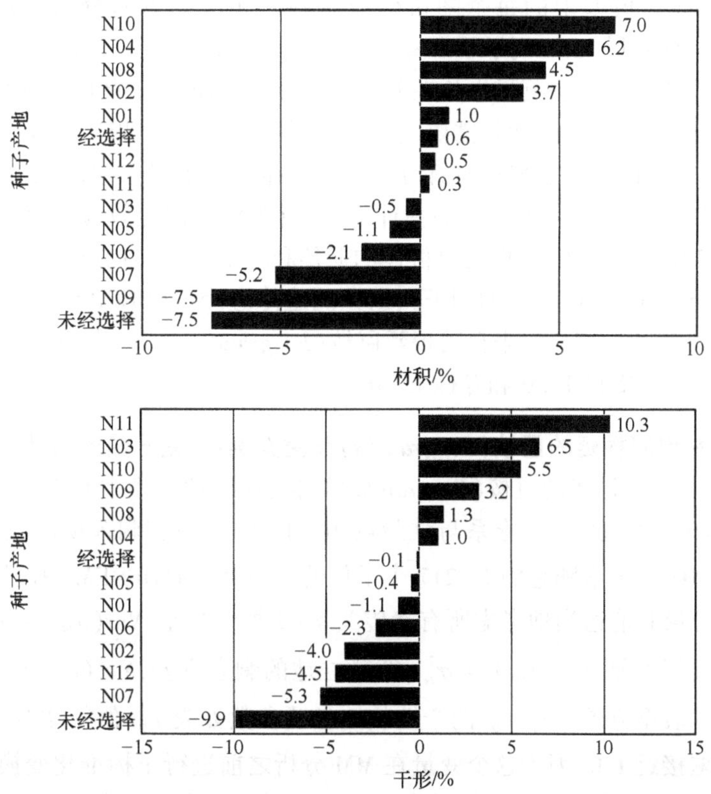

图 1　来自阿根廷巨桉(*Eucalyptus grandis*)研究案例(专栏 15.1 和专栏 15.5)所有 6 个试验点的数据,通过混合模型分析获得的材积(上)和干形(下)两个性状的种子产地平均值。在混合模型分析中两个性状的种子产地效应都达到极显著水平($P<0.01$)。种子产地平均值以高于或低于全部 11 217 个单株的平均值的百分率表示,正值表示在两个性状上是优良的。

经选择的 16 个亲本的子代。32 个亲本全部从阿根廷恩特雷里奥斯省的相同林分中抽样获得;唯一不同的是其中 16 个亲本是以表型优良入选,另外 16 个不是。这些数据表明,从当地小种群体中开展表型选择对树干材积和干形都是有效的,两个性状的现实增益(即经选择植株的平均值减去未经选择植株的平均值)大约是 8% 。

另一个有趣的结果是,与来自澳大利亚原产地 12 个种源(即 N01 ~ N12)(图 1)未经选择的亲本的子代相比,来自本地小种的经选择的亲本,其子代表现相对平庸。对于这两个性状,原生种源中大约有一半其两个性状的平均值比本地小种的经选择植株的平均值要好。正如*第 12 章*讨论的,若干因素影响着本地小种优于或劣于从天然分布区新引进的材料。在本例中,或许本地小种起源于天然分布区内的远非最佳的种源。无论什么原因,造林计划和林木改良计划都能够从来自天然种源的新引入基因中受益。

方差分量和遗传参数的估计

根据定义,线性模型中的每个随机效应有一个相应的方差分量(*第 6 章*)。专栏 15. 3、专栏 15. 4 和专栏 15. 6 列举了一些例子。如前所述,这些方差分量与基因型群体和环境相关联。由于永远无法测量生长在所有可能环境的所有可能的基因型,因此这些分量的准确值是永远不可知的,而是需要通过基因型样本和遗传测定所代表的环境去估计。

高质量的方差和协方差分量的估计出于 3 个不同目的的需要:①估计固定效应,因为以上描述的 GLS 过程需要方差分量的估计值,以解决估计固定效应;②估计各种遗传参数,如遗传率和 B 型遗传相关,以便对群体的遗传和环境方差结构进行深入的了解(见公式 15. 3、公式 15. 5 和公式 15. 7 的例子);③预测遗传值,因为 BLUP 法需要方差分量的估计值作为这个过程的一部分。来自阿根廷巨桉(*E. grandis*)的案例,方差分量的 3 个用途分别列于专栏 15. 8、专栏 15. 9 和专栏 15. 10 中。

专栏 15. 9　来自阿根廷的巨桉(*E. grandis*)研究案例:方差分量的估计

对于专栏 15. 1 描述的巨桉(*E. grandis*)数据,在线性模型中有 3 个随机效应(专栏 15. 5):单株育种值(a_{ijk})、家系与试验点相互作用(fs_{ik})和剩余项(e_{ijk})。一个系谱文件定义了 203 个亲本和它们 11 217 个子代的关系,使 MTDFREML 在估计每个性状的 3 个方差分量时能适当地考虑所有遗传关系:①加性方差,$\mathrm{Var}(a_{ijk}) = \sigma_a^2$;②家系×试验点相互作用方差,$\mathrm{Var}(fs_{ik}) = \sigma_{fs}^2$;③微立地的剩余方差,$\mathrm{Var}(e_{ijk}) = \sigma_e^2$。这些值的和即为总的表型方差($\sigma_P^2$)。两个性状的各项参数如表 1。值得注意的是,树干材积的表型方差接近 1. 0,因为这个变量在 MM 分析之前进行了标准化变换。对于固定效应,MTDFREML 为模型中每个效应的每个水平产生一个 GLS 估计值(例如,14 个种子产地的平均值估计值和 6 个试验点的平均值估计值),而对于每个随机效应却仅有一个估计值,即那个效应的群体方差估计值。

表 1 来自阿根廷巨桉(*Eucalyptus grandis*)研究案例(专栏 15.1 和专栏 15.6)所有 6 个试验点的数据,通过混合模型分析获得的遗传参数估计值。值得注意的是,树干材积在分析之前进行了标准化处理,所以估计值没有单位(不是 m^3)。干形的估计值沿用测量时的单位(即 1 ~ 4 级评分值)。所有方差分量的定义见专栏 15.4,B 型遗传相关 r_B 定义见*第 6 章*。

性状	平均值	σ_a^2	σ_{fs}^2	σ_e^2	σ_P^2	h^2	r_B
材积(标准化)	2.30	0.140	0.034	0.815	0.989	0.142	0.58
干形(1 ~ 4 级)	2.55	0.097	0.011	0.455	0.563	0.172	0.74

方差分量的估计值用于估计每个性状的单株遗传率和 B 型遗传相关,分别使用公式 15.5 和公式 6.19。遗传率估计值表明树干材积和干形受到相似的遗传控制(表 1)(h^2=0.14 和 h^2=0.17),但是材积上的家系与试验点相互作用比干形的大(r_B 的估计值是 0.58 和 0.74)。这两个结果与单个试验点分析和多对试验点分析结果一致。为了说明单点的遗传率由于家系与试验点相互作用方差而向上偏态,比较合并 MM 分析所得的估计值(材积和干形分别为 0.14 和 0.17)和逐点分析结果的平均值(表 15.1 每个性状 6 个估计值的平均值,材积和干形分别是 0.21 和 0.26)就清楚了。

参数估计表明,在林木改良计划中对任何性状的选择都可望获得实质性的遗传进展。比起通常在桉树家系上发现的情况,这里在树干材积上基因型与环境相互作用要大一些,也许是因为在阿根廷试验点之间的跨度接近 500km,跨越了多种土壤和降雨类型。

专栏 15.10 来自阿根廷的巨桉(*E. grandis*)研究案例:育种值的预测

利用专栏 15.1 描述的数据,使用专栏 15.5 描述的方法,分别对标准化材积和干形进行独立的 MM 分析。单株水平的线性模型(公式 15.4)意味着 MTDFREML 为每个参试单株预测了一个育种值,也为每一个亲本预测了一个育种值,亲本与参试子代的关系被定义在系谱文件中。因此,MTDFREML 预测了 11 420 个候选者(203 个亲本和 11 217 个参试单株)的材积和干形的育种值。MM 分析的两个后续步骤是:①将从 MTDFREML 中预测的原始育种值转换为百分比值(如下所述);②把种子产地固定效应的估计值(也以百分数表达,见专栏 15.8)加到育种值上,以便最终预测的育种值反映种子产地和产地内的贡献。转换以后,最终的预测值分别称为“材积增益”和“干形增益”(表 1)。

用高于或低于 11 217 个单株的平均值(基准线)的百分率来重新表达育种值,两个性状各用不同的方法。对于干形,这意味着把种子产地效应的估计值和育种值预测值除以所有植株的总平均值(2.55)(专栏 15.9,表 1),然后乘以 100。为了便于叙述,干形值乘以-1,这样一来较大的百分率表示较好的干形(在原始数据中,分值低表示干形好)。对于材积,首先必须把估计值和预测值乘以原先用于对数据进行标准化的表型标准差的平均值,然后把恢复了尺度的值转换成高于或低于总平均值的百分率。

因此,显示的所有值都是在基准线以上或以下的百分率。

表 1 巨桉(*Eucalyptus grandis*)203 个亲本和 11 217 个参试单株育种值的预测值汇总,采用混合模型分析,数据来自阿根廷研究案例的所有 6 个试验点(专栏 15.1 和专栏 15.5)。"材积增益"和"干形增益"分别是材积和干形的育种值预测值,相当于公式 15.4 中的符号 a_{ijk}。指数 = 0.5×材积增益 + 0.5×干形增益,所有变量的单位都是高于 11 217 个参试单株平均值的百分率。详情请参阅专栏 15.11 和专栏 15.12。

变量	平均值	标准差	最小值	最大值
203 个亲本育种值的预测值汇总				
材积增益	0.00	14.4	−49.9	33.4
干形增益	0.00	11.7	−35.7	31.5
指数	0.00	10.3	−24.2	23.5
11 217 个参试单株育种值的预测值汇总				
材积增益	0.00	10.3	−31.2	38.8
干形增益	0.00	8.8	−28.4	27.3
指数	0.00	7.7	−22.4	30.0

BLUP 法对预测的亲本或单株水平的育种值做了适当的收缩或者退缩处理,以考虑候选者之间数据质量的差异。在这个数据集上就发生了差异性收缩(如专栏 15.11 所述),原因是 203 个家系每一个的参试株数都不同(根据参加试验的点数和所出现的区组数,为 11 ~ 121 株)。家系内包含株数越少的亲本,其育种值向平均值(0)退缩的幅度越大,因为数据量越少,使用 BLUP 判断亲本潜在遗传价值的能力越弱。相反,家系内株数越多的亲本,其育种值的预测值向外延伸的幅度越大(预测值之间方差较大)。株数少的家系,其亲本仍有可能好,或者不好,但是必须它们的植株有极端的表现才得以反映出来,因为这种情况下赋予单株离差值的权重比较小,导致育种值更多地向平均值(0)退缩。

每个性状的所有 11 420 个育种值的预测值都以相同的尺度显示,因而可以放在一个统一的列表内,作出最佳的选择,而不必理会世代的差异(亲本或者子代)。专栏 15.12 将对此作进一步的讨论。另外,预测的育种值是遗传增益的直接预测值。因此,如果材积生长最好的亲本(预测的育种值为 33.4%)(表 1)与第二位的亲本(预测的育种值为 32.8%)进行交配,那么可预测它们子代的生长比所有参试单株群体平均值高出 33.1%(特殊配合力忽略不计)。同样,选择 10 个亲本(即后向选择)和 20 个子代(前向选择)建立的种子园,其增益的预测值是 30 个入选者的育种值预测值的非加权平均值(假设所有入选者的花粉和种子生产力相等)。

ANOVA 对 REML 的方差分量估计值

20 世纪 80 年代之前,在数量遗传的所有领域中,大多数方差分量通过方差分析

(ANOVA)方法来估计,在那里观测值的均方差等于它们的期望值,而期望均方是潜在的方差分量的函数(Searle,1987,*第 13 章*;Searle *et al.*,1992,*第 4 章*)。这种 ANOVA 法已经得到广泛的应用,*第 14 章*所描述的结构化交配设计的期望均方已在若干书中给出(Hallauer and Miranda,1981),它们能通过大多数为结构化试验设计的试验数据分析而设计的计算机软件包自动计算出来。

当某些特定条件得到满足时,方差分量的 ANOVA 估计值有非常理想的性能。事实上,在下列条件下,ANOVA 估计值是最佳无偏二次估计值(意思是在产生无偏估计值的所有可能的二次函数中它们的误差方差最小)(Searle *et al.*,1992):①数据是平衡的,也就是说,所有家系在所有试验点出现的区组数相同,且成活率 100%;②亲本未经选择,无亲缘关系,且来自同一世代;③亲本是通过单一的结构化交配设计(如析因或双列)进行交配,并产生了单一类型的旁系近亲(如全同胞家系)。

当数据不平衡时,ANOVA 法仍可能用于估计方差分量,但是不存在单一一套可满足任何已知最优性能的方差分量估计值。事实上,对于不平衡数据,从理论上说,从单一一套数据可获得无限数量的不同类型的基于 ANOVA 的方差分量估计值。针对不平衡数据的一些较为流行的 ANOVA 估计程序有 Henderson 的方法 1、2 和 3,以及 SAS Ⅰ、Ⅱ、Ⅲ和Ⅳ型。这些不同方法的相对优缺点取决于数据不平衡的具体类型和基础的方差结构(Freund and Little,1981;Milliken and Johnson,1984;Searle,1987;Henderson,1988)。

最近,有一个完全不同的估计方差分量的方法,称为**限制性最大似然法**(restricted maximum likelihood,**REML**),它在数量遗传学家之中得到了广泛的应用(Patterson and Thompson,1971;Searle,1987;Searle *et al.*,1992;Lynch and Walsh,1998)。不像 ANOVA 法,REML 通过一个迭代过程寻找方差分量的估计值,收敛条件是使观测数据来自给定的概率分布的似然性达到最大。在几乎所有混合模型的计算机软件包中,这种概率分布被假定为一个多元正态分布。

当上述关于 ANOVA 的 3 个条件得到满足时(数据平衡等),ANOVA 和 REML 对线性模型的所有方差分量都产生相同的估计值。唯一的例外是当一些方差分量的真实值接近零时,ANOVA 能产生负的估计值,而大多数 REML 算法不允许负估计值(即负估计值被迫记为零)(Searle *et al.*,1992;Huber *et al.*,1994)。即使数据是相当的不平衡,REML 和 ANOVA 估计的结果也十分相似,尽管对林木遗传学而言,REML 在大多数普通情况下产生了稍微好一些的估计值(Huber *et al.*,1994)。

与 ANOVA 相比,REML 估计方差分量的真正优势在于分析来自林木改良计划的更复杂和多世代的数据。ANOVA 不能用于这些复杂的数据集,而 REML 可以。用加性遗传相关矩阵定义数据集中所有可能的遗传关系,REML 考虑了这些遗传相关,进而产生无偏的、精确的方差分量估计值。

大型数据集对估计方差分量的重要性

大量的数据(在若干环境下测试的大数量的家系和无性系)对获得高质量(即置信区间小)的方差分量估计值是必需的。然而,大型数据集对精确估计遗传参数的重要性不能过分强调,所需数据的具体数量和类型取决于所估计的参数和许多其他因素。

为了说明这个概念,举一个例子,从完全平衡的半同胞数据中估计狭义遗传率,假设真实的遗传率 h^2 = 0.10,每对试验点间的 B 型遗传相关为 0.60,每个试验点 20 个完全区组,单株小区。根据上述假设,当试验点数为 2、4 或 8 时,遗传率估计值的 95% 置信区间的大小随家系数量的变化如图 15.2 所示。当家系数 15 个、试验点 8 个,家系 23 个、试验点 4 个,或家系 55 个、试验点 2 个时,95% 置信区间为 $\hat{h}^2$ ±0.10。在这个精确度水平上,一个 h^2 = 0.10(真实值)的估计值,其 95% 置信区间包含 0,因此,该估计值在 5% 的概率水平上与 0 没有显著差异。

要获得一个等于 h^2 真实值的 95% 置信区间(即 $\hat{h}^2$ ±0.05,则置信区间为 0.10),必须有大约 55 个半同胞家系、8 个试验点,或者超过 90 个家系、4 个试验点(图 15.2)。即使在这些情况下,与真实的遗传率大小相比,这个置信区间仍是很大的,这就凸显了大型数据集的必要性。若要进一步减小置信区间,必须有超过 100 个家系若干个试验点,甚至 1000 个家系将会更好。

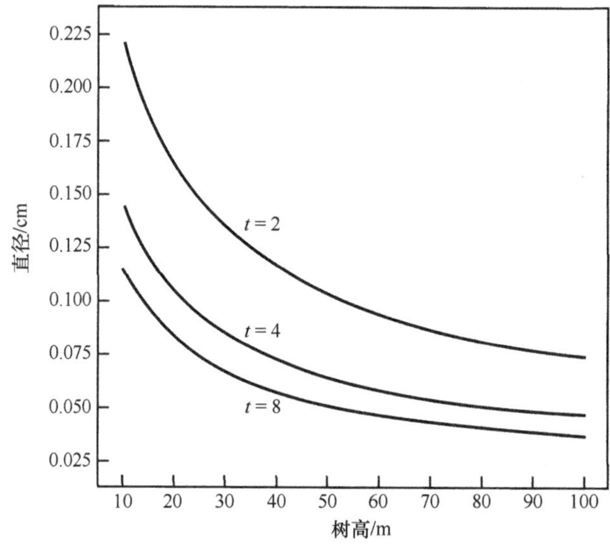

图 15.2　使用迪克森(Dickerson)方法(1969)估计的狭义遗传率的 95% 置信区间的一半或单侧,以试验点数(t=2、4 和 8)和每个试验点的半同胞家系数的函数绘图。假设条件:①真实的狭义遗传率 h^2 = 0.10;②每对试验点间的 B 型遗传相关是 0.60;③试验设计为单株小区,每个试验点 20 个区组。

在无性系测定上,情况只是略有不同,其遗传控制可能强一些(如真实的广义遗传率为 0.30,B 型遗传相关为 0.80)。每个无性系 10 个分株,每个试验点 10 个完全区组,单株小区,95% 置信区间为 0.10(即 $\hat{H}^2$ ±0.10)时,需要 80 个无性系、8 个试验点,或者接近 100 个无性系、4 个试验点。

估计两个不同性状的遗传相关甚至比估计性状的遗传率更为困难,并且需要大量的数据才能精确地估计。这就是为什么在以估计遗传参数为目的的遗传测定中,经常提到的最低家系数或无性系数都是数以百计。

遗传值的预测

在 BLUP 法之前,有许多分析方法被用于通过遗传测定对亲本、家系和无性系排名。

所有这些都是普通最小二乘法(OLS)的变形,在其中遗传值被当成是固定效应。所有的OLS 法都按如下步骤进行:①校正区组、处理和试验点固定效应的数据;②可能对数据进行转换或进行标准化处理;③对经过校正的或转换的某个家系(或无性系)的数据求平均值,估计该家系(或无性系)的遗传值。某个家系的平均值可能包括许多区组、处理和试验点的数据。然后,把所有的家系平均值汇总在一个列表并排名,据此进行家系选择。

OLS 方法的一个不良特性是它倾向于选择未经过充分测定(即数据较少或数据质量较差)的候选者。动物育种者首先指出了这一点。他们注意到,当公牛进入人工授精计划时,OLS 排名有走极端(非常好或非常差)的趋势,排名最高的公牛常入选参加后续育种过程。在育种计划进行若干年之后,随着更多数据的积累,原来极端表现的公牛的平均值有向着所有公牛的平均值退缩的倾向。它们不再表现出那样的优势(或者,对那些一开始位于排名的另一端者而言,是劣势)。因此,那些当初凭借少量的数据,仅仅在前几年表现突出的公牛,继续入选的机会趋向于减少了。

在林业上也存在这样的倾向,即以 OLS 分析方法为基础进行排名时,那些未经充分测定的单株、亲本、家系和无性系入选的概率比较大。从本质上讲,这种趋势发生的原因是:估计精度较低的 OLS 平均值,由于较大的环境和微立地误差的作用,具有较大的变化幅度和方差。由于估计精度较低的 OLS 平均值之间的差异比估计精度较高的 OLS 平均值之间的差异大,因此低精度的组内就有更多的候选者显示出优势。举个例子,如果有两个同样由 100 个半同胞家系组成的组,其中第一组在 1 个试验点作测定,而第二组在 5 个点作测定,通常在第一组内有更多的排名较高的家系入选(White and Hodge,1989,p54)。在这两个组中,一个生长量排名高的家系,其优势有可能是因为遗传上的优势,也可能是因为它位于有利的微立地上(这是由于随机的偶然性)。在第一组(在单一试验点作测定),微立地差异对家系的 OLS 平均值有更大的影响,导致这些平均值的变化幅度和方差比第二组的大,因而,第一组将有更多的家系位于入选截点之上,导致第一组的入选家系比第二组的多。

动物育种者于是寻找新的数据分析方法,以避开 OLS 法出现的问题,并最终发展成了**最佳线性无偏预测**(best linear unbiased prediction,**BLUP**)法(Henderson,1974,1975)。由 BLUP 预测的遗传值有最低的误差方差,并且与产生无偏预测值的任何可能的线性函数的真实(但未知)育种值有最高的相关性(White and Hodge,1989)(*第 11 章*)。BLUP 的详细内容超出了本书范围,但是专栏 15.11 对 BLUP 和 OLS 进行的混合选择进行了比较。正如前述的 REML 和 GLS,BLUP 能用来分析来自不同情形的各种数据,包括有亲缘关系和经过选择的亲本、以不同交配设计进行交配、不同的田间设计、测定不同的性状等。BLUP 根据数据的质量和数量给它们赋予权重,就像 REML 根据方差和协方差对估计值进行校正一样。

专栏 15.11　最佳线性无偏预测(BLUP)和普通最小二乘法(OLS)用于混合选择的比较

这个专栏列举了 BLUP 对特殊的混合选择案例的几个一般特性,在案例中,根据每株树一个性状的单一表型观测值对候选植株进行排名,排名高者入选。一般特性是:

①当不同候选者的数据的遗传质量有差异时，BLUP 法和 OLS 法产生的排名结果不一样；②BLUP 预测的育种值朝向群体平均育种值(0)的方向收缩或者退缩；③那些其 BLUP 预测的育种值建立在较高质量数据基础上的候选者，入选机会多；④BLUP 预测的育种值能直接用来估计混合选择的遗传增益。

用来预测每个参试植株育种值的 BLUP 和 OLS 公式：

$$\hat{a}_{i,\text{blup}} = h_i^2(y_i - \hat{\mu}) \qquad \text{公式 15. 8}$$

$$\hat{a}_{i,\text{ols}} = (y_i - \hat{\mu})$$

式中，$\hat{a}_{i,\text{blup}}$ 和 $\hat{a}_{i,\text{ols}}$ 是分别用 BLUP 和 OLS 计算的同一植株(i 植株)的两个育种值；h_i^2 是适用于 i 植株的遗传率，因植株处于不同环境其值可能发生变化，$y_i - \hat{\mu}$ 是按固定效应校正的表型观测值，这里假定固定效应只包含试验点平均值的估计值 $\hat{\mu}$ 。

值得注意的是，OLS 预测的育种值仅是校正的表型值，而当 h^2 小于 1 时，BLUP 预测的育种值向 0 退缩(图 1)。例如，当 $h^2 = 1.0$、0. 5 和 0 时，一个高出试验点平均值 10 个单位的单株，其 BLUP 预测的育种值分别为 10、5、和 0。环境误差小，立地条件一致的林分，以及性状表达水平高，遗传率就比较高，因此，这些地点的育种值退缩的程度较其他地点的小。当 $h^2 = 0$ 时，BLUP 预测的所有植株育种值是 0，因为表型数据中没有包含遗传信息。OLS 没有考虑参试植株所在林分之间的这种差异，OLS 育种值也没有退缩或收缩。

为了说明对选择的影响，假设图 1 描绘的 3 个林分，每个林分测量了 100 株树为一组，假如任意设定 5 个单位的截点，意味着任何一株育种值的预测值大于 5 的单株都能入选。用 OLS 预测的育种值进行排名，按排名高低 3 个林分的入选株数相等(取平均)。用 BLUP 预测的育种值进行排名，在林分 3($h^2 = 0$)，没有任何单株其育种值的预测值大于 5，所以该林分没有单株入选。在林分 2($h^2 = 0.5$)，仅有非常好(表型值高出试验点平均值 10 个单位)的单株入选，大多数入选单株来自遗传率最高($h^2 = 1.0$)的林分 1。

最后，为了说明 BLUP 预测的育种值就是遗传增益的度量值，留意一下用于预测加性遗传增益 ΔG 的公式 13. 3，对于混合选择：

$$\Delta G = h^2(\bar{y}_S - \hat{\mu}) = h^2 S$$

式中，$\bar{y}_S$ 是入选群体的表型平均值；$\bar{y}_S - \hat{\mu}$ 为选择差 S，其他的项在上文有定义。

公式 13. 3 和公式 15. 8 的唯一区别是前者预测了一个入选群体的增益而后者是预测了一个单株的增益。可以显示出(Hodge and White，1992b)，BLUP 预测的任何入选群体育种值的平均值是群体内各单株的子代遗传增益的估计值。换句话说，遗传增益能用两种不同但相等的方法计算(专栏 13. 2)：①使用公式 13. 3，首先求入选植株的表型平均值，然后用试验点平均值校正这个平均值 $\bar{y}_S$，得出选择差，再乘以遗传率；②求入选植株育种值的 BLUP 预测值的平均值。

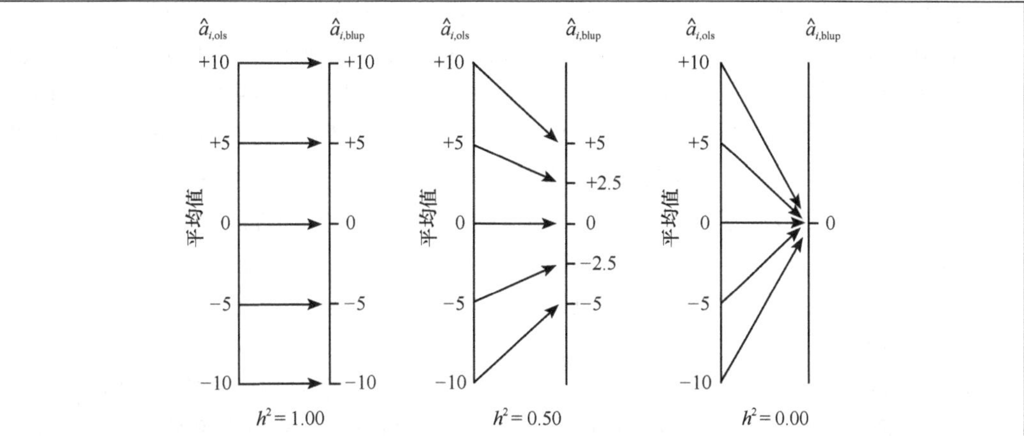

图 1　在目标性状遗传率分别为 1.0(林分 1)、0.5(林分 2)和 0(林分 3)的 3 个林分中开展混合选择时,OLS 预测的育种值($\hat{a}_{i,\text{ols}}$)和 BLUP 预测的育种值($\hat{a}_{i,\text{blup}}$)相比较的示意图[经 W. H. Freeman and Company /Worth 出版社允许,根据 van Vleck 等(1987)的数据生成]。

所有 BLUP 预测的遗传值有 3 个区别于 OLS 法的重要特性:①所有的表型数据根据其提供的遗传信息被赋予权重,结果是可靠性较低的数据"退缩"或"收缩"的幅度较大(例如,h^2 较低导致收缩较多,见专栏 15.11);②由于不同质量的数据有不同的收缩幅度,结果是经过充分测定的组有更多的候选者入选;③预测的遗传值能直接用来估计遗传增益,因为它们经过了适当的校正和收缩处理[即不需要进一步应用如 Falconer 和 Mackay(1996)介绍的公式]。这些关于 BLUP 预测的育种值的概念在专栏 15.11 混合选择的简单例子中有了说明,在专栏 15.10 来自阿根廷的巨桉(*E. grandis*)研究案例中也进行了探讨。

退缩或收缩的概念特别重要。所有的表型观测值都是潜在的遗传效应和环境偏差的混合体,线性模型定义了那些不同的潜在效应。当环境偏差较大时,特定的表型观测值中包含的遗传信息必定较少。此外,当观测值来自一个关系较远的近亲时(如被排名的候选者的表亲),它提供的关于候选者的信息要比来自较近的近亲的观测值少。BLUP 在给数据赋予权重时考虑了所有这些因素。

例如,如果一组亲本的子代仅在一个试验点作测定,而这个试验点不仅成活率低,而且环境变化大,那么其表型数据将被大打折扣并且被赋予很小的权重(接近 0)。BLUP 预测的育种值都全部向群体平均值(0)的方向退缩或收缩(假定模型书写正确,方差估计正确)。如果第二组亲本的子代在多个地点作测定,成活率高,环境偏差小,则 BLUP 预测的育种值朝着平均值(0)收缩的幅度就小。换句话说,对第二组亲本,预测值之间的变化范围和方差都要大些。因此,当两个组放在一起供选择时,第二个组,也就是经过充分测定的组就倾向于有较多的候选者入选,因为它有较多的候选者处于高出平均值较多的位置(上述第二个特性)。专栏 15.11 进一步举例说明这些要点。

混合模型分析的运用和局限性

MM 方法在理论上适合林业所有复杂的数量遗传数据的分析,然而,这些方法的实施也不总是直截了当,而是有一些重要的局限性。虽然新的软件正在开发以供林业上应用(GAREML, Huber, 1993; TREEPLAN, Kerr *et al.*, 2001),但目前用于 MM 分析的大多数软件包由动物育种者编写(见本节开头的引用文献)。这些程序都是些大"黑箱",其内部的工作一般都太复杂而难以详细理解。因此,非常容易产生看似合理而完全错误的结果。在林业上要有效使用这些 MM 程序,分析师必须:①在自己的计算机平台上安装这些软件;②获得一本手册以便学习如何正确使用这些软件;③有时要进行修改来改变缺省值和假设;④让候选软件产生尽可能多的答案,然后用另一个经过了充分测试的软件产生的答案去验证它们。这些步骤的每一步是简单或困难都取决于具体情况,但是每一步都要仔细是成功应用的关键。

即使软件正确安装,分析师对它也很了解,仍然有一些重要的问题需要考虑。首先,MM 方法的理论推导和完美的统计特性建立在对方差和协方差分量有准确无误的了解这样一个假设之上。在实践中,这是永远不可能的事情;相反,这些分量是从数据中估计出来的(通常是用上文介绍的 REML 算法)。因此,从这个假设从来就没有完全得到满足的意义上来说,MM 方法的所有应用结果都是近似的。MM 方法的局限性有两层含义:①当 MM 法应用到小的数据集时,需要特别小心,因为对方差和协方差分量估计不精确可能导致对遗传值的预测质量不高;②不应该用太多的效应去过分定义线性模型,因为估计复杂系统的方差和协方差要困难得多。换句话说,MM 法最适合大数据集,在其中有合理定义的,只考虑重要变异来源的线性模型。

用 MM 分析要考虑的另一个问题是分析结果在选择期间的应用。软件包能为每个参试植株和一些没有参试的植株预测育种值(或无性系值)。例如,如果一个半同胞家系中有 100 个植株参试,那么每个性状应该有 101 个预测的育种值(家系的每个成员加上家系的亲本)。在选择期间,有从最好的家系中选择更多植株的倾向。事实上,如果不约束每个家系入选植株的数量,那么入选植株的群体遗传多样性可能会严重下降(Jarvis *et al.*, 1995)。因此,育种者使用育种值的预测值时必须决定合理的允许亲缘关系的数量,这可能随着育种目标而改变(例如,为建立繁育群体和建立育种群体而进行的选择就有所不同),也可能随着家系的排名而改变(如允许排名较高的家系比排名较低的家系有更多的植株入选,*第 17 章*)。

在数量遗传学中,尽管 MM 分析的应用有它的局限性和令人关注的问题,这些方法的普及程度正在不断提高,并且肯定会在将来的大规模林木改良计划中突显其地位。随着更多的林木遗传学家对 MM 法的熟悉,MM 将成为常规应用的方法。

选择指数:综合不同近亲和性状的信息

选择指数的概念

选择指数(selection index, **SI**),是将不同性状和不同类型近亲的数据综合成单一指数的经典方法(Hazel, 1943)。将候选者按指数值排名,接着进行选择。选择指数已在植物科学(Baker, 1986)和林业中得到广泛的应用(Baradat, 1976; Namkoong, 1976; Burdon, 1979, 1982b, 1989; Bridgwater and Stonecypher, 1979; Shelbourne and Low, 1980; Cotterill *et* *al.*，1983；Rehfeldt，1985； Cotterill and Dean，1990；Talbert，1986；Land *et al.*，1987；King *et al.*，1988；White and Hodge，1992）。

*第 13 章*中介绍了一个综合不同性状数据的例子，同一植株不同性状的观测值被综合成单一指数，然后用于选择。另一个是综合不同近亲同一性状数据的例子，将一个家系在几个试验点的表型取平均值，然后与家系内某一特定植株的表型值综合起来，形成一个预测该植株育种值的指数（Hodge and White，1992b）。例如，如果有 100 个家系，每个家系测量 50 个单株，那么就有 5000 个指数值。计算每个单株的指数值都用到两部分信息：家系均值和单株观测值。具体计算每个单株的指数值时，首先，两部分信息各乘以一个合适的系数（称为指数权重），然后将这些加权值相加。每个指数值是一个育种值的预测值。一旦计算了所有单株的指数值，就可以用这些预测的育种值跨家系选择最佳单株，这种方法称为**综合选择**（combined selection）。

不幸的是，选择指数理论假定所有的数据都是平衡的，即参加排名的所有候选者其数据的数量和质量都相同。这个假定意味着单一的权重集适用于所有的候选者。对于上面的例子，有两个指数权重（一个对家系均值，另一个对单株观测值）。这两个相同的权重用于计算全部 5000 个指数值；树与树之间的数据有变化，但应用到家系均值和单株水平观测值的相对权重总是不变。这里的假设就是所有家系都得到同等的测定（即出现在相同的遗传测定，成活株数相等），因此一个权重集是合适的。

正如在以前章节中讲到的，BLUP 法能自动将所有类型近亲的数据合并起来预测每个候选者的育种值（或无性系值）。事实上，BLUP 根据每个候选者上可用数据的数量和质量为每个候选者计算单独的一套指数权重。以下就是为什么选择指数法被称为 BLUP 法的特例的原因：当数据平衡时，它们给出一样的答案，因为单套的指数权重满足了所有的候选者；当数据不平衡时，BLUP 是合并近亲间的数据以预测育种值的合适方法。

计算选择指数

当数据是平衡的，并且单一的选择指数适合于所有的遗传单元时，就可以用传统的方法计算指数权重（Hazel，1943；Baker，1986；White and Hodge，1989）（*第 9 章*和*第 10 章*）。这里专门介绍一个适合于平衡和不平衡数据的更加普遍的方法：①用 BLUP 预测所有候选者每个被测性状的育种值（例如，有 1000 个候选者，各有 3 个被测性状，那么就预测 3000 个育种值）；②为每个性状确定合适的权重（例如，有 3 个性状，就有 3 个权重）；③将权重与预测值的乘积相加，每个候选者得出一个指数（例如，把每个候选者 3 个性状的数据综合起来，就有 1000 个指数值）。更正式的是

$$I_i = w_1\hat{g}_{i1} + w_2\hat{g}_{i2} + w_3\hat{g}_{i3} \qquad \text{公式 15.9}$$

式中，I_i 是基因型 i 的指数值；$w_1 \sim w_3$ 是对应于 3 个性状的指数权重；$\hat{g}_{i1} \sim \hat{g}_{i3}$ 是为基因型 i 预测的对应于 3 个性状的 BLUP 育种值。专栏 15.12 的巨桉（*E. grandis*）研究案例说明了对两个性状的使用方法。

专栏 15.12　来自阿根廷的巨桉(*E. grandis*)研究案例:计算选择指数值

在阿根廷,INTA 林木改良计划(专栏 15.1)为许多产品和大大小小的土地所有者培育良种。因此,赋予树干材积和干形的适当的经济权重是难以计算的,并且事实上是根据预期产品和土地所有者而改变的。出于这个原因,采用了理想增益法来确定选择指数,确定随后用于整个数据集的指数权重所涉及的步骤如下:①为了简化计算,也因为大多数入选者是排在前列的个体,所以构建了包含 1421 个单株的计算机文件,由每个家系最好的 7 个单株组成(203 个家系×7 个单株/家系);②蒙特卡罗尝试法的过程,由公式"$I=w_1\times$材积增益$+w_2\times$干形增益"产生了 25 个不同的指数,公式中系数 w_1 和 w_2 在 0 和 1 之间变化且 $w_1+w_2=1$,"材积增益"和"干形增益"是专栏 15.10 介绍的 BLUP 预测的育种值;③根据 25 个不同的选择指数,每个指数值分别选择 1421 个单株的前 150 株(大约前 10%,由于系数的变化而产生不同的指数,每个指数都有不同的 150 个单株的集合);④计算 25 个入选集每一个的材积和干形的遗传增益,方法是集合内 150 个单株的"材积增益"和"干形增益"值分别求平均值;⑤如果 150 个单株仅以"材积增益"或"干形增益"为基础进行选择,那么这些增益以每个性状的可能最大值的百分率来表达(图 1)。

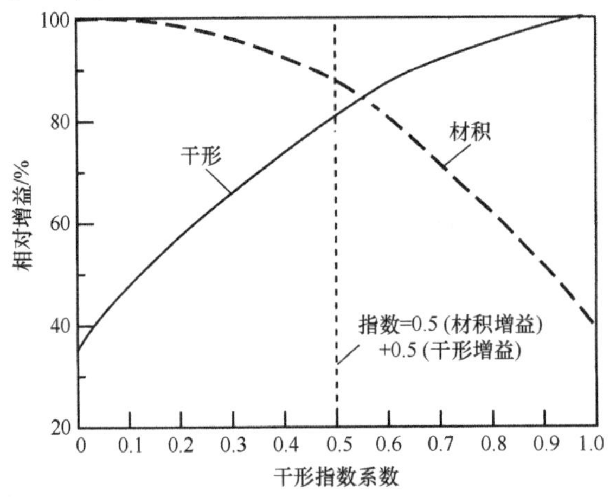

图 1　以公式"$I=w_1\times$材积增益$+w_2\times$干形增益"产生的不同指数(共 25 个)为基础对巨桉(*Eucalyptus grandis*)进行选择时,入选的前 10% 单株的树干材积和干形的相对遗传增益。其中,"材积增益"和"干形增益"是 BLUP 预测的每个性状的育种值,指数的系数(w_1 和 w_2)是由蒙特卡罗尝试法过程产生的(约束条件:w_1 和 w_2 位于 0 和 1 之间,且 $w_1+w_2=1$)。

当 $w_1=1$ 和 $w_2=0$ 时,这个指数仅以"材积增益"为基础选择了 150 个单株。这在 10% 选择强度下在树干材积上产生了最大可能的遗传增益,制约条件是每个家系 7 个单株入选。相反,当 $w_1=0$ 和 $w_2=1$ 时,在干形上获得最大的增益。w_1 和 w_2 取中间值的指数在两个性状中都产生了低于最大值的增益,育种者可挑选对育种目标最合适的特定指数。

作者选择了 w_1 和 w_2 都等于 0.5 的指数(即 $I=0.5\times$材积增益$+0.5\times$干形增益)。这个指数在材积中获得了接近 90% 的最大可能增益,而干形仍实现了接近 80% 的最大可能增益(图 1)。有时,从相同的曲线中选择两个或两个以上的指数是可取的。例如,如果有两种不同的产品(纸浆和实木),以纸浆为目标的指数,比以实木为目标的指数,其干形的权重较小而材积的权重较大。或者,一个指数可能用来选择繁育群体,而另一个用来选择育种群体的成员。至于 INTA 的巨桉(*E. grandis*)改良计划,单一指数被认为是适当的。

一旦确定 50∶50 的指数,就可以计算全部 11 420 个候选者(203 个亲本和 11 217 个参试子代)的指数值。所有 11 420 个候选者就都有一个单独的值,据此对它们的相对遗传价值进行判断。这些指数值是进行选择的基础,受亲缘关系和育种者所做的其他决定的约束。

这种多步骤方法的有效性取决于这样一个特性,即性状的任何线性组合的 BLUP 预测值等于单个性状的 BLUP 预测值的线性组合[由 White 和 Hodge 进行了验证(1989, p165)]。因此,作为线性函数的选择指数,按上一个段落描述的方法计算的指数值是性状的线性组合的最佳线性无偏预测值。分析者可以首先用 BLUP 逐个性状预测所有基因型的育种值,然后用适当的权重将每个候选者的所有性状综合成一个指数值。在单独一个 BLUP 分析中综合所有性状的多元统计方法是可能有的,但可能有计算上的困难。

使用 SI 和 BLUP 出现的一个困难问题是为每个性状确定适当的权重(上述计算步骤的第二步)。确定适当的权重有两个方法:①以性状相对的经济重要性为基础;②以性状产生的预期增益为基础(有时称为蒙特卡罗法)。无论哪种方法,重要的是要记住,在遗传试验中实际评价的被测性状与育种目标中的目标性状可能是不一样的(*第 13 章*),而权重的确定既要使育种目标中的经济或社会效益最大化,也要使目标性状产生的预期增益最大化。

在林业上,常使用经济分析来确定适当的指数权重(Bridgwater and Stonecypher, 1979;Busby, 1983;Cotterill and Jackson, 1985;Bridgwater and Squillace, 1986;Cotterill and Dean, 1990, p33;Borralho *et al.*, 1992b, 1993;Cameron, 1997, p90)。如果能够正确评价被测性状的相对经济重要性,并且预期这些相对权重在入选基因型的育种和推广期间是稳定的,那么这是一个令人满意的方法。敏感性分析在检验不同的经济权重下入选群体有多大变化方面能够发挥作用。

估计指数权重的另一个方法称为理想增益法,尝试许多不同的权重集(例如,有 3 个性状,就有许多不同的 $w_1 \sim w_3$ 的集合),然后育种者选择能够在所有性状上产生最理想增益的那套权重(Cotterill and Dean, 1990, p35)(见专栏 15.12 的例子)。当性状之间呈正相关,能够找到一套权重以确保在大多数或所有的性状上产生接近最大的增益时,这个方法效果很好。然而,当性状有不适宜的相关时,理想增益法就不能直接与经济或社会信息相结合去实现育种目标本身增益的最大化。相反,这个方法依赖于育种者和分析者的判断。

做出选择和计算遗传增益

所有的选择过程都以候选者的排名开始，排名的依据是它们的相对遗传价值的某种估计值，如在上一节介绍的选择指数的计算值。然后，育种者用排名结果去选择满足下列条件的候选者：①亲缘关系的限制；②适用性的田间验证；③任何其他的限制和育种者定义的关注点。作者用来自阿根廷的巨桉(*E. grandis*)研究案例说明使用 BLUP 预测的育种值和选择指数进行选择的一般流程(数据的描述见专栏 15.1，分析方法见专栏 15.5，选择指数值的计算见专栏 15.12)。

使用专栏 15.12 描述的选择指数权重，为巨桉(*E. grandis*)11 420 个候选者(203 个亲本和所有试验点的 11 217 个参试子代)的每一个成员单独计算一个综合了树干材积和干形的育种值的指数值。在对所有候选者进行排名后，下一步就是要确定入选群体内允许的亲缘关系的量。根据指数值，INTA 决定任一特定家系的入选单株的数量限定为前 7 名，所有其他的植株都从候选者名单中删除，这就设定了最大亲缘关系的上限。在此约束的基础上，前 30 个候选者列于表 15.2 中。值得注意的是，候选者中有 4 个是亲本(后向选择)，26 个是子代(前向选择)。亲本的前 3 个(0033、0038 和 0093)来自澳大利亚的天然种源(N06、N10 和 N12)，因此是无法选择的。它们必须从最终的候选者名单中被删除。至于来自阿根廷当地小种的亲本 0022，假如母本在采种时进行标记，并将其嫁接成无性系，那么它是一个有希望的候选者。

表 15.2　阿根廷巨桉(*Eucalyptus grandis*)研究案例(专栏 15.1 和专栏 15.5)，根据混合模型对全部 6 个试验点的所有数据的分析结果，从总数 11 420 个候选者(203 个自由授粉亲本+11 217 个参试单株)中选出的前 30 个候选者列表。根据选择指数(专栏 15.12)对候选者排名，其中，指数 = 0.5×材积增益+0.5×干形增益，“材积增益”和“干形增益”是 BLUP 为树干材积和干形预测的育种值，以高于或低于 11 217 个参试单株的平均值的百分率表示(专栏 15.11)。子代(前向选择)采用 8 位单株编号，亲本(后向选择)采用 4 位编号。对于前向选择，第 1 位编号表示试验点(1,2,…,6)，第 2 和第 3 位表示区组(01,02,…,20)，第 4 位表示区组内的株号，最后 4 位数字表示家系号。亲本编号与它们的子代编号的后 4 位一样。因此，候选者 0033 是 20610033 的亲本。

排名	单株编号	类型	种子产地	材积增益/%	干形增益/%	指数/%
1	20610033	前向	N10	38.79	21.25	30.02
2	0022	后向	选择	15.58	31.46	23.52
3	21510033	前向	N10	26.58	19.50	23.04
4	31710033	前向	N10	29.76	15.25	22.51
5	10210093	前向	N12	37.66	6.89	22.27
6	0033	后向	N10	30.29	14.19	22.24
7	0038	后向	N06	20.96	23.49	22.23
8	21510182	前向	N11	18.85	25.17	22.01
9	50180022	前向	选择	22.37	21.61	21.99
10	11410121	前向	N02	29.81	13.77	21.79
11	11510033	前向	N10	32.33	11.10	21.72

续表

排名	单株编号	类型	种子产地	材积增益/%	干形增益/%	指数/%
12	0093	后向	N12	30.03	13.37	21.70
13	21710028	前向	N10	21.26	21.59	21.43
14	21110038	前向	N06	22.53	20.26	21.39
15	20410028	前向	N10	21.21	21.49	21.35
16	40910022	前向	选择	20.54	22.14	21.34
17	50460022	前向	选择	17.81	24.82	21.31
18	30110033	前向	N10	32.57	9.68	21.12
19	41010145	前向	N08	28.14	13.81	20.98
20	31510093	前向	N12	29.66	12.28	20.97
21	21410129	前向	N02	27.74	13.90	20.82
22	21410032	前向	N10	23.43	17.95	20.69
23	50440022	前向	选择	16.47	24.82	20.64
24	32010033	前向	N10	25.36	15.87	20.61
25	31010182	前向	N11	20.38	20.81	20.59
26	50560021	前向	选择	26.00	15.00	20.50
27	20210093	前向	N12	30.88	10.00	20.44
28	20910169	前向	N09	21.91	18.94	20.42
29	60230022	前向	选择	21.67	18.98	20.33
30	40810145	前向	N08	26.69	13.94	20.31

最好的候选单株是 20610033，表示它是 2 号试验点 6 号区组 1 号单株，并且是亲本 0033 的一个子代。在前 30 个候选者中，有 7 个与这个最高候选单株有亲缘关系（6 个同胞，排名 1、3、4、11、18 和 24，以及它们的亲本，排名第 6）。情况总是这样，即优秀的家系产生许多名列前茅的候选单株，育种者必须决定要选择多少有亲缘关系的个体。对于一个育种群体，因为还不知道这些个体中哪些是遗传上真正最好的，所以允许最好的家系有若干个子代个体入选是可取的。也就是说，育种值可能预测有误，所以入选单株需要在下一个世代的子代测定中接受检验。对于一个总数 300 个入选单株的育种群体而言，作者建议名列前茅的家系每个选出 3 ~ 7 株，中等家系每个少选一些，而排名靠后的家系每个只选 1 株。这样通过从优良的家系中选择多个单株而增加了遗传增益，又保持了宽广的遗传基础。

对于一个包含 30 个入选单株的繁育群体，关于亲缘关系的约束建议如下：①对于无性系种子园，为了避免近交衰退的潜在问题，每个家系不超过 1 个单株入选（虽然在一些种子园中每个家系有 2 个单株入选）（*第 16 章*）。②对于一个无性繁殖计划，可允许前 5 个或 6 个家系各有 2 ~ 3 个单株入选，因为在无性繁殖中近交不成为问题。

一旦确定了亲缘关系的合理数量后，育种者根据所有候选者的排名，按顺序自上而下进行选择。在大多数情况下，育种者并不在意候选者的世代差别（前向或后向选择），仅依据预测的育种值进行选择。当任一家系入选的单株数达到允许的数字时,就不再考虑从该家系选择更多的单株。然后,子代中的候选单株(即前向选择)在田间接受检验以确保这些单株真正优于它们的同胞,并确保它们有其他优良的特性(抗病害等)。重要的是不要过分看重没有包含在指数中的次要性状,因为这样可能显著降低指数中性状的预期遗传增益。

另一点值得注意的是,不同的候选者,其选择指数排在高位可能有不同的原因。以巨桉(*E. grandis*)为例(表 15.2),留意候选者 0022、10210093 和 0038,它们都有相似的指数值。第一个(0022)在干形上表现突出(31.46%),但材积仅高于平均值(15.58%);相反,10210093 在干形上仅略微高于平均值(6.89%),而在材积上表现突出(37.66%);第三个在两个性状上都高于平均值,但都不突出。虽然对于只有两个性状的指数而言这不是主要问题,可是,综合了多个性状的指数却常识别出那些在所有性状上都高于平均值,但任何一个性状都不突出的候选者。对于育种群体,重要的是选择一些在某个性状上真正表现突出的单株,即使它们的指数值比其他候选者的小。这样做可以捕捉到所有性状的优良等位基因,并且有利于那些在不同性状集上真正优良的入选者之间开展互补育种而进行交配设计。

选择和验证的过程持续进行,直到所需数量的入选者全部入选和经过田间测定。然后,就可以估计遗传增益。对于所有类型的入选群体(育种群体、种子园和无性系计划),加性遗传增益可以通过求入选群体各成员育种值的 BLUP 预测值的平均值来估计。对于巨桉(*E. grandis*)案例中 30 个无性系的种子园,树干材积高于第一代的增益是通过求 30 个入选的建园无性系的材积增益(专栏 15.10)平均值得出来的。如果无性系在种子园内的分株数量不等,则可以计算加权平均值。

没必要使用遗传率或任何复杂的公式来估计遗传增益。BLUP 过程已自动完成了这些运算,所有的预测的育种值都已经用遗传增益的形式表达出来。因此,可以用简单的平均数去预测任何入选群体的加性遗传增益。值得注意的是,对于无性系计划,需要两种类型的预测的遗传值来估计遗传增益:①BLUP 预测的育种值,正如这里描述的,用于估计为长期的育种努力而选择的无性系的增益(因为只有加性效应能够遗传给子代)(*第 6 章*);②BLUP 预测的无性系值(包含加性、显性和上位性遗传效应)用于估计无性系在人工林中规模化应用的遗传增益(见*第 16 章*的"无性系林业"一节)。

遗传试验中的空间变异和空间分析

作者撇开混合模型分析和选择指数的话题,转而讨论一个对所有数据分析,包括对育种值的预测都很重要的问题。从参试林木被排列在试验场地的二维格子这个意义上讲,林业上所有田间的、温室的、苗圃的和生长空间的试验本质上都是立体空间的。因此,参试林木的位置可以通过 x-y 坐标、行列位置或经纬度来确定。所谓**空间分析**(spatial analysis)的统计领域的目的,是通过把这种空间信息直接合并到数据分析中,从而提高对目标性状的处理上和遗传上差异的检测能力(Cressie,1993;Littell *et al.*,1996)。特别在林木遗传试验中,空间分析能增强检测遗传差异的能力,并且提高遗传率的估计值和选择的增益(Bongarten and Dowd,1987;Magnussen,1989,1990,1993;Fu *et al.*,1999c;Silva *et al.*,

2001；Gezan，2005）。

空间分析的所有方法需要 x-y 或行列坐标的信息，这个信息使空间分析可以建模并且校正可能存在于试验地中的任何空间变异。一个 n 行 m 列的试验与一个 1-1 号树位于左上角，n-m 号树位于右下角的电子表格相似，从这些信息中知道：1-1 号树和 1-2 树是同一行中最近的邻居；1-1 号树和 2-2 号树是对角线上最近的邻居；1-1 号树和 10-10 号树沿着对角线有 10 个空格的距离。了解行与列的间距（如以米为单位），就可以计算出所有单株两两之间的准确距离。由于来自阿根廷的巨桉（*E. grandis*）研究案例的数据集没有包含空间坐标，不能用这些数据解释空间分析方法。将来，保留每棵树在田间试验中的行列坐标以便进行空间分析是非常重要的。

在下一节中，将介绍空间变异的一些基本概念，并讨论空间分析应用于遗传测定的成因。然后，在接下来的章节中，将简要概括把空间坐标合并到数据分析的多种方法中的几种。其他学科关于空间分析的评述和应用包括：ver Hoef 和 Cressie（1993）在植物生态学，Gilmour 等（1997）在农学和园艺学，以及 Clark（1980），Wakernagel 和 Schmitt（2001）在地质学、海洋学和采矿学。

空间变异的概念

在几乎所有的林业遗传试验中，环境是多变的，这是生长性状的遗传率估计值一般都比较小的主要原因（表 6.1）。例如，对一个典型的广义遗传率 H^2 = 0.30 而言，观测到的表型方差的 30% 归因于无性系间的遗传差异，而大部分（70%）是由环境差异所致。为方便起见把田间试验中出现的环境变异分成 3 部分（Gilmour *et al.*，1997）：①**全局变异**（global variation，也称为大尺度、梯度或趋势变异），出现在整个田间，可能是由如坡度、排水、风向、土壤深度、土壤肥力的梯度，或者其他在整个田间发生变化的因素引起的（图 15.3a）；②**局部变异**（local variation，也称为小尺度、不规则或固定变异），它是指试验地内部地段的变异（图 15.3b）；③**外部变异**（extraneous variation，也称为非空间，块金或不可解释的微立地变异），这是由非空间的微环境变异和试验步骤两者引起的，如苗木质量差异、种植过程、标签错误或测量误差等。所有 3 种类型的环境变异可能出现在同一个试验（图 15.3），尽管某一种变异相对于另外两种可能占主导地位。

在加拿大不列颠哥伦比亚省的 66 个评价生长率的花旗松（*P. menziesii*）子代试验中，90% 的试验点存在着很大的梯度、不规则或者两者兼备的空间变异（Fu *et al.*，1999c）。同样，Silva 等（2001）发现在横跨丹麦、葡萄牙和澳大利亚的 3 种针叶树 12 个子代和无性系试验中有 11 个存在很大的空间变异。在这两项研究中，把 x 和 y 坐标直接合并到数据分析中显著降低了试验误差，提高了在那些存在可解释的空间变异的试验点的选择增益。在农学上，Gilmour 等（1997）陈述他们在澳大利亚每年分析了 500 多个存在重复的品种试验，并且确信空间分析对提高准确性和效率有作用。

从概念上来讲，有 3 个不同但相关的问题与数据分析中空间变异的影响有联系。首先，如果不把全局的和局部的环境变异从处理平均值（如遗传单元的平均值）中剔除，那么处理间的比较就不精确。例如，如果基因型 1 的许多重复恰好随机地位于立地条件好的小地块上，那么基因型 1 显示出来的平均值就比剔除或校正了小地块效应的情况下它

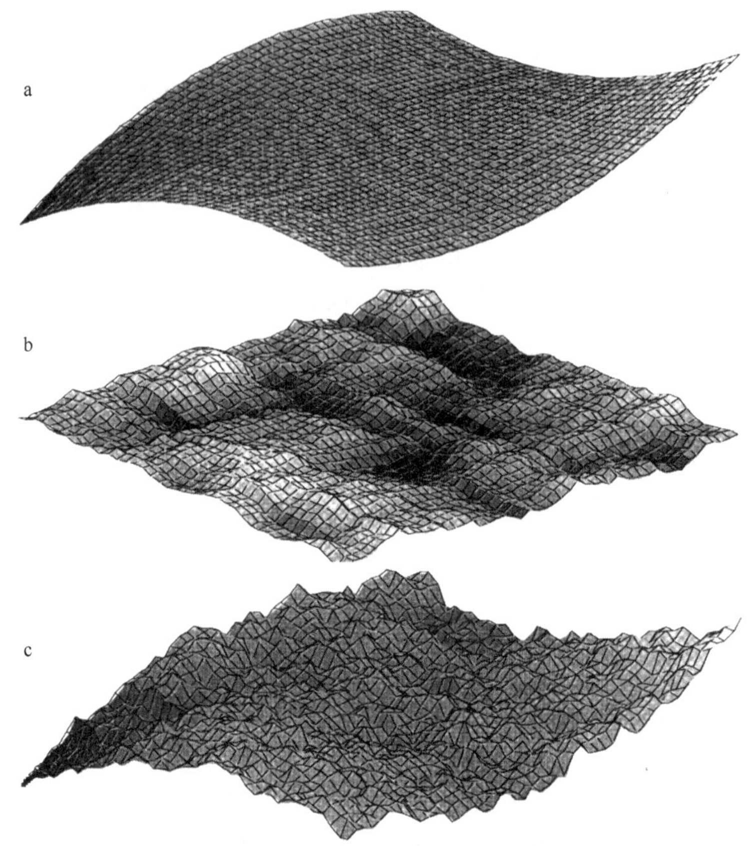

图 15.3　跨试验点环境(如海拔、土壤 pH、病虫害的水平)中空间变异的示意图,行数 n 和列数 m 各 50,共 2500 个单株以线条的交叉点定位;a. 由跨试验点的梯度变化造成的全局变异的定位;b. 由不同试验点的地块差异造成的局部变异的定位;c. 所有 3 种类型空间变异(全局、局部和外来的微位点)的定位。材积生长和其他被测性状(如干形和叶片冻害)的空间模式大体上反映了环境变异的模式。(图片由佛罗里达大学 S. Gezan 提供)

应有的平均值要大。从平均值可能受环境效应的不同影响这个意义上来说,有些作者称这种情况是处理平均值上的偏态(即一些平均值向上波动而另一些向下波动,取决于它们的重复偶然所处的位置)。然而,在重复数大或者试验点数多的情况下,随机化能确保处理平均值不产生偏态(这事实上正是随机化的目的,见专栏 14.3),所以,作者更愿意将这个问题视为在处理平均值上缺乏精确性。不管是剔除小地块效应还是剔除全局变异趋势,都能够提高遗传单元比较和选择的效率。

第二个问题涉及环境方差(在公式 6.10 ~ 公式 6.12 中写成 σ_E^2),其在概念上与试验中的剩余方差或误差均方差(在公式 15.2、公式 15.4 和公式 15.6 的线性统计模型中写成 σ_e^2)相似。假设,将环境方差划分为两部分,即 $\sigma_E^2 = \sigma_S^2 + \sigma_N^2$,其中,$\sigma_S^2$ 是由空间变异(全局和局部两种效应)引起的那部分环境方差,σ_N^2 是环境变异的非空间和外来部分(在地质统计学中称为块金效应)。空间分析试图解释和从剩余方差中剔除部分或全部 σ_S^2,从而减少 σ_E^2,增加遗传率估计值和选择的增益。

空间变异在数据分析中的第三个,也是最后的影响,是与这样一个事实相联系的,即空间变异的全局和局部原因导致了相邻植株的观测值更加相似，也就是比距离相差较远的植株的观测值有更多的相关。这称为**空间自相关**(spatial autocorrelation)，也是涉及时间序列和重复测量分析的时间自相关的两维延伸(Littell *et al.*，1996)。正如现代统计学之父 Ronald Fisher 爵士在 20 世纪 30 年代所讲的那样(ver Hoef and Cressie，1993)，“在选定了试验地之后，我们的认识通常没有超过这样一个可广泛检验的事实，即邻近的地块之间普遍比相距较远的地块之间更加相似，正如根据大田作物产量所做的判断”。空间自相关违背了大多数数据分析方法的关键假定之一，即试验误差是不相关和独立的。因此，空间分析的一个关键方面，就是下一节将要讨论的，把相关误差(CE)合并到剩余协方差矩阵中(Cullis and Gleeson，1991；Zimmerman and Harville，1991)。

需要说的重要一点是，适当的试验设计(*第 14 章*)，尤其是区组设置，有助于减少空间变异和自相关，所以，审慎地挑选区组和使用现代的设计(例如，*第 14 章*介绍的不完全区组设计和拉丁化行列设计)是提高试验精度和效率的关键。然而，设置区组很少完全成功地消除空间变异和自相关，这是因为区组通常都不是同质的统一体，它们是不连续的地块，而空间变异和自相关则是连续的。例如，可能存在跨越几个区组部分地段的梯度的或不规则的变异，甚至在一个区组的一头变异比另一头严重。此外，在不同区组同一头的植株观测值之间的相关性比相同区组两头的植株观测值之间的相关性更强。再次看看本节开头的数字例子，其中生长性状的一个典型的广义遗传率为 $H^2 = 0.30$(表 6.1)。区组间方差已经从剩余环境方差中被剔除，尽管如此，环境方差仍然占主导地位。显然，单有完全区组是不够的。因此，适当的试验设计和空间分析是实现试验效率最大化的补充方法。

空间分析的方法

空间分析并不简单(Littell *et al.*，1996)，这可能解释了为什么它没有在林木遗传试验的数据分析中得到广泛应用。首先，有无数种技术可以采用，要理解和执行它是相当复杂的。其次，没有对所有数据集而言是最好的单一模型或方法(Stroup *et al.*，1994；Grondona *et al.*，1996；Gilmour *et al.*，1997；Gezan，2005)，这意味着分析者通常要尝试着每次拟合若干个模型，从中确定拟合效果最好的模型，几次反复之后，最终确定合适的方法。最后一点，几乎所有涉及空间分析的论文都将处理效应视为固定效应，并按试验点逐个进行分析。在林业上，作者最感兴趣的是被当作随机变量的遗传效应(BLUP)，而且几乎总是希望将多个试验点的数据合并起来分析。出于所有这些原因，这里不可能就什么是空间分析的首选方法提出普遍的建议；相反，总结了几种方法，然后以一些一般性意见结束本节。

空间分析可以采用的方法大致可分为两类：①根据全局的和局部的环境变化趋势(即梯度的和不规则的变异)校正单株观测值，从而，通过消除或降低与空间变异有关的方差(即降低 σ_S^2)来降低剩余环境方差(前述章节中的 σ_E^2)；②构建每个性状的存在于相邻小区间的空间自相关模型，在分析误差或剩余协方差矩阵时直接考虑这种自相关(称为对于相关误差的 CE 法)。从大多数数据集可以同时通过应用这两类方法受益这个意义上讲，它们是互补的。不过，第一类中的一些方法可以用作普通最小二乘法(OLS)分析的一部分，那里假定来自相邻观测值的剩余值是不相关的(如林业上)(Bongarten 和

Dowd,1987)。另外,类型 2 中的所有方法需要更复杂的分析(如一般最小二乘法或混合模型分析),要求为剩余协方差矩阵建模,以便定义每对单株的误差项之间的关系。

根据全局和局部变异进行数据校正的空间分析方法

有许多方法属于这个类别。这里描述其中的 3 个以介绍其原理,至于其他方面的内容,包括中位数修饰、第一或第二顺序差分(在地质统计学中称为空间插值法或克里金法)和平均值移动,可参阅 Cressie(1993)。第一种,从数据中剔除全局趋势的普遍方法是拟合多项函数或对行(R_i)和列(C_j)坐标的放样曲线作平滑化处理(Bongarten and Dowd,1987;Brownie *et al.*,1993;Gilmour *et al.*,1997;Brownie and Gumpertz,1997;Gezan,2005)。最简单的方法是拟合单株观测值(y_{ij})的二次方程,如 $y_{ij} = b_1 + b_2R_i + b_3C_j + b_4R_iC_j + b_5R_i^2 + b_6C_j^2$。式中,$b_1 \sim b_6$ 是回归系数;$i=1,2,\cdots,n$;$j=1,2,\cdots,m$;n 为行数;m 为列数。该模型拟合后,随之以该模型的残差(r_{ij})为基础进行数据分析(包括试验点、区组、处理效应、遗传效应及它们之间的相互作用),残差的计算公式为 $r_{ij} = y_{ij} - \hat{y}_{ij}$(其中,$\hat{y}_{ij}$ 是位于 i 行 j 列的预测值)。对这种方法的改进包括:①拟合高阶多项式,如三次方程;②采用一种叫做放样曲线平滑化的方法拟合多项式,这种方法将整个试验地的行和列划分为多个部分,再对每个部分单独拟合一个三次多项式,约束条件是第一个和第二个导数必须在连接点上相等(以确保在各部分间平滑过渡)。虽然后一种方法占用较多的自由度(因为有大量的放样曲线要拟合),但它在复杂曲面的拟合上要灵活得多。

第二种根据全局和局部空间变异校正单株观测值的方法,是将行和列作为效应加入线性模型中(Zimmerman and Harville,1991;Grondona *et al.*,1996;Brownie and Gumpertz,1997;Gilmour *et al.*,1997;Gezan,2005)。如果有 n 行和 m 列,那么行和列占了线性模型的 $n-1$ 和 $m-1$ 个自由度,每个单株的观测值根据它所在的行和列的平均效应估计值进行校正。例如,如果第 3 行第 4 列恰好有高于平均值的效应(比平均生长更快),那么第 3 行第 4 列这个位置上的单株观测值必须向下调整以反映它是位于有利的微立地这样的事实。使用这个方法有两个建议:①当遗传单元数较多或试验规模较大时,把行和列拟合成区组内的巢式(嵌套)效应,因为这样更具灵活性,可允许区组内有不同的空间变异模式;②将行和列拟合成随机效应,可实现最大效率(称为区组间信息的复原)(John and Williams,1995)。

第三种已证实对消除局部趋势和减少空间自相关有用的方法称为近邻或最近邻分析(NNA)。这种方法可以追溯到 20 世纪 30 年代晚期(Papadakis,1937),而且仍然在农学(Zimmerman and Harville,1991;Ball *et al.*,1993;Stroup *et al.*,1994;Grondona *et al.*,1996;Vollman *et al.*,1996;Brownie and Gumpertz,1997)和林学(Magnussen,1993)中使用。对每个被测性状的典型 NNA 分析步骤如下:①进行试验林的随机完全区组(RCB)分析,估计每个单株的残差(根据区组和遗传单元的估计值进行校正);②对每一个单株,分别求同一行和同一列上其两侧最邻近单株的残差平均值[$r_{ij}=0.5\times(r_{i-1,j}+r_{i+1,j})$,$c_{ij}=0.5\times(c_{i,j-1}+c_{i,j+1})$],其中,$r_{ij}$ 和 c_{ij} 分别是单株 i、j 的平均行残差和平均列残差;③运行一个新的分析,既包括上述 RCB 分析中的所有因子(如区组和遗传单元),也包括两个新的协变量 b_1r_{ij} 和 b_2c_{ij},其中,b_1 和 b_2 是回归系数;④反复重复步骤 2 和 3,直到残差均方和遗传单元的排名位置很少变化。如果平均来说，由于空间变异一个单株与邻近的单株相似，则回归系数为正（表明当邻近单株的残差为正值时，单株 i、j 的观测值较大）。在这种情况下，位于有利微立地的单株观测值要向下调整。有时，这种方法被修改为每个行和列上单株 i、j 两侧各包括 2 个或 3 个邻近单株，而不单是最邻近的单株。

构建空间自相关模型的空间分析方法

讨论空间分析的相关误差（CE）方法（即上述第二类方法），有必要考虑残差或误差协方差矩阵，因为所有的 CE 法都包括构建该矩阵的结构模型（Grondona *et al.*，1996；Littell *et al.*，1996；Gilmour *et al.*，1997；Cullis *et al.*，1998b；Silva *et al.*，2001；Gezan，2005）。令 $\boldsymbol{e}$ 为残差 e_{ij} 的一个 $nm \times 1$ 的矢量，e_{ij} 是线性模型（如公式 15.2、公式 15.4 和公式 15.6）中的最后一项。试验林中 $n \times m$ 个单株的每一株都有一个残差，虽然不是必需的，很方便地就可以把 $\boldsymbol{e}$ 中的观测值按试验林在田间的布局进行排列（如首先是试验中第 1 行的所有残差，跟着是第 2 行的残差等）。普通最小二乘法分析假定 $\mathrm{Var}(\boldsymbol{e}) = \boldsymbol{R} = \boldsymbol{I}\sigma_e^2$，其中 $\boldsymbol{R}$ 是一个阵列或矩阵，对角线上的元素为剩余（残差）方差，其余元素为每对残差之间的协方差，$\boldsymbol{I}$ 是对角线元素为 1、其余元素为 0 的一个阵列，σ_e^2 是按公式 15.2 求算的剩余（残差）方差（在概念上与上述 σ_E^2 相似，但计算方法不同）。

上述关于 OLS 的假定的含义是：①所有的残差具有相同的方差（即 σ_e^2）；②所有可能的每对残差都是不相关的。显然，第二个含义意味着不存在空间变异，否则邻近单株观测值之间的相关性要比远距离单株观测值之间的相关性大。如果空间相关确实存在，该 OLS 假定导致赋予邻近单株的基因型差异的权重太小，而赋予远距离单株之间基因型差异的权重太大。直观地说，如果邻近单株的残差之间有相关（即相似），那么它们的观测值的比较就能更精确地估计它们的遗传差异，因而在估计基因型平均值时，就必须被赋予更大的权重。这就是 CE 法分析的目标。

如同在执行普通最小二乘法和混合模型分析时一样，CE 法假定空间相关是存在的，因此矩阵 $\boldsymbol{R}$ 的结构比 OLS 假定得更复杂。至少在概念上，应该允许 $\boldsymbol{R}$ 有一个完整的一般结构，以便使每对单株间的残差能够有不同的相关系数估计值。然而，这是永远办不到的，因为：①将会有太多的参数要估计（$\boldsymbol{R}$ 矩阵的每个非对角线元素都有一个参数要估计）；②要估计如此多的参数是有困难的，而且又产生一个正的 $\boldsymbol{R}$ 矩阵（即有一个所求的解的逆）。相反，可取的方法是构建空间相关的模型，以便估计相对较少的参数，仍然使 $\boldsymbol{R}$ 矩阵的每个非对角线元素不为 0（意思是每对残差之间的协方差都不为 0）。有许多像这样可用的模型（Littell *et al.*，1996）。

CE 分析的一个普遍使用的模型称为自回归（AR）方法，它使用一个指数模型来估计 $\boldsymbol{R}$ 矩阵的所有元素，并可按如下方法执行（Grondona *et al.*，1996；Littell *et al.*，1996；Gilmour *et al.*，1997）：

$$\mathrm{Var}(e_{ij}) = \sigma_e^2 = \sigma_S^2 + \sigma_N^2 \qquad \text{对所有对角线元素}, i=j$$

和

$$\mathrm{Cov}(e_{ij}, e_{i'j'}) = \sigma_S^2 \rho_x^{dx} \rho_y^{dy} \qquad \text{对所有非对角线元素}$$

式中 σ_S^2 和 σ_N^2 是上述定义的空间和非空间方差；$\mathrm{Cov}(e_{ij}, e_{i'j'})$ 是每对残差的协方差；ρ_x 和 ρ_y 分别是行和列方向上最邻近单株间的空间相关系数；dx 和 dy 是需要估计残差的两个

位置 ij 和 $i'j'$ 之间以米为单位的距离。相对于没有考虑空间变异的分析，该方法只需要额外估计 3 个参数，即 σ_S^2、ρ_x 和 ρ_y，因为 dx 和 dy 直接从行-列坐标上计算，σ_N^2 是 σ_e^2 与 σ_S^2 的差。例如，假设株行距为 1m×1m，ρ_x 和 ρ_y 的估计值分别为 0.9 和 0.7，则对角线上任何两个最邻近的单株（如单株 1,1 和 2,2，单株 100,100 和 101,101）的残差都有一个相关系数，设为 $\rho_x^{dx}\rho_y^{dy}=(0.9)^1\times(0.7)^1=0.63$，一个协方差，设为 $0.63\sigma_S^2$。同一行上距离 3 个位置的单株（如 1,1 和 1,4），其残差的相关系数为 $0.9^3\times0.7^0=0.73$，而同一列上距离 3 个位置的单株，残差的相关系数估计值为 $0.7^3=0.34$。

通过考虑所存在的空间相关，CE 法提高了排名精度和选择增益（Silva *et al.*，2001；Gezan，2005）。上述 AR 法有两种主要的改良，这两种作者都不主张用于林业试验。第一种是把 σ_S^2 和 σ_N^2 这两个方差合并，这样只需要估计一个方差。这等于是省略了块金效应这一非空间来源的变异（σ_N^2），而这种变异对林业试验而言似乎相当重要（Fu *et al.*，1999c；Silva *et al.*，2001）。第二种改良称为**无向性**（isotropy），它假设行和列方向的空间相关系数是相同的（即假定 $\rho_x=\rho_y$），因此只估计一个空间相关系数。作者推荐**有向性**（stationarity）方法，每个方向一个单独的相关系数，因为它具有灵活性。最后，重要的是要注意，所有的 CE 法假定稳定性，即整个试验地内的方差和协方差结构是一样的（如距离相同的单株间都有相同的相关系数，不管它们在试验点的哪个位置）。因为这个假定，使用上述类型 1 的方法，结合构建相关结构矩阵 $\boldsymbol{R}$ 的模型的 CE 法，以降低梯度和不规则效应是非常重要的。

空间变异的概念及它直接结合到林业田间试验的数据分析看起来非常有前途。然而，与农学和园艺学试验相比，在林木遗传学的田间、温室和生长空间试验有着不同的空间变异模式，不同的处理结构及包含不同的生物体。因此，虽然能够从这些相关学科的研究中学到很多，但是在林木遗传学上需要更多的研究来确定应对不同的试验类型和不同的空间变异模式的最佳方法。

本章提要和结论

在数量遗传学中所有混合线性模型最重要的特征，是把育种值和无性系值看成随机变量，而非固定效应。这个假设产生了遗传数据的 3 种分析方法：选择指数（SI）法，最佳线性预测（BLP）法和最佳线性无偏预测（BLUP）法。SI 和 BLP 是 BLUP 的特殊情况。BLUP 法常被纳入计算机软件包，那些软件包提供了完整的混合模型（MM）方法去分析线性模型中的固定和随机效应。MM 分析可用于单个大数据集，或者把具有不同交配设计，不同田间设计和（或）不同育种世代的许多遗传测定的数据合并起来分析。在特定的情况下，即使包含入选的、有亲缘关系的和非随机交配的亲本，BLUP 仍能产生育种值的无偏预测值。

BLUP 法和普通最小二乘法（OLS）预测的育种值有一个很重要的区别，就是当候选者的数据质量或数量较差时，BLUP 预测的育种值更多地朝向平均值退缩和收缩。这意味着，BLUP 法倾向于选择经过充分测定的候选者为优胜者，而基于 OLS 的传统方法正好相反。BLUP 的另一个优点，是可以将预测的育种值直接用于估计选择的遗传增益。当数据不平衡，或者来自许多有不同设计和采用高强度选择的有亲缘关系的亲本的遗传测定时,现有教材上还没有合适的公式可用于计算遗传增益。这些情况下比较好的选择是首先使用 BLUP 法预测育种值,然后用 BLUP 预测的育种值的加权平均值估计遗传增益。

MM 方法处理大数据集是最合适的,通过它能有效地估计所需的方差和协方差成分。重要的是由一个有经验的人进行分析,并且将结果与其他电脑程序的运算结果互相比较验证,以确保这个程序被正确地安装和执行。

如果每个性状的育种值都是单独预测的(即对每个被测性状进行单独的 BLUP 分析),那么就可以将每个候选者的所有性状的数据综合起来单独产生一个选择指数,然后,在亲缘关系方面及育种者关注的其他因素的约束条件下,按指数值顺序对候选者实施选择。

在林业上大多数的遗传试验都存在着很大程度的空间变异。将参试植株的 x-y 坐标合并到混合模型分析中,通过空间分析有望降低试验误差,提高遗传率的估计值及选择增益。然而,目前空间分析还没有在林木遗传试验的数据分析中广泛应用,并且需要进一步研究以确定最佳的方法。

第16章　配置——自由授粉品种、全同胞家系和无性系

大部分林木改良计划的繁殖群体是由选出的最优株组成的，用来生产遗传改良的种苗，以满足每年的人工造林需要。用于人工造林的这些经过改良的植株统称为良种或遗传改良的品种。新品种的实用化大规模繁殖和种植活动称为**配置**（deployment）。

为方便起见，将应用性的林木改良划分为两个时期（图11.1）：①育种周期内以开发新品种为目标的活动（选择、测定和育种）；②繁殖群体的构建和新开发品种的配置。有目的地把繁殖群体放在育种周期之外是因为它的目标完全不同。育种周期内的活动在特定的改良周期内开发良种，同时保持一个宽广的遗传基础以提供基因保存的需要和确保多个林木改良周期的长期增益；因此，其规划着眼于多世代的育种和测定（*第17章*）。

繁殖群体的规划着眼于单个世代，其目标是用可得到的最好的基因型生产种苗用于更新造林，以便在商品人工林中获得最大的遗传增益。一个林木改良计划可以拥有世界上最好的育种计划，但是只有当收获了用良种营造的人工林时，才能实现应有的社会和经济效益。换句话说，任何实用的林木改良计划的资本收益（称为现实增益），都是以良种人工林与非良种人工林在产量和产品质量上的比较差异来衡量的。因此，繁殖群体的构建和管理对任何林木改良方案的真正成功都是关键性的。

有很多类型的繁殖群体，按不同的方式管理，以生产人工造林用的苗木（例如，种子园生产遗传改良的种子，无性系繁殖圃生产扦插苗）。然而，所有类型的繁殖群体都有以下共同属性：①选入繁殖群体的基因型都是可得到的最优基因型；②这些优良的基因型在数量上（如70选10）相比选择群体的和育种群体中的基因型数量（100～1000个）少；③这就意味着繁殖群体与选择群体相比遗传增益较高，而遗传多样性较低（图11.2）；④一旦遗传测定得到了新的或者更好的材料，几乎总是提升繁殖群体遗传品质的机会，并因此通过淘汰部分低劣的基因型（如种子园去劣疏伐）或增加新鉴定的优良基因型更进一步提高增益；⑤因此，就不是在一个特定的育种周期内生产单一良种，而是随着可得到的遗传信息的增加，生产一整套良种，其组成不断变化，遗传品质不断提高；⑥繁殖群体的经营目标是以尽可能低的成本，生产大量的高质量种苗。

本章开头首先介绍在林木改良计划的早期，未得到良种之前，获得种子用于更新造林的临时措施。然后，在一定深度上描述最普遍的繁殖群体类型（种子园、家系林业和无性系林业）。本章的最后主要部分从遗传多样性的角度对配置的各种方式进行比较。这里不可能把繁殖群体的设计和经营管理的各种可能的方法都介绍给读者，因为这些问题随育种计划的规模和树种的生物学特性有很大的变化。因此，把重点集中在一些普遍的原则上，读者可以参考其他有关繁殖群体的生物学和管理方法的评论：Faulkner（1975），Wright（1976），Zobel 和 Talbert（1984），以及 Eldridge 等（1994）。关于不同类型种子园和不同配置方式的遗传增益的详细计算公式请参阅：Namkoong 等（1966），Shelbourne（1969），Foster 和 Shaw（1988），Borralho（1992），Hodge 和 White（1992a），Mullin 和 Park（1992）。

满足近期种子需要的临时措施

拥有大面积人工林项目的机构需要大量种子用于更新造林。如果林木改良计划和人工林项目同时开始,第一年就需要大量造林用种,而林木改良计划需要数年才能产出遗传改良品种用于造林。最初的一种方法是跟随采伐作业,在表型最优的树木被伐倒后采集它们的种子。当这个方法不再采用时,很多机构购买采集于一个或多个来源的种子:天然林、当地地方小种和来源于同一树种的其他林木改良计划。

对大多数组织来说,尽快在种子生产上实现自给自足以降低成本和对外源种子的依赖是一个极其需要优先考虑的事。这有两重含义:①需要一个可以满足近期种子需求的临时种子来源(本节介绍两种实施的方法);②机构应该致力于加快发展他们自己的繁殖群体(如种子园或无性系繁殖圃),以尽快生产出可用于更新造林的高质量改良种苗。当正式的繁殖群体生产出足够的种苗后,临时种子来源就可以逐步淘汰了。

母树林

母树林(seed production area,**SPA**)是指经过疏伐的天然林或人工林,通过伐除低劣表型个体,保留优势木互相交配和生产种子用于人工造林。SPA 的遗传增益是最小的,特别是对一些遗传率低的性状,如树干材积。第 7 章探讨通过选择性疏伐令林分天然更新的预期遗传改良增益时也得出了类似的结论。低遗传率和低选择强度(因为通常有相当数量的原有树木被保留下来以满足种子生产的需要)的重叠,意味着在材积上最多能比那些从未经疏伐的林分中随机采集的种子高出几个百分点。另外,花粉不仅来自 SPA,也来自周围林分的未经选择的树木,更进一步降低了增益。尽管如此,这几个百分点的增益是在很低的成本下获得的。因此,如果林分是来自合适的种子产地,则建立 SPA 是在得到高遗传品质的良种之前,提供可靠、低成本、适应性强的种子来源的非常好的投资。

SPA 在很多外来树种人工林项目的初期是非常普遍的。将当地地方小种的人工林改造成 SPA,以提供可靠的种子来源,成本比从外部进口种子低(图 16.1)。例如,1980 ~ 1985 年,在巴西有 13 种桉树的 51 个经认证的 SPA,占地将近 1150hm^2(Eldridge *et al.*, 1994, p213)。

母树林的设计和建立

被选作用于改造成 SPA 的天然林或人工林应该尽可能多地具备如下特性:①起源于已知对造林地区的土壤、气候条件具有良好适应性的合适的种子产地;②面积足够大且含有足够多的表型优良的树木(至少 2hm^2,每公顷 50 ~ 150 个优株),以保证淘汰了低劣表型后能够充分授粉和有足够的种子产量;③以往有明显的种子产量的证据,有足够大的冠层以保证继续产出足够多的种子;④位于在采种期容易进入的区域;⑤与可能造成花粉污染的由适应性差的种子来源建立的林分保持足够的距离;⑥拥有*第 13 章*提及的可通过混合选择提高增益的良好特性(如树龄单纯,保存完好,几乎是单一树种生长在整齐的土地上)。

图 16.1 通过改造当地地方小种人工林而形成的外来树种母树林(SPA):a. 阿根廷 12 年生火炬松(*Pinus taeda*);b. 智利 5 年生亮果桉(*Eucalyptus. nitens*)。保留最优表型,淘汰其余树木,然后就可以经营 SPA 以生产种子了。(由 T. White 拍摄)

选中了一片或多片林分后,给优势木和共同优势木打上记号并保留下来,伐除未标记的树木,将林分改为 SPA。选择保留树木时应该按照与林木改良计划(*第 13 章*)相同的育种目标和选优标准执行。这通常是指选择高大、通直、无病虫害的植株。

疏伐有两个目的:①通过选择获得一定的遗传增益;②对大多数树种,让树冠完全接受阳光可以刺激开花数量。为实现增益最大化,所有低劣植株都应该不顾间距予以伐除。另外,如果数株优势木挤在一起,一些优势木也需要伐除,以便使保留株树冠舒展。这两个目的(遗传增益和树冠展开)在做记号以备疏伐时都要考虑。

疏伐应掌握如下时机:①尽快地培育产种母树;②由于某些树种在一年的某些季节更

易受病虫害侵袭,要确保保留株的安全;③将对土壤的人为损坏降到最低。伐木剩余物应予以清理,以扫清收获种子时的通道,降低潜在的害虫侵袭,减少火灾危险(Zobel and Talbert, 1984)。

母树林的管理和采种

疏伐之后,SPA 应该妥善管理,以获得最高种子产量和易于采集种子,包括去除林下植被以改善作业通道,通过施肥和其他化学或物理手段刺激开花,使用杀虫剂以控制危害花、种子、球果的害虫。

关于种子采集有两种不同的策略。有时,建立一个由一片或几片林分组成的大型 SPA,然后等到成熟后伐倒其中部分母树实施采种,这样做在逻辑上会更可行而且成本较低。在伐倒的母树上采集种子比爬树或其他种子采集方法更低廉有效,但是这意味着每年收获种子时都要毁坏 SPA 的一部分林分。

第二个策略,SPA 的总面积相对较小,因为每年都在相同的母树上重复采种。通常来说,这就意味着要爬树采种;然而,对一些树种而言,可以借助升降卡车、杆子、机械摇臂。用摇树机时,一定要注意无论如何不能伤害树冠,以免削弱来年的种子生产能力。如果种子供给充足,可以通过仅采集 SPA 几株最优母树的种子来获得额外的遗传增益。在这种情况下,疏伐后保留的所有树木作为父本,只从明确标记的少数最优母株上采种(图 16.1)。

直接采集种子

第一代入选群体组成后(*第 13 章*),可以从仍然生长在人工林或天然林的基本群体中的部分或全部优树上采集种子称为**直接采集种子**(directed seed collection,**DSC**)。以往的一个例子就是美国太平洋西海岸的花旗松(*P. menziesii*),在每个育种单位内的广阔分散地点上选择优树以建立种子园(即嫁接的无性系种子园或实生种子园);然而,种子园需要许多年才能生产出批量的种子(Silen, 1966; Silen and Wheat, 1979)。作为临时措施,一些机构直接从天然林中的最优入选单株上采种。

理论上,DSC 的遗传增益相当于通过公式 13.3 和公式 13.6 计算的混合选择遗传增益的一半。这些公式是用于无性系种子园的。DSC 的增益是无性系种子园的一半(假设选择强度相等),因为从散生的优树上采种用于人工造林,其花粉来自优树邻近或远处的未经选择的树木(*第 7 章*)。这些未经选择的父本的平均期望育种值为 0(一半父本好于平均,一半差于平均,见*第 6 章*)。遗传增益是子代(采集的种子)的育种值,而且总是通过求双亲育种值的平均值得到。既然父本的平均育种值为零,遗传增益就是母本优树平均育种值的一半,根据定义,这就是混合选择的遗传增益的一半。

DSC 的理论增益在以下情况下会减少:①一些优树生长在由适应性极差的种子产地营造的林分里(这降低了在 0 以下的花粉的育种值);②由于自花授粉或近亲优树之间互相传粉造成近交,如此所生产的苗木具有近交衰退现象(*第 5 章*)。

在经济上,DSC 在选择强度高到足以产生相当可观的遗传增益(如树干材积增加

5%),而种子采集成本合适时,是一个明智的选择。后一个因素意味着优树可获得性要高。

在 DSC 中,作为批量种子来源的优树常生长在基本群体的大范围分散的林分里。一定要保护好这些林分防止被砍伐。另外,应给优树做明显的标记以便容易辨认。这通常是通过用涂料标记和给拥有永久选择号码的树木钉金属标签来实现的。伐倒邻近的树木以便打开优树的树冠,间或施肥以促进开花。其他的处理方法(如防治果实和种子害虫)也是实现种子产量最大化所必需的。

种子园

种子园(seed orchard)是由入选的无性系或家系组成,在一定地点建立的以生产良种供人工造林为目的进行经营的人工林。通过把改良材料集中在一个位置,父本和母本都是经过选择的,因此在理论上其遗传增益是直接采集种子的两倍。种子园是最常见的繁殖群体类型,几乎所有的林木改良计划都在其项目的某个阶段建立种子园以生产遗传改良的种子用于推广造林。在大多数情况下,种子园内母树间的交配都不是人工控制的(如以风媒、虫媒、动物传播的自由授粉交配),在本节假设都是这一种情况。而控制授粉交配放在下一节"家系林业"部分。

共有两种类型的种子园(描述如下):①**无性系种子园**(clonal seed orchard, **CSO**),通过营养繁殖(嫁接、扦插或组织培养)方式,以入选优树无性系建立的种子园;②**实生苗种子园**(seeding seed orchard, **SSO**),以入选优树的自由授粉或全同胞子代(即家系实生苗)建立的种子园。在 20 世纪 60 年代,关于这两类种子园的优劣有过激烈的争论(Toda, 1964; Zobel and Talbert, 1984, p178),但是,很明显这两类种子园在不同的情况下分别是有价值的。实际上,一个机构在一个树种的遗传改良项目中可能同时应用 CSO 和 SSO。

先重点从设计原则、建立和管理上的区别出发来分别介绍这两类种子园。然后,在随后的小节里,将讨论两类种子园的共同问题,如种子园大小和栽培管理等。

无性系种子园

无性系种子园(clonal seed orchard, **CSO**)是大量生产遗传改良种子用于人工造林的最常用方法。CSO 在世界各地,在裸子植物和被子植物树种上应用都很广泛。例如,在美国南部大约有 35 个机构经营着超过 2000hm^2 的火炬松(*P. taeda*)和湿地松(*P. elliottii*)无性系种子园(McKeand *et al.*, 2003)。这些种子园每年生产 14 亿株遗传改良的苗木,足够 700 000hm^2 林地更新造林,占该地区每年针叶树更新造林面积的 90%。

在以下情况下 CSO 比 SSO 有优势:①选出的优树营养组织容易获得,并且容易通过扦插、嫁接或组织培养繁殖;②该树种的实生苗要长到比较大的年龄才开始开花,而采自入选优树的营养繁殖材料(枝条、树桩萌条)已具备开花能力;③种子园只用作大量生产遗传改良种子这一单一目的,不用于如遗传测定等其他目的。两类种子园的遗传增益通常是相似的。因此,以上因素在决定哪种种子园最合适时就更加重要。

建立 CSO 的典型工作流程通过专栏 16.1 火炬松(*P. taeda*)的例子来阐述,由于 CSO 是通过入选优树的无性繁殖建立起来的,林地上的入选单株称为**无性系原株**(ortet),而种子园内与入选单株具有相同基因型的植株称为**无性系分株**(ramet);无性系分株和无性系原株共同组成一个**无性系**(clone,无性系种子园由此得名)。典型的无性系种子园由 20 ~ 60 个可得的最优单株的无性系组成。每个无性系的分株数量由满足造林需要的种子量所需的总母株数决定。通常,一个种子园内每个无性系需要 50 ~ 100 个分株。

专栏 16.1 建立无性系种子园(CSO)的典型工作流程

1. 对基本群体进行选择。对第一代育种而言,是在天然林或人工林实施优树选择。对高世代育种而言,基本群体由生长在遗传测定林中的有系谱的材料组成,用选择指数来鉴别最优的候选者。可以是后向选择或前向选择(*第 14 章*),或两者的结合。

2. 从每个入选单株采集营养枝,称为**接穗**(scion)。最常见的是采集枝条顶部(图 1a),但有时也将入选单株伐倒,采集树桩萌条来建立种子园。

图 1 美国东南部建立一个嫁接的火炬松(*Pinus taeda*)无性系种子园(CSO)的典型工作流程。(照片由北卡罗来纳州立大学的 S. McKeand 提供)

3. 通过营养繁殖(嫁接、扦插、组织培养)将接穗扩繁成建园的母树。嫁接是建立种子园时最常用的无性繁殖手段(图 1b),但是,任何形式的无性繁殖都能保证定植于种子园的所有植株与获得接穗的入选单株的基因型一致(体细胞突变除外)。

4. 与人工林相比,定植于种子园的营养繁殖得到的植株通常保持相对较大的间距(如 10m ×10m),以便为树冠提供充足的光照以促使开花(图 1c)。如果考虑疏伐、去劣、死亡等因素,间距可以密一些。每个植株通过它们的无性系编号加以辨别,同一无性系的分株要间隔一定距离种植,以减少它们之间互相授粉(等于是同一无性系的分株自花授粉)。通常,一个 CSO 由 20 ~ 60 个无性系组成,每个无性系有 50 ~ 100 个分株。

5. 定植完成后,种子园要加强管理以生产大量的自由授粉种子,这些种子将用于人工造林。CSO 的栽培管理完全不同于人工林和遗传测定林,这是由于种子园有不同的经营目标:生产种子。

6. 一系列子代测定的数据被用来预测育种值,低劣无性系即被砍伐,从种子园中剔除,这一过程称为去劣疏伐。这导致了不一致的间距,但提高了种子园所生产种子的遗传品质(图 1d)。

图 1(续)

种子园内母树的表现型如何并不重要,因为无性系的遗传值由遗传测定来确定,而不是由它们在种子园内的表现来定。几乎无一例外的是,由于间距大,种子园内的母树都是矮而粗、多分枝的表型。很多时候,经过反复采种,母树的树干变得扭曲畸形。CSO 的唯一目的就是生产改良种子,其栽培管理目标就是以最低成本实现最佳遗传品质和最高种子产量。

在种子生产的初期,常见的是少数最早熟的无性系生产大部分的花粉和(或)种子,另外,也许会有较多的近亲繁殖种子,也会有较多的花粉污染(见*第 7 章*及本章的"花粉稀释区和花粉富集区"一节)(Adams and Birkes, 1989; Erickson and Adams, 1990; Adams and Burzcyk, 2000)。因此,最好是等到种子园接近盛产时,再采集种子用于人工造林。

无性系种子园的遗传设计

就像遗传测定一样,CSO 的设计需要考虑两个方面:①遗传设计包括建园无性系的数量和类型;②田间设计指定所有无性系的分株如何按实物形式安排到地面上(van Buijtenen, 1971; Giertych, 1975; Hatcher and Weir, 1981; Zobel and Talbert, 1984; Hodge and White, 1993;Eldridge *et al.* ,1994)。在下面的讨论里,先集中阐述非雌雄异株树种的自由授粉种子园(如有完整两性花或雌雄同株)。雌雄异株树种的设计将接着简要叙述。

遗传设计的总体目标是实现遗传增益最大化,同时保持所生产种子的遗传多样性在一个可接受的水平。第一步确定适当的无性系数。无性系数太少意味着遗传基础过窄,并增加花粉污染的可能(如果种子园太小的话),或者由于同一无性系的分株间隔太近,增加自花授粉的概率。太多的无性系会增加种子园管理的难度,并降低预期的遗传增益(因为无性系多必然意味着有一些无性系的优良度较低,降低了选择强度)。后面一点尤为重要,因为 CSO 相对于 SSO 和直接采集种子的微弱优势,在于它具备给每个最优的基因型创造 50 或 100 个拷贝(即无性系分株)的能力。

作为一个经验法则,对采用未经测定的优树无性系建立的第一代种子园而言,一个相对大的无性系数量是需要的。因为:①子代测定将鉴别遗传品质低劣的无性系,从而将其去除以提高遗传增益;②由于其他的原因(如嫁接不亲和、种子产量低、开花时间与其他无性系不一致),一些无性系将被证明并不适合。根据子代测定排名的结果,淘汰最初建园无性系的 1/2 甚至 2/3 的所有分株,能大幅度提高遗传增益。

另外,20 个无性系是建立一个 CSO 的最小无性系数,这个数目在以下情况下是合适的:①无性系事先经过测定(即先前的遗传测定已经估计了它们的育种值);②无性系之间的**结实性**(fecundity,如花粉的数量或种子产量)和开花物候的差异很小。如果所有的无性系在遗传测定中都被证明是优良的,那么通过种子园的去劣疏伐来增加遗传增益的可能性就很小;因此,即使不是全部,至少大多数无性系会被保留在种子园里。这样的一个种子园叫做**测定种子园**(tested orchard),或者有时称为**半代种子园**(half-generation orchard 如 1. 5 代是在第 1 代改良的基础上,而如果第 2 代种子园的无性系在定植前经过遗传测定,则称为 2. 5 代种子园)。

在高世代 CSO 中,可以利用不同世代的无性系[即后向选择(上一个世代的亲本)和前向选择(子代入选单株)的无性系都可以用](*第 14 章*)。利用后向选择的亲本有生物学和遗传学两方面的原因,因为它们①生理上较老,对一些树种而言,它们在建园后将比那些低龄个体的嫁接株较早开花(Parker *et al.* ,1998);②由于在前一个世代经过测定,已经证明它们是优良的(Hodge, 1997)。这种类型的种子园,后向选择和前向选择的亲本在位置上要策略性地加以区分(Hodge and White, 1993),因为后向选择的亲本能够满足建园早年种子生产的需要,之后等前向选择亲本的子代测定有了结果,园内只保留最佳的前向选择亲本和后向选择亲本。

关于高世代种子园另一个可取的措施,是增加遗传品质高的无性系的分株数量,以提高预期的遗传增益。已经开发出在遗传多样性水平不变的情况下使遗传增益最大化的算法,其原理是把分株频数作为预测的种子园无性系育种值的函数(Lindgren and Matheson, 1986; Lindgren *et al.* ,1989; Hodge and White, 1993)。这些算法通过增加优良无性系的分株数量来提高遗传增益,同时又增加育种值较低的无性系数量以积聚遗传多样性。

无性系种子园的田间设计

田间设计(field design)确定所有无性系分株的位置,对大多数种子园来说,最需要考虑的是保持同一无性系的分株之间及其他类型的近亲之间有足够的间距。分株间的栽植密度取决于树种的生物学特性和对种子园疏伐的预期。通常,CSO 的定植间距,从早开花树种,并且需要经过强度疏伐的种子园 3m×3m,到迟开花树种,初植密度接近预期的最终密度的种子园 10m×10m。

种子园中出现近交(自花授粉或其他类型的近亲间的交配)是很不利的,因为近交的种子几乎总是意味着苗木造林以后出现近交衰退现象,这就降低了种子园的预期增益。因此,近亲之间保持最大距离是很重要的。

有很多类型的田间设计被用于自由授粉无性系种子园的建立(Giertych,1975),可分为三大类:①改良随机完全区组设计;②邻位轮换设计;③系统布局。在改良随机完全区组设计中(图 16.2a):①每个无性系在种子园的每一个区组内只种植一个分株(类似于遗传测定中的单株小区,*第 14 章*);②在每个区组内,每个无性系被随机分配位置(通常用计算机程序),但服从以下约束条件,即近亲单株之间不管是在区组内还是区组间都必须保持一定的距离,这个距离保证不管是同一无性系的分株之间,还是近亲无性系的分株之间,在区组内和邻近区组间都能够分开(这一点对高世代种子园显得尤为重要,因为其中一些无性系也许是亲子关系或同胞关系)。

a 改良完全区组设计

X	O	P	A	G	I	W	U
I	G	E	R	L	H	E	T
K	C	D	F	Q	O	R	P
J	Q	L	H	X	V	K	S
W	U	S	M	J	C	F	M
B	N	T	V	B	N	A	D
X	D	J	L	X	P	W	B
R	U	W	F	G	T	K	V
P	T	V	N	J	I	R	F
B	G	Q	M	D	C	N	S
I	K	O	S	E	H	L	O
H	E	C	A	U	Q	A	M

b 系统设计

A	B	C	D	A	B	C	D
k	l	i	j	k	l	i	j
E	F	G	H	E	F	G	H
c	d	a	b	c	d	a	b
I	J	K	L	I	J	K	L
g	h	e	f	g	h	e	f
A	B	C	D	A	B	C	D
k	l	i	j	k	l	i	j
E	F	G	H	E	F	G	H
c	d	a	b	c	d	a	b
I	J	K	L	I	J	K	L
g	h	e	f	g	h	e	f

图 16.2 无性系种子园设计示例。种子园包含 24 个无性系(由不同的字母表示),设 4 个区组(共 96 株树):a. 改良随机完全区组(RCB)设计,在每个区组中无性系都是随机分布的,并服从同一无性系的分株之间至少保持 3 个株距的距离这一约束条件;b. 系统设计,有两组无性系,第一组 12 个无性系,用大写字母表示,第二组 12 个无性系,用小写字母表示。假设同一组的无性系是没有亲缘关系的,但是不同组中,任意两个用相同字母表示的无性系(如 A 和 a)都可能有联系,甚至是同一无性系。

邻位轮换设计起初发展起来(La Bastide, 1967)是为了在以下情况下提供一个合理的田间布局:①有两圈其他无性系的植株(第一级和第二级邻居),彼此之间互相隔离,并且把种子园内每一个植株与同一无性系的其他分株隔开。②任意两个无性系共同出现在第一级邻居的次数最小化。最初的概念是由 Bell 和 Fletcher(1978)改进的,旨在提高每个植株周围容纳无亲缘关系的邻居数量的灵活性,他们的计算机程序,称为 COOL[意为协调的种子园布局(coordinated orchard layout)],已经被成功地用于建立很多树种的初级无性系种子园。邻位轮换设计也曾被改良,使其更适合火炬松(*P. taeda*)高世代种子园的设计(Hatcher and Weir, 1981)。

系统种子园设计使用重复的区组、行、或其他模式,其无性系的位置不因区组而变(图 16.2b)。一个无性系一旦在第一区组落实了位置,在所有区组中其位置保持不变,所以系统设计是最容易布局、实施和管理的。虽然系统设计有时被推荐用于初级无性系种子园的设计(Giertych, 1965; van Buijtenen, 1971),它们却由于以下原因遭到批评:如果邻近几个无性系都被证明是低劣的,就必须把它们从所有的区组中剔除,这样必将在园内留下大的、重复出现的空洞。

然而，有下列情形时，系统种子园设计用于高世代种子园是有利的：①种子园中无性系的开花物候和结实性相似；②种子园中包含近亲无性系（如亲子关系或同胞关系）；③为实现遗传增益最大化，一些无性系的使用频率较高（Hodge and White, 1993），例如，在图 16.2b 中，大写字母代表一组无性系（如后向选择的入选亲本），而小写字母表示与第一组有亲缘关系的另一组无性系（如前向选择的入选子代单株）。这个设计使同一无性系的分株间（如一个 A 和另一个 A 之间，一个 a 和另一个 a 之间），以及和近亲无性系的分株间（如 A 和 a 之间）保持最大距离。拥有相同大写和小写字母的两个无性系（如 A 和 a）可能是近亲（如亲子关系或同胞关系），或者它们可能是相同的无性系。后者意味着通过把每个最优无性系安排在所有有相同大写和小写字母的位置上，可以使最优无性系在种子园内出现的频率加倍，已经证明这样做可以提高遗传增益（Hodge and White, 1993）。系统种子园设计可用于任何数量的无性系，并且易于建立和管理。

雌雄异株树种无性系种子园的遗传和田间设计

对雌雄异株树种的自由授粉无性系种子园来说，雄株充当授粉者的角色，种子则从雌株上采集。自交是不可能的，并且只要近亲无性系是相同的性别，近交就不是一个问题。因此，遗传和田间设计与上面叙述的那些有着完全不同的考虑。在遗传多样性的一个极端，通过建立由每种性别一个最优无性系组成的双系种子园，实现遗传增益最大化是可能的。为了增加遗传多样性，其中一个或全部两个无性系可以周期性地在种子园的不同区组中更换。

从一个角度来看，将种子园中雄株的数量减至最低是明智的，因为这些树不产生种子却占据着种子园的空间。另外，因为遗传多样性是通过有效群体大小（N_e，*见第 5 章*）来衡量的，在很大程度上由低频率性别的个体数决定。因此，所需的雄性基因型数量及单株数取决于所要求的遗传多样性水平和树种的授粉生物学。雄株的数量必须足以确保足够的种子产量。

田间设计也要根据树种的授粉生物学，但通常在种子园中，雄株（即授粉树）是系统定植的。有一个例子，每个组由 9 株树（3 行×3 列）组成，中心是一株“授粉树”，这意味着有 8 个雌株围绕着每一个雄株。9 株树的组可以在空间上不断重复，遍布整个种子园，在某些组内，中心的父本无性系和周围的 8 个母本无性系可以有所改变。

无性系种子园的遗传管理和采种作业

种子园的**去劣**（rogue）疏伐是通过遗传测定在排名的基础上剔除低劣基因型的过程。去劣之后，由于只有优良无性系被保留在种子园，所采集的用于人工造林的种子的遗传品质得到提升。大多数的 CSO 在生命周期中都要经历数次去劣疏伐，以不断提高预期的遗传增益。第一次疏伐通常在刚得到子代测定数据时，或种子园母树的树冠开始竞争空间、影响未来种子生产潜力时。

有时会很难理解用“实生苗”子代测定获得的育种值来对一个“无性系”种子园进行去

劣疏伐,不过,改良种子是用来建立商品化人工林的繁殖体,种子园的无性系只是把它们的育种值(不是它们的总无性系值)传递给它们的实生苗子代。在*第6章*有更详细的阐述。

随着从子代测定得到的数据越来越好(即有来自更多和更成熟的试验林的数据被用来对种子园的无性系进行排名),有几个选项可用于提高遗传增益:①通过淘汰低劣无性系继续对种子园进行去劣疏伐;②建立一个新的只包含最优无性系的半代种子园或测定种子园;③从最优无性系上采集种子,同时让其他无性系作为授粉者。所有这些在林木改良计划的不同时期都是很有用的选项。

第一个选项是对一个现有的种子园进行反复的去劣疏伐。这是增加遗传增益的低成本选项,因为只增加砍伐树木的成本。然而,经过反复的疏伐后:①达到一个回报递减的点,后续的每次疏伐,遗传增益的增加在缩减;②无性系的数量下降到一定程度,令人产生遗传多样性不足的担心;③种子园中植株的绝对数量和它们的密度也许会太低,而不能保证充分的花粉产量和(或)种子供给量。

在某种程度上,与其对现有种子园持续地去劣疏伐,不如用经过测定的最优无性系建立一个新的 CSO,可以大大地提高遗传增益。在大多数的林木改良计划中,每一代由数以百计的入选亲本组成选择群体(*第13章*和*第17章*),而其中仅有一小部分(如60个)被嫁接在最初的 CSO 中。经过对这几百个入选亲本进行子代测定后,通常能够鉴定出很多比那些被嫁接到最初种子园的无性系还要优秀的亲本。因此,一个新的、只包含那些经子代测定证明为遗传上优良的无性系的种子园被建立起来。如果子代测定的高质量数据已经鉴定出没有包括在最初种子园的优秀亲本中,那么从测定种子园获得的附加遗传增益是很可观的。

在种子园生命周期的任何时候,都可以只采集最优那一部分无性系的种子。在子代测定结果提供了种子园中所有无性系的预期育种值后,通过去劣疏伐淘汰最差的无性系,而保留中间育种值的无性系作为授粉树(但不用于种子采集)。然后,仅从最优无性系上采集种子。当既要考虑遗传多样性又要考虑遗传增益时,这种方法通常比连续疏伐将无性系数量降低到15或20以下好(Lindgren and El-Kassaby, 1989),但有一个先决条件,就是用于采集种子的无性系必须能生产足够的种子以满足每年人工造林的需要。

把这种仅从部分无性系上采种的概念稍微进一步扩展一下,许多机构按单个无性系采集和储藏种子(而不是把所有种批合并成单独一个种子园混合种)。因此,如果一个 CSO 中一个特定的无性系有50个分株,这50个分株的种子被收集起来,合并在一起成为单一种批,并以无性系的编号加以区别,单独育苗,以自由授粉家系的形式推广到商品人工林。种植在单一人工林的单一种批的所有实生苗,拥有相同的母本,但有很多不同的父本。

这种推广自由授粉家系的选项,通过几种途径可获得附加的增益:①如果不同家系的种子发芽率不同并且需要不同的栽培管理,在苗圃作业会更加有效;②通过在特定地点推广有不同优良性状的家系可增加遗传增益(例如,把对某种特定病害有抗性的家系推广到存在该病害的地区);③通过把特定家系推广到它们生长最好的立地,可以挖掘在材积生长上的基因型与环境相互作用。

自由授粉家系的推广已经成为美国东南部选择的一种方法,那里大约60%的火炬松(*P. taeda*)人工林是由单一自由授粉家系的作业区组成的,这一数字在工业化、公司拥有的林地上增加到80%(McKeand *et al.*,2003)。不同机构在每个地区推广的家系数大不相同，从最少 4 个到多于 40 个家系。平均每个自由授粉家系的作业区大小是 35hm^2，但变化非常大。

实生苗种子园

实生苗种子园（seedling seed orchard，**SSO**）是用自由授粉或入选亲本之间全同胞交配得到的实生苗建成的，因此建立种子园的家系是入选亲本的子代。SSO 在以下情况优于 CSO：①植株是实生起源，开花年龄早，并且（或者）无性繁殖有困难［如花旗松（*P. menziesii*）］嫁接严重不亲和，因此普遍采用 SSO，直到发现嫁接亲和的砧木后情况才有所改变（Copes，1974，1982）；②入选优树的接穗材料无法得到（如许多外来树种的第一代改良计划，可以很容易地进口天然分布区或者其他改良计划的优树种子，而进口接穗却受到限制）；③在一个地点综合了几个目标，首先是作为遗传测定林，然后将其改造成生产性种子园（如佛罗里达州的低强度巨桉（*E. grandis*）育种策略，详见*第 17 章*；Rockwood *et al.*，1989）。

专栏 16.2 以巨桉（*E. grandis*）为例显示了建立和管理一个 SSO 的典型工作流程。CSO 和 SSO 的一个重要区别，就是许多 SSO 的建立具有多重目的，CSO 几乎专门用于种子生产，而一个特定的 SSO 可以在头几年用作遗传测定林，然后转化成一个生产性的种子园，最后可用作供后续世代选择的基本群体（Wright，1961；Rockwood and Kok，1977；Byram and Lowe，1985；Franklin，1986；LaFarge and Lewis，1987；Barnes，1995）。因此，不像 CSO，只为单一目的设计和管理，大多数 SSO 的设计和管理必须满足好几个目标。因为没有单一一种设计或管理方式能够使所有目标达到最优，这几乎意味着总是要采取折中的方法。例如，刺激早开花和持续开花需要高强度的管理措施，这也许会影响遗传测定的结果。相反的，遗传测定需要模拟人工林环境（如窄间距、典型的土壤、较低的管理强度），这又不利于种子生产。

专栏 16.2　建立实生苗种子园（SSO）的典型工作流程

1. 如同无性系种子园一样，从基本群体中选择亲本（专栏 16.1），并且（或者）选用其他机构实施的林木改良计划鉴定的亲本，可能是后向选择，也可能是前向选择的亲本（*第 14 章*），或者兼有两种选择的亲本。

2. 从每个入选亲本上采集自由授粉（open-pollinated，OP）种子，并且以母本加以区分（即自由授粉家系）。较为少见的是，在入选亲本间进行控制授粉，产生全同胞（FS）家系种子。在温室或苗圃中培育建立 SSO 用的实生苗（图 1）。典型的做法是，一个 SSO 由 50 ~ 300 个家系组成，每个家系可能有 15 ~ 50 株实生苗，由它们的家系和苗木编号加以区分。

3. SSO 是按照有利于统计、随机和有重复的设计建立的，并且在最初少数几年到数年的时间里，作为遗传测定的材料。通常建立不止一个试验点（即多个 SSO 拥有相同的家系）来评估家系与环境相互作用，定期测量以估计遗传参数（*第 14 章*和*第 15 章*），并预测亲本和子代的育种值。

4. SSO 具有多重目标和多个发展阶段。在“遗传测定”阶段，SSO 按遗传测定林和商品林的方式管理。另外，SSO 的初植密度与商品林相似。

5. 在某个阶段,将一个或多个试验点上的遗传测定林转化成生产性实生苗种子园。根据家系在所有试验点和在每个试验点内所有区组的表现,结合单株树的表型值,在此基础上预测每个单株的育种值(*第 15 章*)。然后,从种子园中伐去育种值低的单株(低劣家系内的低劣表现型),从保留单株上采种,用于人工造林。

6. 在转化期,经营管理目标发生改变,并按生产种子的要求对 SSO 进行集约化管理。因此,SSO 作为遗传测定林的价值如果不是因为去劣疏伐和改变栽培措施而完全丧失的话,也大大降低了。没有转化成 SSO 的试验点,可以继续用作遗传测定林。

图 1 种植于美国佛罗里达州南部的两代巨桉(*Eucalyptus grandis*)实生苗种子园(SSO)鸟瞰图。前景为第三代 SSO,8 年生,间距较大。低劣家系和每个家系内的低劣个体已经被伐除,只留下遗传品质优良的个体,由此将林分转化成生产性种子园。背景为第四代 SSO,4 年生,密度较大。该种子园包含 529 个自由授粉家系,超过 31 000 株实生苗,并用子代测定的方式管理。第四年的数据收集后,根据预测的育种值伐去低劣个体,将林分转化成低密度的生产性种子园。然后,将不再从前景中的改良程度较低的第三代种子园采种(*第 17 章*)。(照片由佛罗里达大学的 D. Rockwood 提供)

虽然 SSO 在营建和管理上采取了折中措施,它们在被子植物和针叶树种上仍应用得相当成功(见上面的参考文献):①一些外来树种的第一代改良计划,当建立 CSO 所需的接穗材料难以获得时;②降低非重要树种的改良成本,因为单独一个 SSO 可以用作遗传测定、选择和种子生产;③当一个树种有多个群体,且每个群体有不同的育种目标时,可降低同时管理多个群体的成本;④以低成本管理育种计划的主群体,以便将更多的资源集中于少数的精英基因型。这些问题与育种策略有关,将在*第 17 章*详述。

实生苗种子园的遗传和田间设计

SSO 的遗传和田间设计都在很大程度上受到要满足多重目标(即遗传测定、种子生产,也许还有高世代的选择)的影响。全同胞家系和自由授粉(OP)家系都可用于建立 SSO,并且两者的设计标准是相似的。然而,自由授粉 SSO 要普遍得多,因为它成本低,并且从入选亲本上采集 OP 种子比配制亲本之间的控制授粉组合要来得快一些。

为了无偏和精确地估计遗传参数和预测育种值，必须认真考虑遗传测定的设计标准（*第 14 章*）。这意味着必须在多个地点设置随机、有重复的试验。*第 14 章*提及的与实施试验相关的其他因素（如围绕 SSO 设置保护行，以降低边缘效应和获得条件一致的区组）也必须考虑。

已经有几种不同的设计被成功应用到 SSO（Byram and Lowe，1985；Adams *et al.*，1994；Eldridge *et al.*，1994；Barnes，1995）。作者推荐随机完全区组设计（如果每个区组的大小控制在 0.1hm^2 以下）或不完全区组设计（如 α-格子设计）（Williams *et al.*，2002），单株小区。例如，一个包含 150 个 OP 家系的 SSO，每个地点的设计可能需要 25 个完全区组，每个区组内每个家系一株实生苗。这意味着每个区组 150 株实生苗，整个测定林共 3750 株（保护行未计算在内）。SSO 在一个造林区内最少应该建在两个地点，最好是几个地点。每个地点的区组数根据种子需求量（种子需求量大的大型计划，区组数多一些）和地点数（如果地点较多，则每个地点的区组少一些）确定。

当采用多个地点时，有时只有一个或两个地点被转化成生产性种子园。其他的点则终生作为遗传测定使用；这些点区组数可以少一些，并且应该分布于整个造林区的不同地点和土壤上。将来要转化成生产性种子园的点，区组数要多一些（以满足种子需求），并且要建立在更适合种子生产的地点（见下文，“确定种子园的地点和规模”）。实际上，这两种种植类型之间的统计学上的设计可能很不一样。

实生苗种子园的遗传管理和种子推广选项

对 SSO 实施去劣疏伐是*第 15 章*所阐述的前向选择的根本程序，并且一旦获得可靠的数据，疏伐马上开始。首先，利用可得到的所有信息预测全部单株的育种值。家系水平的信息来自 SSO 所有地点的所有重复，并且与所有单株的表型测量数据结合起来。预测完育种值后，工作人员现场考察要转化成 SSO 的试验点，根据育种值、现场观察结果和间距要求，选择要保留在种子园的最佳候选者。和 CSO 一样，随着树冠变密和遗传信息持续地更新，SSO 在它们的生命周期中也可以进行数次去劣疏伐。

降低同一家系单株间（即同胞之间）的近交概率是非常重要的，近交可以导致采集的用于人工造林的种子产生近交衰退。如果 SSO 是以行式小区或矩形小区方式栽种的，就是有相同家系的几个单株成为邻居，则很重要的一点是每个小区只保留最优的一个单株用于种子生产。邻近区组同胞之间，以及在相同和邻近区组的近亲家系的个体之间，也都应该尽可能保持最大距离。

当 SSO 面积足够大时（如种子园建立在多个地点上），一个经常使用的采种方法是在采种期伐倒母树。这在树体很高大、采种费用很高时，特别有利。首先，SSO 得到疏伐，使留下的优良基因型之间得以互相交配形成种子。其次，伐掉种子园的一部分就可以收集到种子。每年砍伐母树的数量由年度种子需求量决定。

如同对 CSO 的叙述那样，可以只对表型最优的部分母树采种，而更大的授粉树（父本）群体则提供遗传多样性。也可以按家系采种，保持家系标记，并且推广 OP 家系（如同对 CSO 的叙述那样）。这两种方法都能够提高遗传增益。

无性系种子园和实生苗种子园都需要考虑的普遍问题

确定种子园的地点和规模

对这两种种子园来说,地理位置对其成功建立是关键性的,选择的地点应该尽可能多地具备如下特性:①具有卓越的种子生产的历史(不管是对本地种还是外来种而言,一些地点可能生产不出足够数量的种子,这是必须要避开的);②靠近作业设施以保证有充分的劳动力、水源和消防能力;③远离花粉污染源,特别是适应性差的花粉源会严重降低遗传增益;④地形平坦或坡度低的地带,土壤条件利于管理和采集种子;⑤所有权稳定,以保证在种子园生命周期中对该地的使用;⑥远离群体中心,设置在杀虫剂及其他管理工具可以使用的地区;⑦如果霜冻在开花期是一个问题的话,要具备良好的空气流通(因为对大多数树种而言,花比其他营养器官对冻害更敏感)。

如果种子生产是唯一目标的话,种子园的选地不一定非要在育种单位或造林区内;不过,SSO 还有遗传测定的作用,应该设置在育种单位之内,代表商品林林地的地点。如果种子生产是唯一目标,那么目标就是以经济、高效的方式生产遗传改良的种子。理论上,任何最满足这个条件的地点都可以选用,并且有一些例子,一些机构在远离造林区(甚至数百公里)建立种子园。在地点定下来之前,重要的一点是了解建园地址历史上具有卓越的生产该树种种子的能力,并且,要么种子园与污染花粉隔离,要么花粉污染的发生不会影响种子对造林区的适应性。

一旦选定地点,种子园的规模通常由每年的造林面积,也等于是由每年的种子需求量决定。另一个考虑是种子园必须足够大以保证足够的花粉供给。一般来说,种子园的大小差异很大,为 1 ~ 100hm^2 甚至更大。根据对改良种子的实际需求决定种子园大小的步骤是:①估计每公顷种子园每年所生产的可种植的苗木数量;②将每年所需的苗木总数除以第一步所得的数量;③根据其他方面的考虑,对这一数字做一些认为必要的调整(如希望将种子卖给其他机构,需要在种子园达到盛产之前完全满足每年对种苗的需要)。专栏 16. 3 给出了该步骤应用于湿地松(*P. elliottii*)的一个例子。

专栏 16. 3 计算一个湿地松(*P. elliottii*)无性系种子园所需要的公顷数

位于美国东南部滨海低地的 56 个不同的湿地松(*P. elliottii*)无性系种子园的平均种子产量(Powell and White, 1994),在全盛时期,并用杀虫剂控制球果和种子害虫的情况下,大约是 34kg · hm^{-2} · a^{-1}(图 1)。假设每千克 25 000 粒种子,苗圃成苗率 80%(即播在苗圃中的种子 80% 成为可种植的实生苗),那么,每公顷成熟的种子园每年可生产 68 000 株可种植的实生苗(34×25 000×0. 8 = 680 000)。设人工林的初始种植密度为 1800 株/hm^2,平均一公顷种子园每年可以提供足够 375hm^2 造林用的实生苗(680 000/1800)。为了计算一个拥有 400 000hm^2 林地的机构所需种子园的大小,假设该地区轮伐期为 25 年,每年砍伐总林地面积的 1/25,于是,每年 16 000hm^2 的更新造林面积需要 42. 7hm^2 的种子园;每年需要更新造林 2000hm^2 的小一点的机构需要 5. 3hm^2 的种子园。

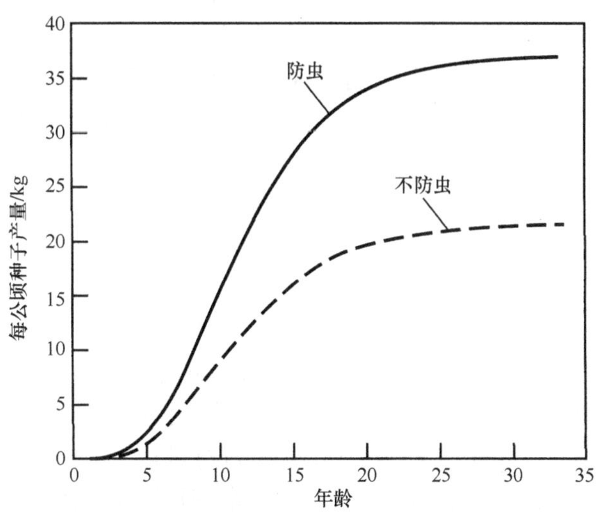

图 1　防治和不防治球果和种子害虫的湿地松(*Pinus elliettii*)种子园的种子产量($kg \cdot hm^{-2} \cdot a^{-1}$)。该数值是从 56 个不同种子园种子产量的数据集预测出来的。单个种子园的产量与这些平均值差异很大。[经美国林业工作者协会允许,根据 Powell 和 White(1994)的数据再加工]

影响所需种子园面积的因素有:①如果没有或很少有防治害虫的计划,球果和种子害虫将造成种子产量显著下降,则种子园面积需要加倍(图 1);②如果要求种子园在 10 年生就要满足整个机构所有的种苗需要,种子园的面积也需要加倍,因为每公顷 $34kg \cdot hm^{-2} \cdot a^{-1}$ 的产量只有在种子园建成 20 年后才能达到;③种子产量在地点间差异很大,很多机构在不确定具体地点的种子产量时,就把种子园建得大一些。

种子园的栽培管理和档案建设

适当的栽培技术包括灌溉、施肥,割草和使用除草剂以控制竞争,修剪(打顶或修枝以控制树高和冠形)、翻土以疏松土壤,化学或机械处理诱导开花(如被子植物使用多效唑)(Griffin, 1989, 1993),使用杀虫剂控制损害种子收成的害虫。

种子园的栽培技术因需要和树种的生物学特性大有差异,在这里将不评论针对不同树种的多种多样的栽培技术。Zobel 和 Talbert(1984)(*第 6 章*)给出了带有一般建议的详细的评论,而 Jett(1986, 1987)评论了关于火炬松(*P. elliottii*)和湿地松(*P. taeda*)无性系种子园的一系列实践。所有增加种子产量和降低成本的措施都应该予以考虑。

特别值得一提的一项栽培技术就是使用杀虫剂防治花、球果、种子害虫。在许多树种,害虫可以导致种子显著减产(专栏 16.3,图 1),害虫防治对实现全部生产潜力是必需的。有时每个季节需要数种措施(Powell and White, 1994)。

种子园管理的一个极其重要的方面就是保存完好的档案。植株需要清楚地标记并绘制成图。大多数的种子园管理者记录每天的天气,记录管理措施,并且详细记录种子生产的时间和质量。这些记录在很多方面都是很有用的,正式的种子园监测系统已经开发出来了(Bramlett and Godbee, 1982; Merkle *et al.*, 1982)。实际上,很多无性系种子园保持记录每个无性系的开花物候信息和种子生产信息。无性系的开花期、结实期及球果成熟期相差很大。有时,一些开花特别早或特别晚的无性系从种子园中被剔除,原因是担心它们的种子父本数太少或者是自交的子代。另外,如果采集种子时果实(或球果)完全成熟的话,单个无性系的种子产量和质量将达到最高。

花粉稀释和富集区

花粉污染(pollen contamination),定义为种子园外花粉的流入,降低了种子园所产种子的预期遗传增益,因为种子园内的入选材料被未知的遗传品质低于种子园内无性系的亲本授粉。更正式的定义是,花粉污染率,以 *m* 表示,代表迁入花粉比例(*第 5 章*),并且以外来花粉授精产生的种子占种子园种子的比例进行量化。

有许多方法可用来估计种子园中的花粉污染率,但是,那些使用遗传标记的方法是首选(Smith and Adams, 1983; El-Kassaby and Ritland, 1986; Devlin and Ellstrand, 1990; Xie *et al.*, 1991; Adams *et al.*, 1992c; Stewart, 1994; Adams *et al.*, 1997)。最常用的是父本排除法,比较种子园所产种子的遗传型,确定不是园中母树授精的那部分种子。这些种子一定是园外的父本授精的产物,这个信息和周围林分的父本等位基因频率的信息一起,用于估计 *m*。专栏 5.5 举例说明了一种简单的,单个位点的方法,但是在实践中,父本排除法在确定所有种子、种子园无性系和周围林分的多位点基因型方面更加有效。

在一份对 8 个国家 6 种针叶树种子园的花粉污染调查的评述里,估计的花粉污染率从加拿大白云杉(*P. glauca*)11 年生种子园最低为 1%,到美国俄勒冈州花旗松(*P. menziesii*)8 年生种子园最高为 91%(Adams and Burczyk, 2000)。这些种子园的树龄、面积大小、隔离程度(距同种林分的最近距离)跨度很大。所有种子园的平均花粉污染率为 45%,大多数的种子园(3/4 的估计 *m* 值的种子园)超过 33%。因此,这显出针叶树种子园对花粉污染是高度敏感的,1/3 或更高比例的种子由种子园外的树木授粉产生,也许并非是不寻常的。

假设外界花粉源是未经改良的、平常的材料,则 50% 的花粉污染率会导致预期遗传增益降低 25%。把种子园设置在没有低劣适应性来源(如用低劣种源或种子产地建立)的人工林围绕的地点是极其重要的。如果低劣适应性来源造成了花粉污染,遗传增益会严重下降。

显然,花粉污染对针叶树种子园是一个重要问题,并且或许也是很多被子植物种子园的问题。在过去,普遍推荐在种子园周围建立一个 150m 左右的**花粉稀释区**(pollen dilution zone)。这是为了通过将种子园与周围同种林分部分隔离,降低花粉污染的量。然而一个花粉稀释区增加了种子园所需要的土地面积,因此也增加了成本。例如,一个 $10hm^2$ 的正方形种子园边长是 316m,一个 150m 的花粉稀释区让其边长增加到 616m(316+150+150),总面积增加到 $38hm^2$。

现在看来,150m 的花粉稀释区在降低针叶树种子园花粉污染率方面并不有效,500～1000m 的隔离是有部分防护所必需的(Adams and Burczyk, 2000)。甚至这么大的距离也不一定足够,因为有证据表明大量的花粉可以从 50km 以外的林分飘散到种子园里(Di-

Giovanni *et al.*, 1996)。

针叶树是风媒花,这部分说明了花粉稀释区不能产生预期效果的原因。对虫媒花和动物媒介传粉的树种来说,花粉稀释区的潜在有效性取决于传粉媒介的移动距离。例如,van Wyk(1981)和 Griffin(1989)、Eldridge 等(1994, p225)的研究表明,一个 100~200m 的种植非亲和树种的花粉稀释区,对许多像桉属(*Eucalyptus*)这样的虫媒花树种是有效的。

其他 3 种隔离方式在代替花粉稀释区上显得可行。一种方式是建立**花粉富集区**(pollen enrichment zone),在种子园周围种植同种的最优遗传改良材料的人工林。考虑到花粉污染可能发生的事实,这主要是为了增加污染花粉的遗传质量。尽管花粉富集区的有效性还未得到证实,但它们与花粉稀释区相比,在逻辑上似乎是更好的选择,特别是对虫媒树种而言,因为昆虫是一定会访问邻近林分的。

第二种方式是增加种子园内花粉的产量以降低花粉污染的严重程度。这可以通过建立较大的种子园来完成,因为较大的种子园会产生较多的花粉。另一个途径是采取栽培措施,通过一系列的诱导技术(如施肥、激素处理、树干捆扎和搜根),促进园内的花粉产量(Bonnet-Masimbert and Webber, 1995)。

第三种方式是调节种子园母树的开花物候,以使它们比同一区域内其他林分早开花或晚开花。一个例子就是"花期延迟",其在降低花旗松(*P. menziesii*)种子园花粉污染上被证明是有效的(El-Kassaby and Ritland, 1986; Wheeler and Jech, 1986)。这种技术通过使用空中灌溉系统在冬天和春天给种子园母树喷水,以通过蒸发冷却来延缓花的发育。这种方法花费较高并且每年的有效性都不同;不过,"花期延迟"是降低花粉污染的新方法的一个例子。

家系林业

家系林业(family forestry)是优良(即测定的)全同胞家系(FS)在商品人工林中的大规模配置(专栏 16.4)。虽然家系林业可以令人信服地定义为包括自由授粉家系的推广,在这里还是将定义限制在全同胞家系上。自由授粉家系的推广在前节的无性系种子园中已经讨论过。

专栏 16.4　家系林业的典型工作流程

1. 家系林业在遗传测定确认出优良亲本或优良全同胞家系(FS)之后开始实施。第一步是通过控制授粉创造 5~20 个优良全同胞家系。如果数据仅来自多系混合授粉或自由授粉遗传测定,可以用亲本的排名(即预测的亲本育种值)来挑选用于控制授粉的亲本(*第 14 章*)。否则,多个全同胞家系组成的遗传测定可用来鉴别那些综合了优秀亲本育种值并且具有正的特殊配合力的家系(*第 6 章*)。

2. 家系林业的目标是创造优良全同胞家系的大量个体,并把它们种植在商品人工林里(称为 FS 的大规模推广)。对于那些其开花生物学便于通过控制授粉(CP)大批量生产种子的树种,FS 可通过 CP 种子的形式直接推广。在这种形式中,可通过众多大规模控制授粉方法(图 16.3)中的一种生产出大量的 CP 种子,将得到的种子播在苗圃中,培育容器苗或裸根苗,然后将这些 CP 实生苗移植到外面的人工林里。

3. 通常大量生产 CP 种子是相当昂贵的,而是用营养繁殖(VM)手段对有限数量的 CP 种子的实生苗进行无性扩繁。在这种方式中,VM 体系产生的苗木被用于生产性造林。扦插繁殖是最普遍用于生产 FS 家系苗木以供人工造林的 VM 体系,其操作流程是:①获得每个 FS 有限数量的控制授粉种子;②播种育苗,并形成绿篱式采穗圃(图 16.4);③对采穗圃实行高强度修剪和集约化管理,以产生大量的嫩梢用于扦插;④将嫩梢插在营养杯或裸根苗床上,待生根和充分发育后用于人工造林。在大多数情况下,采穗圃经过数年之后,扦插生根率及随后扦插苗的大田表现都会衰退,这意味着必须不断用控制授粉种子周期性地重建采穗圃。

通常当一个林木改良计划进行了几年,遗传测定的数据可用于鉴定最优的几个亲本(如 10 ~ 30 个),以便创制生产性推广所需的 FS 家系后,家系林业才开始实施。这里描述的 FS 家系在生产性推广上的使用,与*第 14 章*讲述的它们在遗传测定上的使用的关键区别是:①家系林业需要大量的种子,遗传测定正好相反;②家系林业中的亲本和家系的遗传值是已知的(并且只采用最优亲本),而遗传测定的目标常是确定它们的遗传值。

从家系林业中获得的遗传增益几乎总是明显高于从种子园种子推广中获得的增益。与使用 OP 家系或种子园混合种子相比,家系林业的理论优势有(Burdon, 1986, 1989):①由于创制 FS 家系只需要少数最优亲本,选择强度可以很高,而为了降低自由授粉时的近交风险,种子园通常要包含较多的亲本;②降低种子园遗传增益的花粉污染问题,在家系林业中得以避免;③近交现象也可以完全避免;④如果大量的 FS 家系经过了遗传测定的筛选,则通过获得特殊配合力(公式 6.9)得到附加增益是可能的;⑤对于那些不能在自由授粉种子园内产生可靠交配的树种而言,家系林业方便了种间杂种的生产性推广[如澳大利亚湿地松(*P. elliottii*)与加勒比松洪都拉斯变种(*P. caribaea* var. *hondurensis*, PCH)杂种 F_1 代的推广](Nikles and Robinson, 1989);⑥家系林业非常灵活,有利于开发以不断变化的市场或特定产品为目标,或者适应特定环境条件的特殊品种。

家系林业不是一种育种策略,相反是一种推广策略。因此,其林木改良计划依然需要选择、测定和育种活动。而且,一个特定机构可能混合使用互补的推广策略。例如,某个机构可能通过无性系种子园把大量的混合种子或 OP 家系推广到低生产力水平较低的地方,而利用家系林业在高价值的林地上获得额外增益。

在家系林业中,可通过两种繁殖方式生产足够的苗木用于人工造林:①FS 家系通过控制授粉(CP)产生的实生苗的形式推广;②营养繁殖(VM)技术(组织培养、扦插或其他方法)用于 CP 种子产生的有限数量实生苗的无性扩繁。这两种方式的预期平均遗传增益是相同的,所以,它们之间的取舍通常是根据控制授粉和营养繁殖的相对难易程度和成本高低而定。后面两节将分别简要介绍这两种方式。

基于控制授粉(CP)实生苗的家系林业

对一些树种而言,控制授粉是逻辑上可行并且相对简单的,而营养繁殖(即使使用幼嫩材料)在操作角度上是困难的。营养繁殖技术一直在发展,但是当 CP 种子的产生比营养繁殖简便,并且成本较低时,那么直接推广 CP 实生苗是一个更好的选择。通过这个方法,将优良FS家系的CP种子在苗圃培育营养杯苗或裸根苗,然后营造商品人工林。

要把优良FS家系的CP实生苗用于人工造林,必须将控制授粉的成本降到最低,使项目在经济上可行。例如,一个年更新造林面积2000hm^{2}的中型规模的机构,每年需要大约400万粒CP种子,与遗传测定需要的几千粒种子相比,这是一个相当重的任务。举一个关于规模的例子,新西兰于1986年用3000个隔离袋首次批量生产辐射松(*P. radiata*)CP种子,而到了1996年,该国每年使用的隔离袋总量达500 000个(图16.3)(Vincent, 1997)。如果所有的人工林更新都依赖CP种子,这个数字将会更大;相反,用一些种子建立采穗圃开展扦插育苗,将在下一节做介绍。

图16.3　新西兰的辐射松(*P. radiata*)草坪式种子园,每年使用数以千计的授粉袋以生产大量优良全同胞家系的控制授粉(CP)种子。这些家系的CP种子有时被用于人工造林,但更普遍的是CP种子构成营养繁殖(VM)系统的基础,由此得到的扦插苗被用于人工造林(图16.4)。(照片由新西兰罗托鲁阿森林遗传所的M. Carson提供)

由于家系林业所必需的控制授粉规模比较大,人们开展了很多研究,旨在开发出生产大量CP种子的更有效的技术方法。通常,这些方法以提高授粉的速度为目标,即使出现一些少量的花粉污染也在所不惜。与以科研为目的的控制授粉的格外小心的方法相比,这些更加快速的技术也许会采用更加便利的花粉分离和传送方法,成本较低的套袋系统(或者根本不套袋),减少对每朵花的授粉次数。例子包括:①大规模辅助授粉(Bridgwater and Bramlett, 1982; Bridgwater *et al.*, 1987);②大规模控制授粉(Harbard *et al.*, 1999);③一站式授粉(Griffin, 1989);④液态授粉(Sweet *et al.*, 1992)。这些方法都有不同程度的成功,依树种而定。

如果要大规模地开展控制授粉,那么以创制CP家系为目的的育种园设计常与前文介绍的自由授粉(OP)种子园设计有极大差异。总体来说,花粉污染、近交和随机交配不

图 16.4 用于生产扦插苗的不同类型采穗圃：a. 智利的辐射松（*Pinus radiata*）（营养杯）；b. 智利的辐射松（*P. radiata*）（裸根）；c. 南非的展叶松（*Pinus patula*）；d. 澳大利亚昆士兰的湿地松（*Pinus elliottii*）与加勒比松洪都拉斯变种（*Pinus caribaea var. hondurensis*，PCH）F_1 代杂交种。在所有的例子中，通过打顶保持采穗母株矮化是绝对必要的，且由于生根能力衰退和随之而来的个体生长速度减缓，采穗圃每几年就要更新。（由 T. White 拍摄）

会像在 OP 种子园那样影响设计标准，相反，授粉的简易高效是主要因素（Shelbourne *et al.*，1989）。因此，常将无性系嫁接成行状或块状以方便花粉采集和控制授粉。有时，对母树进行高强度修剪（称为截顶），使它们尽可能地保持矮化以方便授粉。例子包括草坪式种子园（Arnold，1990；Sweet *et al.*，1992）（图 16.3），绿篱式人工授粉种子园（HAPSO，Butcher，1988）和无性系行种子园（Bramlett and Bridgwater，1987）。

基于营养繁殖苗的家系林业

家系林业的营养繁殖(VM)方法从前一节描述的生产优良 FS 家系的 CP 种子开始，并且仍然需要相对大量的 CP 种子。因此，上述关于需要低成本 CP 技术的评论也同样适用于 VM 方法。随着 CP 种子的生产，营养繁殖用来对种子形成的个体进行无性扩繁，使每粒种子最终可以产生数百或数千株苗木用于人工造林。目的是使用 VM 来扩繁所得到的成本较高的或数量有限的 CP 种子。VM 方法有时与推广少量的经测定无性系的无性系林业相混淆(图 16.5)。家系林业的 VM 方法特别适合那些延误了种子生产或固有产量低的树种[如欧洲云杉(*P. abies*)和展叶松(*P. patula*)]，但是对任何具备高效的 VM 方法的树种都是有用的[如辐射松(*P. radiata*)](Burdon, 1989)。

图 16.5　单系人工林比实生苗人工林更加整齐：a. 哥伦比亚卡顿地区的巨桉(*Eucalyptus grandis*)工林，右边为单一无性系，左边为实生林；b. 南非 Mondi Forests 公司，采伐巨桉(*E. grandis*)单一无性系人工林。(由 T. White 拍摄)

最合适的 VM 方法取决于树种的生物学特性，任何低成本的 VM 方法都可以采用。扦插是最常用的繁殖方法，这里集中讨论实施大规模扦插项目的家系林业。一些实施规模化扦插繁殖的树种的例子有：蓝桉(*E. globulus*)、辐射松(*P. radiata*)、展叶松(*P. patula*)，以及湿地松(*P. elliottii*)(加勒比松洪都拉斯变种(*P. caribaea* var. *hondurensis*,

PCH) F_1 代杂种。

一旦获得 CP 种子,就要对种子进行萌发以生产实生苗。经过一段时间的生长后(如几个月到一年),从每株实生苗切下顶梢和枝梢。这些穗条(也称为插穗)被插入土壤或扦插基质中(含或不含生根激素),并且给予生根的合适条件。一旦插穗生根并生长一段时间后,重复以下过程[称为**连续繁殖**(serial propagation)]:①从原来生根的扦插苗上采集新的插穗;②刺激新插穗生根以生成第二阶段的扦插苗;连续繁殖可以有好几个阶段,依树种而定。

在某种情况下,扦插苗被修剪和施予高强度管理,以形成能够大量生产扦插苗供应人工造林的植株(专栏 16.5 和专栏 16.6);由于高强度修剪,植株变得像"盆栽"植物。这些植株有各种不同的名称,如母株、萌蘖根株和绿篱式采穗母株等(图 16.4)。一个机构可能需要许多公顷的采穗圃以生产足够的扦插苗来满足每年更新造林的需要。造林用的扦插苗是通过以下步骤生产的:①从采穗圃采集插穗;②将它们插于温室或露天苗圃的土壤或扦插基质中,以促使它们生根;③将扦插苗培育到符合出圃的规格和质量。这个过程必须以低成本的方法高效地生产数以百万计的扦插苗。

专栏 16.5　通过营养繁殖(VM)的家系林业与无性系林业(CF)的比较

所有来自同一粒种子的扦插苗都有相同的基因型(体细胞突变除外),因此是同一无性系的成员。基于这个原因,通过 VM 方法的家系林业有时会与无性系林业(CF)相混淆。其区别是 VM 家系林业推广的是年幼的、未经测定的无性系,而无性系林业推广的是经过测定的无性系(Burdon, 1989)。在家系林业中,根据预测的亲本育种值(*第 6 章*中的 *A* 值)或者全同胞家系在遗传测定中的表现对即将要在生产上推广的家系进行排名。在无性系林业中,根据无性系总的遗传值,有时称为无性系值(*第 6 章*中的 *G* 值)对无性系本身进行排名。

在 VM 家系林业中,由于减数分裂时的重组,同一家系的每一粒种子都有不同的基因型(*第 3 章*),并且这些基因型是未经测定的。因此,如果来自某个家系的 1000 粒 CP 种子被用来生产 1 000 000 株扦插苗,就总共有 1000 个不同基因型(即 1000 个不同无性系)。如果推广 20 个不同的 FS 家系,人工林中就有 20 000 个无性系(即基因型)。这与 CF 通常在生产上使用 10 ~ 50 个无性系形成鲜明对比。

在遗传测定鉴定出最优无性系后,不能对入选无性系进行规模化无性快繁的树种,也要使用 VM 家系林业,而非无性系林业。例如,假设对刚才提及的 20 000 个无性系进行遗传测定,以鉴定可用于生产性推广的最优无性系。在大多数树种中,进行选择的树龄要大于 5 年;这是 CF 项目开始的时间,这时已经从遗传测定结果中鉴定出少数最优的无性系(可能是 20 个),然后对它们进行生产性扩繁。不幸的是,到这个时候,用于扩繁经测定后选出的无性系的采穗圃已达到生理老化的年龄(从种子开始已经 6 年生或更老),并且在很多树种中的生根能力和栽植后的表现都已经下降到使 CF 不可行或不可取的程度(专栏 16.6)。在 VM 家系林业中,通过优良亲本之间重复交配产生 CP 种子,再使用这些种子建立幼化(但未经测定)的无性系生产性采穗圃,避免了年龄效应对无性系的影响。两者的差别显而易见,即在家系林业中亲本或家系是基于育种值进行选择的,而在 CF 中经测定的达到选择年龄的无性系是基于它们总的遗传值进行选择的。

在 VM 家系林业中，来自一个给定 FS 的无性系有时在种植前会混合起来，这意味着每块人工林包含同一全同胞家系的许多基因型。另一些时候，每个无性系单独造林，每块人工林只含有一种基因型。对于后者，一片林分的遗传多样性与 CF 的单无性系区组相同；即林分内没有遗传多样性。也许这是 VM 家系林业和 CF 有时会被混淆的一个原因。但它们还是有两个重要的区别：①在 VM 家系林业中，无性系是未经测定的，这意味着每个家系中有较好的和较差的基因型，所有的基因型都被用于推广造林；②由于家系林业推广了数以千计的不同基因型，因此在景观水平上，家系林业的遗传多样性总是比 CF 大得多。

专栏 16.6　扦插苗生产的幼化、老化和采穗圃管理

几个名词，包括成熟、周期性、个体发育老化和季相变化，都与木本植物随年龄增长而发生的形态、解剖和生理上的变化有关（Greenwood and Hutchinson, 1993）。这些变化显然与不同年龄阶段不同的基因表达有关，意味着基因调控扮演着主要的角色（*第 2 章*）。随着年龄增长，大多数树种的变化包括（Bonga, 1982; Zimmerman *et al.*, 1985; Greenwood, 1987; Greenwood and Hutchinson, 1993）：①生长速率减缓；②分枝减少；③开始开花并产种；④生根能力下降；⑤从老树采集的插穗生长速度减缓。

后两种变化对扦插苗的规模生产尤为重要。在大多数树种中，幼龄材料的营养繁殖相对容易，但随年龄增长生根越来越困难。生根能力的下降随树种而异，但是可以早至在一年树龄时就发生（Greenwood and Hutchinson, 1993; Talbert *et al.*, 1993）。另外，从老树上采集的插穗经常保留老树的一些特性，如生长缓慢。因此，几乎所有针叶树和大多数被子植物的大规模扦插项目，都从幼年材料取插穗。Talbert 等（1993）写了一篇很精彩的关于 25 个机构的大规模扦插项目的评论。

常常通过对供体植株采取绿篱式幼化措施（指高强度修剪、打顶和修枝）来延缓成熟（老化）和保持生根能力（图 16.4）。在许多树种中，经幼化处理的供体植株，其插穗生根能力和扦插苗的田间表现可在数年内保持在一个可以接受的水平，时间比未处理植株的长（Menzies and Aimers-Halliday, 1997）。因此，对供体植株的适当管理，包括定期和高强度修剪，以及适当的营养，对大规模扦插项目的成功至关重要。在大多数树种中，扦插苗的生根能力和田间表现随采穗圃年龄的增长而降低（即使管理得当）；因此，采穗圃必须周期性地更新，这要通过创制优良全同胞家系新的 CP 种子并建立新的采穗圃来完成。

增殖率可以高至每年 10 ~ 50 倍（Vincent, 1997），意思是一粒种子第一年可以生产 10 ~ 50 株扦插苗，每一株扦插苗第二年又可以生产 10 ~ 50 株扦插苗。因此，一粒种子在数年内可以实实在在地生产数以万计的扦插苗。这个速率意味着数以千计的昂贵的 CP 种子可以被扩繁成数以百万计的可用于规模化更新造林的扦插苗。

有些项目使用以实生苗营造的遗传测定林来选择用于生产性推广的亲本或 FS 家系。然而，在家系林业的 VM 方法中，用于人工造林的是扦插苗，而不是实生苗。C 效应的存在（专栏 16.7）意味着有些家系对 VM 方法有不同的反应。例如，一些实生苗表现优异的家系，可能扦插生根不良，或者采穗圃老化过快，导致它们的扦插苗生长缓慢。因此，一个家系以实生苗和扦插苗分别作测定,两者生长表现的相关系数不可能等于 1。由于这些原因,一定要非常注意在进行遗传测定时,选用相同的繁殖方法产生的具有相同成熟程度的 FS 家系材料。

专栏 16.7　C 效应及其对无性系林业和营养繁殖家系林业的影响

C **效应**(C-effect)一词包括近亲群体常有的几个环境的、发育的和非典型的遗传效应,它导致近亲群体间的差异比*第 6 章*叙述的经典遗传理论预测得大(Bonga, 1982; Burdon, 1989; Foster, 1993; Frampton and Foster, 1993)。从最广义上来看,C 效应的类型有:①**位置效应**(topophysis),位于树冠不同部位的枝条的位置效应,如从树冠下部和中心部位采集的营养繁殖体通常比上部或边缘部位的繁殖体具有更多的幼态化特征;②**周期性**(cyclophysis),如专栏 16.6 描述的成熟效应;③**环境效应**(periphysis),环境效应导致组织具有先决条件,如适应不同环境下的供体植株产生具有截然不同特性的繁殖体;④**母体效应**(maternal effect),导致相同母氏家族的成员具有共同的属性(如导致母本间的种子大小差异);⑤**非细胞核遗传效应**(non-nuclear genetic effect),如线粒体和叶绿体 DNA 导致的遗传效应(*第 3 章*)。

最后两种类型的 C 效应作用于家系,并且使得家系间差异比经典遗传学理论预测的差异更大;在这里忽略这些效应。前三种类型的 C 效应作用于无性系林业或 VM 家系林业的营养繁殖体,它们的生物学表现为:①来自同一无性系的繁殖体(如扦插苗),可能依所处环境和成熟状态,或采集插穗的树冠部位而表现不同;②不同无性系可能对繁殖体系的反应不一样,所以无性系之间或 VM 家系之间的表观遗传差异可能部分归因于 C 效应。

C 效应对项目实施有两个主要影响。首先,如果通过不同的繁殖体系,或具有不同成熟状态或不同环境先决条件的供体植株进行无性系或家系测定,C 效应导致的差异可能不会相同。相反,每套条件都会产生一套新的 C 效应,从而对繁殖育苗和随后苗木的表现产生不同的影响。例如,假设一个优良无性系的采穗母株比其他大多数无性系老化得快。于是,来自该无性系幼年采穗母株的扦插苗表现良好,但是当从老化的采穗母株采集插穗时,该无性系在生长方面的相对优势会降低。C 效应的存在意味着无性系或 VM 家系的排名随每个无性系或家系对各种不同条件的反应而发生变化。因此,如果 C 效应很大时,无性系或 VM 家系的测定和排名应该采取与面向更新造林的规模化育苗一样的繁殖条件和成熟状态。

第二个影响是,如果 C 效应很大,则遗传率和遗传增益都会被高估,因为无性系间或家系间的差异都会被夸大,向上偏离经典遗传学理论所预测的值。例如,如果一些无性系对繁殖体系的反应(如生根差异或表型差异)较好或较差,然后由于遗传和 C 效应的因素,这些无性系可能表现优良或低劣。这夸大了由观测得到的无性系间的差异,使得它大于单纯由遗传因素引起的差异。在数量遗传范畴内,无性系之间观察值的方差估计值($\sigma^2_{无性系}$)是总的遗传方差(*第 6 章*的 σ^2_G)和 C 效应引起的方差($\sigma^2_{效应}$)的和:$\sigma^2_{无性系}=\sigma^2_G+\sigma^2_{效应}$。为了估计广义遗传率(公式 6.11)和预测无性系选择的增益(公式 13.5),通常假设 $\sigma^2_{效应}$ 为 0,并且用 $\sigma^2_{无性系}$ 作为总遗传方差的估计值。如果 C 效应很大时,将会导致广义遗传率估计值和遗传增益预测值偏高。

无性系林业

无性系林业(clonal forestry),以 CF 表示(专栏 16.8), 指通过无性系测定证明为优良的少数(通常 10 ~ 50 个)无性系的大规模推广(Burdon, 1989; Libby and Ahuja, 1993; Talbert *et al.* ,1993)。无性系林业的其他特征有:①数年内,甚至几个轮伐期内推广相同的、已知的、可靠的无性系;②采用个性化无性系管理方法,包括"适地适无性系",针对不同的无性系采取不同的营林措施。有时,CF 和营养繁殖(VM)方法容易混淆(专栏 16.5),但是 CF 的关键是在获得测定结果后,大规模扩繁选出的单个无性系的能力。

专栏 16.8　无性系林业的典型工作流程

1. 第一步是用大量(成百上千)的无性系建立无性系测定林。这些无性系测定林要建在计划造林区的多个地点上,并且每个试验点包含每个无性系的多个分株(一般 5 ~ 20 株)。这些无性系分株按随机化、重复的设计种植,通常为单株小区(*第 14 章*),以方便在每个地点和跨地点对无性系进行精确排名。

2. 当无性系测定林到达适当的选择年龄时[桉属(*Eucalyptus*)和杨属(*Populus*)的速生树种,可以低至 3 年生,但生长较慢的树种就要年龄大一些],从测定中采集的观测数据用于预测所有无性系的遗传值(*第 6 章*的 *G* 值)。最优的无性系(一般为 10 ~ 50 个)被用于生产性推广。如果无性系与地点相互作用显著(Osorio, 1999),则将特定的无性系推广到造林区内特定的地点上。

3. 随后,对选出的无性系进行大规模扩繁,最常用的是通过扦插或组织培养(*第 20 章*)生产规模化造林用的苗木(图 1)。这些苗木拥有和所选无性系相同的基因型;换句话说,从测定无性系到推广期间,没有有性生殖和重组发生。因此,如果遗传测定中选出了 20 个无性系,那就只有 20 个无性系用于生产推广。

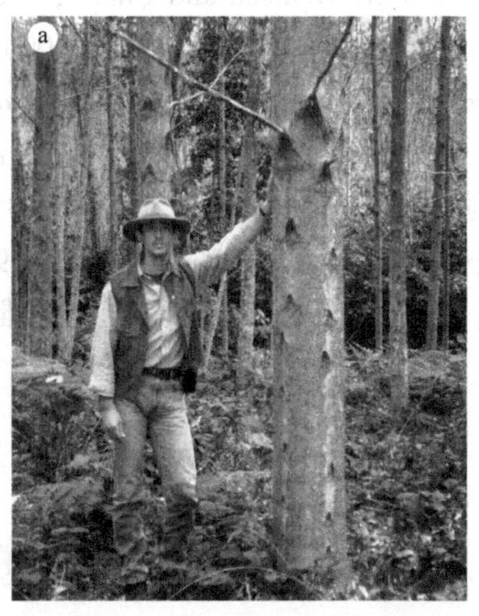

图 1　巨桉(*Eucalyptus grandis*)无性系林业的典型工作流程:a. 伐倒选出的优树,树桩发出幼化的萌芽;b. 树桩萌芽用于扦插,形成经测定无性系的采穗母株;c. 从采穗母株采集插穗,插入扦插基质以生产造林用的扦插苗。(由 T. White 拍摄)

图 1(续)

正如本章介绍的所有推广方式一样,CF 不是一种育种策略。所有运用 CF 的项目都必须有一个基本的育种计划,包括选择、育种、测定等内容,以鉴定遗传优势不断增长的无性系。关于 CF 作为一种推广方式时,育种策略该如何改变的讨论放在*第 17 章*。很多育种的选项可以成功地在育种群体和推广群体中产生长期的遗传增益。然而,当 CF 成为育种选项时,至少遗传测定的一部分必须用经过鉴定的无性系来建立,目的是对无性系进行排名以选择供规模化繁殖用的无性系。

CF 项目的成功很大程度上取决于树种的生物学特性,并且大多数实用化的 CF 项目只用在那些可以在选择年龄进行大规模营养繁殖的树种(专栏 16.6)。例子包括:①在许多热带和亚热带国家的桉属(*Eucalyptus*)几个种,特别是巨桉(*E. grandis*)和它的几个种间杂种(专栏 16.8)(van Wyk, 1985b; Denison and Quaile, 1987; Campinhos and Ikemori, 1989; Lambeth *et al.*, 1989; Zobel, 1993; Duncan *et al.*, 2000);②南半球和北半球温带地区的杨属(*Populus*)和柳属(*Salix*)的树种和杂交种(Zsuffa *et al.*, 1993);③日本柳杉(*C. japonica*),主要在日本(Ohba, 1993);④欧洲的欧洲云杉(*P. abies*)(Bentzer, 1993)。在《无性系林业》第二卷还有其他的例子(Ahuja and Libby, 1993),另外在混农林业、圣诞树和城市景观配置中 CF 还有更多的应用(Kleinschmit *et al.*, 1993)。最后,简单易行的组织培养技术的出现(*第 20 章*),可能便于对那些在选择年龄难以进行营养繁殖的树种实行无性系林业。

无性系林业的优势

关于无性系林业(CF)的优势和可取之处已经有过详尽的讨论(Libby and Rauter, 1984; Carson, 1986; Burdon, 1989; Libby and Ahuja, 1993; Lindgren, 1993),其优势包括前一节家系林业部分给出的那 6 个。CF 还有家系林业无法比拟的其他可取之处,可以分成三大类,即提升遗传增益,改善对人工林遗传多样性的掌控,以及提高生产效率。

CF 与提高遗传增益有关的优势有:①更好地利用加性遗传方差,因为参试无性系间的差异包含所有的加性方差,而全同胞家系和半同胞家系之间的差异分别只包含 1/2 和 1/4 的加性方差;②获取全部的非加性遗传方差,因为推广的无性系保持了它们全部的遗传值(*第 6 章*的 *G* 值);③通过将测定后的无性系进行地点特异性推广,将其推广到已知它们在其中表现良好的土壤、气候条件,挖掘基因型与环境的相互作用;④鉴定出在性状上具有不利遗传相关的"相关性破裂者",意思是选择在两个性状上都表现优良的杰出无性系,即使从相关性上来看,这样的无性系将难以从基因型各异的实生苗子代中产生。

缺乏遗传多样性是经常被提及的 CF 的一个弊端,这将在下一节深入讨论;然而,在某些方面,与其他推广方法相比,森林经营者能更好地管理通过 CF 营造的人工林的遗传多样性:①喜欢一致的人工林以降低采伐成本和生产更加一致的产品的机构,可以营建单系人工林,在其中数公顷的土地上只推广单一无性系(单一基因型)(图 16.5);②更喜欢遗传多样性人工林的机构可以在每片林分内种植很多无性系。这些无性系可以经过特别的选择以达到:(a)在利用不同小生境方面互补;(b)在抵御某一特定病虫害的不同机制上互补;以及(或者)(c)在所有被测性状上都有遗传差异,以提高遗传多样性。

最后,在每个育种周期推广合理数量(如少于 50 个)的经测定的无性系,可以使一个机构获得若干实际利益。经过若干年的推广,营林机构开始"了解"每一个无性系,这可以形成每个无性系的管理档案,确定它所需要的苗圃措施(如生根的时间和最佳条件),田间表现(如在不同的土壤、气候条件下的表现)及产品质量(如木材质量、破裂的可能性)。这样可以制订各个时期(苗圃、人工林和加工设施)的无性系特定的管理规程,其中伴随着节省成本和高效率操作的收益。

关于无性系林业的问题和忧虑

关于无性系林业(CF)的几个忧虑可归类为技术、生物学和社会/道德等方面(Carson, 1986; Burdon, 1989; Kleinschmit *et al.*, 1993; Libby and Ahuja, 1993; Lindgren, 1993)。技术层面的忧虑是最迫切的,包括:①对达到选择年龄的材料高效率地生产繁殖体存在难度,因此妨碍了 CF 在某些树种上的应用;②成熟效应(专栏 16.6)可能限制测定后无性系的有效使用寿命;③C 效应的影响使遗传测定复杂化并混淆增益的预测值(专栏 16.7);④体细胞突变可以潜在地导致无性系内的遗传变异;⑤开始时必须从大量的无性系中筛选出 10 ~ 50 个用于生产推广。关于最后一个忧虑,许多桉树项目(Brandao, 1984; Zobel, 1993; Lambeth and Lopez, 1994)在试验林中对数以千计的初选无性系进行筛选,只为发现几个在人工林表现和适应繁殖体系两方面都最符合要求的无性系(意思是选出的无性系既要萌芽力强,也要插穗容易生根)。

目前最重要的技术问题是成熟效应,其在一定程度上影响着前面列出的 5 个问题。有许多在研项目正在寻求解决成熟效应的办法,纳入考虑的主要有两种策略。第一种办法是试图把所有无性系的备份保持在幼化状态(通过反复修剪、连续繁殖和组织培养保存),而无性系的其他分株在田间试验中进行测定。当优良无性系鉴定出来后,其保持在幼化状态的备份可以进行规模化繁殖。这意味着数年内,在特定设施里一次性把成百上千的无性系保持在幼化状态。例如,一种组织培养方法,叫做体细胞胚胎发生(*第 20 章*),被用于从一些商业化松树的种子组织中产生无性系(Grossnickle *et al.*, 1996;

Menzies and Aimers-Halliday, 1997; Bornman and Botha, 2000)。每个无性系的部分分株以组织培养的形式保存在液氮中,而其他分株则参加田间测定,用以对无性系进行排名。然后,将被选中的无性系的组织从低温储藏中恢复过来,进行生产性繁殖。第二种方法是试图在选择年龄上用生长在田间测定林的分株对最优无性系进行扩繁。在一些桉属(*Eucalyptus*)树种中,将选中的无性系的分株伐倒,使树桩产生萌条。这些新枝是幼化的,可以进行扦插扩繁(专栏 16.8)。

关于 CF 的生物学方面的忧虑涉及在商品人工林和育种群体两方面的遗传多样性。在商品人工林中,忧虑的是因为种植单一无性系导致林分内多样性下降,也许会增加发生重大灾害的可能性,如病害导致林分全部毁灭。正如上面所提到的,CF 允许对林分内遗传多样性进行实质性调控;然而,很多机构确实营造了**单系人工林**(monoclonal plantation),其中所有林木都是相同的基因型。

在林木中没有直接的证据,但在作物中,增加遗传多样性一般能减少病害带来的问题;不过,依环境的变化范围和背景情况不同,其结果变化很大(Lindgren, 1993)。例如,当多基因型混合体中存在一个未知的易感基因型,为流行性病害的定居传播提供条件时,混合体有时比单个抗性基因型更容易受病害影响。另外,如果病原物有很多的寄主种[如欧洲的根部病原物,蜜环菌(*Armillaria mellea*)],则同一林分内同一树种[如欧洲云杉(*P. abies*)]的一系列基因型似乎不可能对减缓病害的传播有帮助。进一步说,在园艺(如一些葡萄栽培品种)和林业(如钻天杨)上,都有数十年成功使用同一无性系的例子。总体来说,很重要的是,考虑使用无性系林业的机构需仔细评估它们在特定情况下的风险,在大面积推广要求轮伐期长的树种的单一无性系时,风险更高。下一节将讨论最佳无性系数量的问题。

推广相对少数的无性系也增加了关于树种总体遗传多样性受侵蚀的忧虑。如果一个树种的自然分布区的大部分范围内种植了少数无性系,这将是一个大问题,它凸显了理智地使用 CF,并且用育种和基因保存项目支持 CF 的必要性。

关于 CF 的社会/道德考虑包括一些普遍想法,即所有经营着的森林都是对大自然的不受欢迎的操控,并且 CF 是这种操控的最不受欢迎的形式。正如*第 1 章*所表达的那样,作者的观点是:①所有类型的森林都是必需的;②集约经营地球上一小部分的森林以满足世界对木材产品的需要,将有更多的天然林可以作为其他用途。

无性系的生产性配置

当经过测定的无性系可用于生产性推广时,森林经营者必须决定要推广多少无性系,以及这些无性系在景观上应该如何配置。对于后一个问题,有两个常用方法:①将几个到很多个无性系混合起来种植在同一片林分内(有时称为无性系的紧密混合体);②单片林分(如 $20hm^2$ 的人工林)种植单一无性系,而在其周围种植不同的无性系,如此在整个景观上形成**单系区组**(monoclonal block)的马赛克布局。无性系的数量和它们的推广形式都是很多理论和实证研究的课题,作者只提供简要的概述(Carson, 1986; Libby, 1987; Foster, 1993; Lindgren, 1993)。

无性系生产性推广的适当数量取决于生产率(推广少数最优无性系的回报或遗传增

益)和多样性(推广太少无性系时潜在的灾害损失风险,见上节)。一般的结论是:①推广很少量的无性系,因为选择强度大而提高了遗传增益的预期(*第 6 章*);②很多理论研究指出,为了降低风险而组成超过 30 个无性系的混合体系几乎没有什么价值,并且,在某些情况下,推广很少量的无性系确实能把风险降到最低(Libby, 1982; Huehn, 1987, 1988; Huhn, 1992a, b; Roberds and Bishir, 1997);③ 7 ~ 30 个无性系的混合体系的安全性与大量无性系的混合体系相比看起来是相同的(Libby, 1987)。

把所有这些因素考虑进去,作者建议,对一个在没有已知灾害损失风险的地区造林的短轮伐期树种而言,在单一育种单位的任何指定育种周期内,采用相对较少的无性系(7 ~ 20 个)进行推广是合适的。相反,对高风险地区的长轮伐期树种,较大数量的无性系(或达 50 个)看起来是合适的。同样,在任何明确的遗传多样性水平下,可以通过推广少数最优无性系,同时增加每个无性系的分株数来实现遗传增益最大化(Lindgren *et al.*, 1989)。这意味着在较大面积上种植少量的几个最优无性系,然后在小面积上多种植另外几个无性系以增加总体的多样性。

就无性系在景观水平上的推广形式而言,建议对长轮伐期和计划疏伐的树种采用无性系**紧密混合体**(intimate mixture)(Burdon, 1982b)。这个方式允许比较自然地淘汰表现低劣的无性系,或者进行疏伐而不至于损失整个林分。相反的,对短轮伐期及不计划疏伐的树种,推荐 2 ~ 25hm^2 的单系区组马赛克布局。种植和收获之间的时间短,降低了损失整个林分的风险。另外,土地所有者获得了先前提及的提高林分一致性(图 16.5)带来的利益,增强了对特定无性系进行监测以开发无性系管理档案的能力。

最后,一些国家有规范无性系推广和销售的法律法规。瑞典和德国两个国家制定了关于无性系销售、种植和配置的专门法规,而其他几个国家(包括丹麦、比利时、新西兰和加拿大)正在考虑出台与无性系推广相关的法规或自愿指导方针。当这些法规生效后,任何 CF 项目都必须遵照执行。

关于配置的遗传多样性考虑

生产性人工林中林木间的遗传多样性取决于繁殖群体中入选亲本间的遗传多样性和推广方式(如种子园批量种子实生苗、家系林业或无性系林业)。繁殖群体是选择群体的一个子集(图 11.1),因此,人工林的遗传多样性也取决于林木改良计划在选择群体和基本群体中保持的遗传多样性水平。

理论思考(*第 17 章*有所讨论)和实证研究(Adams, 1981; Cheliak *et al.*,1988; Bergmann and Ruetz, 1991; Chaisurisri and El-Kassaby, 1994; Williams *et al.*,1995; El-Kassaby and Ritland, 1996; Williams and Hamrick, 1996; Stoehr and El-Kassaby, 1997)(*第 10 章*)都指出,即使育种群体或种子园中数量不太大的入选亲本,都能够把代表一个树种在同一个育种区内的天然群体的大部分遗传多样性保持很多个世代。无疑的,一个林木改良计划把有效群体规模保持在 300 以上,就等于是保护了大部分的天然遗传多样性。因此,作者的论述从这样一个假设开始,即存在相伴随的育种计划和基因保护计划,能够长期保持适当的遗传多样性水平。

比较各种推广方式需要考虑每种方式营造的人工林的遗传多样性。这种多样性可以从3个尺度水平上考虑:①个体内;②同一林分的个体之间;③景观水平上的林分之间。在第一个尺度水平上,已经讨论了(*第7章*)林木是已知自然界中杂合度最高的有机体,在大多数树种中都观察到平均高水平的杂合度。因此,单一无性系(单一基因型,体细胞突变除外)的生产性推广不能等同于可能是高度纯合的近交作物种类的类似形式的推广。在林木中,在大量的基因位点上都存在着两个等位基因,即使在同一株树或同一无性系中,也能提供一些遗传多样性。

在理论上,个体内遗传多样性(杂合性)的存在,也许对它们适应由于天气条件变化和生态演替导致的随时间而改变的环境是有帮助的(叫做杂合体优势或杂种优势,*第5章*)。杂合体优势对适应性的价值已经引起了广泛的争论,并且有几个实际例子的报道。杂合性对林木和其他异交物种的主要价值可能就在于掩饰那些将在非异交情况下以纯合形式表达的有害等位基因(*第5章*)。另外,不管推广方式如何,一个位点内等位基因间的差异,是森林树种遗传多样性的一种形式,这在大多数近交作物中是不存在的。

在第二个尺度水平上,不同的推广方式影响同一林分内个体间的遗传多样性。首先考虑用种子园种子营造的人工林,因为对这种推广方式的研究最为广泛。总体来说,用遗传标记比较天然林和种子园种子营造的人工林的遗传多样性,结果显示种子园种子营造的人工林,其遗传多样性水平与天然林相似,甚至更高(Adams, 1981; Williams and Hamrick, 1996; Stoehr and El-Kassaby, 1997; Schmidtling and Hipkins, 1998)(第*10章*)。更加明确的是,在多态性位点的比例,每个位点的平均等位基因数,以及实测的和预期的杂合度等方面,两者都很相似。

种子园种子营造的人工林的遗传多样性甚至比天然林还要高,这也许是因为:①如果天然林包含近邻结构,邻近位置的近亲之间发生交配(*第7章*),则相比之下种子园内的异交程度更高;②从育种单位内很多分布很广的林分中选入种子园的无性系之间具有大的遗传多样性;③花粉污染可以从种子园外注入遗传多样性。

在第三个尺度水平上,如果在整个景观范围内检测遗传多样性,用单一种子园的种子替换育种区内所有天然林,很可能降低整个区域包含的遗传多样性,特别是天然林中存在的一些稀有等位基因,在种子园种子营造的人工林中可能不复存在(*第10章*)。例如,加拿大不列颠哥伦比亚省云杉样本的17个等位酶位点的研究(Stoehr and El-Kassaby, 1997)。每片天然林所有位点的累计等位基因数为33~40个(平均36个),在所有抽样的林分中总共有46个。在只用种子园种子营造的人工林中,有39个等位基因,高于除一片以外的所有天然林,但总数不如天然林多。

各种不同推广方式的遗传多样性问题可以用*第6章*数量遗传学理论解决,这是非常有用的,因为除了种子园外其他的推广方式不曾用遗传标记做过深入的研究。首先基于先前的讨论,将用种子园种子营造的人工林作为一个基准线,赋予它一个100%的值,表示在一个育种区内,人工林林分内个体之间存在着最大程度天然遗传变异(表16.1);那么,对于任何推广方式而言,同一人工林内个体间存在的遗传变异的预测值都可以用种子园种子营造的人工林的遗传变异值的百分比表示。这种遗传变异的相对量不取决于性状的遗传率,而取决于加性遗传方差与非加性遗传方差的比率(并且在这里假设上位互作效应引起的方差可以忽略)。

表 16.1　用不同推广方式营造的人工林内个体间理论上的遗传变异，按加性遗传方差（V_A）对非加性遗传方差（V_{NA}）的比值分为 3 个水平。采用种子园批量混合种子营造的人工林作为基准线，即 100%。其他推广方式以对基准线的相对值表示。假设由上位性效应引起的遗传方差为零，于是同一林分内个体间遗传方差（V_w）的期望值如下：同一个半同胞家系内的个体间 $V_w = 0.75V_A + V_{NA}$；同一个全同胞家系内的个体间 $V_w = 0.50V_A + 0.75V_{NA}$；同一个无性系的分株之间（体细胞突变除外）$V_w = 0$。例如，假设 $V_{NA} = 1/2V_A$，则种子园子代间总的加性遗传方差为 $V_{w,\ seed\ orchard} = V_A + V_{NA} = V_A + 0.50V_A = 1.50V_A$，而单一半同胞家系内总的加性方差为 $V_{w,\ HS\ family} = 0.75V_A + V_{NA} = 0.75V_A + 0.50V_A = 1.25V_A$。于是，来自半同胞家系种子的人工林的遗传多样性相对于种子园种子人工林的遗传多样性的比率为 $1.25V_A/1.50V_A = 0.83$，如表所示。

推广方式	林分内遗传变异 V_w/%		
	$V_{NA} = 0$	$V_{NA} = 1/2V_A$	$V_{NA} = V_A$
种子园	100	100	100
单一半同胞家系	75	83	88
单一全同胞家系	50	58	63
单一无性系	0	0	0

根据这些假设，当人工林来自单一半同胞家系时，林分内个体间平均遗传变异水平相对于种子园子代间总遗传变异值的比率还能保留为 75%～88%。类似的，以单一全同胞家系的方式推广时，人工林内个体间还能够保留大于一半的遗传变异量。因此，可以预期，单个家系（无论是种子园的自由授粉家系，还是控制授粉产生的全同胞家系）的推广，平均来说，可以保留大部分的林分内个体间的遗传多样性。如果在种植前将不同无性系（即同一家系的不同种子）的苗木等量混合，则这一结论也同样适用于通过营养繁殖创制大量苗木的家系林业。

显然，当一片林分只含有单一无性系的分株时，个体间没有遗传变异。这种情况出现在以单系人工林形式推广的家系林业或无性系林业中。实际上，对于某些机构而言，这种遗传一致性是先前提及的无性系林业的优势之一（图 16.5）。如果需要林分内有遗传多样性，就应该把多于一个的无性系以紧密混合体的形式布置在同一片林分。另一种方案是将单系人工林以马赛克形式布局，则林分内的遗传多样性为零，但如果在整个景观上配置几个遗传上特异的无性系，那么总体的遗传多样性还是相当可观的（见“无性系的生产性推广”一节）。

本章提要和结论

为方便起见通常将应用性的林木改良分为两个时期（图 11.1）：①育种周期内以开发新品种为目的的活动（选择、测定、育种）；②建立繁殖群体和推广新开发的品种。与第一套活动相比，繁殖群体的规划着眼于单个世代，其目标是用可得到的最好的基因型生产种苗用于更新造林，以便在商品人工林中获得最大的遗传增益。任何实用的林木改良计划的资本收益（称为现实增益），都是以良种人工林与非良种人工林在产量和产品质量上的比较差异来衡量的。

在育种和测定的任何周期，一个机构可能采用多种类型的繁殖群体和推广方式。种子园是由入选的无性系或家系组成,在一定地点建立的以生产良种供人工造林为目的地进行经营的人工林。有两种类型的种子园:①无性系种子园(CSO),通过营养繁殖(嫁接、扦插或组织培养)方式,以入选优树无性系建立的种子园(专栏 16.1);②实生苗种子园(SSO),以入选优树的(自由授粉或全同胞)种子建立的种子园(专栏 16.2)。种子园是最常见的繁殖群体类型,几乎所有的林木改良计划都在其项目的某个阶段建立种子园以生产遗传改良的种子用于推广造林。

家系林业(FF)是优良(即测定的)的全同胞家系(FS)在商品人工林中的大规模配置(专栏 16.4)。FF 一般在林木改良计划运行几年之后开始实施。将遗传测定的数据用于鉴定最优的几个亲本(如 10 ~ 30 个),以便创制生产性推广所需的 FS 家系。FS 家系可通过控制授粉(CP)实生苗的形式推广,但是更普遍的是通过营养繁殖(VM,如扦插繁殖)对数量稀少的 CP 种子实行扩繁,以大量生产人工造林所需的苗木。

无性系林业(CF)指经过测定证明为优良的少数(通常 10 ~ 50 个)无性系的大规模推广(专栏 16.8)。有时,CF 和营养繁殖(VM)方法的家系林业容易混淆。其区别是,CF 是对经过测定证明具有优良遗传价值的单个无性系进行大规模扩繁以满足人工造林的需要;在 VM 家系林业中,亲本或全同胞家系经过测定,但实际上用于推广的无性系没有经过测定。

遗传增益是通过选择、育种和测定的周期进行积累的,因此,对采用任何一种推广方式营造的人工林来说,从该推广方式得到的额外增益是附加到育种周期已经获得的增益上的。其含义是:①来自推广方式的增益完全包含了育种周期产生的增益,因此所有的推广方式都从一个设计良好和执行正确的育种策略中获益(*第 17 章*);②从一种推广方式获得的增益适用于利用该良种建立的人工林,并且当人工林收获时,利益才能实现;③在育种周期创造的增益基础上,通过一种推广方式获得的额外增益,一般不会返回到育种周期中去[如 CF 的额外增益只对那个世代营造的人工林起作用,那些增益不会像育种周期的中心活动的增益那样积累(图 11.1)]。

当一个机构决定在特定的育种世代中应该采用众多推广方式中的哪一种时,有很多后勤保障、遗传和经济上的因素需要考虑。一些指导原则如下。

- 一般来说,CF 的预期遗传增益要比 FF 大,FF 的预期遗传增益要比种子园大(Matheson and Lindgren, 1985; Borralho, 1992; Mullin and Park, 1992)。鉴于在“无性系林业的优势”里详述的那些原因,CF 能提供最高的遗传增益。同样 FF 高出种子园的增益也在“家系林业”中叙述了。
- 当由于成熟效应来得过早,测定后无性系的生产寿命很短时,必须更加频繁地建立测定林以鉴定新的无性系。这增加了 CF 的成本,并且与其他方式相比,总体利润降低。
- 如果营养繁殖成本高而且效率低下(即大部分的植株生根不良),则 CF 或 VM 家系林业的成本增加,遗传增益降低。例如,假设平均只有 25% 的插穗生根,一些无性系或家系生根能力极低(几乎为 0),而其他的无性系或家系的生根能力尚可接受(如 50%),在这种情况下,就会有挑选生根良好的无性系或家系进行生产性扩繁的自然趋势。这就增加了另一个选择目标(生根能力),因此降低了对其他性状的选择强度。这意味着在其他性状上的遗传增益降低,因为一些表现突出的无性系或家系也许生根不良。

- CF 和 FF 都排除了花粉污染这一降低遗传增益的根源。这增加了它们的吸引力，特别是对花粉飞得很远，种子园周围的花粉稀释区几乎无效的针叶树种而言。
- 如果从嫁接到生产种子的滞后时间很长(>10 年)，则 CF、FF 和实生苗种子园要比无性系种子园更受青睐。这个滞后时间大大地拖延了投资回报的时间，并且在较高的实际贴现率情况下，显得更严重。
- 如果同一林分内个体间的遗传多样性很重要，则 CF 和采用单系人工林的 FF 不可取。另外，所有其他的推广方式都能够在人工林内保持大部分的天然遗传多样性，并且在一些案例中，用种子园种子营造的人工林要比天然林具有更多的遗传多样性。

第 17 章　高世代育种策略——育种群体的大小、结构和管理

世界上的许多树木改良项目已经进入第二或第三个育种周期，这些高世代工作获得的增益有望比第一个世代获得的增益更大。持续进展依赖一个长期育种项目，而该项目的活动要由一个**育种策略**(breeding strategy)来指导。一个完整的育种策略(有时叫做树木改良计划)是一份详细的文件，其中明确规定树木改良所有环节的设计、时间安排及实施的后勤保障。这包括选择、测定、育种、繁殖群体的发展、商业化品种的配置、新材料的补充、基因保存工作和研究。因此，育种策略涉及以培育新品种为目的的育种周期内圈的所有活动(图 11.1)，以及培育出来的品种的繁殖和配置。

树木育种项目的目标各不相同，但都包括：①在几个具有高度经济或社会重要性的性状上获得接近最优的短期遗传增益；②当市场、产品、技术和环境在将来发生变化时，为了保证在相同或不同的性状上获得接近最优的长期遗传增益而在育种群体中保持足够的遗传多样性；③为了便于改变方向和结合新技术(如在*第 18 ~ 20 章*中讨论的生物技术)，保证在项目设计方面具有足够的灵活性；④保存树种的遗传多样性；⑤以一种及时、成本效益高的方式实施所有这些活动以获得适当的经济和(或)社会效益。

典型育种周期的时间间隔长(几年到几十年)，再加上树体大和树木育种成本高昂的本质，相对于作物育种工作者，就给树木育种工作者造成了特殊的困难。当一个育种周期意味着许多年和高昂的成本时，育种策略能否有效实现目标就很关键；然而，在为未来的几十年做计划时却存在许多不确定性。另外，最好的策略依赖于大量生物、育林、遗传和管理方面的假设。因此，制订育种策略并不是一门准确的科学，作者同意 Shelbourne 等(1986)所阐述的："因为直觉和主观判断在制订策略中起着重要作用，它当然应该被看作一项艺术"。

由于这些原因，没有两个育种策略是完全相同的，即使对于相同假设条件下的完全相同的项目，也没有两个森林遗传学家可能设计出同样的策略。事实上，不可能为育种策略制订提供一个"秘方"。因此，作者将本章组织成五大节("高世代育种策略的一般概念"、"育种群体大小"、"育种群体结构"、"高世代育种的交配设计"、"高世代选择")来描述制订长期育种策略时应该考虑的许多因素。在每一节中，试图将这些因素放在实际的育种项目背景中，并且提供了引用的参考文献，因而读者可以参考已经制订的丰富多样的育种策略。

在整个这一章中，作者假定已经划分了适宜的育种单元和基本群体(*第 12 章*)，而且每个育种单元都有一个单独的育种、测定和配置项目。因此，作者是讨论为单一育种单元制订育种策略，而且可以想象得出，多个育种单元可能有不同的策略。这只是为了简化讨论，因为通常不会孤立地为每个育种单元制订策略。有关林木育种策略制订的其他综述包括：Kang(1979a)、Zobel 和 Talbert(1984)、Kang 和 Nienstaedt(1987)、Namkoong 等(1988)、White(2001)和 White(2004)。

高世代育种策略的一般概念

育种策略的组织

虽然有许多组织和介绍一项高世代育种策略的方式，作者更倾向于一项完整、详细的计划（专栏 17.1），其中包括：①证明项目的必要性并设定项目的总体目标；②对可以利用的文献或其他来源中有关改良树种目前的知识进行评述；③明确阐述制订育种策略所需要的全部假设；④把育种机构在该树种树木改良方面已往的全部工作编订目录；⑤为一个完整的育种周期提供一份详细策略；⑥提供一个时间表，表明实施所建议的育种策略需要的全部活动；⑦推测在改变假设、新技术等条件下该策略对几个周期的长期育种的适宜性；⑧讨论树种的基因保存计划；⑨通过确定对树木育种项目非常有利的研究计划来设立优先研究领域。除此之外，有时在一项育种策略中还包括其他部分，包括不同世代的期望遗传增益、经济效益和有效群体大小的分析。

专栏 17.1　一个育种策略或树木改良计划的简化结构

第Ⅰ部分，序言。①机构的总体目标，包括产品、市场、树种组（不同树种）；②机构的具体性状的育种目标及其合理性；③育种策略的关键问题和要点概述。

第Ⅱ部分，树种的育林学、生物学、遗传学评述。①树种的重要性，包括树种分布，以及自然分布区和外来树种分布区内的气候、土壤需求；②分国家总结的产品、用途和人工林面积；③不同国家使用的更新、育林和采伐方法总结（包括轮伐期和年平均生长量）；④树种的生物学要素，如系统学（分类及与有亲缘关系的树种的杂种）、生殖生物学（开花和花粉生物学、交配系统、控制授粉的难易、种子生产的年龄和数量）、繁殖生物学（嫁接、扦插、组织培养）及萌芽和萌蘖能力；⑤当前树种的遗传学知识，包括种源和地理变异、数量遗传参数的估计值（如遗传率、G×E、年年相关）；⑥世界遗传资源总结，描述具有该树种育种项目的国家和机构，以及从每个机构得到改良材料的程度。

第Ⅲ部分，假设、前提和限制。①该树种要栽植的主要土壤气候区（每一区域的土壤、气候及预计的年造林面积）；②对每一土壤气候区域所做的育林假设（整地、主要措施和轮伐期）；③开花生物学（用于育种的年龄和花的数量、提取花粉和控制授粉的困难和成本、估计一年内能实施的控制授粉数量和期望种子产量）；④用于所有可能的生产性繁殖群体的繁殖技术（规划种子园规模和后勤保障，以及扦插繁殖设施需要做出的假设）；⑤育种目标，包括具有生产重要性的最终的目标性状及达到这些目标的选择标准（*第 13 章*）；⑥遗传测定方案，包括测定技术、选择时间及用作对照和测量长期增益的参照群体；⑦杂种和补充资源的可能应用，包括来自其他项目的没有亲缘关系的种质；⑧其他方面的考虑（任何可能影响育种策略的特殊限制或假设）。

第Ⅳ部分，当前的遗传资源和过去的育种项目。高世代育种策略受到已经发生的和当前可以利用的遗传资源的很大影响。因此，这一部分详细介绍机构以往的工作：入选树木、遗传测定、育种活动、种子园等。在高世代育种中随时可用的任何遗传资源都应该进行总结。这包括种源试验林、种子产地试验林、杂种试验林和其他研究

试验林，为了增加高世代项目的有效群体大小，这些常是用作补充树木的没有亲缘关系的材料的丰富来源。

第Ⅴ部分，高世代育种策略。这是树木改良计划的核心，详细介绍育种周期的一个完整世代（图 11.1），包括计划的每一项活动的正当性和理论基础：①基本群体（每一个育种单元的完整划界，以及每一个育种单元中可供选择的树木、无性系和其他材料的确定）；②选择群体（入选树木的数量、选择方法和所有计划的入选树木的来源）；③育种群体和遗传测定林，包括群体大小和结构（如亚系、主群体、精选群体）、交配设计、田间设计（交配次数、区组和立地数量，以及详细的试验设计）和测量时间表；④繁殖群体和配置计划，指定建议的每一种新生产品种的类型，如种子园或者扦插设施（包括遗传设计和田间设计）；⑤为保持足够的遗传基础将新材料补充进育种群体的计划。

第Ⅵ部分，高世代策略实施的时间安排。这是一个详细的实施计划，表明在前一部分建议的整个周期的育种的每一项活动的时间安排（按年和季节）。本部分对于计划每年的工作日程安排和预算编制有用。

第Ⅶ部分，展望未来。虽然制订一个以上育种周期的详细计划通常并不可取，但以更长期的视角评价所建议的策略却极为重要：①新技术会有什么影响，它们能不能容易地与现有策略结合；②该策略是否足够灵活，可以调整使之适合在第Ⅱ部分做出的任何假设和前提的变化；③有没有足够的基因保存计划。

第Ⅷ部分，研究需要。这一部分确定并设定能够增加遗传增益、减少实现那些增益的时间、提高项目效率或者降低成本的未来研究计划的优先研究领域。优先研究领域可以根据下列几点通过评价每一个候选计划来确定：①成功完成项目的概率（即计划执行开发新技术的可能性或者解决问题的可能性）；②是否成功完成对项目的影响（即解决问题的效益）；③效益实现的时间安排；④候选计划的成本。

轮回选择原理

大多数树木改良项目包括许多个周期的育种、选择、测定和配置，而轮回选择指的是以对群体中几个性状的渐进式累计改良为目的的遗传改良的重复循环的一般术语（Shelbourn，1969；Namkoong *et al.*，1988）（*第 3 章*）。其最简单的形式，叫做**简单轮回选择**（simphe recurrent selection），每个周期包括：①从 k 世代的基本群体中对个体进行混合选择形成该世代的选择群体；②这些表性优良的树木随机交配（即没有谱系控制）产生的子代成为 $k+1$ 世代的基本群体。在这种形式中，图 11.1 中的育种周期的选择群体和育种群体完全相同，都由中选树木组成。简单轮回选择是最古老的轮回选择，是 10 000 多年前的古代农民改良其田间作物所使用的方法（Briggs and Knowles，1967）。在这种方法中，优良个体的种子被保留下来生产翌年的作物。

简单轮回选择在今天的育种项目中很少使用，因为它在获得遗传增益方面不如包含遗传测定和谱系控制的其他形式的轮回选择有效。尽管如此，大多数植物、动物和树木育种项目都应用某种形式的轮回选择，而且这些项目对假设保持足够大的育种群体的数量性状具有许多共同特点(Allard,1960,*第 23 章*;Namkoong *et al.*,1988,*第 3 章*;Falconer and Mackay,1996;Comstock,1996,*第 12 章*):①被选择性状的遗传增益来自控制那些性状表达的位点的等位基因频率的改变;②成功获得遗传增益依赖于初始建立群体中的遗传变异量,因为利用封闭群体的轮回选择项目不能创造新的遗传变异(更确切地说,是将现有变异重新包装进有利等位基因频率较高的个体内);③在头几个周期(如 10 个周期),被选择性状的遗传变异性与初始建立群体中的几乎没有改变,并且在假定选择强度和育种策略相似时,每个周期的遗传增益也相似;④需要许多个周期的轮回选择(超过 50 个)才会达到选择极限,此后的选择是无效的(由于有利等位基因的固定或者其他原因);⑤以较大的建立群体开始并在群体中补充没有亲缘关系的材料会延长达到选择极限前的周期数;⑥与被选择性状不相关的性状的大多数群体特征不会受到轮回选择项目的影响。

一般配合力的轮回选择

由于选择、育种、测定和配置方法不同,林木育种策略差别很大;不过,几乎所有单个树种(杂种将在下一部分讨论)的群体改良策略都建立在一种类型的轮回选择基础上,叫做**一般配合力的轮回选择**(recurrent selection for general combining ability,**RS-GCA**)(Shelbourne,1969;Namkoong *et al.*,1988,p44)。也存在其他方法,但是这些方法很少在林木中应用,因而此处不再讨论(Allard,1960;Briggs and Knowles,1967;Hallauer and Miranda,1981;Bos and Caligari,1995)。

在 RS-GCA 中,选择之后紧接着开展遗传测定,而入选树木根据它们被选择性状的 GCA 值进行排序(*第 6 章*)。此时,只有 GCA 最高的入选树木(或其子代)包括在将来的育种周期中,而不良的入选树木则被排除在外。遗传测定使遗传增益大大增加,使之超过混合选择的遗传增益(特别是对于遗传率低的性状)。对于世代周期长的林木,要使单位时间的遗传增益最大,这一点尤为重要。

可以使用许多不同的交配设计(*第 14 章*)估计中选亲本的 GCA 值,但与简单轮回选择不同,必须至少对谱系进行某种程度的控制。如果使用自由授粉或多系授粉产生遗传测定用的子代,那么就只保持母本的谱系。相反,全同胞设计保持对父本和母本的了解和控制。不论是半谱系设计还是完全谱系设计在林木轮回选择项目中都得到了成功的应用,这将在本章后面进行讨论。它们的共同点是,通过在育种单元内的多个测定地点栽植一个特定世代的入选树木的子代对这些入选树木进行测定,而使用由此得到的信息有利于育种值较高的那些入选树木。

相对于基于混合选择的简单轮回选择,遗传测定还有另外两项重要优点:①得到关于遗传参数(h^2、G×E、相关等)的信息并以多种方式使用以促进育种项目(*第 6 章*、*第 13 章*、*第 15 章*);②在遗传测定林中栽植的子代有时作为下一世代的基本群体,这意味着最优家系中的最优个体被选中用于下一世代。

因为所有这些原因,相对于简单轮回选择,林木育种工作者更偏爱 RS-GCA,因此本章中讨论的所有项目都是建立在 RS-GCA 基础上的(杂种育种除外)。即使利用无性系林业进行生产性配置(*第 16 章*)的树木改良项目通常也利用基于 RS-GCA 的长期育种策略。在这些项目中,在当前世代的繁殖群体中在生产上应用的无性系是根据总的遗传值

(无性系值,*G*)(*第6章*)进行排序的;不过,繁殖群体位于图11.1中的育种活动的主圈之外。在每一世代,实施主圈中的活动是为了对优良入选树木的等位基因进行重组并为后续世代产生更好的无性系。长期育种群体中的遗传增益是建立在RS-GCA基础上的,这是因为只有加性遗传效应(*第6章*)能传递给有性生殖子代。因此,获得长期增益的育种是以加性基因效应为基础的;而在无性系林业中,用于鉴定生产上使用的最佳无性系的每个周期的无性系测定是建立在加性和非加性遗传效应基础上的(即建立在总的遗传值基础上)。

培育种间杂种的轮回选择方法

种间杂种育种在林木中变得越来越普遍(Dungey *et al.*,2000)。有4种可能的机制使杂种富有吸引力(Namkoong and Kang,1990;Nikles, 1992;Stettler *et al.*,1996;Li and Wu,2000;Verryn,2000):①杂种可能通过基因的加性作用综合两个或多个树种的理想性状(称为互补或组合杂种);②杂交会产生源于基因非加性作用的杂种优势或杂种活力;③由于更高水平的杂合度,杂种可能表现出更大的体内平衡(即表型稳定性);④杂种可使栽植范围扩展到一个或两个亲本种的边际立地(可能通过上述一种机制或者几种机制的组合)。不管通过哪一种机制,杂种的产生可以把自然界中很难发生在一起的等位基因结合在一起。有时,这会产生比涉及的任何单一树种更好的杂种分类单元。虽然不一定绝对必要,高效的营养繁殖方法大大促进杂种的生产性配置。因此,在几个国家有桉属(*Eucalyptus*)、杨属(*Populus*)和柳属(*Salix*)的杂种育种项目。

杂种育种比单一树种的育种更为复杂,因为育种工作者以两个或多个初始建立群体开始(有多少个组合成杂种分类单元的树种就有多少个初始群体)。虽然这一话题过于复杂,难以在此进行全面综述(Namkoong *et al.*,1988;Nikles,1992;Li and Wyckoff,1991,1994;Bjorkman and Gullberg,1996;Stettler *et al.*,1996;Griffin *et al.*,2000;Kerr *et al.*,2004a,b),但是现有的策略可以分为两大类(图17.1):①**多群体育种**(multiple population breeding),其中的每一个原始树种在许多个周期的育种中作为单独的育种群体保持,但在每一世代都杂交以产生F_1杂种,用于测定和生产性配置;②**单一群体育种**(single population breeding),其中的原始树种已开始就杂交形成一个单一的杂种育种群体,然后对其作为一个单一的合成分类单元进行管理和轮回改良。

多群体杂种育种意味着每一个树种都有其自己的育种群体及育种周期的所有有关的活动(图17.1a)。通过实施基本上单独的育种项目树种的身份得以保持完整。在每一个周期的育种过程中,每一个树种中的入选树木也相互交配形成F_1杂种,栽植在遗传测定林中。根据它们产生的杂种质量,这些测定林被用于对每一个树种内的亲本进行排序[叫做一般杂交力(general hybridizing ability,GHA)](Nikles,1992),同时还被用于鉴定用于生产性繁殖的特定杂种。每一个周期的杂种组合只用于那个周期的育种中,没有杂种入选树木用于未来的育种工作,从这个意义上来讲,每一个周期的杂种组合都是一条死胡同。相反,根据GHA值,在每一个亲本种内选出新的入选树木,这些新的入选树木用于创造新的F_1杂种,用于下一个周期中的测定。因此,在每一个世代中,每一个亲本群体都得到改良,产生更好的F_1杂种。

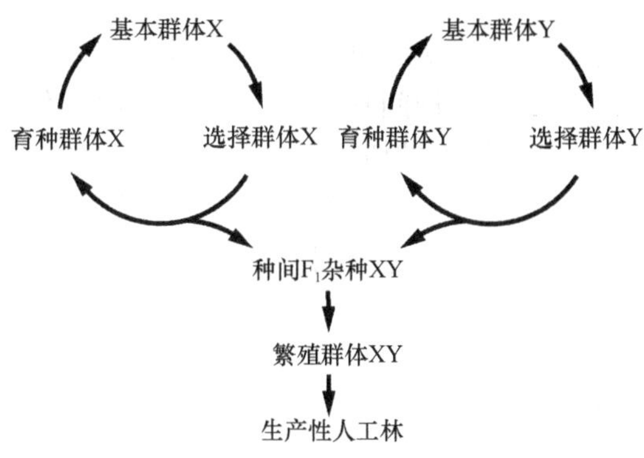

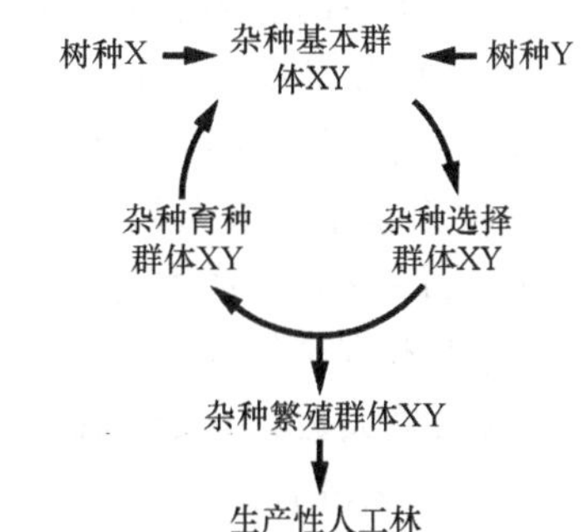

图 17.1　培育标记为 X 和 Y 的两个纯种间的种间杂种的杂种育种项目的简化示意图：a. 多群体育种项目；b. 单一群体育种项目。在这两种情况下，每一个育种周期都包括培育所示的每一种类型的群体。

在单一群体杂种育种中，目标是通过将所有树种组合进一个杂种群体来培育一个单一的合成分类单元，然后将其作为一个单一的育种群体进行管理（图 17.1b）。第一步是在两个或者多个树种的许多亲本间进行杂交形成许多不同的 F_1 杂种家系。在随后的周期内，可能进行许多类型的杂交（与一个或多个原始树种的回交、F_2、F_3、涉及多个树种的三元杂交等）。如果计划进行回交，那么就要保留纯种群体（如在育种资源圃内），但是可能对纯种进行积极的改良也可能不进行积极的改良。主要的区别特征是有一个单一杂种育种群体，由各种类型的杂交组合组成，对其实施选择、育种和测定活动。一种极端情况是，这可以使一个树种的等位基因渐渗入另一个树种（通过反复回交）。如果希望只有一个性状（如生根能力或抗寒性）从一个树种渐渗入另一个除此之外的高产树种，这可能是可取的。相反，杂交模式可能高度复杂。每一个周期都要对各种类型的杂交进行测定，并在表现良好的那些类型中选出入选树木。这导致培育出一个全新的分类单元，将来自所有建立树种的等位基因组合起来，但这些等位基因的频率是未知的。

不论是多群体还是单一群体杂种育种都既有优点也有缺点，已经开发出计算机模拟模型比较在某些假设条件下的不同选择（Kerr *et al.*，2004a）。多群体育种更费钱，而且有时世代间隔更长（因为要为每个树种保留单独的育种群体），如果那些增益取决于在 F_1 代群体中观察到的杂种优势，可能会产生更大的遗传增益（Kerr *et al.*，2004b）。多群体育种还可以单独改良建立树种，这些在将来说不定可以作为纯种使用或者也可以用于不同的杂种组合中。

另外，形成一个合成杂种分类单元的单一群体育种在许多情况下可能更有效（假定杂种的生存力和生殖力不会由于树种间核型的显著差异而降低）（Kerr *et al.*，2004b）。单一群体育种可以方便地使两个以上的树种组合在一起，有利于培育特别适应机构的气候、土壤、育林和产品目的的“设计者”分类单元。由于以多种方式将树木组合起来的灵活性、较低的成本和潜在的较高的增益等原因，人们相信更多的杂种项目会在高世代选择单一群体育种。

遗传多样性和近交的管理

为了说明多个育种周期对遗传多样性的影响，考虑在使用全同胞家系的每一个育种世代中，在没有通过任何选择淘汰低劣家系时，可能没有亲缘关系的入选树木的数目会减半。因此，如果一个项目以400株没有亲缘关系的入选树木组成的育种群体开始，能够产生的没有亲缘关系的全同胞家系的最大数目是200（因为需要两个亲本产生一个全同胞家系，见*第14章*）。在从每一个家系中选出一株入选树木后，那么所有其他的入选树木都与前边的那株入选树木有亲缘关系。在5个育种周期之后，该例中育种群体内没有亲缘关系的入选树木的最大数目是25（400→200→100→50→25）。如果在每一世代通过选择淘汰部分家系，那么没有亲缘关系的入选树木的最大数目下降得更快。在第五世代的育种群体中可能有数以千计的入选树木，没有亲缘关系的入选树木的数量迅速减少。

这个例子说明在采用封闭群体的轮回育种项目中亲缘关系的逐步积累是不可避免的。亲缘关系增加导致的遗传多样性丧失可用有效育种群体大小 N_e（*第5章*）的减小来量化表示。因此，即使一个育种群体在几个育种周期内都保留统计数 $N=400$ 株入选树木，在每一世代 N_e 也逐渐减小。N_e 的减小可能不像上边关于没有亲缘关系的入选树木的说明中暗示的那么快，而且取决于这一部分后面讨论的几个因素；不过，所有的封闭群体最终都会变成完全近交的（近交系数 $F=1$，*第5章*），没有遗传多样性。在某种程度上，这一问题可以通过向高世代育种群体中补充没有亲缘关系的新材料而缓解（如*第11章*中描述的）。然而，这只能延缓问题的发展，而且在以后的世代中会难以找到遗传品质可以接受的没有亲缘关系的材料补充到育种群体内。

高世代育种群体中亲缘关系的增加是不可避免的，再加上林木中近乎普遍存在的近交衰退的重要性（*第5章*），意味着近交的管理是所有高世代育种项目发展和实施中的一个关键问题。有3个问题与遗传多样性和近交的管理有关：①在头几个改良周期中增加短期遗传增益的活动也倾向于加快遗传多样性的减少，因而可能阻碍以后世代中的持续遗传进展；②近交衰退问题意味着近交在生产性人工林中栽植的任何树木中都应该避免；③利用定向近交清除育种群体中的不利的有害等位基因是近交的积极方面，只要繁殖群体生产的、用于生产性人工林的树木是异交的就可以把近交合并进育种策略。在这一部分简单介绍了这些问题，因为它们渗透进育种策略制订的所有方面，包括育种群体大小和结构，以及交配设计和田间设计的确定。

大多数树木改良项目，尤其是与私有企业相关的那些，是根据头几个改良周期产生的经济或社会效益来证明是合理的。这意味着许多活动着眼于产生大的短期遗传增益。遗憾的是，大多数这些活动（如淘汰低劣家系的强度选择和特别重视优良材料）也会导致育种群体中遗传多样性更快地减小（King and Johnson，1996；Lindgren *et al.*，1996；McKeand and Bridgwater，1998）。长期遗传增益直接取决于育种群体中保留的遗传多样性的数量，而且在每一个周期的选择强度较低时才会最大（Robertson，1960）。因此，使短期遗传增益最大的活动和那些使长期增益最大的活动之间存在明显的冲突。

对于快速获得短期增益和减少遗传多样性之间的权衡没有单一的解决办法；相反，高世代育种策略的目的是通过在本章后面几部分中更详细地描述的几种方法的组合来做到两全其美（接近最优的短期和长期增益）：①以一个大的初始育种群体大小开始；②将育种群体构建成以不同速度改良的亚群体（如精选群体、主群体和基因保存群体）；③使用约束选择指数限制从任何单一家系选出的入选树木的数量。

上边提出的第二个问题是需要避免在生产性人工林中栽植近交树木。如果栽植近交子代，选择和育种的遗传增益就会被近交衰退引起的生产力丧失所抵消。因此，在林木改良中，在繁殖群体内应该避免有亲缘关系的入选树木间的交配；这意味着在同一种子园内避免使用有亲缘关系的无性系，在家系林业中避免有亲缘关系的最好的亲本间的交配（*第16章*）。

在生产性人工林中近交的这些有害效应可以通过两种方式避免：①如果保持育种群体内所有交配组合的完全谱系，那么就可以管理共祖度，从而尽可能长时间地避免有亲缘关系的树木间的交配；②把育种群体再划分成不同的亚系（Burdon and Namkoong，1983），因而所有的育种只在同一亚系内的入选树木间进行。近交在每一个亚系内累积，但用于生产性人工林的交配却限制在来自不同亚系的亲本间进行（没有亲缘关系，因为所有的育种都在亚系内进行）。

上面提到的第三个问题确定了近交在轮回选择项目中的潜在的有益的应用。长期以来，近交在作物育种中一直用于清除育种群体中的有害等位基因（通过增加表达纯合有害等位基因个体的频率并选择性地去除它们）及增加近交系间的遗传方差（Allard，1960；Baker and Curnow，1969；Hallauer and Miranda，1981）。认识到近交的这些正面特点意味着能够增加育种群体的遗传增益使 Lindgren 和 Gregorius（1976）提出如下建议：林木育种工作者在高世代树木改良项目中应该至少考虑某些形式的定向近交。

有些项目现在使用有意的定向近交作为育种策略的一部分（Gullberg，1993；White *et al.*，1993；McKeand and Bridgwater，1998；Kumar，2004），而所有这些项目都使用确保将近交限制在育种群体内而避免繁殖群体内的近交的方法。为了使树木改良项目中定向近交的效益最大，使用的确切的近交方法和类型需要进行更多的研究。最好的入选树木自交导致纯合度增加得最快，但这有两个潜在的损害：①自交子代丧失活力和生殖力，使后续育种更加困难；②在选择发挥作用将有利等位基因固定之前某些位点的等位基因过快固定。后者意味着某些位点不理想的等位基因固定，表明在那些位点上相应的有利等位基因的丧失。因此，有些项目应用各种类型和不同程度的定向近交作为育种策略的一部分，但这是少数长期林木改良工作的重点。

特别重视更好的材料

在高世代育种项目中，育种群体中的每一株入选树木都有一个基于其自身表现及以往几个周期的遗传测定林中其亲属和祖先的表现的预测育种值（*第 15 章*）。有些入选树木比其他入选树木的预测遗传值大。在项目的每一个阶段，如果目标是使短期遗传增益最大（即从头几个育种世代获得最大的遗传增益），育种工作者应该考虑特别重视更好的入选树木。对于旨在获得最大经济效益的项目，分析表明头几个周期的育种获得的增益对于无穷多个系列的育种周期得到的总的效益具有显著的影响（*第 11 章*）。因此，对于这些项目，头几个周期很关键，而且短期增益对于总的长期的经济成功至关重要。

根据育种策略和树种的生物学特性，特别重视更好的材料可能意味着（Lindgren，1986；Lindgren and Matheson，1986；Lindgren *et al.*，1989；Hodge and White，1993；White *et al.*，1993；Lstiburek *et al.*，2004a）：①在育种群体中，入选树木越好，包含的亲属越多（例如，排序高的候选树一共有 8 个或 10 个各种类型的亲属，而排序低的候选树可能只有 1 个）；②将育种群体划分成层次或等级，层次越高，含有的入选树木越好，管理也更加集约（见"育种群体结构"一节）；③入选树木越好，在以生产下一世代的基本群体（将从中选出下一世代的入选树木）为目的的交配设计中参与的交配次数越多；④入选树木越好，在越多的地点对它们（或其子代）进行测定，得到越准确的育种值；⑤在高世代种子园内包含最好无性系的更多分株；⑥将最好的材料（家系或无性系）配置在更大面积的生产性人工林中。

在育种项目中特别重视更好的材料加剧了前一部分讨论的亲缘关系增加的问题，而且可能减小长期遗传增益（这取决于大的有效群体大小）。为了抵消这一缺点，排序较低（但是仍然值得拥有）的入选树木可以保留在育种群体中，目的是为了基因保存、提供灵活性和增加长期增益。如果这些排序较低的入选树木交配和测定强度较低，那么相伴随的成本也低。这将在"高世代育种的交配设计"一节中进一步讨论。

育种群体大小

在高世代育种项目中，确定育种群体的大小很重要，因为遗传多样性是育种获得遗传增益的原材料。因此，长期育种项目要获得接近最大的遗传增益部分地取决于育种群体内遗传多样性的保存和管理。遗憾的是，确定适宜的大小相当主观，这一方面是因为根据群体和数量遗传研究进行的考虑（在下面评述）只能提供非常粗略的指南（Kang，1979a），另一方面是因为最宜起始大小是成本、期望遗传增益、遗传参数（如遗传率）及其他因素的复杂函数。这一部分［根据 White（1992）扩充］是为了：①介绍理论研究的结果；②考虑影响确定群体大小的因素；③总结当前一些高世代树木育种项目的育种群体大小。

首先有必要建立育种群体大小的定量度量，因而可以使不同大小的群体很容易地进行比较。在*第 5 章*中介绍了两个术语（Hallauer and Miranda，1981，p306；Namkoong *et al.*，1988，p60；Falconer and Mackay，1996，p59）：①统计数 N，是任一特定世代的育种群体中保留的入选树木的总株数；②有效群体大小 N_e，是在考虑育种群体的成员间的亲缘关系时入选树木的理论株数。另一个术语，即**状态数**（status number）N_s，最近才被补充（Lindgren *et al.*，1996；Gea *et al.*，1997），被定义为 $N_s = 0.5/f$，其中 f 是育种群体内亲本的平均共祖度（Falconer and Mackay，1996，p85）。

状态数和有效群体大小相似，因为两者都是对采用封闭育种群体的育种项目内不可避免发生的遗传多样性的丧失进行量化。包含有亲缘关系的个体的育种群体的有效大小（用 N_e 或 N_s 测量）小于其统计数（N）。在考虑几个没有亲缘关系的群体时（如后面描述的亚系），状态数更可取。N_e 和 N_s 都可以解释为一个其中所有入选树木都没有亲缘关系的非近交群体的大小。因此，如果 N_s 为 150，而 N 为 300，那么育种群体内入选树木的总数为 300（统计数），但是该群体相当于（就其遗传多样性而言）一个由 150 株非近交、没有亲缘关系的入选树木组成的群体。**相对有效大小**（relative effective size）N_r，定义为 N_s/N，在上面的例子中，N_r 为 0.5，所以，由于亲缘关系的逐步积累，该育种群体起着与其统计数一半大的一个群体的作用。在本章中，作者互换使用有效群体大小和状态数这两个术语，因为从概念上讲它们是相似的。

理论研究对于育种群体大小的指导原则

理论研究从各种角度研究了育种群体的适宜大小问题。这些研究中常用的假设有：①加性基因作用（无显性或上位作用）；②表型混合选择[无家系和（或）指数选择]；③一个位点影响一个性状或者许多不连锁、作用相等且没有相互作用的位点（无上位作用）；④平衡交配系统（育种群体的所有成员间随机交配，意思是不偏重更好的材料）；⑤封闭群体（任意世代后都不补充新材料）；⑥对所有世代都采用完全相同的交配设计和选择标准；⑦选择单个性状。

虽然这些研究是建立在简单模型基础上的，而且所作的假设有些不切实际，但却的的确确为适宜的育种群体大小提供了粗略的指南。下面根据不同的目的将这些研究分类：①使长期遗传增益（在经过许多、常是无数个育种世代后得到的）最大所需要的群体大小；②维持可观的短期增益（5～10 个世代）所需要的大小；③为了灵活性或者基因保存提供广泛的遗传基础而在群体中保留中性等位基因所需要的大小。

选择产生的最终、最大的累计增益在许多选择和育种世代后才发生，其实所有有影响的基因位点的全部有利等位基因都已经固定（即基因频率为 1）。根据一个混合选择模型，Robertson（1960）表明，为了达到这一最终选择极限需要一个无穷大的起始群体，因为不然的话，有些有利等位基因（特别是起始频率低的那些）在这一过程中会由于偶然的因素丧失（即由于遗传漂变，*第 6 章*）。另外，最大累计增益中最终能够得到的那一部分与 N_e 呈正比；因此，从这个角度来看，育种群体总是越大越好。

根据一个具有 100 个不连锁的加性位点的混合选择模型，在 $h^2 = 0.2$ 的条件下，Kang（1979a）研究了在经过无穷多个世代的育种和选择之后能够有 95% 的把握确信固定有利等位基因所需要的必要的初始有效群体大小（表 17.1）。为了确保固定稀有等位基因，并且确保在较低的选择强度下固定，需要更大的群体大小。非常小的群体大小足够使常见等位基因甚至那些中等频率的等位基因固定（例如，$q = 0.5$ 需要 N_e 为 6～18）。如果育种工作者满足于以较高的概率固定中等频率的等位基因(q 为 0.25 ~ 0.5),那么需要的初始有效群体大小为 10 ~ 40。如果育种工作者希望最终固定极其稀有的等位基因($q = 0.01$),那么需要的初始有效群体大小为 300 ~ 1000。

表 17.1 对于不同水平的选择强度 i(以标准差为单位,见*第 6 章*)和不同水平的初始理想等位基因频率 q,经过无穷多个世代的混合选择后,能够有 95% 的把握确信使一个理想等位基因固定需要的有效群体大小(N_e)。(复制自 Kang,1979a,经南方森林树木改良委员会许可)

初始基因	选择强度(i)				
频率(q)	2.67	2.06	1.76	1.27	0.80
0.01	281	364	426	590	937
0.05	56	73	85	118	187
0.10	28	36	43	59	94
0.25	11	15	17	24	38
0.50	6	7	8	12	18
0.75	3	4	5	6	10

Baker 和 Curnow(1969)根据一个具有 150 个不连锁的加性位点模型,研究了在遗传率为 0.2、选择强度为 2.2 的条件下的混合选择增益(表 17.2)。根据许多个选择世代的最终增益,在初始群体大小为 16 时获得的增益大约为一个无限大小的育种群体获得增益的 50% (115/240)。群体大小为 32 和 64 分别获得了一个无穷大的群体所能获得的增益的大约 75% 和 92% 。

表 17.2 对于不同的 N_e 值,即有效群体大小,经过 1 世代、5 世代、10 世代和无穷多个世代的混合选择后的总的累积期望遗传增益(单位为模拟单位)和达到最终增益的一般所需要的世代数(半衰期)。(复制自 Baker and Curnow,1969,经美国农作物科学协会许可)

大小	世代数				半衰期[a]
(N_e)	1	5	10	∞	(世代数)
16	3.3	16.0	31.4	115	22
32	3.3	16.8	34.6	177	44
64	3.3	17.2	36.4	221	89
256	3.3	17.5	37.8	240	358
∞	3.3	17.6	38.0	240	—

[a]按 $1.4N_e$ 计算(Robertson,1960;Bulmer,1985,p236)。

根据这些关于许多世代的混合选择的最终增益的研究,似乎初始有效群体大小为 20 ~ 60 就大到足以获得最大累计反应(即无穷大的群体大小所能获得的)的 50% ~ 90% ,并将导致除稀有理想等位基因以外的所有等位基因的固定。达到这一最终增益的 1/2 所需要的世代数大约为 $1.4N_e$(Robertson,1960;Bulmer,1985,p236);因此,一个 $N_e = 20$ 的育种群体要达到最终增益的 1/2 需要 28 个育种世代(对大多数树种都超过 300 年)。

几个世代的育种(例如,5 个或 10 个世代,而不是上面的无穷多个世代)后获得的增益也是确定适宜群体大小的一个有用的标准。在一项包含家系选择和正向选型交配(即最好的与最好的优先交配)的模拟研究中,一个大小为 48 的群体在 10 个世代的选择中都对选择有良好的反应(Mahalovich and Bridgwater,1989)。在 Baker 和 Curnow(1969)的研究中(表 17.2),一个初始大小为 32 的群体在经过 5 个和 10 个世代后的期望增益分别为一个无穷大群体的 95% (16.8/17.6)和 91% 。这些增益不一定由任何一个特定大小的群体所获得,而是以相同方式处理的那样大小的许多群体平均获得的期望增益(Baker and Curnow,1969;Nicholas,1980)。

由于群体间的遗传漂变,越小的群体间的反应方差越大(Baker and Curnow,1969)。Nicholas(1980)利用一个混合选择模型研究了确保大多数预测增益确实能够获得所需要的大小。在 5 个世代后,在选择强度为 1 且遗传率为 0.2 时,可以使用他的第 14 个公式计算出,在 90% 的情况下(即以同样的方式处理 90% 的重复群体)要获得预测反应的 75% 或更多,需要的初始有效群体,大小为 $N_e=50$。在 90% 的情况下要达到预测反应的至少 90% 则需要一个更大的初始有效群体,大小为 $N_e=328$。

评价适宜群体大小的最后一项标准是,在许多个世代的轮回选择中,在一个群体内保持中性等位基因的必要性。由于目标性状、环境、技术等的变化,选择标准可能随着时间而改变;因此,曾经的中性等位基因在将来可能变成理想的等位基因。另外,因为基因保存是大多数树木改良项目的一个目的,因此保持中性等位基因是一项重要的考虑。Kang(1979a)曾经计算过,育种群体大小为 20 和 50 时有 95% 的概率分别将不常见的中性等位基因($q=0.2$)在群体内保持 30 和 80 个世代。对稀有等位基因($q=0.01$),保证(95% 的概率)30 和 80 个世代后仍然存在需要的大小分别为 160 和 430。为了解释中性等位基因和不理想的等位基因可能存在连锁,Namkoong 和 Roberds(1982)建议将这些大小加倍。

关于育种群体的进一步考虑

在上面讨论的理论研究中通常至少有 6 个因素没有考虑,这些因素支持开始研究那些表明的更大的育种群体大小。第一,如果在初始高世代育种群体内的入选树木间存在大量的亲缘关系,那么有效群体大小(N_e)可能比统计数(N)小得多。第二,获得大的短期增益所需要的大的选择强度使 N_e 减小,并可能牺牲长期进展(Dempster,1955;Robertson,1960,1961;Smith,1969;James,1972;Cockerham and Burrows,1980;Askew and Burrows,1983;Cotterill and Dean,1990)(*第 2 章*和*第 10 章*)。选择强度 $i=0.8$(相当于从 2 株树中选择 1 株或者基本群体的 50% 保留在育种群体内)对长期进展是最好的(Dempster,1955;Robertson,1960,1961;Cockerham and Burrows,1980;Bulmer,1985,p235),但这明显低于大多数育种项目的选择强度。

第三,使用家系选择和非约束指数选择比大多数理论研究中假定的混合选择方法使 N_e 减小得更快(Robertson,1960,1961;Burdon and Shelbourne,1971;Squillace,1973;Askew and Burrows,1983;Cotterill,1984;Cotterill and Jackson,1989;Cotterill and Dean,1990,Gea *et al.*,1997)(*第 10 章*)。从优良家系中选择多个个体及彻底淘汰不良家系会导致亲缘关系增加得更快。第四,特别重视更好的材料(如更好的亲本参与更多次的交配)

(Lindgren,1986)会比平衡交配设计更快地减小有效群体大小(Kang and Namkoong,1988;Mahalovich and Bridgwater,1989;Lindgren *et al.*,1996;Gea *et al.*,1997)。如果计划利用这些方法获得大的早期增益,那么为了保证获得接近最大的长期增益,需要再次说明,明智的做法是以一个较大的初始育种群体开始。

第五,选择多个性状的项目(特别是如果有些性状呈不利相关),要么必须增加育种群体大小,要么退而求其次,必须接受每个性状增益的降低。在其他条件都相等的情况下,任何单一性状获得的增益都随着项目中性状数目的增加而降低(*第13章*)。最后,育种群体结构影响亲缘关系的逐步积累,或者相反,影响遗传多样性的丧失(见"育种群体的结构"一节)。特别是将育种群体构建成许多亚系,每个亚系含有较少入选树木,要比构建成少数亚系每个亚系含有较多入选树木更能有效地保持遗传多样性(更大的 N_e)(Lindgren *et al.*,1996;Gea *et al.*,1997;McKeand and Bridgwater,1998)。当然,这会在某种程度上牺牲短期遗传增益。

虽然上面考虑的每一个因素都支持以一个较大的育种群体开始并维持一个较大的育种群体,在以后的世代中补充没有亲缘关系的材料将会增加补充时的有效大小(Zheng *et al.*,1998)。在这种情况下,以一个较小的初始育种群体开始并计划在将来补充新材料也可能是合适的。

作为考虑育种群体大小的最后一点,注意世界上的实用树木改良项目正在应用的群体大小是令人感兴趣的(表17.3)。该表虽然不够全面,但可以看出许多项目的育种群体的统计数(N)为300~400。这样的大小足够支持一项树木改良项目在许多世代都能获得相当可观的增益。

表17.3 某些高世代树木改良项目的育种群体的近似统计数(N)。对于有多个育种单元的项目,N 是以"每个育种单元"为基础的。

树种	项目	N	参考文献
蓝桉(*Eucalyptus globulus*)	CELBI-葡萄牙	300	Cotterill *et al.*,1989
	APM-澳大利亚	300	Cameron *et al.*,1989
巨桉(*Eucalyptus grandis*)	ARACRUZ-巴西	400	Campinhos and Ikemori,1989
亮果桉(*Eucalyptus nitens*)	APM-澳大利亚	300	Cameron *et al.*,1989
王桉(*Eucalgptus regnans*)	APM-澳大利亚	300	Cameron *et al*,1989
	FRI-新西兰	300	Cannon and Shelbourne,1991
尾叶桉(*Eucalyptus urophylla*)	ARACRUZ-巴西	400	Campinhos and Ikemori,1989
欧洲云杉(*Picea abies*)	瑞典	1000	Rosvall *et al.*,1998
白云杉(*Picea glauca*)	Nova Scotia-加拿大	450	Fowler,1986
黑云杉(*Picea mariana*)	新不伦瑞克	400	Fowler,1987
班克松(*Pinus banksiana*)	Lake States-美国	400	Kang,1979a
	Manitoba-加拿大	200	Klein,1987
加勒比松(*Pinus caribaea*)	QFS-澳大利亚	250	Kanowski and Nikles,1989
湿地松(*Pinus elliottii*)	CFGRP-美国(第二世代)	900	White *et al.*,1993
	CFGRP-美国(第三世代)	360	White *et al.*,2003
	WGFTIP-美国	800	Lowe and van Buijtenen,1986

续表

树种	项目	N	参考文献
辐射松(*Pinus radiata*)	STBA-澳大利亚	300	White *et al.*,1999
	FRI-新西兰	350	Shelbourne *et al.*,1986
	NZRPBC-新西兰	550	Jayawickrama and Carson,2000
火炬松(*Pinus taeda*)	NCSU-美国	160	McKeand and Bridgwater,1998
	WGFTIP-美国	800	Lowe and van Buijtenen,1986
美洲山杨(*Populus tremuloides*)	Interior-加拿大	150	Li,1995
花旗松(*Pseudotsuga menziesii*)	BC-加拿大	350	Heaman,1986
柳属(*Salix* spp.)	SLU-瑞典	200	Gullberg,1993
异叶铁杉(*Tsuga heterophylla*)	美国和加拿大	150	King and Cartwright,1995

对于育种群体大小的建议

考虑所有的理论和实际问题,下面的结论和建议似乎是合理的。第一,有效大小(N_e)为 20 ~ 40 的育种群体将会支持选择和育种项目在几个世代内获得可观的遗传增益。然而,如此小的群体容易使实际进展与预测进展相比产生大的偏差,并且导致亲缘关系更快的积累。因此,N_e 为 20 ~ 40 的群体太小,所以不能把整个长期树木改良项目建立在这样的群体上,但是这样的群体对于由一个更大的主群体支持的精选群体是适合的,如果有许多亚系或者多重群体组成整个育种群体,那么这样的群体对于一个亚系或者多重群体内入选树木的数目也是适合的。

第二,由几百个成员组成的育种群体在高世代树木改良项目中很常见(表 17.3),即使在选择几个性状并在头几个世代为了获得大的增益而使用强度选择时,这样大的育种群体也大到足以获得接近最大的长期增益。育种群体大小为 300 ~ 400 也与许多其他森林遗传学家提出的准则和建议一致(Burdon and Shelbourne,1971,Namkoong,1984;Zobel and Talbert,1984,p420;Kang and Nienstaedt,1987;Namkoong *et al.*,1988,p63;Lindgren *et al.*,1997)。

第三,可能需要相当大的群体(1000 左右)以保证稀有等位基因在群体中保持许多世代。这样,如果一个育种群体还起着基因保存作用或者提供长期的灵活性,那么使用这些更大的群体似乎是有根据的(*第 10 章*)。

育种群体结构

早期关于高世代育种策略的讨论集中在一个单一的、非结构化的育种群体,非结构化的意思是所有的成员都是按照相同的标准选择的,并被认为可与所有的其他成员一起用于育种。最近,使用结构化育种群体的理由已经浮出水面,现在日常应用的结构有好几种(图 17.2)。为方便起见,在下面的三部分,单独讨论每一种类型,不过,在实际的树木改良项目中,几种不同类型的结构可以同时用于一个单一的育种群体。因此,为了说明各种类型的结构是如何结合的,在第四部分介绍了两个来自强度树木改良项目的育种群体结构的实例。

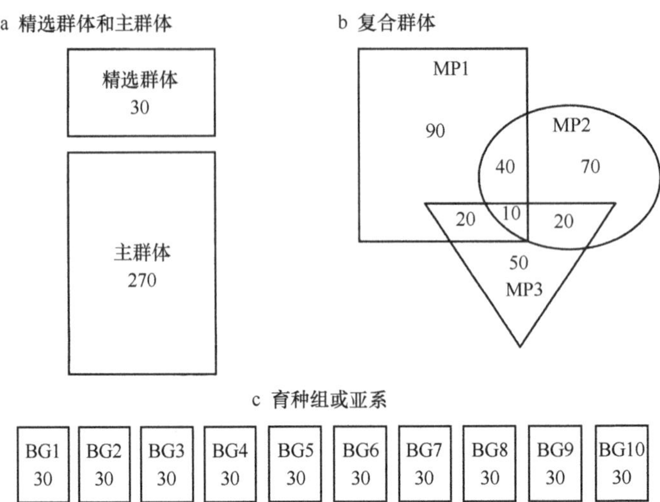

图 17.2 一个含有统计数 $N=300$ 株入选树木的假想育种群体可能采取的 3 种结构的示意图：a. 精选群体和主群体，其中，30% 的入选树木（300 株中的 30 株）包含在精选群体中以促进对育种和测定的额外重视；b. 3 种不同大小和形状的多重群体（MP1、MP2、MP3）表明它们使用 3 组不同的选择标准进行不同目的的育种（注意，在两个或 3 个 MP 中不同树木的入选树木是共同的）；c. 形成 10 个育种组（BG1 ~ BG10），又叫亚系，每个含有 30 株入选树木，从而使亲缘关系完全包含在育种组内。

促进重视优良材料的结构

在绵羊育种中，最重视最佳入选个体的愿望导致提出了核心育种群体结构（Jackson and Turner，1972；James，1977），这一结构随后在林木改良中经过改造后应用（Cameron *et al.*，1988；Cotterill and Cameron，1989；Cotterill，1989；Cotterill *et al.*，1989）。育种群体再划分为两组（图 17.2a）：①**核心群体**（nucleus population）或**精选群体**（elite population），由育种群体中排序最高的成员组成（如果育种群体中有 300 株入选树木，那么大约 10% 也就是最好的 30 株）；②较大的**主群体**（main population），包括剩余的，如 90% 的成员。对精选群体中少数更好的入选树木进行强度更高的选择、育种和测定意味着在头几个世代能够更快地获得遗传增益，而其中最好的可以进行生产性繁殖。另外，较大的主群体的目的是保持遗传多样性以保证长期的遗传增益、未来的灵活性及基因保存。亲属（如同一家系的两株入选树木）可以分配到任一组内也可以分配到两个组内。

育种群体的这种细分结构已经在许多森木改良项目中得到了应用，这可以使一个育种项目的有限资源集中在精选群体内更好的基因型上从而在该部分获得更快的进展（Cotterill and Cameron，1989；Cotterill *et al.*，1989；Mahalovich and Bridgwater；1989；White *et al.*，1993；McKeand and Bridgwater，1998；White *et al.*，1999；Jayawickrama and Carson，2000；Lstiburek *et al.*，2004a，b）。这可能意味着：①不同的交配设计（例如，在精选群体中采用全同胞交配设计而在主群体中采用多系授粉交配设计或者自由授粉交配设计）；②精选群体中的每个成员参与更多交配次数；③对精选群体中的入选树木采用不同的遗传测定设计和（或）强度更高的测定（因而更准确的排序）；④只在精选群体中采用定向近交；⑤通过营养繁殖对精选群体内的入选树木间交配产生的子代无性系化以提高家系内选择的效率(见无性系化基本群体);⑥为了增加单位时间增益,精选群体内的世代周转更快。

由于精选群体中的入选树木(或其子代)形成每一世代的繁殖群体,加强对精选群体的重视直接导致现实遗传增益的增加,这是通过对改良繁殖体的生产性配置实现的。也就是说,生产性人工林中的遗传增益通过着重用于形成繁殖群体的最佳材料而增加。

如果精选群体和主群体间在许多个育种周期中都不相互交换入选树木,那么就会发生两件事情:①由于对精选群体的重视增加,主群体和精选群体的平均育种值开始趋异,精选群体变得比主群体更好;②亲缘关系在较小的精选群体内逐步积累使遗传多样性减小。育种群体两部分间的双向基因交流减小两者之间的差异并在精选群体内保持一个较大的有效群体大小(Cotterill and Cameron,1989;White *et al.*,1999)。通常,每一世代,精选群体中 10%~50% 的入选树木可能是从主群体向上输入的最佳入选树木,而主群体成员的 5%~25% 可能是从精选群体向下输入的入选树木(Cotterill and Cameron,1989;Cameron *et al.*,1989;White,1992)。

上边描述的精选群体-主群体结构将育种群体划分为两个离散的部分,不过,特别重视优良材料的一般概念不一定导致一种只有两个部分的结构。实际上,在某些情况下(Lindgren,1986;Lindgren and Matheson,1986),最好不将中选个体分配到离散的组内,而是应用一个与育种值的增加呈线性比例的连续函数逐渐加强对优良材料的重视(如在育种或测定时)。然而,这实施起来可能不现实,而且在某些情况下,会导致有效群体大小减小得过快(Kang and Namkoong,1988)。

作为生产上的一种折中办法,有些项目将育种群体内的入选树木再细分为 3 个或者 4 个分等级的群体,这样就可以把更好的入选树木分配到等级顶端的群体中。例如,美国东南部的火炬松(*P. taeda*)协作育种项目在每一个育种单元内形成了 3 个亚群体(McKeand and Bridgwater,1998):①精选群体,由最好的 40 株入选树木组成;②主群体,由 160 株入选树木组成;③遗传多样性群体,由 600 株入选树木组成。还是在美国东南部(White *et al.*,1993),第二世代湿地松(*P. elliottii*)项目形成了一个 4 层的分等级的群体,层级越高,其中的入选树木越好,选择和测定强度也越高(见“育种群体结构实例”一节)。在这两种情况下,最低层主要起基因保存作用,并且维持获得接近最优的长期遗传增益所需要的育种群体内的遗传多样性。许多入选树木可以通过低强度的育种和测定工作保存在这些“基因保存”群体中。

多重群体

为了在不同的部分应用不同的选择标准,可以将育种群体进一步细分,细分的部分叫做**多重群体**(multiple population)(图 17.2b)(Burdon and Namkoong,1983;Namkoong *et al.*,1988,p71)。例如,如果有 3 个不同的产品目的(如纸浆材、锯材和单板),那么 3 个多重群体中的选择分别是为了上述目的之一。其他适合使用多重群体的例子有(Namkoong,1976;Burdon and Namkoong,1983;Barnes *et al.*,1984;Barnes,1986;Namkoong *et al.*,1988,p72,p97;Carson *et al.*,1990;White,1992;Jayawickrama and Carson,2000):①在育种项目中有许多性状,使之难以在任何单一群体中对所有性状获得增益,因此每一个多重群体只为部分性状育种;②某些性状间存在不利相关,因此围绕相容性状的分组形成多重群体;③性状的经济权重不确定而且(或者)在将来可能会变化,因此对不同的多重群体使用对不同性状赋予不同权重的多个选择指数作为对条件变化的防备措施;④有不同的气候土壤带,需要不同的选择指数。

可能有少数多重群体,也可能有许多多重群体(Barnes,1986;Barnes and Mullin,1989;Jayawickrama and Carson,2000),而且对多重群体间的亲缘关系没有具体的控制,因此,入选树木及其亲属可能出现在一个以上的多重群体内。例如,如果生长和木材密度间存在负相关关系,而且这两个性状有不同的群体,但仍然会有两个性状都好的"相关破坏者"。这些"相关破坏者"或其亲属只要满足两个群体的选择标准就可能都被分配到两个多重群体内(如图 17.2b 中适合 MP1 和 MP2 的 40 株入选树木)。

亚系或育种组

正如前边所讨论的,使用单一的非结构化育种群体导致育种群体内入选树木间亲缘关系的逐步积累。当主要是为了管理或者控制繁殖群体的成员间的亲缘关系(从而避免生产上栽植的树木出现近交衰退)而将育种群体细分时,细分的群体叫做**育种组**(breeding group),或者作为同义语,叫做**亚系**(subline)(图 17.2c)(van Buijtenen,1976;Burdon *et al.*,1977;van Buijtenen and Lowe,1979;McKeand and Beineke,1980;Burdon and Namkoong,1983)。已经建议把许多树木改良项目的育种群体构建成育种组,将其作为在生产性人工林中避免近交衰退的一种有效方式(Kang,1979a;McKeand and Beineke,1980;Purnell and Kellison,1983;Coggeshall and Beineke,1986;Lowe and van Buijtenen,1986;Carson *et al.*,1990;White *et al.*,1993;Baez and White,1997;McKeand and Bridgwater,1998;White *et al.*,1999;Jayawickrama and Carson,2000;White and Carson,2004)。

实施育种组结构涉及一开始将育种群体的所有成员分配到许多较小的育种组内,这样所有的亲缘关系就被限制在育种组内。因此,不同的育种组都是育种群体的样本,纯粹根据定义,所有的育种组都使用相同的选择标准,具有相同的育种目标。随后,所有的育种都在同一个育种组内的入选树木间进行,而每一世代的入选树木也像其祖先一样被分配到相同的育种组内。经过多个育种世代后,亲缘关系在每一个育种组内逐步积累;不过,来自不同育种组的成员间没有亲缘关系。因此,不同育种组的成员间的任何交配都会产生异交子代,不会遭受近交衰退,这些子代适于在生产性人工林中栽植。通过从不同育种组内选择入选树木形成繁殖群体只能产生异交子代并在生产上栽植。育种组的适宜数目及每个育种组内入选树木的数目既取决于育种群体的总体规模又取决于繁殖群体的类型(*第 16 章*中的风力传粉种子园和家系林业)。从理论上讲,使用一个大的育种群体比使用许多小的育种群体期望获得更大的遗传增益(Madalena and Hill,1472;Madalena and Robertson,1975;Namkoong *et al.*,1988,p72;McKeand and Bridgwater,1998)。这一点支持使用生产上可行的最少数目的育种组。

与使用较少但较大的育种组相比,拥有大量育种组且每一个育种组含有较少入选树木具有如下影响(Baker and Curnow,1969;Kang and Nienstaedt,1987;Lindgren *et al.*,1996;Gea *et al.*,1997;McKeand and Bridgwater,1998):①在头几个育种世代获得较少的遗传增

益;②在每一个小的育种组内亲缘关系和近交积累得更快;③作为一个整体在群体内保存更多的遗传多样性,大部分变异性分布在育种组之间。

考虑所有这些因素,最少有两个育种组适用于利用家系林业的项目(*第 16 章*)。在这种情况下,育种群体的一半分配给每一个育种组,所有的育种和测定分别在这两个育种组内进行(见"育种群体结构实例"一节)。然后,每一个育种组内的最佳入选树木用于形成繁殖群体,因此来自一个育种组的最佳入选树木与来自另一个育种组的最佳入选树木交配产生生产上栽植的树木。全同胞种子可以直接在人工林中栽植,也可以用于形成采穗树产生生产上栽植的扦插苗(*第 16 章*)。在这里,重要的概念是,即使经过许多个世代以后,生产上栽植的全同胞家系也不是近交的,因为所有的育种和测定都在育种组内进行,而配置用的家系是在两个育种组间形成的。

对于采用风力传粉种子园的项目,为了保证在许多个世代的育种之后仍有足够数量的没有亲缘关系的无性系用于种子园的营建,则需要更多数量的育种组。大多数基于风力传粉种子园的实用项目选择了 10 ~ 30 个育种组(van Buijtenen and Lowe,1979;Kang,1979a;McKeand and Beineke,1980;Purnell and Kellison,1983;White *et al.* ,1993;White *et al.* ,2003),不过,也有少数项目选择了数量大得多的育种组,而每一个育种组内有较少的入选树木(McKeand and Bridgwater,1998)。对于 10 ~ 30 个育种组,每一个育种组内入选树木的数目为 20 ~ 40(Burdon *et al.* ,1977;Namkoong,1984;Kang,1979a;van Buijtenen and Lowe,1979;McKeand and Beineke,1980;Coggeshall and Beineke,1986;White *et al.* ,1993;White *et al.* , 2003)。考虑前面关于育种群体大小的讨论,N_e 为 20 ~ 40 可以使每一个育种组内的育种和选择在许多世代都获得良好的进展。另外,这些大小对于育种和测定的后勤保障和管理常常也很方便。

育种群体结构实例

正如前边所提到的,许多高世代育种项目为了实现多个目标,都采用两种或者全部 3 种类型的育种群体结构化:特别重视更好的材料(如精选群体和主群体),应用多套选择标准(即多重群体),管理近交(即育种组或亚系)。这会导致在描述其目的之前,结构看起来都很复杂。在专栏 17.2[美国的湿地松(*P. elliottii*)]和专栏 17.3[新西兰的辐射松(*P. radiata*)]中描述了高世代育种群体结构的两个例子。

专栏 17.2　美国东南部湿地松(*P. elliottii*)的结构化育种群体

美国东南部的湿地松(*P. elliottii*)森林遗传学研究项目协作组(CFGRP)为了满足 3 个目标建立了一个第二世代的育种群体(White *et al.* , 1993, White and Carson, 2004):①使育种群体和繁殖群体的短期遗传增益最大(头几个育种周期);②获得接近最大的长期遗传进展;③为基因保存和灵活性保持广泛的遗传基础。为了实现目标②和③,CFGRP 建立了一个 $N = 936$、$N_e = 625$ 的大的育种群体。虽然 CFGRP 在随后的第三个育种世代采用了略微不同的群体大小和结构(White *et al.* ,2003),但大多数概念和目标都与第二世代的相似。

为了以一种成本效益高的方式实现所有 3 个目标，CFGRP 将大的育种群体细分为不同等级的 4 个层次（图 1）。最好的 60 株入选树木组成一个精选群体，进行集约经营以快速获得短期遗传增益。主群体中的 936 株入选树木（包括既在精选群体内又在主群体内的 60 株精选入选树木）根据其预测育种值分成同等大小的 3 层（Ⅰ=顶层，Ⅱ=中层，Ⅲ=底层）。层次越高，育种、选择和测定强度也越高。实际上，经营第三层中的入选树木主要是用于保持遗传多样性。

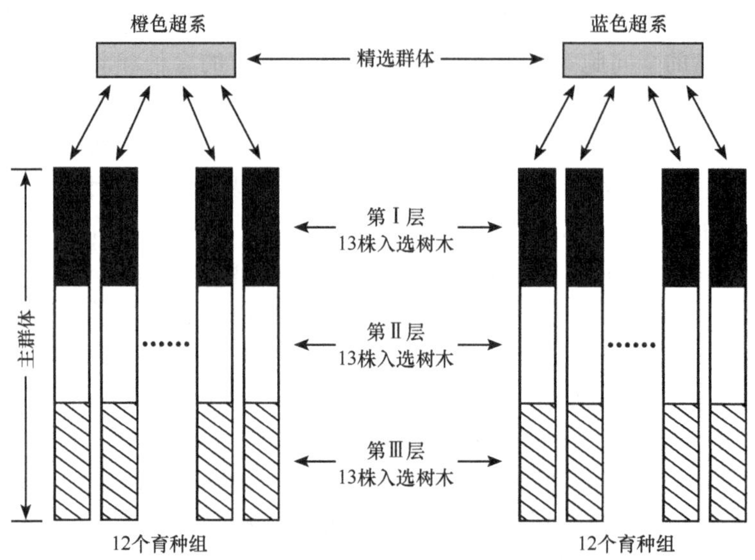

图 1　森林遗传学研究项目协作组管理的第二个周期的湿地松(*P. elliottii*)结构化育种群体示意图。（复制自 White *et al.*，1993，经 J. D. Sauerländer's Verlag 许可）

为了管理育种群体内的近交，主群体内的 936 株入选树木细分为 24 个育种组，每个育种组内由 39 株入选树木组成。之所以采用相对大量的育种组是因为 CFGRP 的某些成员依靠风力授粉无性系种子园作为主要类型的繁殖群体。主群体内所有的亲缘关系和全同胞育种都被限制在育种组内。每一个育种组的 3 个层次都有 13 个无性系（上三分之一、中三分之一、下三分之一），而且所有的育种组都有相同的选择标准，经营和育种目标也相似（它们不是多重群体）。

叠加在育种组结构之上还有两个超系，是为家系林业和无性系林业（*第 16 章*）服务的。12 个育种组套叠在每一个超系内，每个超系（叫做精选群体）的最好的部分由来自 12 个育种组的最佳材料组成。在每个超系内，对精选群体采用相当高的经营强度进行经营，这包括超系中不同育种组内入选树木间的交配是最好的与最好的交配。利用家系林业的 CFGRP 成员可以将橙色精选群体的最佳成员与蓝色精选群体的最佳成员相互交配产生用于生产性配置的全同胞家系。由于两个超系之间没有亲缘关系，这些用于配置的交配总是没有近交衰退。

专栏 17.3　新西兰辐射松(*P. radiata*)的结构化育种群体

新西兰辐射松(*P. radiata*)育种协作组(NZRPBC)建立了一个大的辐射松(*P. radiata*)育种群体($N=550$, $N_e=400$),其目标与专栏 17.2 中描述的 CFGRP 的那些类似(短期增益、长期增益和遗传多样性)。该结构化育种群体(图 1)结合了所有 3 种结构类型的特点(Carson *et al.*,1990;Jayawickrama and Carson,2000;White and Carson,2004)。首先,整个群体一分为二,形成两个育种组(叫做超系),因此两个超系间不存在亲缘关系。然后将每个超系进一步划分为一个较大的主群体和几个较小的精选育种群体,叫做**小精选群体**(breed)。主群体的功能是保持广泛的遗传多样性并且鉴定随后的育种周期中在一个或多个小精选群体中使用的突出的入选树木,还有嫁接在遗传多样性群体中的 1300 个无性系,用于基因保存目的(图 1 中未显示)。

小精选群体结合了多重群体和精选群体的概念,因为它们是育种强度非常高的较小的群体(如同精选群体),而每一个小精选群体对不同的终产品目标(如一个生长和干形小精选群体与一个木材密度大的小精选群体)应用不同的选择标准。在一个超系内,同一株入选树木如果满足那些小精选群体的严格而又不同的选择标准可以包含在一个以上的小精选群体内(在图 1 中表示为小精选群体的重叠)。因此,一个超系内的小精选群体并不作为没有亲缘关系的育种组。相反,两个超系间是没有亲缘关系的,而且在两个超系内平行建立同一组小精选群体,这使得通过定向交配为每个小精选群体产生生产性人工林所用的异交的全同胞家系成为可能(即小精选群体专一性的家系林业)。例如,即使在经过几个育种周期之后,超系 1 的 HWD 小精选群体的最佳成员仍然可以与超系 2 的 HWD 小精选群体的最佳成员交配,而且这些全同胞家系不存在近交衰退,适用于生产性配置。另外,HWD 小精选群体的最佳入选树木可与另一个超系内的生长和干形小精选群体内的最佳入选树木交配产生各种性状居中的互补家系。

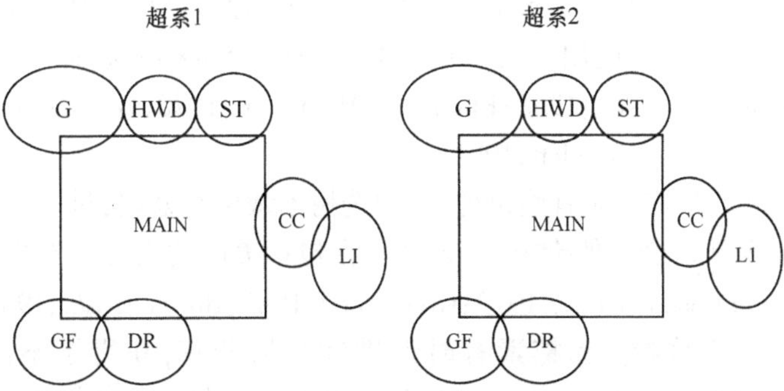

图 1　新西兰辐射松(*Pinus radiata*)育种协作组经营的辐射松(*P. radiata*)育种群体示意图。每个超系由一个含有 100 多株入选树木的大的主群体和几个选择目标不同、进行强度经营的小精选群体组成(每个含有 10 ~ 30 株入选树木):CC = 清材(无缺陷木材);DR = 抗松穴褥盘孢菌(松针红斑病);G = 一般;GF = 生长和干形;HWD = 木材密度大;LI = 节间长;ST = 结构材。(复制自 Jayawickrama and Carson,2000,经 J. D. Sauerländer's Verlag 许可)

高世代育种的交配设计

下面描述了高世代树木改良项目使用的交配设计，而与“高世代选择相关”一节的活动在本章的最后一大部分阐述。在*第 14 章*中描述了各种交配设计和田间设计的定义及其实施细节，在*第 13 章*中介绍了选择的原理。在本章，着重于与育种策略的制订和实施相关的问题及意义。

林木育种群体管理的主要制约因素是完成整个育种、测定和选择周期所需要的时间长度，根据树种，这可能是几年到几十年。需要尽快获得遗传增益以证明与林木改良相关的花费的合理性导致产生了使单位时间的遗传增益而不是每个育种周期的遗传增益最大的概念。使每个周期产生最大增益的策略，如果额外需要许多年实现这些增益，那么就可能不会使单位时间的增益最大。

希望使单位时间的遗传增益最大导致产生了与用于缩短完成一个改良周期所需要的时间的两种方法相关的两个重要的研究领域：①**早期选择**(early selection)，目的是在树木尽可能年幼时在田间测定林或人工环境中进行选择(见“最优选择年龄”一节)；②**加速育种**(accelerated breeding)，其目标是缩短做出选择以后完成育种所需要的时间(专栏 17.4)。

专栏 17.4　促进早期开花的加速育种技术

有些林木树种通过嫁接或扦插栽植在育种资源圃内仅一年左右就开花。更常见的是至少有几年的延迟，而且有些树种可能 10 多年后才开花。这导致了大量研究来开发加速育种技术，目的是减少选择和育种之间的年数(Greenwood，1983；Greenwood *et al.*，1987)。下面概述的各种技术在不同树种上取得了成功，有时几种技术结合起来在同一树种上使用。

1. *育种资源圃管理*。当把入选树木栽植在位于大田或森林地点的育种资源圃或无性系资源库中时，目标是促进形成完满的树冠和快速早期生长从而使树木尽快达到开花所需要的树体大小。应用的技术包括大间距(如 5m×5m 或者更宽)、施肥、灌溉和松土(Barnes and Bengtson，1968；Ebell and McMullan，1970；Greenwood，1977；Gregory *et al.*，1982；Wheeler and Bramlett，1991)。

2. *温室育种资源圃*。对有些树种，把中选树木栽植在盆内，过一段时间后移到温室内促进开花(经常结合其他措施)。该技术在包括美国的南方松在内的几个树种上获得了成功(Greenwoods *et al.*，1979；Greenwood，1983；Bower *et al.*，1986)。

3. *激素和化学物质*。赤霉素有时促进针叶树开花，获得了不同程度的成功(Hall，1988；Ho，1988a，b；Almqvist and Ekberg，2001)。在被子植物中，多效唑常能在使用一年后有效地促进开花(Griffin，1993)。

4. *胁迫处理*。胁迫树木的环剥、干旱和其他处理有时能成功促进早期开花(Cade and Hsin，1977)。利用这些技术，目标是胁迫到开花而又不杀死它的程度。

5. *高枝嫁接*。将高世代中选树木的接穗嫁接到成熟的已开花树木的树冠的枝条上成功地促进了某些松树早期开花(Bramlett and Burris，1995；Bramlett，1997；McKeand and Raley，2000；Almqvist and Ekberg，2001；Lott *et al.*，2003)。

入选树木一旦被选出并且正在开花，这些入选树木的一部分或者全部就包含在那一世代的育种群体内。这些入选树木按照一种交配设计相互交配，产生的子代按照特定的田间设计进行栽植（*第 14 章*）。高世代育种策略中交配设计的两项主要功能是：①创造下一世代的基本群体，这由当前世代的育种群体内的树木相互交配产生的子代组成（图 11.1）；②得以能够对育种群体内每一株入选树木和新的基本群体内的所有子代的育种值进行预测，从而使下一世代的选择的遗传增益最大。

在树木改良的早期，许多项目对所有的育种活动都采用了一种单一的平衡全同胞交配设计（*第 14 章*中描述的 6 亲本不连续双列交配设计特别普遍）；不过，最近情况发生了变化：①有些项目在对部分或全部育种群体应用自由授粉管理；②有时应用互补交配设计，即不同的交配和田间设计用于不同目的（如预测育种值和进行选择）；③正在提倡不平衡交配设计，在这种设计中通过对优良入选树木进行更多交配而对其特别重视；④渐进式交配设计正在受到欢迎，这种设计通过在入选树木可用时对其进行育种而不是在离散世代中进行育种而使单位时间的增益最大；⑤在育种群体的不同部分使用不同的交配设计和田间设计（例如，相对于主群体，精选群体应用的不同设计）。

所有这些新进展都很重要，都在有些项目的高世代育种策略中发挥作用。每个项目必须在上面提到的育种的两大功能、树种的生物学特性和项目的生产性后勤保障体系的框架内评价可以利用的交配设计范围。因此，下面关于不同交配设计的讨论强调每种设计的潜在优缺点及其在高世代育种中的潜在作用。

育种群体的自由授粉（OP）管理

对于 OP 育种：①OP 家系栽植在遗传测定林中形成 k 世代的基本群体；②在适宜的年龄从这些测定林中选出新的入选树木，它们由最佳家系内的最佳树木组成；③从这些仍然生长在测定林中的入选树木上采集 OP 种子；④这些 OP 种子用于营造另一组遗传测定林，这些测定林是 $k+1$ 世代的基本群体，这样就完成了一个完整的育种周期；⑤选择之后，k 世代的一个或多个测定林可以转变为实生苗种子园。

OP 育种可以作为唯一的交配设计使用，对整个育种群体或者仅育种群体的一部分进行管理（如对一个育种项目中的主群体采用 OP 管理，而对其中的精选群体通过一种需要控制授粉的全同胞设计进行管理）。整个树木改良项目都基于 OP 管理而且每一世代营造一个单一遗传测定林的一个例子是佛罗里达南部的巨桉（*E. grandis*）项目（专栏 17.5）。

专栏 17.5　基于自由授粉的巨桉（*E. grandis*）育种

一个巨桉（*E. grandis*）树木改良项目在美国佛罗里达州南部开始于 20 世纪 60 年代（Meskimen，1983；Franklin，1986；Reddy and Rockwood，1989；Rockwood *et al.*，1989；White and Rockwood，1993）。该树种在这一地区的栽培规模非常小，因此该树木改良项目必然采取一种低强度、低成本的育种策略。该项目已经完成了超过 4 个育种世代，对育种群体只采用自由授粉（OP）管理，选择的 3 个性状获得了显著的遗传增益：树干材积生长、对霜冻的回弹能力和遭受严重冻害后的萌蘖再生长材积（表 1）。

表1 美国佛罗里达州南部巨桉(*Eucalyptus grandis*)树木改良项目4个世代的现实增益。2.5年生时的树干材积是实生苗生长(Franklin,1986),另外两个性状是采伐后的萌芽生长(Reddy and Rockwood,1989)。第一世代的群体不能很好地适应美国佛罗里达州的气候和土壤,因此与以后的世代相比,第一世代的增益很小。对霜冻的回弹能力的评分为0~3,0表示无伤害。括号中的值表示超过第一世代的增益的百分数。(复制自 White and Rockwood,1993,经作者许可)

育种世代	2.5年生时的树干材积/dm^3	5年生时的萌蘖树干材积/dm^3	5年生时对霜冻的回弹能力
1	7.5	7.0	1.75
2	14.6(95)	21.5(207)	1.39(20)
3	17.0(127)	25.9(270)	1.34(23)
4	19.7(163)	40.2(474)	1.25(29)

该育种策略的重要特点(图1)是:①每个世代只有一个地点,行使4项功能,从而降低了成本(遗传测定,对家系进行排序;基本群体,从中选择入选树木;育种资源圃,为下一世代提供OP种子;繁殖群体,为生产性配置采集改良种子);②一个单一的非结构化育种群体,采用自由授粉育种从而排除控制授粉的必要性;③世代周期短,大约只有4年,包括在2年生(8年轮伐期的25%)时进行早期选择,再过2年后为下一世代采集OP种子;④每一世代从外部的项目大量补充新材料以保持一个遗传多样性高的育种群体。

每一世代,叫做k世代,以形成一个由500个OP家系组成的基本群体开始。这些家系按照下面的方式被选中:①在前一世代的OP测定林中选出300~400株入选树木;②从外部来源得到100~200株新的入选树木(补充树木)以保持广泛的遗传基础并限制近交的积累。这个由500个OP家系组成的基本群体栽植在美国佛罗里达州南部的一个单一地点(图1中世代k的0年)。这一块15hm^2的立地包括500个OP家系,每个家系60株实生苗,一共是30 000株实生苗,按照完全随机设计采用单株小区栽植。

该林分首先作为基本群体,接下来作为世代k的唯一的遗传测定林。在2年生时(平均高5m),对这30 000株树木的几个性状进行测量。应用这500个家系的排序和家系内单株树木的表现选出1500株树木形成世代k的选择群体。该过程使原来的500个家系中的400个至少保留1株树木,最好的家系内保留的树木可以达到10株。

把未在选择群体内的28 500株树木砍伐移除形成育种群体。因此,育种群体和选择群体相同,由在2年生时选中的1500株树木组成(图1中世代k的2年)。采用自由授粉作为育种方法,在4年生时选择400株新的入选树木。从这300株树(从现有的1500株中选出的)上采集OP种子,与200株新的补充树木形成下一世代的基本群体(世代k+1)。把这500个家系栽植在与k世代的单一田间林分邻近的第二个田间地点(图1中世代k+1的4年)。这样就在4年中完成了一个世代的选择、测定和育种。世代k+1按照与前一世代同样的方式进行,到第8年时,完成两个世代的育种。

k世代的田间种植还有一项功能,即作为实生苗种子园生产配置到生产性人工林中的自由授粉种子。对基本群体进行第二次测量(现在已经4年生)得到的预测育种

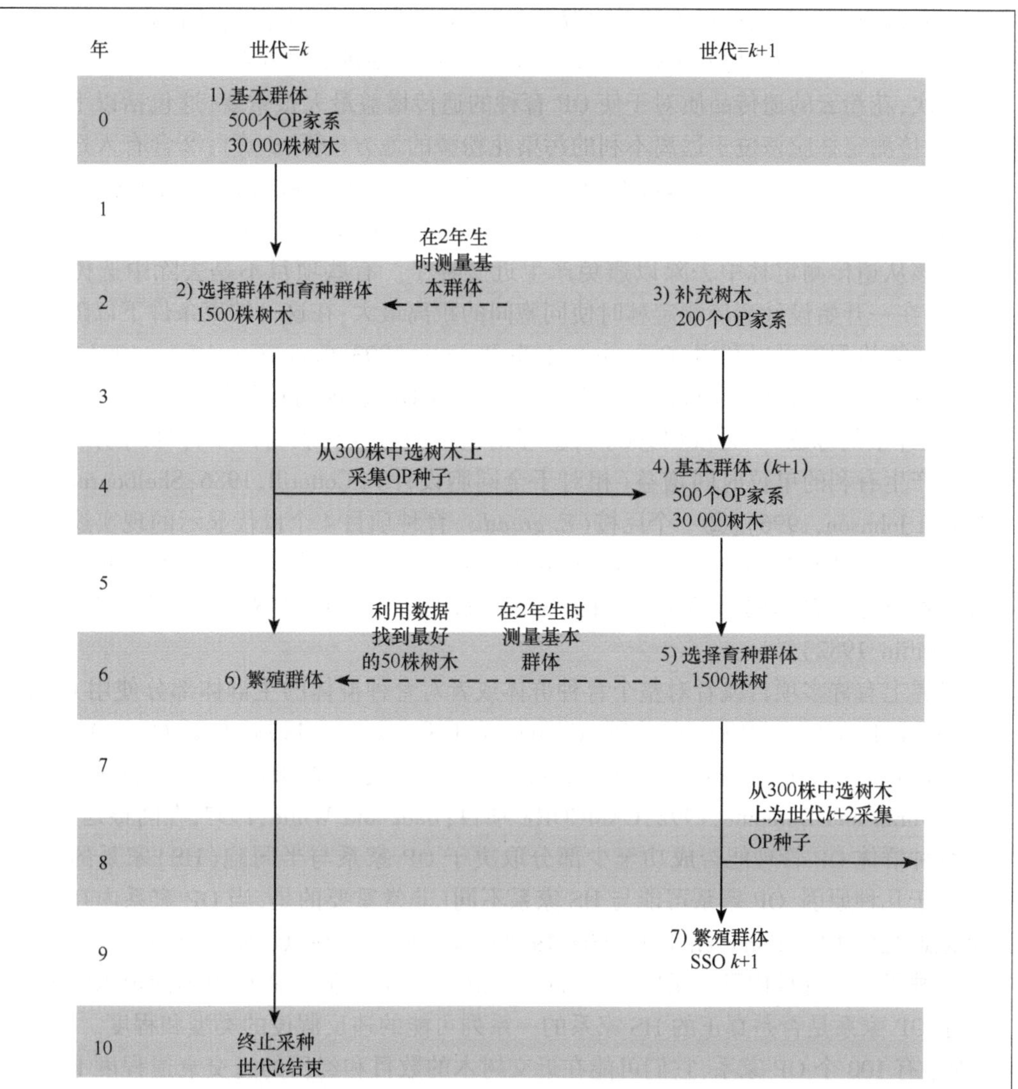

图 1　美国佛罗里达州南部巨桉(*Eucalyptus grandis*)项目两个世代(标记为 k 和 $k+1$)的育种策略。

值结合对 $k+1$ 世代的基本群体在 2 年生时进行第一次测量的数据用于鉴定生产性采种所用的 50 株最好的种子园树木(图 1 中 k 世代的 6 年,专栏 16.2 中图 1 的照片)。所有 1500 株树木保留下来在实生苗种子园内生长以保持花粉云的广泛遗传基础,并且使配置到生产性人工林的种子的近交最小。从第 6 年一直到第 10 年,从该种子园内采集种子,直到 $k+1$ 世代的种子园开始商业化生产。

因此,在每一世代,田间种植维持 10 年,首先作为基本群体和遗传测定林,然后在 4 年生时转变为育种资源圃,最后在 6 年生时转变成实生苗种子园。在任一时间,都有两个相邻的田间种植,处于不同时期,行使不同功能。

在 OP 育种策略的实施中有两个方面值得注意。首先,与所有育种设计一样,使选择和采种之间的时间最短很重要。由于 OP 种子采自遗传测定林中的入选树木,因此一旦鉴定出入选树木就对其进行施肥并去除临近树木以增加光照来促进开花和种子生产,有时这是有用的。对中选树木进行部分环剥有时也用于促进更早开花。

其次,花粉云的遗传品质对于使 OP 育种的遗传增益最大很重要,这包括以下 3 个方面:①遗传测定林应该位于远离不利的污染花粉源的地方(*第 16 章*);②含有入选树木的遗传测定林可在这些入选树木自由授粉之前进行间伐从而去除未被选中的树木(尤其是如果对花粉云有贡献将会减小遗传增益的育种值最低的那些);③中选树木的同胞在授粉前应该从遗传测定林中去除以避免产生近交种子。有些项目不是去除中选树木的亲属,而是在一开始设计遗传测定林时使同胞间的距离最大;在这一约束条件下以随机化为目的的计算机程序可以利用(Cannon and Shelbourne,1993;Cannon and Low,1994)。

最近,已经建议某些项目使用对育种群体进行 OP 管理的育种策略。这是基于以下几点[更详细的综述见 White(1996)]:①理论遗传增益计算表明由于育种周期的快速周转可以产生有利的单位时间增益(相对于全同胞设计)(Cotterill,1986;Shelbourne,1991;King and Johnson,1996);②一个巨桉(*E. grandis*)育种项目 4 个世代显示的现实遗传增益(表 1,专栏 17.5)(Franklin,1986;Rockwood *et al.*,1989);③当控制授粉太费钱或者后勤保障上不可行时育种的后勤是容易的(McKeand and Beineke,1980;Purnell and Kellison,1983;Griffin,1982)。

世界上有许多项目或者对整个育种群体或者对育种群体的主群体部分使用 OP 育种(Purnell and Kellison,1983,在美国;Cannon and Shelbourne,1993,在新西兰;Ampie and Ravensbeck,1994,在尼加拉瓜;Osorio *et al.*,1995,在哥伦比亚;Barnes *et al.*,1995,在津巴布韦;Dvorak and Donahue,1992,CAMCORE 项目;Baez and White,1997,在阿根廷)。

育种群体 OP 管理能否成功至少部分取决于 OP 家系与半同胞(HS)家系的近似程度。由于几种原因,OP 家系可能与 HS 家系不同(非常重要的是,当 OP 家系内存在自交或其他近交树木时(Sorensen and White,1988),而这些问题在以动物或昆虫为媒介的授粉机制的被子植物树种内可能更糟糕(Hodge *et al.*,1996)。同一树种内不同树木间的变异加强了 OP 家系是否是真正的 HS 家系的一系列可能的违反假设的类型和程度。因此,例如,如果有 100 个 OP 家系,它们可能在近交树木的数目和经历的近交衰退程度上都存在差异。这些可能降低亲本和通过 OP 育种产生的子代预测的育种值的精度和准确性(上边介绍的交配设计的两大功能之一),如果预测的排序与真实排序不同,还会导致选择的遗传增益降低。虽然数据分析技术可能帮助缓解这一问题(White,1996),有些项目选择使用多系混合授粉育种以避免 OP 家系的可能问题(Li,1995;White *et al.*,1999)。

对于 OP 育种的另一种批评是丧失了对谱系的完全了解(因为任何入选树木的父本都是未知的)。这就提出了在繁殖群体中避免近交的问题,因为说不定产生用于生产性人工林的树木的两株入选树木就可能存在亲缘关系。可以通过将育种群体细分为育种组来克服这一问题。

虽然 OP 育种设计存在一些问题,但对有些项目而言优点超过这些缺点,而这解释了上面引用的越来越受欢迎的原因。OP 育种设计似乎特别适合于:①需要低成本育种策略的次要树种;②难以控制授粉或者对其开花生物学不甚了解的热带阔叶树种;③必须使所有树种的成本和努力最小地管理几个树种的项目;④当精选群体用全同胞设计管理时对主群体进行互补管理。

管理育种群体的全同胞(FS)和互补交配设计

使用全同胞交配设计的一个完整的育种周期的步骤是(图 11.1):①使用控制授粉(CP)对 k 世代的育种群体内的入选树木进行相互交配形成 FS 家系;②这些 FS 家系栽植在遗传测定林中,形成 k+1 世代的基本群体;③从优良家系中选择优良树木(根据在 FS 测定中的表现)形成 k+1 世代的选择群体和育种群体;④这些入选树木相互交配产生 FS 家系,栽植形成 k+2 世代的基本群体。FS 育种可用于整个育种群体,在主群体采用 OP 或者多系授粉育种管理时,FS 育种也可只用于精选群体。FS 设计还可以这样使用:即为了管理近交,所有育种都在育种组内进行(例如,McKeand and Bridgwater,1998;Jayawickrama and Carson,2000;White *et al.*,2003)。

FS 育种有时比 OP 育种更可取,这是因为(McKeand and Bridgwater,1998):①对谱系的完全控制有利于管理共祖度和近交;②每个周期可以获得更大的遗传增益,因为对谱系中的母本和父本都进行选择;③有可能鉴定出具有正的特殊配合力(SCA)的 FS 家系。如果具有正的 SCA 的 FS 家系作为繁殖群体的一部分在生产上配置,那么还会实现额外的遗传增益。然而,这些额外增益不会在育种群体中获得,因为只有与一般配合力(GCA)相关的加性遗传效应才在 GCA 的轮回选择项目中积累。

关于 FS 育种实施的一个关键问题是在遗传测定林中进行选择和实行控制授粉之间的延迟。由于多种原因,在生长在遗传测定林中的入选树木上进行 CP 交配通常是不现实的。因此,常把入选树木通过嫁接或扦插进行营养繁殖,建成某种类型的育种资源圃、无性系资源库或者其他育种设施。这样,就可以使用各种方法刺激开花,从而可以尽快进行控制授粉(专栏 17.4)。

在过去,大多数树木育种项目采用**平衡交配设计**(balanced mating design)。在这种设计中,育种群体中的所有入选树木与其他入选树木的交配次数相等;因此,从理论上讲,所有入选树木都为下一世代的基本群体贡献相同数量的子代。曾经应用过各种各样的平衡交配设计,而且如果为了保证在产生的子代基本群体中保持足够的遗传多样性而产生足够数目的没有亲缘关系的家系(*第 14 章*),那么所有的平衡交配设计都是适合的。事实上,在某些假设条件下,对于一个有效大小固定的育种群体,所有的平衡交配设计都会产生相等的长期增益(Kang and Namkoong,1979)。

利用平衡 FS 交配设计,通过更多的交配次数可以增加遗传增益。这意味着每一入选树木只交配一次的**随机单对交配**(random single pair mating)获得的遗传增益要比每一入选树木交配更频繁的设计获得的增益少,其原因是在对 FS 遗传测定进行并预测育种值后,测定的家系越多,发现突出 FS 家系的概率越高。理论研究表明,如果每一入选树木交配超过 3 ~5 次,就会达到一个报酬递减点,过了这一报酬递减点后几乎不会再获得额外的增益(van Buijtenen and Burdon,1990;King and Johnson,1996;Gea *et al.*,1997)。

不平衡交配设计(unbalanced mating design)是对一些亲本的交配次数比对其他亲本更多,从而使受到优待的入选树木为下一世代的基本群体贡献更多的子代。优良入选树木交配更频繁的不平衡交配设计增加了把优良等位基因保持和集中在未来的入选树木中的概率。这意味着应用这些不平衡交配设计能够获得更大的遗传增益(van Buijtenen and Burdon,1990;King and Johnson,1996;Gea *et al.*,1997;Lstiburek *et al.*,2004b)。例如,湿地松(*P. elliottii*)的第二世代育种策略要求育种群体中最好的1/3(第Ⅰ层)中的入选树木与8个其他成员交配,而底层(第Ⅲ层)中的那些只交配一次,而且只与第Ⅰ层中的一株入选树木交配(专栏17.2)。与增加遗传增益的大多数活动一样,使用不平衡交配设计也会导致育种群体内的遗传多样性丧失得更快。因此,对于一个固定的 N_e,不平衡交配系统通常会导致获得较少的最终长期增益(Kang and Namkoong,1980;Namkoong *et al.*,1988)。应用这些设计的项目可以通过以一个较大的育种群体开始或者通过建立一些为保持遗传多样性而进行低强度管理的群体来保持足够的群体多样性。

正如在*第14章*中所描述的,在有些高世代项目中应用互不交配设计,因为很难找到一种有效实现所有目标的单一交配设计。例如,前面提到的并在专栏17.2中描述的第二世代湿地松(*P. elliottii*)项目在主群体和精选群体中都应用多系混合授粉设计对入选树木进行排序,而应用不平衡FS设计产生子代,建立一个从中进行选择的第三世代基本群体。

所有的FS设计既可以在离散周期中实施也可以在**渐进式**(rolling foont)设计中实施(*第14章*)。在应用离散周期时,为一个特定育种世代计划的所有FS家系都栽植在一个单一系列的遗传测定林中。这意味着直到从所有这些FS家系都能够得到种子时才能营造这些测定林。对某些树种,这可能意味着要延误几年,等待从开花晚的入选树木上得到种子。渐进式设计利用在一个特定年份能够得到种子的所有家系在许多年内栽植几个系列的遗传测定林。在有些情况下,渐进式设计要比采用离散世代产生更大的遗传增益(Borralho and Dutkowski,1996,1998;Araujo *et al.*,1996)。

不论是在离散世代还是渐进式设计中应用FS交配设计,常希望保证所做的交配间存在遗传连通性(*第15章*)。这种连通性有利于通过最佳线性无偏预测(BLUP,*第15章*)对所有亲本的育种值进行精确预测。循环交配设计的系统部分双列交配(图14.7)对于实现此种目的是有用的。例如,如果一个育种组内有30个亲本,每一个亲本与其他4个亲本交配,那么一共创造60次交配。为了创造一种不平衡交配,可在散布在双列中的更好的亲本间进行额外的交配,而这会增加所有30个亲本的BLUP预测育种值的精度。

不管采用何种交配设计(OP设计或多种FS交配设计之一),子代都要栽植在田间的遗传测定林中。在*第14章*中详细介绍了各种田间设计。对所有以对亲本或家系进行排序(即预测亲本的育种值在后向选择中使用,见专栏14.2)为目的的遗传测定林,建议采用单株小区的随机完全区组或不完全区组设计;而且,这些田间设计是稳健的,对于前向选择(即预测生长在遗传测定林中的单株树木的育种值并选择优良树木)也起到很好的作用。

高世代选择

家系内选择

在一个树木改良项目的第一个或头两个世代,常根据遗传测定林中它们的子代(或同胞)的不良表现淘汰大量低劣亲本(或家系),使之不能对未来的育种群体产生贡献。举一个过分简化的例子,假设一个第一世代育种项目一开始有300个没有亲缘关系的亲本,根据它们的预测育种值淘汰掉底下的一半亲本及其子代。在该例中,第二世代的入选树木来自排在上面的一半中的家系,这种家系间选择[也叫做**家系选择**(family selection)]会产生大量的遗传增益。

与以增加短期遗传增益为目的的大多数活动一样,家系选择也会导致育种群体中的亲缘关系积累得更快。在上述例子中,家系间如此高强度的选择不可能持续数个世代而不会造成育种群体的有效群体大小的急剧减小。因此,在高世代育种中有一种趋势,即保持更多家系的代表性,并且加强对**家系内选择**(within-family selection)的重视。家系内选择的意思是选择一个家系内的最佳个体。

上面的讨论过于简化,因为在高世代项目的选择过程中,常使用合并不同亲属和不同性状数据的选择指数(见"选择指数和其他选择方法"一节)。这导致产生了给家系和个体表现赋以适当权重来预测遗传测定林中每个亲本和每株树木育种值的**配合选择**(combined selection)。因此,通常不提家系选择和家系内选择,但这一概念仍然有效,因为在高世代育种项目中有一种趋势,即加强对家系内选择的重视而不是淘汰大量的低劣家系,以此作为延缓育种群体内亲缘关系积累的一种机制(见"平衡遗传增益和遗传多样性"一节)。

由于这些原因,理解影响家系内选择遗传增益的因素来判断建立遗传测定林或者没有重复的家系小区时一个特定家系内有多少个体就有启发作用。图 17.3 显示的是作为遗传率(图 17.3a)和每个家系树木株数(图 17.3b)函数的一个假想性状的半同胞家系内选择的期望加性遗传增益。该图既适用于此处所讨论的实生苗群体的家系内选择,又适用于下面将要讨论的无性系化育种群体的家系内选择。在专栏 17.6 中描述用于计算这些预测增益的方法。

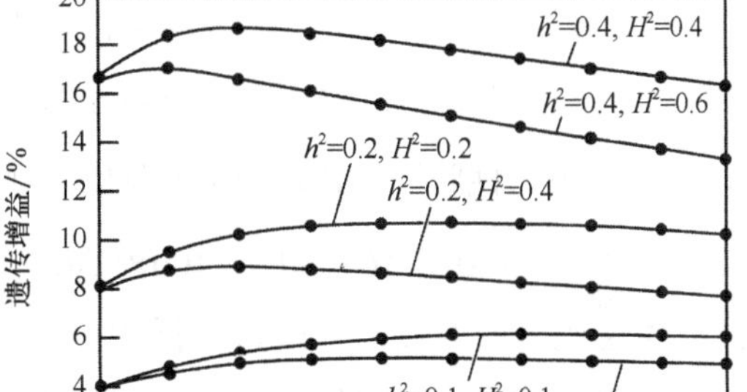

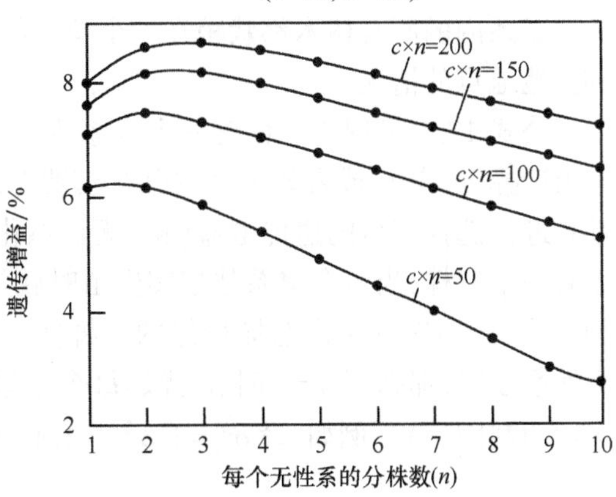

图 17.3　一个无性系化育种群体半同胞家系内选择的遗传增益(%):a. 从一共有 100 株树木的家系内选择最好的无性系,所以 $c\times n=100$,其中 c 是每个家系内无性系的数目,n 是每个无性系的分株数;b. 从家系大小为 $c\times n=50$ 到 $c\times n=200$ 中选择 3 个最好的无性系。注意,当 $n=1$ 时,每个无性系只有一个分株,该图显示的是从一个有 c 个个体的非无性系化的实生苗半同胞家系进行前向选择的遗传增益。这些增益是一个假想性状的增益,只能用于比较目的。这些树木可以栽植在一个单一的没有重复的小区内,也可以分散栽植在不同的重复和立地地点。有关假设的细节见专栏 17.6。

专栏 17.6 计算对育种群体进行家系内选择的遗传增益

计算不同类型的家系内选择的遗传增益可以使不同选项之间进行比较,例如,比较每个家系栽植不同数目树木的实生苗群体与无性系化基本群体。只有加性遗传增益在育种群体内积累(*第6章*)。对于遗传率不同、加性和非加性遗传变异不同的假想性状,使用 Shelbourne(1991)介绍的方法计算的家系内选择的加性遗传增益如图17.3所示。显示的是忽略C效应时半同胞(HS)家系内选择的增益。全同胞(FS)家系内选择的趋势相似,不过,FS家系的增益比HS家系的小(大约1/3),因为一个HS家系内个体间的遗传变异更大。

用于得到图17.3所示的增益的公式是

$$\Delta G_{A,w} = i_w(0.75\sigma_A^2)/[0.75\sigma_A^2 + \sigma_{NA}^2 + (\sigma_E^2/n)]^{1/2} \qquad \text{公式 17.1}$$

其中,

$\Delta G_{A,w}$ 是一个HS家系内选择的加性遗传增益;

i_w 是以标准差为单位的家系内选择强度(*第6章*);

σ_A^2 是加性遗传方差(一个HS家系内的树木间是 $0.75\sigma_A^2$);

σ_{NA}^2 是非加性遗传方差;

σ_E^2 是环境方差;

n 是一个特定的HS家系内每个实生苗无性系的分株数;

$0.75\sigma_A^2+\sigma_{NA}^2+\sigma_E^2$ 是一个HS家系内实生苗间的表型方差。

不失一般性,对任一性状P,设表型总方差(公式6.10)$\sigma_P^2=10$ 个平方单位($\sigma_A^2+\sigma_{NA}^2+\sigma_E^2=10$),性状平均值 $\overline{P}=15$ 个单位。那么,以百分数表示的家系内加性遗传增益是 $G_{A,w}(\%)=100\times(\Delta G_{A,w}/\overline{P})=100\times(\Delta G_{A,w}/15)$。

考虑到上面的假设,可以分别利用公式6.11和公式6.12对假定的 σ_A^2 和 σ_{NA}^2 值的任意组合计算广义和狭义遗传率(H^2 和 h^2)。例如,如果假设 $\sigma_A^2=2$,$\sigma_{NA}^2=2$,那么 $H^2=0.4$,$h^2=0.2$。

因此,通过设 σ_P^2 和 $\overline{P}$ 为任意值,然后变化公式17.1中 σ_A^2、σ_{NA}^2 和 n 的假定值,可以模拟一系列条件下家系内选择的期望遗传增益。这些增益是用于比较目的,适用于一个家系内的所有树木都栽植在一个单一的、非重复家系小区内或者分散在许多重复和立地地点的情况。

公式17.1可用于计算对一个家系内的实生苗进行选择获得的遗传增益(见"家系内选择"一节),或者如果基本群体已被无性系化,也可用于计算对一个家系内的无性系进行选择获得的遗传增益(见"无性系化基本群体"一节)。当 $n=1$ 时,每个无性系有一个分株,当每个家系栽植实生苗时就是这种情况。此时,公式17.1($n=1$)预测的是从一个HS家系内选择最好的一株实生苗获得的遗传增益。设 c 为每个家系的无性系数目,那么当 $n=1$ 时,c 就是每个家系实生苗的数目(因为每株实生苗是一个不同的基因型)。例如,设 $\sigma_A^2=2$,$\sigma_{NA}^2=2$,$n=1$,$c\times n=100$,并且假设选择强度 $i=2.508$,

相当于从那个家系栽植的 100 株实生苗中选出最好的一株。那么，$\Delta G_{A,w} = i_w(0.75\sigma_A^2)/[0.75\sigma_A^2+\sigma_{NA}^2+(\sigma_E^2/n)]^{1/2} = 2.508\times(0.75\times2)/(0.75\times2+2+6)^{1/2} = 1.221$ 个单位。以百分数表示的增益是 $G_{A,w}(\%) = 100\times(\Delta G_{A,w}/\overline{P}) = 100\times(\Delta G_{A,w}/15) = 100\times1.221/15 = 8.1\%$，这与图 17.3a 中 $n=1$ 和在假定的遗传率时得到的增益一样。

如果基本群体是无性系化的，那么除了必须指定不同的 n 值外，计算过程相同。为了反映出工作量相等，保持乘积 $c\times n$ 为常数是有用的。因此，在图 17.3a 中，小区大小 $c\times n=100$，即每个家系一共栽植的树木总数，可以通过 50 个无性系中每个无性系的两个分株产生（在 x 轴上为 2），也可以通过 20 个无性系中每个无性系的 5 个分株产生，还可以通过其他组合来产生。

图 17.3 只显示了来自加性遗传效应（与育种值和一般配合力有关的那些效应，*第 6 章*）的遗传增益，这些是在 GCA 的轮回选择中能在育种群体内捕获的效应。非加性遗传效应每个世代能够在某些类型的繁殖群体中捕获（如家系林业和无性系林业，*第 16 章*）；因此，选择生产性无性系能够期望获得比图 17.3 中显示的更大的遗传增益，不过，这些来自非加性遗传效应的额外增益不会在后续世代的育种群体中积累。

对于栽植实生苗的测定群体（实生苗群体），每株树是一个不同的基因型，因而就是一个不同的无性系，所以，每个无性系有一个分株（$n=1$），读者应该关注 x 轴上的 $n=1$。首先，家系内选择增益与狭义遗传率 h^2 几乎呈正比，如果注意到当 h^2 从 1 加倍增加到 2 时，增益从 4% 加倍增加到大约 8%（对于从每个家系 100 株实生苗中选出一株最好的选择），那么就可以看出这一点。当 h^2 从 0.2 加倍增加到 0.4 时，增益同样加倍，从 8% 增加到 16%。这表明家系内选择对遗传率较高的性状（如木材密度）比对遗传率较低的性状（如生长性状）更有效。

其次，非加性遗传方差大小不会影响用实生苗营造的遗传测定林的家系内选择增益。如果注意到，对于图 17.3a 中特定大小的 h^2（0.1、0.2 或 0.4），广义遗传率大小并不影响遗传增益（对 $n=1$，适用于实生苗群体），那么就可以看出这一点。这一点也不令人惊奇，因为只有与育种值有关的加性遗传增益（公式 11.2 和公式 13.6）和平均等位基因效应才会在育种群体内积累。

最后，家系内选择的期望增益随着每个家系栽植树木株数的增加而增加，不过，增益与每个家系内树木的株数并不是线性相关，更确切地说，增益的增加量随着每个家系内树木株数的增加而减少。例如，当从每个家系栽植的 50 株树木中选择最好的 3 株时，增益是 6.2%（图 17.3b 中在 x 轴上 $n=1$，$c\times n=50$）。当每个家系的树木株数加倍到 100 时，增益增加了 1%（从 6.2% 到 7.2%），不过，家系大小再次加倍（从 100 到 200），只产生了 0.7% 的额外增益（从 7.2% 到 7.9%）。

考虑所有这些因素，家系大小为 50～150 对于平衡增益和成本似乎是合适的。如果同时建立有重复的 OP 或多系混合授粉试验对亲本进行排序，作为互补交配设计的一部分，那么一个家系中的所有实生苗可以栽植在一个没有重复的单一小区。相反，全部实生苗可以分配到多个重复和立地地点。对于只注重一个性状的较小的项目，每个家系 50 株实生苗似乎是合适的。当涉及几个性状时，每个性状的选择强度会降低，而且每个家系有理由有更多的树木。对于特别重视更好家系的项目，家系越好可以栽植越多的树木，而由育种群体内不是那么优良的入选树木交配形成的家系可以栽植较少的子代。

无性系化基本群体

前一部分描述的对实生苗群体进行家系内选择获得的遗传增益的微弱联系在于每一株实生苗只有一个拷贝（即一株树），所以，从一个家系内的如 100 株树木中挑选出最好的一株实生苗会很困难，因为这 100 株实生苗栽植在 100 个不同的微立地上，并且只是根据表型表现进行选择。

家系内选择增益可以通过**无性系化基本群体**（cloning the base population）而增加，而这必须使用无性繁殖（如扦插）得到每株实生苗的多个拷贝（Shelbourne，1991；Rosvall *et al.*，1998）。增益之所以增加是因为每个基因型（即来自单个家系的每一株无性系化的实生苗）是以多个分株栽植在几个微立地上，而且选择所依据的无性系平均值倾向于把与不同的微立地相关的环境噪声拉低，从而为每个实生苗无性系的真实内在基因型提供更好的估计值。可以使用专栏 17.6 中描述的方法预测对无性系化的基本群体进行家系内选择的遗传增益。

对于一个无性系化的基本群体，最简单的田间设计是为每个家系建立其自己的非重复小区，每个家系含有 c 个无性系（每个不同的无性系起源于该家系的一株不同的实生苗），每个无性系含有 n 个分株。如果应用完全随机化设计，那么就把每一株实生苗的无性系的 n 个分株栽植在家系小区内随机分配的地点。或者，对于随机完全区组（RCB）设计，每个无性系的一个分株分别栽植在 n 个区组内。例如，对于一个 $c=25$、$n=4$ 的 RCB 设计，每个家系小区含有 4 个完全区组，每个区组有 25 个无性系，一共有 100 株树。注意，如果产生 300 个 FS 或者 HS 家系作为基本群体的一部分，那么将有 300 个家系小区，每个家系小区都栽植在一个 RCB 设计中。

利用这种无性系化基本群体的“家系小区”法，每个家系都作为一个单一的非重复小区来栽植，所以，需要一个单独系列的测定林（以实生苗或扦插苗栽植）对家系和亲本进行排序（见*第 14 章*中的互补交配设计）。无性系化基本群体的另一种方法是用扦插苗栽植一个单一类型的遗传测定林。在这种方法中，所有的家系在许多区组内和地点上进行随机排列并且有重复。每个家系有几个实生苗无性系，每个无性系的分株分布在许多重复地点和立地地点。

无性系化基本群体为家系内选择提供了额外的遗传增益，使之超过从实生苗家系进行家系内选择的期望获得的增益（图 17.3）。例如，图 17.3a 显示的是来自含有一个特定家系的一共 100 株树木（$c \times n=100$）的小区的遗传增益。对于 $h^2=0.1$ 的性状，一个非无性系化的实生苗群体（在 x 轴上 $n=1$，意思是每个家系有 $c=100$ 株实生苗），从一个 HS 家系内选择最好的一株树木的增益是 4%。无性系化基本群体的额外遗传增益是 1%～2%（总增益增加到 5% 或 6%），这在 4% 的基础上增加了 25%～50%，增加幅度相当大。

无性系化基本群体对遗传率越低的性状的相对影响越大，这是因为遗传率越低的性状受到被无性系化拉低的环境变异的影响越大。从数值上这可以通过注意下列两点看出：①无性系化基本群体的额外增益对于不同的 h^2 值大体上保持不变，比实生苗群体的增益高出 1%~3%；②这一额外增益占 4%（当 $h^2=0.1$ 时）的比例要远大于占 16%（当 $h^2=0.4$ 时）的比例。

对于每个家系小区固定数目的树木，每个无性系栽植的分株越多（n 越大），意味着栽植的无性系越少（c 越小）。每个无性系的分株的最佳数目 n 为 1 ~7，而且遗传率越低该数目越大，因为为了拉低大量的环境噪声，每个无性系需要更多的拷贝。

栽植的无性系分株越多，每个家系栽植的无性系越多，获得的增益越多（即通过增加每个家系的小区大小）。然而，随着 $c \times n$ 的增加，额外增益是以一定的递减率增加（图 17.3b）。注意到图 17.3b 中的曲线随着家系大小每多增加 50 株树而逐步靠近就可以看出这一点。考虑所有这些因素，对于许多情况，每个无性系 n 为 3 ~5 个分株，有 c 为 25 ~30 个实生苗无性系似乎是合适的。

在整个讨论中都忽略了 C 效应（*第 6 章*）。C 效应如果存在，会把增益减小到比图 17.2 中计算的那些还低。例如，如果使用扦插无性系化基本群体，差异的 C 效应可能意味着有些实生苗的无性系是因为更容易生根或者更容易形成不定根系而被选中。如果风力授粉种子园的种子是商业化繁殖的主要方法，那么育种群体中的这些增益将不会在生产性人工林中实现。

因此，特别建议利用家系林业或者无性系林业（*第 16 章*）的那些项目通过无性系化基本群体增加前向、家系内选择的增益，并且使用与生产上使用的相同的营养繁殖方法建立无性系化基本群体。这将为根据生产上使用的繁殖体类型的表现进行选择提供额外效益。例如，许多辐射松（*P. radiata*）人工林项目在生产性人工林中使用扦插苗。根据作为扦插苗的无性系的表现进行家系内选择，选出最佳无性系可以保证中选树木很容易使用所用的繁殖方法进行繁殖。

重叠世代的选择

在*第 15 章*中，最佳线性无偏预测（BLUP）是作为一项充分利用遗传测定数据预测育种值的数据分析技术介绍的。在高世代育种项目中，BLUP 的一个重要优点是，多个世代遗传测定的所有数据都可以合并起来一起分析（例如，3 个测定周期的数据，其中第三个周期的测定林含有来自第一个周期的孙代）。全部周期中所有入选树木的 BLUP 预测育种值是：①经过调整以说明在以后的周期中逐步增加的遗传平均值的影响（Kennedy and Sorensen，1988）；②在同一尺度上预测的（如同*第 15 章*描述的后向选择和前项选择）（表 15.2）。

将所有预测育种值放在同一尺度上自然导致重叠世代的应用，这在动物育种中很常见（van Vleck *et al.*，1987），并提倡在树木改良项目中应用（Lindgren，1986；White *et al.*，1993；Hodge，1997；McKeand and Bridgwater，1998）。当只涉及两个世代时，对此问题的讨论就简化为后向选择（即亲本）和前向选择（即子代）的相对优点，该问题曾经得到广泛关注（Hodge，1985；Lindgren，1986；Hodge and White，1993；Hodge，1997；Ruotsalainen and Lindgren，1997）。

Hodge（1997）利用两个树木育种项目的实例说明重叠世代对选择的实际影响。第一个是，美国东南部的湿地松（*P. elliottii*）协作育种项目对 2200 个亲本进行交配得到了

2100 个全同胞家系和超过 170 000 个子代。对于树干材积,最好的 30 株入选树木中有 14 株是亲本(后向选择),16 株是子代(前向选择)。类似的,在阿根廷的蓝桉(*E. globulus*)项目(Jarvis *et al.*,1995)中,栽植了 500 多个亲本的 52 000 株自由授粉子代。在最好的 30 株树中,15 株是亲本,15 株是子代。显然,为了获得额外遗传增益,在育种群体和繁殖群体中包含后向(亲本)选择树木很重要。

当涉及几个世代时,从理论上进行研究变得更加复杂,不过,对于育种工作者而言,使用 BLUP 预测育种值使问题变得简单,因为所有的育种值是在同一尺度上预测的,因而可以直接比较。此时,通常最好不管候选树的"世代",只根据它们的预测育种值对其进行选择(但要受到亲缘关系的限制)。某些最初在第一个周期内通过混合选择选出的入选树木排序可能仍然足够高[例如,著名的火炬松(*P. taeda*)7-56 和辐射松(*P. radiata*)NZ55]从而有理由包含在第二、第三和第四个周期的育种群体内。当然,某些子代和孙代也有理由包括在内。这自然导致一个由重叠世代组成的高世代育种群体。

选择指数和其他选择方法

育种工作者很少只对一个单一性状感兴趣,而选择指数就是把每株候选树的多个高优先级性状的数据合并形成一个单一的指数得分值。在*第 13 章*中介绍了在混合选择中使用的选择指数的概念,而在*第 15 章*中则为合并了两个世代数据的两个性状进行了说明。想法是根据合并几个性状的数据得到的单一得分对候选树进行排序,然后根据这个单一得分选择入选树木(受到亲缘关系的限制,这将在下一部分讨论)。

当所有数据是平衡时,构建选择指数的经典方法是合适的(见*第 13 章*的参考文献),不过,在大多数高世代树木改良项目中优先选用下面的过程:①应用 BLUP 单独预测所有候选树每个性状的育种值(例如,如果有 10 000 株候选树和 3 个被测量性状,那么就有 30 000 个预测育种值,每个性状一组);②为每个性状赋予适当的权重将每株候选树的预测育种值综合成一个单一的指数得分(在前面的例子中有 10 000 个指数得分)。之所以优先选用这种方法,是因为 BLUP 能够解释非平衡数据并把所有育种世代全部候选树的预测育种值置于同一尺度。

在理想情况下,指数权重包含了确定性状相对重要性的经济或其他数据(Cotterill and Dean,1990;Borralho *et al.*,1992b),不过,常没有这样的信息,因此就要使用蒙特卡罗(Monte Carlo)法。在蒙特卡罗法中,为了确定不同权重对每个性状的预测增益的影响要应用几组权重。该法在*第 15 章*中作过说明,想法是要找到特定的那组权重,对构成指数的复合性状中的每一个都获得期望的选择增益量。利用蒙特卡罗法,可为复合性状分配不同权重,为不同目的构建几个不同的指数。例如,如果育种群体细分为两个多重群体,分别为不同的产品目标(如锯材和纸浆材)而育种,那么在为这两个群体进行选择时,树干材积、通直度和木材密度的相对权重可能相当不同。只有两个指数等级都足够高的候选树才被包含在两个多重群体内。

使用选择指数建立育种群体的一个问题是,随着包含性状的增多会出现一种趋势,即根据指数鉴定的候选树的所有性状都比平均值稍微高一点,但却没有一个突出的。这意味着可能将某些任一单一性状最突出的候选树排除在育种群体之外。显然,这些"被排除的”候选树对应至少一个性状突出的等位基因，因此在一个轮回选择项目中对育种是有用的。由于这一原因，某些项目采用了下面的选择育种群体的策略：①在选择指数中只包含两个或 3 个最重要的性状并且根据该指数进行初步筛选；②对所有候选树进行第二阶段的筛选，选择那些指数中的每个性状真正突出的候选树（即使它们不能满足指数的最小得分）；③对于没有包括在指数中的次级性状使用其他选择方法（如低强度的独立淘汰）。

例如，对于最后一点关于次级性状，冠形很少会重要到包含在指数中，但可在最后阶段的筛选中使用，只排除那些冠形极端不良的、不能接受的候选树。通过只排除“不能接受的”候选树（与只包含非常好的候选树相反），对该次级性状的选择强度减小。正如*第 13 章*中所讨论的，不可能同时在许多性状上获得显著的增益，因此需要某种机制减少对那些对期望育种目标的总体影响不够确定的次级性状的重视。

最后一种选择方法在作物中更常用，但有时在林木中也使用，那就是确定**理想株型**（ideotype）（专栏 17.7）。理想株型是一个概念模型，明确描述获得较高产量的一个假设植株的表型特征（Donald，1968；Dickmann，1985；Dickmann and Keathley，1996；Martin *et al.*，2000）。有时认为，在以单株小区栽植的相对年幼的遗传测定林中常用的对单株生长进行的间接选择可能不会使真正的目标性状即轮伐期林分产量的增益最大。如果很好地理解了内在的生物学机制，一个理想株型可由形态、生理甚至分子性状组成，能够在林分产量上比对单株树木幼年生长选择产生更大的增益。

专栏 17.7　林木理想株型的概念

已经描述过的理想株型主要有 3 类（Donald and Hamblin，1976；Cannell，1978；Martin *et al.*，2001）：①**隔离理想株型**（isolation ideotype），在缺少竞争时，即在开阔的生长条件下生长良好，而且倾向于形成大而长的树冠和伸展的根系；②**竞争理想株型**（competition ideotype），除了是更激烈的竞争者外，与隔离理想株型类似，能够迅速利用立地资源并且积极地扩展自己的树冠和根系，对其邻居产生损害；③**作物理想株型**（crop ideotype），能有效利用可以利用的资源，同时不与邻近的树木产生激烈竞争。作物理想株型可能能够有效利用养分，具有窄小、更加直立的树冠，与邻近的树冠干扰较小。在集约经营的人工纯林中，预计作物理想株型能够获得最大的单位面积产量。

根据在轮伐期获得的林分产量遗传增益，在每个小区有少数树木（如单株小区）的测定林中对单株生长进行选择的常规过程可能有 3 个缺点：①在林冠郁闭前的幼龄子代测定林中对生长进行选择可能会偏爱孤立理想株型；②在林冠郁闭后的同一测定林中选择可能偏向竞争理想株型；③弱势竞争者（作物理想株型）也许被忽视。也就是说，作物理想株型如果栽植在由相似的基因型组成的纯林中预计会胜出，但在以每个不同的基因型的单株小区栽植的子代测定林中却处于不利的竞争地位。

可以想象出，如果理解了控制林分生长和产量的内在机制，那么构建由与成熟期的林分产量有关的潜在的关键性状组成的理想株型可能会增加选择的遗传增益。那时，产生作物理想株型的那些性状就可以被选择。这对森林生物学家是一项巨大挑战，因为难以测定潜在的性状，也难以理解它们对林分最终产量的影响。尽管如此，将植物生理学与分子生物学和功能基因组学（*第 18 章*）结合起来的新方法使之成为一个有前景的研究领域（Martin *et al.*，2001）。

理想株型选择法是一种间接选择的形式(*第 13 章*),只有当发现比被测量的常见性状的遗传率更高并且与目标性状的遗传相关更紧密的几个潜在的重要性状时,才会比更常规的方法产生更大的遗传增益。Martin 等(2000)认为,随着控制生长和产量的生理和生化机制被更好地理解且更容易测定,理想株型方法会变得更容易控制。功能基因组学(*第 18 章*)可能会导致这些发现,使得基于理想株型的选择更容易控制。

平衡遗传增益和遗传多样性

没有约束的应用预测育种值或选择指数会导致集中在少数几个优良家系内的入选树木上,并由此导致无法接受的遗传多样性的丧失。非约束选择对 h^2 值较低的性状(如 0.1 和 0.2 在林木的重要性状上很常见)的影响最大,因为正是这些性状子代测定的家系表现对于确定遗传值才是最有用的(Robertson,1961;Askew and Burrows,1983;Cotterill and Dean,1990,p8)。对于 h^2 值低的性状,单株表现在预测该树的育种值时给予很小的权重,因为个体间的大部分变异性是由环境噪声引起的。因此,一旦预测一个家系具有较高的遗传值,那么该家系的许多树木也具有较高的预测值(即家系值控制着该家系中树木的预测值)。这导致在不加强对亲缘关系的限制时会从优良家系中选择许多树木。

例如,考虑澳大利亚的蓝桉(*E. globulus*)项目,其目的是选择一个由总共 600 株入选树木组成的第二世代育种群体;候选树来自第一世代项目,由 500 多个亲本的 52 000 个自由授粉(OP)子代组成(Jarvis *et al.* ,1995)。非约束选择导致选择的 600 株树木仅来自最初的 500 个 OP 家系中的 63 个,而由此导致的有效群体大小的减小被认为是不可接受的。通过把来自一个特定家系的入选树木的数目限制为 5 株,则 600 株入选树木来自最初的 500 个家系中的 181 个(代表的家系数目增加了两倍)。

遗传增益和亲缘关系的适当平衡取决于多种因素(Lindgren *et al.* ,1997;Lindgren and Mullin,1998;Ruotsalainen and Lindgren,2001),但是下面的结论具有普遍性:①应该建立某些算法来限制有亲缘关系的入选树木的数目,这可能是一项根据直觉所做的简单规定[如像蓝桉(*E. globulus*)项目中每个家系的入选树木不超过 5 株],也可能是一种基于计算机的更复杂的方法;②提出的算法应该既考虑候选树木的育种值,又要考虑选择该候选树可能对育种群体遗传多样性的影响。

曾有人使用"组价值"(group merit)一词(Wei and Lindgren,1995;Lindgren and Mullin,1998;Danusevicius and Lindgren,2002;Lstiburek *et al.* ,2004a)把遗传增益和对亲缘关系影响的概念结合起来。如果一株候选树的育种值较高,那么它的组价值就较高(因此更有可能被选中),并可能对群体亲缘关系产生较小的负的影响。一般而言,这意味着育种值非常高的候选树会被选中,即使它们与育种群体中已有的其他入选树木有亲缘关系。

育种值排序较低的每株候选树,其组价值是由其对总的群体多样性的贡献决定的,而受其育种值的影响较小,因为有许多具有相似的、中等育种值的候选树。因此,最好的入选树木间可能有非常密切的亲缘关系,并对育种群体的有效群体大小有负的影响,但这种影响却被来自许多不同家系的不太优良的选择树木所抵消。

例如,没有使用复杂的计算机算法而是将组价值的概念应用于育种群体选择的是专栏 17.2 中描述的第二世代湿地松(*P. elliottii*)项目。在主群体内,第Ⅰ层(育种值最好的 1/3)的平均育种值最大(表 17.4 中的材积增益为 28%),但对育种群体遗传多样性的贡献最小(N_e=174,相对有效大小只有 N_r=0.56)。在第Ⅰ层中,选择强度非常高,并且包括最好亲本的几个亲属。故意这么做是为了快速获得短期遗传增益。在较低的层次中,为了增加遗传多样性,特别重视得到没有亲缘关系的选择树木。因此,在主群体中底层的 1/3(表 17.4 中的第Ⅲ层)中,材积增益只有 6%,但是 N_e=288,N_r=0.93。

最优选择年龄

为了尽早获得遗传增益从而增加单位时间增益,几乎所有的树木改良项目都在轮伐期前做出选择决定。这种早期选择是一种形式的间接选择(*第 13 章*),因为基于选择的被测量性状(早期表现)并不是目标性状(成熟期表现)。从公式 13.7 和公式 13.8 可以看出,早期选择的效率部分依赖于被测量性状的遗传率及其与目标性状的遗传相关。确定最优选择年龄的研究都是根据与公式 13.9 相似的公式进行的。在这些公式中,将这些因素整合起来确定在不同年龄进行选择的潜在遗传增益。

在计算每个周期的遗传增益时,在轮伐期进行选择的增益通常较高(遗传相关为 1.0,因为被测量的性状就是目标性状),不过,每个周期的增益并没有包含在更小的年龄做出选择时更早配置或更早育种的效益。因此,有关最优选择年龄的研究通常是基于单位时间的增益(Lambeth *et al.*,1983b)或者以一种与经济学中的现值分析和贴现现金流相似的方式结合金钱的时间价值(McKeand,1988;Balocchi,1990;White and Hodge,1992;Osorio,1999)。后面的这些研究根据结合遗传因素和金钱的时间价值的**贴现选择效率**(discounted selection efficiency)来决定最优选择年龄。

表 17.4 专栏 17.2 中描述的美国东南部的第二世代湿地松(*Pinus elliottii*)育种群体的统计数(N)、有效群体大小(N_e)、相对有效数目(N_r)和树干材积的平均遗传增益(超出 20 年生的未改良材料的增益百分率(White *et al.*,1988)。育种群体由 936 株入选树木组成,再分为一个精选群体和一个主群体。根据入选树木的预测育种值,主群体进一步细分为 3 个同等大小的层次。60 株精选入选树木也包含在主群体的第一层中。(复制自 White *et al.*,1993,经 J. D. Sauerländer's Verlag 许可)

细分	N	N_e	N_r	树干材积增益/%
精选群体	60	47	0.78	35
第Ⅰ层	312	174	0.56	28
第Ⅱ层	312	166	0.85	17
第Ⅲ层	312	288	0.93	6
总计	936	625	0.67	17

当根据贴现选择效率做出选择决定时,取决于假定的利率或贴现率,选择时的年龄越大,会遭受不同程度的损失。使用的贴现率越高,隐含着较高的金钱的时间价值,这会导致最优选择年龄越小。非常低的贴现率意味着育种工作者对于获得早期遗传增益不太关心,因为早期选择的额外效益将会滋生相对较低的利息。低利率会导致更大的选择年龄。

下面是关于最优选择年龄的建议：①与轮伐期早期的适应性相关的性状（如霜冻、干旱或轮伐期早期的病害引起的损害或存活）可以在它们正常表达的幼龄进行测量和选择；②对树干生长、材质和其他以生产为目标的性状，最优选择年龄通常为轮伐龄的25%～50%（McKeand，1988；Magnussen，1989；White and Hodge，1992；Balocchi *et al.*，1994；Osorio，1999）；③对于生长性状，短轮伐期树种的最优选择年龄越接近轮伐龄的50%，例如，在加拿大哥伦比亚省，巨桉（*E. grandis*）轮伐期为6年，其最优选择年龄为3年（Osorio，1999）；对于轮伐期更长的树种，最优选择年龄越接近轮伐期的25%，对于轮伐期为40年的美洲山杨（*P. tremuloides*），其最优选择年龄为10年（Li，1995）；④前向选择的最优选择年龄可能比后向选择的晚几年（Balocchi *et al.*，1994）。

本章提要和结论

由于选择、育种、测定和配置方法不同，林木育种策略差别很大；不过，几乎所有单个树种的群体改良策略都建立在一种类型的轮回选择基础上，叫做一般配合力的轮回选择。在RS-GCA中，选择之后紧接着开展遗传测定，而入选树木根据它们被选择性状的GCA值进行排序。此时，只有GCA最高的入选树木（或其子代）包括在将来的育种周期中，而不良的入选树木则被排除在外。经过几个育种和测定周期后，育种群体内对被选择的少数性状具有正的加性效应的等位基因逐渐积累。

在林木高周期育种项目中，有3个问题与遗传多样性和近交的管理有关：①在头几个改良周期中增加短期遗传增益的活动（如强度选择的应用）加快遗传多样性的减少，因而可能减小获得接近最优的长期遗传进展（如15个改良周期以后）的潜力；②林木中近乎普遍存在的近交衰退问题意味着近交在生产性人工林中栽植的树木中应该避免；③利用定向近交清除育种群体中的不利的有害等位基因是近交的积极方面，只要繁殖群体生产的用于生产性人工林的树木是异交的就可以把近交合并进育种策略。

对于旨在使经济效益最大的项目，分析表明头几个周期很关键，而且短期增益对于总的长期的经济成功至关重要。这些项目的目的应该是在育种工作的所有阶段都特别重视更好的材料。这可以通过下列几个方面来实现：①在育种群体中，入选树木越好，包含的亲属越多；②将育种群体划分成层次或等级，层次越高含有的入选树木越好，管理也更加集约；③使用不平衡交配设计，入选树木越好参与的交配次数越多；④入选树木越好，在越多的地点对它们进行测定，得到它们越准确的育种值。使用这些策略的项目应该以一个较大的育种群体开始，并且利用其他方法抵消这些活动引起的育种群体内遗传多样性的减小。

育种群体的大小和结构——既考虑理论研究又考虑实际意义，下面关于育种群体大小的结论似乎是合理的。第一，有效大小（N_e）为20～40的育种群体将会支持选择和育种项目在几个育种周期内获得可观的遗传增益。N_e为20～40的群体对于由一个更大的主群体支持的精选群体是适合的，如果有许多亚系或者多重群体组成一个育种单元的整个育种群体，那么这样的群体对于一个亚系或者多重群体内入选树木的数目也是适合的。

第二，由几百个成员组成的育种群体在高世代树木改良项目中很常见（表17.3），即使在选择几个性状并在头几个世代为了获得大的增益而使用强度选择时，这样大的育种群体也大到足以获得接近最大的长期增益。第三，可能需要相当大的群体(1000 左右)以保证稀有等位基因在群体中保持许多世代。这样，如果一个育种群体还起着基因保存作用或者提供长期的灵活性，那么使用这些更大的群体似乎是有根据的。

目前，大多数树木改良项目不再把育种群体作为一个单一的、统一的、其中所有的入选树木都同等对待的群体来管理。相反，为了下述 3 个目的之一而对育种群体进行结构化(即再分)：①为了有利于特别重视优良材料，根据预测育种值形成精选群体和分等级的层次；②为了管理生产群体内的近交建立复合育种组(也叫亚系)，把有亲缘关系的入选树木分配到育种组内，并把育种限制在育种组内；③通过在群体的不同部分使用不同的选择标准形成多重群体，分别为不同的环境、产品目标等进行育种。实际上，树木改良项目可以在同一个育种群体内使用一种以上甚至全部 3 种类型的结构。

育种群体的形成和管理——希望使单位时间的遗传增益最大导致产生了两个重要的研究领域：①早期选择，目的是在树木尽可能年幼时在田间测定林或人工环境中进行选择；②加速育种，其目标是缩短做出选择以后完成育种所需要的时间。

高世代育种策略中交配设计的两项主要功能是：①创造下一世代的基本群体，这由当前世代的育种群体内的树木相互交配产生的子代组成(图 11.1)；②有利于育种群体内每一株入选树木和新的基本群体内它们的所有子代的育种值的预测，从而使下一世代的选择的遗传增益最大。

在树木改良的早期，许多项目对所有的育种活动都采用了一种单一的平衡全同胞交配设计；不过，最近情况发生了变化：①有些项目在对部分或全部育种群体应用自由授粉管理；②互补交配设计变得越来越普遍；③正在提倡不平衡交配设计，在这种设计中通过对优良入选树木进行更多交配而对其特别重视；④渐进式交配设计正在受到欢迎，这种设计通过在入选树木可用时对其进行育种而使单位时间的增益最大。

就田间设计而言，对所有以对亲本或家系进行排序(即预测亲本的育种值在后向选择中使用，见专栏 14.2)为目的的遗传测定林，建议采用单株小区的随机完全区组或不完全区组设计；而且，这些田间设计是稳健的，对于前向选择(即预测生长在遗传测定林中的单株树木的育种值并选择优良树木)也起到很好的作用。在应用互补交配设计时，前向选择可能涉及使用大的非重复家系小区。

不管对育种群体的管理使用何种交配设计和田间设计，在从这些测定林中进行选择形成下一个周期的育种群体时至少要考虑 3 个重要的问题。首先，为了把所有预测值置于一个尺度上，使用最佳线性无偏预测把不同设计和不同世代的数据合并起来。这自然导致重叠世代的应用，其中来自前几个育种周期的优良入选树木包含在每个周期的育种群体中。

其次，选择指数应该仅限于几个最重要的性状，没有约束的使用选择指数由于从优良家系中选择太多入选树木而过于严重地减小群体多样性。因此，谨慎地应用选择指数，仔细检查以确保选择的是突出的入选树木并保持足够的有效群体大小。这一点通常很重要。

最后，在大多数情况下都有理由进行早期选择，因为等到轮伐期再选择会减小单位时间遗传增益。基于遗传、后勤保障和经济方面的考虑，最优选择年龄通常为轮伐期的 25%～50%。通常，对于速生的短轮伐期树种，最优选择年龄接近 50%，而对轮伐期更长的树种则接近25%。

最后的评论——很可能不存在完美的育种策略这样的事情。相反，每个机构采取了一种适合其生物、经济和后勤保障条件的策略。制订育种策略的3个最重要的方面是：①富有创造性并考虑所有可能的选项以找到那些最适合机构的一组特定的预估的条件；②确保策略能够按计划实施并尽可能保持简单，因为如果不能实施那么就没有理由拥有最精致的策略；③保证策略对假设条件的变化、新技术的进展和未来的其他变化具有灵活性。对大多数树种，作为本周期的育种策略的产品而栽植的生产性人工林是未来许多年（更常见的是几十年）后的事情。因此，育种工作者必须面向未来，又必须实际而理性，这是制订一个良好的树木育种策略所面临的挑战。

第4部分　生物技术

第 18 章　基因组学——基因发掘和功能分析

基因组学(genomics)是一门同时研究大量基因的结构、定位、功能、调控和相互作用的学科,是传统遗传学的一些分支学科,如传递遗传学和分子遗传学,扩展到整个基因组。可以同时快速分析成百上千个基因,而且常常是许多个体中的基因技术的发展,如 DNA 自动测序技术,使基因组学成为一门科学,并且基因组学的发展也依赖这些技术。传统的分子遗传学在一次实验中仅能发掘一个或少数几个基因并对其功能进行分析,而基因组学不仅试图同时解析大量基因的功能,而且试图解析这些基因间复杂的相互作用关系。基因组科学最终将会深入理解生物的全部遗传组成与其整个表型间的关系,包括阐释基因作用、一因多效、基因型与环境相互作用及上位性等的机制。

一般认为基因组学包括 3 个主要领域:结构基因组学、功能基因组学和比较基因组学。**结构基因组学**(structural genomics)谋求鉴定基因组中的所有基因并确定它们在染色体上的位置。这通常是通过单个基因或整个基因组测序及遗传或物理作图实现的。**功能基因组学**(functional genomics)试图确定基因的功能及基因如何决定表型。目前已经开发了一系列新技术和实验方法帮助理解基因和基因组的功能。**比较基因组学**(comparative genomics)企图通过不同分类群之间的比较以理解基因的结构或功能。DNA 测序和遗传作图技术是比较基因组分析最常用的技术。

基因组科学技术主要是通过人类基因组计划发展起来的。为了进行新药研发和疾病治疗,制药和生物医学工业在基因组科学研究方面进行了大量投资。这些技术目前已经应用于农作物、动物和林木上。大量资金由私人公司投入导致了基因组信息的专利化和知识产权受私人公司控制。因此,尽管基因组科学有望实现对基因组和基因功能的深入理解,但这方面的知识可能不会对所有用户免费;通过基因组学开发的产品也可能由私人企业所掌控。

本章讨论结构基因组学、功能基因组学和比较基因组学在林木中的应用。在*第 19 章*和*第 20 章*,将阐明基因和基因组的结构和功能方面的知识如何用于培育满足最终产品需要的树木品种。最近,Sederoff(1999)、Krutovskii 和 Neale(2003),以及 Kumar 和 Fladung(2004)对林木基因组科学进行了综述。

结构基因组学

林木基因组,像所有真核生物一样,组织成染色体的形式,每条染色体上含有大量基因(*第 2 章*)。目前,尚不知道任何一个树种基因组内的基因总数。估计了已完成全基因组测序的几种动植物的基因数目(表 18.1),根据这些数据,预计树木的基因总数在 30 000 个左右。结构基因组学的中心任务是建立基因组内所有基因的目录,这有时称为**基因发掘**(gene discovery),并通过遗传作图和物理作图确定基因在染色体上的位置。

表 18.1 根据全基因组测序估计的几个物种的基因数目

物种	基因数目
酵母(*Saccharomyces cerevisiae*)	6 034
线虫(*Caenorhabditis elegans*)	19 099
果蝇(*Drosophila melanogaster*)	13 061
小鼠(*Mus musculus*)	约 30 000
人(*Homo sapiens*)	约 40 000
拟南芥(*Arabidopsis thaliana*)	25 498
水稻(*Oryza sativa*)	59 855

基因发掘

有几种不同的方法可用于基因发掘。最直接的方法是确定整个基因组的 DNA 序列,包括基因组内基因编码区和非编码区的 DNA 序列。运用复杂的算法可以从 DNA 全部序列中鉴定出单个基因,这些算法考虑了与已知基因结构有关的众多因子,如开放可读框、内含子-外显子剪接位点、起始密码子和终止密码子等(*第 2 章*)。这种方法已经应用到多种生物上,其中很多生物的基因组较小,因为从实验和经济方面考虑,小基因组更具有可行性。由于人类基因组的重要性,上述方法也被应用到人类基因组(IHGSC, 2001; Venter *et al.*, 2001)。最先完成全基因组测序的两种模式植物是拟南芥(*A. thaliana*)(TAGI,2000)和水稻(Goff *et al.*, 2002; Yu *et al.*, 2002),还有几种植物的全基因组测序正在进行中。杨树全基因组测序始于 2002 年,第一张序列草图于 2004 年 9 月公布。

全基因组测序的一种辅助方法,称为**表达序列标签**(expressed sequence tag,**EST**)(*第 4 章*)已经应用于几十种生物,包括几种林木。EST 测序仅能鉴定表达基因的 DNA 序列。其基本方法是构建在一种或多种组织中表达的多个基因的 cDNA 文库(*第 4 章*),确定文库中大量 cDNA 克隆短片段的 DNA 序列(图 18.1)。DNA 测序常从 cDNA 5′端进行,因为一般来说,基因的 5′端序列更为保守。将这种原始序列信息提交到基因数据库,与数据库中其他序列比对进行一致性查找(图 18.2)。如果匹配到功能已知的基因序列,就可能确定这些 EST 的性质,不需要进一步研究。

EST 测序最早用于鉴定人脑中表达的基因(Adams *et al.*, 1991),随后应用到几十种植物中。林木中一些最早的 EST 测序计划集中在木材形成组织中表达的基因(Allona *et al.*, 1998; Sterky *et al.*, 1998; Whetten *et al.*, 2001; Kirst *et al.*, 2003)。这些测序计划发掘出许多参与木质素、纤维素生物合成及其他细胞壁成分合成的基因。木本植物细胞中的基础代谢基因已被鉴定出来(图 18.3)。EST 测序计划目前正在许多树种和多种组织类型(如根、叶/针叶、茎、分生组织和生殖器官)中进行(表 18.2)。到 2005 年,Genbank 中来源于森林树种的序列已经超过上百万条(见“生物信息学和数据库”一节),而且这一数量还在快速增加。

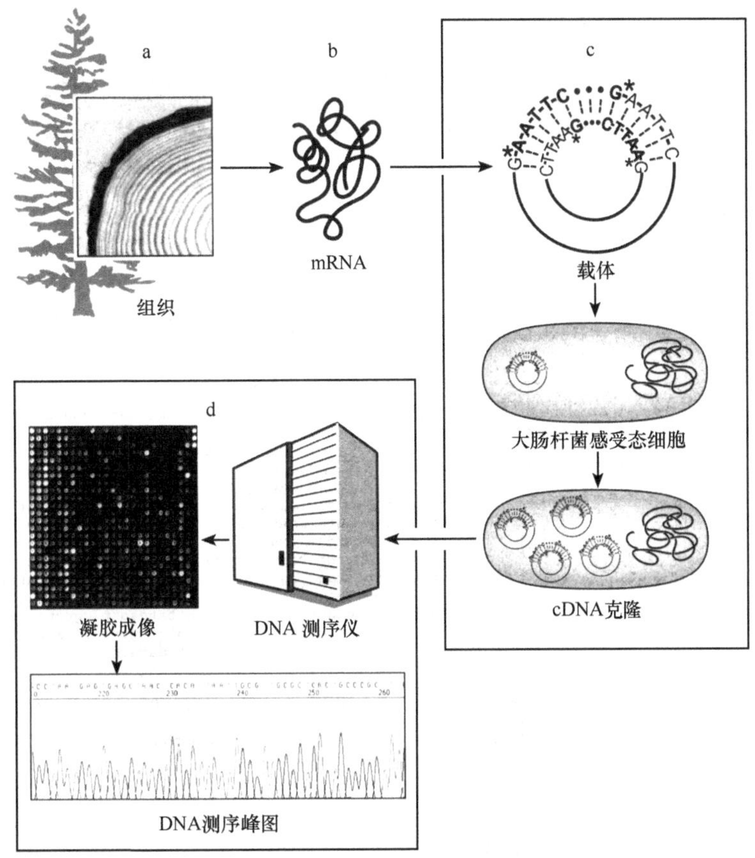

图 18.1　表达序列标签(EST)实验重要步骤示意图:a. 从树木中采集组织,如本例中的木质部;b. 从木质部分离的信使 RNA(mRNA)(图 2.9);c. mRNA 反转录成互补 DNA(cDNA)(专栏 4.2);d. 使用自动化仪器测定 cDNA 克隆的 DNA 序列。

遗传作图

遗传作图能提供基因组的组织框架,因此是基因组科学的核心。在*第 4 章*,描述了可以用于林木的很多类型的遗传标记。如果已知遗传标记在基因组中的位置,即在某条特定染色体上的图谱位置,那么遗传标记的价值会更高。遗传标记可以定位在两种图谱上:物理图和遗传图。**物理图**(physical map)能提供基因或遗传标记在染色体上的确切位置。放射性标记或荧光原位杂交等技术用于物理作图(图 2.7)。利用此类技术,已将林木中的核糖体 RNA 基因和一些高度重复的 DNA 序列进行了物理作图(Brown *et al.*, 1993; Brown and Carlson, 1997; Doudrick *et al.*, 1995);但对于庞大的针叶树大基因组,现有技术还不够灵敏,还不足以对基于较小 DNA 片段(如 cDNA)的分子标记进行作图。大片段(约 100kb)克隆 DNA,如细菌人工染色体(BAC)(见"QTL 的定位克隆"一节有关 BAC 的描述),对于针叶树的物理作图将会更理想。

a

```
SOURCE      Pinus taeda (loblolly pine)
  ORGANISM  Pinus taeda
            Eukaryota; Viridiplantae; Streptophyta; Embryophyta; Tracheophyta;
            Spermatophyta; Coniferopsida; Coniferales; Pinaceae; Pinus; Pinus.
REFERENCE   1  (bases 1 to 1406)
  AUTHORS   MacKay,J.J., Liu,W., Whetten,R., Sederoff,R.R. and O'Malley,D.M.
  TITLE     Genetic analysis of cinnamyl alcohol dehydrogenase in loblolly
            pine: single gene inheritance, molecular characterization and
            evolution
  JOURNAL   Mol. Gen. Genet. 247 (5), 537-545 (1995)
  MEDLINE   95327049
   PUBMED   7603432
REFERENCE   2  (bases 1 to 1406)
  AUTHORS   MacKay,J.J.
  TITLE     Direct Submission
  JOURNAL   Submitted (29-SEP-1994) John J MacKay, Forestry, North Carolina
            State University, Room, 6113 Jordan Hall, Raleigh, North Carolina,
            27695-8008, USA
```

b

```
BASE COUNT      404 a    258 c    371 g    373 t
ORIGIN
        1 atagcttcct tgccatctgc aaggcaatac agtacaagag ccagacgatc gaatcctgtg
       61 aagtggttct gaagtgatgg gaagcttgga atctgaaaaa actgttacag gatatgcagc
      121 tcgggactcc agtggccact tgtcccctta cacttacaat ctcagaaaga aaggacctga
      181 ggatgtaatt gtaaaggtca tttactgcgg aatctgccac tctgatttag ttcaaatgcg
      241 taatgaaatg ggcatgtctc attacccaat ggtccctggg catgaagtgg tggggattgt
      301 aacagagatt ggtagcgagg tgaagaagtt caaagtggga gagcatgtag ggttggttg
      361 cattgttggg tcctgtcgca gttgcggtaa ctgcaatcag agcatggaac aatactgcag
      421 caagaggatt tggacctaca atgatgtgaa ccatgacggc accccctactc agggaggatt
      481 tgcaagcagt atggtggttg atcagatgtt tgtggttcga atcccggaga atcttcctct
      541 ggaacaagca gcccctctgt tatgtgcagg ggttacagtt ttcagcccaa tgaagcattt
      601 cgccatgaca gagcccggga agaaatgtgg gattttgggt ttaggaggcg tggggcactt
      661 gggtgtcaag attgccaaag cctttggact tcacgtgacg gttatcagtt cgtctgataa
      721 aaagaaagaa gaagccatgg aagtcctcgg cgccgatgct tatcttgtta gcaaggatac
      781 tgaaaagatg atggaagcag cagagagcct agattacata atggacacca ttccagttgc
      841 tcatcctctg gaaccatatc ttgcccttct gaagacaaat ggaaagctag tgatgctggg
```

c

```
>gi|12482543|gb|BG039862.1|BG039862   NXSI_104_H07_F NXSI (Nsf Xylem Side wood
Inclined) Pinus taeda cDNA
          clone NXSI_104_H07 5' similar to Arabidopsis thaliana
          sequence At3g19450 putative cinnamyl alcohol
          dehydrogenase 2 see
          http://mips.gsf.de/proj/thal/db/index.html.
         Length = 558

 Score = 1084 bits (547), Expect = 0.0
 Identities = 555/558 (99%)
 Strand = Plus / Plus
                                     ↓
Query: 303 cagagattggtagcgaggtgaagaagttcaaagtgggagagcatgtaggggttggttgca 362
           ||||||||||||||||||||||||| ||||||||||||||||||||||||||||||||||
Sbjct: 1   cagagattggtagcgaggtgaagaaattcaaagtgggagagcatgtaggggttggttgca 60

Query: 363 ttgttgggtcctgtcgcagttgcggtaactgcaatcagagcatggaacaatactgcagca 422
           ||||||||||||||||||||||||||||||||||||||||||||||||||||||||||||
Sbjct: 61  ttgttgggtcctgtcgcagttgcggtaactgcaatcagagcatggaacaatactgcagca 120

Query: 423 agaggatttggacctacaatgatgtgaaccatgacggcacccctactcagggaggatttg 482
           ||||||||||||||||||||||||||||||||||||||||||||||||||||||||||||
Sbjct: 121 agaggatttggacctacaatgatgtgaaccatgacggcacccctactcagggaggatttg 180

Query: 483 caagcagtatggtggttgatcagatgtttgtggttcgaatcccggagaatcttcctctgg 542
           ||||||||||||||||||||||||||||||||||||||||||||||||||||||||||||
Sbjct: 181 caagcagtatggtggttgatcagatgtttgtggttcgaatcccggagaatcttcctctgg 240

Query: 543 aacaagcagcccctctgttatgtgcaggggttacagttttcagcccaatgaagcatttcg 602
           ||||||||||||||||||||||||||||||||||||||||||||||||||||||||||||
Sbjct: 241 aacaagcagcccctctgttatgtgcaggggttacagttttcagcccaatgaagcatttcg 300

Query: 603 ccatgacagagcccgggaagaaatgtgggattttgggtttaggaggcgtggggcacttgg 662
           |||||||||||||||||||||||||||||||||||||||||||||||||||||||| |||
Sbjct: 301 ccatgacagagcccgggaagaaatgtgggattttgggtttaggaggcgtggggcacatgg 360
                                                                ↑
```

图 18.2 来自 DNA 序列数据库 Genbank 的火炬松(*Pinus taeda*)肉桂醇脱氢酶(*cad*)基因的 DNA 序列报告:a. 序列注释,显示登录号、基因名称、物种、作者和参考文献;b. 火炬松(*p. taeda*) *cad* 基因的核苷酸序列;c. 火炬松(*p. taeda*) *cad* 基因的核苷酸序列与数据库中所有序列比较,并与找到的最相似序列比对。本例中,除两个核苷酸不同外(图中分别用上下箭头标示,对应火炬松(*p. taeda*)的位置是 328 和 659 位,火炬松(*p. taeda*) *cad* 基因序列(Query)与拟南芥(*Arabidopsis. thaliana*)的一段核苷酸序列(Sbjct)完全一致。

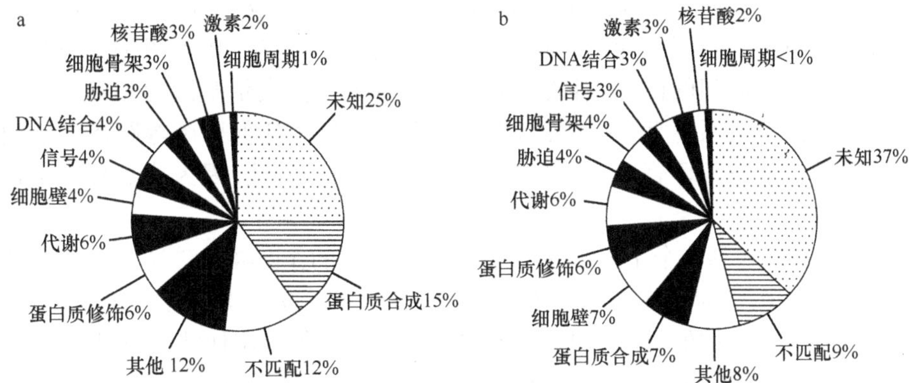

图 18.3　EST 功能分类：a. 杨树形成层的 4809 条 EST；b. 杨树木质部的 833 条 EST。注：大部分的 EST 未能进行功能分类。"未知"表示匹配到数据库中未知功能的基因；"不匹配"表示没有发现匹配基因[图片经许可翻印自 Sterky *et al.*，1998；版权归美国国家科学院所有(1998)]。

表 18.2　Genbank 数据库中树木物种的 EST 数

火炬松(*Pinus taeda*)	173 680
欧洲山杨×美洲山杨(*Populus tremula*×*Populus tremuloides*)	65 981
白云杉(*Picea glauca*)	55 108
香脂杨(*Populus balsamifera* subsp. *trichocarpa*)	54 660
香脂杨×美洲黑杨(*Populus balsamifera* subsp. *trichocarpa*×*Populus deltoides*)	33 134
欧洲山杨(*Populus tremula*)	31 288
海岸松(*Pinus pinaster*)	18 254
美洲黑杨(*Populus deltoides*)	14 645
香脂杨× 欧洲黑杨(*Populus balsamifera* subsp. *trichocarpa*×*Populus nigra*)	14 281
胡杨(*Populus euphratica*)	13 903
美洲山杨(*Populus tremuloides*)	12 813
恩氏云杉×北美云杉(*Picea engelmnanii*×*Picea sitchensis*)	12 127
北美云杉(*Picea sitchensis*)	12 065
银灰杨(*Populus* × *canescens*)	10 466
欧美杨(*Populus euramericana*)	10 157
海滨黄杉(*Pseudotsuga menziesii* var. *menziesii*)	6 721
日本柳杉(*Cryptomeria japonica*)	6 589
苏铁(*Cycas rumphii*)	5 952
胡桃(*Juglans regia*)	5 025
白花柽柳(*Tamarix androssowii*)	4 756
百岁兰(*Welwitschia mirabilis*)	3 732
垂枝桦(*Betula pendula*)	2 545
Gentum gnemon	2 128
茶树(*Camellia sinensis*)	1 989
银杏(*Ginkgo biloba*)	1 953
欧洲赤松(*Pinus sylvestris*)	1 663
巨桉(*Eucalyptus grandis*)	1 574
细叶桉(*Eucalyptus tereticornis*)	1 131
Popoulus tomentiglandulosa	1 127

另一种方法是根据分离和连锁分析构建遗传图（*第 3 章*）。遗传图通过标记之间重组事件的数量来确定两个标记之间的相对距离。也就是说，物理图是以碱基对距离为单位表示基因彼此间的位置，而遗传图则是以重组单位表示基因的相对位置。遗传图和物理图之间的关系不是直接的，因为在整个基因组中任何两个等距离的标记间的重组数量差异可能非常显著。本章主要讨论遗传连锁图构建，因为这是林木中最常用的作图技术。

遗传图的构建包括 3 个主要步骤：①选择一个合适的作图群体；②从作图群体中获得遗传标记分离数据；③应用连锁分析确定分离位点的相对位置和距离。前面介绍过遗传标记（*第 4 章*），因此，此处只讨论作图群体和连锁分析。很多树种已经构建了遗传图，但这些图谱构建所使用的遗传标记类型、作图群体和连锁分析方法各不相同（Cervera *et al.* ，2000；http://dendrome. ucdavis. edu/）。

遗传作图群体

遗传图是基于对某些类型的分离群体或作图群体进行的分离和连锁分析。在*第 3 章*中，用刚松（*P. rigida*）的两个连锁的等位酶基因座这个简单的例子阐述了遗传连锁的概念（专栏 3. 4）。在该例中，作图群体是来自一株母树的自由授粉种子的分离单倍体大配子体的一个样本。林木中最常用的两类作图群体是针叶树的单倍体大配子体和全同胞家系。

大配子体作图群体最初被用于等位酶标记以估测等位酶基因座连锁（*第 3 章*）（Guries *et al.* ，1978；Rudin and Ekberg，1978；Conkle，1981b；Adams and Joly，1980）。近 20 年，大配子体作图群体已经被用于估测几十种针叶树编码等位酶基因间的连锁。最近，大配子体作图群体又被用于估计基于 RAPD 和 AFLP 标记的连锁图和遗传图构建（*第 4 章*）（Tulsieram *et al.* ，1992；Nelson *et al.* ，1993；Binelli and Bucci，1994；Remington *et al.* ，1999）。显然，大配子体作图群体系统将继续用于针叶树分子标记的遗传作图。

分离群体也能通过控制杂交产生。这些群体是被子植物（缺乏单倍体大配子体）连锁作图所必需的，而且可以代替针叶树的大配子体作图群体。如果近交衰退不是问题，如许多天然自花授粉为主的作物，理想作图群体可通过首先培育大部分或全部标记基因位点都纯合的高度近交系来获得。两个不同的近交系杂交，得到的 F_1 的许多基因座位点都是杂合的。将 F_1 个体之一和亲本近交系之一回交就得到一个连锁作图的分离群体。回交最理想，这是因为所有重组发生在一个亲本（如杂合的 F_1）的配子中，而且所有位点的双杂合组合的连锁相是已知的（如相引 ABab 或 相斥 AbaB）。除大配子体数据的连锁相未知外，用回交作图群体得到的分离数据与从分离的大配子体作图群体得到的数据相似。

异交植物，如大部分树木，不能产生近交系，因为培育近交系所需要的近亲近交导致子代个体生长衰弱或不育（*第 5 章*）。从一个自然（非近交的）群体中选择的任何两株潜在的亲本树木的很多位点都可能是杂合的（*第 7 章*），如果这两个亲本杂交，其子代将在这些位点发生分离。然而，因为标记对的连锁相未知，而且标记的交配型（表 18. 3）可能不同，因此连锁分析会非常复杂。因为对于任何标记，仅有一株亲本树或者两株亲本树木可能是杂合的,因此可能存在不同的交配型。因为不同的交配型产生的子代双基因座比例不同,这使得连锁估计比简单的近交回交情况更复杂。尽管如此,由于需要,杂合亲本杂交产生的作图群体类型在林木中得到了广泛应用。

表 18.3　用于遗传作图的信息丰富的全同胞交配型

母本基因型	父本基因型	交配型
A_1A_2	A_1A_1	母本提供信息
A_1A_1	A_1A_2	父本提供信息
A_1A_2	A_1A_2	相互杂交
A_1A_2	A_1A_3	双亲提供信息
A_1A_2	A_3A_4	双亲提供信息

连锁分析和图谱构建

一旦从作图群体中获得了标记分离数据,就可以估计标记间的连锁和构建遗传图。*第 3 章*中描述了在一对标记间重组率(r)或连锁的估计。如果分析的标记数量非常小($<$ 10),如一些等位酶标记数据,就可能估计所有的成对连锁,并对标记进行手工排序。一些基因座可能紧密连锁(r 值小),或者位于同一染色体上距离很远的地方甚至位于不同的染色体上(r 接近 0.5),但是,随着标记数量的增加,手工估计所有的连锁将变得非常单调、沉闷,而且手工确定标记连锁群上的顺序也将变得极为困难。因此,可选用专门的遗传作图软件,其中常用的两个程序是 Mapmaker(Lander *et al.*, 1987)和 JoinMap(Stam, 1993)。

所有的遗传作图软件都采用类似的方法构建图谱。第一步是把所有的遗传标记归类到不同的连锁群。方法如下:首先计算数据集中所有标记间的成对连锁距离(r 值)。程序利用连锁估计值矩阵确定哪些标记可能彼此连锁而应该分配到一个共同连锁群上。连锁群确定后,就对每个连锁群上的标记进行排序。不同程序排序使用的统计方法各不相同,用户对排序分析的控制也不相同。虽然在概念上,一个连锁群相当于一条染色体,但连锁群的数目常会超过染色体的数目,这是因为标记覆盖不足或大的抑制重组(如倒位)区域阻止了同一条染色体不同区域之间连锁的检测。

对于大配子体作图群体数据,Mapmaker 是最常用的软件,因为这种数据类型与为该软件设计的回交和 F_2 数据类型非常相似。林木全同胞家系作图群体的遗传作图更加复杂。子代的标记基因型是父母双亲独立分离形成的。在这种情况下,可以应用两种作图策略:①为双亲单独构建遗传图;②应用双亲的数据构建一个单一的“性别平均”图谱。Groover 等(1994)使用 JoinMap 程序构建了火炬松(*P. taeda*)的单亲本图谱。用 JoinMap 程序已经构建了辐射松(*P. radiata*)(Devey *et al.*, 1996)、亮果桉(*E. nitens*)(Byrne *et al.*, 1995)和花旗松(*P. menziesii*)(Jermstad *et al.*, 1998)的性别平均图谱。Sewell 等(1999)用 Mapmaker 和 JoinMap 构建了火炬松(*P. taeda*)两个没有亲缘关系的全同胞家系作图群体的 4 个亲本的单亲本图谱。使用 JoinMap 程序将这 4 个图谱合并成一个统一图谱(图 18.4)。

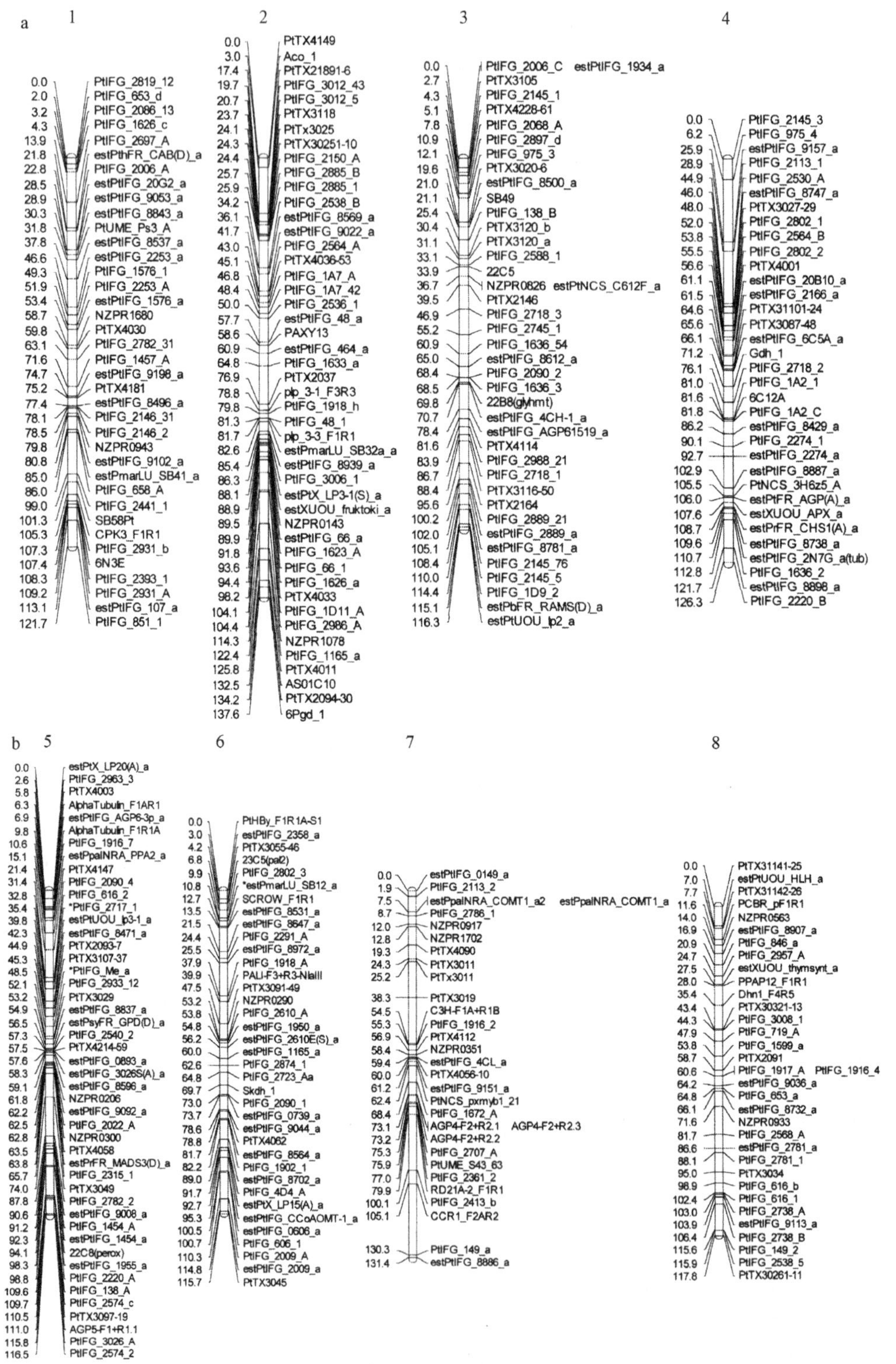

图 18.4 火炬松(*Pinus taeda*)遗传连锁图,显示了 12 条染色体上的遗传标记的位置:a. 连锁群 1 ~ 4;b. 连锁群 5 ~ 8;c. 连锁群 9 ~ 12。每个连锁群可能对应于该树种 12 条染色体中的一条。(基于 Sewell *et al.* ,1999 的数据)

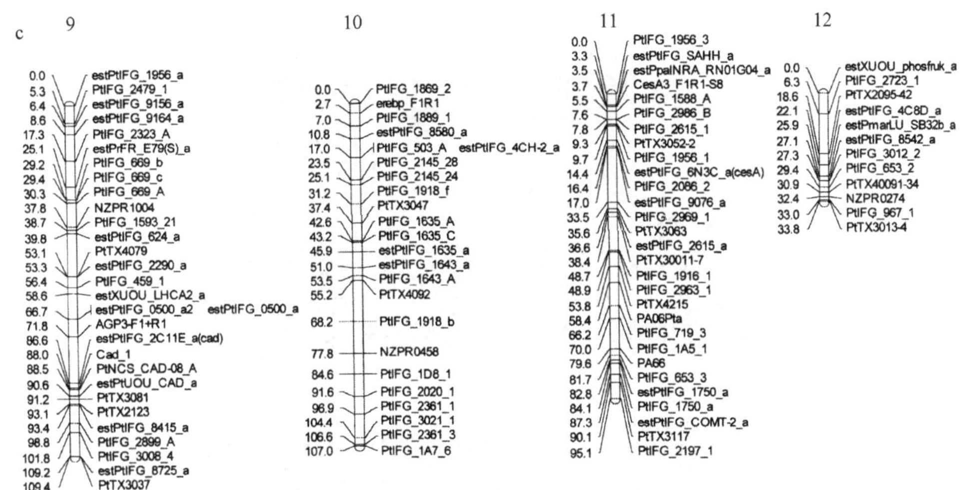

图 18.4(续)

通过混合分群分析法进行基因作图

一旦利用遗传标记构建了遗传连锁图,就可用其确定特别感兴趣的基因在图谱上的位置。仅通过计算一个控制质量遗传性状的基因和已知位置的标记基因间的孟德尔分离值,将这些数据添加到完整的标记数据集中并重新构建遗传图,就能确定该基因的图谱位置。然而,在很多情况下,控制质量性状的基因可能只在尚未构建遗传图的群体中分离。在这种情况下,可以应用一种只鉴定与质量性状基因连锁的标记的快捷方法。这种方法称为**混合分群分析法**(bulked segregant analysis,**BSA**)。

BSA 最先是由 Michelmore 等(1991)在对莴苣抗病基因作图时开发的。这种方法虽然也可用于共显性标记,但尤其适合 RAPD 和 AFLP(*第 4 章*)等显性分子标记。BSA 的基本原理是依赖质量性状基因和一个或多个遗传标记之间非常紧密的连锁(*第 3 章*)。首先,将含有控制质量性状的每个等位基因的个体的 DNA 样品分别合并制备两份混合 DNA 样品。例如,在显性抗病基因的回交试验中,即 *Rr* × *rr*,子代中分离的两个基因型是 *Rr* 和 *rr*。少量 *Rr* 子代(10 ~ 20)的 DNA 合并成一个 DNA 混合样品;同样,少量 *rr* 子代的 DNA 合并成另一个混合 DNA 样品。下一步,用这两个 DNA 混合样品分析大量的遗传标记,如 RAPD 或 AFLP。与控制质量性状基因紧密连锁的显性标记会在一个 DNA 池出现,在另一个 DNA 池不出现而被检测出来(图 18.5)。与感兴趣的基因连锁不紧密的标记要么在两个 DNA 池中同时出现,要么同时不出现。

在林木中,BSA 首次由 Devey 等(1995)用于糖松(*P. lambertiana*)一个白松疱锈病(*Cronartium ribicola*)抗性基因的作图。目前,BSA 已经用于榔榆(*Ulmus parvifolis*)叶黑斑病(*Stegophora ulmea*)抗性基因(Benet *et al.*, 1995)、杨树杂种青杨叶锈病(*Melampsora larici-populina*)抗性基因(Cervera *et al.*, 1996; Villar *et al.*, 1996)和火炬松(*P. taeda*)的梭形锈病(*Cronartium quercuum*)抗性基因(Wilcox *et al.*, 1996)的作图。BSA 还被用于欧洲云杉(*P. abies*)控制窄冠表型的下垂基因的作图(Lehner *et al.*, 1995)。

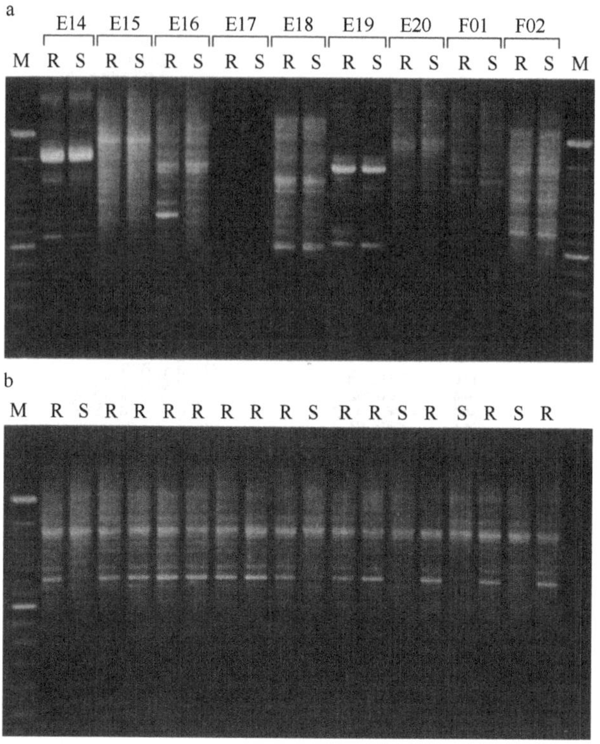

图 18.5 用混合分群分析法鉴定与糖松(*Pinus lambertiana*)一个白松疱锈病(*Cronartium ribicola*)显性抗性基因连锁的标记:a. 用几种 RAPD 标记(E14、E15 等)分析抗病(R)和感病(S)苗木的混合 DNA 样品。RAPD 标记 E16 清楚表明,R 池中存在一条带,而在 S 池无此带。这表明 E16 标记可能与抗性基因连锁。b. 对组成 R 池和 S 池的单一基因型 DNA 样品分析证实 E16 RAPD 标记与该抗性基因连锁。[图片经许可翻印自 Devey *et al.*, 1995;版权归美国国家科学院所有(1995)]

功能基因组学

基因发掘和结构基因组学能够提供大量有关基因组中编码的基因类型和数量的信息,但几乎不能提供有关这些基因功能的信息。功能基因组学企图利用能同时研究成百上千个基因的技术阐释基因组中所有基因的功能。可在生化、细胞、发育和适应水平上揭示基因功能。功能基因组实验方法发展很快,仅讨论几种在林木上应用的技术。

比较测序

预测一个基因生化功能的最简单方法是确定其 DNA 序列,并将其与数据库中已知功能基因的 DNA 序列进行比较。这是基因发掘的常规做法,前边已经讨论过。例如,如果松树的一个 EST 与玉米 ADH 基因的 DNA 序列匹配,那么推测该 EST 的功能就是一个 ADH 基因。这不是绝对的证据,只有通过生化分析才能确定。用 EST 数据库比较确定基因序列的生化功能存在局限性,因为只有一部分基因可以通过这种方式鉴定。例如,在火炬松(*P. taeda*)研究中仅 55% 的 EST 被确定功能(Allona *et al.*，1998)，在杨树研究中仅 39% 的 EST 被确定功能(Sterky *et al.*，1998)。

一旦从不同组织和(或)发育阶段获得大量 EST，并基于数据库比较推测其功能，就可能产生与基因功能有关的其他问题。例如，Whetten 等(2001)从火炬松(*P. taeda*)几种木材形成组织中获得了 22 233 个 EST。他们发现，在应压木样品和正常木样品中，参与木质素和纤维素合成的 mRNA 丰度存在数量差异。还可以比较不同物种之间的基因含量和基因表达。Kirst 等(2003)从火炬松(*P. taeda*)一个有 20 377 个基因的样本中鉴定出与被子植物拟南芥(*A. thaliana*)同源的基因。这些结果表明，种子植物的基因可能是高度保守的，因为早在 3 亿多年前，裸子植物和被子植物就已经彼此分歧。

基因表达分析

传统上，转录水平是通过 Northern 印迹分析确定的(*第 2 章*)，该方法是单独分析评价每个基因的 mRNA 丰度。已经设计出基于 PCR 的技术用于测量 mRNA 丰度的方法，但与 Northern 印迹分析一样，只能同时分析少量基因。一项新技术，称为 **DNA 微阵列分析**(DNA microarray analysis)，使之能够同时研究数千个基因的差异表达(Schena *et al.*，1995；Schenk *et al.*，2000)。

首先，将 1000 或更多个 EST 中的少量 DNA 点到载玻片上(图 18.6)，然后从要测定基因表达差异的两份样品中分离 RNA。例如，可能希望知道哪些基因在木质部组织中表达，哪些在韧皮部组织表达，或者希望知道哪些基因在对一种特定病害具有抗性的树木中表达，哪些在感病树木中表达。用不同的荧光染料标记从这些样品中分离的 RNA(例如，一个用红色染料标记，另一个用绿色染料标记)，并将两个样品与含有以格子模式点有 EST 的相同的载玻片杂交，然后用专门仪器测量格子上每个位置的荧光量，再用软件将两个荧光扫描结果合并。如果 EST 点显示某一样品的颜色(红色或绿色)，则表示一个基因在某一种组织中的丰度比另一种组织中更高。显示中间颜色(黄色)的点代表该基因在两个样品中的表达水平大致相等。

通过同时对大量基因差异表达进行定量，就可能确定基因的协同表达模式和调控网络。微阵列分析是了解不同组织、不同发育期、胁迫响应及不同基因型间基因差异表达模式的有力工具。在林木中第一个应用 DNA 微阵列技术的是 Hertzberg 等(2001)。他们应用该技术测定了一个杨树杂种在木质部形成不同发育阶段 2995 个基因表达的差异。DNA 微阵列技术也被用来研究在一个季节周期中木质部组织的基因表达模式(Egertsdotter *et al.*，2004)。此外，研究了胚胎发生(van Zyl *et al.*，2002；Stasolla *et al.*，2003)和干旱胁迫下(Heath *et al.*，2002)的基因表达模式。显然，该技术的应用才刚开始，将来，对林木基因协同表达模式的了解将会得到快速发展。

正向和反向遗传方法

总体来说，了解一个基因的功能有两种方法：正向遗传学和反向遗传学(图 18.7)。**正向遗传学**(forward genetics)从一个已知表型开始，如一株抗病树木，然后致力于鉴定控

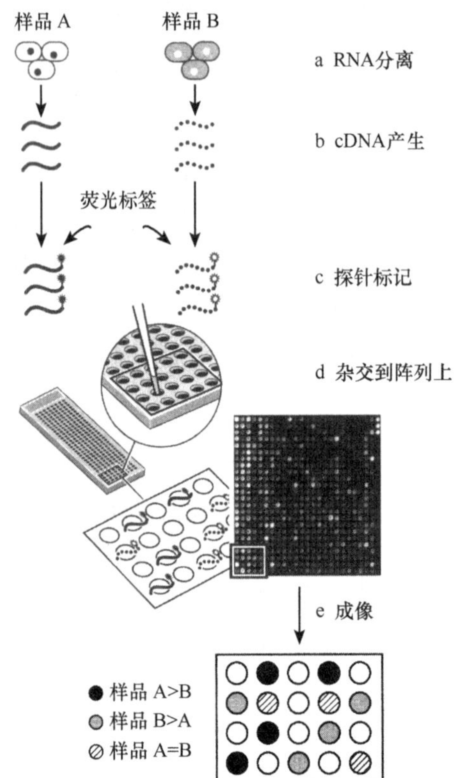

图 18.6 应用 DNA 微阵列进行基因表达分析;a. 从经过不同处理、不同基因型的个体,从不同发育阶段、不同组织等制备的 mRNA 样品 A 和 B;b. 根据 mRNA 合成 cDNA;c. 用不同荧光染料标记的 cDNA,样品 A 标记为红色(深色),样品 B 标记为绿色(浅色);d. 标记的 cDNA 与位于指定位置上含有成百上千个已知 EST 的阵列杂交;e. 评价阵列上每个位置的荧光量以确定样品间基因表达的差异,对所有位置(即阵列上的基因)重复进行。开环代表没有发生杂交的位置。

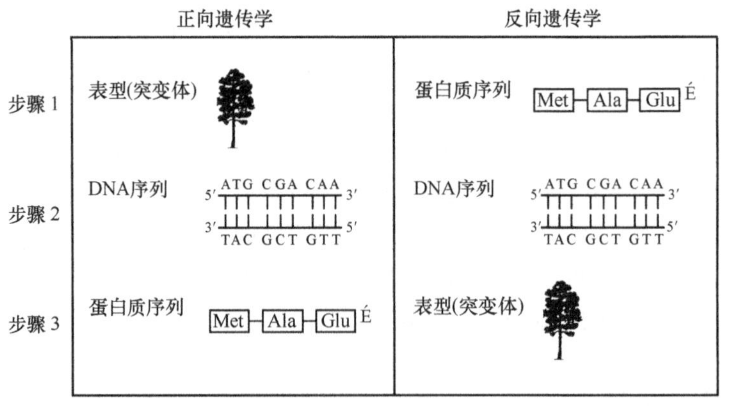

图 18.7 了解基因功能的正向和反向遗传学方法。正向遗传学方法从表型开始,致力于鉴定确定该表型的基因。反向遗传学从基因或蛋白质着手,致力于了解其对表型的影响。

制该表型的基因。**反向遗传学**(reverse genetics)则是从基因开始着手,如一个蛋白激酶基因,然后致力于确定该基因决定的表型。正向遗传学方法,如 T-DNA 标签、转座子标签及基因或者增强子诱捕,需要将外源 DNA 插入寄主树木基因组(即基因转化,见*第 20 章*)。这些方法通过某些方式改变目标基因的表达,从而揭示其与通过外源基因插入改变的特定表型间的关系。因为不需要基因转移,在本章后面讨论的遗传作图方法,如数量性状基因座(QTL)作图和关联作图,也属于正向遗传学方法,并且经常被应用。

反向遗传学方法,如基因干扰(RNAi)或**反义 RNA**(见*第 20 章*)引起的**基因沉默**,是通过将某种**外源 DNA** 引入寄主基因组,使单个基因的表达以某种方式被破坏。在某些情况下,一个基因的破坏能引起植物发生可见突变。一些反向遗传学方法可以大规模应用,从而了解很多基因的特定功能,但是,这些方法都要求能对寄主植物进行遗传转化(*第 20 章*),所以可能仅能在少数容易转化的树种[如杨属(*Populus*)]中得以应用。因为针叶树种遗传转化困难,需要进行转化的反向或正向遗传学方法近期不太可能用于针叶树种。

数量性状基因座(QTL)定位

林业上遗传图最常见的应用是为了进行 **QTL 作图**(QTL mapping)。顾名思义,QTL 作图的目的就是鉴定一个或多个影响数量性状的基因存在的染色体区段。实际上,在 QTL 作图实验中鉴定的染色体区段很少仅包括一个单一基因,而是有许多与该性状无关的其他基因。Sax(1923)提出了 QTL 作图的理论基础,通过对果蝇刚毛数量基因进行作图首次通过实验证明了这一方法(Thoday, 1961)。直到 20 世纪 80 年代末,随着分子遗传图的出现,QTL 作图才应用到动植物中。

所有的 QTL 作图实验都包括 4 个基本组成部分:①分离或作图群体;②作图群体的所有成员的数量性状的表型测定值;③遗传标记数据;④进行 QTL 作图和估计其对表型影响大小的统计分析(专栏 18.1)。计算所有作图群体成员的数量性状表型(如树体大小)和标记基因型(如 *BB*、*Bb* 和 *bb*)的得分,然后进行统计分析,建立表型和提供 QTL 存在证据的标记基因型间的关联。例如,专栏 18.1 中的例子所示,*B* 基因座可能与树体大小有关联,因为 *BB* 纯合体树体高大,*Bb* 杂合体树体中等,而 *bb* 纯合体树体矮小。很容易看出,如何估计 *B* 基因座的另一个等位基因对树体大小表型的影响。

专栏 18.1　林木中数量性状基因座(QTL)作图

步骤 1:性状表型分布两个极端(如一株高大的树木和一株矮小的树木)的两株亲本树交配,它们的大量遗传标记也存在差异(如 *AA* 和 *aa*)(图 1)。将一个中间表型且标记基因座杂合的 F_1 与一个类似的 F_1(F_1')交配。这可以是全同胞交配,但更常见的是两个没有亲缘关系的 F_1 杂交。$F_1 \times F_1'$交配产生的子代的表型和遗传标记都发生分离。

步骤 2:确定每个子代所有标记基因座的基因型。可以使用很多不同的标记类型(*第 4 章*)。在该例中,*B* 基因座的标记是共显性的,因此纯合体(*BB* 和 *bb*)和杂合体(*Bb*)均能被记分。

步骤 3：进行统计检验，检验基因型类别平均表型值的差异。在该例中，*BB* 基因型与高大的大树关联，*Bb* 杂合体与树体大小居中的树木关联，而 *bb* 纯合体与矮小的树木关联。因此可以推断，树体大小的一个 QTL 位于染色体上遗传标记 *B* 附近的某个位置。对所有染色体上的所有标记进行这种分析就可以发现控制表型的 QTL。

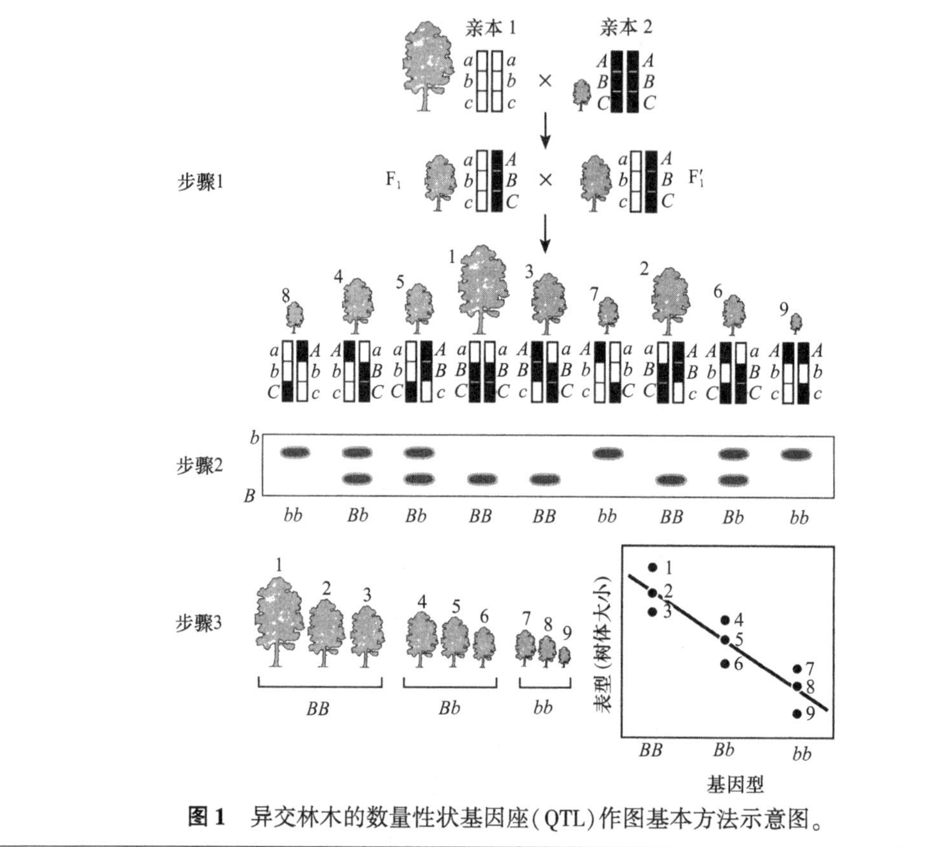

图 1 异交林木的数量性状基因座(QTL)作图基本方法示意图。

下面依据林木 QTL 作图，讨论 QTL 作图的 4 个组成部分。林木和农作物(如玉米、大豆和番茄)QTL 作图的根本区别在于林木中一般不存在近交系，这种区别影响到用于检测 QTL 的作图群体类型、遗传标记体系和统计方法的选择。

估计 QTL 的作图群体

用于林木 QTL 作图的群体类型有多种。选择作图群体考虑的最重要的问题是要使 QTL 最大程度的分离。由于很多林木树种的世代周期长，因此，常从现有的群体中选择作图群体，如育种项目中的各种群体。作图群体可以来自于：①种间或种内杂交；②异交或近交谱系；③单一或多世代谱系；④全同胞、半同胞或自由授粉家系；⑤所有这些家系结构的组合。

最常用的 QTL 作图的群体类型是：①3 代异交谱系；②自由授粉家系；③两代"拟测交"。Groover 等(1994)首次利用 3 代异交谱系对火炬松(*P. taeda*)木材密度进行了 QTL 作图。这种作图群体与近交作物中使用的 F_2 非常相似(图 18.8)。选择两对祖亲(第一代)：该对祖亲分别位于它们被选中的群体内数量性状表型分布的相反两端，这有助于确保一对祖亲的 QTL 基因座存在遗传差异。从这些交配子代(第二代)中选择一个具有中间表型值的 F_1 个体，然后交配，其子代(第三代)形成分离作图群体。

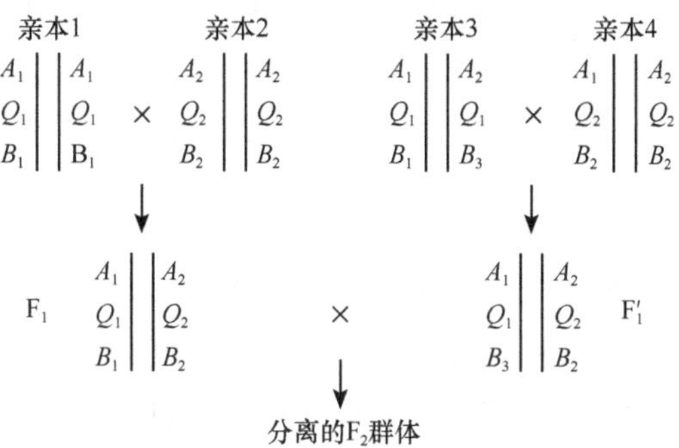

图 18.8　可能用于林木 QTL 作图的一个 3 代谱系的例子。在理想情况下，如谱系所示，亲本 P_1 和 P_2 中标记(A 和 B)和 QTL(Q)基因座上不同等位基因是纯合的。因此 F_1 亲本是完全杂合的，且标记和 QTL 等位基因的连锁相已知，但在林木中可能有更复杂的构型，如 P_3 和 P_4 间的杂交所示，任何一个基因座可能有两个以上等位基因，而且亲本树木的所有的标记基因座不一定都是纯合的。F_1'亲本中标记和 QTL 等位基因的连锁相并不确定。用这些谱系结构也可以进行 QTL 作图，但比近交作物中应用的标准的 F_1 和回交谱系要复杂得多。

还使用过 3 代异交谱系的几种变化形式，如杨树的 3 代种间杂种作图群体(Bradshaw and Stettler，1995；Frewen *et al.*，2000；Howe *et al.*，2000)。总之，一个 3 代谱系，结合信息非常丰富的遗传标记，可以检测任何一个 QTL 座位可能分离的 4 个不同的 QTL 等位基因，但是，对大部分树种来说，并不存在大家系的 3 代谱系，而要培育这样的谱系则需要很多年。

自由授粉家系或半同胞家系及两代全同胞家系可以取代多世代谱系。在针叶树中，来自单株树的种子群体可以用于 QTL 作图，其大配子体被用于母本配子遗传标记的分离分析。大多数情况下，这种方法使用显性标记(如 RAPD 和 AFLP)。需要测定自由授粉或半同胞家系的二倍体子代的表型值。因为遗传标记数据是从大配子体获得的，而大配子体仅代表母本减数分裂，因此没有父本的遗传标记信息，所以不能估计父本贡献的 QTL。这种方法估计 QTL 的能力不足，但可以很容易地应用到能分析子代大配子体的任何树木中，而且不需要进行杂交。

在被子植物林木中，如杨属(*Populus*)和桉属(*Eucalyptus*)，不可能采用单倍体大配子体系统，但使用了一种类似的方法，称为拟测交法(Grattapaglia *et al.*，1995)。确定一个全同胞杂交子代的表型和标记基因型，不过，只使用回交中的显性标记(如 $Aa \times aa$ 或 $aa \times Aa$)来检测亲本的 QTL 分离。因此，只能独立估计每个亲本中分离的 QTL，不可能同时估计两个亲本中分离的 QTL，林木间的杂交就常是这种情况。这种方法也可用于任何全同胞杂交，但同样存在能力不足的问题。

数量性状的表型测定值

一个 QTL 作图实验的成功部分依赖于数量性状的遗传控制。经常首先需要考虑的是估计控制一个性状的基因数目。已经建立了估计控制一个复杂性状的基因数目的理论方法，但在实践中，在进行 QTL 作图实验以前，这些方法并未在林木中使用。经常遇到的问题是，一个性状是纯粹的多基因性状（由许多微效基因控制）还是寡基因性状（由少量效应较大的基因控制）。一个受寡基因控制的性状的 QTL 应该比受多基因控制的性状更容易检测。实际上，进行 QTL 作图实验时对此并不知晓，必须根据实验结果推测性状的遗传控制。正如后面将要描述的那样，QTL 作图实验对理解林木复杂性状的遗传控制贡献颇多。

影响 QTL 估计能力和精确度的因子与影响数量遗传参数估计的因子差不多（*第 15 章*）。尽量减少环境变异，因而增大遗传率，增加 QTL 检测力度。对作图群体子代进行无性系测定是减小环境变异影响和获得更好的表型估计值的最有效的方法，因为某个基因型的多个随机拷贝（无性系分株）数据是它们的平均值（Bradshaw and Foster, 1992）。

因为对标记辅助育种（*第 19 章*）感兴趣，所以在林木中选择进行 QTL 作图的数量性状同林木改良的性状差不多 。树干生长、材质、抗性、抗病性和生殖性状都已经包括在 QTL 作图实验中（Sewell and Neale, 2000）。QTL 作图可能有助于理解非商业性状的遗传结构，有助于深入理解基因组进化和物种形成。

遗传标记和图谱

在*第 4 章*详细描述了林木中可以利用的遗传标记类型。等位酶、RFLP、RAPD、AFLP、SSR 和 ESTP 对 QTL 作图都有用，尽管有些方法比其他方法更适合于不同的作图群体类型，这是由于不同标记类型的**标记信息量**（marker informativeness）不同（表 18.3）。信息量是一个一般术语，指的是一个遗传标记如何完整“标记”它所在的基因组区段内的分离变异。例如，共显性标记（如 RFLP、SSR 和 ESTP）的信息量比显性标记（如 RAPD 和 AFLP）多，因为杂合体（*Aa*）能与显性纯合体（*AA*）区分开；但是，在针叶树单倍体大配子体作图群体中，使用显性标记并不损失什么信息，因为是在配子（*A* 或 *a*）上而不是合子（*AA*、*Aa* 或 *aa*）上确定基因型。

进行 QTL 检测时并不需要将遗传标记数据组织成遗传图的形式（见下面的单因素方法），但是，大部分 QTL 实验的目的都是既要检测 QTL 的存在又要确定其在基因组中的位置。因此，在 QTL 作图前，通常都要根据标记数据构建遗传图。有一种 QTL 检测方法，称为区间作图（见下面区间作图讨论部分），则需要对标记进行作图。

检测 QTL 的统计方法

从理论上讲，检测 QTL 的基本统计方法很简单：所有方法都是检验数量性状值和作图群体中标记基因型类别两者间的关系，但事实上，统计方法和计算程序相当复杂，大体分为两种方法：①单因素法；②多因素法或区间法。

单因素法利用方差分析或回归分析检验标记基因型类别间数量性状平均值的差异（Edwards *et al.* ,1987）。例如，*AA* 基因型类别的个体树高平均值和 *aa* 基因型类别的个体树高平均值是否存在差异，但一次只能分析一个标记。统计上显著的关联（即显著的 *F*

值)被认为是 QTL 位于图谱上遗传标记附近某个位置的证据。单因素方法只需要基本的统计学知识,能用标准的统计分析软件包完成。这种方法的主要局限在于不容易确定 QTL 相对于遗传标记的确切位置,从而限制了估计 QTL 对于表型影响大小时的检测力度和精确度(Lander and Botstein, 1989)。

为了克服单因素方法的不足,建立了多因素法或区间法(Lander and Botstein, 1989)。这种方法是利用一个染色体片段侧翼成对标记的信息来检测 QTL。该方法的统计估计量很复杂,常需要使用最大似然法和计算强度很大的计算方法。区间作图软件 Mapmaker/QTL 已经广泛用于林木中,尽管该软件是为近交物种编写的(Lincoln *et al.* ,1993)。Knott 等(1997)的区间作图法是专为异交林木设计的。

林木中的 QTL 发掘

林木中的 QTL 作图研究有助于更好地洞察复杂性状的遗传控制:①估测 QTL 的数量及其效应大小;②揭示 QTL 在基因组中的位置;③描述 QTL 表达的环境和发育模式。有时,了解这些因素,可以通过标记辅助育种在林木改良中直接应用(*第 19 章*),或者间接影响育种设计的选择。

已经鉴定了不同树种中不同性状的 QTL,Sewell 和 Neale(2000)对此进行了综述。最近进行 QTL 研究的典型的林木的属:松属(*Pinus*)(Hurme *et al.* , 2000; Sewell *et al.* , 2002;Brown *et al.* , 2003; Devey *et al.* , 2004)、黄杉属(*Pseudotsuga*)(Jermstad *et al.* , 2003)、杨属(*Populus*)(Frewen *et al.* , 2000)、桉属(*Eucalyptus*)(Thamarus *et al.* , 2004; Kirst *et al.* , 2005)、栎属(*Quercus*)(Saintagne *et al.* , 2004; Scotti-Saintagne *et al.* , 2004)和水青冈属(*Fagus*)(Scalfi *et al.* , 2004)。总体来说,不同性状间检测到的 QTL 数量和相对效应大小差异很小(Sewell and Neale, 2000)。少数例外的是,对于生长和发育、材性、适应性及生殖性状,单个 QTL 所占表型方差的比例为 5% ~ 10% 甚至更低,且每个性状检测到的 QTL 数目一般少于 10 个。

这些结果表明,在林木中,商业上感兴趣的数量性状很可能是多基因遗传模式。符合寡基因模式的 QTL 最终可能会在携带主基因的树木参与的特定杂交组合中检测到,但似乎可以安全地得出以下结论:少数主效 QTL 将被检测到,因而一个单个 QTL 就能决定一个数量性状很大部分变异。

确定 QTL 在基因组中染色体上的位置非常重要,因为这使得在林木改良中可以使用转基因技术(*第 20 章*)。最终,有可能对编码 QTL 基因的启动子区进行基因工程甚至用工程基因代替内源基因(*第 20 章*),但是,这些类型的遗传操作需要了解拟修饰基因的确切位置。随着许多不同性状的 QTL 定位在遗传图上,一因多效的分子基础也变得显而易见。

QTL 如同数量性状本身,在树木不同发育时期表达不同,当树木生长在不同环境中,表达也不相同,但是,时间和空间上都稳定表达的 QTL 对标记辅助育种非常有用。QTL 表达在海岸松(*P. pinaster*)的生长性状(Plomion and Durel, 1996),以及在桉属(*Eucalyptus*)树种(Verhaegen *et al.* , 1997)和火炬松(*P. taeda*)(Sewell *et al.* , 2000; Brown *et al.* , 2003)的材质性状中表现出发育稳定性,但在火炬松(*P. taeda*)(Kaya *et al.* , 1999)或杨属(*Populus*)树种(Bradshaw and Stettler, 1995)的生长性状中则没有表现出稳定性。同样,火炬松(*P. taeda*)木材密度(Groover *et al.*, 1994)和花旗松(*P. menziesii*)芽萌动(Jermstad *et al.*, 2001, 2003)的 QTL 表现出 QTL 与环境相互作用。显然,QTL 表达模式很复杂,需要在不同环境和不同年份重复实验以充分理解特异 QTL 如何决定数量性状表型。

QTL 的定位克隆

一旦一个 QTL 或一个简单孟德尔性状基因被准确定位在遗传图上,那么只要知道其遗传图位置就可以克隆潜在的基因。克隆后,就可以确定其 DNA 序列并最终确定其生化功能。这就被称为**定位克隆**(positional cloning)和**图位克隆**(map-based cloning)。第一步是鉴定一个克隆的基因组 DNA 大片段,该片段含有两个已经经过作图的遗传标记,这两个遗传标记在 QTL 或编码一个简单孟德尔性状基因的侧翼,位于相反的两端。在酵母人工染色体(YAC)或细菌人工染色体(BAC)中构建来源于寄主基因组的大片段 DNA 文库(图 18.9)。

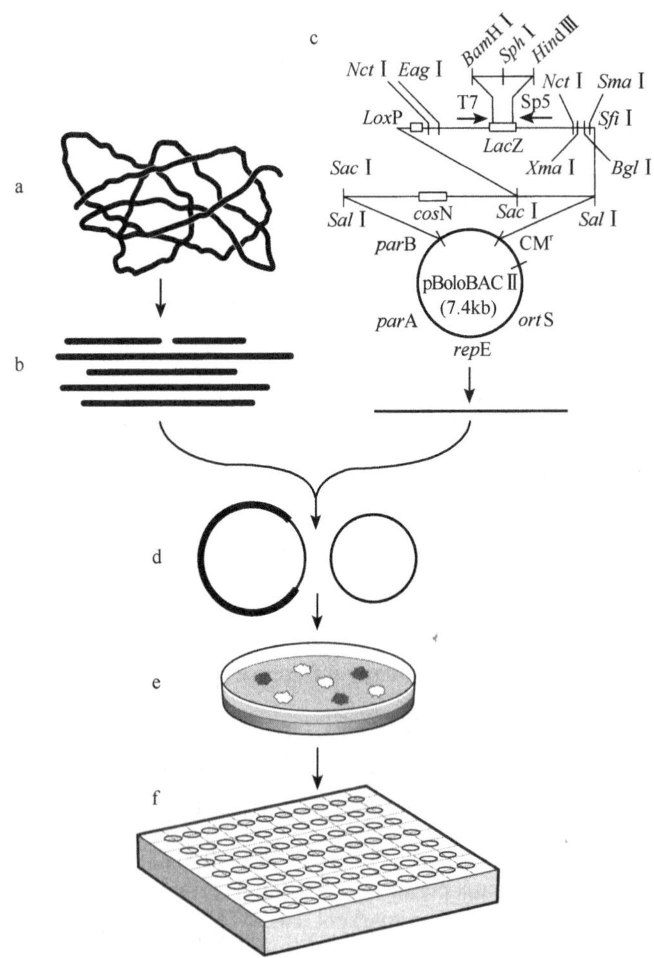

图 18.9 细菌人工染色体克隆:a. 分离高分子质量的 DNA;b. 用限制酶将 DNA 切割成大片段;c. 准备细菌人工染色体载体,用于接受大片段 DNA;d. DNA 片段插入细菌人工染色体;e. 含有克隆 DNA 的细菌菌落涂到琼脂糖平板上;f. 从细菌染色体上分离 DNA,放入微孔板。

在过去，遗传图的遗传标记密度不够，因此希望分布在质量性状基因侧翼的遗传标记能位于同一个 YAC 或 BAC 克隆上。一种称为“染色体步移”的技术已用于鉴定目标基因。通过基于包含在该克隆里的遗传标记或 DNA 序列对重叠的 YAC 或 BAC 克隆进行排序，构建包括 QTL 基因的区段的物理图。最终，鉴定出一个含有目标 QTL 的单一 YAC 或 BAC 克隆，并确定其 DNA 序列。在 YAC 或 BAC 克隆上也可能编码有几个 QTL，因此还需要进行下一步以确定真正的目标基因。随着高密度遗传图的建立，如果侧翼标记位于同一 YAC 或 BAC 上，那么“步移”步骤现在常可以省去。这一方法才称为“染色体着陆”(Tanksley *et al.*, 1995)，在农作物中已用于克隆大量抗病基因。最后一步是将克隆的基因插入到一个不具有该表型的寄主基因组中，例如，将一个克隆的抗病基因插入到一个敏感寄主的基因组中，以证实图位克隆了该基因。目标基因前常加上强组成型或诱导型启动子以确保一旦整合到新的寄主基因组中就能够表达。这种验证测试叫做互补测验。

基因图位克隆的可行性高度依赖于基因组大小。许多小基因组物种，如拟南芥(*A. thaliana*)和水稻，已经利用这种方法克隆了许多基因，但对那些基因组大的物种来说，利用这种方法则困难得多，花费也更高。林木中尚无通过图位克隆获得的基因，但是，在杨属(*Populus*)中正在积极尝试利用这一方法克隆基因(Stirling *et al.*, 2001; Zhang *et al.*, 2001)。从针叶树中，利用图位克隆得到基因将是一个非常艰巨的任务，成功运用这种方法可能还须等待新技术的发展。

关联遗传学

QTL 作图研究对于估计基因组中控制复杂性状的基因的数量、效应大小和近似位置非常有用，但与在上一部分讨论的一样，很难鉴定确切的 QTL 基因。另一种方法，叫做**关联作图**(association mapping)，可用于更准确地确定控制复杂性状的确切基因，从而最终确定引起数量性状个体间表型差异的突变。每种功能变异体(即突变)被称为一个**数量性状核苷酸**(quantitative trait nucleotide, **QTN**)。

QTL 作图和关联遗传学之间的根本区别在于前者依赖一代或两代杂交产生的遗传连锁(*第 3 章*)，而后者利用一个大的相互交配群体中多代产生的遗传标记和 QTN 之间群体水平的连锁不平衡(LD)(*第 5 章*)(图 18.10)。已经开发出鉴定人类复杂性状基因的关联作图方法(Risch, 2000; Cardon and Bell, 2001; Weiss and Clark, 2002)，这一方法最近才用于植物中(Remington *et al.*, 2001; Rafalski, 2002; Neale and Savolainen, 2004)。

关联遗传学有两种基本方法：①基因组扫描法；②候选基因法。在基因组扫描法中，遗传标记遍布整个基因组，因此可在整个基因组中搜索 QTN。在候选基因法中，遗传标记仅用于被认为参与决定表型的单个基因。因此，基因组扫描法搜索更彻底，但也更昂贵。

与 QTL 作图类似，关联遗传学也包括 4 个组成部分：①作图群体；②作图群体所有成员的数量性状表型测定值；③作图群体所有成员的遗传标记数据；④基因型和表型间关联的统计方法。与表型确定有关的问题与 QTL 作图一样，不需要进一步讨论；但是，其他 3 个组成部分有很多不同。

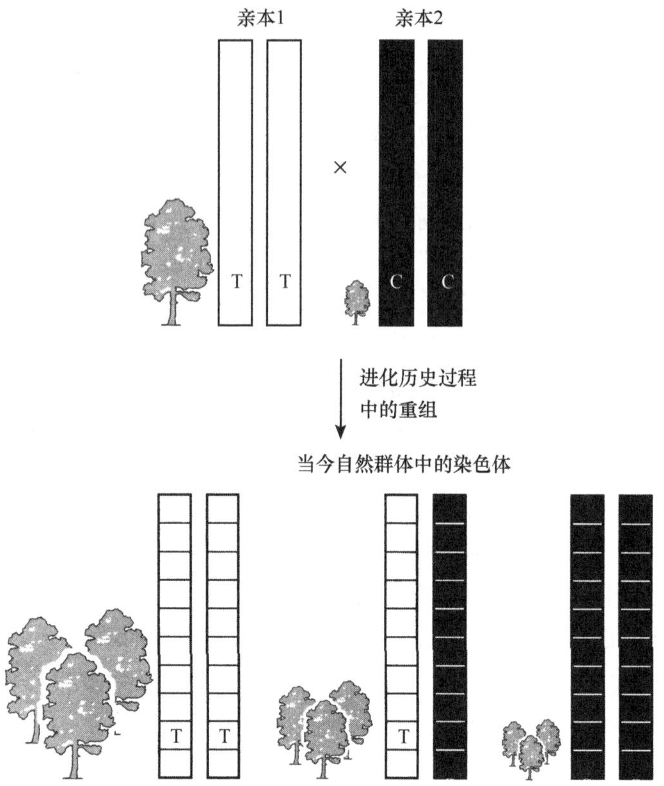

图 18.10 林木复杂性状的关联遗传学。除了由于随着进化时间重组事件的积累导致关联遗传学作图群体中拟作图染色体比 QTL 作图群体中的染色体重组率更高外,关联遗传学与 QTL 作图(专栏 18.1)相似,这使得可以更好地控制复杂性状基因。在本例中,一个 T/C 单核苷酸多态性(SNP)与树体大小关联;因此,推测该染色体区段包含一个部分决定树体大小的基因。

关联作图群体

关联作图群体一般是从一个大的随机交配群体中抽样组成,但是,一些关联统计检验,如传递不平衡检验(TDT)需要家系结构(Lynch and Walsh, 1998)。关联遗传群体的信息量取决于遗传标记和 QTN 之间的群体水平的连锁不平衡的大小,而连锁不平衡的大小又反过来取决于群体历史[如过去瓶颈(*第 5 章*)的发生和程度]及随后的重组。例如,相对于一个重组率高的大的随机交配群体,一个最近经历了瓶颈并(或者)具有非常低的重组率的群体,将具有高的连锁不平衡。大部分,但不是全部自然林木群体预计都属于后一类,但是,人工构建的群体,如育种群体,可能有更高的连锁不平衡。连锁不平衡越大,越可能检测到遗传标记和 QTN 间的关联。这是在育种中运用的一个有利方面(*第 19 章*);但是,如果目标是准确定位 QTN,就需要连锁不平衡小一点,这是因为连锁不平衡高时,可能有一个以上的遗传标记与 QTN 处于完全的连锁不平衡,从而不能确定哪个多态性是真正的 QTN。

模拟研究显示关联作图群体应该至少包括 500 个个体(Long and Langley, 1999)。此外,测量必须增加表型估测的精度,包括使用合适的田间设计(*第 14 章*)和个体的无性系重复(*第 17 章*)。

单核苷酸多态性

关联遗传学是基于染色体上较短物理距离内的连锁不平衡,因此需要检测这些较短距离内的多态性。在*第 4 章*描述的大部分遗传标记类型对此目的不够敏感,因此,在关联遗传学中使用的主要是由**单核苷酸多态性**(single nucleotide polymorphism,**SNP**)衍生出的标记。SNP 是基因组中的特定位置通过突变产生的核苷酸差异(即多态性),如图 18.10 中的 T 和 C。基于 DNA 测序的方法用于发掘 SNP。在火炬松(*P. taeda*)中,估计每 60 个碱基对(bp)就有一个 SNP(Brown *et al.* , 2004)。相反,在人类中发现的 SNP 大约是 1/1000bp。因此很显然,有些林木中富含 SNP,而且它们的发掘也很简单。SNP 通常是双等位基因(bi-allelic),也发现有 3 或 4 等位基因 SNP,尽管这种情况非常罕见(<1%)。这可能是因为在一个群体中,同一个核苷酸位置发生了第二次突变的可能性极低。

可以通过在电子数据库(电子 SNP)中进行多序列比对和 EST 比较发掘 SNP,也可以对从一个群体中抽取的一个个体样本从头测序来发掘 SNP。有时,基于单倍型的关联测验检测与表型间的关联更有力;因此,希望推断或直接确定群体中等位基因的单倍型。**单倍型**(haplotype)定义为在一个单一 DNA 片段上 SNP 的不同组合。在针叶树中,通过运用单倍体的大配子体组织很容易完成。例如,在一个 31 个火炬松(*P. taeda*)大配子体 DNA 样品中,*AGP6* 基因大约有 16 个不同的单倍型(图 18.11)。这些 SNP 和单倍型是通过 DNA 测序确定的。

一旦在一个小样本中发现了 SNP,那么必须确定关联群体所有成员的 SNP 基因型。一般而言,林木中的核苷酸多样性非常高,因此有必要在一个大的关联群体中对 SNP 优先进行基因分型,因为对所有发现的 SNP 分型可能花费过高。可以根据单倍型结构、SNP 的潜在功能(如同义的或不同义的)或者选择中性检验(如一个 SNP 是处在选择还是选择中性的)分配优先权。有很多不同的方法可以对特定的 SNP 进行基因分型,每种方法都有各自专门的化学试剂和仪器(Syvanen, 2001),但所有方法都需要高通量技术以保证能确定成百上千株树木中成百上千的 SNP 的基因型。SNP 基因分型方法发展很快,为降低成本和提高通量,商业实验室间存在激烈竞争。

关联测验

遗传标记(基因型)和数量性状(表型)间关联度的统计检验与 QTL 检测相似。基于基因型对关联作图群体的成员进行分类,然后可以通过标准的统计分析(方差分析或回归分析)检验不同基因型类别间表型平均值的差异。可以按照单个单倍体 SNP、二倍体 SNP 或多 SNP 单倍型进行设置分配 SNP 基因型类别。

林木中的关联作图

林木中最近才开展了关联作图试验。Gonzalez-Martinez 等(2006)报道了用候选基因法在火炬松(*P. taeda*)中搜索参与木质素和纤维素合成的基因与材质性状间的关联性的

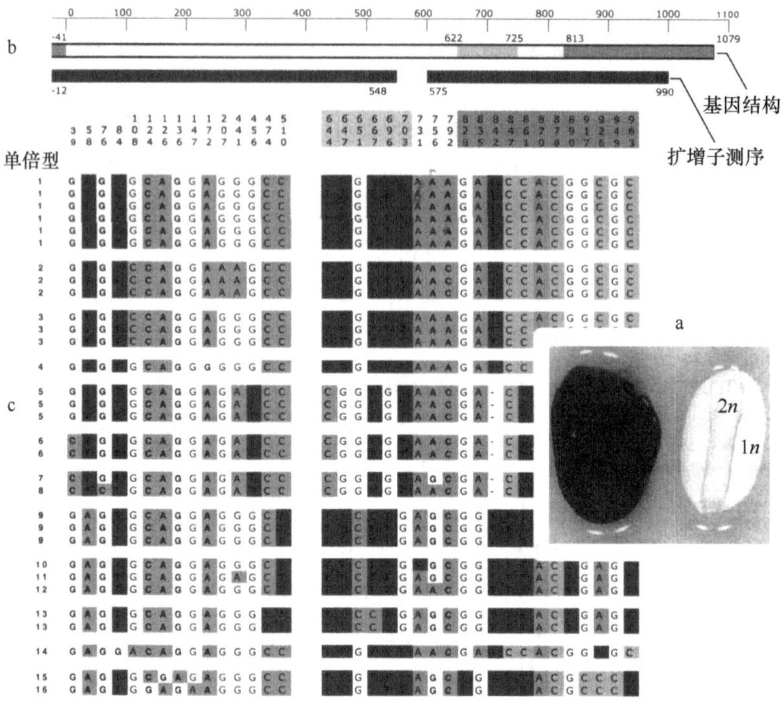

图 18.11 针叶树中利用种子大配子体(1n)直接确定单倍型的例子:a. 从种子中切取大配子体,从大配子体组织中分离 DNA;b. 火炬松(*Pinus taeda*)*AGP6* 基因结构 5′端到-41 位组成 5′侧翼区,-41 ~ 622 是第一个外显子,622 ~ 725 是一个内含子,725 ~ 813 是第二个外显子,1080 到 3′端是 3′侧翼区,选择两个片段(扩增子)-12 ~ 548 和 575 ~ 990 进行 DNA 测序;c. 31 个大配子体 DNA 样品两个扩增子的测序结果。图中仅显示了大配子体间具多态性的核苷酸位置。这些被称为单核苷酸多态性(SNP)。总共揭示了 16 个单倍型。

结果。Brown 等(2004)对 32 个大配子体样本进行了 SNP 发掘。在基因中的 SNP 间检测到了连锁不平衡,但连锁不平衡随着碱基对间的距离增大而快速减小(当距离超过 2000bp 时基本无法检测到)(图 18.12)。评价了一个由 425 个火炬松(*P. taeda*)无性系组成的关联群体的几种材性性状,包括木材密度、微纤丝角,木质素与纤维素百分含量。在几个木质素合成途径候选基因 SNP 基因型和材性表型间发现存在关联。这一初步研究表明,在林木中用关联作图法鉴定控制复杂性状的单个基因是可行的,这种方法使标记辅助育种既可用于家系内选择也可用于家系间选择(*第 19 章*)。

比较基因组学

比较基因组学已经发展成为一门比较物种间基因组的实验科学。比较常在 DNA 序列水平和遗传图水平上进行。有几种植物和动物有丰富的基因发掘和遗传图信息,如人、老鼠、拟南芥(*A. thaliana*)、水稻和杨树。这些模式生物有:①高密度的遗传图;②成千上万已测序和作图的 EST;③已经完全测序的基因组。对许多模式植物种来说,将会很快清楚每个基因及其在遗传图上的位置。在模式物种中,也会很快了解其所有基因的功能。

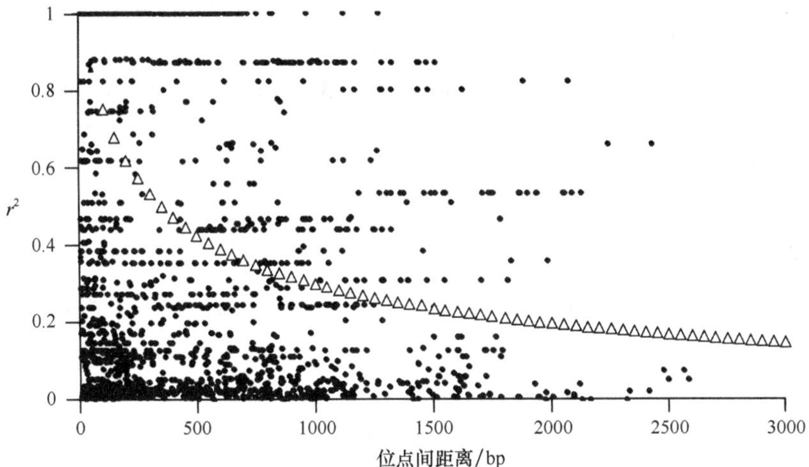

图 18.12　19 个火炬松(*Pinus taeda*)基因多态性 SNP 间连锁不平衡度量值 r^2 与距离(碱基对)关系图。拟合曲线表明,火炬松(*P. taeda*)中连锁不平衡衰退非常快。[图片经许可翻印自 Brown *et al.*, 2004;版权归美国国家科学院所有(2004)]

对于大部分物种,包括林木,近期不会出现大量基因组信息,但是,如果遗传图能够比较,那么模式生物的基因组信息可以直接"使用"。这种情形在几个主要的物种群,大部分是禾本科植物,已经成为现实(Bennetzen and Freeling, 1993)。水稻、玉米、高粱、大麦、小麦、黑麦、粟和甘蔗的遗传图可以直接比较,因为发现这些有亲缘关系的种的基因组间存在同线性。**同线性**(synteny)是指在物种形成和进化以后连锁群或者染色体上基因顺序的保守性。尽管有亲缘关系的物种间的染色体数目和倍性水平差异非常大,但鉴定出了基因顺序相同的大的染色体片段。可以通过与模式生物的图谱位置比较来鉴定非模式生物中仅通过表型获得的质量性状候选基因或潜在的 QTL 基因。这种基于基因组相似位置鉴定有亲缘关系物种基因的方法有助于前面描述的"染色体着陆"方法(见"QTL 的图位克隆"一节)。

将来,也可能在远缘植物类群间进行比较作图。例如,在杨属(*Populus*)或桉属(*Eucalyptus*)和拟南芥(*Arabidopsis*)之间,但是目前,树木的比较作图仅限于属或科内种间的比较。已经构建了松科、壳斗科及桉属(*Eucalyptus*)的比较作图。

比较作图要求对被比较的每个物种中的**直系同源遗传标记**(orthologous genetic marker)作图。直系同源基因指由共同祖先基因座传下来的基因,而旁系同源基因是指一个物种中来源于基因重复的那些基因(图 9.7)。大部分匿名标记类型(RAPD、AFLP、SSR)不能用于比较作图,因为物种间基因座不是直系同源的,但是,SSR 标记已经被用于桉树(Marques *et al.*, 2002)和壳斗科(Barreneche *et al.*, 2003)的比较作图。

基于基因 DNA 序列的遗传标记,如 RFLP 和 ESTP,对比较作图都很有用。因为 RFLP 是通过 Southern 印迹分析的,直系同源基因和旁系同源基因均被揭示,所以只要坚定了直系同源基因,RFLP 就能用于比较作图。Devey 等(1999)用火炬松(*P. taeda*)和辐射松(*P. radiata*)的 RFLP 基因座构建了这两个树种的比较作图,但是,因为在 RFLP 标记中,直系同源基因和旁系同源基因不容易区分并且很难应用,所以 RFLP 不可能广泛用于比较作图。ESTP 标记具有很多比较作图所需要的特点(Temesgen *et al.*, 2001);物种间的 ESTP 通常是直系同源的,只有偶尔是旁系同源的。火炬松(*P. taeda*)的 ESTP 标记被用于构建火炬松(*P. taeda*)和松属(*Pinus*)中其他 3 个重要种[湿地松(*P. elliottii*)(Brown *et al.*, 2001)、海岸松(*P. pinaster*)(Chagne *et al.*, 2003)和欧洲赤松(*P. sylvestris*)(Komulainen *et al.*, 2003)]间的比较作图。现在可能把松属(*Pinus*)作为一个单一的遗传系统,在这个属的不同种间进行比较基因组分析(图 18.13)。此外还构建了火炬松(*P. taeda*)和花旗松(*P. menziesii*)间的比较作图(Krutovsky *et al.*, 2004),从而将松科的比较作图拓展到了属间。

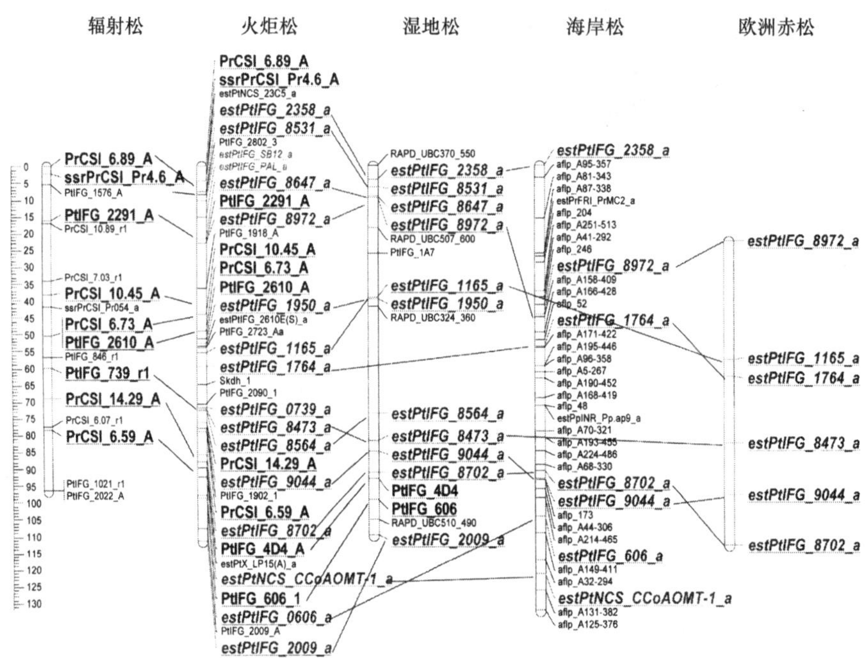

图 18.13　松属(*Pinus*)的比较遗传作图,显示了辐射松(*Pinus radiata*)、火炬松(*Pinus taeda*)、湿地松(*Pinus elliottii*)、海岸松(*Pinus pinaster*)和欧洲赤松(*Pinus sylvestris*)的一条同源染色体。用大字号显示的遗传标记是直系同源遗传标记,用于建立物种间的同线关系。

生物信息学和数据库

基因组科学的高通量技术使收集海量数据成为可能。**生物信息学**(bioinformatics)是由生物技术、统计学、信息科学和计算生物学等多方面组成,以设计新的方式从大量的基因组数据中分析和提取知识。基因组数据的基本类型有:①DNA 序列;②遗传作图数据;③来源于 DNA 如微阵列试验等功能分析的数据。除了分析基因组数据的生物信息方法外,必须开发组织数据库,并使其他研究者可以使用。在这一部分将简单介绍一些林木基因组学中最常用的生物信息学工具和数据库结构。

美国国立生物技术信息中心(NCBI)是美国 DNA 序列数据库和 DNA 序列分析工具的主要场所。主要的数据库是 GenBank。NCBI 还提供在线使用局部序列排比检索工具(BLAST)程序,这是用于搜索数据库和鉴定序列匹配的基本工具。所有这些资源都是免费的,公众可以通过万维网(http://www. ncbi. nim. nih. gov)获得。

在*第 4 章*及本章前边介绍了连锁分析和遗传作图的基本原理。连锁和 QTL 作图方法在 Liu(1998)中也能找到。洛克菲勒大学拥有一个遗传分析软件的网址,包括连锁和 QTL 作图程序(http://linkage. rockefeller. edu/soft/list. html)。已经开发了许多软件包,里边既有连锁作图程序又有 QTL 分析程序。两套这样的程序是 Mapmaker/EXP(Lander *et al.*, 1987)和 Mapmaker/QTL 程序(Lincoln *et al.*, 1993),以及 JoinMap(Stam and van Ooijen, 1995)和 MapQTL(van Ooijen, 2004)程序。尽管没有一个程序是设计用来专门分析林木数据的,但这些程序和其他一些遗传作图程序已经广泛用于林木中。

主要的针叶树基因组数据库是 TreeGenes 数据库,这是由位于美国加利福尼亚州戴维斯市的森林遗传研究所的树木基因组计划(Dendrome Project)(http://dendrome. ucdavis. edu)维护的。TreeGenes 包括多种数据类型,是一个面向对象的数据库,它容许进行复杂的查询和搜索。通过使用数据库和生物信息学工具,就有可能进行计算机模拟试验,开始理解基因间的复杂关系及它们如何共同决定表型。

本章提要和结论

基因组学是一门同时研究大量基因的结构、位置、功能、调控和相互作用的学科。基因组学是将遗传学的一些传统分支学科,如传递遗传学和分子遗传学,扩展到整个基因组。可以同时快速分析成百上千个基因,而且常是许多个体中的基因技术的发展,如 DNA 自动测序技术,使基因组学成为一门科学。

基因组中所有基因的发掘和编目是基因组学的一个有机组成部分。一种方法是测定整个基因组的 DNA 序列并根据 DNA 序列推断基因。这种方法已经用于杨属(*Populus*)中,但是目前不太适用于针叶树,因为针叶树的基因组大。另一种方法是只测定基因编码区的 DNA 序列,这可以通过对实验时表达的基因的 mRNA 反转录成的 cDNA 测序来实现。这些序列称为表达序列标签(EST)。EST 提交到数据库,与数据库中所有其他序列进行比较,确定其是否与已经确定功能的基因相匹配。松属(*Pinus*)、杨属(*Populus*)和桉属(*Eucalyptus*)已经建立了由成千上万 EST 组成的 EST 数据库。

遗传连锁图的构建是基因组学的另一个有机组成部分。遗传图显示了染色体上基因彼此间的相对位置,对于理解基因组的结构和进化非常有意义。遗传图是鉴定控制感兴趣表型基因非常有用的工具。质量遗传性状的基因,如抗病基因,可以定位在图谱上,然后根据其图谱位置进行克隆。控制数量遗传性状的基因,称为 QTL;也能利用遗传标记图谱分析确定单个 QTL 的图谱位置。目前已经鉴定出一些生长、材质和其他经济性状的 QTL。了解控制一个数量性状的 QTL 的数量及其效应大小有助于树木育种工作者。

然而,对所有基因进行编目和作图只是基因组学研究的第一步,其终极目标是理解所有基因的功能及其相互作用,如微阵列分析等技术已被用于研究基因的表达模式。最终将会了解所有生化途径中的所有基因,以及这些基因和基因产物如何相互作用。功能基因组学研究也试图确定基因中大量等位基因多样性和群体中发现的各种不同表型间的关系。

随着基于直系同源遗传标记的比较遗传图的建立,有可能在少数几个林木属[松属(*Pinus*)和桉属(*Eucalyptus*)]内进行比较基因组分析。杨属(*Populus*)的全基因组测序将大大增加这些分类群中的比较基因组分析。

第 19 章 标记辅助选择与育种——间接选择、直接选择与育种应用

*第 11 章*利用育种周期(breeding cycle)的概念性模型介绍了林木遗传改良原理,*第 12～17 章*详细介绍了育种周期的每一个阶段,即常规育种方法中的选择、测定、选育与配置。此外,分子标记概念(参阅*第 4 章*)与基因组学技术(*第 18 章*)在林木自然群体研究(*第 7～10 章*)及揭示复杂性状遗传机制(*第 18 章*)等方面的应用在前述各章已详细论述。本章介绍分子标记与基因组学技术在林木遗传改良计划中的应用。

虽然基因组学技术与分子标记刚刚开始应用于林木改良,但这些新技术具有较大的应用潜力,可提高育种周期(图 11.1)每一环节的效率,提高遗传增益、缩短育种周期,最终实现从传统的表型选择向基因型选择转变。其潜在的应用有两大类:标记辅助选择与标记辅助育种。**标记辅助选择**(marker-assisted selection,**MAS**)是根据分子标记基因型来选择具有优良性状的个体。MAS 可单独实施或与常规育种相结合,详细的讨论参阅*第 13 章*、*第 15 章*、*第 17 章*。**标记辅助育种**(marker-assisted breeding,**MAB**)包括分子标记多方面的应用:如强化交配设计、提高遗传测定、繁殖策略等效率,以及对林木改良计划总体质量的控制。

本章首先介绍标记辅助选择的概念,随后两节论述 MAS 的不同类型:"基于与 QTL 连锁标记的间接选择"和"基于控制目标性状基因的直接选择"。本章最后一节,"标记辅助育种",介绍了分子标记在育种计划中的其他方面应用。尽管有些应用已实施很多年,但随着科技的进步,新的技术方法将不断地涌现,必将成为林木育种理论与技术不可分割的一部分。

有关标记辅助选择与育种的文献很多,尽管大多数是关于作物与家畜的(Kearsey and Farquar, 1998; Kumar, 1999; Young, 1999; Dekkers and Hospital, 2002; Koebner and Summers, 2002; Morgante and Salamini, 2003; Barone, 2004; Francia *et al.*, 2005)。关于林木标记辅助选择与育种的全面的综述尚未见报道;因此,读者可参考本章所引用的文献。另外,在一些农作物中,标记辅助选择应用于公共育种计划中,而在林木中,标记辅助选择仅应用于私营林业公司,在公众育种计划中还未见应用;因而,缺乏详细的相关研究信息。

标记辅助选择(MAS)的概念

与 MAS 相关的定义与概念

任何林木育种计划都是以提高育种群体和生产群体的平均基因型值为目标。林木育种者感兴趣的性状包括生长、树干材积、木材品质与抗病性。虽然,通过常规育种途径使这些性状得到明显的改良,取得了显著的遗传增益,但标记辅助选择具有提高遗传增益、缩短育种周期的潜力。

“基于标记与 QTL 连锁的间接选择”一节讨论了 MAS 的一种形式。该方法利用谱系清楚的作图群体来确定分子标记与数量性状位点(QTL,参阅*第 18 章*)之间的关联性,随后,通过对该标记位点的特定等位基因的选择,从而增加该 QTL 位点上的有利等位基因频率。

所有形式的间接选择都是通过对某一性状的选择达到改良另一目标性状的目的(*第 13 章*)。传统的间接选择与分子标记无关,包括:①通过对苗高性状的选择以改良轮伐期的树干材积(Lambeth, 1980);②通过对活立木 pilodyn 探测值的选择以改良树干木材密度(Sprague *et al.*, 1983; Watt *et al.*, 1996)。间接选择与直接表型选择两者改良效果的比率定义为间接选择效率,其大小与两个性状(间接性状与目标性状)的遗传率及遗传相关系数有关(参考公式 13.7,公式 13.8)。MAS 间接选择是传统间接选择的扩展,是基于与目标性状相关联的遗传标记(间接性状)的选择。在 MAS 间接选择中,标记与目标性状的相关通常源于与标记连锁的染色体区段含有一个影响该目标性状的基因(即一个 QTL,*第 18 章*)。

MAS 的第二种形式是直接对一个或多个影响数量性状位点的每一等位基因进行选择(参阅“对控制目标性状基因的直接选择”一节),该形式的间接选择还有待于完善。这种形式的标记辅助选择需要掌握控制该目标性状所有基因的分子水平信息,可作为直接选择而不是间接选择,因为选择是针对位点上特定的有利等位基因。在这种情况下,会出现直接影响多基因目标性状表达的多态性标记(如数量性状核苷酸 QTN 或插入/缺失,参见*第 18 章*)。直接的分子选择很有可能获得成功,至少,可应用于许多控制数量性状的基因位点的选择。基于分子标记的间接选择建立在*第 18 章*介绍的 QTL 作图方法基础之上,而对控制目标性状基因的直接选择有赖于关联遗传学理论与方法(参阅*第 18 章*)。

所有形式的 MAS 均可单独运用或与常规选择方法(混合选择、家系选择、家系内选择及联合指数选择)结合起来运用,可应用于选择群体、育种群体和(或)生产群体的选择。在选育程序中,兼顾标记与表型两类信息的选择可能有以下两种方法:两阶段选择(参阅*第 13 章*)及联合指数选择(参阅*第 13 章*和*第 15 章*)。在两阶段选择方法中,第一轮选择在年幼时进行,仅依据所有候选个体的标记基因型进行选择。挑选在标记位点含有所期望基因的个体,并对其进行子代测定。随后,到一定年龄时,依据表型进行第二轮选择。两阶段选择的目标性状可以相同也可以不同(如第一轮为抗病性分子标记选择,第二轮为生长与木材密度的表型选择)。

或者,可将一个或多个位点的标记信息用于构建联合指数选择的模型(参考*第 15 章*),对相同和(或)不同个体的表型度量值进行分析(Hofer and Kennedy, 1993)。然后,依据个体的遗传品质进行选择,而个体的遗传品质兼顾了表型及标记两者的信息。例如,在某一树种中,假如有两个 SNP 位点控制树干材积生长,那么,对于遗传测定林中所有个体,可同时获得其材积生长数据及两个 SNP 位点的基因型信息。理论上,可结合所有这些数据来预估其综合育种值。

MAS 的优点,局限性与挑战

作为表型选择的一种补充或候选的方法,标记辅助选择具有许多优点。主要表现在以下 4 个方面：①早期选择，可大大缩短育种周期；②降低费用，减少昂贵的子代测定各环节（建立、管理与性状测量）的工作量；③提高选择强度（selection intensity，以 i 表示，参考*第 6 章*），因为在实验室利用分子标记分析的个体数目比田间试验分析的个体数多；④提高选择的相对效率，尤其对于遗传率低的性状（Lande and Thompson，1990）。其中，第①～③点已突出体现于许多物种的标记辅助选择中，包括农作物、家畜及林木。1991 年，在美国田纳西州盖特林堡召开了一个学术研讨会，讨论林木分子标记辅助育种的潜在应用前景，会议论文集于 1992 年刊登在《加拿大林业研究》（*Canadian Journal of Forest Research*）上（第 22 卷，第 7 期）。论文集收集了一些关于林木标记辅助选择的研究报道，涉及的性状包括木材品质（Williams and Neale，1992）、抗病性（Bernatzky and Mulcahy，1992；Nance *et al.*，1992）及非生物逆境抗性（Tauer *et al.*，1992）。此外，有一篇文章报道子代无性系繁育使表型评价更精确（Bradshaw and Foster，1992）。虽然这些文章第一次探讨了标记辅助选择在林木中的潜在应用价值，但均没有对标记辅助选择与表型选择的相对效率进行比较。Strauss 等（1992b）第一次对此进行了比较。

虽然标记辅助选择存在许多潜在的优点，但同时也存在一些局限性，这极大地限制了标记辅助选择的有效应用（Neale and Williams，1991；Strauss *et al.*，1992b）。这些局限性对标记辅助选择的影响在所有生物中是相同的，无论是农作物、家畜或是林木。其中，最重要的是影响了目标性状的遗传结构，而该性状因直接或间接选择获得改良。如果目标性状为多基因性状，且受成百上千个基因位点控制，每一个基因的效益微小（Fisher 微效多基因模型）（Fisher，1930），那么，要对所有这些基因进行检测、并确定与其相关联的标记就非常困难。

Beavis（1995）通过模拟得出，在采用适度的子代数目（大约 100）进行 QTL 检测时，控制数量性状的 QTL 数目通常被低估，而 QTL 效应大小（占表型方差的比率，或者解释的遗传方差）总是被高估。在林木中，检测的 QTL 数目及效应大小变动很大（Sewell and Neale，2000）。然而，一般认为，林木大多数经济性状受许多基因控制，在多数情况下，单个基因对目标性状的效应是微小的，但也有少数几个例外，如与抗病基因相关联的遗传标记（Devey *et al.*，1995；Wilcox *et al.*，1996）呈现出单一性状的孟德尔式分离，因而，该基因解释了所有的变异（即感病或抗病）。此外，检测控制目标性状的所有基因位点是一大挑战。现在，通过比较两种选择方式，即基于 QTL 连锁标记的间接选择与基于控制表型特定等位基因的直接选择，来讨论 QTL 检测的可行性。

影响标记辅助选择有效性的第二个因素为多变的 QTL 检测环境与遗传背景，引起 QTL 与环境相互作用，以及 QTL 与遗传背景相互作用（Neale and Williams，1991；Strauss *et al.*，1992）。例如，在一种土壤或气候条件下能检测到某一 QTL，但在另一土壤或气候条件下则检测不到，这就是 QTL 与环境相互作用。QTL 与遗传背景相互作用是指检测的 QTL 依赖于所采用的作图群体（例如，在某一家系中可能检测出某一 QTL，但在另外一个家系中则检测不出来）。在林木中，在不同环境或不同遗传背景下重复进行 QTL 检测的报道非常少，但是，只要有类似报道（Brown *et al.*，2003；Jermstad *et al.*，2003），总发现有相互作用。

如果存在明显的 QTL 与环境相互作用，那么，在选择时必须加以考虑，正如在表型选择时应重视 G×E 相互作用一样。然而，如果需要在多种环境下检测 QTL，相互作用是可以消除的。然后,与表型选择相似,育种者或者选择在多种环境下检测到的 QTL,以培育稳定性高的基因型;或者选择特定的 QTL 基因型以适合特定的栽植环境。

在林木标记辅助选择的应用中,最大的挑战来自于遗传标记与 QTL 之间低水平的连锁不平衡(参考*第 5 章*和*第 18 章*)(Neale and Williams,Strauss *et al.* , 1991)。在林木自然和育种群体中,较低水平的连锁不平衡意味着,在某一基因型中,QTL 与标记连锁表现为相引相(coupling phase),而在另一基因型则为相斥相(repulsion phase)(图 19.1)。因此,在某一基因型(或分离的家系)中检测的连锁相(linkage phase)不能推论于其他的基因型(家系),因为,在某一家系中,某一特定的标记等位基因可能与有利的 QTL 等位基因连锁,而在其他家系中,则可能与不利的 QTL 等位基因连锁。由此,有观点认为,林木分子标记辅助选择只能应用于同一家系的选择(Strauss *et al.* , 1992b)。回到前面关于标记辅助选择缺点的话题,当比较两种标记辅助选择策略时,标记辅助选择的缺点或者源于连锁不平衡,抑或与连锁不平衡无关。

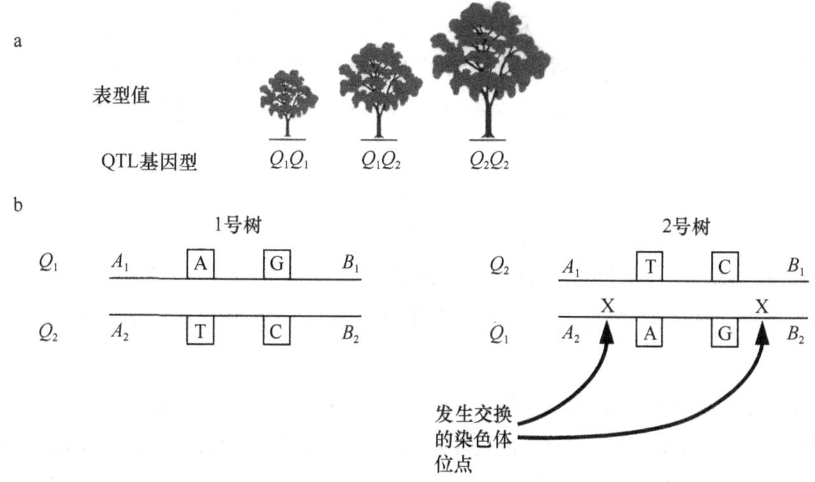

图 19.1 在林木群体中,由于存在连锁不平衡,利用松散连锁的侧翼标记进行家系选择不太容易成功;但应用紧密连锁的单核苷酸多态性(SNP)进行家系选择却是可行的,理由如下:a. 假定有一个 QTL,在群体中有两个等位基因 Q_1、Q_2,等位基因 Q_1 为树体小,等位基因 Q_2 为树体大。b. 在 1 号树中,利用 QTL 两侧遗传标记的分离信息将控制树体大小的 QTL 进行作图。1 号树中,A_2、B_2 标记等位基因与理想的 QTL 等位基因(Q_2)组成一个相引相。携带有 A_2、B_2 标记等位基因的 1 号树子代可能在标记辅助选择计划中入选。然而,如果标记等位基因与 QTL 在育种群体中处于连锁平衡状态,那么就会有许多与 2 号树相同的树木,A_2、B_2 标记等位基因与不利的 QTL 等位基因(Q_1)组成一个相引相。依据 A_2、B_2 标记等位基因对 2 号树的子代进行选择将导致入选的树木个体矮小(非期望的表型)。对于由 QTL 与两侧的标记等位基因连锁平衡导致的以上不足,有一种解决的办法,确定非常紧密连锁的遗传标记,这些标记在树种进化史上从来没有发生,或者很少发生过重组事件。A/T、G/C 单核苷酸多态性(SNP)就是一类紧密连锁的遗传标记,可用于两个亲本(1 号树、2 号树)子代的选择[即 TC 永远与 Q_2 关联,不管松散连锁的 QTL 与标记(A、B)位点是否发生交换]。

基于标记与 QTL 连锁的间接选择

基于标记与 QTL 连锁的间接选择是实施林木标记辅助选择的首要途径，这也是一些文章的主题（O' Malley and McKeand，1994；Kerr *et al.*，1996；Kerr and Gaddard，1997；Johnson *et al.*，2000；Kumar and Garrick，2001；Wilcox *et al.*，2001；Wu，2002）。应用该类型的间接选择，需要设计许多不同的方案；然而，多数人仅考虑将其应用于家系内选择（前向选择，参阅*第 17 章*）。家系选择或亲本选择（后向选择）被认为是不切实际的，因为，一般在林木群体中，标记与 QTL 之间的连锁不平衡较弱（图 19.1）。例如，在 2 号树中，选择 A_1、B_1 标记等位基因并不会使树体大小朝期望的方向（树型变大）发展（图 19.1）。

在育种群体所有家系中，如果标记与 QTL 连锁相的关系均已确定，那么，可大大克服上述缺点。然而，在林木育种计划中，由于选择的数量巨大，而且，如果要确定所有连锁相的关系，其花费难以想象。因而，这些理想化的设想还无法实现。此外，一般家系遗传率较高，因此，在后向选择中，与单独利用表型选择获得的增益相比，利用标记辅助选择获得的额外遗传增益较低。对此论断目前尚存在争议（参考*第 15 章*）（Johnson *et al.*，2000）。

Lande 和 Thompson（1990）第一次提出了 MAS 与表型选择遗传增益的相对效率的概念。相对效率的数学解释如下：

$$\mathrm{RE} = [p/h^2 + (1-p)^2/(1-h^2p)]^{1/2} \qquad \text{公式 19.1}$$

式中，p 为与标记关联的加性遗传方差的比率；h^2 为性状的遗传率。公式表明，RE 随着 p 增加及 h^2 降低而增加。通过模拟研究，比较了单独的表型选择与表型选择结合标记辅助选择两者的效率，发现对于遗传率较低的性状，表型与标记相结合的选择具有明显的优势。

所有的林木标记辅助选择研究均得到一致的结论，即间接标记选择对于遗传率低的性状效果最好（O' Malley and McKeand，1994；Kerr *et al.*，1996；Kerr and Goddard，1997；Johnson *et al.*，2000；Kumar and Garrick，2001；Wilcox *et al.*，2001；Wu，2002）。其中，两篇文章还考虑到经济因素，包括确定标记基因型所需的花费（Johnson *et al.*，2000；Wilcox *et al.*，2001）。然而，这仅代表了当时研究所处的分子标记技术水平的花费。分子生物学技术发展非常快，相应的花费也不断地降低；因此，以上研究结论或许难以推论到未来。

Wu（2002）采用 5 种不同的模拟方法较好地阐述了 RE 的概念，以下将详细介绍。

标记辅助早期选择（MAES）对比成熟期的表型选择

在混合选择情况下，对某一目标性状，成熟期的表型选择的年遗传增益为

$$R_M = ih\sigma_A/T_c \qquad \text{公式 19.2}$$

式中，R_M 为每年获得的 ΔG_A；ΔG_A 为成熟期性状的加性遗传增益（参考*第 6 章*）；i 为成熟期性状的选择强度；σ_A 为成熟期性状加性遗传方差的标准差；T_c 为完成一个正常的育种周期所需的年数。该式直接从公式 13.6 演变而来，以 $h=\sigma_A/\sigma_P$ 取代，因为计算年遗传增益，因而除以世代间隔 T_c。

与此相对应，MAES 的年加性遗传增益为

$$R_{\mathrm{MAES}} = i_y r_{\mathrm{MA}} \sigma_A / T_E \qquad \text{公式 19.3}$$

式中，i_y 为标记辅助选择强度；r_{MA} 为标记信息与成熟期性状加性遗传值之间的遗传相关；T_E 为完成一个 MAES 混合选择周期所需的年数。该式可从公式 13.8 推导出，假定标记信息不受环境误差的影响，因而其遗传率 = 1（即公式 13.8 中的 $h_y = 1$），通过类似公式 19.2 中的变换而得。

假定标记选择强度与表型目标性状的选择强度相等，即 $i = i_y$，则 MAES 与成熟期表型选择的相对效率为

$$\mathrm{RE}_1 = (R_{\mathrm{MAES}}/R_M) = (p/h^2)^{1/2}(T_C/T_E) \qquad \text{公式 19.4}$$

式中，p 为分子标记所解释的加性遗传方差比率；h^2 为成熟期目标性状的遗传率。公式表明，随着 p 值增加及 h^2 减少，RE 增加。该结论已被 Lande 和 Thompson（1990），以及其他许多研究者所证实。在育种实践中，MAES 可应用于遗传率低的性状（如生长），且利用分子标记估算的该性状加性遗传方差比率大。

标记辅助早期选择（MAES）对比早期表型选择

Wu（2002）考虑到第二种情形：对于成熟期目标性状的选择，MAES 与早期表型选择哪一种效率更高？该方案比较了间接选择的两种类型，一种基于遗传标记，另一种基于早期表型的度量。假定选择年龄相同，即 $T_C = T_E$，不考虑育种周期长度的差异，则 MAES 与早期表型选择的相对效率 RE 为

$$\mathrm{RE}_2 = [p/(h_X^2 \times r_A^2)]^{1/2} \qquad \text{公式 19.5}$$

式中，p 在公式 19.1 中定义；h_X^2 为早期性状的遗传率；r_A^2 为性状的早晚遗传相关。从中又一次看出，如果 p 值高且（或）早期性状遗传率低，MAES 优于早期表型性状。同样，如果性状的早晚遗传相关较低，则 MAES 的相对效率提高。

表型选择结合标记辅助早期指数选择对比早期表型选择

如果分子标记解释了部分加性方差，表型选择结合标记辅助早期指数选择的相对效率显然比单独的早期表型选择高。Wu（2002）列出了一个较复杂的数学式：

$$\mathrm{RE}_3 = \{[1 - 2p^{1/2} + p/(h_X^2 \times r_A^2)]/(1 - h_X^2 \times r_A^2)\}^{1/2} \qquad \text{公式 19.6}$$

式中，各项已在上述各节中定义，且该式同样仅适用于混合选择。

如上所述，随着 p 值增加，表型选择结合标记选择的相对效率 RE 相应提高，而且，如果早期性状的遗传率及早晚性状的遗传相关降低，则表型选择结合标记选择的相对效率 RE 也相应提高。通过表型选择结合标记选择提高选择效率，这是 Lande 和 Thomson（1990）最初的设想。

标记辅助家系内选择结合家系选择对比单独的家系内选择结合家系选择

由于连锁平衡，限制了标记辅助间接选择在林木中的应用，据此，Wu（2002）分析了标记辅助家系内选择结合一般的家系选择和家系内选择是否比单独的家系选择与家系内

选择的效率高。为此,Wu(2002)给出了一个非常复杂的数学公式以描述两者的相对选择效率 RE,具体公式请读者参见 Wu(2002)第 265 页,在此不再列出。

Wu(2002)利用两个模拟结果构建了家系内标记辅助选择结合表型家系选择与表现家系与家系内选择的相对效率 RE 模型,图 19.2 为全同胞家系模拟结果,图 19.3 为半同胞家系模拟结果。模拟结果大致相似,即随着 p 值增加及 h^2 降低,RE 相应提高。显然,分子标记解释的遗传方差比率 p 是影响 RE 大小最重要的因素。只有当 p 值达到 0.5,相应的 RE 为 1.2 ~ 1.5 时,应用标记辅助选择在经济上才是合算的。

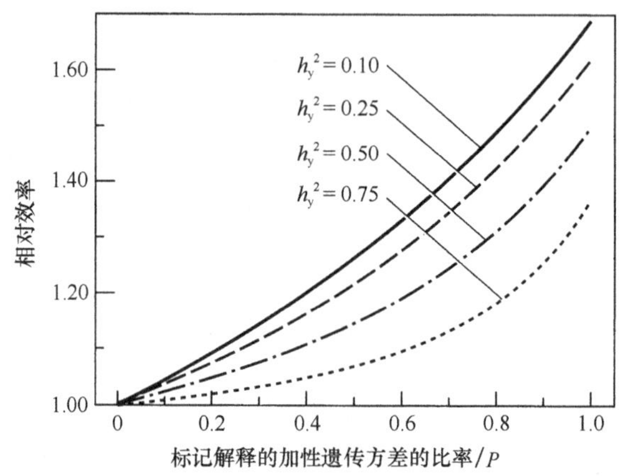

图 19.2 标记辅助家系内选择结合家系选择对单独的家系内选择结合家系选择的相对效率 RE。假定为全同胞家系,4 个不同遗传率性状。(复制自 Wu, 2002, 并得到 J. D. Sauerländer' s Verlag 的许可)

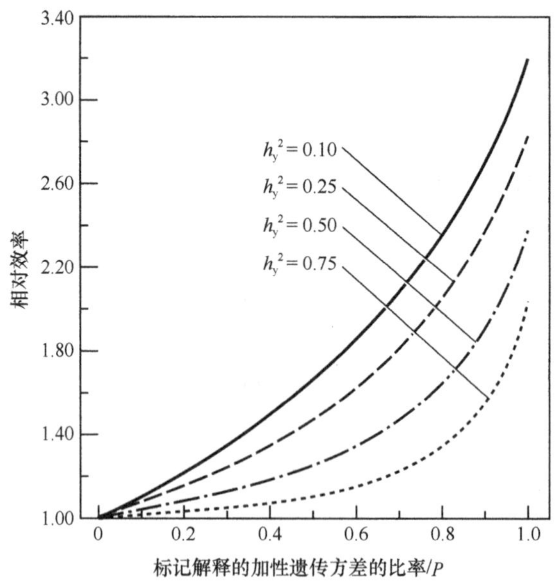

图 19.3 标记辅助家系内选择结合家系选择对单独的家系内选择结合家系选择的相对效率 RE。假定为半同胞家系,4 个不同遗传率性状。(复制自 Wu, 2002, 并得到 J. D. Sauerländer' s Verlag 的许可)

尽管 Wu(2002)在其分析中没有考虑经济因素,但从 Johnson 等(2000)及 Wilcox 等(2001)研究中可清楚地看出,标记花费应很低,以及(或者)测定的林分规模很大以验证标记辅助选择效率 RE 为 1.2 ~ 1.5 的有效性。这就是为什么基于与 QTL 连锁的标记辅助间接选择在林木改良中进展不大的一种可能。直到高通量的基因组学技术应用于林木中(参阅*第 18 章*),才有可能实现林木分子标记辅助选择。下一节将具体描述。

基于目标性状编码基因的直接选择

本节,讨论如何应用遗传标记进行选择,该类遗传标记与编码目标性状特定的等位基因相关联,将这类标记选择称为"直接选择"而不是"间接选择",以强调一个基本差别:在分子水平了解影响表型等位基因差异是一回事,而从 DNA 水平直接选择有利等位基因的实际操作又是一回事。上节中,采用基于与 QTL 连锁标记(通常为匿名的标记)的选择以提高表型性状改良的增益,很明显,这是一种类型的间接选择。然而,直接选择与间接选择两者的区别在一定程度上是人为的,有些学者将本节讨论的方法也作为间接选择,因为,从技术角度来看,DNA 等位基因选择也是基于标记基因型的一种间接选择。

利用关联遗传学将复杂的多基因性状剖析为单个基因组分已在*第 18 章*中介绍。可以采用两条途径:基因组扫描法或候选基因法,而后者将最有可能应用于林木,特别是针叶树种,这是因为,在林木自然群体中,连锁不平衡程度非常低,构建分子标记饱和遗传图(基因组扫描)在经济上也不太可能,且林木基因组中绝大部分是非编码区。候选基因法可能是更有效且花费较少的寻找与表型关联的遗传标记的方法。此外,这些标记有可能位于编码基因附近,而这些基因突变将引起表型发生改变(图 19.4)。

一个全面而成功的基于候选基因的关联遗传学研究将获得以下几方面重要的结果:①估计控制数量性状的基因位点数目;②估计每一个位点解释总表型变异的比率;③根据已有的知识背景,推定每一基因位点的功能(如代谢作用);④估计群体中候选基因内等位基因变异,包括每一个等位基因对表型的效应;⑤估计群体中 SNP 等位基因频率和单倍型频率;⑥推定每个位点基因作用机制(加性、显性),估计候选基因内等位基因替换对复杂性状表型的效应大小;⑦获得 SNP 遗传标记,有些源自于单碱基突变[即数量性状核苷酸(quantitative trait nucleotide, QTN)],有些与 QTN 完全或近似完全连锁不平衡。

上述 7 个结果中,第①项与第②项在标记辅助选择的 QTL 作图法中也能获得,但第③ ~ ⑦项仅在直接候选基因选择的关联遗传法中才能获得。该方法可直接应用于增加群体中有利基因的频率。最终,有可能估算候选基因位点上不同等位基因间的正向上位性效应,同时,也有可能通过标记辅助选择将非加性遗传方差固定下来。

基于候选基因的直接选择法能否应用于林木改良,目前尚不得而知,相关研究才刚刚开始。Neale 和 Savolainen(2004)认为,与高度训育与近交的农作物相比,在林木中进行候选基因的直接选择具有许多优势。研究表明,候选基因的等位变异及其与表型的关联都很容易检测到(Brown *et al.*,2004)。对于有些性状,其单个基因位点的效应很小,或者说某特定等位基因对表型的影响很小,进一步证实了早期有关 QTL 的研究结果及 Fisher 的微效多基因模型。尽管还无法准确知道控制目标性状的基因数目,但有些性状可能受很多基因控制,每个基因的效应微小,以至于通过直接的标记辅助选择所获得的育种效果

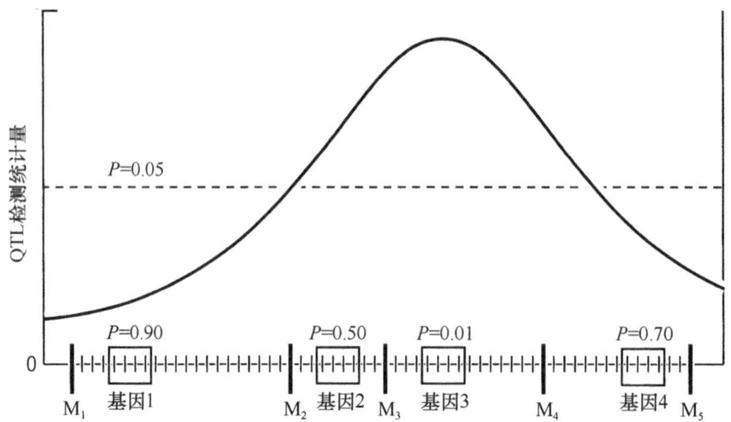

图 19.4 在连锁不平衡程度快速衰退的群体中，比较基因功能鉴定的两种方法的相对效率，即基于候选基因的关联遗传学作图法与 QTL 作图法。在 QTL 作图法中，纵坐标为检测是否存在与表型有关的 QTL 的统计量，横坐标为染色体或连锁群上遗传标记的位置（粗纵短线）。实曲线为似然函数曲线，据此检测是否存在与标记位点连锁的 QTL，利用大小适度的分离群体进行作图。在似然曲线上，高于 $P=0.05$ 显著性截距的区段可认为存在一个显著的 QTL。因此，M_2 与 M_4 之间的区段锚定一个 QTL。在关联遗传学作图法中，在 4 个已鉴定的候选基因内存在 SNP（图中横坐标上细纵短线）位点，对这些 SNP 位点进行表型关联分析，仅基因 3 内的 SNP 显著与表型关联（即候选位点 1、2、4 内的等位基因差异与表型差异的关联不显著）。不在候选基因内的 SNP 进行表型关联检测，以降低试验总体规模与花费。该假想的例子展示了 QTL 作图法不能确定与表型关联的是基因 2 还是基因 3，而候选基因关联作图法可排除基因 2，从而确定基因 3 与表型关联。这样，不管对于家系选择还是家系内选择，均可应用基因 3 内有利 SNP（即等位基因）进行直接的标记辅助选择，因为，基因 3 内的 SNP 不可能与基因 3 位点上的多态性进行重组。

并不比传统的表型选择方法（参阅*第 13 章*、*第 15 章*、*第 17 章*）有更好的育种效果（Bernardo, 2001；Gupta *et al.* ,2005）。

标记辅助育种

除了本章上一节描述的标记辅助选择外，分子标记在林木育种计划中还有许多实际或潜在的应用。分子标记可应用于育种周期的各个环节，包括繁育与交配设计、遗传测定、配置、扩繁与育种群体评价扩充。其目的为增加遗传增益、降低花费、缩短育种周期或改进质量控制。

分子标记在林木改良计划中的应用已经存在了很多年，且已经在前述章节和一些综述文章中提及（Adams, 1983；Wheeler and Jech, 1992；Friedman and Neale, 1993；O'Malley and Whetten, 1997）。随着分子标记技术的不断进步及费用降低，分子标记新的应用将不断涌现。本节旨在概括分子标记在林木育种计划中的应用进展，同时，展望分子标记未来的应用前景。

树木改良计划的质量控制

在以下树木改良计划的多个环节中，如果在遗传同质性的保持与文献记载方面出现差错，那么，期望的遗传增益将丧失。①对育种群体不同亲本进行控制授粉，以获得全同胞家系；②对几千个家系、无性系、单株建立试验林，进行测定；③从几千个个体的基本群体中选出几百个个体；④繁育群体的建立（例如，从几千个无性系中选出最好的 30 个无性系）；⑤与其他组织或国家进行选育材料的交换，例如，为了扩充育种群体；⑥专利申请、品种登记以保护合法权益。在以上每一个环节中，遗传同质性的质量控制是非常严格的，对其监管贯穿于整个育种过程，包括育种周期、布置与品种登录。如果品种不均一或者品种混杂，则遗传增益及最终的合法权益都将丧失。

在树木改良计划的各环节中，必须细心做好标志，**遗传指纹**（genetic fingerprinting）是一种强有力的工具，可应用于加强质量控制。一个突出的例子为，在家系林业（参阅*第 16 章*）的繁育或配置阶段，需要对控制授粉子代家系进行鉴别。Adams 等（1988）利用同工酶遗传标记研究表明，在控制杂交过程中确实会发生差错，且这种差错很容易检测。他们检测出不同类型的差错（非目的母本、非目的父本及多个父本），而且，还发现，出现的差错类型与开展控制杂交的研究机构有关，差异较大。毋庸置疑，在控制杂交制种中出现亲本差错，如将该全同胞家系用于大规模（如几千公顷）的造林，将大大降低期望遗传增益。

虽然同工酶已成功应用于遗传指纹分析，但在区分个体基因型时，同工酶仍存在一些局限性，这是因为：①可利用的同工酶位点数相对较少（通常为 20 个左右）；②每个位点的等位基因数目相对较低（2 ~ 6）；③在大多数位点上，主要受 1 或 2 个基因支配，其基因频率非常高，而其他基因的频率则非常低。

新一代的分子标记在检测遗传差异上更具优势。在指纹鉴别方面，SSR 标记（参阅*第 4 章*）可能是应用最广泛的标记，这是由于 SSR 具有以下优点：①共显性标记；②可利用的 SSR 位点众多，达几百个；③许多位点呈现多态，每一个位点上含有 5 ~ 30 个频率适度的等位基因。这些特点使 SSR 成为检测遗传差异极为有效的标记。例如，Kirst 等（2005）从巴西巨桉（*E. grandis*）育种群体中选出 192 个彼此无亲缘关系的优良单株，并确定每个单株的基因型。仅需 6 个多态性的 SSR 位点（共检测出 119 个等位基因），那么，在群体中找到两个基因型完全相同个体的概率为 2×10^{-9} 或者近似为 0。因此，构建优良单株的指纹图谱并将其完全区分开是完全可行的。与此相似，仅需 3 个多态性 SSR 位点（共检测到 68 个等位基因）就可将花旗松（*P. menziesii*）种子园中的 51 个无性系完全区分开（Slavov *et al.*，2004）。

育种与交配设计

在高世代的育种计划（参阅*第 17 章*）中，分子标记也能用于强化交配设计（参阅*第 14 章*）。一个例子为 Lambeth 等（2001）提出的**多父本混合育种结合亲本分析**（polymix breeding with paternity analysis，**PMX/WPA**）。多父本混合授粉设计的优点是：在花费相同情况下可测定更多的父本(例如,可将 50 个父本的花粉混合后授粉至某一母本获得一个控制授粉家系)。然而,在完全谱系的育种计划中,一直避免采用这种交配设计,因为其谱系中父本来源不清。在 PMX/WPA 育种方法中,在混合授粉前,利用多态信息含量高的分子标记如 SSR 标记就可鉴定出所有可能的父本基因型。随后,通过鉴别各子代的父本,分析子代间的亲缘关系,进而对子代群体进行选择。

分子标记也可应用于强化全同胞交配设计,至少有以下 3 种途径:①互补性育种;②基因聚合育种;③多样性指数育种。在林木改良计划的早期,通过利用分子标记基因型信息选择交配的亲本组合,以上 3 种途径均可潜在增加遗传增益。以下为**互补育种**(complementary breeding)的一个假想的例子。假定,有 3 个潜在的交配亲本(P_1、P_2、P_3),有两个不连锁的标记位点(*A/a*, *B/b*)影响木材密度,已知 3 个亲本的标记基因型为:P_1 为 *AAbb*;P_2 为 *aaBB*;P_3 为 *Aabb*。假定其他条件一致,且显性基因使木材密度增加。要提高木材密度,可采用 $P_1 \times P_2$、$P_2 \times P_3$ 的交配组合,而不宜采用 $P_1 \times P_3$。基因型 P_1、P_2 与 P_3 互补(因为它们在不同的位点含有有利基因),但 $P_1 \times P_3$ 杂交不可能产生在两个位点上均具优势的后代,因为两者的基因型不是互补的。该概念同样可推论于多性状的互补性育种情形中。

互补性育种的思路可应用于**基因堆叠**(gene stacking)或**基因聚合**(gene pyramiding),在农作物中,通过常规的选育方法,已实现抗病基因聚合。利用分子标记,假定,对于某一真菌感染的疾病,存在 10 个抗病基因,利用分子标记技术可确定所有树木 10 个位点的标记基因型,其中,抗病性最好的树木仅在 1 ~ 2 个位点上含有抗病基因。因此,在杂交育种中,总是选择在不同位点含有抗病基因的个体进行杂交,从杂交后代中选出在多个位点上堆叠有抗病基因的个体。

最后,考察以下情形的可能性,大多数 QTL 或者 QTN 对多基因目标性状的效益相当小(参阅*第 18 章*),而且,在大多数育种计划中,育种目标为多性状改良(例如,材积生长、抗病性及木材密度)。如果这些都是实际存在的,那么,在实际操作中,上述互补性育种将难以实施,因为涉及的位点太多了。在这种情形下,**多样性指数育种**(diversity index breeding, 上述第 3 条途径)可能是最好的选择。该方法的基本思路为:多个目标性状受许多位点(甚至几百个位点)影响,育种群体中的亲本两两交配组成亲本对,利用所有位点的标记信息计算每个亲本对的多样性指数。亲本对的多样性指数高,表明两个亲本互补性强,因而,可根据多样性指数来选择亲本对。

就作者所知,多样性指数育种在林木中尚没有实际应用,而且,在设计育种方案时,多样性指数并不是唯一考虑的指标。例如,亲本的育种值也是重要的因素,优先考虑育种值高的亲本(参阅*第 17 章*)。因此,在确定交配组合时,最低限度需要同时考虑亲本的育种值及亲本对的多样性指数。与此相似,在动物育种中,提出子代综合值育种(breeding for total progeny merit)的概念。显然,这是林木改良的一种潜在途径,但需要更多的试验论证。

在多样性指数育种还没有应用于高世代林木改良计划情况下,出于其他目的,有些学者建议采用一个基于分子标记信息构建的指标,**亲本对遗传多样性**(pairwise genetic diversity,**PGD**),应用于动物育种及林木改良(Bowcock *et al.*,1994;Ciampolini *et al.*,1995;Tambasco-Talhari *et al.*,2005;Kirst *et al.*,2005)。对于任意两个亲本,其 PGD 值用以下公式计算：

$$D_m = 1 - \left(\sum_r 共享的等位基因\right)/2r \quad 公式 19.7$$

式中，D_m 为 PGD，取值为 0 ~ 1；$\sum_r$ 为两个亲本在所有标记位点相同的等位基因数目之和；r 为标记位点数。当两个亲本没有相同的等位基因时，$D_m = 1$；当两个亲本没所有等位基因相同时，$D_m = 0$。专栏 19.1 为计算 PGD 值的一个假想的例子。

专栏 19.1　亲本对遗传距离（PGD）的一个假想的例子

1. *鉴定个体基因型*。举一个简单例子，假定：①只有 4 个位点对目标性状有影响；②每一个位点仅含有两个等位基因，且显性基因有利；③每个亲本在其中两个位点上的基因是纯合的；④每个位点的效应相等，且不存在上位性效应。后面两个假设意味着以下 4 个假想的个体育种值相同：

个体 1：*AABBccdd*

个体 2：*AABBccdd*

个体 3：*aabbCCDD*

个体 4：*AAbbCCdd*

2. *计算 PGD 值*。在任意二倍体个体中，4 个位点（$r = 4$）上有 8 个可能的等位基因，这是任两个个体共享的基因数目最大值。个体 1 和个体 2 所有 8 个基因都相同，利用公式 19.7，$D_m = 1-(8/2r) = 1-8/8 = 0$ 表明由于两者在 4 个位点上基因型完全相同，因而其 PGD 值为 0。对于个体 1 与个体 4，有 4 个基因相同，$D_m = 1-(4/8) = 0.5$。4 个个体两两之间所有 D_m 值为

个体	2	3	4
1	0	1	0.5
2		1	0.5
3			0.5

3. *将 PGD 值应用于育种*。由于 4 个个体的育种值假定相同，因而育种值不必考虑。在家系林业中，要选择一个进行扩繁推广的全同胞家系，交配组合 1×3 与 2×3（其 $D_m = 1$）将产生基因型为 *AaBbCcDd* 的子代，在完全显性时，其效应最大。在基于一般配合力的多世代轮回选择的改良计划中，最不可能选择 1×2 的交配组合，其他交配组合亲本遗传距离较远、在子代中可在不同位点聚合有利等位基因。

4. *未来潜在的应用价值*。这是一个过于简化的例子，尚没有涉及许多其他情形，如利用 D_m 值结合其他指标以优化高世代的繁育与配置群体的交配设计，但是，作者有充分的理由相信，该方法在今后的研究中具有潜在的应用价值。

作为 PGD 计算的一个实例，Kirst 等（2005）从巴西巨桉（*E. grandis*）育种群体中选出的 192 个彼此无亲缘关系的优良单株，利用 6 个 SSR 位点共扩增出 119 个等位基因，并计算了所有可能的亲本对（192×191/2 = 18 336）的 PGD 值。发现 D_m 值为 0.33 ~ 1.0，且 97% 的亲本对的 D_m>0.6。192 个优良单株之间的平均遗传距离为 0.857，证实优良单株间彼此无亲缘关系，同时，也暗示在一个育种程序中不必过多考虑 D_m。

PGD 值与*第 8 章*介绍的 Nei 氏遗传距离不同。Nei 氏遗传距离是基于两个群体间基因频率差异。由此，Nei 氏遗传距离不能用来估算两个个体之间的差异，不管这两个个体位于同一群体还是不同群体，Nei 氏遗传距离度量的是群体水平的遗传距离。

另外，PGD 直接以亲本对之间分子基因型数据估算而得，不是来自群体统计量。因此，PGD 可以度量相同群体或不同群体中任意两个个体的遗传距离，这些数据可直接应用于上述育种方案及下节的"杂交育种"中；而且，如果需要，也可以分别统计相同群体中所有个体对的 PGD 平均值和不同群体的所有个体对的 PGD 平均值，以检测群体遗传结构，这与 Nei 氏遗传距离的方式类似[如 Tambasco-Talhari 等(2005)，在牛品种群内和品种群之间]。

繁殖群体与配置

分子标记在繁殖与配置群体中应用非常广，包括：①对已登录、已申请专利及配置的材料进行品种保护；②在一代或几个世代内度量与维持遗传多样性；③度量种子园效率及花粉污染程度；④提高遗传增益，利用基因型与环境相互作用。品种保护是遗传指纹方面的应用(在"林木改良计划的质量控制"一节中已解释)，通过对改良的无性系、家系或品种建立指纹图谱，以确保这些改良的材料能够安全、持续有效地得到保护、贸易及配置。

对上述第②和第③条，同工酶及不断增加的微卫星/SSR 标记已用于种子园内授粉方式及花粉污染的监测(Wheeler and Jech，1992；Adams *et al.*，1996；Grattapaglia *et al.*，2004；Slavov *et al.*，2005)。这些方法可用于度量随机交配群体(例如，确定种子园中所有无性系是否对种子园花粉库与种子库有相同的贡献)。专栏 19.2 给出了一个例子，在采用微卫星标记分析种子园子代基因型后，对种子园的培育措施及遗传组成进行了相应的调整(Grattapaglia *et al.*，2004)。

专栏 19.2　分子标记在桉树种子园中的应用

Grattapaglia 等(2004)利用微卫星标记从不同方面验证了桉属(*Eucalyptus*)杂种种子园的改良效率，该种子园位于巴西埃斯匹里图·桑托州的阿拉克鲁兹(Aracruz，state of Espiritu Santo，Brazil)。以下简单概括其研究结果。

1. *种子园*。采用新颖的种子园设计，在一个自交不亲和的巨桉(*E. grandis*)无性系周围配置 6 个尾叶桉(*E. urophylla*)无性系。重复该六边形配置模式建立了一个 6.5hm^2 的种子园。其配置思路为，尾叶桉(*E. urophylla*)无性系作为花粉供体，从巨桉(*E. grandis*)无性系产生的杂种[称为巨尾桉(*E. urograndis*)] F_1 种子。在种子园周围有 300m 的隔离带，以防止外源花粉污染。

2. *基因型鉴定的子代样本*。与通常的子代测定不同，不是从设置有随机、重复的子代测定林中调查各子代的表型，研究人员利用微卫星标记来鉴定商品林中 6 年生(轮伐期)子代的基因型，商品林种子来源于该种子园。测定的样本包括：①选择胸围高于群体平均一个标准差的个体，共 144 株($n=144$)；②以随机抽取的个体为对照样本，不作任何选择，共 72 株($n=72$)；③树高最小的个体，共 10 株($n=10$)。

3. *子代基因型鉴定与亲本分析*。从每个样品的叶片中提出总 DNA，从 47 个 SSR 位点中筛选出 14 个多态性位点用于本研究。对每个子代样本进行亲本分析，包括：母本分析，确定母本是否来自种子园中唯一的巨桉（*E. grandis*）无性系；父本分析，确定父本是否来自 6 个尾叶桉（*E. urophylla*）无性系中的一个无性系，如果是，则准确推断来自哪一个无性系。

4. *结果*。虽然商品林中种子全部采自种子园中巨桉（*E. grandis*）无性系，但母本分析结果表明，8.3% 的子代并不是巨桉（*E. grandis*）无性系的子代。这意味着，在种子采集过程、种子处理、苗木培育等环节中，必须加强质量控制。父本分析结果显示：

- 在 6 个传粉的尾叶桉（*E. urophylla*）无性系中，有两个无性系遗传同质（同一无性系），表明在无性系标志中存在个别差错。
- 29% 子代的花粉来自于种子园外，因此，可以看出，300m 的隔离带不能完全有效地隔离种子园外的花粉污染，因桉树为虫媒传粉。
- 剩余的子代（不是外源花粉产生的子代）中，99% 的花粉来源于其中 3 个尾叶桉（*E. urophylla*）无性系，这可能是由于这 3 个无性系的花期与巨桉（*E. grandis*）无性系一致。
- 在 3 个主要传粉尾叶桉（*E. urophylla*）无性系中，其中一个无性系对样本群体的贡献明显大于随机样本群体，而另一无性系则正好相反。
- 在样本群体中没有发现自交子代，但在对照样本中自交子代为 8.3%，而在生长最慢的子代样本中自交子代比率高达 80%。

5. *应用*。研究结果证实了包含两个树种种子园可生产杂种尾巨桉（*E. grandis*）种子，因为，事实上，在种子园生产的商品子代中，绝大多数为杂种种子。研究结果对于改善种子园管理以提高种子园效益和现实遗传增益也有指导意义。首先，6 个传粉的尾叶桉（*E. urophylla*）无性系中，有 3 个无性系繁殖适合度差，可全部伐除。其次，对于种子园管理措施，可多施肥促进开花，另外，通过养蜂以减少自交和花粉污染的概率。

最后，作者还讨论了建立双无性系种子园的可行性，巨桉（*E. grandis*）无性系与一个尾叶桉（*E. urophylla*）无性系杂交产生的子代占选择的样本群体比率较高。这更有意义，因为，这证明了分子标记在对商品林子代基因型鉴定方面有潜在的应用价值，可不必进行子代测定，大大降低遗传测定费用；同时，分子标记对于林木育种计划中的后向选择如种子园去劣疏伐也有重要实践意义。

对上述第 4 项，考察以下一个假想例子。在某一林木改良计划中，如果材积生长存在明显的基因型与环境（$G \times E$）相互作用，相应的对策就是建立一个大的育种单元，培育遗传稳定性高的基因型。虽然在 $G \times E$ 相互作用明显的情况下常应用单一繁育群体，导致遗传增益丢失，但通过在每一世代的繁育过程中应用分子标记技术，可以将一部分丢失的遗传增益重新追回来。如果在一些栽培区有些可靠的标记位点表达，而其他标记位点不表达，那么，根据在不同栽植环境表达的有利的标记等位基因，就有可能有针对性地选择相应的基因型进行配置。

最后，对上述第 4 项，考察以下情形的可行性：利用分子标记对种子园种子建立的商品林进行子代基因型鉴定,根据子代表现对种子园无性系进行评价,进而为种子园去劣疏伐提供依据(专栏 19.2)(Grattapaglia *et al.* ,2004)。研究者们利用微卫星标记进行人工林子代(替代子代测定林)基因型鉴定,以确定种子园中哪些无性系含有高比例的优良子代,这在技术上是完全可行的。对于这些无性系,可多采种。虽然该研究仅针对种子园中少数无性系,但作者认为"对于含有几十个无性系的种子园,采用具有信息量高的分子标记可很容易地鉴定种子园子代的父本、母本"。作者并没有提倡取消子代测定,但是,他们的研究表明分子标记技术在商品林子代基因型鉴定方面具有潜在的应用价值,这对于林木育种计划中的后向选择,无论是种子园去劣疏伐还是优良亲本利用,均有重要实践意义。

杂交育种

种间杂交育种具有提高遗传增益,扩大树种栽培范围等优点(参阅*第 12 章*和*第 17 章*),因而,近年来越来越受到林木育种学家的重视。至少,通过以下两种途径,分子标记可潜在应用于提高杂交育种效率:①增加回交或其他类型的多世代改良的效率,其育种目标为通过轮回杂交与选择,将某树种的单一性状通过基因渐渗的方式转移至另一树种中;②在杂种优势育种中辅助交配选择。

对于第一种情形,通常情况下,某一树种具有许多优点但在某个性状上存在明显的缺陷,而另一树种正好具有该树种特别需要的性状(例如,优良木材品质或增加抗病或抗寒性)。在这种情况下,育种目标就是将供体树种的有利等位基因通过渐渗的方式转移至受体树种中。在该多世代轮回育种计划中,采用与供体树种特定性状相关联的分子标记进行监控,以加快等位基因置换进程。同时,广泛分布于受体树种中的分子标记可用来监控其他优良特性是否保留下来,除了被替换的特定性状之外,可通过在每一代新选择的个体中检测是否含有来自受体树种的大多数种质。这可减少供体树种中不良性状(劣质基因)由于连锁而转移至受体树种的概率。

在作物中,利用分子标记促进种间渐渗杂交育种可能最普遍,通常,分子标记用来标志某一与抗病、抗虫有关的主效基因(Koebner and Summers, 2002; Barone, 2004; Francia *et al.* ,2005)。当供体树种性状为多基因性状时,上述应用就会出现很多问题。同样,分子标记应与传统的田间测定相结合,而不是取代田间测定。分子标记与传统方法相结合在渐渗杂交育种中仍然有潜在的应用价值。

分子标记在杂交育种中的第二种潜在的应用为杂交组合选择,以提高杂种子代遗传增益。这在动物杂交育种中应用较多,选择遗传距离较远的种畜作为交配亲本,以获得更高的杂种优势(Hayes and Miller, 2000; Tambasco-Talhari *et al.* ,2005)。其基本原理是基于杂种优势的显性假说(对应于超显性假说),且种畜与配偶之间存在相互作用,即特定的亲本组合具有更高的杂种特殊配合力(SCA,参阅*第 6 章*)。在两个种畜群体中,利用遗传距离(PGD,公式 19.7 的 D_m 值)较高的亲本对进行杂交能增加子代的杂合度、提高杂种优势(Tambasco-Talhari *et al.* ,2005),同时,利用遗传距离信息,结合种畜内的一般配合力(GCA,参阅*第 6 章*)尽可能提高子代的遗传品质。

为了说明交配选择的概念,利用杂交育种中的亲本对遗传距离来考察专栏 19.2 中所示的例子。假定个体 1、个体 2 来自树种 A,而个体 3 与个体 4 来自树种 B。利用个体 3

(替换个体 4)与个体 1 或个体 2 交配获得基因型完全杂合、且具杂种优势的子代。由于这是依赖于互补位点的显性效应,在一个利用杂种 GCA 的轮回育种计划中,这种优势可能无法积聚(参阅*第 17 章*)。然而,在每一个世代,遗传距离结合测定获得 GCA 值可用来确定交配组合,为生产杂种商品种子提高依据。

明智育种与理想型育种

功能基因组学(参阅*第 18 章*),结合生理、形态、疾病发生、木材品质,以及个体发育等方面的详细信息,可以大大拓展对以下方面的认知:①基因行为(加性、显性、上位性及多效性);②基因功能(控制重要性状的基因及其内在机制);③基因调控(基因之间通过时间、空间、季节,以及植物组织进行协调表达)。所有这些领域的研究进展将为育种者提供有力的帮助,使林木改良得以更好地实施。

理想型育种仅作为一个概念性方法来介绍(专栏 17.7)。育种者通过发展模型来描述优良基因型应具有的内在优良品质。其最终目标是培育一个理想的基因型,使其产量、品质、适应性、栽培措施、多用途等方面均具有优势。迄今为止,理想型育种还停留在概念模型上,但是,随着分子遗传学及其他学科的知识不断累积,将来或许有可能变成现实。

目前,越来越多的分子遗传学家正与生理学家及其他领域的科学家一起开展合作研究,以揭示控制复杂性状的内在机制。例如,对于复合性状如每公顷材积生长量(即林分蓄积量),存在许多单位性状如生理、解剖、形态和物候等共同影响材积生长。具体来说,光合速率、水分利用效率、氮吸收效率及树冠结构等均为单位性状,而每一个单位性状也可能是复杂的多基因性状。

功能基因组学(*第 18 章*)研究使科学家们对影响复合目标性状的各单位性状的相对重要性获得更清晰的认识,并为此开发出分子标记体系。例如,假定有几个位点被确认与材积生长有关,通过不同的内在机制影响材积生长,那么,可以基于这些内在机制进行选择,以培育理想型品种,尽可能提高林分蓄积量。在未来若干年之后,分子标记技术结合已获知的内在生理机制应用于植物生产有可能变为现实,当然,这需要多个领域的科学家合作研究并开展大量工作。

本章提要和结论

标记辅助选择是选择的一种类型,它应用于与目标性状相关联的遗传标记的场合。标记辅助选择在林木中有许多潜在的优点,同时也存在一些局限性。优点为:①缩短育种周期;②减少花费;③提高选择强度;④对于遗传率低的性状可提高选择效果。局限性表现在:①QTL 检测的任务量大;②QTL 与环境,QTL 与遗传背景之间存在相互作用;③在林木群体中,标记与 QTL 之间的存在连锁平衡。

在林木中,有两种方式可以开展标记辅助选择。第一种方式,在分离群体中,寻找与 QTL 连锁的匿名侧翼标记。该方法对于用于连锁分析的分离群体(家系)进行标记辅助选择是可行的,但不能应用于其他家系,因为,在林木群体中,一般缺乏较强的连锁不平衡。

第二种方式,应用关联遗传学方法寻找目标性状与候选基因中的单核苷酸多态性(QTN)之间的关联性。该方法既可应用于家系选择,也可应用于家系内选择,因为标记与性状的关联非常紧密,且在林木群体中,两者为或近似为完全连锁不平衡。基于单核苷酸多态性的关联遗传分析必将应用于林木改良计划,将标记数据与子代测定获得的表型数据结合起来分析,可增强选择育种效率。

除标记辅助选择之外,分子标记在育种计划中还有许多其他应用,如质量控制、种子园交配系统分析、品种/家系/无性系的登录与保护,以及“明智”育种。尽管目前大多数还没有付诸实践,但潜力是巨大的。随着分子标记技术的不断发展、花费降低,以及对控制生物性状的内在机制的了解增多,作者相信,分子标记将成为林木改良的大多数领域不可或缺的工具。

第20章　基因工程——目标性状、转化和植株再生

几乎完全使用选择育种方法的林木遗传改良取得了很大进展(*第11~17章*)。只是在近几年,标记辅助育种才开始发展,弥补了传统方法的不足,但其采用的基本原理和选择育种相同(*第19章*)。然而,基因工程是一种和传统育种或标记辅助育种有着本质不同的方法,仍处于发展的早期阶段。**基因工程**(genetic engineering,**GE**)是运用重组DNA和无性基因转化方法改变特定基因的结构及其性状表达(FAO, 2004),也使用一些与GE同义的其他术语,如遗传修饰和遗传操作,但这些术语与传统育种有些模糊不清。用来描述基因工程产物的术语有遗传修饰生物(GMO),或者更准确,称为重组DNA修饰生物(RDMO),但在本章,使用GE(即基因工程)树木或植物。

报道的首例基因工程植物是烟草(Horsch *et al.*, 1985),随后,完成了各种农作物的基因工程(Gasser and Fraley, 1989)。报道的第一例GE树木是杨树(Fillatti *et al.*, 1987)。这一突破性事件引起了人们对林木基因工程的巨大兴趣,随后发表了大量讨论林木基因工程潜在应用方面的论文(Sederoff and Ledig,1985; Dunstan, 1988; Charest and Michel, 1991; Tzfira *et al.*, 1998; Ahuja, 2000;Campbell *et al.*, 2003; Tang and Newton, 2003)。这些论文列举了各种树木基因工程方法及可能通过基因工程改造的目标性状。近20年,很多技术和政策上的挑战都取得了重大进展。本章前四节首先描述基因工程技术的各个方面:①"基因工程的目标性状";②"基因转移方法";③"载体设计和选择标记";④"植株再生方法"。随后介绍树木基因工程研究的4个实例:①木质素修饰;②抗除草剂;③抗病虫害;④开花控制。本章最后两节讨论"转基因表达和稳定性"及GE树木的"商业化、管理和生物安全"。

基因工程的目标性状

GE和传统育种或标记辅助育种的根本区别在于GE能引进一个编码目的植物在自然情况下没有性状的外源基因,包括那些甚至通过人工杂交也不能引入的基因。在很多植物中,包括林木,一个著名的例子是除草剂抗性(Fillatti *et al.*, 1987; Slater *et al.*, 2003)。在细菌中发现和分离了草甘膦抗性基因(*aroA*),但在植物中却没有发现(Comai *et al.*, 1985)。基因工程中常用的另一个目标基因是来自细菌苏云金芽孢杆菌(*Baccilus thuringiensis*)的*Bt*抗虫基因(Estruch *et al.*, 1997)。其他可能被引入的外源基因包括一些来自微生物和动物的耐胁迫基因,如鱼的耐冻基因。

GE也能被用于改造树木的内源基因,如那些控制商业上长期感兴趣的性状(树干生长、材性、适应性)的基因,但用GE改良这类性状存在很大困难。面临的第一个挑战是几乎所有商业上的重要性状都是多基因性状,因而是数量遗传性状。例如,树干生长和产量如果不是受数千个基因控制也可能受数百个基因控制。如果所有这些基因的作用是加性的,而且每个基因效应微小,那么对一个或少数几个基因进行GE修饰可能对数量性状的

影响非常小。然而最近研究表明,仅通过基因工程修饰一个基因,就可能对一些数量遗传性状产生很大影响(见下面的木质素修饰)。

通过 GE 修饰控制数量性状内源基因的方法有很多。最常用的方法是改变基因表达,既可以下调(即减少)也可以上调(即增加)该基因的表达。下调可以通过不同方法实现,如反义 RNA 或 RNA 干扰技术(Sharp and Zamore, 2000; Baulcombe, 2002)。**反义 RNA(anti-sense RNA)**是一种基因沉默技术,即转基因产生与内源 mRNA 互补的反义 mRNA,从而阻止 mRNA 的翻译和多肽的产生。**RNA 干扰**(RNA interference,**RNAi**)是一种新近发现的现象,是双链 RNA 分子干扰基因表达的现象。这些方法非常直接,因为其目标在于特异性地阻断内源基因的表达。目标基因的上调更难实现。最简单的方法是引入目标基因的一个新拷贝,该目标基因经工程改造受一个强和(或)诱导型启动子控制。使用该方法,内源基因的表达不受影响,因此很难期望对表型有影响。一种更有效的方法是使用定点同源重组(Kumar and Fladung, 2001)用工程基因代替内源基因,但林木中这类方法的开发还有很长的路要走。

在林木中,有一类可能最终会被开发利用的目的性状,即所谓的驯化性状(Campbell *et al.*, 2003; Busov *et al.*, 2005)。在农作物中,一个重要的例子是小麦和其他谷类作物的自动脱粒。为了确保种子传播,小麦野生祖先的圆锥花序(种子穗)一成熟就自动脱粒(释放种子)。直到鉴定出不自动脱粒的小麦品种,才能一直收获大量作物。这一简单遗传性状导致了小麦驯化。同样,可以想象,林木中也可能存在对表型具有重要影响的稀有基因。利用这些基因,最终可能设计出树干没有尖削度或具有其他理想株型的树木。使用 GE 可能比传统育种方法更容易培养这类树木品种(Campbell *et al.*, 2003)。

基因转移方法

基因转移方法可以分为两大类:非直接基因转移和直接基因转移(Charest and Michel, 1991; Slater *et al.*, 2003)。**非直接基因转移**(indirect gene transfer)需要使用一种中间生物,如根癌农杆菌(*Agrobacterium tumefaciens*)或发根农杆菌(*A. rhizogenes*),将外源 DNA 转移进寄主细胞,而**直接基因转移**(direct gene transfer)不需要中间生物的参与(图 20.1)。由于非直接 DNA 转移(农杆菌)转化效率高,已成功用于杨树(Fillatti *et al.*, 1987; Baucher *et al.*, 1996; Fladung *et al.*, 1997; Kim *et al.*, 1997; Meilan *et al.*, 2002)。在针叶树中,最初农杆菌介导的方法效率不高,因而探讨和开发了直接 DNA 转移方法;不过,近年来,农杆菌介导的基因转移效率已经得到提高,已经广泛用于针叶树(Shin *et al.*, 1994; Klimaszewska *et al.*, 1997; Levee *et al.*, 1999; Wenck *et al.*, 1999)。因此,本章重点介绍农杆菌介导的方法,而对直接 DNA 转移方法只作简单描述。

非直接基因转移

根癌农杆菌是一种土传的、革兰氏阴性细菌,能引起很多被子植物的冠瘿病。冠瘿病是根癌农杆菌将其自身的一些基因转入到寄主基因组中(水平基因转移)导致的。这种自然发生的水平基因转移方法被认为是一种潜在的人工基因转移方法,由此产生了基因工程。

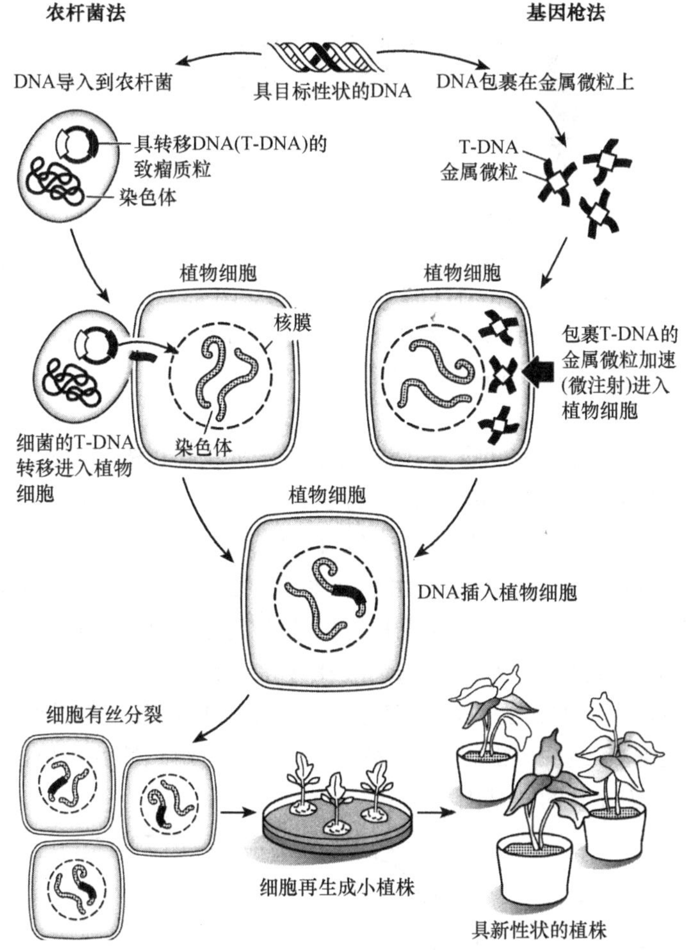

图 20.1　植物细胞转化：左侧显示的是农杆菌介导的基因转移（非直接基因转移），右侧显示的是基因枪方法（直接基因转移）。在两种方法中，转移的外源基因都插入受体细胞基因组。通过器官发生或体细胞胚胎发生，携带外源基因的细胞生长和分化成转基因植物。（经许可改编自 Gasser and Fraley，1992，p64）

根癌农杆菌包含一个 DNA 质粒，成为致瘤质粒（Ti）。该质粒的一部分，称为转移 DNA（T-DNA）区，是根癌农杆菌的 DNA 实际转移到植物基因组中的部分。T-DNA 携带一些冠瘿形成所需要的基因，包括编码生物激素合成（生长素和细胞分裂素）中的蛋白质的基因及编码其他代谢物如冠瘿碱和农杆碱的基因。Ti 质粒经基因工程改造后有利于外源 DNA 的转移，但并不诱导寄主细胞形成冠瘿（图 20.2）。在“载体设计和选择标记”一节，将详细讨论外源 DNA 如何插入 Ti 质粒及如何整合进寄主植物基因组。

外源 DNA 转移进寄主植物基因组涉及几种复杂机制，此处仅作简单介绍。第一步是确定一种适于用农杆菌接种的外植体。树木中使用的各种类型的外植体包括节间茎段或叶片（杨树）（Fillatti *et al.*，1987；Fladung *et al.*，1997；Han *et al.*，1997）和体细胞胚（针叶树）（Klimaszewska *et al.*，1997；Levee *et al.*，1997）。外植体类型的选择主要由转化外植体再生成完整植株的能力决定。

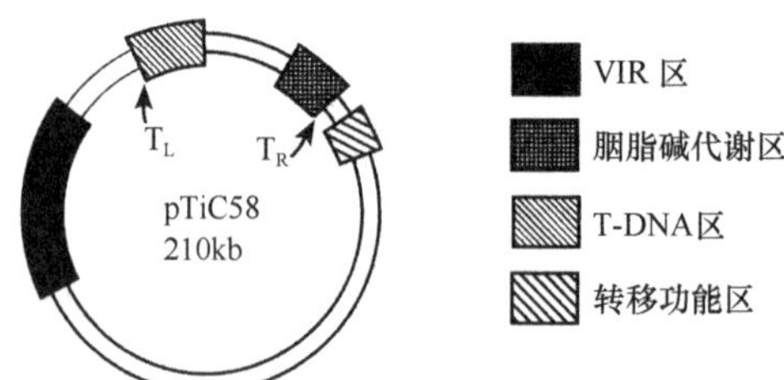

图 20.2 用于植物基因转移的 Ti 质粒。质粒来自一个经过预先筛选的农杆菌菌株，如胭脂碱合成菌株 C58。可用感兴趣的重组基因代替 T-DNA 区的内源激素合成基因（参与冠瘿瘤形成）将质粒转移。VIR 是 Ti 质粒的毒性区。（经加拿大自然资源部许可，改编自 Charest and Michel, 1991）

第二步是农杆菌和外植体共培养，使农杆菌侵染外植体（图 20.3），但在这一步之前，通常都需要鉴定用于侵染寄主植物细胞的农杆菌菌株（de Cleene and de Ley, 1976; Charest and Michel, 1991）。侵染反应都模拟自然侵染过程，经常添加一些化学诱导物刺激侵染发生。侵染以后，第三步是用抗生素杀死农杆菌，然后将侵染外植体转移到含有能够选择转化和非转化细胞的新鲜培养基中。卡那霉素，是一种抗生素，是一种常规使用的选择剂。编码卡那霉素抗性的基因是 *npt* Ⅱ，在转化过程中，与目标基因一起导入寄主。**转化**（transformation）是指将外源基因稳定导入植物细胞基因组。卡那霉素将非转化细胞杀死，仅留下转化细胞/组织（图 20.4）。最后一步是通过组织培养和植株再生实验方案，转化外植体再生成为完整的转基因植株。

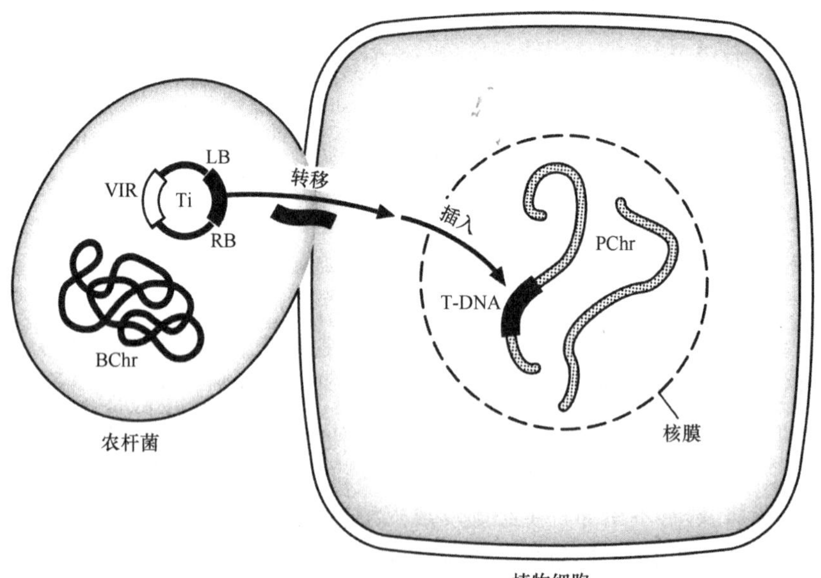

图 20.3 携带有 Ti 质粒和希望的外源基因的农杆菌对植物细胞的转化。Ti 质粒的 T-DNA[在左边界（LB）和右边界（RB）之间]从细菌中转入植物细胞中，并最终整合到植物基因组中。外源基因的整合可能发生在植物的一条或几条染色体上（PChr）。整合过程中细菌染色体（BChr）不起任何作用，但是，Ti 质粒的毒性区（VIR）基因参与 T-DNA 向植物细胞的转移。（经 Springer Science and Business Media 许可，翻印自 Walter *et al.*, 1998a）

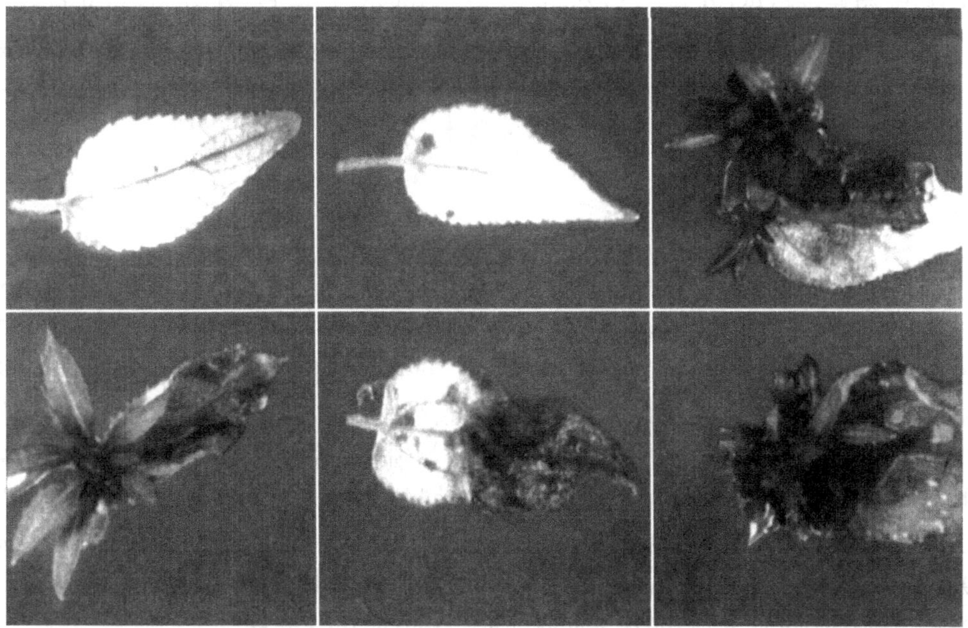

图 20.4　生长在含有卡那霉素培养基上的农杆菌介导转化后的杨树嫩叶。左上角的两个图板显示的是未转化叶片,其他图板显示的是转化叶片。只有那些携带有卡那霉素抗性基因(*NPT*)选择标记的组织能在该培养基上存活,而未转化组织被杀死。[照片由德国 Grosshansdorf 的森林遗传研究所的 R. Ahuja(已退休)提供]

直接基因转移

对多种植物,包括被子植物树种,农杆菌是一种优秀、有时又非常高效的转化系统;但一个非常重要的植物类群,即单子叶植物,包括谷类作物(玉米、小麦、大麦、水稻等),不是农杆菌的天然寄主,早期试图用农杆菌转化单子叶植物但未获成功。受这些高价值作物基因工程经济效益驱使,研究人员寻求开发其他转化系统。针叶树是另一类对农杆菌介导转化表现某种程度顽拗性的植物。因此,最初在谷类作物中开发的直接的 DNA 基因转移方法也在针叶树中进行了尝试。在后面的部分,描述了几种使用较普遍的直接 DNA 转移方法。

电穿孔

电穿孔(electroporation)已用于所有重要禾谷类粮食作物和一些针叶树的 DNA 转移。虽然可以使用细胞壁薄的幼嫩植物细胞,但电穿孔最好使用原生质体(已经通过化学方法去除细胞壁的植物细胞培养物)。在含有外源 DNA 的质粒存在时,原生质体在高电压作用下,会在原生质膜上产生孔,使质粒 DNA 能够进入细胞。随后,外源 DNA 整合到基因组中。

电穿孔已经有效用于树木,用以监控报道基因的瞬时表达。使用电穿孔曾将基因转移进杨树原生质体(Chupeau *et al.* , 1994)和从几种针叶树的胚性细胞系中分离得到的原生质体中，包括火炬松（*P. taeda*）（Gupta *et al.*, 1988）、白云杉（*P. glauca*）（Bekkaoui *et al.*, 1988）和欧日杂种落叶松（*Larix* × *eurolepis*）（Charest *et al.*, 1991）。电穿孔已经成为实现针叶树外源基因瞬时表达的常规方法，但产生稳的转化植株的效率很低，因为缺乏有效的原生质体再生技术从转化细胞产生 GE 树木。

基因枪

基因枪（biolistics）或粒子轰击是植物中使用最广泛和最有效的直接基因转移方法。虽然该技术本身比较粗略（Klein *et al.*, 1987），但能把外源 DNA 直接转移到细胞、组织和器官中。因此，粒子轰击绕过了农杆菌寄主专一性和与组织培养相关的顽拗性的限制（Birch, 1997）。最初，将要转化进寄主植物基因组的外源 DNA 包裹在钨或金微粒外面（图 20.1）。钨或金的微粒被高速传送到目标植物细胞。早期的基因枪法利用火药装置微粒"射入"目标细胞，现在则广泛使用氦气驱动装置。微粒穿过细胞时，包裹在微粒上的 DNA"脱离"，整合进寄主基因组。基因枪法已用于针叶树的瞬时（Loopstra *et al.*, 1992; Newton *et al.*, 1992; Aronen *et al.*, 1994）和稳定（Ellis *et al.*, 1993; Charest *et al.*, 1996; Klimaszewska *et al.*, 1997; Walter *et al.*, 1998b）DNA 转移。

载体设计和选择标记

除了实际上是由源自与寄主有或没有亲缘关系的不同生物的遗传序列（如启动子、编码序列、终止子序列）拼接组成的之外，**重组基因**（recombinant gene，也称为**嵌合基因**）的功能和普通基因一样（图 2.11）。在大多数情况下，重组基因的组分是从病毒和细菌中获得的，但最近，也利用植物或树木中的基因组装这些重组基因用于基因转移。通过直接或间接基因转移将重组基因导入寄主。林木中已经构建了很多从造林角度来看有用的重组基因用于基因转移。此外，来自不同生物的大量重组基因也可以作为备用基因。

就转移基因的表达和检测而言，一个重组基因的构建至少必须包括 3 个组分：①感兴趣的重组基因；②调控重组基因表达的启动子，如花椰菜花叶病毒的 35S 启动子；③选择标记基因（也称为报道基因），这有利于转基因植物中转移性状基因的分离，如卡那霉素抗性基因（图 20.5）（Fillatti *et al.*, 1987; Leple *et al.*, 1992; Levee *et al.*, 1999）。携带抗生素抗性基因的转化子能在含有卡那霉素的培养基上存活，而非转化子将被杀死。因此，在基因转移实验对转化子的初步筛选中，卡那霉素抗性基因起到了选择标记的作用。林木中，在大量研究中，构建和使用了由不同的启动子、编码序列和选择标记组成的重组基因，用以检测转基因的表达（Charest and Michel, 1991; Fladung *et al.*, 1997; Kim *et al.*, 1997; Tang and Newton, 2003）。

在根癌农杆菌侵染过程中，携带有重组基因的一小段 DNA 通过一种非自然的重组形式（称为异常重组），从细菌转移到植物细胞中，这是通过单链退火后进行连接实现的。转移的部分称为转移 DNA（T-DNA），携带有载体质粒上的重组基因。T-DNA 侧翼是 25bp 的同向重复序列，这些边界对于 T-DNA 从细菌转入植物细胞是必需的（Zupan and

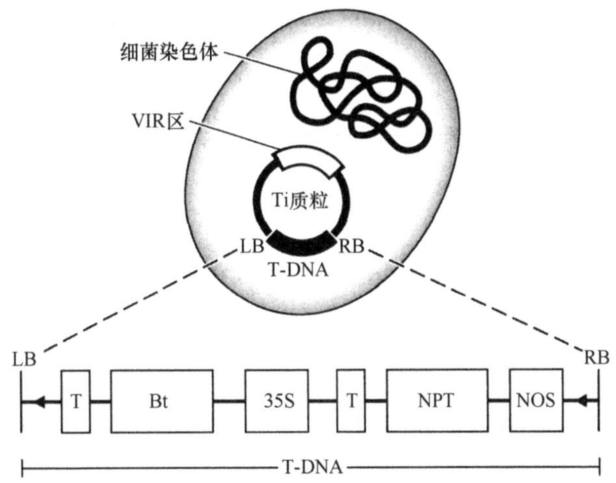

图 20.5　细菌寄主中携带有重组基因的 Ti 质粒。转移 DNA(T-DNA)含有一个卡那霉素抗性选择标记基因(*NPT*)和抗虫 *Bt* 基因。*NPT* 基因的表达受细菌启动子 *NOS* 控制，*Bt* 基因受花椰菜花叶病毒 35S 启动子控制。在构建的重组基因中启动子和目标性状基因可能含有来自细菌、病毒或植物的 DNA 序列。LB 和 RB 分别是左右边界。VIR 区是 Ti 质粒的毒性区。T 是末端区。

Zambryski, 1995; Tzfira *et al.*, 2004)。T-DNA 整合可以发生在基因组内任何一条染色体上，可能在一条染色体只插入一个 T-DNA，也可能有几个 T-DNA 拷贝同时插入同一条染色体或插入几条染色体(图 20.3)。因此，很难预测一个初始转化子基因组中 T-DNA 插入的确切位置。此外，不同转化子转移基因的拷贝数也可能不同，一条或几条染色体上可能发生一次到几次转化。转基因拷贝数和插入位点影响转移基因和同源寄主基因的表达，可能与各种形式的转基因沉默有关(Hobbs *et al.*, 1993; Finnegan and McElroy, 1994; Meyer, 1995; Stam *et al.*, 1997; Ahuja, 1997; Fladung, 1999; Fagard and Vauchert, 2000)(另见“转基因表达和稳定性”)。因此，有必要优化基因转移方法，产生只含有一个转基因或含有较少转基因拷贝并在温室和田间条件下表现出遗传稳定性的转基因植株(Ahuja, 2000)。

植株再生方法

一个有效的离体再生系统是植物 GE 所必需的，而且对要在生产上配置的 GE 植株来说，该系统不论从经济角度还是从生物学角度讲都是有效的，如无性系林业(*第 16 章*)。林木中有两种用于遗传转化细胞/组织成功再生的方法：器官发生和体细胞胚胎发生(图 20.6)。在被子植物树种中，这两种方法都被用于转基因植株的再生，但在针叶树中，通过体细胞胚胎发生进行转化和再生更有效，因为体细胞组织(芽、针叶)的离体器官发生存在某种程度的顽拗性。最近研究表明，在松树中，成熟合子胚通过器官发生再生植株是可行的(Tang and Ouyang, 1999; Tang *et al.*, 2006)，不过器官发生在针叶树中的应用仍是一个富有挑战性的问题。

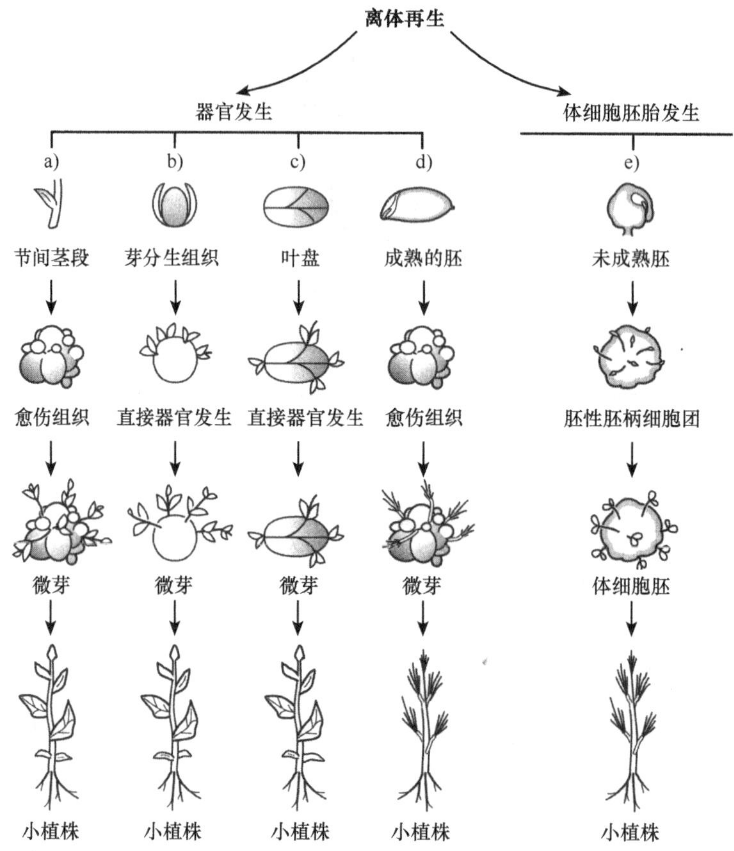

图 20.6 通过器官发生(a～d)和体细胞胚胎发生(e)的植株离体再生。器官发生可以通过不同类型的外植体培养完成,如节间茎段(a)、芽分生组织(b)、叶盘(c)或成熟的体细胞胚(d)。培养的外植体可能经历一个愈伤阶段(a 和 d)或者直接器官发生。不论哪种情况,这些培养外植体上分化形成微芽在芽诱导培养基上。微芽在一种不同的培养基上生根,分化出小植株发育需要的根。被子植物树种的器官发生一般涉及途径 a～c,而最近研究表明,途径 d 在针叶树中获得了成功。利用未成熟合子胚实现了体细胞胚胎发生(e),主要是在针叶树中。未成熟胚生成胚性胚柄细胞团(EMS),然后在 EMS 上发育体细胞胚。体细胞胚成熟并最终萌发生成小植株。器官发生和体细胞胚胎发生需要不同的培养基和生长条件。

器官发生

器官发生(organogenesis,字面意思,即器官的发育)是从芽分生组织、节间茎段外植体或愈伤培养物通过器官(芽或根)诱导产生植株(图 20.6)。器官发生至少可以通过两个途径发生:一是从愈伤组织形成不定芽,二是从芽分生组织或节间茎段外植体形成腋芽。培养外植体芽或根的诱导依赖于使用合适的培养基。林木中器官发生普遍采用的是改变 MS 培养基(Marashige and Skoog,1962)的组成成分形成的各种培养基,例如,木本植物培养基(Lloyd and McCown, 1981)。外植体在容器(试管、培养皿、三角瓶或广口瓶)中培养,保持无菌条件以避免微生物污染,在人工光照(1000～3000lx)和温度(24～26°C)条件下最利于植物生长和器官分化。芽分化所需要的生长激素是细胞分裂素[6-苄氨基嘌呤(BAP)、玉米素和激动素]。而通常引发根的激素是生长素，如 NAA（萘乙酸）、IAA（3-吲哚乙酸）、IBA（3-吲哚丁酸）和 2,4-D（2,4-二氯苯氧乙酸）。一般来讲，组织生长需要细胞分裂素和生长素，但芽或根的分化是由培养基中细胞分裂素/生长素的配比决定的。

为将组织培养技术扩展到转基因植株的大量再生，有必要开发一种相对简单且重复性高的微繁方法。已在杨属（*Populus*）、桦属（*Betula*）和桉属（*Eucalyptus*）及少数其他几种被子植物树种中开发出高效的器官发生再生方法（Bonga and Durzan, 1987; Ahuja, 1993）。通常从芽外植体或茎尖开发和保持用于 GE 的芽培养物。叶盘或节间茎段是与农杆菌进行体外共培养，将外源基因从细菌转移到植物细胞。共培养之后，组织在含有选择标记（卡那霉素或其他抗生素）的培养基上生长，以选择对抗生素具有抗性的转化子。随后，组织在无抗生素培养基上生长，以获得转化的芽，然后在另一种培养基上生根或瓶外生根，长成转基因植株（Fillatti *et al.*, 1987; Fladung *et al.*, 1997; Kim *et al.*, 1997）。

体细胞胚胎发生

体细胞胚胎发生（somatic embryogenesis）是指从体细胞组织分化形成胚，随后发育成植株。体细胞胚是从幼胚或未成熟胚的胚性感受态细胞发育而来（图 20.6）。与合子胚相同，体细胞胚具有两极性，即具有一个芽极和一个根极。器官发生的芽和根主要是相继在不同的培养基中发育的，与之不同，体细胞胚胎发生是一步式过程。这不是说在培养基上培养的未成熟胚会立即发育形成体细胞胚。也可能需要几个步骤，如启动、胚的发育和体细胞胚的成熟，每个步骤需要不同的培养基，培养基中含有不同浓度的植物激素，如 2,4-D、BAP、激动素、NAA 和 ABA（脱落酸）。

然而，体细胞胚胎发生不同于器官发生，因为体细胞胚的发育与合子胚类似，而不是相继产生不同器官。像在器官发生中一样，体细胞胚也是在无菌培养基上在黑暗或光照条件下再生。在很多针阔叶树种中都得到了体细胞胚（Becwar, 1993; Gupta and Kreitinger, 1993; Dunstan *et al.*, 1995）。在一些针叶树中报道了通过胚性细胞系与农杆菌共培养或者通过基因枪粒子轰击胚性组织实现了稳定遗传转化（Loopstra *et al.*, 1992; Charest *et al.*, 1993; Ellis *et al.*, 1993; Shin *et al.*, 1994; Klimaszewska *et al.*, 1997; Levee *et al.*, 1999; Wenck *et al.*, 1999）。

基因工程在林木中的应用

林木基因工程的最终目标是在生产上配置表达或沉默（或减少表达）一个或多个目标性状的稳定遗传的转基因树木。尽管近 20 年来 GE 研究进展相当顺利，但转基因植物中转基因的表达仍然是个问题。因为林木生长周期长，因此必须充分阐明转基因在时间和空间上的表达问题，不过，现在已有很多种树种的转基因树木正在进行田间试验。林木中 GE 的潜在应用包括：①木质素修饰；②抗除草剂；③抗病虫害；④开花控制。尽管 GE 在这 4 个方面的应用已经取得一些进展，但木质素修饰和开花控制仍然是驯化的挑战领域。在阔叶树中，除草剂和病虫害抗性 GE 取得了一定程度的进展。抗虫和抗除草剂的桉属（*Eucalyptus*）（Harcourt *et al.*, 2000）、耐除草剂的杨属（*Populus*）（Meilan *et al.*,

2002)及抗真菌病害的桦属(*Betula*)(Pasonen *et al.*, 2004)转基因树木正在进行田间试验,评价目标性状的持续、稳定表达。

木质素修饰

木质素(lignin)是复杂的酚类聚合物,为木材提供结构支撑,具有抗菌特性。木质素与各种细胞壁成分交联在一起,纤维素微纤丝嵌合其中(Campbell and Sederoff, 1996)。尽管木质素是最重要的木材成分,占全球木材生物量的25%(Leple *et al.*, 1992),但它阻碍了纸浆和造纸的有效生产。工业上从纤维素微纤丝中除去木质素花费巨大,而且产生的残余废物有毒有害。为降低制浆成本,使制浆过程环境更加温和,希望减少树木个体中木质素的含量或改变其化学特性使之容易去除。当然,实现该目标时一定不能损害 GE 树木的生长、干形和胁迫抗性。

不同树种中木质素含量不同,占木材干重的15%~36%(Higuchi,1985)。木质素是3种不同羟基肉桂醇或木质醇的氧化聚合物:香豆醇、松柏醇和芥子醇。它们的甲氧基化程度不同,产生下述3种不同的木质素聚合物单元:对羟苯基木质素(H),愈创木基木质素(G)和紫丁香基木质素(S)。裸子植物木材主要含有 G-木质素,而被子植物木材主要由 G-S 木质素组成(Higuchi, 1985; Campbell and Sederoff, 1996)。由于这些组成差异,从被子植物中提取木质素要比从裸子植物中相对容易些(Campbell and Sederoff, 1996)。在被子植物中,G 单元和 S 单元的比例差异非常大, S∶G 比例高的植物,木质素容易提取(Chiang *et al.*, 1988; Chiang and Funaoka, 1990)。

既能减少木质素含量,又能够保持木材结构完整性的策略非常可取。降低木质素含量的一种方法是使用重组基因,其目标是针对木质素生物合成途径中的酶活性。木质素形成受很多基因控制,其生物合成途径已经非常清楚(图 2.13)(Whetten *et al.*, 1998)。最近,从杨属(*Populus*)和松属(*pinus*)等树木中分离和鉴定了参与木质素生物合成的一些基因(Allona *et al.*, 1998; Hertzberg *et al.*, 2001; Baucher *et al.*, 2003)。编码参与木质素生物合成的几种酶的基因是木质素修饰的目标,主要是在杨属(*Populus*)。

通过受强启动子控制的拟南芥(*Arabidopsis*)阿魏酸5-羟基化酶基因的过表达,实现了转基因杨树木材中 S∶G 比例的增加,使木质素更容易提取(Franke *et al.*, 2000)。S 单元的数量实际上从非转基因杨属(*Populus*)中的 55mol% 增加到转基因杨属(*Populus*)中85mol%,从而有效地将大部分 G 单元转变成 S 单元(Franke *et al.*, 2000)。此外,还通过反义抑制下调了杨属(*Populus*)中参与木质素前体多步生物合成途径的几个其他基因的表达。

在转基因杨属(*Populus*)中,木质素生物合成基因,如4-香豆酸:辅酶 A 连接酶(4CL)和肉桂醇脱氢酶(CAD)的反义表达有效减少了木质素含量。在转基因美洲山杨(*P. tremuloides*)中,4CL 的下调表达不仅减少了木质素含量,而且同时增加了纤维素含量。4CL 活性降低的转基因杨属(*Populus*)在温室条件下的生长似乎表现更好,而木质素结构完整性没有任何本质改变(Hu *et al.*, 1999)。在转基因杨属(*Populus*)中,CAD 的反义表达使木质素含量有适度减少,木材呈红色,而且木质素的提取率增加(Baucher *et al.*, 1996)。反义 CAD 转基因杨树的田间试验也表明,在田间条件下木质素含量减少(Pilate *et al.*, 2002)。

此外也研究了桉属(*Eucalyptus*)的木质素修饰。通过根癌农杆菌,将从美洲山杨(*P. tremuloides*)中分离的编码肉桂酸 4-羟化酶(C4H)的基因以反义顺序导入赤桉(*E. camaldulensis*)(Chen *et al.*, 2001)。证实了 C4H 转基因的转移和整合,目前正在对转基因桉树进行温室试验,测试木质素含量是否发生了改变。

抗除草剂

除草剂是用来杀死杂草的化合物。杂草是人工林早期建立的一个主要问题,除草剂耐性可能是一个有用性状。一种策略是分离抗除草剂基因,用其对树木进行遗传转化,当毗邻的杂草被喷洒上除草剂时,使转基因树木能够存活。这在一些树种中已经实现。

Fillatti 等(1987)最早试图将除草剂(草甘膦)耐性引入树木。通过农杆菌介导法,他们将鼠伤寒沙门氏菌(*Salmonella typhymurium*)的突变基因 *aroA* 转移进杨树杂种无性系 NC-5339(*Populus alba* × *P. grandidentata*)。在未转化植株中,草甘膦抑制了 5-烯醇丙酮莽草酸-3-磷酸合酶(EPSP)活性,该酶是芳香族氨基酸生物合成的关键酶。编码 EPSP 的突变基因 *aroA* 对除草剂草甘膦不太敏感(Comai *et al.*, 1985);但是,在上例中,在细菌甘露碱合酶启动子控制下,*aroA* 转基因的表达低于期望水平(Riemenschneider *et al.*, 1988)。随后,在同一种杨树无性系中,使用花椰菜花叶病毒的组成型启动子 35S 以适当提高除草剂耐性基因 *aroA* 的表达,改善了杨属(*Populus*)对除草剂的耐性(Donahue *et al.*, 1994)。

除了 *aroA* 基因,其他几个除草剂耐性基因也已被遗传转化到林木中。包括:①来自吸水链霉菌(*Streptomyces hygroscopicus*)的 *bar* 基因(Thompson *et al.*, 1987),该基因编码谷氨酰胺转移酶(PAT),能使杂交杨[毛果杨 × 美洲黑杨(*P. trichocarpa* × *P. deltoides*)和银白杨 × 欧洲山杨(*P. alba* × *P. tremula*)](DeBlock, 1990)和赤桉(*E. camaldulensis*)(Harcourt *et al.*, 2000)中的除草剂 Basta 失活;②一个来自对除草剂氯磺隆有耐性的拟南芥(*A. thaliana*)株系(Haughn *et al.*, 1988)的突变基因 *crsl-1*,该基因已被转入到银白杨 × 欧洲山杨(Brasileiro *et al.*, 1992)中。最近,从农杆菌中分离出一个编码 EPSP 另一种形式的突变基因 *CP4*,并将其转入到杨树中,用以提高除草剂耐性。该转基因杨树在田间条件下表现出高水平的草甘膦耐性(Meilan *et al.*, 2002)。

在针叶树中,*aroA* 基因被转入美洲落叶松(*P. laricina*),检测到了可以测量的草甘膦耐性(Shin *et al.*, 1994)。此外,*bar* 基因已被转入辐射松(*P. radiata*)和欧洲云杉(*P. abies*),这两个树种的转基因植株在温室条件下表现出对除草剂 Buster 的高度耐性(Bishop-Hurley *et al.*, 2001)。

抗病虫害

各种病虫害对林木生产造成重大损失。目前对病虫害的控制依赖于传统育种方法培育抗性品种或广泛使用化学农药,其中有些农药对人体和环境有害。基因工程为林木病虫害控制提供了另一种可供选择的方法。在林木中,有两种方法已被用于抗虫基因工程。一种方法是使用来自苏云金芽孢杆菌的 *Bt* 基因,该基因编码不同的晶体 (*cry*) 毒素,这些毒素对鳞翅目(Lepidoptera)、双翅目(Diptera)和鞘翅目(Coleoptera)的昆虫有毒。基于寄主特异性和同源性,这些内毒素分为不同的 *cry* 类型,如 *crylAa*、*crylAb* 和 *crylAc*(Estruch *et al.*, 1997)。

Bt 毒素损害昆虫的消化机制。*Bt* 毒素基因已经转入到很多树种中，包括杨属（*Populus*）（McCown et al.，1991；Wang *et al.*，1996）、桉属（*Eucalyptus*）（Harcourt *et al.*，2000）、落叶松属（*Larix*）（Shin *et al.*，1994）、云杉属（*Picea*）（Ellis *et al*，1993）、辐射松（*P. radiata*）（Grace *et al.*，2005）和火炬松（*P. taeda*）（Tang and Tian，2003）。在这些树种中，就昆虫的死亡率而言，观察到了不同程度的 *Bt* 转基因表达。杨树和一些针叶树的田间试验正在进行，以进一步评价这种对昆虫损害的生物防治形式（Wang *et al.*，1996；Grace *et al.*，2005）。

另一种方法是将马铃薯和番茄等茄科植物的一个伤诱蛋白酶抑制剂 II 基因（*pin2*）转移到林木中。*pin2* 基因因遭受创伤而被诱导，能抑制草食动物消化系统胰蛋白酶和胰凝乳蛋白酶的蛋白水解活性（Klopfenstein *et al.*，1991）。测定了转 *pin2* 基因杨属（*Populus*）对一种重要的杨树食叶害虫柳蓝叶甲的抗虫性（Klopfenstein *et al.*，1997）。与对照相比，喂食转基因杨属（*Populus*）叶片的幼虫体重轻，发育周期延长。其他两个来自植物的基因，一个编码水稻巯基蛋白酶抑制剂基因（*oci*），一个编码巯基蛋白酶抑制剂基因（*cys*），也增强了杨属（*Populus*）对叶甲的抗性（Leple *et al.*，1995；Delledonne *et al.*，2001）。

林木抗病 GE 研究非常少，但最近，垂枝桦（*Betula pendula*）、欧洲山杨（*P. tremula*）和欧洲山杨×美洲山杨（*P. tremula* × *P. tremuloides*）杂种对真菌病害抗性的基因工程取得了一些进展。携带甜菜几丁质酶 IV 转基因的白桦田间试验表明，转基因白桦对两种病原真菌：叶斑病菌（*Pyrenopeziza betulicola*）和桦长栅锈菌（*Melampsoridium betulinum*）的抗性提高（Pasonen *et al.*，2004）。几丁质酶是响应真菌侵染产生的，是一种降解入侵真菌细胞壁的酶。

在另一项研究中，检测了携带欧洲赤松（*P. sylvestris*）银松素合酶编码基因（*STS*）的转基因欧洲山杨（*P. tremula*）中的 2-二苯乙烯化合物（银松素和白藜芦醇）对 16 种病原真菌的抗真菌活性（Seppänen *et al.*，2004）。在转基因杨属（*Populus*）H4 株系中，*STS* 基因的表达增强了其对病原真菌窄盖木层孔菌（*Phellinus tremulae*）的抗性。但是，其他转基因杨属（*Populus*）株系的结果表明，异源 *STS* 基因的抗真菌能力可能受到限制（Seppänen *et al.*，2004），或者需要一个更强的启动子。

开花控制

有两种方法已经用于林木开花基因工程：①提早开花以加快育种进程和加快育种周期周转；②生殖不育以实现对生产上种植的 GE 树木转基因的生物抑制。林木世代周期长，达到生殖成熟的时间从一年到几十年。由于生命周期长，通过传统育种策略进行的遗传改良可能是一个缓慢而冗长的过程。因此，在林木中，希望鉴定出能够促进早期开花的基因，以加速育种进程。有大量基因参与开花过程，目前已发现一些开花决定基因（Meilan and Strauss，1997）。这些开花基因大部分在同源程度不同的高等植物中是保守的。在杨属（*Populus*）中，通过拟南芥（*Arabidopsis*）突变开花决定基因 LEAFY（*LFY*）的基因工程，诱导了花的提早发育（Weigel and Nilsson，1995）。其后对 *LFY* 基因的研究表明，早期开花取决于基因型，*LFY* 基因及其在杨属（*Populus*）中的同源基因 *PTLF* 的过表达并不经常引起早期开花（Rottmann *et al.*，2000）。

雄性不育能消除生产上配置的 GE 树木转基因花粉的扩散。林木中产生生殖不育的基因工程策略包括(Strauss *et al.*, 1995):①生殖组织的脱落(阻止);②不育和开花必须基因抑制。因为杨属(*Populus*)容易离体再生,容易转化,而且是雌雄异株(即雄花和雌花生长在不同的植株上),所以这两种策略都已经用杨属(*Populus*)作为模式系统进行了研究。在杨树中已经鉴定和克隆了大量推定的开花决定基因,这些基因与一年生显花植物的开花决定基因是直系同源基因(Campbell *et al.*, 2003)。在正常情况下,杨属(*Populus*)5 ~7 年生才开花。几种环境因子,包括光照、日照长度和温度,影响开花。因此,转基因植株在温室条件下获得的结果并不总与田间条件下进行的长期试验结果相同。

针叶树的世代周期更长,达到性成熟的时间可能要延长到十几年,甚至几十年。因此,在针叶树或长寿的阔叶树中,需要进行多年的测试来评估以不育为目标的转基因的命运。在林木中,实现生殖不育存在很多障碍。

在杨属(*Populus*)中,使用一个烟草绒毡层特异性启动子 TA29,驱动细菌细胞毒素芽孢杆菌 RNA 酶基因的表达,使生殖组织脱落,从而有效诱导了雄性不育;但是,该基因和其他阻止开花的转基因一样,对田间条件下林木的生长都有负面影响,而在温室条件下则没有(Meilan *et al.*, 2001; Busov *et al.*, 2005)。在通过反义表达花分生组织决定基因,从而抑制育性必需基因的表达方面也取得了一些成功。一个反义 *PTLF*(杨树 *LFY*)转基因诱导杨属(*Populus*)雄株产生了突变的成花表型,并大大降低了其能育性,但对杨树雄株无效(Rottmann *et al.*, 2000)。许多(>30)不育转基因,由内源或外源启动子驱动,作用机制各不相同,正被用于产生杨属(*Populus*)生殖不育(Busov *et al.*, 2005)。

转基因表达和稳定性

在几个林木树种中,包括阔叶树和针叶树,一些经济重要的性状已经进行了基因工程操作。树木在很多方面不同于一年生植物,尤其是,树木生命周期长,常需要很多年才能达到生殖年龄,所以,转基因在个体间的稳定表达、在任何一个个体内随时间的稳定表达及随世代的稳定表达,是林木 GE 的理想目标。转基因稳定性可能受如下因素影响:①基因转移方法;②构建的基因重组类型;③转基因树木生长的时间和环境范围。在另一个水平上,稳定性可能受到重组基因性质和驱动它们在寄主树木中表达的启动子的影响。最后,稳定性还受转基因必须保持活性的时间长度的影响。

很明显,农杆菌介导的基因转移系统比用基因枪进行的直接基因转移方法产生的转基因的整合模式简单。在转基因杨树中,农杆菌介导的基因转移整合的外源基因拷贝数为一个到几个(Nilsson *et al.*, 1996; Fladung *et al.*, 1997)。而针叶树[白云杉(*P. glauca*)、辐射松(*P. radiata*)、黑云杉(*P. mariana*)和美洲落叶松(*L. lariciana*)]的基因枪转移则表现出复杂的外源基因整合模式,整合的转基因拷贝数从一个到一百多个(Ellis *et al.*, 1993; Charest *et al.*, 1996; Walter *et al.*, 1998b)。

然而,依据转化参数,直接基因转移方法和非直接基因转移方法都会产生有些相似的复杂整合模式(Meyer, 1995; Birch, 1997)。事实上,由于转基因整合模式(一个或几个位点)或拷贝数的不同,即使使用同一种方法,同一树种的不同转化植株间的转基因表达都可能存在非常大的差异。多转基因整合可能引起内源基因失活和基因表达改变。因此,重要的是优化基因转移技术,优先产生简单整合模式,最好是转基因的单一拷贝。

转基因植物中用于驱动基因表达的启动子的类型不同,转基因表达可能也不同。例如,使用最广泛的启动子,是花椰菜花叶病毒(CaMV)35S 启动子,在大部分林木中能很好地发挥作用,能使报道基因高水平表达。最近的研究表明,在重组基因侧翼加上核基质结合区(MAR),可以提高转基因植物中转基因表达的稳定性(Han *et al.* , 1997; Allen *et al*, 2000)。MAR 是真核生物基因组中富含 AT 的区域,能与核基质特异性结合。

转基因表达的第三个方面与转基因在时间和空间上的功能运用有关。例如,除草剂耐性转基因可能在一年生作物的大部分生命周期内保持活性,因此,当喷洒除草剂时,与杂草相比,转基因植物存在竞争优势。另外,除草剂耐性转基因可能只需要在树木生长的最初几年表达,因为此时需要除草剂杀死竞争杂草。经过最初的生长阶段之后,由于不使用除草剂,转基因可以不表达。在树木生命周期接下来的 10 ~ 50 年内除草剂耐性转基因会发生什么尚不清楚。木质素修饰和病虫害抗性转基因,则需要在树木整个生命周期内表达,其功能和表达的稳定对树木存活至关重要。生殖不育 GE 则需要开花决定转基因在性成熟时有活性。在性成熟前的很多年里,生殖不育转基因是否失活/沉默也清楚。

商业化、管理和生物安全

虽然世界上开展了大量转基因林木(既有被子植物也有针叶树)田间试验,但几乎没有用 GE 林木营造的生产性人工林。唯一的例外是中国,GE 杨树已经商业化。另外,一年生 GE 作物已在很多国家商业化种植了近 10 年。自从第一例 GE 作物 1994 年在美国释放以来(具有成熟延迟特性的"Flavrsavr"番茄),全球 GE 作物的面积增长了 47 倍甚至更多,从 1996 年的 170 万 hm^2 增加到 2004 年的 8100 万 hm^2(图 20.7)。截止到 2004 年,全球被批准的 GE 食物和纤维作物的情况是(表 20.1):①在 21 个国家种植的 GE 作物面积接近 8100 万 hm^2,其中美国超过一半(4760 万 hm^2);②GE 作物包括玉米、大豆、棉花、油菜、水稻、西葫芦和番木瓜;③GE 作物的目标性状包括除草剂抗性、昆虫抗性和病毒抗性;④GE 作物每年创造的全球市场价值达到 47 亿美元(James, 2004)。

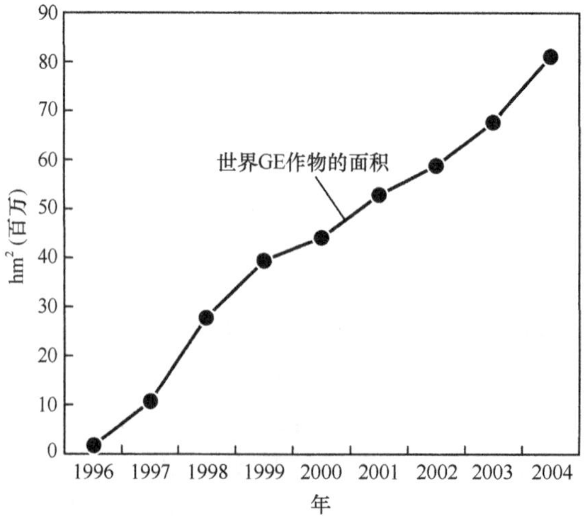

图 20.7 1996 ~ 2004 年全球转基因作物面积(百万公顷)。[经国际农业生物技术应用服务组织(ISAA)许可,翻印自 James,2004]

表 20.1　2004 年全球基因工程作物面积(数据来自 James, 2004)。

排序	国家	面积/10^2 万 hm^2	GE 作物
1	美国	47.6	大豆、玉米、棉花
2	阿根廷	16.2	油菜、西葫芦、番木瓜
3	加拿大	5.4	大豆、玉米、棉花
4	巴西	5.0	油菜、玉米、大豆
5	中国	3.4	大豆
6	巴拉圭	1.2	棉花
7	印度	0.5	大豆
8	南非	0.5	玉米、大豆、棉花
9	乌拉圭	0.3	大豆、玉米
10	澳大利亚	0.2	棉花
11	罗马尼亚	0.1	大豆
12	墨西哥	0.1	棉花、大豆
13	西班牙	0.1	玉米
14	菲律宾	0.1	玉米
15	哥伦比亚	<0.1	棉花
16	洪都拉斯	<0.1	玉米
17	德国	<0.1	玉米
总计		81.0	

近些年,不可能发生大范围的 GE 林木商业化,因为林木 GE 研究还没发展到作物那种程度,而且还存在大量悬而未决的生物安全问题和管理障碍。任何 GE 树木或作物的商业释放都由负责人类和环境生物安全的政府机构管理。在美国,管理转基因树木和作物的法定机构是美国农业部动植物卫生检验局,授权保护农业环境免受病虫害(根据性状,美国食品和药品管理局和美国环保局也可参与)。评估 GE 作物的管理标准包括过程和结果。过程覆盖重组基因构建、重组基因如何转入寄主植物,以及重组基因是否稳定整合和遗传或者是否影响其他寄主基因等各个方面。结果代表转基因植物的表型,表现出期望性状。

尽管已有许多 GE 作物进行了商业释放(表 20.1 和图 20.7),而且 GE 林木有一个潜在的巨大的世界市场,但其测试和配置仍存在障碍,包括大量必须阐明的生物安全和管理问题。这些问题主要基于转基因的内源行为(其构建、时间和空间上的稳定性及与寄主基因组其他基因的相互作用)及其对人工林和森林生态系统的潜在外源影响。

林木生命周期长,因此,转基因树木的监管不能简单照搬一年生作物的规定,但有人认为,转基因林木释放的指导原则需要借鉴农作物的经验教训进行评估(Strauss, 2003; Bradford *et al.*, 2005)。基因转移方法已经得到改进,目前的趋势是使用来自同一树种或者有亲缘关系的树种的转基因(像木质素修饰和开花控制中那样),而不是来自细菌或病毒的基因。如果来自有亲缘关系树种的同源基因以与供体树种中相似的方式修饰寄主的代谢,那么对基因转移潜在负面影响的关注就会减少(Strauss, 2003)。一旦发现一个相对安全的转基因，那么就像常规育种和突变项目一样，管理重点就应该是表型而不是基因本身(Bradford *et al.*，2005)。最近，美国国家研究委员会(NRC，2002)一项关于生物抑制的报道支持GE作物中的“结果而非过程”原则，进一步建议很多转基因性状并不需要限制(NRC，2004)，但是，该建议并未纳入目前的政府管理实践。

GE树木商业化的一个重要问题是，转基因人工林的基因流可能对天然林群体产生负面影响。如果携带转基因的基因组发生逃逸，并在野生群体中建立，那么可以想象，这将会取代天然基因型导致适应不良。花粉和种子都能从林分向外传播很多，产生巨大的基因流，尤其是在临近的群体之间(*第7章*)(Williams，2005)。有两个基本方法可用于处理这一问题：①生物安全方法；②生态学方法(Williams，2005)。生物安全方法依赖在转基因树木商业释放前需要有效的生物安全试验方案，如完全不育(见开花控制)。在生态方法中，假设转基因的逃逸不可避免，则变成风险最小化的问题；也就是说，通过限制GE树木子代的入侵(即能育性和生存力)和(或)只使用低风险的转基因生物(例如，当引入的性状与通过传统育种产生的性状功能上相当时)(DiFazio *et al.*，2004；Williams and Davis，2005)。

归根结底，如果实现商业化，GE树木的益处必须超过其风险；但是，在世界上很多地方，在当前的管理形势下，很难评估林木中应用GE的效益或风险，这是因为管理要求及相关费用严格限制了转基因研究的规模和长期性(如树木在达到生殖年龄之前必须砍伐掉，而生殖年龄通常就是采伐年龄)(Williams，2005)。很明显，关于在树木改良项目中应用GE技术的风险和收益都还存在很多未知数；在将来，在这些未知因素得到充分了解之前，可能需要进行管理改革。

本章提要和结论

应用传统的选择育种方法进行的树木遗传改良取得了很大进展，但是，近20年，一种通过基因工程(GE)对基因进行无性转移的新方法为树木基因组的遗传修饰增加了一种新的选择。GE与传统或标记辅助育种有着本质区别，因为GE能引入编码目标植物中通常没有的性状的外源基因。

外源基因可通过非直接和直接基因转移方法引入。非直接DNA转移需要使用一种中间生物，如农杆菌，将外源DNA转入寄主细胞，而直接DNA转移(如通过基因枪)则不涉及中间生物。非直接和直接方法都已成功用于将外源基因转移进林木中。

为了将外源基因转移进林木基因组，需要使用重组DNA技术获得重组基因、将重组基因转移进寄主基因组的载体和生产转基因植株所需要的有效离体再生方法。已经获得了许多树种的转基因林木，既有被子植物也有针叶树种。

GE在林木中的潜在应用包括：①木质素修饰；②除草剂耐性；③病虫害抗性；④开花控制。在这4个方面的应用都获得了一些进展。为了将来在林业中应用，具有理想目标性状的转基因树木正在进行田间试验，但是，林木GE的最终目标是在生产上配置目标性状表达增强或降低的稳定的转基因植物。尽管近20年，GE发展相当顺利，但在转基因林木中仍存在转基因表达的问题。

因为林木生命周期长，营养生长阶段持续一年到几十年，所以必须充分阐明转基因的时空表达。事实上，由于转基因整合模式（一个或几个位点）或拷贝数不同，即使使用同一种方法，同一树种的不同转化植株间的转基因表达都可能存在非常大的差异。多转基因整合可能引起内源基因失活和基因表达改变。因此，在转基因树木中，优化基因转移技术，优先产生简单整合模式非常重要。

作物在生产上释放前，由政府机构管理其对人类和环境的生物安全。林木在商业化前也要经受这样的监管，但是，在转基因树木释放进入市场之前，还有许多问题必须阐明，包括从转基因树到天然林木群体的基因流、转基因种子的传播和转基因树木的入侵。

参考文献

Aagaard, J.E., Krutovskii, K.V. and Strauss, S.H. (1998) RAPDs and allozymes exhibit similar levels of diversity and differentiation among populations and races of Douglas-fir. *Heredity* 81, 69-78.

Adams, M.D., Kelley, J.M., Gocayne, J.D., Dudnick, M., Polymeropoulod, M.H., Xiao, H., Merril, C.R., Wu, A., Olde, B.,Moreno, R., Kerlavage, A.R., McCombie, W.R. and Venter, J.C. (1991) Complementary DNA sequencing: expressed sequence tags and human genome project. *Science* 252, 1651-1656.

Adams, W.T. (1981) Population genetics and gene conservation in Pacific Northwest conifers. In: Scudder, G.G. and Reveal, J.L. (eds.) *Evolution Today, Proceedings of the 2nd International Contress of Systematic and Evolutionary Biology*. Hunt Institute for Botanical Documentation, Carnegie, Mellow University, Pittsburgh, PA, pp. 401-415.

Adams, W.T. (1983) Application of isozymes in tree breeding. In: Tanksley, S.D. and Orton, T.J. (eds.) *Isozymes in Plant Genetics and Breeding. Part A.* Elsevier Science Publishers, Amsterdam, The Netherlands, pp. 381-400.

Adams, W.T. (1992) Gene dispersal within forest tree populations. *New Forests* 6, 217-240.

Adams, W.T. and Birkes, D.S. (1989) Mating patterns in seed orchards. In: *Proceedings of the 20thSouthern Forest Tree Improvement Conference*, Charleston, SC, pp. 75-86.

Adams, W.T. and Burczyk J. (2000) Magnitude and implications of gene flow in gene conservation reserves. In: Young, A., Boshier, D. and T.Boyle (eds.) *Forest Conservation Genetics: Principles and Practice.* Commonwealth Scientific and Industrial Research Organization (CSIRO) Publishing, Collingwood, Victoria, Australia, pp. 215-244.

Adams, W.T. and Campbell, R.K. (1981) Genetic adaptation and seed source specificity. In: Hobbs, S.D. and Helgerson, O.T. (eds.) *Reforestation of Skeletal Soils.* Forest Research Laboratory, Oregon State University, Corvallis, OR, pp. 78-85.

Adams, W. and Joly, R. (1980) Linkage relationships among twelve allozyme loci in loblolly pine. *Journal of Heredity* 1, 199-202.

Adams, W.T., Roberds, J.H. and Zobel B.J. (1973) Intergenotypic interactions among families of loblolly pine (*Pinus taeda* L.). *Theoretical and Applied Genetics* 43, 319-322.

Adams, W. T., Neale, D.B. and Loopstra, C.A. (1988) Verifying controlled crosses in conifer tree-improvement programs. *Silvae Genetica* 37, 147-152.

Adams, W.T., Strauss, S.H., Copes, D.L. and Griffin, A.R. (1992a) *Population Genetics of Forest Trees.* Kluwer Academic Publishers, Dordrecht, The Netherlands.

Adams, W.T., Campbell, R.K. and Kitzmiller J.H. (1992b) Genetic considerations in reforestation. In: Hobbs, S.D., Tesch, S.D., Owston, P.W., Stewart, R.E., Tappenier, J.C. and Wells, G. (eds.) *Reforestation Practices in Southwestern Oregon and Northern California.* Forest Research Laboratory, Oregon State Univiversity, Corvallis, OR, pp. 284-308.

Adams, W.T., Birkes, D.S and Erickson, V.J. (1992c) Using genetic markers to measure gene flow and pollen dispersal in forest tree seed orchards. In: Wyatt, R. (ed.) *Ecology and Evolution of Plant Reproduction.* Chapman and Hall, New York, NY, pp. 37-61.

Adams, W.T., White, T.L., Hodge, G.R. and Powell, G.L. (1994) Genetic parameter estimates for bole volume in longleaf pine: large sample estimates and influence of test characteristics. *Silvae Genetica* 43, 357-366.

Adams, W.T., Hipkins, V.D., Burczyk, J. and Randall, W.K. (1996) Pollen contamination trends in a maturing Douglas-fir seed orchard. *Canadian Journal of Forest Research* 27, 131-134.

Adams, W. T., Zuo, J., Shimizu, J.Y. and Tappeiner, J.C. (1998) Impact of alternative regeneration methods on genetic diversity in coastal Douglas-fir. *Forest Science* 44, 390-396.

Ager, A.A., Heilman, P.E. and Stettler, R.F. (1993) Genetic variation in red alder (*Alnus rubra*) in relation to native climate and geography. *Canadian Journal of Forest Research* 23, 1930-1939.

Ahuja, M.R. (ed.) (1993) *Micropropagation of Woody Plants.* Kluwer Academic Publishers, Dordrecht, The Netherlands.

Ahuja, M.R. (1997) Transgenes and genetic instability. In: Klopfenstein, N.B., Chun, W.Y.W., Kim, M.-S. and Ahuja, M.R. (eds.) *Micropropagation and Genetic Engineering and Molecular Biology of Populus*. USDA Forest Service General Technical Report RM-GTR-297, pp. 90-100.

Ahuja, M.R. (2000) Genetic engineering in forest trees: State of the art and future perspectives. In: Jain, S.M. and Minocha, S.C. (eds.) *Molecular Biology of Woody Plants, Forestry Sciences, Volume 64*. Kluwer Academic Publishers, Dordrecht, The Netherlands, pp. 31-49.

Ahuja, M.R. and Libby, W.G. (1993) *Clonal Forestry II. Conservation and Application*. Springer-Verlag, New York, NY.

Ahuja, M.R., Devey, M.E., Groover, A.T., Jermstad, K.D. and Neale, D.B. (1994) Mapped DNA probes from loblolly pine can be used for restriction fragment length polymorphism mapping in other conifers. *Theoretical and Applied Genetics* 88, 279-282.

Aitken, S.N. and Adams, W.T. (1996) Genetics of fall and winter cold hardiness of coastal Douglas-fir in Oregon. *Canadian Journal of Forest Resarch* 26, 1828-1837.

Aldrich, P. R. and Hamrick, J.L. (1998) Reproductive dominance of pasture trees in a fragmented tropical forest mosaic. *Science* 281, 103-105.

Allard, R.W. (1960) *Principles of Plant Breeding*. John Wiley & Sons, New York, NY.

Allard, R.W. and Adams, J. (1969) The role of intergenotypic interactions in plant breeding. *Proceedings of the XII International Congress of Genetics* 3, 349-370.

Allen, G.C., Spiker, S. and Thompson, W.F. (2000) Use of matrix attachment regions (MARs) to minimize transgene silencing. *Plant Molecular Biology* 43, 361-376.

Ali, I.F., Neale, D. and Marshall, K.A. (1991) Chloroplast DNA restriction fragment length polymorphism in *Sequoia sempervirens* D. Don Endl., *Pseudotsuga menziesii* (Mirb.) Franco, *Calocedrus decurrens* (Torr.), and *Pinus taeda* L. *Theoretical and Applied Genetics* 81, 83-89.

Allina, S.M., Pri-Hadash, A., Theilmann, D.A., Ellis, B.E. and Douglas, C.J. (1998) 4-coumarate: coenzyme A ligase in hybrid poplar: properties of native enzymes, cDNA cloning, and analysis of recombinant enzymes. *Plant Physiology* 116, 743-754.

Allona, I., Quinn, M., Shoop, E., Swope, K., St. Cyr, S., Carlis, J., Riedl, J., Retzel, E., Campbell, M., Sederoff, R. and Whetten, R. (1998) Analysis of xylem formation in pine by cDNA sequencing. *Proceedings of the National Academy of Science of the United States of America* 95, 9693-9698.

Almqvist, C. and Ekberg, I. (2001) Interstock and GA 4/7 effects on flowering after topgrafting in *Pinus sylvestris*. *Forest Science* 8, 279-284.

Alosi, M.C, Neale, D. and Kinlaw, C. (1990) Expression of cab genes in Douglas-fir is not strongly regulated by light. *Plant Physiology* 93, 829-832.

Alstad, D.N. (2000) *Simulations of Population Biology*. Department of Ecology, Evolution and Behavior, University of Minnesota, St. Paul, MN. (http://www.cbs.umn.edu/populus/index.html).

American Society for Testing and Materials. (2000) Standard test methods for specific gravity of wood and wood-base materials. In: *Annual Book of American Standards* Volume 4.10, ASTM International, West Conshohocken, PA, pp. 348-354.

Ampie, E. and Ravensbeck, L. (1994) Strategy of tree improvement and forest gene resources conservation in Nicaragua. In: *Forest Genetic Resources No. 22*. FAO (The Food and Agricultural Organization of the United Nations), pp. 29-32.

Anderson, E. (1949) *Introgressive hybridization*. John Wiley & Sons, Inc., New York, NY.

Anderson, R.L. and Powers. H.R., Jr. (1985) The resistance screening center - screening for disease as a service for tree improvement programs. In: Barrows-Broaddus, J. and Powers, H.R., Jr. (eds.) *Proceedings of Rusts of Hard Pines International Union of Forest Research Organizations (IUFRO), Working Party Conference*. Georgia Center for Continuing Education, University of Georgia. Athens, GA, pp. 59-63.

Anderson, V.L. and McLean R.A. (1974) *Design of Experiments: A Realistic Approach*. Marcel Dekker, Inc., New York, NY.

Andersson, E., Jansson, R. and Lindgren, D. (1974) Some Results from second generation crossings involving inbreeding in Norway spruce (*Picea abies*). *Silvae Genetica* 23, 34-43.

Araujo, J.A., Sousa, R., Lemos, L. and Borralho, N.M.G. (1996) Breeding values for growth in *Eucalyptus globulus* combining clonal and full-sib progeny information. *Silvae Genetica* 45, 223-226.

Araujo, J.A., Lemos, L., Ramos, A., Ferreira, J.G. and G. Borralho, N.M.G. (1997) The RAIZ *Euca-*

lyptus globulus breeding program: A BLUP rolling-front strategy with a mixed clonal and seedling deployment scheme. In: *Proceedings of the International Union of Forest Research Organizations (IUFRO), Conference on sobre Silvicultura e Melhoramento de Eucaliptos*. El Salvador, Brazil, pp. 371-376.

Arbuthnot, A. (2000) Clonal testing of Eucalyptus at Mondi Kraft, Richards Bay. In: *Proceedings of the International Union of Forest Research Organizations Working Party, Forest Genetics for the Next Millinnium*, Anonymous. Durban, South Africa, pp. 61-64.

Arnold, R.J. (1990) Control pollination radiata pine seed - a comparison of seedling and cutting options for large-scale deployment. *New Zealand Journal of Forestry* 35, 12-17.

Aronen, T., Haggman, H. and Hohtola, A. (1994) Transient B-glucuronidase expression in Scots pine tissues derived from mature trees. *Canadian Journal of Forest Research* 24, 2006-2011.

Askew, G.R. and Burrows, P.M. (1983) Minimum coancestry selection I. A *Pinus taeda* population and its simulation. *Silvae Genetica* 32, 125-131.

Atwood, R.A. (2000) Genetic Parameters and Gains for Growth and Wood Properties in Florida Source Loblolly Pine in the Southeastern United States. School of Forest Resources and Conservation, Institute of Food and Agricultural Sciences, University of Florida, Gainesville, FL.

Aubry, C.A., Adams, W.T and Fahey, T.D. (1998) Determination of relative economic weights for multitrait selection in coastal Douglas-fir. *Canadian Journal of Forest Research* 28, 1164-1170.

Avery, O.T., MacLeod, C.M. and McCarthy, M. (1944) Studies on the chemical nature of the substance inducing transformation of pneumococcal types. *Journal of Experimental Medicine* 98, 451-460.

Axelrod, D. (1986) Cenozoic History of Some Western American Pines. *Annals of the Missouri Botanical Garden* 73, 565-641.

Baez, M.N. and White, T.L. (1997) Breeding strategy for the first-generation of *Pinus taeda* in the northeast region of Argentina. In: *Proceedings of the 24th Southern Forest Tree Improvement Conference*. Orlando, FL, pp. 110-117.

Bahrman, N. and Damerval, C. (1989) Linkage relationships of loci controlling protein amounts in maritime pine (*Pinus pinaster* Ait.). *Heredity* 63, 267-274.

Bailey, N.T.J. (1961) *Introduction to the Mathematical Theory of Genetic Linkage*. Oxford University Press, London, UK.

Bailey, R.G. (1989) Explanatory supplement to ecoregions map of the continents. *Environmental Conservation* 16, 307-309.

Baker, L.H. and R.N. Curnow, R.N. (1969) Choice of population size and use of variation between replicate populations in plant breeding selection programs. *Crop Science* 9, 555-560.

Baker, R.J. (1986) *Selection Indices in Plant Breeding*. CRC Press, Boca Raton, FL.

Ball, S.T., Mulla, D.J. and Konzak, C.F. (1993) Spatial heterogeneity affects variety trial interpretation. *Crop Science* 33, 931-935.

Balocchi, C.E. (1990) Age trends of genetic parameters and selection efficiency for loblolly pine (*Pinus taeda* L.). Ph.D. Dissertation, North Carolina State University, Raleigh, NC.

Balocchi, C.E. (1996) Gain optimisation through vegetative multiplication of tropical and subtropical pines. In: Dieters, M.J., Matheson, A.C., Nikles, D.G., Harwood, C.E. and Walker, S.M. (eds.) *Proceedings of the QueenslandForest Research Institute-International Union of Forest Research Organizations (QFRI-IUFRO), Conference on Tree Improvement for Sustainable Tropical Forestry*. Caloundra, Queensland, Australia, pp. 304-306.

Balocchi, C.E. (1997) Radiata pine as an exotic species. In: *Proceedings of the 24th Southern Forest Tree Improvement Conference*. Orlando, FL, pp. 11-17.

Balocchi, C.E., Bridgwater, F.E., Zobel, B.J. and Jahromi, S. (1993) Age trends in genetic parameters for tree height in a nonselected population of loblolly pine. *Forest Science* 39, 231-251.

Balocchi, C.E., Bridgwater, F.E. and Bryant, R. (1994) Selection efficiency in a nonselected population of loblolly pine. *Forest Science* 40, 452-473.

Bannister, M.H. (1965) Variation in the breeding systems of *Pinus radiata*. In: Baker, H.G. and Stebbins, G.L. (eds.) *The Genetics of Colonizing Species*. Academic Press, New York, NY, pp. 353-372.

Baradat, P. (1976) Use of juvenile-mature relationships and information from relatives in combined multitrait selection. In: *Proceedings of the International Union of Forest Research Organizations (IUFRO), Joint Meeting on Advanced Generation Breeding*. Bordeaux, France, pp. 121-138.

Barber, H.N. (1965) Selection in natural populations. *Heredity* 20, 551-572.

Barbour, R.C., Potts, B.M., Vaillancourt, R.E., Tibbits, W.N. and Wiltshire, R.E. (2002) Gene flow between introduced and native *Eucalyptus* species. *New Forests* 23, 177-191.

Barnes, B.V., Bingham, R.T. and Squillace, A.E. (1962) Selective fertilization in *Pinus monticola* Dougl. II. Results of additional tests. *Silvae Genetica* 11, 103-111.

Barnes, R.D. (1986) Multiple population tree breeding in Zimbabwe. In: *Proceedings of the International Union of Forest Research Organizations (IUFRO), Conference on Breeding Theory, Progeny Testing and Seed Orchards*. Williamsburg, VA, pp. 285-297.

Barnes, R.D. 1995. The breeding seedling orchard in the multiple population breeding strategy. *Silvae Genetica* 44, 81-88.

Barnes, R.D. and Mullin, L.J. (1989) The multiple population breeding strategy in Zimbabwe: five year results. In: Gibson, G.I., Griffin, A.R. and Matheson, A.C. (eds.) *Breeding Tropical Trees: Population Structure and Genetic Improvement Strategies in Clonal and Seedling Forestry*. Oxford Forestry Institute, Oxford UK, pp. 148-158.

Barnes, R.D., Burley, J., Gibson, G.L. and Garcia de Leon, J.P. (1984) Genotype-environment interactions in tropical pines and their effects on the structure of breeding populations. *Silvae Genetica* 33, 186-198.

Barnes, R.D., Matheson, A.C., Mullin, L.J. and Birks, J. (1987) Dominance in a metric trait of *Pinus patula* Shiede and Deppe. *Forest Science* 33, 809-815.

Barnes, R.D., Mullin, L.J. and Battle, G. (1992) Genetic control of fifth year traits in *Pinus patula* Schiede and Deppe. *Silvae Genetica* 41, 242-248.

Barnes, R.D., White, T.L., Nyoka, B.I., John, S. and Pswarayi, I.Z. (1995) The composite breeding seedling orchard. In: Potts, B.M. Borralho, N.M.G. Reid, J.B., Cromer, R.N., Tibbits, W.N. and Raymond, C.A. (eds.) *Proceeding of the International Union of Forest Research Organizations (IUFRO), Conference on Eucalypt Plantations: Improving Fibre Yield and Quality*. Hobart, Australia, pp. 285-288.

Barnes, R.L. and Bengtson, G.W. (1968) Effects of fertilization, irrigation, and cover cropping on flowering and on nitrogen and soluble sugar composition of slash pine. *Forest Science* 14, 172-180.

Barone, A. (2004) Molecular marker-assisted selection for potato breeding. *American Journal of Potato Research* 81, 111-117.

Barreneche, T., Casasoli, M., Russell, K., Akkak, A., Meddour, H., Plomion, C., Villani, F. and Kremer, A. (2003) Comparative mapping between *Quercus* and *Castanea* using simple sequence repeats (SSRs). *Theoretical and Applied Genetics* 108, 558-566.

Barton, N.H. and Turelli, M. (1989) Evolutionary quantitative genetics: How little do we know? *Annual Review of Genetics* 23, 337-370.

Baucher, M., Chabbert, B., Pilate, G., Van Doorsselaere, J., Toller, M.T., Petit-Conil, M., Cornu, D., Monties, B., Van Montagu, M., Inze, D., Jouanin, L. and Boerjan, W. (1996) Red xylem and higher lignin extractability by down-regulating a cinnamyl alcohol dehydrogenase in poplar (*Populus tremula* x *P. alba*). *Plant Physiology* 112, 1479-1490.

Baucher, M., Halpin, C., Petit-Conil, M. and Boerjan, W. (2003) Lignin: genetic engineering and impact on pulping. *Critical Reviews in Biochemistry and Molecular Biology* 38, 305-350.

Baulcombe, D. (2002) RNA silencing. *Current Biology* 12, R82-R84.

Bawa, K.S. (1974) Breeding systems of tree species of a lowland tropical community. *Evolution* 28, 85-92.

Bawa, K.S. and Opler, P.A. (1975) Dioecism in tropical forest trees. *Evolution* 29, 167-179.

Bawa, K.S., Perry, D.R. and Beach, J.H. (1985) Reproductive biology of tropical lowland rain forest trees. I. Sexual systems and incompatibility mechanisms. *American Journal of Botany* 72, 331-345.

Beadle, G.W. and Tatum, E.L. (1941) Genetic control of biochemical reactions in Neurospora. *Proceedings of the National Academy of Sciences of the United States of America* 27, 499-506.

Beavis, W.D. (1995) The power and deceit of QTL experiments: lessons from comparative QTL studies. In: *Proceedings 49th Annual Corn and Sorghum Industry Research Conference*. Washington, DC.

Becker, W.A. (1975) *Manual of Quantitative Genetics*. Washington State University Press, Pullman, WA.

Becwar, M.R. (1993) Conifer somatic embryogenesis and clonal forestry. In: Ahuja, M.R. and Libby,

W.J. (eds.) *Clonal Forestry. I. Genetics and Biotechnology*. Springer Verlag, Berlin, Germany, pp. 200-223.

Bekkaoui, F. Pilon, M., Laine, E., Raju, D.S.S., Crosby, W.L. and Dunstan, D.I. (1988) Transient gene expression in electroporated *Picea glauca* protoplasts. *Plant Cell Reports*. 7, 481-484.

Bell, G.D. and Fletcher, A.M. (1978) Computer organised orchard layouts (COOL) based on the permutated neighbourhood design concept. *Silvae Genetica* 27, 223-225.

Benet, H., Guries, R., Boury, S. and Smalley, E. (1995) Identification of RAPD markers linked to a black leaf spot resistance gene in Chinese elm. *Theoretical and Applied Genetics* 90, 1068-1073.

Bennetzen, J. and Freeling, M. (1993) Grasses as a single genetic system: genome composition, collinearity and compatibility. *Trends in Genetics* 9, 259-261.

Bentzer, B.G. (1993) Strategies for clonal forestry with Norway spruce. In: Ahuja, M.R. and Libby, W.J. (eds.) *Clonal Forestry II: Conservation and Application*. Springer-Verlag. New York, NY, pp. 120-138.

Bentzer, B.G., Foster, G.S., Hellberg, A.R. and Podzorski, A.C. (1989) Trends in genetic and environmental parameters, genetic correlations, and response to indirect selection for 10-year volume in a Norway spruce clonal experiment. *Canadian Journal of Forest Research* 19, 897-903.

Berg, E.E. and Hamrick, J.L. (1995) Fine-scale genetic structure of a turkey oak forest. *Evolution* 49, 110-120.

Bergmann, F. (1978) The allelic distribution at an acid phosphatase locus in Norway spruce (*Picea abies*). *Theoretical and Applied Genetics* 52, 57-64.

Bergmann, F. and Ruetz. W.F. (1991) Isozyme genetic variation and heterozygosity in random tree samples and selected orchard clones from the same Norway spruce populations. *Forest Ecology and Management* 46, 39-47.

Bernardo, R. (2001) What if we know all the genes for a quantitative trait in hybrid crops? *Crop Science* 41, 1-4.

Bernatzky, R. and Mulcahy, D. (1992) Marker-aided selection in a backcross breeding program for resistance to chestnut blight in the American chestnut. *Canadian Journal of Forest Research* 22, 1031-1035.

Binelli, G. and Bucci, G. (1994) A genetic linkage map of *Picea abies* Karst. based on RAPD markers, as a tool in population genetics, *Theoretical and Applied Genetics* 8, 283-288.

Birch, R.G. (1997) Plant transformation: problems and strategies for practical application. *Annual Review of Plant Physiology and Molecular Biology* 48, 297-326.

Bishop-Hurley, S.L., Zubkiewicz, R.J., Grace, L.J., Gardner, R.C., Wagner, A. and Walter C. (2001) Conifer genetic engineering: transgenic *Pinus radiata* (D. Don.) and *Picea abies* (Karst.) plants are resistant to the herbicide Buster. *Plant Cell Reports* 20, 235-243.

Bjorkman, A. and Gullberg, U. (1996) Poplar breeding and selection strategies. In: Stettler, R.F., Bradshaw, H.D., Heilman, P.E. and Hinckley, T.M. (eds.) *Biology of Populus and its Implications for Management and Conservation*. NRC Research Press, National Research Council of Canada, Ottawa, Ontario, Canada, pp. 139-158.

Bjorkman, E. (1964) Breeding for resistance to disease in forest trees. *Unasylva* 18, 73-81.

Bobola, M., Smith, D. and Klein, A. (1992) Five major nuclear ribosomal repeats represent a large and variable fraction of the genomic DNA of *Picea rubens* and *P. mariana*. *Molecular Biology and Evolution* 9(1), 125-137.

Boldman, K.G., Kriese, L.A., van Vleck, L.D. and Kachman, S.D. (1993) *A Manual for Use of MTDFREML*. USDA Agricultural Research Service, Washington, D.C.

Bolsinger, C.L. and Jaramillo, A.E. (1990) *Taxus brevifolia* Nutt. In: Burns. R.M. and Honkala, B.H. (eds.) *Silvics of North America. Vol. I. Conifers*. USDA Forest Service Agricultural Handbook 654.

Bonga, J.M. (1982) Vegetative propagation in relation to juvenility, maturation and rejuvenation. In: Bongarten, B. and Durzan, D.J. (eds.) *Tissue Culture and Forestry*. Nijhoff, Boston, MA, pp. 387-412.

Bonga, J.M. and Durzan, D.J. (eds.). (1987) *Cell and Tissue Culture in Forestry, Volume 3*. Martinus Nijhoff Publishers, Dordrecht, The Netherlands.

Bongarten, B.C. and Dowd, J.F. (1987) Regression and spline methods for removing environmental variance in progeny tests. In: *Proceedings of the 19th Southern Forest Tree Improvement Con-*

ference. College Station, TX, pp. 312-319.

Bonnet-Masimbert, M. and Webber, J.E. (1995) From flower induction to seed production in forest tree seed orchards. *Tree Physiology* 15, 419-426.

Booth, T.H. (1990) Mapping regions climatically suitable for particular tree species at the global scale. *Forest Ecology and Management* 36, 47-60.

Booth, T.H. and Pryor, L.D. (1991) Climatic requirements of some commercially important eucalypt species. *Forest Ecology and Management* 43, 47-60.

Bornman, C.H. and Botha, A.M. (2000) Somatic seed: balancing expectations against achievements. In: *Proceedings of the International Union of Forest Research Organizations (IUFRO) Working Party, Forest Genetics for the Next Millinnium*. Durban, South Africa, pp. 76-79.

Borralho, N.M.G. (1992) Gains expected from clonal forestry under various selection and propagation strategies. In: *Proceedings of the Meeting on Mass Production Technology for Genetically-Improved Fast-Growing Forest Tree Species*. Bordeaux, France, pp. 327-338.

Borralho, N.M.G. (1995) The impact of Individual tree mixed models (BLUP) in tree breeding strategies. In: Potts, B.M., Borralho, N.M.G., Reid, J.B., Cromer, R.N., Tibbits, W.N. and Raymond, C.A. (eds.) *Proceedings of the International Union of Forest Research Organizations (IUFRO), Symposium on Eucalypt Plantations: Improving Fibre Yield and Quality*. Hobart, Australia, pp. 141-145.

Borralho, N.M.G. and Dutkowski, G.W. (1996) A 'rolling front' strategy for breeding trees. In: Dieters, M.J., Matheson, A.C., Nikles, D.G., Harwood, C.E. and Walker, S.M. (eds.) *Proceedings of the Queensland Forest Research Institute-International Union of Forest Research Organizations (QFRI-IUFRO), Conference on Tree Improvement for Sustainable Tropical Forestry*. Caloundra, Queensland, Australia, pp. 317-322.

Borralho, N.M.G. and Dutkowski, G.W. (1998) Comparison of rolling front and discrete generation breeding strategies for trees. *Canadian Journal of Forest Research* 28, 987-993.

Borralho, N.M.G., Almeida, I.M. and Cotterill, P.P. (1992a) Genetic control of growth of young *Eucalyptus globulus* clones in Portugal. *Silvae Genetica* 41, 100-105.

Borralho, N.M.G., Cotterill, P.P. and Kanowski, P.P. (1992b) Genetic parameters and gains expected from selection for dry weight in *Eucalytus globulus* ssp. *globulus* in Portugal. *Forest Science* 38, 80-94.

Borralho, N.M.G., Cotterill, P.P. and Kanowski, P.J. (1993) Breeding objectives for pulp production of *Eucalyptus globulus* under different industrial cost structures. *Canadian Journal of Forest Research* 23, 648-656.

Borzan, Z. and Papes, D. (1978) Karyotype analysis in *Pinus*: A contribution to the standardization of the karyotype analysis and review of some applied techniques. *Silvae Genetica* 27, 144-150.

Bos, I. and Caligari, P. (1995) *Selection Methods in Plant Breeding*. Chapman & Hall, New York, NY.

Boshier, D.H., Chase, M.R. and Bawa, K.S. (1995a) Population genetics of *Cordia alliodora* (Boraginaceae), a neotropical tree. 2. Mating system. *American Journal of Botany* 82, 476-483.

Boshier, D.H., Chase, M.R. and Bawa, K.S. (1995b) Population genetics of *Cordia alliodora* (Boraginaceae), a neotropical tree. 3. Gene flow, neighborhood, and population substructure. *American Journal of Botany* 82, 484-490.

Botstein, D., White, R.L., Skolnick, M. and Davis, R.W. (1980) Construction of a genetic linkage map in man using restriction fragment length polymorphisms. *American Journal of Human Genetics* 32, 314-331.

Bourdon, R.M. (1997) *Understanding Animal Breeding*. Prentice-Hall, Upper Saddle River, NJ.

Bowcock, A.M., Ruiz-Linares, A., Tomfohrde, J., Minch, E., Kidd, J.R and Cavalli-Sforza , L.L. (1994). High resolution of human evolutionary trees with polymorphic microsatellites. *Nature* 368, 455-457.

Bower, R.C., Ross, S.D. and Eastham, A.M. (1986) Management of a western hemlock containerized seed orchard. In: *Proceedings of the International Union of Forest Research Organizations (IUFRO), Conference on Breeding Theory, Progeny Testing and Seed Orchards*. Williamsburg, VA, pp. 604-612.

Boyer, W.D. (1958) Longleaf pine seed dispersal in south Alabama. *Journal of Forestry* 56, 265-268.

Boyle, T., Liengsiri, C. and Piewluang, C. (1990) Genetic structure of black spruce on two contrasting sites. *Heredity* 65, 393-399.

Boyle, T.J.B., Cossalter, C. and Griffin, A.R. (1997) Genetic resources for plantation forestry. In: Nambiar, E.K.S. and Brown, A.G. (eds.). *Management of Soil, Nutrients and Water in Tropical Plantation Forests*. Australian Center for International Agricultural Research, Canberra, Australia, pp. 25-63.

Bradford, K.J., Deynze, A.V., Gutterson, N., Parrott, W. and Strauss, S.H. (2005) Regulating transgenic crops sensibly: lessons from plant breeding, biotechnology and genomics. *Nature Biotechnology* 23, 439-444.

Bradshaw Jr., H. and Foster, G.S. (1992) Marker aided selection and propagation systems in trees: advantages of cloning for studying quantitative inheritance. *Canadian Journal of Forest Research* 22, 1044-1049.

Bradshaw, H.D., Jr. and Stettler, R. (1995) Molecular genetics of growth and development of *Populus*. IV. Mapping QTLs with large effects on growth, form, and phenology traits in a forest tree. *Genetics* 139, 963-973.

Bradshaw, H.D., Jr., Villar, M., Watson, B.D., Otto, K.G., Stewart, S. and Stettler, R.F. (1994) Molecular genetics of growth and development in *Populus*. III. A genetic linkage map of a hybrid poplar composed of RFLP, STS, and RAPD markers. *Theoretical and Applied Genetics* 89, 167-178.

Bramlett, D.L. (1997) Genetic gain from mass controlled pollination and topworking. *Journal of Forestry* 95, 15-19.

Bramlett, D.L. and Bridgwater, F.E. (1987) Effect of a clonal row orchard design on the seed yields of loblolly pine. In: *Proceedings of the 19th Southern Forest Tree Improvement Conference*. College Station, TX, pp. 253-260.

Bramlett, D.L. and Burris, L.C. (1995) Topworking young scions into reproductively-mature loblolly pine. In: Weir, R.J. and Hatcher, A.V. (eds.). *Proceedings of the 23rd Southern Forest Tree Improvement Conference*. North Carolina State University. Asheville, NC, pp. 234-241.

Bramlett, D.L. and Godbee, J.F., Jr. (1982) Inventory-monitoring system for southern pine seed orchards. *Georgia Forestry Research Paper 28*. Georgia Forestry Commission, Macon, GA

Brandao, L.G. (1984) The new eucalypt forest. In: *Proceedings of the Marcus Wallenberg Symposium*. Marcus Wallenberg Foundation, Falun, Sweden, pp. 3-15.

Brasileiro, A.C.M., Tourner, C., Leple, J.C., Combes, V. and Jouanin, L. (1992) Expression of the mutant *Arabidopsis thaliana* acetolacetate synthase gene confers chlorosulfuron resistance to transgenic poplar plants. *Transgenic Research* 1, 133-141.

Brewbaker, J.L. and Sun, W.G. (1996) Improvement of nitrogen-fixing trees for enhanced site quality. In: Dieters, M.J., Matheson, A.C., Nikles, D.G., Harwood, C.E. and Walker, S.M. (eds.) *Proceedings of the Queensland Forest Research Institute-International Union of Forest Research Organizations (QFRI-IUFRO), Conference on Tree Improvement for Sustainable Tropical Forestry*. Caloundra, Queensland, Australia, pp. 437-442.

Bridgwater, F.E. (1992) Mating designs. In: Fins, L., Friedman, S.T. and Brotschol, J.V. (eds.) *Handbook of Quantitative Forest Genetics*. Kluwer Academic Publishers, Boston, MA, pp. 69-95.

Bridgwater, F.E. and Bramlett, D.L. (1982) Supplemental mass pollination to increase seed yields in loblolly pine seed orchards. *Southern Journal of Applied Forestry* 6, 100-104.

Bridgwater, F.E. and Squillace, A.E. (1986) Selection indexes for forest trees. In: *Advanced Generation Breeding of Forest Trees,* Southern Cooperative Series Bulletin 309. Louisiana Agricultural Experiment Station, Baton Rouge, LA, pp. 17-20.

Bridgwater, F.E. and Stonecypher, R.W. (1979) Index selection for volume and straightness in a loblolly pine population. In: *Proceedings of the 15th Southern Forest Tree Improvement Conference*. Mississippi State, MS, pp. 132-139.

Bridgwater, F.E., Talbert, J.T. and Jahromi, S. (1983a) Index selection for increased dry weight production in a young loblolly pine population. *Silvae Genetica* 32, 157-161.

Bridgwater, F.E., Talbert, J.T. and Rockwood, D.L. (1983b) Field design for genetic tests of forest trees. In: *Progeny Testing of Forest Trees: Southern Cooperative Series Bulletin 275*. Texas A & M University, College Station, TX, pp. 28-39.

Bridgwater, F.E., Williams, C.G. and Campbell, R.G. (1985) Patterns of leader elongation in loblolly pine families. *Forest Science* 31, 933-944.

Bridgwater, F.E., Bramlett, D.L. and Matthews, F.R. (1987) Supplement mass pollination is feasible on an operational scale. In: *Proceedings of the 19th Southern Forest Tree Improvement Conference*. College Station, TX, pp. 216-222.

Bridgwater, F.E., Barnes, R.D. and White, T.L. (1997) Loblolly and slash pines as exotics. In: *Proceedings of the 24th Southern Forest Tree Improvement Conference*. Orlando, FL, pp. 18-32.

Briggs, D. and Walters, S. (1997) *Plant Variation and Evolution*. Cambridge University Press, Cambridge, UK.

Briggs, F.N. and Knowles, P. (1967) *Introduction to Plant Breeding*. Reinhold Publishing Corporation, New York, NY.

Britten, R.J. and Kohne, D.E. (1968) Repeated sequences in DNA. *Science* 161, 529-540.

Brown, A.G., Nambiar, E.K.S. and Cossalter, C. (1997) Plantations for the tropics-their role, extent and nature. In: Nambiar, E.K.S. and Brown, A.G. (eds) *Management of Soil, Nutrients and Water in Tropical Plantation Forests*. ACIAR, Canberra, Australia, pp. 1-23.

Brown, A.H.D. (1989) The case for core collections. In: Brown, A.H.D., Frankel, O.H., Marshall, D.R. and Williams, J.T. (eds.) *The Use of Plant Genetic Resources*. Cambridge University Press, UK, pp. 136-156.

Brown, A.H.D. and Allard, R.W. (1970) Estimation of the mating system in open-pollinated maize populations using isozyme polymorphisms. *Genetics* 66, 133-145.

Brown, A.H.D. and Hardner, C.M. (2000) Sampling the gene pools of forest trees for *ex situ* conservation. In: Young, A., Boshier, D. and Boyle, T. (eds) *Forest Conservation Genetics: Principles and Practice*. Commonwealth Scientific and Industrial Research Organization (CSIRO) Publishing, Collingwood, Victoria, Australia, pp. 185-196.

Brown, C.L. and Goddard, R.E. (1961) Silvical considerations in the selection of plus phenotypes. *Journal of Forestry* 59, 420-426.

Brown, G. and Carlson, J.E. (1997) Molecular cytogenetics of the genes encoding 18s-5.8s-26s rRNA and 5s rRNA in two species of spruce (*Picea*). *Theoretical and Applied Genetics* 95, 1-9.

Brown, G., Amarasinghe, V., Kiss, G. and Carlson, J. (1993) Preliminary karyotype and chromosomal localization of ribosomal DNA sites in white spruce using fluorescence in situ hybridization. *Genome* 36, 310-316.

Brown, G., Kadel III, E., Bassoni, D., Kiehne, K., Temesgen, B., van Buijtenen, J., Sewell, M., Marshall, K. and Neale, D. (2001) Anchored reference loci in Loblolly pine (*Pinus taeda* L.) for integrating pine genomics. *Genetics* 159, 799-809.

Brown, G., Bassoni, D., Gill, G., Fontana, J., Wheeler, N., Megraw, R., Davis, M., Sewell, M., Tuskan, G. and Neale, D. (2003) Identification of quantitative trait loci influencing wood property traits in loblolly pine (*Pinus taeda* L.) III. QTL verification and candidate gene mapping. *Genetics* 164, 1537-1546.

Brown, G.R., Gill, G.P., Kuntz, R.J., Langley, C.H., and Neale, D.B.. (2004) Nucleotide diversity and linkage disequilibrium in loblolly pine. *Proceedings of the National Academy of Sciences of the United States of America* 101(42), 15255-15260.

Brownie, C. and Gumpertz, M.L. (1997) Validity of spatial analyses for large field trials. *American Statistical Association and International Biometric Society Journal of Agricultural, Biological, and Environmental Statistics* 2, 1-23.

Brownie, C., Bowman, D.T. and Burton, J.W. (1993) Estimating spatial variation on analysis of data from yield trials: a comparison of methods. *Agronomy Journal* 85, 1244-1253.

Bryant, E.H. and Meffert L.M. (1996) Nonadditive genetic structuring of morphometric variation in relation to a population bottleneck. *Heredity* 77, 168-176.

Buford, M.A. and Burkhart, H.E. (1987) Genetic improvement effects on growth and yield of loblolly pine plantations. *Forest Science* 33, 707-724.

Bugos, R.C., Chiang, V.L. and Campbell, W.H. (1991) cDNA cloning, sequence analysis and seasonal expression of lignin bispecific caffeic acid/5-hydroxyferulic acid O-methyltransferase of aspen. *Plant Molecular Biology* 17, 1203-1215.

Bulmer, M.G. (1985) *The Mathematical Theory of Quantitative Genetics*. Clarendon Press, Oxford, UK.

Burczyk J., Adams, W.T. and Shimizu, J.Y. (1996) Mating patterns and pollen dispersal in a natural knobcone pine (*Pinus attenuata* Lemmon.) stand. *Heredity* 77: 251-260.

Burdon, J.J. (1987) *Diseases and Plant Population Biology*. Cambridge University Press, UK.

Burdon, R.D. (1977) Genetic correlation as a concept for studying genotype-environment interaction in forest tree breeding. *Silvae Genetica* 26, 168-175.

Burdon, R. D. (1979) Generalisation of multi-trait selection indices using information from several sites. *New Zealand Journal of Forest Science* 9, 145-152.

Burdon, R.D. (1982a) Selection indices using information from multiple sources for the single-trait case. *Silvae Genetica* 31, 81-85.

Burdon, R.D. (1982b) The roles and optimal place of vegetative propagation in tree breeding strategies. In: *Proceedings of the International Union of Forest Research Organizations (IUFRO), Meeting About Breeding Strategies Including Multiclonal Varieties*. Sensenstein, West Germany, pp. 66-88.

Burdon, R.D. (1986) Clonal forestry and breeding strategies - a perspective. In: *Proceedings of the International Union of Forest Research Organizations (IUFRO), Conference on Breeding Theory, Progeny Testing and Seed Orchards*. Williamsburg, VA, pp. 645-659.

Burdon, R.D. (1989) When is cloning on an operational scale appropriate? In: Gibson, G.I., Griffin, A.R. and Matheson, A.C. (eds.) *Proceedings of the Breeding Tropical Trees: Population Structure and Genetic Improvement Strategies in Clonal and Seedling Forestry*. Oxford Forestry Institute. Oxford, UK, pp. 9-27.

Burdon, R.D. (1990) Comment on "selection system efficiencies for computer-simulated progeny test field designs in loblolly pine" – J.A.Loo-Dinkins, C.G. Tauer and C.C. Lambeth. *Theoretical and Applied Genetics* 7981, 89-96.

Burdon, R.D. (1991) Genetic correlations between environments with genetic groups missing in some environments. *Silvae Genetica* 40, 66-67.

Burdon, R.D. (2001) Genetic diversity and disease resistance: some considerations for research, breeding, and deployment. *Canadian Journal of Forest Research* 31, 596-606.

Burdon, R.D. and Bannister, M.H. (1992) Genetic survey of *Pinus radiata*. 4: Variance structures and heritabilities in juvenile clones. *New Zealand Journal of Forest Science* 22, 187-210.

Burdon, R.D. and Namkoong, G. (1983) Multiple populations and sublines. *Silvae Genetica* 32, 221-222.

Burdon, R.D. and Shelbourne, C.J.A. (1971) Breeding populations for recurrent selection: Conflicts and possible solutions. *New Zealand Journal of Forest Science* 1, 174-193.

Burdon, R.D. and Shelbourne, C.J.A. (1974) The use of vegetative propagules for obtaining genetic information. *New Zealand Journal of Forest Science* 4, 418-425.

Burdon, R.D. and van Buijtenen, J.P. (1990) Expected efficiencies of mating designs for reselection of parents. *Canadian Journal of Forest Research* 20, 1664-1671.

Burdon, R.D., Shelbourne, C.J.A. and Wilcox, M.D. (1977) Advanced selection strategies. In: *Proceedings of the 3rd World Conference on Forest Tree Breeding*. Canberra, Australia, pp. 1133-1147.

Burley, J. (1980) Choice of species and possibility of genetic improvement for smallholder and community forests. *Commonwealth Forestry Review* 59, 311-326.

Busby, C.L. (1983) Crown-quality assessment and the relative economic importance of growth and crown characters in mature loblolly pine. In: *Proceedings of the 17th Southern Forest Tree Improvement Conference*. Athens, GA, pp. 121-130

Bush, R.M. and Smouse, P.E. (1992) Evidence for the adaptive significance of allozymes in forest trees. *New Forests* 6, 179-196.

Busov, V.B., Brunner, A.M. Meilan, R., Filichken, S., Ganio, L., Gandhi, S. and Strauss, S.H. (2005) Genetic transformation: a powerful tool for dissection of adaptive traits in trees. *New Phytologist* 167, 9-18.

Butcher, P.A., Bell, J.C. and Moran, G.F. (1992) Patterns of genetic diversity and nature of the breeding system in *Melaleuca alternifolia* (Myrtaceae). *Australian Journal of Botany* 40, 365-375.

Butcher, T.B. (1988) HAPSO development in western Australia. In: Dieters, M.J. and Nikles, D.G. (eds.) *Proceedings of the 10th Australian Forest Genetics Research Group 1*. Gympie, Queensland, Australia, pp. 145-148.

Butland, S., Chow, M. and Ellis, B. (1998) A diverse family of phenylalanine ammonia-lyase genes expressed in pine trees and cell cultures. *Plant Molecular Biology* 37, 15-24.

Butterfield, R. (1996) Early species selection for tropical reforestation: A consideration of stability.

Forest Ecology and Management 81, 161-168.

Byram, T.D. and Lowe, W.J. (1985) Longleaf pine tree improvement in the Western Gulf region. In: *Proceedings of the 18th Southern Forest Tree Improvement Conference*. Long Beach, MS, pp. 78-87.

Byram, T.D. and Lowe, W.J. (1986) General and specific combining ability estimates for growth in loblolly pine. In: *Proceedings of the International Union of Forest Research Organizations (IUFRO), Conference on Breeding Theory, Progeny Testing and Seed Orchards*. Williamsburg, VA, pp 352-360.

Byram, T.D. and Lowe, W.J. (1988) Specific gravity variation in a loblolly pine seed source study in the western gulf region. *Forest Science* 34, 798-803.

Byram, T.D., Bridgwater, F.E., Gooding, G.D. and Lowe, W.J. (1997) 45th Progress Report of the Cooperative Forest Tree Improvement Program. Texas A & M University, College Station, TX.

Byrne, M. (2000) Disease threats and the conservation genetics of forest trees. In: Young A., Boshier, D. and Boyle, T. (eds.) *Forest Conservation Genetics: Principles and Practice*. Commonwealth Scientific and Industrial Research Organization (CSIRO) Publishing, Collingwood, Victoria, Australia, pp. 159-166.

Byrne, M., Moran, G.F. and Tibbits, W.N. (1993) Restriction map and maternal inheritance of chloroplast DNA in *Eucalyptus nitens*. *The Journal of Heredity* 84(3), 218-220.

Byrne, M., Moran, G.F., Murrell, J.C. and Tibbits, W.N. (1994) Detection and inheritance of RFLPs in *Eucalyptus nitens*. *Theoretical and Applied Genetics* 89(4), 397-402.

Byrne, M., Murrell, J., Allen, B. and Moran, G. (1995) An integrated genetic linkage map for eucalyptus using RFLP, RAPD and isozyme markers. *Theoretical and Applied Genetics* 91, 869-875.

Cade, S.C. and Hsin, L.Y. (1977) Girdling: Its effect on seed-cone bud production, seed yield, and seed quality in Douglas-fir. In: Weyerhaeuser Forestry Research Technical Report 042. Western Forestry Research Center, Centralia, WA, pp. 9.

Callaham, R.Z. (1964) Provenance research: Investigation of genetic diversity associated with geography. *Unasylva* 18, 40-50.

CAMCORE. (1996) CAMCORE Annual Report. Central America & Mexico Coniferous Resources Cooperative, Department of Forestry, North Carolina State University, Raleigh, NC.

CAMCORE. (1997) CAMCORE Annual Report. Central America & Mexico Coniferous Resources Cooperative, Department of Forestry, North Carolina State University, Raleigh, NC.

Cameron, N.D. (1997) *Selection Indices and Prediction of Genetic Merit in Animal Breeding*. CAB International, Wallingford, Oxon, UK.

Cameron, J.N., Cotterill, P.P. and Whiteman, P.H. (1988) Key elements of a breeding plan for temperate eucalypts in Australia. In: Dieters, M.J. and Nikles, D.G. (eds.) *Proceedings of the 10th Australian Forest Genetics Research Working Group 1*. Gympie, Queensland,Australia, pp. 69-80.

Cameron, J.N., Cotterill, P.P. and Whiteman, P.H. (1989) Key elements of a breeding plan for temperate eucalypts in Australia. In: Gibson, G.I., Griffin, A.R. and Matheson, A.C. (eds.) *Breeding Tropical Trees: Population Structure and Genetic Improvements Strategies in Clonal and Seedling Forestry*. Oxford Forestry Institute, Oxford, UK, pp. 159-168.

Campbell, M.M. and Sederoff, R.R. (1996) Variation in lignin content and composition: mechanisms of control and implications for the genetic improvement of plants. *Plant Physiology* 110:3-13.

Campbell, M.M., Brunner, A.M., Jones, H.M. and Strauss, S.H. (2003) Forestry's fertile crescent: the application of biotechnology to forest trees. *Plant Biotechnology Journal* 1, 141-154.

Campbell, R.K. (1965) Phenotypic variation and repeatability of stem sinuosity in Douglas-fir. *Northwest Science* 39, 47-59.

Campbell, R.K. (1979) Genecology of Douglas-fir in a watershed in Oregon Cascades. *Ecology* 60, 1036-1050.

Campbell, R.K. (1986) Mapped genetic variation of Douglas-fir to guide seed transfer in southwest Oregon. *Silvae Genetica* 35, 85-96.

Campbell, R.K. (1991) Soils, seed-zone maps and physiography: Guidelines for seed transfer of Douglas-fir in southwestern Oregon. *Forest Science* 37, 973-986.

Campbell, R.K. and Sorensen, F.C. (1973) Cold-acclimation in seedling Douglas-fir related to phenology and provenance. *Ecology* 54, 1148-1151.

Campbell, R.K. and Sorensen, F.C. (1978) Effect of test environment on expression of clines and on delimitation of seed zones in Douglas-fir. *Theoretical and Applied Genetics* 51, 233-246.

Campbell, R.K. and Sugano, A.I. (1979) Genecology of bud-burst phenology in Douglas-fir: Response to flushing temperature and chilling. *Botanical Gazette* 140, 223-231.

Campinhos, E. and Ikemori, Y.K. (1989) Selection and management of the basic population *E. grandis* and *E. Urophylla* established at Aracruz for the long term breeding programme. In: Gibson, G.I., Griffin, A.R. and Matheson, A.C. (eds.) *Breeding Tropical Trees: Population Structure and Genetic Improvement Strategies in Clonal and Seedling Forestry*. Oxford Forestry Institute Oxford UK, pp. 169-175.

Cannell, G.R. (1978) Improving per hectare forest productivity. In: University of Florida School of Forest Resources and Conservation (ed.) *Proceedings of the 5th North American Forest Biology Workshop*. March 13-15. Gainesville, FL, pp. 120-148.

Cannon, P.G. and Low, C.B. (1994) A computer-aided test layout for open-pollinated breeding populations of insect-pollinated trees species. *Silvae Genetica* 43, 265-267.

Cannon, P.G. and Shelbourne, C.J.A. (1991) The New Zealand eucalypt breeding programme. In: Shonau, A.P.G. (ed.) *International Union of Forest Research Organizations (IUFRO), Symposium on Intensive Forestry: The Role of Eucalypts*. Durban, South Africa, pp. 198-207.

Cannon, P.G. and Shelbourne, C.J.A. (1993) Forward selection plots in breeding programmes with insect-pollinated tree species. *New Zealand Journal of Forest Science* 23, 3-9.

Canovas, F., McLarney, B. and Silverthorne, J. (1993) Light-independent synthesis of LHC IIb polypeptides and assembly of the major pigmented complexes during the initial stages of *Pinus palustris* seedling development. *Photosynthesis Research* 38, 89-97.

Cardon, L. and Bell, J. (2001) Association study designs for complex diseases. *Nature Review Genetics* 2, 91-99.

Carlisle, A. and Teich, A.H. (1978) Analysing benefits and costs of tree-breeding programmes. *Unasylva* 30, 34-37.

Carlson, J.E., Tulsieram, L.K., Glaubitz, J.C., Luk, V.W.K., Kauffeldt, C. and Rutledge, R. (1991) Segregation of random amplified DNA markers in F1 progeny of conifers. *Theoretical and Applied Genetics* 83, 194-200.

Carney, S.E., Wolf, D.E. and Rieseberg, L.H. (2000) Hybridisation and forest conservation. In: Young A., Boshier, D. and Boyle, T. (eds.) *Forest Conservation Genetics: Principles and Practice*. Commonwealth Scientific and Industrial Research Organization (CSIRO) Publishing. Collingwood, Victoria, Australia, pp. 167-182.

Carson, M. J. (1986) Advantages of clonal forestry for Pinus radiata - real or imagined? *New Zealand Journal of Forest Science* 16, 403-415.

Carson, M. J., R. D. Burdon, S. D. Carson, A. Firth, C. J. A. Shelbourne, and T. G. Vincent. 1990. Realizing genetic gains in production forests. *In*: *Proceedings of the International Union of Forest Research Organizations (IUFRO) Conference on Douglas-fir, lodgepole pine, Sitka spruce and Abies spp.* Olympia, WA.

Carson, M.J., Burdon, R.D., Carson, S.D., Firth, A., Shelbourne, C.J.A. and Vincent, T.G. (1991) Realising genetic gains in production forests. *Proceedings of the 11th Regional Working Group 1 (Forest Genetics) Meeting*. Coonawarra, South Africa, pp. 170-173.

Carson, S.D. (1991) Genotype x environment interaction and optimal number of progeny test sites for improving *Pinus radiata* in New Zealand. *New Zealand Journal of Forest Science* 21, 32-49.

Carson, S.D., Garcia, O. and J.D. Hayes, J.D. (1999) Realized gain and prediction of yield with genetically improved *Pinus radiata* in New Zealand. *Forest Science* 45, 186-200.

Cato, S.A. and Richardson, T.E. (1996) Inter- and intraspecific polymorphism at chloroplast SSR loci and the inheritance of plastids in *Pinus radiata* D. Don. *Theoretical and Applied Genetics* 93, 587-592.

Cato, S.A., Gardner, R.C., Kent, J. and Richardson, T.E. (2000) A rapid PCR-based method for genetically mapping ESTs. *Theoretical and Applied Genetics* 102, 296-306.

Cervera, M.T., Gusmao, J., Steenackers, M., Peleman, J., Storme, V., Broeck, A.V., Montagu, M.V. and Boerjan, W. (1996) Identification of AFLP molecular markers for resistance against *Melampsora larici-populina* in *Populus*. *Theoretical and Applied Genetics* 93, 733-737.

Cervera, M.T., Plomion, C., Malpica, C. (2000): Molecular markers and genome mapping in woody plants. In: Jain, S.M. and Minocha, S.C. (eds.) *Molecular biology of woody plants. Forestry Sci-*

ences, Volume 64. Kluwer Academic Publishers, Dordrecht, The Netherlands, pp. 375-394.

Chagne, D., Brown, G., Lalanne, C., Madur, D., Pot, D., Neale, D. and Plomion, C. (2003) Comparative genome and QTL mapping between maritime and loblolly pines. *Molecular Breeding* 12, 185-195.

Chaisurisri, K. and El-Kassaby, Y.A. (1994) Genetic diversity in a seed production population vs natural populations of Sitka spruce. *Biodiversity and Conservation* 3, 512-523.

Chaisurisri, K., Edwards, D.G.W. and El-Kassaby, Y.A. (1992) Genetic control of seed size and germination in Sitka spruce. *Silvae Genetica* 41, 348-355.

Chaisurisri, K., Edwards, D.G.W. and El-Kassaby, Y.A. (1993) Accelerating aging in Sitka spruce seed. *Silvae Genetica* 42, 303-308.

Chaisurisri, K., Mitton, J.B. and El-Kassaby, Y.A. (1994) Variation in the mating system of Sitka spruce (*Picea sitchensis*): evidence for partial assortative mating. *American Journal of Botany* 81, 1410-1415.

Changtragoon, S. and Finkeldey, R. (1995) Patterns of genetic variation and characterization of the mating system of *Pinus merkusii* in Thailand. *Forest Genetics* 2, 87-97.

Charest, P.J. and Michel, M.F. (1991) Basics of plant genetic engineering and its potential applications to tree species. Canadian Forestry Service, Petawawa National Forestry Institute, Information Report PI-X-104, pp. 1-48.

Charest, P.J., Devantier, V., Ward, C. Jones, C., Schaffer, U. and Klimaszewska, K.K. (1991) Transient expression of foreign chimeric genes in the gymnosperm hybrid larch following electroporation. *Canadian Journal of Botany* 69, 1731-1736.

Charest, P.J., Caléro, N., Lachance, D., Datla, R.S.S., Duchêsne, L.C. and Tsang, E.W.T. (1993) Microprojectile-DNA delivery in conifer species: factors affecting assessment of transient gene expression using β-glucuronidase reporter gene. *Plant Cell Reports* 12, 189-193.

Charest, P.J., Devantier, Y. and Lachance, D. (1996) Stable genetic transformation of *Picea mariana* (black spruce) via microprojectile bombardment. *In Vitro Cellular and Developmental Biology* 32, 91-99.

Charlesworth, D. and Charlesworth, B. (1987) Inbreeding depression and its evolutionary consequences. *Annual Review of Ecology and Systematics* 18, 237-268.

Charlesworth, D., Morgan, M.T. and Charlesworth, B. (1990) Inbreeding depression, genetic load, and the evolution of outcrossing rates in a multilocus system with no linkage. *Evolution* 44, 1469-1498.

Chase, M.R., Moller, C., Kessell, P. and Bawa, K.S. (1996) Distant gene flow in tropical trees. *Nature* 383, 398-399.

Cheliak, W.M. and Pitel, J.A. (1984) *Techniques for starch gel electrophoresis of enzymes from forest tree species*. Canadian Forestry Service, Petawawa National Forestry Institute, Information Report PI-X-42.

Cheliak, W.M., Morgan, K., Strobeck, C., Yeh, F.C.H. and Dancik, B.P. (1983) Estimation of mating system parameters in plant populations using the EM algorithm. *Theoretical and Applied Genetics* 65, 157-161.

Cheliak, W.M., Dancik, B.P., Morgan, K., Yeh, F.C.H. and Strobeck, C. (1985) Temporal variation of the mating system in a natural population of jack pine. *Genetics* 109, 569-584.

Cheliak, W.M., Wang, J. and Pitel, J.A. (1988) Population structure and genic diversity in tamarack, *Larix laricina* (Du Roi) K. Koch. *Canadian Journal of Forest Research* 18, 1318-1324.

Chen, Z.-Z., Chang, S.-H., Ho, C.-K., Chen, Y.-C., Chen, Tsai, J.-B. and Chiang, V.-L. (2001) Plant production of transgenic *Eucalyptus camaldulensis* carrying the *Populus tremuloides* cinnamate 4-hydroxylase gene. *Taiwan Journal of Forest Science* 16, 249-258.

Chiang, V.L. and Funaoka, M. (1990) The difference between guaicyl and guaicyl-syringyl lignins in their response to kraft dilignification. *Holzforschung* 44, 309-313.

Chiang, V.L., Puumala, R.J., Takeuchi, H. and Eckert, R.E. (1988) Composition of softwood and hardwood kraft pulping. *TAPPI* 71, 173-176.

Christophe, C. and Birot, Y. (1983) Genetic structures and expected genetic gains from multitrait selection in wild populations of Douglas-fir and Sitka spruce. II. Practical application of index selection on several populations. *Silvae Genetica* 32, 173-181.

Chupeau, M.C., Pautot, V. and Chupaeu, Y. (1994) Recovery of transgenic trees after electroporation of poplar protoplasts. *Transgenic Research* 3, 13-19.

Ciampolini, R. Moazami-Goudarzi, K.; Vaiman, D.; Dillmann, C.; Mazzanti, E.; Foulley, J.L.; Leveziel, H. and Cianci, D. (1995) Individual multilocus genotypes using microsatellite polymorphisms to permit the analysis of the genetic variability within and between Italian beef cattle breeds. *Journal of Animal Science* 75, 3259-3268.

Clark, I. (1980) The semivariogram. In: *Geostatistics*. McGraw-Hill, Inc., New York, NY, pp. 17-40.

Cochran, W.G. and Cox, G.M. (1957) *Experimental Designs*. John Wiley & Sons, New York, NY. *Proceedings of the National Academy of Sciences of the United States of America* 77, 546-549.

Cockerham, C.C. (1954) An extension of the concept of partitioning hereditary variance for analysis of covariances among relatives when epistasis is present. *Genetics* 39, 859-881.

Cockerham, C.C. and Burrows, P.M. (1980) Selection limits and stratgies. *Proceedings of the National Academy of Sciences* 77(1), 546-549.

Coggeshall, M.V. and Beineke, W.F. (1986) The use of multiple breeding populations to improve northern red oak (*Quercus rubra* L.) in India. In: *Proceedings of the International Union of Forest Research Organizations (IUFRO) Conference on Breeding Theory, Progeny Testing and Seed Orchards*. Williamsburg, VA, pp. 540-546.

Coggeshall, M.V. and Beineke, W.F. (1986) The use of multiple breeding populations to improve northern red oak (*Quercus rubra* L.) in India. In: *Proceedings of the International Union of Forest Research Organizations* (*IUFRO*) *Conference on Breeding Theory, Progeny Testing and Seed Orchards*. Williamsburg, VA, pp 540-546

Colbert, S.R., Jokela, E.J. and Neary, D.G. (1990) Effects of annual fertilization and sustained weed control on dry matter partitioning, leaf area, and growth efficiency of juvenile loblolly and slash pine. *Forest Science* 36, 995-1014.

Coles, J.F. and Fowler, D.P. (1976) Inbreeding in neighboring trees in two white spruce populations. *Silvae Genetica* 25, 29-34.

Comai, L., Faciotti, D., Hiatt, W.R., Thompson, G., Ross, R. and Stalker, D. (1985) Expression in plants of a mutant *aroA* gene from *Salmonella typhymurium* confers tolerance to glyphosate. *Nature* 317, 741-744.

Comstock, R.E. (1996) *Quantitative Genetics with Special Reference to Plant and Animal Breeding*. Iowa State University Press, Ames, IA.

Conkle, M.T. (1971) Inheritance of alcohol dehydrogenase and leucine aminopeptidase isozymes in knobcone pine. *Forest Science* 17, 190-194.

Conkle, M.T. (1973) Growth data for 29 years from the California elevational transect study of ponderosa pine. *Forest Science* 19, 31-39.

Conkle, M.T. (1979) Isozyme variation and linkage in six conifer species. In: *Proceedings of the Symposium on North American Forest Trees and Forest Insects,* pp. 11-17.

Conkle, M.T. (1971) Inheritance of alcohol dehydrogenase and Leucine aminopeptidase isozymes in knobcone pine. *Forest Science* 17, 190-194.

Conkle, M.T. (Technical Coordinator) (1981a) *Proceedings of the symposium on isozymes of North American forest trees and forest insects*. USDA Forest Service General Technical Report PSW-48.

Conkle, M. (1981b) Isozyme variation and linkage in six conifer species. In: *Proceedings of the Symposium on North American Forest Trees and Forest Insects*. USDA Forest Service General Technical Report PSW-48, pp. 11-17.

Conkle, M.T. (1992) Genetic diversity - seeing the forest through the trees. *New Forests* 6, 5-22.

Conkle, M. and Critchfield, W. (1998) Genetic variation and hybridization of ponderosa pine. In: *Proceedings of Ponderosa Pine – The Species and its Management Symposium*. Washington State University, Pullman, WA, pp. 27-43.

Conkle, M.T., Hodgskiss, P.D., Nunnaly, L.B. and Hunter, S.C. (1982) *Starch gel electrophoresis of conifer seeds: A laboratory manual*. USDA Forest Service General Technical Report PSW-64.

Copes, D.L. (1974) Genetics of graft rejection in Douglas-fir. *Canadian Journal of Forest Research* 4, 186-192.

Copes, D.L. (1981) Isoenzyme uniformity in western red cedar seedlings from Oregon and Washington. *Canadian Journal of Forest Research* 11, 451-453.

Copes, D.L. (1982) Field tests of graft compatible Douglas-fir seedling rootstocks. *Silvae Genetica* 31, 183-187.

Cooper, M. and Merrill, R.E. (2000) Heterosis: its exploitation in crop breeding. In: *Hybrid Breeding and Genetics of Forest Trees. Proceedings of the Queensland Forest Research Institute/Cooperative Research Center-Sustainable Production Forestry (QFRI/CRC-SPF) Symposium*. Noosa, Queensland, Australia, pp. 316-329.

Cornelius, J. (1994) Heritabilities and additive genetic coefficients of variation in forest trees. *Canadian Journal of Forest Research* 24, 372-379.

Cotterill, P.P. (1984) A plan for breeding radiata pine. *Silvae Genetica* 33, 84-90.

Cotterill, P.P. (1986) Genetic gains expected from alternative breeding strategies including simple low cost options. *Silvae Genetica* 35, 212-223.

Cotterill, P.P. (1989) The nucleus breeding system. In: *Proceedings of the 20th Southern Forest Tree Improvement Conference*. Charleston, SC, pp. 36-42.

Cotterill, P.P. (2001) Enterprise and leadership in genetic project breeding: nucleus and cluster strategies. In: *Proceedings of the International Union of Forest Research Organizations (IUFRO), Congress on Developing the Eucalypt of the Future*. Valdivia, Chile, pp. 12-16.

Cotterill, P.P. and Cameron, J.N. (1989) *Radiata Pine Breeding Plan*, Technical Report 89/20. APM Forests Pty. Ltd., Victoria, Australia.

Cotterill, P.P. and Dean, C.A. (1988) Changes in the genetic control of growth of radiata pine to 16 years and efficiencies of early selection. *Silvae Genetica* 37, 138-146.

Cotterill, P.P. and Dean, C.A. (1990) *Successful Tree Breeding with Index Selection*. Commonwealth Science and Industrial Organization (CSIRO) Division of Forestry, Canberra, Australia.

Cotterill, P.P. and Jackson, N. (1985) On index selection. I. Method of determining economic weight. *Silvae Genetica* 34:56-63.

Cotterill, P.P. and Jackson, N. (1989) Gains expected from clonal orchards under alternative breeding strategies. *Forest Science* 35, 183-196.

Cotterill, P.P. and James, J.W. (1984) Number of offspring and plot sizes required for progeny testing. *Silvae Genetica* 33, 203-209.

Cotterill, P.P. and Zed, P.G. (1980) Estimates of genetic parameters for growth and form traits in four *Pinus radiata* D. Don progeny tests in south Australia. *Australian Forest Research* 10, 155-167.

Cotterill, P. P., Correll, R.L. and Boardman, R. (1983) Methods of estimating the average performance of families across incomplete open-pollinated progeny tests. *Silvae Genetica* 32, 28-32.

Cotterill, P.P., Dean, C., Cameron, J. and Brindbergs, M. (1989) Nucleus breeding: a new strategy for rapid improvement under clonal forestry. In: *Proceedings of the International Union of Forest Research Organizations (IUFRO), Conference on Breeding Tropical Trees: Population Structure and Genetic Improvement Strategies in Clonal and Seedling Forestry*. Pattaya, Thailand, pp. 390-451.

Cown, D.J. (1978) Comparison of the pilodyn and torsiometer methods for the rapid assessment of wood density in living trees. *New Zealand Journal of Forest Science* 8, 384-391.

Cressie, N.A.C. (1993) *Statistics for Spatial Data*. John Wiley & Sons, Inc., New York, NY.

Critchfield, W.B. (1975) Interspecific Hybridization in *Pinus*: A Summary Review. *Symposium on Interspecific and Interprovenance Hybridization in Forest Trees*. In: Fowler, D.P. and C.W. Yeatman, (eds.) *14th Meeting of the Canadian Tree Improvement Association, Part 2*, Fredericton, New Brunswick, pp. 99-105.

Critchfield, W.B. (1984) Impact of the Pleistocene on the genetic structure of North American conifers. In: Lanner, R.M. (ed.) *Proceeding of the 8th North American Forest Biology Workshop*, Logan, UT, pp. 70-118.

Critchfield, W.B. (1985) The late Quaternary history of lodgepole and jack pine. *Canadian Journal of Forest Research* 15, 749-772.

Crow, J.F. and Kimura, M. (1970) *An Introduction to Population Genetics Theory*. Harper & Row, New York, NY.

Crumpacker, D.W. (1967) Genetic loads in maize (*Zea mays* L.) and other cross-fertilized plants and animals. *Evolutionary Biology* 1, 306-324.

Cubbage, F.W., Pye, J.M., Holmes, T.P. and Wagner, J.E. (2000) An economic evaluation of fusiform rust protection research. *Southern Journal of Applied Forestry* 24, 77-85.

Cullis, B.R. and Gleeson, A.C. (1991) Spatial analysis of field experiments - an extension to two dimensions. *Biometrics* 47, 1449-1460.

Cullis, C.A., Creissen, G.P., Gorman, S.W. and Teasdale, R.D. (1998a) The 25S, 18S, 5S ribosomal

RNA genes from *Pinus radiata* D. Don. Petawawa National Forestry Institute Report, Chalk River, Ontario, Canada.

Cullis, B.R., Gogel, B., Verbyla, A.P., and Thompson, R. (1998b) Spatial analysis of multi-environment early generation variety trials. *Biometrics* 54, 1-18.

Danbury, D.J. (1971) Seed production costs for radiata pine seed orchards. *Australian Forestry* 35, 143-151.

Danuscvicious, D. and Lindgren, D. (2002) Two-stage selection strategies in tree breeding considering gain, diversity, time and cost. *Forest Genetics* 9, 147-159.

Darwin, C. (1859) *The Origin of Species*. Washington Square Press, New York, NY.

David, A. and Keathley, D. (1996) Inheritance of mitochondrial DNA in interspecific crosses of *Picea glauca* and *Picea omorika*. *Canadian Journal of Forest Research* 26, 428-432.

Davis, L.S. (1967) Investments in loblolly pine clonal seed orchards: production costs and economic potential. *Journal of Forestry* 65, 882-887.

Dayanandan, S., Rajora, O.P. and Bawa, K.S. (1998) Isolation and characterization of microsatellites in trembling aspen (*Populus tremuloides*). *Theoretical and Applied Genetics* 96, 950-956.

Dean, C.A., Cotterill, P.P. and Cameron, J.N. (1983) Genetic parameters and gains expected from multiple trait selection of radiata pine in eastern Victoria. *Australian Forest Research* 13, 271-278.

Dean, C.A., Cotterill, P.P. and Eisemann, R.L. (1986) Genetic parameters and gains expected from selection in *Pinus caribaea* var. *hondurensis* in northern Queensland, Australia. *Silvae Genetica* 35, 229-236.

de Assis, T.F. (2000) Production and use of *Eucalyptus* hybrids for industrial purposes. In: *Hybrid Breeding and Genetics of Forest Trees. Proceedings of the Queensland Forest Research Institute/Cooperative Research Center-Sustainable Production Forestry (QFRI/CRC-SPF) Symposium*. Noosa, Queensland, Australia, pp. 63-74.

De Block, M. (1990) Factors influencing the tissue culture and the *Agrobacterium tumefaciens*-mediated transformation of hybrid aspen and poplar clones. *Plant Physiology* 93, 1110-1116.

De Cleene, M. and De Ley, J. (1985) The host range of crown gall. *Botanical Review* 42, 389-466.

Dekkers, J.C.M. and Hospital, F. (2002) The use of molecular genetics in the improvement of agricultural crops. *Nature Reviews Genetics* 3, 22-32.

Delledonne, M., Allegro, G., Belenghi, B. and Balestrazzi, A. (2001) Transformation of white poplar (*Populus alba* L.) with a novel *Arabidopsis thaliana* cystein proteinase inhibitor and analysis of insect pest resistance. *Molecular Breeding* 7, 35-47.

Dempster, E.R. (1955) Genetic models in relation to animal breeding. *Biometrics* 11, 535-536.

Dempster, E.R. and Lerner, I.M. (1950) Heritability of threshold characters. *Genetics* 35, 212-236.

Denison, N.P. and Kietzka, J.E. (1992) The use and importance of hybrid intensive forestry in South Africa. In: *Proceedings of the International Union of Forest Research Organizations (IUFRO), Resolving Tropical Forest Resource Concerns through Tree Improvement, Gene Conservation, and Domestication of New Species*. Cali, Colombia, pp. 348-358.

Denison, N.P. and Quaile, D.R. (1987) The applied clonal eucalypt programme in Mondi forests. *South African Forestry Journal* 142, 60-66.

DeSouza, S.M., Hodge, G.R. and White, T.L. (1992) Indirect prediction of breeding values for fusiform rust resistance of slash pine parents using greenhouse tests. *Forest Science* 38, 45-60.

DeVerno, L., Charest, P. and Bonen, L. (1993) Inheritance of mitochondrial DNA in the conifer *Larix*. *Theoretical and Applied Genetics* 86, 383-388.

De-Vescovi, M.A. and Sziklai, O. (1975) Comparative karyotype analysis of Douglas-fir. *Silvae Genetica* 24, 68-73.

Devey, M.E., Jermstad, K.D., Tauer, C.G. and Neale, D.B. (1991) Inheritance of RFLP loci in a loblolly pine three-generation pedigree. *Theoretical and Applied Genetics* 83, 238-242.

Devey, M., Delfino-Mix, A., Donaldson, D., Kinloch, B. and Neale, D. (1995) Efficient mapping of a gene for resistance to white pine blister rust in sugar pine. *Proceedings of the National Academy of Sciences of the United States of America* 92, 2066-2070.

Devey, M., Bell, J., Smith, D., Neale, D. and Moran, G. (1996) A genetic linkage map for *Pinus radiata* based on RFLP, RAPD, and microsatellite markers. *Theoretical and Applied Genetics* 92, 673-679.

Devey, M., Sewell, M., Uren, T. and Neale, D. (1999) Comparative mapping in loblolly and radiata pine using RFLP and microsatellite markers. *Theoretical and Applied Genetics* 99, 656-662

Devey, M.E., Carson, S.D., Nolan, M.F., Matheson, A.C., Te Riini, C. and Hohepa, J. (2004) QTL associations for density and diameter in *Pinus radiata* and the potential for marker-aided selection. *Theoretical and Applied Genetics* 108, 516-524.

Devlin, B. and Ellstrand, N.C. (1990) The development and application of a refined method for estimating gene flow from angiosperm paternity analysis. *Evolution* 44, 248-259.

Dhillon, S. (1980) Nuclear volume, chromosome size and DNA content relationships in three species of *Pinus*. *Cytologia* 45, 555-560.

Dhir, N.K. and Miksche, J.P. (1974) Intraspecific variation of nuclear DNA content in *Pinus resinosa* Ait. *Canadian Journal of Genetic Cytology* 16, 77-83.

Dickerson, G.E. (1962) Implications of genetic-environmental interaction in animal breeding. *Animal Production* 4, 47-64.

Dickinson, H. and Antonovics, J. (1973) The effects of environmental heterogeneity on the genetics of finite populations. *Genetics* 73, 713-735.

Dickmann, D.I. (1985) The ideotype concept applied to forest trees. Pp. 89-101 In: Cannell, M.G.R. and Jackson, J.E. (eds.) *Attributes of Trees as Crop Plants*. Institute of Terrestrial Ecology, Huntington, England, pp. 89-101.

Dickmann, D. I. and Keathley, D.E. (1996) Linking physiology, molecular genetics, and the *Populus* ideotype. In: Bradshaw, A.D., Heilman, P.E. and Hinckley, T.M. (eds.) *Biology of Populus amd its Implications for Management and Conservation.* NRC Press, National Research Council of Canada, Ottawa, Ontario Canada, pp. 491-514.

Dieters, M.J. and Nikles, D.G. (1997) The genetic improvement of caribbean pine (*Pinus caribaea* Morelet) – building on a firm foundation. *Proceedings of the 24th Southern Forest Tree Improvement Conference*. Orlando, FL, pp. 33-52.

Dieters, M.J., White, T.L. and Hodge, G.R. (1995) Genetic parameter estimates for volume from full-sib tests of slash pine (*Pinus elliottii*). *Canadian Journal of Forest Research* 25, 1397-1408.

DiFazio, S.P., Slavov, G.T., Burczyk, J., Leonardi, S. and Strauss, S.H. (2004) Gene flow from tree plantations and implications for transgenic risk assessment. In: Walter, C. and Carson, M. (eds.) *Plantation Forest Biotechnology for the 21st Century*. Research Signpost, Travandrum, Kerala, India, pp. 405-422.

Di-Giovanni, F., Kevan, P.G. and Arnold, J. (1996) Lower planetary boundary layer profiles of atmospheric conifer pollen above a seed orchard in northern Ontario, Canada. *Forest Ecology and Management* 83, 87-97.

Dinerstein, E., Wikramanayake, E.D. and M. Forney, M. (1995) Conserving the reservoirs and remants of tropical moist forest in the Indo-Pacific region. In: Primack, R.B. and Lovejoy, T.J. (eds.) *Ecology, Conservation and Management of Southeast Asian Rainforests*. Yale University Press, London, UK, pp. 140-175.

Dobzhansky, T. (1970) *Genetics of the Evolutionary Process*. Columbia University Press, New York, NY.

Doerksen, A.H. and Ching, K.K. (1972) Karyotypes in the genus *Pseudotsuga*. *Forest Science* 18, 66-69.

Donahue, R.A., Davis, T.D., Michler, C.H., Riemenschneider, D.E. Carter, D.R., Marquardt, P.E., Sankhla, N., Sankhla, D., Haissig, B.E. and Isebrands, J.G. (1994) Growth, photosynthesis, and herbicide tolerance of genetically modified hybrid poplar. *Canadian Journal of Forest Research* 24, 2377-2383.

Donald, C.M. (1968) The breeding of crop ideotypes. *Euphytica* 17, 385-403.

Donald, C. M. and Hamblin, J. (1976) The biological yield and harvest index of cereals as agronomic and plant breeding criteria. *Advances in Agronomy* 28, 361-405.

Dorman, K.W. (1976) *The Genetics and Breeding of Southern Pines*. USDA Forest Service Agricultural Handbook 471.

Doudrick, R.L., Heslop-Harrison, J.S., Nelson, C.D., Schmidt, T., Nance, W.L. and Schwarzacher, T. (1995) Karyotype of slash pine (*Pinus elliotii* var. *elliotii*) using patterns of fluorescence *in situ* hybridization and fluorochrome banding. *Journal of Heredity* 86, 289-296.

Dow, B.D. and Ashley, M.V. (1996) Microsatellite analysis of seed dispersal and parentage of saplings in bur oak, *Quercus macrocarpa*. *Molecular Ecology* 5, 615-627.

Dow, B.D., Ashley, M.V. and Howe, H.F. (1995) Characterization of highly variable $(GA/CT)_n$ microsatellites in the bur oak, *Quercus macrocarpa. Theoretical and Applied Genetics* 91, 137-141.

Duffield, J.W. (1952) Relationships and Species Hybridization in the Genus *Pinus*. *Forstgenetik* 1, 93-97.

Duffield, J.W. (1990) Forest regions of North America and the world. In: Young, R.A. and Giese, R.L. (eds.) *Introduction to Forest Science*. 2nd Edition. John Wiley & Sons, New York, NY, pp. 33-61.

Dumolin, S., Demesure, B. and Petit, R.J. (1995) Inheritance of chloroplast and mitochondrial genomes in pedunculate oak investigated with an efficient PCR method. *Theoretical and Applied Genetics* 91, 1253-1256.

Dumolin-Lapegue, S., Kremer, A. and Petit, R.J. (1999) Are chloroplast and mitochondrial DNA variation species independent in oaks? *Evolution* 53, 1406-1413.

Duncan, E.A., van Deventer, F., Kietzka, J.E., Lindley, R.C. and Denison, N.P. (2000) The applied subtropical Eucalyptus clonal programme in Mondi forests, Zululand coastal region. In: *Proceedings of the International Union of Forest Research Organizations (IUFRO) Working Party, Forest Genetics for the Next Millinnium*. Durban, South Africa, pp. 95-97.

Dungey, H.S., Dieters, M.J. and Nikles, D.G. (2000) Hybrid breeding and genetics of forest trees. In: *Proceedings of the Queensland Forest Research Institute/Cooperative Research Center-Sustainable Production Forestry (QFRI/CRC-SPF) Symposium*. Department of Primary Industries, Brisbane, Australia.

Dunstan, D.I. (1988) Prospects of progress in conifer biotechnology. *Canadian Journal of Forest Research* 18, 1497-1506.

Dunstan, D.J., Tautorus, T.E. and Thorpe, T.A. (1995) Somatic embryogenesis in woody plants. In: Thorpe, T.A. (ed.) *In Vitro Embryogenesis in Plants*. Kluwer Academic Publishers, Dordrecht, The Netherlands, pp. 471-538.

Durel, C.E., Bertin, P. and Kremer, A. (1996) Relationship between inbreeding depression and inbreeding coefficient in maritime pine (*Pinus pinaster*). *Theoretical and Applied Genetics* 92, 347-356.

Dutrow, G. and Row, C. (1976) Measuring financial gains from genetically superior trees. USDA Forest Service Research Paper SO-132.

Dvorak, W.S. (1996) Integrating exploration, conservation, and utilisation: threats and remedies in the 21st century. In: Dieters, M.J., Matheson, A.C., Nikles, D.G., Harwood, C.E., and Walker, S.M. (eds.), *Proceedings of the International Union of Forest Research Organizations (IUFRO), Conference on Tree Improvement for Sustainable Tropical Forestry*, Caloundra, Australia, pp. 19-26.

Dvorak, W.S. and Donahue, J.K. (1992) CAMCORE Research Review 1980-1992. Department of Forestry, College of Forestry Research, North Carolina State University, Raleigh, NC.

Dvorak, W.S., Donahue, J.K. and Hodge, G.R. (1996) Fifteen years of *ex situ* gene conservation of Mexican and Central American forest species by the CAMCORE Cooperative. *Forest Genetics Resources, No. 24,* FAO (The Food and Agricultural Organization of the United Nations), pp. 15-21.

Dvorak, W., Jordon, A., Hodge, G. and Romero, J. (2000) Assessing evolutionary relationships of pines in the Oocarpae and Australes subsections using RAPD markers. *New Forests* 20, 163-192.

Dvornyk, V., Sirvio, A., Mikkonen, M. and Savolainen, O. (2002) Low nucleotide diversity at the pal1 locus in the widely distributed *Pinus sylvestris*. *Molecular Biology and Evolution* 19, 179-188.

Ebell, L.F. and McMullan, E.E. (1970) Nitrogenous substances associated with differential cone production responses of Douglas-fir to ammonium and nitrate fertilization. *Canadian Journal of Botany* 48, 2169-2177.

Echt, C.S. and May-Marquardt, P. (1997) Survey of microsatellite DNA in pine. *Genome* 40, 9-17.

Echt, C.S., May-Marquardt, P., Hseih, M. and Zahorchak, R. (1996) Characterization of microsatellite markers in eastern white pine. *Genome* 39, 1102-1108.

Eckenwalder, J. (1976) Re-evalutation of Cupresaceae and Taxodiaceae: A proposed merger. *Madrono* 23, 237-300.

Eckenwalder, J.E. (1984) Natural Intersectional hybridization between North American species of

Populus (Salicaceae) in sections Aigeiros and Tacamahaca. III. Paleobotany and evolution. *Canadian Journal of Botany* 62, 336-342.

Eckenwalder, J.E. (1996) Ch.1: Systematics and evolution of *Populus*. In: Stettler, R.F., Bradshaw, H.D., Heilman, P.E. and Hinckley, T.M. (eds.) *Biology of Populus and its Implications for Management and Conservation*. NRC Research Press, National Research Council of Canada, Ottawa, Quebec, pp.7-32.

Edwards, D.G.W. and El-Kassaby, Y.A. (1995) Douglas-fir genotypic response to seed stratification germination parameters. *Seed Science and Technology Journal* 23, 771-778.

Edwards, D.G.W. and El-Kassaby, Y.A. (1996) The biology and management of forest seeds: genetic perspectives. *Forestry Chronicle* 72, 481-484.

Edwards, M., Stuber, C. and Wendel, J. (1987) Molecular marker facilitated investigations of the quantitative trait loci in maize. I. Numbers, genomic distribution, and types of gene action. *Genetics* 116, 113-125.

Egertsdotter, U., van Zyl, L., MacKay, J., Peter, G., Whetten, R. and Sederoff, R. (2004) Gene expression profiling of wood formation: an analysis of seasonal variation. *Plant Biology* 6, 654-663.

Ehrenberg, C. (1970) Breeding for stem quality. *Unasylva* 24, 23-31.

Ehrlich, P. and Ehrlich, A. (1981) *Extinction*. Random House, New York, NY.

El Mousadik, A. and Petit, R.J. (1996) Chloroplast DNA phylogeography of the argan tree of Morocco. *Molecular Ecology* 5, 547-555.

Eldridge, K.G. (1982) Genetic improvements from a radiata pine seed orchard. *New Zealand Journal of Forest Science* 12, 404-411.

Eldridge, K., Davidson, J., Harwood, C. and van Wyk, G. (1994) *Eucalypt Domestication and Breeding*. Oxford University Press, Oxford, UK.

El-Kassaby, Y.A. (1989) Genetics of seed orchards: expectations and realities. In: *Proceedings of the 20th Southern Forest Tree Improvement Conference*. Charleston, SC, pp. 87-109.

El-Kassaby, Y.A. (1992) Domestication and genetic diversity - should we be concerned? *Forest Chronicle* 68, 687-700.

El-Kassaby, Y.A. (1999) Impacts of industrial forestry on genetic diversity of temperate forest trees. In: Matyas, C. (ed.) *Forest Genetics and Sustainability*. Kluwer Academic Publishers, Boston, MA, pp. 155-170.

El-Kassaby, Y.A. (2000) Effect of forest tree domestication on gene pools. In: Young, A., D. Boshier, D., and Boyle, T. (eds.) *Forest Conservation Genetics: Principles and Practice*. Commonwealth Scientific and Industrial Research Organization (CSIRO) Publishing, Collingwood, Victoria, Australia, pp. 197-213.

El-Kassaby, Y.A. and Jaquish, B. (1996) Population density and mating pattern in western larch. *Journal of Heredity* 87, 438-443.

El-Kassaby, Y A. and Ritland, K. (1986) The relation of outcrossing and contamination to reproductive phenology and supplemental mass pollination in a Douglas-fir seed orchard. *Silvae Genetica* 35, 240-244.

El-Kassaby, Y.A. and Ritland, K. (1996) Impact of selection and breeding on the genetic diversity in Douglas-fir. *Biodiversity and Conservation* 5, 795-813.

El-Kassaby, Y.A., Parkinson, J. and Devitt, W.J.B. (1986) The effect of crown segment on the mating system in a Douglas-fir (*Pseudotsuga menziesii* (Mirb.) Franco) seed orchard. *Silvae Genetica* 35, 149-155.

El-Kassaby, Y.A., Ritland, K., Fashler, A.M.K. and Devitt, W.J.B. (1988) The role of reproductive phenology upon the mating system of a Douglas-fir seed orchard. *Silvae Genetica* 37, 76-82.

El-Lakany, M.H. and Sziklai, O. (1971) Intraspecific variation in nuclear characteristics of Douglas-fir. *Advancing Frontiers of Plant Sciences* 28, 363-378.

Ellis, D.D., McCabe, D.E., McInnis, S., Ramachandran, R., Russel, D.R., Wallace, K.M., Martinell, B.J., Roberts, D.R., Raffa, K.F. and McCown, B.H. (1993) Stable transformation of *Picea glauca* by particle acceleration. *Bio/Technology* 11, 84-89.

Ellstrand, N.C. (1992) Gene flow among seed plant populations. *New Forests* 6, 241-256.

Endo, M. and Lambeth, C.C. (1992) Promising potential of hybrid, *Eucalyptus grandis* x *Eucalyptus urophylla*, over *Eucalyptus grandis* in Colombia. In: *Proceedings of the International Union of Forest Research Organizations (IUFRO), Resolving Tropical Forest Resource Concerns*

Through Tree Improvement, Gene Conservation, and Domestication of New Species. Cali, Colombia, pp. 366-371.

Ennos, R.A. (1994) Estimating the relative rates of pollen and seed migration among plant populations. *Heredity* 72, 250-259.

Epperson, B.K. (1992) Spatial structure of genetic variation within populations of forest trees. *New Forests* 6, 257-278.

Epperson, B.K. and Allard, R.W. (1987) Linkage disequilibrium between allozymes in natural populations of lodgepole pine. *Genetics* 115, 341-352.

Epperson, B.K. and Allard, R.W. (1989) Spatial autocorrelation analysis of the distribution of genotypes within populations of lodgepole pine. *Genetics* 121, 369-377.

Erickson, V.J. and Adams, W.T. (1989) Mating success in a coastal Douglas-fir seed orchard as affected by distance and floral phenology. *Canadian Journal of Forest Research* 19, 1248-1255.

Erickson, V.J. and Adams, W.T. (1990) Mating system variation among individual ramets in a Douglas-fir seed orchard. *Canadian Journal of Forest Research* 20, 1672-1675.

Eriksson, G. and Lundkvist, K. (1986) Adaptation and breeding of forest trees in boreal areas. In: Lindgren D. (ed.) Provenances and Forest Breeding for High Latitudes. *Proceedings of the Frans Kempe Symposium in Umeå*. Swedish University of Agricultural Sciences, Uppsala, Sweden, pp. 67-80.

Eriksson, G., Namkoong, G. and Roberds, J.H. (1993) Dynamic gene conservation for uncertain futures. *Forest Ecology and Management* 62, 15-37.

Estruch, J.J., Carrozi, N.B. Desai, N., Duck, N.B., Warren, G.W. and Koziel, M.G. (1997) Transgenic plants: an emerging approach to pest control. *Nature Biotechnology* 15, 137-141.

Evans, J. (1992a) *Plantation Forestry in the Tropics*. Clarendon Press, Oxford, UK.

Evans, J. (1992b) What to plant? In: Evans, J. (ed.) *Plantation Forestry in the Tropics*. Clarendon Press, Oxford, UK pp. 99-121.

Fagard, M. and Vauchert, H. (2000) (Tans) gene silencing in plants: how many mechanisms? *Annual Review* 51, 167-194.

Falconer, D.S. and Mackay, T.F.C. (1996) *Introduction to Quantitative Genetics*. Longman, Essex, England.

FAO (The Food and Agricultural Organization of the United Nations) (1995a) Forest Assessment 1990: Global Synthesis. Paper 124. Rome, Italy.

FAO (The Food and Agricultural Organization of the United Nations) (1995b) Forest Assessment 1990: Tropical Plantations. Paper 128. Rome, Italy.

FAO (The Food and Agricultural Organization of the United Nations) (1997) State of the World's Forests. FAO, Rome, Italy.

FAO (The Food and Agricultural Organization of the United Nations), DFSC (The Danish International Development Agency Forest Seed Center) and IPGRI (International Plant Genetic Resource Institute) (2001) Forest genetic resources conservation and management. In: *Managed Natural Forests (in situ)*. International Plant Genetic Resources Institute, Rome, Italy.

FAO (The Food and Agricultural Organization of the United Nations) (2004) Preliminary review of biotechnology in forestry, including genetic modification. Forest Genetic Resources Working Paper FGR/59E. Forest Resources Development Service, Forest Resources Division. Rome, Italy.

Farjon, A. and Styles, B.T. (1997) *Pinus. Flora Neotropica Monograph 70*. New York Botanical Garden, N.Y.

Farmer, R.E., O'Reilly, G.J., and Shaotang, D. (1993) Genetic variation in juvenile growth of tamarack (*Larix laricina*) in northwestern Ontario. *Canadian Journal of Forest Research* 23, 1852-1862.

Farris, M.A. and Mitton, J.B. (1984) Population density, outcrossing rate, and heterozygote superiority in ponderosa pine. *Evolution* 38, 1151-1154.

Faulkner, R. (1975) *Seed Orchards*. Forestry Commission Bulletin No. 54. Her Majesty's Stationery Office, London, UK.

Felsenstein, J. (1989) *PHYLIP 3.2 Manual*. University of California Herbarium, Berkeley, CA.

Fernandez, G.C.J. (1991) Analysis of genotype x environment interactions by stability parameters. *HortScience* 26, 947-950.

Ferreira, M. and Santos, P.E.T. (1997) Genetic improvement of *Eucalyptus* in Brazil-brief review and perspectives. In: *Proceedings of the Conference of the International Union of Forest Research Organizations (IUFRO), sobre Silvicultura e Melhoramento de Eucaliptos*. El Salvador, Brazil, pp. 14-33.

Fillatti, J.J., Sellmer, J., McGown, B., Haissig, B.E. and Comai, L. (1987) *Agrobacterium* mediated transformation and regeneration of *Populus. Molecular and General Genetics* 206, 192-199.

Finlay, K.W. and Wilkinson, G.N. (1963) The analysis of adaptation in a plant-breeding program. *Australian Journal of Agricultural Research* 14, 742-754.

Finnegan, J. and McElroy, D. (1994) Transgene inactivation: plants fight back. *Bio/Technology* 12, 883-888.

Fins, L. and Moore, J.A. (1984) Economic analysis of a tree improvement program for western larch. *Journal of Forestry* 82, 675-679.

Fins, L., Friedman, S.T., and Brotschol, J.V. (1992) *Handbook of Quantitative Forest Genetics*. Kluwer Academic Publishers, Dordrecht, The Netherlands.

Fisher, P.J., Richardson, T.E. and Gardner, R.C. (1998) Characteristics of single-and multi-copy microsatellites from *Pinus radiata. Theoretical and Applied Genetics* 96, 969-979.

Fisher, R.A. (1925) *Statistical Methods for Research Workers*. Oliver and Boyd, Edinburgh, UK.

Fisher, R.A. (1930) *The Genetical Theory of Natural Selection*. Clarendon Press, Oxford, UK.

Fladung, M. (1999) Gene stability in transgenic aspen (*Populus*). I. Flanking DNA sequences and T-DNA structure. *Molecular and General Genetics* 260, 1097-1103.

Fladung, M., Kumar, S. and Ahuja, M.R. (1997) Genetic transformation with different chimeric gene constructs: transformation efficiency and molecular analysis. *Transgenic Research* 6, 111-121.

Flavell, R.B., O'Dell, M., Thompson, W.F., Vincentz, M., Sardana, R. and Barker, R.F. (1986) The differential expression of ribosomal RNA genes. *Transactions of the Royal Society of London* 314, 385-397.

Florin, R. Evolution in cordaites and conifers. *Acta Horti Bergiani* 15, 285-388.

Foster, G.S. (1985) Genetic parameters for two Eastern cottonwood populations in the Lower Mississippi valley. *Proceedings of the 18th Southern Forest Tree Improvement Conference*, Long Beach, MS, pp. 258-266.

Foster, G.S. (1986) Making clonal forestry pay: breeding and selection for extreme genotypes. In: *Proceeding of the International Union of Forest Research Organizations (IUFRO), Conference on Breeding Theory, Progeny Testing and Seed Orchards.* Williamsburg,VA, pp. 582-590.

Foster, G.S. (1990) Genetic control of rooting ability of stem cuttings of lobololly pine. *Canadian Journal of Forest Research* 20, 1361-1368.

Foster, G.S. (1992) Estimating yield: beyond breeding values. In: Fins, L., Friedman, S.T. and Brotschol, J.V. (eds.) *Handbook of Quantitative Forest Genetics*. Kluwer Academic Publishers. Boston, MA, pp. 229-269.

Foster, G.S. (1993) Selection and breeding for extreme genotypes. In: Ahuja, M.R. and Libby, W.J. (eds.) *Clonal Forestry I. Genetics and Biotechnology*. Springer-Verlag, New York, NY, pp. 50-67.

Foster, G.S. and Shaw, D.V. (1988) Using clonal replicates to explore genetic variation in a perennial plant species. *Theoretical and Applied Genetics* 76, 788-794.

Foster, G.S., Campbell, R.K. and Adams, W.T. (1984) Heritability, gain, and C effects in rooting of western hemlock cuttings. *Canadian Journal of Forest Research* 14, 628-638.

Foulley, J.L. and Im, S. (1989) Probability statements about the transmitting ability of progeny-tested sires for an all-or-none trait with application to twinning in cattle. *Genetic Selection Evolution* 21, 359-376.

Foulley, J.L., Hanocq, E. and Boichard, D. (1992) A criterion for measuring the degree of connectedness in linear models of genetic evaluation. *Genetic Selection Evolution* 24, 315-330.

Fowler, D.P. (1965a) Effects of inbreeding in red pine, *Pinus resinosa* Ait., IV. Comparison with other northeastern *Pinus* species. *Silvae Genetica* 14, 76-81.

Fowler, D.P. (1965b) Natural self-fertilization in three jack pines and its implications in seed orchard management. *Forest Science* 11, 55-58.

Fowler, D.P. (1986) *Strategies for the genetic improvement of important tree species in the maritimes*. Canadian Forest Service Information Report M-X-156.

Fowler, D.P. (1987) Tree improvement strategies - flexibility required. In: Proceedings of the 21st Tree Improvement Association. Truro, Nova Scotia, pp, 85-95.

Fowler, D.P. and Lester, D.T. (1970) The genetics of red pine. USDA Forest Service Research Paper WO-8.

Fowler, D.P. and Morris, R.W. (1977) Genetic diversity in red pine: evidence for low genic heterozygosity. *Canadian Journal of Forest Research* 7, 343-347.

Frampton, L.J., Jr. and Foster, G.S. (1993) Field testing vegetative propagules. In: Ahuja, M.R. and Libby, W.J. (eds.). *Clonal Forestry I. Genetics and Biotechnology*. Springer-Verlag, New York, NY, pp. 110-134.

Francia, E., Tacconi, G., Crosatti, C., Barabaschi, D., Bulgarelli, D., Aglio, E. D. and Vale, G. (2005) Marker assisted selection in crop plants. *Plant Cell Tissue and Organ Culture* 82, 317-342.

Franke, R., McMichael, C.M., Meyer, K., Shirley, A.M., Cusumano, J.C. and Chapple, C. (2000) Modified lignin in tobacco and poplar plants over-expressing the *Arabidopsis* gene encoding ferulate 5-hydroxylase. *Plant Journal* 22, 223-234.

Frankel, O.H. (1986) Genetic resources - museum of utility. In: Williams, T.A. and Wratt. G.S. (eds). *Department of Scientific and Industrial Research, Agronomy Society of New Zealand, Plant Breeding Symposium*, Christchurch, New Zealand, pp. 3-7.

Frankel, O.H., Brown, A.H.D. and Burdon, J.J. (1995). *The Conservation of Plant Biodiversity*. Cambridge University Press, Cambridge, UK.

Frankham, R. (1995) Effective population size/adult population size ratios in wildlife: a review. *Genetics Research Cambridge* 66, 95-107.

Franklin, E.C. (1969a) Inbreeding depression in metrical traits of loblolly pine (*Pinus taeda* L.) as a result of self-pollination. *North Carolina State University School Forest Resources Technical Report 40*, 1-19.

Franklin, E.C. (1969b) Mutant forms found by self-pollination in loblolly pine. *Journal of Heredity* 60, 315-320.

Franklin, E.C. (1970) Survey of mutant forms and inbreeding depression in species of the family Pinaceae. USDA Forest Service Research Paper 61.

Franklin, E.C. (1971) Estimating frequency of natural selfing based on segregating mutant forms. *Silvae Genetica* 20, 193-195.

Franklin, E.C. (1972) Genetic load in loblolly pine. *American Naturalist* 106, 262-265.

Franklin, E.C. (1974) Pollination in slash pine: First come, first served. In: Kraus, J. (ed.) *Seed Yield from Southern Pine Seed Orchards*. Georgia Forest Research Council, Macon, GA, pp. 15-20.

Franklin, E.C. (1979) Model relating levels of genetic variance to stand development in four North American conifers. *Silvae Genetica* 28, 207-212.

Franklin, E.C. (1986) Estimation of genetic parameters through four generations of selection in *Eucalyptus grandis*. In: *Proceedings of the International Union of Forest Research Organizations (IUFRO), Conference on Breeding Theory, Progeny Testing and Seed Orchards*. Williamsburg, VA, pp. 200-209.

Franklin, E.C. (1989) Selection strategies for eucalypt tree improvement: four generations of selection in *Eucalyptus grandis* demonstrate valuable methodology. In: Gibson, G.I., Griffin, A.R. and Matheson, A.C. (eds.) *Breeding Tropical Trees: Population Structure and Genetic Improvement Strategies in Clonal and Seedling Forestry*. Oxford Forestry Institute, Oxford, UK, pp. 197-209.

Franklin, I.R. (1980) Evolutionary changes in small populations. In: Soule, M.E. and Wilcox, B.A. (eds.) *Conservation Biology: An Evolutionary-Ecological Perspective*. Sinauer Associates Inc., Publishers, Sunderland, MA, pp. 135-149.

Frewen, B., Chen, T., Howe, G., Davis, J., Rohde, A., Boerjan, W, and Bradshaw Jr., H. (2000) Quantitative trait loci and candidate gene mapping of bud set and bud flush in *Populus*. *Genetics* 154, 837-845.

Friedman, S.T. and Adams, W.T. (1982) Genetic efficiency in loblolly pine seed orchards. In: *Proceedings of the 16th Southern Forest Tree Improvement Conference*. Virginia Poly Tech and State University, Blacksburg, VA, pp. 213-220.

Friedman, S.T. and Neale, D.B. (1993) Biochemical and molecular markers. In: *Advances in Pollen Management*. USDA Forest Service Agricultural Handbook No. 698.

Fryer, J.H. and Ledig, F.T. (1972) Microevolution of the photosynthetic temperature optimum in relation to the elevational complex gradient. *Canadian Journal of Botany* 50, 1231-1235.

Fu, Y., Clarke, G.P.Y., Namkoong, G. and Yanchuk. A.D. (1998) Incomplete block designs for genetic testing: statistical efficiencies of estimating family means. *Canadian Journal of Forest Research* 28, 977-986.

Fu, Y., Yanchuk, A.D. and Namkoong, G. (1999a) Incomplete block designs for genetic testing: some practical considerations. *Canadian Journal of Forest Research* 29, 1871-1878.

Fu, Y., Yanchuk, A.D., G. Namkoong, G. and Clarke, G.P.Y. (1999b) Incomplete block designs for genetic testing: statistical efficiencies with missing observations. *Forest Science* 45, 374-380.

Fu, Y., Yanchuk, A.D. and Namkoong, G. (1999c) Spatial patterns of tree height variations in a series of Douglas-fir progeny trials: implications for genetic testing. *Canadian Journal of Forest Research* 29, 714-723.

Furnier, G.R. and Adams, W.T. (1986a) Geographic patterns of allozyme variation in Jeffrey pine. *American Journal of Botany* 73, 1009-1015.

Furnier, G.R. and Adams, W.T. (1986b) Mating system in natural populations of Jeffrey pine. *American Journal of Botany* 73, 1002-1008.

Furnier, G.R., Knowles, P., Clyde, M.A. and Dancik, B.P. (1987) Effects of avian seed dispersal on the genetic structure of whitebark pine populations. *Evolution* 41, 607-612.

Futuyma, D. (1998) *Evolutionary Biology*. Sinauer Associates Inc., Publishers, Sunderland, MA.

Fyfe, J.L. and Bailey, N.T. (1951) Plant breeding studies in leguminous forage crops. I. Natural cross-breeding in winter beans. *Journal of Agricultural Science* 41, 371-378.

Gabriel, W.J. (1967) Reproductive behavior in sugar maple: self-compatibility, cross-compatibility, agamospermy, and agamocarpy. *Silvae Genetica* 16, 165-168.

Gasser, C.S. and Fraley, R.T. (1989) Genetically engineered plants for crop improvement. *Science* 244, 1293-1299.

Gasser, C.S. and Fraley, R.T. (1992) Trnsgenic crops. *Scientific American* 266(6), 62-69.

Gea, L., Lindgren, D., Shelbourne, C.J.A. and Mullin, L.J. (1997) Complementing inbreeding coefficient information with status number: implications for structuring breeding populations. *New Zealand Journal of Forestry* 27, 255-271.

Geburek, T. (1997) Isoenzymes and DNA markers in gene conservation of forest trees. *Biodiversity and Conservation* 6, 1639-1654.

Geburek, T. (2000) Effects of environmental pollution on the genetics of forest trees. In: Young, A., Boshier, D. and Boyle, T. (eds.) *Forest Conservation Genetics: Principles and Practice*. Commonwealth Scientific and Industrial Research Organization (CSIRO) Publishing, Collingwood, Victoria, Australia, pp. 145-158.

Gerber, S., Rodolphe, F., Bahrman, N. and Baradat, P. (1993) Seed-protein variation in maritime pine (*Pinus pinaster* Ait.) revealed by two-dimensional electrophoresis: genetic determinism and construction of a linkage map. *Theoretical and Applied Genetics* 85, 521-528.

Gibson, G.L., Barnes, R.D., and Berrington, J. (1988) Provenance productivity of *Pinus caribaea* and its interaction with environment. *Commonwealth Forestry Review* 62, 93-106.

Giertych, M. (1965) Systematic lay-outs for seed orchards. *Silvae Genetica* 14, 91-94.

Giertych, M. (1975) Seed orchard designs. In: Faulkner, R. (ed.) *Seed Orchards, Forestry Commission Bulletin 54*. Her Majesty's Stationery Office, London, UK, pp. 25-37.

Gilmour, A.R., Thompson, R., Cullis, B.R. and Welham, S.J. (1997) *ASREML User's Manual*. Orange, Australia.

Glaubitz, J.C. and Moran, G.F. (2000) Genetic tools: The use of biochemical and molecular markers. In: Young, A., Booshier, D. and Boyle, T. (eds.) *Forest Conservation Genetics: Principles and Practice*. Commonwealth Scientific and Industrial Research Organization (CSIRO) Publishing, Collingwood, Victoria, Australia, pp.39-59.

Goddard, R.E. and Strickland, R.K. (1964) Crooked stem form in loblolly pine. *Silvae Genetica* 13, 155-157.

Godt, M.J.W., Hamrick, J.L. and Williams, J.H. (2001) Comparison of genetic diversity in white spruce (*Picea glauca*) and jack pine (*Pinus banksiana*) seed orchards with natural populations. *Canadian Journal of Forest Research* 31, 943-949.

Goff, S., Ricke, D., Lan, T., Presting, G., Wang, R., Dunn, M., Glazebrook, J., Sessions, A., Oeller, P., Varma, H., Hadley, D, Hutchison, D., Martin, C., Katagiri, F., Lange, B.M., Moughamer, T., Xia, Y., Budworth, P., Zhong, J., Miguel, T., Paszkowski, U., Zhang, S., Colbert, M., Sun W., Chen, L., Cooper, B., Park, S., Wood, T.C., Mao, L., Quail, P., Wing, R., Dean, R., Yu, Y., Zharkikh, A., Shen, R., Sahasrabudhe, S., Thomas, A., Cannings, R., Gutin A., Pruss, D., Reid,

J., Tavtigian, S., Mitchell, J., Eldredge, G., Scholl, T., Miller, R.M., Bhatnagar, S., Adey, N., Rubano, T., Tusneem, N., Robinson, R., Feldhaus, J., Macalma, T., Oliphant, A. and Briggs, S. (2002) A draft sequence of the rice genome (*Oryza sativa* L. ssp. *Japonica*). *Science* 296, 92-100.

Gonzalez-Martinez, S.C., Wheeler, N.C., Ersoz, E., Nelson, C.D. and Neale, D.B. (2006) Association Genetics in *Pinus taeda* L. I. Wood property graits. *Genetics*; published ahead of print on November 16, 2006 as doi: 10.1534/genetics.106.061127.

Goodnight, C.J. (1988) Epistasis and the effect of founder events on the additive genetic variance. *Evolution* 42, 441-454.

Goodnight, C.J. (1995) Epistasis and the increase in additive genetic variance: implications for phase 1 of Wright's shifting-balance process. *Evolution* 49, 502-511.

Gould, S.J. and Johnson, R.F. (1972) Geographic variation. *Annual Review of Ecology and Systematics* 3, 457-498.

Govindaraju, D. and Cullis, C. (1992) Ribosomal DNA variation among popualtions of a *Pinus rigida* Mill. (pitch pine) ecosystem: I. Distribution of copy numbers. *Heredity* 69, 133-140.

Govindaraju, D., Lewis, P. and Cullis, C. (1992) Phylogenetic analysis of pines using ribosomal DNA restriction fragment length polymorphisms. *Plant Systematics and Evolution* 179, 141-153.

Grace, L.J., Charity, J.A., Gresham, B., Kay, N. and Walter, C. (2005) Insect resistance transgenic *Pinus radiata*. *Plant Cell Reports* 24, 103-111.

Graham, R.T. (1990) *Pinus monticola*, Dougl. ex D. Don. In: Burns, R.M. and Honkala, B.H. (eds.). *Silvics of North America. Vol. I. Conifers.* USDA Forest Service Agricultural Handbook 654, pp. 385-394.

Grant, M.C. and Mitton, J.B. (1977) Genetic differentiation among growth forms of Engelmann spruce and subalpine fir at tree line. *Arctic and Alpine Research* 9, 259-263.

Grant, V. (1971) *Plant Speciation*. Columbia University Press, New York, NY.

Grattapaglia, D., Bertolucci, F. and Sederoff, R. (1995) Genetic mapping of QTLs controlling vegetative propagation in *Eucalyptus grandis* and *E. urophylla* using a pseudo-testcross strategy and RAPD markers. *Theoretical and Applied Genetics* 90, 933-947.

Grattapaglia, D., Ribeiro, V.J. and Rezende, G.D.S.P. (2004) Retrospective selection of elite parent trees using paternity testing with microsatellite markers: an alternative short term breeding tactic for *Eucalyptus*. *Theoretical and Applied Genetics* 109, 192-199

Gray, M.W. (1989) Origin and evolution of mitochondrial DNA. *Annual Review of Cell Biology* 5, 25-50.

Greenwood, M.S. (1977) Seed orchard fertilization: Optimizing time and rate of ammonium nitrate application for grafted loblolly pine (*Pinus taeda* L.). In: *Proceedings of the 14th Southern Forest Tree Improvement Conference*. Gainesville, FL, pp. 164-169.

Greenwood, M.S. (1983) Maximizing genetic gain in loblolly pine by application of accelerated breeding methods and new concepts in orchard design. In: *Proceedings of the 17th Southern Forest Tree Improvement Conference*. Athens, GA, pp. 290-296

Greenwood, M.S. (1987) Rejuvenation of forest trees. *Plant Growth Regulation* 6, 1-12.

Greenwood, M.S. and Hutchinson, K.W. (1993) Maturation as a developmental process. In: Ahuja, M.R. and Libby, W.J. (eds.) *Clonal Forestry I. Genetics and Biotechnology*. Springer-Verlag, New York, NY, pp. 14-33.

Greenwood, M.S., O'Gwynn, C.H. and Wallace, P.G. (1979) Management of an indoor, potted loblolly pine breeding orchard. In: *Proceedings of the 15th Southern Forest Tree Improvement Conference*. Mississippi State, MS, pp. 94-98.

Greenwood, M.S., Adams, G.W. and Gillespie, M. (1987) Shortening the breeding cycle of some northeastern conifers. In: *Proceedings of the 21st Tree Improvement Association*. Truro, Nova Scotia, pp. 43-52.

Gregorius, H.R. and Roberds, J.H. (1986) Measurement of genetical differentiation among subpopulations. *Theoretical and Applied Genetics* 71, 826-834.

Gregory, J.D., Guinness, W.M. and Davey, C.B. (1982) Fertilization and irrigation stimulate flowering and cone production in a loblolly pine seed orchard. *Southern Journal of Applied Forestry* 6, 44-48.

Griffin, A.R. (1982) Clonal variation in radiata pine seed orchards. I. Some flowering, cone and seed production traits. *Australian Journal of Forest Research* 12, 295-302.

Griffin, A.R. (1989) Sexual reproduction and tree improvement strategy - with particular reference to eucalyptus. In: Gibson, G.I., Griffin, A.R. and Matheson, A.C. (eds.) *Breeding Tropical Trees: Population Structure and Genetic Improvement Stratgies in Clonal and Seedling Forestry*. Oxford Forestry Institute, Oxford, UK, pp. 52-67.

Griffin, A.R. (1993) Potential for genetic improvement of Eucalyptus in Chile. In: Barros, S., Prado, J.A. and Alvear, C. (eds.) *Proceedings of the Los Eucaliptos en el Desarrollo Forestal de Chile*. Pucon, Chile, pp. 1-25.

Griffin, A.R. and Cotterill, P.P. (1988) Genetic variation in growth of outcrossed, selfed and open-pollinated progenies of *Eucalyptus regnans* and some implications for breeding strategy. *Silvae Genetica* 37, 124-131.

Griffin, A.R. and Lindgren, D. (1985) Effect of inbreeding on production of filled seed in *Pinus radiata* -- experimental results and a model of gene action. *Theoretical and Applied Genetics* 71, 334-343.

Griffin, A.R., Burgess, I.P. and Wolf, L. (1988) Patterns of natural and manipulated hybridisation in the genus *Eucalyptus* L'Herit – a review. *Australian Journal of Botany* 36, 41-66.

Griffin, R., Harbard, J.L., Centurion, C. and Santini, P. (2000) Breeding *Eucalyptus grandis* x *globulus* and other interspecific hybrids with high inviability - problem analysis and experience at Shell Forestry Projects in Uruguay and Chile. In: *Proceedings of the Queensland Forest Research Institute/Cooperative Research Center-Sustainable Production Forestry (QFRI/CRC-SPF) Symposium on Hybrid Breeding and Genetics of Forest Trees*. Noosa, Queensland, Australia, pp. 1-13.

Groeneveld, E., Kovac, M., and Wang, T. (1990) PEST, a general purpose BLUP package for multivariate prediction and estimation. In: *Proceedings of the 4th World Congress on Genetics Applied to Livestock*, pp. 488-491.

Grondona, M.O., Crossa, J., Fox, P.N. and Pfeiffer, W.H. (1996) Analysis of variety yield trials using two-dimensional separable ARIMA processes. *Biometrics* 52, 763-770.

Groover, A., Devey, M., Fiddler, T., Lee, J., Megraw, R., Mitchell-Olds, T., Sherman, B., Vujcic, S., Williams, C. and Neale, D. (1994) Identification of quantitative trait loci influencing wood specific gravity in loblolly pine. *Genetics* 138, 1293-1300.

Grossnickle, S.C., Cyr, D. and Polonenko, D.R. (1996) Somatic embryogenesis tissue culture for the propagation of conifer seedlings: a technology comes of age. *Tree Planters' Notes* 47, 48-57.

Gulbaba, A.G., Velioglu, E., Ozer, A.S., Dogan, B., Doerksen, A.H. and Adams, W.T. (1998) Population genetic structure of Kazdagi fir (*Abies equitrojani* Aschers. and Sint.) a narrow endemic to Turkey: Implications for *in-situ* conservation. In: Zencirci, N., Kaya, Z. Anikster, Y. and Adams, W.T. (eds.), *Proceedings of the International Symposium on in situ Conservation Plant Genetic Diversity*. Central Research Institute for Field Crops, Ankara, Turkey, pp. 271-280.

Gullberg, U. (1993) Towards making willows pilot species for coppicing production. *Forestry Chronicle* 69, 721-726.

Gupta, P.K. and Kreitinger, M. (1993) Somatic seeds in forest trees. In: Ahuja, M.R. (ed.) Micropropagation of Woody Plants. Kluwer Academic Publishers, Dordrecht, The Netherlands, pp. 107-119.

Gupta, P.K., Dandekar, A.M. and Durzan, D.J. (1988) Somatic proembryo formation and transient expression of a luciferase gene in Douglas fir and loblolly pine protoplasts. *Plant Science* 58, 85-92.

Gupta, P.K., Rustgi, S. and Kulwal, P.L. (2005) Linkage disequilibrium and association studies in higher plants: present status and future prospects. *Plant Molecular Biology* 57, 461-485.

Gurevitch, J., Scheiner, S. M. and Fox, G. A. (2002) *The Ecology of Plants*. Sinauer Associates, Inc. Publishers, Sunderland, MA.

Guries, R.P. (1984) Genetic variation and population differentiation in forest trees. In: *Proceedings of the 8th North American Forest Biology Workshop*. Logan, UT, pp. 119-131.

Guries, R.P., Friedman, S.T. and Ledig, F.T. (1978) A megagametophyte analysis of genetic linkage in pitch pine (*Pinus rigida* Mill). *Heredity* 40, 309-314.

Haapanen, M. (1996) Impact of family-by-trial interaction on utility of progeny testing methods for scots pine. *Silvae Genetica* 45, 130-135.

Hagler, R.W. (1996) The global wood fiber equation - a new world order. *Tappi Journal* 79, 51-54.

Hagman, M. (1967) Genetic mechanisms affecting inbreeding and outbreeding in forest trees: their significance for microevolution of forest tree species. In: *Proceedings of the 14th International Union of Forest Research Organizations (IUFRO) Congress*, Section 22, Volume III, Munchen, Germany, pp. 346-365.

Hakman, I. and von Arnold, S. (1985) Plantlet regeneration through somatic embryogenesis in *Picea abies* (Norway spruce). *Journal of Plant Physiology* 121, 149-158.

Hall, J.P. (1988) Promotion of flowering in black spruce using gibberellins. *Silvae Genetica* 37, 135-138.

Hall, P., Chase, M.R. and Bawa, K.S. (1994) Low genetic variation but high population differentiation in a common tropical forest tree species. *Conservation Biology* 8, 471-482.

Hall, P., Walker, S. and Bawa, K.S. (1996) Effect of forest fragmentation on genetic diversity and mating system in a tropical tree, *Pithecellobium elegans. Conservation Biology* 10, 757-768.

Hallauer, A.R. and Miranda, J.B. (1981) *Quantitative Genetics in Maize Breeding*. Iowa State University Press, Ames, IA.

Hamilton, P.C., Chandler, L.R., Brodie, A.W. and Cornelius, J.P. (1998) A financial analysis of a small scale *Gmelina arborea* Roxb. improvement program in Costa Rica. *New Forests* 16, 89-99.

Hamrick, J.L. and Godt, M.J.W. (1990) Allozyme diversity in plant species. In: Brown, A.H.D., Clegg, M.T., Kahler, A.L. and Weir, B.S. (eds.) *Plant Population Genetics, Breeding and Genetic Resources*. Sinauer Associates Inc., Publishers, Sunderland, MA, pp. 43-63.

Hamrick, J.L. and Murawski, D.A. (1990) The breeding structure of tropical tree populations. *Plant Species Biology* 5, 157-165.

Hamrick, J.L., Godt, M.J.W. and Sherman-Broyles, S.L. (1992) Factors influencing levels of genetic diversity in woody plant species. *New Forests* 6, 95-124.

Hamrick, J.L., Murawski, D.A. and Nason, J.D. (1993a) The influence of seed dispersal mechanisms on the genetic structure of tropical tree populations. *Vegetatio* 107/108, 281-297.

Hamrick, J.L., Platt, W.J. and Hessing, M. (1993b) Genetic variation in longleaf pine. In: Hermann, S.M. (ed.) *Proceedings Tall Timbers Fire Ecology Conference No. 18, The Longleaf Pine Ecosystem: Ecology, Restoration and Management*. Tallahassee, FL, pp. 193-203.

Han, K.-H., Ma, C. and Strauss, S.H. (1997) Matrix attachment regions (MARs) enhance transformation frequency and transgene expression in poplar. *Transgenic Research* 6, 415-420.

Hanocq, E., Boichard, D. and Foulley, J.L. (1996) A simulation study of the effect of connectedness on genetic trend. *Genetics Selection Evolution* 28, 67-82.

Hanover, J.W. (1966a) Inheritance of 3-carene concentration in *Pinus monticola. Forest Science* 12, 447-450.

Hanover, J.W. (1966b) Genetics of terpenes. I. Gene control of monoterpene levels in *Pinus monticola* Doug. *Heredity* 21, 73-84.

Hanover, J.W. (1992) Applications of terpene analysis in forest genetics. *New Forests* 6, 159-178.

Hanson,W.D. (1963). Heritability. In: Hanson,W.D. and Robinson, H.F. (eds.) *Statistical Genetics and Plant Breeding*. NAS-NRC Publication 982, Washington, D.C., pp. 125-140.

Harbard, J.L., Griffin, A.R., and Espejo, J. (1999) Mass controlled pollination of *Eucalyptus globulus* - a practical reality. *Canadian Journal of Forest Research* 29, 1457-1463

Harcourt, R.L., Kyozuka, J., Floyd, R.B., Bateman, K.S., Tanaka, H., Decroocq, V., Llewellyn, D.J., Zhu, X., Peacock, W.J. and Dennis, E.S. (2000) Insect-and herbicide-resistant transgenic eucalypts. *Molecular Breeding* 6, 307-315.

Hardner, C.M. and Potts, B.M. (1995) Inbreeding depression and changes in variation after selfing in *Eucalyptus globulus* ssp. *globulus*. *Silvae Genetica* 44, 46-54.

Hardner, C.M., Vaillancourt, R.E. and Potts, B.M. (1996) Stand density influences outcrossing rate and growth of open-pollinated families of *Eucalyptus globulus*. *Silvae Genetica* 45, 226-228.

Hare, R.C. and Switzer, G.L. (1969) Introgression with shortleaf pine may explain rust resistance in western loblolly pine. USDA Forest Service Research Note SO-88.

Harry, D.E., Temesgen, B. and Neale, D.B. (1998) Codominant PCR-based markers for *Pinus taeda* developed from mapped cDNA clones. *Theoretical and Applied Genetics* 97, 327-336.

Hart, J. (1987) A cladistic analysis of conifers: preliminary results. *Journal of the Arnold Arboretum* 68, 269-307.

Hart, J. (1988) Rust fungi and host plant coevolution: do primitive hosts harbor primitive parasites?

Cladistics 4, 339-366.

Hartl, D.L. (2000) *A Primer of Population Genetics*. Sinauer Associates Inc., Publishers, Sunderland, MA.

Hartl, D.L. and Clark, G.A. (1989) *Principles of Population Genetics*. Sinauer Associates Inc., Publishers, Sunderland, MA.

Hatcher, A.V. and Weir, R.J. (1981) Design and layout of advanced generation seed orchards. In: *Proceedings of the 16th Southern Forest Tree Improvement Conference*. Blacksburg, VA, pp. 205-212.

Hattemer, H.H. and Melchior, G.H. (1993) Genetics and its application to tropical forestry. In: Pancel, L. (ed.) *Tropical Forestry Handbook, Vol. 1*. Springler Verlag, New York, N.Y, pp. 333-380.

Haughn, G.W., Smith, J., Mazur, B. and Sommerville, C. (1988) Transformation with a mutant *Arabidopsis* acetolatesynthase gene renders tobacco resistant to sulfonylurea herbicide. *Molecular and General Genetics* 211, 266-271.

Hayes, B.J. and Miller, S. (2000) Mate selection strategies to exploit across- and within-breed dominance variation. *Journal of Animal Breeding and Genetics* 117, 347-359.

Hazel, L.N. (1943) The genetic basis for constructing selection indexes. *Genetics* 28, 476-490.

Heaman, J.C. (1986) A breeding program in coastal Douglas-fir, 1983-1985. In: *Proceedings of the 20th Meeting of the Canadian Tree Improvement Association*. Quebec City, Canada, pp. 186-188.

Heath, L., Ramakrishnan, N., Sederoff, R., Whetten, R., Chevone, B., Struble, C., Jouenne, V., Chen, D., van Zyl, L., and Grene, R. (2002) Studying the functional genomics of stress responses in loblolly pine with the Expresso microarray experiment management system. *Comparative and Functional Genomics* 3, 226-243.

Hedrick, P.A. (1985) *Genetics of Populations*. Jones & Bartlett Publishers, Boston, MA.

Hedrick, P.W., Ginevan, M.E. and Ewing, E.P. (1976) Genetic polymorphism in heterogeneous environments. *Annual Review of Ecology and Systematics* 7, 1-32.

Helms, John A. (ed.) (1998) *The Dictionary of Forestry*. Society of American Foresters, Bethesda, MD.

Henderson, C.R. (1949) Estimation of changes in herd environment. *Journal of Dairy Science* 32, 709.

Henderson, C.R. (1950) Estimation of genetic parameters. *Annals of Mathematical Statistics* 21, 309.

Henderson, C.R. (1963) Selection index and expected genetic advance. In: Hanson, W.D. and Robinson, H.F. (eds.) *Statistical Genetics and Plant Breeding. National Academy of Sciences-National Research Council (NAS-NRC) Publication No. 982*. Washington, DC, pp. 141-163.

Henderson, C.R. (1974) General flexibility of linear model techniques for sire evaluation. *Journal of Dairy Science* 57, 963-972.

Henderson, C.R. (1975) Best linear unbiased estimation and prediction under a selection model. *Biometrics* 31, 423-447.

Henderson, C.R. (1976) A simple method for computing the inverse of a numerator relationship matrix used in prediction of breeding values. *Biometrics* 32, 69-83.

Henderson, C.R. (1984) *Applications of Linear Models in Animal Breeding*. University of Guelph, Guelph, Ontario, Canada.

Hermann, R.K. and Lavender. D.P. (1968) Early growth of Douglas-fir from various altitudes and aspects in southern Oregon. *Silvae Genetica* 17, 143-151.

Hertzberg, M., Aspeborg, H., Schrader, J., Andersson, A., Erlandsson, R., Blomqvist, K., Bhalerao, R., Uhlen, M., Teeri, T., Lundeberg, J., Sundberg, B., Nilsson, P., and Sandberg, G. (2001) A transcriptional roadmap to wood formation. *Proceedings of the National Academy of Sciences of the United States of America* 98, 14732-14737.

Higuchi, T. (1985) Biosynthesis of lignin. In: Higuchi, T. (ed.) *Biosynthesis and Biodegradation of Wood Components*. Academic Press, New York, NY, pp. 141-160.

Hill, W.G. (1984) On selection among groups with heterogeneous variance. *Animal Production* 39, 473-477.

Hirayoshi, I. and Nakamura, Y. (1943) Chromosome number of *Sequoia sempervirens*. *Botanische Zoologie* 11, 73-75.

Hizume, M. and Akiyama, M. (1992) Sized variation of chromomycin A3-band in chromosomes of

Douglas fir, *Psuedotsuga menziesii. Japanese Journal of Genetics* 67, 425-435.

Hizume, M., Ishida, F. and Murata, M. (1992) Multiple locations of the rRNA genes in chromosomes of pines, *Pinus densiflora* and *P. thunbergii. Japanese Journal of Genetics* 67, 389-396.

Ho, R.H. (1988a) Gibberellin A4/7 enhances seed-cone production in field-grown Black spruce. *Canadian Journal of Forest Research* 18, 139-142.

Ho, R.H. (1988b) Promotion of cone production on White spruce grafts by Gibberellin A4/7 application. *Forest Ecology and Management* 23, 39-46.

Hobbs, S.L.A., Warkenstein, T.D. and Delong, C.M.O. (1993) Transgene copy number can be positively or negatively associated with transgene expression. *Plant Molecular Biology* 21, 17-26.

Hodge, G.R. (1985) Parent vs. offspring selection: A case study. In: *Proceedings of the 18th Southern Forest Tree Improvement Conference*. Long Beach, MS, 145-154.

Hodge, G.R. (1997) Selection procedures with overlapping generations. In: *Proceedings of the International Union of Forest Research Organizations (IUFRO), Conference on the Genetics of Radiata Pine. Forest Research Institute (FRI) Bulletin No. 203*, Rotorua, New Zealand, pp. 199-206.

Hodge, G.R. and White, T.L.. (1992a) Concepts of selection and gain prediction. In: Fins, L., Friedman, S. and Brotschol. J. (eds.) *Handbook of Quantitative Forest Genetics*. Kluwer Academic Publishers, Dordrecht, The Netherlands, pp. 140-194.

Hodge, G.R. and White, T.L. (1992b) Genetic parameter estimates for growth traits at different ages in slash pine and some implications for breeding. *Silvae Genetica* 41, 252-262.

Hodge, G.R. and White, T.L. (1993) Advanced-generation wind-pollinated seed orchard design. *New Forests* 7, 213-236.

Hodge, G.R., White, T.L., De Souza, S.M. and Powell, G.L. (1989) Predicted genetic gains from one generation of slash pine tree improvement. *Southern Journal of Applied Forestry* 13, 51-56.

Hodge, G.R., Schmidt, R.A. and White, T.L. (1990) Substantial realized gains from mass selection of fusiform rust-free trees in highly-infected stands of slash pine. *Southern Journal of Applied Forestry* 14, 143-146.

Hodge, G.R., Volker, P.W., Potts, B.M. and Owen, J.V. (1996) A comparison of genetic information from open-pollinated and control-pollinated progeny tests in two eucalypts species. *Theoretical and Applied Genetics* 92, 53-63.

Hofer, A. and Kennedy, B.W. (1993) Genetic evaluation for a quantitative trait controlled by polygenes and a major locus with genotypes not or only partly known. *Genetics Selection Evolution* 25, 537-555.

Hohenboken, W.D. (1985) Phenotypic, genetic and environmental correlations. In: Chapman, A.B. (ed.) *General and Quantitative Genetics*. Elsevier Science Publisher, NewYork, NY, pp. 121-134.

Horsch, R.E., Fry, J.R. Hoffmann, N.L., Eichholtz, D., Rogers, S.G. and Fraley, R.T. (1985) A simple and general method for transferring genes into plants. *Science* 227, 1229-1231.

Hotta, Y. and Miksche, J. (1974) Ribosomal-RNA genes in four coniferous species. *Cell Differentiation* 2, 299-305.

Howe, G., Saruul, P., Davis, J. and Chen, T. (2000) Quantitative genetics of bud phenology, frost damage, and winter survival in an F_2 family of hybrid poplars. *Theoretical and Applied Genetics* 101, 632-342.

Hu, W.-J., Kawaoka, A., Tsai, C.J., Lung, J., Osakabe, K., Ebinuma, H. and Chiang, V.L. (1998) Compartmentalized expression of two structurally and functionally distinct 4-coumarate: CoA ligase genes in aspen (*Populus tremuloides*). *Proceedings of the National Academy of Sciences of the United States of America* 95, 5407-5412.

Hu, W.-J., Harding, S.A., Lung, J., Popko, J.L., Ralph, J., Stokke, D.D., Tsai, C.-J., and Chiang, V.L. (1999) Repression of lignin biosynthesis promotes cellulose accumulation and growth in transgenic trees. *Nature Biotechnology* 17, 808-812.

Huber, D.A. (1993) *Optimal Mating Designs and Optimal Techniques for Analysis of Quantitative Traits in Forest Genetics*. Department of Forestry, University of Florida, Gainesville, Florida.

Huber, D.A., White, T.L. and Hodge, G.R. (1992) Efficiency of half-sib, half-diallel and circular mating designs in the estimation of genetic parameters in forestry: A simulation. *Forest Science* 38, 757-776.

Huber, D.A., White, T.L. and Hodge, G.R. (1994) Variance component estimation techniques compared for two mating designs with forest genetic architecture through computer simulation. *Theoretical and Applied Genetics* 88, 236-242.

Huehn, M. (1987) Clonal mixtures, juvenile-mature correlations and necessary number of clones. *Silvae Genetica* 36, 83-92.

Huehn, M. (1988) Multiclonal mixtures and number of clones. *Silvae Genetica* 37, 67-73.

Huhn, M. (1992a) Multiclonal mixtures and number of clones: II. Number of clones and yield stability (deterministic approach with competition). *Silvae Genetica* 41, 205-213.

Huhn, M. (1992b) Theoretical studies on the number of components in mixtures. III. Number of components and risk considerations. *Theoretical and Applied Genetics* 72, 211-218.

Hurme, P., Sillanpaa, E., Arjas, E., Repo, T. and Savolainen, O. (2000) Genetic basis of climatic adaptation in Scots pine by Bayesian quantitative trait analyses. *Genetics* 156, 1309-1322.

Husband, B.C. and Schemske, D.W. (1996) Evolution of the magnitude and timing of inbreeding depression in plants. *Evolution* 50, 54-70.

IHGSC (International Human Genome Sequencing Consortium) (2001) Initial sequencing and analysis of the human genome. *Nature* 409, 860-921.

Ikemori, Y. (1990) Genetic variation in characteristics of *Eucalyptus grandis (*Hill) maiden raised from micro-propagation, macro-propagation and seed. Ph.D. Dissertation, Green College, Oxford University, UK.

IPCC (Intergovernmental Panel on Climate Change) (2001) Climate change 2000: Impacts, adaptation, and vulnerability: Contribution of working group II. In: McCarthy, J.J., Canziani, O.F., Leary, N.A., Dokken, D.J. and White, K.S. (eds.) *Third Assessment Report, Intergovernmental Panel on Climate Change*. Cambridge University Press, UK.

Isaac, L.A. (1930) Seed flight in the Douglas fir region. *Journal of Forestry* 28, 492-499.

Isabel, N., Beaulieu, J. and Bousquet, J. (1995) Complete congruence between gene diversity estimates derived from genotypic data at enzyme and random amplified polymorphic DNA loci in black spruce. *Proceedings of the National Academy of Sciences of the United States of America* 99, 6369-6373.

IUCN (The World Conservation Union) (1994) *Guidelines for Protected Area Management Categories*. The World Conservation Union's Commission on National Parks and Protected Areas (**CNPPA**) with the assistance of The World Conservation Monitoring Centre (WCMC). IUCN, Gland, Switzerland and Cambridge, UK.

Jackson, N. and Turner, H.N. (1972) Optimal structure for a co-operative nucleus breeding system. In: Proceedings of the Australian Society of Animal Production 9, 55-64.

Jain, S.M. and Minocha, S.C. (2000) *Molecular Biology of Woody Plants, Forestry Sciences, Volume 64*. Kluwer Academic Publishers, Dordrecht, The Netherlands.

James, C. (2004) The global status of commercialized Biotech/GM Crops: (2004) The International Service for the Acquisition of Agri-biotech Applications (ISAAA) Brief # 32. http://www.isaaa.org

James, J.W. (1972) Optimum selection intensity in breeding programmes. *Animal Production* 14, 1-9.

James, J.W. (1977) Open nucleus breeding systems. *Animal Production* 24, 287-305.

Jansson, S. and Gustafsson, P. (1990) Type I and Type II genes for the chlorophyll a/b-binding protein in the gymnosperm *Pinus sylvestris* (Scots pine): cDNA cloning and sequence analysis. *Plant Molecular Biology* 14, 287-296.

Jansson, S. and Gustafsson, P. (1991) Evolutionary conservation of the chlorophyll a/b-binding proteins: cDNA's encoding Type I, II, and III LHC I polypeptides from the gymnosperm Scots pine. *Molecular and General Genetics* 229, 67-76.

Jansson, S. and Gustafsson, P. (1994) Characterization of a Lhcb5 cDNA from Scots Pine (*Pinus sylvestris*). *Plant Physiology* 106, 1695-1696.

Janzen, D.H. (1971) Euglossine bees as long-distance pollinators of tropical plants. *Science* 171, 203-205.

Jarvis, S.F., Borralho, N.M.G. and Potts, B.M. (1995) Implementation of a multivariate BLUP model for genetic evaluation of *Eucalyptus globulus* in Australia. In: Potts, B.M., Borralho, N.M.G., Reid, J.B., Cromer, R.N., Tibbits, W.N. and Raymond, C.A. (eds.) *Proceedings of the International Union of Forest Research Organizations (IUFRO), Symposium on Eucalypt Plantations: Improving Fibre Yield and Quality*. Hobart, Australia, pp. 212-216.

Jayawickrama, K.J. and Carson, M.J. (2000) A breeding strategy for New Zealand Radiata Pine Breeding Cooperative. *Silvae Genetica* 49, 82-90.

Jayawickrama, K.J.S., Carson, M.J., Jefferson, P.A. and Firth. A. (1997) Development of the New Zealand radiata pine breeding population. In: Burdon, R.D. and Moore, J.M. (eds.) *Proceedings of the International Union of Forest Research Organizations (IUFRO), Symposium on Genetics of Radiata Pine*. Rotorua, New Zealand, pp. 217-225.

Jeffreys, A.J., Wilson, V. and Thein, S.L. (1985a) Hypervariable 'minisatellite' regions in human DNA. *Nature* 314, 67-73.

Jeffreys, A.J., Wilson, V. and Thein, S.L. (1985b) Individual-specific 'fingerprints' of human DNA. *Nature* 316, 76-79.

Jermstad, K.D., Reem, A.M., Henifin, J.R., Wheeler, N.C. and Neale, D.B. (1994) Inheritance of restriction fragment length polymorphisms and random amplified polymorphic DNAs in coastal Douglas-fir. *Theoretical and Applied Genetics* 89, 758-766.

Jermstad, K., Bassoni, D., Wheeler, N. and Neale, D. (1998) A sex-averaged genetic linkage map in coastal Douglas-fir (*Pseudotsuga menziesii* [Mirb.] Franco var '*menziesii*') based on RFLP and RAPD markers. *Theoretical and Applied Genetics* 97, 762-770.

Jermstad, K., Bassoni, D., Jech, K., Ritchie, G., Wheeler, N. and Neale, D. (2001) Mapping of quantitative trait loci controlling adaptive traits in coastal Douglas-fir. I. Timing of vegetative bud flush. *Theoretical and Applied Genetics* 102, 1142-1151.

Jermstad, K.D., Bassoni, D.L., Jech, K.S., Ritchie, G.A., Wheeler, N.C. and Neale, D.B. (2003) Mapping of quantitative trait loci controlling adaptive traits in coastal Douglas-fir. III. QTL by environment interactions. *Genetics* 165, 1489-1506.

Jett, J.B. (1986) Reaching full production: A review of seed orchard management in the southeastern United States. In: *Proceeedings of the International Union of Forest Research Organizations (IUFRO), Conference on Breeding Theory, Progeny Testing and Seed Orchards*. Williamsburg, VA, pp. 34-58.

Jett, J.B. (1987) Seed orchard management: Something old and something new. In: *Proceedings of the 19th Southern Forest Tree Improvement Conference*. College Station, TX, pp. 160-171.

Jett, J.B. and Talbert, J.T. (1982) The place of wood specific gravity in development of advanced generation seed orchards. *Southern Journal of Applied Forestry* 6, 177-180.

John, J.A. and Williams, E.R. (1995) *Cyclic and Computer Generated Designs*. Chapman & Hall. London, UK.

Johnson, G.R. (1997) Site-to-site genetic correlations and their implications on breeding zone size and optimum number of progeny test sites for coastal Douglas-fir. *Silvae Genetica* 46, 280-285.

Johnson, G.R. and Burdon, R.D. (1990) Family-site interaction in *Pinus radiata*: Implications for progeny testing strategy and regionalized breeding in New Zealand. *Silvae Genetica* 39, 55-62.

Johnson, G.R., Sniezko, R.A. and Mandel, N.L. (1997) Age trends in Douglas-fir genetic parameters and implications for optimum selection age. *Silvae Genetica* 349-358.

Johnson, G., Wheeler, N. and Strauss, S. (2000) Financial feasibility of marker-aided selection in Douglas-fir. *Canadian Journal of Forest Research* 30, 1942-1952.

Johnson, R. (1998) *Breeding Design Considerations for Coastal Douglas-fir*. USDA Forest Service General Technical Report PNW-GTR 411.

Judd, W., Campbell, C., Kellogg, E. and Stevens, P. (1999) Plant systematics: a phylogenetic approach. Sinauer Associates, Inc., Publishers, Sunderland, MA.

Kamm, A., Doudrick, R.L., Heslop-Harrison, J.S. and Schmidt, T. (1996) The genomic and physical organization of Ty1-copia-like sequences as a component of large genomes in *Pinus elliottii* var. *elliottii* and other gymnosperms. *Proceedings of the National Academy of Sciences of the United States of America* 93, 2708-2713.

Kang, H. (1979a) Long-term tree breeding. In: *Proceedings of the 15th Southern Forest Tree Improvement Conference*. Mississippi State University, Starkeville, MS, pp. 66-72.

Kang, H. (1979b) Designing a tree breeding system. In: *Proceedings of the 17th Meeting of the Canadian Tree Improvement Association*. Gander, Newfoundland, pp. 51-66.

Kang, H. (1991) Components of juvenile-mature correlations in forest trees. *Theoretical and Applied Genetics* 81, 173-184.

Kang, H. and Namkoong, G. (1979) Limits of artificial selection under balanced mating systems. *Silvae Genetica* 28, 53-60.

Kang, H. and Namkoong, G. (1980) Limits of artificial selection under unbalanced mating systems. *Theoretical and Applied Genetics* 58, 181-191.

Kang, H. and Namkoong, G. (1988) Inbreeding effective population size under some artificial selection schemes. I. Linear distribution of breeding values. *Theoretical and Applied Genetics* 75, 333-339.

Kang, H. and Nienstaedt, H. (1987) Managing long-term tree breeding stock. *Silvae Genetica* 36, 30-39.

Kannenberg, L.W. (1983) Utilization of genetic diversity in crop breeding. In: Yeatman, C.W., Kafton, D. and Wilkes, G. (eds.) *Plant Gene Resources: A Conservation Imperative. AAAS (American Association for the Advancement of Science) Selected Symposium 87.* Westview Press, Boulder, CO, pp 93-111.

Kanowski, P.J. (1996) Sustaining tropical forestry: tree improvement in the biological and social context. In: Dieters, M.J., Matheson, A.C., D.G. Nikles, D.G., Harwood, C.E. and Walker, S.M. (eds.) *Proceedings of the Queensland Forest Research Institute-International Union of Forest Research Organizations (QFRI-IUFRO), Conference on Tree Improvement for Sustainable Tropical Forestry*. Caloundra, Queensland, Australia, pp. 295-300.

Kanowski, P. J. (2000) Politics, policies and the conservation of forest genetic diversity. In: Young, A., Boshier, D. and Boyle, T. (eds.) *Forest Conservation Genetics: Principles and Practice.* Commonwealth Scientific and Industrial Research Organization (CSIRO) Publishing, Collingwood, Victoria, Australia, pp. 275-287.

Kanowski, P.J. and Nikles, D.G. (1989) A summary of plans for continuing genetic improvement of *Pinus caribaea* var. *hondurensis* in Queensland. In: Gibson, G.I., Griffin, A.R., and Matheson, A.C. (eds.) *Breeding Tropical Trees: Population Structure and Genetic Improvement Strategies in Clonal Seedling Forestry*. Oxford Forestry Institute, Oxford, UK, pp. 236-349.

Kanowski, P.J., Savill, P.S., Adlard, P.G., Burley, J., Evans, J., Palmer, J.R. and Wood, P.J. (1992) Plantation forestry. In: Sharma, N. (ed.) *Managing the World's Forests.* Kendall/Hunt, Dubuque, IA, pp. 375-401.

Karhu, A., Hurme, P., Karjalainen, M., Karvonen, P., Karkkainen, K., Neale, D.B. and Sovalainen, O. (1996) Do molecular markers reflect patterns of differentiation in adaptive traits of conifers? *Theoretical and Applied Genetics* 93, 215-221.

Kärkkäinen, K., Koski, V. and Savolainen, O. (1996) Geographical variation in the inbreeding depression of Scots pine. *Evolution* 50, 111-119.

Karnosky, D.F. (1977) Evidence for genetic control of response to sulphur dioxide and ozone in *Populus tremuloides. Canadian Journal of Forest Research* 7, 437-440.

Kaya, Z., Ching, K.K., and Stafford, S.G. (1985) A statistical analysis of karyotypes of European black pine (*Pinus nigra* Arnold) from different sources. *Silvae Genetica* 34, 148-156.

Kaya, Z., Sewell, M. and Neale, D. (1999) Identification of quantitative trait loci influencing annual height and diameter increment growth in loblolly pine (*Pinus taeda* L.). *Theoretical and Applied Genetics* 98, 586-592.

Kearsey, M.J. and Farquar, A.G. (1998) QTL analysis in plants: Where are we now? *Heredity* 80, 137-142.

Keim, P., Paige, K.N., Whitham, T.G. and Lark, K.G. (1989) Genetic analysis of an interspecific hybrid swarm of *Populus*: occurrence of unidirectional introgression. *Genetics* 123, 557-565.

Kennedy, B.W. and Sorensen, D.A. (1988) Properties of mixed-model methods for prediction of genetic merit. In: Weir, B.S., Eisen, E.J., Goodman, M.M. and Namkoong, G. (eds.) *Proceedings of the 2nd International Conference on Quantitative Genetics*. Sinauer Associates Inc., Publishers, Sunderland, MA, pp. 91-103.

Kennedy, B.W., Quinton, M. and van Arendonk, J.A.M. (1992) Estimation of effects of single genes on quantitative traits. *Journal of Animal Science* 70, 2000-2012.

Kephart, S.R. (1990) Starch gel electrophoresis of plant isozymes: a comparative analysis of techniques. *American Journal of Botany* 77, 693-712.

Kerr, R.J. and Goddard, M.E. (1997) A comparison between the use of MAS and clonal tests in tree breeding programmes. In: Burdon, R.D. and Moore, J.M. (eds.) *Proceedings of the International Union of Forest Research Organizations (IUFRO), Conference on the Genetics of Radiata Pine.* Rotorua, New Zealand, pp. 297-303.

Kerr, R.J., Jarvis, S.F. and Goddard, M.E. (1996) The use of genetic markers in tree breeding programs. In: Dieters, M.J. Matheson, A.C. , Nickles, D.G., Hardwood, C.E. and Walker, S.M. (eds.) *Proceedings of the QueenslandForest Research Institute-International Union of Forest Research Organizations (QFRI-IUFRO), Conference on Tree Improvement for Sustainable Tropical Forestry*. Caloundra, Queensland, Australia, pp. 498-505.

Kerr, R.J., McRae, T.A., Dutkowski, G.W., Apiolaza, L.A. and Tier, B. (2001) Treeplan - a genetic evaluation system for forest tree improvement. In: *Proceedings of the International Union of Forest Research Organizations (IUFRO), Conference on Developing the Eucalypt of the Future*. Valdivia, Chile, pp. 6.

Kerr, R.J., Dieters, M.J., Tier, B. and Dungey, H.S. (2004a) Simulation of forest tree breeding strategies. *Canadian Journal of Forest Research* 34, 195-208.

Kerr, R.J., Dieters, M.J. and Tier, B. (2004b) Simulation of the comparative gains from four different hybrid tree breeding strategies. *Canadian Journal of Forest Research* 34, 209-220.

Kertadikara, A.W.S. and Prat, D. (1995) Genetic structure and mating system in teak (*Tectona grandis* L.f.) provenances. *Silvae Genetica* 44, 104-110.

Khasa, P.D., Vallee, G., Li, P., Magnussen, S., Camire, C. and Bousquet, J. (1995) Performance of five tropical tree species on four sites in Zaire. *Commonwealth Forestry Review* 74, 129-137.

Khoshoo, T.N. (1959) Polyploidy in gymnosperms. *Evolution* 13, 24-39.

Khoshoo, T.N. (1961) Chromosome numbers in gymnosperms. *Silvae Genetica* 10(1), 1-9.

Khurana, D.K. and Khosla, P.K. (1998) Hybrids in forest tree improvement. In: Mandal, A.K. and Gibson, G.L. (eds.) *Forest Genetics and Tree Breeding*. CBS Publishers and Distributors, Darya Ganj, New Delhi, India, pp. 86-102.

Kim, M.-S., Klopfenstein, N.B. and Chun, Y.W. (1997) *Agrobacterium*-mediated transformation of *Populus* species. In: Klopfenstein, N.B., Chun, Y.W., Kim, M.-S. and Ahuja, M.R. (eds.) *Micropropagation, Genetic Engineering and Molecular Biology of Populus*. USDA Forest Servic General Technical Report RM-GTR-297, pp. 51-59.

King, J.N. and Burdon, R.D. (1991) Time trends in inheritance and projected efficiencies of early selection in a large 17-year-old progeny test of *Pinus radiata*. *Canadian Journal of Forest Research* 21, 1200-1207.

King, J. and Cartwright, C. (1995) Western hemlock breeding program. In: Lavereau, J. (ed.) *Proceedings of the 25th Canadian Tree Improvement Association, Part I. CTIA/WFGA Conference on Evolution and Tree Breeding: Advances in Quantitative and Molecular Genetics for Population Improvement*. Victoria, British Columbia, Canada, pp 16-17.

King, J.N. and Johnson, G.R. (1996) Monte Carlo simulation models of breeding-population advancement. *Silvae Genetica* 42, 68-78.

King, J.N. and Wilcox, M.D. (1988) Family tests as a basis for the genetic improvement of *Eucalyptus nitens* in New Zealand. *New Zealand Journal of Forest Science* 18, 253-266.

King, J.N., Yeh, F.C., Heaman, J. Ch. and Dancik, B.P. (1988) Selection of wood density and diameter in controlled crosses of coastal Douglas-fir. *Silvae Genetica* 37, 152-157.

Kinghorn, B.P. (2000) Crossbreeding strategies to maximise economic returns. In: *Hybrid Breeding and Genetics of Forest Trees. Proceedings of the Queensland Forest Research Institute/Cooperative Research Center-Sustainable Production Forestry (QFRI/CRC-SPF) Symposium*. Noosa, Queensland, Australia, pp. 291-302.

Kinghorn, B.P., Kennedy, B.W., and Smith, C. (1993) A method for screening for genes of major effect. *Genetics* 134, 351-360.

Kinlaw, C. and Neale, D. (1997) Complex gene families in pine genomes. *Elsevier Trends Journals* 2(9), 356-359.

Kinloch, B.B., Parks, G.K. and Fowler, C.W. (1970) White pine blister rust: Simply inherited resistance in sugar pine. *Science* 167, 193-195.

Kinloch, B.B., Westfall, R.D. and Forrest, G.I. (1986) Caledonian Scots pine: origins and genetic structure. *The New Phytologist* 104, 703-729.

Kirst, M., Jonhson, A., Retzel, E., Whetten, R., Vasques-Kool, J., O'Malley, D., Baucom, C., Bonner, E., Hubbard, K. and Sederoff, R. (2003) Apparent homology of expressed genes in loblolly pine (*Pinus taeda* L.) with *Arabidopsis thaliana*. *Proceedings of the National Academy of Science of the United States of America* 100, 7383-7388.

Kirst, M., Cordeiro, C. M., Rezende, G.D.S.P. and Grattapaglia. D. (2005) Power of microsatellite markers for fingerprinting and parentage analysis in *Eucalyptus grandis* breeding populations.

Journal of Heredity 96, 1-6.

Kjaer, E.D. (1996) Estimation of effective population number in a *Picea abies* (Karst.) seed orchard based on flower assessment. *Scandinavian Journal of Forest Research* 11, 111-121.

Klein, J.I. (1987) Selection and mating strategies in second generation breeding populations of conifer tree improvement programs. *In: Proceedings of the 21st Tree Improvement Association.* Truro, Nova Scotia, pp. 170-180.

Klein, T.M., Wolf, E.D., Wu, R. and Sanford, J.C. (1987) High-velocity microprojectiles for delivering nucleic acids into living cells. *Nature* 327, 70-73.

Kleinschmit, J. (1978) Sitka spruce in Germany. *Proceedings of the International Union of Forest Research Organizations (IUFRO), Joint Meeting of Working Parties, Volume 2.* British Columbia Ministry of Forests, Information Services Branch, Victoria, BC, Canada, pp. 183-191.

Kleinschmit, J. (1979) Limitations for restriction of the genetic variation. *Silvae Genetica* 28, 61-67.

Kleinschmit, J. and Bastien, J.C. (1992) The International Union of Forest Research Organization's (IUFRO) role in Douglas-fir (*Pseudotsuga menziesii* [Mirb] Franco) tree improvement. *Silvae Genetica* 41, 161-173.

Kleinschmit, J., Khurana, D.K., Gerhold, H.D. and Libby, W.J. (1993) Past, present, and anticipated applications of clonal forestry. In: Ahuja, M.R. and Libby, W.J. (eds.) *Clonal Forestry II. Conservation and Application.* Springer-Verlag, New York, NY, pp. 9-41.

Klekowski, E.J., Jr. (1992) Mutation rates in diploid annuals - are they immutable? *International Journal of Plant Science* 153, 462-265.

Klekowski, E.J. and Godfrey, P.J. (1989) Aging and mutation in plants. *Nature* 340, 389-391.

Klekowski, E.J., Jr., Lowenfeld, R. and Hepler, P.K. (1994) Mangrove genetics. II. Outcrossing and lower spontaneous mutation rates in Puerto Rican *Rhizophora. International Journal of Plant Science* 155, 373-381.

Klimaszewska, K., Devantier, V., Lachance, D., Lelu, M.A. and Charest, P.J. (1997) *Larix laricina* (tamarack): somatic embryogenesis and genetic transformation. *Canadian Journal of Forest Research* 27, 538-550.

Klopfenstein, N.B., Shi, N.Q., Kernan, A., McNabb, H.S., Jr., Hall, R.B., Hart, E.R. and Thornburg, R.W. (1991) Transgenic hybrid poplar expresses a wound-inducing potato proteinase inhibitor II. – CAT gene fusion. *Canadian Journal of Forest Research* 21:1321-1328.

Klopfenstein, N.B., Allen, K.K., Avila, F.J., Heuchelin, S.A., Martinez, J., Carman, R.C., Hall, R.B., Hart, E.R. and McNabb, H.S. (1997) Proteinase inhibitor II gene in transgenic poplar: chemical and biological assays. *Biomass and Bioenergy* 12:299-311.

Knott, S., Neale, D., Sewell, M. and Haley, C. (1997) Multiple marker mapping of quantitative trait loci in an outbred pedigree of loblolly pine. *Theoretical and Applied Genetics* 94, 810-820.

Knowles, P. (1991) Spatial genetic structure within two natural stands of black spruce (*Picea mariana* (Mill.) B.S.P.). *Silvae Genetica* 40, 13-19.

Knowles, P. and Grant, M.C. (1985) Genetic variation of lodgepole pine over time and microgeographical space. *Canadian Journal of Botany* 63, 722-727.

Knowles, P., Furnier, G.R., Aleksiuk, M.A. and Perry, D.J. (1987) Significant levels of self-fertilization in natural populations of tamarack. *Canadian Journal of Botany* 65, 1087-1091.

Knowles, P., Perry, D.J. and Foster, H.A. (1992) Spatial genetic structure in two tamarack (*Larix laricina* (Du Roi) K. Koch) populations with differing establishment histories. *Evolution* 46, 572-576.

Koebner, R. and Summers, R. (2002) The impact of molecular markers on the wheat breeding paradigm. *Cellular and Molecular Biology Letters* 7, 695-702.

Kojima, K., Yamamoto, N. and Sasaki, S. (1992) Structure of the pine (*Pinus thunbergii*) chlorophyll a/b-binding protein gene expressed in the absence of light. *Plant Molecular Biology* 19, 405-410.

Komulainen, P., Brown, G.R., Mikkonen, M., Karhu, A., Garcia-Gil M.R., O'Malley, D., Lee, B., Neale, D.B. and Savolainen, O. (2003) Comparing EST-based genetic maps between *Pinus sylvestris* and *P. taeda. Theoretical and Applied Genetics* 107, 667-678.

Kondo, T., Tsumura, Y., Kawahara, T. and Okamura, M. (1998) Paternal inheritance of chloroplast and mitochondrial DNA in interspecific hybrids of *Chamaecyparis* spp. *Breeding Science* 48, 177-179.

Koski, V. (1970) A Study of Pollen Dispersal as a Mechanism of Gene Flow in Conifers, *Communi-*

cationes Instituti Forestalis Fenniae 70.4, Helsinki, Finland.

Koski, V. and Malmivaara, E. (1974) The role of self-fertilization in a marginal population of *Picea abies* and *Pinus sylvestris*. *Proceedings of the International Union of Forest Research Organizations (IUFRO), Joint Meeting of Working Parties on Population and Ecological Genetics, Breeding Theory and Progeny Testing,* 5.02.OY, Stockholm, Sweden. pp. 55-166.

Kossack, D.S. and Kinlaw, C.S. (1999) IFG, a gypsy-like retrotransposon in *Pinus* (Pinaceae), has an extensive history in pines. *Plant Molecular Biology* 39, 417-426.

Kostia, S., Varvio, S.L., Vakkari, P. and Pulkkinen, P. (1995) Microsatellite sequences in a conifer, *Pinus sylvestris*. *Genome* 38, 1244-1248.

Kozlowski, T.T. and Pallardy, S.G. (1979) *Physiology of Woody Plants*. Academic Press, London, UK.

Kremer, A., Petit, R., Zanetto, A., Fougere, V., Ducousso, A., Wagran, D. and Chauvin, C. (1991) Nuclear and organelle gene diversity in *Quercus robur* and *Q. Petraea*. In: Muller-Starck, G. and Ziehe, M. (eds.) *Genetic Variation in European Populations of Forest Trees*. Sauerlander's Verlag, Frankfurt, Germany, pp. 141-166.

Kriebel, H. (1985) DNA sequence components of the *Pinus strobus* nuclear genome. *Canadian Journal of Forest Research* 15, 1-4.

Krietman, M. (1996) The neutral theory is dead. Long live the neutral theory. *BioEssays* 18, 678-683.

Krugman, S.L., Stein, W.L. and Schmitt, D.M. (1974) Seed biology. In: Shopmeyer, C.S. (Technical Coordinator) *Seed of Woody Plants in the United States*. United States Department of Agriculture, Agricultural Handbook 450, pp. 5-40.

Krupkin, A., Liston, A. and Strauss, S. (1996) Phylogenetic analysis of the hard pines (*Pinus* subgenus *Pinus*, Pinaceae) from chloroplast DNA restriction site analysis. *American Journal of Botany* 83, 489-498.

Krutovskii, K.V. and Neale, D. B. (2003) Forest genomics and new molecular genetic approaches to measuring and conserving adaptive genetic diversity in forest trees. In: Geburek, T. and Turok, J. (eds.) *Conservation and Managementof Forest Genetic Resources in Europe*, Arbora Publishers, Zvolen.

Krutovsky K.V., Troggio, M., Brown, G.R., Jermstad, K.D., Neale, D.B. (2004) Comparative Mapping in the Pinaceae. *Genetics* 168, 447-461.

Krusche, D. and Geburek, T. (1991) Conservation of forest gene resources as related to sample size. *Forest Ecology and Management* 40, 145-150.

Krutzsch, P. (1992) The International Union of Forest Research Organization's (IUFRO) role in coniferous tree improvement: Norway spruce. *Silvae Genetica* 41, 143-150.

Kuittinen, H., Muona, O. Kärkkäinen, K. and Borzan, Z. (1991) Serbian spruce, a narrow endemic, contains much genetic variation. *Canadian Journal of Forest Research* 21, 363-367.

Kumar, L.S. (1999) DNA markers in plant improvement: An overview. *Biotechnology Advances* 17, 143-182.

Kumar, S. (2004) Effect of selfing on various economic traits in *Pinus radiata* and some implications for breeding strategy. *Forest Science* 50, 571-578.

Kumar, S. and Fladung, M. (2001) Controlling transgene integration in plants. *Trends in Plant Science* 6, 156-159.

Kumar, S. and Fladung, M. (2004) *Molecular Genetics of Breeding of Forest Trees*. Food Products Press, New York, London, Oxford, 436 pp.

Kumar, S. and Garrick, D. (2001) Genetic response to within-family selection using molecular markers in some radiata pine breeding schemes. *Canadian Journal of Forest Research* 31, 779-785.

Kummerly, W. (1973) *The Forest*. Kummerly and Frey, Geographical Publishers, Berne, Switzerland, pp. 299.

Kundo, S.K. and Tigerstedt, P.M.A. (1997) Geographical variation in seed and seedling traits of neem (*Azadirachta indica* A. Juss) among ten populations studied in growth chamber. *Silvae Genetica* 46, 129-137.

Kuser, J.E. and Ching, K.K. (1980) Provenance variation in phenology and cold hardiness of western hemlock seedlings. *Forest Science* 26, 463-470.

Kuser, J.E. and Ledig, F.T. (1987) Provenance and progeny variation in pitch pine from the Atlantic Coastal Plain. *Forest Science* 33, 558-564.

Kvarnheden, A. and Engstrom, P. (1992) Genetically stable, individual-specific differences in hypervariable DNA in Norway spruce, detected by hybridization to a phage M13 probe. *Canadian Journal of Forest Research* 22, 117-123.

Kvarnheden, A., Tandre, K. and Engstrom, P. (1995) A cdc2 homologue and closely related processed retropseudogenes from Norway spruce. *Plant Molecular Biology* 27, 391-403.

La Bastide, J.G.A. (1967) A computer program for the layouts of seed orchards. *Euphytica* 16, 321-323.

Ladrach, W.E. (1998) Provenance research: The concept, application and achievement. In: Mandal, A.K. and Gibson, G.I. (eds.) *Forest Genetics and Tree Breeding*. CBS Publishers and Distributors, New Delhi, India, pp. 16-37.

La Farge, T. (1993) Realized gains in volume, volume per acre and straightness in unrogued orchards of three southern pine species. In: *Proceedings of the 22nd Southern Forest Tree Improvement Conference*. Atlanta, GA, pp. 183-193.

La Farge, T. and Lewis, R.A. (1987) Phenotypic selection effective in a northern red oak seedling seed orchard. In: *Proceedings of the 19th Southern Forest Tree Improvement Conference*. College Station, TX, pp. 200-207.

Lagercrantz, U. and Ryman, N. (1990) Genetic structure of Norway spruce (*Picea abies*): concordance of morphological and allozymic variation. *Evolution* 44, 38-53.

Lambeth, C.C. (1980) Juvenile-mature correlations in Pinaceae and implications for early selection. *Forest Science* 26, 571-580.

Lambeth, C.C. (1983) Early testing - an overview with emphasis on loblolly pine. In: *Proceedings of the 17th Southern Forest Tree Improvement Conference*. Athens, GA, pp. 297-311.

Lambeth, C.C. and Lopez, J.L. (1994) An *E. grandis* clonal tree improvement program for Carton de Colombia. Smurfit Carton de Colombia Research Report 120, Cali, Colombia.

Lambeth, C.C., van Buijtenen, J.P., Duke, S.D. and McCullough, R.B. (1983a) Early selection is effective in 20-year-old genetic tests of loblolly pine. *Silvae Genetica* 32, 210-215.

Lambeth, C.C., Gladstone, W.T. and Stonecypher, R.W. (1983b) Statistical efficiency of row and noncontiguous family plots in genetic tests of loblolly pine. *Silvae Genetica* 32, 24-28.

Lambeth, C.C., Dougherty, P.M., Gladstone, W.T., McCullough, R.B. and Wells, O.O. (1984) Large-scale planting of North Carolina loblolly pine in Arkansas and Oklahoma: A case of gain versus risk. *Journal of Forestry* 82, 736-741.

Lambeth, C.C., Lopez, J.L. and Easley, D.F. (1989) An accelerated *Eucalyptus grandis* clonal tree improvement programme for the Andes mountains of Colombia. In: Gibson. G.I., Griffin, A.R. and Matheson, A.C. (eds.) *Breeding Tropical Trees: Population Structure and Genetic Improvement Strategies in Clonal and Seedling Forestry*. Oxford Forestry Institute, Oxford, UK, pp. 259-266.

Lambeth, C., Lee, B.-C., O'Malley, D. and Wheeler, N. (2001) Polymix breeding with parental analysis in progeny: an alternative to full-sib breeding and testing. *Theoretical and Applied Genetics* 103, 930-943.

Land, S.B., Bongarten, B.C. and Toliver, J.R. (1987) Genetic parameters and selection indices from provenance/progeny tests. In: *Statistical Considerations in Genetic Testing of Forest Trees. Southern Cooperative Series Bulletin 324*. University of Florida, Gainesville, FL, pp. 59-74.

Lande, R. (1988a) Quantitative genetics and evolutionary theory. In: Weir, B.S., Eisen, E.J., Goodman, M.M. and Namkoong, G. (eds.) *Proceedings of the 2nd International Conference on Quantitative Genetics*. Sinauer Associates Inc., Publishers, Sunderland, Massachusetts, pp. 71-84.

Lande, R. (1988b) Genetics and demography in biological conservation. *Science* 241, 1455-1460.

Lande, R. (1995) Mutation and conservation. *Conservation Biology* 9, 782-791.

Lande, R. and Thompson, R. (1990) Efficiency of marker-assisted selection in the improvement of quantitative traits. *Genetics* 124, 743-756.

Lander, E. and Botstein, D. (1989) Mapping Mendelian factors underlying quantitative traits using RFLP linkage maps. *Genetics* 121, 185-199.

Lander, E.S., Green, P., Abrahamson, J., Barlow, A., Daley, M.J., Lincoln, S.E. and Newburg, L. (1987) MAPMAKER: An interactive computer package for constructing primary genetic linkage maps of experimental and natural populations. *Genomics* 1, 174-181.

Langlet, O. (1959) A cline or not a cline? A case of Scots pine. *Silvae Genetica* 8, 13-22.

Langner, W. (1953) Eine mendelspaltung bei aurea-formen von *Picea abies* (L.) Karst als mittel zur klarung der befruchtungsverhaltnisse im Walde. *Zeitschrift für Forestgenetische Forstpflanzen-*

züchtung 2, 49-51.

Lanner, R.M. (1966) Needed: a new approach to the study of pollen dispersion. *Silvae Genetica* 15, 50-52.

Lanner, R. (1980) Avian seed dispersal as a factor in the ecology and evolution of limber and whitebark pines. In: *Proceedings of the 6th North American Forest Biology Workshop*. University of Alberta, Edmunton, Alberta, Canada, pp.15-48.

Lanner, R. (1982) Adaptions of whitebark pine for seed dispersal by Clark's nutcracker. *Canadian Journal of Forest Research* 12, 391-402.

Lanner, R. (1996) *Made for Each Other: A Symbiosis of Birds and Pines*. Oxford University Press, New York, NY.

Lantz, C.W. and Kraus, J.F. (1987) A guide to southern pine seed sources. USDA Forest Service General Technical Report SE-43, p. 34.

Latta, R.G., Linhart, Y.B., Fleck, D. and Elliot, M. (1998) Direct and indirect estimates of seed versus pollen movement within a population of ponderosa pine. *Evolution* 52, 61-67.

LeCorre, V., Dumolin-Lapegue, S. and Kremer, A. (1997) Genetic variation at allozyme and RAPD loci in sessile oak *Quercus petraea* (Matt.) Liebl.: the role of history and geography. *Molecular Ecology* 6, 519-529.

Ledig, F.T. (1974) An analysis of methods for the selection of trees from wild stands. *Forest Science* 20, 2-16.

Ledig, F.T. (1986) Heterozygosity, heterosis, and fitness in outbreeding plants. In: Soule, M.E. (ed.) *Conservation Biology*. Sinauer Associates, Sunderland, MA, pp. 77-104.

Ledig, F.T. (1988a) The conservation of diversity in forest trees: why and how should genes be conserved? *BioScience* 38, 471-479.

Ledig, F.T. (1988b) The Conservation of Genetic Diversity: The Road to La Trinidad. *Leslie L. Schaffer Lectureship in Forest Science*. University of British Columbia. Vancouver, B.C.

Ledig, F.T. (1992) Human impacts on genetic diversity in forest ecosystems. *Oikos* 63, 87-108.

Ledig, F.T. (1998) Genetic variation in *Pinus*. In: Richardson, D.M. (ed.) *Ecology and Biogeography of Pinus*. Cambridge University Press, Cambridge, UK, pp. 251-280.

Ledig, F.T. and Conkle, M.T. (1983) Gene diversity and genetic structure in a narrow endemic, Torrey pine (*Pinus torreyana parry* ex carr.). *Evolution* 37, 79-85.

Ledig, F.T. and Kitzmiller, J.H. (1992) Genetic strategies for reforestation in the face of global climate change. *Forest Ecology and Management* 50, 153-169.

Ledig, F.T. and Korbobo, D.R. (1983) Adaptation of sugar maple populations along altitudinal gradients: photosynthesis, respiration, and specific leaf weight. *American Journal of Botany* 70, 256-265.

Ledig, F.T. and Porterfield, R.L. (1982) Tree improvement in western conifers: Economic aspects. *Journal of Forestry* 80, 653-657.

Ledig, F.T. and Smith, D.M. (1981) The influence of silvicultural practices on genetic improvement: height growth and weevil resistance in eastern white pine. *Silvae Genetica* 30, 30-36.

Ledig, F.T., Jacob-Cervantes V., Hodgskiss, P.D. and Eguiluz-Piedra, T. (1997) Recent evolution and divergence among populations of a rare Mexican endemic, Chihuahua spruce, following holocene climatic warming. *Evolution* 51, 1815-1827.

Ledig, F.T., Bermejo-Velazques, B., Hodgskiss, P.D., Johnson. D.R., Flores-Lopez, C. and Jacob-Cervantes, V. (2000) The mating system and genetic diversity in Martinez spruce, an extremely rare endemic of Mexico's Sierra Madre Oriental: an example of faculative selfing and survival in interglacial refugia. *Canadian Journal of Forest Research* 30, 1156-1164.

Lehner, A., Campbell, M., Wheeler, N., Poykko, T., Glossl, J., Kreike, J. and Neale, D. (1995) Identification of a RAPD marker linked to the pendula gene in Norway spruce (*Picea abies* L. Karst. f. *pendula*). *Theoretical and Applied Genetics* 91, 1092-1094.

Leonardi, S., Raddi, S. and Borghetti, M. (1996) Spatial autocorrelation of allozyme traits in a Norway spruce (*Picea abies*) population. *Canadian Journal of Forest Research* 26, 63-71.

Lepisto, M. (1985) The inheritance of pendula spruce (*Picea abies* f. *pendula*) and utilization of the narrow-crowned type in spruce breeding. *Foundation for Forest Tree Breeding* 1, 1-6.

Leple, J.C., Brasileiro, A.C.M., Michel, M.F., Delmonte, F. and Jouanin, L. (1992) Transgenic plants: expression of chimeric genes using four different constructs. *Plant Cell Reports* 11, 137-141.

Leple, J.C., Bonade-Bottino, M., Augustin, S., Pilate, G., Le Tan, V.D., Delplanque, A., Cornu, D. and Jonanin, L. (1995) Toxicity to *Chrysomela tremulae* (coleopteran, chrysomelidae) of transgenic poplars expressing a cystein proteinase inhibitor. *Molecular Breeding* 1, 319-328.

Leppik, E. (1953) Some viewpoints on the phylogeny of rust fungi. I. Coniferous rusts. *Mycologia* 45, 46-74.

Leppik, E. (1967) Some viewpoints on the phylogeny of rust fungi. VI. Biogenic radiation. *Mycologia* 59, 568-579.

Lesica, P. and Allendorf, F.W. (1995) When are peripheral populations valuable for conservation? *Conservation Biology* 9, 753-760.

Levée, V., Lelu, M.A. Jouanin, L. and Pilate, G. (1997) *Agrobacterium tumefaciens*-mediated transformation of hybrid larch (*Larix kaempferi* x *L. deciduas*) and transgenic regeneration. *Plant Cell Reports* 16, 680-685.

Levée, V., Garin, K., Klimaszeweska, K. and Séguin, A. (1999) Stable genetic transformation of white pine (*Pinus strobus* L.) after cocultivation of embryogenic tissues with *Agrobacterium tumefaciens*. *Molecular Breeding* 5, 429-440.

Levin, D.A. (1984) Inbreeding and proximity-dependent crossing success in *Phlox drummondii*. *Evolution* 38, 116-127.

Levin, D.A. and Kerster, H.W. (1974) Gene flow in seed plants. In: Dobzhansky, T., Hecht, M.T. and Steere, W.C. (eds.), *Evolutionary Biology 7*. Plenum Press, New York, NY, pp. 139-220.

Lewin, B. (1997) *Genes VI*. Oxford University Press, New York, NY.

Lewontin, R.C. (1984) Detecting population differences in quantitative characters as opposed to gene frequencies. *American Naturalist* 23, 115-124.

Li, B. 1995. Aspen improvement strategies for western Canada - Alberta and Saskatchewan. *Forestry Chronicle* 71, 720-724.

Li, B. and McKeand, S.E. (1989) Stability of loblolly pine families in the southeastern U.S. *Silvae Genetica* 38, 96-101.

Li, B. and Wu, R. (2000) Quantitative genetics of heterosis in aspen hybrids. In: *Proceedings of the Queensland Forest Research Institute/Cooperative Research Center-Sustainable Production Forestry (QFRI/CRC-SPF), Symposium on Hybrid Breeding and Genetics of Forest Trees*. Noosa, Queensland, Australia. pp. 184-190.

Li, B. and Wyckoff, G.W. (1991) A breeding strategy to improve aspen hybrids for the University of Minnesota Aspen/Larch Genetics Cooperative. In: Hall. R.B., Hanover, J.W. and Nyong'o, R.N. (eds.) *Proceedings of the International Energy Agency Joint Meetings*. Grand Rapids, MN, pp. 33-41.

Li, B. and Wyckoff, G.W. (1994) Breeding strategies for *Larix decidua, L. Leptolepis* and their hybrids in the United States. *Forest Genetics* 1, 65-72.

Li, B., McKeand, S.E. and Allen, H.L. (1989) Early selection of loblolly pine families based on seedling shoot elongation characters. In: *Proceedings of the 20th Southern Forest Tree Improvement Conference*. Charleston, SC, pp. 228-234.

Li, B., Howe, G.T., and Wu, R. (1998) Developmental factors responsible for heterosis in aspen hybrids (*Populus tremuloides x P. tremula*). *Tree Physiology* 18, 29-36.

Li, B., McKeand, S.E. and Weir, R.J. (1999) Tree improvement and sustainable forestry - impact of two cycles of loblolly pine breeding in the U.S.A. *Forest Genetics* 6, 229-234.

Li, B., McKeand, S.E. and Weir, R.J. (2000) Impact of forest genetics on sustainable forestry - results from two cycles of loblolly pine breeding in the U.S. *Journal of Sustainable Forestry* 10, 79-85.

Li, L., Popko, J.L., Zhang, X.H., Osakabe, K., Tsai, C.J., Joshi, C.P. and Chiang, V.L. (1997) A novel multifunctional 0-methyltransferase implicated in a dual methylation pathway associated with lignin biosynthesis in loblolly pine. *Proceedings of the National Academy of Sciences of the United States of America* 94, 5461-5466.

Li, P. and Adams, W.T. (1989) Range-wide patterns of allozyme variation in Douglas-fir (*Pseudotsuga menziesii*). *Canadian Journal of Forest Research* 19, 149-161.

Li, W. (1997) *Molecular Evolution*. Sinauer Associates, Inc., Publishers, Sunderland, MA.

Libby, W.J. (1973) Domestication strategies for forest trees. *Canadian Journal of Forest Research* 3, 265-276.

Libby, W.J., (1982) What is a safe number of clones per plantation? In: Heybroek, H.M., Stephen,

B.R. and VonWeissenberg, K. (eds.) *Resistance to Diseases and Pests in Forest Trees. Proceedings of the 3rd International Workshop on the Genetics of Host-Parasite Interactions of Forestry*. Wageningen, The Netherlands, pp. 342-360.

Libby, W.J. (1987) Testing and deployment of genetically-engineered trees. In: Bonga, J.M. and Durzan, D.J. (eds.) *Cell and Tissue Culture in Forestry*. Nijhoff, Boston, MA, pp. 167-197.

Libby, W.J. and Ahuja, M.R. (1993) Clonal forestry. In: Ahuja, M.R. and Libby, W.J. (eds.) *Clonal Forestry II. Conservation and Application*. Springer-Verlag, New York, NY, pp. 1-8.

Libby, W.J. and Cockerham, C.C. (1980) Random non-contiguous plots in interlocking field layouts. *Silvae Genetica* 29, 183-190.

Libby, W.J. and Jund, E. (1962) Variance associated with cloning. *Heredity* 17, 533-540.

Libby, W.J. and Rauter, R.M. (1984) Advantages of clonal forestry. *Forestry Chronicle* 60, 145-149.

Lidholm, J. and Gustafsson, P. (1991) The chloroplast genome of the gymnosperm *Pinus contorta*: a physical map and a complete collection of overlapping clones. *Current Genetics* 20, 161-166.

Lincoln, S.E., Daly, M.J. and Lander, E.S. (1993) Mapping genes controlling quantitative traits using MAPMAKER/QTL Version 1.1. A tutorial and reference manual. Whitehead Institute for Biomedical Research Technical Report, Second Edition, Cambridge, MA.

Lindgren, D. (1985) Cost-efficient number of test sites for ranking entries in field trials. *Biometrics* 41, 887-893.

Lindgren, D. (1986) How should breeders respond to breeding values? In: *Proceedings of the International Union of Forest Research Organizations (IUFRO), Conference on Breeding Theory, Progeny Testing and Seed Orchards*. Williamsburg, VA, pp. 361-372.

Lindgren, D. (1993) The population biology of clonal deployment. In: Ahuja, M.R. and Libby, W.J. (eds.) *Clonal Forestry I. Genetics and Biotechnology*. Springer-Verlag, New York, NY, pp. 34-49.

Lindgren, D. and El-Kassaby, Y.A. (1989) Genetic consequences of combining selective cone harvesting and genetic thinning in clonal seed orchards. *Silvae Genetica* 38, 65-70.

Lindgren, D. and Gregorius, H.R. (1976) Inbreeding and coancestry. Pp. 49-72 In: *Proceedings of the International Union of Forest Research Organizations (IUFRO), Conference on Advanced Generation Breeding*. French Institute for Agronomy Research (INRA), Cectas, France, pp. 49-72.

Lindgren, D. and Matheson, A.C. (1986) An algorithm for increasing the genetic quality of seed from seed orchards by using the better clones in higher proportions. *Silvae Genetica* 35, 173-177.

Lindgren D. and Mullin, T.J. (1998) Relatedness and status number in seed orchard crops. *Canadian Journal of Forest Research* 28, 276-283.

Lindgren, D., Libby, W.S. and Bondesson, F.L. (1989) Deployment to plantations of numbers and proportions of clones with special emphasis on maximizing gain at a constant diversity. *Theoretical and Applied Genetics* 77, 825-831.

Lindgren, D., Gea, L. and Jefferson, P. (1996) Loss of genetic diversity monitored by status number. *Silvae Genetica* 45, 52-59.

Lindgren, D., Wei, R.P. and Lee, S.J. (1997) How to calculate optimum family number when starting a breeding program. *Forest Science* 43, 206-212.

Linhart, Y.B., Mitton, J.B., Sturgeon, K.B. and Davis, M.L. (1981) Genetic variation in space and time in a population of Ponderosa pine. *Heredity* 46, 407-426.

Lipow, S.R., St. Clair, J.B. and Johnson, G.R. (2001) *Ex situ* gene conservation for conifers in the Pacific Northwest. USDA Forest Service, General Technical Report PNW-GTR-528.

Lipow, S.R., Johnson, G.R., St. Clair, J.B and Jayawickrama, K.J. (2003) The role of tree improvement programs for *ex situ* gene conservation of coastal Douglas-fir in the Pacific Northwest. *Forest Genetics* 10, 111-120.

Lipow, S.R., Vance-Borland, K., St.Clair, J.B., Hendrickson, J.A. and McCain, C. (2004) Gap analysis of conserved genetic resources for forest trees. *Conservation Biolology* 18, 412-423.

Liston, A., Robinson, W. A., Pinero, D. and Alvarez-Buylla, E.R. (1999) Phylogenetics of *Pinus* (Pinaceae) based on nuclear ribosomal DNA internal transcribed spacer region sequences. *Molecular Phylogenetics and Evolution* 11, 95-109.

Liston, A., Gernandt, D.S., Vining, T. F., Campbell, C.S. and Piñero, D. (2003) Molecular phylogeny of Pinaceae and *Pinus*. *Proceedings of the International Conifer Conference. Acta Horticulturae*

615, 107-114.

Litt, M. and Luty, J.A. (1989) A hypervariable microsatellite revealed by *in vitro* amplification of a dinucleotide repeat within the cardiac muscle actin gene. *American Journal of Human Genetics* 44, 397-401.

Littell, R.C., Milliken, G.A., Stroup, W.W. and Wolfinger. R.D. (1996) Spatial variability. In: *SAS Institute*. Cary, NC, pp. 303-330.

Little, E.L. (1971) *Atlas of United States Trees*. USDA Forest Service.

Little, E., Jr. and Critchfield, W. (1969) *Subdivisions of the Genus Pinus (Pines)*. USDA Forest Service.

Liu, B. (1998) Stern R. (ed.) *Statistical Genomics: Linkage, Mapping, and QTL Analysis*. CRC Press LLC, Boca Raton, LA, 611 pp.

Liu, Z. and Furnier, G.R. (1993) Inheritance and linkage of allozymes and restriction fragment length polymorphisms in trembling aspen. *Journal of Heredity* 84, 419-424.

Long, A. and Langley, C. (1999) The power of association studies to detect the contribution of candidate loci to variation in complex traits. *Genome Research* 9, 720-731.

Loo, J.A., Tauer, C.G. and van Buijtenen, J.P. (1984) Juvenile-mature relationships and heritability estimates of several traits in loblolly pine (*Pinus taeda*). *Canadian Journal of Forest Research* 14, 822-825.

Loo-Dinkins, J. (1992) Field test design. In: Fins, L., Friedman, S.T. and Brotschol, J.V. (eds.) *Handbook of Quantitative Forest Genetics*. Kluwer Acadademic Publishers, Dordrecht, The Netherlands, pp. 96-139.

Loo-Dinkins, J.A. and Tauer, C.G. (1987) Statistical efficiency of six progeny test field designs on three loblolly pine (*Pinus taeda* L.) site types. *Canadian Journal of Forest Research* 17, 1066-1070.

Loo-Dinkins, J.A., Tauer, C.G. and Lambeth, C.C. (1990) Selection system efficiencies for computer simulated progeny test field designs in loblolly pine. *Theoretical and Applied Genetics* 79, 89-96.

Lopes, U.V., Huber, D.A. and White, T.L. (2000) Comparison of methods for prediction of genetic gain from mass selection on binary threshold traits. *Silvae Genetica* 49, 50-56.

Lott, L.H., Lott, L.M., Stine, M., Kubisiak, T.L. and Nelson, C.D. (2003) Top grafting longleaf x slash pine F1 hybrids on mature longleaf and slash pine interstocks. In: *Proceedings of the 27th Southern Forest Tree Improvement Conference*. Stillwater, OK, pp. 24-27.

Loveless, M.D. (1992) Isozyme variation in tropical trees: patterns of genetic organization. *New Forests* 6, 67-94.

Lowe, W.J. and van Buijtenen, J.P. (1981) Tree improvement philosophy and strategy for the Western Gulf Forest Tree Improvement Program. *Proceedings of the 15th North American Quantitative Forest Genetics Group Workshop*. Coeur d'Alene, ID, pp. 43-50.

Lowe, W.J. and van Buijtenen, J.P. (1986) The development of a sublining system in an operational tree improvement program. In: *Proceedings of the International Union of Forest Research Organizations (IUFRO), Conference on Breeding Theory, Progeny Testing and Seed Orchards*. Williamsburg, VA, pp. 96-106.

Lowe, W.J. and van Buijtenen, J.P. (1989) The incorporation of early testing procedures into an operational tree improvement program. *Silvae Genetica* 38, 243-250.

Lowenfeld, R. and Klekowski, J.E. (1992) Mangrove genetics. I. Mating system and mutation rates of *Rhizophora mangel* in Florida and San Salvador Island, Bahamas. *International Journal of Plant Science* 153, 394-399.

Lowerts, G.A. (1986) Realized genetic gain from loblolly and slash pine first generation seed orchards. In: *Proceedings of the International Union of Forest Research Organizations (IUFRO), Conference on Breeding Theory, Progeny Testing and Seed Orchards*. Williamsburg, VA, pp. 142-149.

Lowerts, G.A. (1987) Tests of realized genetic gain from a coastal Virginia loblolly pine first generation seed orchard. In: *Proceedings of the 19th Southern Forest Tree Improvement Conference*. College Station, TX, pp 423-431.

Lloyd, G. and McCown, B. (1981) Commercially feasible micropropagation of mountain laurel (*Kalmia latiflora*) by use of shoot tip culture. *Proceedings of the International Plant Propagation Society* 30, 421-427.

Loopstra, C.A., Weissinger, A.K. and Sederoff, R.R. (1992) Transient gene expression in differentiating pine wood using microprojectile bombardment. *Canadian Journal of Forest Research* 22, 993-996.

Lstiburek, M., Mullin, T.J., Lindgren, D. and Rosvall, O. (2004a) Open-nucleus breeding strategies compared with population-wide positive assortative mating. I. Equal distribution of testing effort. *Theoretical and Applied Genetics* 109, 1196-1203.

Lstiburek, M., Mullin, T.J., Lindgren, D. and Rosvall, O. (2004b) Open-nucleus breeding strategies compared with population-wide positive assortative mating. II. Unequal distribution of testing effort. *Theoretical and Applied Genetics* 109, 1169-1177.

Lubaretz, O., Fuchs, J., Ahne, R., Meister, A. and Schubert, I. (1996) Karyotyping of three Pinaceae species via fluorescent *in situ* hybridization and computer-aided chromosome analysis. *Theoretical and Applied Genetics* 92, 411-416.

Lush, J.L. (1935) Progeny test and individual performance as indicators of an animal's breeding value. *Journal of Dairy Science* 18, 1-19.

Lynch, M. (1996) A quantitative-genetic perspective on conservation issues. In: Avise, J.C. and Hamrick, J.L. (eds.) *Conservation Genetics: Case Histories from Nature*. Chapman and Hall, New York, NY, pp 471-501.

Lynch, M. and Walsh, B. (1998) *Genetics and Analysis of Quantitative Traits*. Sinauer Associates Inc., Publishers, Sunderland, MA.

Mackay, J.J., O'Malley, D.M., Presnell, T., Booker, F.L., Campbell, M.M., Whetten, R.W. and Sederoff, R.R. (1997) Inheritance, gene expression, and lignin characterization in a mutant pine deficient in cinnamyl alcohol dehydrogenase. *Proceedings of the National Academy of Sciences of the United States of America* 94, 8255-8260.

MacPherson, P. and Filion, G.W. (1981) Karyotype analysis and the distribution of constitutive heterochromatin in five species of *Pinus*. *The Journal of Heredity* 72, 193-198.

Madalena, F.E. and Hill, W.G. (1972) Population structures in artificial selection programmes: simulation studies. *Genetic Research* 20, 75-99.

Madalena, F.E. and Robertson, A. (1975) Population structure in artificial selection: studies with *Drosophila melongaster*. *Genetical Research* 24, 113-126.

Magnussen, S. (1989) Determination of optimum selection ages: A simulation approach. In: *Proceedings of the 20th Southern Forest Tree Improvement Conference*. Charleston, SC, pp. 269-285.

Magnussen, S. (1990) Application and comparison of spatial models in analyzing tree-genetics field trials. *Canadian Journal of Forest Research* 20, 536-546.

Magnussen, S. (1993) Design and analysis of tree genetic trials. *Canadian Journal of Forest Research* 23, 1144-1149.

Magnussen, S. and Yanchuk, A.D. (1994) Time trends of predicted breeding values in selected crosses of coastal Douglas-fir in British Columbia: A methodological study. *Forest Science* 40, 663-685.

Mahalovich, M.F. and Bridgwater, F.E. (1989) Modeling elite populations and positive assortative mating in recurrent selection programs for general combining ability. In: *Proceedings of the 20th Southern Forest Tree Improvement Conference*. Charleston, SC, pp 43-49.

Mandal, A.K. and Gibson, G.L. (1998) *Forest Genetics and Tree Breeding*. CBS Publishers & Distributors, New Delhi, India.

Mandel, J. (1971) A new analysis of variance model for non-additive data. *Technometrics* 13, 1-18.

Mangold, R.D. and Libby, W.J. (1978) A model for reforestation with optimal and suboptimal tree populations. *Silvae Genetica* 27, 66-68.

Mantysaari, E.A., Quaas, R.L. and Grohn, Y.T. (1991) Simulation study on covariance component estimation for two binary traits in an underlying continuous scale. *Journal of Dairy Science* 74, 580-591.

Marco, M.A. and White, T.L. (2002) Genetic parameter estimates and genetic gains for *Eucalyptus grandis* and *E. dunnii* in Argentina. *Forest Genetics* 9, 211-220.

Marques, C.M., Araujo, J.A., Ferreira, J.G., Whetten, R., O'Malley, D.M., Liu, B.-H. and Sederoff, R. (1998) AFLP genetic maps of *Eucalyptus globulus* and *E. tereticornis*. *Theoretical and Applied Genetics* 96, 727-737.

Marques, C., Brondani, R., Grattapaglia, D. and Sederoff, R. (2002) Conservation and synteny of

SSR loci and QTLs for vegetative propagation in four *Eucalyptus* species. *Theoretical and Applied Genetics* 103, 474-478.

Marshall, D.R. (1990) Crop genetic resources: current and emerging issues. In: Brown, A.H.D., Clegg, M.T., Kahler, A.L. and Weir, B.S. (eds.). *Plant Population Genetics, Breeding and Genetic Resources*. Sinauer Associates Inc., Publishers, Sunderland, MA, pp. 367-388.

Marshall, D.R. and Brown, A.H.D. (1975) Optimum sampling strategies in genetic conservation. In: Frankel, O.H. and Hawkes, J.G. (eds.) *Crop Genetic Resources for Today and Tomorrow*. Cambridge University Press, Cambridge, UK, pp. 21-40.

Martin, T.A., Johnsen, K.H. and White, T.L. (2001) Ideotype development in southern pines: rationale and strategies for overcoming scale-related obstacles. *Forest Science* 47, 21-28.

Matheson, A.C. (1989) Statistical methods and problems in testing large numbers of genotypes across sites. In: G. G.I., A. R. Griffin, and A. C. Matheson, A.C. (eds.). *Breeding Tropical Trees: Population Structure and Genetic Improvement Strategies in Clonal and Seedling Forestry*. Oxford Forestry Institute, Oxford, UK, 93-105.

Matheson, A.C. and Harwood, C.E. (1997) Breeding tropical Australian acacias. In: *Proceedings of the 24th Southern Forest Tree Improvement Conference*. Orlando, FL, pp. 69-80.

Matheson, A.C. and Lindgren, D. (1985) Gains from the clonal and the clonal seed-orchard options compared for tree breeding programs. *Theoretical and Applied Genetics* 71, 242-249.

Matheson, A.C. and Raymond, C.A. (1984a) Provenance x environment interaction: Its detection, practical importance and use with particular reference to tropical forestry. In: Barnes, R.D. and Gibson, G.L. (eds.) *Provenance and Genetic Improvement Strategies in Tropical Forest Trees*. Commonwealth Forestry Institute, Oxford, UK, pp. 81-117.

Matheson, A.C. and Raymond, C.A. (1984b) The impact of genotype x environment interactions on Australian *Pinus radiata* breeding programs. *Australian Forest Research,* 14, 11-25.

Matheson, A.C. and Raymond, C.A. (1986) A review of provenance x environment interaction: its practical importance and use with particular reference to the tropics. *Commonwealth Forestry Review* 65, 283-302.

Matheson, A.C., Spencer, D.J., and Magnussen, D. (1994) Optimum age for selection in *Pinus radiata* using basal area under bark for age:age correlations. *Silvae Genetica* 43, 352-357.

Matheson, A.C., White, T.L. and Powell, G.L. (1995) Effects of inbreeding on growth, stem form and rust resistance in *Pinus elliottii*. *Silvae Genetica* 44, 37-45.

Matos, J.A. and Schaal, B.A. (2000) Chloroplast evolution in the *Pinus montezumae* complex: A coalescent approach to hybridization. *Evolution* 54, 1218-1233.

Matyas, C. (1999) *Forest Genetics and Sustainability*. Kluwer Academic Publishers, Boston, MA.

Matze, A.J.M. and Chilton, M.D. (1981) Site-specific insertion of genes into T-DNA of the *Agrobacterium* tumor-inducing plasmid. An approach to genetic engineering of higher plant cells. *Journal of Molecular and Applied Genetics* 1, 39-49.

McClenaghan, Jr. L.R. and Beauchamp, A.C. (1986) Low genetic differentiation among isolated populations of the California fan palm (*Washingtonia filifera*). *Evolution* 40, 315-322.

McClure, M.S., Salom, S.M. and Shields, K.S. (2001) *Hemlock Woolly Adelgid. Forest Health Technology Enterprise Team*. USDA Forest Service.

McCown, B.H., McCabe, D.E., Russell, D.R., Robison, D.J., Barton, K.A. and Raffa, K.F. (1991) Stable transformation of *Populus* and incorporation of pest resistance by electric discharge particle acceleration. *Plant Cell Reports* 9, 590-594.

McKeand, S.E. (1988) Optimum age for family selection for growth in genetic tests of loblolly pine. *Forest Science* 34, 400-411.

McKeand, S.E. and Beineke, F. (1980) Sublining for half-sib breeding populations of forest trees. *Silvae Genetica* 29, 14-17.

McKeand, S.E. and Bridgwater, F.E. (1986) When to establish advanced generation seed orchards. *Silvae Genetica* 35, 245-247.

McKeand, S.E. and Bridgwater, F.E. (1992) Third-generation breeding strategy for the North Carolina State University-Industry Cooperative Tree Improvement Program. In: *Proceedings of the International Union of Forest Research Organizations (IUFRO), Symposium on Resolving Tropical Forestry Resource Concerns Through Tree Improvement, Gene Conservation, and Domestication of New Species*. Cali, Colombia, pp. 234-240.

McKeand, S.E. and Bridgwater, F. (1998) A strategy for the third breeding cycle of loblolly pine in the Southeastern USA. *Silvae Genetica* 47, 223-234.

McKeand, S.E. and Raley, F. (2000) Interstock effect on strobilus initiation in topgrafted loblolly pine. *Forest Genetics* 7, 179-182.

McKeand, S.E. and Svensson, J. (1997) Sustainable management of genetic resources. *Journal of Forestry* 95, 4-9.

McKeand, S.E., Mullin, T.J., Byram, T.D. and White, T.L. (2003) Deployment of genetically improved loblolly and slash pines in the South. *Journal of Forestry* 101, 32-37.

McKenney, D.W., van Vuuren, W. and Fox, G.C. (1989) An economic comparison of alternative tree improvement strategies: A simulation approach. *Canadian Journal of Agricultural Economics* 37, 211-232.

McKinley, C.R. (1983) Objectives of progeny tests. In: *Progeny Testing of Forest Trees,* Southern Cooperative Series Bulletin 275. Texas A & M University, College Station, TX, pp. 2-13.

McKinnon, G.E., Vaillancourt, R.E., Jackson, H.D. and Potts, B.M. (2001) Chloroplast sharing in the Tasmanian eucalypts. *Evolution* 55, 703-711.

Megraw, R.A. (1985) *Wood Quality Factors in Loblolly Pine: The Influence of Tree Age, Position in Tree, and Cultural Practice on Wood Specific Gravity, Fiber Length and Fibril Angle.* TAPPI Press, Atlanta, GA.

Meilan, R. and Strauss, S.H. (1997) Poplar genetically engineered for reproductive sterility and accelerated flowering. In: Klopfenstein, N.B., Chun, W.Y.W., Kim, M.-S. and Ahuja, M.R. (eds.) Micropropagation, *Genetic Engineering and Molecular Biology of Populus.* USDA Forest Service Technical Report RM-GTR-297, pp. 212-219.

Meilan, R., Brunner, A.M., Skinner, J.S. and Strauss, S.H. (2001) Modification of flowering in transgenic trees. In: Morohoshi, N. and Komamine, A. (eds.) *Molecular Breeding of Woody Plants.* Elsevier Science Publishers, New York, NY, pp. 247-256.

Meilan, R., Han, K.-H., Ma, C., DiFazio, S.P., Eaton, J.A., Hoien, E.A., Stanton, B.J., Crockett, R.P., Taylor, M.L., James, R.R., Skinner, J.S., Jouanin, L., Pilate, G. and Strauss, S.H. (2002) The *CP4* transgene provides high levels of tolerance to Roundup herbicide in field-grown hybrid poplars. *Canadian Journal of Forest Research* 32, 967-976.

Mejnartowicz, M. (1991) Inheritance of chloroplast DNA in *Populus. Theoretical and Applied Genetics* 82, 477-480.

Mendel, G. (1866) Versuche über pflanzen hybriden Verh. naturforsch. Verein Brünn 4, 3-47. Sinnott, E.W., Dunn, L.C. and Dobzhansky, T. (1958) *Principles of Genetics* (Abstract). McGraw-Hill Book Company, Inc., New York, NY.

Menzies, M.I. and Aimers-Halliday. J. (1997) Propagation options for clonal forestry with *Pinus radiata.* In: Burdon, R.D. and Moore, J.M. (eds.) In: *Proceedings of the International Union of Forest Research Organizations (IUFRO), Conference on the Genetics of Radiata Pine.* Rotorua, New Zealand, pp. 256-263.

Mergen, F. and Thielges, B. (1967) Intraspecific variation in nuclear volume in four conifers. *Evolution* 21, 720-724.

Merkle, S.A. and Adams, W.T. (1988) Multivariate analysis of allozyme variation patterns in coastal Douglas-fir from southwest Oregon. *Canadian Journal of Forest Research* 18, 181-187.

Merkle, S.A., Feret, P.P., Bramlett, D.L. and Queijo, D.L. (1982) A computer program package for use with the southern pine seed orchard inventory-monitoring system. *School of Forestry and Wildlife Publication No. FWS-2-82.* Virginia Polytechnic Institute, Blacksburg, VA.

Meskimen, G. (1983) Realized gain from breeding *Eucalyptus grandis* in Florida. *United States Department of Agriculture, Pacific Southwest Experiment Station, General Technical Report RSW-69.* Berkeley, CA, pp. 121-128

Meskimen, G.F., Rockwood, D.L. and Reddy, K.V. (1987) Development of *Eucalyptus* clones for a summer rainfall environment with periodic severe frosts. *New Forests* 3, 197-205.

Meyer, K. (1985) Maximum likelihood estimation of variance components for a multivariate mixed model with equal design matrices. *Biometrics* 41, 153-165.

Meyer, K. (1989) Restricted maximum likelihood to estimate variance components for animal models with several random effects using a derivative-free algorithm. *Genetics Selection Evolution* 21, 317-340.

Meyer, P. (1995) Variation in transgene expression in plants. *Euphytica* 85, 359-366.

Michelmore, R., Paran, I. and Kesseli, R. (1991) Identification of markers linked to diseaseresistance genes by bulked segregant analysis: a rapid method to detect markers in specific genomic regions by using segregating populations. *Proceedings of the National Academy of Sciences of the United States of Americ*. 88, 9828-9832.

Miglani, G.S. (1998) *Dictionary of Plant Genetics and Molecular Biology*. Food Products Press, Binghamton, NY.

Miksche, J. (1967) Variation in DNA content of several gymnosperms. *Canadian Journal of Genetics and Cytology* 9, 717-222.

Miksche, J. (1968) Quantitative study of intraspecific variation of DNA per cell in *Picea glauca* and *Pinus banksiana*. *Canadian Journal of Genetics and Cytology* 10, 590-600.

Miksche, J. (1971) Intraspecific variation of DNA per cell between *Picea sitchensis* (Bong.) Carr. provenances. *Chromosoma* 32, 343-352.

Miksche, J.P. and Hotta, J. (1973) DNA base composition and repetitious DNA in several conifers. *Chromosoma* 41, 29-36.

Millar, C.I. (1983) A steep cline in *Pinus muricata*. *Evolution* 37, 311-319.

Millar, C.I. (1989) Allozyme variation of bishop pine associated with pygmy-forest soils in northern California. *Canadian Journal of Forest Research* 19, 870-879.

Millar, C., (1993) Impact of the Eocene on the evolution of *Pinus* L. (1993) *Annals of the Missouri Botanical Garden* 80, 471-498.

Millar, C. (1998) Early evolution of pines. In: Richardson, D.M. (ed.) *Ecology and Biogeography of Pinus*. Cambridge University Press, Cambridge, UK, pp. 69-91.

Millar, C. and Kinloch, B. (1991) Taxonomy, phylogeny, and coevolution of pines and their stem rusts. In: Hiratsuka, Y., Samoil, J., Blenis, P., Crane, P. and Laishley, B. (eds.) *Rusts of Pine. Proceedings of the 3rd International Union of Forest Research Organizations (IUFRO), Rusts of Pine Working Party Conference*. Forestry Canada Northwest Region, Northern Centre, Edmonton, Alberta, Information Report NOR-X-317, pp. 1-38.

Millar, C.I. and Libby, W.J. (1991) Strategies for conserving clinal, ecotypic, and disjunct population diversity in widespread species. In: Falk, D.A. and Holsinger, K.E. (eds.) *Genetics and Conservation of Rare Plants*. Oxford University Press, New York, NY, pp. 149-170.

Millar, C.I. and Marshall, K.A. (1991) Allozyme variation of Port Orford-cedar (*Chamaecyparis lawsoniana*): Implications for genetic conservation. *Forest Science* 27, 1060-1077.

Millar, C.I. and Westfall, R. (1992) Allozyme markers in forest genetic conservation. *New Forests* 6, 347-371.

Miller, C., Jr. (1976) Early evolution in the Pinaceae. *Review of Palaeobotany and Palynology* 21, 101-117.

Miller, C., Jr. (1977) Mesozoic conifers. *The Botanical Review* 43, 217-280.

Miller, C., Jr. (1982) Current status of Paleozoic and Mesozoic conifers. *Review of Palaeobotany and Palynology* 37, 99-114.

Mirov, N. (1956) Composition of turpentine of lodgepole x jack pine hybrids. *Canadian Journal of Botany* 34, 443-457.

Mirov, N. (1967) *The genus Pinus*. The Ronald Press Company, New York, NY.

Mitton, J.B. (1998a) *Apparent overdominance in natural plant populations. Concepts and Breeding of Heterosis in Crop Plants*. CSSA Special Publication No. 25, Crop Science Society of America, Madison, WI, pp. 57-69.

Mitton, J.B. (1998b) Allozymes in tree breeding research. In: Mandal, A.K. and Gibson, G.L. (eds.) *Forest Genetics and Tree Breeding*. CBS Publishers and Distributors, Daryaganj, New Delhi, India, pp. 239-251.

Mitton, J.B., Sturgeon, K.B. and Davis, M.L. (1980) Genetic differentiation in ponderosa pine along a steep elevational transect. *Silvae Genetica* 29, 100-103.

Mitton, J.B., Latta, R.G. and Rehfeldt, G.E. (1997) The pattern of inbreeding in washoe pine and survival of inbred progeny under optimal environmental conditions. *Silvae Genetica* 46, 215-219.

Mode, C.J. and Robinson, H.F. (1959) Pleiotropism and the genetic variance and covariance. *Biometrics* 15, 518-537.

Mogensen, H.L. (1975) Ovule abortion in *Quercus* (Fagaceae). *American Journal of Botany* 62, 160-165.

Moran, G.F. (1992) Patterns of genetic diversity in Australian tree species. *New Forests* 6, 49-66.

Moran, G.F. and Adams, W.T. (1989) Microgeographical patterns of allozyme differentiation in Douglas-fir from southwest Oregon. *Forest Science* 35, 3-15.

Moran, G.F. and Hopper, S.D. (1983) Genetic diversity and the insular population structure of the rare granite rock species *Eucalyptus caesia* Benth. *Australian Journal of Botany* 31, 161-172.

Moran, G.F., Bell, J.C. and Eldridge, K.G. (1988) The genetic structure and the conservation of the five natural populations of *Pinus radiata. Canadian Journal of Forest Research* 18, 506-514.

Moran, G.F., Muona, O. and Bell, J.C. (1989) *Acacia mangium*: a tropical forest tree of the coastal lowlands with low genetic diversity. *Evolution* 43, 231-235.

Morgante, M. and Salamini, F. (2003) From plant genomics to breeding practice. *Current Opinion in Biotechnology* 14, 214-219.

Morgante, M., Vendramin, G.G. and Rossi, P. (1991) Effects of stand density on outcrossing rate in two Norway spruce (*Picea abies*) populations. *Canadian Journal of Botany* 69, 2704-2708.

Morgante, M., Vendramin, G.G., Rossi, P. and A.M. Olivieri, A.M. (1993) Selection against inbreds in early life-cycle phases *in Pinus leucodermis. Heredity* 70, 622-627.

Morgenstern, E.K. (1962) Note on chromosome morphology in *Picea rubens* Sarg. and *Picea mariana* (Mill.) B.S.P. *Genetica* 11, 163-164.

Morgenstern, E.K. (1978) Range-wide genetic variation of black spruce. *Canadian Journal of Forest Research* 8, 463-473.

Morgenstern, E.K. (1996) *Geographic Variation in Forest Trees*. UBC Press, Vancouver, BC.

Morgenstern, E.K. and Teich, A.H. (1969) Phenotypic stability of height growth of jack pine provenances. *Canadian Journal of Genetic Cytology* 11, 110-117.

Morgenstern, E.K., Corriveau, A.G., and Fowler, D.P. (1981) A provenance test of red pine in nine environments in eastern Canada. *Canadian Journal of Forest Research* 11, 124-131.

Morton, N.E., Crow, J.F. and Muller, H.J. (1956) An estimate of the mutational damage in man from data on consanguineous marriages. *Proceedings of the National Academy of Sciences of the United States of America* 42, 855-863.

Moss, E. (1949) Natural pine hybrids in Alberta. *Canadian Journal of Forest Research Section C* 27, 218-229.

Mosseller, A., Innes, D.J. and Roberts, B.R. (1991) Lack of allozymic variation in disjunct Newfoundland populations of red pine (*Pinus resinosa*). *Canadian Journal of Forest Research* 21, 525-528.

Mosseller, A., Egger, K.N. and Hughes, G.A. (1992) Low levels of genetic diversity in red pine confirmed by random amplified polymorphic DNA markers. *Canadian Journal of Forest Research* 22, 1332-1337.

Mosteller, F. and Tukey, J.W. (1977) *Data Analysis and Multiple Regression*. Addison-Wesley Publishers, London, UK.

Mousseau, T.A. and Roff, D.A. (1987) Natural selection and the heritability of fitness components. *Heredity* 59, 181-197.

Mrode, R.A. (1996) *Linear Models for the Prediction of Animal Breeding Values*. CAB International, Wallingford, Oxon, UK.

Mukai, Y., Tazaki, K., Fujii, T. and Yamamoto, N. (1992) Light-independent expression of three photosynthetic genes, cab, rbcS and rbcL, in coniferous plants. *Plant and Cell Physiology* 33(7), 859-866.

Müller, G. (1976) A simple method of estimating rates of self-fertilization by analyzing isozymes in tree seeds. *Silvae Genetica* 25, 15-17.

Müller, G. (1977) Short note: cross-fertilization in a conifer stand inferred from enzyme genemarkers in seeds. *Silvae Genetica* 26, 223-226.

Müller-Starck, G., Baradat, P. and Bergmann, F. (1992) Genetic variation within European tree species. *New Forests* 6, 23-47.

Mullin, T.J. and Park, Y.S. (1992) Estimating genetic gains from alternative breeding strategies for clonal forestry. *Canadian Journal of Forest Research* 22, 14-23.

Mullin, T.J. and Park, Y.S. (1994) Genetic parameters and age-age correlations in a clonally replicated test of black spruce after 10 years. *Canadian Journal of Forest Research* 24, 2330-2341.

Mullis, K.B. (1990) The unusual origin of the polymerase chain reaction. *Scientific American* 262(4), 56-65.

Muona, O. (1990) Population genetics in forest tree improvement. In: Brown, H.D., Clegg, M.T.,

Kahler, A.L. and Weir, B.S. (eds.) *Plant Population Genetics, Breeding and Genetic Resources*. Sinauer Associates Inc., Publishers, Sunderland, MA, pp. 282-298.

Muona, O. and Harju, A. (1989) Effective population sizes, genetic variability, and mating system in natural stands and seed orchards of *Pinus sylvestris*. *Silvae Genetica* 38, 221-228.

Muona, O. and Schmidt, A.E. (1985) A multilocus study of natural populations of *Pinus sylvestris*. In: Gregorius, H.R. (ed.) *Population Genetics in Forestry*. Lecture Notes in Biomathematics, Springer Verlag, New York, NY, pp. 226-240.

Murashige, T. and Skoog, F. (1962) A revised medium for rapid growth and bioassays with tobacco cultures. *Physiologia Plantarum* 15, 473-497.

Murawski, D.A. and Hamrick, J.L. (1991) The effect of the density of flowering individuals on the mating systems of nine tropical tree species. *Heredity* 67, 167-174.

Murawski, D.A. and Hamrick, J.L. (1992a) The mating system of *Cavanillesia platanifolia* under extremes of flowering-tree density: A test of predictions. *Biotropica* 24, 99-101.

Murawski, D.A. and Hamrick, J.L. (1992b) Mating system and phenology of *Ceiba pentandra* (Bombacaceae) in Central Panama. *Journal of Heredity* 83, 401-404.

Murawski, D.A., Hamrick, J.L., Hubbell, S.P. and Foster, R.B. (1990) Mating systems of two Bombacaceous trees of a neotropical moist forest. *Oecologia* 82, 501-506.

Murawski, D.A., Nimal Gunatilleke, I.A.U. and Bawa, K.S. (1994) The effects of selective logging on inbreeding in *Shorea megistophylla* (Dipterocarpaceae) from Sri Lanka. *Conservation Biology* 8, 997-1002.

Nakamura, R.R. and Wheeler, N.C. (1992) Pollen competition and parental success in Douglas-fir. *Evolution* 46, 846-851.

Nambiar, E.K.S. (1996) Sustaining productivity of forests as a continuing challenge to soil science. *Soil Science Society of America Journal* 60, 1629-1642.

Namkoong, G. (1966a) Statistical analysis of introgression. *Biometrics* 22, 488-502.

Namkoong, G. (1966b) Inbreeding effects on estimation of genetic additive variance. *Forest Science* 12, 8-13.

Namkoong, G. (1969) Nonoptimality of local races. *Proceedings of the 10th Southern Forest Tree Improvement Conference*. Houston,TX, pp. 149-153.

Namkoong, G. (1970) Optimum allocation of selection intensity in two stages of truncation selection. *Biometrics* 26, 465-476.

Namkoong, G. (1976) A multiple-index selection strategy. *Silvae Genetica* 25, 199-201.

Namkoong, G. (1979) *Introduction to Quantitative Genetics in Forestry*. United States Department of Agriculture Technical Bulletin No.1588.

Namkoong, G. (1984) A control concept of gene conservation. *Silvae Genetica* 33, 160-163.

Namkoong, G. (1997) A gene conservation plan for loblolly pine. *Canadian Journal of Forest Research* 27, 433-437.

Namkoong, G. and Conkle, M.T. (1976) Time trends in genetic control of height growth in ponderosa pine. *Forest Science* 22, 2-12.

Namkoong, G. and Kang, H. (1990) Quantitative genetics of forest trees. *Plant Breeding Reviews* 8:139-188.

Namkoong, G. and Roberds, J.H. (1982) Short-term loss of neutral alleles in small population breeding. *Silvae Genetica* 31, 1-6.

Namkoong, G., Snyder, E.B. and Stonecypher, R.W. (1966) Heritability and gain concepts for evaluating breeding systems such as seedling orchards. *Silvae Genetica* 15, 76-84.

Namkoong, G., Usanis, R.A. and Silen, R.R. (1972) Age-related variation in genetic control of height growth in Douglas-fir. *Theoretical and Applied Genetics* 42, 151-159.

Namkoong, G., Kang, H.C. and Brouard, J.S. (1988) *Tree Breeding: Principles and Strategies*. Springer-Verlag, New York, NY.

Nance, W.L., Tuskan, G.A., Nelson, C.D. and Doudrick, R.L. (1992) Potential applications of molecular markers for genetic analysis of host-pathogen systems in forest trees. *Canadian Journal of Forest Research* 22, 1036-1043.

Nason, J.D. and Hamrick, J.L. (1997) Reproductive and genetic consequences of forest fragmentation: two case studies of neotropical canopy trees. *Journal of Heredity* 88, 264-276.

Nason, J.D., Herre, E.A. and Hamrick, J.L. (1996) Paternity analysis of the breeding structure of strangler fig populations: evidence for substantial long-distance wasp dispersal. *Journal of Bio-*

geography 23, 501-512.

Nason, J.D., Aldrich, P.R. and Hamrick, J.L. (1997) Dispersal and the dynamics of genetic structure in fragmented tropical tree populations. In: Laurance, W.F. and Bierregaard, R.O. (eds.) *Tropical Forest Remnants: Ecology, Management and Conservation of Fragmented Communities.* University Chicago Press, Chicago, IL, pp. 304-320.

Nason, J.D., Herre, E.A. and Hamrick, J.L. (1998) The breeding structure of a tropical keystone plant resource. *Nature* 391, 685-687.

Natarajan, A.T., Ohba, K. and Simak, M. (1961) Karyotype Analysis of *Pinus silvestris. Heredity* 47, 379-382.

National Research Council (1991) *Managing Global Genetic Resources: Forest Trees.* National Academy Press, Washington, DC.

National Research Council (2002) *Environmental Effects of Transgenic Plants. The Scope and Adequacy of Regulation.* National Academy Press, Washington, D.C..

National Research Council (2004) *Biological Confinement of Genetically engineered Organisms.* National Academy Press, Washington, D.C.

Neale, D.B. (1985) Genetic Implications of shelterwood regeneration of Douglas-fir in southwest Oregon. *Forest Science* 31, 995-1005.

Neale, D.B. and Adams, W.T. (1985a) The mating system in natural and shelterwood stands of Douglas-fir. *Theoretical and Applied Genetics* 71, 201-207.

Neale, D.B. and Adams, W.T. (1985b) Allozyme and mating-system variation in balsam fir (*Abies balsamea*) across a continuous elevational transect. *Canadian Journal of Botany* 63, 2448-2453.

Neale, D.B. and Harry, D.E. (1994) Genetic mapping in forest trees: RFLPs, RAPDs and beyond. *AgBiotech News and Information* 6, 107N-114N.

Neale, D.B. and Savolainen, O. (2004) Association genetics of complex traits in conifers. *Trends in Plant Science* 9, 325-330.

Neale, D.B. and Sederoff, R.R. (1989) Paternal inheritance of chloroplast DNA and maternal inheritance of mitochondrial DNA in loblolly pine. *Theoretical and Applied Genetics* 77, 212-216.

Neale, D.B. and Williams, C.G. (1991) Restriction fragment length polymorphism mapping on conifers and applications to forest tree genetics and tree improvement. *Canadian Journal of Forest Research* 21, 545-554.

Neale, D.B., Wheeler, N. and Allard, R.W. (1986) Paternal inheritance of chloroplast DNA in Douglas-fir. *Canadian Journal of Forest Research* 16, 1152-1154.

Neale, D., Marshall, K. and Sederoff, R. (1989) Chloroplast and mitochondrial DNA are paternally inherited in *Sequoia sempervirens* D. Don Endl. *Proceedings of the National Academy of Sciences of the United States of America* 86, 9347-9349.

Neale, D., Marshall, K. and Harry, D. (1991) Inheritance of chloroplast and mitochondrial DNA in incense-cedar (*Calocedrus decurrens*). *Canadian Journal of Forest Research* 21, 717-720.

Nei, M. (1987) *Molecular Evolutionary Genetics.* Columbia University Press, New York, NY.

Nei, M. and Kumar, S. (2000) *Molecular Evolution and Phylogenetics.* Oxford University Press, New York, NY.

Nei, M., Maruyama, T. and Chakraborty, R. (1975) The bottleneck effect and genetic variability in populations. *Evolution* 29, 1-10.

Nelson, C., Nance, W. and Doudrick, R. (1993) A partial genetic linkage map of slash pine (*Pinus elliottii Englem. var. elliottii*) based on random amplified polymorphic DNAs. *Theoretical and Applied Genetics* 87, 145-151.

Neter, J. and Wasserman, W. (1974) *Applied Linear Statistical Models.* Richard D.Irwin and Company, Homewood, IL.

Newton, R.J., Vibrah, H.S., Dong, N., Clapman, D.H., and Von Anold, S. (1992) Expression of an abscisic acid responsive promoter in *Picea abies* (L.) Karst. following bombardment from an electric discharge particle accelerator. *Plant Cell Reports* 11, 188-191.

Newton, R., Wakamiya, I. and Price, H.J. (1993) *Handbook of Plant and Crop Stress.* Marcel Dekker, Inc., New York, NY.

Nicholas, F.W. (1980) Size of population required for artificial selection. *Genetical Research* 35, 85-105.

Niklas, K. (1997) *The Evolutionary Biology of Plants.* The University of Chicago Press, Chicago, IL.

Nikles, D.G. (1986) Strategy and rationale of the breeding programmes with *Pinus caribaea* and its hybrids in Australia. In: *Proceedings of the International Union of Forest Research Organizations (IUFRO), Conference on Breeding Theory, Progeny Testing and Seed Orchards*. Williamsburg, VA, pp. 298.

Nikles, D.G. (1992) Hybrids of forest trees: the bases of hybrid superiority and a discussion of breeding methods. *Proceedings of the International Union of Forest Research Organizations (IUFRO), Conference Resolving Tropical Forest Research Concerns Through Tree Improvement, Gene Conservation, and Domestication of New Species*. Cali, Colombia., pp. 333-347.

Nikles, D.G. (2000) Experience with some *Pinus* hybrids in Queensland, Australia. In: *Hybrid Breeding and Genetics of Forest Trees. Proceedings of the Queensland Forest Research Institute/Cooperative Research Center-Sustainable Production Forestry (QFRI/CRC-SPF). Symposium*. Noosa, Queensland, Australia, pp. 27-43.

Nikles, D.G. and Robinson, M.J. (1989) The development of *Pinus* hybrids for operational use in Queensland. In: Gibson, G.I., Griffin, A.R. and Matheson, A.C. (eds.) *Breeding Tropical Trees: Population Structure and Genetic Improvement Strategies in Clonal and Seedling Forestry*. Oxford Forestry Institute, Oxford, UK, pp. 272-282.

Nilsson, O., Little, C.H.A., Sandberg, G. and Olsson. O. (1996) Expression of two heterologous promoters *Agrobacterium rhizogenes rolC* and cauliflower mosaic virus 35S, in the stem of transgenic hybrid aspen plants during the annual cycle of growth and dormancy. *Plant Molecular Biology* 31, 887-895.

Nirenberg, M.W. and Matthei J.H. (1961) The dependence of cell-free protein synthesis in *E. coli* upon naturally occurring or synthetic polyribonucleotides. *Proceedings of the National Academy of Sciences of the United States of America* 47, 1588-1602.

Oak, S.W., Blakeslee G.M., and Rockwood, D.L. (1987) Pitch canker resistant slash pine identified by greenhouse screening. In: *Proceedings of the 19th Southern Forest Tree Improvement Conference*. College Station, TX, pp. 132-139.

Ohba, K. (1993) Clonal forestry with sugi (*Cryptomeria japonica*). In: Ahuja, M.R. and Libby, W.J. (eds.) *Clonal Forestry II: Conservation and Application*. Springer-Verlag, New York, NY, pp. 66-90.

Ohba, K., Iwakawa, M., Okada, Y. and Murai, M. (1971) Paternal transmission of a plastid anomaly in some reciprocal crosses of Sugi, *Cryptomeria japonica* D.Don. *Silvae Genetica* 20(4), 101-107.

Ohta, T. (1996) The current significance and standing of neutral and nearly neutral theories. *BioEssays* 18, 673-677.

Ohta, T. and Cockerham, C.C. (1974) Detrimental genes with partial selfing and effects on a neutral locus. *Genetical Research, Cambridge* 23, 191-200.

Oldfield, S., Lusty, C., and MacKinven, A. (1998) *The World List of Threatened Trees*. World Conservation Press, Cambridge, UK.

O'Malley, D. and McKeand, S. (1994) Marker assisted selection for breeding value in forest trees. *Forest Genetics* 1, 207-218.

O’Malley, D.M. and Whetten, R. (1997) Molecular markers and forest trees. In: Gaetano-Anolles, G. and Gresshoff, P.M. (eds.) *DNA markers: Protocols, Applications and Overviews*. John Wiley & Sons, New York, NY.

O'Malley, D.M., Porter, S. and Sederoff, R.R. (1992) Purification, characterization, and cloning of cinnamyl alcohol dehydrogenase in loblolly pine (*Pinus taeda* L.). *Plant Physiology* 98, 1364-1371.

Orr-Ewing, A.L. (1957) A cytological study of the effects of self-pollination on *Pseudotsuga menziesii* (Mirb.) Franco. *Silvae Genetica* 6, 179-185.

Osorio, L.F. (1999) Estimation of genetic parameters, optimal test designs and prediction of the genetic merit of clonal and seedling material of *Eucalyptus grandis*. School of Forest Resources and Conservation, University of Florida, Gainesville, FL.

Osorio, L.F., Wright, J.A. and White, T.L. (1995) Breeding strategy for *Eucalyptus grandis* at Smurfit Carton de Colombia. In: Potts, B.M., Borralho, N.M.G., Reid, J.B., Cromer, R.N., Tibbits, W.N. and Raymond, C.A. (eds.) *Proceedings of the International Union of Forest Research Organizations (IUFRO), Conference on Eucalypt Plantations: Improving Fibre Yield and Quality*. Hobart, Australia, pp. 264-266.

Ostrander, E.A., Jong, P.M, Rine, J. and Duyk, G. (1992) Construction of small insert genomic libraries highly enriched for microsatellite repeat sequences. *Proceedings of the National Academy of Sciences of the United States of America* 89, 3419-3423.

Owens, J.N. and Blake, M.D. (1985) Forest Tree Seed Production. Information Report PI-X-53, Petawawa National Forestry Institute, Canadian Forestry Service, Agriculture Canada. Victoria, BC, Canada.

Owens, J.N., Colangeli, A.M., Morris, S.J. (1991) Factors affecting seed set in Douglas-fir (*Psuedotsuga menziesii*). *Canadian Journal of Botany* 69, 229-238.

Palmer, E.J. (1948) Hybrid oaks of North America. *Journal of Arnold Arbor* 29, 1-48.

Pancel, L. (1993) Species selection. In: Pancel, L. (ed.) *Tropical Forestry Handbook, Vol. 1.* Springler Verlag, New York., N.Y, pp. 569-643.

Papadakis, J.S. (1937) Methode statistique pour des experiences sur champ. *Bulletin de l'Institut de l'Amelioration des Plantes Thessalonique, 23.*

Park, Y.S. and Fowler, D.P. (1981) Provenance tests of red pine in the maritimes. Canadian Forest Service Information Report M-X-131.

Park, Y.S. and Fowler, D.P. (1982) Effects of inbreeding and genetic variances in a natural population of tamarack [*Larix laricina* (Du Roi) K. Koch] in eastern Canada. *Silvae Genetica* 31, 21-26.

Parker, S.R., White, T.L., Hodge, G.R. and Powell, G.L. (1998) The effects of scion maturation on growth and reproduction of grafted slash pine. *New Forests* 15, 243-259.

Pasonen, H.-L., Seppänen, S.-K., Degefu, Y., Rytkönen, A., Von Weissenberg, K., and Pappinen, A. (2004) Field performance of chitinase transgenic silver birches (*Betula pendula*): resistance to fungal disease. *Theoretical and Applied Genetics* 109, 562-570.

Patterson, H.D. and Thompson, R. (1971) Recovery of interblock information when block sizes are unequal. *Biometrika* 58, 545-554.

Patterson, H.D. and Williams, E.R. (1976) A new class of resolvable incomplete block designs. *Biometrika* 63, 83-92.

Patterson, H.D., Williams, E.R. and Hunter, E.A. (1978) Block designs for variety trials. *Journal of Agricultural Science* 90, 395-400.

Paul, A.D., Foster, G.S., Caldwell, T., and McRae, J. (1997) Trends in genetic and environmental parameters for height, diameter, and volume in a multilocation clonal study with loblolly pine. *Forest Science* 43, 87-98.

Pederick, L.A. (1967) The structure and identification of the chromosomes of *Pinus radiata* D. Don. *Silvae Genetica* 16, 69-77.

Pederick, L.A. (1968) Chromosome inversions in *Pinus radiata*. *Silvae Genetica* 17, 22-26.

Pederick, L.A. (1970) Chromosome relationships between *Pinus* species. *Silvae Genetica* 19, 171-180.

Pederick, L.A. and Griffin, A.R. (1977) The genetic improvement of radiata pine in Australasia, In: *Proceedings of the 3rd World Consultation on Forest Tree Breeding*. Canberra, Australia, 561-572.

Perry, D. and Bousquet, J. (1998) Sequence-tagged-site (STS) markers of arbitrary genes: development, characterization and analysis of linkage in black spruce. *Genetics* 149, 1089-1098.

Perry, D.J. and Dancik, B.P. (1986) Mating system dynamics of lodgepole pine in Alberta, Canada. *Silvae Genetica* 35, 190-195.

Perry, D.J. and Furnier, G.R. (1996) *Pinus banksiana* has at least seven expressed alcohol dehydrogenase genes in two linked groups. *Proceedings of the National Academy of Sciences of the United States of America* 93, 13020-13023.

Perry, D.J. and Knowles, P. (1990) Evidence of high self-fertilization in natural populations of eastern white cedar (*Thuja occidentalis*). *Canadian Journal of Botany* 68, 663-668.

Peters, G.B., Lonie, J.S. and Moran, G.F. (1990) The breeding system, genetic diversity and pollen sterility in *Eucalyptus pulverulenta*, a rare species with small disjunct populations. *Australian Journal of Botany* 38, 559-570.

Pfeiffer, A., Olivieri, A. and Morgante, M. (1997) Identification and characterization of microsatellites in Norway spruce (*Picea abies* K.). *Genome* 40, 411-419.

Pigliucci, M., Benedettelli, S. and Villani, F. (1990) Spatial patterns of genetic variability in Italian chestnut (*Castanea sativa*). *Canadian Journal of Botany* 68, 1962-1967.

Pilate, G., Guiney, E., Holt, K., Petit-Conil, Michel, Lapierre, C., Leplé, J.-C., Pollet, B., Mila, I.,

Webster, E.A., Marstorp, H.G., Hopkins, D.W., Jouanin, L., Boerjan, W., Schuch, W., Cornu, D. and Halpin, C. (2002) Field and pulping performances of transgenic trees with altered lignification. *Nature Biotechnology* 20, 607-612.

Pilger, R. (1926) *Pinus*. *Die Naturlichen Pflanzenfamilien* 13, 331-342.

Pimm, S.L., Russell, G.J., Gittleman, J.L. and Brooks, T.M. (1995) The future of biodiversity. *Science* 269, 347-350.

Plessas, M.E. and Strauss, S.H. (1986) Allozyme differentiation among populations, stands, and cohorts in Monterey pine. *Canadian Journal of Forest Research* 16, 1155-1164.

Plomion, C. and Durel, C. (1985) Estimation of the average effects of specific alleles detected by the pseudo-testcross QTL mapping strategy. *Genetics of Self Evolution* 28, 223-235.

Plomion, C., Costa, P., Bahrman, N. and Frigerio, J.M. (1997) Genetic analysis of needle proteins in maritime pine. *Silvae Genetica* 46, 2-3.

Pollack, J. and Dancik, B. (1985) Monoterpene and morphological variation and hybridization of *Pinus contorta* and *P. banksiana* in Alberta. *Canadian Journal of Botany* 63, 201-210.

Ponoy, B., Hong, Y.-P., Woods, J., Jaquish, B. and Carlson, J. (1994) Chloroplast DNA diversity of Douglas-fir in British Columbia. *Canadian Journal of Forest Research* 24, 1824-1834.

Porterfield, R.L. (1975) Economic aspects of tree improvement programs. In: Thielges, B.A. (ed.), *Forest Tree Improvement-The Third Decade. Proceedings of the 24th Annual Louisiana State University Symposium*. Louisiana State University, Baton Rouge, LA, pp. 99-117.

Porterfield, R.L. and Ledig, F.T. (1977) The economics of tree improvement programs in the northeast, pp. 35-47. In: *Proceedings of the 25th Northeast Forest Tree Improvement Conference*. Orono, ME, pp. 35-47.

Potts, B.M. and Dungey, H.S. (2001) Hybridisation of *Eucalyptus*: key issues for breeders and geneticists. In: *Proceedings of the International Union of Forest Research Organizations (IUFRO), Conference on Developing the Eucalypt of the Future*. Valdivia, Chile, pp. 34.

Powell, G.L. and White, T.L. (1994) Cone and seed yields from slash pine seed orchards. *Southern Journal of Applied Forestry* 18, 122-127.

Powell, J.R. and Taylor, C.E. (1979) Genetic variation in ecologically diverse environments. *American Scientist* 67, 590-596.

Powell, M.B. and Nikles, D.G. (1996) Performance of *Pinus elliottii* var. *elliottii* and *P. Caribaea* var. *hondurensis*, and their F_1, F_2 and backcross hybrids across a range of sites in Queensland. In: Dieters, M.J., Matheson. A.C., Nikles, D.G., Harwood, C.E. and Walker, S.M. (eds.) *Proceedings of the Queensland Forest Research Institute-International Union of Forest Research Organizations (QFRI-IUFRO), Conference on Tree Improvement for Sustainable Tropical Forestry*. Caloundra, Queensland, Australia, pp. 382-383.

Powell, M.B., Borralho, N.M.G., Wormald, N. and Chow, E. (1997) What X-A program to optimise selection and mate allocation in tree breeding. In: *Proceedings of the International Union of Forest Research Organizations (IUFRO), Conference on sobre Silvicultura e Melhoramento de Eucaliptos*. El Salvador, Brazil, pp 427-432.

Powell, W., Morgante, M., Andre, C., McNicol, J.W., Machray, G.C., Doyle, J.J., Tingey, S.V. and Rafalski, J.A. (1995) Hypervariable microsatellites provide a general source of polymorphic DNA markers for the chloroplast genome. *Current Biology* 5, 1023-1029.

Pravdin, L.F., Abaturova, G.A. and Shershukova, O.P. (1976) Karyological analysis of European and Siberian spruce and their hybrids in the USSR. *Genetica* 25, 89-94.

Price, H.J., Sparrow, A.H. and Nauman, A.F. (1973) Evolutionary and developmental considerations of the variability of nuclear parameters in higher plants. I. Genome volume, interphase chromosome volume and estimated DNA content of 236 gymnosperms. *Brockhaven Symposia in Biology* 25, 390-421.

Price, R., Olsen-Stojkovich, J. and Lowenstein, J. (1987) Relationships among the genera of Pinaceae: An immunological comparison. *Systematic Botany* 12, 91-97.

Price, R., Liston, A. and Strauss, S. (1998) Phylogeny and systematics of *Pinus*. In: Richardson, D.M. (ed.) *Ecology and Biogeography of Pinus*. Cambridge University Press, Cambridge, UK, pp.49-68.

Pryor, L.D. and Johnson, L.A.S. (1981) Eucalyptus, the universal Australian. In: Keast, A. (ed.) *Ecological Biogeography of Australia*. Junk, The Hague, The Netherlands, pp. 499-536.

Purnell, R.C. and Kellison, R.C. (1983) A tree improvement program for southern hardwoods. In:

Proceedings of the 17th Southern Forest Tree Improvement Conference. Athens, GA, pp. 90-98.

Qiu, Y-L. and Parks, C.R. (1994) Disparity of allozyme variation levels in three Magnolia (Magnoliaceae) species from the Southeastern United States. *American Journal of Botany* 81, 1300-1308.

Radetzky, R. (1990) Analysis of mitochondrial DNA and its inheritance in *Populus*. *Current Genetics* 18, 429-434.

Radhamani, A., Nicodemus, A., Nagarajan, B. and Mandal, A.K. (1998) Reproductive biology of tropical tree species. In: Mandal, A.K. and Gibson, G.L. (eds.) *Forest Genetics and Tree Breeding*. CBS Publishers and Distributors, Darya Ganj, New Delhi, India, pp. 194-204.

Rafalski, A. (2002) Applications of single nucleotide polymorphisms in crop genetics. *Current Opinion in Plant Biology* 5, 94-100.

Rajora, O.P. and Dancik, B.P. (1992) Chloroplast DNA inheritance in *Populus*. *Theoretical and Applied Genetics* 84, 280-285.

Rajora, O.P., DeVerno, L.L. Mosseller, A. and Innes, D.J. (1998) Genetic diversity and population structure of disjunct Newfoundland and central Ontario populations of eastern white pine (*Pinus strobus*). *Canadian Journal of Botany* 76, 500-508.

Randall, W.K. (1996) *Forest Tree Seed Zones for Western Oregon*. Oregon Department of Forestry, Salem, OR.

Rapley, L.P., Allen, G.R., and Botts, B.M. (2004a) Genetic variation in *Eucalyptus globulus* in relation to susceptibility from attack by the southern eucalypt leaf beetle, *Chrysophtharta Agricola. Australian Journal of Botany 52, 747-756.*

Rapley, L.P., Allen, G.R., and Botts, B.M. (2004b) Genetic variation of *Eucalyptus globulus* in relation to autumn gum moth *Mnesampela* private *Lepidoptera*: Geometridae) oviposition preference. *Forest Ecology and Management* 194, 169-175.

Ratnam, W., Lee, C.T., Muhammad, N. and Boyle, T.J.B. (1999) Impact of logging on genetic diversity in humid tropical forests. In: Matyas, C. (ed.) *Forest Genetics and Sustainability*. Kluwer Academic Press, Boston, MA, pp. 171-182.

Raymond, C.A., Owen, J.V., Eldridge, K.G. and Harwood, C.E. (1992) Screening eucalypts for frost tolerance in breeding programs. *Canadian Journal of Forest Research* 22, 1271-1277.

Redmond, C.H. and Anderson, R.L. (1986) Economic benefits of using the Resistance Screening Center to assess relative resistance to fusiform rust. *Southern Journal of Applied Forestry* 10, 34-37.

Reddy, K.V. and Rockwood, D.L. (1989) Breeding strategies for coppice production in a *Eucalyptus grandis* base population with four generations of selection. *Silvae Genetica* 38, 148-151.

Reed, D.H. and Frankham, R. (2001) How closely correlated are molecular and quantitative measures of genetic variation? A meta-analysis. *Evolution* 55, 1095-1103.

Rehfeldt, G.E. (1983a) Genetic variability within Douglas-fir populations: Implications for tree improvement. *Silvae Genetica* 32, 9-14.

Rehfeldt, G.E. (1983b) Seed Transfer Guidelines for Douglas-fir in Central Idaho. USDA Forest Service Research Note INT-337.

Rehfeldt, G.E. (1983c) Adaptation of *Pinus contorta* populations to heterogeneous environments in northern Idaho. *Canadian Journal of Forest Research* 13, 405-411.

Rehfeldt, G.E. (1985) Genetic variances and covariances in *Pinus contorta*: estimates of genetic gains from index selection. *Silvae Genetica* 34, 26-33.

Rehfeldt, G.E. (1986) Adaptive variation in *Pinus ponderosa* from intermountain regions. I. Snake and Salmon River basins. *Forest Science* 32, 79-92.

Rehfeldt, G.E. (1988) Ecological genetics of *Pinus contorta* from the Rocky Mountains (USA): a synthesis. *Silvae Genetica* 37, 131-135.

Rehfeldt, G.E. (1989) Ecological adaptations in Douglas-fir (*Pseudotsuga menziesii* var. *glauca*): a synthesis. *Forest Ecology and Management* 28, 203-215.

Rehfeldt, G.E. (2000) Genes, Climate and Wood. *The Leslie L. Schaffer Lectureship in Forest Science*. University of British Columbia, Vancouver, BC.

Rehfeldt, G.E., Hoff, R.J. and Steinhoff, R.J. (1984) Geographic patterns of genetic variation in *Pinus monticola. Botanical Gazette* 145, 229-239.

Rehfeldt, G.E., Wykoff, W.R., Hoff, R.J. and Steinhoff, R.J. (1991) Genetic gains in growth and simulated yield of *Pinus monticola. Forest Science* 37, 326-342.

Reilly, J.J. and Nikles, D.G. (1977) Analysing benefits and costs of tree improvement: *Pinus cari-*

baea. In: *Proceedings of the 3rd World Consultation on Forest Tree Breeding*. Canberra, Australia.

Riemenschneider, D.E., Haissig, B.E., Selmer, J. and Fillatti, J.J. (1988) Expression of a herbicide tolerance gene in young plants of transgenic hybrid poplar clone. In: Ahuja, M.R. (ed.) *Somatic Cell Genetics of Woody Plants*. Kluwer Academic Publishers, Dordrecht, The Netherlands, pp. 73-80.

Remington, D.L., Wu, R.L., MacKay, J.J., McKeand, S.E. and O'Malley, D.M. (1998) Average effect of a mutation in lignin biosynthesis in loblolly pine. *Theoretical and Applied Genetics* 99, 705-710.

Remington, D., Whetten, R., Liu, B. and O' Malley, D. (1999) Construction of an AFLP genetic map with nearly complete genome coverage in *Pinus taeda*. *Theoretical and Applied Genetics* 98, 1279-1292.

Remington, D., Thornsberry, J., Matsuoka, Y., Wilson, L., Whitt, S., Doebley, J., Kresovich, S., Goodman, M. and Buckler IV, E. (2001) Structure of linkage disequilibrium and phenotypic associations in the maize genome. *Proceedings of the National Academy of Sciences of the United States of America* 98, 11479-11484.

Retief, E.C.L. and Clarke, C.R.E. (2000) The effect of site potential on eucalypt clonal performance in coastal Zululand, South Africa. In: *Proceedings of the International Union of Forest Research Organizations (IUFRO), Working Party, Forest Genetics for the Next Millennium*. Durban, South Africa, pp. 192-196.

Ridley, M. (1993) *Evolution*. Blackwell Scientific, Boston, MA.

Riemenschneider, D.E. (1988) Heritability, age-age correlations and inferences regarding juvenile selection in jack pine. *Forest Science* 34, 1076-1082.

Risch, N. (2000) Searching for genetic determinants in the new millennium. *Nature* 405, 847-856.

Ritland, K. and El-Kassaby, Y.A. (1985) The nature of inbreeding in a seed orchard of Douglas fir as shown by an efficient multilocus model. *Theoretical and Applied Genetics* 71, 375-384.

Ritland, K. and Jain, S. (1981) A model for the estimation of outcrossing rate and gene frequencies using *n* independent loci. *Heredity* 47, 35-52.

Roberds, J.H. and Bishir, J.W. (1997) Risk analyses in clonal forestry. *Canadian Journal of Forest Research* 27, 425-432.

Roberds, J. and Conkle, M.T. (1984) Genetic structure in loblolly pine stands: allozyme variation in parents and progeny. *Forest Science* 30, 319-329.

Roberds, J.H., Friedman, S.T. and El-Kassaby, Y.A. (1991) Effective number of pollen parents in clonal seed orchards. *Theoretical and Applied Genetics* 82, 313-320.

Robertson, A. (1960) A theory of limits in artificial selection. *Proceedings of the Royal Society Series B-Biological Sciences* 153, 234-249.

Robertson, A. (1961) Inbreeding in artificial programmes. *Genetic Research* 2, 189-194.

Rockwood, D.L. and Kok, H.R. (1977) Development and potential of a longleaf pine seedling seed orchard. In: *Proceedings of the 14th Southern Forest Tree Improvement Conference*. Gainesville, FL, pp. 78-86.

Rockwood, D.L., Warrag, E.E., Javenshir, K. and Kratz, K. (1989) Genetic improvement for *Eucalyptus grandis* for Southern Florida. In: *Proceedings of the 20th Southern Forest Tree Improvement Conference*. Charleston, SC, pp. 403-410.

Rockwood, D. L., Dinus, R.J., Kramer, J.M., McDonough, T.J., Raymond, C.A., Owen, J.V. and DeValerio, J.T. (1993) Genetic variation for rooting, growth, frost hardiness and wood, fiber, and pulping properties in Florida-grown *Eucalyptus amplifolia*. In: *Proceedings of the 22nd Southern Forest Tree Improvement Conference*. Atlanta, GA, pp. 81-88.

Roff, D.A. (1997) *Evolutionary Quantitative Genetics*. Chapman & Hall, New York.

Roff, D.A. and Mousseau, T.A. (1987) Quantitative genetics and fitness: Lessons from *Drosophila*. *Heredity* 58, 103-118.

Rogers, D.L., Stettler, R.F. and Heilmann, P.E. (1989) Genetic variation and productivity of *Populus trichocarpa* and its hybrids. III. Structure and pattern of variation in a 3-year field test. *Canadian Journal of Forest Research* 19, 372-377.

Rogers, S. and Bendich, A. (1987) Ribosomal RNA in plants: variability in copy number and in the intergenic spacer. *Plant Molecular Biology* 9, 509-520.

Rogstad, S., Patton II, J. and Schaal, B. (1988) M13 repeat probe detects DNA minisatellite-like sequences in gymnosperms and angiosperms. *Proceedings of the National Academy of Sciences of the United States of America* 85, 9176-9178.

Rogstad, S., Nybom, H. and Schaal, B. (1991) The tetrapod "DNA fingerprinting" M13 repeat probe reveals genetic diversity and clonal growth in quaking aspen (*Populus tremuloides*, Salicaceae). *Plant Systematics and Evolution* 175, 115-123.

Rosvall, O., Lindgren, D. and Mullin, T.J. (1998) Sustainability robustness and efficiency of a multi-generation breeding strategy based on within-family clonal selection. *Silvae Genetica* 47, 307-321.

Rottmann, W.H., Meilan, R. Sheppard, L.A., Brunner, A.M., Skinner, J.S., Ma, C., Cheng, S., Jouanin, L., Pilate, G. and Strauss, S.H. (2000) Diverse effects of overexpression of *LEAFY* and *PTLF*, a poplar (*Populus*) homolog of *LEAFY/FLORICAULA*, in transgenic poplar and *Arabidopsis*. *Plant Journal* 22, 235-246.

Rudin, D. and Ekberg, I. (1978) Linkage studies in *Pinus sylvestris L.*: using macro gametophyte allozymes. *Silvae Genetica* 27, 1-12.

Ruotsalainen, S. and Lindgren, D. (1997) Predicting genetic gain of backward and forward selection in forest tree breeding. *Silvae Genetica* 47, 42-50.

Ruotsalainen, S. and Lindgren, D. (2001) Number of founders for a breeding population using variable parental contribution. *Forest Genetics* 8, 57-67.

Rushton, B.S. (1993) Natural hybridization within the genus *Quercus* L. *Annales des Sciences Forestieres* 50, 73s-90s.

Russell, J.H. and Libby, W.J. (1986) Clonal testing efficiency: The trade-offs between clones tested and ramets per clone. *Canadian Journal of Forest Research* 16, 925-930.

Russell, J.H. and Loo-Dinkins, J.A. (1993) Distribution of testing effort in cloned genetic tests. *Silvae Genetica* 42, 98-104.

Saintagne, C., Bodenes, C., Barreneche, T., Pot, D., Plomion, C. and Kremer, A. (2004) Distribution of genomic regions differentiating oak species assessed by QTL detection. *Heredity* 92, 20-30.

Sakai, A., Scarf, S., Faloona, F., Mullis, K.B., Horn, G.T., Erlich, H.A. and Arnhiem, N. (1985) Enzymatic amplification of beta-globin genomic sequences and restriction site analysis for diagnosis of sickle-cell anemia. *Science* 230, 1350-1354.

Sanger, F., Nicklen, S. and Coulson, A.R. (1977) DNA sequencing with chain terminating inhibitors. *Proceedings of the National Academy of Sciences of the United States of America* 74, 5463-5467.

Santamour, F.S. (1960) New chromosome counts in *Pinus* and *Picea*. *Silvae Genetica* 9, 87-88.

SAS Institute Inc. (1988) *SAS/STAT User's Guide, Release 6.03*. SAS Institute Inc., Cary, NC.

SAS Institute Inc. (1996) *SAS/STAT Software: Changes and Enhancements*. SAS Institute Inc., Cary, NC.

Savill, P.S. and Evans, J. (1986) *Plantation Silviculture in Temperate Regions*. Oxford University Press, Oxford, UK.

Savolainen, O. (1994) Genetic variation and fitness: conservation lessons from pines. In: Loeschcke, V., Tomiuk, J. and Jain, S.-K. (eds.) *Conservation Genetics*. Birkhauser Verlag, Basel, Switzerland, pp. 27-36.

Savolainen, O. and Hedrick, P. (1995) Heterozygosity and fitness: no association in Scots pine. *Genetics* 140, 755-766.

Savolainen, O. and Kärkkäinen, K. (1992) Effects of forest management on gene pools. *New Forests* 6, 329-345.

Savolainen, O., Karkkainen, K. and Kuittinen, H. (1992) Estimating numbers of embryonic lethals in conifers. *Heredity* 69, 308-314.

Sax, K. (1923) The association of size differences with seedcoat pattern and pigmentation in *Phaseolus vulgaris*. *Genetics* 8, 552.

Sax, K. and Sax, H.J. (1933) Chromosome number and morphology in the conifers. *Journal of the Arnold Arboretum* 14, 356-375.

Saylor, L.C. (1961) A karyotypic analysis of selected species of *Pinus*. *Silvae Genetica* 10, 77-84.

Saylor, L.C. (1964) Karyotype analysis of *Pinus*-group *Lariciones*. *Silvae Genetica* 13, 165-170.

Saylor, L.C. (1972) Karyotype analysis of the genus *Pinus* - subgenus *Pinus*. *Silvae Genetica* 21, 155-163.

Scalfi, M., Troggio, M., Piovani, P., Leonardi, S., Magnaschi, G., Vendramin, G.G. and Menozi, P.

(2004) A RAPD, AFLP and SRR linkage map, and QTL analysis in European beech (*Fagus sylvatica* L.). *Theoretical and Applied Genetics* 108, 433-441.

Schemske, D.W. and Lande, R.L. (1985) The evolution of self-fertilization and inbreeding depression in plants. II. Empirical observations. *Evolution* 39, 41-52.

Schena, M., Shalon, D., Davis, R. and Brown, P. (1995) Quantitative monitoring of gene expression patterns with a complementary DNA microarray. *Science* 270, 467-470.

Schenk, P., Kazan, K., Wilson, I., Anderson, J., Richmond, T., Somerville, S. and Manners, J. (2000) Coordinated plant defense responses in *Arabidopsis* revealed by microarray analysis. *Proceedings from the National Academy of Sciences of the United States of America* 97, 11655-11660.

Schlarbaum, S.E. and Tzuchiya, T. (1975a) The chromosome study of giant sequoia, *Sequoiadendron giganteum*. *The Journal of Heredity* 66, 41-42.

Schlarbaum, S.E. and Tsuchiya, T. (1975b) Chromosomes of incense cedar. *Silvae Genetica* 33, 56-62.

Schmidtling, R.C. (1999) Revising the seed zones for southern pines. *Proceedings of the 25th Southern Forest Tree Improvement Conference*. New Orleans, LA, pp. 152-154.

Schmidtling, R.C. and Hipkins, V. (1998) Genetic diversity in longleaf pine (*Pinus palustris* Mill.): Influence of historical and prehistorical events. *Canadian Journal of Forest Research* 28, 1135-1145.

Schmidtling, R.C., Carroll, E. and LaFarge, T. (1999) Allozyme diversity of selected and natural loblolly pine populations. *Silvae Genetica* 48, 35-45.

Schnabel, A. and Hamrick, J.L. (1990) Organization of genetic diversity within and among populations of *Gleditsia triacanthos* (Leguminosae). *American Journal of Botany* 77, 1060-1069.

Schnabel, A. and Hamrick, J.L. (1995) Understanding the population genetic structure of *Gleditsia triacanthos* L: the scale and pattern of pollen gene flow. *Evolution* 49, 921-931.

Schnabel, A., Laushman, R.H. and Hamrick, J.L. (1991) Comparative genetic structure of two co-occurring tree species, *Maclura pomifera* (Moraceae) and *Gleditsia triacanthos* (Leguminosae). *Heredity* 67, 357-364.

Schoen, D.J. and Stewart, S.C. (1986) Variation in male reproductive investment and male reporductive success in white spruce. *Evolution* 40, 1109-1120.

Schofield, E.K. (1989) Effects of introduced plants and animals on island vegetation: examples from the Galapagos Archipelago. *Conservation Biology* 3, 227-238.

Scholz, F., Gregorius, H.R. and Rudin, D. (1989) *Genetic Aspects of Air Pollutants in Forest Tree Populations*. Springer-Verlag, New York, NY.

Scotti-Saintagne, C., Bodenes, C., Barreneche, T., Bertocchi, E., Plomion, C. and Kremer, A. (2004) Detection of quantitative trait loci controlling bud burst and height growth in *Quercus robur* L. *Theoretical and Applied Genetics* 109, 1648-1659.

Schuster, W.S.F. and Mitton, J.B. (1991) Relatedness within clusters of a bird-dispersed pine and the potential for kin interactions. *Heredity* 67, 41-48.

Searle, S.R. (1974) Prediction, mixed models, and variance components. In: *Reliability and Biometry*. SIAM Publishing, Philadelphia, PA, pp. 229-266.

Searle, S.R. (1987) *Linear Models for Unbalanced Data*. John Wiley & Sons, New York, NY.

Searle, S.R., Casella, G. and McCulloch, C.E. (1992) *Variance Components*. John Wiley & Sons, Inc., New York, New York.

Seavey, S.R. and Bawa, K.S. (1986) Late-acting self-incompatibility in angiosperms. *The Botanical Review* 52, 195-219.

Sedjo, R.A. and Botkin, D.B. (1997) Using forest plantations to spare natural forests. *Environment* 39, 14-20.

Sederoff, R.R. (1999) Tree genomes: what will we understand about them by the year 2020? In: Matyas, C. (ed.) *Forest Genetics and Sustainablity*. Kluwer Academic Publishers, Dordrecht, The Netherlands.

Sederoff, R.R. and Ledig, F.T. (1985) Increasing forest productivity and value through biotechnology. In: *Forest Potential, Productivity and Value. Weyerhaueser Science Symposium, Volume 4*. Weyerhaueser Company, Tacoma, WA, pp. 253-276

Seppänen, S.-K., Syrjälä, L., von Weissenberg, K., Teeri, T.H., Paajanen, L. and Pappinen, A. (2004) Antifungal activity of stilbenes in vitro bioassays and transgenic *Populus* expressing a gene encoding pinosylvin synthase. *Plant Cell Reports* 22, 84-593.

Sewell, M., and Neale, D. (2000) Mapping quantitative traits in forest trees. In: Jain, S., and Minocha, S. (eds.) *Molecular Biology of Woody Plants, Forestry Sciences, Volume 64*. Kluwer Academic Publishers, Dordrecht, The Netherlands, pp. 407-423.

Sewell, M., Que, Y-L, Parks, C. and Chase, M. (1993) Genetic evidence for trace paternal transmission of plastids in *Liriodendron* and *Magnolia* (Magnoliaceae). *American Journal of Botany* 80(7), 854-858.

Sewell, M., Sherman, B. and Neale, D. (1999) A consensus map for loblolly pine (*Pinus taeda* L.). I. Construction and integration of individual linkage maps from two outbred three-generation pedigrees. *Genetics* 151, 321-330.

Sewell, M., Bassoni, D., Megraw, R., and Wheeler, N.C. and Neale, D.B. (2000) Identification of QTLs influencing wood property traits in loblolly pine (*Pinus taeda* L.). I. Physical wood properties. *Theoretical and Applied Genetics* 101, 1273-1281.

Sewell, M., Davis, M.F., Tuskan, G.A., Wheeler, N. C., Elam, C.C., Bassoni, D.L. and Neale, D.B. (2002) Identification of QTLs influencing wood property traits in loblolly pine (*Pinus taeda* L.). II. Chemical wood properties. *Theoretical and Applied Genetics* 104, 214-222.

Shapcott, A. (1995) The spatial genetic structure in natural populations of the Australian temperate rainforest tree *Atherosperma moschatum* (Labill.) (Monimiaceae). *Heredity* 74, 28-38.

Sharma, N.P. (1992) *Managing the World's Forests: Looking for Balance Between Conservation and Development*. Kendall/Hunt Publishing Company, Dubuque, IA.

Sharp, P.A. and Zamore, P.D. (2000) RNA interference. *Science* 287, 2431-2433.

Shaw, D.V. and Allard, R.W. (1982) Estimation of outcrossing rates in Douglas-fir using isoenzyme markers. *Theoretical and Applied Genetics* 62, 113-120.

Shaw, D.V., Kahler, A.L. and Allard, R.W. (1981) A multilocus estimator of mating system parameters in plant populations. *Proceedings of the National Academy of Sciences of the United States of America* 78, 1298-1302.

Shaw, G. (1914) *The Genus Pinus*. Arnold Arboretum Publications, The Murray Printing Company, Forage Village, MA.

Shea, K.L. (1987) Effects of population structure and cone production on outcrossing rates in Engelmann spruce and subalpine fir. *Evolution* 4, 124-136.

Shearer, B.L. and Dillon, M. (1995) Susceptibility of plant species in *Eucalyptus marginata* forest to infection by *Phytophthora cinnamomi*. *Australian Journal of Botany* 43, 113-134.

Shelbourne, C.J.A. (1969) Tree breeding methods. In: *Forest Research Institute Technical Paper 55*. New Zealand Forest Service.

Shelbourne, C.J.A. (1991) Genetic gains from different kinds of breeding population and seed or plant production population. In: *Proceedings of the International Union of Forest Research Organizations (IUFRO), Symposium on Intensive Forestry: The Role of Eucalypts*. Durban, South Africa, pp. 300-317.

Shelbourne, C.J.A. (1992) Genetic gains from different kinds of breeding population and seed or plant production population. *South African Forestry Journal* 160, 49-65.

Shelbourne, C.J.A. and Low, C.B. (1980) Multi-trait index selection and associated genetic gains of *Pinus radiata* progenies at five sites. *New Zealand Journal of Forest Science* 10, 307-324.

Shelbourne, C.J.A. and Thulin, I.J. (1974) Early results from a clonal selection and testing programme with radiata pine. *New Zealand Journal of Forest Science* 4, 387-398.

Shelbourne, C.J.A., Burdon, R.D., Carson, S.D., Firth, A. and Vincent, T.G. (1986) Development plan for radiata pine breeding. New Zealand Forest Service.

Shelbourne, C.J.A., Carson, M.J. and Wilcox, M.D. (1989) New techniques in the genetic improvement of radiata pine. *Commonwealth Forestry Review* 68, 191-201.

Shen, H.H., Rudin, D. and Lindgren, D. (1981) Study of the pollination pattern in a Scots pine seed orchard by means of isozyme analysis. *Silvae Genetica* 30, 7-14.

Shin, D.-I., Podila, G.K., Huang, Y. and Karnosky, D.F. (1994) Transgenic larch expressing genes for herbicide and insect resistance. *Canadian Journal of Forest Research* 24, 2059-2067.

Shortt, R.L., Hawkin, B.J. and Woods, J.H. (1996) Inbreeding effects on the spring frost hardiness of coastal Douglas-fir. *Canadian Journal of Forest Research* 26, 1049-1054.

Shukla, G.K. (1972) Some statistical aspects of partitioning genotype-environmental components of varibility. *Heredity* 29, 237-245.

Sierra-Lucero, V., McKeand, S.E., Huber, D., Rockwood, D.L. and White, T.L. (2002) Performance differences and genetic parameters for four coastal provenances of loblolly pine in the southeastern United States. *Forest Science* 48(4), 732-742.

Silen, R.R. (1966) A simple, progressive, tree improvement program for Douglas-fir. USDA Forest Service Research Note PNW-45.

Silen, R.R. (1978) Genetics of Douglas-fir. USDA Forest Service Research Paper, WO-35.

Silen, R. and Osterhaus, C. (1979) Reduction of genetic base by sizing of bulked Douglas-fir seed lots. *Tree Planters' Notes* 30, 24-30.

Silen, R.R. and Wheat, J.G. (1979) Progressive tree improvement program in coastal Douglas-fir. *Journal of Forestry* 77, 78-83.

Silva, J.C., Dutkowski, G.W. and Gilmour, A.R. (2001) Analysis of early tree height in forest genetic trials is enhanced by including a spatially correlated residual. *Canadian Journal of Forest Research* 31, 1887-1893.

Simon, J.P., Bergeron, Y. and Gagnon, D. (1986) Isozyme uniformity in populations of red pine (*Pinus resinosa*) in the Abitibi Region, Quebec. *Canadian Journal of Forest Research* 6, 1133-1135.

Simmons, A.J. (1996) Delivery of improvement for agroforestry trees. In: Dieters, M.J., Matheson, A.C., Nikles, D.G., Harwood, C.E. and Walker, S.M. (eds.) *Proceedings of the Queensland Forest Research Institute-International Union of Forest Research Organizations (QFRI-IUFRO), Conference on Tree Improvement for Sustainable Tropical Forestry*. Caloundra, Queensland, Australia, pp. 391-400.

Skrøppa, T. and Tho, T. (1990) Diallel crosses in *Picea abies*. I. Variation in seed yield and seed weight. *Scandinavian Journal of Forest Research* 5, 355-367.

Slater, A., Scott, N.W. and Fowler, M.R. (2003) *Plant Biotechnology: The Genetic Manipulation of Plants*. Oxford University Press, London, UK, 346p.

Slatkin, M. (1987) Gene flow and the geographic structure of natural populations. *Science* 236, 787-792.

Slatkin, M. and Barton, N.H. (1989) A comparison of three indirect methods for estimating average levels of gene flow. *Evolution* 43, 1349-1368.

Slavov, G.T., Howe, G.T., Yakoulev, I., Edwards, K.J., Krutouskii, K.V., Tuskan, G.A., Carlson, J.E., Strauss, S.H. and Adams, W.T. (2004) Highly variable SSR markers in Douglas-fir: Mendelian inheritance and map locations. *Theoretical and Applied Genetics* 108, 373-390.

Slavov, G.T., Howe, G.T. and Adams, W.T. (2005) Pollen contamination and mating patterns in a Douglas-fir seed orchard as measured by single sequence repeat markers. *Canadian Journal of Forest Research* 35, 1492-1603.

Sluder, E.A. (1980) A study of geographic variation in loblolly pine in Georgia: 20th-year results. USDA Forest Service Research Paper SE-213.

Smalley, E.B. and Guries, R.P. (1993) Breeding elms for resistance to Dutch elm disease. *Annual Review of Phytopathology* 31, 325-352.

Smith, C. (1969) Optimum selection procedures in animal breeding. *Animal Production* 11, 433-442.

Smith, C.C., Hamrick, J.L. and Kramer, C.L. (1988) The effects of stand density on frequency of filled seeds and fecundity in lodgepole pine (*Pinus contorta* Dougl.). *Canadian Journal of Forest Research* 18, 453-460.

Smith, D.B. and Adams, W.T. (1983) Measuring pollen contamination in clonal seed orchards with the aid of genetic markers. In: *Proceedings of the 17th Southern Forest Tree Improvement Conference*. Athens, GA, pp. 69-77.

Smith, D. and Devey, M. (1994) Occurrence and inheritance of microsatellites in *Pinus radiata*. *Genome* 37, 977-983.

Sneath, P.A. and Sokal, R.R. (1973) *Numerical Taxonomy*. W.H. Freeman and Company, San Francisco, CA.

Snedecor, G.W. and Cochran, W.G. (1967) *Statistical Methods*. Iowa State University Press, Ames, IA.

Sniezko, R.A. (1996) Developing resistance to white pine blister rust in sugar pine in Oregon. In: Kinloch, B.B., Marosy, M. and Huddleston, M.E. (eds.) *Symposium Proceedings of the California Sugar Pine Management Committee*. Publication No. 3362, University of California, Division of Agriculture and Natural Resources. Davis, CA, pp. 171-178.

Sniezko, R.A. and Zobel, B.J. (1988) Seedling height and diameter variation of various degrees of

inbred and outcross progenies of loblolly pine. *Silvae Genetica* 37, 50-60.
Snyder, E.B. (1972) *Glossary for Forest Tree Improvement Workers*. USDA Forest Service.
Sohn, S. and Goddard, R.E. (1979) Influence of infection percent on improvement of fusiform rust resistance in slash pine. *Silvae Genetica* 28, 173-180.
Soltis, D.E. and Soltis, P.S. (1989) *Isozymes in Plant Biology*. Dioscorides Press, Portland, OR.
Sorensen, F. (1969) Embryonic genetic load in coastal Douglas-fir, *Pseudotsuga menziesii* var. *menziesii*. *American Naturalist* 103, 389-398.
Sorensen, F. (1971) Estimate of self-fertility in coastal Douglas-fir from inbreeding studies. *Silvae Genetica* 20, 115-120.
Sorensen, F.C. (1973) Frequency of seedlings from natural self-fertilization in coastal Douglas-fir. *Silvae Genetica* 22, 20-24.
Sorensen, F.C. (1982) The roles of polyembryony and embryo viability in the genetic system of conifers. *Evolution* 36, 725-733.
Sorensen, F.C. (1983) Geographic variation in seedling Douglas-fir (*Pseudotsuga menziesii*) from the western Siskiyou mountains of Oregon. *Ecology* 64, 696-702.
Sorensen, F.C. (1987) Estimated frequency of natural selfing in Lodgepole pine (*Pinus contorta* var. *murrayana*) from Central Oregon. *Silvae Genetica* 36, 215-221.
Sorensen, F.C. (1994) Frequency of seedlings from natural self-fertilization in Pacific Northwest ponderosa pine (*Pinus ponderosa* Dougl. Ex Laws.). *Silvae Genetica* 43, 100-108.
Sorensen, F.C. (1997) Effects of sib mating and wind pollination on nursery seedling size, growth components, and phenology of Douglas-fir seed-orchard progenies. *Canadian Journal of Forest Research* 27, 557-566.
Sorensen, F.C. (1999) Relationship between self-fertility, allocation of growth, and inbreeding depression in three coniferous species. *Evolution* 53, 417-425.
Sorensen, F.C. and Adams, W.T. (1993) Self fertility and natural selfing in three Oregon Cascade populations of lodgepole pine. In: Lindgren, D. (ed.) *Proceedings* of the *Pinus contorta - from Untamed Forest to Domesticated Crop. Meeting of the International Union of Forest Research Organizations (IUFRO) WP2.02.06 and Frans Kempe Symposium.* Department of Genetics and Plant Physiology, Swedish University of Agricultural Sciences, Umea Report 11, 358-374.
Sorensen, F.C. and Campbell, R.K. (1997) Near neighbor pollination and plant vigor in coastal Douglas-fir. *Forest Genetics* 4, 149-157.
Sorensen, F.C. and Miles, R.S. (1982) Inbreeding depression in height, height growth, and survival of Douglas-fir, ponderosa pine, and noble fir to 10 years of age. *Forest Science* 28, 283-292.
Sorensen, F.C. and White, T.L. (1988) Effect of natural inbreeding on variance structure in tests of wind-pollination Douglas-fir progenies. *Forest Science* 34, 102-118.
Sorensen, F.C., Franklin, J.F. and Woollard, R. (1976) Self-pollination effects on seed and seedling traits in noble fir. *Forest Science* 22, 155-159.
Soule, M E. (1980) Thresholds for survival: maintaining fitness and evolutionary potential. In: Soule, M.E. and Wilcox, B.A. (eds.) *Conservation Biology: An Evolutionary-Ecological Perspective.* Sinauer Associates Inc., Publishers, Sunderland, MA, pp. 119-133.
Soule, M.E. (1986) *Conservation Biology: The Science of Scarcity and Diversity*. Sinauer Associates Inc., Publishers, Sunderland, MA.
Southern, E.M. (1975) Detection of specific sequences among DNA fragments separated by gel electrophoresis. *Journal of Molecular Biology* 98, 503-517.
Sprague, J.R., Talbert, J.T., Jett, J.B. and Bryant, R.L. (1983) Utility of the pilodyn in selection for mature wood specific gravity in loblolly pine. *Forest Science* 29, 696-701.
Squillace, A.E. (1966) Geographic variation in slash pine. *Forest Science Monograph 10.*
Squillace, A.E. (1971) Inheritance of monoterpene composition in cortical oleoresin of slash pine. *Forest Science* 17, 381-387.
Squillace, A.E. (1973) Comparison of some alternative second-generation breeding plans for slash pine. In: *Southern Forest Tree Improvement Conference*. Baton Rouge, LA, pp. 2-13.
Squillace, A.E. (1974) Average genetic correlations among offspring from open-pollinated forest trees. *Silvae Genetica* 23, 149-156.
Squillace, A.E. and Silen, R.R. (1962) Racial variation on ponderosa pine. *Forest Science Monograph 2.*
St. Clair, J.B. (1994) Genetic variation in tree structure and its relation to size in Douglas-fir. I. Bio-

mass partitioning, foliage efficiency, stem form, and wood density. *Canadian Journal of Forest Research* 24, 1226-1235.

Stacy, E.A., Hamrick, J.L., Nason, J.D. Hubbell, S.P., Foster, R.B. and Condit, R. (1996) Pollen dispersal in low-density populations of three neotropical tree species. *American Naturalist* 148, 275-298.

Stam, M., Mol, J.N.M. and Kooter, J.M. (1997) The silence of genes in transgenic plants. *Annals of Botany* 79, 3-12.

Stam, P. (1993) Construction of integrated genetic linkage maps by means of a new computer package: JOINMAP. *Plant Journal* 3, 739-744.

Stam, P. and van Ooijen, J.W. (1995) JOINMAP™ version 2.0: software for the calculation of genetic linkage maps. CPRO-DLO, Wageningen, The Netherlands.

Stasolla, C., van Zyl, L., Egertsdotter, U., Craig, D., Liu, W. and Sederoff, R. (2003) The effects of the polyethylene glycol on gene expression of developing white spruce somatic embryos. *Plant Physiology* 131, 49-60.

Stebbins, G.L. (1948) The chromosomes and relationships of *Metasequoia* and *Sequoia*. *Science* 108, 95-98.

Stebbins, G.L. (1950) *Variation and Evolution in Plants*. Columbia University Press, New York, NY.

Stebbins, G. (1959) The role of hybridization in evolution. *Proceedings of the American Philosophical Society* 103, 231-251.

Stebbins, G.L. (1971) *Chromosomal Evolution in Higher Plants*. Edward Arnold, London, UK.

Steinhoff, R.J. (1974) Inheritance of cone color in *Pinus monticola*. *The Journal of Heredity* 65, 60-61.

Steinhoff, R.J., Joyce, D.G. and Fins, L. (1983) Isozyme variation in *Pinus monticola*. *Canadian Journal of Forest Research* 13, 1122-1132.

Sterky, F., Regan, S., Karlsson, H., Hertzberg, M., Rohde, A., Holmberg, A., Amini, B., Bhalerao, R., Larsson, M., Villarroel, R., van Mantagu, M., Sandberg, G., Olsson, O., Teeri, T., Boerjan, W., Gustafsson, P., Uhlen, M., Sundberg, B. and Lundeberg, J. (1998) Gene discovery in the wood-forming tissues of poplar: analysis of 5,692 expressed sequence tags. *Proceedings of the National Academy of Sciences of the United States of America* 95, 13330-13335.

Stettler, R.F., Fenn, R.C., Heilman, P.E. and Stanton B.J. 1988. *Populus trichocarpa* x *Populus deltoides* hybrids for short rotation culture: variation patterns and 4-year field performance. *Canadian Journal of Forest Research* 18, 745-753.

Stettler, R.F., Zsuffa, L. and Wu, R. (1996) The role of hybridization in the genetic manipulation of *Populus*. In: Stettler. R.F., Jr., Bradshaw, H.D., Heilman, P.E. and Hinckley, T.M. (eds.) *Biology of Populus and its Implications for Management and Conservation*. NRC Research Press, National Research Council of Canada. Ottawa, Ontario, pp. 87-112.

Stewart, S.C. (1994) Simultaneous estimation of pollen contamination and pollen fertilities of individual trees. *Theoretical and Applied Genetics* 88, 593-596.

Stirling, B., Newcombe, G., Vrebalov, J., Bosdet, I. and Bradshaw, Jr., H. (2001) Suppressed recombination around the *MXC3* locus, a major gene for resistance to poplar leaf rust. *Theoretical and Applied Genetics* 103, 1129-1137.

Stoehr, M.U. and El-Kassaby, Y.A. (1997) Levels of genetic diversity at different stages of the domestication cycle of interior spruce in British Columbia. *Theoretical and Applied Genetics* 94, 83-90.

Stoehr, M.U., Orvar, B.L., Vo, T.M., Gawley, J.R., Webber, J.E. and Newton, C.H. (1998) Application of a chloroplast DNA marker in seed orchard management evaluations of Douglas-fir. *Canadian Journal of Forest Research* 28, 187-195.

Stonecypher, R.W. and McCullough, R.B. (1986) Estimates of additive and non-additive genetic variances from a clonal diallel of Douglas-fir *Pseudotsuga mensiesii* (Mirb.) *Franco*. *Proceedings of the International Union of Forest Research Organizations (IUFRO), Conference on Breeding Theory, Progeny Testing and Seed Orchards*. Williamsburg, Virginia, pp. 211-227.

Stonecypher,R.W., Piesch, R.F., Heilman, G.G., Chapman, J.G. and Reno, H.J. (1996) Results from genetic tests of selected parents of Douglas-fir (*Pseudotsuga menziesii* [Mirb.] Franco) in an applied tree improvement program. *Forest Science Monographs* 32.

Strauss, S.H. (2003) Genomics, genetic engineering, and domestication of crops. *Science* 300, 61-62.

Strauss, S.H. and Critchfield, W.B. (1982) Inheritance of β-pinene in xylem oleoresin of knobcone X Monterey pine hybrids. *Forest Science* 28, 687-696.

Strauss, S. and Doerksen, A. (1990) Restriction fragment analysis of pine phylogeny. *Evolution* 44, 1081-1096.

Strauss, S.H. and Howe, G. (1990) An investigation of somatic variability for ribosomal RNA gene number in old-growth Sitka spruce. *Canadian Journal of Forest Research* 20, 853-856.

Strauss, S.H. and Tsai, C.-H. (1988) Ribosomal gene number variability in Douglas-fir. *Journal of Heredity* 79, 453-458.

Strauss, S.H., Palmer, J.D., Howe, G.T. and Doerksen, A.H. (1988) Chloroplast genomes of two conifers lack a large inverted repeat and are extensively rearranged. *Proceedings of the National Academy of Sciences of the United States of America* 85, 3898-3902.

Strauss, S.H., Bousquet, J., Hipkins, V.D. and Hong, Y.-P. (1992a) Biochemical and molecular genetic markers in biosystematic studies of forest trees. *New Forests* 6, 125-158.

Strauss, S., Lande, R. and Namkoong, G. (1992b) Limitations of molecular-marker-aided selection in forest tree breeding. *Canadian Journal of Forest Research* 22, 1050-1061.

Strauss, S.H., Hong, Y.-P. and Hipkins, V.D. (1993) High levels of population differentiation for mitochondrial DNA haplotypes in *Pinus radiata, muricata*, and *attenuata. Theoretical and Applied Genetics* 86, 605-611.

Strauss, S.H., Rottmann, W.H., Brunner, A.M. and Sheppard, L.A. (1995) Genetic engineering of reproductive sterility in forest trees. *Molecular Breeding* 1, 5-26.

Streiff, R., Labbe, T., Bacilieri, R., Steinkellner, H., Gloessl, J. and Kremer, A. (1998) Within population genetic structure in *Quercus robur* L. and *Quercus petraea* (Matt.) Liebl. assessed with isozymes and microsatellites. *Molecular Ecology* 7, 317-328.

Streiff, R., Ducousso, A., Lexer, C., Steinkellner, H., Gloessl, J. and Kremer, A. (1999) Pollen dispersal inferred from paternity analysis in a mixed oak stand of *Quercus robur* L. and *Q. petraea* (Matt.) Liebl. *Molecular Ecology* 8, 831-841.

Stroup, W.W., Baezinger, P.S. and Mulitze D.K. (1994) Removing spatial variation from wheat yield trials: a comparison of methods. *Crop Science* 86, 62-66.

Stukely, M.J.C. and Crane, C.E. (1994) Genetically based resistance of *Eucalyptus marginata* to *Phytophthora cinnamomi. Phytopathology* 84, 650-656.

Subramaniam, R., Reinold, S., Molitor, E.K. and Douglas, C.J. (1993) Structure, inheritance, and expression of hybrid poplar (*Populus trichocarpa* x *Populus deltoides*) phenylalanine ammonia-lyase genes. *Plant Physiology* 102, 71-83.

Surles, S.E., Hamrick, J.L. and Bongarten, B.C. (1989) Allozyme variation in black locust (*Robinia pseudoacacia*). *Canadian Journal of Forest Research* 19, 471-479.

Sutton, B.C.S., Flanagan, D.J., Gawley, J.R., Newton, C.H., Lester, D.T. and El-Kassaby, Y.A. (1991) Inheritance of chloroplast and mitochondrial DNA in *Picea* and composition of hybrids from introgression zones. *Theoretical and Applied Genetics* 82, 242-248.

Sweet, G.B., Dickson, R.L., Donaldson, B.D. and H. Litchwark. (1992) Controlled pollination without isolation - A new approach to the management of radiata pine seed orchards. *Silvae Genetica* 41, 95-99.

Swofford, D. (1993) PAUP: Phylogenetic analysis using parsimony. Version 3.1.1. Distributed by the Illinois Natural History Survey, Champaign, IL.

Syvanen, A. (2001) Accessing genetic variation: genotyping single nucleotide polymorphisms. *Nature Review Genetics* 2, 930-942.

Szmidt, A., Alden, T. and Hallgren, J.-E. (1987) Paternal inheritance of chloroplast DNA in *Larix. Plant Molecular Biology* 9, 59-64.

Szmidt, A.E., Wang, X.R. and Lu, M.Z. (1996) Empirical assessment of allozyme and RAPD variation in *Pinus sylvestris* (L.) using haploid tissue analysis. *Heredity* 76, 412-420.

Talbert, C.B. (1985) Two-stage early selection: A method for prioritization and weighting of traits. In: *Proceedings of the 18th Southern Forest Tree Improvement Conference*. Long Beach, MS, pp. 107-116.

Talbert, C.B. (1986) Multi-criterion index selection as a tool for operational tree improvement. In: *Proceedings of the International Union of Forest Research Organizations (IUFRO), Conference on Breeding Theory, Progeny Testing and Seed Orchards*. Williamsburg, VA, pp. 228-238.

Talbert, C.B. and Lambeth, C.C. (1986) Early testing and multi-stage selection. In: *Advanced Gen-*

eration Breeding of Forest Trees, Southern Cooperative Series Bulletin No. 309. Louisiana Agricultural Experiment Station, Baton Rouge, LA, pp. 43-52.

Talbert, C.B., Ritchie, G.A. and Gupta, P. (1993) Conifer vegetative propagation: an overview from a commercialization perspective. In: Ahuja, M.R. and Libby, W.J. (eds.) *Clonal Forestry I. Genetics and Biotechnology*. Springer-Verlag., New York, NY, pp. 145-181.

Talbert, J.T. (1979) An advanced-generation breeding plan for the North Carolina State University-Industry pine tree improvement cooperative. *Silvae Genetica* 28, 72-75.

Talbert, J.T., Weir, R.J. and Arnold, R.D. (1985) Costs and benefits of a mature first generation loblolly pine tree improvement program. *Journal of Forestry* 83, 162-165.

Tambasco-Talhari, D., Mello de Alencar, M., Paro de Paz, C.C., da Cruz, G.M., de Andrade Rodrigues, A., Packer, I.U., Coutinho, L.L. and Correia de Almeida Regitano, L. (2005) Molecular marker heterozygosities and genetic distances as correlates of production traits in F_1 bovine crosses. *Genetics and Molecular Biology* 28, 218-224.

Tang, W. and Newton, R.J. 2003. Genetic transformation of conifers and its application in forest biotechnology. Plant Cell Rep. 22:1-15.

Tang, W. and Quyang, F. (1999) Plant regeneration via organogenesis from six families of loblolly pine. *Plant, Cell, Tissue and Organ Culture* 58, 223-226.

Tang, W. and Tian, Y. (2003) Transgenic loblolly pine (*Pinus taeda* L.) plants expressing a modified б-endotoxin gene from *Bacillus thuringiensis* with enhanced resistance to *Dendrolimus punctatus* Walker and *Crypyothelea formosicola* Staud. *Journal of Experimental Botany* 54, 835-844.

Tang, W., Newton, R.J. and Charles, T.M. (2006) Plant regeneration through adventitious shoot differentiation from callus cultures of slash pine (*Pinus elliottii*). *Journal of Plant Physiology* 163, 98-101.

Tanksley, S., Ganal, M. and Martin, G. (1995) Chromosome landing: a paradigm for map-based gene cloning in plants with large genomes. *Trends in Genetics* 11, 63-68.

Tauer, C.G. (1975) Competition between selected black cottonwood genotypes. *Silvae Genetica* 24(2/3), 44-49.

Tauer, C., Hallgren, S. and Martin, B. (1992) Using marker-aided selection to improve tree growth response to abiotic stress. *Canadian Journal of Forest Research* 22, 1018-1030.

Taylor, F.W. (1981) Rapid determination of southern pine specific gravity with a pilodyn tester. *Forest Science* 27, 59-61.

Teich, A.H. and Holst, M.J. (1974) White spruce limestone ecotypes. *Forestry Chronicle* 50, pp. 110-111.

Temesgen, B., Neale, D.B. and Harry, D.E. (2000) Use of haploid mixtures and heteroduplex analysis enhance polymorphisms revealed by denaturing gradient gel electrophoresis. *BioTechniques* 28, 114-122.

Temesgen, B., Brown, G.R., Harry, D.E., Kinlaw, C.S., Sewell, M.M. and Neale, D.B. (2001) Genetic mapping of expressed sequence tag polymorphism (ESTP) markers in loblolly pine (*Pinus taeda* L.). *Theoretical and Applied Genetics* 102, 664-675.

Teoh, S.B. and Rees, H. (1976) Nuclear DNA amounts in populations of *Picea* and *Pinus* species. *Heredity* 36, 123-137.

Terborgh, J. (1986) Keystone plant resources in the tropical forest. In: Soule, M.E. (ed.) *Conservation Biology: The Science of Scarcity and Diversity*. Sinauer Associates Inc., Publishers, Sunderland, MA, pp. 330-344.

Thamarus, K., Groom, K., Bradley, A., Raymond, C. A., Schimleck, L. R., Williams, E. R. and Moran, G. F. (2004) Identification of quantitative trait loci for wood and fibre properties in two full-sib families of *Eucalyptus globulus*. *Theoretical and Applied Genetics* 109, 856-864.

The *Arabidopsis* Genome Initiative (TAGI). (2000) Analysis of the genome sequence of the flowering plant *Arabidopsis thaliana*. *Nature* 408, 796-815.

Thoday, J. (1961) Location of polygenes. *Nature* 191, 368-378.

Thomas, G. and Ching, K.K. (1968) A comparative karyotype analysis of *Pseudotsuga menziesii* (Mirb.) Franco, and *Pseudotsuga wilsoniana* (Hayata). *Silvae Genetica* 17, 138-143.

Thompson, C.J., Movva, N.R., Tizard, R., Crameri, R., Davies, J.E., Lauwereys, M. and Botterman, J. (1998) Characterization of the herbicide-resistance gene *bar* from *Streptomyces hygroscopicus*. *EMBO Journal* 6, 2519-2523.

Thompson, J. (1994) *The Coevolutionary Process*. University of Chicago Press, Chicago, IL.

Thompson, R.S., Anderson, K. and Bartlein, P. (1999) Atlas of relations between climatic parameters and distributions of important trees and shrubs in North America - introduction and conifers. *United States Geological Survey Professional Paper 1650-A*.

Thomson, T.A., Lester, D.T. and Martin, J.A. (1987) Marginal analysis and cost effectiveness in seed orchard management. *Canadian Journal of Forest Research* 17, 510-515.

Thomson, T.A., Lester, D.T., Martin, J.A. and Foster, G.S. (1989) Using economic and decision making concepts to evaluate and design a corporate tree improvement program. *Silvae Genetica* 38, 21-28.

Tibbits, W.N., Hodge, G.R. and White, T.L. (1991) Predicting breeding values for freezing resistance in *Eucalyptus globulus*. In: *International Union of Forest Research Organizations (IUFRO), Symposium on Intensive Forestry: The Role of Eucalypts*. Durban, South Africa, pp. 330-333.

Tibbits, W.N., Boomsma, D.B. and Jarvis, S. (1997) Distribution, biology, genetics, and improvement programs for *Eucalyptus globulus* and *E. nitens* around the world. *Proceedings of the 24th Southern Forest Tree Improvement Conference*. Orlando, FL, pp. 81-95.

Toda, R. (1964) A brief review and conclusions of the discussion on seed orchards. *Silvae Genetica* 13, 1-4.

Tomback, D. and Linhart, Y. (1990) The evolution of bird-dispersed pines. *Evolutionary Ecology* 4, 185-219.

Tsai, L.M. and Yuan, C.T. (1995) A practical approach to conservation of genetic diversity in Malaysia: Genetic resource areas. In: Bayleard, T.J.B and Boontawee, B. (eds.) *Measuring and Monitoring Biodiversity in Tropical and Temperate Forests*. Center for International Forestry Research (CIFOR). Bogor, Indonesia, pp. 207-217.

Tsumura, Y., Yoshimura, K., Tomaru, N. and Ohba, K. (1995) Molecular phylogeny of conifers using RFLP analysis of PCR-amplified specific chloroplast genes. *Theoretical and Applied Genetics* 91, 1222-1236.

Tsumura, Y., Suyama, Y., Yoshimura, K., Shirato, N. and Mukai, Y. (1997) Sequence-tagged-sites (STSs) of cDNA clones in *Cryptomeria japonica* and their evaluation as molecular markers in conifers. *Theoretical and Applied Genetics* 94, 764-772.

Tulsieram, L., Glaubitz, J, Kiss, G and Carlson, J. (1992) Single tree genetic linkage mapping in conifers using haploid DNA from megagametophytes. *BioTechnology* 10, 686-690.

Turnbull, K.J. and Griffin, A.R. (1986) The concept of provenance and its relationship to infraspecific classification in forest trees. In: Styles, B.T. (ed.) *Infraspecific Classification of Wild and Cultivated Plants*. Clarendon Press, Oxford, UK, pp. 157-189.

Tzfira, T., Zuker, A. and Altman, A. (1998) Forest tree biotechnology: genetic transformation and its application to future forests. *Trends in Biotechnology* 16, 439-446.

Tzfira, T., Li, J., Lacroix, B. and Citovsky, V. (2004) *Agrobacterium* T-DNA integration: molecules and models. *Trends in Genetics* 20, 375-383.

van Buijtenen, J.P. (1971) Seed orchard design, theory and practice. In: *Proceedings of the 11th Southern Forest Tree Improvement Conference*. Atlanta, GA, pp. 197-206.

van Buijtenen, J.P. (1976) Mating designs. In: *Proceedings of the International Union of Forest Research Organizations (IUFRO), Joint Meeting on Advanced Generation Breeding*. Bordeaux, France, pp. 11-27.

van Buijtenen, J.P. (1978) Response of "lost pines" seed sources to site quality. *Proceedings of the 5th North American Forest Biology Workshop*. University of Florida, Gainesville, FL.

van Buijtenen, J.P. (1992) Fundamental genetic principles. In: Fins, L., Friedman, S.T. and Brotschol, J.V. (eds.) *Handbook of Quantitative Forest Genetics*. Kluwer Academic Publishers, Boston, MA, pp. 29-68.

van Buijtenen, J.P. and Bridgwater, F. (1986) Mating and genetic test designs. In: *Advanced Generation Breeding of Forest Trees,* Southern Cooperative Series Bulletin 309. Louisiana Agricultural Experiment Station, Baton Rouge, LA, pp. 5-10.

van Buijtenen, J.P. and Burdon, R.D. (1990). Expected efficiencies of mating designs for advanced generation selection. *Canadian Journal of Forest Research* 20, 1648-1663.

van Buijtenen, J. P. and Lowe, W.J. (1979) The use of breeding groups in advanced generation breeding. In: *Proceedings of the 15th Southern Forest Tree Improvement Conference*. Mississippi State University, Mississippi State, MS, pp. 59-65.

van de Ven, W.T.G. and McNicol, R.J. (1996) Microsatellites as DNA markers in Sitka spruce. *Theoretical and Applied Genetics* 93, 613-617.

Van Doorsselaere, J., Baucher, M., Feuillet, C., Boudet, A.M., Van Montagu, M. and Inze, D. (1995) Isolation of cinnamyl alcohol dehydrogenase cDNAs from two important economic species: alfalfa and poplar. Demonstration of a high homology of the gene within angiosperms. *Plant Physiology and Biochemistry* 33, 105-109.

Van Ooijen, J.W. MapQTL, Software for the mapping of quantitative trait loci in experimental populations. Kyazma B.V., Wageningen, The Netherlands.

van Vleck, L.D. (1993) *Selection Index and Introduction to Mixed Model Methods*. CRC Press, Boca Raton, FL.

van Vleck, L.D., Pollak, E.J. and Oltenacu, E.A. (1987). *Genetics for the Animal Sciences*. W.H. Freeman and Company, New York, NY.

Van Wyk, G. (1981) Pollen management for eucalypts. In: *Pollen Management Handbook. United States Department of Agriculture Handbook No. 587*, Washington DC, pp. 84-88.

Van Wyk, G. (1985a) Genetic variation in wood preservation of fast grown *Eucalyptus grandis*. *South Africa Forestry Journal* 135, 33-39.

Van Wyk, G. (1985b) Tree breeding in support of vegetative propagation of *Eucalyptus grandis* (Hill) Maiden. *South African Forestry Journal* 132, 33-39.

Vander Wall, S.B. (1992) The role of animals in dispersing a "wind-dispersed" pine. *Ecology* 73, 614-621.

Vander Wall, S.B. (1994) Removal of wind-dispersed pine seeds by ground-foraging vertebrates. *Oikos* 69, 125-132.

Vander Wall, S.B. and Balda, R.P. (1977) Coadaptations of the Clark's Nutcracker and the pinon pine for efficient seed harvest and dispersal. *Ecological Monographs* 47, 89-111.

Van Zyl, L., von Arnold, S., Bozhkov, P., Chen, Y., Egertsdotter, U., MacKay, J., Sederoff, R., Shen, J., Zelena, L. and Clapham, D. (2002) Heterologous array analysis in *Pinaceae*: hybridization of *Pinus* taeda cDNA arrays with cDNA from needles an embryogenic cultures of *P. taeda, P. sylvestris, or Picea abies. Comparative and Functional Genomics* 3, 306-318.

Vargas-Hernandez, J. and Adams, W.T. (1992) Age-age correlations and early selection for wood density in young coastal Douglas-fir. *Forest Science* 38, 467-478.

Vendramin, G.G., Lelli, L., Rossi, P. and Morgante, M. (1996) A set of primers for the amplification of 20 chloroplast microsatellites in Pinaceae. *Molecular Ecology* 5, 595-598.

Venter, C., Adams, M., Myers, E., Li, P., Mural, R., Sutton, G., Smith, H., Yandell, M., Evans, C., Holt, R., Gocayne, J., Amanatides, P., Ballew, R., Huson, D., Wortman, J., Zhang, Q., Kodira, C., Zheng, X., Chen, L., Skupski, M., Subramanian, G., Thomas, P., Zhang, J., Gabor, G., Miklos, Nelson, C., Broder, S., Clark, A., Nadeau, J., McKusick, V., Norton Zinder, Levine, A., Roberts, R., Simon. M., Slayman, C., Hunkapiller, M., Bolanos, R., Delcher, A., Dew, I., Fasulo, D., Flanigan, M., Florea, L., Halpern, A., Hannenhalli, S., Kravitz, S., Levy, S., Mobarry, C., Reinert, K., Remington, K., Abu-Threideh, J., Beasley, E., Biddick, K., Bonazzi, V., Brandon, R., Cargill, M., Chandramouliswaran, I., Charlab, R., Chaturvedi, K., Deng, Z., Di Francesco, V., Dunn, P., Eilbeck, K., Evangelista, C., Gabrielian, A., Gan, W., Ge, W., Gong, F., Gu, Z., Guan, P., Heiman, T., Higgins, M., Ji, R., Ke, Z., Ketchum, K., Lai, Z., Lei, Y., Li, Z., Li, J., Liang, Y., Lin, X., Lu, F., Merkulov, G., Milshina, N., Moore, H., Naik, A., Narayan, V., Neelam, B., Nusskern, D., Rusch, D., Salzberg, S., Shao, W., Shue, B., Sun, J., Wang, Y., Wang, A., Wang, X., Wang, J., Wei, M., Wides, R., Xiao, C., Yan, C., Yao, A., Ye, J., Zhan, M., Zhang, W., Zhang, H., Zhao, Q., Zheng, L., Zhong, F., Zhong, W., Zhu, S., Zhao, S., Gilbert, D., Baumhueter, S., Spier, G., Carter, C., Cravchik, A., Woodage, T., Ali, F., An, H., Awe, A., Baldwin, D., Baden, H., Barnstead, M., Barrow, I., Beeson, K., Busam, D., Carver, A., Center, A., Cheng, M., Curry, L., Danaher, S., Davenport, L., Desilets, R., Dietz, S., Dodson, K., Doup, L., Ferriera, S., Garg, N., Gluecksmann, A., Hart, B., Haynes, J., Haynes, C., Heiner, C., Hladun, S., Hostin, D., Houck, J., Howland, T., Ibegwam, C., Johnson, J., Kalush, F., Kline, L., Koduru, S., Love, A., Mann, F., May, D., McCawley, S., McIntosh, T., McMullen, I., Moy, M., Moy, L., Murphy, B., Nelson, K., Pfannkoch, C., Pratts, E., Puri, V., Qureshi, H., Reardon, M., Rodriguez, R., Rogers, Y., Romblad, D., Ruhfel, B., Scott, R., Sitter, C., Smallwood, M., Stewart, E., Strong, R., Suh, E., Thomas, R., Tint, N., Tse, S., Vech, C., Wang, G., Wetter, J., Williams, S., Williams, M., Windsor, S., Winn-Deen, E., Wolfe, K., Zaveri, J., Zaveri, K., Abril, J.,

Guigó, R., Campbell, M., Sjolander, K., Karlak, B., Kejariwal, A., Mi, H., Lazareva, B., Hatton, T., Narechania, A., Diemer, K., Muruganujan, A., Guo, N., Sato, S., Bafna, V., Istrail, S., Lippert, R., Schwartz, R., Walenz, B., Yooseph, S., Allen, D., Basu, A., Baxendale, J., Blick, L., Caminha, M., Carnes-Stine, J., Caulk, P., Chiang, Y., Coyne, M., Dahlke, C., Mays, A., Dombroski, M., Donnelly, M., Ely, D., Esparham, S., Fosler, C., Gire, H., Glanowski, S., Glasser, K., Glodek, A., Gorokhov, M., Graham, K., Gropman, B., Harris, M., Heil, J., Henderson, S., Hoover, J., Jennings, D., Jordan, C., Jordan, J., Kasha, J., Kagan, L., Kraft, C., Levitsky, A., Lewis, M., Liu, X., Lopez, J., Ma, D., Majoros, W., McDaniel, J., Murphy, S., Newman, M., Nguyen, T., Nguyen, N., Nodell, M., Pan, S., Peck, J., Rowe, W., Sanders, R., Scott, J., Simpson, M., Smith, T., Sprague, A., Stockwell, T., Turner, R., Venter, E., Wang, M., Wen, M., Wu, D., Wu, M., Xia, A., Zandieh, A., Zhu , X. (2001) The sequence of the human genome. *Science* 291, 1304-1351.

Vergara, P.R. and Griffin, A.R. (1997) Fibre yield improvement program (FYIP) of *Eucalyptus globulus* Labill. in Santa Fe group, Chile. In: *Proceedings of the Conference of the International Union of Forest Research Organizations (IUFRO), sobre Silvicultura e Melhoramento de Eucaliptos*. El Salvador, Brazil, pp. 206-212.

Verhaegen, D., Plomion, C., Gion, J., Poitel, M., Costa, P. and Kremer, A. (1997) Quantitative trait dissection analysis in Eucalyptus using RAPD markers: 1. Detection of QTL in interspecific hybrid progeny, stability of QTL expression across different ages. *Theoretical and Applied Genetics* 95, 597-608.

Ver Hoef, J.M. and Cressie, N. (1993) Spatial statistics: analysis of field experiments. In: Scheiner, S.M. and Gurevitch, J. (eds.) *Design and Analysis of Ecological Experiments*. Chapman and Hall, Inc., New York, NY, pp. 319-341.

Verryn, S.D. (2000) *Eucalyptus* hybrid breeding in South Africa. In: *Hybrid Breeding and Genetics of Forest Trees. Proceedings of the Queensland Forest Research Institute/Cooperative Research Center-Sustainable Production Forestry (QFRI/CRC-SPF) Symposium*. Noosa, Queensland, Australia, pp. 191-199.

Vicario, F., Vendramin, G.G., Rossi, P., Lio, P. and Giannini, R. (1995) Allozyme, chloroplast DNA and RAPD markers for determining genetic relationships between *Abies alba* and the relic population of *Abies nebrodensis*. *Theoretical and Applied Genetics* 90, 1012-1018.

Villar, M., Lefevre, F., Bradshaw, J. and Teissier du Cros, E. (1996) Molecular genetics of rust resistance in poplars (*Melampsora larici-populina Kleb/Populus sp.*) by bulked segregant analysis in a 2 x 2 factorial mating design. *Genetics* 143, 531-536.

Vincent, T.G. (1997) Application of flowering and seed production research results to radiata pine seed production in New Zealand. In: Burdon, R.D. and Moore, J.M. (eds.) *Proceedings of the International Union of Forest Research Organizations (IUFRO), Conference on Genetics of Radiata Pine*. Rotorua, New Zealand, pp. 97-103.

Visscher, P.M., Thompson, R. and Hill, W.G. (1991) Estmation of genetic and environmental variances for fat yield in individual herds and an investagation into heterogeneity of variance between herds. *Livestock Production Science* 28, 273-290.

Volker, P.W., Dean, C.A., Tibbits, W.N. and Ravenwood, I.C. (1990) Genetic parameters and gains expected from selection in *Eucalyptus globulus* in Tasmania. *Silvae Genetica* 39, 18-21.

Vollmann, J., Buerstmayr, H. and Ruckenbauer, P. (1996) Efficient control of spatial variation in yield trials using neighbour plot residuals. *Experimental Agriculture* 32, 185-197.

Voo, K.S., Whetten, R.W., O'Malley, D.M. and Sederoff, R.R. (1995) 4-Coumarate: coenzyme A ligase from loblolly pine xylem: Isolation, characterization, and complementary DNA cloning. *Plant Physiology* 108, 85-97.

Vos, P., Hogers, R., Bleeker, M., Reijans, M., van de Lee, T., Hornes, M., Frijters, A., Pot, J., Peleman, J., Kuiper, M. and Zabeau, M. (1995) AFLP: a new technique for DNA fingerprinting. *Nucleic Acids Research* 23, 4407-4414.

Wackernagel, H. and Schmitt, M. (2001) Statistical interpolation models. In: von Storch, H. and Floser, G. (eds.) *Models in Environmental Research*. Springer-Verlag, New York, NY, pp. 185-201.

Wagner, D.B., Furnier, G.R., Saghai-Maroof, M.A., Williams, S.M., Dancik, B.P. and Allard, R.W. (1987) Chloroplast DNA polymorphisms in lodgepole and jack pines and their hybrids. *Proceedings of the National Academy of Sciences of the United States of America* 84, 2097-2100.

Wagner, D.B., Dong, J., Carlson, M.R. and Yanchuk, A.D. (1991a) Paternal leakage of mitochondrial DNA in *Pinus*. *Theoretical and Applied Genetics* 82, 510-514.

Wagner, D., Sun, Z-X, Govindaraju, D.R. and Dancik, B. (1991b) Spatial patterns of chloroplast DNA and cone morphology variation within populations of a *Pinus banksian-Pinus contorta* sympatric region. *The American Naturalist* 138, 156-170.

Wagner, D.B., Nance, W.L., Nelson, C.D., Li, T., Patel, R.N. and Govindaraju, D.R. (1992) Taxonomic patterns and inheritance of chloroplast DNA variation in a survey of *Pinus echinata*, *Pinus elliottii*, *Pinus palustris*, and *Pinus taeda*. *Canadian Journal of Forest Research* 22(5), 683-689.

Wakamiya, I., Newton, R., Johnston, J.S. and Price, H.J. (1993) Genome size and environmental factors in the genus *Pinus*. *American Journal of Botany* 80(11), 1235-1241.

Wakamiya, I., Price, H.J, Messina, M. and Newton, R. (1996) Pine genome size diversity and water relations. *Physiologia Plantarum* 96, 13-20.

Wakasugi, T., Tsudzuki, J., Ito, S., Nakashima, K., Tsudzuki, T. and Sugiura, M. (1994a) Loss of all *ndh* genes as determined by sequencing the entire chloroplast genome of the black pine *Pinus thunbergii*. *Proceedings of the National Academy of Science of the United States of America* 91, 9794-9798.

Wakasugi, T, Tsudzuki, J, Ito, S., Shibata, M. and Sugiura, M. (1994b) A physical map and clone bank of the black pine (*Pinus thunbergii*) chloroplast genome. *Plant Molecular Biology Reporter* 12(3), 227-241.

Walter, C., Carson, S.D., Richardson, M.T. and Carson, M. (1998a) Review: Application of biotechnology to forestry – molecular biology of conifers. *World Journal of Microbiology and Biotechnology* 14, 321-330.

Walter, C., Grace, L.J., Wagner, A., White, R., Walden, A.R., Donaldson, S.S., Hinton, H., Gardner, D. and Smith R. (1998b) Stable transformation and regeneration of transgenic plants of *Pinus radiata* D. *Plant Cell Reports* 17, 460-469.

Wang, C., Perry, T.O. and Johnson, A.G. (1960) Pollen dispersion of slash pine (*Pinus elliottii* Engelm.) with special reference to seed orchard management. *Silvae Genetica* 9, 78-86.

Wang, G., Castiglione, S., Chen, Y., Li, L., Han, Y., Tian, Y., Gabriel, D.W., Han, Y., Mang, K. and Sala, F. (1996) Poplar (*Populus nigra* L) plants transformed with a Bacillus thuringiensis toxin gene: insecticidal activity and genomic analysis. *Transgenic Research* 5:280-301.

Wang, X. R. and Szmidt, A. E. (1994) Hybridization and chloroplast DNA variation in a *Pinus* species complex from Asia. *Evolution* 48, 1020-1031.

Wang, X.R., Szmidt, A.E., Lewandowski, A. and Wang, Z.R. (1990) Evolutionary analysis of *Pinus densata* (Masters), a putative tertiary hybrid. *Theoretical and Applied Genetics* 80, 635-647.

Watson, J.D. and Crick, F.H.C. (1953) Molecular structure of nucleic acids: A structure for Deoxyribase Nucleic Acid. *Nature* 171, 737-738.

Watt, M.S., Garnett, B.T. and Walker, J.C.F. (1996) The use of the pilodyn for assessing outerwood density in New Zealand radiata pine. *Forest Products Journal*. 46, 101-106.

Webb, D.B., Wood, P.J., Smith, J.P., and Henman, G.S. (1984) *A Guide to Species Selection for Tropical and Sub-Tropical Plantations*. *Tropical Forestry Papers No. 15*. Commonwealth Forestry Institute, University of Oxford, UK.

Weber, J.C. and Stettler, R.F. (1981) Isoenzyme variation among ten populations of *Populus trichocarpa* Torr. et Gray in the Pacific Northwest. *Silvae Genetica* 30, 82-87.

Weber, J.L. and May, P. (1989) Abundant class of human DNA polymorphisms which can be typed using the polymerase chain reaction. *American Journal of Human Genetics* 44, 388-396.

Wei, R.P. and Lindgren, D. (1995) Optimal family contributions and a linear approximation. *Theoretical Population Biology* 48, 318-332.

Weigel, D. and Nilsson, O. (1995) A developmental switch sufficient for flower initiation in diverse plants. *Nature* 377, 495-500.

Weir, R.J. and Zobel, B.J. (1975) Managing genetic resources for the future: a plan for the North Carolina State Industry Cooperative Tree Improvement Program. In: *Proceedings of the 13th Southern Forest Tree Improvement Conference*. Raleigh, NC, pp. 73-82.

Weiss, K. and Clark, A. (2002) Linkage disequilibrium and the mapping of complex human traits. *Trends in Genetics* 18, 19-24.

Wells, O.O. (1969) Results of the southwide pine seed source study through 1968-69. *Proceedings of the 10th Southern Forest Tree Improvement Conference*. pp. 117-129.

Wells, O.O. (1983) Southwide pine seed source study-Loblolly pine at 25 years. *Southern Journal of Applied Forestry* 7, 63-71.

Wells, O.O. (1985) Use of Livingston Parish, Louisiana loblolly pine by forest products industries in the Southeast. *Southern Journal of Applied Forestry* 9, 180-185.

Wells, O.O. and Lambeth, C.C. (1983) Loblolly pine provenance test in southern Arkansas: 25th year results. *Southern Journal of Applied Forestry* 7, 71-75.

Wells, O.O. and Snyder, E.B. (1976) Longleaf pine half-sib progeny test. *Forest Science* 22, 404-406.

Wells, O.O. and Wakeley, P.C. (1966) Geographic variation in survival, growth, and fusiform rust infection of planted loblolly pine. *Forest Science Monograph 11*.

Wells, O.O. and Wakeley, P.C. (1970) Variation in shortleaf pine from several geographic sources. *Forest Science* 11, 415-423.

Wendel, J. (2000) Genome evolution in polyploids. *Plant Molecular Biology* 42, 225-249.

Wenck, A.R., Quinn, M., Whetten, R.W. Pullman, G. and Sederoff, R. (1999) High-efficiency *Agrobacterium*-mediated transformation of Norway spruce (*Picea abies*) and loblolly pine (*Pinus taeda*). *Plant Molecular Biology* 39, 407-416.

Westfall, R.D. (1992) Developing seed transfer zones. In: Fins, L., Friedman, S.T. and Brotschol, J.V. (eds.) *Handbook of Quantitative Forest Genetics*. Kluwer Academic Publishers, Boston, MA., pp. 313-398.

Westfall, R.D. and Conkle, M.T. (1992) Allozyme markers in breeding zone designation. *New Forests* 6, 279-309.

Welsh, J. and McClellend, M. (1990) Fingerprinting genomes using PCR with arbitrary primers. *Nucleic Acids Research* 18, 7213-7218.

Wheeler, N.C. and Bramlett, D.L. (1991) Flower stimulation treatments in a loblolly pine seed orchard. *Southern Journal of Applied Forestry* 15, 44-50.

Wheeler, N.C. and Guries, R.P. (1982) Population structure, genic diversity, and morphological variation in *Pinus contorta* Dougl. *Canadian Journal of Forest Research* 12, 595-606.

Wheeler, N.C. and Guries, R.P. (1987) A quantitative measure of introgression between lodgepole and jack pines. *Canadian Journal of Botany* 65, 1876-1885.

Wheeler, N. and Jech, K. (1986) Pollen contamination in a mature Douglas-fir seed orchard. In: *Proceedings of the International Union of Forest Research Organizations (IUFRO), Conference on Breeding Theory, Progeny Testing and Seed Orchards*. Williamsburg, VA, pp. 160-171.

Wheeler, N.C. and Jech, K.S. (1992) The use of electrophoretic markers in seed orchard research. *New Forests* 6, 311-328.

Wheeler, N.C., Jech, K.S., Masters, S.A., O'Brien, C.J., Timmons, D.W., Stonecypher, R. and Lupkes, A. (1995) Genetic variation and parameter estimates in *Taxus brevifolia* (Pacific yew). *Canadian Journal of Forest Research* 25, 1913-1927.

Whetten, R.W. and Sederoff, R.R. (1992) Phenylalanine ammonia-lyase from loblolly pine: purification of the enzyme and isolation of complementary DNA clones. *Plant Physiology* 98, 380-386.

Whetten, R.W., MacKay, J.J. and Sederoff, R.R. (1998) Recent advances in understanding lignin biosynthesis. *Annual Review of Plant Physiology and Plant Molecular Biology* 49, 587-609.

Whetten, R., Sun, Y. and Sederoff, R. (2001) Functional genomics and cell wall biosynthesis in loblolly pine. *Plant Molecular Biology* 47, 275-291.

Whitaker, D., Williams, E.R. and John, J.A. (2002) *CycDesigN: A Package for the Computer Generation of Experimental Designs*. Commonwealth Scientific and Industrial Research Organization (CSIRO) Forestry and Forest Products, Canberra, Australia.

White, T.L. (1987a) Drought tolerance of southwestern Oregon Douglas-fir. *Forest Science* 33, 283-293.

White, T.L. (1987b) A conceptual framework for tree improvement programs. *New Forests* 4, 325-342.

White, T.L. (1992) Advanced-generation breeding populations: size and structure. In: *Proceedings of the International Union of Forest Research Organizations (IUFRO), Resolving Tropical Forest Resource Concerns Through Tree Improvement, Gene Conservation, and Domestication of New Species.*. Cali, Colombia, pp. 208-222.

White, T.L. (1996) Genetic parameter estimates and breeding value predictions: Issues and implications in tree improvement programs. In: *Proceedings of the International Union of Forest Research Organizations (IUFRO), Symposium on Tree Improvement for Sustainable Tropical Forestry*. Queensland, Australia, pp. 110-117.

White, T.L. (2001) Breeding strategies for forest trees: Concepts and challenges. *South African Forestry Journal* 190, 31-42.

White, T.L. (2004) Breeding theory and genetic testing. Pp. 1551-1561 In: Burley, J., Evans, J. and Youngquist, J.A. (eds.) *Encyclopedia of Forest Sciences*. Elsevier Academic Press, New York, NY, pp. 1551-1561.

White, T.L. and Carson, M.J. (2004) Breeding programs of conifers. In: Walter, C. and Carson, M.J. (eds.) *Plantation Forest Biotechnology for the 21st Century, 2004*. Research Signpost. Kerala, India, pp. 61-85.

White, T.L. and Ching, K.K. (1985) Provenance study of Douglas-fir in the Pacific Northwest region. IV. Field performance at age 25 years. *Silvae Genetica* 34, 84-90.

White, T.L. and Hodge, G.R. (1989) *Predicting Breeding Values with Applications in Forest Tree Improvement*. Kluwer Academic Publishers, Dordrecht, The Netherlands.

White, T.L. and Hodge, G.R. (1992) Test designs and optimal age for parental selection in advanced-generation progeny tests of slash pine. *Silvae Genetica* 41, 293-302.

White, T.L. and Rockwood. D.L. (1993) A breeding strategy for minor species of Eucalyptus. In: Barros, S., Prado, J.A. and Alvear, C. (eds.) *Proceedings of Los Eucaliptos en el Desarrollo Forestal de Chile*. Pucon, Chile, pp. 27-41.

White, T.L., Lavender, D.P., Ching, K.K. and Hinz, P. (1981) First-year height growth of southwestern Oregon Douglas-fir in three test environments. *Silvae Genetica* 30, 173-178.

White, T.L., Hodge, G.R., Powell, G.L., Kok, H.R., De Souza, S.M., Blakeslee, G. and Rockwood, D. (1988) 13th Progress Report, Cooperative Forest Genetics Research Program. Department of Forestry, University of Florida, Gainesville, FL.

White, T.L., Hodge, G.R. and Powell, G.L. (1993) Advanced-generation breeding strategy for slash pine in the southeastern United States. *Silvae Genetica* 42, 359-371.

White, T.L., Matheson, A.C., Cotterill, P., Johnson, R.G., Rout, A.F. and Boomsma, D.B. (1999) A nucleus breeding plan for radiata pine in Australia. *Silvae Genetica* 48, 122-133.

White, T.L., Huber, D.A. and Powell, G.L. (2003) Third-cycle breeding strategy for slash pine by the Cooperative Forest Genetics Research Program. In: *Proceedings of the 27th Southern Forest Tree Improvement Conference*. Stillwater, OK, pp. 17-29.

Whittemore, A. and Schaal, B. (1991) Interspecific gene flow in sympatric oaks. *Proceedings of the National Academy of Sciences of the United States of America* 88, 2540-2544.

Wilcox, P., Amerson, H., Kuhlman, E., Liu, B., O'Malley, D. and Sederoff, R. (1996) Detection of a major gene for resistance to fusiform rust disease in loblolly pine by genomic mapping. *Proceedings of the National Academy of Sciences of the United States of America* 93, 3859-3864.

Wilcox, P., Carson, S., Richardson, T., Ball, R., Horgan, G. and Carter, P. (2001) Benefit-cost analysis of DNA marker-based selection in progenies of *Pinus radiata* seed orchard parents. *Canadian Journal of Forest Research* 31, 2213-2224.

Williams, C.G. (1988) Accelerated short-term genetic testing for loblolly pine families. *Canadian Journal of Forest Research* 18, 1085-1089.

Williams, C. (2005) Framing the issues on transgenic trees. *Nature Biotechnology 23, 530-532.*

Williams, C.G. and de Steiguer, J.E. (1990) Value of production orchards based on two cycles of breeding and testing. *Forest Science* 36, 156-168.

Williams, C.G. and Hamrick, J.L. (1996) Genetic diversity levels in an advanced-generation *Pinus taeda* L. program measured using molecular markers. *Forest Genetics Research* 23, 45-50.

Williams, C. and Neale, D. (1992) Conifer wood quality and marker-aided selection: a case study. *Canadian Journal of Forest Research* 22, 1009-1017.

Williams, C.G. and Savolainen, O. (1996) Inbreeding depression in conifers: implications for breeding strategy. *Forest Science* 42, 102-117.

Williams, C., Hamrick, J.L. and Lewis, P.O. (1995) Multiple-population versus hierachical conifer breeding programs: a comparison of genetic diversity levels. *Theoretical and Applied Genetics* 90, 584-594.

Williams, E.R. and Matheson, A.C. (1994) *Experimental Design and Analysis for Use in Tree Improvement*. Commonwealth Scientific and Industrial Research Organization (CSIRO) Cataloguing-in-Publication Entry. East Melbourne, Victoria.

Williams, E.R. and Talbot, L.M. (1993) *Alpha+: Experimental Designs for Variety Trials, Version 1.0. Design User Manual.* Commonwealth Scientific and Industrial Research Organization (CSIRO) Publishing, Canberra, Australia.

Williams, E.R., Matheson, A.C., and Harwood, C.E. (2002) *Experimental Design and Analysis for Tree Improvement.* Commonwealth Scientific and Industrial Research Organization (CSIRO) Publishing, Collingwood, Australia, pp. 214.

Williams, J.G.K., Kubelik, A.R., Livak, J., Rafalski, J.A. and Tingey, S.V. (1990) DNA polymorphisms amplified by arbitrary primers are useful as genetic markers. *Nucleic Acids Research* 18, 6531-6535.

Willis, J.H. (1992) Genetic analysis of inbreeding depression caused by chlorophyll-deficient lethals in *Mimulus guttatus*. *Heredity* 69, 562-572.

Wilson, B.C. (1990) Gene-pool reserves of Douglas-fir. *Forest Ecology and Management* 35, 121-130.

Wilson, E.O. (1992) *The Diversity of Life*. Harvard University Press, Cambridge, MA.

Wilusz, W. and Giertych, M. (1974) Effects of classical silviculture on the genetic quality of the progeny. *Silvae Genetica* 23, 127-130.

Woods, J.H. and Heaman, J.C. (1989) Effects of different inbreeding levels on filled seed production in Douglas-fir. *Canadian Journal of Forest Research* 19, 54-59.

Woolaston, R.R. and Jarvis, S.F. (1995) The importance of breeding objectives in forest tree improvement. In: Potts, B.M., Borralho, N.M.G., Reid, J.B., Cromer, R.N., Tibbits, W.N. and Raymond, C.A. (eds.) *Proceedings of the International Union of Forest Research Organizations (IUFRO), Symposium on Eucalypt Plantations: Improving Fibre Yield and Quality*. Hobart, Australia, pp. 184-188.

Woolaston, R.R., Kanowski, P.J. and Nikles, D.G. (1990) Genetic parameter estimates for *Pinus caribaea hondurensis* in coastal Queensland, Australia. *Silvae Genetica* 39, 21-28.

Woolaston, R.R., Kanowski, P.J. and Nikles, D.G. (1991) Genotype-environment interactions in *Pinus caribaea* var. *hondurensis* in Queensland, Australia. II. Family x site interactions. *Silvae Genetica* 40, 228-232.

Wright, J.A. (1997) A review of the worldwide activities in tree improvement for *Eucalyptus grandis*, *Eucalyptus urophylla* and the hybrid *urograndis*. In: *Proceedings of the 24th Southern Forest Tree Improvement Conference*. Orlando, FL, pp. 96-102.

Wright, J.W. (1952) Pollen dispersion of some forest trees. USDA Forest Service Station Paper 46.

Wright, J.W. (1961) Progeny tests or seed orchards? *Recent Advances in Botany* 2, 1681-1687.

Wright, J.W. (1976) *Introduction to Forest Genetics*. Academic Press, Inc., New York, NY, 463 pp.

Wright, S. (1931) Evolution in Mendelian populations. *Genetics* 16, 97-159.

Wright, S. (1969) *Evolution and the Genetics of Populations. Vol. 2, The Theory of Gene Frequencies*. University of Chicago Press, Chicago, IL.

Wright, S. (1978) *Evolution and the Genetics of Populations. Volume 4. Variability Within and Among Populations*. University of Chicago Press, Chicago, IL.

World Resources Institute (1994) *World Resources 1994-95: A Report by the World Resources Institute in Collaboration with the United Nations Environment Programme and the United Nations Development Programme*. Oxford University Press, New York, NY.

Wu, H.X. (2002) Study of early selection in tree breeding 4. Efficiency of marker-aided early selection (MAES). *Silvae Genetica* 51, 261-269.

Wu, H.X. and Ying, C.C. (1997) Genetic parameters and selection efficiencies in resistance to western gall rust, stalactiform blister rust, needle cast, and sequoia pitch moth in lodgepole pine. *Forest Science* 43, 571-581.

Wu, J., Krutovskii, K. and Strauss, S. (1999) Nuclear DNA diversity, population differentiation, and phylogenetic relationships in the California closed-clone pines based on RAPD and allozyme markers. *Genome* 24, 893-908.

Xie, C.Y., Yeh, F.C., Dancik, B.P. and Strobeck, C. (1991) Joint estimation of immigration and mating system parameters in gymnosperms using the EM algorithm. *Theoretical and Applied Genetics* 83, 137-140.

Yamada, Y. (1962) Genotype by environment interaction and genetic correlation of the same trait under different environments. *Japanese Journal of Genetics* 37, 498-509.

Yamamoto, N., Mukai, Y., Matsuoka, M., Kano-Murakami, Y., Tanaka, Y., Ohashi, Y., Ozeki, Y. and Odani, K. (1991) Light-independent expression of cab and rbcS genes in dark-grown pine seedlings. *Plant Physiology* 95, 379-383.

Yamamoto, N., Tada, Y. and Fujimara, T. (1994) The promoter of a pine photosynthetic gene allows expression of a beta-glucuronidase reporter gene in transgenic rice plants in a light-independent but tissue-specific manner. *Plant and Cell Physiology* 35(5), 773-778.

Yanchuk, A.D. (2001) A quantitative framework for breeding and conservation of forest tree genetic resources in British Columbia. *Canadian Journal of Forest Research* 31, 566-576.

Yanchuk, A.D. and Lester, D.T. (1996) Setting priorities for conservation of the conifer genetic resources of British Columbia. *Forestry Chronicle* 72, 406-415.

Yang, R. C., Yeh, F.C. and Yanchuk, A.D. (1996) A comparison of isozyme and quantitative genetic variation in *Pinus contorta* ssp. *latifolia* by FST. *Forest Genetics* 142, 1045-1052.

Yazdani, R. and Lindgren, D. (1991) The impact of self-pollination on production of sound selfed seeds. In: Fineshi, S., Malvolti, M.E., Cannata, F. and Hattemer, H.H. (eds.), *Biochemical Markers in the Population Genetics of Forest Trees.* SPB Academic Publishing, The Hague, The Netherlands, pp. 143-147.

Yazdani, R., Muona, O., Rudin. D. and Szmidt, A.E. (1985) Genetic structure of a *Pinus sylvestris* L. seed-tree stand and naturally regenerated understory. *Forest Science* 31, 430-436.

Yeh, F.C. (1988) Isozyme variation of *Thuja plicata (*Cupressaceae*)* in British Columbia. *Biochemical Systematics and Ecology* 16, 373-377.

Yeh, F.C., Cheliak, W.M., Dancik, B.P., Illingworth, K., Trust, D.C. and Pyrhitka, B.A. 1985. Population differentiation in lodgepole pine, P*inus contorta* ssp. *latifolia*: a discriminant analysis of allozyme variation. *Canadian Journal of Genetic Cytology* 27, 210-218.

Yim, K.B. (1963) Karyotype analysis of *Pinus rigida. Heredity* 47, 274-276.

Young, A.G. and Boyle, T.J. (2000) Forest fragmentation. In: Young, A, Boshier, D. and Boyle, T. (eds.) *Forest Conservation Genetics: Principles and Practice.* Commonwealth Scientific and Industrial Research Organization (CSIRO) Publishing, Victoria, Australia, pp. 123-134.

Young, A., Boshier, D. and Boyle, T. (2000) *Forest Conservation Genetics: Principles and Practice.* Commonwealth Scientific and Industrial Research Organization (CSIRO) Publishing, Collingwood, Victoria, Australia.

Young, N. (1999) A cautiously optimistic vision for marker-assisted breeding. *Molecular Breeding* 5, 505-510.

Yu, J., Hu, S., Wang, J., Wong, G., Li, S., Liu, B., Deng, Y., Dai, L., Zhou, Y., Zhang, X., Cao, M., Liu, J., Sun, J. Tang, J., Chen, Y., Huang, X., Lin, W., Ye, C., Tong, W., Cong, L., Geng, J., Han, Y., Li, L., Li, W., Hu, G., Huang, X., Li, W., Li, J., Liu, Z., Li, L., Liu, J., Qi, Q., Liu, J., Li, L., Li, T., Wang, X., Lu, H., Wu, T., Zhu, M., Ni, P., Han, J., Dong, W., Ren, X., Feng, X., Cui, P., Li, X., Wang, H., Xu, X., Zhai, W., Xu, Z., Zhang, J., He, S., Zhang, J., Xu, J., Zhang, K., Aheng, X., Dong, J., Zeng, W., Tao, L., Ye, J., Tan, J., Ren, X., Chen, X., He, J., Liu, D., Tian, W., Tian, C., Xia, H., Bao, Q., Li, G., Gao, H., Cao, T., Wang, J., Zhao, W., Li,, P., Chen, W., Wang, X., Zhang, Y., Hu, J., Wang, J., Liu, S., Yang, J., Zhang, G., Xiong, Y., Li, Z., Mao, L., Zhou, C., Zhu, Z., Chen, R., Hao, B., Zheng, W., Chen, S., Guo, W., Li, G., Liu, S., Tao, M., Wang, J., Zhu, L., Yuan, L. and Yang, H.. (2002) A draft sequence of the rice genome (*Oryza sativa* L. ssp. *indica*). *Science* 296, 79-92.

Zavarin, E., Critchfield, W. and Snajberk, K. (1969) Turpentine composition of *Pinus contorta* x *Pinus banksiana* hybrids and hybrid derivatives. *Canadian Journal of Botany* 47, 1443-1453.

Zhang, J., Steenackers, M., Storme, V., Neyrinck, S., Van Montagu, M., Gerats, T. and Boerjan, W. (2001) Fine mapping and identification of nucleotide binding site/leucine-rich repeat sequences at the *MER* locus in *Populus deltoides* "S9-2". *The American Phytopathology Society* 91, 1069-1073.

Zhang, X.H. and Chiang, V.L. (1997) Molecular cloning of 4-coumarate: coenzyme A ligase in loblolly pine and the roles of this enzyme in the biosynthesis of lignin in compression wood. *Plant Physiology* 113, 65-74.

Zheng, Y. and Ennos, R.A. (1997) Changes in the mating systems of populations of *Pinus caribaea* Morelet var. c*aribaea* under domestication. *Forest Genetics* 4, 209-215.

Zheng, Y.-Q., Andersson, E.W. and Lindgren, D. (1998) A model for infusion of unrelated material into a breeding population. *Silvae Genetica* 47, 94-101.

Zimmerman, D.L. and Harville, D.A. (1991) A random approach to the analysis of field-plot experiments and other spatial experiments. *Biometrics* 47:223-239.

Zimmerman, R. H., Hackett, W.P. and Pharis, R.P. (1985) Hormonal aspects of phase change and precocious flowering. In: Pharis, R.P. and D. M. Reid, D.M. (eds.) *Encyclopedia of Plant Physiology*. Vol. II. Springer-Verlag. New York, NY, pp. 79-115.

Zobel, B. (1953) Are there natural loblolly-shortleaf pine hybrids? *Journal of Forestry* 51, 494-495.

Zobel, B.J. (1993) Clonal forestry in the eucalypts. In: Ahuja, M.R. and Libby, W.J. (eds.) *Clonal Forestry II: Conservation and Application*. Springer-Verlag. New York, NY, pp. 139-148.

Zobel, B.J. and Jett, J.B. (1995) *Genetics of Wood Production*. Springer-Verlag, New York, NY.

Zobel, B.J. and Talbert, B.J. (1984) *Applied Forest Tree Improvement*. John Wiley & Sons, New York, NY, pp. 448.

Zobel, B.J. and van Buijtenen, J.P. (1989) *Wood Variation: Its Causes and Control*. Springer-Verlag, New York, NY.

Zobel, B.J., Van Wyk, G. and Stahl, P. (1987) *Growing Exotic Forests*. John Wiley & Sons. New York, NY.

Zsuffa, L., Sennerby-Forsse, L., Weisgerber, H. and Hall, R.B. (1993) Strategies for clonal forestry with poplars, aspens, and willows. In: Ahuja, M.R. and Libby, W.J. (eds.) *Clonal Forestry II: Conservation and Application*. Springer-Verlag, New York, NY, pp. 91-119.

Zupan, J.R. and Zambryski, P. (1995). Transfer of T-DNA from *Agrobacterium* to the plant cell. *Plant Physiology* 107, 1041-1047.

索　引

J

Y